日本地方地質誌 ……… ②

東北地方

日本地質学会 …… 編集

朝倉書店

『日本地方地質誌』 刊行委員会

刊行委員長 ： **加藤碵一** —— 産業技術総合研究所

副刊行委員長 ： **高橋正樹** —— 日本大学

刊行委員 ： **新井田清信** —— 北海道大学 ·····［北海道］

吉田武義 —— 東北大学名誉教授 ·····［東北］

佐藤　正 —— 深田地質研究所 ·····［関東］

新妻信明 —— 静岡大学名誉教授 ·····［中部］

吉川周作 —— 大阪市立大学 ·····［近畿］

西村祐二郎 —— 山口大学名誉教授 ·····［中国］

小松正幸 —— 愛媛大学名誉教授 ·····［四国］

佐野弘好 —— 九州大学 ·····［**九州·沖縄**］

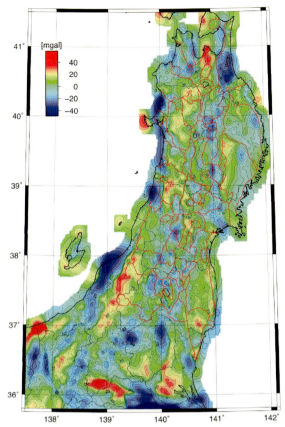

▲口絵1 東北日本弧の地形区分（図2.1.12参照）と重力分布（小池ほか，2005；工藤ほか，2010，図2.1.6）．

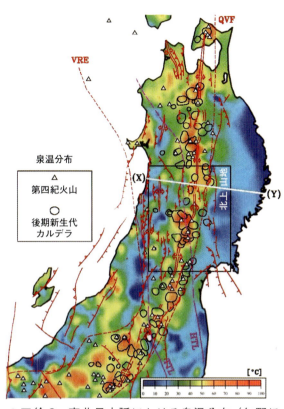

▲口絵2 東北日本弧における泉温分布（矢野ほか，1999）と後期新生代のカルデラ，第四紀火山の分布（吉田ほか，1999a，図2.8.4）．

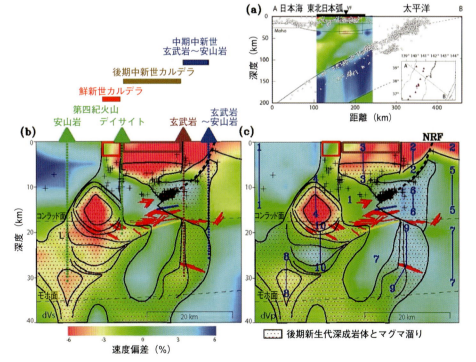

▲口絵3 東北日本弧前弧域のS波トモグラフィ（a）（Nakajima et al., 2001a）とマグマ供給系の構造（b, c）（吉田，2009；Yoshida et al., 2014, 図2.8.6）

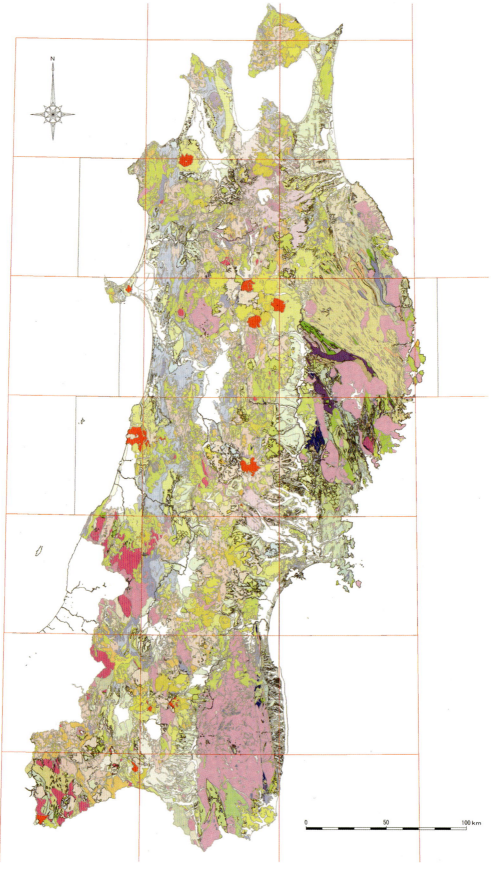

▲口絵 4 東北地方の地質図（建設技術者のための東北地方の地質編集委員会，2006）

火山岩類 — **変成岩類**・**深成岩類**・**付加コンプレックス**・**堆積物・堆積岩**

地質年代区分（左端）

地質年代 (Ma)		岩石区分	
新生代	第四紀	完新世 0.01 / 0.018	H — Ha
		更新世 0.13 / 0.7	Q3, Q2, Q1
	新第三紀	鮮新世 1.81 / 5.33	N3B, N3A, N2
		中新世 8~6 / 23.03	N1
	古第三紀	漸新世 33.9	PG4, PG3
		始新世 40 / 55.8	PG2
		暁新世 52 / 65.5	PG1
中生代	白亜紀	後期 99.6	K2
		前期 145.5	K1
	ジュラ紀	後期 161.2	J3
		中期 175.6	J2
		前期 199.6	J1
	三畳紀	後期 228.0	TR3
		中期 245.0	TR2
		前期 251.0	TR1
古生代	ペルム紀	後期 260.4	P3
		中期 270.0	P2
		前期 299.0	P1
	石炭紀 359.2		C
	デボン紀 416.0		D
	シルル紀 443.7		S
	オルドビス紀 488.3		O
	カンブリア紀 542.0		CM
原生代			PT

堆積物・堆積岩（区分）

表層地質：大区分・浜堤・砂丘堆積物・段丘堆積物・礫岩・砂岩・泥岩・火山灰凝灰岩・石灰岩

主な記号：Ha, Har, Hbm, Hbr, Hml, Hnl, His, Q3ls, Qfm, Q2fh, Q3td, Htd, Hc, Hs, Hm, Ht …
Q3c, Q3s, Q3m, Q3t；Q2c, Q2s, Q2m, Q2t；Q1c, Q1s, Q1m, Q1t
N3Bc, N3Bs, N3Bm, N3Bt；N3Ac, N3As, N3Am, N3At；N2c, N2s, N2m, N2t；N1c, N1s, N1m, N1t
PG4c, PG4s, PG4m, PG4t；PG3c, PG3s, PG3m
K2c, K2s, K2m, K2t；K1c, K1s, K1m, K1t
J3c, J3s, J3m, J3l；J2s, J2m；J1s, J1m
TR3c, TR3s, TR3m, TR3t；TR2s, TR2m；TR1s, TR1m
P3c, P3s, P3m；P2c, P2s, P2m；P1c, P1s, P1m
Pc, Ps, Pm, Pt, Pl；Oc, Os, Om, Ol；Dm, Dt, Di；Sm, Si

付加コンプレックス

異地性岩体：b 玄武岩／l 石灰岩／ch チャート／um 超苦鉄質岩

J3–K1cx, J2–K1cx, J2–3cx, J1–3cx, P1–3cx, Ccx

火山岩類

岩屑：Htd, Q3db, Q2db, Q1db, Qdti
珪長質（流紋岩・デイサイト）
侵入岩：Q1ai, N3ai, N3Aai, N2ai, N1ai, Nai, PG3ai, PG2ai, K2ai, K1ai
溶岩および火山砕屑物：Hav, Q2av, Q1av, N3Bav, N3Aav, N2av, N1av, Nav, PG4av, PG2av, K1av
デイサイト質火砕流堆積物：Hpf, Q3pf, Q2pf, Q1pf
苦鉄質（安山岩・玄武岩）
侵入岩：N3bi, N3Abi, N2bi, N1bi, Nbi, K1bi, Xbi
溶岩および火山砕屑物：Hbv, Q3bv, Q2bv, Q1bv, N3Bbv, N3Abv, N2bv, N1bv, Nbv, PG4bv, K1bv, Dbv, Sbv

深成岩類

珪長質（花崗閃緑岩・花崗岩）：N3gr, N3Agr, N2gr, Ngr, N1gr, PG4gr, PG2gr, PG1gr, K2gr, K1gr, Ogr
苦鉄質（閃緑岩・現れい岩）：Ngb, N2gb, K2gb, K1gb, Xgb, Ogb
超鉄質：Pum, Xum, Oum, CMum

変成岩類

片岩質岩・石結晶質岩岩：K1sch, Xsch, Osch, CMsch
片麻岩質岩・角閃岩：K1el, K1gn, Xgn, Ogn, CMgn, CMam

時代未詳：Xgn, Xsch, Xum, Xgb, Xbi

Ma:100万年前　年代尺度はGradstein et al.(2004)による。

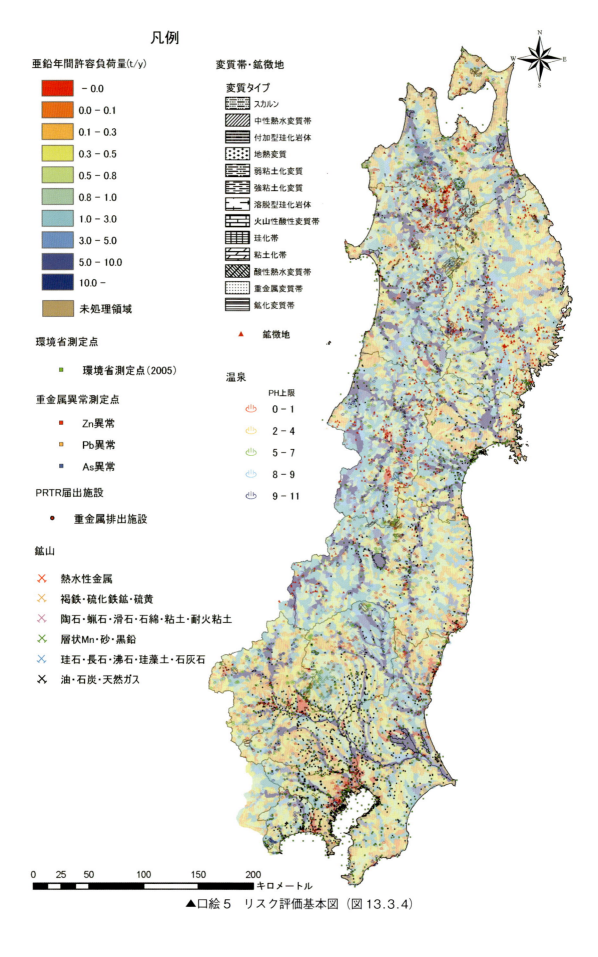

▲口絵5 リスク評価基本図（図13.3.4）

主要な構造線や断層の名称

A：日高沖堆積盆地の北縁断層（馬追-胆振断層帯）
B：日高沖堆積盆地の西側マスター断層（礼文-樺戸帯西縁〜増毛-当別線〜広島-苫小牧線を経て苫小牧リッジ東縁断層帯にいたる構造線）
C：日高沖堆積盆地の東側マスター（八戸沖断層：新称）
F：黒松内-気仙沼構造線（永広，1982）〜尾太-盛岡構造線（大口ほか，1989）につながる構造線
G：日詰-気仙沼断層（永広，1982）〜尾太-盛岡構造線（新称）
H：黒松内-釜石沖構造線（新称）
I：本荘-仙台構造線（田口，1960）につながる構造線
T：棚倉構造線〜日本国-三面構造線（山元・柳沢，1989：大槻・永広，1992）につながる構造線，関東構造線を含む
P：柏崎-銚子線（利根川構造線）
R：糸魚川-静岡構造線
UE：リフト堆積盆地西縁
X：大和海盆北縁断層
Y：大和海盆東縁
Z：大和海嶺北縁断層（西南日本背弧リフト堆積盆地の北縁）

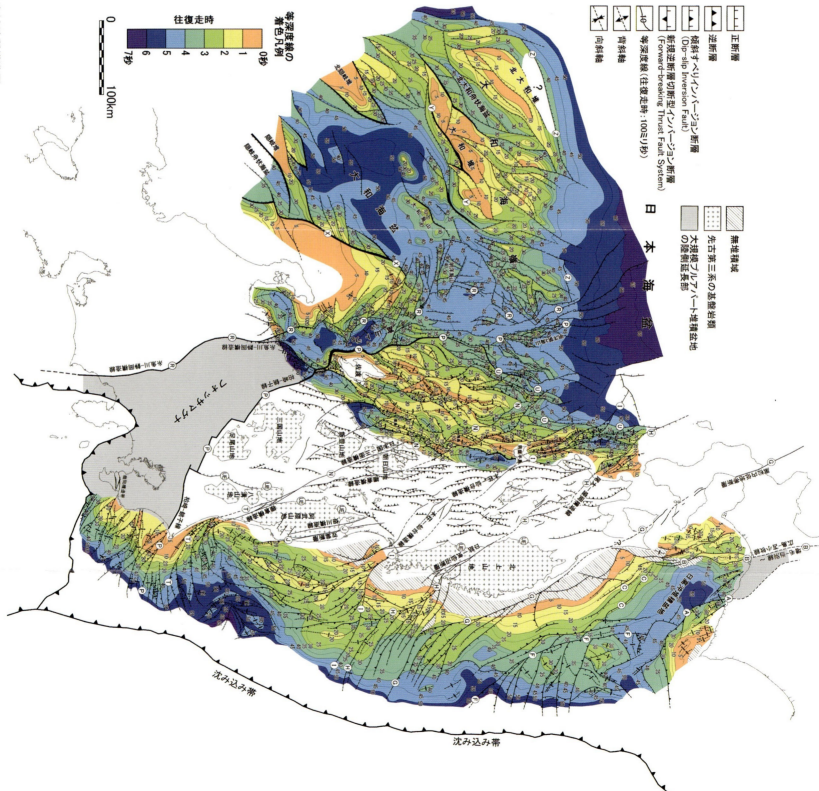

▲口絵6 東北日本弧〜西南日本背弧域にいたる広域地質構造図

東北日本弧〜西南日本背弧域の音響基盤上面の時間構造図（図10.1.6）と東北日本前弧域のN6ユニット基底の時間構造図（図10.2.6）をコンパイルし，さらに陸域に発達する背弧リフト系のリストリック断層（現在はテクトニックインバージョンにより逆断層化）と北-南東方向の大規模トランスファー断層を加えて作成したもの。この地質構造図の層準は，日本海拡大が最も活発であったシンリフト期盛期の始まりに相当する。

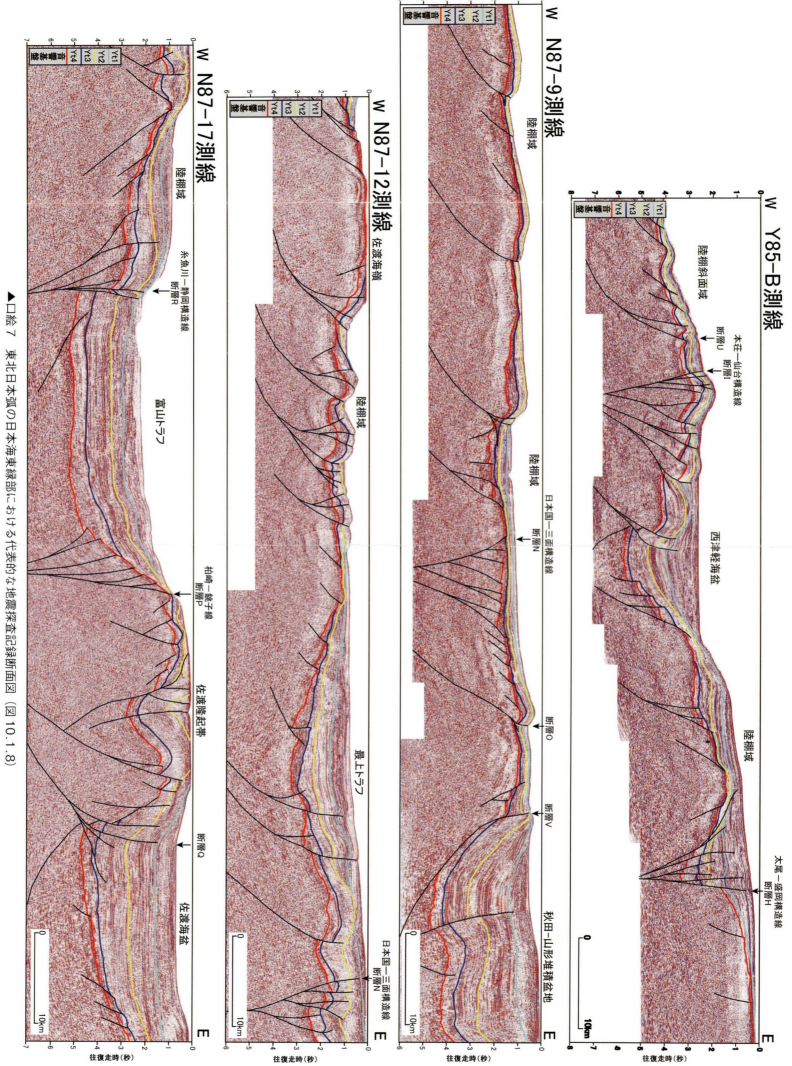

▲口絵7 東北日本弧の日本海東縁部における代表的な地震探査記録断面図（図10.1.8）測線位置は図10.1.6と図10.1.7を参照。

刊行にあたって

　「地質学は吾人の棲息する地球の沿革を追究し，現今に於ける地殻の構造を解説し，又地殻に起る諸般の変動に就き其原因結果を闡明にす，即ち我が家の歴史を教へ其成立及進化を知らしむるものなるを以て，苟くも智能を具へたるものに興味を与ふること多大なるは辯を俟たずして明なりとす」という立派な文章は，かの宮沢賢治らが盛岡高等農林学校時の（大正五年）夏期実習として行った地質調査の報告の結論部分冒頭です．江戸時代の俳人芭蕉の理想とした「不易流行」のいわば「不易」に相当する地質学の目標を簡明にかつ余すところなく伝えています．一方，昨今の新観測・実験技術の導入による地質学上の新たな知見やそれに基づく格段の新解釈・新理論の提言，さらに IT 化への対応を図り社会により利用しやすい地質情報の整備を図る知的基盤構築への貢献などなど日進月歩の「流行」はめまぐるしいほどで，急速で真摯な対応が求められている現況です．

　さりながら，それらを踏まえた上であえて申すならば地質学においては，野外での実地の調査・観測および室内での実験・解析による一次資料の蓄積がなによりも重要なのです．本書の前身である朝倉書店版の『地方地質誌』は，今ほど地質情報が豊かでなかった時期に諸先輩のご努力によって日本の地域地質の概況を伝えるのに多大な貢献をしてきました．ここで後輩諸氏によって近年の地質学および周辺の関連分野の進展によるあらたな地方地質情報の集積・展開を試みることはまことに有益かつ不可欠なことでしょう．日本地質学会の全面的な協力により，全国にわたる編集委員会の設置を通じて多くの地質学研究者に執筆ご協力をいただきました．深謝する次第です．

　さて，本『日本地方地質誌』刊行の途次で，奇しくも東日本大震災を始め各地の火山噴火や土砂災害が生じ，その被害の激甚さに言葉を失う感があり，その後の復旧復興もいまだ途上にあることは危惧されるところです．私達が棲み暮らしている日本列島地域は世界的にも活発な地殻変動の生ずる地的環境下にあり，将来的にも同様な地質事象の頻発することが容易に推測されます．それだからといって過度に恐れることなく，それらの背景をなす地質についてできうる限りの最新の知見を社会各層の人々が共有することによって災害軽減や地球環境保全に役立ちうることを祈念し，本書がささやかでもその一翼を担って貢献できるのであれば編著者らの望外の喜びとするところです．

日本地質学会『日本地方地質誌』刊行委員会

はじめに

　地質学は，地球，とくにその表層部の組成・構造・諸過程とその形成史を研究対象としている．地質学の観点からとらえたある地域の性質をその地域の地質という．東北地方は古くて冷たいプレートの沈み込みに伴って形成された代表的な島弧–海溝系の1つである．2011年3月11日に発生した東北地方太平洋沖地震とそれに伴った津波は，東北地方に甚大な被害をもたらしたが，この超巨大地震は，沈み込む太平洋プレートと上盤陸側プレートとの境界面に沿った逆断層での大規模で複雑な地震すべりによるものであった．この超巨大地震が起こった東北地方の地質を理解し，その構造発達史を明らかにして，東北地方が現在どのような構造をもち，どのような造構場におかれ，そこで何が起こっているのか．これらを正しく理解しておくことは，そこで生活している我々が，将来，ふたたび起こりうる巨大災害に対する防災や減災を進めるにあたり，きわめて重要なことであろう．

　東北地方の地質に関しては，これまでに多くの研究とその総括がなされている．近年，東北地方の地質をとりまとめたものとしては，1986年に刊行された，北村　信の編集による「新生代東北本州弧地質資料集（全3巻）」（宝文堂）がある．その中には，北海道南西部から関東地方におよぶ地域の33本の島弧横断ルートについて，地質図，地質断面図，地層対比表，模式柱状図，そして各地層についての基礎データを含む地質概説がまとめられているが，これはその後の島弧発達史研究の基礎データとなっている．そして，1988年には，北村　信を中心とする東北地方土木地質図編纂委員会により「東北地方土木地質図，解説書」が，1989年には，生出慶司・中川久夫・蟹澤聰史を代表とする日本の地質「東北地方」編集委員会により，日本の地質「東北地方」（共立出版）が発刊されている．2005年には「日本の地質」増補版（共立出版）が刊行されたが，そのなかで永広昌之を中心に，主として1989年以降の新知見が，第2章「東北地方」としてまとめられている．さらに，2006年には，蟹澤聰史を委員長とする建設技術者のための東北地方の地質編集委員会により，「建設技術者のための東北地方の地質」（東北建設協会）が，東北地方の地質図，解説書とともに，産業技術総合研究所地質情報研究部門の協力の下に作成されたすべての地質体に情報を埋め込んだデジタル地質図が収められたDVDを添えて発刊されている．

　そのようなこれまでの多くの研究成果を踏まえて，新たにまとめられた本書は，全13章からなる．第1章の「総説」で，東北地方の基本的な地体構造区分と地質構造発達史の概要を説明した後，第2章で「東北地方の基本構造」，第3章で「地質構造発達史」をまとめている．これらの章では，東北地方における地形や地殻・上部マントル構造などの発達史をも含めた可能な限り総合的な地質のとりまとめに努めている．第4章から第7章では，年代に従って地質の知見を盛り込んだ．第4章は「中・古生界」，第5章は「白亜系〜古第三系」，第6章は「白亜紀〜古第三紀火成作用」，そして，第7章が「新第三系〜第四系」である．つづいて，第8章では「第四系と変動地形」，第9章「火山」，第10章「海洋地質」と，それぞれ最新の研究成果を詳しく記述した後，第11章では「2011年東北地方太平洋沖地震」について，おもに地質学的観点から地震学的知見も含

めて詳述した．さらに，第 12 章の「地下資源」では，金属資源と石油資源について記述し，第 13 章の「地盤災害，地質災害，地質汚染」では，各種地盤災害とともに，地圏環境リスクマップや河川の水質汚濁などについてもとりまとめた．

　東北地方の地質に関する，これまでの膨大な研究成果をまとめる作業は，容易ではない．さらに，近年の太平洋沖から日本海東縁を含む東北地方における地殻・最上部マントルの不均質性に関する膨大な地球物理学的，地震学的観測データを地質の理解に繋げる作業は，その端緒についたばかりではあるが，2011 年東北地方太平洋沖地震についての地質学的観点からのまとめなどを含む東北地方の地質に関する総合的な理解は，広い分野のデータの統合を通して得られるとの考えから，日本地方地質誌の最後の巻となる本書では，東北地方の地質をよりよく理解するための新しい試みに挑戦している．本書の内容がとくに若い地球科学関係の研究・実務に携わる方々の参考になれば，うれしい限りである．

　本書の編集方針の決定，執筆開始から，発刊までに長い年月を要してしまった．この間，2011 年東北地方太平洋沖地震をはさんだとはいえ，編集委員長の力不足で刊行が大幅に遅れてしまった．貴重な時間を割いて早い段階から原稿をご提出いただいた執筆者の方々にご迷惑をおかけしたことを，この場を借りてお詫び申し上げる．また，出版計画の初期段階から完成までの間，朝倉書店編集部の方々には，ご迷惑をおかけしてしまったにもかかわらず，常に変わらず，ご助力，ご支援いただいた．ここに記して感謝申し上げる．

　2017 年 8 月

『東北地方』編集委員会

委員長　吉　田　武　義

「東北地方」編集委員会

編集委員長

吉田　武義　東北大学名誉教授

副編集委員長

永広　昌之　東北大学名誉教授
伴　　雅雄　山形大学

編集委員

佐藤　時幸　秋田大学
柴　　正敏　弘前大学
土谷　信高　岩手大学

水田　敏夫　秋田大学名誉教授
山野井　徹　山形大学名誉教授

［五十音順］

執　筆　者

吉田　武義　東北大学名誉教授
永広　昌之　東北大学名誉教授
佐藤　時幸　秋田大学
川村　寿郎　宮城教育大学
吉田　孝紀　信州大学
内野　隆之　産業技術総合研究所
川村　信人　北海道大学
鈴木　紀毅　東北大学
高橋　聡　東京大学
山北　聡　宮崎大学
蟹澤　聰史　東北大学名誉教授
土谷　信高　岩手大学
今泉　俊文　東北大学
伴　　雅雄　山形大学
工藤　崇　産業技術総合研究所
宝田　晋治　産業技術総合研究所
大場　司　秋田大学
伊藤　順一　産業技術総合研究所

藤縄　明彦　茨城大学
武部　未来　山形大学
西　　勇樹　山形大学
佐々木　実　弘前大学
林　信太郎　秋田大学
宮城　磯治　産業技術総合研究所
山元　孝広　産業技術総合研究所
馬場　敬　石油天然ガス・金属鉱物資源機構
長谷川　昭　東北大学名誉教授
山田　亮一　東北大学
山野井　徹　山形大学名誉教授
田野　久貴　日本大学
陶野　郁雄　山形大学
土屋　範芳　東北大学
丸茂　克美　富山大学
布原　啓史　布原地質調査事務所
池田　浩二　（株）東北開発コンサルタント

［執筆順］

レビューアー

栗谷　　豪	北海道大学	
高嶋　礼詩	東北大学	
辻森　　樹	東北大学	
中島　淳一	東京工業大学	

馬場　　敬	石油天然ガス・金属鉱物資源機構	
深畑　幸俊	京都大学	
吉田　圭佑	東北大学	

［五十音順］

目　　次

1.　総　説

1.1　はじめに……………………………………………吉田武義・永広昌之………1
　　1.1.1　東北地方の地質構造発達史概要………………………1
　　1.1.2　東北日本弧………………………2
1.2　東北地方の先新第三系の地体構造区分………………………永広昌之………3
　　1.2.1　概　説………………………3
　　1.2.2　西南日本地質区………………………3
　　1.2.3　東北日本地質区………………………3
1.3　東北地方の新第三系〜第四系………………………吉田武義………4

2.　東北地方の基本構造
吉田武義

2.1　地　形………………………7
　　2.1.1　地形概要………………………7
　　2.1.2　北上・阿武隈山地前面に広がる海域………………………9
　　2.1.3　北上・阿武隈山地………………………10
　　2.1.4　北上低地帯〜阿武隈低地帯………………………13
　　2.1.5　奥羽脊梁山脈………………………14
　　2.1.6　山間内陸盆地………………………16
　　2.1.7　出羽丘陵〜飯豊山地………………………17
　　2.1.8　日本海沿岸部………………………19
　　2.1.9　日本海域………………………20
　　2.1.10　地形と重力構造………………………20
　　2.1.11　活断層の分布………………………22
2.2　地形と火山………………………22
　　2.2.1　火山の分布………………………22
　　2.2.2　4つの火山列………………………22
　　2.2.3　火山分布とマントル内S波低速度異常域との対応………………………25
　　2.2.4　奥羽脊梁山脈の急激な隆起と成層火山の発達………………………26
　　2.2.5　棚倉構造線に規制された火山分布………………………27
　　2.2.6　火山クラスターとホットフィンガー………………………27
2.3　東北日本弧の基本構造………………………27

2.3.1	東北日本弧のプレート配置	27
2.3.2	沈み込み帯のタイプ	29
2.3.3	東北日本弧の形成	29
2.3.4	地質構造の概要	30
2.3.5	太平洋プレートの沈み込みに伴う構造の発達	31
2.3.6	斜め沈み込みに伴う応力分配と水平圧縮応力軸の回転	32

2.4 沈み込み帯での断層運動と地震活動 ……………………………………… 33

2.4.1	沈み込むプレート境界近傍での地震活動	33
2.4.2	沈み込むプレート境界で繰返し発生する大地震	34
2.4.3	プレート境界断層の固着とすべり欠損	35
2.4.4	沈み込むプレート境界での地震発生サイクル	36
2.4.5	プレート境界断層の強度とその時空間変化	37
2.4.6	地震発生サイクルにおける間隙水圧の変動	38
2.4.7	固有地震モデルとアスペリティモデル	38
2.4.8	地震性すべりと非地震性すべり	39
2.4.9	アスペリティの実体	39
2.4.10	アスペリティとバリア	39
2.4.11	バリアと巨大地震の周期的な発生	40
2.4.12	セグメント境界をなす断層などの地質構造境界の果たす機能	40
2.4.13	2列のアスペリティ	40
2.4.14	複数のアスペリティの連動と非地震性すべり域での地震すべりの発生	40
2.4.15	バリアの低下による複数セグメントの連動破壊	41

2.5 沈み込むプレート境界域の構造と地震活動 ……………………………… 41

2.5.1	沈み込み侵食作用	41
2.5.2	沈み込むプレート境界での地震断層の規模	43
2.5.3	沈み込み帯の温度構造	44
2.5.4	脱水反応の進行とプレート境界での地震分布	45
2.5.5	マントルウェッジの蛇紋岩化	48
2.5.6	沈み込むプレートの熱回復と脱水分解反応の遅れ	49
2.5.7	上盤陸側ウェッジの構造とウェッジ尖形角	50
2.5.8	上盤陸側ウェッジでの応力変化と地震発生サイクル	51
2.5.9	プレート境界断層（デコルマ）と高角分岐断層	51

2.6 マントル構造 …………………………………………………………………… 53

2.6.1	マントルウェッジと沈み込みスラブの構造	53

viii　　　　　　　　　目　　次

　2.6.2　沈み込みスラブの脱水作用によるマントルウェッジの加水作用 ⋯⋯⋯55
　2.6.3　マントルウェッジの蛇紋岩化作用とポアソン比 ⋯⋯⋯⋯⋯⋯⋯⋯⋯58
　2.6.4　マントル深部への水の輸送 ⋯⋯⋯⋯⋯⋯⋯⋯⋯⋯⋯⋯⋯⋯⋯⋯⋯58
　2.6.5　沈み込みスラブの構造と二重深発地震面 ⋯⋯⋯⋯⋯⋯⋯⋯⋯⋯⋯58
　2.6.6　マントルウェッジ内における物質移動 ⋯⋯⋯⋯⋯⋯⋯⋯⋯⋯⋯⋯61
　2.6.7　マントルウェッジ中央部のシート状低速度帯 ⋯⋯⋯⋯⋯⋯⋯⋯⋯61
　2.6.8　マントルウェッジ内の不均質性 ⋯⋯⋯⋯⋯⋯⋯⋯⋯⋯⋯⋯⋯⋯62

2.7　地殻構造 ⋯⋯⋯⋯⋯⋯⋯⋯⋯⋯⋯⋯⋯⋯⋯⋯⋯⋯⋯⋯⋯⋯⋯⋯⋯⋯68
　2.7.1　東北日本弧の基盤岩類 ⋯⋯⋯⋯⋯⋯⋯⋯⋯⋯⋯⋯⋯⋯⋯⋯⋯⋯68
　2.7.2　地殻に関する地震学的観測データ ⋯⋯⋯⋯⋯⋯⋯⋯⋯⋯⋯⋯⋯70
　2.7.3　東北日本弧の地殻構造 ⋯⋯⋯⋯⋯⋯⋯⋯⋯⋯⋯⋯⋯⋯⋯⋯⋯⋯71
　2.7.4　現在の島弧と斜交する基盤構造 ⋯⋯⋯⋯⋯⋯⋯⋯⋯⋯⋯⋯⋯⋯71
　2.7.5　地殻を構成する岩石 ⋯⋯⋯⋯⋯⋯⋯⋯⋯⋯⋯⋯⋯⋯⋯⋯⋯⋯⋯72
　2.7.6　地殻の温度構造 ⋯⋯⋯⋯⋯⋯⋯⋯⋯⋯⋯⋯⋯⋯⋯⋯⋯⋯⋯⋯⋯74
　2.7.7　下部地殻〜最上部マントルを構成する岩石 ⋯⋯⋯⋯⋯⋯⋯⋯⋯74
　2.7.8　下部地殻を構成する岩石の不均質性 ⋯⋯⋯⋯⋯⋯⋯⋯⋯⋯⋯⋯76
　2.7.9　東北日本弧のレオロジー構造 ⋯⋯⋯⋯⋯⋯⋯⋯⋯⋯⋯⋯⋯⋯⋯78
　2.7.10　余効変動と地殻の弾性層厚，粘性率 ⋯⋯⋯⋯⋯⋯⋯⋯⋯⋯⋯⋯79

2.8　島弧火山活動と地殻・マントル構造 ⋯⋯⋯⋯⋯⋯⋯⋯⋯⋯⋯⋯⋯⋯⋯81
　2.8.1　第四紀火山活動と地殻・マントル構造 ⋯⋯⋯⋯⋯⋯⋯⋯⋯⋯⋯81
　2.8.2　大規模陥没カルデラと珪長質マグマ溜り ⋯⋯⋯⋯⋯⋯⋯⋯⋯⋯86
　2.8.3　東北日本弧における火山岩組成の広域変化 ⋯⋯⋯⋯⋯⋯⋯⋯⋯92
　2.8.4　マグマ起源マントルの不均質性 ⋯⋯⋯⋯⋯⋯⋯⋯⋯⋯⋯⋯⋯⋯96

3.　地質構造発達史

3.1　先新第三紀の構造発達史 ⋯⋯⋯⋯⋯⋯⋯⋯⋯⋯⋯⋯⋯永広昌之 ⋯⋯⋯105
　3.1.1　概　説 ⋯⋯⋯⋯⋯⋯⋯⋯⋯⋯⋯⋯⋯⋯⋯⋯⋯⋯⋯⋯⋯⋯⋯⋯105
　3.1.2　南部北上帯大陸基盤の成立 ⋯⋯⋯⋯⋯⋯⋯⋯⋯⋯⋯⋯⋯⋯⋯105
　3.1.3　南部北上古陸はどこで形成されたか ⋯⋯⋯⋯⋯⋯⋯⋯⋯⋯⋯108
　3.1.4　南部北上古陸のゴンドワナからの分離 ⋯⋯⋯⋯⋯⋯⋯⋯⋯⋯109
　3.1.5　沈み込み帯から非活動的大陸縁辺へ ⋯⋯⋯⋯⋯⋯⋯⋯⋯⋯⋯110
　3.1.6　ペルム紀の南部北上古陸の古地理 ⋯⋯⋯⋯⋯⋯⋯⋯⋯⋯⋯⋯111
　3.1.7　南部北上古陸陸棚での中生界の堆積 ⋯⋯⋯⋯⋯⋯⋯⋯⋯⋯⋯112
　3.1.8　前期〜中期中生代の古地理 ⋯⋯⋯⋯⋯⋯⋯⋯⋯⋯⋯⋯⋯⋯⋯113

3.1.9 古生代付加体としての根田茂帯 ……………………………………114

3.1.10 アジア大陸東縁の中生代沈み込み帯 ……………………………114

3.1.11 アジア大陸東縁の白亜紀火成活動 ………………………………117

3.1.12 白亜紀テクトニクスと東北日本の北上 …………………………118

3.1.13 日本海形成前の東北日本 …………………………………………119

3.2 後期新生代 ………………………………………………………………120

3.2.1 東北日本新第三系生層序と古海洋変動 ……………佐藤時幸………120

   a. 新第三紀生層序の背景 ………………………………………120

   b. 新第三紀～第四紀グローバル気候イベントと東北日本の古環境 ……120

   c. 新第三紀/第四紀境界 …………………………………………127

   d. 大桑・万願寺動物群の層序学的問題 ………………………127

3.2.2 後期新生代の構造発達史と火成活動史 ……………吉田武義………128

   a. はじめに ………………………………………………………128

   b. 構造発達史の組み立てにあたっての基本的事項 …………139

   c. 陸弧火山活動期 ………………………………………………154

   d. 背弧海盆火山活動期 …………………………………………157

   e. 島弧火山活動期 ………………………………………………167

4. 中・古生界

4.1 概 説 ………………………………………………永広昌之………181

4.2 南部北上帯 ………………………………………………………………184

4.2.1 概 説 ………………………………………………永広昌之………184

4.2.2 下部～中部古生界 …………………………………永広昌之………185

4.2.3 石炭系 ………………………………………………川村寿郎………195

4.2.4 ペルム系 ……………………………………………永広昌之………203

4.2.5 三畳系 ………………………………………………吉田孝紀………219

4.2.6 ジュラ系～下部白亜系 ……………………………吉田孝紀………224

4.2.7 南部北上帯砕屑岩の鉱物組成の年代変遷 ………吉田孝紀………236

4.3 根田茂帯 ………………………………内野隆之・川村寿郎・川村信人………240

4.4 北部北上帯 ………………………永広昌之・鈴木紀毅・高橋 聡・山北 聡………244

4.4.1 概 説 ………………………………………………………………244

4.4.2 葛巻-釜石亜帯 ……………………………………………………245

4.4.3 安家-田野畑亜帯 …………………………………………………256

4.5 阿武隈帯 ……………………………………………蟹澤聰史………260

4.5.1　概　説 ………………………………………………………………………………… 260

　4.5.2　阿武隈変成岩類（御斎所・竹貫変成岩類）………………………………………… 261

　4.5.3　滝根層群 …………………………………………………………………………… 267

4.6　足尾帯 ………………………………………………………………… 永広昌之 ……… 268

4.7　朝日帯 ………………………………………………………………… 永広昌之 ……… 270

5.　白亜系〜古第三系　　　　　　　　　　　　　　　　　　　　　　永広昌之

5.1　概　説 ……………………………………………………………………………………… 273

5.2　下部白亜系宮古層群 …………………………………………………………………… 273

5.3　上部白亜系・古第三系 ………………………………………………………………… 275

　5.3.1　久慈地域 …………………………………………………………………………… 275

　5.3.2　岩泉地域 …………………………………………………………………………… 277

　5.3.3　門地域 ……………………………………………………………………………… 278

　5.3.4　双葉地域 …………………………………………………………………………… 279

6.　白亜紀〜古第三紀火成岩類　　　　　　　　　　　　　　　　　　土谷信高

6.1　概　説 ……………………………………………………………………………………… 283

6.2　北上山地の前期白亜紀火成岩類 ……………………………………………………… 284

　6.2.1　前期白亜紀火山岩類 ……………………………………………………………… 284

　6.2.2　前期白亜紀岩脈類 ………………………………………………………………… 290

　6.2.3　前期白亜紀深成岩類 ……………………………………………………………… 293

6.3　阿武隈山地の白亜紀火成岩類 ………………………………………………………… 306

　6.3.1　南部阿武隈山地の花崗岩体 ……………………………………………………… 308

　6.3.2　北部阿武隈山地の深成岩類 ……………………………………………………… 310

6.4　奥羽山脈に散在して露出する深成岩類 ……………………………………………… 314

　6.4.1　白神山地 …………………………………………………………………………… 314

　6.4.2　太平山地 …………………………………………………………………………… 315

　6.4.3　奥羽脊梁山脈北部 ………………………………………………………………… 316

6.5　棚倉構造線とその北方延長部の火成岩類 …………………………………………… 317

　6.5.1　朝日帯 ……………………………………………………………………………… 317

6.6　後期白亜紀〜古第三紀火山岩類 ……………………………………………………… 318

　6.6.1　北上山地 …………………………………………………………………………… 318

　6.6.2　朝日山地・日本海沿岸地域 ……………………………………………………… 322

6.7 前期白亜紀～古第三紀火成岩類の岩石化学的特徴とその成因 ························· 322

    6.7.1 岩石化学的特徴 ·· 322

    6.7.2 岩石成因論とテクトニクス ·· 325

7. 新第三系～第四系
吉田武義

7.1 構造発達史と火成活動の概要 ··· 329

7.2 津軽～下北地域 ··· 331

    7.2.1 津軽～弘前地域 ·· 331

    7.2.2 夏泊地域 ·· 337

    7.2.3 下北半島地域 ·· 337

7.3 能代～三戸地域 ··· 338

    7.3.1 能代～大館地域 ·· 338

    7.3.2 田山～荒屋地域 ·· 344

    7.3.3 田子～三戸地域 ·· 345

7.4 男鹿～一関地域 ··· 348

    7.4.1 男鹿地域 ·· 348

    7.4.2 秋田～本荘地域 ·· 354

    7.4.3 雫石～栗駒地域 ·· 356

    7.4.4 鬼首～一関地域 ·· 357

7.5 山形・宮城地域 ··· 358

    7.5.1 庄内地域 ·· 358

    7.5.2 新庄～山形～米沢地域 ·· 361

    7.5.3 蔵王～船形地域 ·· 365

    7.5.4 白石～角田地域 ·· 367

    7.5.5 仙台～松島地域 ·· 370

7.6 福島地域 ··· 373

    7.6.1 会津地域 ·· 373

    7.6.2 福島～白河地域 ·· 374

    7.6.3 棚倉地域 ·· 377

    7.6.4 福島浜通り地域 ·· 380

8. 第四系と変動地形
吉田武義・今泉俊文

8.1 第四系（更新統・完新統）の分布と編年 ………………………… 383

8.2 第四紀地殻変動 ……………………………………………………… 387

8.3 段丘地形からわかる広域的な隆起・沈降 ………………………… 389

8.4 山地と盆地の発達過程 ……………………………………………… 392

8.5 地震と地殻変動 ……………………………………………………… 393

8.6 第四紀の気候変化 …………………………………………………… 397

9. 第四紀の活動的な火山

9.1 第四紀火山概説 ……………………………………… 伴　雅雄 …… 399

    9.1.1 東北地方における火山の分布 ………………………………… 399

    9.1.2 噴出物の岩石学的特徴とマグマの成因論 …………………… 400

9.2 青麻-恐火山列 ………………………………………… 伴　雅雄 …… 402

    9.2.1 恐　山 …………………………………………………………… 402

    9.2.2 青麻山 …………………………………………………………… 402

9.3 脊梁火山列 ……………………………………………………………… 403

    9.3.1 八甲田山 ……………………… 工藤　崇・宝田晋治・伴　雅雄 …… 403

    9.3.2 十和田 ………………………………… 工藤　崇・伴　雅雄 …… 405

    9.3.3 八幡平 ………………………………… 大場　司・伴　雅雄 …… 406

    9.3.4 秋田焼山 ……………………………… 大場　司・伴　雅雄 …… 406

    9.3.5 岩手山 ………………………………… 伊藤順一・伴　雅雄 …… 408

    9.3.6 秋田駒ケ岳 …………………………… 藤縄明彦・伴　雅雄 …… 409

    9.3.7 栗駒山 ………………………………… 藤縄明彦・伴　雅雄 …… 411

    9.3.8 鳴　子 ………………………………………… 伴　雅雄 …… 412

    9.3.9 蔵王山 …………………… 伴　雅雄・式部未来・西　勇樹 …… 413

    9.3.10 吾妻山 ………………………………… 藤縄明彦・伴　雅雄 …… 415

    9.3.11 安達太良山 …………………………… 藤縄明彦・伴　雅雄 …… 417

    9.3.12 磐梯山 ………………………………………… 伴　雅雄 …… 418

9.4 森吉火山列 ……………………………………………………………… 418

    9.4.1 岩木山 ………………………………… 佐々木　実・伴　雅雄 …… 418

    9.4.2 森吉山 ………………………………… 林　信太郎・伴　雅雄 …… 419

    9.4.3 肘　折 ………………………………… 宮城磯治・伴　雅雄 …… 420

| | | 目　　次 | | | *xiii* |

9.4.4　沼　　沢 ·· 山元孝広・伴　雅雄 ········ 421

9.4.5　燧ヶ岳 ·· 伴　雅雄 ········ 422

9.5　鳥海火山列 ·· 423

9.5.1　鳥海山 ·· 林　信太郎・伴　雅雄 ········ 423

9.5.2　月　　山 ·· 伴　雅雄 ········ 425

10.　海洋地質
馬場　敬

10.1　日本海側 ·· 427

10.1.1　地質概要 ·· 427

10.1.2　層序および岩相 ·· 427

10.1.3　地質構造 ·· 437

10.1.4　日本海拡大のリフトモデル ·· 447

10.2　太平洋側 ·· 450

10.2.1　地質概要 ·· 450

10.2.2　層序および層相 ·· 452

10.2.3　地質構造 ·· 466

10.3　東北日本弧の海洋地質のまとめ ·· 470

10.3.1　地質構造 ·· 470

10.3.2　地質構造発達史 ·· 472

11.　2011年東北地方太平洋沖地震
吉田武義・馬場　敬・長谷川　昭

11.1　地震発生域の地質概要 ·· 479

11.1.1　2011年東北沖地震と東日本大震災 ·· 479

11.1.2　東北日本弧の地体構造 ·· 479

11.1.3　東北日本弧，前弧域の構造発達史 ·· 480

11.1.4　東北日本弧の発達史と応力場の時代的変遷 ·· 482

11.1.5　東北日本弧への斜め沈み込み成分の影響 ·· 483

11.1.6　東北地方太平洋沖の地形 ·· 484

11.1.7　東北地方太平洋沖の地質構造 ·· 487

11.1.8　日本海溝での造構性侵食作用 ·· 491

11.2　東北日本弧，前弧海域の構造 ·· 492

11.2.1　東北日本弧の太平洋側海域での震探層序 ·· 492

11.2.2　東北日本弧前弧海域における地質構造の発達 ·· 492

11.2.3	東北日本弧の大規模横ずれ断層	493
11.2.4	大規模横ずれ断層で境された東北日本弧	493
11.2.5	東北日本弧前弧海域の地質構造	493
11.2.6	前弧海域における地震学的構造と構成岩石	495

11.3 プレート境界地震の発生とアスペリティ ... 501

11.3.1	プレート境界での歪みの蓄積と解消	501
11.3.2	プレート境界地震の規模とアスペリティ	501
11.3.3	セグメント境界とアスペリティ	501
11.3.4	プレート境界での深さに依存した破壊特性変化	501
11.3.5	速度-状態依存摩擦構成則	502
11.3.6	2011 年東北沖地震のすべりモデル	502
11.3.7	2011 年東北沖地震の発生モデル	503

11.4 プレート境界断層，高角分岐断層と大規模横ずれ断層 ... 504

11.4.1	プレート境界断層（メガスラスト）	504
11.4.2	日本海溝から沈み込むプレート境界の特徴	504
11.4.3	プレート境界断層（メガスラスト）の特徴	505
11.4.4	下部海溝斜面下での動的過程	507
11.4.5	大規模横ずれ断層と高角の分岐断層	509
11.4.6	前弧域における高角断層に沿った流体の排出	510

11.5 2011 年東北沖地震の前震，本震，余震活動 ... 510

11.5.1	2011 年東北沖地震の前震活動	510
11.5.2	2011 年東北沖地震に先行したすべりの加速	510
11.5.3	本震と最大前震の震源位置	511
11.5.4	前震活動域の移動による本震のトリガー	512
11.5.5	強いアスペリティの破壊による本震の発生	513
11.5.6	2011 年東北沖地震本震の震源モデル	514
11.5.7	3 段階の断層すべりの進展と 2 波の津波の発生	514
11.5.8	最大地震すべり発生前に示されていた M9 地震の特徴	515
11.5.9	東北日本弧前弧域の高 P 波速度領域の破壊	515
11.5.10	地震後の静的応力変化と余震活動	515
11.5.11	本震直後の余震分布の特徴	515

11.6 2011 年東北沖地震の震源過程 ... 516

11.6.1	強震動発生源と大すべり域の分布	516
11.6.2	性格の異なる破壊域の分布と構造との対応	517
11.6.3	スラブ-上部地殻接触域での大すべりの発生	517

11.6.4 前弧ウェッジでの有効摩擦係数と間隙水圧比 …………………………517

11.6.5 中部海溝斜面下での正断層型余震の発生 …………………………517

11.7 2011年東北沖地震による津波 …………………………………………518

11.7.1 東北地方, 太平洋岸を過去に襲った津波 ……………………………518

11.7.2 2011年東北沖地震による2波の津波 ………………………………518

11.7.3 2011年東北沖地震による津波の高さ分布 …………………………519

11.7.4 2011年東北沖地震による津波と貞観津波 …………………………519

11.8 2011年東北沖地震の誘発地震 …………………………………………520

11.8.1 東北日本弧, 内陸部での誘発地震の発生 ……………………………520

11.8.2 カルデラ構造と地震活動 ………………………………………………521

11.8.3 カルデラ構造に関係した誘発地震の発生 ……………………………522

11.9 セグメント境界の固着による連動破壊 …………………………………523

11.9.1 セグメントとその連動破壊 ……………………………………………523

11.9.2 セグメント境界での固着の進行と地震の規模 ………………………524

11.9.3 北東-南西系の水平圧縮応力 …………………………………………524

11.9.4 東北日本弧前弧スリバー ………………………………………………524

11.9.5 北東-南西系の広域応力場への回帰 …………………………………525

11.9.6 大地震のスーパーサイクル ……………………………………………525

---

12. 地 下 資 源

12.1 金 属 資 源 ……………………………………………山田亮一………527

12.1.1 概　説 ……………………………………………………………………527

12.1.2 変質帯と鉱床の形成 ……………………………………………………529

12.1.3 熱水変質作用 ……………………………………………………………530

12.1.4 東北地方の金属資源 ……………………………………………………532

コラム　歴史にみる金属鉱山の役割 …………………………………………550

12.2 石 油 資 源 ……………………………………………佐藤時幸………552

12.2.1 秋田-山形地域 …………………………………………………………552

12.2.2 東北日本太平洋側地域 …………………………………………………561

付表　鉱山リスト ……………………………………………山田亮一………564

---

13. 地盤災害, 地質災害, 地質汚染

13.1 地盤災害 …………………………………………………………………573

xvi 目　次

13.1.1　山地の災害 ·· 山野井　徹・田野久貴 ········ 573

13.1.2　平地の災害 ·· 陶野郁雄 ········ 590

13.2　東北地方，地圏環境リスクマップ ··· 土屋範芳 ········ 597

13.2.1　地圏環境インフォマティクス ····································· 597

13.2.2　宮城県土壌の自然由来重金属バックグラウンドマップ ················· 598

13.2.3　仙台平野竜の口層の擬 3 次元分布とヒ素のリスクマップ ·············· 600

13.3　河川の水質汚濁 ····· 山田亮一・吉田武義・丸茂克美・布原啓史・池田浩二 ········ 602

13.3.1　概　要 ··· 602

13.3.2　河川汚濁の現況の解析 ··· 603

13.3.3　解析手法と具体的事例 ··· 604

13.3.4　リスク評価基本図 ··· 608

13.3.5　リスク評価の手法 ··· 608

引用文献 ··· 609
索　引 ··· 684

1. 総　説

1.1　は じ め に

　東北地方は古くて冷たいプレートの沈み込みに伴って形成された代表的な島弧-海溝系の１つである東北日本弧に属している．2011年3月11日に発生した東北地方太平洋沖地震とそれに伴った津波は，東北地方に甚大な被害をもたらしたが，この地震は沈み込む太平洋プレートと上盤陸側プレートとの境界面に生じた巨大な逆断層によるものであった．このような，将来ふたたび起こりうる巨大災害による被害を，可能な限り小さくするための防災や減災を進めるにあたっては，超巨大地震が起こった東北地方の地史を明らかにし，東北地方が現在どのような構造をもち，どのようなテクトニック場におかれているのかを正しく理解することがきわめて重要である．

■1.1.1　東北地方の地質構造発達史概要

　東北地方には，古生代から，中生代，新生代にいたる地質時代に形成された多様な地質体が分布しており，その地質構造発達史については，これまでに多数の研究がなされてきた．東北地方に分布する地質体は，その発達史から大きく，①下部古生界〜最下部白亜系，②下部白亜系〜古第三系，③新第三系〜第四系に区分することができる．①と②は，相伴って分布し，これらを③が覆っている．

　①は古生界基盤をもつ南部北上帯，後期古生代付加体からなる根田茂帯，ジュラ紀付加体からなる北部北上帯・阿武隈帯・足尾帯などからなる．南部北上帯では，ゴンドワナ大陸北縁の沈み込み帯で，前期古生代に付加体起源の高圧変成岩や島弧火成岩類からなる基盤が形成され（南部北上古陸），その後その陸棚上に厚い古生界・中生界がほぼ連続的に堆積した（図1.1.1）．根田茂帯ではデボン紀に海洋地殻が形成され，前期石炭紀に付加体を形成した．北部北上帯の海洋基盤の形成は後期石炭紀にさかの

ぼり，海洋プレートの移動に伴って，前期ジュラ紀から最後期ジュラ紀（初期白亜紀？）にかけて次々に付加体をつくった．南部北上帯-北部北上帯は前期白亜紀までに合体し，同時に，島弧火山活動を伴う，激しい褶曲・断層運動を受けて最下部白亜系以下の地質体の帯状構造が形成され，これを前期白亜紀花崗岩類が貫いた．阿武隈帯のジュラ紀付加体は初期白亜紀に高温変成作用をこうむり，白亜紀花崗岩類が全域に貫入した．阿武隈帯と南部北上帯は畑川構造線（畑川断層）の白亜紀左横ずれ運動によってほぼ現在の接合関係となった．

　②はこれらを不整合に覆っており，南部北上帯-北部北上帯の合体からこの不整合の形成にいたる構造運動は大島造山運動（Kobayashi, 1941）と呼ばれている．②の時代には，三陸沖〜常磐沖に北海道中軸帯の南方延長となる堆積盆が形成され，厚い白亜系-古第三系が堆積したが，現在の北上山地東縁はその縁辺をなしていた．

　②から③にかけて，活動的な陸弧縁辺部（ユーラシア大陸の東縁）において，背弧海盆（日本海盆，大和海盆）の拡大が始まり，これが段階をおって青沢リフト，黒鉱リフトへと進行し，現在の島弧-海溝系（東北日本弧）の基本構造が形成された．東北日本弧における中新世以降の島弧火山活動期における活動は，地殻内応力場の変遷と密接に関連している．ニュートラルな応力場で特徴づけられる初期の海洋性島弧期に続き，脊梁域が上昇・浅海化するとともに，多数のカルデラ火山が活動を始めた．鮮新世に入るとプレート運動方向の変化により，東北日本弧は中間的な応力場から強い水平圧縮応力場に変わり，それとともにカルデラ火山活動が終焉し，安山岩質成層火山の活動を主とする強圧縮性火山弧へと変化した．

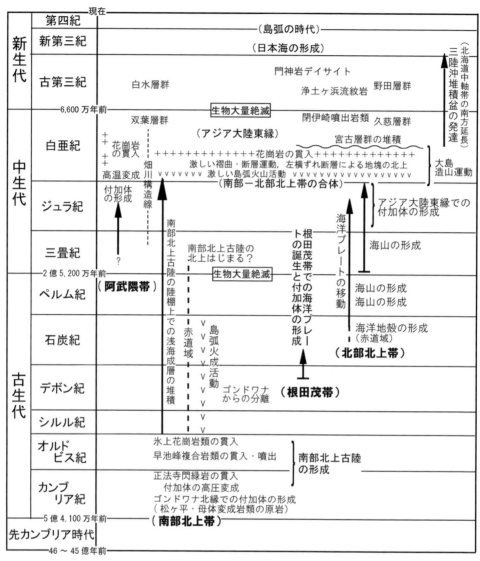

図 1.1.1　東北日本の先新第三紀構造発達史年表（永広原図）

■1.1.2 東北日本弧

　本州の北部を占める東北地方は，典型的な島弧-海溝系である東北日本弧の主要部をなしている．東北地方は，現在，北アメリカプレートに属し（中村，1983；小林，1983），日本海側ではユーラシアプレートと接して，その下には，日本海溝で境される太平洋プレートが沈み込んでいる．東北地方を構成する東北日本弧の地形は，ホルスト（地塁）とグラーベン（地溝）の列で特徴づけられ，東から西へ，北上山地・阿武隈山地，北上川-阿武隈川河谷，奥羽脊梁山脈，内陸盆地列，出羽丘陵～飯豊山地，日本海沿岸平野が南北に連なり，その東西に海域が広がる．北上山地・阿武隈山地には古生界，中生界が主として分布し，その西方には，漸新世以降に形成された火山岩類や堆積岩類が，広く分布している．東北地方では，海溝から背弧側へと，重力負異常帯，三陸-常磐沖浅発地震帯，北上-阿武隈非火山帯，盛岡-白河構造線，火山帯，羽越褶曲帯と，弧状列島を特徴づける帯状配列が発達しているが，先新第三系基盤岩類の帯状分布は不明瞭である．

　東北地方には，多数の活動的な火山が分布し，地下では多くの地震が起こっているが，これらの活動的な火山帯や地震帯はプレート境界である日本海溝

とほぼ平行に分布している．活動的な火山は，主に奥羽脊梁山脈に沿って分布し，その分布域の東縁が火山フロントをなしている．背弧側での火山の分布は東北地方の北部では日本海の海上に及んでいるが，南部では，背弧側陸域でも，火山が分布しておらず，火山分布域の背弧側に，火山の背弧側分布限界である Volcanic Rear Edge（吉田ほか，2005）を設定することができる．地震，特に深発地震は，日本海溝から斜め西方に傾斜する面に沿って発生し，最も深い深度は 700 km に達している．日本海溝は，北側では千島海溝に連なり，南側では伊豆-マリアナ海溝に連なっており，これらとの間に会合部が発達している．千島列島の前弧スリバーは東北日本と衝突し，日高山脈に下部地殻を露出させており，フィリピン海プレート上の島弧である伊豆半島は，本州弧と衝突し，丹沢山地で伊豆弧側の深部地殻が露出している（木村，2002）．

［吉田武義・永広昌之］

1.2 東北地方の先新第三系の地体構造区分

■ 1.2.1 概 説

東北地方の先新第三系は，棚倉構造線を境として，西側の西南日本地質区と東側の東北日本地質区に大区分される．西南日本と東北日本は，前者で明瞭な島弧方向の帯状配列が東北日本では明瞭ではないこと，白亜紀～古第三紀の火成岩類や付随する鉱床の形式年代や配列が異なることで区別される．しかし，帯状配列は明瞭ではないものの，東北日本の先新第三系堆積岩類や変成岩類の原岩は，西南日本外帯の延長であり，大きな違いはないという考え方が主流になりつつあり，両地質区の主要な相違は白亜紀～古第三紀の火成活動のみということができる（図 1.2.1）．

■ 1.2.2 西南日本地質区

西南日本地質区は，西南日本内帯に属する足尾帯と朝日山地周辺の朝日帯からなる．

足尾帯：広く分布するジュラ紀付加体とそれらを貫く，あるいは不整合に覆う，後期白亜紀～古第三紀火山岩・花崗岩類からなる．帝釈山地北西の奥只見地域の足尾帯とされた地域に上越帯（Hayama et al., 1969）の延長があるという考えもある．

朝日帯：70～60 Ma の花崗岩類を主体とし，年代未詳の変成岩類を伴う．志村ほか（2002）は朝日帯を領家帯の延長としている．

■ 1.2.3 東北日本地質区

東北日本の先白亜系は，南北方向に配列する，西側から，阿武隈帯，南部北上帯，根田茂帯および北部北上帯からなり，北部北上帯は葛巻-釜石亜帯と安家-田野畑亜帯に細分される（図 1.2.1）．この区分は前期白亜紀火成岩類や下部白亜系上部以上の堆積岩類には適用されない．南部北上帯・根田茂帯・北部北上帯の現在の接合関係は前期白亜紀火成活動前に完成している．白亜紀花崗岩類は，阿武隈帯（阿武隈迸入帯）と南部北上帯・根田茂帯・北部北上帯（北上迸入帯）との間で年代や化学組成において違いがあるが，後 3 者の間では基本的な相違はなく，これらの帯にまたがって分布する．前期白亜紀火山岩・火砕岩類も同様である．また，上部白亜系～古第三系に関しても，東北日本は一連の地質区をなしている．

阿武隈帯：ジュラ紀付加体の変成相である御斎所・竹貫変成岩類と白亜紀花崗岩類（130～110 Ma，100～90 Ma）が広く分布する．付加体起源の接触変成岩類（滝根層群）を伴う．西南日本内帯の足尾帯・朝日帯とは棚倉構造線（棚倉破砕帯：Omori, 1958；棚倉断層）で境される．棚倉構造線の北方延長（朝日山地付近）についてはいくつかの考えがある．皆川ほか（1967）は朝日山地東縁の大井沢構造帯を，高橋（1999）は山形市西方の伏在断層を，滝口・田中（2001）は梨郷マイロナイト帯を延長部としている．

南部北上帯：先シルル紀基盤岩類（カレドニア基盤）と浅海成（一部陸成）のシルル系～下部白亜

川構造線は宮城・秋田県境付近では湯沢-鬼首マイロナイト帯（笹田，1985）と一致するが，湯沢より北方への延長については不明である．秋田県北部の太平山地に分布する花崗岩類および秋田・青森県境付近の白神山地の花崗岩類は阿武隈帯のものに比較される（藤本・山元，2010）．これらの花崗岩類は畑川構造線の北北西延長より東に位置し，また，これらの花崗岩類のすぐ東側には北部北上帯（葛巻-釜石亜帯）に属する堆積岩類が点在しており，この間に南部北上帯や根田茂帯の要素を欠いている．したがって，畑川構造線の北方延長部で，阿武隈帯と南部北上帯・根田茂帯・北部北上帯の3者が斜交関係にある，あるいは，阿武隈進入帯の花崗岩類の分布が北方では阿武隈帯に限定されず，より東方の帯にも及ぶ可能性がある．

根田茂帯：石炭紀付加体からなり，一部に前期白亜紀火山岩類・花崗岩類が分布する．南部北上帯北縁部との境界は確定していない．

北部北上帯：ジュラ紀付加体からなるが，東部の三陸海岸沿いでは前期白亜紀火山岩類・火砕岩類を伴い，全域に前期白亜紀花崗岩類（130～110 Ma）が貫入している．南部北上帯・根田茂帯との境界は早池峰東縁断層（永広ほか，1988）である．西側の葛巻-釜石亜帯と東側の安家-田野畑亜帯に細分される．

北部北上帯の南西縁にペルム紀の付加体があるという考えもある［4.4.1項参照］．

下部白亜系上部：北上山地北部の宮古周辺に点在する．主として砕屑岩類よりなる．

上部白亜系・古第三系：砕屑岩を主体とし，火砕岩を伴う．北上山地北部の久慈，門，岩泉地域と，阿武隈山地南東部の双葉地域に分布する．いわき地域での分布は南部北上帯から阿武隈帯にまたがっている．

［永広昌之］

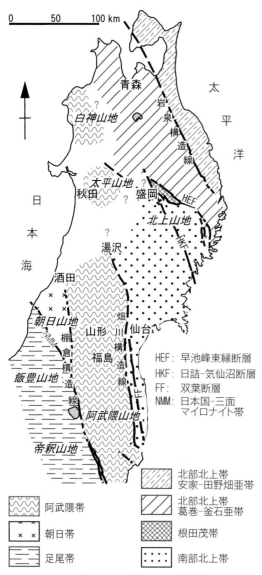

図 **1.2.1** 東北日本の先新第三系の地体構造の概要

系，前期白亜紀火山岩類・花崗岩類（130～110 Ma）からなる．西側の阿武隈帯との境界は畑川構造線（畑川断層；畑川破砕帯：Sendo, 1958）である．畑

1.3 東北地方の新第三系～第四系

　東北地方を構成する東北日本弧は，漸新世から中新世初期に起こった日本海（縁海）の形成によって，ユーラシア大陸から分離し，現在の島弧-海溝系を形づくった．現在の東北地方の地質構造は，日本海の拡大に伴うリフト構造の形成に密接に関連している．

　北上・阿武隈山地前面に広がる海域には，比較的広い大陸棚から大陸斜面，日本海溝，海洋底が発達

している．東北日本弧沖合の北大西洋の海底は，太平洋底のなかでも古く，主に白亜紀に形成された海底である．そこには多くの海山がのり，水深が7000 mをこえる日本海溝から日本列島の下に沈み込んでいる．

a．日本海溝～前弧域

北上・阿武隈山地：非火山性外弧である北上・阿武隈山地は，新第三紀以降，背弧側や前弧海盆に比べ，ほとんど地殻変動のない安定した陸域として挙動してきた．これらの地域は，長波長でゆったりとした曲隆を示す逆船底形の高原状山地をなしている．その西縁が，盛岡-白河構造線で，これを境に重力値が急変している．

北上低地帯-阿武隈低地帯：北上・阿武隈の外弧山地と火山フロントにはさまれた地域に，河谷盆地が連なる北上低地帯-阿武隈低地帯が位置し，この領域は外弧山地に対して低い重力値を示している．これらの低地帯の東側は，外弧山地に連なる丘陵地域に対して明瞭なギャップをもたずに移り変わるが，西側の奥羽脊梁山脈との境界部は概して明瞭である（小池，2005）．

奥羽脊梁山脈：東北日本弧の軸部をなす奥羽脊梁山脈は，足尾山地まで続き，南北に500 kmに及んでいる．この山脈は，その両端あるいは片側を島弧と平行な逆断層で限られた隆起ブロックをなし，北上山地や阿武隈山地に分布する先第三紀基盤岩類の北北西-南南東に延びる構造を切って発達している．奥羽脊梁山脈は，主山稜が明確な1本ないし2本の多少屈曲した線として認識でき，その最高所と地質構造上の隆起軸とが一致することが多い（Sato，1994）．第四紀火山の多くも，この隆起軸上に位置している．

山間内陸盆地：奥羽脊梁山脈の西側には，奥羽脊梁山脈と出羽丘陵～飯豊山地にはさまれた，山間内陸盆地が発達している．南北に連なる内陸盆地の間には，東方の奥羽脊梁山脈から延びる山地の高まりがみられる（今泉，1999）．島弧に平行に延びる奥羽脊梁山脈と出羽丘陵～飯豊山地は，これらの西北西-東南東走向の山地とともに，2列の山列からなるはしご状，あるいは奥羽脊梁山脈部で連続し，背弧側で開いた櫛状の構造をつくっている（Prima *et al*.，2003）．

出羽丘陵～飯豊山地：奥羽脊梁山脈の背弧側には，出羽丘陵から飯豊山地に連なる山地～丘陵域が続いている．これらの丘陵～山地は，幅の狭い隆起帯を構成しているが，西翼で変形が著しい非対称な構造形態を示している．出羽丘陵の西縁には，現在の海岸線にほぼ沿って南北に走る衝上帯（佐藤ほか，2004）が発達している．

日本海沿岸部：日本海沿岸には，海岸平野が南北にとびとびに分布しているが，ここには，新第三紀に形成された大きな堆積盆地が連なっている．そこでは，中新世中期に堆積し，その後，沈降した厚い海成層が分布している．

日本海東縁部：日本海東縁部における海底地形の骨格をなすのは，後期鮮新世以降に強い東西圧縮応力場の下で成長した断層・褶曲集中帯で，男鹿-粟島断層帯と佐渡海嶺からなる．これらは，全体として大きな隆起帯を形成し，その間に沈降帯である最上トラフが位置している．

背弧海盆：東北日本弧の背弧側には，大和海盆や日本海盆などの縁海が発達している．これらの海盆は，典型的な海洋性地殻を有しているが，その厚さは通常の海洋性地殻に比較して厚いという特徴がある．

b．火山分布

東北日本弧の第四紀火山は，火山フロント側から背弧側へと，青麻-恐，脊梁，森吉，鳥海の4火山列に分帯できる（中川ほか，1986）．これらの間には，島弧を横切る方向での火山岩組成の顕著な広域変化が認められ，背弧側へとアルカリ量が系統的に増加している．青麻-恐火山列は，東北日本弧の火山フロントをなし，その分布は，奥羽脊梁山脈の東翼部に位置している．一方，脊梁火山列の火山は，その大部分が奥羽脊梁山脈の軸部に分布し，その基盤自体が比較的高い位置にある．背弧側に位置する森吉火山列は，山間内陸盆地から出羽丘陵にかけた位置に分布し，鳥海火山列の火山は，出羽丘陵から日本海海域にかけて分布している．これらの火山の分布は，東北地方北部では日本海の海域に認められるが，東北地方南部では，陸域でも分布が認められなくなる．これらの南北での違いは，ほぼ棚倉構造線を境に変化しており，東北日本地質区と西南日本地質区を境する棚倉構造線が，火山活動に対しても大きな影響を与えていることを示唆している．

［吉田武義］

2. 東北地方の基本構造

2.1 地形

■2.1.1 地形概要

典型的な島弧-海溝系をなし，圧縮テクトニクス場にある東北日本弧（図 2.1.1）は，地形学的な隆起・沈降域で区分される多重の構造セグメントから構成されている（図 2.1.2）．ここでは，日本海溝

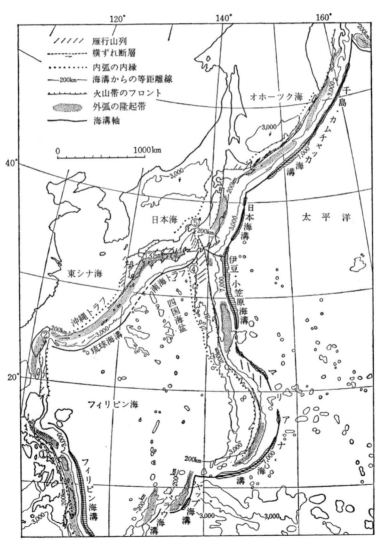

図 2.1.1 日本列島付近の大地形
貝塚（1972）に地形を追加，海底地形は海図 6901 号による（鎮西・松田，2010）.
①フィリピン断裂帯，②縦谷断層，③中央構造線，④西七島海嶺，⑤糸魚川-静岡構造線.

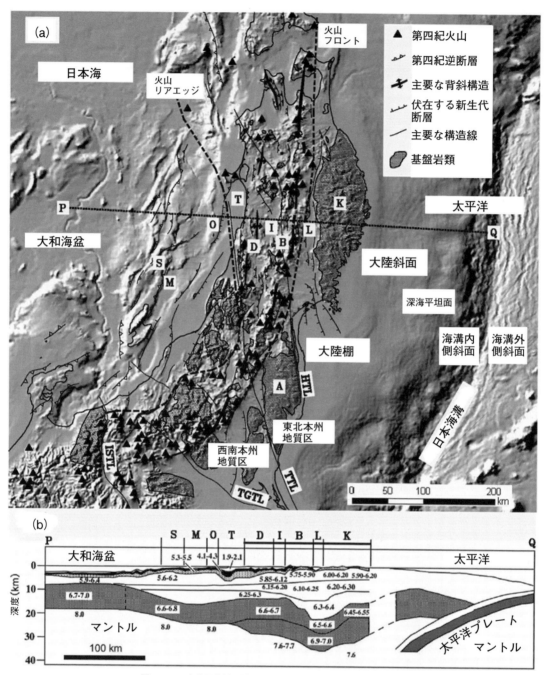

図 2.1.2 東北日本弧の地形概観 (a) と Vp 速度構造断面 (b)

　図 (a) 中の2本の破線は，第四紀火山活動の東縁と西縁を表している．東縁は，現在の火山フロントであり，西縁は，第四紀火山活動のリアエッジである（吉田ほか，2005）．棚倉構造線（TTL）は，東北本州地質区と西南本州地質区の主要な境界断層である．畑川構造線（HTL）は，東北本州地質区に分布する阿武隈帯と北上帯の基盤岩を境する断層である．その他の記号についての説明は，右上のボックスの中に示してある．K：北上山地，A：阿武隈山地，L：北上河谷地，B：奥羽脊梁山脈，I：山間盆地，D：出羽丘陵，T：飛島海盆（秋田-新潟堆積盆地），O：男鹿-粟島断層帯（飛島-船川隆起帯），M：最上トラフ，S：佐渡海嶺．TGTL：利根川構造線，ISTL：糸魚川-静岡構造線．

　図 (b) 中の数字は，Vp (km/s) を示す（Iwasaki et al., 2001；西坂ほか，2001；Takahashi et al., 2004；佐藤ほか，2004）．

と平行に，北上・阿武隈山地，奥羽脊梁山脈，出羽丘陵〜飯豊山地が南北に連なり，その東西に海域へと広がる平坦地が分布し，海溝側から背弧側へと各種の帯状配列が認められる（たとえば，貝塚，1972；Hasegawa et al., 2000；佐藤，2005）．小池ほか（2005）は，東北日本を特徴的な地形により，大〜小区分し，それぞれに名前をつけている．奥羽脊梁山脈は，東北日本弧の軸部をなし，東側には北上・阿武隈の両河谷に沿った低地帯群が，西側には山間内陸盆地群が発達する．北上・阿武隈山地前面に広がる海域には，比較的広い大陸棚から大陸斜面，日本海溝が発達し，日本海側には，秋田−新潟堆積盆地，男鹿−粟島断層帯，最上トラフ，佐渡海嶺，大和海盆が続く（図 2.1.2：Yoshida et al., 2014）．

■2.1.2 北上・阿武隈山地前面に広がる海域

a. 東北地方太平洋沖

北上・阿武隈山地前面に広がる海域には，比較的広い大陸棚から大陸斜面，日本海溝，海洋底が発達している（図 2.1.3）．東北日本弧沖合の北西太平洋の海底は，太平洋底のなかでも古く，主に白亜紀に形成された海底である．そこには多くの海山がのり，太平洋プレートは水深が 7000 m をこえる日本海溝から日本列島の下に沈み込んでいる（図 2.1.4）．また，沈み込む太平洋プレートは，海溝のアウターライズの東側に下に凸の撓曲域をもち，ここにはアルカリ質なプチスポット火山が複数発見されている（Hirano et al., 2006）．

北上山地の南部にはリアス海岸が発達しているが，このリアスの谷は大陸棚の途中で終わっている．また大陸棚上には，MIS 2（海洋酸素同位体ステージ 2：Marine Isotope Stage 2：Imbrie et al., 1984；Martinson et al., 1987）よりも古い汀線がそれより沖合のより深いところに沈水しており，大陸棚を含めて，曲隆の東翼での東向きの傾動運動が認められる．阿武隈山地では，新しい時代の隆起軸は山地の

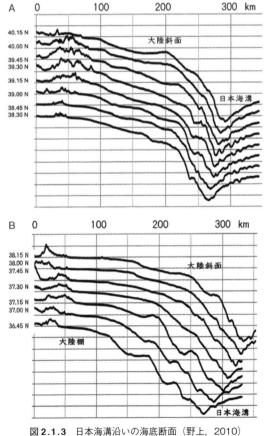

図 2.1.3 日本海溝沿いの海底断面（野上，2010）
A：北上山地東方沖の海底断面．緯線に沿う 8 本の断面は相互に縦軸目盛り間隔（1000 m）をずらして表示．
B：阿武隈山地東方沖の海底断面．緯線に沿う 7 本の断面．

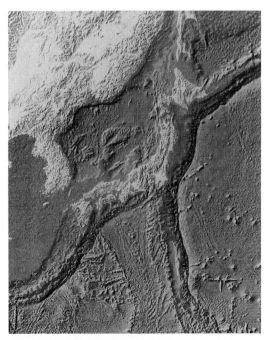

図 2.1.4 日本列島とその周辺海底地形の陰影図（太田ほか，2010）

東縁近くにあり，大陸棚の地形が示す傾動は，隆起軸から大陸斜面に向かって東下がりとなっている（野上，2010a）．

b. 日本海溝

日本海溝は，日本列島の東側に位置する幅約40 kmで，深さ7000〜8000 m，全長800 kmに及ぶ海溝で，襟裳海山から相模トラフへの分岐点までをいう．海溝内には，襟裳海山や第一鹿島海山などの白亜紀に形成された海山が認められるが，特に，後者は落差約1500 mの海溝に平行な断層で切られ，山体の西半部が海溝側へ落ち込んでおり，太平洋プレートの沈み込み口であることを示している．海溝軸部の深度は，南側ほど深く，相模トラフへの分岐点では，9000 mをこえる．沈み込む太平洋プレートの上面には，アウターライズで形成されたホルスト-グラーベン構造が発達し，それが沈み込む日本海溝では，現在，沈み込み侵食作用（構造侵食作用）がはたらいている（山本，2010）．上盤陸側プレートは，その先端部，ならびにその下底を，沈み込むスラブにより削られて，次第に沈降しており，そのため，現在，日本海溝は次第に大陸側へと移動していると推定されている（von Huene and Lallemand, 1990）．

c. 大陸斜面と海底谷

海岸線から海溝底までの間は，大陸棚と大陸斜面から構成されている．大陸斜面は，大陸棚外縁の遷急点から海溝底へと単調に落ち込んでいるのではなく，途中に複数の段（棚）地形や盆地地形が認められる．大陸斜面には，ときに密度流による海底谷が刻まれている．スケールは異なるがガリ状を呈しており，その末端は曲流しながら海溝底まで達している場合や，途中の棚地形で止まっている場合がある．上端は大陸棚外縁に切り込んでいるものもあるが，大陸斜面の途中から始まっている場合もある（野上，2010b）．

d. 大陸棚

海岸線と大陸斜面の頂部との間のきわめて緩傾斜で深度200 m以下の海底を大陸棚という．大陸棚は凸な遷急点（大陸棚外縁）で大陸斜面と接しているが，その深度に海水準が存在した時期は場所によって異なる．地殻の隆起速度がMIS 2以後の海面上昇速度（0.01 m/y）を上回ることはないので，隆起地域であっても，MIS 2の汀線は沈水してい

る．そのような地域ではそれ以前の低海水準期（MIS 6，8，10）の汀線地形はさらに浅いところに位置することになるので，その後の波の作用を受けてその時期の地形は破壊される．そのかわり，陸上では高海水準期（MIS 5，7，9）の汀線地形が海成段丘として残っている（野上，2010b）．そして，大陸棚はMIS 2以後に沈水した河成・海成の地形が大部分を占める．持続的に沈降し，その速度が大きいところでは，MIS 2にも波の作用を免れるほどの深度となるのでMIS 6以前の汀線も存在する．海底については陸上と違って崖地形（旧汀線）を読図できるほどの詳しい地図はないが，深度を統計処理すると平坦面や崖の存在が推定できる（野上，2010b）．

第四紀の気候変化の周期と振幅はおよそ900 kaのころから変化し，周期は平均約4 kyから約10 kyと長くなり，一方，振幅すなわち氷期と間氷期の気候の差は大きくなっている．氷期には，北半球高緯度大陸の氷床は著しく拡大しており．このとき低下した海面は大陸棚を形成し，かつ広く陸化させている．特に中期更新世のうち600 kaと420 kaの氷期（MIS 16とMIS 12：佐藤，2017）は，特に寒冷であったことが知られている．この時期に日本列島とその周辺には陸橋が形成され，大陸と陸続きとなっている．しかし，MIS 11以前の間氷期（MIS 17，15，13）の温暖化の程度はさほど大きなものではなかった．それに対して，MIS 11（約400 ka）は温暖で，かつ長く続いた間氷期であり，世界各地から広い海成段丘が形成されたことが報告されている（町田，2010）．

■2.1.3 北上・阿武隈山地

非火山性外弧である北上・阿武隈山地は，新第三紀以降，背弧側や前弧海盆に比べ，ほとんど地殻変動のない安定した陸域として挙動してきた．これらの地域は，長波長でゆったりとした曲隆を示す逆船底形の高原状山地をなす（図2.1.5）．その西縁が盛岡-白河構造線で，これを境に重力値が急変している（図2.1.6）．

北上山地は，全体として南北に延びる卵形の曲隆山地で，西側を北上低地帯に限られ，東側が三陸のリアス海岸で終わり，周辺部はやや急斜するドーム

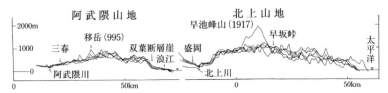

図 2.1.5 小起伏地形の分布する山地の投射断面図（小池，2001）

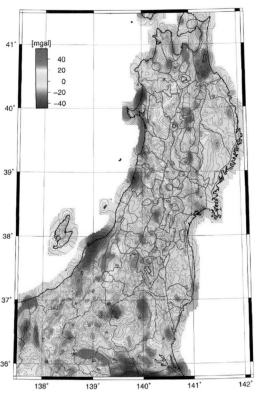

図 2.1.6 東北日本弧の地形区分（図 2.1.12 参照）と重力分布（小池ほか，2005；工藤ほか，2010）（口絵 1）

位面群（550〜730 m），そして，下位面群（300〜550 m）に区分される．これらは中新世以前（高位面群）から鮮新世・初期更新世（下位面群）にかけて形成されたもので，現在はある程度開析が進んでいるとされている（中村，1960，1996；木村，1994）．阿武隈山地内で，小起伏地形が最もよく分布するのは大滝根川流域周辺の山地で，ここでは南北方向に延びる複数段の小起伏地形が分布する（小池，1968；Koike，1969）．これらの小起伏地形のうち，最上位の面を除く 5 面は形成後まもなく三春火砕流（約 5 Ma）に覆われ，さらに剥離化石面となった後，下位の 2 面は芦野火砕流（1.4〜0.96 Ma：山元，2006）に覆われている（鈴木，2005；鈴木・植木，2006）．阿武隈山地は，全体として，隆起軸が東に偏ったやや西に傾く傾動地塊の形態を有し，その背面の緩傾斜部にあたる山地北西部を中心に数段の下位面群が形成されている（小池ほか，2010）．

北上山地は，北部と南部に分けられ，北部の北側に九戸丘陵〜台地が発達しており，海岸に沿っては，リアス海岸低地・段丘群が発達している（図 2.1.7）．阿武隈山地も北部と南部に区分でき，北部の海岸には磐城海岸が，南部の海岸には常磐海岸が広がり，それぞれ磐城沖陸棚，常磐沖陸棚に続いている．

東北日本弧を構成する最も古い堆積岩類はシルル紀の地層である（Mori et al., 1992）が，南部北上帯には広く先シルル紀の深成岩・変成岩およびオフィオライト構成岩類が分布している（Ehiro and Kanisawa, 1999；Yoshikawa and Ozawa, 2007；Isozaki et al., 2015）．前期白亜紀には，いざなぎプレートの斜め沈み込み（Engebretson et al., 1985）によって北上の火山弧が形成された（蟹澤・片田，1988）．その後，火山深成活動は西方へ後退しながら古第三紀までユーラシア大陸の東縁で継続している（Shibata and Ishihara, 1979a）．

陸上の段丘地形に限ると，侵食作用や地殻変動が速いところでは，古い時代の段丘は開析が進んでい

状の山地である．北上山地では，早池峰山を取り囲むように海抜 800〜1200 m の広い山頂平坦面が分布し，古くから北上準平原と呼ばれてきた．その下位には海抜 500 m 前後および 300 m 前後の小起伏地形が分布する．北上山地では，遠野付近の山地内部には淡水性の，海岸では浅海性の貝化石を産する下部ないし中部白亜紀層が分布する．これに対し，新第三紀層は山地周辺に広がる小起伏地形を部分的に覆うのみである．したがって，北上山地は後期白亜紀にはかなり低平であったといえる．そして，中新世〜鮮新世にかけて，小起伏地形が山地の周辺に形成されたといわれている（Nakamura, 1963）．

阿武隈山地においては，広く小起伏地形が分布し，それらは残丘状の高位面群（750〜1000 m），中

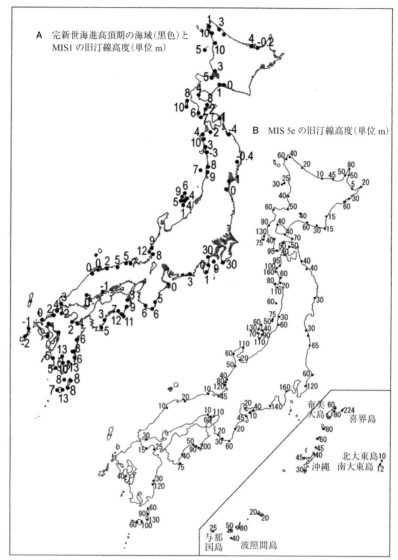

図 2.1.7 海成段丘の分布と高度（Ota and Omura, 1991；小池・町田, 2001；太田・松田, 2010）
A：完新世海成段丘の分布と高度の概略（単位 m）．
B：MIS 5e の旧汀線高度分布（単位 m）．

るため識別が難しい．MIS 11 の海成段丘は第四紀地形研究では基準の 1 つとされるが，開析度が大きく，東北地方では上北地域を除くと，十分同定が進んでいない．段丘の対比・同定のためには鍵になる広域テフラ層が重要であり，上北では，更新統八甲田第 2 火砕流（約 400 ka）とその降下火山灰などが指標となっている（工藤・駒澤, 2005）．

北上山地では，階上岳周辺に高い海成段丘が，内陸の軽米付近には高い河成段丘が広く分布する．阿武隈山地の残丘の比高は北上山地より小さい．新し

い時代の隆起軸は山地の東縁近くにあり，山地の隆起軸と平行する双葉断層崖をつくった構造運動は，東下がりの地形をつくる傾動運動と同じセンスである．東側（海側）から山地に入り込んでいる河川の分水嶺は，その隆起軸の西側すなわち西に傾く地域に位置している．そのため河川の上流部は無能力化しており，地殻変動開始前の準平原地形がよく保存されている（野上, 2010a）．阿武隈山地では，約 4.9 Ma と全岩カリウム-アルゴン（K-Ar）年代が測定されているテフラ（三春火砕流）が小起伏地形

を覆っている（町田，2010）．

■2.1.4 北上低地帯〜阿武隈低地帯

　北上・阿武隈の外弧山地と火山フロントにはさまれた地域に，河谷盆地が連なる北上低地帯〜阿武隈低地帯が位置し，この領域は外弧山地に対して低い重力値を示している（図2.1.6）．北上山地の西側には，北から，陸奥平野を伴う下北丘陵，上北平野，北上盆地，北上川東岸丘陵，胆沢台地，磐井丘陵，岩出山丘陵，そして仙北平野へと低地帯が続く．阿武隈山地の西側には，北から仙台平野，角田盆地，青葉山丘陵，福島・伊達・信夫盆地，二本松丘陵，郡山・須賀川台地，矢吹・白河丘陵へと低地

帯が続く．これらの低地帯群の東側は，外弧山地に連なる丘陵地域に対して明瞭なギャップをもたずに移り変わるが，西側の奥羽脊梁山脈との境界部は概して明瞭である（小池ほか，2005）．

　北上低地帯は，中新世の間は静かな浅海であったが，そこに奥羽山脈方面から供給された礫が現れるのは，中新世末（6.5 Ma）ころからである．低地帯の鮮新世・前期更新世の地層は，各所にゾウなど大型哺乳類の足跡化石が知られる河成あるいは淡水成の亜炭を含む砂泥層を主とし（大石，1998），礫層はあるが，粒径が小さく，小規模である．そして，第四紀後半になると，これらの淡水成〜陸成の地層を覆って，粗粒な厚い扇状地礫層が低地帯を埋めるように広く発達してくる（小池ほか，2010）．

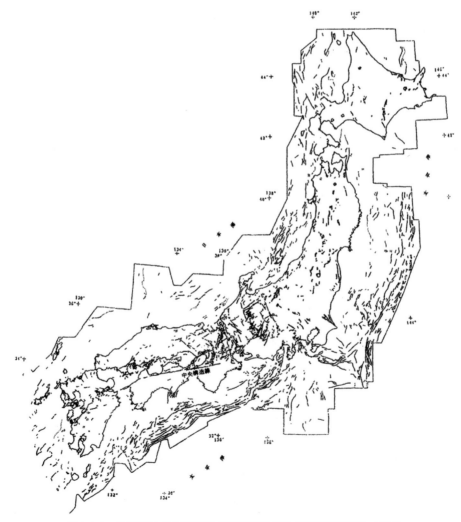

図2.1.8　日本列島とその周辺における活断層の分布（活断層研究会編，1991）

奥羽山脈東麓に扇状地が発達した時期は，場所によって異なっているが，およそ0.5 Maごろから大規模に形成されるようになった（渡辺，1991，2005）．奥羽山脈の東縁にはこれらの扇状地を切る活断層群（図2.1.8）があり，扇状地の出現とほぼ同時期から，それらの活断層群も活動を始めたと推定されている（小池ほか，2010）．

■2.1.5 奥羽脊梁山脈

東北日本弧の軸部をなす奥羽脊梁山脈は足尾山地まで続き，南北に500 kmに及ぶ．この山脈は，その両端あるいは片側を島弧と平行な逆断層で限られた隆起ブロックをなし（図2.1.9：Sato et al., 2002），北上山地や阿武隈山地に分布する先第三紀基盤岩類の北北西-南南東に延びる構造を切って発達している．奥羽脊梁山脈の両縁を限る逆断層のうち，東側の断層はかつての正断層が再活動したもので，その多くは第四紀後半も活発に活動しており，活断層となっている．奥羽脊梁山脈は，主山稜が明確な1本ないし2本の多少屈曲した線として認識でき，その最高所と地質構造上の隆起軸とが一致することが多い（Sato, 1994）．第四紀火山の多くも，この隆起軸上に位置する（図2.1.10）．奥羽脊梁山脈地域には，多数の第四紀成層火山とともに，北から，恐山山地，夏泊半島，十和田山地，竜ガ森山地，東根山地，真昼山地，神室山地，船形・蔵王山地，栗子山地，岩瀬山地と，山地が連なり，それらの間に，陸奥湾，雫石盆地，最上盆地，猪苗代盆地や，多数のカルデラが分布している．

奥羽脊梁山脈（図2.1.11）は，中期中新世末10 Maころに，それまで大きく沈降していた部分が逆転して，隆起を開始している．奥羽山脈の中部，北上線の沿線で，日本海拡大期に形成された大石層に続いて泥岩を主とする中期中新世の小繋沢層（13.5〜12 Ma）が漸深海帯に堆積しているが，これが上に重なる浅海成の黒沢層（後期中新世，9〜6 Ma）に著しい斜交不整合で覆われている．このことは，12 Maから9 Maまでの間に奥羽山脈の軸部で隆起が始まったことを示唆している．奥羽山脈全体が広域的に隆起を始めるのは末期中新世6 Maころからであり，湯田盆地では，浅海成の黒沢層が礫層をはさむ河成ないし湖成の鮮新世層（花山層，6.5〜3 Ma）に覆われ，さらにその上に厚い

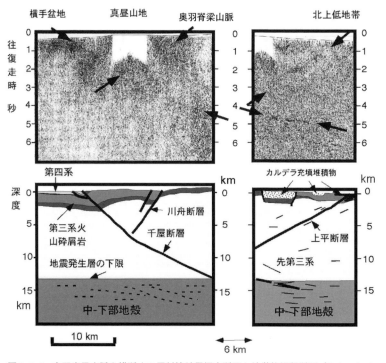

図2.1.9 奥羽脊梁山脈を横断する反射法地震探査断面と地学的解釈断面（Sato et al., 2002）

扇状地礫層（1.5〜1 Maころ）が続く．奥羽山脈の隆起が本格化したのは，花山層の堆積が終了した3 Maころからか，それより後のことである（Nakajima et al., 2006c）．

奥羽脊梁山脈沿いでは，後期中新世以降，大規模なカルデラの活動が全域で始まり，これが鮮新世から第四紀前半へ継続している（伊藤ほか，1989；佐藤・吉田，1993；吉田ほか，1999a，2005など）．ただし，鮮新世に入るとその分布に偏りが生じ，第四紀に入ると現在のような安山岩質成層火山を主とする活動に変化している（守屋，1983）．奥羽脊梁山脈の隆起運動は，これらのカルデラ形成を伴う珪長質マグマ活動と密接な関連があると推定されている（Sato, 1994；吉田ほか，1999a）．

東北日本弧はフォッサマグナで西南日本弧と境されている（馬場，2017）．東北日本弧の軸部をなす奥羽脊梁山脈は，足尾山地まで続いているが，中期中新世以降，カルデラや深成岩体の活動を伴って隆起した地帯が，さらに西方へと続く，越後山脈，三国山脈，そして筑摩山地が連なる中央隆起帯である（Kato, 1992）．東西日本弧の境界部であるフォッサマグナにいたるこの地域は，中期中新世の初頭には，火山活動を伴った深い外洋性の海であったが，中期〜後期中新世にかけて隆起し，陸化している．この地域には後期中新世以後の海成層はほとんどなく，下位の地層とそれを貫く石英閃緑岩が露出している．最上部には，鮮新世の陸上溶岩が覆って高原状を呈し，海抜2000 mに達している．この地域は構造的には，奥羽脊梁山脈に連なる地域であると考えることができるが，第四紀以降の火成活動の様子は，奥羽脊梁山脈とは異なり，新しい火山列は，この地帯を南北に横切っている（Shimizu and Itaya, 1993）．

巨摩山地，御坂山地，天守山地，丹沢山地などは，幅20 km以下で細長いが，山地間の低地との間に1500 m以上の高度差をもつ急峻な山地である．そして，その全山が中新世の深い海の海成層からな

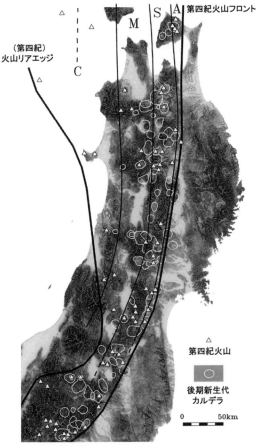

図 2.1.10 地形と火山分布
東北日本弧の開度図（50 mグリッドのDEMに基づいて描かれた標題図：Yokoyama et al., 1999；Prima et al., 2006）上に示された後期新生代カルデラ群と第四紀火山の分布（吉田ほか，2005；Yoshida et al., 2014）．A：青麻-恐火山列，S：脊梁火山列，M：森吉火山列，C：鳥海火山列．

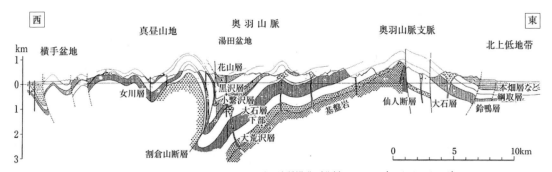

図 2.1.11 北上-横手間の奥羽脊梁山脈の地質構造（北村，1986；太田ほか，2010）

り，石英閃緑岩がそれを貫いている．南部フォッサマグナでは北部フォッサマグナと同様，数千mの厚さの新第三紀海成層が堆積し，その後，隆起して海成層が海抜1500mをこえる山地をつくっている．この地域では先新第三紀の基盤岩類はどこにも露出していない．この地域の中新世以来の大きな沈降とその後の大きな隆起（いずれも1500m以上）は，激しい地殻変動の存在を示唆し，北部フォッサマグナとともに本州のなかの特殊な地域であるが，この地域の著しい短縮変形は，伊豆・小笠原弧内弧の北進や衝突による効果として説明されている（太田ほか，2010）．南部フォッサマグナでは，隆起部をつくる地層・地形の形成と沈降部での地層の堆積とが，いずれも中新世に相次ぐ一連の過程のなかで進行している（松田，2006）．

■ 2.1.6　山間内陸盆地

奥羽脊梁山脈の西側には，北から，花輪盆地，大館盆地，鷹巣盆地，横手盆地，新庄盆地，山形盆

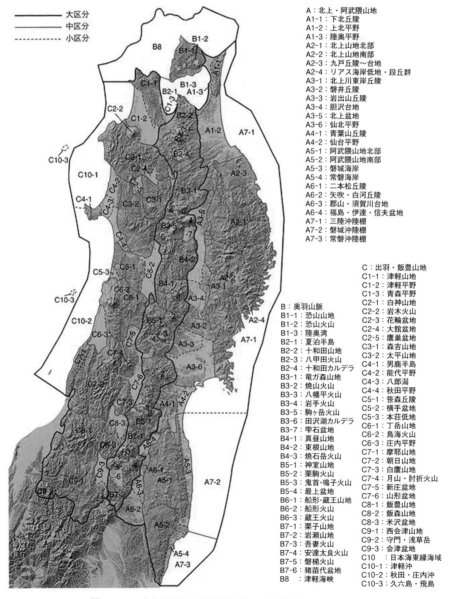

図 2.1.12　東北日本弧の地形区分（小区分）（小池ほか，2005）

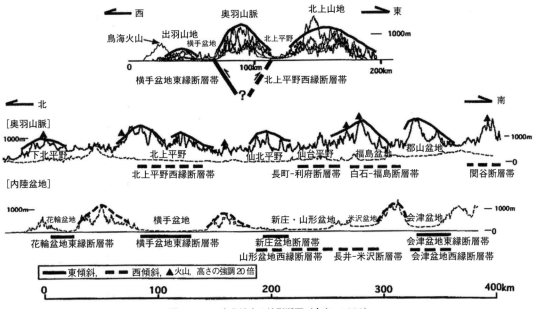

図 2.1.13 東北地方の地形断面（今泉, 1999）

地，米沢盆地，会津盆地と続く，奥羽脊梁山脈と出羽丘陵〜飯豊山地にはさまれた，山間内陸盆地が発達している（図 2.1.12）．これらの山間内陸盆地から流れる河川は，出羽丘陵域を横断する所で先行谷となり，日本海に排水される．これらの内陸盆地間には，東方の奥羽脊梁山脈から延びる山地の高まりがみられる（図 2.1.13：今泉，1999）．島弧に平行に延びる奥羽脊梁山脈と出羽丘陵〜飯豊山地は，これらの西北西-東南東走向の山地とともに，2 列の山列からなるはしご状，あるいは奥羽脊梁山脈部で連続し，背弧側で開いた櫛状の地形構造をつくっている（図 2.1.14：Tamura et al., 2002；Prima et al., 2006）．

山間内陸盆地の 1 つである新庄盆地で，海成層がみられるのは，鮮新世末（本合海層下部，2.8 Ma ころ）までで，このころから新庄盆地西方の出羽山地の部分の隆起と新庄盆地中心部の沈降，すなわち内陸盆地の形成が始まった．新庄盆地に東側の奥羽山脈で隆起が始まったことを示す礫層が出現するのはずっと上位になり，段丘礫層の下位にある山屋層（中期更新世）の基底部からである（中川ほか，1971）．鮮新世から第四紀にかけての，山間内陸盆地での沈降が進行した後に，奥羽脊梁山脈が隆起を開始している事実は，後述する地殻浅部でのシート〜ラコリス状マグマ溜りの破壊に伴うカルデラ火山

活動や，奥羽脊梁山脈域から前弧域での伏在するスラストシートに沿った S 波反射体の発達と関連している可能性が高い（Yoshida et al., 2014）．

■ **2.1.7 出羽丘陵〜飯豊山地**

奥羽脊梁山脈の背弧側には，北から津軽山地，白神山地，森吉山地，太平山地，笹森丘陵，丁岳山地，朝日山地，摩耶山地，白鷹山地，飯豊山地，飯森山地，西会津山地へと，山地〜丘陵域が続いている（図 2.1.12）．これらの出羽丘陵〜飯豊山地は，幅の狭い隆起帯を構成しているが，西翼で変形が著しい非対称な構造形態を示す．出羽丘陵は奥羽脊梁山脈から遅れて，天徳寺層，桂根相の堆積時（約 5〜4 Ma）に始まった南北走向の断層・褶曲運動に伴って，緩慢な隆起を開始し（掃部ほか，1992），第四紀に入って隆起を加速したとみられる（佐藤・池田，1999）．

新庄盆地およびその西の出羽山地では，前期鮮新世の地層（中渡層，5.0〜4.3 Ma）は浅海ないし淡水成で，亜炭層も含んでいる．出羽山地の隆起を示す確実な兆候は，中期鮮新世（鮭川層，4.3〜3.7 Ma）に現れる（図 2.1.15，本田ほか，1999；守屋ほか，2008）．この時期に，それまで U 字型盆地の中軸に位置していた新庄盆地北部に浅海成砂岩

18　2. 東北地方の基本構造

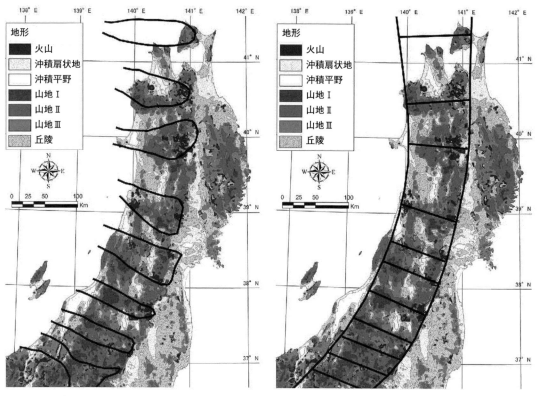

図 2.1.14　東北日本弧の地形的特徴（左：ホットフィンガー，Tamura et al., 2002；右：はしご状構造，Prima et al., 2006）

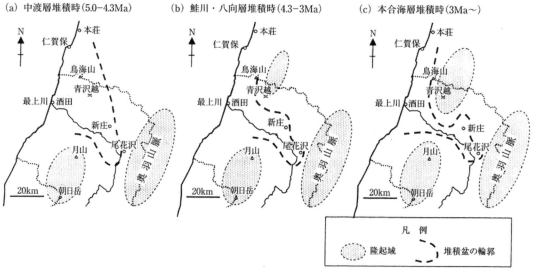

図 2.1.15　新庄盆地周辺における出羽山地地域の変遷（守屋ほか，2008）

が現れ，新庄の西，現在の最上川流路付近に深い環境を示す外側陸棚〜大陸斜面上部の泥岩層が分布する．斜面の向きを示す古流向も，南西から北東に，新庄盆地の方向を向くようになる．この傾向は後期鮮新世（八向層，3.7〜3 Ma）でもっと明瞭になり，新庄盆地の北部は隆起・陸化して削剥域となり，堆積盆は西に開いた形をとるにいたった．この西に開いた口が，現在の最上川の先行性横谷の位置

と一致する．新庄盆地で海成層がみられるのは，鮮新世末（本合海層下部，2.8 Ma ころ）までで，このころから新庄盆地西方の出羽山地の部分の隆起と新庄盆地中心部の沈降，すなわち内陸盆地の形成が始まっている．

■ **2.1.8 日本海沿岸部**

日本海沿岸の海岸平野は，南北にとびとびに分布し，北から津軽平野，秋田平野，本荘平野，庄内平野，越後平野となっている．越後平野の南西側には，北北東-南南西方向に延びる新第三紀の褶曲構造が発達し，背斜軸部が稜線をなしている．出羽山地の西縁は，現在の海岸線に沿って南北に走る北由利衝上帯と呼ばれる断層群で限られている．これは出羽山地側が隆起した衝上断層群で，日本海側は数千 m も深く落ち込んでいる（図 2.1.16：佐藤ほか，2004）．中新世後半の地層はこの断層の両側で岩相も厚さも大差なく，連続的で，当時この断層帯は活動していなかった．だが，鮮新世に入るころから，厚さ数百 m に達する砂質タービダイトからなる天徳寺層，桂根相が衝上断層帯中あるいはその西側に沿って出現する（掃部ほか，1992；佐藤ほか，2004）．これは，近隣の高所から重力流として海底の低所に流れ込んで堆積したもので，出羽山地の隆起など，地形の凹凸の出現を示唆している（藤岡，1968）．秋田県南部の出羽山地においても，5～4 Ma ころに堆積の中心が認められている（掃部ほか，1992）．このタービダイトの堆積は，背弧側での火山活動が活発となった 5.2 Ma ころに始まり，場所を移して 2.7 Ma 前後まで続いたとされる（小池ほか，2010）．

日本海沿岸に沿っては，新第三紀の大きな堆積盆地が連なり，秋田～新潟～信州油田地域を構成し，特に南部は信越褶曲帯と呼ばれている（Kato, 1992）．そこでは中期中新世の海成層は沈降して現在地表下 5000 m にも達している．この海は，後期中新世以後，脊梁山脈に連なる中央隆起帯の形成に対応して，次第に信州中部から日本海沿岸に退き，前期更新世の魚沼層の大部分は陸成層となる．この地域は，後期鮮新世以降，現在まで褶曲運動が進行している活褶曲帯である（岸・宮脇，1996；佃ほか，2008）．地層は波長数 km 程度で波状に変形して，背斜は細長い丘陵となり，向斜はその間の低所となって比高数百 m の起伏が生じている．このような，中央隆起帯の発達に対応した鮮新世以降の信

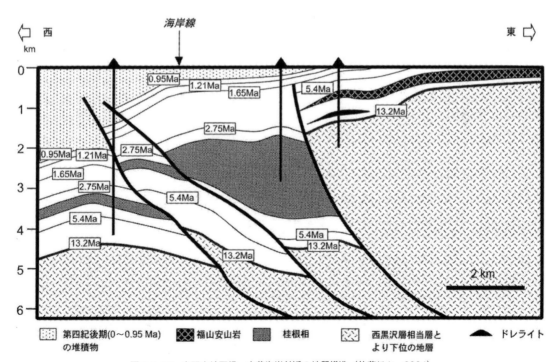

図 **2.1.16** 出羽山地西縁，本荘海岸付近の地質構造（佐藤ほか，2004）

越褶曲帯の顕著な褶曲運動は，東北日本弧北部での出羽丘陵や奥羽脊梁山脈の隆起に対応した構造運動である可能性が高い．

■2.1.9　日　本　海　域

a.　日本海東縁部

日本海東縁部における海底地形の骨格をなすのは，後期鮮新世以降に強い東西圧縮応力場の下で成長した2列の断層・褶曲集中帯で，海寄りの佐渡海嶺と陸寄りの男鹿-粟島断層帯（飛島-船川隆起帯）である（Okamura et al., 1995；岡村ほか，1998；岡村・加藤，2002；岡村，2005）．これら2列の歪み集中帯は，いくつもの逆断層とその上盤の背斜構造からなり，全体として大きな隆起帯を形成し，その間の沈降帯が最上トラフである（図2.1.2）．これらの逆断層は，前期中新世の伸張テクトニクス下で形成された地質構造に大きく規制されている．前期中新世に生じた日本海の拡大と前後して正断層とリフト構造が広く形成されたが，男鹿-粟島断層帯より西側の最上トラフから佐渡海嶺では，小規模なリフトが多数形成されたのに対し（Okamura et al., 1995），東側の大陸棚から秋田〜新潟平野では，おそらく，地殻の厚化に対応して，大規模なリフト（北部本州リフト系）が形成されている（鈴木，1989；佐藤ほか，2004）．このリフトの東縁はほぼ盛岡-白河構造線に相当するが，リフト内では秋田-新潟堆積盆地で最大層厚を示し，ここに中期中新世に噴出した厚い玄武岩が分布する（Tsuchiya, 1990）．

b.　東西日本弧境界部としての富山トラフ

佐渡海嶺の西方には富山トラフが発達し，富山深海長谷が富山湾から一部蛇行しながら大和海盆を抜け，日本海盆へと続いている（図2.1.2）．右横ずれのプルアパート堆積盆地の連なりからなる富山トラフは，北東側の柏崎-銚子構造線の北方延長である右横ずれ断層と，南西側の糸魚川-静岡構造線の北方延長である右横ずれ断層で境された凹地であり，東北日本弧と西南日本弧の境界部をなすフォッサマグナに連なっている（Kato, 1992；馬場，2017）．

c.　背弧海盆

日本海はアジア大陸東縁に分布する縁海の1つであり，中央で東北東-西南西方向に延びた大和堆と朝鮮海台によって，北側の日本海盆と南側の大和海盆，対馬海盆に分けられる（口絵参照：馬場，2017）．シホテアリンに面する水深約3500〜3600 mの日本海盆は通常の海洋性地殻で構成され，地磁気の縞模様が不明瞭ながらも一部で認められる（小林，1983）．水深約2000 mの大和海盆は北東-南西方向に伸長し，この方向に大和海山列が海盆中央に連なっている．西南日本弧に属する大和海盆〜大和嶺域の基盤は，P波速度からは典型的な海洋性地殻の特徴を示すが，その厚さは通常の海洋性地殻の2倍近い（Tamaki et al., 1992）．大和海盆は21 Maころの日本海形成時に，大陸地殻の伸張薄化と海洋地殻を形成する火成活動が重なりあって生じたと推定されている（佐藤ほか，2004）．これら大小の海盆の間に，大和堆，拓洋堆，北大和堆といった大陸起源の陸塊が散在している．

■2.1.10　地形と重力構造

重力は，地球科学における基本物理量の1つであり，地殻構造や断層推定，地球ダイナミクスなどの解明に有効な基礎データである．工藤ほか（2010）は，東北地方における重力異常分布を概観している．従来，東北地方の重力異常分布は，他地域と比べて，特に，波長10 km前後の重力異常分布が複雑な起伏を構成しており，断層分布，地体構造，構造発達史などを，重力データから詳細に検討することは難しいとされてきたが，これらの複雑な起伏が，多数の後期新生代のカルデラ構造に起因することが判明した結果，重力データに基づいた詳細な地体構造区分や断層構造の推定が可能となってきた．

東北地方のブーゲ異常には，太平洋プレートの沈み込みや地殻の厚さ変化に起因する，日本海沿岸域を極小として，太平洋側および日本海側の高重力異常域へと重力異常が大きくなる谷状の基本構造が認められ，そのなかに島弧に沿った等重力線のパターンが発達している（駒沢ほか，1992）．駒沢ほか（1992）は，重力異常図には，それら南北性の構造と斜交する構造として，石巻湾と男鹿半島を結ぶ低重力異常帯，早池峰構造帯北方の等重力線の屈曲構造，棚倉構造線などが認められることを指摘している．

東北日本弧の短波長ブーゲ異常水平勾配分布図（図2.1.17：工藤ほか，2010；Yoshida et al., 2014）

では，基盤岩からなる北上山地，阿武隈山地が，比較的平坦で，よく連続した構造を示すのに対し，後期新生代の地層が分布する背弧側は，より複雑な構造をもち，特に，奥羽脊梁山脈沿いでは，非常に細かい起伏に富んだ重力異常を示している．これらの重力異常図上の細かい起伏と後期新生代に形成されたカルデラ構造の分布を比較すると，重力図上の細かい起伏の多くは，カルデラ構造の分布とよく対応している（プリマほか，2012）．ただし，一部のカルデラでは，カルデラ陥没後に，壁部や中央部にマグマが貫入・固結したり，カルデラ内を苦鉄質溶岩が充填したりして，顕著な負の重力異常を示さないこともある（山元，1999a）．図2.1.17には，比較的平坦で起伏の乏しい北上山地の基盤岩内部における不均質性も現れており，白亜紀深成岩体の分布と重力異常図がよく対応し，苦鉄質岩体は正異常域と，珪長質岩体は負異常域と対応している．

工藤ほか（2010）は，ブーゲ補正にあたって，地球表層の密度として花崗岩の平均密度である$2.67\,g/cm^3$を用いている．したがって，補正された重力異常図は，ほぼ，堆積層や火山噴出物などの低密度層と，主に花崗岩などの基盤岩類からなる高密度層の境界面の起伏を表現している．その結果，図2.1.17では，基盤岩類と堆積層との境界にあたる

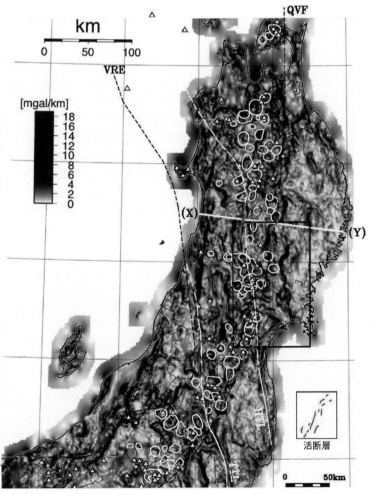

図2.1.17 東北日本弧での，ブーゲ重力異常短波長成分の水平勾配分布（工藤ほか，2010；Yamamoto et al., 2011）と後期新生代のカルデラ分布（白丸）と第四紀火山分布（白三角）
ブーゲ異常の計算にあたって使用した密度は，$2.67\,g/cm^3$である（Yoshida et al., 2014）．QVF：第四紀火山フロント，VRE：（第四紀）火山リアエッジ，TTL：棚倉構造線，HTL：畑川構造線，灰色の線は活断層の分布（活断層研究会，1991）を示す．
また，X-Yに沿った動構造を図2.8.8に示す．

北上山地西縁が，明瞭な構造として現れ，北上河谷帯との境界をなしている．同様に，北上河谷帯の西方に続く複数のホルスト-グラーベン群が重力異常図に明瞭に現れている．これらのホルスト-グラーベン構造は，東北日本弧の南西縁に続き，そこで柏崎-銚子構造線に切られている．東北地方南西縁での重力異常分布は，顕著な負異常域として，八溝帯と塩原帯の間に発達する鬼怒川低地帯や八溝帯の東側の低地帯の存在を示しており，これらの低地帯を境に，東西へ基盤が扇状に引き裂かれた様子を示している（工藤ほか，2010）．

■2.1.11　活断層の分布

　北海道・東北地方には，27本の活断層が知られているが，このうち，地震の発生確率が高い活断層の数は5本である（中田・今泉，2002）．北海道で今後30年間の間に直下型地震を引き起こす可能性が高い活断層として，西部の寿都町から長万部町までほぼ南北に縦断している黒松内低地断層帯，北部の宗谷丘陵西縁に分布するサロベツ断層帯，札幌の市街地から約30～50 kmの距離にある当別断層などが知られている．東北地方においては，山形盆地で村山市，尾花沢市などの西方で南北に延びる山形盆地断層帯，鶴岡市の東方で南北方向に延びた庄内平野東縁断層帯，山形盆地断層帯の北側の新庄市から舟形町東部にかけて分布する新庄盆地断層帯などがあり，山形県内には，今後30年内の発生確率が「高い」とされる活断層が多く知られている．また，秋田市から由利本荘市沿いの沿岸部に分布する北由利断層，青森市西方から青森湾西方へと津軽半島に沿って分布する青森湾西岸断層帯，岩手・秋田県境に近い鹿角市付近に分布する花輪東断層帯，仙台市街地を北東-南西方向に横切っている長町-利府線断層帯などが，今後30年以内の地震確率が「やや高い」と評価されている．宮城県南部から福島県北部にかけて，阿武隈山地の東縁を走る双葉断層は，今後30年以内の地震発生確率は，ほぼ0％と予測されているが，東北地方太平洋沖地震によって，今後の地震発生確率が高まった可能性があるとされている．

　図2.1.17には，活断層（中田・今泉，2002）および第四紀火山の分布（第四紀火山カタログ委員会編，2000）を示す．地上で確認される活断層に対応する重力異常急変帯は一般に地表で確認される活断層より長く，地下での断層構造の延長が追跡できる．また，地表に断層が確認されていない地域にも多くの重力異常急変帯があり，多数の活構造が地下に存在する可能性が高い（工藤ほか，2010）．同様に，重力異常急変帯に震央が集中する傾向が認められている（Shichi et al., 1992；工藤・河野，1999）．

2.2　地形と火山

■2.2.1　火山の分布

　図2.2.1に日本列島の火山の分布を示す（西来ほか，2012）．火山は大まかには，海溝に平行な列（火山列）をなして分布するが，その平行性は地域によって変化する．東北日本では火山活動が活発で，その分布は基本的に太平洋プレートが沈み込む日本海溝に平行である．中部日本では日本海溝との平行性は崩れ，火山列が西に大きく湾曲している（図2.2.1）．これは，太平洋プレートの上にフィリピン海プレートが北西方向に沈み込んでいるためと考えられている．火山岩の同位体組成によると，中部日本の西に湾曲している火山ではフィリピン海プ

レート由来の流体の寄与があると報告されている（Nakamura et al., 2008）．

■2.2.2　4つの火山列

　東北日本弧で後期第四紀に活動した火山岩の組成には，島弧を横切る方向での火山岩組成の顕著な広域変化が認められ，背弧側へとアルカリ量，特にK_2O量が系統的に増加している．図2.2.2は，後期第四紀に活動した火山岩について，K_2O％を，SiO_2＝60％での値に規格化したときの値を，地図上に示したものである（吉田ほか，1999b）．これに従い，東北日本弧に分布する第四紀火山は地質学的，岩石

2.2 地形と火山

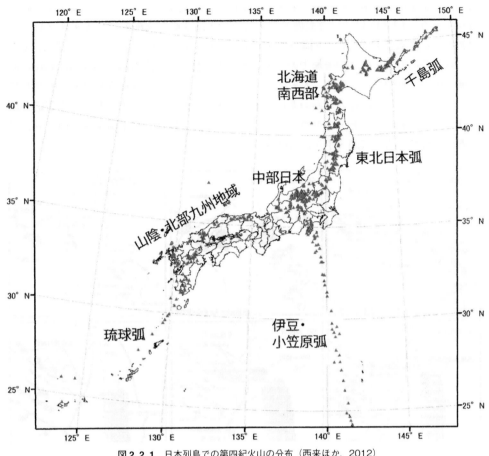

図 2.2.1　日本列島での第四紀火山の分布（西来ほか，2012）

学的に，火山フロント側から背弧側へと，4つの火山列，すなわち，青麻–恐火山列（A），脊梁火山列（S），森吉火山列（M），鳥海火山列（C）に4分帯できる（図2.1.10：高橋・藤縄，1983；中川ほか，1986）．これらの火山フロント側と背弧側火山との間には，その構成岩系や噴出様式などにも違いが認められる．

青麻–恐火山列は，東北日本弧の火山フロントをなし，その分布は，奥羽脊梁山脈の東翼部に位置する．構成岩石は，大部分カルクアルカリ系列（シソ輝石質岩系）に属する低カリウム系列安山岩である．一方，脊梁火山列の火山は，その大部分が奥羽脊梁山脈の軸部に分布しており，その基盤自体が比較的高い位置にある．最上部マントルのS波低速度異常の軸部に対応する脊梁火山列は，東北日本弧での火山活動の軸をなし，安山岩質マグマで比較した際のマグマ温度が，4つの火山列中で最も高く，マグマの噴出量も最も多い（図2.2.3：吉田ほか，2005）．その構成岩石は，低アルカリソレアイトの存在で特徴づけられ，しばしば1個の火山体においてアルカリ量やSr同位体組成に違いのあるソレアイトとカルクアルカリ両系列が共存する（Kawano et al., 1961；Masuda and Aoki, 1979；藤縄，1982）．背弧側に位置する森吉火山列は，奥羽脊梁山脈から背弧側へと続く山列上の山間内陸盆地位置から，出羽丘陵位置に相当する部分に分布し，構成岩石はすべて中間カリウム系列安山岩に属し，記載岩石学的にはカルクアルカリ系列（シソ輝石質岩系）に属する．鳥海火山列の火山は，出羽丘陵から男鹿–粟島断層帯，そして日本海海域に分布し，寒風火山より火山フロント側の中間カリウム系列安山岩帯と，目潟火山より背弧側の高カリウム系列安山岩帯からなり，カルクアルカリ系列岩とともに，高アルミナ玄武岩（高アルカリソレアイト）系列～アルカリ系列岩からなる（吉田，1989）．

Sakuyama (1977) は，第四紀の中性～珪長質火山

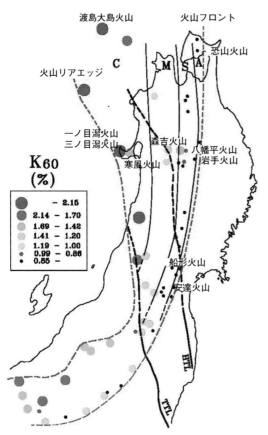

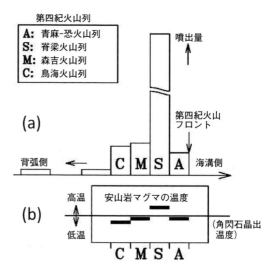

図2.2.3 東北日本弧の第四紀火山列における噴出量とマグマ温度の変化（中川ほか，1986）
(a)：4列の第四紀火山列における噴出物の量．
(b)：第四紀火山列における安山岩マグマの温度変化．脊梁火山列からの安山岩のみが，角閃石斑晶をもたない（中川ほか，1986）．

図2.2.2 第四紀火山岩のK$_{60}$（60％ SiO$_2$ でのK$_2$O％）広域分布
　図中の○の大きさは，K$_{60}$値の範囲に対応し，それぞれの火山の位置にプロットしてある．K$_{60}$値は，棚倉構造線の東側では，第四紀火山列（中川ほか，1986）の境界に対応して変化している．ここで，A：青麻-恐火山列，S：脊梁火山列，M：森吉火山列，C：鳥海火山列である．

　岩類を斑晶組合せに基づいて3つのタイプに区分し，それに基づいて，東北日本弧の第四紀火山では，安山岩質マグマ中の揮発性成分の含有量が，火山フロント側から背弧側へと増加していると結論している．図2.2.4に，約5kbの圧力下での安山岩質火山岩の模式的な相図を示す（Sakuyama，1979；吉田ほか，2005）．安山岩に角閃石や黒雲母斑晶をもたない火山は，主に火山フロント側に分布している．角閃石斑晶はもつが，黒雲母斑晶をもたない火山は，火山フロントの背弧側に分布し，黒雲母と角閃石斑晶をともに有する火山は，海溝から最も遠い背弧側に位置している．これらの変化は，背弧側マグマで，より H$_2$O 含有量が高く，マグマ固結温度が低いことに対応している（図2.2.3：中川ほか，

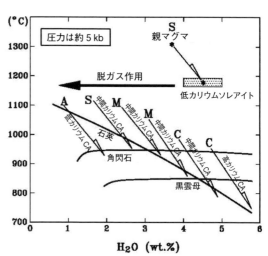

図2.2.4 約5kbでの安山岩マグマの相図（Sakuyama，1979）と第四紀低カリウムソレアイトとカルクアルカリ安山岩の結晶分化経路（吉田，1989；Kuritani et al., 2013；吉田ほか，2005；Yoshida et al., 2014）
　ここで，A：青麻-恐火山列，S：脊梁火山列，M：森吉火山列，C：鳥海火山列である．脊梁火山列の岩手火山，低カリウムソレアイトの温度と含水量（Kuritani et al., 2013）を示すが，脊梁火山列のカルクアルカリ安山岩は共存する低カリウムソレアイトよりも含水量が低い．脊梁火山列では，カルクアルカリ安山岩の形成に先立って，玄武岩マグマからの脱水作用があったと推定される．CA：カルクアルカリ安山岩．

1986；吉田，1989；吉田ほか，2005）．

■ 2.2.3 火山分布とマントル内S波低速度異常域との対応

図2.2.5に東北日本弧における火山分布とともに，マントルウェッジ内の傾斜した地震波低速度帯に沿って作成したS波の低速度異常の様子を示す（Hasegawa and Nakajima, 2004；長谷川ほか，2004）．図の通り，S波の最大低速度異常部は奥羽脊梁山脈の直下に位置し，脊梁火山列における最も活動的な火山活動が，このマントル最上部に位置するS波最大低速度異常部の発達と密接に関連したものであることを示唆している（図2.2.6）．背弧側でのS波最大低速度異常部は，脊梁火山列での火山クラスター部の背弧側に認められる．ただし，これらの背弧側低速度異常部は，火山フロント側異常部とは弱い異常部でつながるものの，さらに背弧側への連続性についてははっきりせず，背弧側深部から延びるフィンガーをなす，というよりも，火山フロント側から背弧側へとつながる櫛状の構造をしているようにみえる．この櫛状の構造は，地形的に認められる山地の分布（図2.2.7）とよく対応している（Hasegawa and Nakajima, 2004；長谷川ほか，2004；Prima et al., 2006）．

これらの東北日本弧のマントルウェッジでS波の最大低速度異常部が示すパターンは，奥羽脊梁山脈，山間内陸盆地，出羽・飯豊山地がつくるパターンときわめてよく一致している．つまり，S波低速度異常が示すパターンが，地表での隆起部（山地）と沈降部（盆地）の分布ときわめてよく対応している．これらの隆起・沈降パターンは，鮮新世以降の構造運動に関連して形成されたことが指摘されてお

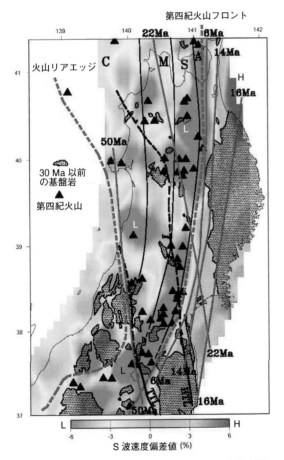

図2.2.5 第四紀火山列の境界と火山フロントの移動（灰色の線：Shibata and Ishihara, 1979；大口ほか，1989；Ohki et al., 1993；吉田ほか，1999b）
東北日本弧のマントルウェッジ低速度層に沿ったS波速度異常図（Hasegawa and Nakajima, 2004；長谷川ほか，2004）に重ねて表示．ここで，A：青麻-恐山火山列，S：脊梁火山列，M：森吉火山列，C：鳥海火山列である．

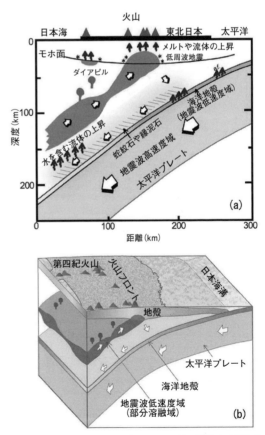

図2.2.6 マントルウェッジで，シート状に発達する低速度域（Nakajima et al., 2001a）

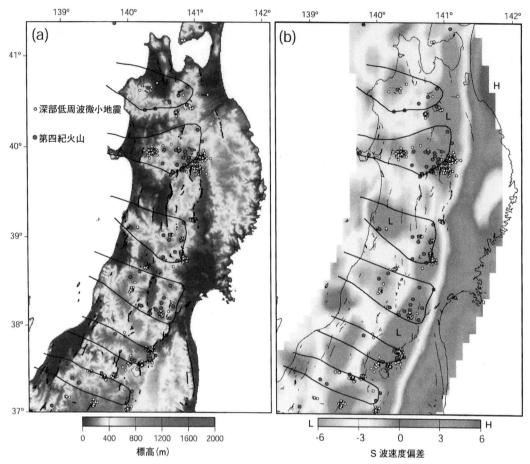

図 2.2.7 東北日本弧における，山地の分布 (a) と，それに対応したマントル内低速度域での S 波速度異常分布 (b) (Hasegawa and Nakajima, 2004). S 波の低速度域と火山の分布・標高がよく対応している．実線はホットフィンガー (Tamura et al., 2002) を示す．

り（今泉，1999；佐藤ほか，2004；田村，2005），これとマントル内部における S 波速度異常パターンとが一致するということは，これらの S 波速度異常の示すパターンそのものが，鮮新世以降の構造運動と密接に関連して形成されたものであることを強く示唆している．

■ 2.2.4 奥羽脊梁山脈の急激な隆起と成層火山の発達

脊梁火山列は島弧火山列の軸部をなし，噴出するマグマの温度も最も高く，噴出量もほかの火山列に比べて圧倒的に多い（中川ほか，1986：図 2.2.3）．脊梁火山列に沿って比較的地震活動が多いことは，地下での高温で噴出量の多いマグマの存在が地震発生帯の下限を浅くさせ，そこに応力集中が起こるた

めと考えられている（Hasegawa et al., 1994, 2000）．Hasegawa et al. (2000) は，上部マントルの低速度で，減衰特性を表す Q 値の低いマントル上昇流によって，マグマが供給され，地殻に底づけしたり貫入することによって，地殻の温度が上昇して，それが地殻の強度を低下させるとともに，強い東西圧縮応力場のもとで奥羽脊梁山脈の地形的な高まりを形成したと結論している．ただし，脊梁火山列が位置する奥羽脊梁山脈は，後期中新世から鮮新世にかけての東北日本弧全体の隆起活動に伴って，多数のカルデラを形成した後，1 Ma 以降になって，奥羽脊梁山脈域が急激に隆起するとともに，その頂部に成層火山体を生じている．すなわち，奥羽脊梁山脈全体の広域的な地形的高まりの形成や地殻の温度上昇は，主に，多数のカルデラを形成した珪長質マグマ溜りの活動に関係した現象であり，その後，強い東

西性水平短縮運動の下で，山麓に厚い扇状地礫層を堆積しながら，多数の安山岩質成層火山が発達している．したがって，カルデラ形成を伴う広域的な隆起や地殻の温度上昇と，急激な脊梁域の隆起を伴う成層火山の発達とは，ステージが異なる現象として理解する必要がある．

■2.2.5 棚倉構造線に規制された火山分布

東北日本弧における背弧側火山の分布は，吾妻火山周辺の火山クラスター部から，北へ向かって次第に火山フロントから遠くなっており，その西縁（Volcanic Rear Edge：吉田ほか，2005）は，ほぼ棚倉構造線とその延長に一致している（図2.1.10）．東北日本弧において，地形，特に山地がなす特徴がはしご～櫛状を呈し，火山フロントをなす青麻-恐火山列と脊梁火山列の分布が，ほぼ奥羽脊梁山脈に重なるのに対し，背弧側の火山分布ははしご～櫛状の地形パターンとは必ずしも一致せず，南部では背弧側に火山がなく，北部では日本海盆底まで火山の分布が続く（図2.1.2）．この東北日本弧での火山の出現範囲（火山帯：Volcanic Zone）を，火山フロント（VF：Volcanic Front）から火山リアエッジ（VRE：Volcanic Rear Edge）までとすると，第四紀火山は，東北日本弧の北部では，奥羽脊梁山脈の東端と棚倉構造線ではさまれた領域に分布しているといえる．

■2.2.6 火山クラスターとホットフィンガー

東北日本弧での火山分布をより詳しくみると，第四紀火山の多くは奥羽脊梁山脈の稜線付近に集中する（図2.1.10）が，火山は稜線に沿ってまんべんなく分布するのではない．およそ30～50 kmほどの広がりのなかに，多数の成層火山といくつかの大きなカルデラが密集し，火山クラスターを構成している．山脈上には火山クラスターが70～100 kmほどの間隔で認められる．奥羽脊梁山脈より西にある背弧側火山も，これら火山クラスターの西の延長上に分布するようにみえる（梅田ほか，1999）．東北日本弧に沿った地形的特徴，地震波トモグラフィ，重力のブーゲ異常分布などと火山クラスターの分布パターンとの間の関係についての考察から，Tamura *et al.*（2002）は，これらの火山分布が，背弧側から各火山クラスターへと延びる指状のマントル高温域の分布によって説明できると述べている（図2.2.7）．このホットフィンガー説は，マントルウェッジ内での低密度，低粘性の高温マントル物質の分布が指（ロール）状を呈し，さらにこの指（ロール）状の高温マントル物質の分布が，地表での火山クラスターの分布を規定しているという考えに基づいている．

2.3 東北日本弧の基本構造

東北日本弧での構造発達史や火成活動史は，島弧下に広がる地殻や最上部マントルの構造と密接な関連を示す．東北日本弧についての最近の地震学的研究の進展によって，その地殻ならびに最上部マントルにおける不均質性の詳細が次第に明らかになってきている．この項では，それらについてまとめるとともに，火成活動や構造運動との関連についてのべる．

■2.3.1 東北日本弧のプレート配置

図2.3.1に東北日本弧周辺でのプレート配置を示す．日本列島は，千島弧，本州弧，琉球弧，伊豆・小笠原弧とマリアナ弧からなり，このうちの本州弧（Honshu arc）は，太平洋プレートの沈み込みに対応する東北日本弧（Northeast Japan arc：Northeast Honshu arc）と，フィリピン海プレートの沈み込みに対応する西南日本弧（Southwest Japan arc）に2分されている（上田・杉村，1970）．東北日本弧の名称は，杉村新が命名したが，その英語名として，Northeast Honshu arcを使用した．これを和訳した「東北本州弧」が一部で用いられているが，現在では，東北日本弧の英語訳として，一般には，Northeast Japan arcを使用し，日本語表記と英語表記の不一致は解消されているので，本書では，以後，東北日本弧（Northeast Japan arc）の表記を使用する．

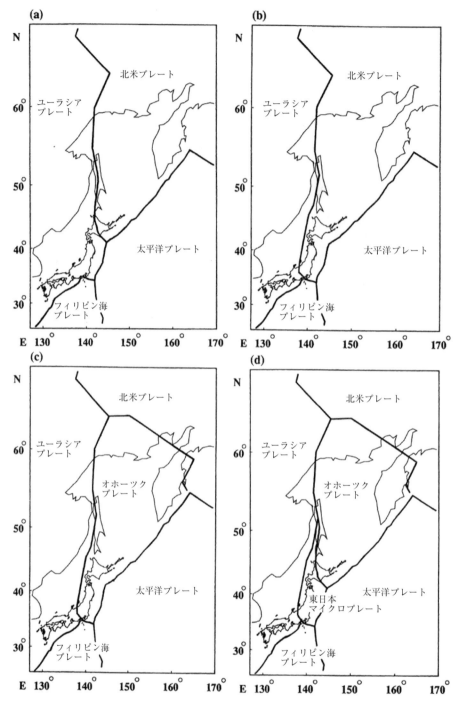

図 2.3.1　東北日本弧周辺のプレート配置モデル（瀬野，1995；鎮西・松田，2010）
(a)：ユーラシアと北米プレートの境界が北海道中部を通る（Chapman and Solomon, 1976）．
(b)：ユーラシアと北米プレートの境界が日本海東縁を通る（中村，1983；小林，1983）．
(c)：オホーツク海，東北日本がオホーツクプレートを構成（Seno et al., 1996）．
(d)：東北日本がマイクロプレートを構成する．

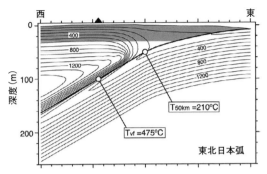

図2.3.2 プレート境界部の温度構造（Peacock and Wang, 1999）
太い実線がプレート境界，100℃間隔で等温線を示している．

東北日本弧（Northeast Japan arc）は，本州弧を2分した場合の北東部分であり，西南日本弧に対する名称である．その東側に，水深8000〜9000 mに達する日本海溝を伴う．約140〜130 Maの年代を示す古くて冷たい太平洋プレートの沈み込みで特徴づけられる東北日本弧は，活動的で典型的な島弧-海溝系の1つである．東北日本弧では，海溝から西側へ，重力負異常帯，三陸沖-常磐沖浅発地震帯，北上-阿武隈非火山帯，盛岡-白河構造線，火山帯，羽越褶曲帯などが南北に配列している．北東側の札幌-苫小牧低地帯付近で千島弧と，南西側の関東平野周辺で伊豆・マリアナ弧と接している．東北日本弧については，ユーラシアプレート，北米プレート，オホーツクプレートのいずれかに属するとする考えと，東北日本がマイクロプレートをなす，という考えがある（瀬野，1995；鎮西・松田，2010）．東北日本弧では，太平洋プレートが西北西方向に年間94 mmほどの速さで沈み込んでいる（瀬野，2005）．沈み込むプレートの年齢や速度の違いは沈み込み帯の温度構造に影響を与える．古く冷たい太平洋プレートが，速い速度で沈み込む東北日本弧下では，プレート境界の温度が低く，深さ50 kmで210℃程度と推定されている（図2.3.2：Peacock and Wang, 1999）．

■ 2.3.2 沈み込み帯のタイプ

沈み込み帯には，チリ型あるいはコルディレラ型（Dewey and Bird, 1970）から，マリアナ型（Uyeda and Kanamori, 1979）にいたるさまざまなタイプがある．チリ型沈み込み帯は，上盤側プレートの内部で短縮変形が卓越することを特徴とし，短縮変形は特に背弧側に集中している．一方，マリアナ型沈み込み帯では，上盤側プレート内で引張変形が卓越し，背弧拡大が生じる場合がある．東北沖に位置する日本海溝は，チリ型の千島海溝からマリアナ型の伊豆・小笠原海溝へ遷移する領域と考えられてきた（島崎，2012）．Mw 9をこえる超巨大地震は，一般にチリ型沈み込み帯で起こっている（Uyeda and Kanamori, 1979；Ruff and Kanamori, 1980）．かつて，太平洋プレートが沈み込み始めたばかりの東北日本弧が属していた活動的大陸縁のようなチリ型沈み込み帯では，若く温かいプレートが沈み込むため，プレートが軽く浮力が生じて上盤側プレートとの接触が強くなるのに対して，古くて冷たい太平洋プレートが沈み込む現在の東北沖の日本海溝や伊豆・小笠原海溝では，プレートは重いため，プレートにはたらく浮力が小さく，大きな地震が起きにくいとされてきた（Uyeda and Kanamori, 1979）．また，Ruff and Kanamori (1983) は，沈み込む海洋プレートの年代が若いほど，またプレート収束速度が速いほど，カップリングが強いと論じていた．しかし，2011年にMw 9.0の東北地方太平洋沖地震が，古いプレートの沈み込む場所である日本海溝で発生したことにより，この考えは再考を要することとなった（飯尾・松澤，2012；池田ほか，2012）．いずれにしてもプレート間に強い圧縮応力がはたらき，幅広いプレート境界において結合力が強い沈み込み帯では，超巨大地震が発生し，激しい短縮変形による大規模な山脈形成が起こる．

東北日本弧は，漸新世末から中期中新世にかけては，いわゆるマリアナ型沈み込み帯であり，背弧側において広範囲にわたり地殻伸張が生じていた．そして，鮮新世以降は，圧縮変形が卓越するようになっている（たとえば，Matsuda et al., 1967；Sato and Amano, 1991）．したがって，現在，東北日本弧は，マリアナ型沈み込み帯から遷移し，発達段階の初期のチリ型沈み込み帯に属しているといえる（Okada and Ikeda, 2012）．

■ 2.3.3 東北日本弧の形成

東北日本弧は，ユーラシア大陸の東縁部に位置す

る陸弧において背弧海盆が発達した結果，島弧となった．陸弧の時代の基本構造は北上山地などに残されており，現在の島弧の構造とは斜交する北西〜南東に延びる構造からなる．背弧海盆の拡大時に，この基本構造に平行な横ずれ運動と反時計回り回転を伴いながら日本海が形成され，現在の場所に島弧が位置するにいたったが，その間，太平洋プレートは，上盤陸側プレートを沈み込み侵食しながら，東北日本弧の下に沈み込み続けていたと考えられている（von Huene and Culotta, 1989）．したがって，東北日本弧は，海洋プレート（太平洋プレート）の沈み込みに伴って形成された沈み込み型造山帯である．海溝から沈み込んだ海洋プレートは大量の水を上盤側のマントルウェッジに供給し，その水はマントルウェッジの部分溶融を引き起こし火成活動の原因の１つとなっている．火成活動は地殻を厚くしたり，地殻や最上部マントルの熱構造を改変することによって，沈み込み帯における造山運動に重要な役割を果たしている．

中新世の前期から中期に起こった日本海の拡大に伴って，現在の日本列島は大陸から離れ，島弧となったが，その時期の日本列島は，ほぼ東西の引張変形を受け，その結果，東北日本の地殻上部では，大量の玄武岩の活動やそれに伴う流紋岩の活動を伴った，多数の正断層で境されたリフト系が形成された．日本海が拡大し東北日本弧と西南日本弧の回転が終了した 15 Ma 以降，東北日本弧では，北上して本州弧に衝突してきた伊豆・小笠原弧や 10 Ma 以降北東方向から衝突してくる千島前弧スリバーの影響などによって，水平圧縮応力軸が北東-南西方向を向く状況下で，ニュートラルから弱い圧縮応力場におかれた．その後，東北日本弧は，太平洋プレートからの強い東西圧縮を受けるまでは，伊豆・小笠原弧と千島弧の衝突の影響により，棚倉構造線などの北西-南東系の基盤を境する主要断層が，右横ずれする断層運動の場にあったと予想される．特に千島前弧スリバーは，東北日本弧前弧スリバー（奥羽脊梁東縁から日本海溝までの上盤側プレート）に直接衝突し，その南下を促し，北上山地に南北性の水平圧縮応力を生じさせたと思われる．また，千島前弧スリバーの南西方向への衝突が，北西-南東性の右横ずれ断層の運動を通して，日本海溝の上盤陸側プレートの東西圧縮成分を，次第に強化して

いった可能性も考えられる．この間，東北日本弧は次第に隆起・陸化しながら，多数のカルデラ火山が活動している（Sato, 1994；吉田ほか，1999a；Nakajima *et al.*, 2006c）．

その後，500〜350 万年前以降，東北日本弧は太平洋プレートの沈み込みに伴う強い東西性の水平圧縮応力の下におかれ，褶曲や逆断層を伴う著しい短縮変形が生じるようになった．500 万年前ころに始まった背弧側から火山フロント側へ向けての火山活動域の移動に伴って，まず，背弧側で著しい短縮変形が進行したのち，変形域が 100 万年前ころには奥羽脊梁山脈域に到達して，そこでは強い水平圧縮応力によって，ポップアップ構造などが形成されるにいたっている（Sato, 1994；佐藤ほか，2004；Nakajima *et al.*, 2006c；Acocella *et al.*, 2008）．その後，東西性の強い水平圧縮応力場の下で，奥羽脊梁山脈地域で大量の安山岩を噴出しながら，現在にいたっている．

■ 2.3.4　地質構造の概要

東北日本弧においては，主要な横ずれ断層群が，地震波トモグラフィに示される地殻〜最上部マントル構造（Zhao *et al.*, 2009）と密接な関連を示している．地震波トモグラフィにみられる横ずれ断層を境にした速度構造のずれは，これらの大規模な横ずれ断層の多くが左横ずれ成分をもっていたことを示唆している．このことは，主要な横ずれ断層の動きにより，地殻〜最上部マントル内の構造が切られていることを示唆しており，これらの東北日本弧の地殻・最上部マントルが示す速度構造が，最近のプレート運動や地殻〜最上部マントル内の温度構造のみで決定されているのではなく，日本海の拡大に伴う横ずれ断層群の形成を含む，これまでの長い構造発達史のなかで，現在の構造が形成されたことを示唆している．

大和海盆-大和海嶺域から東北日本の日本海東縁部にいたる海域は，前期〜中期中新世に起きた日本海拡大によって形成された背弧海盆縁辺のリフト堆積盆地である（馬場，2017）．大和海盆-大和海嶺域は西南日本弧に属し，島弧とほぼ平行な東北東-西南西ないし北東-南西方向の正断層系によって画された大規模なホルスト（地累）-グラーベン（地溝）

系より構成され，そのなかに北大和堆・大和堆・北隠岐堆・隠岐堆などのホルストや，北大和舟状海盆・大和海盆・隠岐舟状海盆などのグラーベンが分布する．これに対して，東北日本弧の日本海東縁部の陸棚〜陸棚斜面域には，島弧とほぼ平行な北東-南西ないし北北東-南南西方向のリストリック断層で限られた幅 10 km 前後のハーフグラーベン群が発達する．これらのハーフグラーベンでは，主に中期鮮新世以降に生じた強圧縮応力場の下で，テクトニックインバージョンが進行し，ほぼ非変形に近い大和海盆-大和海嶺域とは対照的に，逆断層化したリストリック断層やそれに伴う褶曲構造の発達が顕著である（馬場，2017）．東北日本弧では，これらの構造が，日本海拡大時に活動した北西-南東方向の大規模トランスファー断層によって切断されている．主なものとしては，日本国-三面構造線〜棚倉構造線，本荘-仙台構造線，尾太-盛岡構造線〜日詰-気仙沼断層，および黒松内断層帯〜久慈-釜石沖につながる黒松内-釜石沖構造線がある．さらに，その北方には，礼文-樺戸帯西縁〜増毛-当別線〜広島-苫小牧線から馬追-胆振断層帯につながる構造線が，日本海拡大の北端を画する左横ずれ断層帯として発達し，日高沖では苫小牧リッジ東縁断層との間にプルアパート堆積盆地（日高沖堆積盆地）を形成している．一方，東北日本弧の南端には，糸魚川-静岡構造線の日本海延長部を西側のマスター断層，そして柏崎-銚子線（利根川構造線：高橋，2006）の日本海延長部を東側のマスター断層とする大規模なプルアパート堆積盆地が発達し，東西日本弧の境界部であるフォッサマグナを構成している．このプルアパート堆積盆地は，日本海拡大時に東西日本弧の間に発生した大規模な右横ずれ運動によって形成されたものである（馬場，2017）．

■2.3.5 太平洋プレートの沈み込みに伴う構造の発達

　太平洋プレートは，東北日本弧に対しては，日本海溝にほぼ直交する方向に沈み込んでいるが，その北側の千島海溝や，南側の伊豆・小笠原海溝に対しては，斜めに沈み込んでいる．千島列島では，南千島列島がミ型に（右）雁行状配列している（Tokuda，1926；岡，1986）が，これは太平洋プレートが千島海溝の南部で斜めに沈み込み，千島外弧（前弧スリバー：千島海溝から火山フロント付近の右横ずれ断層までの上盤側プレート）が，この斜め沈み込みによって南西に引きずられた結果，雁行状になったと考えられている（Fitch，1972；Kimura，1986）．一方，東北日本弧は，その南西側では，西南日本弧に，南側では，フィリピン海プレートと接している．太平洋プレートは，伊豆・小笠原弧に，千島弧とは対称的に斜めに沈み込み，フィリピン海プレートは，太平洋プレート，東北日本弧と海溝三重会合点を形成し，その西側で伊豆半島が本州弧に衝突している（Matsuda，1978；天野，1986）．四国海盆の拡大が 30 Ma に開始した（Okino et al.，1998）後，この拡大軸は約 15 Ma に反時計回りに回転し，伊豆・小笠原弧の杉型に雁行配列した背弧海山列の活動（3 D 小規模対流：Honda et al.，2007；Yoshida et al.，2014）が 17〜2.9 Ma の間，継続している（Ishizuka et al.，2003）．現在は，海溝に平行に発達する火山フロントのすぐ後ろでリフト火山活動（2 D 対流：Honda et al.，2007；Yoshida et al.，2014）が起きている（Taylor，1992）．15 Ma は，伊豆・小笠原弧の北端である伊豆半島が本州弧に衝突を開始し，東北日本弧の応力場が大きく変化した年代であり，一方，背弧海山列の活動が停止し，現在の火山活動に変化した時代は，東北日本弧が強圧縮の場になったときにほぼ一致している．伊豆・小笠原弧におけるマントルウェッジでの 3 D から 2 D への対流パターンの変化は，沈み込み傾斜角の低角から高角への変化（Vanderhilst and Seno，1993）に対応している（Ishizuka et al.，2003；Honda et al.，2007）．Honda et al.（2007）は，数値実験から，斜め沈み込みに伴って生じる，弧を横断する火山列は，海溝と直交することを示し，伊豆・小笠原弧の背弧海山列が示す杉型雁行配列は，火山活動中あるいはその後の伊豆・小笠原前弧スリバーの左横ずれ断層運動によるものであると結論づけている．

　千島弧では，太平洋プレートの斜め沈み込みに伴う千島前弧スリバーの移動によって，千島弧南西端で地殻の衝突が起こり，日高山脈が発達する（Komatsu et al.，1983）とともに，現在も，外縁隆起帯で，海溝に平行な右横ずれ断層が形成されている（加藤，1999）．この千島海溝と日本海溝の会合部から北北西に延びる日高山脈の急激な上昇（宮坂ほ

か，1986）は，12 Ma 以降，現在まで続く，千島前弧スリバーの東北日本弧への衝突に伴った現象と考えられており（木村，1981；Kimura，1986），三陸〜日高沖前弧堆積盆地の東側には，10 Ma 以降の千島弧西進に伴って，前弧堆積盆地西側にのし上げて生じた大規模なデュプレックス構造が発達している（大沢ほか，2002）．この千島前弧スリバーの西進が，東北日本弧において奥羽脊梁地域を隆起させ，15 Ma 以降，水平圧縮応力軸を南北方向から北東-南西方向に転じた原因の1つである可能性が高い（DeMets，1992；Sato，1994；Kimura，1996；Acocella et al.，2008）．千島弧と東北日本弧の境界をなす，北西〜西傾斜の日高主衝上断層は下部地殻まで続き，日高山脈の下では現在でも千島前弧スリバーの衝突に関係すると思われる地震が認められている（海野ほか，1984；森谷，1986；Tsumura et al.，1999；Kita et al.，2012）．千島弧と東北日本弧の会合部では，南北に延びた逆断層が発達し，GNSS（Global Navigation Satellite System）速度ベクトルが示す歪みの主軸も東-西性を示す（鷺谷ほか，1999）．ただし，二重深発地震のメカニズム解によると，上面地震帯の深さ 70 km までは，北西-南東方向の水平圧縮応力軸を示す低角逆断層の地震が発生している．

■ 2.3.6 斜め沈み込みに伴う応力分配と水平圧縮応力軸の回転

　プレートの斜め沈み込みによる上盤側プレートへの影響は，深さ方向でのプレート間結合度の変化の影響を受け，プレート間の結合が弱いと斜め沈み込みの影響は海溝近傍での変形に限られ，結合が強いと島弧内横ずれ断層が形成される（Fitch，1972；木村，2002）．また，上盤側プレートに低粘性ウェッジが発達し，幅広い火山弧を形成するような場合には，海溝に直交するロール（フィンガー）がマントルウェッジに形成され，上盤側深部での主圧縮応力軸は海溝に直交方向に向くことが予想される（Honda et al.，2007）．この場合，水平主応力軸方位は，深さとともに，右横ずれの場合（千島弧）は時計回

り回転，左横ずれの場合（伊豆・小笠原弧）は反時計回り回転する．

　高山（2001）は，北海道各地で実施された基礎試錐のキャリパー検層データを用いて，ブレークアウト法から地殻の最大水平圧縮主応力（σ_{Hmax}）の方位分布を求め（Zoback et al.，1985；Bell，1990；Barton et al.，1997），北海道地方の造構的応力場を論じている．それによれば，ブレークアウト法の結果は，地域の地質構造，地震のメカニズム解，測地学的変動測定，活構造調査などから求められている現在の地殻の σ_{Hmax} 方位とよく整合し，また，試錐が断層や異常高圧層を横切る場合には，その上下の地層間に σ_{Hmax} 方位の変動や回転が認められている．得られた地殻の σ_{Hmax} 方位は，「天北」ではほぼ北北東-南南西〜北東-南西方向，「留萌」ではほぼ東西，「石狩湾」で北東-南西〜東-西，「馬追」では，深度 2500 m 付近の異常高圧層を境に，その上位では方位が浅部から深部へと東-西から北西-南東に時計回りに変化し，その下位でも，同様に東-西から北西-南東へと回転している．この回転は，地表地質や地震学的データ（岡，1986；高山，2001）から示唆される σ_{Hmax} の浅部での東-西から深部での北西-南東への時計回り回転と矛盾しない．「夕張」では深度 550〜4180 m にわたって，その方位が，北西-南東から北-南へと時計回りに回転している．右横ずれ断層が発達し（岡，1986），千島前弧スリバーに属する「豊頃」でも浅部から深部へと北東-南西から東-西へと時計回りに回転しており，十勝平野では右横ずれ断層型の地震が多く発生している．「十勝沖」では異常高圧層を境に上位で北-南，下位で北東-南西へと時計回りに変化している．オホーツク海の「北見大和堆」ではほぼ南-北の方向を示している．これらの造構応力分布には，太平洋プレートの斜め沈み込みとともに，千島前弧スリバーの南西方向への衝突運動や，北米プレートとユーラシアプレートの境界をなす日本海東縁変動帯での2 Ma 前後からの強い東西圧縮（Tamaki，1984）が寄与していると推定されている（森谷，1986；高山，2001）．

2.4 沈み込み帯での断層運動と地震活動

■ 2.4.1 沈み込むプレート境界近傍での地震活動

　地震活動は，沈み込むプレート境界近傍で起こるものと内陸部での地殻上部で起こるものとに大別される．そのうちの沈み込むプレート境界の近傍では，逆断層，正断層，横ずれ断層を伴う，多様な地震活動が認められる．沈み込み帯の固着が強いプレート境界で起こるプレート境界地震は60 kmより浅部で発生する低角逆断層地震で，ときに超巨大地震となる．プレート境界地震に対して，沈み込む海洋プレート内部で起こる地震をスラブ内地震（海洋プレート内地震）と呼ぶ．スラブ内の深さ60〜700 kmで起こる地震のうち，60〜300 kmで起こる地震を稍深発地震，300 kmより深で起こる地震を深発地震と呼ぶ．

　東北日本弧の陸域には，厚さ約30 kmの大陸性地殻が存在し，そこには多数の火山が分布するとともに，多くの地震活動が起こっている（Yoshii, 1979；Hasegawa et al., 1994, 2000）．東北日本弧内陸で起こる地殻内地震（内陸地震）も，逆断層，正断層，横ずれ断層を伴うが，内陸で卓越する逆断層型の地震の多くは，日本海拡大時に形成された正断層が，現在の東西圧縮場でのインバージョンテクトニクスによって逆断層として再活動したものである（Sato et al., 2002；Sibson, 2009）．

a. プレート境界地震

　日本海溝では，太平洋プレートが約30°の比較的小さい角度をもって，西向きに年間8〜9 cm前後の速さで，上盤陸側プレートの下に沈み込んでいる（DeMets, 1992）．この日本海溝で沈み込む太平洋プレートは，後期ジュラ紀〜初期白亜紀に形成された海洋プレートからなる．この海洋プレートの沈み込みに伴って，上にのる東北日本弧の上盤陸側プレートが引きずり込まれることにより，プレート境界に100年で最大8 m程度のすべり遅れが蓄積する．このすべり遅れに由来する剪断応力が，ある領域（震源域）でプレート境界面の断層固着強度をこえると，断層面がすべって，応力が一気に解放され，海溝型のプレート境界地震が起こる．このときの低角逆断層型の断層運動によって，海底が急激に変形すると，津波が発生する場合もある．

　プレート境界では，一般に海溝に近い浅所では岩石にかかる応力が小さく，含水量も多いため，境界ですべりやすくなっており，深さが増すにつれて，次第に固着が強くなると考えられている．そして，数十kmの深度までは上下のプレートが強く固着しているが，60 km程度より深い深度になると，互いに摩擦力を受けながらも，温度が高いために流動変形し，ほぼプレートの収束速度に相当する速さで，下側の海洋プレートが地球内部へと沈み込んでいると考えられている．

b. スラブ内地震と二重深発地震面

　海洋プレート内部で起こる地震には，海溝へ沈み込む前のアウターライズで海洋プレート上部に引張力がはたらいて発生する正断層型の地震（アウターライズ地震），沈み込んだ部分での撓曲域での地震，沈み込んだスラブの圧縮による地震などがある．また，スラブ内では，ときに海溝部まで続く上面と下面の二重地震面がみられる（図2.4.1：たとえば，海野・長谷川，1975）．東北日本弧下では，70〜150 kmの深度で，深発地震面が二重になっており（海野・長谷川，1975；Igarashi et al., 2001；長谷川ほか，2010），この二重面の上面の地震は，スラブ傾斜に沿った圧縮応力場（down-dip compression）で発生するのに対して，下面で起こる地震は伸張場（down-dip extension）で発生している（Hasegawa et

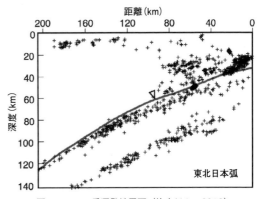

図2.4.1　二重深発地震面（片山ほか，2010）
灰色の線がプレート境界を示す．三角はアサイスミック・フロントの位置を示す．

al., 1978). ただし，火山フロント直下のスラブ内最上部では含水鉱物の相転移に伴う体積減少に関係した正断層地震も起こっている（Matsuzawa *et al.*, 1986）．なお，厚さ 90～100 km のスラブの下半部ではほとんど地震は起こっていない．

c. 通常の地震と津波地震，ゆっくりすべり地震

超巨大なプレート境界地震である 2011 年東北地方太平洋沖地震の震源域の南側では，1677 年に延宝地震という津波地震が，北側では 1896 年に明治三陸地震という津波地震が発生しており，その間に位置する 2011 年東北地方太平洋沖地震の震源域は，津波地震の空白域であった可能性がある．これらの津波地震に対して，陸側に位置する震源域では，貞観地震のようなゆれも津波も大きな地震が発生しており，「津波地震タイプ」と区別して，「貞観地震タイプ」と呼ばれている（佐竹，2012）．

近年，稠密な広帯域地震観測網が整備され，深部低周波微動，低周波地震，超低周波地震，スロースリップイベント，サイレント地震などの標準的な相似則から外れたゆっくりすべり地震（slow earthquake）が多く観測されている．通常の地震の場合は，巨大地震でも，断層破壊が始まってから終わるまでの震源破壊時間は，数分程度であり，地震波形において，P 波，S 波，表面波を明瞭に識別できる．それに対してゆっくりすべり地震の場合，震源破壊時間は，ときに 10 分以上に及び，スローリップイベントでは，震源破壊時間は 1 日をこえる（長谷川ほか，2015）．

■**2.4.2 沈み込むプレート境界で繰返し発生する大地震**

図 2.4.2 に，東北日本弧での地震活動を示す（長谷川ほか，2010）．日本海溝沿い，特に 2011 年東北地方太平洋沖地震の震源域である宮城県沖から福島県沖にかけての地域は，普段から地震活動が非常に活発な場所である．また，その北に位置する青森県東方沖では，1968 年に発生した十勝沖地震（M 7.9）の震源域の南部が，それに先立つ 1931 年および 1944 年の地震でも繰返し破壊している（Yamanaka and Kikuchi, 2004）．これらの地域では，小繰返し地震（small repeating earthquake）が多く発生し，大きな余効すべりを伴う中規模の地震の発生も多い．こ

のような特徴は，巨大地震が繰返し発生している東海から南海にかけての地域では，普段，あまり地震活動が活発でないことと対照的である（松澤，2011）．

東北日本弧の前弧域では，過去に何度も M 7～8 クラスのプレート境界地震が起こっており，そのたびに津波や地震動による被害を受けてきた．それらの，これまでに繰返し発生してきた地震の震源域の分布に基づいて，地震調査研究推進本部では，東北地方沖の日本海溝沿いを，三陸沖北部，三陸沖中部，宮城県沖，三陸沖南部海溝寄り，福島県沖，茨城県沖，三陸沖北部から房総沖の海溝寄りの 7 つの領域に分けて，地震活動の長期評価を実施し，予想される最大マグニチュードとともに，今後 30 年以内の地震発生確率と平均発生間隔が予想されていた（地震調査研究推進本部地震調査委員会，2009）．

Mw 9 の東北地方太平洋沖地震発生前の地震調査研究推進本部地震調査委員会（2009）の長期評価によると，宮城県沖では，1793（寛政 5）年以来，M 7 クラス以上の地震が繰返し発生しており，その平均繰返し間隔は 37 年である．このうち，最初の地震（1793 年）は M 8 をこえるが，後はみな M 7.4 前後であった．そして，震源域を 3 等分するような配置で 1933 年（M 7.1），1936 年（M 7.2），1937 年（M 7.1）に，M 7 クラスの地震が発生しているが，このうち，最後の 1937 年の地震はスラブ内地震であった．そして，1978 年には，1930 年代に発生した複数の地震の震源域を，宮城県沖地震（M 7.4）が破壊している（Umino *et al.*, 2006）．その後，この比較的大きな 1978 年の宮城県沖地震から 33 年が経過し，次の宮城県沖地震の発生が懸念されたため，30 年以内に M 7.5 程度の地震が発生する確率は 99 ％であるとされていた．そして，2005 年には，M 7.2 の地震が発生したが，この地震は 1936 年の地震とよく似ており，1978 年の地震よりは規模が小さかったことから（Kanamori *et al.*, 2006），想定されていた宮城県沖地震の一部のみが破壊されたものであり，次の宮城県沖地震の発生確率は引き続き高く，依然として 99 ％であるとされていた．宮城県沖の海溝側の三陸沖南部海溝寄りでは M 7.7 前後の地震の発生確率が 80～90 ％であり，1793 年のように宮城県沖と連動した場合，その規模は M 8.0 前後とされた．宮城県沖の北隣の三陸

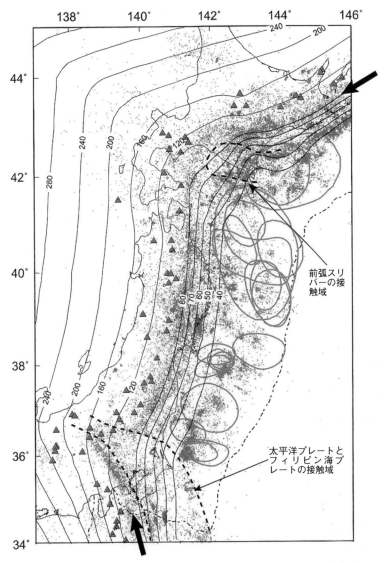

図 2.4.2 東北日本弧周辺での太平洋プレートの地殻内で発生する地震の活動（長谷川ほか，2010）
　矢印は，推定された上面地震帯を示し，太破線は2枚のプレートの接触域を示す．三角は火山，灰色の楕円は，プレート境界地震の震源域を示す．

沖中部については，過去に大地震が発生していないことから評価不能とされ，南側の福島県沖については，1938年にM 7.3～7.5の地震が群発的に4回発生している（Abe, 1977）が，江戸時代以降，それ以外の地震は知られていなかったことから，30年間の発生確率は7％以下であるとされていた．一方，沖合の海溝寄りでは，明治三陸地震のような津波地震が，今後30年間に発生する確率が20％程度とされていた（佐竹，2011）．

■2.4.3　プレート境界断層の固着とすべり欠損

　プレート境界で地震を引き起こす応力は，震源域でのすべり遅れの進行とともに蓄積され，地震間での断層の固着が強いほど，すべり遅れが増大する．このプレート境界面の固着に伴って蓄積される弾性歪みは，プレート境界面上での剪断応力が固着強度をこえると，急速なすべりが起こって一挙に解放され，地震を起こす．プレート境界における歪みの蓄

積は，GNSS 観測網のデータから推定される．東北地方の太平洋側は，太平洋プレートの沈み込みによって東西方向に短縮されている（西村，2012）．この変形量をもとに，プレート間地震の断層運動とは反対向きのすべり（バックスリップ）を仮定して，プレート間に蓄積した歪みを見積もることができる．プレート境界面でのすべり遅れはすべり欠損とも呼ばれ，その時間変化がすべり欠損レートとなる．プレート境界の断層の固着の程度は，このすべり欠損レートというパラメータで表される．東北地方の太平洋沖では，広い範囲ですべり欠損が分布していることが推定されていた（図 2.4.3：西村，2012）．特に，宮城県と福島県の沖では，すべり欠損のピークは年間 8 cm 程度と，太平洋プレートが沈み込む速度とほぼ等しく，これらの地域では，沈み込むプレートが上側のプレートとほぼ完全に固着していたことを示す（国土地理院，2009）．なお，海溝付近ではプレート間の固着は弱く，すべり欠損はないと考えられてきたが，これは海溝軸付近のすべり欠損をゼロと仮定してきたためである．

宮城県沖で繰り返す地震のすべり量は最大 2 m 程度であった（Yamanaka and Kikuchi, 2004）．この地域のすべり欠損量は年間最大 8 cm 程度であるから，宮城県沖地震の平均繰返し間隔である 37 年間には，すべり欠損が約 3 m 程度蓄積することになるが，このうち地震で解放されるのは 60％程度でしかない．すべりの最大値でなく，すべり欠損の分布から蓄積される地震モーメントを計算すると，地震で解放される率はさらに小さく，10～20％でしかない（Ozawa et al., 2011）．東北地方沖で Mw 9 地震が発生する前までは，すべり欠損の残りは，地震を起こさずに，非地震性すべり（安定すべり）によって，ずるずるとすべることによって解放されていると考えられていた．

■2.4.4 沈み込むプレート境界での地震発生サイクル

地震発生過程は，断層の巨視的剪断破壊過程であり，断層面における剪断応力とすべりのダイナミクスで規定される．1990 年代には，地震発生の物理過程を断層構成則により定量的に理解しようとする地震発生物理学が誕生し，現在では超並列計算機による物理モデルに基づく地震発生サイクルのシミュレーションが試みられている（松浦，2012）．プレートの運動は，ほぼ一定で継続性があるため，プ

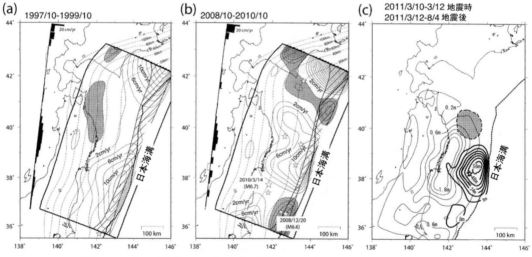

図 2.4.3 プレート境界でのすべり欠損，地震すべり，余効すべりの分布（西村，2012）
（a）1997 年 10 月～1999 年 10 月の期間での，（b）2008 年 10 月～2010 年 10 月の期間での，すべり欠損分布．太い長方形は沈み込むプレートの断層モデル域を示し，コンターは 2 cm/y 間隔である．灰色の領域は forward-slip の領域を示す．日本海側に示した棒グラフの棒の高さはプレート境界での衝突率の大きさを示す．星印は M 6 以上の地震の震央である．細破線はプレート境界の等深線を示す．
（c）太実線は，2011 年東北地方太平洋沖地震のすべり分布を，細実線は約 4 か月間の余効すべり分布を示す．灰色の領域は，1994 年三陸はるか沖地震の震源域（Nishimura et al., 2000）を示す．

レート境界での地震発生を伴う急激な応力の解放は，周期性をもつ．この沈み込むプレート境界での地震発生サイクルは，基本的には，すべり遅れによる震源域での準静的な応力の蓄積，急激な応力解放を伴う動的破壊の伝播，そして地震後の断層強度の回復とアセノスフェアの粘性緩和による応力再配分からなる．このような地震発生の全過程を支配する基礎方程式は，断層面のすべりに伴う応力変化を記述する「すべり応答関数」と，すべりと接触時間による断層強度の変化を記述する「断層構成則」を，応力が強度に達したら構成則に従ってすべりが進行するという「境界条件」で結びつけた，非線形システムとして表現される（大中・松浦，2002）．ここで，すべり応答関数は，連続体の運動方程式（準静的な場合は平衡方程式）の解であり，断層構成則は破壊の進展に伴うシステム全体のエネルギー収支を断層すべり（またはすべり速度）と剪断応力の間の巨視的関係として記述したものである．そして，このシステムを駆動するのが，プレートの相対運動である（松浦，2012）．地震の発生は，震源域に蓄えられた弾性歪みエネルギーが断層の剪断破壊によって一気に解放される過程である（Knopoff, 1958；Savage, 1969）．破壊は強度の急激な低下であり，応力の低下でもある．破壊面での応力低下の影響は弾性波速度で周辺域へ伝わり，そこに蓄えられていた弾性歪みエネルギーを解放する．したがって，震源域での破壊が，強い地震波を放射する高速破壊へと発展するためには，その周辺域に十分な弾性歪みエネルギーが蓄積されている必要があると考えられている（松浦，2012）．

■2.4.5 プレート境界断層の強度とその時空間変化

断層の強度は，断層面の摩擦係数と断層にはたらく有効法線応力との積で定義される．断層面の摩擦係数はすべり量やすべり速度，時間の経過などにより変化すると考えられている．一方，有効法線応力は，断層面の法線応力と間隙水圧の差で定義されるが，海溝型のプレート境界断層においては，沈み込むプレートからの脱水が起こるため，間隙水圧の絶対値とその時間変化が重要であると考えられている．このような断層に加わる応力と断層の強度の時

空間変化の把握は，地震の発生過程の解明の基本となる（飯尾・松澤，2012）．

プレート境界断層の摩擦強度は，すべりによる低下と固着による回復を繰返しながら時々刻々変化する．プレート境界の摩擦強度が大きい部分では，定常すべりからの遅れによる応力蓄積が徐々に進行し，やがてそれが限界に達すると，急激な応力解放を伴う断層運動（地震）が生じてすべり遅れを解消する（松浦，2012）．断層面上の摩擦係数は空間的に不均質であり，たとえば，強度の弱い構造線で取り囲まれた均質な地質ユニットは，構造線を境にして個別の震源域を構成すると考えられる．また，東北地方太平洋沖のプレート境界（日野ほか，2011）において，スラブ–地殻接触域とスラブ–マントル接触域とでは，摩擦係数が異なり，異なる震源域として挙動すると考えられる．これによって陸側の宮城県沖の震源域と海側の2011年東北地方太平洋沖地震の震源域，そして，その海溝側に位置する無地震発生域（日野ほか，2011）などが形成されることになる．これらの日本海溝に平行に帯状に発達する深度が異なる震源域は，それぞれ異なる断層面の摩擦係数をもっていると思われる．これに対して，沈み込み境界の同じ深度帯においても，水平方向に複数の震源域が分布している．これらは，それぞれ顕著な構造線（大規模トランスファー断層：馬場，2017）で境されており，断層面の摩擦係数に多少の変化がある可能性が強い．さらに，これらの構造線は，同じ深度帯にありながら，千島弧側からの水平圧縮応力に由来する歪み量に大小があると推定され，有効法線応力に違いがあると推定される．特に2011年東北地方太平洋沖地震で地殻変動を起こした地域のうちの，北部においては，千島弧での斜め沈み込みに由来する千島弧前弧スリバーの衝突によると思われる横ずれ断層が多く発生している（小菅ほか，2012）．このような複数のプレート同士が相互作用を起こしている領域において地震の発生過程を考える際は，セグメント化した断層面の摩擦係数の時空間変化とともに，プレート間相互作用に由来するセグメント境界断層などにはたらく有効法線応力の時空間変化についても考慮する必要があると思われる．

■2.4.6 地震発生サイクルにおける間隙水圧の変動

沈み込み帯のプレート境界では一般に大量の水が存在すると考えられる。断層の強度に関連する有効法線応力は、断層面の法線応力と間隙水圧の差で定義されるので、特に地震準備過程において、間隙流体の役割は重要である。地震に先立つ微小破壊によって膨張（ダイラタンシー）が起こると、浸透率が高くなり、そこでの間隙水圧は低下する。一方、断層に沿った浸透率が小さく、間隙流体の排水が抑制される場合は、間隙水圧が増加して有効法線応力が低下し、破壊が起こりやすくなる。Sibson (Sibson et al., 1988；Sibson, 1992) は、同じ断層で地震が繰返して発生する場合のモデルとして断層バルブモデルを提唱している。地震間には、プレート運動などで弾性歪みエネルギーが蓄積する一方で、周囲より細粒で透水性の悪い断層では間隙水圧が上がって、断層の摩擦強度が低下する。そして、有効剪断応力が摩擦強度をこえると断層が動いて地震が発生する。この断層破壊で流体は排出されて間隙水圧がいったん低下するが、その後、断層の摩擦強度がふたたび上昇して地震発生サイクルを繰り返す。

Seno (2009) は、プレート境界での剪断応力と静岩圧との間の力のバランスを検討し、宮城沖では、剪断応力を 20.1 MPa とすると、孔隙圧比は 0.95〜0.98 程度であることを示している。これは、2011年東北地方太平洋沖地震の震源域で推定された値と、調和的な値である (Yoshida et al., 2012)。Tanaka (2012) は、2011 年東北地方太平洋沖地震の発生に対する潮汐変動によるトリガーを検討し、地震前 3000 日において、そのような潮汐変動によるトリガーが存在していたことを明らかにするとともに、有効法線応力の大きさとして、約 0.04〜0.22 MPa という値を得ている。

■2.4.7 固有地震モデルとアスペリティモデル

地震発生サイクルに関しては、最もシンプルなモデルとして固有地震モデルがある。固有地震モデルは、セグメント化したプレート境界で、それぞれのセグメントが、そのサイズに対応した大きさの地震を固有の周期で起こすという考えである。近年、海溝型プレート境界地震の詳しい研究によって、時間をおいて繰返し同じ場所がすべって地震を起こす領域があることが明らかになってきた (Lay and Kanamori, 1980；Lay et al., 1982；Thatcher, 1990；Yamanaka and Kikuchi, 2004)。また、発生した地震の地震波形の解析から、地震時のすべりは一様でなく、実体波の短周期の部分は破壊領域全体のなかの狭い領域から発生しており、断層面上ですべりが大きい地震の核（地震性すべりが卓越する領域）があることがわかってきた (Lay and Kanamori, 1981)。この断層面上のすべりが大きいところは、地震間の間震期にプレート間が強く固着しているところであると考えられ、歪みが蓄積して断層の強度をこえると、一気に破壊にいたる。この破壊して大きくすべる領域の場所はほぼ一定で、破壊領域の広さは地震の規模に対応しているとされた。そして、東北地方太平洋沖では、プレート境界上に、複数の地震性すべりが大きい領域がパッチ状に分布し、その周りでは、プレート境界断層が非地震的にすべっていると考えられるようになった (Matsuzawa et al., 2002；Igarashi et al., 2003；Uchida et al., 2003；Matsuzawa et al., 2004；松澤, 2009)。この非地震性すべり（安定すべり）域に囲まれた地震性すべりが卓越する核部をアスペリティと呼び、地震によるすべり量の大きなところはアスペリティを示していると解釈されてきた (Lay et al., 1982)。アスペリティは、本来は断層面上の突起を意味する用語である。突起があると接触する部分としない部分が生じるが、摩擦抵抗は、実際に接触している部分の面積とその強度で決まる。一般的には、断層面上に分布する摩擦抵抗の大きいパッチ状の部分がアスペリティを構成する。摩擦抵抗が大きいとずれにくく、そこにはたらく応力が高くなって、蓄積される弾性歪みが大きくなるため、より大きな地震すべりを引き起こすと考えられることから、アスペリティは、①強度の大きな領域、②地震すべりの大きな領域という意味で用いられるようになった (松澤, 2001)。このことはアスペリティとアスペリティとの間の非アスペリティには、①強度の小さな領域、②非地震性すべり（安定すべり）の卓越する領域が分布していることを意味している。海溝型プレート境界地震の起こり方には地域差があり、超巨大地震がほぼ定期的に起こって

いる場所（例えばチリ南部）から，多数の震源域で，それぞれ異なるタイミングで地震が起こっている場所（例えば千島列島）など，さまざまである．海溝型プレート境界の断層セグメントを，固着する部分（アスペリティ）とそうでない部分（非アスペリティ：非地震性すべり域/安定すべり域）に分けて，そこでのアスペリティ分布により，地域特性を説明する試みがなされてきた（Lay et al., 1982）．

■2.4.8　地震性すべりと非地震性すべり

上記の通り，プレート境界の断層では，アスペリティにおける地震性すべりとともに，その周辺で非地震性すべり（安定すべり）が生じていると考えられてきた．大地震のアスペリティ以外の部分において，非地震性すべり（安定すべり）が卓越していると考えられてきた理由は，それ以外の部分では，周囲の非地震性すべり（安定すべり）の進行に伴って発生すると考えられている小繰返し地震が起こっていたり（Matsuzawa et al., 2002；Igarashi et al., 2003；Uchida et al., 2003, 2006），余効すべり（地震のあとに生じるゆっくりとしたすべり）が生じていた（Ueda et al., 2001；Miura et al., 2006）からである（飯尾・松澤，2012）．また，非地震性すべりは，沈み込みプレート境界の浅い部分では，津波地震やゆっくりすべり地震の発生や，地震で解放できない応力を緩和する機構として重要な役割を担っており，また，地震が起こらなくなる深度では，すべりをまかなう主要な機構であると考えられている．

この非地震性すべりは，断層破壊に対応する急速なすべりや，地震発生後の再固着などとともに，すべり速度・状態依存摩擦則によって，統一的に記述できる．このすべり速度・状態依存摩擦則では，動摩擦係数は，定数項，すべり速度のみに依存する項，時間とともに変化する項の和として記述される．そのなかで，時間とともに変化する項は，すべりによる摩擦力の変化を表現する項と，摩擦面の固着を表現する項からなり，摩擦係数が動的なすべりによって不連続に下がり，また時間とともに摩擦面の固着が進む効果を記述する（Nakatani, 2001；井田，2012）．

■2.4.9　アスペリティの実体

アスペリティの実体については，Mw が 7 から 8 の場合，アスペリティの直径が数十 km 以上のサイズになることから，海洋プレート上に発達した海山が，アスペリティを構成しているという考えがある（Smith and Jordan, 1988；Cloos, 1992）．この場合，破壊領域のうち，非アスペリティ領域は沈み込んだ堆積物からなり，ここでは安定すべりが卓越していることになる（Cloos and Shreve, 1996）．海山の有する質量と浮揚性が，海溝型プレート境界断層の有効法線応力を増加させることにより，巨大地震を起こす可能性も指摘されている（Scholz and Small, 1997）．また，大量の海溝堆積物が，沈み込むプレートに発達したホルスト-グラーベン構造を埋め立てて平坦化し，上盤陸側プレートとの接触面積を増やすことにより，摩擦抵抗の大きい領域が拡大して，巨大地震を引き起こすという考えもある（Ruff, 1989；Zhang and Schwartz, 1992）．ただし，海山の沈み込みは巨大地震の原因となりうるが，アスペリティは，非アスペリティ領域に対して有効法線応力が大きく，摩擦抵抗が高い部分なので，そのような条件を満たすものであれば，必ずしも海山に限られるわけではない（木村，2002）．

■2.4.10　アスペリティとバリア

アスペリティは，破壊の開始を重視する（Lay and Kanamori, 1981；Lay et al., 1982）が，これに対してバリア（Das and Aki, 1977；Aki, 1979）は破壊の停止を重視するモデルである．バリアの概念に従えば，破壊は頻繁に始まって，大部分はすぐに止まり，小さな地震で終わるが，ときに，なかなか止まらない破壊が生じて，それが大きな地震になると考える．つまり，地震を起こす破壊は，多くの障壁（バリア）を乗り越えながら拡大する．地震波が複雑な波形をもつのは，破壊がさまざまなバリアを乗り越えるためである．バリアが大きければ，乗り越えるときに強い地震波を出す．バリアが高すぎてこえられなければ破壊はそこで止まる．破壊の開始や停止は破壊推進力に支配される．破壊推進力は断層の各点で応力とともに増加し，岩石の強度とともに減少する．破壊推進力があるしきい値より小さくな

ると破壊は止められる．破壊推進力は割れ目の長さに比例し，岩石の強度や応力ばかりでなく，断層の構造や破壊の過去の履歴にも依存する（Seno, 2003；井田，2012）．

破壊の停止を重視するバリアモデルは，断層のセグメント境界で破壊が停止することにより，繰返し地震の規模が規定されるとする考えと調和的である．バリアとなる断層のセグメント境界を通過して，破壊が進行するためには，繰返し地震の発生に必要な応力をこえる破壊推進力を必要とする．

■ 2.4.11 バリアと巨大地震の周期的な発生

大きな地震は特定の場所で繰返し発生する傾向がある．バリアの観点に立てば，大きな地震が発生しやすいのは，応力や強度が相対的に均質な場所である．そこでは破壊推進力も変動の幅が抑制されるので，十分に成長した破壊が止められる可能性が低いからである．相対的に均質で，強度のばらつきの少ない断層領域があれば，プレート運動などの効果も均質にいきわたるので，破壊に必要な応力のばらつきも小さくなると思われる．そのような断層領域では，そこを縦断するような大きな地震が繰り返される可能性が高い．応力が一定の割合で蓄積されれば，地震の発生は周期的なもの（固有地震）となる（井田，2012）．

■ 2.4.12 セグメント境界をなす断層などの地質構造境界の果たす機能

一般にプレート境界の震源域は，プレート境界と高角の分岐断層，海山，海嶺，高密度ドームなどの摩擦特性の異なる不連続面や不均質構造によって境され，セグメント化していると考えられる．アスペリティモデルでは，大きな地震（固有地震）を繰り返す断層は，強度の弱い領域で囲まれた破壊強度の大きな領域（すなわち，弱線である複数の断層などのセグメント境界で囲まれた均質なプレート境界）で，地震発生時には応力は解放され尽くしているとみなされる．バリア・モデルでは，ときに乗り越えられる不均質性の高いセグメント境界で囲まれた破壊強度の不均質が小さいプレート境界と理解される．いずれのモデルも，地質学的には，その摩擦特

性が間隙水圧などの変化で時間的空間的に大きく変動しうる断層群によって取り囲まれた強度の均質なプレート境界からなる領域の存在を考えることによって理解することができる．

■ 2.4.13 2列のアスペリティ

宮城県沖から福島県沖にかけては，普段の地震活動が，国内でも最も高い地域の1つであり，このような場所では，固着が弱いために，小さな地震を頻繁に発生させて，歪みを解消させていると考えられてきた．この地域において，小繰返し地震や余効すべりが多くみられたことも，この地域の固着がそれほど大きくないことを示唆していると考えられてきた（松澤，2011）．Yamanaka and Kikuchi（2004）は，遠地地震波のインバージョン解析からすべり量の分布を推定している．彼らは，推定されたすべり分布における最大すべり量の半分以上の領域をアスペリティとしている．彼らの結果によると，宮城県沖では，陸寄りおよび日本海溝寄りの2列のアスペリティがあると考えられ（Yamanaka and Kikuchi, 2004），宮城県沖の1978，2005年などの地震は，陸側のアスペリティに，1981，2003年の地震や，2011年東北地方太平洋沖地震の震源近傍は，海側のアスペリティに対応している（飯尾・松澤, 2012）．プレート境界断層面の形状について検討し，太平洋プレートの形状と上記の2列のアスペリティの分布とを比較することにより，プレートが折れ曲がる領域（スラブ–地殻接触域とスラブ–マントル接触域の境界部）を避けてアスペリティが分布していることが示されている（東京大学地震研究所，2006）．

■ 2.4.14 複数のアスペリティの連動と非地震性すべり域での地震すべりの発生

2011年東北地方太平洋沖地震では，従来から知られていた6つの震源域（茨城県沖，福島県沖，宮城県沖，三陸沖中部，三陸沖南部海溝寄り，三陸沖から房総沖の海溝寄り）が連動して，南北500 km，東西200 kmにわたる断層破壊が起こった．なぜ，これらの震源域が連動して超巨大地震が起こったのか，を理解することが重要である．

2011年東北地方太平洋沖地震では，普段は非地震性すべりを起こしていると考えられていた領域でも地震すべりが発生した．これについては，非地震的にすべる領域は常に非地震的にすべるとは限らない，あるいは，非地震性すべりを起こしているという推定そのものが間違っているという2つの可能性が考えられる．実際，約200年間に起こった6回の宮城県沖地震のなかで，1793年の地震は2列のアスペリティの連動型の地震（M 8.2）だと考えられている（地震調査委員会，2000）．つまり，2列のアスペリティの間の非地震性すべりを起こす領域も地震すべりを起こしたと考えられる．青森県東北沖でも，1968年の十勝沖地震では複数のアスペリティが連動したことが知られている（Yamanaka and Kikuchi, 2004）．また，海溝付近は非地震性すべりを起こす領域であると推定されていた（Scholz, 1990）が，2011年東北地方太平洋沖地震では，その領域でも地震すべりを起こしている．東北地方太平洋沖の海溝付近では，微小地震活動が非常に低く，それは地震すべりを起こすことができないためと推定されていた（たとえば，Tsuru et al., 2000）が，これについては，ぴったり固着しているために微小地震活動が低かった可能性がある（飯尾・松澤，2012）．

■ 2.4.15　バリアの低下による複数セグメントの連動破壊

均質で，強度のばらつきが少ないプレート境界が，バリアとしてはたらく領域に囲まれてセグメント化しているプレート境界では，そのサイズに相当する大きさの地震（固有地震）を繰返し発生すると考えられる．このセグメント境界を構成する高角の分岐断層や大規模トランスファー断層（馬場，2017）は，断層バルブモデルなどに従い，時間とともにその摩擦強度を，周期的に変化させると予想される．セグメント境界における結合が強固になると，そこでのバリアは小さくなって，均質で，強度のばらつきが少ない領域が，このセグメント境界をこえて周囲に拡大するとともに，プレート境界域から上盤陸側プレート側への間隙流体の散逸が抑制されて，よりモーメントの大きなプレート境界の破壊が起こることが期待される．その場合，太平洋プレートの沈み込みに伴う東西方向からの歪みの，プレート境界への蓄積速度は，その方向に斜交する面をもった高角分岐断層や大規模トランスファー断層への歪みの蓄積速度に対して，より速いと考えられる．その結果，短い時定数でのセグメント化したプレート境界の破壊と，より長い時定数でのセグメント境界でのカップリングサイクルが進行し，両者が組み合ったスーパーサイクルが出現することになる．

2.5　沈み込むプレート境界域の構造と地震活動

■ 2.5.1　沈み込み侵食作用

a.　沈み込み帯での沈み込み侵食作用

日本海溝域の構造については多くの研究がある（Murauchi, 1971；Yoshii, 1979；Nasu et al., 1980；Hasegawa et al., 1978, 1991など）が，その構造を理解するうえでは，沈み込み侵食作用（あるいは構造侵食，造構性侵食作用（Subduction Erosion：Murauchi, 1971；von Huene and Culotta, 1989；von Huene and Lallemand, 1990；von Huene and Scholl, 1991；Clift and Vannucchi, 2004；山本，2010など）が重要である．東北日本弧は，現在，日本海溝で沈み込み侵食作用を受け，上盤陸側プレート（上盤側陸源

ウェッジ）の先端部はその下底を沈み込むスラブによって削られていると考えられている．この間，基本的には，プレートの上盤陸側が継続して沈降していると推定され，それに伴い，日本海溝は次第に大陸地殻を侵食しながら，大陸側に移動していると推定されている（von Huene and Lallemand, 1990）．

沈み込み侵食作用は，基本的には，海溝域に流入した陸側斜面の崩壊物が海洋プレート上のグラーベンにトラップされることにより，地下深部に持ち込まれる作用である（Hilde, 1983）．さらにこれに加えて，日本海溝にみられるような長期間にわたる前弧域の沈降には，海山の沈み込み（Mogi and Nishizawa, 1980）などで促進される上盤陸側プレート先端

部での侵食（frontal erosion）とともに，上盤陸側プレートの前弧域下底での侵食（下底侵食作用：basal erosion）が寄与していると考えられている（von Huene and Lallemand, 1990；Scholl and von Huene, 2007）．日本海溝と同じく侵食縁辺であることが確認されたコスタリカ沖では，掘削により，前弧域を構成する岩石は，沈み込み侵食作用から予想された陸上に露出する岩石と同じもので，沈み込み堆積物と上盤側陸源ウェッジとの境界には厚さ約40 mのデコルマ（すべり面）が確認されている．このデコルマを構成する堆積物は低密度，低比抵抗を示し，間隙流体の低塩分濃度や炭化水素ガス組成は，デコルマに沿った流体移動を示唆していた（木村・斎藤，1998；Kimura et al., 1997）．

日本海溝軸部においては，付加体はほとんど形成されていないが，海溝陸側斜面の先端部に，小規模なウェッジ状の前弧斜面堆積物に由来する前縁付加体が確認されている．当初，これは第四紀の付加体とみなされた．しかし，その後，この部分は大部分が斜面崩壊によって形成されたものであり，海溝充填堆積物に由来する付加体ではないとされた（von Huene and Scholl, 1991；佐々木・玉木，1999；Tsuru et al., 2002）．また，日本海溝陸側斜面の基盤は，陸側へ傾斜する反射面が卓越した地質体からなるが，それらは白亜紀の付加体とみなされている．上盤陸側プレートの基底部は大陸性地殻を構成していた岩石からなる（Nasu et al., 1980）．この大陸性地殻の下部は，主に石英斑れい岩質〜花崗閃緑岩質の岩石から構成されていると推定される（Nishimoto et al., 2005, 2008）が，このことは，この地域におけるP波速度構造と矛盾しない（日野ほか，2011）．

b. 沈み込む海洋プレートに発達するホルスト–グラーベン構造

海洋プレートが沈み込む場所である日本海溝では，沈み込みに伴う撓曲運動により，海溝海側斜面に正断層が発達して，比高300〜500 m程度の地塁や地溝（ホルスト–グラーベン構造）が発達している（Tsuji et al., 2011）．日本海溝における太平洋プレートの沈み込み速度は速く，また，陸側の東北日本弧からの堆積物の供給量も大きくないため，日本海溝は海溝充填堆積物に乏しい（Clift and Vannucchi, 2004）．海溝充填堆積物が少なく，その厚さが，海溝軸部でこれらの比高500 mほどの地塁や地溝

を充填していない場合，それら海溝充填堆積物は，剝ぎ取られて，そのまま沈み込み，凸部はプレート境界のアスペリティとして機能し，大きな摩擦をもたらすと考えられる（Tanioka et al., 1997；木村・山口，2009；Tsuji et al., 2011）．

2011年東北地方太平洋沖地震の際の，海溝近傍での50 mをこえるすべりの原因については，上盤陸側プレートのすべりにつられた動的過剰すべり（ダイナミックオーバーシュート：Ide et al., 2011）が起こったとの考えもあるが，沈み込む太平洋プレートのホルスト–グラーベン構造が，海溝近傍における沈み込み帯浅部でのプレート境界の強い固着に寄与し，大きなすべりをもたらした可能性がある．

c. ホルスト–グラーベン構造と沈み込み侵食作用

三陸沖の日本海溝（図2.5.1）では，沈み込む太平洋プレートの上面に発達したホルスト–グラーベン構造が，上盤陸側プレートの下に沈み込んでいる（Tsuru et al., 2000, 2002；山本，2010）．上盤陸側プレートの先端部には地震波速度が遅く，変形の進んだくさび状の部分が認められるが，これが前縁付加体（frontal prism）である．2011年東北地方太平洋沖地震が起きる前までは，プレート境界断層はこの前縁付加体分布域の陸側でのみ，地震すべりを起こすと考えられていた．また，前縁付加体の陸側の境界は backstop interface と呼ばれているが，それは1896年三陸津波地震のような海溝付近での津波地震の発生に関係していると推定されていた（Tsuru et al., 2000）．海溝の陸側斜面内部には，白亜紀基盤岩類と前弧斜面堆積物との間に不整合面が発達しているが，この不整合面は，下底侵食で白亜紀前弧地殻が沈降することによって生じたものである．日本海溝では，幅20 km程度の前縁付加体しか発達していないことから，太平洋プレートが沈み込みを開始して以来，海溝に達した海洋性堆積物の大部分は沈み込み侵食作用によって地球内部に運び込まれたと考えられている（山本，2010）．

日本海溝での太平洋プレートの沈み込みに伴い，浅部では，少量の海溝充填堆積物で埋められた凹凸の発達した海洋地殻最上部は薄く引き剝がされて上盤陸側プレートに底づけするものの，沈み込むにつれて，海洋プレートが上盤側の大陸性地殻と直接接

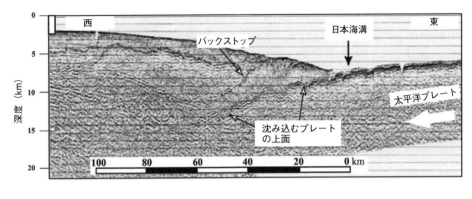

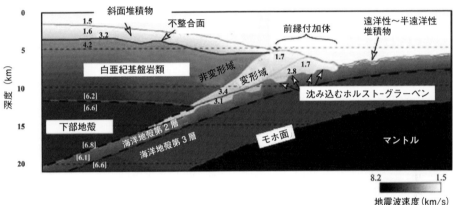

図 2.5.1 三陸沖の日本海溝における反射断面（上），および地震波速度構造（下）（Tsuru *et al*., 2002；山本，2010）
太平洋プレート上面のホルスト-グラーベンが海溝から沈み込んでいる．海溝西側の上盤側にある地震波速度の遅いくさび状部分が前縁付加体である．

して下底侵食作用が起こっていると思われる（鶴，2004）．この下底侵食作用のメカニズムとして重要視されているのは，脱水流体の過剰間隙圧による水圧破砕モデルである（von Huene and Culotta, 1989；von Huene *et al*., 2004；山本，2010）．沈み込みに伴って，プレート境界に取り込まれた物質が，沈み込むプレートとともに下方へ運搬される通路をサブダクションチャネルと呼ぶ（Cloos and Shreve, 1988a, b）．プレート境界面のデコルマ帯は流体の通路として機能するが，これを前縁付加体などが蓋をすることにより，プレート境界の間隙水圧は上昇する（von Huene *et al*., 2009）．その結果，デコルマの上盤側地殻の下部が水圧破砕され，沈み込むホルスト-グラーベンにより深部へと運搬され，下底侵食作用が進む．

沈み込み侵食作用が卓越する日本海溝では，マントルに移送される大陸地殻物質としては，沈み込む海洋性堆積物や海溝充填堆積物よりも，下底侵食作用で運び込まれる白亜紀基盤岩類に由来する大陸地殻物質の量の方が多いと推定されている（山本，2010）．

この下底侵食作用を受ける前弧域では，次第に地殻が薄くなって，表層が沈降し，正断層が発達することになる．海洋プレートが，上盤陸側プレートのモホ面で地殻との接触域をこえて沈み込み，マントルウェッジと接触しても，マントルかんらん岩が蛇紋岩化している場合，その剪断強度は小さく，沈み込み侵食作用で削り込まれた物質は引き続き海洋プレートとともに沈み込むと考えられている（木村，2002）．

■ 2.5.2 沈み込むプレート境界での地震断層の規模

Uyeda and Kanamori（1979）が提唱したように，一般に，スラブの角度が高角でプレート間の固着が

弱いマリアナ型沈み込み帯に対して，チリ型沈み込み帯では低角なスラブが上盤陸側プレートと広い面積にわたって接触しており，固着が強く，しばしば巨大地震を発生する．地震の規模は，震源断層の面積（幅×長さ）とすべり量の積に岩石の剛性率をかけたもの（地震モーメント）に比例するが，多くの島弧型沈み込み帯では，断層による破壊域（地震発生帯）の幅は120 km程度，すべり量は5 m程度で頭打ちになるのに対して，大陸縁沈み込み帯では断層の幅は200 kmをこえ，断層の長さが1000 km程度まで，その長さに比例して，断層の幅とすべり量が増加する（Fujii and Matsu'ura, 2000）．震源断層の幅は，沈み込み帯でのカップリング領域（地震発生帯）の幅に関係し，その長さは，トランスフォーム断層起源の断裂帯や巨大な海山などの分布で決まるプレートのセグメント区分に関係している（Kodaira et al., 2000）．プレート境界の剛性率に大差がないとすれば，幅と長さが大きいカップリング領域の広い場所では，その面積に対応した超巨大地震が発生しうる（Kanamori, 1977；Atwater et al., 1991；Nelson et al., 1995；Satake et al., 1996, 2003；Lay et al., 2005；池田ほか, 2012）．海洋性の島弧型沈み込み帯と大陸縁沈み込み帯とでは，震源断層の最大幅，すなわちカップリング領域（地震発生帯）の幅が異なり，通常，前者では約120 kmであるのに対して，後者では200 kmをこえる．地震発生帯の幅は，スラブ-地殻接触域の幅と密接な関係がある．一般に，大陸縁沈み込み帯では，厚い大陸地殻が発達し，スラブの傾斜角が小さいため，スラブ-地殻接触域の幅は，地殻が薄く，スラブの傾斜角が大きい海洋性の島弧型沈み込み帯に比較して，広い傾向がある．沈み込みスラブと上盤側プレートとの間のカップリング（結合度）は，もちろん，カップリング領域（地震発生帯）の面積のみで決まるのではなく，断層を構成する岩石の剛性率や断層面の摩擦係数に関係する．カップリングの強さには，プレート境界面の粗さなどの幾何学的特性，境界面を構成する物質，境界面での間隙水圧の多寡，温度構造などの条件の違いも重要な要素（Pacheco et al., 1993）であることから，東北日本弧の場合は，沈み込み侵食作用によって，強度の高い上盤側大陸性基盤岩とホルスト-グラーベン構造の発達した海洋プレートとが直接，強く結合していることが，カップリング

の強さに重要な役割を果たしている可能性が高い．

■ 2.5.3 沈み込み帯の温度構造

Peacock and Wang（1999）は，沈み込むプレートの温度構造を数値モデリングにより計算し（図2.3.2），東北日本では海洋地殻のエクロジャイト化は，90 km付近で起きることを示している（図2.5.2：Peacock and Wang, 1999；Okamoto and Maruyama, 1999, 片山ほか, 2010）．数値計算による温度構造の推定においては，プレート境界面での摩擦やマントルの粘性率など不確定要素が多いが，温度構造は，基本的にはプレートの年齢，沈み込み速度，そして沈み込み角度に依存している．また，マントルウェッジと沈み込みスラブとの間のカップリングも温度構造に影響を与え，蛇紋岩などの低粘性層が存在する場合は，プレート境界がデカップリングを起こして，マントルウェッジ先端が対流に組み込まれないため，低温を維持するという考えもある（Wada et al., 2008）．

一方，脱水脆性化仮説を適用して，沈み込みスラブに沿った震源の分布から温度構造を推定する試みもされている．Maruyama and Okamoto（2007）は，東北日本におけるエクロジャイト化が起きる深度が

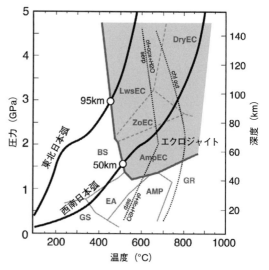

図2.5.2 玄武岩質岩における変成反応の温度圧力条件とプレート上面の地温勾配（片山ほか, 2010）
灰色の領域はエクロジャイト相に対応する．図中の点線はかんらん岩での蛇紋石（serp）と緑泥石（chl）の安定領域を示す．

50〜60 km であるとしており，数値計算で得られた温度構造から推定したエクロジャイト化深度よりも，浅く見積もっている．

■2.5.4 脱水反応の進行とプレート境界での地震分布

a. 地震活動に及ぼす水の影響

地震活動の多くはプレート境界に集中して起こっているが，地域によって，その頻度や震源の深さが異なる．そのような地域差は，沈み込み帯での水の存在や，その移動が関係していると考えられている（Hacker et al., 2003a, b）．地震活動に及ぼす水の影響は主に2つあり，①岩石の間隙に存在する流体は有効法線応力を下げ，脆性破壊を引き起こすのに対して，②鉱物に結合した水は塑性強度を下げ，脆性的な破壊ではなく，塑性的な流動を起こして，地震を抑制する．このように，水が鉱物のなかに取り込まれている場合と，鉱物から放出されて岩石中の隙間に分布する場合とでは，まったく異なる力学的挙動を示す（片山ほか，2010）．

b. 脱水脆性化

東北日本弧において，プレート境界地震の発生は，深さ約60 km以浅に限られているのに対して，スラブ内地震はさらに深部においても発生し，最も深い地震は約700 km深度で起こっている．スラブ内地震が発生するような深さでは，封圧が高くなるため，通常，そのような条件で脆性破壊を起こすためには非常に高い差応力が必要となる．多くのスラブ内地震が発生している高い温度，圧力条件下において，脆性破壊を起こすような大きな差応力が生じることは考えにくいが，そのような条件下で脆性破壊を起こすメカニズムとして，脱水脆性化が知られている．脱水脆性化とは，含水鉱物を加熱することにより，脱水反応を起こさせ，それによって放出された水が，間隙圧を上げることにより，岩石の強度が著しく低下して破壊にいたるというメカニズムである（たとえば，Raleigh and Paterson, 1965）．たとえば，蛇紋石のような含水鉱物は，それが安定な温度圧力条件下では，応力に対して塑性的な振る舞いをするが，温度を上げることにより不安定化し，脱水反応により分解を始めると，放出された水が，間隙圧を上げて，岩石の有効圧が著しく低下し，脆性

破壊を引き起こす．さまざまな含水鉱物の脱水分解反応により破壊が引き起こされると提案されており（Kirby et al., 1996, Hacker et al., 2003a, b），蛇紋石とローソナイトについて実験的に脱水脆性化が示されている（Okazaki and Hirth, 2016）．また，脱水反応が体積減少を伴う高圧下においても，この地震発生モデルが適用できるかはさらなる検証が必要である．Omori et al.（2002）は脱水分解により生じた水が岩石中の強度不均質を引き起こし，弱化した部分が急速な応力解放を行うため地震が発生するとのモデルを提案している（片山ほか，2010）．

c. マントルかんらん岩の蛇紋岩化と玄武岩質海洋地殻のエクロジャイト化

これまで，地震波トモグラフィの解釈は温度構造で第一次近似され，低速度領域は高温領域に，高速度領域は低温領域に対応すると考えられてきたが，それは必ずしも自明ではない．最近の鉱物物性の研究では，岩石中の水やメルト（部分溶融層）の存在，ならびに含水鉱物などの鉱物種により地震波速度が変化し，地震波速度の不均質性には温度だけでなく化学組成の不均質が重要な役割をもつと報告されている（たとえば，Karato and Karki, 2001；Nishimoto et al., 2005, 2008）．東北日本弧では，海洋地殻を構成する玄武岩質岩のエクロジャイト化は深さ90 km付近で起き，放出された H_2O に富む流体はマントルウェッジ側でかんらん岩と加水反応して，蛇紋岩を形成する（図2.5.2）．高速回転摩擦実験によると，蛇紋岩は，高速域での不安定すべり（強度低下挙動）から，低速域での安定すべりに遷移する結果が得られており，プレート運動の速度範囲では，非地震性すべり（安定すべり）によって歪みを解消するモデルが報告されている（Reinen et al., 1991）．平内・片山（2010）は高温高圧変形試験機により蛇紋岩の変形特性を調べ，マントルウェッジ条件下では，蛇紋岩はほぼ均質な塑性流動を起こし，断層形成にいたる脆性破壊は主要な変形様式ではないことを明らかにしている．

図2.5.3に東北日本中央部での島弧に直交する断面でのP波速度，S波速度およびVp/Vsの地震波速度構造（Tsuji et al., 2008）を示す．図中の灰色の実線は変換波の走時を用いて推定された沈み込む太平洋プレートの境界面（Zhao et al., 1997），十字は震源を示す．この東北日本の地震波トモグラフィか

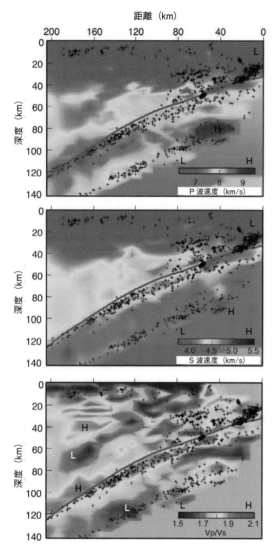

図 2.5.3 東北日本中央部での島弧横断，地震波速度構造 (Tsuji et al., 2008)
灰色の実線は太平洋プレートの境界面（Zhao et al., 1997），十字が震源を示している．

らも，深さ 60 km 付近から低速度層および高ポアソン比を示す領域がプレート境界のマントル側に確認されており（図 2.5.3：Tsuji et al., 2008），プレート境界のマントル側に分布する蛇紋岩が，地震活動を抑制している可能性を示唆している．すなわち，東北日本弧では，プレート境界面での含水層の存在が，スラブ-マントル接触域でのプレート境界地震の下限をコントロールしていると考えられる．逆にいえば，深さ 60 km 深度まで，プレート境界地震が発生しているということは，この 60 km 深度ま

ではマントルウェッジ先端部での蛇紋岩層は発達しておらず，沈み込むプレートから流体が十分に放出されていないことを示唆している．地震波速度構造からも，海洋地殻に相当する太平洋プレート上部層の速度は，この深度まではほとんど変化を示していない（図 2.5.3：Zhao et al., 1997；Tsuji et al., 2008）．

d. プレート境界地震の深さの下限

図 2.5.4（長谷川ほか，2010）中に灰色の楕円で示した部分は，プレート境界で発生する巨大地震の想定震源域あるいは余震域である．古くて冷たい太平洋プレートが沈み込む東北日本弧では，プレート境界地震はスラブ-地殻接触域より深いスラブ-マントル接触域に及び，その下限の深さは，およそ 50～60 km 付近に達し，沈み込むプレート境界が上盤陸側地殻のモホ面と接する深さをこえている（Igarashi et al., 2001）．このことは，上盤陸側プレートのモホ面下のマントルが蛇紋岩化していないことを示唆している（Seno, 2005；Yamamoto et al., 2006）．

一般に，プレート境界地震の発生する温度範囲は，浅い側で約 100℃，深い側で約 350℃ とされ（Hyndman and Wang, 1995），上盤陸側プレートのモホ面と接する深度の温度が 350℃ 以下の場合には，この深度がプレート境界地震の発生下限（不安定すべり-安定すべり遷移帯，あるいは速度弱化-速度強化遷移帯）になるとされている．東北日本弧でのプレート境界地震の発生下限深度での，プレート境界の温度は，約 200～250℃（Peacock and Wang, 1999；van Keken et al., 2002；Syracuse et al., 2010），あるいは約 400℃（Iwamori and Zhao, 2000）と推定されている（図 2.3.2）．プレート境界地震の発生下限深度での温度が約 200～250℃ だとすると，この温度は，通常の脆性塑性転移が起こるとされる温度である 350～450℃ よりかなり低い．おそらく，東北日本弧では，約 50～60 km 深度で，マントルかんらん岩の蛇紋岩化による塑性流動が始まり，地震活動が抑制されて安定すべり域に変わっていると考えられる（片山ほか，2010）．なお，10% 程度の蛇紋岩化でも著しい強度の低下が起こり，蛇紋石の存在が岩石全体の変形特性を支配していると報告されている（Escartin et al., 2001）．

沈み込む太平洋プレートがフィリピン海プレートと接している部分では，太平洋プレート内でのプレート境界地震の震源がより深い 80 km 深度まで

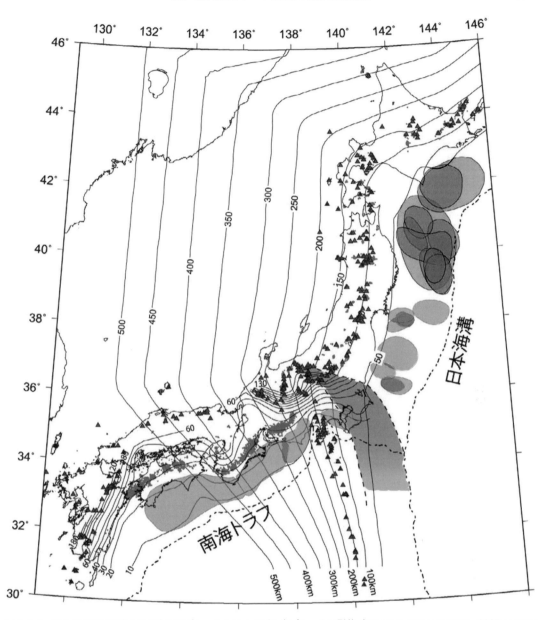

図 2.5.4 東北日本弧下に沈み込む太平洋プレートとフィリピン海プレートの形状（Nakajima and Hasegawa, 2007；Hirose et al., 2008；Nakajima et al., 2009a；Kita et al., 2010）
　破線で囲った灰色の領域は，プレート間の接触域を示し，灰色の楕円はプレート境界地震の震源域，三角は第四紀火山を示す（長谷川ほか，2010）．

認められる．同じことがフィリピン海プレート側でも起こっている．このようなプレート境界地震の震源域の深度の違いについては，プレート上面の温度，年代や，上盤側の蛇紋岩化の程度などで説明されている（Seno and Maruyama, 1984；Nakajima et al., 2009a；長谷川ほか，2010）．プレート境界地震の深さの下限（約 50〜60 km）と，海洋地殻のエクロジャイト化深度（約 90 km）とが異なる理由としては，エクロジャイト化による大量脱水にいたる前にも温度上昇に伴い藍閃石などの含水鉱物が連続的に分解して，水が放出されているためと考えられている（たとえば，Pori and Schmidt, 1995；片山ほか，2010）．

■ 2.5.5 マントルウェッジの蛇紋岩化

a. 宮城県沖での地震すべりの抑制

海底地震観測データを活用した地震波トモグラフィにより，宮城県沖地震のアスペリティ付近では，その上盤側の Vp/Vs が小さいのに対して，その海溝側では Vp/Vs が大きいことが明らかにされている（東北大学，2010b）．これは，宮城県沖地震の 2 列あるアスペリティの間の領域において，マントルウェッジが蛇紋岩化しているため，地震すべりを起こしにくいためであると解釈されている．さらに，海溝寄りにおいて，北緯 38～39°付近の地震活動が異常に低い領域では反射強度が高いことが報告されている（藤江ほか，2000）が，この部分ではプレート境界断層付近に薄くてやわらかい層があり，そのために反射強度が高く，地震活動が低いと解釈されている（飯尾・松澤，2012）．

b. 岩手沖でのプレート境界地震の抑制

東北日本の岩手沖（北緯 39°付近）では，プレート境界地震発生帯の下限が他の地域に比べて浅く，モホ面付近に存在する（図 2.5.5：Kawakatsu and Seno, 1983）．この地域では，前弧マントルウェッジ浅部において低速度異常が確認されることからも（Mishra et al., 2003；Zhao et al., 2009），局所的に蛇紋岩化が進行し，プレート境界地震がマントルウェッジの先端部で抑制されていると推定されている（Seno, 2005）．また，アラスカやチリなどの比較的古く冷たいプレートが沈み込む領域でも，プレート境界地震の下限はモホ面の深度と一致する傾向があり，マントルウェッジの蛇紋岩化がその要因であると考えられている（Peacock and Hyndman, 1999）．

c. 定常すべり域での水の放出と深部低周波微動の欠如

東北日本においては Mw 9 地震の前に，その震源域付近で低周波地震が発生している（Ito et al., 2013）が，深さ 30 km より深いプレート境界地震発生の深部では，深部低周波地震や微動は確認されていない．深部低周波地震や微動については，流体の存在が重要な役割を果たしていると推定されているが，それ以外の要因も絡んでいると推定されている（片山ほか，2010）．Shelly et al. (2006) は，浅部の固着域と深部の定常すべり域との遷移域において短期的スロースリップイベントが発生し，それに

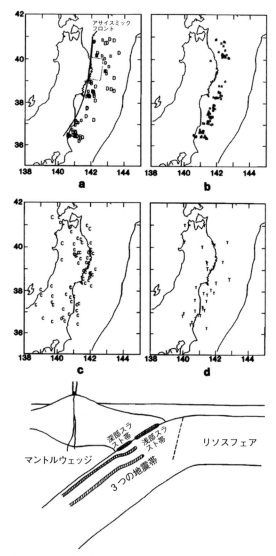

図 2.5.5 東北日本弧でのプレート間地震とスラブ内地震の分布（Kawakatsu and Seno, 1983）
(a) 逆断層型地震の分布，(b) 'A' 型地震，(c) down-dip compression 型，(d) down-dip tension 型．下図は，各タイプの断面図上での分布様式を示す．

伴って局所的なすべりの加速が生じ，深部低周波微動が引き起こされるモデルを提唱している．関東周辺では，東海や四国に比べ，その下に潜り込む太平洋プレートの存在により，温度が低く，沈み込む海洋地殻のエクロジャイト化が遅れる．そのため水の放出が深部に限られ，プレート境界では定常すべり域に対応することによって，低周波微動が励起されていない可能性がある．東北日本においても，沈み込む海洋地殻のエクロジャイト化が深部（深さ約

90 km) で起こり，マントルウェッジへの H_2O に富んだ流体の放出が安定すべり領域に対応するためなのかもしれない．

d. 上盤陸側プレートでの中小微小地震活動の抑制

宮城県沖から茨城県沖にかけて，太平洋プレート上面での中小微小地震活動の活発な帯が認められる（図2.5.6：長谷川ほか，2010）．この帯は，北緯36°付近で，急に消滅する（Uchida et al., 2009）．この中小微小地震活動が消滅する境界は，太平洋プレートとフィリピン海プレートとの接合部に一致し，ここを境に，小繰返し地震のすべり量の積算から見積もられるプレート間結合度も大きく変化している（Uchida et al., 2009）．Uchida et al. (2009) は，この変化は，上盤陸側プレートに対して，フィリピン海プレート側のマントル部分が蛇紋岩化して，地震すべりが抑制されているためであると推論している．なお，この中小微小地震活動の活発な領域は，柏崎-銚子線（利根川構造線）の東北日本弧側にあたり，2011年東北地方太平洋沖地震の破壊域はこの大規模トランスファー断層の南側には及んでいない．

■ **2.5.6 沈み込むプレートの熱回復と脱水分解反応の遅れ**

図2.5.4（長谷川ほか，2010）に日本列島下に沈み込む太平洋プレートの形状を示す（Nakajima and Hasegawa, 2007；Hirose et al., 2008；Nakajima et al., 2009a；Kita et al., 2010；長谷川ほか，2010）．太平洋プレートの上部境界面は，浅部では低角逆断層型

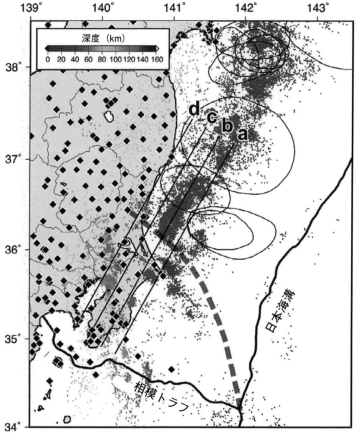

図2.5.6 太平洋プレート上面での中小微小地震活動の分布（Uchida et al., 2009）
2003～2007年の間に太平洋プレート上面から±10 kmの範囲で起こったマグニチュードが1以上の地震を点で示し，その深さをグレースケールで示している．フィリピン海プレートの北東端を灰色の太破線で，観測点を黒菱形で示している（長谷川ほか，2010）．
a, b, c, d 測線での断面図については長谷川ほか（2010）を参照．

のメカニズム解をもつ地震および小繰返し地震（Uchida et al., 2003）の震源位置に対応し，深部では稍深発地震活動のほぼ上端を示す（長谷川ほか，2010）．図2.5.4には，同様に，フィリピン海プレートの上面の深さが示されているが，この場合は，トモグラフィ法で検出されたプレートの地殻部分の上面の分布と低角逆断層型の地震の震源位置に基づいている（弘瀬ほか，2008；Hirose et al., 2008；Nakajima et al., 2009a）．図中のハッチ部分は，太平洋プレート上面とフィリピン海プレート下面との接触域の範囲を示している（Nakajima et al., 2009a；Uchida et al., 2009）．フィリピン海プレートはその東端で，太平洋プレートに接触しているため，全体として西に押されている．その結果，フィリピン海プレートは太平洋プレートに沈み込み侵食される（笠原，1985）とともに，波状にうねっていると推定されている（長谷川ほか，2010）．

中部日本では，西北西方向に沈み込む太平洋プレート上に北西方向に進むフィリピン海プレートが重なるため，沈み込んだ太平洋プレートの熱回復が遅れる．そのため，太平洋プレート中の脱水分解反応がより深部で起こることが期待される．図2.5.7に示す関東地方下の地震波トモグラフィでは，沈み込む太平洋プレートの低速度層は100～150 km深度までのび（Nakajima et al., 2009b），エクロジャイト化が他地域に比べ遅れている．また，マントルウェッジ側でも非常に温度が低いため，深さ170 kmで，温度550℃を下回り，中部日本では例外的に水がさらにマントル深部へ輸送されている可能性が指摘されている（Iwamori, 2007）．

■ 2.5.7　上盤陸側ウェッジの構造とウェッジ尖形角

Kimura et al. (2007) は，南海付加体が3つの領域（海溝側から順に外ウェッジ，漸移帯，内ウェッジ）に区分でき，ほとんど変形していない付加体からなる前弧海盆が発達している内ウェッジが，低角逆断層である地震性デコルマの発達した地震発生帯上に位置するのに対して，遷移帯から外ウェッジには，高角の分岐断層（順序外断層）や前縁衝上断層（スラスト）が発達していることを明らかにしている．日本海溝でも傾斜の緩やかな内ウェッジから，分岐断層が発達し，傾斜が急になる漸移帯相当部分を認めることができるが，外ウェッジ相当部分の発達は悪い（Tsuji et al., 2011）．ウェッジの幾何学的形態（尖形角）は，ウェッジ内部の摩擦強度（間隙水圧）とデコルマの摩擦強度によって決定されるという考えがクーロンウェッジ臨界尖形理論（Davis et al., 1983；Dahlen, 1984）であるが，ウェッジ表面の斜面傾斜のセグメント化についても，それを説明しようとする多くの研究がある（Zhao et al., 1986；Mulugeta and Koyi, 1992；Lohrmann et al., 2003 など）．Konstantinovskaia and Malavieille (2005) は，アナログ実験により，高角分岐断層群はデコルマの摩擦が強くなる部分から発達し，この高角分岐断層に沿って物質上昇が起こるために，上盤ウェッジ海溝側の尖形角が急角になることを示している．また，Saffer and Bekins (2006) は，臨界尖形角に影響を与

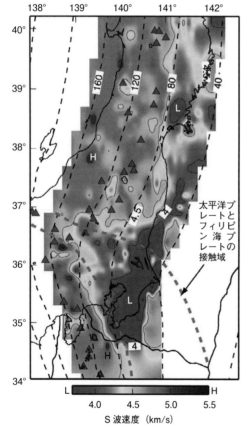

図2.5.7 太平洋プレートの地殻に沿うS波速度の分布（Nakajima et al., 2009b）
プレート上面から5 km下方の面に沿う速度を示す．黒破線はプレート上面の深さのコンター，灰色の破線は2つのプレートの接触域，そして三角は火山を示す．

える種々の要因を数値計算により検討し，付加体内部の透水性と堆積物の厚さが重要であり，尖形角は，透水性が低く（非排水型付加体）堆積物が厚ければ低角に，透水性が高く（排水型付加体）堆積物が薄ければ高角になると論じている．ただし，ウェッジ内部の亀裂や断層の存在を考えれば，地質学的な時間スケールで非排水状態を保つことは難しいと思われる．地震発生帯下限くらいまでのプレート境界面では，固着状態にある間震期でも，剪断応力レベルは低く，有効摩擦係数で 0.04 程度（深さ 20 km で 20 MPa 程度の剪断応力に相当）とされており（Wang and He, 1999 など），地震時以外は安定状態（弾性変形の状態）にあると考えられる．従来の，地震を発生せずウェッジを塑性体とみなして一定の速度・摩擦力でプレートが沈み込んでいる場合を想定した臨界尖形理論では，臨界状態でないときのウェッジ内部の応力状態を取り扱えず，地震発生サイクル中の応力変化は考慮されていなかった．Wang and Hu (2006) は，剪断応力が増加して臨界状態にいたり塑性変形を始める前の，安定状態（弾性変形の状態）での応力場を扱えるように臨界尖形理論の拡張を行うとともに，地震発生サイクルに伴うプレート境界面の摩擦力や応力状態の変化を取り入れて，地震時のみ地震発生帯上限付近が臨界状態になると考えることで，観測されるウェッジの傾斜が説明できることを示している（斎藤ほか，2009b）．

■ 2.5.8 上盤陸側ウェッジでの応力変化と地震発生サイクル

上記した通り，沈み込むプレート境界は，通常，内ウェッジ，漸移帯，外ウェッジに区分できる（Kimura et al., 2007）．漸移帯～外ウェッジは傾斜が急で，高角逆断層が発達する．プレート境界地震が発生したとき，その浅部の非地震域で，すべり速度強化によって底面摩擦が増加する場合，ウェッジ内の σ_{Hmax} が水平に近くなって圧縮性の臨界状態が発現し，非排水状態になったり，高角の分岐逆断層が形成されたりする．地震後は，プレート境界の摩擦力が低下し，応力緩和が進行して，地震時に上がっていた間隙水圧も低下し，弾性変形が支配的な安定状態になる．さらに緩和が進んで，摩擦係数が低下し，間隙水圧が下がれば，ある時点で圧縮状態から

引張状態に変化する．一方，傾斜が緩く，ときに前弧海盆が発達する内ウェッジ領域では，すべり速度弱化を仮定すると，地震時には応力降下量から考えて摩擦はほとんどゼロになると思われ，その状態で内ウェッジ部分は伸張性の安定状態（弾性変形の状態）にあると考えられる．地震後は漸移帯～外ウェッジと異なりプレート境界面の強度が回復してから固着を始めるので，徐々に圧縮性が高まっていくと予想される．ただし，十分に強度が回復した間震期でも剪断応力レベルは低く，圧縮性の臨界状態（塑性変形の状態）になることは地震発生サイクルを通して一度もないと考えられる．このことは，内ウェッジ部分である前弧海盆が安定していて，断層がほとんどみられないことと調和的である（Wang and Hu, 2006；Hu and Wang, 2006；斎藤ほか，2009b）．

■ 2.5.9 プレート境界断層（デコルマ）と高角分岐断層

a. プレート境界地震の発生域をコントロールする要因

例外はあるものの，一般には，海溝から数 km 深度までのプレート境界（安定すべり域）では地震は発生せず，数 km 深度（不安定すべり域）にいたって地震が起こり始める．これをサイスミックフロントと呼ぶ．ここから塑性流動が始まる深度 40 km 程度（アサイスミックフロント）までの領域が，地震発生域と呼ばれるプレート境界での巨大地震の発生帯である（Zhang and Schwartz, 1992）．沈み込み帯での温度構造が地震発生帯の幅（上限と下限）を規定しているという考えがある（Hyndman and Wang, 1993；Hyndman et al., 1995, 1997；Oleskevich et al., 1999）．海溝では多くの間隙水を含む堆積物が沈み込み帯にもち込まれる．そこでは，圧密や粘土鉱物の相転移による間隙水が堆積物から排出され，封圧に近い間隙水圧が剪断変形にかかわる有効法線応力を小さくして，安定すべりが実現されると考えられている．そして，沈み込みの進行に伴う温度上昇で，粘土鉱物が脱水し，堆積物の強度が増加するとプレート境界の固着が進行し，安定すべり領域から固着-不安定すべり領域（地震発生域）に変わる（Hyndman et al., 1993）．この場合，地震発生域の上限は，粘土鉱物の相転移温度に相当する 100～150

℃の範囲にあり，ここで不安定すべりが始まる．下限を決める要因については議論がある．下限が温度で決まるとすると，その温度は350〜450℃の範囲で，ここで石英や長石などの鉱物が塑性流動を始める．これらの温度構造は沈み込むプレートの年代やプレート収束速度に関係している（Moore and Saffer, 2001；木村，2002；Kimura et al., 2007）．マントルと海洋プレートが接するところではマントルが蛇紋岩化して，剪断強度が著しく低下するため，下限は海洋プレートと陸側のモホ面との接点であるとする考えもあるが，東北日本弧では，スラブ-マントル接触域でも地震すべりが起こっている．プレート境界でのすべりの安定性には，これらのほかに，プレート境界域での流体の発生や移動と大きく関係する，沈み込む堆積物の量やスラブでの相変化の進行などが影響すると思われる（Hyndman et al., 1997；木村，2002）．

b. プレート間固着域での間隙水圧の上昇による地震発生

国土地理院は全国に GNSS（全地球測位システム）の観測網を展開し，1994年から連続観測を始めた．これによって日本各地の地殻変動が3次元的にわかるようになり，そのデータから日本列島の地下の歪みの蓄積状況が大局的に把握できるようになった．この国土地理院の GNSS 観測網によって東海地方でとらえられたゆっくり地震は，プレート間固着域（不安定すべり域）と安定すべり域の遷移帯である条件付不安定すべり域が，地下20〜30 kmのプレート境界域の高間隙水圧帯で拡大して発生したと考えられており，地震発生帯深度のプレート境界で高間隙水圧が長期間維持されていることを示唆している（Ozawa et al., 2002；Kodaira et al., 2004）．南海トラフ地震発生帯の全域にわたって，その下限にあたる30〜40 km深度の条件付不安定すべり域では，沈み込むプレートからの脱水作用により，プレート境界での間隙水圧が上昇して，固着が弱まり，深部低周波微動（たとえば，1日に13 kmの速さで，東から西に移動），短期的スロースリップ，深部低周波地震などが発生している（Obara, 2002；Shelly et al., 2006；Ito et al., 2007）．一方，南海トラフでは，深さ5 km以浅で浅部低周波地震が発生しているが，それらは高角の分岐断層内でのすべり（Ito and Obara, 2006）あるいはプレート境界浅部で

の VLFE である（Sugioka et al., 2012）と考えられている．

c. 低角逆断層をなすプレート境界断層（デコルマ）と間隙水圧の高い流体の間欠的排出

沈み込み帯のプレート境界断層をなすデコルマは，応力・歪みの不連続面であり，長距離に及ぶ流体の通路になっている．付加体が形成される沈み込み帯の場合，デコルマより上位の地層は剥ぎ取られて付加体を形成し，下位の地層は変形を受けずに沈み込み，ステップダウンしながら海洋地殻上部にいたり，プレート境界地震の発生帯となる．海溝付近で付加体を形成しない沈み込み帯では，上盤側プレート物質（陸源ウェッジ）と沈み込む堆積物の境界断層がデコルマとなり，沈み込みに伴い，これが海洋地殻上部にステップダウンする（Mascle et al., 1988；Taira et al., 1991；Moore et al., 1998, 2001；Kimura et al., 1997）．

南海トラフにおいて，デコルマは粒子間セメントの発達する部分の下限に沿って形成されており，デコルマの発達に伴ってセメントが崩壊し，圧密が上下の地層に比べて進んでいる．沈み込みの進行に伴って，デコルマ内に多くの剪断面が生じ，剪断面沿いの間隙は潰れて圧密がさらに進む．デコルマの下に分布する水を含んだ沈み込み堆積物はほとんど変形しておらず，そこからの排水はデコルマで遮断されるため，デコルマ直下では間隙率が急増する．この高間隙率は，高い間隙水圧（異常間隙水圧）によって維持されていると考えられる（Ujiie et al., 2003；斎藤ほか，2009b）．一般に，デコルマ上盤側の変形した堆積物は，変形に伴う排水作用により間隙率が低下して強度が上がり，また，固化が進行して浸透率も小さくなる．一方，デコルマ下側の変形していない堆積物は上盤側の変形した堆積物に対して間隙率が大きい．最も摩擦抵抗が低下し，強度が弱いこれら両者の境界が新たなデコルマのすべり面となるため，デコルマは下方へ伝播していく．このデコルマすべり面に沿っての高い間隙水圧をもった流体の移動は間欠的であり，おそらく地震を伴う断層運動に関係すると予想されている（斎藤ほか，2009b）．

d. 上盤陸側ウェッジに発達する高角分岐断層群とそれに沿った間隙流体の海底への排出

地殻内での流体分布は，岩石の破壊強度やプレート間カップリングを検討する際に重要であり，電磁

気学的方法による岩石の比抵抗構造の観測などによる検討がなされている（Yamaguchi *et al.*, 1999；後藤ほか, 2003；木村ほか, 2005；Kasaya *et al.*, 2005). 南海トラフ, 熊野灘周辺での電磁気学的観測によると, 大局的には海底から地下深部へと比抵抗値が上がるが, プレート境界やその上盤側の付加体で低比抵抗域が分布するとともに, 分岐断層が海底面に達する領域では, きわめて低い低比抵抗値が観測されている. このことから, 木村ほか（2005）は, 分岐断層がプレート境界付近から海底への流体の供給路であろうと述べている.

深海底からの冷湧水の起源は, 主に堆積物の間隙流体であり, 海底表層の堆積物が一般に約6割の海水をもつのに対し, 海底下10 kmでは間隙率は数%以下となっており, この間, 堆積物の間隙流体は, 上方あるいは側方に移動して排出される. プレート沈み込み帯では, 造構運動により未固結堆積物が著しい変形を受けて, 強制的に脱水が進み, 圧密, 続成作用が進行するが, 化学合成生物群集の存在で推定される冷湧水は, 通常, 断層が推定される場所に限られる（芦ほか, 2009）.

低角逆断層をなし, ときに開口亀裂を伴うデコルマ帯の間隙率が, その上位の変形した堆積物に対して高く, 高い間隙水圧が, そこでの断層破壊（地震発生）時までの間震期に維持されていると思われるのに対して, 上盤プレートの先端部である変形フロントから陸側にかけて分布する前縁衝上断層（スラスト）帯では, 間隙率が低い. 特に, 多数発達する粘土鉱物で充填された亀裂（フラクチャー）は間隙率が低い（比抵抗値が高い）ことから, 高角逆断層運動などに伴う変形によって, 圧密が進行して間隙率が低下したと考えられている（Mikada *et al.*, 2002）. 日本海溝の海底下の前弧域には, そのような高角逆断層（von Huene *et al.*, 1994；Tsuru *et al.*,

2002）とともに, 高角の正断層が発達している（Tsuji *et al.*, 2011）. そこでは, 前弧域が厚い斜面堆積物によって覆われているが, それらが1 km近いオフセットを示す正断層によって切られている. 海溝斜面傾斜転換点近傍の3500 m深度にある, この日本海溝に平行に発達した正断層は, 地下からの湧水を示すシロウリガイが生息する25 kmをこえる長さの新鮮な崖をなしており, その形成は最近の地震活動に伴ったものと推定され, さらに, この崖の海側に位置する逆断層でもシロウリガイのコロニーが発見されている（Ogawa *et al.*, 1996；Tsuji *et al.*, 2011）.

e. 高角分岐断層群からの間隙水排水の抑制による巨大地震の発生

海溝斜面傾斜転換点近傍において, プレート境界をなす低角逆断層（デコルマ）から, 高角で分岐した分岐正断層は, 陸側ウェッジ先端部に発達する低い間隙率を示す高角前縁衝上断層（スラスト）とともに, プレート境界をなす低角逆断層（デコルマ）からの高圧水の排水路として機能している可能性が高い（木村ほか, 2005；芦ほか, 2009）. これらの海溝斜面傾斜転換点近傍の高角分岐正断層とプレート境界断層で境された陸側ウェッジ先端部は, ポップアップ構造をなしており（Tsuji *et al.*, 2011）, 東北地方太平洋沖地震に際して, この陸側ウェッジ先端部は, 大きな上下方向の変位成分（7 mの隆起）をもちながら, 海溝側へと50 m近くすべり, 巨大津波の発生にいたったと考えられている（Kido *et al.*, 2011, 小平ほか, 2012）. プレート境界（デコルマ）での高間隙水圧が, 巨大地震の発生を促進したと考えると, 高角分岐断層群での間隙水の排水を抑制するような作用が広域ではたらいた場合には, 広い範囲でプレート境界（デコルマ）の間隙水圧が上昇して, 超巨大地震が発生すると考えることが可能である.

2.6 マントル構造

■2.6.1 マントルウェッジと沈み込みスラブの構造

1990年代初頭以来, 東北日本弧では島弧下マントルウェッジの地震波トモグラフィ像を用いた研究

が進められてきた（たとえば, Hasegawa *et al.*, 1991, 2000, 2005；Hasegawa and Nakajima, 2004；Nakajima *et al.*, 2001a, b, 2005；Zhao *et al.*, 1990, 1992, 2009, 2012など）. 東北日本に張り巡らされた稠密な地震計ネットワークを活用して, ここでは世界で最も詳

しく，島弧下の構造が明らかになってきている．

東北日本の島弧下には，地震波速度が遅く減衰の大きいマントルウェッジと，それを境する地震波速度が速く，減衰の小さいスラブがある．スラブは深発地震の震源域を含む，厚さ80〜90 kmほどの板状体である（海野・長谷川，1975；Hasegawa et al.,

1978）．その傾斜は最初はきわめて低角度で，深さ30 kmをこえると約30°となる．約700 kmに及ぶ地震性スラブの先にはさらに非震性スラブが想定され，Fukao et al.（1994）が示している全マントルトモグラフィにおいて，日本海溝から斜めに続く高速度異常域をスラブとみなすと，日本列島近傍では，

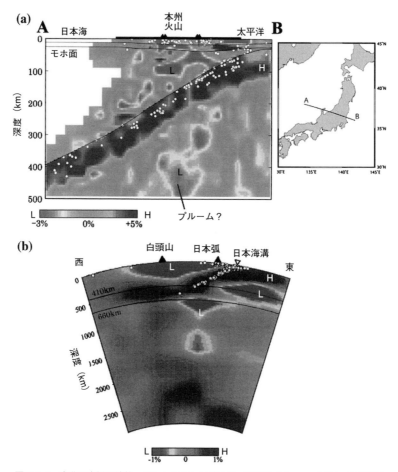

図 2.6.1 東北日本弧の地殻〜マントルのトモグラフィ断面図（Zhao and Ohtani, 2009）

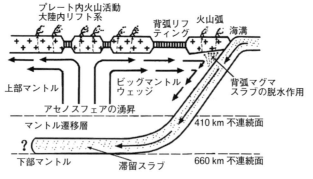

図 2.6.2 アジア大陸東縁の模式構造断面図（Zhao, 2004, Zhao and Ohtani, 2009）

このスラブが660 km 不連続面上に横たわり，その一部は下部マントルに落下しているようにみえる（図2.6.1）．この中国大陸下まで延びる滞留スラブと上盤側地殻とにはさまれた領域を Zhao（2004）は，Big Mantle Wedge と呼んでいる（図2.6.2）．そして，Maruyama et al.（2010）は，この領域をさらに，海溝側から，MMF（Metasomatic-metamorphic Factory），SZMF（Subduction zone magma Factory：Tatsumi, 2005），そして BMW（Big Mantle Wedge）に3分している．

■2.6.2 沈み込みスラブの脱水作用によるマントルウェッジの加水作用

a. 沈み込みスラブとその近傍に認められる地震学的構造

東北日本弧では，沈み込む太平洋プレート直上のマントル領域で，深さ80 km 付近に S 波速度，P 波速度ともに低速度の領域が存在する（図2.5.3：Tsuji et al., 2008）．この低速度領域は，沈み込みスラブの脱水深度にほぼ対応し，脱水反応でスラブから放出された水がマントルウェッジへと浸透して，蛇紋石などの含水鉱物をマントル側で形成しているためと考えられている．プレート直上の低速度層は，深さ60 km 付近にも若干みられるが，これはエクロジャイト転移以前の緑れん石や藍閃石の脱水分解に起因している可能性がある．

沈み込みスラブの上盤側に分布するマントルウェッジ前弧域のかんらん岩は，60 km 深度までは，それが加水して生じる蛇紋岩の値よりも低い Vp/Vs を示しているが，スラブ直上のマントルにおける Vp/Vs は，70〜90 km，さらに 90 km 以深へと，値が高くなっている（Tsuji et al., 2008）．この

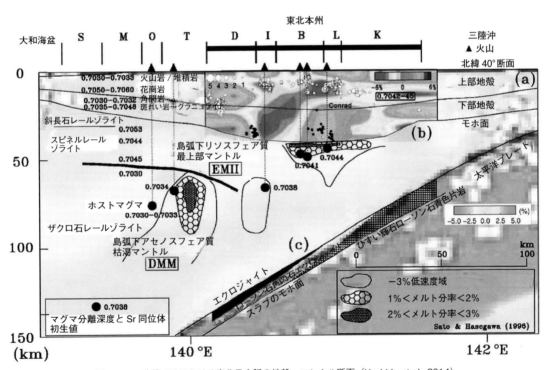

図2.6.3 北緯40°における東北日本弧の地殻・マントル断面（Yoshida et al., 2014）
上部マントルと地殻の P 波トモグラフィ（Zhao et al., 2012；Xia et al., 2007）に重ねて，Sr 同位体初生値ならびに推定マグマ分離深度を示す（Shibata and Ishihara, 1979；Zashu et al., 1980；佐藤・長谷川，1996；吉田ほか，1995, 1999b, Yoshida, 2001）．地震波の標準速度からの偏差（％）をスケールバーで示す．黒三角は第四紀火山の位置を，断面図上の黒いバーは陸域を示す．白丸は，北緯40°線をはさむ南北20 km 範囲での震央位置を示す（Xia et al., 2007）．地殻中の黒丸は，低周波地震を示す．火山下の地殻中には背弧側へ傾斜するモホ面まで続く低速度域が認められる（Xia et al., 2007）．K〜S は図2.1.2と同じ．DMM：枯渇した MORB 起源マントル，EMII：エンリッチマントルII，(c) はスラブの上面地震帯と，ひすい輝石ローソン石青色片岩とローソン石角閃石エクロジャイト，およびローソン石角閃石エクロジャイトからエクロジャイトへの相境界．太平洋スラブ内での地震は，70〜90 km 深度でのエクロジャイト形成反応に伴う脱水作用が原因で発生していると思われる（Kita et al., 2006）．

ことは，沈み込みスラブは約70 km深度までは，十分に脱水しておらず，スラブの脱水作用は，70〜90 kmの間の深度で著しく進行して，この間でスラブから水が失われ，それがマントルに加水して蛇紋岩化していることを示唆している．

また，Kita et al. (2006) や Hasegawa et al. (2007) は，精度の高い震源位置の再決定結果に基づき，スラブ内での地震の分布状況から，沈み込みスラブとその近傍の上盤側マントルウェッジにおける脱水反応と加水反応の状況を推定している．彼らの結果は，Tsuji et al. (2008) の結論と整合的なもので，スラブ地殻内での地震発生域は，背弧側へと深くなり，その深さ分布は，スラブにおける逆転した温度勾配によって加熱されて脱水作用が進行する領域の分布に，よく対応している（図2.6.3）．Kawakatsu and Watada (2007) は，東北日本弧の下におけるスラブとマントルでの，レシーバー関数が示す構造を調べている．彼らも，また，深度80 km前後で，スラブが脱水作用を起こし，放出された水が上方に移動して，マントルウェッジに加水して，そこで蛇紋岩が形成されていると論じている．そして，加水して生じた蛇紋岩層は，120〜150 kmの深さにまで達しているとしている．ジオダイナミックモデル（たとえば，van Keken, 2003）と，上記のような東北日本弧での地震学的観測データに基づいて，スラブからマントルウェッジにかけての温度構造に制約を与えたり，スラブから放出される流体の起源を検討することが試みられている．その結果，そのようなマントルウェッジや沈み込みスラブについての詳細な地震学的イメージを用いて，沈み込み帯での火山活動の起源についても，詳細な検討が可能となってきた (Saita et al., 2015).

b. 沈み込みスラブ内の上面地震帯

スラブ内地震が発生する深度の封圧は高く，そこで地震を起こすためには脱水脆性化が起こっていると考えられている（Raleigh and Paterson, 1965；Green and Houston, 1995；Kirby, 1995；Seno and Yamanaka, 1996）．その場合は，スラブ内地震は，スラブ内に含水鉱物が存在する領域で発生し，特に含水量の変化する相境界では，脆性化が起こりやすいと推定される．Kita et al. (2006) は，東北地方で沈み込むスラブ地殻内で起こる地震が，スラブ上面の等深線に平行に深さ70〜90 kmの範囲で顕著な地震帯を形成していることを見いだし，これを「上面地震帯」と名づけている．図2.6.4 (Kita et al., 2006；長谷川ほか，2010) に東北地方中央部における島弧に直

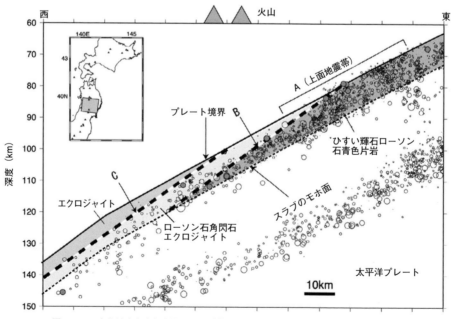

図2.6.4　東北地方中央部を通るスラブ内地震分布の鉛直断面図（Kita et al., 2006）
白丸は震源位置，A，B，Cは，それぞれ上面地震帯，ひすい輝石ローソン石青色片岩-ローソン石角閃石エクロジャイト，ローソン石角閃石エクロジャイト-エクロジャイト相境界を示す．

交する方向の，スラブ内地震分布の鉛直断面図を示す．図には，スラブ地殻内でのひすい輝石ローソン石青色片岩→ローソン石角閃石エクロジャイトならびにローソン石角閃石エクロジャイト→エクロジャイトへの相境界を点線で示してある．上面地震帯を形成する地震活動は，これらの反応の相境界付近から浅部側で起こっている．そしてエクロジャイトの安定な領域に入ると，スラブ地殻での地震がみられなくなる．上面地震帯に相当する深度で，フィリピン海プレートが接していたり，前弧スリバーが接している場所では，スラブ温度の上昇が妨げられ，上面地震帯がより深部に延びている（Hasegawa et al., 2007；Kita et al., 2010）．Tsuji et al. (2008) や Nakajima et al. (2009b) は，脱水反応により加水されていると推定される上面地震帯が，低速度となっていること，また，フィリピン海プレートが接して，スラブ温度の上昇が抑制されている部分では，より深部に低速度域が延びていることを DD トモグラフィ法で明らかにしている．長谷川ほか（2010）は，上面地震帯の分布に関連した相境界は，圧力よりも温度により強く依存していると考えている．Omori et al. (2009) は，上面地震帯の形成が脱水脆性化によるという考えに従い，それに関与した反応の温度圧力条件とスラブ地殻で起こっている地震の分布から，スラブ地殻の温度分布を推定している（図 2.6.5）．

c. 脱水反応による沈み込む海洋地殻からマントルウェッジへの水の放出

海洋プレートは，中央海嶺などにおける熱水変質により含水化している．たとえば，Staudigel et al. (1995) は，掘削コアの分析から，変質した海洋地殻に 5 wt％程度の水が含まれていることを示している．そのような海洋地殻がプレートの沈み込みに伴う温度圧力の上昇により，周囲に水を放出する．比較的浅部では，粒界などに存在していた水が，圧密作用に伴う岩石中の空隙の減少によって絞り出される．さらに深部では，変成温度圧力の上昇に伴う脱水反応によって水を周囲に放出する．玄武岩質の海洋地殻は，変成温度圧力の増加に伴い，緑色片岩，藍閃石片岩，エクロジャイトへと相変化し，それぞれの相境界で脱水反応によって沈み込むスラブから水がマントルウェッジへと放出される（図 2.5.2；片山ほか，2010）．特に結晶片岩からエクロジャイトへの相変化では，少量のローソン石，緑れん石，雲母などを除く，大部分の含水鉱物が不安定になり，多量の水が放出される．沈み込む海洋地殻がエクロジャイト化する際に放出された水は，浮力により上盤側のマントルウェッジへと浸透し，かんらん岩と反応して蛇紋石などの含水鉱物を形成する．東北日本弧では，古くて冷たい太平洋スラブが沈み込んでいるために温度が低い．そのため，スラブでの脱水反応がやや深部で起き，前弧域のモホ面近傍ではマントルウェッジの蛇紋岩化はほとんど進行していない．その結果，プレート境界地震の発生下限が深く，スラブ-マントル接触域に及んでいる．スラブ直上に形成された蛇紋岩は，マントルウェッジ内の 650～700℃等温線をこえると分解して，そこで水を放出する．含水鉱物のうち，緑泥石は 800℃付近まで安定で，角閃石も低圧側では 1000℃付近まで安定である（Iwamori, 1998）．

d. 脱水反応によるスラブマントルからマントルウェッジへの水の放出

沈み込むプレートでは，海洋地殻に加えてスラブマントルも含水化している可能性がある．一般に，中央海嶺での熱水作用は海洋地殻の上部に限られるが，トランスフォーム断層やアウターライズの正断層に沿って，海水がプレート深部へと浸透した場合には，スラブマントル内にも蛇紋岩が形成される．そのようなマントル上部における蛇紋岩化が，海洋底でのドレッジや掘削により報告されている（Francis, 1981）．また，海洋プレートがハワイなどのプルーム上を通過した際に，プルームから放出された

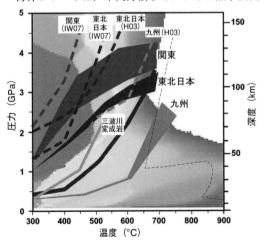

図 2.6.5 日本列島におけるスラブ地殻の温度分布（Omori et al., 2009）．H03 は Hacker (2003)，IW07 は Iwamori (2007) の計算結果を示す．

水が，海洋プレートのマントル部分を含水化するモデルが提唱されている（Seno and Yamanaka, 1996）．

■2.6.3 マントルウェッジの蛇紋岩化作用とポアソン比

マントルウェッジ最下部での低速度層の広がりは速度構造では明瞭ではないが，S波とP波速度の比（Vp/Vs）ではプレート境界上に10～30km程度の厚さをもつようにみられる（図2.5.3：Tsuji et al., 2008）．速度のみでは温度と化学組成の効果を分離することは難しいが，Vp/Vsはポアソン比という物理パラメーターと1対1に対応し温度効果がほぼキャンセルされるため，鉱物種や水の存在に敏感な特徴をもつ（カンラン石のVp/Vsは1.74であるのに対して，蛇紋石のVp/Vsは1.82～2.07）．なお，Kawakatsu and Watada（2007）はレシーバー関数解析から，沈み込む太平洋プレート直上の70～130km深度に顕著な低速度層の存在を確認している．関東下では，蛇紋岩の物性値より高いVp/Vs値（2.01）が報告されており，この領域では水に飽和した環境で蛇紋岩と流体が共存している可能性が高い（片山ほか，2010）．蛇紋岩化作用の最前線では固相に加え，流体相が存在することに疑いはないが，そのような粒界や間隙に流体が存在する場合の地震波特性を実験的に検証した例はあまりない．一方，理論計算により，流体の体積分率やポアの形状などにより地震波速度を推定するモデルが提案されている（たとえば，Takei, 2002）．

■2.6.4 マントル深部への水の輸送

古くて温度が低い海洋プレートが沈み込む東北日本弧では，沈み込むスラブ近傍での等温線の間隔が狭い（van Keken et al., 2013）ため，脱水反応で放出された水の加水により生じたマントルウェッジ内での含水層の厚さは，非常に薄く，約10km程度である（Tsuji et al., 2008）．このマントルウェッジの加水層は，コーナーフローによりさらに深部まで運ばれ，地球内部への水の供給源となる．沈み込みスラブ直上の含水層は，沈み込みに伴って次第に熱せられるが，深さ170kmで，温度が550℃より低い領域を通過する場合には，新たな含水相である

phase Aが安定となり，水はさらにマントル深部まで輸送される（Komabayashi et al., 2005）．一方，この不変点より高い温度領域を通過する場合には，含水鉱物は不安定となり，この深度以上には，水を運搬できる相がないため，水の循環はこの深度で終わる．なお，太平洋プレートが沈み込んでいる東北日本弧下のマントルでは，含水層の安定領域は，深さ130km程度まで延びていると推定されている（片山ほか，2010）．

■2.6.5 沈み込みスラブの構造と二重深発地震面

a. 沈み込みスラブ内部の構造

沈み込むスラブ内については，その領域を通過する波線が多くないため，プレートの最上部やマントルウェッジに比べて，解像度が低いが，その速度構造は一様ではない．

スラブ内地震のうち，二重深発地震面の上側の震源面直上には5kmほどの低速度層が，深度50～150kmに認められる．これについては，沈み込む海洋性地殻である可能性が考えられている（Hasegawa et al., 1994）．さらに，プレート表面から30～40kmほど下部にも，低速度領域が認められている（Tsuji et al., 2008）．スラブ内では等温線がプレート境界とほぼ平行に分布することから，観測される低速度領域は，約600～700℃の温度条件に相当している．そして，この温度条件は，蛇紋石もしくは緑泥石の脱水条件に相当する．沈み込む太平洋スラブの下面深度については，レシーバー関数解析により比較的よく決まっており，スラブ表面より80kmほど深部に位置している（Tonegawa et al., 2006）．

b. 海洋地殻の脱水によるスラブ最上部での地震波速度増加

沈み込むスラブの最上部は，少量の堆積岩を伴う，主に玄武岩からなる海洋地殻に相当している．海洋地殻の地震波速度は，深さの増加に伴い，次第に高速となっている．東北日本弧では，沈み込む海洋地殻は約80～100km深度までは，下位のスラブマントルに比較して低速度であるが，それより深くなると，プレート上部に低速度の領域が認められなくなり，下位のスラブマントルとともに，高速度の領域となる（Tsuji et al., 2008；Shiina et al., 2013）．

東北日本弧では，海洋地殻を構成する含水玄武岩質岩が脱水反応によりエクロジャイト化する深度が90 km前後であり（Kita et al., 2006），それより浅い深度では，角閃石などの含水鉱物の存在により低速度となるのに対して，深部ではエクロジャイト化により，含水鉱物が分解して，速度増加を起こしていると考えられる．エクロジャイトのP波速度は8.0〜8.5 km/s（Hacker et al., 2003）であり，80〜100 km深度でエクロジャイト化した海洋地殻は，その後，下位のスラブマントルとほとんど同じ速度となり，沈み込みスラブ全体が高速度を呈していると考えられる．

c. 脱水脆性化による二重深発地震の発生

Seno and Yamanaka（1996）は蛇紋石の脱水反応の相平衡図から，スラブ内での脱水反応が起きる領域が二重になることを東北日本の二重地震面と対応させ，脱水脆性化がこの地域の主要な地震発生メカニズムであると提案した．なお，二重地震面上面の活動については，浅部においては海洋地殻物質の脱水反応，深部は蛇紋岩化したマントル物質の脱水反応を想定している．さらに，二重地震面下面の活動は，含水化したマントルの脱水反応が地震を誘発しているとの説がある（Peacock, 2001；Omori et al., 2002, 2004；Seno and Yamazaki, 2003）．Omori et al.（2002）は，東北日本での脱水脆性化モデルを拡張し，蛇紋石に加え，緑泥石，Mgサーササイトなどの含水鉱物の脱水反応領域も二重深発地震に含まれると報告している．これら脱水脆性化モデルは地震波速度構造とある程度調和的であり，スラブ内地震が発生している領域で低速度異常や高ポアソン比が確認されている（図2.5.3；Tsuji et al., 2008；片山ほか，2010）．しかしながら，沈み込みスラブ内部の速度構造は，東北日本弧中央部では，上記の低速度領域の浅部延長上に高速度領域が分布したり，その直上のスラブが低速度であったり，推定されている単純な温度構造に比べて，かなり複雑である．また，スラブ表面から30〜40 km深度までを含水化させるモデルも明らかではない．

d. 二重深発地震面の有無

スラブ内での二重深発地震面は，どの沈み込み帯でも明瞭にみられるというわけではなく，西南日本では二重地震面はほとんど確認されない．紀伊半島下では，スラブ内地震は深さ50〜60 km付近に集

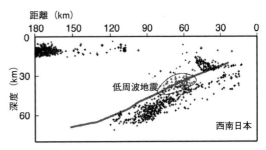

図2.6.6 紀伊半島下での，スラブ内地震分布（片山ほか，2010）
灰色の太実線はプレート境界を示し，楕円の領域は，低周波地震の分布域を示す．

中しており（図2.6.6：片山ほか，2010），この地域での沈み込む海洋地殻のエクロジャイト化深度とほぼ対応する．しかしながら，温かいフィリピン海プレートが沈み込む西南日本では，スラブ内での蛇紋石や緑泥石の脱水分解反応が起こる領域とエクロジャイト化の深度がほぼ重複するため（図2.6.7），スラブ内での上面と下面が明瞭に区別できていない可能性がある（片山ほか，2010）．Brudzinski et al.（2007）は，世界中の沈み込み帯において二重深発地震面の有無を調べ，沈み込みスラブの年齢が若いと，上面と下面の間隔が狭くなると指摘している．

二重深発地震面の上面の地震は，比較的浅部では海洋地殻層内に分布する．Kita et al.（2006）は，スラブ上面の等深線に平行な地震集中帯が深さ70〜100 kmに分布することを示している（図2.6.4）．沈み込む海洋地殻ではちょうどこの深度に対応して，藍閃石片岩からローソン石エクロジャイトに相転移を起こす．そのため，これら地震集中帯は，沈み込む海洋地殻の相転移に伴う脱水反応により引き起こされたと推定されている．ただし，藍閃石片岩からローソン石エクロジャイトへの変化は完全に連続的であるという報告もある（Tsujimori and Ernst, 2014）．海洋地殻内での上面地震活動はさらに深さ110〜130 kmまで延びているが，ローソン石エクロジャイトからエクロジャイトの相境界をこえると，沈み込む海洋地殻内での地震発生が認められなくなる（図2.6.4）．

e. 二重深発地震面の力学的特徴

東北日本弧下の二重深発地震面の上面の地震はdown-dip compressionで発生するのに対して，下面で起こる地震はdown-dip extensionで発生している（海野・長谷川，1975；Hasegawa et al., 1978）．これ

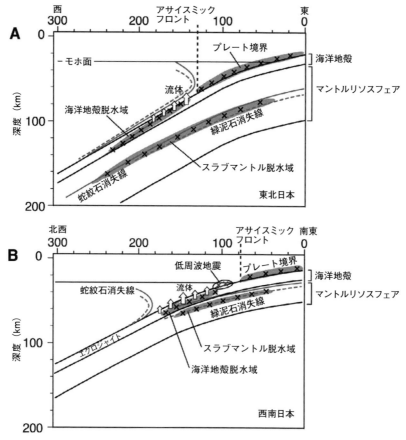

図 2.6.7　東北日本（A）と西南日本（B）での地震発生の模式断面図（片山ほか，2010）
浅部では，プレート境界地震が卓越し，深部ではスラブ内地震が主要な地震発生のメカニズムであると考えられている．ここでは，スラブ内での二重地震面は，上面は海洋地殻中での脱水反応，下面は蛇紋石や緑泥石の脱水反応に対応するとされている．温度構造が大きく異なるため，西南日本では，地殻物質の脆性塑性転移がアサイスミックフロントに対応するのに対し，東北日本では，含水相の分布がアサイスミックフロントを特徴づけていると推定されている（片山ほか，2010）．

を説明するモデルとして，リソスフェアの非弾性的性質によるとの考えがある．本来，強い圧縮応力を受けていたリソスフェアにおいて，その圧縮応力がはたらかなくなると，そこは逆にマイナスの圧縮応力（つまり，伸張応力）場となる．上記の通り，二重深発地震面の上側は圧縮，下側は伸張のメカニズムをもつ（Hasegawa et al., 1978）．この原因としては，スラブが上部・下部マントル境界で下に凸に曲げられるためという考えがあるが，下に凸になる深さと二重深発地震が起こっている深さには大きな開きがある．これに対して，プレートは全体的には弾性的に振る舞うため，海溝付近において無理矢理に上に凸に曲げられたプレートは，ある程度以深では直線的な姿（つまり中立的な応力状態）に戻ろうとするものの，局所的には曲がった状態になじんでしまった部分があって，その部分のプレートが真っ直ぐに戻るときに，伸張性の地震を起こすという考えもある（Engdahl and Scholz, 1977；古賀ほか，2012；深畑ほか，2012）．

吉田ほか（1977）は，三波川帯の高変成度部に分布する苦鉄質〜超苦鉄質岩体が示す構造をもとに，東北日本弧の二重深発地震面での down-dip compression は傾斜した破壊面に対して下盤側が上昇することによって発生し，down-dip extension は上盤側が上昇することによって発生すると考えて，このような特徴は，2列の平行な破壊面ではさまれた幅30 km ほどの平板状ブロックが水平圧縮応力場において，上方に絞り出されるというモデル（吉田，

2.6 マントル構造　　61

1981）で説明できると述べている．その後も，三波
川変成帯などの高圧型の変成帯は，高温の状態で非
変成付加体のなかに固体貫入した構造的貫入体であ
るとする考えが多く主張されており（丸山，1990；
Maruyama et al., 1996；Maruyama, 1997；Ota et al.,
2004；Osozawa and Pavlis, 2007），高圧変成を受け
た苦鉄質〜超苦鉄質複合体からなる二重深発地震面
ではさまれた板状ブロックの構造的貫入モデルにつ
いては再検討が必要かもしれない．ただし，世界的
には上面が引張で下面が圧縮の場合や，その混合型
などもみられ（Marot et al., 2013），その成因は単純
ではない．

■2.6.6　マントルウェッジ内における物質移動

　マントルウェッジ内における物質移動の様式に関
しては多くの議論がある．Toksoz and Hsui（1978）
などはプレートの沈み込み運動に引きずられて，マ
ントルウェッジ中に二次的な対流（反転流）が生ず
る可能性を指摘している．この対流は火山帯下のス
ラブ直上では下降流となる．Tatsumi et al.（1983）
は，この下降流に逆らって，孤立したダイアピルが
上昇するというモデルを考えた．これに対して，
Ida（1983）はマントルの粘性に関する検討から，
スラブの沈み込みの効果はあまり重要ではなく，む
しろ，マントル内部での浮力が，マントルウェッジ
内での流れのパターンを決めていると考えた．さら
に井田（1986）は，マントルウェッジ内，特に火山
帯直下に存在するコントラストのはっきりした低速
度部を説明するモデルとして，島弧下マントル
ウェッジ内に連続的な上昇流が存在するという考え
を示している．それによれば，まず，マントル中で
部分溶融が起こり，その浮力により上昇流が発生す
る．この上昇流によって，下からの高温の物質移動
が促され，それにのって熱が運ばれる．その結果，
部分溶融が継続し，流れも持続すると考えた．
Hasegawa et al.（1994）や佐藤（1995）が示してい
る火山フロント直下から背弧側へと傾斜する顕著な
低速度域〜部分溶融域は，そのようなマントル
ウェッジ内における上昇流によく対応している．井
田（1986）は，そのような上昇流の開始するきっか
けとして，スラブ由来の水の付加による火山フロン

ト下マントルの部分溶融をあげているが，その流れ
はスラブによるひきずり方向とは逆である．Ta-
tsumi（1986）が示しているように，スラブ内の含
水鉱物はその大部分が火山フロントより海溝側で脱
水分解してしまい，それが前弧域マントルウェッジ
の下底部のかんらん岩を加水する．一般にはこの含
水マントルがコーナーフローによりさらに深部に運
び込まれ，背弧側にあたるマントルウェッジで脱水
作用を受けて，背弧側での上昇流の発生を促してい
ると考えられている（Nakajima et al., 2005；Kimura
and Yoshida, 2006）．

■2.6.7　マントルウェッジ中央部のシート状低速度帯

　東北日本弧下のマントルウェッジ中央部には100
〜150 km深度からモホ面直下まで延びた，スラブ
にほぼ平行にシート状に発達する低 Vp, 低 Vs, 低
Vp/Vs 帯が分布する（図2.2.6；図2.6.3；Yoshii,
1979；Hasemi et al., 1984；小原ほか，1986；Hase-
gawa et al., 1994；佐藤・長谷川，1996；Nakajima et
al., 2001a, b, 2005；Zhao et al., 1992a, 2012）．Yoshii
（1979）は，東北日本弧火山帯下のモホ面直下には
7.5 km/s の低速度異常マントルが分布することを
明らかにした．この異常マントルは，火山帯下から
離れると 8.2 km/s の上部マントルに漸移している．
Hasemi et al.（1984）や小原ほか（1986）は，3次
元インバージョンを用いて東北日本弧における詳細
な地震波速度構造を明らかにし，脊梁火山列直下に
顕著な低速度域が分布することを示したが，小原ほ
か（1986）が示しているモホ面直下（32〜65 km）
における S 波速度異常はいくつかの核部をもち，
その位置は個々の火山集中域の分布によく一致して
いる．その背弧側への延長部と背弧側における火山
の分布位置もほぼ一致し，彼らはこの低速度異常域
を部分溶融域であろうと考えた．Hashida and Shimaza-
ki（1987）は，高減衰層と低減衰層の3次元分布を
示している．Zhao et al.（1992a）は，東北日本弧下
の詳細な3次元 P 波速度構造を示し，活火山直下
の地殻内には最上部マントルに続く地震波の低速度
域があり，それは，さらにマントルウェッジ内で高
速度のスラブとほぼ平行に西側へ傾斜していること
を示した．Tatsumi et al.（1983）が推定したマグマ

がマントルダイアピルから分離する深度は，ほぼこの低速度域の中核部よりも上部の低速度域内に位置する．

Hasegawa et al.（1994）などは，この背弧側へ傾斜する低速度域は，マントルウェッジ内を深部から浅部へと上昇する高温のマントル物質を表し，スラブの沈み込みによって生じた反転流として，マントルウェッジ内に生じた上昇流（McKenzie, 1969）に対応しているのではないかと考えた（Haseagawa et al., 1991, 1994；Zhao et al., 1992a；Nakajima et al., 2001a, b；Eberle et al., 2002；Hasegawa and Nakajima, 2004）．そのような高温マントルの上昇流中では減圧とスラブ流体の付加による部分溶融が起こって，低速度・高減衰域が生じると考えられる（図2.6.3：佐藤・長谷川，1996；Nakajima et al., 2005）．上昇流内部で生じたマグマは，最終的には火山フロント直下のマントル最上部に到達し，そこでマントルダイアピルとして一時的に滞留する．

その後，この低速度域をもつマントルウェッジの温度（Nakajima and Hasegawa, 2003a）や孔隙率（Nakajima et al., 2005）についても研究が進められ，Nakajima et al.（2005）は地震波速度の特徴から，マントルウェッジにみられる低速度領域には，体積率として0.1〜数％のメルトが存在することを示している．また，メルトは深さ90 km付近では周囲の岩石と平衡に存在するのに対し，65 km以浅ではクラックやダイクとして存在している可能性をのべている．マントルの中央部に発達する低速度域の最浅部は，ほぼ，島弧のモホ面深度に及び，その近傍では低周波地震が発生することがある（図2.6.3：Xia et al., 2007）．このことは，部分溶融したマントルウェッジにおいてメルトが集中し，そのメルトが地殻へと移動していることを示唆している．

マントルウェッジ内での，低速度域の頂部は，背弧側へと次第に深くなりながら，日本海の下へと続いている（Zhao et al., 2012）．そして，この顕著な低速度域は，火山フロント下から第四紀火山弧を横切って発達している（図2.6.3）．この，ときに6％をこえる速度低下を示し，一部，部分溶融していると推定される低速度域は，マントルウェッジ内でも膨縮し，第四紀火山の下位では厚い発達した低速度域をもち，火山フロント沿いではモホ面直下に連続的に発達しているものの，火山フロントや火山分布

域の下位から離れると，顕著な低速度域は薄くなるとともに，速度もより速くなっている（Hasegawa and Nakajima, 2004）．この低速度域の根は深さ150 km付近に存在する．これはプレート直上に分布する蛇紋石などの脱水分解条件とほぼ一致し，この領域で脱水反応により水が放出されている可能性が高い（Wyss et al., 2001）．蛇紋石の脱水反応が起きる条件は含水ソリダスより温度が低いため，この深度ではマグマは生成されず，流体は浮力により上方に移動すると予想される．マントルウェッジでは中心部ほど温度が高くなるため，深度100 kmほどで含水ソリダスをこえ，かんらん岩の部分溶融が開始すると考えられる．流体の添加により生成した玄武岩質メルトは，二次対流にのったり，ダイアピル状に上昇したりして，最終的には，モホ面に達すると考えられる．

■2.6.8 マントルウェッジ内の不均質性

a. 多様なマントル起源物質の存在

東北日本弧では，火山フロント側と背弧側マントルの組成不均質が推定される（Sakuyama and Nesbitt, 1986；Yoshida et al., 1986；Ujike, 1987；中川ほか，1988）とともに，火山フロント側の火山岩中にも液相濃集元素組成や同位体組成の多様性があり，それらの形成に多様な起源物質が関与した可能性が指摘されている（倉沢ほか，1986；吉田ほか，1987；酒寄ほか，1987；Togashi et al., 1992）．Sakuyama and Nesbitt（1986）は微量元素組成から初生マグマ組成を推定し，それらを生じたマントルはスラブ由来のLIL元素が付加したN型MORB起源マントルであったとした．その後，Ujike（1987）や中川ほか（1988）は玄武岩質岩の微量元素組成を用いて，初生マグマの組成とその部分溶融度，起源マントル組成の推定を行い，東北日本弧での火山岩組成の水平変化は部分溶融度のみでなく，起源マントル組成の不均質性をも反映していると論じ，吉田・青木（1988）は，火山フロント側と背弧側火山岩がプロセス判定図上で異なるトレンド上にのることから，両者が鉱物組成の異なる起源マントルに由来するという考えを示した．

起源物質の不均質性に由来すると思われる火山岩が示す多様な同位体組成は，既存の枯渇したマント

ルとエンリッチマントル間での，マグマ生成時におけるさまざまな混合の結果である可能性とともに，地殻-マントル系の発達史のなかで形成された多様な枯渇度を示すマントルにそれぞれが由来する可能性もある．Shibata and Nakamura (1991)は東北日本弧を横断する方向に認められる同位体組成の変化は，MORBマントルと海洋性堆積物の混合の結果であり，後者は沈み込みに伴う脱水反応で生じた流体として関与し，その組成はスラブの沈み込み深度とともに変化していると考えた．Pouclet et al. (1995)は日本海に産する新生代火山岩の起源物質には，MORB質の枯渇した起源マントル（DMM）とエンリッチした起源マントル（主にEM II類似で，一部にEM I質のものがあった）があり，浅い位置にあったエンリッチマントルとより深部にあった枯渇したマントルとのさまざまな比率での混合により，多様な同位体組成を示す火山岩が生じたと考えた．また，Ujike and Tsuchiya (1993)は東北日本弧背弧側で後期中新世に活動したマグマは，プレート沈み込みに関連してマントルウェッジ深部に形成された枯渇した島弧性アセノスフェアとその上にあった島弧下リソスフェアの混合物に由来すると考えた．一方，Togashi et al. (1992)は，東北日本弧火山フロント側火山のソレアイトにみられる広い同位体組成の変化は，始源マントル内での初生的な組成不均質と，その後各起源マントルが経験した火山活動史の違いによるとし，さらにNd同位体比がNb/Y比と相関することを示して，これはスラブ由来の流体の添加では説明できないと論じている．

東北日本弧のマントルウェッジにおける玄武岩マグマ起源マントルにおける空間的不均質性は，背弧海盆の拡大期に，枯渇したアセノスフェアマントルが，エンリッチした大陸性リソスフェアに貫入することにより生じたものであると考えられている（Tatsumi et al., 1989；Shuto et al., 1993；吉田ほか，1995；八木ほか，2001）．図2.6.3はHasegawa et al. (1994)や佐藤・長谷川（1996）に基づいてコンパイルされた東北日本弧北緯40°での地殻〜マントル構造断面である（吉田ほか，1999b）．この断面では，マントル中における，部分溶融域と思われる低速度域の分布はかなり偏っており，火山フロント下のモホ面直下と背弧側の深度100 km近傍の2か所で顕著な部分溶融域の存在が推定されている（佐藤・長谷川，

1996）．図2.6.3には吉田ほか（1995）がアルカリ量から推定した第四紀火山岩のおおよそのマグマ分離深度も一緒に示されている．第四紀火山岩の起源マントルである島弧マントルリソスフェアと島弧下アセノスフェアの推定される分布域は，それぞれ火山フロント側と背弧側の低速度域（図2.2.6）に対応している．目潟火山からの上部マントル由来捕獲岩が示す岩石学的に予想される各深度での同位体組成（Zashu et al., 1980）は推定された地殻〜マントル構造と調和的である．

b. 島弧に沿った方向でのマントルウェッジの不均質性

東北日本弧北緯40°で認められるような，火山フロント直下のマントル最上部に位置する低速度域と背弧側のより深部にある低速度域とは，シート状に継続しているものの，吉田ほか（1995）が指摘しているように，その間に，より速い地震波速度と高いQ（減衰係数）を示す領域が広がっており，それぞれ別個の肥大部をなしている．一方，東北日本弧南部では，背弧側から火山直下の最上部マントルに連

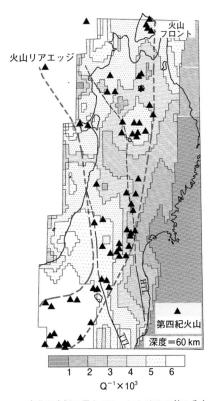

図2.6.8 東北日本弧の深さ60 kmにおけるQ値の分布（Tsumura et al., 2000；吉田ほか，1999b）．黒三角は火山を示す．

続する一体の低速度域が認められる（図2.2.6）．このような島弧に沿った方向でのマントルの性質の違いは，Tsumura et al.（2000）が示すQ構造（図2.6.8：地震波の減衰特性が示す構造）や，それに基づいたNakajima and Hasegawa（2003a）が示すマントル内温度構造ではさらに顕著となる（図2.6.9）．これまで，東北日本弧のマントルウェッジの構造のうち，弧に沿った方向での不均質性については，あまり注目されていなかった．たとえば，Kersting et al.（1996）は，東北日本弧のマントルウェッジがほとんど均質な構造をもつものとして，マグマが示す棚倉構造線を境にした同位体組成の不連続な変化を，地殻物質の寄与で説明している．しかしながら，Zhao et al.（1992a）やTsumura et al.（2000）のトモグラフィを見直すと明らかなように，東北日本弧下のマントルウェッジには，島弧に沿った方向でも部分溶融体の分布や温度構造あるいは組成差に対応すると思われる広域的な不均質性が認められる．マグマ分離深度に近いマントル内60 km深度でのQ値の低い領域の分布はSiO$_2$＝60％での値に規格化したK$_2$O値（K$_{60}$）が高い領域の分布（図2.2.2）とよく対応しており，このことは低Q域の分布がマグマ活動と密接に関連していることを示唆している．そして，東北南部におけるQ値が低い領域の境界や，マントル深部の温度構造は，火山フロントの方向と交差し，その方向と位置は，棚倉構造線とよい一致を示している．

c. 棚倉構造線を境にしたマントルQ値の不均質性

地震学的な減衰に関するトモグラフィ像から，沈

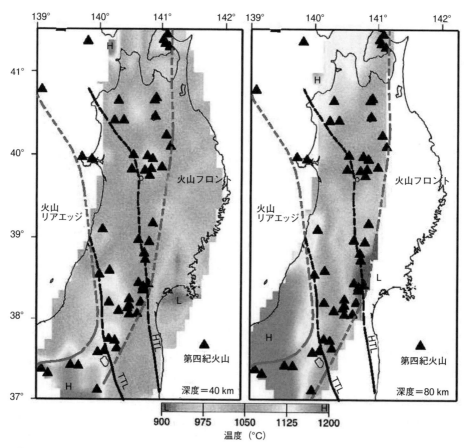

図2.6.9 東北日本弧での40 km深度と80 km深度におけるマントル内温度分布と第四紀火山分布との関係（Nakajima and Hasegawa, 2003a；吉田ほか，2005）
　棚倉構造線を境にして，西南日本弧側の方が，東北日本弧側に対して温度が高い傾向を示す．これらのマントルに認められる構造は，現在の火山フロントの方位とは斜交しているが，マントルにおけるP波速度構造とはよく対応している．TTL：棚倉構造線，HTL：畑川構造線．Hは高温域，Lは低温域を示す．

み込む太平洋スラブでの低い減衰（高Q）域と，地殻やマントルウェッジでの高い減衰（低Q）域の分布が明らかにされている（Umino and Hasegawa, 1984；Tsumura et al., 2000）．マントルウェッジ内での低Q域の位置と形は，最上部マントルの地震波トモグラフィでイメージされる低速度異常域の位置や形とよく対応しているが，東北日本弧では，これらは60～80 km深度において，互いに交差している（図2.6.8：吉田ほか，1999b；Tsumura et al., 2000）．Tsumura et al.（2000）は，東北日本弧において，マントルウェッジの低Q域の分布様式が，その南西部と北東部とでは異なっていることを明らかにしている．棚倉構造線の西側にあたる南西部では，低Q域は活動的な火山の下，あるいは火山フロントの下に位置しており，その領域は地殻からマントルウェッジへと連続し，背弧側，すなわち西側へと深くなっている．それに対して，棚倉構造線の東側にあたる北東部では，低Q域が複数存在し，それらは互いに孤立して分布している．それらの孤立した低Q域は，浅部では活動的な火山の直下に分布し，火山フロントから西側，すなわち背弧側へと次第に深くなる傾向を示している（Tsumura et al., 2000）．マントルウェッジでのQ値は，島弧の断面方向で変化するとともに，島弧に沿っても変化している（Tsumura et al., 2000）．Q値の空間分布は，棚倉構造線で境されている基盤構造と調和的である（吉田ほか，1999b, 2005）．この棚倉構造線に沿ったマントルの不均質性は，現在の火山フロントの方向とは斜交し，日本海側へと延びていることが，図2.6.10に示されたdVpの分布（Zhao et al., 2012）によっても示されている．このことは，棚倉構造線がマントルに続く深い根をもち，それが日本海側に続いていることを示唆している．

d. マントル内温度構造の不均質性

マントルウェッジの深さ40 kmにおける温度構造が，地震波の減衰から推定されている（図2.6.9：Nakajima and Hasegawa, 2003a）が，これは，ほぼ第四紀火山の分布パターンとよく対応している．しかしながら，深度60～80 kmでの温度構造（図2.6.9）は地表での第四紀火山の分布とは対応していない（吉田ほか，1999b；Tsumura et al., 2000；Nakajima and Hasegawa, 2003a）．Q値から推定されたマントル内60～80 km深度での温度は，東北日本弧の棚倉構造線で区分された北東側の東北本州地質区よりも南西側の西南本州地質区の方が高くなっている．もし，マントルウェッジでの温度分布が，ジオダイナミックモデル（たとえば，van Keken, 2003；Peacock, 2003など）のみで制約されるものならば，火山フロントと直交する断面で観測されたQ値の場所による変動は，棚倉構造線を境にH_2Oが不均質に分布している（Karato, 2003）可能性を含む，温度条件以外の因子の変動で説明する必要がある．吉田ほか（1999b）は，日本海の拡大時に，東北日本弧の棚倉構造線から南西側に分布する西南本州地質区の下に発達する大陸性含水リソスフェアが反時計回りの回転を起こした結果，現在のリソスフェアにみられる不均質性が生じたと論じている．マントルウェッジの高温部あるいは水に富んだ領域では，周囲より粘性が低下する（Honda and Yoshida, 2005a）．Honda and Yoshida（2005a）は，棚倉構造線の南西側で認められる低Q域の分布に類似した，傾斜した上面をもつ低粘性ウェッジでの対流パターンについ

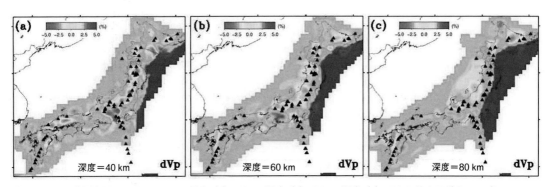

図2.6.10 日本列島下マントル，40 km深度（a），60 km深度（b），80 km深度（c）でのP波トモグラフィ（Zhao et al., 2012）．黒三角は火山を示す．40 km深度では火山下に低速度域がみられる．

て数値シミュレーションを行っている．計算で得られた温度分布は，ほぼ沈み込みスラブに平行で，火山フロント側の浅部では高温異常が大きく，深部の背弧側では高温異常の程度が小さかった．この計算結果は，棚倉構造線の南西側の東北日本弧における第四紀火山の分布と調和的な結果である．

e. 地震波速度異方性の不均質

東北日本では地震波速度構造に加え，地震波異方性も精力的に観測されている．S波スプリッティングの解析によれば，マントルウェッジの低速度・低Q域は，顕著な地震波速度の異方性を示している（Okada et al., 1995；Nakajima and Hasegawa, 2004；Nakajima et al., 2006b）．しかも，異方性を示す部分は，地殻，マントルウェッジ，そして沈み込む太平洋スラブにも認められている（Hall et al., 2000；Nakajima and Hasegawa, 2004；Nakajima et al., 2006b；Wang and Zhao, 2008；Huang et al., 2010）．Nakajima and Hasegawa（2004）は，S波スプリッティングで，S波速度が速い方向の方位が，前弧域では海溝に平行であり，火山フロントから背弧側では海溝に垂直であることを明瞭に示している（図2.6.11）．火山フロントから背弧側の領域での，海溝に直交する方位異方性は，スラブの沈み込みに伴って生じる，マントルウェッジでのコーナー・フローによって，カンラン石が定向配列した結果であると考えられている（たとえば，Hall et al., 2000）．一方，マントルウェッジの前弧域に認められる海溝

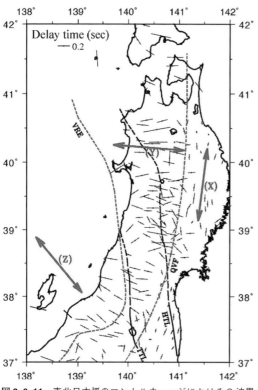

図 2.6.11 東北日本弧のマントルウェッジにおけるS波異方性の分布（Nakajima and Hasegawa, 2004；Nakajima et al., 2006b；Yoshida et al., 2014）
S波異方性の方位と強さは，黒線の方位と長さ（delay time, sec）で表している．火山フロントの前弧側では，S波異方性は海溝に平行（矢印，X），背弧側の棚倉構造線（TTL）の北東側では海溝に垂直（矢印，Y），そして，棚倉構造線の南西側では海溝に斜交（矢印，Z）している．HTL：畑川構造線，QVF：第四紀火山フロント，VRE：（第四紀）火山リアエッジ．

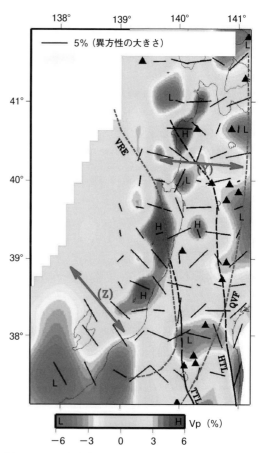

図 2.6.12 日本海東縁域の 40 km 深度におけるP波異方性トモグラフィ（Huang et al., 2010 に加筆）
図の下に速度偏差（％）のスケールバーを示す．黒線の方位と長さが，高速側の方位と異方性の大きさ（％）を示している．棚倉構造線（TTL）の北東側の矢印（Y）は，海溝に垂直な異方性を，南東側の矢印（Z）は，海溝に斜交する異方性を示す．黒三角：第四紀火山，HTL：畑川構造線，QVF：第四紀火山フロント，VRE：（第四紀）火山リアエッジ．

に平行なS波の異方性は，含水条件下でのカンラン石の定向配列によるものであると説明されている（Katayama et al., 2004；Jung et al., 2006；Katayama and Karato, 2006）が，Wang and Zhao (2008) は，マントルウェッジの火山フロント直下で認められる海溝に平行な方位異方性については，スラブの斜め沈み込みやロールバックの結果，発生するマントルウェッジ内での複雑な対流の結果であろうと述べている（Hall et al., 2000；Kincaid and Griffiths, 2003）．Huang et al. (2011) は，sPデプスフェイズにより位置を再決定した2,833個の地震について得られた，175,425個の高精度P波着震時データを用いて，東北日本弧の日本海域での高精度のP波等方性速度構造ならびに異方性速度構造を決定している．彼らの結果によると，日本海東縁部での地殻と最上部マントルには，顕著な地震波速度変化が認められる．P波の方位異方性は，日本海の下で一様ではなく，複雑なリソスフェア構造が存在することを示唆している．棚倉構造線の東側である東北本州地質区においては，マントルウェッジにみられる地震波速度異方性の高速側方位は，海溝に垂直方向であり，一方，棚倉構造線の西側である西南本州地質区の背弧側では，海溝に斜交している（図2.6.12）．東北本州地質区の背弧側で認められる東西方向の海溝に直交する方向に発達した方位異方性は，東北日本弧のマントルウェッジにおける太平洋スラブの現在の沈み込みに対応したコーナー・フローに伴ったもの（Hall et al., 2000）であると考えられる．棚倉構造線の西側の西南本州地質区の背弧側で認められる北西-南東方向の方位異方性は，図2.6.13に示されている通り，21～15 Maに形成された岩脈の方位と平行であり，その当時の水平圧縮応力軸の方位に一致する．また，北西-南東方向の方位異方性は，大和海盆の延び方向に垂直な方向であり，大和海盆での背弧拡大軸に垂直な方向でのマントル対流の流れの方位と平行である．したがって，棚倉構造線の西側に広がる西南本州地質区の背弧側で認められる北西-南東方向の地震波速度の方位異方性については，21

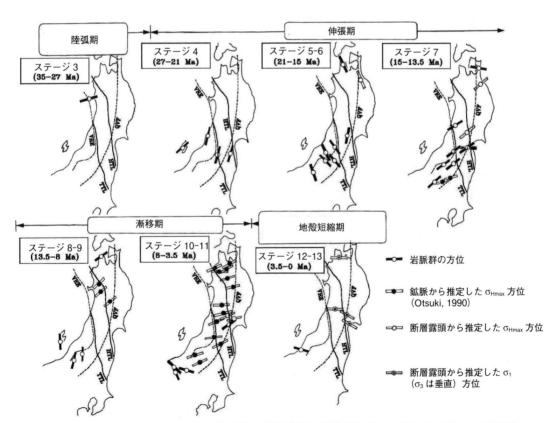

図 2.6.13 東北日本弧における，ステージ3以降の広域応力場の時代的変遷（Sato, 1994；Yoshida et al., 2014）
TTL：棚倉構造線，HTL：畑川構造線，QVF：第四紀火山フロント，VRE：（第四紀）火山リアエッジ.

~15 Ma に起こった大和海盆の拡大に伴って形成された，拡大軸に垂直な方向に発達した方位異方性である可能性がある．そのような古い時代に形成された方位異方性がいまだに化石ファブリック（fossil fabrics）として保存されているのは，背弧海盆の拡大後，棚倉構造線の西側の背弧領域では，おそらくアセノスフェアのリソスフェア化が進行し，域内での対流があまり顕著でなく，また火成活動も弱かったためと思われる（Yoshida et al., 2014）．

2.7 地殻構造

■2.7.1 東北日本弧の基盤岩類

a. 東北日本弧を構成する基盤岩類とその構造

日本列島は，ユーラシア大陸東縁に位置するプレートの沈み込み帯である．日本列島は長い複雑な地史をもつが，大きく，大陸の縁辺にあった時期に形成された岩石や地層群（基盤岩類）と，日本海形成後，日本列島が島弧となってから形成された岩石や地層群に大別される．図 2.7.1 に日本の基盤岩類の地質構造を示す（磯﨑・丸山，1991；Isozaki, 1996；磯﨑ほか，2010）．東北日本弧の基盤岩類は，北から渡島帯〜北部北上帯，南部北上帯，阿武隈帯，美濃-丹波帯，上越帯，領家帯，三波川帯，秩父帯，四万十帯に区分できる．これらの各帯の境界

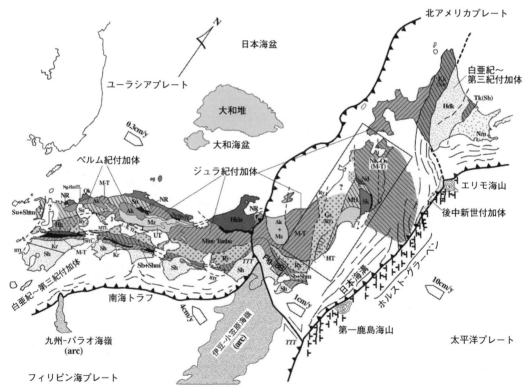

図 2.7.1 日本列島の地体構造区分（磯﨑・丸山，1991；Isozaki, 1996；磯﨑ほか，2010）
地体構造単元の略号は以下の通り．
西南日本：Hida：飛騨帯，Ok：隠岐帯，Hg：肥後帯，NR：長門-蓮華帯，Ak：秋吉帯，Su：周防変成帯，Mz：舞鶴帯，UT：超丹波帯，M-T：美濃・丹波帯（秩父帯を含む），Ry：領家帯，Sb：三波川変成帯，Shm：四万十変成帯（Sb+Shm＝伝統的三波川帯），Kr：黒瀬川帯，Sh：四万十帯．
東北日本：Sk：南部北上帯，HT：日立-竹貫帯（＝Hg），MH：宮守-早池峰帯（＝NR），Nd：根田茂帯，Gs：御斎所帯（＝Ry），Nk-Os：北部北上-渡島帯（＝M-T），Kk：神居古潭帯（＝Sb），Hdk：日高帯（＝Sh），Tk：常呂帯（＝Sb），Nm：根室帯．TTT：プレート境界の三重点，MTL：中央構造線，Ng-HmTL：長門-飛騨外縁構造線，BTL：仏像構造線．

には，岩泉構造線，早池峰構造線，双葉断層，畑川構造線，棚倉構造線，利根川構造線，中央構造線などが発達している．

火山の分布と，マグマ組成が示す広域組成分布は，基盤岩の構造と密接に関連しており，それら基盤岩類が，マグマ組成に強い影響を与えている可能性を示唆している（Kersting et al., 1996; Kimura and Yoshida, 2006）．東北日本弧の下に発達する古第三紀以前に形成された基盤岩類（Geological Survey of Japan, 1977; 磯﨑・丸山，1991; 磯﨑ほか，2010）は，美濃帯の石炭紀からジュラ紀の変成岩類，阿武隈帯の白亜紀の堆積岩類や花崗岩類，そして北上帯のオルドビス紀から白亜紀の複合岩類などからなる（図2.7.2，図2.7.3）．美濃帯と阿武隈帯とは棚倉構造線で接しているが，これは，東北本州地質区と西南本州地質区の基盤岩類を境する主要な境界断層である（Isozaki, 1996）．別の主要な断層である，畑川構造線は，棚倉構造線（TTL）と平行に延び，阿武隈帯と北上帯を境する断層である．

後期新生代に活動した玄武岩の組成は，棚倉構造線を境にして，東側に対して，西側では，同位体的にエンリッチした組成をもっている（Sato et al., 2007）．後期新生代に活動した流紋岩の組成は，棚倉構造線の西側では，一般に相伴う苦鉄質岩に比べてアルカリに富んでおり，棚倉構造線の東側では，

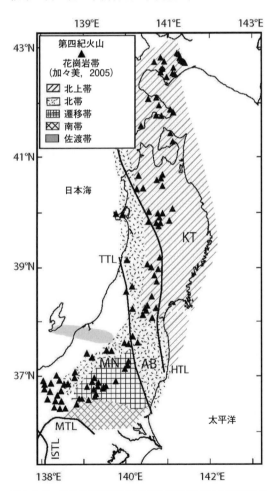

図2.7.2 基盤花崗岩類の同位体組成に基づいた構造区分（北上帯，北帯，遷移帯，南帯，佐渡帯）と，北上帯（KT），阿武隈帯（AB），美濃帯（MN）との境界（加々美ほか，2000; 加々美，2005）

これらの基盤構造は，現在の東北日本弧の島弧-海溝系の構造とは斜交している．ISTL：糸魚川-静岡構造線，MTL：中央構造線，TTL：棚倉構造線，HTL：畑川構造線．

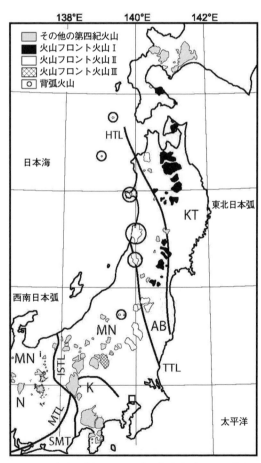

図2.7.3 東北日本弧における第四紀火山（QVF-I：火山フロント火山I，II：火山フロント火山II，III：火山フロント火山III，およびQRA：背弧火山）の分布と，基盤構造（KT：北上帯，AB：阿武隈帯，MN：美濃帯，SMT：四万十帯）の境界（Kimura and Yoshida, 2006）

K：関東山地，N：濃飛地域，ISTL：糸魚川-静岡構造線，MTL：中央構造線，TTL：棚倉構造線，HTL：畑川構造線．

通常，相伴う苦鉄質岩と組成的に類似する傾向がある（周藤ほか，2008；Yamada et al., 2012）．

b. 基盤花崗岩類

後期新生代の地層の基盤岩類に対して，白亜紀から古第三紀の年代を示す花崗岩類が貫入している．これらの花崗岩類は，そのSr-Nd同位体比に基づいて，地球化学的に，北上帯，北帯，遷移帯，南帯，そして佐渡帯の5つのグループに区分されている（図2.7.2，図2.7.3：加々美ほか，2000；加々美，2005）．北上帯の花崗岩類は，同位体的に最も枯渇した組成をもち，南帯の花崗岩類は，最もエンリッチした組成をもっている．図2.7.2にある通り，花崗岩類の同位体組成が示す累帯構造の分布は，その境界が必ずしも構造線と正確に一致しているわけではないものの，基盤岩類中に発達する主要な断層とほぼ平行である．これらの花崗岩類は，成因的には下部地殻岩の部分溶融の産物であると考えられているが，花崗岩類の化学組成と基盤岩の構造区分とが，空間的によく対応しているということ

は，下部地殻の性質と上部地殻の性質が，相互によく対応していることを示唆している（加々美ほか，2000；加々美，2005）．同位体組成的にエンリッチした北帯と南帯は，西南日本弧で確認された同位体分帯の延長部として対比された（加々美，2005）のに対して，北上帯と佐渡帯は，東北地方の第四紀背弧側火山岩（QRA）と同様に，図2.7.4に示す通り，マントルアレイ上にプロットされる．

■ 2.7.2 地殻に関する地震学的観測データ

a. 地殻構造の概要

近年，東北日本弧の地殻に関する多くの地震学的成果が報告されている（たとえば，Zhao et al., 1990；Iwasaki et al., 1994, 2001；Hasegawa et al., 2005；Xia et al., 2007）．地殻で地震学的に観測される構造としては，モホ面，浅発地震下限（脆性塑性遷移）面〜コンラッド面，S波反射面，そして地震波低速度域などがある．また，低周波地震が火山下の深さ40〜25 kmに位置する低速度体の周辺部で起こっている．それらはマントル最上部〜地殻最下部に位置するダイアピル〜マグマ溜りでのマグマ活動に伴ったものと考えられている（長谷川，1991）．

地表に位置する火山体を構成する岩石の多様性には，マグマ発生場とマグマ輸送系の両方がともに重要な役割を果たしており，これらは，東北日本弧での各火山活動期におけるその場の地質構造，応力場，地殻〜マントル内温度構造などにコントロールされていると考えられる（吉田ほか，1993；木村・吉田，1993；佐藤・吉田，1993；高田，1994）．東北日本弧における火山帯下での地殻の厚さは約30〜35 kmで，火山フロント近傍で最も厚くなっている（Yoshii, 1979；Zhao et al., 1990, 1992b）．これは島弧の地殻としては厚い部類に属し，少なくともその一部は大陸本体から分離した大陸性地殻からなると考えられている（Minoura and Hasegawa, 1992）．表層部を除くとこの地殻は上部の5.9〜6.4 km/s層と下部の6.5〜7.0 km/s層からなり，大陸地殻を特徴づける前者の厚さは火山列下で約15〜20 kmであり，この下に厚さ約15 kmの斑れい岩質と考えられる後者が分布する（Zhao et al., 1990）．Iwasaki et al.（1994）は，北上山地の精密な地震波による地下構造探査結果に基づいて，北上山地では，上部

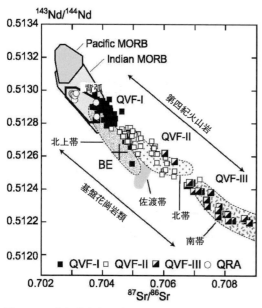

図2.7.4 基盤花崗岩類（加々美ほか，2000；加々美，2005）と第四紀火山岩類のSr-Nd同位体組成
ハッチをした領域が基盤花崗岩類の同位体組成領域を示す．基盤花崗岩類と火山フロント側火山岩の同位体組成との間には，顕著な対応関係が認められる（Kimura and Yoshida, 2006）が，背弧側火山岩や，北上帯や佐渡帯の花崗岩類は，火山フロント側火山岩に比較して，より枯渇したマントルアレイ側の組成をもっている．BE：バルクアース組成．記号は図2.7.3参照．

地殻と下部地殻が，これまで考えられていたほど明確に区分できるものではなく，速度構造は連続的に変化していること，また，部分的に薄い板状の低速度体が認められることを示している．

b. 東北日本弧の地殻構造断面

1997〜98年に実施された深部地殻構造探査と浅層反射法地震探査（Iwasaki *et al.*, 2001；西坂ほか，2004；高橋ほか，2002）で得られた東北日本弧の地殻構造断面（図2.1.2）によると，地殻の厚さは奥羽脊梁山脈の東部に位置する北上河谷帯で最も厚く，そこから前弧側，背弧側に向かって次第に薄くなる．特に，日本海沿岸から日本海中央部に向かって地殻の薄化が顕著であるが，これは第三紀の日本海（特に大和海盆）の形成に伴う伸張変形の結果である（図2.1.2：佐藤ほか，2004）．

地殻の厚さの変化は，上部地殻と下部地殻とでは異なり，下部地殻の厚さは，飛島海盆と出羽丘陵域の間で大きく変化しており，そこから前弧側では6.9〜7.0 km/s層が発達し，それより背弧側にはこの層を欠き，6.6〜6.7 km/s層が大和海盆域から火山フロント域まで広く発達している．一方，上部地殻の厚さは，地殻全体が最も厚い北上河谷帯で最大となっている．ここでは，特に6.1〜6.4 km/s層が厚い．奥羽脊梁山脈部では，中部地殻をなす6.3〜6.4 km/s層は急に薄くなる．一方，飛島-船川隆起帯では6.2〜6.3 km/s層が厚くなり，ここでは上部地殻全体が厚くなっている．

■2.7.3 東北日本弧の地殻構造

a. 地殻の薄化と厚化

島弧内で上部地殻が薄くなっている横手盆地域から飛島海盆域は新第三紀層の堆積盆地の位置とほぼ一致し，基本的には日本海の形成に伴う地殻の伸展を示すものと判断される（佐藤ほか，2004）．一方，地殻の最も厚い箇所は，北上河谷帯で，この場所は中新世を通じて激しい火山活動が継続した場所であり，長期にわたる火山活動がこの厚い中部地殻形成の最大の要因であると思われる（佐藤ほか，2004）．

b. 大和海盆リフト系と北部本州リフト系

東北日本弧の地殻構造断面（図2.1.2）は東北日本弧に，大きく2つのリフト系が存在することを示唆している．1つは大和海盆リフト系であり，中新

世に発達した西傾斜の正断層で区切られるハーフグラーベンで特徴づけられ，地殻の厚さは21 Ma前後に起こった背弧拡大によって，大和海盆側へと薄くなっている．飛島海盆（青沢リフト）で特徴づけられる北部本州リフト系はより若く，16 Ma以降に形成され，秋田〜新潟堆積盆地を形成している．5.6〜6.2 km/s層で特徴づけられる上部地殻が薄化しているこのリフトの軸部に沿っては，玄武岩が多量に噴出している．

c. 奥羽脊梁山脈域の地殻構造

1997〜98年に実施された構造探査によって，奥羽脊梁山脈の深部地殻構造と両縁の活断層の深部から浅層にかけての構造が明らかになり（Iwasaki *et al.*, 2001），脊梁山脈の両側を画する活断層は地震発生層の下限付近で交差し，脊梁山脈が両端を逆断層で限られたポップアップ構造をなすことが明らかになった（図2.1.9：Sato *et al.*, 2002）．

■2.7.4 現在の島弧と斜交する基盤構造

基盤の地質区や花崗岩類の分布パターンは，日本海溝に平行な，第四紀火山の分布が示す火山フロントの向きなどとは，斜交している（図2.7.2）．たとえば，基盤の地質区である，南側の美濃帯，中央部の阿武隈帯，そして北側の北上帯は，それぞれ，棚倉構造線と畑川構造線によって境されている．そして，基盤の白亜紀花崗岩類の化学組成に基づいた区分である，南帯，遷移帯，そして北帯の分布（加々美ほか，2000；加々美，2005）も，第四紀火山配列が示す火山フロントの向きとは斜交している（図2.7.2）．このような基盤構造と，第四紀火山の分布が示す現在の島弧の構造との間の斜交性は，日本海の拡大前と拡大後の島弧-海溝系の向きの変化を反映しており，現在の東北日本弧の方向に斜交する北東-南西方向が日本海の拡大前の向きであり，現在の東北日本弧の向きに平行な北北東-南南西方向が日本海の拡大後，現在までの島弧-海溝系の配列方向である（Otofuji *et al.*, 1985；Ohki *et al.*, 1993b；吉田ほか，1999b）．現在のマントルで認められる低速度域の分布や地震波方位異方性などの構造（Nakajima and Hasegawa, 2004；Nakajima *et al.*, 2006b）は，基本的には，現在の島弧-海溝系に平行に発達しているものの，一方で，それと斜交する棚

倉構造線で境された西南本州地質区と東北本州地質区との間での，マントル構造の不均質性が認められている．したがって，第四紀の火山岩組成にみられる島弧に沿った方向での広域変化にも，マグマ起源マントルの上位に分布するマントルリソスフェアの影響や，下部地殻物質由来の部分溶融メルトによる混染作用が，基盤をなす白亜紀花崗岩類やその上に形成されている第四紀の火山岩の組成に影響を与えている可能性が高い（Kimura and Yoshida, 2006）．

■2.7.5 地殻を構成する岩石

島弧火山帯下に位置する地殻の成因としては大きく2つの考え方がある（Arculus and Johnson, 1981）．1つは島弧が既存の古い大陸性地殻～その断片上にのる場合で，もう1つは地殻そのものが島弧火山活動に伴い次第に厚くなる場合である．Kushiro（1987）は目潟火山下の下部地殻物質は含水高アルミナ玄武岩質マグマから集積した角閃石を含む斑れい岩に由来し，地殻最下部を構成すると思われる苦鉄質変成岩は角閃石グラニュライト亜相に属しており，830～870℃の平衡温度を示すとしている．彼が推定した背弧側地殻最下部の温度は850℃で，火山フロント側地温は，950～1000℃である．Kushiro（1987）は東北日本弧での地殻の成長は主にマントルからのマグマの貫入によってなされたと考えている．

Kanisawa and Yoshida（1989）は，青麻-恐火山列の安達火山噴出物中に産する石英閃緑岩～トーナライト類の微量元素組成を示し，これが同岩を捕獲しているデイサイトからの集積岩であることを示している．これらの集積岩が示すMORB規格化パターンは鳥海火山列の目潟火山からの苦鉄質捕獲岩が示すパターン（青木・吉田，1986）に類似しており，いずれも脊梁火山列火山の低アルカリソレアイトのパターンに近い．ただし，目潟火山からの苦鉄質捕獲岩の多くは，安達トーナライト質捕獲岩より高いK, Rb量を有し，中間カリウム～高カリウム系列安山岩質マグマからの集積岩と思われる．Sakuyama（1983），Fukuyama（1985）そして，吉田（1997）は，目潟苦鉄質～超苦鉄質捕獲岩の示す岩石学的性質から，それらがカルクアルカリ火山岩からの集積物であると論じている．これらの苦鉄質捕獲岩は，いずれも沈み込み帯マグマからの集積岩であり，東北日本弧陸域の下部地殻における海洋性地殻の存在を示唆するデータは得られていない（Tanaka and Aoki, 1981；青木・吉田，1986）．

Nishimoto et al.（2005）は，一の目潟から採取された外来岩片について，高圧下でのP波速度を測定し，Iwasaki et al.（2001）による東北日本弧のP波速度断面と比較している．それによると，角閃石斑れい岩と角閃岩のP波速度は地殻最下部層に相当し，SiO$_2$量の低い角閃石岩は下部地殻上部層に相

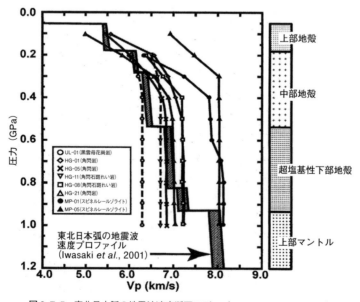

図2.7.5　東北日本弧の地震波速度断面モデル（Nishimoto et al., 2005）

当する速度を示している．そして，かんらん岩のP波速度は上部マントル層のP波速度と調和的である．彼らの結果は厚さ12 kmの超塩基性下部地殻層が東北日本弧下に存在することを示唆している（図2.7.5）．これらの下部地殻岩の上位に，主に花崗岩質岩や堆積岩類からなる上部地殻が重なっている．

Nishimoto et al.（2008）は，高温高圧下での捕獲岩のVp, Vsの同時測定から，岩石の地震波速度に対する温度依存性を明らかにするとともに，各種の下部地殻岩について得られた結果と，東北日本弧の地震波トモグラフィから得られた速度偏差構造（Nakajima et al., 2001a）との比較を行っている．それによると，東北日本弧の深さ約25 kmの下部地殻における高速度域（日本海沿岸部）は，角閃石輝石斑れい岩であり，その温度範囲は600～800℃前後と推定されている．また，背弧側の鳥海山周辺や奥羽脊梁山脈地域の火山周辺の低速度異常域は，主に角閃石斑れい岩からなり，かつ800℃以上のソリダス

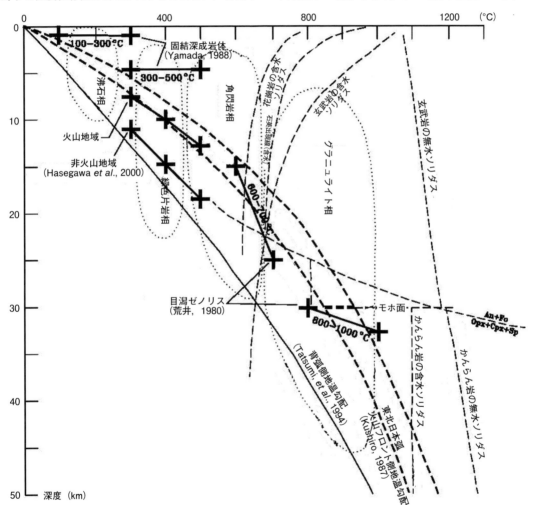

図 2.7.6 東北日本弧の地殻を構成する岩石と地温勾配（Kushiro, 1987；Tatsumi et al., 1994），無水と水に飽和した状態でのかんらん岩と玄武岩のソリダス，そして水に飽和した花崗岩のソリダス（Wyllie, 1971；Robertson and Willie, 1971）を示す（Yoshida, 2001）．

線で結んだプラス印は，東北日本弧での，目潟火山のゼノリスの岩石学的研究から推定した温度（荒井，1980），鬼首カルデラの固結した深成岩体の熱水系についての熱力学的研究から得られた温度（Yamada, 1988），奥羽脊梁山脈の火山分布域と非火山分布域におけるP波の速度構造から推定された温度分布（Hasegawa et al., 2000）をそれぞれ示している．点線で囲った領域は，代表的な変成相の温度圧力範囲を示す．一ノ目潟ゼノリスから推定された地温勾配は，現在の奥羽脊梁山脈や，初期中新世の背弧リフト軸部の温度勾配と調和的なものであるが，現在の背弧側での地温勾配（Tatsumi et al., 1994）よりも高い傾向を示している．

温度をこえ，最大8.8％程度の部分溶融状態にある可能性が高いことを示している．さらに，北上山地の低いVp/Vs値をもつ下部地殻は，石英を多く含有した閃緑岩～斑れい岩であると推定している．

■2.7.6 地殻の温度構造

図2.7.6は，東北日本弧の地殻を構成する岩石種と地温勾配（Kushiro, 1987；Tatsumi et al., 1994）を示す（Yoshida, 2001）．水に飽和した花崗岩質マグマのソリダスは，15～20 km深度での地温勾配と交差する．奥羽脊梁山脈の火山分布域の下に分布する水に飽和した珪長質マグマは，東北日本弧の下部地殻～中部地殻での角閃岩相から角閃岩グラニュライ

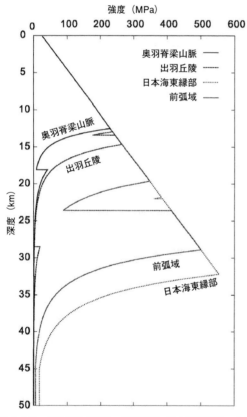

図2.7.7 奥羽脊梁山脈域，出羽丘陵，日本海東縁部，そして前弧地域についての地殻と上部マントルの強度プロファイル（Shibazaki et al., 2008）

Shibazaki et al.（2008）は，地殻を2つの層（上部の石英閃緑岩と下部の含水輝緑岩）に分け，上部マントルについては含水かんらん石でモデル化している．東北日本弧の下での地温勾配データ（矢野ほか, 1999；田中ほか, 2004）に基づいて，奥羽脊梁山脈域と出羽丘陵域の下に，強度の低い高温域を想定している．

ト亜相の温度圧力範囲において，固化せずに，安定に存在し続けることが可能である．火成岩体の定置深度に大きく影響する塑性-延性遷移深度（Aizawa et al., 2006）は，奥羽脊梁山脈や出羽丘陵下においては，コンラッド不連続面に近い浅い深度にあるが，日本海の東縁地域においては，モホ面よりも深い深度に位置する（図2.7.7：Shibazaki et al., 2008）．

東北日本弧での，地殻の温度構造に関しては，Peacock and Wang（1999）やHacker et al.（2003a, 2003b）が，沈み込み帯全域での温度構造を熱力学・岩石学的計算に基づいた結果を示している．また，田中ほか（2004）は，日本周辺の地温勾配および地殻熱流量を基礎データとして，東北日本弧における温度構造を示している．また，武藤・大園（2012）は，1997年の探査で得られている地震学的構造が東北日本弧を代表するものと仮定して，この測線上での温度構造を推定している．

■2.7.7 下部地殻～最上部マントルを構成する岩石

Nishimoto et al.（2005）は，Iwasaki et al.（2001）によって明らかにされた東北日本弧のVp構造断面と一の目潟火山の外来岩片についてのVp測定結果とを比較・検討している．彼らの研究に用いられた一の目潟火山からの外来岩片試料は，それらが示す岩相変化のほぼすべての範囲をカバーしており，東北日本弧の背弧側における下部地殻から上部マントルを構成する代表的な岩石試料をカバーしていると考えられる．東北日本弧の厚さほぼ15 kmに及ぶ下部地殻は，大陸下部地殻の平均P波速度値より0.2～0.3 km/s低いVp（6.6～7.0 km/s）を示すが，これは，下部地殻を構成する含水苦鉄質～超苦鉄質組成の斑れい岩や角閃岩が，多量の角閃石や磁鉄鉱を包有するためである（図2.7.8）．Takahashi（1986）は，東北日本弧の厚い下部地殻が角閃石（±輝石）斑れい岩や角閃岩からなることを示唆している．Kanisawa and Yoshida（1989）は，第四紀火山フロント側火山に産する低カリウムデイサイトの集積岩が，角閃石斑れい岩組成（図2.7.8中のS）をもつことを示している．一の目潟外来岩片（ゼノリス）のうち，角閃石斑れい岩や角閃岩の組成は，図2.7.8に示す通り，第四紀火山岩の組成変化トレ

2.7 地殻構造

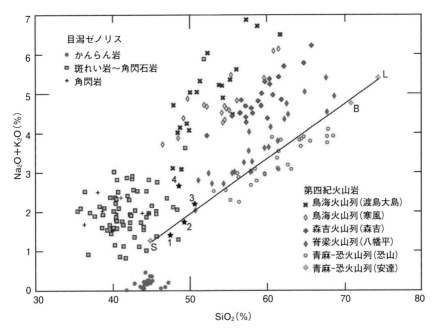

図 2.7.8 東北日本弧の第四紀火山岩類と一の目潟火山の下部地殻～マントルゼノリスについてのアルカリ-SiO$_2$ 図（Yoshida et al., 2014）

プロットしたデータは以下の通りである.
　一の目潟ゼノリス：Kuno, 1967；Aoki, 1971；Aoki and Shiba, 1973；Fukuyama, 1985；青木・吉田, 1986；Nishimoto et al., 2005, 2008.
　鳥海火山列-渡島大島火山：Yamamoto, 1984.
　鳥海火山列-寒風火山：林ほか, 1991.
　森吉火山列-森吉火山：中川, 1983.
　脊梁火山列-八幡平火山：吉田ほか, 1983.
　青麻-恐火山列-恐山火山：富樫, 1977.
　青麻-恐火山列-安達火山：Kanisawa and Yoshida, 1989.
　図中の S, B, L はそれぞれ安達火山の低カリウムカルクアルカリデイサイトについて計算された集積相（S），全岩組成（B），そして液相組成（L）である（Kanisawa and Yoshida, 1989）. 岩手火山, 船形火山, 三の目潟火山の最も未分化な玄武岩組成を，それぞれ，2（Kuritani et al., 2013），3（Kimura and Yoshida, 2006），4（Yoshinaga and Nakagawa, 1999）で示し, 組成 2 から推定された初生マグマ組成が 1（Kuritani et al., 2013）である.

ドの延長上にプロットされる. 吉田ほか（1997）は，これらの苦鉄質～超苦鉄質集積岩類が，東北日本弧の下部地殻を構成していることを示唆している. 一部の角閃岩ゼノリス（^{87}Sr/^{86}Sr；0.7030～0.7032）は，それらを運んできたホストマグマ（0.7030～0.7033）と非常に近い ^{87}Sr/^{86}Sr 比をもち（図 2.6.3；Zashu et al., 1980），その組成は角閃石斑れい岩ゼノリスの全岩化学組成にとても近い. したがって，これらの角閃岩は，後期新生代のカルクアルカリマグマに，もともと由来するものと思われる. 一の目潟火山の斑れい岩ゼノリスの多くは，その母岩の ^{87}Sr/^{86}Sr 比（0.7030～0.7033）よりも高い ^{87}Sr/^{86}Sr 比（0.7048～0.7035）をもつ（Zashu et al., 1980）. また，一の目潟火山のマントルに由来するかんらん岩は，広い範囲の ^{87}Sr/^{86}Sr 比（0.7030～0.7053）をもっている（Zashu et al., 1980）. これらの斑れい岩やかんらん岩の ^{87}Sr/^{86}Sr 比は，東北日本弧における背弧側から火山フロント域で活動した後期新生代の大陸縁から島弧玄武岩が示す同位体組成の変化幅に匹敵する値を示している（図 2.6.3）. 一部のかんらん岩が示す Sr 同位体比が，それを運んだマグマと同じ値を示す一方で，それよりも明らかに高い値を示すかんらん岩がゼノリスとして含まれることから，マグマの上昇途中のマントルリソスフェアの少なくとも一部は，マグマを発生したアセノスフェアに対して，Sr 同位体比が高いエンリッチマントルからなることがわかる.

■ 2.7.8 下部地殻を構成する岩石の不均質性

Nishimoto et al.(2008)は，dVp-dVs-Vp/Vs 変化図上で，0.8 GPa の圧力下での 500〜700℃の温度条件下での典型的な鉱物や岩石について実験的に得られた速度変化幅を示し，それと東北日本弧の下部地殻が示す dVp, dVs の変化幅と比較する（図 2.7.9）ことにより，下部地殻を構成する岩石や鉱物組成について検討している．その結果，以下のことが明らかとなった．①飛島海盆の下の地震波速度 Vp と Vs が速い領域は，角閃石を含む輝石斑れい岩からなる，②出羽丘陵や奥羽脊梁山脈の下を構成する岩石は，主に角閃石斑れい岩からなる，③活動的な火山が分布する地域の下の下部地殻に認められる低速度域は，部分溶融した角閃石斑れい岩からなると思われる，④北上山地の下の Vp が遅く，Vs が速い領域は，中間組成（花崗閃緑岩〜閃緑岩組成）の石英や斜長石を含んだ岩石から構成されている．

日本海の東縁から東北日本下の 25 km 深度での Vp と Vs の地震波トモグラフィ（Zhao et al., 2011）を図 2.7.10 に示す．これらの図上において，A から I で示された，9 つの速度域を識別することができる．図 2.7.9 には，これらの 25 km 深度で識別された 9 つの領域（Zhao et al., 2011；Yoshida et al., 2014）についての平均 dVp, dVs 値を A〜I で示し

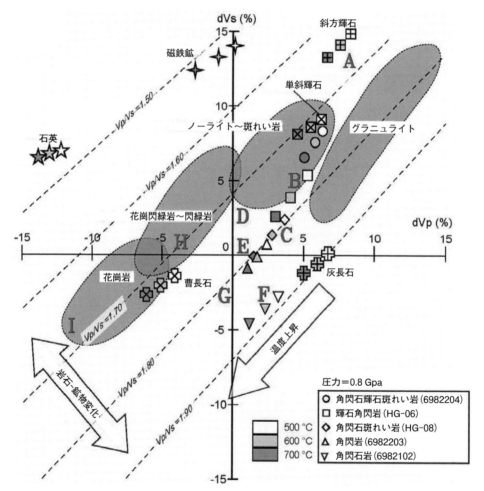

図 2.7.9 dVp-dVs 図上にプロットされた代表的な鉱物と一ノ目潟ゼノリスの地震波速度と東北日本弧下部地殻における 9 つの速度領域（A〜I）（Nishimoto et al., 2008；Yoshida et al., 2014）
　　領域 A：かんらん岩，領域 B：輝石斑れい岩，領域 C：輝石角閃石斑れい岩〜角閃岩，領域 D：ノーライト〜角閃岩，領域 E：角閃石輝石斑れい岩〜角閃岩，領域 F：角閃石斑れい岩〜角閃岩，領域 G：部分溶融した下部地殻岩，領域 H：花崗閃緑岩，領域 I：花崗岩.

2.7 地殻構造

ている．それぞれの領域について，推定される岩石種は以下の通りである．

（A）VpもVsも速く，Vp/Vs値が低い，かんらん岩の領域，（B）VpもVsも速いが，Vp/Vs値は中間的な，角閃石を包有した輝石斑れい岩の領域，（C）速いVpと中間的なVs，そして高いVp/Vs値で特徴づけられる角閃石斑れい岩〜角閃岩の領域，（D）中間的なVpと速いVs，そして低いVp/Vs値で特徴づけられる斑れい岩，ノーライト〜角閃岩の領域，（E）中間的なVp, Vsと，中間的なVp/Vs値で特徴づけられる輝石角閃石斑れい岩〜角閃岩の領域，（F）中間的なVpと遅いVs，そして高いVp/Vs値で特徴づけられる角閃石斑れい岩〜角閃石岩/角閃岩の領域，（G）中間的なVp, 遅いVsと，高いVp/Vs値で特徴づけられる下部地殻の部分溶融域，（H）遅いVp, 中間的なVsと，低いVp/Vs値で特徴づけられる花崗閃緑岩の領域，（I）遅いVp, Vsと，低いVp/Vs値で特徴づけられる花崗岩の領域．

東北日本弧の下部地殻を構成する岩石としては，角閃石斑れい岩と角閃岩が主であり（図2.7.10の領域C，領域E，そして領域F），これらが東北日本弧の軸部に沿って分布していると思われる．リフト化した背弧海盆域では，角閃石を含む輝石斑れい岩〜斑れい岩ノーライト，あるいは輝石を含む角閃岩（領域Bと領域D）が，主要な下部地殻岩であると思われる（Nishimoto *et al.*, 2008）．リフト化した大陸地殻域（Tamaki *et al.*, 1992：日本海東縁から棚倉構造線の西側にかけて分布するI領域）でのdVpやdVs値は，これらの大陸地殻に由来する地塊が，主に花崗岩質岩からなることを示唆している．これらのリフト化した大陸地殻下部の組成は，北上山地の下部地殻を構成する花崗閃緑岩〜トーナライト質岩（たとえば，領域H）とは異なっている（Nishimoto *et al.*, 2008）．この結果は，東北日本弧の先古第三紀の下部地殻を構成する深成岩類における，北東側の前弧トーナライトから，花崗閃緑岩領

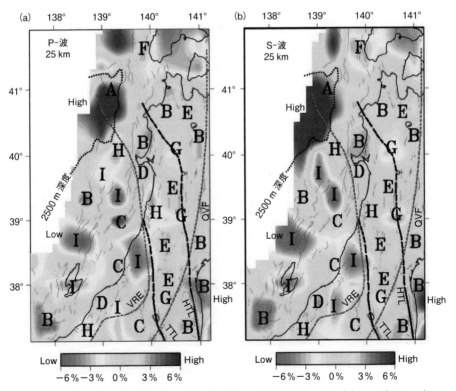

図2.7.10 東北日本弧の背弧側地域における深度25kmでのP波（a），S波（b）トモグラフィ（Zhao *et al.*, 2011；Yoshida *et al.*, 2014）
それぞれの速度偏差（％）スケールを図の下に示す．本文中で議論している下部地殻を構成する9つの速度領域（A〜I）を図中に示す．QVF：第四紀火山フロント，VRE：（第四紀）火山リアエッジ，TTL：棚倉構造線，HTL：畑川構造線．

域を経て，南西側の背弧側花崗岩へと広域変化していることを示している．東北日本弧の軸部に分布する輝石角閃石斑れい岩〜角閃石斑れい岩質の下部地殻や，リフト化した背弧海盆で下部地殻を構成する角閃石を含む輝石斑れい岩は，トーナライト〜花崗閃緑岩〜花崗岩からなる先古第三紀のリフト化した大陸縁基盤岩類を，新生代になってから置き換えたと考えられる（Yoshida et al., 2014）．

■ 2.7.9 東北日本弧のレオロジー構造

a. 東北日本弧の短縮強度プロファイル

武藤・大園（2012）は，2011年東北地方太平洋沖地震後の余効変動解析（特に粘性緩和）の定量的な評価を進めるために，東北日本弧での地質学的歪み速度である 10^{-8}/y（佐藤，1989）を用いて，東北日本弧の2次元東西レオロジー断面（図2.7.11）を計算している．この短縮強度プロファイル図中，グレースケールは強度を示す．また2006年1月1日〜2008年7月13日に断面の南北にそれぞれ20 km以内で発生した地震の震源分布（気象庁一元化震源）を黒点で表示している．この東西断面において，地下温度構造に依存して，東北日本弧前弧域は強度が高く，奥羽脊梁山脈域へと強度が減少していく．これは，北上山地が地質時代を通して安定した大陸地塊であること（地質学的歪み量も小さい），GNSSで計測される東西短縮歪み速度が奥羽脊梁山脈で局所的に高くなっていること（Miura et al., 2004）と調和的である．このことは，GNSSで観測されている歪みパターンの一部は，弾性変形のみでなく，島弧の非弾性変形をも反映している可能性が高いことを示唆している．一般に，内陸地震の震源分布は，東北日本弧全域において，奥羽脊梁山脈に沿って浅く，その東西へと深くなっているが，これも強度分布から予測される脆性-塑性遷移深度の変化と矛盾しない（武藤・大園，2012）．

b. 島弧の変形と温度構造

武藤・大園（2012）による東北日本弧のレオロジー構造から推定される，前弧側での脆性-塑性遷移深度は，観測される地震活動と矛盾する点がある．東北日本弧の前弧域では，モホ面近傍で脆性-塑性遷移すると予測されるが，既述の通り，マントルウェッジ先端部の宮城県沖で，活発な地震活動が起こっている．これについて，武藤・大園（2012）は，宮城県沖のプレート境界においては，異常に高い間隙水圧（$\lambda=0.98$ 程度）が推定されている（Seno, 2009）ことから，ここでは脆性-塑性境界が深い側に移動している可能性が高いと考えている．

嶋本（1989）は，東北日本弧の強度プロファイルにおいて，日本海東縁にプレート境界を仮定しているが，その後の研究では，日本海東縁には，明瞭なプレート境界は認められず，複数の断層群からなると考えられている（大竹ほか，2002）．佐藤（1989）による地質学的な短縮歪み量は，日本海東縁の背弧側で最も大きく，奥羽脊梁山脈，さらに前弧側の北上山地へと，次第に減少している．地殻の温度構造は，リソスフェアの強度に大きな影響をもつが，前弧側に比べ，火山フロントから背弧側の方が，地温勾配が高く（矢野ほか，1999；田中ほか，2004；Shibazaki et al., 2008），変形しやすい．しかしなが

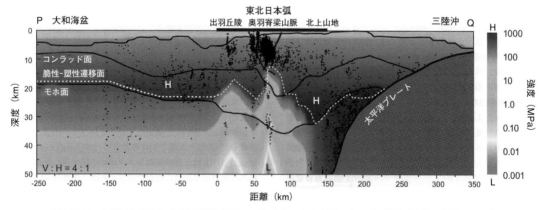

図 2.7.11 東北日本弧のP-Q東西断面（図2.1.2）に沿った2次元レオロジー構造（武藤・大園，2012）黒点は，断面をはさむ20 km範囲での2006年1月1日から2008年7月13日までに発生した地震を示す．

ら，火山フロントから背弧側においては，変形の著しい日本海東縁の方が，奥羽脊梁山脈に比較して低温かつ均質な温度構造をもつ（武藤・大園，2012）．Yoshida *et al.*（2014）は，火山フロントから背弧側での変形の程度が，日本海東縁で最も著しく，火山フロント側へと小さくなっていることに対して，東北日本弧で，これらの地域で強い圧縮を受けた5 Ma以降において，火山活動が時代とともに背弧側から火山フロント側へと前進した結果，5 Ma以降，長期間にわたって変形が進行した背弧側で累積歪みが大きく，最近，1 Ma以降になって火山活動が活発化した火山フロント側では，相対的に累積歪みが小さい可能性を指摘している．

■2.7.10 余効変動と地殻の弾性層厚，粘性率

a. 余効変動

プレート境界や地殻内部で発生した，マグニチュード7前後の中規模程度以上の地震後には，余効すべり，間隙弾性反発，粘性緩和などの余効変動が観測されることが多い．断層面がゆっくりずれ動く余効すべりによって，本震時に大きくすべった領域の周辺部で，本震によって加えられた応力がゆっくりと解放される．余効すべりの速度は本震時のすべり速度に比べ桁違いに遅いが，長期間継続するため，その総移動量は小さくない．震源断層の深部または浅部延長上，あるいは近傍にある断層面がゆっくりと非地震的にすべる余効すべりは，通常，数日〜数年の継続時間をもつ（Bürgmann *et al.*, 2002）．間隙弾性反発は，急激な断層運動によって間隙中の水圧が変化し，断層周辺の岩石中に分布していた間隙水が，強制的に移動させられて起こる変形であり，数日〜数か月の継続時間をもっている（Jonsson *et al.*, 2003）．粘性緩和は断層運動による応力攪乱によって下部地殻や上部マントルなどが粘性的に応答する現象である（Rundle, 1978；Matsu'ra *et al.*, 1981）．粘性緩和は，発生した地震の規模に応じて空間波長が大きくなるため，大地震の場合には，広域で変動が観測される．また，その継続時間も，粘性率に応じて数年〜数百年程度となるため，一般的に，余効すべりや間隙弾性反発に比較して長くなる（Sato and Matsu'ra, 1988；Fukahata and Matsu'ra, 2006）．これ

らのメカニズムは，時空間スケールで複合的に起こることが多く，一般にその識別は難しいが，詳細な地下構造やレオロジー特性を考慮したモデリングによって，それぞれの寄与を分離することが可能である（Fukahata *et al.*, 2004；Freed *et al.*, 2006；Suito and Freymueller, 2009；武藤・大園, 2012；Yamagiwa *et al.*, 2015）．

b. 粘性緩和余効変動による弾性層厚，粘性率の検討

東北日本弧で発生した内陸地震後の粘性緩和余効変動から粘性特性を調べる試みがなされている．Thatcher *et al.*（1980）は，1896年陸羽地震後80年にわたる水準変動の垂直成分が粘性緩和によると仮定し，アセノスフェアの粘性率を求め，弾性層厚を30 kmとして固定した場合，1次元粘弾性モデルで，弾性層下部の粘性率を10^{20}Pa・sと見積もった．その後，Suito and Hirahara（1999）は，Thatcher *et al.*（1980）と同様の測地学的データを用いて，沈み込むプレート構造および地殻構造を考慮した有限要素法から，層厚30 kmの弾性層下の粘性率を10^{19}Pa・sと見積もっているが，この場合，プレート形状を考慮した方が，余効変動の空間パターンをよく説明できることを示している．

Ozono *et al.*（2012）は，2008年に起きた岩手・宮城内陸地震（M 7.2）について，地震後800日間の余効変動をGNSSを用いて検討している．広域に及ぶ10 mm以上の水平変位と，震源域近傍での顕著な沈降が認められることから，この場合の余効変動は粘性緩和が支配的であると推定している．GNSSで観測された余効変動を説明する弾性層厚，粘性率をグリッドサーチにより求め，弾性層厚が16〜24 km，粘性率が2.7〜$4×10^{18}$Pa・sという値を報告している．Ozono *et al.*（2012）は，震源域周辺では弾性層が16 kmと最も薄くなる可能性を指摘しているが，東北日本弧陸域のモホ面深さは，約25〜35 km程度（Iwasaki *et al.*, 2001；Katsumata, 2010）であることから，この結果は，奥羽脊梁山脈直下を含む下部地殻の一部においても粘性緩和が起こっている可能性を示唆している．

c. 東北日本弧における粘性構造と弾性層厚の変動

武藤・大園（2012）は，東北日本弧の強度断面を作成し，これが間震期の東北日本弧の地殻変形活動

とおおよそ一致していることから，この断面を用いて，地震後の余効変動から推定される東北日本弧の粘性特性について議論している．地質学的な歪み速度での定常流動応力に，断層運動による応力攪乱を加えて，地殻内での地震によって引き起こされた応力変化量を求め，これから，粘性率を求めている．応力攪乱（$\Delta\sigma$）は地震による静的歪み量から得られるが，彼らは簡単のため $\Delta\sigma=0.1\sim10\,\mathrm{MPa}$ 程度を仮定している．奥羽脊梁山脈や日本海沿岸においては，上部マントルでの粘性率が，応力変化量によらず，東北地方で起こった内陸地震後の余効変動から推定される粘性率とほぼ同程度となることから，余効変動が上部マントルでの粘性緩和によって引き起こされていると結論している．一方，地温勾配の低い北上山地では，上部マントル中でも，GNSS で観測するような短期間には，粘性緩和しないような高い粘性をもつことを示している．また，奥羽脊梁山脈では，高い地温勾配のため，マントル最上部だけでなく，下部地殻でも低粘性領域が存在し，既述のとおり，たとえば，2008 年岩手・宮城内陸地震後の余効変動からも，少なくとも下部地殻の一部において低粘性領域が存在し，これが余効変動を担っていることが推定されている（Ohzono et al., 2012）．地殻内での地震時の応力変化量として $\Delta\sigma=10\,\mathrm{MPa}$ 程度を仮定すると，上部マントルに加え，ウェットな下部地殻（斜長石）は，余効変動から推定される粘性率を満足する．また，Nishimoto et al.（2008）によって推定されている下部地殻で 10% 程度部分溶融が起こっている場合も，余効変動からの見積もり値に近い粘性率となる．応力変化量が 0.1〜1 MPa のとき，部分溶融体での拡散クリープにより，モホ面付近において粘性率は $10^{18}\sim10^{20}\,\mathrm{Pa\cdot s}$ 程度まで減少する．岩手・宮城内陸地震の震源域は，複数の火山に囲まれており，その下部には顕著な低速度帯が広がっている（Okada et al., 2010）．したがって，奥羽脊梁山脈域では，上部マントルに加え，下部地殻に存在する部分溶融体も余効変動を担っている可能性が高い（武藤・大園，2012）．

d. 地殻の力学的不均質性の理解

通常の余効変動（特に粘性緩和）解析では，粘性層内において，その粘性率は深さによらず一定と仮定しており，リソスフェアやアセノスフェアのどの領域が粘性緩和に影響しているのかを明らかにする

ことは難しい．一方，岩石のレオロジー特性から推定される粘性率は，温度，圧力などによる明確な深さ依存性を示す．通常用いられる 1 層構造の粘性構造（弾性層とその下の粘性層）に比べ，深さに依存する実際の粘性構造を異なる粘性率をもつ 2 層や 3 層の粘性構造で模擬することで，余効変動をよりよく再現できる（Riva and Govers, 2009）．このことは，粘性緩和により生じる余効変動に，地下の粘性率，弾性層厚やプレート形状とともに，粘性率の深さ依存性が，大きな影響を及ぼすことを示唆している（武藤・大園，2012）．

東北日本弧においては，粘性率が深さ方向で変化するだけでなく，島弧横断方向においても著しく不均質である可能性が高い．たとえば，奥羽脊梁山脈直下では下部地殻においても高温のために，低粘性領域が広がっていることが予想される．一方，背弧域では上部マントルの 50 km 深度以深になると低粘性となりうるが，前弧域は低い地温勾配のため，同じ深度でも，より高い粘性を示す．したがって，粘弾性構造を考慮する際の弾性層とみなせる高粘性部の厚さは島弧横断方向に著しく不均質であることが推定される．また，東北日本弧においては，島弧に沿う方向にも不均質性があることが，地震波トモグラフィ（Nakajima et al., 2001a）や重力異常（Tamura et al., 2002）から知られている．このような島弧地殻内での不均質な粘性構造は局所的な粘性緩和を引き起こし，その結果，他の余効変動機構との区別が難しくなると思われる（Hu et al., 2004；Freed et al., 2006；武藤・大園，2012）．

余効変動には，余効すべりや間隙弾性反発といった断層周辺で起こるものから，粘弾性緩和といった広域で起こるものまで存在し，実際の余効変動はそれらの組合せとなって観測される（Freed et al., 2006；Suito and Freymueller, 2009）．沈み込み帯における地震発生サイクルを明らかにし，巨大地震の再来周期などを正しく評価するには，余効すべり分布を高精度で見積もる必要があるが，そのためには観測された余効変動について，粘性緩和を正しく評価し，余効変動量から差し引く必要がある．したがって，粘性率や弾性層厚，およびそれらの空間的な変化といったレオロジー特性は，モデリングに際して独立に決定されることが望ましい．実際の余効変動解析において，粘性緩和の寄与を過小評価すると，

2.8 島弧火山活動と地殻・マントル構造

■ 2.8.1 第四紀火山活動と地殻・マントル構造

a. 沈み込み帯でのマグマの発生

中央海嶺やホットスポットなどでは，高温マントルの上昇による減圧融解によって，マグマが生成される．一方，沈み込み帯は冷たいプレートが地球内部へ潜り込んでいく場所である．そのような冷たい環境にもかかわらず，沈み込み帯で活発な火山活動が起きる原因として，地震の発生と同様に，プレートの沈み込みとそこでの水の循環が重要視されている．プレートの沈み込み帯では，沈み込むスラブに引きずられてその直上のマントルが沈み込む．その沈み込み分を埋め合わせるように，反転流にのって深部から高温のマントルがマントルウェッジの中心部へと上昇してくる（Andrews and Sleep, 1974；Toksöz and Hsui, 1978；Hsui and Toksöz, 1981；Eberle et al., 2002）．さらに，プレートの沈み込みに伴う温度圧力の上昇によって，沈み込むスラブ中の含水鉱物が脱水反応を起こし，放出された水がマントルウェッジに加水される．生じた沈み込みスラブ直上の加水マントルは，さらに深部へと引きずり込まれて加熱されることにより，マントルウェッジに水を放出する．この放出された水が浮力によって上昇し，マントルウェッジの含水ソリダス条件下の高温部に移動すると，そこで部分溶融が起こる．このマントルウェッジでの反転流による，加水融解を伴う減圧融解が，島弧の火山活動と密接にかかわっていると推定されている（たとえば，Iwamori, 1998）．

この場合，どのような条件で，水が沈み込むスラブから放出されるかが重要となる．Tatsumi（1989）は，火山フロントの位置がほぼ一定のスラブ深度（約110 km）に対応することから，圧力に対して不連続な脱水反応である角閃石の分解が島弧火山活動

で重要であると指摘している．Iwamori（1998）は，含水鉱物の相関係と数値計算により，深さ150 km付近での蛇紋石の脱水により放出された水が，浸透流によってマントルウェッジを上昇し，深さ80 km付近で水平に広がる部分溶融層を形成するというモデルを提唱している．他にも，応力場によるマントルウェッジ内での割れ目形成（Furukawa, 1993），かんらん岩中の流体の濡れ角効果（Mibe et al., 1999），スラブマントルの脱水作用（Ulmer and Trommsdorff, 1995）など，多くの島弧マグマ形成と水循環に関するモデルが提案されている．

b. 火山活動における沈み込むスラブとマントルウェッジの役割

第四紀の火山フロント側火山の溶岩に対して，背弧側の第四紀火山の溶岩の同位体組成は，その火山の基盤の地質区によらず，いずれも，中央海嶺玄武岩（MORBs）あるいは背弧海盆玄武岩の組成に似た，枯渇したマグマ起源マントルに由来していることを示唆している．背弧側の第四紀火山の溶岩が，あまり地殻からの混染作用の影響を受けているようにみえない理由としては，これらの溶岩がマントルで生じた，初生玄武岩マグマ自体が，当初から，Sr, Nd, Pbといった元素に富んでいた（Kimura and Yoshida, 2006）ことに加えて，背弧域での，厚くて，温度が低く，脆性的な地殻（図2.7.8：Shibazaki et al., 2008）中に，比較的安定なマグマ供給系が発達していることによると思われる．背弧側の第四紀火山の溶岩が，重希土類元素を除いて，液相濃集元素に富んでいるのは，背弧側マントルの，ザクロ石が安定な深度領域において，低い部分溶融度条件下で，これらのマグマが発生した（Kimura and Yoshida, 2006；Kimura et al., 2010）ことを示唆している．このことは，マントルウェッジ中央部に発達する低速度域が，背弧側では，火山フロント側に比

較して，より深い深度に認められることと調和的である（図2.6.3）．背弧側の溶岩に共通に認められる組成の特徴や，第四紀火山岩組成の島弧を横切る方向での広域変化は，島弧-海溝系の深部に発達するマントルウェッジや沈み込みスラブの構造と密接に関連している．このことは，このような火山弧が，沈み込むスラブとその上盤側のマントルウェッジという沈み込み帯の基本構造に基づいて形成されていることをよく示している．このような島弧-海溝系では，約80〜90 kmの深度で沈み込むスラブの上面において脱水作用が起こり，一方，この沈み込むスラブにほぼ平行に発達する反転流に沿って，マントルウェッジ中心部の30〜150 km深度において，高温の部分溶融域が生じている（図2.8.1；Kimura and Yoshida, 2006；Kimura et al., 2009）．この構造から，背弧側マグマよりも火山フロント側マグマの発生に対して，沈み込むスラブに由来する流体の寄与がより強いことが予想される．さらに最近の斑晶鉱物中のガラス包有物に含まれる含水量の分析結果などから，火山フロント側火山の玄武岩が高い含水量を示すことがあり，マグマ中の含水量は，必ずしも，島弧を横切る方向で背弧側へと増加するといった単調な広域変化を示しているわけではないことが明らかになってきている（Walker et al., 2003；Portnyagin et al., 2007；Kimura et al., 2010；Kuritani et al., 2013）．

c. マントルウェッジにおける低速度〜部分溶融域の分布

井田（1986）の説の核心であるマントルウェッジにおける高温の湧き出しが，熱とマグマを放出し，それが島弧火山帯を形成しているとする考えは，マントル内構造に関する観測結果と調和的である．しかし，そのような湧き出しの発生する原因を明らかにする必要があり，背弧側火山の深部におけるマントルウェッジ下底での蛇紋石などの脱水反応で生じた水や，沈み込むスラブ自体の部分溶融で生じたメルトの浮力による上昇が候補としてあげられる．また，観測される低速度域のなかには，その上部に活火山が認められない地域に分布するものもあり，それらについては，さらに検討を要する．佐藤（1995）も指摘したように，東北日本弧下マントルウェッジにおける低速度〜部分溶融域の分布には，かなり地域性があり，一体の低速度層をなしているわけではない．東北日本弧下の最上部マントルには，大きくみると2列の深さの異なる顕著な低速度域が存在する（図2.6.3）．1つは火山フロント下のモホ面直下に認められる低速度域で，火山フロントに沿って膨縮しながら発達している．もう1つの列が背弧側の100 km深度前後で，やはり火山フロントにほぼ平行に，膨縮しながら延びている（Zhao

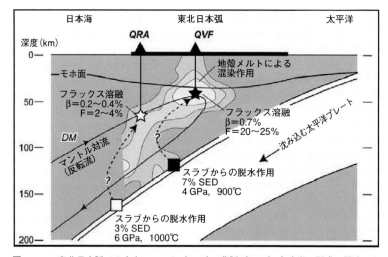

図2.8.1　東北日本弧での火山フロント（QVF）〜背弧（QRA）玄武岩の形成に関連したスラブ脱水，流体の移動経路，マグマの部分溶融域をP波トモグラフィ（Nakajima et al., 2005）に重ねて模式的に示した図（Kimura and Yoshida, 2006）
　SED：堆積物，DM：枯渇したマントル，β，F：流体のフラックスと部分溶融度．黒線は陸域を示し，破線はスラブから部分溶融域への流体の流路を示す．

et al., 1992a). これらを断面図でみると, スラブに平行に, 深部から浅部へと連続して延びているようにもみえるが, 詳しくみると, 両者の間にはくびれ（低速度部の厚さが薄い部分）があり, ここでは階段状を呈し, 火山フロント下と背弧側に位置する低速度域は, 低速度～部分溶融域の核部を異にしていることがわかる（佐藤, 1995）. マントルウェッジ内での低速度～高温域の分布が, 一般の温度構造モデルや一部の岩石学的モデルで要請されているような, スラブに平行に背弧側へと連続するといった単純なものではないことが, Zhao et al.（1994）や佐藤（1995）によってもよく示されている. なお, Nakahigashi et al.（2015）は, これらの火山列下に発達する低速度域が, さらに背弧側のマントル深部へと250 km 深度まで続いていることを示している.

d. 沈み込み帯での安山岩質マグマの活動とその成因

沈み込み帯で活動する代表的なマグマは安山岩であるが, それらは通常, 玄武岩や流紋岩を伴っている（Gill, 1981）. 特に, 厚い地殻が発達した成熟した島弧では, カルクアルカリ安山岩が典型的なマグマタイプである（Kuno, 1968）. 沈み込み帯のマントルウェッジで発生した玄武岩質マグマは, マントル中を上昇するが, 特に水平圧縮応力場では, 密度バリアーである厚い地殻の下に発達するモホ面に付加して, そこで滞留する. モホ面で滞留して分化したマグマは, 浮力を得て, 上昇し, 地殻中の浮力中立点深度にいたり, そこでマグマ溜りを形成する（Ryan, 1987；Takada, 1989）.

東北日本弧の安山岩質マグマの成因としては, 以下のような多くのモデルが提唱されている. ①玄武岩質マグマからの結晶分化作用（安達太良火山の低カリウムソレアイト：Fujinawa, 1988）, ②苦鉄質マグマと珪長質マグマのマグマ混合/マグマ混交（低カリウム系列安山岩：Toya et al., 2005；中間カリウム系列安山岩：Ban and Yamamoto, 2002；Hirotani and Ban, 2006；高カリウム系列安山岩：井上・伴, 1996）, ③同化作用を伴う分別結晶作用（AFC 作用：DePaolo, 1985）, ④地殻物質による混染作用（Kobayashi and Nakamura, 2001；Hirotani et al., 2009）, ⑤下部地殻を構成する含水苦鉄質岩の再溶融作用（Takahashi, 1986；Kimura et al., 2001, 2002）, そして, ⑥マントルウェッジ, あるいはスラブの溶融作用（高マグネシア安山岩やアダカイト：Hanyu et al., 2006；Yamamoto and Hoang, 2009；Hoang et al., 2009）.

安山岩質マグマの多くが苦鉄質端成分と珪長質端成分マグマの混合を示唆しているが, この混合マグマの珪長質端成分の成因としては, 以下のようなモデルが考えられている. ①苦鉄質端成分マグマからの結晶分化作用（Kanisawa and Yoshida, 1989；Miyagi et al., 2012）, ②上部～中部地殻における, 一部あるいは部分的に結晶化した, 先行した苦鉄質マグマからのメルトの抽出, あるいは再溶融作用（Hildreth and Wilson, 2007；Hirotani et al., 2009；Miyagi et al., 2012）, ③固化して角閃石斑れい岩あるいは角閃岩になった含水苦鉄質端成分の部分再溶融（Feeley et al., 1998；Hansen et al., 2002；Toya et al., 2005）, ④地殻を形成する基盤岩類の部分再溶融（Shuto et al., 2006, 周藤ほか, 2008）.

これらのカルクアルカリ安山岩を形成する地殻内プロセスのいずれも, 厚い地殻を有した成熟した島弧において, 効果的にはたらく. 島弧を特徴づける安山岩の成因を理解するうえで, 上部マントルから地殻を通って噴火にいたるマグマ供給系の構造を詳細にわたって理解することは, 非常に重要である（吉田ほか, 1997；高橋, 1997；高橋ほか, 1997）. さらに, 東北日本弧において, 安山岩を主とする火山活動が, 沈み込み帯の発達史の特定の時期に多く認められるという事実は, そこでの構造発達史を理解し, それに伴う地殻～最上部マントル構造の発達過程を明らかにするといった総合的な研究が重要であることを, 強く示唆している. 島弧を特徴づけるとされる安山岩質マグマの成因を理解するうえで, 東北日本弧における熱的発展ならびに構造発達史を含む後期新生代の火成活動史を理解し, 島弧進化のそれぞれの段階での火成活動と地殻～最上部マントル構造との関連を明らかにすることが重要である（Yoshida et al., 2014）.

e. 下部地殻でのマグマプロセス

木曽御嶽火山噴出物は, 共通の起源物質に由来するピジョン輝石質岩系岩とシソ輝石質岩系岩からなる. これらに含まれるクリスタルクロットからみた初期晶出相は前者ではカンラン石＋単斜輝石, 後者ではカンラン石＋単斜輝石＋斜長石であり, このことは, 前者が約 7 kb 以深のモホ面近傍で晶出し,

後者は7kb以浅の脆性-塑性境界面近傍で晶出したことを示唆している（木村・吉田，1993）．すなわち，ピジョン輝石質岩系岩はより深部において，より高温でカンラン石と輝石を主に晶出分別し，一方，シソ輝石質岩系岩は，より浅い位置において，より低温下で，斜長石，シソ輝石，磁鉄鉱の効果が大きな晶出分別作用を行ったと推定される（吉田ほか，1987；木村・吉田，1993；井上ほか，1994）．このことは，モホ面近傍における玄武岩からのカンラン石＋輝石を主とする晶出分別作用によって生じた苦鉄質安山岩マグマの付加で下部地殻が厚くなるとともに，沈積残留したかんらん岩の付加によりマントル最上部の島弧下マントルリソスフェアも厚化したことを示唆している．一般に，地殻下部構成岩と推定されている苦鉄質捕獲岩においては，角閃石，鉄鉱，単斜輝石と斜方輝石の共存などが認められる．磁鉄鉱は通常安山岩質マグマにならないと顕著な分別相にはならないし，角閃石も単独のリキダス相として沈み込み帯マグマ，特に玄武岩質マグマに出現することはまれである．したがって，苦鉄質捕獲岩として産する角閃石斑れい岩～同質変成岩の起源はおそらく，下部～中部地殻内での苦鉄質安山岩ないし安山岩から，安山岩ないしデイサイトが分別することに関連して生じたものと推定される．厚さ15kmに及ぶ含水苦鉄質下部地殻の存在はその上に分布する珪長質上部地殻ないし，大量のカルクアルカリ珪長質火山岩の長期に及ぶ活動に対応するものと思われる（佐藤・吉田，1993）．

f. 地殻内に発達するマグマ供給系の構造

吉田ほか（1993）は，四国北西部の石鎚カルデラの研究から，マグマは地殻中を，応力場の時空変化に従って，垂直に発達した岩脈～平行岩脈群と，水平に発達した岩床状～逆鍋底状割れ目とを交互に利用しながら上昇していくと考え，火山体下に認められるS波反射面（Mizoue et al., 1982；堀・長谷川，1991；堀ほか，1999，2004）は，この岩床状～逆鍋底状割れ目に対応したものではないかと推定している（図2.8.2：Anderson, 1936）．木村・吉田（1993）は，後期更新世・木曽御嶽火山噴出物について地質学的ならびに岩石学的検討を行い，これと公表されている地殻～上部マントル構造に関する地震学的

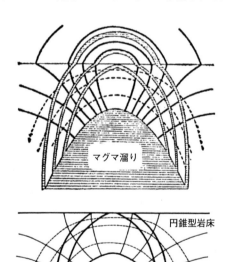

図2.8.2 カルデラ形成に関連した割れ目系の構造（Anderson, 1936）

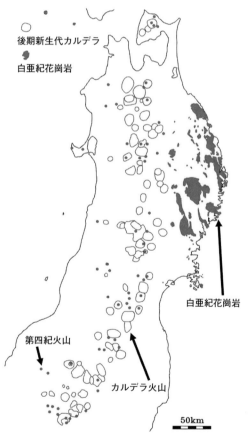

図2.8.3 陥没カルデラの分布と白亜紀花崗岩類の分布（吉田ほか，1999a）
丸い細線はカルデラ縁を示し，小丸は第四紀火山を示す．

データに基づいて，マグマ供給系の構造を検討している．彼らによると，御嶽火山の初生マグマは，起源マントルダイアピルから分離上昇後，モホ面近傍でカンラン石，カンラン石＋輝石を，脆性-塑性遷移（〜コンラッド）面近傍でカンラン石＋輝石＋斜長石を分別して苦鉄質安山岩〜安山岩になり，さらに，上部地殻下部のマグマ溜りでデイサイトに分化し，また，一部のマグマは火山体直下にカルデラ形成に関与したマグマ溜りを形成したと推定している．マグマの分化程度は，これら4つの深度でのトラップの有無に依存し，トラップ数が多いほど分化が進行する．

高橋（1994a, b）は，島弧の複成火山を，火道安定型および不安定型と，火口配列が広域応力場の最大圧縮主応力軸方向と平行なP型，およびそれと直交あるいは大きく斜交するO型とに分類している．さらに，日本列島の多数の火山について，地質学的（火口配列，火道の安定性，時間的変化），岩石学的（噴出物の岩石学的情報），地球物理学的データ（噴火に伴う火山性地震の震源分布や発震機構，噴火前後の地殻変動解析，S波反射面，地震波速度構造）に基づいて，地殻内浅部マグマ供給システムの構造，特に空間的形態について，詳しく議論している（高橋，1997）．高橋（1997）は，多くの火山において，下部地殻内に滞留していた苦鉄質端成分マグマが上昇し，地殻浅所で珪長質マグマ溜りと合体して，新たなマグマ溜りを形成し，このマグマ溜りから混合によって生じた安山岩質マグマが噴火していることを示している．また，地下浅所において，マグマは開口割れ目系を通して地表へ輸送さ

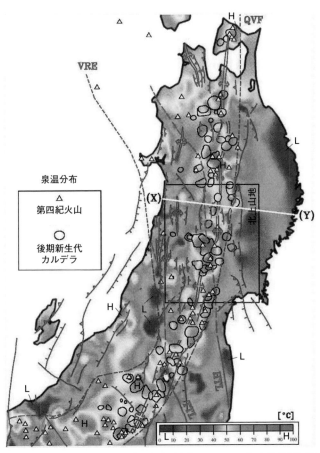

図2.8.4 東北日本弧における泉温分布（矢野ほか，1999）と後期新生代のカルデラ，第四紀火山の分布（吉田ほか，1999a）（口絵2）
図の右下に泉温のスケールを示す．カルデラの分布域と泉温の高温域（H）がよく対応している．白三角は第四紀火山を示す．QVF：第四紀火山フロント，VRE：（第四紀）火山リアエッジ，TTL：棚倉構造線，HTL：畑川構造線．

れるので，浅部マグマ供給システムの空間的形態を支配する要因は，地殻応力場であり，主応力軸の配置や水平差応力の大きさなどが重要であると論じている．また，高橋ほか (1997) は，日本列島の第四紀火山に出現するカルクアルカリ安山岩は，玄武岩質マグマと流紋岩質マグマの混合物であり，このうちの玄武岩質マグマが上部マントルに由来するのに対して，低温側の端成分であるデイサイトや流紋岩質マグマは，玄武岩質マグマによって直接または間接に周囲の地殻が部分溶融して生じたもので，カルクアルカリ安山岩が活動している火山体の下にはカルクアルカリ系列の貫入岩体と玄武岩質貫入岩体とが上下にセットになった複合マグマ溜りが分布していると考えている．

■ 2.8.2　大規模陥没カルデラと珪長質マグマ溜り

a. 広域隆起と大規模陥没カルデラの形成

東北日本弧，島弧火山活動期の 8～1 Ma に，中間～弱圧縮応力下での脊梁地域の広域隆起・陸化に伴って，多数の大規模な陥没カルデラが生じている（図 2.8.3：伊藤ほか，1989；山元，1992；佐藤・吉田，1993；Sato, 1994；吉田ほか，1999a；Yoshida, 2001）．カルデラの形成は，後期中新世と鮮新世の 2 回の活動ピークがあり，その間の 5 Ma に活動休止期がある．活動の規模は後期中新世の方が大きい．これらの 2 回に及ぶカルデラ火山活動期には，珪長質火山活動が脊梁山脈の構造的軸部に集中して起こり，中性から弱い圧縮応力場のもとで，脊梁山脈およびそこから派生する隆起域での大規模な曲隆運動を伴いながら，主にピストン・シリンダー型の，80 をこえるカルデラが生じている (Sato, 1994)．カルデラ活動は 10 Ma 前後の海底火山活動期にすでに海底の一部で始まっているが，脊梁域の隆起が大量のカルデラ形成と同期していることから，後期中新世に起こった東北脊梁域の広域隆起は，大量の珪長質マグマの地殻上部への移動によるものと思われる（吉田ほか，1999a）．当時，これらの隆起部の地殻浅所には，カルデラの直径に匹敵する多数の大規模な珪長質ラコリス状マグマ溜り～深成岩体群が形成されたと推定される（Yamada, 1988；相澤・吉田，2000）．そのような大規模な珪長質マグマ溜りの存在は，地殻内部の温度構造に影響すると思われる．実際に，鬼首地域では，カルデラの下部に高温の深成岩体の存在が推定されている (Yamada, 1988)．また，Yamamoto (2003) は東北日本弧後期新生代のカルデラ火山活動が西南日本における白亜紀花崗岩類の活動に匹敵するものであることを両者の年代学的データの比較から論じている．

b. カルデラ分布と地殻内の温度構造や地震活動

東北日本弧における現在の温度構造や地震活動に最も関係しているのは，後期新生代に大量に活動したカルデラの形成にかかわった伏在する深成岩体群の分布である（吉田ほか，1999a；Yoshida, 2001）．泉温（温泉水温度）の高温域の分布（矢野ほか，1999）は後期新生代カルデラ群の分布域とよく対応しており（図 2.8.4），カルデラ下にカルデラを形成したマグマ溜りから固結したばかりの高温の深成岩体が分布していることを強く示唆している (Yoshida, 2001)．火山性島弧における地殻内部の温度構造は，島弧火成活動の変遷と密接に関係しており，そのような地殻内部での不均質性は，さまざまな地震学的観測手段により，直接観測することが可能であ

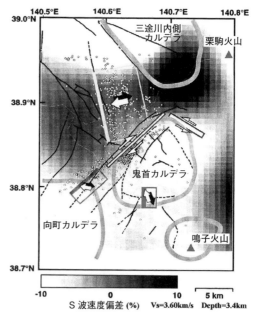

図 2.8.5　鬼首地域の地質構造と地震分布（海野ほか，1998）

深度 3.4 km における S 波速度トモグラフィにカルデラならびに断層分布を重ねている．速度偏差スケールを図の下に示す．カルデラ域と低速度域がよく対応し，逆断層が高速度域に，横ずれ断層がカルデラ壁に生じている．

る．奥羽脊梁山脈の中軸部にあたる鬼首地域では，地殻内地震波低速度域の分布や震源分布，そして地殻内地震のメカニズム解がピストン・シリンダー型の鬼首カルデラの構造と密接に関連している（図2.8.5：海野ほか，1998；小野寺ほか，1998；Nakajima and Hasegawa, 2003b；吉田ほか，2005；Takada and Furuya, 2010）．さらに鬼首地域での地殻全域にわたる地震波トモグラフィによるP波およびS波速度構造の研究から，鬼首地域では深部の部分溶融域と，それに続く浅部の流体飽和域から構成されるマグマ-流体供給系が存在することが推定されてい

る（Nakajima and Hasegawa, 2003b）．

c. 前弧域，カルデラ分布域の地殻構造とマグマ供給系

（1） 前弧域の地殻構造断面

東北日本弧の前弧域にあたる仙台西方地域についての高解像度でのトモグラフィ像を図2.8.6に示す（右上図中の長方形の範囲）（Nakajima et al., 2006a）．Nakajima et al.（2006a）は，この地域における地殻構造を，Vp, Vsとポアソン比に基づいて検討している．図2.8.7は，地殻断面図（図2.8.6）中の番号をつけた断面1から10についての，Vp, Vsの範

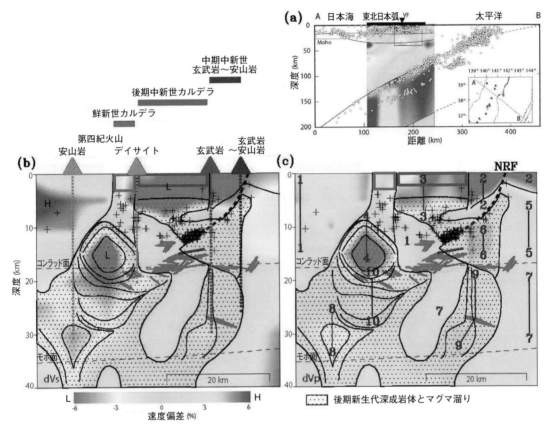

図2.8.6 東北日本弧前弧域のS波トモグラフィ（a）（Nakajima et al., 2001a）とマグマ供給系の構造（b, c）（吉田, 2009；Yoshida et al., 2014）（口絵3）

　（a）の白丸と黒線はそれぞれ，微小地震と地震波速度不連続面を示す．上部の逆三角形と黒線は陸域と火山フロント（VF）を示す．右下の地図中の灰色三角は第四紀火山である．断面に四角で示した範囲が，（b）と（c）の範囲を示す．
　S波とP波のトモグラフィ（Nakajima et al., 2006a）と重ねて示す．速度異常のスケール（%）を（b）の下に示す．これらの断面の位置は図2.8.9のE-Wに沿った範囲である．NRFは，長町利府構造線を示す．十字は，吉本ほか（2000）とUmino et al.（2002）による微小地震の発生位置である．灰色の線はS波反射体の位置（Umino et al. 2002；堀ほか，2004）を示す．太い破線は推定される長町利府構造線の深部延長部である．それ以外の破線は地震波速度の不連続面を示す．1から10まで番号をふった10本の線は，図2.8.7に対応している．（b）と（c）にある長方形は，それぞれ後期中新世（東側）と鮮新世（西側）のカルデラ構造を示す．三角形はそれぞれ中期中新世玄武岩〜安山岩，後期中新世玄武岩，そして第四紀デイサイト〜安山岩質火山を示す．それぞれの火山の下の点線は，マグマ供給系を示す．黒い線で囲ったハッチ部は，Vp値とVs値から推定される後期新生代の貫入岩体とマグマ溜りを示す．

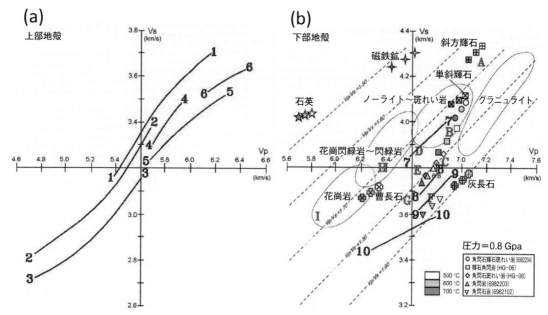

図 2.8.7 図 2.7.9 と同じ方法で図 2.8.6 の上部地殻（a）ならびに下部地殻（b）を構成する岩石を推定するために Vp 値と Vs 値をプロットした図（Yoshida et al., 2014）

個々の火成岩体は，Vp 値や Vs 値の変化で示されているように組成累帯構造を示していると推定される．それぞれの番号（1～10）が示す速度領域について推定された岩石名などは以下の通りである．1：先新生代花崗岩類，2：新生代堆積物，3：後期中新世のカルデラ充填火砕岩類～浅所珪長質深成岩体，4：鮮新世マグマ溜りの珪長質部，5：先新生代基盤岩類，6：中部地殻内苦鉄質深成岩類，7：閃緑岩～輝石斑れい岩/角閃岩，8：輝石角閃石斑れい岩～部分溶融域，9：中新世角閃石斑れい岩，10：鮮新世マグマ溜りの苦鉄質部/角閃石斑れい岩．

囲を示した図である．地質学的データ（Sato et al., 2002）と，Vp ならびに Vs 値に基づく Nishimoto et al.（2008）の推定法により，それぞれの断面について推定された岩石種は，次の通りである．1：先古第三紀花崗岩質岩，2：新生代堆積物，3：後期中新世カルデラ充填火砕岩～流体に富んだ浅所珪長質深成岩体（Sato et al., 2002），4：鮮新世マグマ溜りの珪長質部，5：先古第三紀基盤岩類，6：中部地殻を構成する苦鉄質深成岩類，7：閃緑岩～角閃石輝石斑れい岩/輝石角閃岩，8：角閃石斑れい岩～部分溶融下部地殻岩，9：中新世角閃石斑れい岩，10：鮮新世マグマ溜りの苦鉄質部/角閃石斑れい岩．

（2）地殻の密度構造とリフト東縁帯の深部構造

図 2.8.8 は，図 2.1.17 の断面線 X-Y に沿った島弧を横切る方向での密度構造モデルを示す．重力構造から，北上河谷の東縁部に位置する北部本州リフト系の東縁断層（図 2.8.9 中の「北部本州リフト東縁帯」）下には比較的密度の高い物質が分布すると推定される（図 2.8.8）．この高密度帯は，中新世の角閃石斑れい岩（図 2.8.6 の断面 9）に対応し，

おそらく，リフト東縁帯に貫入した苦鉄質岩脈群に由来すると思われる．

（3）2 列の歪み集中帯（奥羽脊梁山脈と北部本州リフト系のリフト東縁帯）と地殻構造

南北に平行に延びた奥羽脊梁山脈と，北部本州リフト系のリフト東縁帯（図 2.8.9）は，地震活動が活発な 2 列の歪み集中帯である（Miura et al., 2004）．奥羽脊梁山脈直下には，高減衰かつ低比抵抗で地震波速度が遅い領域が認められている（Tsumura et al., 2000；Ogawa et al., 2001；Nakajima et al., 2001b）．Hasegawa et al.（2005）は，地震学的なデータに基づいて，奥羽脊梁山脈下の中部～下部地殻に発達する低速度域は，部分溶融域であり，マントル深部での脱水作用により分離してきた地殻流体が上昇してきている領域が，地震活動が活発な領域と密接に関連していることを示している．そして，Okada et al.（2010）は，奥羽脊梁山脈の深部構造を地震学的に調べ，奥羽脊梁山脈直下のマントルウェッジから中部地殻にかけて連続的に地震波速度の低速度域が分布していることを広域の地震波トモグラフィによっ

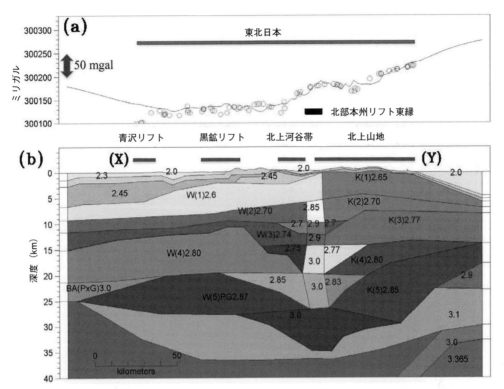

図 2.8.8 東北日本弧を横切る方向（X-Y断面：図2.1.17）での重力異常（a）と密度構造モデル（b）（Yoshida et al., 2014）

図 (a) 中の丸は観測されたブーゲ重力異常値を示し、細実線は密度モデルから計算された重力値を示す．(b) の密度モデルを与えるにあたっては、地震波速度構造（図2.1.2）を参照した．北上山地と北上河谷帯にかけて認められる高い重力異常を説明するためには、北部本州リフトの東縁部（北上山地の西縁部）に、おそらくリフト形成に伴って深部から貫入してきた苦鉄質火成岩のような高密度の下部地殻岩を想定する必要がある．

て，明らかにしている（図2.8.9）．奥羽脊梁山脈には，下部地殻，中部地殻，そして上部地殻の3つの異なる深度において，低速度域が認められる（図2.8.10）．これらは，それぞれ，下部地殻の部分溶融域，中部地殻に位置するマグマ溜り，そして，ときに中心部に浅部深成岩体を伴うカルデラ充填火砕岩類に相当している．

（4）東北日本弧，火山分布域での地温勾配とマグマ供給系の構造

図2.8.9は，24 km深度における，2列の低速度帯の分布域を示している．上記の通り，東側の低速度帯は，中期中新世に北部本州リフト系のリフト東縁帯に形成されたマグマ供給系の分布域であると解釈され，これはその当時の火山フロントの位置を示していると理解できる（RBL：図2.8.9中のリフト境界線）．奥羽脊梁山脈に位置する西側の低速度帯は，そこから多数のカルデラを形成した珪長質マグマや，成層火山を形成した安山岩質マグマが供給さ

れた，現在のマグマ供給系の分布域に対応している．仙台周辺の高分解能のトモグラフィ像（図2.8.6）は，後期中新世と鮮新世のカルデラの下，深度3～7 kmと，深度10～15 kmに，P波とS波速度が低い領域があることを示している（Nakajima et al., 2006a）．そして，それらは，現在も周囲より温度が高く，流体に飽和した頂部を有する固化した深成岩体であると解釈されている（Yoshida, 2001；Sato et al., 2002；Nakajima et al., 2006a）．後期中新世と鮮新世のカルデラに由来する軽石の化学組成は，それぞれ異なる平衡深度を示していることが，灰長石-石英-曹長石＋カリ長石-H_2O 系の相関関係（Luth et al., 1964）から推定される．軽石の全岩化学組成から推定された深度は，地震波トモグラフィ像から推定される低 V_p，低 V_s 域の深度範囲とよく対応しており（図2.8.6），仙台西方に分布する鮮新世カルデラは，後期中新世カルデラのマグマ溜り深度（3～7 km）よりも，より深いマグマ溜り深

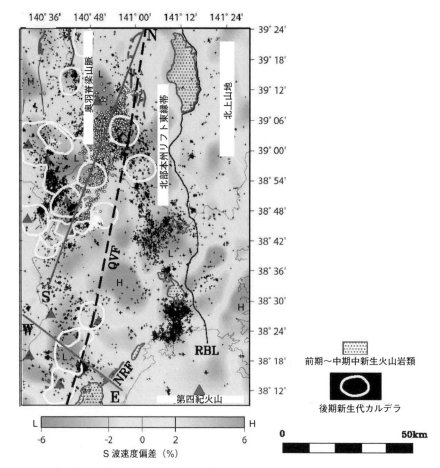

図2.8.9 奥羽脊梁山脈から北上山地西縁地域(図2.8.4中の長方形領域)に認められる2列の歪み集中帯と下部地殻(24 km 深度)での地震波低速度帯(Okada et al., 2010;Yoshida et al., 2014)
　図の下に24 km深度でのS波の速度偏差(%)スケールを示す.黒十字は地殻内地震の震央を示す.白い星印と白い小円は,それぞれ2008年の岩手宮城内陸地震の震央と余震の分布を示す.灰色の三角は第四紀火山,灰色の曲線は活断層を示す.白十字は低周波微小地震の震央を示す.白楕円はカルデラ,RBLは北上山地の西縁,すなわち北部本州リフト系のリフト東縁帯(東縁断層)を示し,ハッチで示された領域は中新世に活動した火山岩類の分布域である.これらの第三紀火山岩類の分布域は下部地殻に認められるS波の低速度帯の分布とよく対応しており,両者が密接な関連をもっていることを示唆している.

度(10〜15 km)をもっていると推定されている(吉田,2009).

d. カルデラ火山下の伏在深成岩体とS波反射体の分布

東北日本弧の広い範囲において,一部は活断層に関連する(堀ほか,2004)ものの,多数のS波反射体が,カルデラ縁やカルデラ周辺部に分布している(図2.8.6,図2.8.11:Umino et al., 2002;堀ほか,2004;吉田ほか,2005).これらのS波反射体は,熱水流体で満たされた割れ目系に対応し,そのような熱水の多くは,カルデラ直下に位置する,冷却中の含水ソリダス条件下に近いマグマ溜りから派

生したと考えられる(図2.8.11).地表から5 km深度までに分布する浅い反射体の多くは,カルデラ火山体の内部にみられ,カルデラの壁に平行に,ほぼ垂直に発達している.5 kmから10 km深度に分布するS波反射体は,やはりカルデラ火山直下のカルデラ縁やその周辺に認められ,その傾斜は比較的低角である.深度10 kmから20 kmにおいては,カルデラ火山直下には,S波反射体がみられなくなり,かわりにカルデラ火山の北側から東側で認められるようになる.20 kmより深い深度では,S波反射体は,ふたたびカルデラ火山直下で認められるようになるが,その数は少ない.S波反射体の深さ分

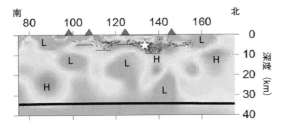

図 2.8.10 奥羽脊梁山脈に沿った南北断面（N-S 断面：図 2.8.9）での S 波トモグラフィ（Okada et al., 2010）

S 波速度偏差（％）のスケールは，図 2.8.9 と同じ．三角は第四紀火山，白星印は 2008 年の岩手宮城内陸地震の本震の震央を示す．黒点は地震を，太実線はモホ面（Zhao et al., 1990）を，細実線は S 波反射体の位置（堀ほか，2004）を示す．奥羽脊梁山脈下の地殻内には，下部地殻，中部地殻，上部地殻の 3 つの深度に顕著な低速度体が認められる．下部地殻の低速度体は第四紀火山にマグマを供給した部分溶融域に，中部地殻にはカルデラ構造に対応した地殻内マグマ溜りに，そして地殻浅部に認められる低速度域は，第三紀堆積物やカルデラ充填火砕物などの低密度層の分布に対応していると推定される．

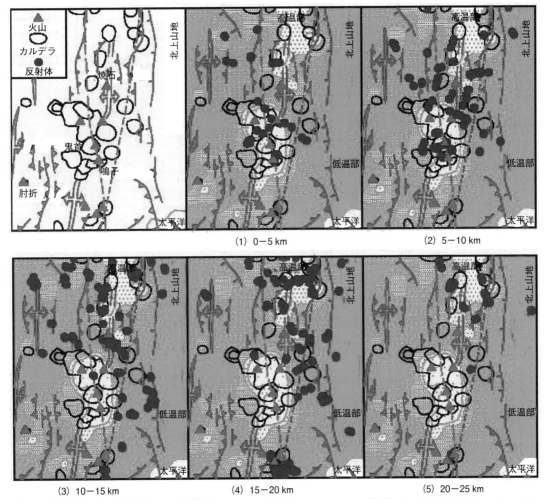

図 2.8.11 奥羽脊梁山脈，鬼首カルデラ周辺における S 波反射体の深度ごとの分布（堀ほか，2004）と泉温分布，地質構造との関係（矢野ほか，1999；吉田ほか，2005；Yoshida et al., 2014）

カルデラ構造の下位やその周辺に分布する S 波反射体は，熱水で充填された割れ目系の存在を示唆している．深さとともに変化する反射点の分布様式は，カルデラの下位にその東側に逆断層性の割れ目系を多数伴った深成岩体が伏在していることを示唆している．

布をみると，6〜11 km 深度と，約 16 km 深度に，2つのピークが認められる（堀ほか，2004）．図2.8.6は，多くのS波反射体が，中部地殻の玄武岩質マグマの含水ソリダス深度近傍（図2.7.6）に形成されたマグマ溜りの，苦鉄質部分から溜りの東側にかけて発達していることを，明瞭に示している．東北日本弧の広い範囲における，S波反射体の深さによる分布パターンの変化は，冷却途上にあるマグマ溜りの周辺に形成された非対称性円錐割れ目や環状割れ目（Anderson，1936）として説明することが可能である．カルデラ下の伏在深成岩体の周辺における低角の非対称性円錐割れ目の形成は，水平圧縮応力場の下で，マグマ溜りのマグマ圧が上昇することによって生じ，環状割れ目は，カルデラ噴火に伴うマグマ溜りでのマグマ圧の低下によって生じる（Anderson，1951；吉田ほか，1993）．伏在する深成岩体の周辺に生じた円錐割れ目や環状割れ目は，その後，マグマ溜りから放出される熱水の通路となり，S波反射体として観測されることとなる．

奥羽脊梁山脈に隣接する地形の配置をみると，東西方向の非対称性が際立つようにみえる．すなわち，脊梁の東側には丘陵地の存在が目を引き，西側での盆地が著しい沈降傾向を示すこととは大きく異なる．たとえば山形盆地は厚さ 400 m に達する未固結堆積物があるのに対して，東側の宮城県や岩手県の一部には海抜 400〜500 m 程度まで第四紀の陸成や湖成，浅海成の堆積物がみられる．奥羽脊梁山脈の隆起は 800 万年前から生じたとされるが，その速度や隆起量は決して一様ではなく，対称的でもなさそうである．カルデラ群と地震活動様式の分布にみられる対応から，これらの冷却途上にある深成岩体群から放出される流体が活発な地殻内地震活動に大きく寄与していることが推定される．

e. マグマ混合と過剰なマグマ起源揮発性成分の脱ガス作用

Miyagi et al.（2012）は，北海道の火山フロント側火山で活動している中間カリウム系列のマグマが，低カリウム系列玄武岩と中間カリウム系列流紋岩のマグマ混合で形成されたものであり，この流紋岩そのものは，先行して貫入し，ほとんど固化していた低カリウム系列玄武岩の部分溶融により形成されたものであると論じている．溶岩が示す組成変化は，低カリウム系列玄武岩の結晶分別作用と，それに続く再溶融，あるいは再流動で説明される．それに加えて，玄武岩や流紋岩が示す，枯渇した Sr，Nd，Pb 同位体組成は，これらの 2 つの岩系が，いずれも共通の親マグマに由来し，地殻物質の混染作用の影響はほとんど受けていないことを示している．この場合，マグマ混合の珪長質端成分は，先行して活動した玄武岩質マグマが 90 % 以上結晶分別した結果，あるいは，ほとんど固化した玄武岩質マグマからの残液の再流動，あるいは，固化した玄武岩の再溶融作用で形成された，と推定される．そして，玄武岩質マグマのマグマ溜りは，流紋岩質マグマの直下近傍の，10〜15 km，あるいはそれ以上の深度に位置していたと思われる．また，Miyagi et al.（2012）は，第四紀火山の下に供給された玄武岩質マグマの総体積は，噴出した流紋岩質マグマの量の約 10 倍はあったと推定している．約 5 wt% の水を含んだ玄武岩が固結すると，その上位に位置する珪長質マグマが溶かし込める揮発性成分量をこえる多量の揮発性成分（過剰マグマ起源揮発性成分）が放出される．Miyagi et al.（2012）は，過剰なマグマ起源揮発性成分は，噴火に先行する脱ガス作用によって失われると述べている．

■2.8.3　東北日本弧における火山岩組成の広域変化

a.　火山岩組成の広域変化

図 2.2.2 は，第四紀の火山岩について，K_2O % を，$SiO_2 = 60$ % での値に規格化したときの値を，地図上に示したものである（吉田ほか，1999b）．この図からわかる通り，第四紀の火山岩組成は，島弧の断面方向でも，また島弧に沿った方向でも広域変化を示している．$SiO_2 = 60$ % での値に規格化した K_2O %（K_{60}）は，一般に火山フロントから背弧側へと増加している．また，同じ火山フロントで比較した場合は，棚倉構造線の南西側の西南本州地質区の方が，北東側の東北本州地質区での値よりも高い傾向が認められる．棚倉構造線の北東側に広がる東北本州地質区においては，第四紀の火山岩において，島弧を横切る方向での明瞭な組成の広域変化で特徴づけられる典型的な島弧火山活動が認められる．それに対して，棚倉構造線の南西側の西南本州地質区では，第四紀の火山岩組成における島弧を横切る方

向での広域変化パターンは単調ではなく，また，第四紀火山の分布域そのものも狭くて，火山フロントの近傍に限定されている（図2.2.2）．第四紀火山の分布は，マントルウェッジ内の低 Vs 域の分布と密接に関連しており（図2.2.5），この低 Vs 域は部分溶融域であると考えられている（Hasegawa and Nakajima, 2004）．マントルウェッジ内に発達する背弧側へと傾斜した低 Vs 域が，火山フロントに沿った幹部と，そこから背弧側へと延びる枝部に分かれており，それぞれが，その上に発達する第四紀火山の分布と対応している事実（図2.2.5：Kondo *et al.*, 1998, 2004；Tamura *et al.*, 2002；Prima *et al.*, 2006）は，第四紀火山のマグマ供給系が，上部マントルから地殻へと直接つながっている（Hasegawa and Nakajima, 2004；Hasegawa *et al.*, 2005；Acocella *et al.*, 2008）ことを強く示唆している．棚倉構造線の北東側，東北本州地質区における第四紀火山は，カリウムのレベルによって，島弧に平行な4つの火山列に区分することができる（中川ほか，1986；A：青麻-恐火山列，S：脊梁火山列，M：森吉火山列，C：鳥海火山列）．火山岩のカリウムレベルは，火山フロント側で最も低く，背弧側で最も高い（図2.2.2）．しかしながら，最も未分化な脊梁火山列の低カリウムソレアイト質玄武岩マグマが，脊梁火山列のマグマ混合で生じたカルクアルカリ安山岩マグマより高い含水量をもつ（Kuritani *et al.*, 2013）ことから，マグマ混合で生じた安山岩質マグマの苦鉄質端成分マグマは，何らかの過程で安山岩質マグマを生じる前に脱ガスした可能性が高い（Miyagi *et al.*, 2012）．

b. 構造的にコントロールされた斑晶組合せの広域変化

東北日本弧の第四紀カルクアルカリ安山岩は，斑晶鉱物組合せにおける明瞭な，島弧を横切る広域変化（図2.2.4）を示している．マグマの揮発性成分含有量や，マグマの結晶化温度は，マグマのアルカリ度に関係しているが，火山フロント側のカルクアルカリ安山岩で推定されている低い含水量（図2.2.4：Sakuyama, 1977, 1979）は，火山フロント側火山で活動しているマグマ混合で形成されたカルクアルカリ質マグマの苦鉄質端成分が何らかの作用で混合マグマである安山岩質マグマを形成する前に脱ガスした結果であると推定される．

火山フロント側火山の周囲に多く発達するカルデラ火山のカルデラ縁，あるいはその東側地下深部には，上記の通り，多数の S 波反射体が発達している．これらの S 波反射体は，地下深部に位置する苦鉄質貫入岩体からの過剰なマグマ起源揮発性成分が，地下深所に生じた低角割れ目を充塡して生じた構造である可能性が高い．強い水平圧縮応力条件下で，地下深所の苦鉄質マグマ溜りから脱ガスしてきた過剰なマグマ起源揮発性成分は，直上へ上昇し，あるいは海溝側のスラスト状割れ目に沿って移動して，その結果，地震学的に活動的な歪み集中帯が形成された可能性が考えられる（Okada *et al.*, 2010）．このようなプロセス，あるいはその他の脱ガスプロセスは，非線形粘性流を伴った強い短縮変形により，背弧側に比較して，火山フロント側あるいは前弧域でより効果的に進行すると思われる（図2.8.12：Shibazaki *et al.*, 2008）．これが火山岩の斑晶組合せに認められる広域変化の形成に寄与した可能性が高い（Yoshida *et al.*, 2014）．

c. マグマ組成の広域変化とその成因

（1） 火山岩組成の広域変化

東北日本弧では数多くの火山岩の主成分，微量成分元素ならびに同位体の分析がこれまでになされ，それらの時空分布が論じられている．Aramaki and Ui（1982, 1983）は日本列島全域の各火山における K_{60} を計算し，その広域的な分布を示した．Yoshida and Aoki（1984）は，東北日本弧第四紀火山岩の微量元素を含む各成分について，回帰曲線により SiO_2 規格化値を求め，地図上にその分布を示した．Sakuyama and Nesbitt（1986）は，各火山について SiO_2＝55 wt％に規格化した微量元素組成を求め，それから算出した初生マグマ組成の広域変化とその成因を論じている．また，中川ほか（1988）は玄武岩質岩の微量元素組成を用いて初生マグマの組成とその部分溶融度，ならびに起源マントル組成の推定を行い，東北日本弧における火山岩組成の水平変化は部分溶融度のみでなく，起源マントル組成の不均質性をも反映していると論じた．彼らは海溝に近いほど K と Rb よりも Sr に，背弧側ほど Sr に対して K と Rb に富んだマグマが活動していることを示し，これはマグマ発生にあたって，マントル中で分解した相が火山フロント側ではパーガス閃石，背弧側ではフロゴパイトであったためであると考えた．

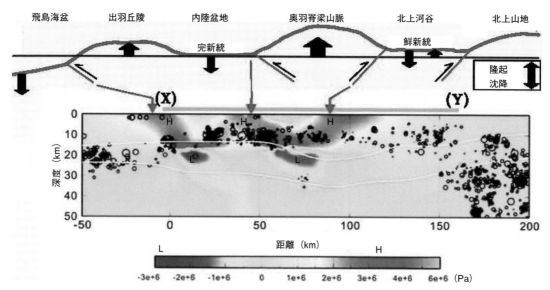

図2.8.12 東北日本弧のX-Y断面（図2.1.17）における地形，主要断層系，最近の地殻変動（今泉，1999）と有限要素法を用いたシミュレーションでの，3000年間の集積応力分布（Shibazaki *et al.*, 2008）との関係（Yoshida *et al.*, 2014）

上図が示す最近の構造運動は，中新世にリフト境界に発達した正断層系が，後期鮮新世以降，太平洋プレートの西方への沈み込みに伴う強い西北西-東南東性（東西性）の圧縮場の下で，逆断層として再活動した結果である（中村，1992；Sato，1994；Sato *et al.*，2002；Kato *et al.*，2004）．黒い矢印は，地質学的あるいは地形学的データから推定された，それぞれの構造ユニットでの隆起や沈降運動を示している（第四紀学会，1987；今泉，1999；田力・池田，2005）．

下図に高応力集積域と低応力集積域を示している．3000年間の集積応力量（Pa）のスケールを下に示す．東北日本弧の地下では，地殻と上部マントルに不均一な熱構造が存在するために，上部地殻でのV字型の応力集中（剪断破壊）帯が主要断層帯に沿って生じる．このV字型の応力集中帯は，下部地殻と上部マントル内の高粘性域に取り囲まれた奥羽脊梁山脈と出羽丘陵の下にある低粘性域（高温域）での非線形粘性流動を伴う短縮変動によって発生する．図中の，太い灰色の線は陸域を示し，2本の白線は，それぞれ，上部地殻と下部地殻との境界，ならびにモホ不連続面を示す．灰色の矢印は，地表における3つの主要活断層帯の位置を示す．期間（2003/1/1～2005/12/31）に発生した地震の震央を，黒丸で断面に示す（Shibazaki *et al.*, 2008）．

Ujike（1988）も同様の議論を展開している．

一方，吉田ほか（1988）は，東北日本弧第四紀火山岩組成の広域変化がそれまで考えられていた以上に複雑であることを示し，①広域的変化を示す元素には単調に背弧側に増加するもののほかに，脊梁火山列で極値をもち，その両側へ減少あるいは増加する元素があること，②脊梁火山列においてはしばしば火山列に沿った濃度変化が認められ，蔵王～安達太良近傍ないし以南において高くなる元素が多くみられること，③玄武岩類が示す広域変化とそれに伴うカルクアルカリ安山岩が示す変化との間には高い相関が認められること，④火山のなかには，一の目潟火山のように，いくつかの元素において一般的傾向から大きく外れる値をもつものが存在すること，などを指摘している．

（2）広域変化の多様性

吉田ほか（1987）は，脊梁火山列のソレアイト系列玄武岩にみられる液相濃集元素組成の多様性を論じ，特に東北日本弧南部に位置する火山では脊梁火山列に属するにもかかわらず，Sr規格化値に対して，K，Rbが高い傾向があり，Sr，K，Rbがつくる規格化パターンが鳥海火山列のものとほとんど相似であることを示した．また，酒寄（酒寄ほか，1987；酒寄，1991）は蔵王火山からカルクアルカリ玄武岩を報告し，その規格化パターンがやはり鳥海火山列の玄武岩質岩のそれと類似していることを明らかにしている．すなわち，火山フロント側と背弧側においてはRb/Sr比に差があり，一般に，火山フロント側でこの比が小さく，背弧側では大きい．ただし，火山フロント側でも，背弧側同様にこの比が大きいマグマが，小さいマグマと共存していることがある．その後，吉田・青木（1988）は，これら火山フロント側の高Rb/Sr岩と背弧側の高Rb/Sr岩とがプロセス判定図で異なるトレンド上にのり，両者が起源物質を異にする可能性を示し，これが起源マントルでの鉱物組合せの違いによるという考えを示

した．このように，MORB規格化パターンなどで示されるマグマ組成の多様性は，火山フロントないし海溝からの距離や，そこでの深発地震面の深さなどと単純に対応しているわけではない．液相濃集元素組成にみられる多様性は，マグマ発生深度の変化に対応した脱水反応の種類の違いによってのみもたらされたものとは考えにくく，火山弧に沿った方向でのマグマ起源マントルや下部地殻組成の不均質をも含む別のモデルを必要としている．

（3）　島弧横断方向での火山岩組成の広域変化

第四紀の島弧火山岩を特徴づける島弧横断方向でのマグマ組成の広域変化は，約13.5 Ma以降の島弧火山活動期になって出現した火山岩の特徴である．総アルカリ量（Kuno, 1966），K_2O（図2.2.2），そして液相濃集元素の含有量は，火山フロント側から背弧側へと増加する傾向が認められる（Kawano et al., 1961；Aoki et al., 1981；Yoshida and Aoki, 1984；Sakuyama and Nesbitt, 1986；中川ほか，1988；吉田ほか，1997；Kimura and Yoshida, 2006など）．そして，SrやPb同位体組成は，火山フロント側で最も放射性成分に富み，Nd同位体は逆の傾向を示す（図2.7.4：Shibata and Nakamura, 1991；Kimura and Yoshida, 2006；Takahashi et al., 2012）．このような特徴は，他の島弧でも共通に認められる特徴である（たとえば，Dickinson and Hatherton, 1967；Kimura and Stern, 2009）．東北日本弧では，スラブの沈み込み角度が比較的低角であるため，火山分布域の幅が，他の島弧に比較して広い．そして，島弧を横切る方向での組成変化が，他の沈み込み帯に比較して，より顕著である（Kimura and Stern, 2009）．東北日本弧における島弧横断方向での火山岩組成の広域変化については，島弧火山岩類の成因を明らかにする際の重要な制約条件を与えるものとして重要視され，Tomita（1935）によって指摘されて以来，多くの研究がなされており，その成因については，マントルからのメルトの分離深度の違い（Kuno, 1959；Tatsumi et al., 1983），マグマ起源マントルにおける部分溶融度の違い（Miyashiro, 1974；Onuma et al., 1983），沈み込みスラブからマントルウェッジに付加される流体組成の違い（Shibata and Nakamura, 1991），そして，異なるマグマ起源マントルの寄与（Nohda et al., 1988, 1992；Togashi et al., 1992；Ujike and Tsuchiya, 1993）といったモデルが提唱されてい

る．そして，マグマの分離深度が背弧側へと深くなる理由として，栅山・久城（1981）は，背弧側の方がマグマが上昇しやすい応力場にあったためか，あるいは火山フロント側の方が大量のダイアピルの上昇によって高温になっているためではないかと考え，Tatsumi et al.（1983）は，背弧側へとマントル内温度が低下しているために，温度低下に伴う粘性増加によって，より深部でダイアピルの上昇が止まり，そこでマグマの分離が起こると考えた．停止したマントルダイアピルからのマグマの分離はマグマが浸透流で移動する段階からハイドロフラクチャリングによるクラックを通じて上昇し始めた時点で開始する（Yamashita and Tatsumi, 1994）．

Kimura and Yoshida（2006）とKimura et al.（2009）は，東北日本弧を横切る方向での沈み込みスラブ由来の流体によってマントルウェッジが部分溶融する際の，さまざまなパラメータについて検討し，東北日本弧では，火山フロント側浅所と，背弧側深所の異なる深さで，異なる組成の流体が，沈み込むスラブからの脱水作用で上昇し，これが共通の枯渇したマントルを混染することにより，火山フロント側と背弧側で組成の異なるマグマ起源マントルが形成されるというモデルを提唱している．また，彼らは，その結果，火山フロント側浅所では，背弧側深所に比較して，沈み込みスラブ由来の流体量が多く，また，より高い部分溶融度の下でマグマが生じて，島弧を横切る方向でのマグマ組成の広域変化が生じることを示している．また，火山フロント側と背弧側では，マグマ分離深度に違いがあり，前者では約1GPaであるのに対して，後者では2GPaをこえている（図2.8.1）．木村と共著者たちは，スラブ温度，スラブ脱水深度，マントルウェッジへ付加される流体量，マグマの部分溶融度，溶融圧力，そして溶融温度などの示強・示量変数を用いた地球化学的マスバランス計算パッケージ（Arc Basalt Simulator）による検討から得られた結果は，地震学的な観測から推定される構造と，きわめて調和的であると結論している（Kimura and Yoshida, 2006；Kimura et al., 2009, 2010）．

（4）　島弧に沿った方向での火山岩組成の広域変化

東北日本弧の第四紀の火山岩における島弧に沿った方向での組成変動は，火山フロント側で顕著であ

り，Sr と Nd 同位体組成が，火山フロントに沿って北側から南側へと著しく変化していることが知られている（図 2.7.3：Notsu, 1983；Kersting *et al.*, 1996；Kimura and Yoshida, 2006；Takahashi *et al.*, 2012）．この火山フロント上での変化は，基盤の地質区と密接に関連し（Kersting *et al.*, 1996），特に基盤を構成する花崗岩質岩の同位体組成とよく対応している（Kimura and Yoshida, 2006）．このことから，東北日本弧の第四紀の火山岩に認められる島弧に沿った同位体組成の変動については，①マントルリソスフェアにおけるマグマ起源マントルの組成変化を反映している（Kersting *et al.*, 1996），②基盤の花崗岩質岩との混染作用（Kimura and Yoshida, 2006），③下部地殻を構成する角閃岩の部分溶融液の混染作用（Takahashi *et al.*, 2012），などの原因が考えられている．さらに，Tatsumi *et al.* (2008) や Takahashi *et al.* (2012) は，火山フロントの第四紀火山岩が示す島弧に沿った方向での同位体組成の変動は，同一火山に相伴って産する，カルクアルカリ系列（CA：Miyashiro, 1974）のマグマよりも，ソレアイト系列（TH：Miyashiro, 1974）の玄武岩質安山岩～安山岩質マグマで顕著に認められることを見いだし，このことから，TH 系列岩は下部地殻由来の角閃岩に由来していると論じている．しかしながら，Kimura and Yoshida (2006) は，火山フロントの第四紀火山に産する最も未分化なソレアイト質玄武岩は，上部マントル起源のメルトであり，それが後に下部地殻の角閃岩が部分溶融して生じたメルトと混染することにより同位体組成の島弧に沿った方向での変動が生じた可能性を示している．

■ 2.8.4　マグマ起源マントルの不均質性

a.　東北日本弧下，マグマ起源マントルの構成鉱物について

Kushiro (1987) は，目潟火山下の地殻最下部における地温を 850℃，火山フロント下では 950～1000℃ と見積もっている．一方，地殻の厚さは目潟の下では約 25 km，火山フロント下では約 35 km と見積もられている（Zhao *et al.*, 1990；Katsumata, 2010）．これらの深さはマントル内で斜長石が平衡に存在しうる深度限界に近い．これまでの目潟火山の超苦鉄質包有物の研究によれば，少なくとも一部

のかんらん岩中には斜長石の存在が確認されており，これが（角閃石含有）斜長石レールゾライトとしてモホ面直下を構成し，その下（30～70 km）に（角閃石含有）スピネルレールゾライト，70 km 以深にザクロ石レールゾライトが分布すると推定されている（たとえば，青木，1978；Kushiro, 1987）．Tatsumi *et al.* (1983) によれば，背弧側に分布する高アルミナ玄武岩のマントルからの分離深度は 1.7 GPa, 1320℃ と推定されており，これは約 60 km の深さに相当する．したがって，背弧側目潟火山下において，マグマ分離深度でのマントルは基本的には（角閃石含有）スピネルかんらん岩であると考えてよい．一方，火山フロント側では 1.1 GPa, 1320℃ でソレアイトがマントルから分離すると推定されている（Tatsumi *et al.*, 1983）が，この圧力はほぼ無水条件下のかんらん岩における斜長石の安定限界に相当する（たとえば，Green and Ringwood, 1967）．かんらん岩中に，より浅い深度で生じた玄武岩質の脈やポケットが残留している場合には，そこではより深い深度まで斜長石も安定に残留しうる．その深度は玄武岩がアルカリ質であるとさらに深くなる（Green and Ringwood, 1967）．そのような状況は，たとえば，浅い位置で形成された斑れい岩岩脈を有する斜長石含有かんらん岩が，地殻の成長に伴う厚化によって，より深部に移動した場合などに期待される．Kushiro (1987) が示しているように，島弧の発達に伴って地殻の厚化が進行すると，最上部マントルを構成していた斜長石を含んだかんらん岩は，スピネルかんらん岩ないし角閃石スピネルかんらん岩化するが，その場合，斜長石に富んだ部分では，ある程度の深度まで斜長石が残留し，特に低い部分溶融度の段階では残留相として部分溶融液の組成変化に寄与する可能性が考えられる．

b.　マントルの同位体組成の不均質性
（1）　マントルの地球化学的端成分

標準的な惑星形成モデルに従えば，初期地球での分化過程で親石元素はマントルに濃集するため，マントル内の親石元素の相対濃度は全地球組成と同じある種のコンドライト隕石組成を示すと予想される．この Chondritic uniform earth reservoir（CHUR：DePaolo and Wasserburg, 1976）が全地球組成（BE）あるいは全シリケート地球（BSE）である．そのような組成をもつ，溶融によるメルトの枯渇を経験し

ていない未分化マントルを始源マントル（PM：primitive mantle）と呼ぶが，これは実在が確認されているわけではなく，他の地球化学的端成分の成因を議論する上での参照点となる．PM組成に対して，溶融によりメルトを失って液相濃集元素が乏しい場合，これを枯渇している(deplete)といい，富んでいる場合はエンリッチしている（enrich）という．

　多くの同位体地球化学的証拠はマントルがグローバルにも，局部的にも，組成不均質性をもつことを示している．マントルに由来する海洋島玄武岩（OIB）が示す5つのSr-Nd-Pb系同位体組成の変動を説明するためには，少なくとも4つの端成分（DMM：枯渇したMORB起源マントル，HIMU：高U/Pbマントル，EMIとEMII：エンリッチマントルIとII）が必要であり，また，個々の海洋島玄武岩の岩石グループが描く混合線が収斂するFOZO（Focus ZoneあるいはC：共通端成分）が知られている（Hart *et al.*, 1986, 1992；Zindler and Hart, 1986；Allègre *et al.*, 1987；Hanan and Graham, 1996；Stracke *et al.*, 2005；Workman and Hart, 2005）．

　Iwamori and Nakamura（2015）は，従来の多数想定されている地球化学端成分は互いに独立ではなく，マントルが示す不均質性は2つの独立成分（溶融によるメルト成分の移動と，脱水・加水反応による水溶液成分の移動）が作用して生じた一連の産物であり，このうち水溶液成分の寄与の違いが日付変更線を挟んだ東西半球で認められることを示している．岩森（2016）は，そのような不均質性は9〜3億年前に存在した超大陸下へのプレート沈み込みによるマントルへの水の供給の結果であり，その影響が核にも及んでいる可能性を示唆している．このような，マントル中の地球化学端成分の成因としては，基本的には，中央海嶺での玄武岩（MORB）の噴出によって，メルトに枯渇したマントル（DMM）から生じた海洋地殻（IOC：basaltic igneous oceanic crust. IOCはUBAS（upper basalt, 変質するとAOC：altered oceanic crustとなる），LBAS（lower basalt），DIKE（dike），UGAB（upper gabbro），LGAB（lower gabbro）からなる）が，陸源堆積物（SED：Plank and Langmuir, 1998）を伴って，加水し，変質しながら沈み込み帯まで運ばれて，そこで脱水作用（スラブ由来流体の放出）や部分溶融作用（スラブ由来メルトの放出）を経て組成変化し，残留スラブ（re-sidual IOC, subduction residues, anticontinent materials：Porter and White, 2009）となる．これがマントル内へと沈み込み，多様な同位体の時間発展と混合過程を経ながらリサイクルして生じたと考えられている（Stracke, 2012）．

（2）　地球化学的端成分の成因

　中央海嶺での部分溶融と沈み込み過程での元素の挙動と質量バランスが，DMM，HIMU，EMI，EMII端成分形成の重要な鍵となり，そこでは，マントルの熱史がこれらの地球化学的端成分の形成年代やリサイクル年代と密接に関係してくる．Kimura *et al.*（2016）は，マントルでの地球化学サイクルへの沈み込み帯の寄与を評価するため，最新のジオダイナミックモデルを組み込んだ岩石学的・地球化学的質量バランスについてのモデル計算（ABS_OCR1モデル）を行い，沈み込み過程での元素の再分配を定量的に検討している．それによれば，3.5〜1.7 Gaでは，マントルポテンシャル温度（Tp）は1650〜1400℃に達し，その後，現在の1350〜1300℃まで低下した．Tpが高い時期の高温沈み込み帯（Kimura *et al.*, 2014）では，スラブが溶融して，始生代のTTG（tonalite-trondhjemite-granodiorite）組成に近い高マグネシウム安山岩やアダカイトを生じて，これらが大陸地殻（CC：continental crust, Taylor and Mc-Lennan, 1995；Rudnick and Gao, 2003）を形成する．大陸下マントルウェッジ最上部で，スラブ成分（slab component）が付加し，島弧マグマを放出して残留したかんらん岩（RMP：residual wedge mantle peridotite）は，大陸下リソスフェリックマントル（SCLM：subcontinental lithospheric mantle）となった（O'Reilly *et al.*, 2009）．また，高温沈み込み帯で大陸地殻成分を失ったanticontinentである残留スラブのうち，スラブ由来流体やメルトの交代作用を受けたMwP（mantle wedge-base peridotite）はEMIに，SEDはEMIIに，そしてIOCはHIMU端成分となった．FOZO/Cは，EMI，EMII，HIMU端成分がときに冥王代に形成された枯渇マントル成分（EDR：early depleted reservoir：Boyet and Carlson, 2006）などとも混合して生じたと推定している．

　EMIの同位体組成は下部地殻物質（LCC：lower continental crust：Rudnick and Gao, 2003）に類似し，交代作用を受けた大陸下のマントル物質（SCLM）を代表するとされ，その成因として，エクロジャイ

ト化した大陸下部地殻のマントルへの落下，マグマの underplating，SCLM の構造侵食や深部マントルへの落下などが考えられているが，Kimura *et al.*（2016）は，高温沈み込み帯で生じた residual MwP が EMI 形成に寄与し，これと IOC の混合物が 2.0〜1.0 Gyr 進化することにより，大部分の EMI-type OIB の組成を説明でき，HIMU と EMI が描く Low-Nd isotope array（Hart *et al.*, 1986）の存在は，相伴って沈み込む residual MwP と IOC にそれぞれが由来する EMI と HIMU が，マントルで密接に伴っていることと関連しているとし，高温沈み込み帯で SED メルトが付加した residual MwP が EMI の起源としては，最も都合が良く，EMI 端成分に LCC が寄与した可能性は大きくないと結論している．そして，SCLM の同位体的特徴は，2 Ga 頃に生じた RMP と DMM やそれがさらに枯渇した D-DMM（depleted-DMM：Workman and Hart, 2005）の混合により説明でき，この年代は Cratonic mantle xenoliths が示す 2.5〜1.7 Ga という年代（Pearson *et al.*, 2007）や大陸地殻の形成ピーク年代（2.5〜1.7 Ga）ともほぼ一致するとしている．RMP と DMM や D-DMM の混合は，SCLM の基底部での対流する DMM〜D-DMM 質アセノスフェアとの混合（Coltorti *et al.*, 2010）や，SCLM の対流するアセノスフェアへの落下（デラミネーション：Hoemle *et al.*, 2011）などによって起こると考えられる．

OIB におけるエンリッチ端成分のうち，EMI が最も普遍的で，それに次いで HIMU が多く，HIMU と EMII の混合物はほとんど認められない．EMII は，大陸の上部地殻（UCC：upper continental crust）あるいは陸源海洋堆積物（SED）と同位体組成が類似しており，これら，あるいは SCLM が大陸の衝突や構造侵食を通してマントルに混入して形成されたと考えられている（Cohen and O'Nions, 1982；Hart *et al.*, 1992；Clift and Vannucchi, 2004）．Kimura *et al.*（2016）は，残留海洋地殻（IOC）に 5〜3 wt％ の残留 SED を加えて，2.5〜1.0 Gyr 進化させると OIB が示す EMII 端成分の組成範囲をほぼ説明できるとし，IOC：SED が 95：5 の EMII 起源物質以外では，SED の密度が低く，SED 成分が海洋地殻（IOC）から分離して失われた可能性（Behn *et al.*, 2011）を示唆している．

FOZO/C は，ときに EDR を含む MwP，SED，IOC 等のかなり均一な混合物と考えられているが，その組成は決して均一でも始源的でもない（Stracke *et al.*, 2005）．また，Jackson *et al.*（2007）は，南半球にみられる FOZO-A と北半球にみられる FOZO-B を区別しており，Gill *et al.*（2016）は，北半球の一部の FOZO/C は最近形成された残留スラブに由来する可能性を指摘している．

Kimura *et al.*（2017）は中央海嶺での枯渇した起源マントル（PM/EDR と DMM の混合物）の減圧溶融における元素の再分配についても熱力学的・岩石学的計算により検討し，過去 3.5〜0 Ga でのマントルポテンシャル温度，溶融域深度，部分溶融度，そして起源マントル（PM）比の経時変化を論じている．それによれば 3.5〜1.5 Ga での Tp は 1650〜1500℃ で，その後，1.5 Ga から Tp は次第に下がり，現在，1300℃ 前後となっている．Tp が高い時期（high-Tp plateau age）にマグマ起源マントルの枯渇度は部分的に大きく変化し，PM 組成から 1.5 Ga までは EDR 組成であったが，Tp の低下とともに，中央海嶺下のマントル組成は，次第に枯渇し，現在の DMM や D-DMM 組成へと変化した．すなわち，3.5 Ga 以降継続したマントルでの Tp 低下を伴う中央海嶺での減圧溶融と，沈み込み帯での溶融，脱水・加水過程により生じた多様な成分の時間発展と混合過程を含むリサイクルにより，現在知られている枯渇端成分，エンリッチ端成分，大陸地殻や大陸下リソスフェアの組成的特徴を再現することができる（Kimura *et al.*, 2014, 2016, 2017）．

（3） マントル内での地球化学的端成分の分布

マントル内における枯渇部と，より始源的あるいはエンリッチ部の分布は，大局的には，地殻の形成に関与し，密度も低い前者が浅部の上部マントルに位置し，後者がより深部の下部マントルに位置するというのが一般的であるが，特にマントル最上部においては，上部マントルにおける DMM の部分溶融で生じたメルトが上昇してリソスフェア下に移動し，上部マントルの枯渇部の最上位にエンリッチ層が発達したり，互いにパッチ状ないし脈状に分布する場合もあると考えられている（Zindler *et al.*, 1984；Hofmann, 1997；Tackley, 2008；岩森，2016）．

上部マントルを構成する DMM 端成分の同位体組成は，太平洋地域に分布する Pacific MORB とゴンドワナ超大陸の範囲に分布する Indian MORB との

組成差から，少なくともジュラ紀以降，Pacific DMM と Indian DMM とは組成が異なる（Mahoney et al., 1998；Nebel et al., 2007；Miyazaki et al., 2015）．Pacific DMM の組成範囲は極めて限定されており，中央海嶺での PM あるいは EDR からのメルトの連続的な抽出の結果と考えられている（Lee et al., 2010, Kimura et al., 2017）．一方，Indian DMM は，2 Ga 以前に島弧マグマを放出して形成されたゴンドワナ超大陸下の最上部マントルで ReLish（ultra-depleted residual lithosphere harzburgite：Salters et al., 2011）などを伴う SCLM の影響下で部分溶融して生じたものと推定されている（Meyzen et al., 2005）．DMM のうち，North Atlantic DMM は最も放射起源 Hf に富み，South Atlantic DMM と Indian DMM は中程度，そして，Pacific DMM は最も乏しい（Meyzen et al., 2007）．この違いは PM からメルトが抽出された程度と時代を反映し，North Atlantic DMM は最も古い時代に大量のメルトを失って生じた DMM である可能性が高い（Kimura et al., 2016, 2017）．

古い時代の残留スラブ（residual IOC）に由来する（Zindler and Hart, 1986；Tatsumi and Kogiso, 1997；Stracke et al., 2005）と考えられる典型的な HIMU 玄武岩は，南大西洋のセントヘレナ島と南太平洋ポリネシアのクック・オーストラル諸島にしか産しない．ここでは，全マントル規模の低速度領域（LLSVP：large low shear velocity province）が認められることなどから，HIMU 端成分はマントル最下部に由来する可能性が高い（Fukao et al., 1992）．また，個々の OIB 岩石区で認められる EMI-HIMU アレイは，異なるリサイクル年代（minimum recycling age）での MwP-IOC 同位体進化に対応し，これから形成年代を議論できる．セントヘレナ島などの南半球での EMI-HIMU アレイは，2.5〜2.0 Ga の形成年代を示し，ハワイなどの北半球での EMI-HIMU アレイは，より新しい 1.7〜0.5 Ga を示す．

（4）地球化学的端成分の南北，東西半球構造

推定されたマントルでの地球化学端成分の全球分布とリサイクル年代から，南北半球構造と東西半球構造が認められる（Miyazaki et al., 2015；Kimura et al., 2016, 2017）．最近のジオダイナミックモデルでは，核マントル境界に分布する高密度 IOC がプルームに運ばれて上昇するとされている（Li et al., 2014）．これにより，核マントル境界に集積した古

い IOC とそれに伴う MwP や SED などに由来する地球化学端成分がプルームにより運ばれて様々な OIB となる（French and Romanowicz, 2015）．Kimura et al.（2016）の地球化学的モデルは，地球深部に由来するリサイクル物質の起源として，高温沈み込み帯で生じた残留スラブの寄与とその後の重力分離が重要な役割を果たしたことを示唆している．

マントルウェッジ深部に由来する EMI-HIMU エンリッチアレイと，マントルウェッジ浅部に由来する SCLM-DMM-ReLish 枯渇アレイは共通端成分（FOZO/C）組成近くで交差しており，FOZO/C はマントルウェッジの深部と浅部に由来する成分が混合して生じた可能性を示唆している．そのうち，2.5〜2.0 Ga に沈み込んだ残留スラブ（recycled SED-IOC mixture）は EDR や DMM と混合し，FOZO-A として深部マントル成分となり，南半球で DUPAL 異常（southern hemisphere mantle anomaly proposed by Dupre and Allègre, 1983；Hart, 1984, SOPITA：south Pacific isotopic and thermal anomaly：Koppers et al., 2003；Indian Ocean and South Atlantic deep DUPAL sources：Jackson et al., 2007）をもつプルームのもととなっている．一方，1.7〜1.5 Ga に超大陸周辺に沈み込んだ残留スラブ（recycled MwP-IOC mixture）は EDR や DMM と混合し，FOZO-B として，北半球で非 DUPAL 異常プルームの活動に関与している．なお，それぞれの沈み込み年代に先行して大陸地殻（CC）の形成年代のピークである detrital zircon peak age（2.7〜2.5 Ga，1.8〜1.5 Ga）が認められ，これらの年代において高温沈み込み帯での活発な大陸形成と残留スラブのリサイクルがセットをなしていた可能性が高い（Kimura et al., 2016）．

下部マントルでの残留スラブの性質が，南北半球規模で異なっていることは，高温沈み込み帯の活動が，それぞれ異なる超大陸（2.4〜2.2 Ga：Superia-Sclavia と，1.8〜1.6 Ga：Nuna＝Laurentia）の南半球と北半球での形成と関わっていたことを示唆している（Arndt, 2013；Bleeker, 2003；Kimura et al., 2016）．南半球の 2.5 Ga 始生代成分（SOPITA and Circum South Africa hot spots）は，古いスラブの集積場所と考えられている（Burke et al., 2008）最下部マントルでの LLSVP の分布に良く対応している（Burke et al., 2008；Lynner and Long, 2014；Steinberger and Torsvik, 2012）．このことはまた，高温沈み込み帯

に由来する残留スラブが現在，核-マントル境界に集積し，表面にプルームとして上昇する過程で，十分に混合してFOZO/Cとなったり（Li *et al*., 2014），プルーム火山活動でみられる様々な残留スラブ混合物を生じている（Hofmann and Fametani, 2013）と推定される．その中に，ときにみられる高い^{3}He/^{4}He比をもつ玄武岩は，マントル中に残留していたEDRの寄与があったことを示唆（Jackson *et al*., 2007）しており，プルームの中でも，深い根をもつもの（deep-rooted plumes：French and Romanowicz, 2015）は，EDRとともに，最下部マントルから古い後期始生代に生じたスラブ由来物質をも地表にもたらすと考えられる．

上部マントルは，下部マントルとは異なる東西半球不均質構造を示す．太平洋地域に分布するPacific DMMとゴンドワナ超大陸の領域に分布するIndian DMMやAtlantic DMMとの違いは，上部マントルでの不均質性に関係していると考えられる（Miyazaki *et al*., 2015；Kimura *et al*., 2016, 2017）．Pacific DMMは，マントルからの継続的なMORB抽出の残留物と推定される．それに対して，Indian DMMやAtlantic DMMは，ともに極端に枯渇したDMMあるいはReLish成分と，大陸地殻の形成に関与して大陸域でSCLMとしてマントル対流から分離して孤立していた古いマントルウェッジ残留物（RMP）に由来する成分の両方を含んでいる（O'Reilly *et al*., 2009）．Miyazaki *et al*.（2015）は，西太平洋に分布する玄武岩の年代と組成に基づき，西へと若くなる太平洋プレートの西部は，西へ沈み込んだIzanagi-Pacific Ridge（IPR）から形成され，それが60〜55 Maに千島-日本-南海-琉球（KJNR）海溝に沈み込んで，その先端は現在マントル遷移層に滞留し，一方，現在，太平洋の海底に残っている東側は東太平洋海膨などに沿ったPacific DMMから形成されたものであると考えている．IPR拡大軸に由来すると考えられるKJNR海溝に沿って分布する付加体からの海洋底玄武岩（80〜70 Ma）はIndian DMMの特徴を示すことから，IPR拡大軸は約80 Maにゴンドワナ超大陸のSCLMの影響を受けてきたIndian DMMと，その影響を受けなかったPacific DMMの境界（SMB：long-lived stationary mantle boundary）を越え，65〜55 Maには，ユーラシアプレートの下に沈み込んだと推定している．

したがって，マントル深部での南北半球でみられるDUPAL/non-DUPAL anomaly（EMI-HIMUエンリッチアレイ）不均質構造と，上部マントルでの東西半球でみられるIndian/Pacific anomaly（SCLM-DMM枯渇アレイ）不均質構造は，それぞれ異なる起源物質と異なるプロセスに由来するといえる．つまり，プルームとして上昇したOIBにみられる，より起源が古い残留スラブのリサイクルに由来するマントル深部での不均質構造に対して，海嶺の拡大に関連して形成された上部マントルでの不均質構造はより後から浅所で形成されたものである（Kimura *et al*., 2017）．

c. 東北日本弧下，マグマ起源マントルにおける不均質性について

（1）目潟火山下マントルの深さ方向での不均質性

背弧側火山である目潟火山には各種の上部マントル〜下部地殻由来捕獲岩が産する（Aoki, 1971；Takahashi, 1978）．Kaneoka *et al*.（1978），Zashu *et al*.（1980）は目潟からの上部マントル〜下部地殻由来捕獲岩のSr同位体組成を測定し，最上部マントルならびに下部地殻が深さ方向の不均質性をもつことを明らかにした．それによると，かんらん岩には2種あり1つは母マグマと同じ0.703前後の値を示すのに対して，その他はかなり高い値を示す（0.7044〜0.7053）．一方，地殻下部物質を構成すると推定される斑れい岩類は比較的高い値（0.7035〜0.7048）を示すのに対して，角閃岩は0.7030〜0.7032で，火山岩の値に近い．Yamamoto *et al*.（2013）は，目潟火山に由来する多数の下部地殻由来岩の同位体組成を検討し，これが下部地殻を構成する苦鉄質岩と男鹿半島の第四紀火山岩類の親マグマとの間での交代作用と混染作用の結果であると考え，端成分である親マグマの^{87}Sr/^{86}Sr比は0.702958，^{143}Nd/^{144}Nd比が0.512933であり，下部地殻岩の端成分は，^{87}Sr/^{86}Sr比が0.705250，^{143}Nd/^{144}Nd比が0.512570であるとしている．いずれにしても，これらのマントル最上部ないし下部地殻物質のSr同位体比は火山岩の値に比較して同じか，または高い．東北日本弧の下部地殻物質がマグマ活動に由来するものと考えると，捕獲岩類の多くが現在活動しているマグマの値より高い値を示す（Yamamoto *et al*., 2013）ことは，より古い時代の火山岩がより高いε_{Sr}値を示す事実

(Nohda and Wasserburg, 1986；Nohda, 2009）と矛盾しない.

Zashu et al.（1980）は，目潟火山の上部マントル由来捕獲岩の Sr 同位体組成を報告し，目潟火山のマグマを発生した枯渇したマントルの上に，より Sr 同位体比の高いマントル物質が分布することを明らかにし，背弧側マントルが，深さ方向で同位体組成的に不均質である可能性を示した．このことから，吉田（1989）は東北日本弧下では，モホ面直下に比較的エンリッチしたマントル，その下部に枯渇したマントル，そしてさらに深部により始源的なマントルが重なる可能性を示唆した.

（2） 東北日本弧，火山フロント火山での枯渇度の異なる火山岩の共存

Togashi et al.（1992）は東北日本弧，火山フロント側からの第四紀島弧型低アルカリソレアイトの微量成分元素組成と Nd-Sr 同位体組成を検討し，それらが枯渇していないタイプ（U-IAT）と，枯渇したタイプ（D-IAT）の 2 種に分けられることを示している．U-IAT は LIL 元素が高濃度で一定であり，その濃度は始源マントル組成値の 10 から 20 倍の値を示す．また，U-IAT の Nd 同位体比の範囲は始源マントル組成に誤差の範囲で一致し，$^{87}Sr/^{86}Sr$ 比は 0.7047 から 0.7057 で，推定される始源マントル値と同じかそれより少し大きい．一方，D-IAT は，始源マントル組成で規格化した図において，アルカリ土類元素で最大の規格化値をもつ上に凸のパターンを示す．LIL 元素の枯渇度はイオン半径が小さい元素でより著しいという特徴をもつ．また，第四紀火山活動の軸をなす脊梁火山列の火山岩中で相伴うソレアイトとカルクアルカリ系列岩の間においても，ときに明瞭な同位体組成差が見いだされ，それらの形成には複数の起源物質が関与した可能性が指摘されている（倉沢ら，1986；Fujinawa, 1988）.

（3） 東北日本弧での島弧方向での不均質性

東北日本弧の火山フロント沿いの第四紀火山岩には島弧に沿った方向での同位体組成の不均質性が認められ，それは基盤をなす白亜紀花崗岩類にみられる不均質性（平原ほか，2015）によく対応している（Kersting et al., 1996；Kimura and Yoshida, 2006）．東北日本弧の白亜紀〜古第三紀花崗岩類に認められる北上帯，阿武隈帯，美濃帯へと南側へエンリッチする同位体組成の空間的不均質性については，①これ

らの花崗岩類はマントルリソスフェアあるいは下部地殻に由来し，それらが示す Sr-Nd 同位体組成の空間変化は，それら起源物質の空間的不均質性を反映したものである，②沈み込み帯下のマグマ起源マントルへの沈み込む堆積物の供給率の違いによる，とする 2 つの主要なモデルがある．Hf 同位体組成からみた花崗岩類の同位体組成の不均質性の成因を検討した（平原ほか，2015）結果によれば，この不均質性の原因は，②の沈み込む堆積物とマントル物質との単純な混合モデルでは説明できず，①の起源物質であるマントル〜下部地殻物質の同位体組成の空間的不均質性を反映している可能性が高い.

（4） 東北日本弧における島弧横断方向でのマグマ起源マントルの不均質性

Sr，Nd，Pb などの同位体組成に，沈み込み帯を横切る方向での系統的な変化があるかどうかは，はっきりしない．例えば，Zhuravlev et al.（1987）は島弧を横切る Sr-Nd 同位体変化として 4 タイプを報告している．東北日本弧においては，火山フロントから背弧側へ，Rb/Sr，U/Pb，Nd/Sm 比が増加するにもかかわらず，$^{87}Sr/^{86}Sr$，$^{206}Pb/^{204}Pb$ 比が減少し，$^{143}Nd/^{144}Nd$ が増加する傾向が認められている（Tatsumoto, 1969；Hedge and Knight, 1969；Kaneoka et al., 1978；Nohda and Wasserburg, 1981；Notsu, 1983；Shibata and Nakamura, 1991）．そして，蔵王火山以北では，Sr 同位体比が脊梁部で 0.7038〜0.7045，鳥海帯の陸側で 0.7032〜0.7038，海側で 0.7032 以下へと背弧側へ減少し（Notsu, 1983），一方，Nd 同位体比は八幡平，森吉，寒風へと増加している（Nohda and Wasserburg, 1981）.

東北日本弧の第四紀火山フロント側火山岩と背弧側火山岩とはマントルからのマグマ分離深度が異なる（Tatsumi et al., 1983）．両者の間には，Sr，Nd 同位体に組成差があり，より浅部のマントルに由来する火山フロント側火山岩がエンリッチした同位体組成を示すのに対して，より深部のマントルに由来する背弧側火山岩の方はより枯渇した MORB 起源マントル（DMM）に相当する同位体組成を示す（Nohda and Wasserburg, 1981；Notsu, 1983；Shibata and Nakamura, 1997）．この，より深部に位置する枯渇したマントルについては，日本海の拡大に関連してアジア大陸側から湧昇してきた DMM（Indian Ocean MORB）質アセノスフェアに由来し，東北日本弧直

下に分布するエンリッチマントルについては，EMII
質大陸下〜島弧下リソスフェアであると考えられて
いる（Nohda et al., 1988；Tatsumi et al., 1988；周藤，
1989；Cousens et al., 1994；吉田ほか，1995；Pouclet
et al., 1995；Ujike and Tsuchiya, 1993；Shuto et al.,
2004, 2006）.

（5）　沈み込み帯火山岩の島弧横断方向での同位体組成の不均質性の原因

　沈み込み帯火山岩が示す多様な同位体組成は，地
殻〜マントル系の発達史の中で形成されてきた島弧
下マントル内に分布する枯渇したマントル端成分や
始源的なマントル〜エンリッチマントル端成分とマ
グマ発生過程でスラブから新たに分離してきた多様
な成分や地殻物質の混入などのマグマ生成・活動時
における様々な混合の結果である.

　巽（1986）は東北日本弧を横切る Sr-Nd 同位体
比の変化については，MORB 起源マントル（DMM）
に沈み込みスラブ由来の流体相が添加されたために
生じたと考えた．一方，Zhuravlev et al.（1987）は
千島弧に見られる同位体組成の不均質性について，
火山フロント側と背弧側での火成活動史の差に基づ
く，マントルの組成不均質性を反映していると考え
た．Ellam and Hawkesworth（1988）は沈み込み帯火
山岩の Sr/Nd が $^{207}Pb/^{204}Pb$ と逆相関を示すことか
ら，沈み込み帯マグマの地球化学的特徴を説明する
には 2 成分混合モデルでは不十分で，MORB 起源
マントル（DMM），スラブから派生した高 Sr/Nd
流体相，そして高い $^{207}Pb/^{204}Pb$ を説明するための大
陸起源堆積物（SED）の三者が混合する必要がある
と論じている．Shibata and Nakamura（1991）は東
北日本弧の玄武岩について，Pb，Sr，Nd の同位体
比を測定した結果，背弧側火山岩が同位体組成上ほ
とんど MORB と等しいことから，東北日本弧を横
断する方向に認められる同位体組成の変化は
MORB 的マントルウェッジ（DMM）と海洋性堆積
物（SED）の 2 成分混合モデルで説明可能であり，
後者は沈み込みに伴う脱水反応によって生じた流体
として関与し，流体組成はスラブの沈み込み深度と
ともに変化していると論じている．Ujike and Tsuchi-
ya（1993）は，東北日本弧背弧側で後期中新世に活
動したマグマが示す微量元素および同位体組成の変
動は，MORB とも OIB とも異なる 2 つの端成分
（$^{87}Sr/^{86}Sr$ が低い LOSE と $^{87}Sr/^{86}Sr$ が高い HISE）の

混合の産物であると考えている．このうち，LOSE
はプレートの沈み込みに関連してマントルウェッジ
深部に形成された枯渇した島弧性アセノスフェア
（DMM）に由来し，一方，HISE は，島弧下リソス
フェア（EMII）を構成するスピネルレールゾライ
トの部分溶融物と考えている．Pouclet et al.（1995）
も，端成分として DMM と EMII を考えている．こ
れらの結果は，東北日本弧最上部マントルが，より
深部に位置する枯渇したアセノスフェア（DMM）
とは別の広い枯渇度を示す比較的エンリッチなマン
トルリソスフェア（EMII）からなる可能性を示唆
している．Hirahara et al.（2015）は，日本海の拡大
中に活動した枯渇した玄武岩とエンリッチした玄武
岩について検討している．それによれば，枯渇した
玄武岩は，DMM に対して SED の寄与がほとん
ないか微量であるのに対して，エンリッチ玄武岩
は，DMM に対して多くの SED を混合した結果で
あるとしている．また，枯渇した玄武岩は通常の
MORB よりも高い溶融温度を示すことから，日本
海拡大時の背弧側ではマントルポテンシャル温度が
異常に高く，より深い位置でマグマの分離を起こし
て厚い海洋地殻が発達したと説明している．一方，
エンリッチした玄武岩は SED の付加で混染した含
水マントルが，通常の MORB と同程度の温度圧力
条件下で断熱融解した結果であると結論している．
なお，大和海盆では，先に浅所でより低温で生じた
エンリッチした玄武岩が噴出し，それに続いてより
深所でより高温下で生じた枯渇した玄武岩が活動し
ている（Nohda, 2009）.

　Ujike and Tsuchiya（1993）が後期中新世背弧側にお
ける一方の端成分としている枯渇した島弧性アセノ
スフェア（DMM）は，第四紀背弧側火山岩類の起源
物質と予想される枯渇した（角閃石含有）スピネルカ
ンラン岩にほぼ対応するが，両者の間には多少の組
成差があり，彼らが明示しているように第四紀背弧
側火山岩の起源物質（Indian Ocean MORB 起源マン
トル）の方がより枯渇が進んでいる（図 2.8.13）.

　東北日本弧の縁海である日本海を隔てた大陸側で
は韓半島の火山や白頭山火山などで EMI 様の同位
体的特徴をもち，カリウムに富んだ溶岩が分布し，
原生代に交代作用を受けた SCLM の溶融によると
された（Zhang et al., 1995）．Okamura et al.（1998）
も日本海のユーラシア大陸側では，EMII 質 SCLM

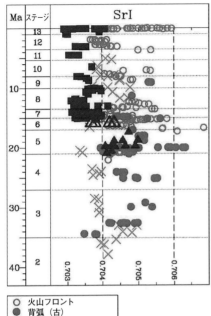

図 2.8.13 東北日本弧でのSr同位体初生値（SrI）の時間変化を示す（Nohda and Wasserburg, 1986；Nohda, 2009；Tatsumi et al., 1988；Shuto et al., 1993, 2006；周藤, 2009）

Nohda（2009）は，日本海で掘削された玄武岩のうち，約0.5131前後の高い $^{143}Nd/^{144}Nd$ 比をもつグループをDグループと名づけ，一方，0.5130～0.5126の低い $^{143}Nd/^{144}Nd$ 比をもつグループをLDグループと名づけている．

の下位にEMI質SCLMが分布すると考えた．これについては，少なくとも一部のEMI質玄武岩は，SCLMではなく，枯渇したIndian DMMアセノスフェリックマントルに，マントル遷移層に滞留したスラブから湧昇してきた含水マントルプルームに由来する年代の古い（1.5 Ga）堆積物成分と太平洋スラブ由来の堆積物成分が加わったものであり，滞留スラブからの脱水作用が複数回関与した結果であるとする考え（Kuritani et al., 2011, 2013；Sakuyama et al., 2014）もある．

（6）マントル内プロセスと地震学的構造

東北日本弧のマントルウェッジには，地震学的な不均質構造が存在する．Hasegawa et al.（1994）は東北日本の火山弧の下に，スラブにほぼ平行に延びる低速度・高減衰域が分布していることを示した．この部分については，周囲に対して温度が高いこと

が推定されている（佐藤, 1995）．一般にマントルウェッジ内ではスラブの沈み込みに励起された対流が存在し（McKenzie, 1969），この対流（反転流）によって，深部高温マントル物質がマントルウェッジ浅部に運ばれるとされている（例えば，巽, 1995）．地震波トモグラフィで，東北日本弧下に認められるスラブに平行に延びる低速度・高減衰域についても，そのようなマントル深部からの高温物質の流れをとらえていると考えられている（Hasegawa et al., 1994；佐藤, 1995）．吉田ら（1995）は，SiO_2 で規格化したアルカリ量から推定した第四紀火山岩のマグマ分離深度を示し，マグマ分離深度の分布は，ほぼ地震学的に得られている低速度・高減衰域の領域内に収まり，両者が密接に関連したものであることを示している．また，マントルウェッジ内にみられる低速度・高減衰域は地震波トモグラフィ図（Zhao et al., 1992a；Nakajima et al., 2005など）に示されている通り，火山フロント側のマントル最上部を占める火山フロント側低速度域と，背弧側のマントルウェッジ中心部に位置する背弧側低速度域とに分かれている．吉田ら（1995）は，地球化学的検討から，その存在が推定された，島弧性マントルリソスフェア（EMII）と島弧性アセノスフェア（DMM）は，それぞれ，火山フロント側火山および背弧側火山の起源マントルであり，その推定されるマントル内での分布域は地震学的に示されている火山フロント側低速度域と背弧側低速度域に対応すると考えた．Kimura and Yoshida（2006）やKimura and Nakajima（2014）は，東北日本弧下における沈み込みスラブと島弧下マントルの地震学的構造を示すとともに，岩石学-地球化学モデルを用いて，スラブ，マントル，島弧玄武岩間での水と元素の地球化学的挙動について検討している．それによれば，沈み込む海洋地殻に含まれていた水の大部分はスラブとともに60 km以深に持ちこまれて，脱水作用を始める．スラブからマントルウェッジへ放出された水は深さ50～30 km深度で25～3％の部分溶融を起こして島弧玄武岩マグマを生じる．また，深度180 kmを超えると，スラブに由来する水の大部分はマントルウェッジ側へと脱水し，スラブ中のSEDやAOCは溶融して，生じたスラブメルトが背弧側火山の下位に供給されると論じている．

　　　　　　　　　　　　　　　　　　　［吉田武義］

3. 地質構造発達史

3.1 先新第三紀の構造発達史

■ 3.1.1 概説

東北地方は棚倉構造線以西の西南日本地質区と以東の東北日本地質区からなる．西南日本地質区は，ジュラ紀付加体とその変成相およびそれらを貫く白亜紀〜古第三紀火成岩類からなっている．東北日本地質区は，先シルル紀基盤をもち，浅海成古・中生界からなる南部北上帯，古生代付加体からなる根田茂帯，ジュラ紀付加体やその変成相からなる阿武隈帯と北部北上帯からなりたっており，これらを白亜紀花崗岩類が貫いている．また，下部白亜系上部層や上部白亜系・古第三系，後期白亜紀〜古第三紀火成岩類も点在する．

南部北上帯を構成する古生代基盤をもつ地体（南部北上古陸：永広・蟹澤，1996；Ehiro and Kanisawa, 1999）は，前期古生代に当時赤道周辺にあったゴンドワナ北縁の沈み込み帯で形成された大陸地殻を基盤とするもので，その後ゴンドワナから分離し，中生代に北上して現在の緯度に到達した．ジュラ紀付加体群は，中生代のアジア大陸東縁に形成された長大な沈み込み帯で形成されたものである．これら古期地塊とジュラ紀付加体群は白亜紀花崗岩類の貫入前に接合した．これらは白亜紀〜古第三紀の横ずれ断層により変位し，ほぼ現在の配列状態となり，日本海の形成までは，ロシア沿海州に接したアジア大陸の東縁をなしていた．

■ 3.1.2 南部北上帯大陸基盤の成立

南部北上帯は，南部北上古陸を構成していたもので，古生代前期に大陸基盤をもつにいたった．これら基盤岩類やそれを覆う中部古生界に関する情報は，1970年代前半まではきわめて限られたものであったが（図3.1.1），その後の四半世紀で大幅に増大した（図3.1.2）．南部北上帯基盤の形成過程は複雑で，下記の3つの地域ごとにその岩相・年代構成が異なっている．また，中部古生界の層序や岩相にも大きな違いがある．

a. 南部北上帯西縁部

阿武隈山地東縁の相馬地域から北上山地西縁の長坂地域にいたる，南部北上帯西縁部の基盤岩類は松ヶ平・母体変成岩類と正法寺閃緑岩である．松ヶ平・母体変成岩類は，付加体起源（前川，1981）の高圧型変成岩類で，泥質片岩・砂質片岩・

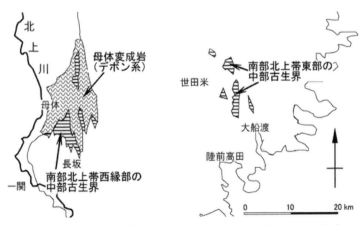

図 3.1.1 南部北上帯の基盤と中部古生界の分布（1970年ころまでの考え）

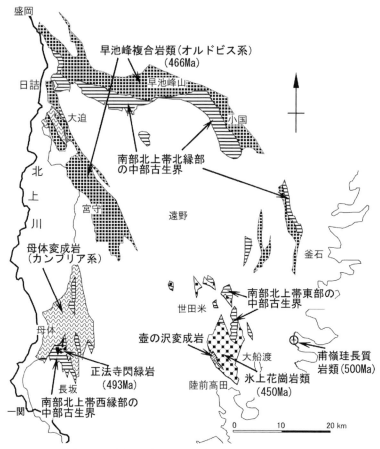

図3.1.2 南部北上帯における基盤岩類と中部古生界の分布

塩基性片岩・珪質片岩・角閃岩類・蛇紋岩などからなる．縞状角閃岩中の変成ホルンブレンドのK-Ar年代は約500 Maであり，後期カンブリア紀に沈み込み帯深部で高圧型変成作用（松ヶ平・母体変成作用）を受けたものと考えられる（蟹澤ほか，1992）．正法寺閃緑岩は閃緑岩〜斑れい岩類からなり，微量元素のM-MORB規格化パターンは沈み込み帯の岩石の特徴を示している．西方の焼石岳南麓の胆沢川沿いに分布する胆沢川トーナル岩も同様である．正法寺閃緑岩や胆沢川トーナル岩のK-Ar年代は後期オルドビス紀を示すが（笹田ほか，1992；蟹澤・永広，1997），Isozaki et al. (2015)は両者から約500 Maという後期カンブリア紀のU-Pb年代を報告している．正法寺閃緑岩は松ヶ平・母体変成作用を受けていない．

松ヶ平・母体変成岩類が付加体起源の高圧型変成岩であることを考慮すると，カンブリア紀に古い大陸縁辺の沈み込み帯で形成された付加体が，沈み込み帯深部に引きずり込まれて，高圧型変成作用を受け，その後変成岩がある程度上昇した後期カンブリア紀に，これを花崗岩質岩が貫いたものと判断される．この地域では，南部北上帯の他の地域とは異なり，シルル系〜中部デボン系を欠いている．この不整合に伴う削剥により変成岩類と正法寺閃緑岩は地表に露出し，その後の後期デボン紀の海進に伴い，これらを覆って上部デボン系〜最下部石炭系の鳶ヶ森層や合の沢層が堆積した（永広・大上，1990）．鳶ヶ森層中部にはさまれる凝灰質岩類には母体変成岩由来と考えられる縞状角閃岩や片岩類が含まれているが，特に縞状角閃岩は普遍的にみられる（永広・大上，1991）．

b. 南部北上帯東部

日頃市-世田米地域（南部北上帯東部）の基盤岩類は氷上花崗岩類とその捕獲岩である壺の沢変成岩から構成され，それらを石灰岩相のシルル系が不整合で覆っている．氷上花崗岩類の化学組成はこれが

沈み込み帯のマグマに由来することを示している（小林・高木，2000）．壺の沢変成岩は砕屑岩類を原岩とし，500 Ma の砕屑性ジルコンを含むので，その原岩の堆積年代は 500 Ma 以降である．氷上花崗岩類からはさまざまな放射年代が知られ，一部は層位関係と矛盾するデボン紀以降の年代を示していた（4.2.2 項 c 参照）．しかし，佐々木ほか（2013）による氷上花崗岩類の各岩相の LA-ICP-MS による U-Pb ジルコン年代はいずれも約 450 Ma であり，層位関係と矛盾しない，後期オルドビス紀を示している．

シルル系川内層を覆う最上部シルル系〜中部デボン系の大野層-中里層は主に砕屑岩類と火山砕屑岩類からなる．この地域では上部デボン系を欠き，中里層の上位に石炭系が重なる．

この地域では，カンブリア紀末からオルドビス紀に壺の沢変成岩の原岩の泥岩・砂岩が，おそらくは南部北上古陸の陸棚上で堆積した．この陸棚を構成していた基盤地質は知られていない．前面には沈み込み帯があり，島弧（陸弧）花崗岩の氷上花崗岩がこれらを後期オルドビス紀に貫いた．壺の沢変成岩と氷上花崗岩類はその後急速に上昇し，削剥され，シルル系基底の砂岩の供給源となり，シルル系に不整合に覆われた．日頃市地域の日頃市から大野にいたる地帯では，シルル紀末に氷上花崗岩類やシルル系が崩壊を起こし，大野層最下部のスランプ層に花崗岩，アルコース，石灰岩などの大小の砕屑物を供給した．しかし，このようなスランプ層は日頃市-世田米地域の他の地域，行人沢地域，上石橋地域，八日町地域，奥火の土地域にはみられず，限られた地域での小規模な構造運動を反映したものにすぎない．

南部北上帯のデボン系〜石炭系中の火山岩・火山砕屑岩類はカルクアルカリ岩質で，バイモーダルであり，南部北上帯はカンブリア紀以降引き続き島弧あるいは陸弧環境にあったと考えられている（川村・川村，1989b；川村信人，1997）．

c．南部北上帯北縁部

南部北上帯北縁部は，塩基性〜超塩基性岩類からなる早池峰複合岩類（永広ほか，1988）やその上位の厚い陸源砕屑物からなるシルル系（一部オルドビス系）の広い分布で特徴づけられる．宮守地域の宮守蛇紋岩は，早池峰複合岩類が日詰-気仙沼断層に

より南方に転位したものである．上位の小田越層や折壁峠層がシルル紀化石を含むので，早池峰複合岩類は先シルル系である（大上ほか，1986；永広ほか，1988）．早池峰複合岩類中の斑れい岩などの K-Ar 年代は 484〜421 Ma（小沢ほか，1988；Shibata and Ozawa, 1992）とばらついているが，450 Ma より古い年代を示す試料が多く，層位関係とあわせると，その形成は前期オルドビス紀である可能性が大きい．しかし，下條ほか（2010）は薬師川流域の早池峰複合岩類中の神楽複合岩類から 466 Ma，上位の薬師川層下部から 457 Ma，425 Ma の LA-ICP-MS U-Pb ジルコン年代を報告しており，早池峰複合岩類は中部〜上部オルドビス系である可能性もある．大迫地域では，シルル系の上位に未区分デボン系，さらには下部石炭系が重なるが，その層序の詳細は明らかではない．釜石地域では，早池峰複合岩類の上位には，日頃市地域と類似の岩相の最上部シルル系〜デボン系が重なるが，その上部は泥岩主体となり，後期デボン紀の鱗木類を産する．

早池峰複合岩類はその化学組成から沈み込み帯で形成されたと考えられ（Ozawa, 1984），おそらくは松ヶ平・母体変成岩類の原岩が形成された沈み込み帯と同じ沈み込み帯でやや遅れて形成された島弧マグマに由来すると考えられる．早池峰複合岩類を整合に覆うシルル系（一部オルドビス系？）は砕屑岩を主体とし，一部では大量の礫岩を伴い，また，シルル紀サンゴ化石を含む石灰岩ブロックを伴っている．これらは東部のシルル系がサンゴ類を含む浅海成石灰岩からなっているのと異なっており，より沖合いの斜面に堆積したもので，石灰岩ブロック・レンズは浅海域からもたらされた可能性がある（大上ほか，1986）．

なお，土谷ほか（2014）は，早池峰複合岩類分布域の南方延長にあたる，大船渡市綾里地域において，下部白亜系大船渡層群の火山岩やそれに貫入する閃緑斑岩などに貫かれているトーナル岩や珪長質火砕岩類（甫嶺珪長質岩類）を見いだした．彼らはこれらの U-Pb ジルコン年代として約 500 Ma を報告し，正法寺閃緑岩と同様の，古期の珪長質火成活動の存在を明らかにした．これらと早池峰複合岩類との関係は不明である．

d．南部北上古陸の形成

このように，南部北上帯は古生代前期以降一貫し

て沈み込み帯ないしその近傍にあり，沈み込み帯での付加帯の形成や変成作用，花崗岩類や塩基性〜超塩基性岩類の貫入により，はじめて大陸地殻が形成され，南部北上古陸の基盤が誕生した（Ehiro and Kanisawa, 1999）．この前期古生代の構造運動はかつてカレドニア変動と呼ばれたものに一致する．これは，後期先カンブリア紀に存在した超大陸ロディニアの分裂後の，超大陸ゴンドワナ-パンゲアの形成にいたる地球規模での活発な沈み込みの時期を反映していると考えられる．上述のように，その岩相構成や層序・年代は地域ごとに異なり，その差は大きい．現在は南部北上帯内のごく近接した位置にあるが，各地域は前期〜中期古生代にはより離れた，異なった構造環境にあった可能性もある．

e. 日立古生層と南部北上帯

阿武隈山地南端部の日立（ひたち）地域には，日立古生層と呼ばれる，北方の阿武隈帯の変成岩類とはやや異なる岩相の分布が知られていた．最近これらのうち，日立古生層下部の玉簾（たまだれ）層の片麻岩から 507 Ma，赤沢層の変安山岩からと変斑岩から 507 Ma，505 Ma（Tagiri *et al.*, 2011），大雄院（だいおういん）花崗岩類から約 491 Ma（Sakashima *et al.*, 2003），花崗岩礫および赤沢層を貫く花崗斑岩から約 500 Ma（田切ほか，2010）のU-Pb 年代が報告された．これらから玉簾層・赤沢層はカンブリア系と考えられている（田切ほか，2010；Tagiri *et al.*, 2011）．日立古生層分布域は畑川断層（畑川構造線）より西方に位置するが，古期岩体を含むこと，南部北上帯と同様の浅海成層を含むことから，南部北上帯の南方延長である可能性が大きく，阿武隈帯/南部北上帯境界の位置やその性質についての見直しが必要であろう．

Tagiri *et al.* (2011) は，赤沢層が石炭系大雄院層に不整合に覆われ，そこに北中国地塊と類似の大きな層序の欠如があることから，日立地域が北中国地塊と密接な関係にあった可能性を示唆している．しかし，大雄院層下部の年代が不明であること，南部北上帯でも西縁部のように，シルル系〜中部デボン系を欠くことがあること，北中国地塊は 500 Ma 前後の火成活動に乏しいことなどから，この対比には疑問がある．

■3.1.3 南部北上古陸はどこで形成されたか

南部北上古陸は前述のように，より古い大陸前縁の沈み込み帯で形成された．したがって，少なくとも当初は独立した大陸ではなく，既存の大陸の一部が成長したものであった．この大陸がどこであったのかについて考察する．

新第三紀の日本海拡大前には南部北上帯はロシア沿海州の南東方にあり，両側をジュラ紀付加体にはさまれており，孤立した古期陸塊となっていた．この位置に移動する過程では，後述のように，アジア大陸東縁での白亜紀〜古第三紀の左横ずれ断層群の役割が大きいが，それ以前に南部北上古陸が形成当初の大陸の一部のままであったのか，それともそれから分離して独自の小大陸塊としてあったのかは明瞭ではない．

南部北上帯の古生界は前期白亜紀花崗岩類の熱的影響の結果初生的な磁化を失っており，古地磁気データから古緯度に関する類推を行うことはできない．そこで，古生物学的資料，すなわち古生物地理や，限られてはいるが，地質学的資料から他の大陸との関係を検討してみよう．

a. 南部北上古陸の中期古生代古生物地理

南部北上古陸形成時の岩石からは化石が知られていないが，その後の中部古生界〜上部古生界からは豊富な化石が産出する．南部北上帯の基盤形成直後のシルル紀サンゴ化石群集は，超大陸ゴンドワナの北縁域を構成していたオーストラリアのシルル系中の群集と最も類似し，次いで南中国地塊のそれに似る（Kato *et al.*, 1980；Kato, 1990）．ゴンドワナ大陸の主体は当時南半球にあり，その北縁は赤道周辺にあった．デボン紀サンゴ化石群集もオーストラリア東部のそれと関係があるという（Kato, 1990）．一方，南部北上帯の延長と考えられる（たとえば，永広，2000）黒瀬川帯のシルル紀サンゴ化石群集を検討した Kido and Sugiyama（2011）は，この群集が種レベルで南中国の群集と類似することを明らかにした．したがって，南部北上古陸が誕生した沈み込み帯は，南中国に近接し，オーストラリアからも遠くない，赤道周辺のゴンドワナ大陸北縁にあったに違いない．

Scotese and McKerrow（1990）によれば，この時

期南中国はオーストラリアの西方，南極大陸やインドの北方に位置していた（図3.1.3）．一方，Maruyama et al.（1997）はこの時期の南中国をオーストラリア東方においており，また，磯﨑（1998）は，南中国にゴンドワナ形成期の汎アフリカ造山時の火成岩類がみられないことなどから，中国はオーストラリアに近接していたものの，ゴンドワナの一部ではなかったと考えている．しかし，Yu et al.（2008）は，南中国の砕屑性ジルコンの年代分布にもとづき，南中国がインド亜大陸やオーストラリア西部と同様の地質を後背地にもっていたと考えられることから，また，Yang et al.（2004）は南中国とオーストラリアとが後期原生代からデボン紀中ごろまで一致した極移動曲線を示すことから，いずれも南中国の古地理に関しては Scotese and McKerrow（1990）と同様の復元をしている．

b. 砕屑性ジルコンの年代から形成場を考える

後述するように南部北上古陸の後期古生代の位置に関する古生物地理による検討では，南中国-インドシナあるいは北中国という2つの異なった古期地塊との関係が議論されている．南部北上古陸が前期〜中期古生代にこの2つのいずれとより深い関係をもっていたのかを南部北上帯下部古生界の後背地の地質の年代構成や古生界層序から考えてみよう．

北中国地塊と南中国地塊の大きな違いの1つは，北中国地塊には後期原生代（10億年前〜5.4億年前）の火成岩類がほとんど知られていないこと（Wang, 1986）である．これは両地塊の川砂からのジルコンの年代の違いでも示されている（Yu et al., 2008；Yang et al., 2009）．末期原生代の年代を示すジルコン粒子はオーストラリアからも多数知られている（たとえば，Sircombe, 1999；Veevers et al., 2005）．

南部北上帯の年代データは少ないが，氷上花崗岩類に捕獲されている壺の沢変成岩中には32億年前から約5億年前にわたる多様な年代を示す砕屑性ジルコン粒子が含まれており，これらには後期原生代の年代を示すものも多数存在する（Suzuki and Adachi, 1991；Watanabe et al., 1995）．また，薬師川層や名目入沢層の砂岩中の砕屑性ジルコンにも32億年前から5億年前にわたるさまざまな年代のものがあり，後期原生代のものも普通に認められる（下條ほか，2010）．これらのことは，南部北上古陸形成時の南部北上帯の後背地に南中国ないしそれと同様の基盤構成をもつ大陸があったことを示している．

また，北中国地塊は，最上部原生界（Sinian）や上部オルドビス-下部石炭系をほとんど欠いており（たとえば，Zhang and Zhen, 1991），この点でも南中国と異なっている．南部北上古陸は，部分的な不整合を伴いながらも，シルル系-石炭系を連続して堆積させており，この意味でも南中国と近縁で，北中国とは大きく異なっている．

■ **3.1.4 南部北上古陸のゴンドワナからの分離**

a. 石炭系の層序と火山活動

南部北上帯西縁部の下部石炭系唐梅館層は砕屑岩類を主体とし，上部のみ凝灰質となる．一方，南部北上帯東部の日頃市-世田米地域の下部石炭系日頃市層あるいはその相当層は砕屑岩類と火砕岩類から

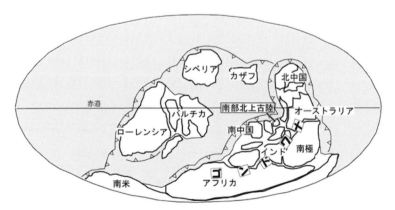

図 3.1.3 古生物地理やテクトニクスから推定されるシルル紀の「南部北上古陸」の位置
南部北上古陸以外の大陸配置は Scotese and McKerrow, 1990 に基づく．

なり，火山砕屑岩の量は西縁部に比較して圧倒的に多い．日頃市-世田米地域のなかでも地域により岩相や層厚は異なり，これらは分化した堆積盆地で形成されたと考えられている（川村・川村，1989b）．しかし，このような相違は後期ビゼーアン期にはなくなり，全域に鬼丸層・長岩層やそれらの相当層である石灰岩相が卓越するようになる．下部～中部石炭系中の火山砕屑岩類の化学組成はデボン紀のそれらと同様であり，沈み込み帯の火山活動の産物である（川村・川村，1989b）．

b. ゴンドワナからの分離

シルル紀～デボン紀のサンゴ化石群集にみられたオーストラリア東部のそれとの類似性は初期石炭紀まで続く．しかし，その後の鬼丸層中の群集では群集構成はテチス型へと変わり，中国南部の群集との強い類似性を示すようになり，一方オーストラリアとの類似性は失われた（Kato, 1990）．南半球にあったゴンドワナ大陸の回転運動に伴い，その東端にあったオーストラリアはデボン紀ころから南進を始めたが，南部北上古陸は，南中国やインドシナなどとともに，赤道周辺にとどまり，オーストラリアから分離したと考えられる（Ehiro and Kanisawa, 1999；Ehiro, 2001a）．南中国の後期デボン紀以降の磁極移動曲線（Yang et al., 2004）もオーストラリアとは異なっている．これはおそらくは古テチス海の誕生と拡大による，北中国，南中国，インドシナなどの陸塊のゴンドワナからの分離の時期に相当する（図3.1.4）．

■ 3.1.5 沈み込み帯から非活動的大陸縁辺へ

a. 石炭紀-ペルム紀境界の不整合

南部北上帯では，上部石炭系～最下部ペルム系を欠き，下部ペルム系が石炭系を不整合に覆っている．世田米地域で最下部石炭系まで削り込んでいる（斎藤，1968）のを例外として，下部ペルム系坂本沢統の基底礫岩は長岩層ないしその相当層のみに重なっており，この不整合は激しい地殻変動を伴ってはいなかった．しかし，この不整合を境として造構環境は大きく転換し，沈み込み帯での激しい火山活動はみられなくなる．箕浦（1985）は南部北上古陸は以後初期白亜紀までは非活動的大陸縁辺の造構環境にあったと考えている．

南部北上帯内には，氷上花崗岩類を除くと，後述する薄衣式礫岩中の花崗岩礫の供給源となった岩体を含め，古生代花崗岩体はこれまで知られていなかった．しかし，阿武隈山地東縁の福島県富岡町のボーリング試料のトーナル岩（Tsutsumi et al., 2010）および阿武隈山地北東縁の割山山塊に分布する割山花崗岩の主体をなすトーナル岩（土谷ほか，2013；Tsuchiya et al., 2014）から，いずれも約300 Maのジルコン SHRIMP 年代が得られている．この年代値は末期石炭紀にあたるが，石炭紀まで続いた火成活動の最終段階のものかもしれない．また，石炭紀/ペルム紀境界の不整合に，この花崗岩体の上昇がかかわっていた可能性もあるが，南部北上帯の下部ペルム系砕屑岩中には花崗岩起源の砕屑物はきわめて少ないので（4.2.7項参照），岩体が地表に大規模

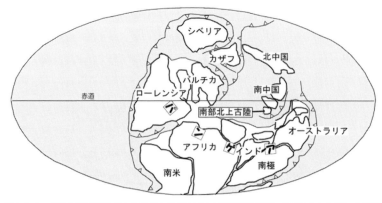

図 3.1.4 古生物地理やテクトニクスから推定される前期石炭紀の「南部北上古陸」の位置
南部北上古陸以外の大陸配置は Scotese and McKerrow, 1990 に基づく．

に露出するまでにはいたらなかったのであろう．

b. 変化に富んだペルム系堆積盆地

吉田ほか（1994）は南部北上帯のペルム系砕屑岩組成の変化から，ペルム系堆積盆地の後背地には，前期ペルム紀には未開析火成弧，中期ペルム紀には未開析および開析された島弧の要素が卓越しており，後期ペルム紀には花崗岩類が大規模に露出していたと考えている．この火成弧については，薄衣式礫岩の研究からその位置を南部北上帯の内部に求める考え（加納，1971；岩井・石崎，1966）があったが，南部北上帯にはその存在を示す資料は得られていない．吉田ほか（1994），吉田・町山（1998），吉田（2000）などは現在の南部北上帯の外部（西側）にこの火成弧を求め，それは三畳紀以降南部北上帯から分離したと考えた．Takeuchi and Suzuki（2000）は薄衣礫岩の花崗岩類礫中のジルコンやモナザイトのCHIME年代が257〜244 Maを示すことから，薄衣礫岩の供給源となった花崗岩類は礫岩堆積の直前に貫入し，急激な上昇の後削剥されたと推論している．

ペルム系は，下位より，坂本沢統，叶倉統および登米統に3分される．登米統は主に泥岩相からなる．坂本沢統・叶倉統は，それらの模式層序では，下部が礫岩，砂岩，泥岩など，上部が主に石灰岩からなるが，砂岩や石灰岩はしばしば水平的に泥岩に移り変わり，南部北上帯全域でみると泥岩相が卓越している（図4.2.10参照）．また，叶倉統上部を中心として，薄衣式礫岩と称される厚い層間礫岩が各所で局部的に発達している．これらは非活動的大陸縁辺の大陸棚で堆積したと考えられるが，水平的な岩相変化の激しさや厚い層間礫岩の発達は，前期〜中期ペルム紀の南部北上古陸がやや不安定な状況にあったことを物語っている．一方，上部ペルム系の登米層はほぼ全域で厚い泥岩からなり，比較的安定した堆積環境であったと考えられる．

■3.1.6　ペルム紀の南部北上古陸の古地理

a. 南部北上帯は依然として赤道域にあった

ゴンドワナから分離して以来南中国やインドシナとともにあった南部北上古陸は，ペルム紀においても当時赤道周辺に位置していた両大陸の近傍にあった．南部北上帯の前期〜中期ペルム紀アンモノイドフォーナは典型的な赤道テチス型で，北方の北極型の要素をいっさい含まない（Ehiro, 1997；Ehiro et al., 2005など：図3.1.5）．ペルム紀二枚貝も南中国のものに類似している（Fang, 1985；Fang and Yin, 1995；Nakazawa, 1991）．中部ペルム系岩井崎石灰岩のサンゴ礁生物の群集構成を検討したKawamura and Machiyama（1995）も，中国南部ないしインドシナとの密接な関係を強調している．Wang et al.（2006）は，南部北上帯，内モンゴル-東北中国，南中国のペル

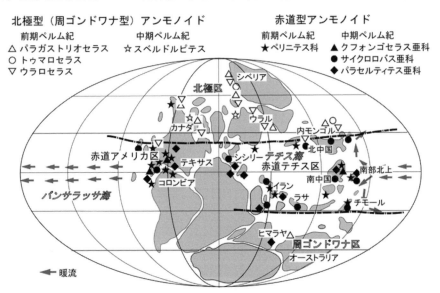

図3.1.5　前期〜中期ペルム紀のアンモノイド古生物地理区と南部北上古陸の位置（Ehiro, 1997ほかに基づく）

ム紀四放サンゴ類群集を検討し，前期ペルム紀の内モンゴル–東北中国は独自のサンゴ動物区をつくっていたのに対し，南部北上帯の前期ペルム紀サンゴ群集は，東北中国にはみられない，南中国に典型的な群集からなること，中期ペルム紀のそれも南中国に豊富な群集で，しばしば種レベルで同一の群集を含むことから，南中国と古生物地理的に強く関連するとしている．

b. 南部北上帯と北中国・南部プリモーリエ

すでに述べたように，北中国地塊本体は南部北上帯とは異なった発達史をたどっている．しかし，中部ペルム系中の腕足類フォーナを検討した Tazawa（1991, 1998, 2002）や Shi et al.（1995）などは，南部北上帯が北中国の北東部の吉林や南部プリモーリエ地塊に近接した位置にあったと考えている．

陸生植物は古生物地理を考えるうえで重要である．石炭紀〜ペルム紀の南部北上古陸はカタイシア植物区に属していたが，Asama（1974），浅間（1988）は南部北上古陸のペルム紀植物群を北中国の下部ペルム系山西層のそれに対比した．一方，北中国のペルム紀植物群を研究した Mei et al.（1996）や Zhang et al.（1999）は，Gigantopteris の産出が北中国南縁のごく狭い地域に限られることを強調している．Gigantopteris は南部北上古陸からも産出しており，また，南中国からも普遍的に産出する．さらに，南部北上産ペルム紀植物化石はしばしば種レベルで南中国のそれら（Shen, 1995）と類似の関係にある．したがって，南部北上古陸が北中国北東縁にあった可能性はきわめて低い．

北中国北東縁にある南部プリモーリエの中部〜上部ペルム系は，南部北上帯と類似の層序・化石相をもっている．しかし，この地塊は石炭紀から初期ペルム紀まではシベリア地塊に近接していて，前期ペルム紀に南方に移動し，中期ないし後期ペルム紀に北中国に衝突したことが，特に植物化石の群集構成の時間変化から明らかになっており（Ehiro, 2001a），南部北上帯とは比較できない．

■3.1.7 南部北上古陸陸棚での中生界の堆積

三畳系〜最下部白亜系は浅海成，一部陸成の砕屑岩類からなり，ほぼ連続した層序をもっている．し

かし，いくつかの堆積間隙をはさんでおり，海水準変動の影響を受けたと考えられる．

下部〜中部三畳系稲井層群は岩相・層厚の水平的変化が少なく，同一の堆積盆地が広く広がっていたと考えられる．しかし，後期三畳紀になると堆積盆地の分化が始まり，現在の方位で南南西–北北東方向に配列する 3 列の堆積盆地，東から，東列（大船渡帯），中列（唐桑–牡鹿帯）および西列（志津川帯）に分かれた．堆積の中心は最初西列にあったが，次第に西側から東側へと移動していった（滝沢, 1977）．

a. ペルム紀・三畳紀境界の不整合

ペルム紀・三畳紀境界では地球規模での海退があり，南中国を除く多くの地域で両者は不整合関係にある．南部北上帯でも同様で，上部ペルム系は比較的上部まで残されていると考えられるが，下部三畳系はその下部のインドュアン階と上部のオレネキアン階のほぼ半分を欠いている（Ehiro, 2002）．稲井層群最下部の平礒層からの後期オレネッキアン期のアンモノイドの発見（Shigeta and Nakajima, 2017）はそれを明確にした．しかし，下部三畳系の下位には，その層準は異なるものの，常に上部ペルム系があり，中部ペルム系以下まで削剥されてはいない．したがって，この不整合は海退によるもので，激しい褶曲運動は伴ってはいなかったと考えられる．

b. 中生界の堆積盆地の変遷

前述のように，前期〜中期三畳紀の堆積盆地は南部北上帯の南部に広がり，均質な浅海域を形成していた．しかし，後期三畳紀の堆積盆地は西列と東列の一部に限られる．西列の皿貝層群は浅海成〜汽水成，一部陸成層からなり，東列の明神前層は汽水成〜陸成の火砕岩層からなる．三畳紀/ジュラ紀境界の不整合を経て，前期ジュラ紀にはふたたび西列のみに海進があり，浅海成の韮ノ浜層・細浦層が堆積した．中期ジュラ紀にはいったん西列から中列まで比較的均質で薄い砕屑岩類が堆積し，前期〜中期三畳紀と同様の均質な堆積盆地に戻った．しかし，中期ジュラ紀後期には，中列で，一部河川成層を含む，より粗粒で厚い堆積物が形成され，一方，西列では比較的細粒で薄い浅海堆積物が堆積するという違いが生じ，堆積の中心は中列に移った（滝沢, 1977；Takizawa, 1985）（図 3.1.6）．

中列の唐桑地域では，花崗岩礫が 7〜8 割を占め

火山岩・火砕岩が堆積した．また，白亜紀に入ると東列でも，火砕岩を伴う，厚い下部白亜系大船渡層群の堆積があり，後期ジュラ紀の堆積盆地の東方移動の傾向が引き継がれている．

このような堆積盆地の移動は，急激ではないが，地殻の波曲運動を伴っていたに違いない．この西列，中列，東列という3列の地帯は初期白亜紀の褶曲時相において，それぞれ志津川-橋浦向斜，綱木坂向斜-牡鹿向斜，および大船渡層群がつくる向斜へと転化することになる．

中生界の砂岩は，古生代末の石質アレナイトから長石質アレナイトに変化する．また，三畳紀から中期ジュラ紀へと次第に石英量が増加し，後期ジュラ紀・初期白亜紀では一部は石英質アレナイトとなる．このことは後背地での花崗岩質岩類の露出が増加するとともに，リサイクルや長時間運搬により，砂岩組成が熟成していったことを示している．

■3.1.8 前期～中期中生代の古地理

a. 三畳紀の古地理

南部北上帯の三畳紀のアンモノイドフォーナは低緯度のフォーナからなり，ジュラ紀のそれも，一部北極型を含むが，基本的にはテチス型である（Ehiro, 1997, 2001）．前期三畳紀オレネキアン期後期のアンモノイド古生物地理を検討した，Brayard *et al.* (2009) は，南部北上帯は南中国とともにあったが，そのアンモノイドフォーナはパンサラッサ海東縁のアイダホ地域のそれに最も類似するとした．さらに，Ehiro *et al.* (2016) はテチス海西部地域のフォーナとの類似性も大きいことを示した．

b. ジュラ紀～初期白亜紀の古地理

南部北上古陸の上部ジュラ系～最下部白亜系からは領石フローラに属する植物化石が多産する（たとえば Kimura and Ohana, 1989a, b）．北部北上山地の最下部白亜系小本層も同様の植物化石を含む．領石フローラは，中国南部や西南日本外帯の上部ジュラ系～下部白亜系を特徴づける，熱帯～亜熱帯性植物群で，中国東北部や西南日本内帯の，温帯性の手取フローラとはまったく異なっている（Kimura, 1987：図3.1.7）．

c. 南中国とともにあった南部北上古陸

以上のことから，南部北上古陸は三畳紀～後期

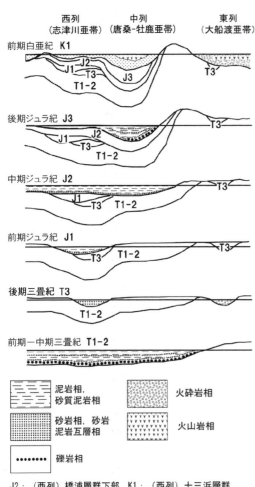

図3.1.6 南部北上帯中生界堆積盆地の変遷（山下，1957を永広，1995改変）

る特異な礫岩（石割峠層）が中期ジュラ紀後期に堆積している．花崗岩礫には径1mをこえるものもある．加納（1959b）はこの花崗岩礫の起源を氷上花崗岩類に求めている．礫岩の礫径は石割峠層分布域の北東部で大きく，西方および南方に小さくなる．層厚も西方・南方に向かって減少する（永広，1974）．この時期に唐桑地域の東方，中列と東列の間の地帯で急速な隆起運動があり，氷上花崗岩類を含む下部～中部古生界が露出し，削剥され，西方に供給されたと考えられる．中列でのこの活発な堆積作用は初期白亜紀にも引き継がれ，厚い前期白亜

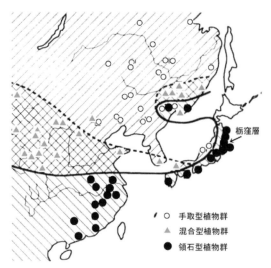

図 3.1.7 ジュラ紀〜前期白亜紀の植物区と植物化石産地の分布図（Kimura, 1987 による）
大陸配置・化石産地は現在の位置で表示．

ジュラ紀においても中・高緯度地帯ではなく低緯度地帯にあったと考えられる．ただし，古地磁気資料に基づけば，南中国やインドシナ，北中国などの大陸はペルム紀から三畳紀にかけて北方に移動してきたことがわかっており（たとえば，Enkin et al., 1992 ; Metcalfe, 1994），この間南部北上古陸も赤道地域から北半球の低緯度地帯へと北上していたと考えられる．

■ 3.1.9 古生代付加体としての根田茂帯

南部北上山地北縁の盛岡東方地域はかつて早池峰構造帯に含められていたが，層序，構成岩類の形成環境において南部北上帯北縁部（旧早池峰構造帯）の基盤岩類や中部〜上部古生界とは異なっていることが明らかとなり，根田茂帯（永広・鈴木, 2003）として区分された．最近この帯は後期古生代付加体からなると考えられるようになった．

［4.4 北部北上帯］の概説でのべるように，Nakae and Kurihara（2011）は北部北上帯南西縁の釜石西方地域の珪質泥岩から最後期ペルム紀の放散虫を報告し，この部分をペルム紀付加体として位置づけている．この位置づけについては疑義があり，北部北上帯がペルム紀付加体を含むかどうかについては今後のさらなる検討が必要である．

a. チャートからのデボン紀化石

根田茂帯には，玄武岩・玄武岩質火砕岩，チャート，剪断変形が著しい砕屑岩類などからなる根田茂コンプレックスが分布する．砕屑岩類には混在相が多く，玄武岩類は主として海洋島玄武岩，一部は海嶺玄武岩であり，このコンプレックスは付加体起源である（濱野ほか, 2002）．MORB 型玄武岩を覆うチャートから後期デボン紀のコノドント（濱野ほか, 2002）が発見されているので，その海洋の形成は少なくともデボン紀にさかのぼる．

b. 砕屑岩からの石炭紀化石の発見

また，泥岩からデボン紀〜前期石炭紀の放散虫が報告されており，上記のデボン紀コノドントを考慮して，その年代は前期石炭紀と考えられている（内野ほか, 2005）．この泥岩が，チャート-砕屑岩シーケンスの上部をなす，陸源砕屑岩とみなされていることから，根田茂コンプレックスは古生代（石炭紀）付加体と考えられる（内野ほか, 2005）．

c. 根田茂帯と南部北上帯の関係

この付加体をつくった沈み込み帯は南部北上古陸の前縁にあった可能性が大きいが（Uchino and Kawamura, 2010），現在の南部北上帯と根田茂帯の関係は断層関係であり，今後のさらなる検討が必要である．

川村ほか（1999）はその岩相の類似から，内野・川村（2010）は根田茂コンプレックスの一部が高圧型変成作用を受けていることから，これを同様に付加体起源の高圧型変成岩類である母体変成岩類に対比している．しかし，松ヶ平変成岩を含む，松ヶ平・母体変成岩類は先上部デボン系で（永広・大上, 1990, 1991），その変成年代は約 500 Ma であり（蟹澤ほか, 1992），約 500 Ma の正法寺閃緑岩の貫入前であるので，石炭紀付加体である根田茂コンプレックスをこれと対比するのは無理がある．より新期の沈み込みに伴う，変成作用を考えるべきであろう．

■ 3.1.10 アジア大陸東縁の中生代沈み込み帯

南部北上帯・根田茂帯を除く東北日本，すなわち阿武隈帯と北部北上帯は，ジュラ紀付加体からなる．阿武隈帯の主体をなす御斎所・竹貫変成岩類はジュラ紀付加体が高温型変成作用を受けたものであ

る．これらの付加体は，極東ロシアのタウハ帯，西南北海道の渡島帯から東北日本を経て，西南日本の南部秩父帯へ，さらに南方へと続く，長大な付加体列の一部をなすものである．

a. 御斎所・竹貫変成岩類の形成

阿武隈帯は，高温型広域変成岩の御斎所・竹貫変成岩類，滝根層群および前期〜中期白亜紀花崗岩類からなる．御斎所変成岩は，MORB組成の玄武岩や火砕岩起源の緑色片岩が卓越し，珪質片岩（チャート）を伴い，これらが繰り返す．一方，竹貫変成岩の原岩は砕屑岩類を主体とし，MORBや明瞭なチャートを伴わない．両変成岩は，その岩相構成から，それぞれ海洋底玄武岩-遠洋性堆積物と海溝充填堆積物からなる，付加体を起源とするものと判断される．

b. 御斎所・竹貫変成岩類の原岩年代と変成年代

御斎所・竹貫変成岩類は，先カンブリア系と考えられたこともあるが，御斎所変成岩からのジュラ紀放散虫化石の発見（Hiroi et al., 1987）により，ジュラ紀付加体であり，その変成年代はジュラ紀より若いと考えられるようになった．竹貫変成岩は，中圧型を示す藍晶石を産することから，御斎所・竹貫変成岩類全体がこうむっている高温型変成作用とは別の，古い変成作用をも受けた古期の岩石であるとの解釈もある（たとえば加納，1989）．しかし，Hiroi and Kishi（1988）は，中圧型変成鉱物は，白亜紀の一連の変成作用の一時的な高圧条件下で晶出したものであると考えている．この高圧条件は，御斎所変成岩の竹貫変成岩上への衝上によって発生し，その削剝によって消滅した（Hiroi and Kishi, 1988）．また，廣井ほか（2004）・Hiroi（2016）は竹貫変成岩中の砕屑性ジルコンに280〜200 Maの年代値をもつものがあること，したがって原岩にジュラ系以上のものを含むことを明らかにしている．

御斎所・竹貫変成岩類は阿武隈帯の古期花崗岩類（120 Ma前後）と調和的に変形しており，また，一部でミグマタイトを形成しているので，変成作用は120 Ma前後であった可能性が大きい．Hiroi et al.（1998）は，泥質片麻岩中のジルコンリムのU-Pb SHRIMP年代が110 Maを示すことから，これが変成作用の時期を示すと考えている．

c. 滝根層群

阿武隈山地の中央部には花崗岩中のルーフペンダントとして，石灰岩，泥岩，緑色岩などを原岩とする接触変成岩類，滝根層群が分布する（永広ほか，1989）．チャート起源と考えられる珪質岩も含まれるので，これらも付加体起源と考えられるが，その付加年代や御斎所・竹貫変成岩類との関係は不明である．

d. 北部北上帯付加体の形成

北部北上帯はジュラ紀付加体からなるが，構成岩類の違いから，岩泉構造線（小貫，1981）を境に，西側の葛巻-釜石亜帯と東側の安家-田野畑亜帯に区分される（大上・永広，1988；永広ほか，2005）．葛巻-釜石亜帯では，海洋プレート層序中に，後期石炭紀の玄武岩-石灰岩，後期石炭紀のチャート，ペルム紀の含フズリナ石灰岩，ペルム紀〜三畳紀のコノドントを含むチャート，ごく少数ではあるが中生代石灰岩などを含む．一方，安家-田野畑亜帯では古生代の化石は知られておらず，三畳紀のコノドントが最も古い化石資料である．また，葛巻-釜石亜帯の砂岩が一般に岩片にやや富み，カリ長石の少ない長石質砂岩であるのに対して，安家-田野畑亜帯のそれはカリ長石に富む長石質砂岩であり，後背地の地質構成が異なっている．ただし，この砂岩組成の違いは必ずしも亜帯境界で明瞭に区別されるものではない（高橋ほか，2006，2016）．北部北上帯の玄武岩類は，土谷ほか（1999a）や三浦・石渡（2001）による化学組成の検討結果では，大部分は海洋島型アルカリ玄武岩で，一部のみN-MORB型である．

不確かではあるが石炭紀フズリナを含む石灰岩の存在，一戸南方からの後期石炭紀アンモノイドを含む，おそらくは海山-礁石灰岩複合体をなしていたであろう石灰岩の発見（永広ほか，2010），安家川上流部での後期石炭紀コノドントを含むチャートの発見（山北ほか，2008；永広ほか，2008）から，葛巻-釜石亜帯のジュラ紀付加体を構成する遠洋性堆積物の堆積の開始（海洋プレートの誕生）は少なくとも後期石炭紀にさかのぼることが確かめられている．この海洋プレートは石炭紀から三畳紀までのいくつかの年代の海山をのせながら，パンサラッサ海の遠洋域でチャートを堆積させていたが，顕生代における最大の生物絶滅事変を伴うペルム紀-三畳紀境界付近では，世界的な海洋の超無酸素事変の影響を受け，海洋表層での珪質プランクトンの生産の急激な低下，深海における有機物の分解作用の低下

を示す，珪質粘土岩・黒色粘土岩（いわゆる P/T 境界層）のみが堆積した（Takahashi et al., 2009）．

北部北上帯の付加体は一般に南南東-北北西方向の延びを示し，構造的に西側上位であるが，この構造方向において最も西側（上位）に位置する，弘前南方の陸源泥岩から前期ジュラ紀の（植田ほか，2009），より下位の山田西方地域ではチャート-砕屑岩シーケンスの上部をなす泥岩中のマンガンノジュールから中期ジュラ紀前期アーレニアン期の（吉原ほか，2002），同亜帯北東部の安家川上流域では同様の泥岩中のマンガンノジュールから中期ジュラ紀中期バッジョシアン期〜バトニアン期の（鈴木ほか，2007），さらに北東の久慈市川井西方では泥岩から後期ジュラ紀中期キンメリッジアン期の（中江・鎌田，2002）放散虫が報告されている．これらの化石年代は海溝充塡堆積物の年代であり，ほぼ付加年代を示している．葛巻-釜石亜帯の付加体はジュラ紀前期から後期にかけて，大局的には南西側から順次形成されてきたと考えられる．

Nakae and Kurihara（2011）は釜石西方の"黒色泥岩"から後期ペルム紀放散虫を報告しているが，既述のようにこの年代値の意味については今後の検討が必要である．

葛巻-釜石亜帯では，チャートや砂岩・泥岩などがある程度本来の層序を残した整然相と，チャート，石灰岩，砂岩などが泥質基質中にさまざまなサイズの異地性岩塊として混入した混在相の両者が認められ，付加に際しての変形の程度はさまざままであった（Suzuki et al., 2007）．

安家-田野畑亜帯からは前述のように古生代化石の報告はなく，同亜帯の付加体をなす海洋プレートとその上位の堆積物の形成開始年代は葛巻-釜石亜帯それよりも若い可能性が大きい．ただし，小本地域の中期ジュラ紀後期の付加体にはP/T境界層類似の黒色粘土岩がはさまれており，亜帯区分の是非や亜帯境界の位置，構造を含めて検討が必要である（永広ほか，2008）．また，この亜帯西部の高屋敷ユニットの砂岩は後期ジュラ紀前期のアンモノイドを産し（Suzuki et al., 2007），岩泉構造線をはさんで西側に位置する葛巻-釜石亜帯の付加年代（後期ジュラ紀中期：中江・鎌田，2002）より古く，付加年代の逆転を生じている．

安家-田野畑亜帯東北縁の尻屋地域の泥岩は末期ジュラ紀〜初期白亜紀の放散虫を含み（松岡，1987），北部北上帯で最も若い付加体である．安家-田野畑亜帯の海洋プレートは，後期三畳紀の安家石灰岩を伴う，数十km連続する海山をのせており，後期ジュラ紀の沈み込みに際して，この海山-礁複合体の一部が付加体中に取り込まれている．

尻屋地域の石灰岩にはジュラ紀のものもあるが，三畳紀のメガロドン石灰岩を含むものもある（佐野ほか，2009）．メガロドンの可能性のある化石は八戸の石灰岩からも知られている（川村・上野，2006）．メガロドンはわが国では，西南日本外帯，渡島帯の上部三畳系石灰岩から知られているもので

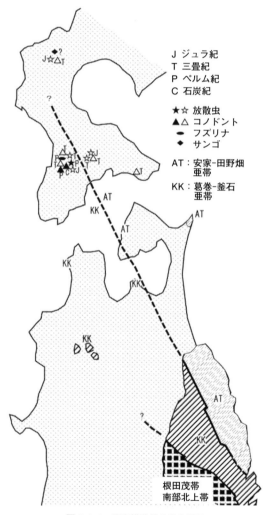

図 3.1.8 岩泉構造線の北方延長
渡島帯ジュラ紀付加体の化石年代分布は坂上ほか（1969），吉田・青木（1972），Ishiga and Ishiyama（1987）などに基づく．

（田村，1992），極東ロシアのタウハ帯からも報告されており，これらが一連の付加体であったことを物語っている．

葛巻-釜石亜帯と安家-田野畑亜帯との間の年代的な対立と同様のものは西南北海道の渡島帯でも知られており（吉田・青木，1972），東側では古生代化石は知られていないが，西側ではペルム紀・石炭紀化石を産する（図3.1.8）．渡島半島の渡島帯の付加体は岩相・年代構成の類似から北部北上帯の延長と考えられてきたが，葛巻-釜石亜帯と安家-田野畑亜帯の境界としての岩泉構造線も渡島半島に延長できる可能性が大きい（大上・永広，1988）．

■3.1.11　アジア大陸東縁の白亜紀火成活動

東北日本の陸上域でみられるジュラ紀付加体の形成が終了したのち，白亜紀に入ると，アジア大陸東縁では活発な火山活動が始まり，その後激しい褶曲・断層運動があり，また，大量の花崗岩類が貫入した．この一連の変動は大島造山運動（Kobayashi，1941）と呼ばれたものに相当する．

a.　礼文-阿武隈東縁火山帯の形成

白亜紀に入ると，東北日本東部の南部北上帯南端から北部北上帯東部を経て，北海道の西部（礼文-樺戸帯）にいたる広い地域（北上東縁-礼文火山帯：木村，1977，1979）で激しい島弧火山活動が始まり，大量の火山岩・火砕岩類をはさむ下部白亜系が堆積した．南部北上帯では，三畳紀〜ジュラ紀には限られた範囲にのみ堆積盆地が発達していたが，下部白亜系火山岩・火砕岩類は，このジュラ紀から引き続く堆積盆地のほか，ペルム系や石炭系などを直接不整合に覆って広い範囲に堆積している．また，この火山活動は北部北上帯にも及び，そこではジュラ紀付加体を覆っている．すなわち，古生代基盤をもつ南部北上帯とジュラ紀付加体である北部北上帯にまたがって形成されており，この活動以前に形成環境の異なる両帯はほぼ現在の接合状態を完成させている．

これらの火山岩類は，玄武岩からデイサイト・流紋岩までを含む，幅広い組成の沈み込み帯のものである．北部北上帯における付加体の形成（沈み込み帯の形成）は少なくとも前期ジュラ紀には始まっており，したがって沈み込みも開始されていたが，島弧火砕岩や火山岩の堆積は，北部北上帯，南部北上帯とも，白亜紀に入るまで生じておらず，ジュラ紀の沈み込みには活発な火山活動は伴っていなかった可能性が大きい．

b.　白亜紀深成火成活動

前期白亜紀火山岩類の活動ののち，東北日本全域の広い範囲で深成岩の貫入があった．この深成火成活動は花崗岩類の形成を中心とし，南部北上帯〜北部北上帯（北上迸入帯：島津，1964）では130〜110 Maに集中している．阿武隈帯（阿武隈迸入帯）では，120 Ma前後の古期のものと100〜90 Maの新期のものとがあり，新期のものがより広い面積を占めている．南部北上帯〜南部北上帯では，これらの一部は前期白亜紀火山岩類と volcano-plutonic complex を形成している（Kanisawa，1974）．

この火山岩類や花崗岩類はアダカイト質のものを大量に伴い，120 Maころには若い海洋プレートの沈み込みがあったものと考えられている（Tsuchiya and Kanisawa，1994；Tsuchiya *et al.*，2005）．

西南日本に属する朝日帯や足尾帯に分布する花崗岩類はより若く，後期白亜紀〜古第三紀のものである．

東北日本の花崗岩類の化学組成や随伴する金属鉱床の性質は東西方向に変化している（石原，1973；Ishihara，1977）．北上迸入帯の花崗岩類は磁鉄鉱系列で，帯磁率が高く，Mo，Cu，Pb-Zn，Agなどの硫化物鉱床が付随している．一方，西側の阿武隈迸入帯の花崗岩類はチタン鉄鉱系列で，帯磁率が低く，随伴する鉱床は Sn，W が特徴的である．また，前者の年代が130〜110 Maであるのに対し，後者の主体は100〜90 Maである．一方，棚倉断層以西の花崗岩類の年代は60 Maより若いものが多く，また，北側での鉄鉱系列（Mo，Cu，Pb-Zn，Ag鉱床を伴う）から南側のチタン鉄鉱系列（Sn，W鉱床）へと変化している．日本海形成時の折れ曲がりを復元すると，東北日本のこの変化方向は南東から北西に向かい，一方西南日本のそれはまったく逆向きとなっており，両地質区の明瞭な対立関係を示している．

■ 3.1.12 白亜紀テクトニクスと東北日本の北上

下部白亜系火山岩類が堆積したのち,東北日本は激しい東西圧縮テクトニクスの場におかれ,強く褶曲するとともに,横ずれ断層により変位した.

a. 短縮テクトニクスとスレート劈開の形成

南部北上帯〜北部北上帯では,下部白亜系火砕岩類を含めた諸層が強く褶曲し,南北方向の軸をもつ,閉じた褶曲を形成した.これらには波長数 km のものから標本サイズのものまで,数次のオーダーが観察されている.南部北上帯では,褶曲上部層を除き,一般に明瞭な軸面劈開(スレート劈開)が形成されている.スレート劈開の形成の程度は,花崗岩体の周辺で高く,温度条件の支配も受けていたと考えられている(Oho, 1982;池田, 1984;石井, 1985, 1988;Ishii, 1988;Kanagawa, 1986).同様の劈開は北部北上帯の一部でも認められる(たとえば杉本, 1974a).

b. 左横ずれ断層群の活動

この時期にはまた,東北日本全域に多くの北北西-南南東方向の直線的な左横ずれ断層が形成された.北上山地の土淵-盛断層・日詰-気仙沼断層,阿武隈山地東縁の双葉断層・畑川断層,阿武隈山地西縁の棚倉断層などがそれである.これらは上述の褶曲構造を切って,変位させており,その総変位量は数百 km に達すると見積もられている(大槻・永広, 1992).このような左横ずれ運動が,南中国とともに北上してきた南部北上古陸をさらに北方に変位させ,現位置にまで移動させた可能性が大きい(図 3.1.9,図 3.1.10).

これら横ずれ断層の主要な活動時期は白亜紀であるが,東の土淵-盛断層・日詰-気仙沼断層などから,双葉断層・畑川断層,さらに棚倉断層へと,次第に新しくなる傾向がある(永広, 1982).北上山地では,これらの断層は前期白亜紀花崗岩類(130〜110 Ma)を切っておらず,130 Ma 前後にはその活動は終息したと考えられる.一方,双葉断層・畑川断層はこの前期白亜紀花崗岩類を変形させ,幅広いマイロナイト帯をつくっており,より新期まで活動しているが,阿武隈帯の新期花崗岩類(100〜90 Ma)をマイロナイト化させてはいない.しかし,両断層に沿っては,マイロナイトの角礫を伴う破砕帯の形成がある.特に双葉断層は新第三系をも切り,ま た,一部は活断層と考えられており,前期白亜紀以降も断続的に活動したと考えられる.棚倉断層は,阿武隈帯の変成岩・花崗岩,足尾帯・八溝帯の堆積岩類,朝日帯の花崗岩類からなる,4 km をこえる幅広いマイロナイト帯を伴っており,マイロナイト

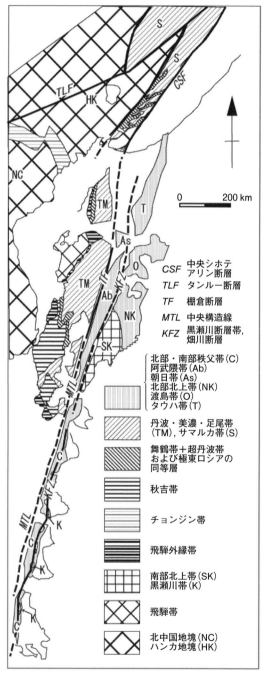

図 3.1.9 白亜紀の左横ずれ断層による日本列島の北上(山北・大藤, 2000;Kojima et al., 2000 などを修正)

帯の形成年代は約 60 Ma まで引き続く．また，双葉破砕帯同様，新第三紀においても活発な運動を行ったことがわかっている．

西南日本の先新第三系の帯状構造が東北日本にどのように延長されるのかについてはいくつかの考えがあるが，最近では，中央構造線が棚倉断層に続き，さらに極東ロシアの中央シホテアリン断層に延長されるという考えが多くなっている（たとえば，柴田・高木，1989；山北・大藤，1999，2000）．棚倉断層は，そのマイロナイト帯形成時の主要な時期には，朝日帯と足尾帯を分ける日本国-三面マイロナイト帯に続いていたのであろう．しかしその後の横ずれ断層運動において，朝日山地東方に新たな断層が生じ，これが棚倉断層の北方延長となるとともに，阿武隈帯・南部北上帯・北部北上帯などをさらに北方に変位させたものと考えられる（図 3.1.10）．

■3.1.13　日本海形成前の東北日本

白亜紀花崗岩類の貫入（130〜110 Ma）の後，東北日本東部の激しい構造運動はいったん終息したが，花崗岩類は周囲の堆積岩・変成岩類とともに急速に上昇した．地殻上部は侵食・削剥され，前期白亜紀の後期（110 Ma ころ）には花崗岩体の一部は地表に顔を出した．その後の海進に伴う後期アプチアン期の宮古層群はジュラ紀付加体・原地山層や花崗岩類を傾斜不整合に覆っている．宮古層群は東に緩く傾く構造を呈し，先宮古統が激しく褶曲し，直立ないし逆転しているのと対照的である．この海進は局部的なもので，宮古層群の分布は北部北上山地の東縁の一部に限られている．東北日本西部，阿武隈山地より西方の地域では，白亜紀中ごろの花崗岩類の貫入後，激しい地殻変動はいったん停止した．

後期白亜紀に入るころには北上山地東縁に入り込んでいた海も退いた．その後，後期白亜紀や古第三紀にも海進と堆積盆地の形成があり，北部北上山地の久慈地域・岩泉地域，阿武隈山地南東縁の双葉地域に，浅海成-河川成の上部白亜系・古第三系が堆積した．これらも陸上での分布は局部的であるが，音波探査や試錐探査の結果では，三陸沖・常磐沖に厚い白亜系〜古第三系の存在が確認されており（大澤ほか，2002；岩田ほか，2002），北海道低地帯から南北に延びる長大な堆積盆地が形成されていたことがわかっている．

北部北上山地には，宮古市東方のデイサイト質火砕岩類からなる閉伊崎噴出岩類（矢内・蟹澤，1973；62 Ma：内海ほか，1990），宮古市から川井村・岩泉町にかけての地域に点在するする始新世の流紋岩・デイサイト類（浄土ヶ浜流紋岩，門神岩デイサイトや小国デイサイトなど）に加えて，古第三系中にも凝灰岩類がはさまれており，断続的な火成活動があったことがわかる．古第三紀の火成活動は秋田県男鹿半島などでも知られている．

[永広昌之]

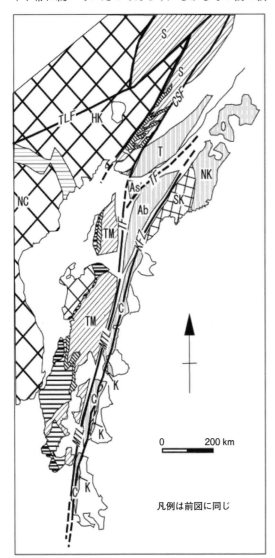

図 3.1.10　日本海形成前，古第三紀の日本列島（山北・大藤，2000，Kojima et al., 2000 などを修正）

3.2 後 期 新 生 代

■3.2.1 東北日本新第三系生層序と古海洋 変動

a. 新第三紀生層序の背景

東北日本に分布する新第三系の生層序は，一般には低緯度海域で設定された浮遊性有孔虫化石帯などの石灰質微化石を中心に検討されてきているが，東北日本が中緯度海域であることなどから，低緯度海域で設定された化石帯の指標種が東北地域では必ずしも産出しない．したがって，ヨーロッパ標準時階模式地などを含め，汎世界的に共通の指標種が産出する石灰質ナンノ化石など一部を除き，新生界の微化石による地質年代の決定は地域ごとの生層序を確立したうえで，それらを相互に間接的に対比して決定されてきた．その際に，生層序年代を放射年代や残留磁気測定結果などを介して比較/対比されるため，厳密な意味では精度に問題が残されている．図3.2.1には，化石基準面と模式地標準時階との対比および古地磁気層序，酸素同位体層序との詳細な関係が明らかにされている石灰質ナンノ化石基準面と化石帯（Martini, 1971；Okada and Bukry, 1980）とともに，浮遊性有孔虫化石基準面と化石帯（Blow, 1969），および珪藻化石帯（Yanagisawa and Akiba, 1998）との相互関係を示した．ここで注意が必要なのは，浮遊性有孔虫化石基準面と石灰質ナンノ化石基準面，および珪藻化石帯それぞれの正確な相互関係が同一試料などで直接比較されていない層準が多いことであり，多くは間接的な対比にとどまっている．

地質年代決定精度の点では，近年の石灰質ナンノ化石層位学の進展は，古地磁気層位学との関係のみならず，酸素同位体層序との関係も明らかにされ，きわめて高い精度で地質年代が決定可能であり（図3.2.2）注目されている．たとえば，上部第四系に認められる2つの石灰質ナンノ化石対比基準面（*Emiliania huxleyi* の産出下限と *Pseudoemiliania lacunosa* の産出上限）は，北大西洋と東北日本下北沖で，いずれも同じ酸素同位体ステージ内に位置するばかりでなく，ともに同位体値の最大ピーク層準よりわずかに下位の層準に位置するという，きわめて高い同時間性を示す（図3.2.2；佐藤ほか，2012a）．

b. 新第三紀～第四紀グローバル気候イベントと東北日本の古環境

新第三紀～第四紀にかけての代表的なグローバル気候イベントは，前期中新世末から中期中新世初めの「Mid-Miocene Climatic Optimum」，その直後に発生した中期中新世中ごろの南極大陸東部での氷床拡大，後期中新世中ごろのアジアモンスーン強化，後期中新世末のメッシニアン塩分危機，および新しい第四紀の始まりの定義と関連するパナマ地峡の成立による北半球の寒冷化がある（図3.2.3）．

（1）阿仁合型植物群，台島型植物群と日本海の形成

阿仁合型植物群と台島型植物群：中新世初めの日本海形成直前から形成期にかけての地層から産出する植物化石群に，阿仁合型植物群と台島型植物群（藤岡，1963）がある．前者は落葉広葉樹を主体に針葉樹を混交する温帯林の植物組成を有するのに対し，後者は暖流影響下の常緑広葉樹と落葉広葉樹の混交する温帯林の組成を有し，コンプトニア属（*Comptonia*）とフウ属（*Liquidambar*）を特徴的に含むことや，日本に現存しない属も多数含む特徴をもつ（植村ほか，2001）．

これら植物群のうち，阿仁合型植物群の産出層準は日本海拡大前の非海成層であり，地質年代を正確に示す海生微化石が産出しないことから正確な地質年代を得ることができない．同層準の放射年代に関しても，このあとの台島型植物群に移行する層準の年代が22 Ma（鹿野・柳沢，1989），19～18 Ma（木村，1986；植村，1989），17.5 Ma（鈴木，1989）などさまざまで，信頼性のある年代が必ずしも得られていない．しかし，上位層準の海成層との関係では，常磐地域では，五安層の下位で榧平に対比される紫竹層からは阿仁合型植物群が産し，その上位の白土層群中山層，および九面層は石灰質ナンノ化石帯のNN4帯に対比される（竹谷ほか，1990；佐藤ほか，2010）．同様に，秋田県中央部に位置する阿仁合地域では，阿仁合型植物群産出層準よりやや上位に位置する砂礫岩層から貝化石が産出し，それより産出する石灰質ナンノ化石がNN4帯を示唆する（石川，

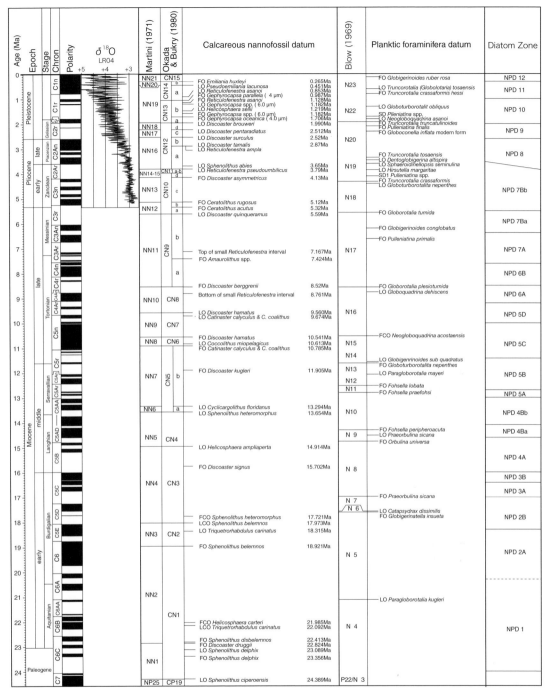

図 3.2.1 石灰質ナンノ化石帯，浮遊性有孔虫化石帯および珪藻化石帯と対比基準面，および古地磁気層序，酸素同位体層序との関係（佐藤・千代延，原図；珪藻化石帯は Yanagisawa and Akiba, 1998 による）

1999)．その年代は最も古く見積もっても1780万年前である．常磐地域の層序を検討した矢部ほか(1995)は，台島型植物群の先駆的特徴をもつ植物化石群を産する椚平層の層位学的位置と放射年代から，この移行期を19〜18Maと推定している．このようなことからみて，阿仁合型植物群から台島型植物群への移行は18Ma付近と推定される．

一方，台島型植物群は，模式地の男鹿半島南岸台

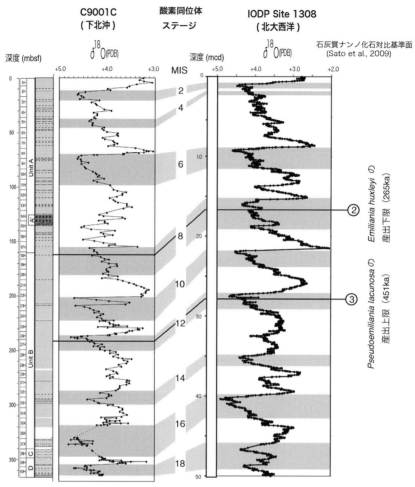

図 3.2.2　北大西洋と下北沖で求められた 2 つの石灰質ナンノ化石対比基準面と酸素同位体ステージとの関係（佐藤ほか，2012a）

島層が非海成層であるものの，植物化石の特徴が「暖流影響下の常緑広葉樹と落葉広葉樹の混交する温帯林の組成（植村ほか，2001）」であり，その産出層準である非海成層〜海成層は日本海形成開始後で，「Mid-Miocene Climatic Optimum」に相当する 17〜15 Ma の間に対比される．

日本海の形成：日本海の形成時期に関してはさまざまな議論がなされてきた．米谷（1978）は，日本海側油田地域の浮遊性有孔虫化石を総括し，最も古い地質年代を示唆するのが Blow（1969）の N8 帯に対比される化石群であることを指摘した．一方，Otofuji（1983, 1984）は，残留磁気の測定結果から，東北日本と西南日本は 15〜12 Ma の間にそれぞれ反時計回り，または時計回りに回転し，日本海が形成されたことを指摘した．その後，伊藤ほか（2000）

は日本列島の回転による日本海の形成が同じく残留磁気測定結果と珪藻化石層序から NPD3A 帯（16.9〜16.3 Ma）より以前で発生したと推定している．一方，Tamaki et al.（1992）は，日本海で掘削された ODP Leg 127, Site 794〜797，および Leg 128, Site 798, 799 で，日本海形成時のものと推定される玄武岩類を総括し，日本海の形成を 28〜18Ma の間とした．

近年の石灰質ナンノ化石層序の調査では，秋田県内陸，出羽丘陵の須郷田層下部，男鹿半島南岸および北岸の西黒沢層，太平山南縁の砂子渕層下部，北海道奥尻島の釣懸層，青森県深浦地域の田野沢層，富山県黒瀬谷層〜東別所層下部，石川県法住寺珪藻質泥岩部層，および中国地域の備北層群などいずれもが NN4 帯で 17.8〜15.7 Ma 間（図 3.2.1）に対比され，それより古い微化石は認められない（佐

3.2 後期新生代

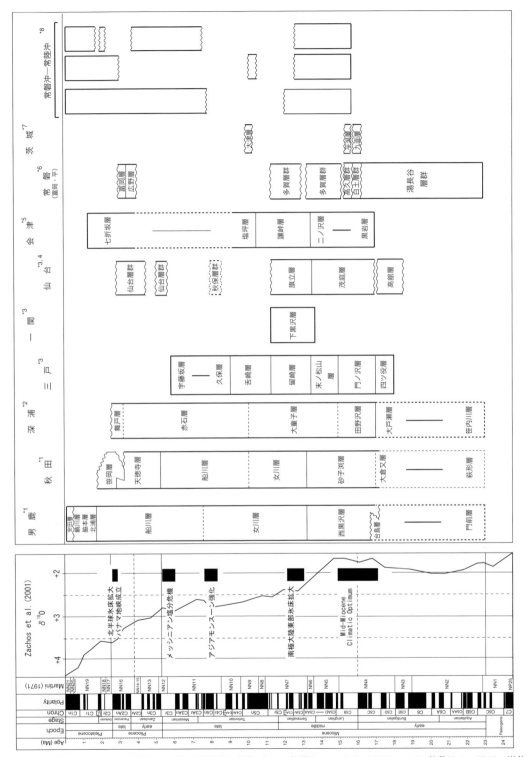

図 3.2.3 東北地方に分布する新第三系～第四系層序と対比（＊1：佐藤ほか，2010，2012b，＊2：佐藤ほか，2010；岩井，1986，＊3：Oda et al., 1984，＊4：Oda et al., 1984；鈴木ほか，2006，＊5：相田ほか，1998；鈴木，1986，＊6：竹谷ほか，1990；Yabe, 2008，＊7：佐藤ほか，2010；柳沢，1996，＊8：亀尾・佐藤，1999）

藤ほか，2010)．同じく日本海で掘削されたODP Leg 127, 128でも，最も古い年代を示した石灰質ナンノ化石はSite797で採取された試料で，NN4帯である (Rahman, 1992)．これらの微化石年代は，日本海側での最も古い海成層が古く見積もってもNN4帯下部で，*S. heteromorphus* の出現年代17.8 Ma（図3.2.1) であることを示唆する．また，米谷 (1978) によると，日本海側の油田地域からN8帯より古い年代を示唆する浮遊性有孔虫化石が産しない．このことからすると，日本海の形成タイミングはN8帯以降のNN4帯下部で17.0 Ma まで若くなる（図3.2.4)．したがって，古日本海は，NN4帯下部の1700万年前から1570万年前のわずか130万年の短い期間に奥尻島から秋田，新潟，北陸，中国地方，および日本海中央部までの広範囲に広がった．なお，台島層より下位の門前層"潮瀬の岬砂礫岩"から生痕化石が報告されている（大口ほか，2005)．大口らはこれら生痕化石を海の証拠としたが，生痕化石のみの報告のため海の証拠としては問題が残る．

(2) 前期中新世末～中期中新世 (17～11.5 Ma)

17～15 Ma の間は「Mid-Miocene Climatic Optimum」に相当し，わが国にはきわめて温暖な海洋が広がった．産する化石群は前述の台島型植物群のほか，男鹿半島の西黒沢層や青森県深浦の田野沢層では大型有孔虫化石 *Operculina* が産する．また青森県二戸地域の門ノ沢層，山形県小国地域の明沢橋層からはマングローブ花粉が産出（山野井ほか，2008，2010) など，東北日本まで亜熱帯性気候が広がっていたと考えられている．この間は石灰質ナンノ化石層序でNN4帯，浮遊性有孔虫化石ではN8帯で，いわゆる西黒沢海進に相当する．この時期に相当する地層群は日本の広い地域に分布し，ごく短期間で海域が広がった（佐藤ほか，2010；図3.2.4, 3.2.5)．

このような温暖な気候は，NN5帯下部もしくはN8/N9帯境界付近の15～14.5 Ma を境としたインドネシアの多島海化に伴って太平洋とインド洋を結ぶ暖流が遮断されたことにより，南極大陸東部の氷床が拡大，寒冷化した．東北日本の太平洋側ではそれ以後ユースタシーと関連した堆積様式がみられるようになり，常磐沖坑井では13 Ma 前後を境に不整合が広がる（亀尾・佐藤，1999)．東北日本海側も同様で，北陸の東別所層や青森県深浦地域の田野沢層，常磐地域の中新統などはこの海水準の低下に

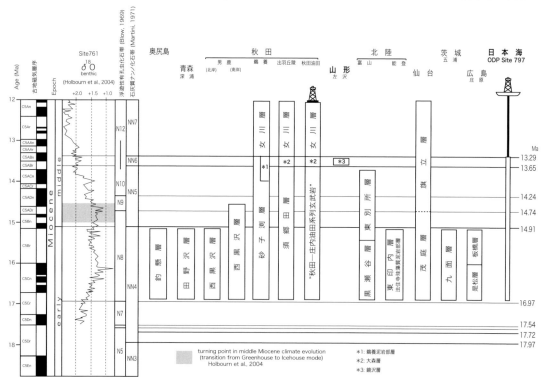

図 3.2.4 日本海形成期，NN4帯以後の各地層の対比（佐藤ほか，2010を加筆修正）

(3) 後期中新世〜前期鮮新世 (11.5〜3.5 Ma)

東北日本太平洋側では，常磐沖坑井にみられるようにユースタシー変動の影響と，構造運動の相互作用を受けた堆積様式が認められる（[12.2 石油資源] の項および [10. 海洋地質] の項参照）．日本海側地域の中期〜後期中新世堆積物の岩相は，後背地からの砕屑物の流入が少ないことから，女川層のような珪藻堆積物主体の珪質できわめて硬い岩質を呈する．還元環境を示唆するラミナの発達する岩相にはニシンの骨化石を豊富に含み，有機炭素量の多い，優秀な石油根源岩となっている．このような珪藻が多産する海洋環境は，10 Ma 前後で成立したモンスーン気候によって日本海側地域がカリフォルニア沿岸と同様，湧昇流海域へと変化したことによるもので（佐藤ほか，1995），別項でのべる秋田地域の石油鉱床成立にとって重要な海洋環境変化であった．

(4) 後期鮮新世初め〜第四紀 (3.5〜0 Ma)

3.5 Ma 以降には北半球が大規模な氷床拡大を招き，大きな寒冷化を迎える．ジェラシアン階基底（2.588 Ma）をもって第四紀とする新しい定義が採択されたのにはこのような背景がある（佐藤ほか，2012a）．

3.5 Ma 以降のグローバルな気候変動事件には，3.5〜2.75 Ma の Mid-Pliocene Warmth, 2.75 Ma での Climate Crash, 0.9 Ma 付近での Mid-Pleistocene Climate Transition, 0.6 Ma での 10 万年周期の気候変動の開始，および 0.4〜0.2 Ma 間の MBDI (Mid Brunhes Dissolution Interval) などがある（図 3.2.6）．Mid-Pliocene Warmth は，地球全体で気温が 2〜3°C 上昇した事件で，後期鮮新世 3.5〜2.75 Ma 間でのパナマ地峡成立の過程での海洋循環の変化が原因となっている（佐藤ほか，2011）．しかし，その後の 2.75 Ma でのパナマ地峡の最終成立は，大規模な北半球氷床拡大を引き起こし，"Climate Crash" と呼ばれる大きな寒冷化を迎える（Bartoli et al., 2005；Sarnthein et al., 2009）．このような 2.75 Ma での "Climate Crash" 以後の寒冷化は Quaternary Style Climate と呼ばれ，それに対してそれ以前の 4.0〜2.75 Ma までの酸素同位体変動の変動幅がごく小さく安定した期間は，Mid-Pliocene Golden Age と呼ばれている（Khelifi et al., 2009；Sarnthein et al., 2009；佐藤ほか，2012a；図 3.2.6）．

東北日本太平洋側の常磐地域では，3.5〜2.75 Ma

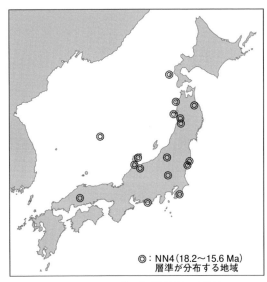

図 3.2.5 NN4 帯の海成層を認めた地域

◎：NN4 (18.2〜15.6 Ma) 層準が分布する地域

伴い上位層によって不整合で覆われるほか，新潟地域では海域が狭まり，堆積盆地の中心は西へ移動する（佐藤ほか，1995）．しかし，秋田の油田系列ではリフティングの終了による Thermal Subsidence (Tada, 1991；Sato, 1994) が原因で，出羽丘陵の須郷田層から大森層へのように，堆積相は NN4 帯の浅海成層から NN5, NN6 帯の半深海の泥岩相へと変化，さらに女川期の 13 Ma 以降になると，ラミナを伴う珪質な硬質泥岩が分布（[12.2 石油資源] の項参照）するようになる．したがって，日本海側地域は，ユースタシー変動での海水準の低下が原因で海域の水平的広がりは狭まり（佐藤ほか，1995），外洋との出入り口は浅海化するものの，堆積盆地中心部の水深は Thermal Subsidence が原因で深海化，シルで外洋と境されたシルドベーズン (silled basin) へ変化する（飯島，1988；Tada, 1991）．その結果，産出する底生有孔虫も石灰質有孔虫群集から，砂質有孔虫の "Haplophragmoides spp." を主体とする群集へ変化（Matoba, 1984）する．

このように，日本海側の海域は，日本海の形成とともに「Mid-Miocene Climatic Optimum」の影響化にある NN4 帯で最も広がり，それ以後，特に 13 Ma 以後では，ユースタシー変動による海水準の低下によって各地で不整合が形成され始め，海域は狭まる．しかし，秋田や新潟の油田系列での水深は，Thermal Subsidence の影響を強く受け，水深を増した（佐藤ほか，1995）．

間の Mid-Pliocene Warmth の間に広野層と富岡層が下位層を不整合で覆い分布する．この層準は常磐沖坑井でも追跡され（［12.2 石油資源］の項参照），海域が拡大したことを示唆している．日本海側油田地域では，砂質有孔虫が主体の還元環境下にあった堆積盆地が，石灰質底生有孔虫群集へ変化するととも

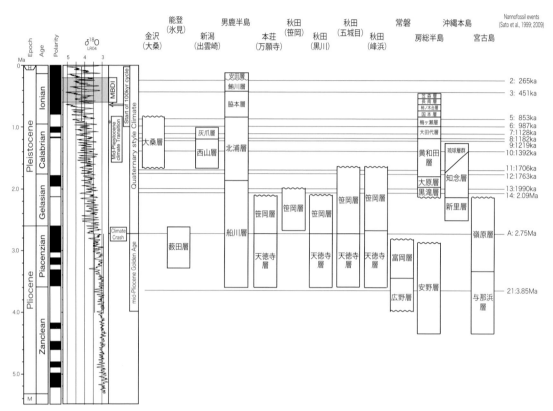

図 3.2.6 上部新第三系～第四系の対比とグローバル気候変動との関係（佐藤ほか，2012a）

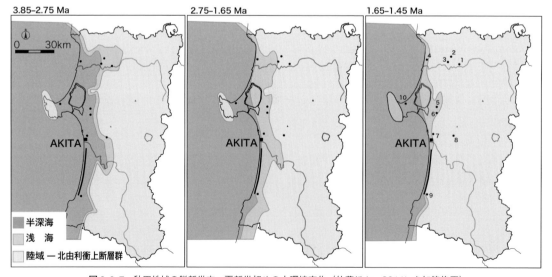

図 3.2.7 秋田地域の鮮新世末～更新世初めの古環境変化（佐藤ほか，2011b を加筆修正）
1：鷹巣，2：藤里，3：柾山沢，4：峰浜，5：五城目，6：大菅生澤，7：笹岡，8：太平，9：万願寺，10：男鹿．

に暖海性浮遊性有孔虫の *Globorotalia inflata* (s.l.) が広く産出し，温暖な海洋環境へと変化する．しかし，2.75 Ma の Climate Crash による寒冷化と海水準低下では，太平洋側の常磐地域で富岡層が上位と不整合関係となるほか，海域の常磐沖坑井でも 2.75 Ma を境に上位層と不整合関係になる（図3.2.6 および［12.2 石油資源］の項参照）．日本海側地域では，秋田油田系列の多くが半深海成層の天徳寺層から浅海成層の笹岡層へ岩相変化し，東北日本の常磐地域とともに"Climate Crash"の大きな影響を受けた（図3.2.6，3.2.7；佐藤ほか，2012b）．

このようなユースタシー変動に加えて島弧への圧縮を原因とした構造運動から，2 Ma 以降では東北日本の多くの地域が陸化し，陸成層へと変化する．秋田地域では，2 Ma の秋田平野側の陸化に伴って，堆積盆地が西方の男鹿半島側へ移動した結果，厚い第四系が男鹿半島側へ堆積した（佐藤ほか，2012b）．特に男鹿半島北岸の安田海岸では脇本層より上位の鮪川層〜安田層〜潟西層で亜炭層などを含む浅海成層から陸成層の周期的な環境変動が記録されており，広域テフラの年代との関係から MIS12 以降の酸素同位体ステージと対比されている（Shirai and Tada, 2000）．

c. 新第三紀／第四紀境界

2009 年，国際地質科学連合執行委員会（IUGS）は，第四紀の始まりをカラブリアン階基底からジェラシアン階基底，すなわちイタリアのモンテサンニコラ GSSP で定義することとし，2010 年，日本学術会議および日本地質学会，日本第四紀学会はこの決定を批准した．これによると，新第三紀／第四紀境界は，古地磁気層序のガウスクロンとマツヤマクロン境界とほぼ一致し，年代は 2.588Ma と見積もられている．

日本地質学会では，この変更に伴い特集号を組んで問題提起を行ったが，現在まで，新しく決定された同境界を露頭の規模で特定できる地域は宮崎のみである（千代延ほか，2012）．東北地方にもいくつか候補地があるものの，房総半島と同様に，境界層準は露頭欠除となっている．そのなかで，秋田市北方の大菅生沢ルートと男鹿半島北岸相川地域で，残留磁気の測定と石灰質ナンノ化石層序の検討が行われ，ジェラシアン階基底とカラブリアン階基底が，明らかになっている．ジェラシアン階基底とカラブリアン階基底の位置は，露頭欠除があるため，正確な境界ポイントを露頭規模のスケールで指摘ができないが，相川ルートでは，古地磁気層序のオルドバイサブクロンを連続露頭内で正確に指摘可能である（図3.2.7，3.2.8，3.2.9；佐藤ほか，2011b）．

d. 大桑・万願寺動物群の層序学的問題

東北日本海側の上部新生界から産出する貝化石群は"大桑・万願寺動物群"と呼ばれ，長らく地層の対比と時代決定，および古環境解析の指標として用いられてきた．この動物群は，Otuka (1939) によって日本海側の鮮新世を特徴づける寒冷海の貝類化石群集として命名されたもので，金沢市大桑および秋田県本荘市万願寺をはじめとして，秋田地域の天徳寺層，笹岡層，新潟地域の西山層，灰爪層，北陸の大桑層などから産出する（小笠原，1996）．しかし，これら動物群の産出層準の地質年代を近年の石灰質ナンノ化石調査結果からみると，さまざまな

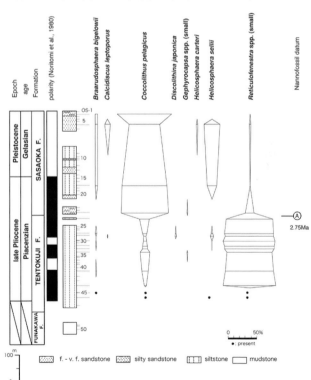

図3.2.8 秋田県大菅生沢ルートでのピアセンジアン階/ジェラシアン階層序（佐藤ほか，2011b）

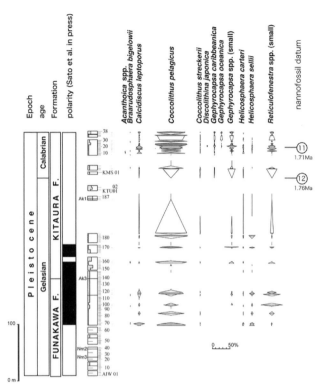

図 3.2.9 秋田県男鹿半島北岸相川地域でのジェラシアン階/カラブリアン階層序（佐藤ほか，2011b）

地質年代に対比される（佐藤ほか，2012b）．すなわち，天徳寺層や薮田層の大部分は基準面 A（2.75 Ma）の Climate Crash 以前に対比され，平均気温が現在より4℃高かった（Raymo et al., 1996）といわれる汎世界的温暖期の Mid-Pliocene Golden Age（またはMid-Pliocene Warmth）に相当する．一方，本荘市万願寺の笹岡層や秋田油田地域のほとんどの笹岡層は Climate Crash 以後で，北極域での急激な氷床拡大による汎世界的な寒冷化の時期でジェラシアン階に対比される．また，新潟県出雲崎の西山層や金沢の大桑層はカラブリアン階で北極海域にふたたび石灰質ナンノプランクトンが生息し始めた時期に対比され，特に大桑層最上部は，さらに若い Mid-Pleistocene Climate Transition に対比される（図 3.2.6）．このような新しい対比に対し，小笠原（1996）は大桑・万願寺動物群を「主として日本海側から産出する鮮新世から初期更新世の貝化石群」とし，その古環境的特徴を「主として温帯的な海洋気候下で繁栄したもので，地域的・空間的に温暖や冷温種が混在する」として総括した．しかしこれは"大桑・万願寺動物群"が，275万年より以前から100万年前こ

ろまでのさまざまな地質年代に対比され，また環境的にも鮮新世で世界的な温暖期（Mid-Pliocene Warmth）から，北半球の急激な氷床拡大によるきわめて寒冷な時期（Climate Crash）まで，まったく異なった背景をもつ化石群を一括した化石群であることを示唆している．したがって，このような貝化石群集を一括して地質年代や古環境を議論することは層位学的にも古環境学的にも問題が多い．

天野ほか（2000），および天野（2001, 2007）は，このような日本海側上部新生界の貝化石群集の混乱を石灰質ナンノ化石層序との対比に基づいて整理し，大桑・万願寺動物群の時空分布とそれが示唆する古環境についての再検討を行っている．その結果，石灰質ナンノ化石基準面 A（2.75 Ma）の Climate Crash を境に中新世型の残存貝化石種が消滅し，北方系寒流系貝化石種が本州中部まで南下すること，Mid-Pleistocene Climate Transition に対応する 0.9〜0.8 Ma 前後で多くの大桑・万願寺動物群の特徴種が絶滅することなど，さまざまな特徴的変遷が明らかになり，新たな貝化石層序の枠組みと貝化石群集からの古海洋環境変動が解明されてきている．

［佐藤時幸］

3.2.2 後期新生代の構造発達史と火成活動史

a. はじめに

古く冷たいスラブの沈み込みによる代表的な島弧-海溝系の1つである東北日本弧は，ユーラシア大陸東縁の陸弧において，中新世に背弧海盆が拡大し，現在の島弧となった．島弧の下部地殻は，基本的には上部マントルからのマグマの供給で成長したと考えられる．島弧における地殻〜上部マントル構造の発展，島弧マグマの起源，そして沈み込み帯の構造発達史を明らかにするうえで，地質学，岩石学，そして地球物理学的手法を統合した研究は，きわめて重要である（Iwamori and Zhao, 2000；Stern, 2002；van Keken, 2003；佐藤ほか，2004；Hasegawa et al., 2005；吉田ほか，2005；Kimura and Yoshida,

2006；吉田，2009；Yoshida *et al.*, 2014）．近年，東北日本弧の地殻・マントル構造に関する地球物理学的データが次々と更新されている．特に地震波トモグラフィにより得られる地殻の3次元速度構造は次第に分解能が上がり，最近では個々の地質体との対比が可能となり，地震学的に観測された構造を，詳細な地形発達史や火成活動史と関連づける試みがなされるにいたっている（Hasegawa *et al.*, 2005；吉田ほか，2005；Nakajima *et al.*, 2006c；Yoshida *et al.*, 2014）．活動的な沈み込み帯における火成活動は，そこでの応力場の変遷を含む構造発達史と密接な関連を示す（Tsunakawa, 1986；吉田ほか，1997；吉田・本多，2005；Yoshida *et al.*, 2014）．地球物理学的手法で描かれた地殻・上部マントルのスナップショットを解釈し，その成り立ちを考えるには，その形成に関与した火成活動史や構造発達史についての理解が不可欠である．

a-1. 東北日本弧での後期新生代火成活動史の概要

後期新生代，東北日本弧における火成活動史は，大きく，暁新世〜前期中新世初期（66〜21 Ma）の陸弧火山活動期，前期中新世中期〜中期中新世中期（21〜13.5 Ma）の背弧海盆火山活動期，そして，中期中新世後期〜現世（13.5〜0 Ma）の島弧火山活動期，の3期に区分できる（表3.2.1：大口ほか，1989；鹿野ほか，1991；佐藤，1992；吉田ほか1995, 2005；Yoshida, 2001；Yoshida *et al.*, 2014）．これらはいずれも，背弧海盆の時代も含めて，沈み込み帯での火成活動にかかわっている（Sato, 1994；

表3.2.1 後期新生代，東北日本弧における13の発達段階

1. 陸弧火山活動期（66〜21 Ma）
   - ステージ 1　66 〜49　Ma　珪長質火成活動期
   - ステージ 2　49 〜35　Ma　活動休止期
   - ステージ 3　35 〜27　Ma　プレート内型火山活動期
   - ステージ 4　27 〜21　Ma　カルクアルカリ質火山活動期
2. 背弧海盆火山活動期（21〜13.5 Ma）
   - ステージ 5　21 〜17　Ma　大和海盆拡大期
   - ステージ 6　17 〜15　Ma　北部本州リフト（青沢リフト）期
   - ステージ 7　15 〜13.5 Ma　北部本州リフト（黒鉱リフト）期
3. 島弧火山活動期（13.5〜0 Ma）
   - ステージ 8　13.5〜10　Ma　初期海洋性島弧期（沈降期）
   - ステージ 9　10 〜 8　Ma　初期海洋性島弧期（隆起開始期）
   - ステージ10　 8 〜 5.3 Ma　カルデラ火山弧主期
   - ステージ11　5.3〜 3.5 Ma　カルデラ火山弧後期
   - ステージ12　3.5〜 1.0 Ma　遷移期（逆断層開始期）
   - ステージ13　1.0〜 0　Ma　圧縮型火山弧期

吉田ほか，1995, 2014；Yamada *et al.*, 2012）．活動的大陸縁の時代は，大陸縁でのリフト活動を伴った厚いイグニンブライトを形成するような，苦鉄質から珪長質なマグマの陸上での火山活動で特徴づけられる．背弧海盆の時代は，引張応力場での，バイモーダルな海底火山活動で特徴づけられ，それに続く島弧の時代は，応力がニュートラルな場から圧縮応力場へと変化する，2期からなる珪長質なカルデラを形成するような火山活動と，それに続く安山岩質成層火山の活動期からなる（大口ほか，1989；佐藤・吉田，1993；Sato, 1994；Yoshida, 2001；Yoshida *et al.*, 2014）．後期新生代，東北日本弧では，地殻〜上部マントル構造の進化とともに経時変化した，①火成活動の様式，②マグマ供給系，③マグマの噴出量，そして，④マグマ組成，などについて，詳しい研究が行われている（Sato, 1994；吉田ほか，1995；梅田ほか，1999；Yoshida, 2001；吉田，2009；Yamada and Yoshida, 2011；Yamada *et al.*, 2012；Yoshida *et al.*, 2014）．背弧海盆と島弧の時代における火成活動の発展は，縁海におけるアセノスフェアの湧昇とそれに続くマントルの冷却に関連したマントルウェッジ内での小規模対流の2次元流れパターンから3次元流れパターンへの変化と関連しているとの考えもある（Honda and Yoshida, 2005a；Yoshida *et al.*, 2014）．マントルウェッジにおける熱構造や対流パターンの変化に伴い，背弧海盆火山活動期（玄武岩活動期）には背弧海盆玄武岩が大量に噴出し，それに続く島弧火山活動期の早期には，大量に発生した玄武岩の地殻への付加により，下部地殻が加熱され，一部溶融することによって，後期中新世から鮮新世には多くの珪長質深成岩体やカルデラの活動が起こった（流紋岩/花崗岩活動期）．そして，島弧火山活動期の最末期には，上部地殻の冷却と強い水平圧縮応力の作用によって，マントルで発生した苦鉄質マグマと地殻内に滞留していた珪長質マグマとが火道域において混合することによって，大量の安山岩が活動するにいたっている（安山岩活動期）．

東北日本弧では，日本海での背弧海盆の拡大に伴い，前期から中期中新世にかけて，火山フロントの方位や位置を大きく変化させながら，リフト火山活動が複数回にわたって起こり，多数のホルスト（地塁）とグラーベン（地溝）の列が発達している（Oka-mura *et al.*, 1995；吉田ほか，2005；Yamada and Yoshida, 2011；Yoshida et al., 2014). 島弧地殻の深部構造を調べるにあたっては，詳細な地震学的構造探査が有効である．そして，東北日本弧を横切る方向での人工地震による構造探査の結果，東北日本弧には，地表の地形によく対応した2つのリフト系,「大和海盆リフト系」と「北部本州リフト系」とが発達していることが明らかになっている（図2.1.2：佐藤ほか，2004）．このうち，大和海盆リフト系は，中新世に形成された西傾斜の正断層で区切られたハーフグラーベンを形成している．そして，東北日本弧の島弧地殻の厚さは，前期中新世に起こった日本海の拡大に伴う地殻の伸長によって，西側へと薄化している．一方，北部本州リフト系は，より若い中期中新世に，シンプルシアーで形成された深度の深い堆積盆地を形成している．そして，上部地殻の薄化

に伴って生じたリフトの中軸部に沿って，多量の玄武岩質マグマが噴出している（八木ほか，2001；佐藤ほか，2004）．

島弧の時代になると，東北日本弧の地形的軸部である奥羽脊梁山脈に沿って，80をこえるカルデラが，非常に活動的な珪長質火山活動に伴って形成されている（図3.2.10：伊藤ほか，1989；佐藤・吉田，1993；Sato, 1994；吉田ほか，1999a）．多数のカルデラが形成された後期中新世から鮮新世にかけて，奥羽脊梁山脈では，広い範囲にわたって，南北に延びた右ずれの横ずれ断層と北東-南西方向に延びた正断層が発達している（Acocella et al., 2008）．第四紀になると，応力状態は，東西性の強い圧縮状態になり（たとえば，Sato, 1994），それ以前に比較して，より多くの安山岩質マグマが，島弧に沿う方

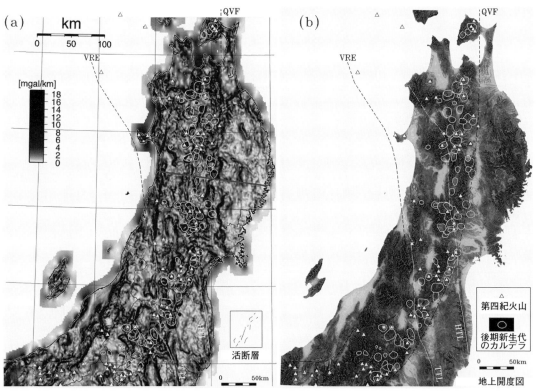

図3.2.10 東北日本弧における後期新生代カルデラ群と第四紀火山分布
 (a)：東北日本弧での，ブーゲ重力異常短波長成分の水平勾配分布（工藤ほか，2010；Yamamoto et al., 2011）と後期新生代のカルデラ分布（白丸）と第四紀火山分布（白三角）．ブーゲ異常の計算にあたって使用した密度は，2.67 g/cm^3 である．後期新生代に形成された大型のカルデラの分布は，重力の負異常の分布とよく対応しており，東北日本弧における重力変動の主要な原因がこれらのカルデラ構造が示す密度構造に起因していることをよく示している（工藤ほか，2010）．
 (b)：東北日本弧の開度図（50 mグリッドのDEMに基づいて描かれた標題図：Yokoyama et al., 1999；Prima et al., 2006）上に示された後期新生代カルデラ群と第四紀火山の分布（吉田ほか，2005；Yoshida et al., 2014）．QVF：第四紀火山フロント，VRE：(第四紀)火山リアエッジ，TTL：棚倉構造線，HTL：畑川構造線．

向ならびに東西に配列した成層火山から噴出するようになった.

a-2. プレート運動と構造発達史

（1） プレート運動の原動力

プレート運動の原動力は，沈み込んでいるスラブの自重と海嶺での押しによると考えられている（上田・Forsyth, 1975；Chappels and Tullis, 1977）．したがって，プレート運動の変化を左右する最大の要因は，スラブの沈み込み運動である，ということになる．また，スラブの沈み込みは，海嶺・海山・陸塊などの沈み込み帯上盤側への衝突や，スラブの落下・傾斜角の変化などに左右される（Gordon et al., 1978）．ローカルな場所での沈み込みスラブの運動は，地球表面に分布する多くのプレートの相互作用の結果と考えることができるが，プレートのなかでも太平洋プレートは最も長大な沈み込み帯を有しており，太平洋プレートの運動が，汎世界的な現象に大きく影響を与えていると考えられている.

（2） 日本列島のプレート造山論

丸山や磯﨑らは，日本列島の地体構造区分を行い（磯﨑・丸山，1991），それに基づき，太平洋側の海洋プレートの変遷をまとめ（Maruyama and Seno, 1986），海嶺の周期的な沈み込みと造山運動が関連していることを示す（Maruyama, 1997）とともに，日本列島のプレート古地理図を提示している（Maruyama et al., 1997）．さらに，彼らは，近年の海洋地球物理学の研究と陸上の蛇紋岩メランジュ帯などの研究に基づき，世界で最も活動的な造山運動を起こしている日本列島の沈み込み帯における構造侵食（沈み込み侵食作用/造構性侵食作用：木村，2002；山本，2010）の重要性を論じ，それらを考慮した日本列島の構造発達史を，新たに提示している（鈴木ほか，2010；磯﨑ほか，2011；丸山ほか，2011）.

（3） 日本海溝における沈み込み侵食作用

東北日本弧は，ユーラシア大陸の東縁部に位置する陸弧で，背弧海盆が発達した結果，現在の位置にいたり島弧を形づくっている．陸弧の時代の基本構造は北上山地などに残されており，現在の島弧の構造とは斜交する北西-南東に延びる構造からなる．背弧拡大時に，この基本構造に平行な横ずれ運動と反時計回り回転を伴いながら日本海が形成され，現在の場所に島弧が位置するにいたったと考えられている（馬場，2017）が，その間，太平洋プレートは，

上盤陸側プレートの先端部を沈み込み侵食（Subduction Erosion：Murauchi, 1971；von Huene and Culotta, 1989；von Huene and Lallemand, 1990；von Huene and Scholl, 1991；Clift and Vannucchi, 2004；山本，2010など）しながら，継続して東北日本弧の下に沈み続けていたと考えられている．陸弧を構成していた大陸性地殻の一部は，現在も北上山地などに残されており，東北日本沖の前弧前縁部には白亜紀の花崗岩類や付加体が露出している（Nasu et al., 1980）．そして，北上山地の下部地殻は，主に石英を含有した花崗閃緑岩類や斑れい岩類からなると考えられている（Nishimoto et al., 2008）.

八戸沖で実施された深海掘削計画（DSDP）Leg 81で海溝斜面傾斜転換点（trench slope break）から採取された試料に石英安山岩質な礫岩が含まれていたことから，東北日本弧の前弧域が沈み込み侵食作用により，地質時代を通して沈降しており，現在3000～1500 m深度にある海底が，30 Maには陸上に露出していた（親潮古陸）ことが明らかとなっている（Nasu et al., 1980；von Huene and Lallemand, 1990）．また，親潮古陸に重なる堆積物中の底生有孔虫の研究からも，時代が現在に近づくほど，海が深くなり，前弧域が沈没していったことが確認されている（Arthur et al., 1980）．この前弧域の沈降は，上盤陸側ウェッジの下底侵食作用によるものであり，これにより日本海溝は，白亜紀以降100 km以上，陸側に移動したと推定されている（Trench Migration：von Huene and Lallemand, 1990）．日本海溝は，第三紀以降，現在も，下底侵食作用による沈み込み侵食作用が進行している，沈降の場であると考えられている（木村，2002；Heki, 2004；鶴，2004；Scholl and Huene, 2007）.

（4） 海洋プレートの運動方向の変化と堆積盆地の消長

増田（1984）は，ハワイ海山列の海山が示す42 Ma以降の太平洋プレートの運動方向が変換する年代であるJacksonエピソード（Jackson et al., 1975）に対応して，日本列島における堆積盆地内の火成活動，応力場，堆積時期，堆積速度，古水深などの諸現象が変動しており，沈み込む海洋プレートの運動方向の変化に伴う水平圧縮応力場の変動が，島弧-海溝系の堆積盆地の消長をコントロールしていると論じている．この場合の，太平洋プレートの進行方向の

変換時期は, 41.9, 34.9, 30.6, 24.6, 21.6, 19.7, 14.0, 10.6, 8.3, 5.8, 2.6 Ma であり, この間, プレートの移動速度はほぼ一定であるが, 最近 1.3 Ma 以降, 増加している. さらに, 中期ジュラ紀以降の太平洋におけるプレートの運動についても, Engebretson *et al.* (1985), 丸山ほか (1982), Maruyama *et al.* (1982) に基づき, 日本列島でのプレート移動方向と速度の変換期を, 135, 119, 100(〜95), 53, 37 Ma として, 6 期に区切っている. 増田 (1984) は沈み込む海洋プレートの上盤にあたる島弧の堆積盆地における堆積の消長が, 海洋プレートの運動方向の変換に関連しており, 反時計回りのプレート方向の変化期に地層が厚く堆積していると指摘するとともに, これらの堆積作用の変遷や, 堆積物中に認められるハイエイタスの開始や終了時期が, Jackson エピソードとよく対応しているとのべている. また, Vail *et al.* (1977) の示している海水準変動と Jackson エピソードを比較し, 後者が 3〜6 Ma 前後のサイクルをもったゆっくりした海進と急激な海退で特徴づけられる海水準変動とよく対応しているが, 地域によっては対応が不明瞭であり, そこでは地域的な隆起・沈降といったテクトニックな要因がはたらいているとしている.

小林 (1978) は, 日本列島の応力場の変換時期や火山活動あるいは構造運動の激しい時期が太平洋プレートの運動方向の変換時期とよく一致していることを指摘している. Kuwahara (1982) や佐藤ほか (1982) は, 東北日本の古応力場の変化を断層解析により検討している. 竹内ほか (1979), 竹内 (1981) は, 岩脈法で日本列島の広域古応力場の変遷を明らかにし, 西南日本では 20, 11〜10, 2 Ma ころに, 東北日本南部では 21, 6〜7 Ma に, 主応力軸の配置転換が認められるとしている.

（5） 構造発達史と火成活動史の密接な関連

鹿野ほか (1991) は, 日本列島全域の新生界対比に基づき, 広域的に認められる不整合, 堆積相や火成活動の変化などを基準に, 52, 40, 32, 26, 22, 18, 15, 12, 7, 3, 1.7, 0.7, 0.15, 0.018 Ma を境に年代層序を区分している. そして, 32 Ma 以前を大陸の時代, 32 Ma 以降を島弧の時代として, 32〜22 Ma をリフト形成初期, 22〜15 Ma をリフト拡大期, 15〜7 Ma を列島形成期, そして 7 Ma 以降を短縮期とし, これらの年代が Jackson エピソードにほぼ一致するとして

いる. 東北日本弧における火成活動は, 広域のプレート間相互作用を含む構造発達史や堆積盆地の変遷といったテクトニックなプロセスと密接に関連しているとともに, 火成活動の様式や噴出量, マグマの岩石学的特徴なども, それらと密接に対応しながら変化している (Yamada and Yoshida, 2011 ; Yoshida *et al.*, 2014). たとえば, マグマの主成分ならびに微量成分元素組成が示す経時変化は, その分離深度や部分溶融度の変化を通して, 上部マントルやその上に重なる地殻の温度構造を反映するとともに, 大陸〜島弧リソスフェアやアセノスフェアといった起源物質の空間的配置と密接に関連していると思われる. また, 火山岩のマグマ供給系の構造や火山活動の様式は, 個々のプレートの運動特性とともにプレート間相互作用に由来する広域応力場の配置とその大きさとに深く関連している. そして, マグマの噴出量は, 上部マントルや地殻の熱構造とともに広域応力場の状態に大きく左右されている. これらの関係を通して, 火成活動史と構造発達史とは, 互いに密接に関連しあって, 進化している.

Kennett *et al.* (1977) は, 太平洋地域の深海底掘削コア中の火山性堆積物の解析から, 環太平洋地域の新生代の火山活動には, 4 回 (16〜14 Ma, 11〜8 Ma, 6〜3 Ma, 2 Ma〜現在) の激しい時期があったことを示しており, 増田 (1984) は, 日本列島では, 41〜36 Ma, 25〜21 Ma, 16〜11 Ma, 9〜6 Ma, 2 Ma〜現在に火成活動の激しい時期があったとしている. 藤岡 (1983) は, 日本海溝域のコア中の火山灰層の解析から, 東北日本の酸性噴火活動の激しい時期として, 16〜15 Ma と, 5〜2 Ma をあげている. また, 東北日本の鉱脈鉱床の年代には, 14.0, 11.0, 8.4, 5.8, 4.7 Ma に顕著な活動が認められている (山岡・植田, 1974 ; 鹿園・綱川, 1982).

a-3. 新生代における重要なイベント

白亜紀-古第三紀の花崗岩の K-Ar 鉱物年代の測定値の頻度分布には, 3 つの明瞭なピーク (120 Ma : 道南, 北上山地, 100〜90 Ma : 羽越-阿武隈山地, 関東, 中部, 山陽, 九州, 70〜50 Ma : 関東, 山陰, 中部, 近畿) がある (Matsumoto, 1977 ; Nakajima, 1996 ; Jahn *et al.* 2014). これらのピークはプレート運動の急変時期によく対応しているとともに大規模な横ずれ堆積盆地の形成時期とも対応している (増田, 1984). これらの大規模な珪長質火成活動が終了し

た50 Ma前後に，太平洋プレートの運動方向の北西から西北西への変化を伴うプレート運動の大規模な再構成（Eocene Plate Reorganization）があり，このとき，660 km遷移層滞留スラブの沈降イベントが起こったと推定されている（Rona and Richardson, 1978；Patriat and Archache, 1984；Fukao et al., 2001）．これについては，北西太平洋における海嶺沈み込みに伴ういざなぎプレートの沈み込みの終了と，それに続く太平洋プレートの沈み込み開始に関連したイベントであるとの考えがある（Seton et al., 2015）．24.6～19.7 Maには，西南日本の陸域や海域の海段・海盆堆積物中に広くハイエイタスが認められ，"初期中新世の不整合"と呼ばれている（奥田ほか，1979；奥田，1981）．15～14 Maには，有孔虫化石において急激なδ^{18}O値の上昇が認められる（Woodruff et al., 1981）．これは南極に発達した大氷床に由来する重い同位体組成を示す底層水の，北半球への大規模な流入を反映したものとされている．そして，14.0～10.6 Maには，三陸沖から常磐沖の前弧海盆の堆積物には，ハイエイタスが認められ（小松，1979；加賀美，1979；Arthur et al., 1980；相場・円谷，1981），"中期中新世広域不整合"と呼ばれている（石和田，1981）．また，6 Maの海水準低下は，"メッシニアン塩分危機"（Messinian Crisis；Ryan, 1973）として有名で，地中海が大西洋から隔離され，干上がって6.5～5.0 Maの50万年間に，大量の蒸発岩が形成されたイベントである（佐藤，2017）．

a-4. 火山フロント位置の時間的変遷と火山活動期の13期への細分

沈み込み帯では一般に，火山分布の海溝側の境界はシャープであり，火山フロント（Sugimura, 1960）と呼ばれている．新生代東北日本弧における火山フロントについては，中村（1969），松田・上田（1970），大口ほか（1989），Ohki et al.（1993b）ほかが，その復元を試みている．大口ほか（1989）は，陸弧火山活動期を，始新世，漸新世，そして前期中新世初期の3期に区分している．始新世の火山活動が北上山地に認められるものの，漸新世の活動域は，東北日本弧西部の日本海側に偏在している．その後，火山活動は第四紀火山フロントをこえて東進した後，背弧海盆火山活動期以降，西へ後退していったことを示している．Ohki et al.（1993b）は，詳しい年代測定

結果に基づいて，陸弧活動期の最後の25～22 Maの火山フロントは，第四紀火山フロントとは斜交した塩釜-川尻・雫石-松前半島を結ぶ方向に延びており，これがその後，16～13 Maに第四紀火山フロントの30～50 km東側の，それと平行な方向へ移動したことを示している．彼らはそのような火山フロントの方向転換は，日本海の拡大に伴った東北日本弧の反時計回りの回転（Otofuji et al., 1985）によってもたらされたと考えている．

後期新生代における東北日本弧の発達史は，先に述べた通り，大きく3つのステージに区分できるが，それはさらに細かく，火山活動様式，地質構造の変化，広域応力場の変遷に従って，13期に細区分できる（表3.2.1，図3.2.11：大口ほか，1989；Sato, 1994；吉田ほか，1995；Nakajima et al., 2006c；Yoshida, 2001；吉田，2009）．図3.2.11は，過去60 Maにわたる火山活動を，その活動時代を縦軸に，第四紀火山フロント位置（QVF）からの距離を横軸にとり，時代に伴う火山フロントの移動を示した図である．火山フロントの位置は，背弧海盆火山活動期の直前までは，第四紀の火山フロントから背弧側に大きく後退した位置にあったが，背弧海盆火山活動期に入ると，ステージ7の末期までに，急激に海溝側へと前進し，第四紀火山フロントから海溝側に約40 km海側へと移動している．火山フロントの位置は，ステージ8からステージ13へと，背弧側へと後退し，ステージ13には，現在の火山フロントの位置まで移動している．図3.2.11において，陸弧火山活動期の30～25 Ma間に，東北日本弧から現在の日本海域にかけて，火山活動が欠如していることが示されている（Ohguchi, 1983；大口ほか，1995）．また，陸弧火山活動期から背弧海盆火山活動期に移行するステージでの火山フロント側での火山活動の静穏期の存在も明瞭に示されている．この火山活動の静穏期に関して，宇都ほか（1989）は，プレートの沈み込みがいったん途切れた，あるいはマグマの地表への通路が消失した可能性をのべている．

背弧海盆火山活動期に入っての火山フロントの急激な海溝側への拡大は，強い引張場での背弧海盆の拡大に同期して起こっており，海盆の発達が火山活動の活発化を伴っていたことを示している．中新世の東北日本弧は，重力構造，火山岩層序，そして火

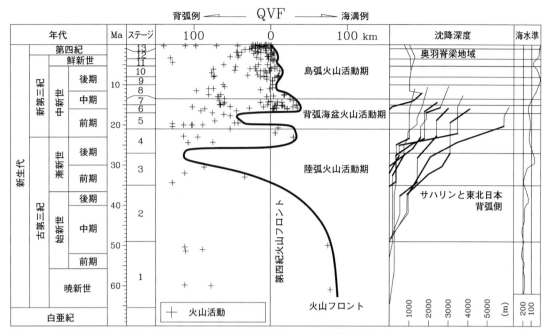

図 3.2.11 東北日本弧における，過去 6000 万年間における火山フロントの移動（吉田ほか，1995；Yoshida, 2001；吉田，2009）と日本の背弧側とサハリン（Kano et al., 2007），そして奥羽脊梁山脈地域（Nakajima et al., 2006c）における堆積盆地の沈降曲線（Yoshida et al., 2014）

3 つの主要な活動期（大陸縁，背弧海盆，そして島弧）は，火成活動の特徴に基づいて，さらに 13 のステージに区分できる（大口ほか，1989；Sato, 1994；吉田ほか，1995；Nakajima et al., 2006c；Yoshida, 2001；吉田，2009）．図では，主要な活動期や 13 のステージと Haq et al. (1988) の海水準変動との関係を示す．詳しくは本文参照．多くの堆積盆地において，沈降曲線は，平らな細い線と急な太い線からなる階段状を呈している．沈降曲線における急な太い線で示される時期は，強い引張応力場の下で背弧海盆での火山活動が前弧側へと拡大した時期（ステージ 4 とステージ 6）によく対応している．QVF：第四紀火山フロント．

山岩の活動年代に基づいて，8 つの構造区に区分できる（Yamada and Yoshida, 2011：図 3.2.12）．図 3.2.13 は，東北日本弧の前弧側から背弧側に及ぶ東西構造断面を示し，図 3.2.14 は過去 30 Ma にわたっての，火山岩層序を示す（Yamada and Yoshida, 2011）．大陸縁での火山活動は，約 35 Ma に，西側の大陸リフト帯に沿って始まった．この時期の火山活動は，主に陸上での安山岩の活動であった（Kano et al., 2007）．背弧海盆火山活動期の活動は，21〜17 Ma の大和海盆での活動から，17〜15 Ma における青沢リフトでの火山活動，そして，15〜13.5 Ma の黒鉱リフトでの活動へと続いている（Kaneoka et al., 1992；八木ほか，2001；Yamada and Yoshida, 2011）．

背弧海盆火山活動期の前半期は，大和海盆の形成に伴う大量の海底玄武岩の活動で特徴づけられる．それに対して，それに続く後半の期間は，地域ごとに噴出量が異なる地溝を充填する玄武岩や流紋岩の活動で特徴づけられる北部本州リフト系でのバイモーダル火山活動からなる（八木ほか，2001；Yamada and Yoshida, 2011）．流紋岩質マグマは主に前弧側に分布するが，そこには大陸縁の地殻が発達している（図 3.2.13）．この背弧海盆での激しい火山活動は，その後，14〜12 Ma になると，火山活動の静穏期へと変化する．約 13.5 Ma になると，日本海の拡大は停止し，リフト帯の東側で，島弧火山活動が始まる．島弧火山活動期における火成活動は，8〜1.7 Ma の主にカルデラを形成する珪長質な火山活動で特徴づけられるが，これには少量の玄武岩質〜安山岩質のマグマ活動を伴う（吉田ほか，1999a；山田・吉田；2002；Yamada and Yoshida, 2011；Acocella et al., 2008）．1.7〜1.0 Ma 以降，強い圧縮応力場の下で，多数の安山岩質成層火山が形成されている（梅田ほか，1999；Kimura and Yoshida, 2006）．

a-5. 広域応力場の変遷

Sato (1994) は，始新世から第四紀にかけての，広域応力場，堆積盆地の発達，そして地殻の変形に

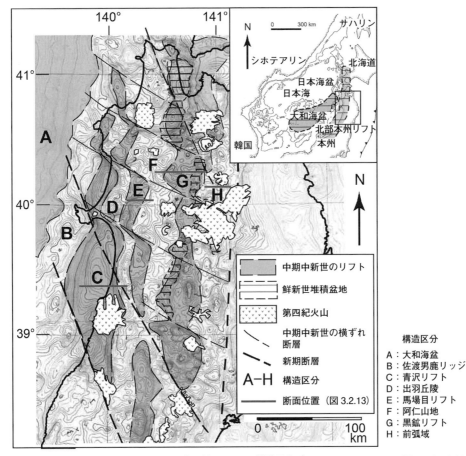

図3.2.12 東北日本弧の火山フロントから背弧側にかけての構造区分(Yamada and Yoshida, 2011;Yoshida et al., 2014)

ついて,岩脈や鉱脈,そして断層方位のデータと広域的な地質データに基づいてまとめている(図2.6.13:Takeuchi, 1980;佐藤ほか,1982;Tsunakawa, 1986;Otsuki, 1990;山元,1991).岩脈の方位は,水平圧縮応力軸(σ_{Hmax})と平行である(Anderson, 1951;Nakamura, 1977;Tsunakawa, 1983).図2.6.13には,鉱脈や露頭スケールの断層から得られた結果に基づく広域応力場の方位についてもまとめられている(大槻ほか,1977;三村,1979;佐藤,1986;Sato, 1994;大石・高橋,1990;Otsuki, 1990).

ステージ1からステージ2への変化は,50 Ma前後における太平洋プレートの運動方位の北西から西南西への変化に関連して生じたと考えられている(図3.2.11:Eocene Plate Reorganization:Patriat and Archache, 1984;Gordon and Jurdy, 1986;Maruyama and Seno, 1986).それに続く大陸縁での火成活動は,太平洋プレートの西方向への沈み込みに対応して起きた活動である(たとえばMuller et al., 2008).図3.2.11のステージ3~4に,大和海盆の形成拡大に先行して,背弧側の大陸内部で起こった大陸性リフト火山活動は,背弧海盆拡大に先行した火成活動であると考えられる(Kano et al., 2007;Nohda, 2009).ステージ3(後期始新世)に形成された門前層は,陸上あるいは浅い水域で噴出したアルカリ質からサブアルカリ質のプレート内部型の苦鉄質から珪長質火山岩類からなる(深瀬・周藤,2000;鹿野ほか,2011;Yamada et al., 2012).Sato(1994)は,ステージ3の開始期には,引張的な構造場が優勢となったことを示しているが,この引張場の発生によって25~20 Ma(ステージ4)には,北北東から北東方位のσ_{Hmax}の応力場の下で,正断層の発達が始まった.そして,これに続いて,21~15 Maに,大和海盆の背弧拡大と青沢リフトの形成が続いている(ステージ5~6).正断層の形成は,17~15 Ma(ステー

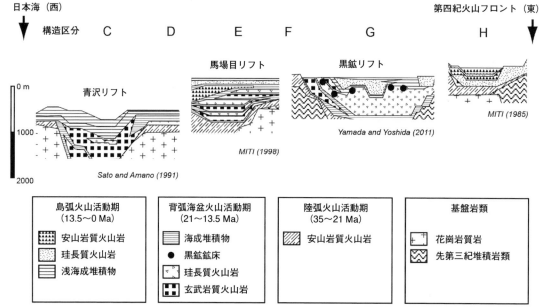

図 3.2.13 東北日本弧の火山フロントから背弧側にかけての東西断面（通商産業省・資源エネルギー庁，1985，1998；Sato and Amano, 1991；Yamada and Yoshida, 2011）を示す（Yoshida et al., 2014）

ジ6）に，現在の日本海沿岸地域から生じ始め，15〜13.5 Ma（ステージ7）には前弧域に拡大した．それに引き続いて火山活動域の前弧域への前進が起こった（図3.2.11）．21〜15 Ma（ステージ5〜6）には，北西-北北西方位の σ_{Hmax} の下で正断層が発達し，日本海の拡大と東北日本弧の反時計回りの回転が進行した（Otofuji and Matsuda, 1983, 1984；Otofuji et al., 1985；Nohda, 2009）．日本海の形成は，大陸リフト帯の中央部（日本海盆，大和海盆）で始まり，その後，リフトの活動は東側の前弧側へと次第に移っていった（図3.2.14）．西南日本の時計回りの回転は16 Ma（ステージ6）に始まり，図2.6.13に示す通り，15〜13.5 Ma（ステージ7）には，東北日本弧で，北西-南東方位のトランステンショナルな応力場が生じた．プルアパート構造の形成に伴う地殻の引張によって，東北日本弧の背弧側は急速に middle bathyal 深度に沈降した（Sato, 1994）．

約13.5 Maに日本海での背弧拡大が終了した後，13.5〜10 Maにかけて，東北日本弧は，中立的な応力場となった（ステージ8）．弱い引張や圧縮応力を生じる，北東から東北東方位の σ_{Hmax} の下での中立的〜弱圧縮応力場が保たれた時代は，大きく2つのサブステージ（ステージ9：10〜8 Ma，ステージ10〜11：8〜3.5 Ma）に区分することができる．

13.5〜10 Ma（ステージ8）に起こったリソスフェアの冷却によって，背弧域では地殻〜マントルの沈降が進行した．東北日本弧の軸部での隆起は，背弧海盆火山活動期における玄武岩質マグマの地殻への付加とそこでの分化作用の進行によるものであり，それに引き続いて13.5〜8 Ma（ステージ8〜9）に，地殻内での珪長質なマグマの活動が進行した結果であると思われる（佐藤・吉田，1993）．4 Maころの太平洋プレートの西方向への移動速度の増加（Pollitz, 1986）によって，3.5〜1 Ma（ステージ12）に，強い水平圧縮応力場が生じた．これによって中新世に形成された正断層群が転移して逆断層となり，東北日本弧の急激な上昇が始まった．3.5 Ma以降（ステージ12〜13）の強い圧縮応力場は，海溝に垂直な σ_1 をもち，垂直方向が σ_3 である応力場で特徴づけられる（Sato, 1994）．東北日本の火山弧での最大の地殻短縮は，1〜0 Ma（ステージ13）に，中新世に最も引き延ばされた場所で，転移構造の発達として起こっている（Sato, 1994）．図3.2.15は，東北日本弧における後期中新世から第四紀にかけて発達した火山の分布とそのタイプを示している（吉田ほか，1999a；Acocella et al., 2008）．また，図3.2.15には，断層の解析から推定された後期中新世から鮮新世，そして第四紀にかけての応力場の変

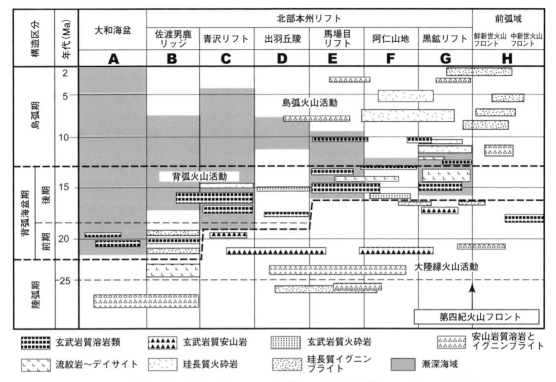

図3.2.14 後期新生代，東北日本弧における前弧域から大和海盆域（図3.2.12）での火山層序
作成にあたっては，火山岩の年代測定値とともに，それらに挟在された堆積岩中の化石や微化石年代値を参照した（Yamada and Yoshida, 2011）．A-H：中期中新世における構造区分（図3.2.12）を示す．

遷が示されている．中新世から鮮新世にかけての変形パターンは，千島弧前弧スリバーの北東-南西性の衝突によって生じる北東-南西方位の最大水平圧縮応力と調和的な変形であり，第四紀に入ってからの変形パターンは，太平洋プレートの西方向への沈み込みに起因する西北西-東南東（東西）性の水平圧縮応力場に対応している（Sato, 1994；Acocella et al., 2008）．

a-6. マグマ噴出量の変遷

マグマの噴出量は，マントル〜地殻断面におけるマグマの生成量と広域応力場の両方を反映している（梅田ほか，1999；Acocella et al., 2008；Yamada and Yoshida, 2011）．マグマ噴出量のコンパイル結果によれば，主要な火山活動期，それぞれにおける噴出量は，背弧海盆火山活動期の前半期（21〜19 Ma）での，4600 km^3 の玄武岩の噴出（200 km 島弧長さあたり 1 Ma 間の噴出量）から，背弧海盆火山活動期の後半期（19〜13.5 Ma）での 2000〜1000 km^3 の海底火山でのバイモーダルなマグマ噴出量，そし

て，早期島弧火山活動期（13.5〜3.5 Ma）における珪長質火砕岩の 200 km^3 の噴出，そして最後の島弧火山活動期（3.5〜0 Ma）における 500 km^3 の安山岩の噴出へと変化している（図3.2.16）．

2.0 Ma 以降における東北日本弧での，火山フロントに沿ったマグマ噴出量の詳細な変化については，梅田ほか（1999）によって推定されている（図3.2.16）．それによれば，火山活動様式やマグマ噴出量，そして噴出中心の分布が異なる，以下のような3つのタイプが異なる火山活動期が区分できる（図3.2.16：梅田ほか，1999）．①大規模なカルデラを伴う珪長質火山活動期（2.0〜1.0 Ma），②主要な火山活動様式が，1.0 Ma ころ，カルデラから安山岩質成層火山に変化した時期の火山活動期（1.0〜0.6 Ma），③安山岩質マグマを主とする火山活動が続きながらも，それに珪長質な火山活動を伴った時期（0.6〜0 Ma）．噴出率は，0.6 Ma 以降，急激に増加している（図3.2.16）．2 Ma 以降の，噴出様式がカルデラ形成を伴う珪長質火砕流の活動

138   3. 地質構造発達史

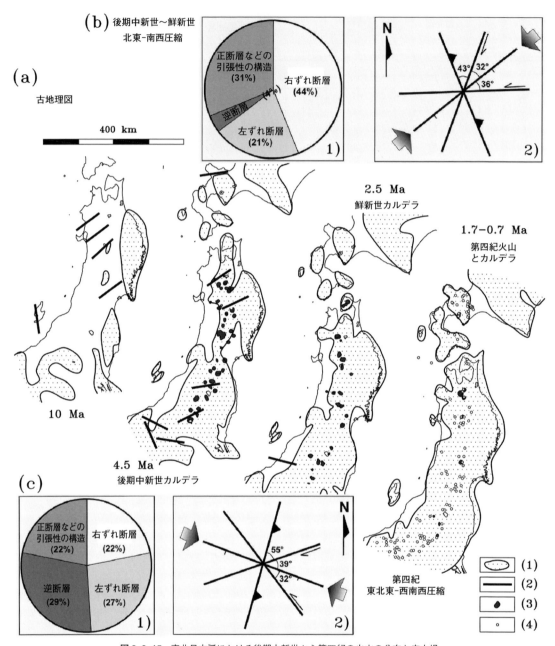

図 3.2.15 東北日本弧における後期中新世から第四紀の火山の分布と応力場
 (a)：東北日本弧における，後期中新世から第四紀にかけて活動した火山の分布とタイプの変化（吉田ほか，1999a）．(1)：ハッチを示した地域は，東北日本弧における各時期での陸域を示す．(2)：岩脈群方位やその他のデータに基づいて推定された，広域応力の最大主応力軸方位を示す（鹿野ほか，1991；Sato, 1994）．(3)：それぞれの時期に活動したカルデラを示す．(4)：第四紀成層火山．
 (b)：後期中新世～鮮新世における応力場．1)：4つのタイプの断層系の分布比率，2)：4つのタイプの断層系，それぞれの平均方位と，相互関係．中新世から鮮新世における変形様式は，北東-南西方向からの最大圧縮応力の存在と調和的である（Acocella et al., 2008）．
 (c)：第四紀の応力場．1)：4つのタイプの断層系の分布比率，2)：4つのタイプの断層系，それぞれの平均方位と，相互関係．第四紀における変形様式は，西北西-東南東（東西）方向からの最大圧縮応力の存在と調和的である（Acocella et al., 2008）．

3.2 後期新生代

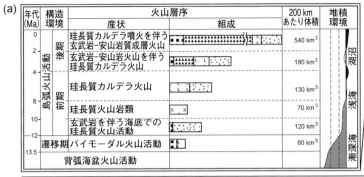

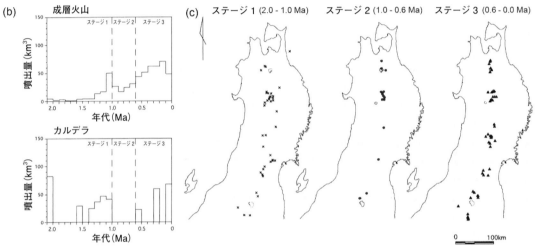

図 3.2.16 マグマ噴出量の変遷
(a)：背弧海盆火山活動期から島弧火山活動期に噴出したマグマの体積（km³：島弧軸方向 200 km で 1 Ma あたりに噴出したマグマの量）と組成の変化（Yamada and Yoshida, 2011）．
(b)：東北日本弧の火山フロントに沿って過去 200 万年の間に，カルデラ（下）と成層火山（上）から噴出したマグマの，噴出量の時間変化（梅田ほか，1999）．
(c)：過去 200 万年の間における噴出中心の分布（梅田ほか，1999）．

から，火山フロントに沿った安山岩質成層火山の活動への変化は，北東-南西性の圧縮応力場から，東北東-西南西（東西）性の圧縮応力場へのテクトニックな変化と同時に起こっている（梅田ほか，1999；Acocella et al., 2008）．

b. 構造発達史の組み立てにあたっての基本的事項

b-1. 日本海の拡大

大陸縁における背弧の拡大で，日本列島はアジア大陸から大きく分離した（Otsuki and Ehiro, 1978；Otofuji et al., 1985；Tamaki, 1988；Tosha and Hamano, 1988；Yamaji, 1990；Tamaki et al., 1992；山北・大藤，2000；Martin, 2011）．大陸からの分離にあたっ

ては，観音開き状の回転を重視する立場（Kawai et al., 1971；Otofuji et al., 1985；Martin, 2011）と，横ずれ断層を使ったプルアパートを重視する立場（Lallemand and Jolivet, 1986）があるが，Jolivet らや馬場（1999）は，観音開き状の回転と南方への移動の両方で，日本列島の大陸からの分離を説明している（Jolivet et al., 1991, 1994, 1995；Jolivet and Tamaki, 1992；Founier et al., 1994；山路，2000）．彼らによれば，日本海は右横ずれ断層ではさまれたプルアパート帯に生じ，日本海東縁の右横ずれ剪断帯を境に，その西側で東北東-西南西に延びる軸に沿って海底の拡大が進んで日本海盆が形成され，一方，その南西側では大陸地殻が引き延ばされて，大和堆や朝鮮

海台を残しながら，海底の拡大が進行して，大和海盆などが形成されたとされている．

b-2. 背弧拡大の原因

背弧拡大は，沈み込み角度の低角化，島弧や巨大海台の衝突，マントルコーナー流の上昇，アセノスフェアの上昇，海溝の後退，スラブの重力崩壊などによって起きる（Maruyama, 1997；Ren et al., 2002）．

（1） 海溝の後退とリフト火山活動

火山フロント側でのマグマ起源物質の同位体的性質が，背弧拡大期から現在までそれほど大きく変化しておらず，前弧域での沈み込みスラブとマントルウェッジのカップリングが比較的強いと推定されること（Tatsumi et al., 1988）などから，背弧海盆火山活動期における火山フロントの大きな移動に伴って日本海溝が前進・後退を繰り返したり，スラブ傾斜角が大きく変化したと考えることには無理がある．しかしながら，大和海盆形成期の反時計回り回転を伴ったリフト火山活動期には，背弧側地殻の大規模な薄化が起こっており（佐藤ほか，2004），日本海の拡大にあたって日本海溝の大幅な後退（Uyeda and Kanamori, 1979；Jolivet et al., 1994）があった可能性は大きい．この背弧海盆火山活動期には，拡大軸部でソレアイトが，前弧側でよりアルカリ量の多いマグマが活動している（図3.2.17：吉田ほか，1995）こと，また，大和海盆拡大期に，火山活動域が最も海溝寄りまで広がり，その後は縮小傾向を示す（図3.2.11）ことから，陸弧から背弧海盆火山活動期へと移行したこのとき，背弧側へのマントルアセノスフェアの上昇を伴って，日本海溝の大規模な後退が起こり，当時の東北日本弧において，スラブ傾斜角が一時的に高角になり，現在の伊豆小笠原弧や琉球弧に近い状況になった（新妻，1979；藤岡，1983）可能性は高い．

（2） インド亜大陸のアジア大陸への衝突

スラブ傾斜角の低角から高角への変化は海溝の後退に伴って陸側プレートに引張場がはたらき背弧海盆が形成される場合に起こる（Shemenda, 1993）．ただし西太平洋での背弧拡大が特定の時期に集中していることから，これがインド亜大陸のユーラシア大陸への衝突（Molnar and Tapponnier, 1975；Tapponnier et al., 1982）に伴ったMantle Extrusionの結果であるとする考えがある（Kimura and Tamaki, 1986；Tamaki, 1988；Jolivet et al., 1994；Flower et al., 1998；Ren et al., 2002）．実際，ヒマラヤ山脈の急激な上昇に伴う変成作用，花崗岩の年代，変成岩類を地表に露出させた正断層系などの活動が大和海盆の形成された20 Ma前後に集中している（Harris and Massey, 1994）．

（3） アセノスフェアの上昇

一方で，背弧海盆はマントルアセノスフェアの上昇で生じたとも考えられている（Miyashiro, 1986；Tatsumi et al., 1989；Gvirtzman and Nur, 1999）．巽（1995）は日本海などの形成に先立ち，アジア大陸でプルームの上昇を示す火成活動が起こり，これが水平方向に広がり，スラブにぶつかって，スラブの傾斜角が急になるとともに，海溝を海側へ後退させ，その結果，火山フロント付近でリフト形成が起こり，日本海が生じたというモデルを提案している．もちろん，マントルアセノスフェアの上昇自体が，インド亜大陸のユーラシア大陸への衝突に伴うMantle Extrusionに関連して生じている可能性は否定できない．なお，Yamamoto and Hoang（2009）は，16～14 Maに前弧域の阿武隈山地でアダカイト質岩や高マグネシウム安山岩が，少量ながら活動していることを報告し，この時代には，前弧側でスラブ溶融が起こっており，その原因としては，背弧側から流入してきた高温のアセノスフェアからの熱の供給があった（Tatsumi and Maruyama, 1989）ためであり，このとき，スラブの傾斜角は低角化したと論じている．しかしながら，これについては，16～14 Maに前弧域で主に活動しているマグマが高アルカリソレアイトである事実を，スラブ傾斜角の低角化で説明することは難しい．

b-3. リソスフェアの伸展薄化に伴う隆起，沈降運動

背弧海盆の拡大にかかわるリフト形成は，隆起や沈降運動を伴うが，McKenzie（1978）は，リソスフェアの伸展薄化という単純なモデルで，堆積盆地の発展を模式化している．リソスフェアが引張場の下で，急激に伸展薄化すると，それに対応して，まずアイソスタティックな沈降（initial subsidence：初期沈降）が起こり，ブレイクアップした後はリソスフェアの冷却によって緩やかな沈降（thermal subsidence：冷却沈降）が続く．ただし，地殻が薄く，伸展薄化に伴って湧昇してきたアセノスフェアからの熱でリソスフェア部分を含む広範囲で減圧溶

融などが起こると，隆起運動（thermal doming）が生じることがある（山路・佐藤，1989；山路，2000）．山路ほか（山路・佐藤，1989；Yamaji, 1990）は，中新世における東北日本弧の沈降運動とそのメカニズムを層序資料に基づいて検討し，大量の玄武岩の活動を伴う青沢リフトにおける 18〜15 Ma の約 2000 m に達する急激な沈降は，引張応力場の下でのリフト形成に伴う初期沈降に，そして，これに続く 14 Ma 以降の数百 m 程度の沈降は，島弧下リソスフェアの冷却に伴う沈降であると論じている．

b-4. 構造性堆積盆地の沈降，隆起と火山活動の推移

背弧海盆の拡大に伴って形成される構造性堆積盆地の沈降，隆起プロセスは，火山フロントの前進・後退（図 2.2.5，図 3.2.11：大口ほか，1989；鹿野ほか，1991；吉田ほか，1995；吉田・本多，2005）と明瞭に関係しており，火山活動は構造性初期沈降期，特にその後半で広く起こっている（図 3.2.11）．そして初期沈降期から停滞期になると，火山活動は島弧全域で抑制されている．これは，引張応力場でのリフト活動に伴う伸長割れ目の形成が苦鉄質マグマの上昇を促す一方で，構造性堆積盆地の沈降停止に伴う水平圧縮応力の増大が，火道を閉塞して，火山活動を抑制した結果と考えられる（吉田，2009）．ただし，停滞期に続く隆起期には，広域に珪長質マグマがカルデラ形成を伴って噴出している場合もあることから，火山活動停滞期には，水平圧縮応力場の下でマグマは地下の浮力中立点深度に形成された岩床状マグマ溜り（Aizawa *et al.*, 2006）などにいったん滞留している可能性が高い．リフト堆積盆地がプルアパート性の場合，その地下はリフト形成が抑制されたときにマグマを滞留させる場として有効であり，しばしばカルデラ形成の場となる（Kamata and Kodama, 1994；Aizawa *et al.*, 2006）．

b-5. マントルウェッジ内温度構造の時間的変遷

（1）新生代，東北日本弧における岩石系列の時間的変遷

沈み込み帯での火山岩組成の時間的変遷として，海洋性の島弧では，島弧性ソレアイトからカルクアルカリ岩を経てショショナイトに変化する傾向（Gill, 1987）や，CA/TH 比が増える傾向（Miyashiro, 1974）などが認められているが，これらは後期新生代東北日本弧にみられる傾向とは異なる．富樫

（1983）は中新世を 3 期に分け，各期におけるアルカリ量の帯状分布とその変遷を論じ，東北日本弧の火山フロント側では，高アルミナ玄武岩から低アルカリソレアイトに変化したことを示した．そして，これはマグマ発生時の条件が，陸弧的環境（前期中新世）から島弧的環境（後期中新世）へと変化したためではないかと論じている．また，Ebihara *et al.*（1984）は中新世における島弧横断方向での組成変化が第四紀ほど顕著ではないことを示した．吉田ほか（1986）は，背弧側火山岩類の MORB 規格化パターンを示し，その時空変化を論じた．Okamura（1987）は西南北海道における火山岩組成の時代的変遷を論じ，そこでは背弧側で前期中新世に HFS 元素に富んだプレート内火山岩的なマグマが活動した後，後期中新世から第四紀にかけて火山岩の性格が島弧的な HFS 元素に乏しいものへと変化したことを示した．周藤・八島（1986）も，東北表日本の中新世火山岩類の一部に，典型的な島弧火山岩とは異なる組成をもつものが分布し，1 つの岩石区を構成しているとした．また，山本ほか（1991）は漸新世〜前期中新世には，広い範囲にわたって HFS 元素に富むアルカリ質〜ソレアイト質玄武岩の活動が認められることを示し，これが日本海拡大に先行した東北日本弧での火山活動の共通な環境下におけるものであると考えた．その後，周藤ほか（1992b）は，火山フロント側に位置する稲瀬火山岩類において，15.5 Ma から 13.2 Ma にかけて，活動が HFS 元素に富んだマントルに由来する高アルカリソレアイトから，第四紀火山フロント側火山岩と同じ HFS 元素に乏しいマントルに由来する低アルカリソレアイトへと変化していることを示している．同様の変化は，中期中新世に活動した高館火山岩類においても認められた（吉田ほか，1995）．

（2）玄武岩マグマの溶融条件とマントルウェッジ内温度構造の推定

火山岩組成の多様性の原因を検討し，マグマ起源物質の不均質性などを議論する際には，火山岩組成の広域変化とともに，その時間的変遷を検討することが不可欠である．後期新生代，東北日本弧の火山活動は，暁新世〜前期中新世初期（66〜21 Ma）の陸弧火山活動期，前期中新世中期〜中期中新世中期（21〜12 Ma）の背弧海盆火山活動期，中期中新世後期〜現世（12〜0 Ma）にいたる島弧火山活動期に，

大きく3分できる（鹿野ほか，1991：大口ほか，1989；佐藤，1992）．この間，東北日本弧においては，時代とともに，液相濃集元素量や同位体組成の広域変化の様子が変化している（Ebihara *et al.*, 1984；Nohda and Wasserburg, 1986；周藤・茅原，1987；周藤ほか，1988, 1992c；倉沢・今田，1986；土谷，1988a, b；岡村ほか，1993など）．周藤ほか（1992c）は，特に中期中新世の火山岩において，低いK_2O, Rbを有する火山岩が背弧側に分布し，それら背弧側〜奥羽脊梁域に産する火山岩に対して，海溝側の前弧域に分布する火山岩の方がアルカリ量が高い傾向を示すことを指摘している．

マグマ組成の変化には，①マグマ起源マントルの組成，②マントルに付加するスラブ由来流体の組成と量，③マントルの温度構造，そして④地殻との相互作用，などが影響する．マグマ起源マントルでの含水量とマグマの溶融条件との関係がTatsumi *et al.*（1983）によって実験的に研究されている．彼らは東北日本弧の第四紀玄武岩について，多相平衡実験を行い，マグマの分離深度が，火山フロント側では浅く（1.1 GPa），背弧側では深い（2.3 GPa）ことを明らかにしている．これは，火山フロント側から背弧側へと，マントルで発生するマグマの組成が，カンラン石ソレイアイト（THB）から，高アルミナ玄武岩（HAB），そしてアルカリかんらん石玄武岩（AOB）に変化することに対応しており，マントルからの分離時のマグマの温度は，いずれも約1300℃である．これら初生玄武岩質マグマ中のアルカリ量はソレイアイトからアルカリカンラン石玄武岩へと次第に増加しており，アルカリ量が多いものほど分離深度は深い．さらに，Tatsumi *et al.*（1994）は，東北日本弧の初期〜中期中新世に，火山フロントならびに背弧側で活動した，MgOに富んだ未分化玄武岩組成について，実験的研究を行い，それらの玄武岩が，いずれも1.3±0.1 GPaの圧力と，1320±10℃の温度条件下で形成されたことを明らかにしている．Yamashita and Fujii（1992）は，日本海の海底におけるドリリングで得られた，初期中新世の背弧海盆火山活動期に活動した，MgOに富んだ玄武岩について実験的研究を行い，そのマグマのマントルからの分離時の条件が，1.4 GPaの圧力と，1340℃の温度条件下であったことを示している．これらのデータに基づいて，Tatsumi *et al.*（1994）は，東北

日本弧の前弧下のリソスフェアの厚さは，過去20 Maにわたってほぼ30〜40 km（約1.1〜1.3 GPa）であったのに対して，背弧側では，時間とともに温度が低下して，約40 km（約1.3 GPa）から，約70 km（約2.3 GPa）まで，厚くなったと結論している（図2.7.6）．この結論は，背弧海盆火山活動期には，背弧側でアセノスフェアが上昇し，その後，背弧海盆での火山活動が終了して，背弧海盆が深くなるとともに，日本海域のマントル温度の低下に伴う沈降とリソスフェアの厚化が続いたことを示唆している（山路・佐藤，1989；吉田ほか，1995）．この背弧側でのアセノスフェアの深化は，島弧火山活動期におけるマントルウェッジでの島弧を横切る方向での温度構造の確立を通して生じている（図3.2.17）．

（3） 島弧横断方向での火山岩のアルカリ量広域変化

Tatsumi *et al.*（1983）の実験結果に基づいて，吉田ほか（1995）は，マグマの分離深度とSiO_2で規格化したアルカリ量との間の関係式を導いている（図3.2.17）．彼らは，それまでに得られていた東北日本弧の年代値のある火山岩について，第四紀火山フロントから各火山岩試料採取地点までの距離（km, DVF），年代値（層序から年代範囲を推定したものを含む）の中央値，SiO_2=57.5％に規格化したK_2Oとアルカリ量（Aramaki and Ui, 1983）をコンパイルして，新生代東北日本弧における島弧を横切る方向でのアルカリ量広域変化の時代的変遷を図（図3.2.17：吉田ほか，1995）にまとめている．この図においては，それぞれの年代区分におけるアルカリ量の広域変化を，横軸に現在の火山フロントからの距離をとり，縦軸にシリカで規格化したアルカリ量を下方へ増加するようにとって示している．それぞれの年代区分でのアルカリ量の変化を現在のアルカリ量の変化と比較するために，第四紀における変化の様子を，すべての図に枠で囲ったハッチで重ねて示してある．陸弧の時代には，第四紀における変化より緩やかな火山フロント側への増加を示すとともに，火山フロントでのアルカリ量は第四紀に比較して高い値を示している．背弧海盆火山活動期には，個々の場所におけるアルカリ量の最も低い値を比較した場合，島弧横断方向での単調な変化は示さず，横断方向の途中で，アルカリ量が最も低く，そこから火山フロント側と背弧側の両方にアルカリ量が増

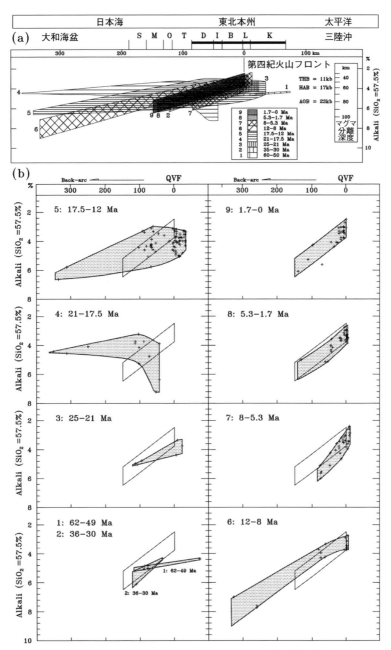

図 3.2.17 SiO₂ で規格化したアルカリ量（SiO₂＝57.5％における Na₂O+K₂O％）の島弧横断方向での変化を，東北日本の北緯 40°N に投影した図（a）とその時間変化（b）（吉田ほか，1995）

Tatsumi et al. (1983) は，東北日本弧下におけるマグマ分離深度は，火山フロントでは浅く（1.1 GPa），背弧側では深い（2.3 GPa）ことを複数相平衡実験の結果から推定している．そして，その際に生じるマグマの組成は，火山フロント側から背弧側へと，カンラン石ソレアイト（THB）から，高アルミナ玄武岩（HAB），そしてアルカリカンラン石玄武岩（AOB）に変化するが，分離時の温度は約 1300℃ である．この図は，新生代を通してのマグマのマントルからの分離深度とマントルウェッジ内の温度構造の時間変化を示すものである．図（a）で，K：北上山脈，S：佐渡海領（図 2.1.2 参照）．断面図の黒いバーは，陸域を示している．図（b）中には，第四紀（1.7〜0 Ma）に活動した火山が示す変化範囲を示している．これは SiO₂ で規格化したアルカリ量を，各火山の第四紀火山フロント（QVF）からの距離に対してプロットした図である．

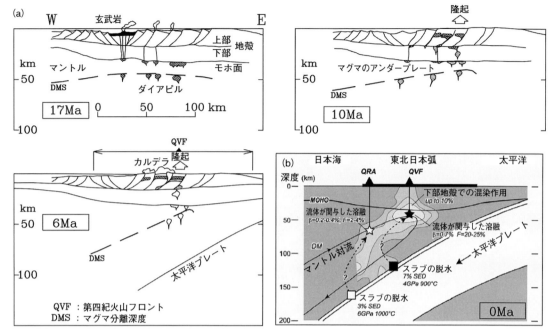

図 3.2.18 東北日本弧におけるマグマ進化と構造発達
(a)：東北日本弧の，中期〜後期中新世におけるマグマ進化と構造場を示す模式図（佐藤・吉田，1993；吉田ほか，1995）．DMS：マグマ分離深度，QVF：第四紀火山フロント，QVFのついた矢印は陸地の範囲を示す．
(b)：第四紀東北日本弧での火山フロント（QVF）〜背弧（QRA）玄武岩の形成に関連した，スラブ脱水位置，流体の移動経路，そしてマグマの部分溶融位置を示した模式図（Kimura and Yoshida, 2006）．図には，P波のトモグラフィ（Nakajima et al., 2005）が重ねてあるが，マントルウェッジ内の明るい色は強い低速度域を示す．SED：堆積物，DM：枯渇したマントル，βとF：流体のフラックスと部分溶融度．QVFとQRAの下の黒いバーは陸域を示す．点線で示した矢印は，異なるスラブ領域から，マグマの起源領域への流体の移動経路を示す．

加する傾向が認められる．また，個々の場所におけるアルカリ量の変動幅も大きい．島弧横断方向での火山岩組成の広域変化パターンは，背弧海盆火山活動期から島弧火山活動期へと大きく変化し（周藤ほか，1988；Tatsumi et al., 1988, 1989；Ohki et al., 1993b；Shuto et al., 1993；吉田ほか，1995），島弧火山活動期に入るとアルカリ量は背弧側へと単調に増加するようになる．

（4）玄武岩マグマ分離深度とマントルウェッジ内温度構造の変遷

SiO_2で規格化したアルカリ量は，初生マグマのマントルからの分離深度に対応しており（吉田ほか，1995），推定される分離深度は，マントル内での1320℃等温面深度にほぼ対応する．ただし，マントル中での部分溶融域の分布はマントル内の高温部（アセノスフェア）に限られる（佐藤・長谷川，1996）ので，この等温面はアセノスフェアの上面を示していることになる．SiO_2で規格化したアルカリ量を，各試料の採取地点の火山フロントからの距離に対してプロットした図（図3.2.17）では，アルカリ量と分離深度との関係に基づいて縦横比を実スケールにしており，この図からマントル内での1320℃等温面（アセノスフェアの上面）の時間的変遷の概要を検討することが可能である．陸弧火山活動期と島弧火山活動期では，1320℃等温面（アセノスフェアの上面）は背弧側へと単調に深くなっている．陸弧火山活動期での等温面の勾配は，島弧火山活動期での勾配に比べて緩く，火山フロント側での分離深度は深い．これらに対して背弧海盆火山活動期には，背弧側に高温の軸をもち，その前後の時代とは温度構造が異なっていたと推定される．また，この時期には，マントルウェッジ内の火山フロント側の深部や背弧側の浅部といった広い深度範囲で部分溶融が起こっていたと推定される．陸弧火山活動期最末期から背弧海盆火山活動期へと，背弧側の等温面が急激に上昇すると同時に，火山フロント側での活動が縮退していることが読み取れる．おそらく，背弧海盆拡大に伴う深部物質（アセノスフェ

ア）の湧昇（倉沢・今田，1986；Nohda *et al.*, 1988；Tatsumi *et al.*, 1989；周藤，1989；周藤ほか，1992c；Ujike and Tsuchiya, 1993）による最上部マントルでの温度の上昇によって，背弧側で広範な部分溶融とマグマの分離が起こるとともに，これが火山フロント側での火山活動の沈静化（たぶん，マグマ活動度の低下に伴う通路形成能力の低下）をもたらした結果であると解釈できる（吉田ほか，1995）。

背弧海盆火山活動期に，背弧側でいったん上昇した1320℃等温面（アセノスフェアの上面）は，その後，島弧火山活動期に入ると，現在の島弧で認められるのと同じように，火山フロント側から背弧側へと深くなる（Tatsumi *et al.*, 1994）。一方，第四紀火山フロントの直下では等温面（部分溶融域）は，背弧海盆火山活動期から島弧火山活動期へと次第に浅くなり，モホ面直下まで上昇している。鮮新世以降は1320℃等温面（アセノスフェアの上面）の深度は変化していない（図3.2.17：吉田ほか，1995）。

（5）マントルウェッジ内温度構造とマントルかんらん岩の鉱物学的成層構造

吉田ほか（1995）は，東北日本弧における，火山岩の微量元素組成ならびに同位体組成の島弧を横切る方向での広域変化に関する検討から，これらの変化は，基本的にはマントルウェッジを構成するかんらん岩の鉱物学的成層構造と，マントルウェッジ内の温度構造に支配されていると考えた。後期新生代，東北日本弧は上述のごとく，大きく，古第三紀〜前期中新世初期（陸弧火山活動期：ステージ1〜4），前期中新世中期〜後期中新世（背弧海盆火山活動期：ステージ5〜7），後期中新世〜現世（島弧火山活動期：ステージ8〜13）に区分できる。このうち，第四紀を含む島弧火山活動期では，火山フロント側と背弧側とで異なる鉱物組成をもつ起源マントルに由来するマグマが活動していると推定されている（青木，1978）。火山フロント側と背弧側との間には，マントルからのマグマ分離深度に差がある（Tatsumi *et al.*, 1983）とされていることから，この鉱物組成差は深さ方向での違いである。マグマ起源マントルにおける鉱物組成は，仮に化学組成が同一ならば主に地温勾配と深度によって変化する（たとえば，Kushiro, 1987）。

火山フロント側と同様，背弧側においても，マントル最上部には部分溶融を一度以上経験し，放射性同位体にも富んだ斜長石を含むかんらん岩が分布していると推定される（Takahashi, 1978；Zashu *et al.*, 1980）。マントル内でマグマの分離が始まる1320℃等温面が背弧側へと深くなっている通常の島弧では，背弧側において最上部マントルが溶融することによって，Sr同位体比が0.704をこえる，K_2Oに乏しいソレアイトが生じることはない。しかしながら，東北日本弧の背弧海盆火山活動期のように背弧側でのマントル内温度が上昇した場合には，背弧側マントルリソスフェアが部分溶融して，通常は火山フロント側火山を特徴づけるソレアイト質マグマが背弧側に産することが起こる（周藤，1989）。背弧側の温度が低下して，等温面が火山フロント側から背弧側へと深くなる通常の島弧にみられる温度構造に戻ると，多くの島弧にみられる背弧側で液相濃集元素に富む広域組成変化傾向が復活する。同位体組成の広域変化傾向は，個々の島弧により火成活動史が異なるため，いちがいには言えないが，東北日本弧の場合は，より深部に位置する放射性同位体に枯渇したスピネルかんらん岩の溶融により，背弧側へとSr同位体比が減少するような変化傾向が現れる。

（6）マグマ分離深度の変遷とテクトニクス

SiO_2で規格化したアルカリ量に基づいて推定されたマグマ分離深度の時間的変遷（図3.2.18）は，東北日本弧のテクトニクスと密接に関連している（吉田ほか，1995）。東北日本弧での水平最大主応力軸の方位は16〜15 Ma以降から8 Maころまでは北東-南西方向を示し，このうち14 Ma前後までは引張性の応力場に，14 Maから8 Ma前後までは差応力の少ない造構環境におかれていたらしい（佐藤，1992；Sato, 1994）。8 Ma以降，水平最大主応力軸は東北東-西南西方向となり，弱圧縮ないし中間的な応力場におかれる。そして，背弧側で3.5 Ma，火山フロント側で1 Ma以降，東北日本弧は強い水平圧縮応力場に変わる（粟田，1988；佐藤，1992）。

マグマ分離領域が新生代で最も広かったと推定される16〜15 Maにかけて，背弧側のリフト軸部を中心に大量の火山岩が噴出している。そして，背弧側でのマグマ分離深度が，13.5 Ma以降，深化するとともに，火山岩の噴出量は急激に減衰している。13.5〜8 Ma前後における火山噴出量の急激な減少を，佐藤・吉田（1993）は，背弧側でのマントル内温度の低下と，差応力の少ない造構環境により，マ

ントル-地殻境界部へ大量にアンダープレートした玄武岩質マグマの地表へのダイレクトな放出が阻害された結果であると考えている.

新生代を通じて,最もマグマ分離深度の背弧側への勾配が急で,火山フロント直下の温度が高いステージ10(8〜5.3 Ma)以降になると,地殻浅所に形成された大規模な岩床状マグマ溜りに由来すると思われる大規模陥没カルデラが奥羽脊梁山脈地域全域に形成される(佐藤・吉田,1993;吉田ほか,1999a).また,極端にK2Oに乏しい玄武岩が,これらのカルデラ火山活動に伴って奥羽脊梁山脈地域で活動している(図3.2.18).

b-6. 火山岩同位体組成の時間的変遷

(1) 島弧横断方向での同位体組成変化の時間的変遷

東北日本弧北部に分布する第四紀火山岩では,Sr同位体比が脊梁火山列で0.7038〜0.7044,鳥海火山列で0.7027〜0.7036と背弧側へ減少し(Notsu,1983),Nd同位体比は,八幡平,森吉,寒風へと増加している(Nohda and Wasserburg, 1981).この変化傾向は後期新生代東北日本弧において固定したものではなく,中期中新世には火山岩の同位体組成が顕著な変化を示している.Nohda and Wasserburg (1986)は秋田市周辺の27 Maから6 Maにわたる火山岩類についてSr,Nd同位体組成を測定し,時代とともに$^{87}Sr/^{86}Sr$比は減少し,$^{143}Nd/^{144}Nd$比は増えて,第四紀背弧側火山岩の示す値に近づくことを報告した.倉沢・今田(1986)は,多数の東北地方中新世火山岩類についてSr同位体比を測定し,中期中新世に,背弧側で低いSr同位体比をもった低アルカリソレアイトが活動していることを示し,これは日本海の拡大に関連して上昇してきたマントルダイアピルの活動に基づくものであると論じている.彼らによると,Sr同位体比は16 Ma以前には,男鹿地域の0.7042〜0.7050に対して,奥羽脊梁側で0.705〜0.706,背弧側の佐渡で0.707と両側へ増加している.また,16 Ma以降には,日本海沿岸から出羽丘陵で低く(0.7033〜0.7039),奥羽脊梁から塩釜地域にかけて高い(0.7041〜0.7068).兼岡ほか(1986)は14〜7 Maに活動した大和海山列火山岩類のSr同位体比が,背弧側火山岩類と同じ0.7036前後であることを報告している.周藤ほか(1992c,1993a)は,多数の第三紀火山岩類につい

ての,年代測定とSr同位体比の測定結果をもとに,その変遷を論じている.それによれば,背弧側での0.704以下の低いSr同位体比を示す火山岩は15 Ma以降に出現し,一方,10 Ma以前には同じ背弧側で火山フロント側と同様の0.704をこえる高いSr同位体比を有する火山岩が活動していることを明らかにしている.特に21〜15 Maにかけては,0.704以下のSr同位体比を示す火山岩は,火山フロント側から背弧側にかけて一切出現していない(図2.8.13).

(2) エンリッチマントルと枯渇したマントルの存在と地殻物質の影響

背弧側火山岩類におけるSr同位体比の多様性についてはいくつかの可能性が述べられている.古第三紀末〜中期中新世に認められるエンリッチな同位体比を示す火山岩類は,地殻物質の混成作用(Ujike and Tsuchiya, 1993),部分溶融した地殻物質の影響,あるいは,よりエンリッチな起源マントルからの生成などが可能性としてあげられる.たとえば,奥尻島松江玄武岩層中のTiO2に乏しい安山岩の場合,Sr同位体比の高い物質の関与が推定され,一部の珪長質火山岩類では地殻物質との相互作用を考慮する必要がある(岡村ほか,1993).しかしながら,同じ奥尻島の高Ti玄武岩〜安山岩については,特に地殻物質の関与を示すような証拠は認められず,そのSr同位体組成は起源マントルの性質を直接反映したものと考えられている.すなわち,古第三紀末〜中期中新世には,よりエンリッチなマントルが,少なくとも高アルミナ玄武岩分離深度に,背弧側の広い範囲にわたって分布していたと推定される(岡村ほか,1993).ただし,大陸性地殻直下で生じたと推定される奥尻島・高Mg安山岩は,比較的低いSr同位体比をもっていることから,古第三紀末においても第四紀の火山フロント下と同様に,モホ面直下にも局所的に枯渇したマントルが存在していたと思われる(岡村ほか,1993).これはTogashi et al. (1992)の考えと調和的である.

(3) アセノスフェアの北西から南東への流れによる同位体組成の時間的変遷

大和海盆での背弧海盆火山活動は,21〜17 Maでの同位体的にエンリッチしたソレアイトの活動(図2.8.13のLDグループ:Nohda, 2009)で始まった後,17〜15 Maになると同位体的に枯渇したソレアイトの活動に置き換わった(図2.8.13のDグルー

プ：Nohda, 2009）．火山岩の Sr や Nd 同位体組成における，エンリッチした大陸性マントルリソスフェアへの枯渇したアセノスフェアの貫入によると思われる，同じようなエンリッチした組成から枯渇した組成への急激な変化が，35 Ma 前後のシホテアリン（Nohda, 2009），22 Ma 前後の男鹿半島（倉沢・今田，1986），16.5 Ma 前後の日本海東縁部（青沢リフト：Ujike and Tsuchiya, 1993；八木ほか，2001），そして，15 Ma 前後の東北本州内陸部（黒鉱リフト：八木ほか，2001；Nohda, 2009；Yamada et al., 2012）で認められる．Nohda（2009）は，このような現象を，活動的陸弧火山活動期から背弧海盆火山活動期にかけての，北西から南東へ向けての，マントル内でのアセノスフェアの流れによるものであると説明している．背弧海盆の拡大は約 15 Ma に終わり，背弧側地域の沈降が 14.5 Ma ころから始まっている．Yamaji（1990）は，これはおそらく貫入してきた高温のマントルが冷却を始めたためであろうと述べている．これに対して，火山フロント側においては，この間，ずっと Sr も Nd 同位体比もほとんど変化しておらず（図 2.8.13），背弧海盆火山活動期を通じて，ずっと同位体的にエンリッチしたマグマが活動している（Nohda et al., 1988；Tatsumi et al., 1988；Shuto et al., 1993）．ただし，Hf 同位体比は時間とともに次第に radiogenic なものへと変化している（Hanyu et al., 2006）．23 Ma に活動した銚子の高 Mg 安山岩は，最も低い ε_{Hf} 値をもち，これに対して，5 Ma の三滝玄武岩や第四紀の岩手火山の玄武岩は最も高い ε_{Hf} 値をもつ．そして，16〜12 Ma に活動した霊山，高館，そして泊火山岩類は，これらの中間的な値をもつ（Hanyu et al., 2006）．Hanyu et al.（2006）は，東北日本弧の火山フロント側で最後に活動した高い ε_{Hf} 値をもつ火山岩の成因は，沈み込みスラブを構成する堆積物や海洋性地殻から脱水した流体が，マントルウェッジに付加した結果であると説明している．

（4）マントルウェッジ内温度の低下に伴う玄武岩マグマ分離深度の深化

東北日本弧背弧側においては，上記のように火山岩の Sr 同位体比が 15 Ma 以降，急激に低下しており，このことから，高温の枯渇したアセノスフェアの貫入が 15 Ma 前後に行われた可能性が指摘されている（たとえば，Nohda et al., 1988；Shuto et al.,

1993；Ujike and Tsuchiya, 1993）．この背弧側火山岩における Sr 同位体比の急激な低下は，背弧側で大量の縁海玄武岩が活動した大和海盆や青沢リフトの拡大のピーク時ではなく，背弧海盆が拡大を終了し，冷却沈降期（15〜13.5 Ma）に入った前後に起こっており，背弧海盆拡大終了後の 10 Ma ころに完了している（Shuto et al., 1993）．このことから，東北日本弧背弧側における同位体組成の急激な変化を，既存の大陸性 EMⅡ質リソスフェアを，新たに湧昇してきた DMM 質アセノスフェアが置き換えて，それが直ちにマグマ起源物質として寄与した結果として説明することは難しい．背弧側での海盆拡大に関連した高温のアセノスフェアの湧昇は，背弧側の等温面が上昇したステージ 5（21〜17.5 Ma）までに行われ（吉田ほか，1995），その後，15 Ma まで低アルカリソレイアト〜高アルミナ玄武岩マグマ分離深度にあった部分溶融域が，背弧海盆の冷却沈降を伴う背弧側マントル内温度の低下（Yamaji, 1990）に伴って，深部に定置した枯渇した DMM 質アセノスフェアが分布する，高アルミナ玄武岩〜アルカリ玄武岩マグマ分離深度まで，深くなった結果であると考えられる（岡村ほか，1993；吉田ほか，1995）．

岡村ほか（1993）は西南北海道の奥尻島漸新世火山岩類の研究に基づいて，漸新世における奥尻島下マントルウェッジが第四紀火山フロント側と同様に同位体組成的に不均質であったこと，ならびに西南北海道に分布する背弧側火山岩類の Sr 同位体組成が，東北日本の場合（Shuto et al., 1993）と同様に古第三紀末〜中期中新世とそれ以降とでは，高い値から低い値へと急激に低下していること，そして，後期中新世以降は，第四紀同様に火山フロント側から背弧側へと Sr 同位体比が低下していることを明らかにしている．彼らは背弧側に位置する火山岩類が中期中新世以降，より低い Sr 同位体組成を示すのは，この時期を境にマントル内等温面が低下し，部分溶融位置が同位体組成的により枯渇したアルカリ玄武岩分離深度側へと深化した結果であると論じている．

さらに，15 Ma を境にして背弧側において同位体的にエンリッチした火山岩に代わって，同位体的に枯渇した火山岩が出現している事実は，島弧を横切る方向での同位体組成にみられる変化を，沈み込み

スラブからの流体相の添加のみによって説明しようとするモデルには都合が悪い．すなわち，スラブの沈み込みによって，汚染していないマントルを汚染させることは可能だが，エンリッチしたマントルを，流体の添加で枯渇させることは困難であるからである．

b-7. 玄武岩質マグマ組成の時間的変遷

（1） 多様な玄武岩マグマ起源マントルの存在

東北日本弧の後期新生代に活動した火山岩の同位体組成変化は，3つの玄武岩マグマ起源マントル（1：大陸性エンリッチ（EMⅡ質）マントルリソスフェア，2：島弧性エンリッチマントルリソスフェア，3：枯渇した（DMM Indian MORB）アセノスフェア）の存在を示唆している（Nohda *et al.*, 1988；Tatsumi *et al.*, 1989；Ujike and Tsuchiya, 1993；Ohki *et al.*, 1994；吉田ほか，1995；周藤ほか，1995, Shuto *et al.*, 2006）．東北日本弧，陸弧火山活動期（〜21 Ma）には，高アルミナ玄武岩分離深度以深に，HFS元素に富んだ大陸性エンリッチマントルリソスフェアが，背弧側のプレート内玄武岩マグマ起源マントルを構成しており，その上部の最上部マントルには地球化学的不均質性の著しいマントルリソスフェアが分布していた（岡村ほか，1993）．背弧海盆火山活動期に行われた背弧海盆の拡大に関連して，背弧側深部に由来する枯渇したアセノスフェアが湧昇した結果，マントル内温度構造が変化し，島弧を火山フロント側から背弧側へと横切る，単調な広域組成変化傾向が不明瞭となった．島弧活動期に向かい，背弧側マントルの温度低下と火山フロント側最上部マントルの温度上昇が続き，背弧側ではより深部に位置していた枯渇したスピネルかんらん岩質アセノスフェアに由来する玄武岩質マグマが分離上昇を始め，火山フロント側では，よりエンリッチした斜長石を含むかんらん岩からなる最上部マントルリソスフェアに由来する，低アルカリソレアイトが分離上昇して，第四紀火山活動を特徴づける，島弧を横切る組成の広域変化が形成されたと推定される．

第四紀における火山フロント側および背弧側マグマ起源マントルはそれぞれ，マントルウェッジ内で地震学的に認められる火山フロント側低速度域と背弧側低速度域に対応している．両者の間には組成不均質性があり，中期中新世以降，少なくとも同位体組成的には均質化していない．このことは，マント

ルウェッジ，特にその上半部における対流活動が，一般に考えられているよりも限定されたものであることを示唆している．

Ujike and Tsuchiya（1993）は，玄武岩質マグマのSrとNd同位体比やZr/Y比などの地球化学的特徴が，青沢リフトにおいて，16 Ma前後に，急激に大陸縁タイプから海洋性島弧を特徴づけるものに変化していることを明らかにしている．Nb, Zrなどの HFS元素は液相濃集元素なので，起源物質から玄武岩質マグマが発生するときに，マグマに濃集する傾向をもつ．したがって，最上部マントルのある特定の部位において，玄武岩質マグマが何度も繰り返し形成されると，この起源物質に何らかの機構でHFS元素が付加されない限り，この起源物質における液相濃集元素であるHFS元素は次第に枯渇していくことになる．一方，HFS元素は水や流体に溶けにくい性質をもっており，沈み込みスラブでの脱水反応を通してマントルウェッジに付加するとは考えにくい．したがって，過去から現在にかけて形成された比較的未分化な玄武岩についてのHFS元素の時間的変遷を検討することは，玄武岩マグマ起源マントルの進化を考える際に重要である（周藤・午来，1997；Yamada *et al.*, 2012）．

（2） 玄武岩組成のZr/4-2Nb-Y図での変遷

周藤ほか（1995）は東北日本弧での35 Maから現在にいたる後期新生代において活動したプレート内玄武岩から島弧玄武岩にいたる溶岩において，時代とともに，Zr/Y比が次第に減少していることを明らかにしている．このことは，マグマ起源マントルにおいて，ZrがYに対して次第に枯渇してきたことを示している．周藤ほか（1995）はこのHFS元素，特にYに対するZrの枯渇は，34 Ma以降の玄武岩質マグマの継続的な生成により，Zrがマグマ起源マントルから次第に取り除かれた結果であると論じている．周藤ほか（1995）は，さらにZr/4-2Nb-Y図（Meschede, 1986）を用いて，HFS元素間の比の時間的変遷を検討している．それによると，東北日本弧の玄武岩質マグマの組成は，34 Maから第四紀に向かって，NbとZrに富む側から，これらに乏しくなり，Yが増える側に，ほぼ直線的に変化している．すなわち，マグマ起源マントルの組成は，大陸プレート内玄武岩の起源物質組成から，N-MORBの起源物質組成を経て，第四紀のZrやNb

に枯渇した起源物質組成に変化している。ただし、10 Ma 前後の日本海上、飛島玄武岩は Nb と Zr に富む側にあり、背弧海盆火山活動期後半の 16〜13 Ma の玄武岩は、幅広い HFS 元素比を示している。

Yamada et al. (2012) も、Zr/4-2Nb-Y 図を用いて、後期新生代、東北日本弧における玄武岩質マグマ組成の時代的変遷を検討している（図 3.2.19）。それによると、大陸縁の時代に活動した男鹿半島の玄武岩（門前層玄武岩など）は、プレート内アルカリ玄武岩の領域にプロットされる。そして、日本海の拡大後は、玄武岩質マグマの性質は、Nb の低い N 型 MORB（大和海盆玄武岩）から、プレート内ソレアイト玄武岩（青沢リフト玄武岩：飛島玄武岩、元古沢玄武岩を含む）へと変化している。この青沢リスト玄武岩類は、既存の Zr-Nb に富んだ大陸プレート内玄武岩の起源となったマントルリソスフェアに大和海盆低 Nb 玄武岩の起源物質である枯渇したアセノスフェアが作用して生じた起源マントルに由来すると推定している。その後、Zr が減少して、Nb に富んだ馬場目リフト玄武岩〜黒鉱リフト玄武岩（高館、霊山、泊、石森山、竜飛崎玄武岩などを含む）が背弧海盆火山活動期の後期に活動し、島弧火山活動期に入ると Zr、Nb ともに著しく乏しい低アルカリ島弧ソレアイト（荒屋、定義、三滝、船形玄武岩など）の活動に変化している（周藤ほか、1995；Yamada et al., 2012）。

青沢リフト玄武岩の活動から黒鉱リフト玄武岩の活動期にかけては、Nb/Zr 比が増加する傾向があり、黒鉱リフト玄武岩が最も Nb に富んでいる。また、地殻の薄い日本海沿岸で活動している青沢リフト玄武岩や飛島玄武岩に対して、地殻の厚い東北日本内陸部に位置する竜飛崎、馬場目リフト、黒鉱リフト、高館、霊山、泊、石森山などの玄武岩は Nb や Y に対して、Zr が少し乏しい傾向を示している（周藤ほか、1995；Yamada et al., 2012）。

（3） 始源マントルと枯渇したマントルの部分溶融モデル

Yamada et al. (2012) は、玄武岩質マグマの組成が、Nb-Zr-Y 判別図（図 3.2.19：Meschede, 1986）において、時代とともに、系統的に変化していることを示しているが、Zr-Nb-Y 判別図での玄武岩組成の経時変化について、関与したマグマ起源マントルの性質とそれが部分溶融して生じる玄武岩質メル

トの組成についても検討している。Yamada et al. (2012) は、始源マントル（PM：Sun and McDonough, 1989）と、枯渇したマントル（DM：Workman and Hart, 2005）について、それぞれの断熱上昇中に生じる玄武岩質メルト組成の進化を、マントルポテンシャル温度（TP）＝1450℃ の温度条件下での、断熱減圧溶融（Phipps-Morgan, 1999）のケースについて、ABS3 モデル（Kimura et al., 2010）によりモデル計算している。用いた部分溶融マントルの上昇中での鉱物組合せとモード組成は、Ghiorso et al. (2002) に基づいて求めている。さらに、玄武岩質メルト成分を 0.5％ 失った結果、わずかに枯渇した PM と DM 質起源マントルについても、同様の計算を行っている。それらの結果を、図 3.2.19 に示す（Yamada et al., 2012）。PM 質起源マントルの部分溶融で生じる玄武岩は、マグマの分離深度が浅くなるにつれ、プレート内アルカリ玄武岩から、プレート内ソレアイト、そして E 型 MORB から N 型 MORB へと変化する。同様に、DM 質起源マントルの部分溶融で生じる玄武岩は、プレート内ソレアイトから N 型 MORB へと変化する（図 3.2.19）。大陸縁の時代である漸新世に活動した男鹿半島のプレート内アルカリ玄武岩は、同位体的にはエンリッチした性質を示し、大陸性リソスフェアに由来すると説明されているが、図 3.2.19 に示す通り、玄武岩メルトを 0.5％ 失った PM 質の厚いエンリッチしたマントルリソスフェアが、3.0〜2.8 GPa の圧力下で部分溶融するとそのようなアルカリ玄武岩を生じることができる。一方、大和海盆の N 型 MORB や、青沢リフトにみられるプレート内ソレアイトは、共通の DM 質起源マントル、あるいは玄武岩質メルトを 0.5％ 失ってわずかに枯渇した DM 質起源マントルからの、より浅い深度での部分溶融で大和海盆玄武岩が、少し深い深度での部分溶融で青沢リフト玄武岩が生じる（図 3.2.20）。馬場目リフトや黒鉱リフトからの火山弧玄武岩の組成は、DM モデルと PM モデルについての溶融曲線の中間にプロットされ、そのなかでも浅い深度での溶融物と推定される。Nb に富んだ玄武岩は、大和海盆や青沢リフトで活動している玄武岩に比べて、よりエンリッチした起源マントルに由来していると推定される。最も放射性起源に富んだ Nd 同位体組成を示す大和海盆玄武岩 は、$^{143}Nd/^{144}Nd = 0.51316$（Cousens and Allan,

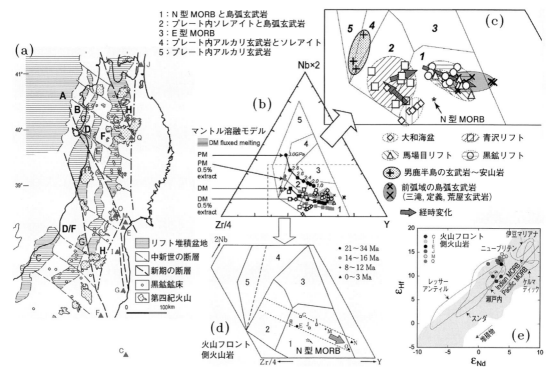

図 3.2.19 東北日本弧における玄武岩質マグマ組成の時代的変遷

(a)：中新世から第四紀にかけての火山フロント側火山岩の分布を中新世の東北日本弧の構造図の上に灰色の三角で示している (Yamada and Yoshida, 2011). 各三角のグレーの記号 J：泊, N：荒屋, Q：岩手, O：船形, M：三滝, E：高館, I：霊山, G：石森山, F：元古沢, C：銚子.

(b) と (c)：大和海盆（図（a）のA地域), 男鹿リッジ（B地域), 背弧リフト拡大期（C～G地域), そして火山フロント地域（H地域）からの玄武岩についてのNb-Zr-Yプロット (Yamada and Yoshida, 2011 ; Yamada et al., 2012). Nb-Zr-Yプロットでの判別境界は, Meschede (1986) による. また, N型MORB組成は, Wood et al. (1979) による. それ以外に, Allan and Gorton (1992), 周藤ほか (1995) や八木ほか (2001) のデータを使用した. Yamada et al. (2012) は, 始源マントル（PM：Sun and McDonough, 1989）や枯渇したマントル（DM：Workman and Hart, 2005）の断熱上昇によって生じる玄武岩について, Zr-Nb-Y組成の変化を計算で求めている. 彼らはまた, わずかに枯渇したPMとDM質のマグマ起源マントルについて, これらの起源マントルから0.5％の玄武岩質メルトが抽出された組成を計算したうえで, それが溶融して生じる一連のマグマについて, Kimura et al. (2010) のArc Basalt Simulator modelを用いて計算し, その結果をプロットしている.

(d)：中新世から第四紀の火山フロント側火山岩についてのNb-Zr-Yプロットを示す (周藤・牛来, 1997). 判別図の境界は, 図（b）と同じである.

(e)：東北日本弧の中新世から第四紀にかけての火山フロント側玄武岩の, NdとHf同位体組成の時間的変遷を示す (Hanyu et al., 2006). MORB, OIBと堆積物で定義されるマントルアレイは, 淡灰色のハッチ部である (Salters and White, 1998 ; Vervoort et al., 1999). 東北日本弧以外の島弧のデータや, パシフィック-インディアンMORB領域の境界線は, Pearce et al. (1999), Woodhead et al. (2001), そしてHanyu et al. (2002) に基づく. 銚子 (C) と霊山試料 (I) の一部は, マントルアレイ上にプロットされている. しかしながら, それ以外の試料, 特に岩手火山 (Q) と三滝玄武岩 (M) からの, 比較的年代の若い試料については, マントルアレイの上側にプロットされている (Hanyu et al., 2006).

1992) であり, この値は, 馬場目リフトや黒鉱リフトの玄武岩が示す値より高くて, 第四紀の背弧側玄武岩が示す値と類似しており, 比較的エンリッチな起源マントルに由来することを示している. また, スラブ由来物質の付加を受けたDM質起源マントルの浅い深度（2～1 GPa）での溶融作用によっても, Nb値の高い玄武岩を生じることが可能である（DM fluxed melting：図3.2.19の影をつけた範囲).

この流体の付加を受けた起源マントルの溶融作用については, ABS2モデル (Kimura et al., 2010) を用いて計算した結果である. Yamada et al. (2012) は, 太平洋スラブからの脱水で生じた流体の付加によってエンリッチしたDM質起源マントルが, 浅い深度で部分溶融することにより, 馬場目リフトと黒鉱リフトの玄武岩を生じることができると説明している. 実際, 馬場目リフトと黒鉱リフトの形成期は,

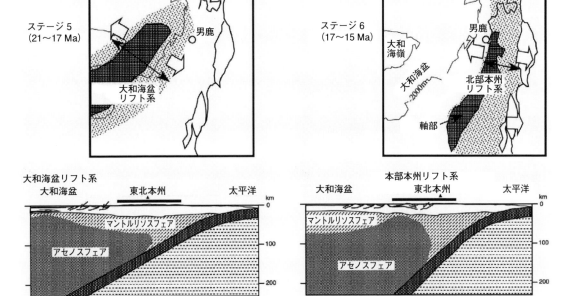

図 3.2.20 Stage 5（21〜17 Ma）〜Stage 6（17〜15 Ma）における，富化した大陸性リソスフェア中への枯渇したアセノスフェアの貫入（佐藤ほか，2004）
これによって，それぞれ大和海盆と，北部本州リフト系が形成された．

背弧海盆火山活動期の最終期から島弧火山活動期に移化する時期にあたり，同じ場所で初期島弧火山活動期に活動した玄武岩の組成は，馬場目リフトや黒鉱リフトの時代に活動した玄武岩の組成とほとんど同じである（図 3.2.19）．

b-8. 火山活動域の変遷とマントル内ダイナミクス

後期新生代の東北日本弧では，陸弧における背弧海盆の拡大とそれに続く島弧での沈み込み帯火山活動が起こっている．これらの変化には，①背弧海盆火山活動期におけるアセノスフェアの湧昇とそれに続く冷却沈降，②島弧火山活動期におけるマントルウェッジでのコーナー流，といったマントル内でのダイナミクスが関連していると推定される．そのようなマントル内プロセスの時間発展については，いくつかのジオダイナミックモデルによって研究されている（Honda and Yoshida, 2005a, b；Honda et al., 2007；Zhu et al., 2009）．

（1）火山活動域の変遷

東北日本弧では火山活動の時空変遷が詳しく明らかにされてきている（たとえば，梅田ほか，1999；山田・吉田，2002；Kondo et al., 1998, 2004）．東北日本弧における火山活動域の分布は，背弧海盆火山活動期には，リフトに沿ってほぼ南北に延びる傾向を示しているのに対して，島弧火山活動期に入ると，その分布が広域に点在するようになり，8 Ma 以降になると活動域が集中して，背弧側における火山分布が，南北に幹状に延びる火山フロント域に対して，そこから枝状に背弧側に延びる傾向が明確になってくる（図 2.2.5，図 3.2.21：吉田ほか，1995；Kondo et al., 1998, 2004；山田・吉田，2002；Prima et al., 2006）．この枝状の部分は，いわゆる"ホットフィンガー"（Tamura et al., 2002）と呼ばれる分布域に相当している．

火山の活動年代を，各火山の火山フロントからの距離に対してプロットした火山活動の時空分布図（山田・吉田，2002；Kondo et al., 2004）によれば，火山活動には，背弧側から火山フロント側へと前進する傾向が認められる（図 3.2.21：Honda and Yoshida, 2005a）．最も最近の，5〜0 Ma における火山活動の時空変遷によれば，火山の背弧側から火山フロント側への前進速度は，約 2cm/y（Honda and Yoshida, 2005a）である．Tamura et al. (2002) は，東北日本弧での第四紀火山の分布パターンを，火山の下のマントル低速度域が高温異常域であると考える"ホットフィンガー"モデルで説明している．

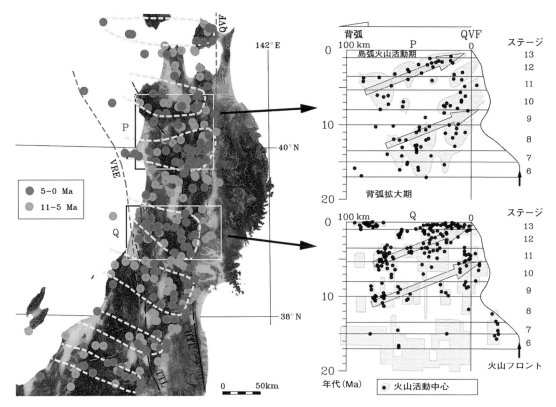

図 3.2.21 東北日本弧における火山分布の時空変化

左：東北日本弧における過去の火山分布（Kondo et al., 1998）を示す．地図中の破線は，Tamura et al.（2002）による「ホットフィンガー」の地表投影である．火山分布のデータは，11～5 Ma と 5～0 Ma の 2 期に分けてプロットしている（Honda and Yoshida, 2005a）．記号，QVF，VRE，TTL，および HTL は図 3.2.10 と同じ．

右：火山活動の年代を第四紀の火山フロント位置からの，個々の火山の距離によってプロットした図である（Honda and Yoshida, 2005a）．P地域（山田・吉田，2002）とQ地域（Kondo et al., 2004）について，火山活動の年代を，試料採取地点の第四紀火山フロントからの距離に対してプロットした図．黒い丸は，放射年代を示し，灰色のハッチ域は，層序学的データから推定した年代値である．それぞれの矢印は，背弧側から火山フロント側への火山活動の移動を示している．

（2） マントルウェッジ内部での小規模対流

Honda and Yoshida（2005）は，この火山活動域の移動を，地震学的に観測されるマントルウェッジの低粘性域（low viscosity wedge）内部での小規模対流の結果であると考え，計算機シミュレーションにより再現することを試みている（図 3.2.22）．彼らは低粘性域の上面を脊梁火山列下で階段状に浅くすることにより，低粘性域内に，海溝軸に垂直に発達するフィンガー状高温域（ロール）を再現するとともに，この高温域の背弧側で発生した低温領域（cold plume）が前弧側に移動する速度を 2 cm/y 程度にすることに成功している．このモデルでは低粘性マントルウェッジを必要とするが，小規模対流により海溝軸に垂直に発達したマントル内高温域（ロール）は，現在の火山活動域のより背弧側には発達せず，脊梁火山列下で火山フロントに平行に発達した顕著な高温域と連結した櫛状の構造をなし，実際のS波低速度異常パターン（図 2.2.7）ときわめてよい一致を示している．

Honda and Yoshida（2005a）は，火山の分布位置は長期間にわたって固定されているわけではなく，フィンガー状の構造自体，約 5 Ma にフリップフロップ（位置が交代）することを示している（図 3.2.21）．そのような火山分布域の位置交換（フリップフロップ）は，東北日本弧下のマントルウェッジで小規模対流が起こっている可能性を示唆している．それに対して，Zhu et al.（2009）は，海洋性沈み込み帯での水を含んだ熱-組成性プルームの3Dダイナミクスを計算機シミュレーションし，スラブの上，マントルウェッジでのメルトの発生密

3.2 後期新生代

度の時空変遷を計算し，それを東北日本弧での火山活動データと比較検討している．この結果は，東北日本弧での火山活動のクラスタリングが，マントルウェッジでの熱-組成性プルームの活動と関連している可能性を示唆している．使用するモデルによって，結果は変化するものの，これらのジオダイナミックモデルから得られる重要な知見は，マントル内での対流パターンが，マグマの発生や，火山活動域の時空分布や，マグマの生成率をコントロールしているらしいことである．

（3）マントル対流の時間発展

図 3.2.22 に，計算機シミュレーションで得られた，冷却するマントルウェッジ内の低粘性域での，小規模対流パターンの時間発展の一例を示す（Honda and Yoshida, 2005a）．これらの計算結果によると，マントルウェッジの冷却においては，①第 1 期：安定した全対流期，②第 2 期：単調な冷却期における 2D 対流期，③第 3 期：温度低下が進行した状態での不安定な 3D 対流期，の明瞭に異なる 3 つのフェーズが存在する（Honda and Yoshida, 2005a）．最初の 2 つのフェーズでは，島弧-海溝系に平行な均質な温度構造が維持されているが，最後のフェーズでは，マントル中にロール状構造が発生し，火山活動域は火山フロントに沿った幹部と，そこから背弧側へ派生した多数の枝部からなるようになる（図 3.2.22）．東北日本弧の背弧海盆火山活動期における火山の分布は，島弧-海溝系の伸張方向に平行な複数のリフトに沿ったものとなり，これはマントルウェッジでの 2D 対流に対応したものと推定される．それに対して，島弧火山活動期の後期になる

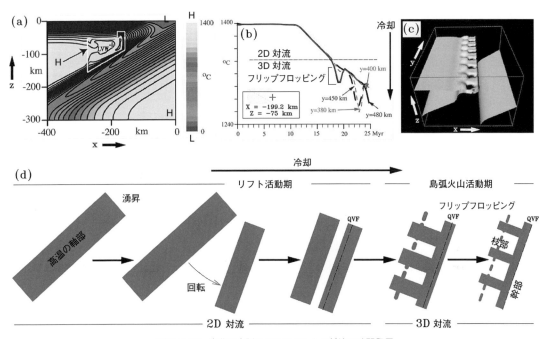

図 3.2.22 東北日本弧におけるマントル対流の時間発展

(a)：東北日本弧のマントルにおける小規模対流モデルで得られた温度構造のスナップショット（Honda and Yoshida, 2005a）．図中の白い線で囲った範囲は，低粘性ウェッジ域（LVW）を示す．温度のコンター間隔は，70°C である．矢印は LVW の左端で生じた冷たいプルームが移動する場所を示している．

(b)：LVW 域内にある点での温度の時間変化．点 (x, y と z) の位置は，2 次元断面図 (a) 中の十字（x = −199.2 km, z = −75 km）で示された場所である．計算結果は，冷たいプルームが通過するのに伴って，温度が変動することを示している．温度の変動は，LVW 内部での温度の低下と対応して生じている．この図は，x と z が一定の場所で，y が変化することにより温度が時空間変化することを示している．これらの場所は，ほぼ図 3.2.21 に示した各フィンガーの軸部に対応している．この図に示されている通り，火山活動のフリップフロップは，約 17 Ma（図の 25 Myr を現在とすると 8 Ma 前）前後に始まっている．

(c)：マントル内での小規模対流によって生じる温度構造の 3D 表示．この結果は，火山フロントに相当する LVW の右端ではぼ連続的な温度異常を示し，フィンガー状の温度構造が生じている．

(d)：マントルウェッジでの温度低下に伴う小規模対流パターンの 2 次元から 3 次元への進化を示す．QVF：第四紀の火山フロント．

と，火山の分布はより複雑なパターンを示すように
なるが，これは，マントルウェッジでの３Ｄ対流の
発生に対応したものと推定される（図3.2.22）．マ
ントルウェッジ内構造の長期にわたる発達史は，基
本的には，地表における火山活動の時空変化から推
定されるが，上昇するマグマに対する，深部に位置
するスラブや，上部に位置する島弧地殻によるさま
ざまな効果・役割も無視できないであろう．たとえ
ば，島弧の伸長方向に垂直に発達した枝部（フィン
ガーあるいはロール）については，地殻内部で
σ_{Hmax} 方向に平行に発達したマグマ供給系の分布を
反映しているとする考えもある（Prima et al., 2006；
Acocella et al., 2008）．そのようなマグマ供給系の分
布自体が，マントルウェッジ内の小規模対流構造と
関連している可能性も考えられる．いずれにして
も，地表に噴出したマグマについての詳しい研究
は，この種の研究の進展に不可欠であり，地下深部
で進行するプロセスを詳しく検討する際の強力な情
報源となる．

c. 陸弧火山活動期

c-1. 酸性火成活動期

後期暁新世から前期始新世までの珪長質火成活動
は，クラ-太平洋プレートの海嶺の沈み込みが関与
した（Maruyama et al., 1997）白亜紀から続くユー
ラシア大陸東縁での花崗岩質マグマ活動の延長上に
あり（Zonenshain et al., 1990），入道崎火成岩（大
口ほか，1979；小林ほか，2008）や中禅寺酸性火成
岩（たとえば，矢内，1972）などの大規模なカルデ
ラ形成を伴うイグニンブライトの活動を含む（たと
えば，Takahashi, 1983）．これらの活動は，東北日
本でも西南日本でも海側から次第に陸側へとその活
動域が縮退する傾向を示し（山田，2005；加々美，
2005），東北日本～西南北海道における火山活動は，
始新世から漸新世へと背弧側に後退している（雁
沢，1987；大口ほか，1989）．

後期白亜紀の陸弧に，陸弧を横切る方向での明瞭
なアルカリ量の変化があったか否かは，はっきりし
ないが，前弧域の北上山地下部地殻岩が石英を多く
含有している（Nishimoto et al., 2008）のに対して，
背弧側下部地殻岩はアルカリ長石を多く含む傾向が
指摘されている（Yoshida et al., 2014）．白亜紀火成
活動に続く，陸弧における新生代火山活動は，始新
世から漸新世へと背弧側に後退した（大口ほか，

1989）後，5 Ma 前後の休止期をはさんで，前期中
新世に入って海溝側に広がっている（図3.2.11）．
始新世以前の火山活動は，漸新世以降とは活動軸の
方位が異なる（雁沢，1987）．漸新世に入ると男鹿-
佐渡-山陰帯（雁沢，1982）と呼ばれる火山帯が現
在の本州弧に平行に生じた．漸新世火山岩類は日本
海や沿海州にも分布し，男鹿-佐渡-山陰帯は当時の
陸弧火山フロントを形成していた（雁沢，1987；大
口ほか，1989；Tatsumi et al., 1989；岡村ほか，1993）．
この陸弧火山帯の幅は 200 km をこえていたと推定
され，当時の沈み込み角度は低角であったと推定さ
れている（Tatsumi et al., 1989）．始新世には，海溝
側に低カリ流紋岩が，背弧側にはアルカリ岩が産
し，アルカリ量の水平変化が認められる（蟹沢ほ
か，1989）．漸新世でのアルカリ量の変化の様子は
あまり明瞭ではないが，背弧側にアルカリ岩が認め
られ，やはり，アルカリ量が背弧側へと増加してい
たと推定される（図3.2.17）．

c-2. 遷移層滞留スラブの始新世沈降イベント

始新世，すなわち白亜紀から続いた酸性火成活動
が終了後，背弧海盆の拡大開始前に，インド亜大陸
のユーラシア大陸への衝突（53～50 Ma）や，ハワ
イ・天皇海山列の屈曲（Patriat and Archache, 1984；
Gordon and Jurdy, 1986；Maruyama and Seno, 1986）
などのプレート運動の再構成（Eocene plate reorgan-
ization：53.5～37.5 Ma）があり，このとき，660 km
遷移層滞留スラブの沈降イベント（Rona and Richard-
son, 1978）が起こったと推定されている（Fukao et
al., 2001）．このイベントは，北西太平洋地域にお
けるイザナギプレートと太平洋プレートを境する海
嶺の沈み込みによる，イザナギプレートのマントル
深部への沈降に伴うものと考えられている（Seton
et al., 2015）．これ以降に日本海溝から沈み込んだ太
平洋プレートは，ふたたび 660 km 遷移層に滞留を
続け，現在中国大陸下に広がっている（Fukao et al.,
2001；Zhao et al., 2004）．

c-3. 日本海の北西側での大陸縁火山活動とアセ
ノスフェアの湧昇

日本海の北西岸に位置する東部シホテアリンで
は，55 Ma 以降，北東-南西方向に伸張した大陸性
リフトに沿った大陸縁火山活動が認められる．これ
らの陸弧期火山岩類は，その後の日本海拡大期にこ
の地域で活動した背弧海盆期ソレアイト質火山岩に

比較して，よりエンリッチした同位体組成と高い Zr/Y 比をもっており，日本海の拡大に伴って，マグマ起源物質が，EMⅡ質大陸下リソスフェアから，湧昇してきたアセノスフェア（Indian Ocean MORB source）に変化したことを示している（Okamura et al., 1998, 2005）．シホテアリンやサハリンにおける火山岩の，同位体的に，より枯渇した組成への変化は 40 Ma 前後と 34 Ma 前後に，段階的に起こっている（Okamura et al., 2005）．

同様の，エンリッチマントルに由来する火山岩から枯渇したマントルに由来する火山岩への変化は，前述の通り，東北日本弧において，20～15 Ma における大和海盆や青沢リフトでの初期沈降に続く 15 Ma 以降の冷却沈降期などでも起きている．東部シホテアリンでの，34 Ma 前後におけるマグマ組成の著しい枯渇化は，おそらく 40 Ma 前後に開始した初期沈降に続く，冷却沈降期での火山活動を示唆している．このことは，東部シホテアリンにおいては，サハリンで海進がいったん停滞した 40 Ma 前後（Kano et al., 2007）に，大陸性リフト形成に伴って枯渇したアセノスフェアの湧昇が開始していた可能性を示唆している．これらのことは，前述の通り，リフト形成を伴う枯渇したアセノスフェアの湧昇が，北西方の大陸側から南東側へと段階的に進行したことを示唆している（Ren et al., 2002；Okamura et al., 2005；Nohda, 2009；Yoshida et al., 2014）．

c-4. 陸弧火山フロントにおける火山活動

より大陸側に位置する東部シホテアリンでマグマの著しい枯渇化が起こった漸新世に，奥尻島から男鹿，佐渡に連なる地帯で，高アルミナ玄武岩～安山岩，高マグネシウム安山岩，カルデラ形成を伴う流紋岩などからなる陸弧火山活動が認められる（雁沢，1982；雁沢・佐藤，1989；山本ほか，1991；周藤ほか，1992；岡村ほか，1993；大口ほか，1995；Kano et al., 2007；鹿野ほか，2007, 2008；小林ほか，2008）．これらの地域は，日本海域や沿海州に広がる同時代の火山活動域の東縁に位置し，当時の低角沈み込みスラブを伴った陸弧における火山フロントを形成していた（雁沢，1987；大口ほか，1989；Tatsumi et al., 1989；岡村ほか，1993）．奥尻島では，Ti に富み，Sr 同位体比の比較的高い高アルミナ玄武岩（HTV）と，Sr や Cs に富む高マグネシウム安山岩（HMA）が密接に共存することから，当時の

この地域のマントルには，高アルミナ玄武岩質マグマの分離深度において，現在の背弧側火山岩起源マントルに比較して，よりエンリッチしたマントル（大陸下リソスフェア）が分布していたと考えられている（岡村ほか，1993）．深瀬・周藤（2000）は，この期に活動した門前層火山岩類の特徴を報告し，それらは大陸内部のリフト帯に産する玄武岩に類似しているとしている．

c-5. 陸弧火山活動期の火山フロントマグマ起源マントルの性質

岡村ほか（1993）によると，奥尻島の漸新世陸弧火山フロントで活動したマグマはいくつかの点で第四紀火山フロントで活動したマグマと共通性をもつ．たとえば，ともに 2 系列の火山岩類，前者では高 Mg 安山岩（HMA）と高アルミナ玄武岩（HTV），後者ではカルクアルカリ岩（CA）と低アルカリソレイアイト（TH）が活動している．そして HMA は第四紀の森吉火山列火山岩に類似し，HTV は一部の第四紀火山フロント側火山岩に類似している．また，HTV マグマの分離深度は高アルミナ玄武岩質（HAB）マグマのそれに相当すると考えられている．これら同位体組成的に異なる HMA, HTV 両マグマがほぼ同時に活動しており，漸新世における陸弧火山フロント下のマントルウェッジは同位体組成的に不均質であったと推定される．このマントルは比較的同位体組成的にエンリッチした，しかも組成幅が広い起源マントルであるという点で，第四紀火山フロント下での起源マントル（Togashi et al., 1992）と性格的に似ている．現在の背弧側高アルミナ玄武岩と同等の分離深度から上昇してきたと推定される HTV の同位体組成が，現在のモホ面直下で生じた火山フロント側火山岩である低アルカリソレイアイトの組成に，少なくとも Sr 同位体組成において対応しているということは，当時の陸弧火山フロント下，高アルミナ玄武岩分離深度におけるマントルが現在よりも Sr 同位体比の高いエンリッチしたものであった可能性を示唆している（吉田ほか，1995）．

c-6. 男鹿半島，門前層火山活動と海の侵入

小林ほか（小林ほか，2008；Ohguchi et al., 2008）は男鹿半島の門前層の火山岩類が 36～34 Ma に活動したことを示すとともに，そこでは，リフト活動を示唆する正断層群や平行岩脈群を伴って陸上火山

噴出物と水底火山噴出物が共存していることを明らかにし，門前層火山岩類の活動期を通じて浅い水域が存在していたことを示している．また，大口ほか（2005）が海成堆積物を報告した潮瀬ノ岬砂礫岩は，門前層に重なる真山流紋岩類の下位に位置しており，真山流紋岩類の活動期には，火山体全体が削剥を受けながら沈降し，水中に没したと推定されている（鹿野ほか，2007, 2008；小林ほか，2008）．彼らは，これらの門前層〜真山流紋岩の活動が，日本海が急速に拡大する前の引張応力場におけるリフト火山活動であり，その活動に引き続いて海が入ってきた可能性があるとしている．

c-7. 陸弧火山活動期から背弧海盆火山活動期への推移

Kaneoka（1990）によって，背弧海盆の形成時期であるとされた，前期中新世（25〜17.5 Ma）のテクトニクスに関しては，考えられていたよりも複雑な様相を呈しているらしい．前期中新世初期（25〜21 Ma）には，北小国層に代表される大規模な火砕流が活動している（Ohguchi, 1983；Yamaji, 1990）．それらに対比される火山岩類が，大和海盆の大陸地殻が残っている地域で多く報告されており（Kaneoka and Yuasa, 1988），この時期東北日本弧は，まだ大陸縁に位置していたと思われる．Ohki et al.（1993b）も，地質学的事実と火山フロントの方向転換時期に関する検討から，約20 Ma以前の火山活動は，陸弧あるいはそれに近い環境のもとで起こったと考えている．前期中新世初期には，火山フロント側ではソレアイトが，背弧側ではアルカリ岩が産し，第四紀と同様，背弧側へアルカリ量が増加している（図3.2.17）．

c-8. 大陸域から海域への構造性沈降の段階的進行

堆積相の大陸域から海域への経時変化は，背弧リフト形成に対応した伸張変形に由来する．Ingle（1992）が日本海域でまとめた構造性沈降曲線には3回の顕著な構造性沈降期（28〜25 Ma, 22〜19 Ma, 15〜13 Ma）が示されている．これに基づき，Jolivet et al.（1994）は30 Maころから日本海域の沈降が開始したとしている．その後，鹿野ほか（2000, 2007）はサハリン島南部，北海道，本州西部，北九州，対馬で，第三系の年代層序，古環境などを検討し，東北日本弧では，36 Maころに火山活動を伴うゆっく

りした沈降（リフト活動）が始まり，その後，23 Maころに，一部でいったん隆起した後，20〜19 Ma以降，急激な沈降運動と激しい火山活動があったことを示している（図3.2.11）．彼らはこの一連の運動が，日本海の開裂に伴うものであるとしている．ただし，沈降の開始は始新世にさかのぼるものの，23 Maころまではリフトの幅はそれほど広くはなかったと考えている（Kano et al., 2007）．大和海盆に関しては，主要な背弧拡大は23 Ma以降に始まり，21〜18 Maの大和海盆に広く分布する玄武岩類の活動が最大のイベントであったと思われる（Kaneoka, 1990；兼岡，1991；Kaneoka et al., 1992；Jolivet et al., 1994；Takahashi et al., 1999）．

c-9. 島弧に沿った方向でのマントル不均質性の存在

Sato et al.（2007）は，奥尻，松江，男鹿，本荘，そして佐渡に連なる，大和海盆拡大期（22〜18 Ma）に背弧側陸域で活動した火山岩類について，その性質が大陸性リフトの火山岩に類似するもの（高Ti玄武岩）が含まれるとして，その後の青沢リフト形成期（16〜13 Ma）に活動した火山活動と区別するとともに，これらの22〜18 Maに背弧側陸域で活動した玄武岩類が，島弧に沿った方向に，北から南へと，同位体的に，より枯渇したものから，よりエンリッチしたものへと変化していることを明らかにしている．彼らは，そのような同位体比の変化は，日本海拡大前の大陸縁リフト期に深部から上昇してきたアセノスフェアに由来する玄武岩と，東北日本弧下リソスフェアに由来する玄武岩の混合の結果であり，前者の寄与が北から南へ減少していたと論じている．このことは，マントル内部の温度構造が基本的には一定であると仮定すると，南にいくほど深部から上昇してきたアセノスフェア由来のマグマが長い距離にわたってリソスフェアと反応したことを示唆しており，マントルウェッジ内に島弧に沿った方向でのマントルリソスフェアの不均質性（おそらく厚さの変化）が存在していた可能性を示唆している（吉田ほか，1999b）．

c-10. 陸弧前弧域での火山活動と隆起運動

東北日本弧前弧域に形成された阿武隈隆起帯の延長部にあたり，東北日本弧の南端に位置する銚子地域では，23 Ma前後に，背弧海盆火山活動期以降の火山フロント側火山岩に比べて ε_{Hf} が低く，非常に

エンリッチした同位体組成と高い Zr/Y 比を有し（Hanyu *et al.*, 2006），プレート内火山岩に近い特徴を示すアダカイト的な（Hoang *et al.*, 2009），高マグネシウム安山岩が少量ながら噴出している．この前弧域での高マグネシウム安山岩の活動については，日本海の拡大に関連して高温のアセノスフェアが西方から侵入したことに伴う昇熱により，スラブあるいはマントルウェッジが溶融した結果であると考えられている（Tatsumi and Maruyama, 1989；Hanyu *et al.*, 2006；Hoang *et al.*, 2009）．この時期，前弧側の常磐沖堆積盆地は広域に隆起・陸化していたが，前期中新世後半になると海が侵入している（岩田ほか，2002）．

c-11. 背弧海盆拡大域前縁部での隆起運動

25～21 Ma には，プレ・リフト火山岩（Yamaji, 1990）として，大規模な陸域火山岩である溶結凝灰岩が，各所で噴出している（雁沢，1987；大口ほか 1989；土谷，1995；Hoshi and Matsubara, 1998）．山路（1989）は，青沢リフトの南西縁にあたる羽越地域では，その1つである北小国層が，堆積後に傾動していることを示し，傾動運動が 23～22 Ma 以降に起こったとしている．21 Ma 前後に，背弧海盆拡大軸の前弧側に位置する男鹿半島では，大和海盆の拡大と東北日本弧の回転に先立って，カルデラの形成やドレライト岩床の発達を伴う隆起運動が認められ（Kano *et al.*, 2007；佐藤ほか，2009），一部では，応力場が大規模珪長質マグマの噴出を伴うカルデラ形成に必要な中間～弱圧縮の状況（吉田ほか，1993）になった可能性を示唆している．同様の大規模カルデラの活動は，西南日本弧が時計回り回転を行った時期にも起こっており（Kimura *et al.*, 2005；Miura and Wada, 2007），背弧側の顕著な拡大イベントに関連して，その前弧側縁辺では，応力場が引張から中間～弱圧縮になる現象が，一般的である可能性を示唆している．このような急激な拡大の直前あるいはそれに同期して背弧海盆拡大域縁辺での応力場が変化する現象は，男鹿半島域には背弧海盆拡大時に花崗岩を伴う厚い大陸地殻が存在したと推定されることから，リフトの肩部での隆起現象（山路，2000）の効果もあると思われるものの，背弧海盆拡大が受動的なものではなく，アセノスフェアの上昇といった能動的な機構で起こり，初期沈降域の縁辺で隆起運動が促進された可能性を示唆している（Mc-

Kenzie, 1978；Tatsumi *et al.*, 1989；Kano *et al.*, 2007）．

d. 背弧海盆火山活動期

d-1. 日本海の拡大と多重リフト系の形成

21 Ma 前後から始まった背弧海盆火山活動期の火山活動は，18～16.5 Ma 前後における活動の後退期をはさんでその前後2回の顕著な火山活動拡大期からなり（図3.2.20：吉田ほか，1995；周藤ほか，1997；佐藤ほか，2004；Shuto *et al.*, 2006；Sato *et al.*, 2007；Yamamoto and Hoang, 2009），大和海盆拡大期（21～18 Ma），北部本州早期リフト期（18～16.5 Ma），北部本州シンリフト期（16.5～13.5Ma）に区分できる（八木ほか，2001；吉田ほか，2005）．東北日本弧，背弧海盆火山活動期における背弧側での構造区分を図3.2.12に示し，地質断面図を図3.2.13に示す．また，この区分された各地域における火山岩層序を図3.2.14に示す．北部本州シンリフト期は，さらに青沢リフトの形成期である前～中期（16.5～15Ma）と黒鉱リフトの形成期である中～後期（15～13.5Ma）に区分することができる（山田・吉田，2002, 2003）．このうち，21～16.5Ma は，ほぼバイモーダル火山活動で特徴づけられる台島期に，16.5～13.5Ma は大量の地溝充填玄武岩の活動期である西黒沢期にほぼ対応している（図3.2.23：八木ほか，2001）．13.5Ma には背弧海盆の拡大はほとんど終了したと思われる（Jolivet *et al.*, 1994）．

背弧海盆火山活動期に，東北日本弧を構成していた地殻は強い引張応力場のもとで水平方向に引き延ばされ，背弧側では 18～15 Ma に広域に海域が拡大し，海成層が堆積している（山路・佐藤，1989；Yamaji, 1990；鹿野ほか，1991）．このとき，地殻上部は多数のブロックに分断されている（山路，1989；山路・佐藤，1989）．ブロックの境界には落差の大きい正断層が発達し，この正断層にはさまれて落ち込んだ基盤のくぼみであるグラーベンやハーフグラーベンが連なってリフト帯を形成している（高橋，2008）．この間，東北日本弧の前弧側でも，海進が 21 Ma 前後と 17 Ma 前後に認められている（Taka-hashi and Amano, 1984；高橋，2008）．

d-2. 背弧海盆火山活動期における火山活動

Otofuji *et al.*（1985）は，21～11 Ma の間に東北地方が反時計回りに回転し，背弧海盆が拡大したとするモデルを示した．Tosha and Hamano（1988）は

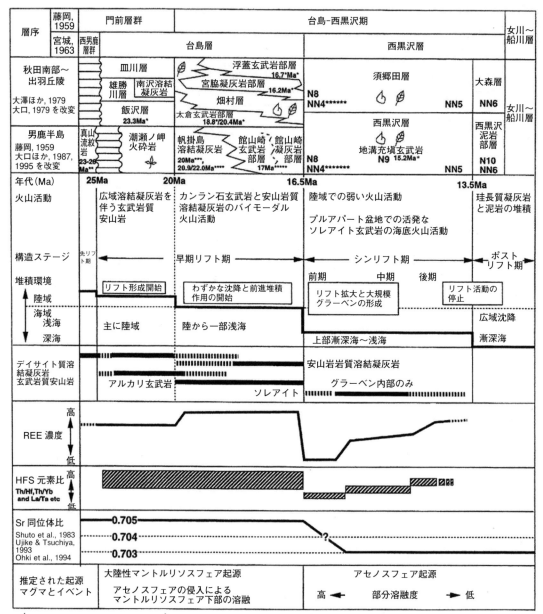

図 3.2.23 東北日本弧,リフト期の火山活動(八木ほか,2001)

男鹿半島第三系の古地磁気学的研究から,背弧海盆形成に伴う東北日本弧の回転が,22〜15 Ma の間に徐々に行われたとし,Tatsumi et al. (1989) は東北日本の火山活動や古地磁気のデータから,22〜18 Ma に日本海が拡大したとしている.また,玉木ほか(Tamaki et al., 1992;Jolivet et al., 1994)は国際深海掘削計画(ODP)の成果をもとに,日本海東部は日本海東縁断層に沿って東西に延びた海洋底拡大が東から西へ伝播して生じたとするモデルを示している.ODP Leg 127/128 で採取された玄武岩の形成年代に相当し(Kaneoka et al., 1990),Kaneoka (1990) が日本海拡大が終了する時期にあたると考えた前期中新世中期(21〜17.5 Ma)になると,背弧側において K_2O に乏しいソレアイト質玄武岩の

活動が始まる（たとえば，周藤ほか，1988；周藤，1989など）．この時期に背弧側で活動した少なくとも一部の玄武岩類の組成は，15 Ma 前後に活動した玄武岩とは明瞭に異なっている（Tsuchiya et al., 1989；佐藤・佐藤，1992：八木ほか，2001）．

新生代のうち，規則的な火山岩組成の帯状配列が最も不明瞭になるのは中期中新世（17.5～13.5 Ma）である（図3.2.17）．この時期，大和海盆はすでに形成されていたが（Kaneoka, 1990），縁海底での火山活動は続いていた．この海盆と島弧との境界部付近においてハーフグラーベンの形成が新たに始まり，青沢リフト（山路，1989；山路・佐藤，1989）が生じている．リフト内ではかなり未分化でK$_2$Oに乏しいソレアイト質玄武岩が珪長質岩とともに活動している（Tsuchiya, 1990）．背弧側とは逆に，この時期に火山フロント側で活動した火山岩には，ときにTiO$_2$の増加を伴うアルカリ量の増加が認められる．その結果，火山フロント域でのK$_2$Oおよびアルカリ量に関する島弧横断水平変化の逆転が起こる（周藤ほか，1988）．火山岩中のK$_2$O量は，青沢リフトを埋める未分化ソレアイトにおいて低いとともに，火山フロント側では，本荘から松島湾にかけての地帯で，その南北の地域よりもK$_2$Oが低い傾向が認められる．この地域はハーフグラーベン（鈴木，1989）の形成が海溝側に及んだ位置に相当しており（Yamaji, 1990），リフトの形成が火山岩の広域組成変化傾向の逆転と密接な関係をもっていることを示している．

d-3. リフト拡大軸部の火山フロント側への前進

北部本州リフト系は，大和海盆拡大期に活動した火山岩分布域の内側に形成されており，さらに，黒鉱リフト系は，北部本州リフト系のなかに，規模の小さい入れ子状のリフトをなしている（図3.2.12）．したがって，背弧海盆火山活動期に形成されたリフト群は，大和海盆の形成以降は，時間とともに次第に規模を縮小しながら入れ子状に発達していることになる．また，早期リフトの内部に晩期リフトが入れ子状に生じながら，リフトの拡大軸部は後期のものほど，背弧側から，より火山フロント側へと前進している（図3.2.14）．現在の沈み込みスラブの長さから判断して，21 Maころには始新世沈降イベントでいったん失われたスラブがいまだ660 km 遷移層に蓄積していない可能性もあり，日本海盆や大和

海盆の形成に寄与したアセノスフェアが遷移層滞留スラブの上部から派生した（Zhao et al., 2004, 2007）か，より深部に由来するものか（Miyashiro, 1986；Tatsumi et al., 1989；Zhao et al., 1997），いまのところ不明であるが，その後の日本海溝に平行に，入れ子状に発達した小規模なリフト群の活動については，背弧海盆の拡大を契機に開始したマントルウェッジ内での小規模対流の初期相として説明することが可能であろう（Honda and Yoshida, 2005a, b）．

d-4. 背弧海盆の拡大と東北日本弧の回転
（1） 古地磁気学的研究

高橋ほか（Takahashi and Saito, 1997；Hoshi and Takahashi, 1997；Takahashi et al., 1999）は古地磁気学的研究をレビューし，中新世における島弧の回転と島弧の衝突帯における湾曲構造について議論している．古地磁気学的研究の結果，中新世における中部日本，西南日本，そして東北日本における地殻の回転の歴史が読み取れる（図3.2.24：Takahashi and

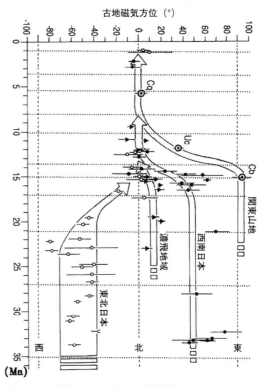

図3.2.24 関東山地，西南日本，濃飛地域，そして東北日本での後期新生代における古地磁気方位の変遷（Takahashi, 1994；Takahashi and Saito, 1997）
Cq：秩父石英閃緑岩．Uc：内山地域．Cb：秩父盆地（Takahashi and Saito, 1997）．

Saito, 1997). 図3.2.24に示されている通り，20〜10 Maにかけて，日本列島においては，地域によって異なる回転運動が起こっている．西南日本の時計回りの回転は，約15 Ma前後の短期間に起こっているのに対して，関東山地では，中新世中期（15〜10 Ma）にわたって回転している．濃飛地域での偏角が小さいことから，約15 Maに西南日本と濃飛地域の間で，性質の異なる回転運動があったことがわかる．一方，東北日本での古地磁気方位の変化は，反時計回りの回転運動が初期中新世にあったことを示している．西南日本と東北日本における主要な回転運動は，14 Maには終了しているが，関東山地での回転運動は，後期中新世まで続いている（図3.2.24）．

（2） 東北日本弧の回転

東北日本弧は21〜18 Ma（大和海盆拡大期）にかけて回転し，偏角の大きい変化は約20 Maに起こり，17.5 Ma以降は，少なくとも八溝山地〜茂木地域では回転は認められない（Hoshi and Takahashi, 1997）．また，男鹿や二戸では，21 Maの火山岩の偏角が北西を示し，約17 Maの火山岩の偏角は北を指していることから，これらの地域においても21〜17 Maに同様の回転をした可能性が高い（Tosha and Hamano, 1988；Hoshi and Matsubara, 1998；佐藤ほか，2009）．ただし，Baba et al.（2007）は，阿武隈北部に分布する霊山火山岩類と高館火山岩類について，年代学的・古地磁気学的検討を行い，16.5 Ma前後に活動した霊山火山岩類の偏角が少し北東に振っているのに対して，14.4 Ma前後に活動した高館火山岩類の偏角は現在と同じ方向を向いていることから，この地域では，16.5 Maころにはまだ回転しており，14.4 Ma（黒鉱リフト期）には，回転を終わっていたとしている．

（3） 横ずれ運動を伴うリフトの拡大

山路（2000）は，東北日本弧の太平洋側が日本海側に先立って17〜16 Maまでに古地磁気回転が終了しているという考えや，東北日本弧の回転がいくつかのブロックに分かれて起こったとする考え（Hoshi and Matsubara, 1998；Yamaji et al., 1999）を紹介しながら，日本海拡大時の東北日本の運動像を古地磁気方位と地質構造から検討し，東北日本弧が陸弧にあった25 Maの回転前の状況から，太平洋側の反時計回り回転が17 Maころに進行し，その

後，青沢リフトの北北西-南南東方向への拡大を伴いながら，15 Maへとブロック境界での右横ずれ運動を伴って全体に南下したとするモデルを描いている（図3.2.25）．いずれにしても，大和海盆リフト系の形成には東北日本弧の反時計回り回転を伴っていたが，北部本州リフト系の拡大にあたっては，少なくとも一部では回転を伴わず，横ずれ運動を伴うリフトの拡大が主であったことになる（図3.2.20）．

（4） 千島前弧スリバーの衝突

東北日本弧における応力軸方位の北北西-南南東から北東-南西への変化（図2.6.13）は，15 Ma前後に，西南日本の急激な回転運動に伴って起こっている．この西南日本の急激な回転によって，東北日本のブロックは，西南日本弧と千島前弧スリバーによって両側からロックされ，その結果，このとき，千島前弧スリバーと東北日本弧の間で，衝突運動が始まったと推定される（Kimura, 1986；Acocella et al., 2008）．この15 Ma前後に起きたイベントは，このときの棚倉構造線に沿った運動の左横ずれ運動（背弧海盆火山活動期）から右横ずれ運動（千島前弧スリバー衝突期）への転換と調和的なものである（淡路ほか，2006；吉田，2009）．

d-5. スラブの沈み込みに伴う沈み込み侵食作用

東北日本弧においては，背弧海盆の拡大時に，基盤構造に平行な横ずれ運動と反時計回り回転を伴いながら，日本海が形成され，現在の場所に島弧が位置するにいたったが，その間，日本海溝から沈み込む太平洋プレートは，上盤陸側プレートの先端部を沈み込み侵食（von Huene and Lallemand, 1990；von Huene and Scholl, 1991；Scholl and Huene, 2007など）しながら，東北日本弧の下に沈み続けている．この間，基本的には，沈み込む太平洋プレートの上盤陸側プレートの先端部は，継続して沈降し，それに伴い，日本海溝は次第に大陸側に移動したと推定されている（von Huene and Lallemand, 1990）．Arthur et al.（1980）は，東北日本三陸沖の前弧海盆（深海掘削計画（DSDP）Leg 56-57のSite 438, 439）におけるコア試料中の底生有孔虫などの解析から古水深の変遷を明らかにしている．それによれば，この地域は，陸弧の時代である25 Maには海面近くに位置していたのが，背弧海盆火山活動期に入ると，15〜14 Maころに向かって急激に2000 m近くも沈降し，その後も，沈降したり停滞したりしながら，東

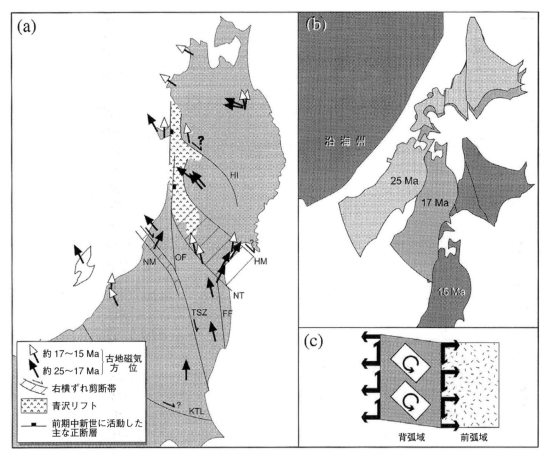

図 3.2.25 日本海拡大時の東北日本弧の変形（山路，2000）

西圧縮が強くなった 2 Ma 以降，やや上昇して，現在の深度にいたっている．米谷ほか（1981）も，鹿島灘の試錐データに基づいて，前弧海域での堆積時期，堆積速度および古水深の変化を示している．

d-6. 背弧海盆の拡大期における火山活動の抑制

顕著なマグマ組成の変化（図 3.2.23：八木ほか，2001）を伴って 16.5 Ma 以降に発達した北部本州リフト系は，当初，急速に沈降しており，その形成にも地殻の薄化が伴っていたと推定される（佐藤ほか，2004）．このときも日本海溝の小規模な後退があった可能性はあるが，大和海盆リフト期と北部本州シンリフト期の間の 18～16.5 Ma に認められる火山活動域の大幅な背弧側への後退（図 3.2.11：吉田ほか，1995）をスラブの沈み込みに伴う沈み込み侵食作用（von Huene and Lallemand, 1990）の進展で説明することはできない．このときの火山活動域の縮退は，北部本州リフト系の活動に伴う火山活動域の広い分布や，ときに認められる北部本州リフト系の活動に先立つ不整合の存在などから判断して，大和海盆リフト系の発達に伴った大規模な火山活動が地殻全体の沈降を止めて，一部で隆起を生じるような圧縮性の（おそらく，東北日本弧の回転に起因する）構造運動により，火山フロントから背弧域に及ぶ広い領域で噴火活動が抑制された結果であり，これらの活動に関係したマグマはマントル深度での滞留や地殻下部への底づけなどにより，その場に，そのまま残留したと考えられる．また，地殻の伸展に伴った大量のマグマの発生と噴火活動がマントルウェッジ最上部の熱的ポテンシャルを周期的に変化させ，リフト火山活動を周期的なものにした可能性も考えられる．

d-7. 北部本州リフト系の発達

北部本州リフト系の背弧側では大量の未分化な玄武岩質マグマが活動している（藤岡ほか，1981；周

藤・茅原，1987；Sato and Amano, 1991；土谷，1988a,b，1992；Allan and Gorton, 1992；Shuto *et al.*, 2006）．これらは，その分布状況から，地溝充填玄武岩とも呼ばれている（佐藤ほか，1991；佐藤・佐藤，1992；八木ほか，2001）．馬場（1999）は，地溝充填玄武岩の活動には，背弧拡大に伴ったプルアパートによる横ずれ深部断裂（Jolivet and Tamaki, 1992；Founier *et al.*, 1994）が重要な役割を果たしたと論じている．北部本州リフト系の活動は 18 Ma 前後に陸域で始まり，北部本州シンリフト期前期には，引張応力場で，多数のハーフグラーベンが形成され（高橋，2008），16 Ma になると広域に海が入ってきた（Yamaji, 1990）．北部本州シンリフト期の前期（16.5〜15 Ma）には，青沢リフトにおける堆積盆地の沈降速度が極大に達し，後期（15〜13.5 Ma）になると青沢リフトの拡大は停止して沈降速度が急激に低下し，ポストリフト期の冷却沈降期に移行している（Yamaji, 1990）．

Nishimoto *et al.*（2008）は，東北日本弧下部地殻の不均質性を検討しているが，その結果によれば，北部本州リフト系の，より火山フロント寄り部分の下部地殻が主に角閃石斑れい岩〜角閃岩から構成されているのに対して，北部本州リフト系の西縁部に位置し，その最薄部をなす青沢リフトの下部地殻は，輝石に富んだ斑れい岩からなっていると推定している．このことは，この部分で青沢玄武岩が大量に噴出し，厚く累重して，地溝を充填している（Tsuchiya, 1990；土谷，1995）ことと調和的である．この時期の σ_{Hmax} は，当初，島弧に平行な方向を向いていたが，後半になると斜交するようになる（鹿野ほか，1991；山元，1991）．中嶋ほか（2000）は，奥羽山脈においては，北部本州シンリフト期（16〜13.5 Ma）には，σ_{Hmax} が北東-南西方向の，引張場での中性〜珪長質マグマの活動を伴う急速な沈降ステージにあったことを示し，この時期の堆積速度を 24 cm/ky と見積もっている．

d-8. 棚倉構造線の運動と応力場の転換

東北日本弧を北北西-南南東方向に切る棚倉構造線については，白亜紀における左横ずれ運動が知られている（越谷，1986）が，新第三系については，右横ずれと左横ずれの双方の運動が指摘されてきた（大槻，1975；越谷，1986；桑原，1981；天野，1991）．淡路ほか（2006）は，17 Ma 前後（北部本州早期リフト期）の横ずれ堆積盆地形成時には北西-南東方向の圧縮軸配置下での左横ずれ運動が，堆積盆地形成後の 15 Ma 以降（黒鉱リフト期）は，北東-南西方向の圧縮軸配置の下での右横ずれ運動があったことを明らかにしている．この 15 Ma を境にした広域応力場の変換時期（高橋，2008）は，阿武隈北部で背弧海盆の拡大に伴う回転が終了した時期にほぼ対応し（Baba *et al.*, 2007），青沢リフトにおける大量の地溝充填玄武岩の活動からなる北部本州シンリフト期前期の活動から，北部本州シンリフト期後期の海域における大量の珪長質マグマの活動を伴った黒鉱リフトの形成期に移った時期にほぼ対応している．また，この 15 Ma は，前弧側が背弧側に先立って，圧縮場に転換し，常磐地域の前弧盆地が隆起した時期にも一致している（岩田ほか，2002；Nakajima *et al.*, 2006）．

d-9. 東北日本弧と西南日本弧の接合

反時計回りの回転（Otofuji *et al.*, 1985, 1994；Takahashi and Saito, 1997）と，その後の南下を伴うリフト活動（山路，2000；佐藤ほか，2004）によって，東北日本弧は右横ずれ南限断層である柏崎-銚子線（利根川構造線：高橋，2006a, b）を境に，時計回りに回転した西南日本弧（Otofuji *et al.*, 1991）と接合するにいたっている（Martin, 2011）．関東地方においては，宇都宮から茂木地域で，東北北部で火山活動が抑制された 18〜16.7 Ma に活発な安山岩を主とする陸域火山活動があり（高橋・星，1995, 1996），その後，一部に陸域を残しながら，北部本州リフト系の前期の活動に対応して，16.5 Ma ころに広範囲にわたって沈降運動が起こり，海進が始まっている（高橋，2008）．このとき，局地的に形成されたグラーベンやハーフグラーベンに急速に堆積した海成層は，その後，著しく変形している．この顕著な構造運動は，西南日本弧が急激な時計回り回転を行った直前の 15.3〜15.2 Ma の年代を示し，一部で北東-南西系の側方短縮変形を伴っている庭谷不整合（大石・高橋，1990）の形成を境に終了し，その後，活動が静穏化している（高橋・柳沢，2004；高橋，2006b）．庭谷不整合の直上の，西南日本弧が熊野酸性岩などの活動を伴いながら時計回り回転した時期に相当する層準には，海底で噴出した大量の珪長質火砕岩が分布している（吉川ほか，2001）が，これら庭谷不整合の上位にのる海成中新

統～下部鮮新統は変形が弱く，また，より遅い速度で 10 Ma ころまで広汎に堆積している．関東地方では，その後，6 Ma になると前弧海盆域において堆積速度の大きな地層が堆積している．

d-10. 北部本州シンリフト期後期—黒鉱リフト

山田・吉田（2002）は北部本州リフト系の活動最盛期に遅れて，より火山フロント側で黒鉱鉱床形成に関連したリフト形成（北里，1985）があったことを示唆している．この海底における大量の珪長質マグマの活動を伴う黒鉱の形成は，上記した東北日本弧の回転運動が，ほとんど終息した後のリフト活動期最終期（15～13.5 Ma）になされ，これを介して火成活動がリフトから島弧関連に移行したとしている（山田・吉田，2002，2003）．西南日本弧では，低アルカリソレアイトの活動を伴う初期リフト火山活動期（25～17 Ma）に続いて，日本海の拡大を伴う時計回り回転が起こっている．まだ，議論はある（Hoshi *et al.*，2000 など）ものの，この運動は 14.8 Ma から 14.2 Ma までの短期間に，急速に進行したとされており（Otofuji *et al.*，1991；Kimura *et al.*，2005；Baba *et al.*，2007），これは，ほぼ黒鉱リフト期に相当する．したがって，東北日本弧が反時計回りの回転を終え，主にリフト軸に平行な拡大によって南下した北部本州シンリフト期後期に入ってから，これと前後して，西南日本弧の時計回り回転が急速に進行したことになる．

d-11. EM II 質リソスフェアへの枯渇した DMM（Indian MORB）質アセノスフェアの貫入

東北日本弧の背弧側では，15 Ma を境に同位体組成が変化し，それまで活動していた EM II 質リソスフェアに由来するマグマに代わって，枯渇した DMM（Indian MORB）質アセノスフェアに由来するマグマが活動を始めている（図 2.8.13：Nohda and Wasserburg，1986；倉沢・今田，1986；Nohda *et al.*，1988；周藤ほか，1992；Shuto *et al.*，1993，2004，2006；Ohki *et al.*，1994；周藤ほか，1995；Shibata and Nakamura，1997）．一方，火山フロント側では，Sr や Nd 同位体比はあまり経時変化していない（Tatsumi *et al.*，1988；Shuto *et al.*，1993）．Tatsumi *et al.*（1988）は，このことから，背弧側へのマントルアセノスフェアの侵入が，前弧側にはあまり影響を及ぼしていないこと，沈み込みスラブに由来する流体によるマントルウェッジの汚染は，新第三紀を通して，ほとんど

進行していないことを指摘した．しかしながら，火山フロント側においても，Sr や Nd 同位体比はあまり変化していないものの，背弧海盆火山活動期から島弧火山活動期（15～13 Ma）にかけて，活動が HFS 元素に富み，ε_{Hf} が低い高アルカリソレアイトから，第四紀火山フロント側火山岩と同じ，HFS 元素に乏しく，ε_{Hf} が高い低アルカリソレアイトへの変化が認められている（周藤ほか，1992；Hanyu *et al.*，2006）．

d-12. 背弧海盆火山活動期における特異な組成の火山岩類の活動

背弧海盆火山活動期（ステージ 5～7）には，現在の背弧側を軸部として，第四紀の火山フロント側から背弧側のマグマ分離深度に及ぶ広い深度範囲からマグマが分離上昇している．周藤ほか（1988）は，東北日本弧での島弧横断方向での火山岩の K_2O 量の規則的変化は，背弧海盆火山活動期に活動した中期中新世火山岩類には認められず，後期中新世以降になって K_2O の帯状配列が認められるようになることを示すとともに，中期中新世火山岩類（一色，1974；Shimazu and Takano，1977；白水ほか，1983；周藤・八島，1985；周藤ほか，1985，1988；土谷，1986，1987；周藤・茅原，1987）には，後期中新世以降に活動したマグマとは性質が異なる，海洋地域に特徴的に産するものが含まれることを指摘している．これらの海洋性火山岩（周藤ほか，1988）には，TiO_2 に富むソレアイト質玄武岩や粗粒玄武岩，海洋島のアルカリ玄武岩に似た組成の火山岩，アイスランド岩様の安山岩・デイサイト，鉄に富むかんらん石や輝石を斑晶として含む珪長質火山岩などがある．これらの火山岩の構成は，アイスランドの第三紀火山岩の岩石構成に類似している（周藤・八島，1986）．周藤・八島（1986）や高橋（1986a）は，これら海洋性火山岩類について，その成因を論じている．高橋（1986b）は，中期中新世に東北日本（特に南縁部）で活動したマグマは，バイモーダルなマグマ活動であり，火山フロント沿いにカルクアルカリ安山岩の活動が認められる点は，伊豆・小笠原弧などの引張場にある島弧と類似するが，アルカリ量の背弧側への単調な増加は認められず，高 Fe・Ti 玄武岩やアイスランド質デイサイトを産することから，海洋性リソスフェア的性質を有する起源物質の存在と，海洋底拡大軸部とよく似た大きな拡大速度

をもったテクトニクス場があった可能性を示唆していると論じ，これらの活動には日本海の拡大が重要な役割を果たしたと推定している．Yamada et al. (2012) は，東北日本弧における背弧海盆火山活動期において，大和海盆拡大期から黒鉱リフト期へと，玄武岩質マグマとそれに伴う流紋岩質マグマの性質が変化し，次第にNbに富む傾向があることを明らかにしている．そして，Nbに最も富むマグマは背弧拡大期の最終期に，背弧リフトの最も前弧寄りの大陸性地殻の厚い場所において活動している．その後，島弧火山活動期に入るとマグマ中のNbやTiは急激に低下している（周藤ほか，1992b；吉田ほか，1995）．すなわち，周藤や高橋らが，海洋性火山岩と判別したマグマの活動は，背弧海盆火山活動期の後半において，比較的厚い地殻が分布する地域で起こった火山活動であり，島弧火山活動期に入るとその活動は終息している．

d-13. 背弧海盆火山活動期の火山フロント側火山岩の組成的特徴とその成因

背弧海盆火山活動期に，第四紀火山フロントの前弧側で活動した高館，霊山，泊，石森山などの玄武岩質マグマは，Sr-Nd同位体組成上は，第四紀火山フロント側火山岩と類似の性質を示しているが，Zr，Nb，Y比に関しては，第四紀火山フロント側火山岩とは異なり，HFS元素，特にNbが高い組成を示している（Yamada et al., 2012；Yoshida et al., 2014）．Sr-Nd同位体組成が火山フロント側で陸弧の時代以降，時代とともに変化していないということは，これらの背弧海盆火山活動期に活動した火山フロント側玄武岩の成因に，枯渇したアセノスフェアの直接の寄与はなかったことを示唆している．それに対して，背弧海盆火山活動期に，奥羽脊梁山脈の西麓にあたる黒鉱地域で活動した玄武岩類にはSr-Nd同位体組成の枯渇化が認められる（Yamada et al., 2012）ことから，黒鉱リフト位置までは，枯渇したアセノスフェア物質の直接あるいは間接的な寄与があったと推定される．このことから，枯渇したアセノスフェア物質の直接的な影響は受けず，Sr-Nd同位体組成が第四紀火山フロント側火山岩とほぼ同じ中新世火山フロント側玄武岩（高館，霊山，泊，石森山玄武岩など）は，大陸プレート内玄武岩起源マントルリソスフェアが，沈み込みスラブからの影響を受けながら，次第にZrが乏しくなり，Nb

やTiに富んだ海洋性～島弧性玄武岩起源マントル（島弧性マントルリソスフェア）に変化する段階での漸移的な起源物質に由来するものと考えられる．

Hanyu et al. (2006) は，火山フロント側火山岩のHf同位体組成の時間変遷を検討している．それによれば，23 Maの陸弧火山活動期最末期に活動した銚子高Mg安山岩や霊山玄武岩などが低い ε_{Hf} 値をもつのに対して，島弧火山活動期に活動した三滝玄武岩や第四紀の岩手火山玄武岩は，より高い ε_{Hf} 値を示している．Hanyu et al. (2006) は，この ε_{Hf} 値の増加は，火山フロント側マントルに沈み込みスラブに由来する堆積岩や変質した海洋性玄武岩に由来する流体の添加の結果であると説明している．つまり，火山フロント側玄武岩は，もともとは大陸プレート内玄武岩起源マントルに由来し，それが背弧海盆拡大に伴う著しいリフト火山活動に伴ってNbやTiが高い玄武岩の起源マントルに変化し，その後，火山フロント側での沈み込みスラブに由来する海洋性地殻起源の流体の影響を受けて，現在の島弧火山活動期の島弧型低アルカリソレアイトを生じる状況にいたったと考えられる．

d-14. 馬場目～黒鉱リフト域への枯渇したアセノスフェアの影響

背弧海盆火山活動期の東北日本弧背弧側では，馬場目～黒鉱リフト域で，流紋岩を伴ってNbに富む玄武岩が活動しているが，これらはZr-Nb-Y図において，上記の高館，霊山，泊，石森山玄武岩と同じ領域にプロットされるものの，Sr-Nd同位体組成においては，より枯渇した特徴を示しており，これら玄武岩の起源マントルが背弧海盆拡大に関連した枯渇したアセノスフェアの湧昇による直接的あるいは間接的な影響を受けている可能性を示している（Yamada et al., 2012）．これらの玄武岩の組成がZr-Nb-Y図において青沢玄武岩の領域と第四紀低アルカリソレアイト領域の間にプロットされることから，これらは，東北日本弧の厚い大陸地殻が発達する地域の下で，Zrに富んだ大陸性プレート内玄武岩起源マントルリソスフェアと大和海盆下に広がる低Nb玄武岩起源アセノスフェアとの相互作用で形成された青沢玄武岩起源マントルが，背弧海盆火山活動期に大陸から分離した陸弧領域において，広範な沈み込み帯火山活動の影響を受けて生じた起源物質に由来すると考えられる．

Yamada *et al.* (2012) は，北鹿地域においては，黒鉱リフト形成期にいったん，陸弧火山活動期よりも枯渇した Sr-Nd 同位体組成を示す火山岩が活動した後，島弧火山活動期に入ると，第四紀火山フロント側と同程度の Sr-Nd 同位体組成を示す火山岩が活動していることを示すとともに，背弧側のリフト活動に伴って活動した地溝充塡玄武岩は大陸性リソスフェアに枯渇したアセノスフェアが侵入して生じた起源マントルに由来するマグマ，あるいは，これが時間発展した，Nb に富む玄武岩であったのに対して，島弧火山活動期に入ると，HFS 元素に乏しく，現在の火山フロント寄り火山に産出するのと同じエンリッチしたリソスフェアに由来するマグマが活動していることを明らかにしている．このことは，背弧側での枯渇したアセノスフェアの上昇が，背弧リフト形成域の東縁である脊梁山脈近傍にまで及び，上昇してきたアセノスフェアの影響下でいったん，Sr-Nd 同位体組成が枯渇した高アルカリソレアイトが活動した後，火山フロントの背弧側への後退に伴い，脊梁山脈周辺の最上部マントル浅部において，火山フロント側火山活動によるマグマが発生して，比較的エンリッチした低アルカリソレアイトが活動したことを示唆している．

d-15. 東北日本弧南西部

Nohda (2009) は，大和海盆拡大期に，大和海盆全域で活動した HFS 元素に富んだ玄武岩は，大陸性リソスフェアに由来し，その後，大和海盆の南西縁では，枯渇したアセノスフェアに由来すると思われる Nb 負異常を示す玄武岩が，おそらく 16 Ma ころ（青沢リフト形成期）に活動し，その活動が終了した後に 14.86 Ma の年代を示す厚さが 50 m をこえる凝灰岩が，これらを広く覆っていることを示している（Barnes *et al.*, 1992；Nohda, 2009）．この大規模な凝灰岩の活動は，ほぼ紀伊半島南部の熊野酸性岩や四国北東部の石鎚カルデラなどの活動期に一致し，西南日本弧の時計回り回転が起こった時期によく対応している（Hoshi *et al.*, 2000；Kimura *et al.*, 2005；Baba *et al.*, 2007；Takehara *er al.*, 2016）．

Shuto *et al.* (2006) は，新潟地域において，22〜20 Ma に，日本海の拡大に関係したアセノスフェアの上昇に伴い，その上にあったリソスフェアが南北性のリフト活動を起こし，大陸性リフト型の玄武岩が下部地殻由来の流紋岩を伴って活動し，その後，

急激な沈降が開始し，西南日本の時計回り回転が起こった 15 Ma 以降（15〜13.5 Ma；Sato and Amano, 1991）になって，日本海の拡大に伴うリソスフェアの薄化が起こって，上昇してきたアセノスフェアそのものが部分溶融し，大量の玄武岩が海底に噴出したと論じている．

鈴木 (1989) は，佐渡リッジの東側で日本海東縁に沿って能代から秋田，新潟へと続くリフト盆地を日本海東部リフト系と名づけているが，これが 12 Ma には完成していたとしている．これは北部本州シンリフトの西縁部に位置し，その最薄部をなす．日本海東部リフト系の南西部に位置する新潟地域では，18〜16.5 Ma に，NS 方向に伸張したハーフグラーベンが形成され，そこで，陸〜陸水環境下で活動した酸性火山岩類が砂礫層を伴って，現在，ホルスト部に分布している（周藤ほか，1997）．同地域で，16〜13 Ma に海底に噴出した大量の玄武岩にはさまれる七谷層泥岩相は水深 1000〜2500 m に堆積したと推定されている（加藤ほか，1992）．現在は，それらが深度 4000 m 以上の深さに分布しており，玄武岩の噴出後，この地域が 2000 m 以上，沈降したことを示している．その堆積盆地に寺泊層が堆積している（周藤ほか，1997）．

d-16. 背弧海盆火山活動から島弧火山活動への遷移

13.5 Ma を境に認められる，背弧側での沈降（図 3.2.26：Sato, 1994），火山活動様式や噴出量の変化（図 3.2.16），玄武岩質マグマ組成の変化といった現象は，強い引張場で引き延ばされた背弧側リソスフェアの下に湧昇してきた高温のアセノスフェアが，大陸〜島弧下リソスフェアと一体となった後，次第に冷却した結果であると考えられる（図 3.2.18：吉田ほか，1995）．日本海の大陸側では，東北日本弧で背弧海盆火山活動が終息する直前（14 Ma）に，EM II 質リソスフェアと DMM 質アセノスフェアが関与したマグマの活動から，EM I 質リソスフェアと FOZO アセノスフェアに由来するプレート内型のアルカリ玄武岩の活動が始まっている（Okamura *et al.*, 1998, 2005；Tatsumi *et al.*, 2000）．ユーラシア大陸東縁においては，EM I 質リソスフェアは EM II 質リソスフェアの下位に分布する（Tatsumoto *et al.*, 1992）とされており，日本海の大陸側においても，マグマ起源領域における温度低下に伴って，マグマ

166   3. 地質構造発達史

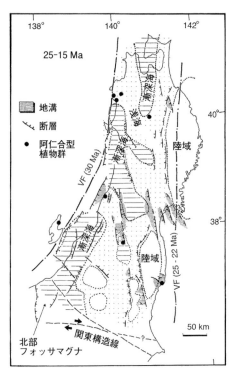
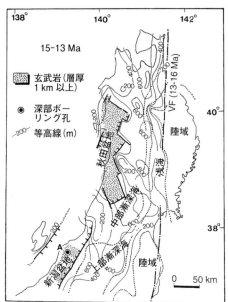

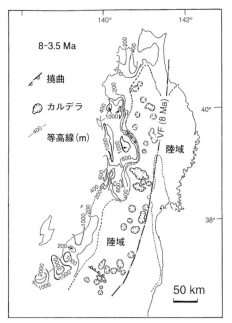

図 3.2.26 新生代東北日本弧，構造発達平面図（Sato, 1994）

分離深度が深くなったことを示唆している．背弧側へのアセノスフェアの湧昇が停止した後は，マントルウェッジ内での小規模2次元対流によって，背弧側マントル上部の温度が効率よく低下し（Honda and Yoshida, 2005a），このようなマグマ分離深度の深化をもたらしたと推定される．

黒鉱リフト活動域には，多くの珪長質噴出物が活動しているが，それらの珪長質マグマにも，13.5Ma

を境に明瞭な記載岩石学的変化が認められる．背弧海盆の拡大期から島弧火山活動期に入ると，噴出する流紋岩が，より高温のマグマに由来する斑晶に乏しい斜長石斑状流紋岩から，より低温のマグマに由来する斜長石石英斑状の流紋岩へと変化している（Yamada and Yoshida, 2004, 2011）．このような，13.5 Ma を境に珪長質マグマにみられる記載岩石学的特徴や流紋岩組成の変化は，珪長質マグマ溜りが，地殻深部から地殻浅部へと上昇した結果であると推定されている（Yamada and Yoshida, 2004, 2011）．最終期背弧海盆火山活動を特徴づける黒鉱鉱床は，このより高温のマグマに由来する斑晶に乏しい流紋岩に伴って産している（Yamada et al., 2012）．

e. 島弧火山活動期

e-1. 島弧火山活動期における構造運動と火成活動の変遷

背弧海盆の拡大期における火山活動の変化に伴って重要な構造運動の変化が起こり，島弧火山活動期へと遷移した（Sato, 1994；Jolivet et al., 1994；Nakajima et al., 2006c；吉田，2009）．先に述べた通り，背弧海盆の拡大期と島弧火山活動期とでは，地表の構造もマントル内の構造も明瞭に異なっていたと推定される（図 3.2.18）．島弧火山活動期を特徴づける火山活動は，後期中新世後期から鮮新世にかけての東北日本弧脊梁地域での大量の珪長質火山活動，それに関連した大規模陥没構造（カルデラ）の形成（伊藤ほか，1989；Sato and Amano, 1991；山元，1992；佐藤，1992；佐藤・吉田，1993；吉田ほか，1999a）と，第四紀での安山岩質成層火山体の形成である．背弧海盆の拡大期から続くバイモーダル火山活動は，島弧火山活動期の初期まで続き，その後，2 期のカルデラ火山活動期が続いた後，最終的には安山岩質マグマを主とする第四紀火山活動に遷移する．このことは，現在，東北日本弧で認められる安山岩質マグマを主とする成層火山主体の活動は，第四紀，特にその後期に限定されていることを意味している．13.5 Ma 以降の島弧火山活動期は，このような火山活動の変遷に従って，次の 4 つの火山活動期に区分することができる：①初期海洋性島弧期：海底火山活動を伴う海洋性島弧の形成（13.5〜8 Ma），②主期カルデラ火山弧期：奥羽脊梁山脈の隆起を伴う後期中新世カルデラ火山活動期（8〜5.3 Ma），③後期カルデラ火山弧期：弱い圧縮場の下でのカルデ

ラ火山活動期（5.3-1.7〜1.0 Ma），そして，④圧縮型火山弧期：強い圧縮応力場の下での安山岩質の成層火山群の形成期（1.7〜1.0-0 Ma），である（吉田ほか，1999a；Yoshida, 2001；吉田ほか，2005）．

e-2. 穏やかな沈降から隆起へ

Ingle（1992）の構造性沈降曲線に基づき，Jolivet et al.（1994）は 13 Ma 前後に日本海域での沈降が停止し，8 Ma 以降，隆起に転化したとしているが，これらの年代はそれぞれ，島弧火山活動期の始まりならびに脊梁域でのカルデラ火山活動の開始時期とよく対応している．また，Yamada and Yoshida（2011）は，黒鉱活動域での島弧火山活動期における火山噴出量を求め，それが，地域の陸化と密接に関連していることを示している（図 3.2.16）．Takano（2002）は，新潟〜信越堆積盆地において，16 Ma 以降の全沈降量曲線と構造性沈降曲線を描く（図 3.2.27）ことによって，急速な初期沈降ステージ（16〜13.5 Ma），穏やかに沈降速度が低下するステージ（13.5〜6.5 Ma），沈降停止〜上昇ステージ（6.5〜1 Ma），そして，顕著な隆起ステージ（1 Ma〜現在）の 4 つのテクトニックステージを認めている（図 3.2.28）．また，中嶋ほか（中嶋ほか，2000；Nakajima et al., 2006c）は，奥羽山脈中軸部の詳しい地質編年から，そこでの堆積盆地発達史を，中期中新世初期の急速な沈降ステージ（16〜13.5 Ma：青沢リフトと黒鉱リフトの形成期：σ_{Hmax}＝NE-SW，引張場，堆積速度＝24 cm/ky），穏やかな沈降ステージ（13.5〜12 Ma：σ_{Hmax}＝NE-SW，弱引張場〜弱圧縮場，堆積速度＝10 cm/ky），一時的な隆起・堆積速度の減少ステージ（12〜9 Ma：盆地内でゆっくりと堆積作用が続いた珪長質の海底火山活動：σ_{Hmax}＝NE-SW，圧縮場で褶曲構造形成，堆積速度＝2 cm/ky），堆積盆地埋積ステージ（9〜6.5 Ma：静穏期，堆積速度＝13 cm/ky），堆積盆地-隆起域分化ステージ（6.5〜3 Ma：カルデラ火山活動期における奥羽脊梁地域での不均一な隆起運動：σ_{Hmax}＝E-W，圧縮場，堆積速度＝1〜9 cm/ky），そして，逆断層変形ステージ（3 Ma〜：強い圧縮応力場での奥羽脊梁山脈全体の隆起運動：σ_{Hmax}＝E-W，強圧縮場，侵食期）に区分している．彼らの，海水準変動の効果（Haq et al., 1988）を差し引いたうえで認められる，北部本州シンリフト期に対応する急速な初期沈降ステージに続く，穏やかな沈降ステージの開始期が，

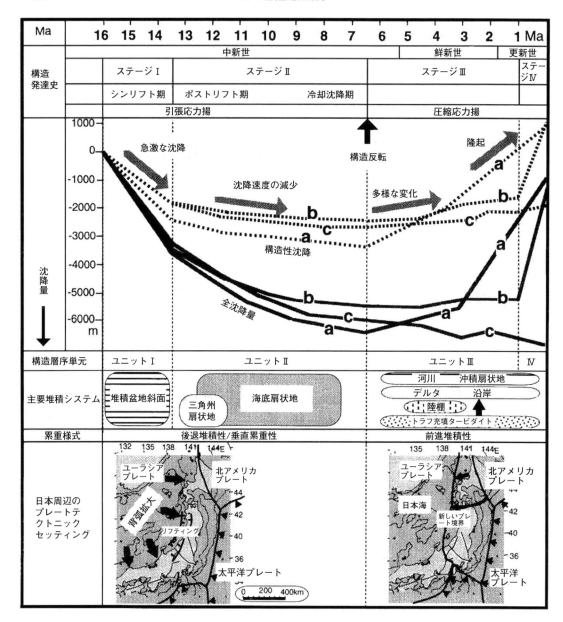

図 3.2.27 新潟-信越堆積盆地地域の沈降曲線 (Takano, 2002)
沈降曲線に添えた a はステージⅢに隆起を始めた背斜域での，b はステージⅣに隆起を始めた背斜域での，c は向斜域での沈降曲線を示す (Takano, 2002)．

島弧火山活動期の開始期と一致している．

e-3. 島弧火山活動期におけるアルカリ量の広域変化パターン

それまで沈降傾向を示していた東北日本弧が隆起を開始する中期中新世後期（12〜8 Ma）以降，火山フロント側では低アルカリソレアイトが，背弧側では高アルミナ玄武岩〜アルカリ玄武岩が活動し，現在とほぼ同様の島弧を横切る K_2O およびアルカリ量の水平変化が出現する．この間に，背弧海盆火山活動期に，火山フロント域でのアルカリ玄武岩の活動を伴って，一時的に高角化していたスラブの傾斜角が，より低角になり，現在観測される傾斜角をもつにいたった可能性が高い（吉田ほか，1995）．中期中新世後期におけるアルカリ量の広域変化傾向には，まだそれ以前の影響が認められ，背弧側で，まだ第四紀に比べてアルカリが低い傾向が残ってい

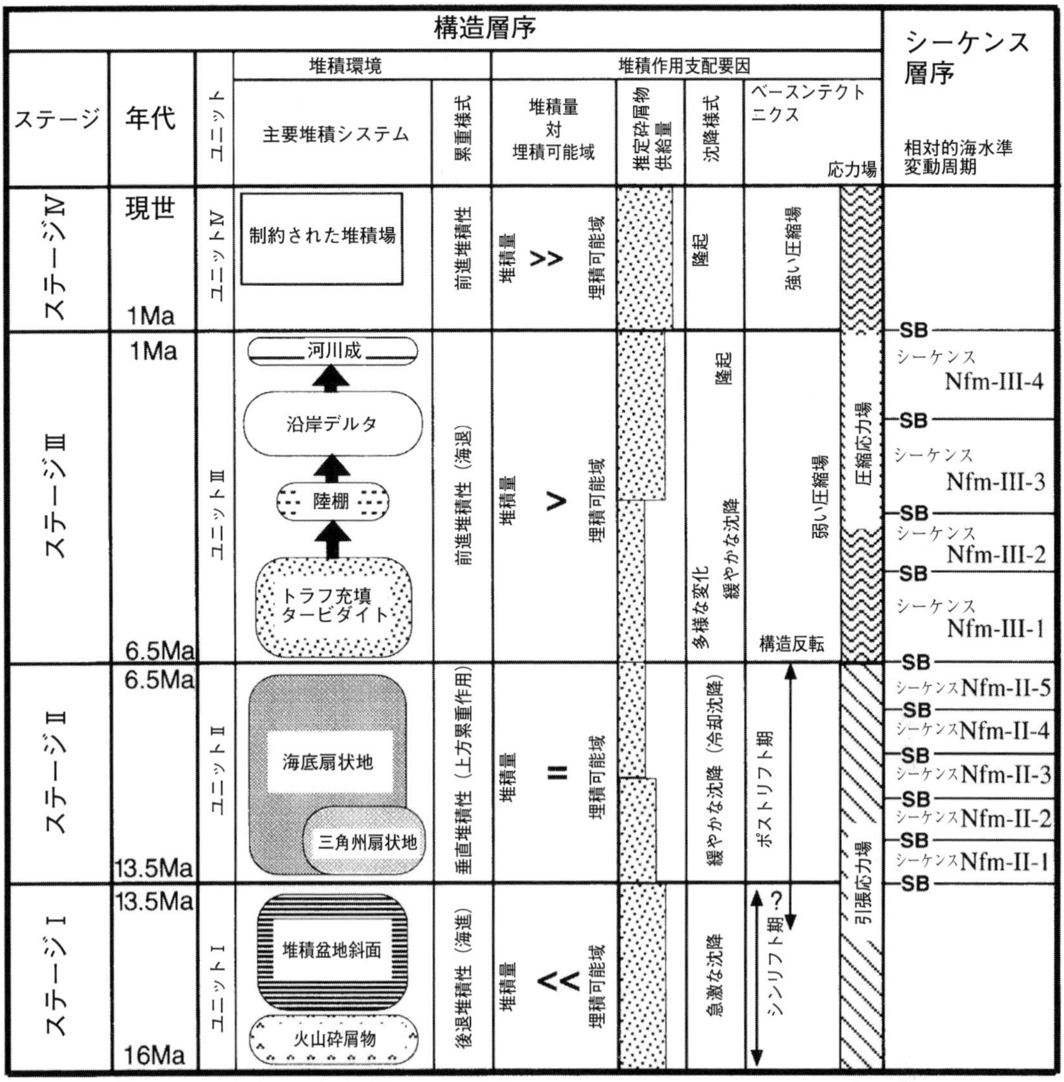

構造層序											シーケンス層序
		ユニット	堆積環境		堆積作用支配要因						
ステージ	年代		主要堆積システム	累重様式	堆積量 対 埋積可能域	推定砕屑物供給量	沈降様式	ベースンテクトニクス 応力場			相対的海水準変動周期
ステージIV	現世 〜 1Ma	ユニットIV	制約された堆積場	前進堆積性	堆積量 >> 埋積可能域		隆起	強い圧縮場			
ステージIII	1Ma 〜 6.5Ma	ユニットIII	河川成 ← 沿岸デルタ ← 陸棚 ← トラフ充填タービダイト	前進堆積性（海退）	堆積量 > 埋積可能域		隆起 多様な変化 緩やかな沈降 構造反転	弱い圧縮場 圧縮応力場			シーケンス Nfm-III-4 — SB — シーケンス Nfm-III-3 — SB — シーケンス Nfm-III-2 — SB — シーケンス Nfm-III-1 — SB —
ステージII	6.5Ma 〜 13.5Ma	ユニットII	海底扇状地 三角州扇状地	垂直堆積性（上方累重作用）	堆積量 = 埋積可能域		緩やかな沈降（冷却沈降） ポストリフト期				シーケンス Nfm-II-5 — SB — シーケンス Nfm-II-4 — SB — シーケンス Nfm-II-3 — SB — シーケンス Nfm-II-2 — SB — シーケンス Nfm-II-1 — SB —
ステージI	13.5Ma 〜 16Ma	ユニットI	堆積盆地斜面 火山砕屑物	後退堆積性（海進）	堆積量 < 埋積可能域		急激な沈降 シンリフト期	引張応力場			

図 3.2.28 新潟-信越堆積盆地地域のシーケンス層序と構造発達史 （Takano, 2002）
SB はシーケンス境界を示し，Nfm-II-1～III-4 は第3次オーダー堆積シーケンス名である（Takano, 2002）．

る（図3.2.18）．一方，火山フロントは，それまでに比べ，大幅に西側へ後退している（図3.2.11）．アルカリ量でみると，背弧海盆内～東北日本弧陸域背弧側では，前期中新世から中期中新世後期にかけて，単調な増加傾向を示し，この傾向が後期中新世まで続く．それに対して，火山フロント側では逆に前期中新世から後期中新世へとアルカリ量が減少している（図3.2.17）．島弧火山活動期に火山フロント側で活動した低アルカリソレアイトを，背弧海盆火山活動期に火山フロント側で活動したソレアイトと比較すると，両者はKレベルはあまり変わらないものの，前者の方がNa_2Oに乏しい傾向が認めら

れる（Togashi, 1978）．新生代を通じて，アルカリ量が背弧側へと増加する程度は後期中新世後期（8～5.3 Ma）で最も大きい．鮮新世になると，アルカリ量の水平変化の様子は第四紀の後期（1.7～0 Ma）とほとんど同じになる．

e-4. アセノスフェアの冷却に伴う背弧側の沈降とリソスフェアの厚化

吉田ほか（1995）は，火山岩組成の広域変化パターンが，13.5 Ma以降の島弧火山活動期に入ると，背弧側へと単調にアルカリ元素などが増加する傾向を示す（図3.2.17：Kuno, 1966；Sakuyama and Nesbitt, 1986：中川ほか1988）ようになることか

ら，このとき，マントルウェッジ内の温度構造が変化したと論じている．この傾向は，火山フロント側で広範に低アルカリソレアイトが活動を始め，背弧側火山岩のアルカリ量が増加する 8 Ma 以降，さらに顕著となる（中嶋ほか，1995；Kondo et al., 2004）．苦鉄質火山岩組成に認められるこのような変化は，基本的には，背弧側におけるマグマ起源マントルの温度低下に伴って，マグマの分離深度が深くなるとともに，部分溶融度が低下して，それまでのソレアイト質マグマ活動からアルカリ玄武岩質マグマ活動に変化した結果，背弧側へと単調にアルカリが増加する組成変化パターンが生じたと考えられる（Tatsumi et al., 1983, 1994；Yamashita and Tatsumi, 1994；佐藤・吉田，1993；吉田ほか，1995；中嶋ほか，1995）．このことから，島弧火山活動期に入ると，マントルウェッジ内の背弧側での等温面の傾斜がそれ以前に対して急になり，マントルウェッジ上部での温度構造は，現在の温度構造とほぼ同じ状態になったと推定されている（吉田ほか，1995）．すなわち，背弧海盆火山活動期から島弧火山活動期への遷移は，背弧側マントル内温度の低下に伴って，リソスフェアが厚化した結果である（図3.2.18：佐藤・吉田，1993；Tatsumi et al., 1994；吉田ほか，1995）．

初期海洋性島弧期（ステージ8）に入ると，引張場からニュートラルな応力場に変化するとともに，火山フロントが背弧側へと後退し，火山噴出物の量が急激に低下している（図3.2.16：Yamada and Yoshida, 2011）．このステージは，ニュートラルな応力場の下での背弧側上部マントルの冷却に伴う熱沈降期とみなされている（山路・佐藤，1989；佐藤，1992；Sato, 1994）．すなわち，この背弧側上部マントルでの広範な温度低下そのものが，背弧海盆火山活動期における大量のマグマの噴出による熱放出の結果である可能性が高い．

e-5. 沈み込みスラブに由来する流体の寄与

背弧側でのリソスフェアの厚化に伴い，13.5〜10 Ma の間に，背弧側で噴出するマグマの組成は，同位体的にエンリッチな低カリウムソレアイトから同位体的に枯渇したアルカリ玄武岩に変化している（図2.8.13）．火山フロントでは，背弧海盆の拡大期に活動した高 HFSE 質マグマから，島弧火山活動期に入ると低 HFSE 質マグマへと変化し，ε_{Hf} 値も

増加している（周藤ほか，1992；Hanyu et al., 2006）．Hanyu et al.（2006）は，このような変化は，背弧海盆の拡大に関係したマントルウェッジの冷却に伴う現象であると述べている．すなわち，背弧海盆火山活動期の早期には，マントルアセノスフェアの注入によりマントルウェッジ内部が高温となり，その結果，沈み込みスラブの溶融（slab melting）が起こって，堆積物成分の寄与が大きくなり，ε_{Nd} や ε_{Hf} は低下し，一方，背弧海盆火山活動期の晩期にはマントルウェッジを構成するかんらん岩に，沈み込むスラブ上面の堆積物や海洋地殻に由来する流体が付加して，高い ε_{Hf} をもつにいたったと考えている．このことは，逆に沈み込むスラブ上面からの堆積物や海洋地殻に由来する流体の寄与が，背弧海盆火山活動期には，その後の沈み込みスラブの傾斜角が低角化し，火山フロントで低アルカリソレアイトが活動している島弧火山活動期ほど，顕著ではなかったことを示唆している．

e-6. 東北日本弧，西南日本弧，伊豆小笠原弧の相互作用

四国海盆の拡大が終了して，西南日本弧が急激に時計回り回転した 15 Ma 以降，東進してきたフィリピン海プレートの東縁を限る伊豆小笠原弧が南部フォッサマグナ地域に到達している（Hall et al., 1995；Okino et al., 1998, 1999；Hall, 2002；Kimura et al., 2005）．房総半島の堆積物中に円磨されていない玄武岩質火砕岩が広域に出現し始める年代から，13 Ma 以降，これらのスコリアを供給した火山が房総半島の西方に存在していたと判断されている（高橋，1998；Takahashi and Saito, 1999）．このことから高橋らは，東北日本弧が島弧火山活動期に入った 13 Ma 以降は，伊豆小笠原弧とその北方延長は，本州弧の方向に対しては南部フォッサマグナにほぼ固定されていたと判断している．この伊豆小笠原弧が西南日本弧に衝突する（杉村，1972；Niitsuma, 1989；Amano, 1991；Shimada and Bock, 1992）ことによって，西南日本弧は 15〜6 Ma に北方へ大きく湾曲し，関東対曲構造が生じている（Hyodo and Niitsuma, 1986；Takahashi and Saito, 1997）．西南日本弧の時計回り回転に先行，あるいは連動した庭谷不整合の形成時期（15.3〜15.2 Ma）には，東北日本弧の南端部では，σ_{Hmax} が NE-SW 系の圧縮応力場となっていた（大石・高橋，1990；高橋，1990；星・大槻，

1996).そして,13.5 Ma 以降は,東北日本弧では広く穏やかな沈降が進行し(中嶋ほか,2000;Nakajima et al., 2006),10 Ma ころには海退期を迎えて,徐々に隆起して(Fujiwara et al., 2008),9 Ma になると関東地方の内陸部は離水している(高橋,2006b, 2008).

e-7. 初期海洋性島弧期

強い引張応力場にあった背弧海盆の拡大期以後,東北日本弧の σ_{Hmax} の方向は,N-S 方向から,北東-南西方向へと変化し(大槻,1989;Otsuki, 1990),応力場は強い引張場から,弱引張~弱圧縮応力場となり,火山活動度は当初低下している(図 3.2.16:天野・佐藤,1989;佐藤,1992;Sato, 1994;中嶋ほか,2000).中嶋ほか(2000)は,この初期海洋性島弧の時代を,13.5~12 Ma の穏やかな沈降ステージと 12~9 Ma の一時的な隆起・堆積速度の減少ステージに区分している.前半の 13.5~12 Ma には,それまで急速な沈降ステージにあった地域が,緩やかな沈降ステージに変わり,火山活動はバイモーダルであった.12~9 Ma になると,北東-南西方向の水平圧縮応力場の下での褶曲を伴う隆起運動で,脊梁山脈の一部が陸化し,堆積速度が著しく減少するとともに,珪長質マグマを主とする火山活動へと変化し,泥質堆積物中への多数の凝灰岩のはさみとして現れている(図 3.2.29:中嶋ほか,2000;Yamada and Yoshida, 2004;Nakajima et al., 2006c;Fujiwara et al., 2008).この時期には背弧側では出羽丘陵を除いて沈降が停止し,日本海域で構造性の隆起が始まる(Jolivet et al., 1994)とともに,海溝側でも火山フロントが次第に後退しながら,脊梁域が上昇・浅海化し始め,厚い粗粒堆積物が堆積するようになる(佐藤,1992).約 10 Ma 前後に火山フロント側で海退があり(鹿野ほか,1991;Sato, 1994;Nakajima et al., 2006c;Fujiwara et al., 2008),これ以降,引張場から中間~弱圧縮応力場となる.

e-8. 奥羽脊梁地域の隆起運動

Nakajima et al.(2006)は,10 Ma 前後に奥羽山脈の東翼から前弧域で起こった盆地反転を伴う一時的

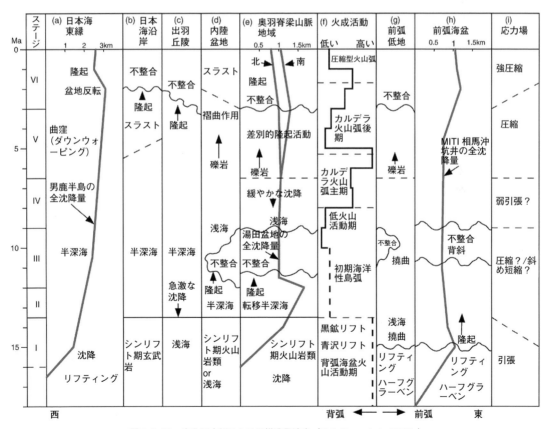

図 3.2.29 東北日本弧における構造発達史(Nakajima et al., 2006c)

な隆起は，この時期（12〜9 Ma）に広域的に起きた圧縮イベント（岩田ほか，2002；Fujiwara *et al.*, 2008）であり，これに関連して火山活動が抑制されたと考えている．この 12〜9 Ma に起こった奥羽脊梁地域の隆起運動については，その後の大規模陥没カルデラの形成に関与した大量の珪長質マグマの地殻内での上昇・滞留活動とともに，東西性の水平圧縮応力の増大が，その原因として考えられている（佐藤，1992；中嶋ほか，2000；Nakajima *et al.*, 2006c）ものの，時期的には北海道の日高山脈の急激な上昇（宮坂ほか，1986）とよく対応している．日高山脈の上昇は，太平洋プレートの斜め沈み込みに伴う千島前弧スリバーの東北日本弧への衝突に伴った現象（Kimura, 1986）と考えられており，三陸〜日高沖前弧堆積盆地の東側には，10 Ma 以降の千島弧西進に伴って，前弧堆積盆地西側にのし上げて生じた大規模なデュプレックス構造が発達する（大澤ほか，2002）．この千島前弧スリバーの西進が，東北日本弧において脊梁部を隆起させ，σ_{Hmax}を南北方向から北東-南西方向に改変した要因の 1 つである可能性が高い（DeMets, 1992；Sato, 1994；Kimura, 1996；Acocella *et al.*, 2008）．

e-9. 珪長質マグマの形成と上昇

東北日本弧における火山活動の変遷は，広域応力場の変化と密接に関連している（佐藤・吉田，1993；吉田ほか，1993, 1997, 1999a；Acocella *et al.*, 2008）．マントルウェッジで生じた玄武岩質マグマは，密度バリアーとしてはたらくモホ面直下に底づけしたり，滞留したりする（たとえば，Ryan, 1987；Takada, 1989）．東北日本弧の内陸部では，厚い地殻が発達しており，モホ面近傍に底づけしたり，滞留したマグマは，そこで分別したり，再上昇したり，あるいは先に固化したマグマあるいはそこにあった既存の島弧地殻構成岩を再溶融して，珪長質マグマを生じる（図 3.2.18：佐藤・吉田，1993）．そのようなことが東北日本弧陸域の地下で起きていたことが，背弧海盆リフト系の東縁部にあたる黒鉱リフト地域における大規模な珪長質マグマの活動などから推定されている（図 3.2.13，図 3.2.14：Yamada *et al.*, 2012）．

島弧火山活動期に入っての，強い引張場から弱引張と弱圧縮を交互に発生させるような静穏な地殻環境への転換（吉田ほか，1993；高橋，1995）は，地殻下部に生じた大量のマグマを上昇させ，カルデラ形成に必要な地下浅所での岩床形成〜ラコリス成長（佐藤・吉田，1993；相澤・吉田，2000；Aizawa *et al.*, 2006）をもたらしたと推定される（図 3.2.18）．13.5〜10 Ma の間のニュートラルな応力場の下では，珪長質マグマは，その浮力によって延性的な下部地殻をダイアピル状に上昇した後，脆性的な上部地殻に入ると，上昇機構を変化させて，岩脈や岩床として地殻中を上昇する．10〜8 Ma の間には，水平圧縮応力が増加しており，この間に深部から上昇してきた珪長質マグマは，上部地殻内に，水平な岩床を形成したり，それが成長したラコリス状マグマ溜りに滞留するようになったと推定される（図 3.2.18：佐藤・吉田，1993；相澤・吉田，2000）．したがって，島弧火山活動期の初期に起こった，広域応力場のニュートラルから水平圧縮場への変化が，上部地殻でのラコリス状マグマ溜りの形成を促進して，その後の大規模なカルデラ火山活動期をもたらしたと考えられる．したがって，島弧火山活動期の早期における，上部地殻に生じた低角の逆断層性岩床などへの珪長質マグマの貫入によるマグマの移動と上昇によって，奥羽脊梁地域が大きく隆起した可能性が示唆される（吉田ほか，1993；佐藤・吉田，1993；Sato, 1994）．

西南日本弧の時計回りの回転（Otofuji and Matsuda, 1983）と，千島前弧スリバーの東北日本弧への衝突（Kimura, 1986）は，中新世から鮮新世の東北日本弧に対して，島弧方向に斜交する北東-南西性の圧縮力を与え，その結果，局所的に生じた引張によって，アスペクト比が 1 からずれた大規模なカルデラ火山の形成が促進されたと考えられている（Acocella *et al.*, 2008）．Acocella *et al.* (2008) は，後期中新世〜鮮新世に発達するカルデラ群の形成には，北東-南西方向の σ_{Hmax} の下で生じた南北系の右ずれ断層と北東-南西系の伸張割れ目の複合した活動が重要な役割を果たしたと考えている．また，さらに続いた応力軸の回転が，複数の岩脈・断層系の発達などを通して，陥没カルデラ群の形成を促した可能性が高い．

e-10. カルデラ火山活動期

珪長質マグマの活動が関与したと推定される島弧火山活動期における奥羽脊梁地域の隆起は，水平圧縮応力の増加に伴って，約 10 Ma に始まった（Nakajima *et al.*, 2006c）．8〜1.7 Ma の間に，東北日本

弧においては，80をこえる多数の珪長質カルデラ火山が，少量の安山岩〜玄武岩質溶岩を伴って，活動している（図3.2.10；伊藤ほか，1989；佐藤・吉田，1993；Sato, 1994；吉田ほか，1999a；プリマほか，2012）．カルデラ火山の活動は，5〜4 Ma の短い休止期をはさんで，後期中新世（6 Ma 前後にピーク）と鮮新世（3.5 Ma 前後にピーク）の2期に分けられるが，この休止期に海進（竜の口海進）が起こっている．カルデラ火山の数やサイズは，後期中新世から鮮新世へと減少している（図3.2.15）．このカルデラ火山活動期に形成されたカルデラの平均直径は約 10 km であり，直径の平均アスペクト比は1.24である．カルデラは，その直径によって，大きく3つのグループ（約 5 km，約 10 km，14 km 以上）に分けることができる．その多くは，ピストン・シリンダー型のカルデラであるが，少数のじょうご型カルデラを伴っている．これらの後期新生代に東北日本弧で活動したカルデラの空間分布やサイズ分布は，東北本州の北上山地に分布する白亜紀花崗岩質岩体の空間分布やサイズ分布によく類似しており，それに匹敵する珪長質マグマ活動がこの間にあったことを示唆している．カルデラは，ニュートラルから弱い圧縮応力場の下で（吉田ほか，1993；佐藤・吉田，1993；Sato, 1994），珪長質マグマが上部地殻に上昇して，地殻内マグマ溜りを形成した後に，その天井部分が陥没して形成されている（相澤・吉田，2000；Aizawa et al., 2006）．

e-11. 圧縮場への転換：隆起域と沈降域への分化と盆地反転イベント

中嶋ほか（2000）は，フィリピン海プレートの北西方向への沈み込みが再開した 6.5 Ma 前後になると，奥羽脊梁地域が大きく隆起し，東北日本弧背弧側の広い領域で堆積盆地と隆起域の分化と南北性の構造の形成が始まったと指摘している．また，このような堆積盆地発達様式の転換について，奥羽山脈地域に広く分布するカルデラの形成によるマグマ性のドーム状隆起（天野・佐藤，1989；伊藤ほか，1989；佐藤，1992；佐藤・吉田，1993）と，それまでの北東-南西方向から東西方向での圧縮応力場への転換（Tsunakawa, 1986；Otsuki, 1990；山元，1991）が生じて，隆起域と沈降域の分化が始まったと考えている．Honda and Yoshida（2005a）は，島弧火山活動期に認められる火山活動域の背弧側から火山フロント側への約 2 cm/y の速さでの前進（山田・吉田，2002；Kondo et al., 2004）について論じているが，最も顕著な火山活動域の前進は，6〜5 Ma 前後に背弧側で始まり，これが 1 Ma 前後に火山フロント域にいたった後，背弧側で新たな前進ステージが始まっているようにみえる（図3.2.21）．これらの火山活動の転換期である 6 Ma, 1 Ma は，いずれも背弧側での盆地反転（構造反転）イベントが起こった時期によく対応している（図3.2.30；Takahashi, 1994；Okamura et al., 1995；Takano, 2002）．マントルウェッジでの小規模対流に関連した最上部マントルの温度構造が，地表での火山活動とともに，地殻の変形運動をコントロールしているとすると，鮮新世から第四紀にかけての，日本海東縁から奥羽脊梁山脈への隆起運動や短縮運動（たとえば，池田ほか，2012）の変遷は，マントルウェッジでのダイナミックな運動（Honda and Yoshida, 2005a）と関連した火山活動域の移動を伴う，上部マントルから地殻における一連の変形運動によって説明することが可能であろう（Yoshida et al., 2014）．

日本海東縁部では，奥羽脊梁地域で認められる 12〜9 Ma の一時的な隆起（Nakajima et al., 2006c）は認められておらず，そこでは，丹沢地塊が関東山地南縁に衝突・付加し，関東対曲構造の形成が終了した 6 Ma 前後に引張場から圧縮場に転換している．Takano（2002）は，6.5 Ma における背弧側での盆地反転の開始は，マイクロプレートの発達に関連しているとしているが，この 6 Ma 前後には，

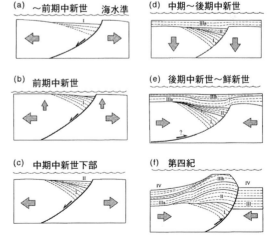

図3.2.30 日本海東縁でのリフティングと堆積盆地の反転（Okamura et al., 1995）

フィリピン海プレートが中央構造線の右横ずれを伴って，琉球弧に北西方向の沈み込みを再開したとの考え（Kamata and Kodama, 1994）もあり，これらの運動が東北日本弧背弧側ブロックの東進を促し，東北日本弧における 6 Ma 以降の東西圧縮を促進した可能性も考えられる．

6 Ma 前後での活発なカルデラ活動後，海溝側では中新・鮮新境界で竜の口海進が起こっている（柳沢，1990；大槻ほか，1994）が，これは奥羽脊梁山脈中軸部で正断層がみられなくなり，逆断層が活動を始めた時期にあたる（図 3.2.29：中嶋ほか，2000）．このとき，いったんカルデラ火山活動が下火となり，その後ふたたび脊梁域で陥没カルデラが多数生じている．多くの鮮新世カルデラは 3.5 Ma 前後の年代を示すが，これは 5～4 Ma に N–S 方向の断層・褶曲運動を伴って出羽丘陵が隆起を開始し（Sato and Amano, 1991；掃部ほか，1992；守屋ほか，2008），背弧側から始まった地殻の短縮運動が火山フロント側に波及してきた時期にほぼ相当している．多数のカルデラが形成された時代の火山活動もバイモーダルな特徴を示すが，火山フロント側では，低アルカリソレアイトに伴って少量の安山岩の活動が認められる．これらは大規模珪長質マグマを含めて，いずれも低カリウム系列に属し，互いに共通の組成的特徴を有している（安井・山元，2006）．

鮮新世カルデラの形成と同期して，東北日本弧の南西端にあたる水上地域では，谷川岳鮮新世深成岩体が活動している．この貫入岩体は岩体周辺（4.4 Ma）から中心部（1.9 Ma）にかけて年代が若くなっており（雁沢・久保田，1987），岩体の定置以降，5 km ほど隆起上昇しつつ冷却したことを示しており（川野ほか，1992），この地域が，この間，奥羽脊梁山脈同様に顕著な上昇運動を行っていたことを示している．このような東北地方の奥羽脊梁山脈から連続する隆起構造が，さらに南西側の中央隆起帯へと続いている．

e-12. 北東–南西圧縮から東北東–西南西（東西）圧縮への変化

6.5 Ma におけるフィリピン海プレートの運動方向の変化に加え，約 5 Ma 以降，太平洋プレートの運動速度が速まったとされている（Pollitz, 1986）．Pollitz（1986）は，太平洋プレートの運動速度が速まった結果，日本海溝に垂直な西北西–東南東（東

西）方向からの水平圧縮応力が増大したことを示唆している．関東地方では，海域における前弧海盆の移動に伴って形成された，3 Ma 前後の構造である三浦層群と上総層群を分ける黒滝不整合（小池，1951）が知られている（徳橋，1997；伊藤，1997）．上総層群は，非常に速い堆積速度をもつことで特徴づけられ，現在の関東平野を埋積している（林ほか，2004）．高橋（2006a）は，黒滝不整合の形成時期にフィリピン海プレートのオイラー極が現在の位置に移動して，プレートの運動方向が急変した結果，東北日本弧において，日本海溝での沈み込み侵食作用を伴った強い東西圧縮テクトニクスが始まったと論じている．この強い東西圧縮テクトニクスの開始により，それ以降，太平洋プレートの沈み込みスラブと，それに重なる東北日本弧の上盤陸側地殻との間には，強いカップリングが生じている．この状況が 3.5 Ma 以来，東北日本弧では継続しており，ときどき発生する 2011 年 3 月 11 日の東北沖でのモーメントマグニチュード（Mw）9.0 地震（飯尾・松澤，2012）のような巨大地震の発生によって，この東西性の強い圧縮応力が解放され，後期中新世以降，そこにはたらいていた北東–南西性の横ずれ断層場に回帰する（Acocella et al., 2008；小菅ほか，2012）．このような超巨大地震の発生による応力場の変動によって，日本海溝での超巨大地震サイクルが生起していると考えられる（池田ほか，2012；Yoshida et al., 2014）．

e-13. 強い東西性圧縮応力場でのインバージョンテクトニクス

東北日本弧で起こった最新の顕著な短縮変形の開始時期は，背弧側と火山フロント側では異なり，前者では 3.5 Ma 以降，後者では 1.0～0.5 Ma 以降であるとされている（Awata and Kakimi, 1985；粟田，1988；佐藤，1992）．この 3.5～3 Ma 以降の東北日本弧における強い東西圧縮応力場は，プレート運動の変化，プレート境界の転移，背弧側プレートの東進などのいずれかに関係して起こり（中村，1983；Cox and Engebretson, 1985；Engebretson et al., 1985；Tamaki and Honza, 1985；Pollitz, 1986；瀬野，1987；粟田，1988；Wessel and Kroenke, 2000, 2007；高橋，2006a），これによって地殻の著しい側方短縮運動が起こっている（粟田，1988；Sato, 1994；Seno, 1999；梅田ほか，1999；Sato et al., 2002；佐藤ほか，2004）．

その結果，背弧海盆の拡大期以降に形成された正断層の多くが強い水平圧縮応力場のもとで，逆断層としての活動を開始している（Awata and Kakimi, 1985；Okamura *et al.*, 1995；Kato *et al.*, 2006）．また，正断層で境された堆積盆地が逆断層性の転移運動によって盆地逆転を起こしたり（中村，1992；Sato, 1994；Sato *et al.*, 2002；Kato *et al.*, 2004），周囲に対して地殻上部の温度が高い奥羽脊梁山脈において，ポップアップ構造などが生じて（Hasegawa *et al.*, 2000, 2005），現在みられるような複数の隆起山地と沈降堆積盆地の列からなる東北日本弧の地形的特徴が形づくられたと考えられている（佐藤ほか，2004）．図2.8.12（今泉，1999に加筆：Yoshida *et al.*, 2014）は，地形，主要断層系，そして最近の地殻変動との間の関係を示している．黒い矢印は，地質学的ならびに地形学的データから推定された各構造単位の隆起と沈降の様子を示している（日本第四紀学会，1987；今泉，1999；田力・池田，2005）．

Shibazaki *et al.*（2008）は，有限要素法を用いて，東北日本弧にかかる応力分布を計算している．その結果によると，東北日本弧下の地殻〜最上部マントルでの不均質な温度構造によって，上部地殻には，剪断断層運動を伴うW型の応力集中帯が，現在の主要断層帯の分布位置に沿って生じることが示されている．W型の応力集中帯は，奥羽脊梁地域と出羽丘陵下の，下部地殻と最上部マントル内の高粘性域ではさまれた，2つの低粘性域（高温域）での非線形粘性流による短縮変形によって生じている（図2.7.7）．この場合，水平圧縮応力に起因する応力は，温度勾配が大きな場所である奥羽脊梁山脈や出羽丘陵下の上部地殻の下部に集中する．中部地殻のマグマ溜り周辺における，多数のS波反射体の形成は，その深度での非線形粘性流を伴う顕著な短縮変形の進行と矛盾しない．また，Shibazaki *et al.*（2008）は，上部マントルでの短縮変形の進行により，大規模な隆起運動が，奥羽脊梁地域と出羽丘陵下で生じることを示している．

e-14. マグマ供給系の構造と地温勾配

地殻内部における温度構造は，地殻内部に発達したマグマ供給系の構造に強く影響される（図3.2.18）とともに，地殻中への大量のマグマの貫入の影響を受けて変化する．この地殻中へのマグマの供給量は，マントル内の温度構造と密接に関連して

いる（例：Honda and Yoshida, 2005a）．地殻内部における熱的異常の空間分布は，地震学的に，ある程度，観測することが可能である（Sato *et al.*, 2002；Nakajima *et al.*, 2006a；Xia *et al.*, 2007）．東北日本弧における泉温の分布（矢野ほか，1999）は，後期新生代のカルデラ分布とよく対応している．このことは，カルデラ火山を形成したマグマ溜りに由来する，冷却途中にある深成岩体が，東北日本弧に多数分布する後期新生代カルデラ火山の下に伏在していることを示唆している（Yamada, 1988；Sato *et al.*, 2002；吉田ほか，2005；Nakajima *et al.*, 2006a；Takada and Fukushima, 2013）．火山岩の岩石学的研究から推察される東北日本弧の熱史（伴ほか，1992；吉田ほか，1995）や，前弧堆積盆地での熱構造の研究（Yamaji, 1994）などから，東北日本弧では，地温勾配が，中新世での50〜60℃/km から，第四紀での20〜30℃/km へと低下していることが示されている．中新世から第四紀にかけて，火山フロントは背弧側へと後退し，火山活動域は狭くなっており，また，地殻中に発達するマグマ溜りの深度は，浅部のマグマ溜りが冷却固結するにつれて，後期中新世から第四紀へと深くなっていると推定される．火山フロントの西方への後退（図3.2.11：大口ほか，1989；吉田ほか，1995）や，Honda and Yoshida（2005a）によるジオダイナミックモデルの計算結果は，東北日本弧の地殻内温度が，島弧火山活動期を通じて，次第に低下しているとする考えと矛盾しない．

e-15. カルデラ火山活動から成層火山活動への遷移

太平洋プレートの運動速度の増加に起因すると推定される（Pollitz, 1986），東北東-西南西（東西）性の強い水平圧縮応力は，カルデラ火山の正断層性マグマ供給系を閉じるようにはたらき，その結果，それ以降は，玄武岩質マグマ起源マントルと直接連結した，より深いパイプ状火道を有するマグマ供給系に由来する安山岩質成層火山の活動が促進されるようになったと思われる（Acocella *et al.*, 2008）．その結果，鮮新世から第四紀，特にその後期に入ると，火山活動はカルデラ火山を主とする活動から，多数の安山岩質成層火山を主とする活動に変化している（図3.2.15：守屋，1983；Sato, 1994；吉田ほか，1997；Kondo *et al.*, 2004）．カルデラ火山の多く（古期B型火山）が1 Ma前後に活動を終え，1.0〜

0.6 Ma の空白期間を経て，0.6 Ma 以降に，小規模な活動を再開している（新期 B 型火山）のに対して，主に奥羽脊梁山脈沿いに分布する安山岩質成層火山（A 型火山）は，1.5 Ma 前後に活動を開始し，0.6 Ma 以降，噴出量が増加している（守屋，1983；伴ほか，1992；梅田ほか，1999；Kimura and Yoshida, 2006）.

島弧火山活動期の最終ステージでは，水平圧縮応力がかなり増加するとともに，マントルウェッジ内の温度は，長期間にわたる冷たい太平洋プレートの沈み込みに伴うマントル・コーナー流を伴った小規模対流による効果で，次第に低下していると考えられる（Honda and Yoshida, 2005a）. 火山活動は，火山フロント域に収斂する傾向を示すものの，地殻の温度も次第に低下して，地殻はより剛体的な状態へと変化している傾向が認められる（図 3.2.21）. 第四紀火山の火山フロントに沿った幹状の分布とそこから枝状に背弧側に東西に延びた"フィンガー"（ロール）状の分布は，高温のマントル"フィンガー"の地表表現（図 3.2.22）であり，マントルウェッジと地殻とが，マグマの上昇に際して，強くカップリングしていることを示唆している（Tamura et al., 2002；Hasegawa and Nakajima, 2004；Acocella et al., 2008；Yoshida et al., 2014）. このような安山岩質成層火山の櫛状の配列は，太平洋プレートの沈み込み方向に平行な東西性の水平圧縮応力を反映した南北性の逆断層の発達や東西性の火山性構造の形成とよく対応している（Acocella et al., 2008）. そして，東北日本弧におけるマグマの噴出率は 0.6〜0.5 Ma 以降，それまでの噴出率に対して，2 倍以上になり，火山フロントも 10〜20 km 程度海溝側に前進している（図 3.2.31：梅田ほか，1999；Acocella et al., 2008）.

e-16. 強圧縮応力場でのマグマ噴出率の増大

1 Ma 以降，東北日本弧，特に奥羽脊梁地域は，顕著な隆起ステージに入ったとされている（Takahashi, 1994；Okamura et al., 1995；Takano, 2002）. 第四紀，特にその後期に入っての，安山岩質成層火山の活発化については，一般にプレート運動の変化に伴う地殻歪み速度の増大（高橋，1986a）や圧縮応力成分の増大（佐藤，1992）などが，その原因であると考えられている. 青麻-恐および脊梁火山列火山（中川ほか，1986）は 1.0 Ma および 0.6 Ma ころを境に火山の配列方向，マグマ噴出量や噴火様式など

を変化させている（図 3.2.31：梅田ほか，1999）. また多数の背弧側火山が，火山フロント側火山に遅れて，0.8 Ma 以降に活動を開始している（Kimura, 1996；林ほか，1996；Kimura and Yoshida, 2006）.

梅田ほか（1999）は，火山フロント付近で顕著な断層活動が開始し，短縮変形が進んだ 1 Ma ころ，それまで広く分布していたカルデラ火山（古期 B 型火山）の活動が抑制されて，その後は，奥羽脊梁山脈の逆断層ではさまれたポップアップ域内での安山岩質成層火山（A 型火山）の活動が主となり，その後，0.5 Ma 以降，奥羽脊梁山脈の隆起の顕在化と断層運動の活発化により，火山フロント付近では局所的な差応力の低下あるいは引張応力場が生じた（高橋，1994b）結果，噴出中心の南北配列やマグマ噴出量の増加が生じたとしている. これに対して，Acocella et al.（2008）は，第四紀の断層系が，東南東-西北西方向の σ_{Hmax} の下での，南北系の逆断層，東西系の正断層，岩脈，伸張割れ目，そして共役をなす横ずれ断層からなることを示し，マグマの上昇には，地殻の隆起域に定置したマグマ溜り周辺での東西系の伸張割れ目や正断層が重要な役割を果たしたとしている. また，島弧の延びに対して斜交する方向からの σ_{Hmax} がはたらいていた後期中新世〜鮮新世には，上部地殻内に定置した珪長質マグマに由来するカルデラが主に形成されたのに対して，強い σ_{Hmax} が島弧に直交する方向にはたらいている第四紀には，マントル〜地殻全体にはたらく強い圧縮応力場の下で，マントル由来の苦鉄質端成分マグマと地殻由来の珪長質端成分マグマとが，ともにテクトニックに絞り出されて火道部で混合したカルクアルカリ安山岩質マグマ（Ban et al., 2007）が，火山フロント沿いに大量に噴出するにいたったと論じている.

e-17. カルクアルカリ系列火山岩の出現

1 Ma 以降，火山フロント側で活動したマグマには，それまでの低カリウム系列に属する火山岩に加えて，中カリウム系列に属するカルクアルカリ岩が普遍的に出現し，この間に明瞭なマグマ温度の低下が認められる（Shuto and Yashima, 1990；伴ほか，1992；梅田ほか，1999；Yoshida, 2001；安井・山元，2006；Kimura and Yoshida, 2006）. この中間カリウム系列に属するカルクアルカリ系列岩は，しばしば，同位体組成が異なる低アルカリソレアイトと

同じ成層火山体を構成する（Yoshida and Aoki, 1984；Fujinawa, 1988；Kimura et al., 2001；Tatsumi et al., 2008）．カルクアルカリ火山岩の成因については，いまだ議論がある（Tatsumi et al., 2008）が，同源の苦鉄質および珪長質端成分マグマの混合説が有力である（Sakuyama, 1978；井上・伴，1996；Toya et al., 2005；Kimura and Yoshida, 2006；Ban et al., 2007；Ohba et al., 2007）．

マントルウェッジと地殻の間の強いカップリングにより，マントルに由来する苦鉄質マグマと地殻由来の珪長質マグマの間の混合作用が起こり，生じた混合マグマが安山岩質マグマとして噴出している（Ban and Yamamoto, 2002；Ban et al., 2007；Hirotani et al., 2009）．強い水平圧縮応力を受け，深部に位置していたマグマ溜りの圧力は増加し，カルクアルカリ安山岩の苦鉄質端成分である玄武岩質マグマの上昇が促されたと思われる．その結果，マグマ混合で生じたカルクアルカリ安山岩の噴出量は，多数の巨大な浅部マグマ溜りが存在していた結果，地殻がより高温で延性的であった，珪長質カルデラ火山活動期に比較して約2倍となっている．

e-18. 4列の火山列の出現

鮮新世以降，強い水平圧縮応力場の下で，東北日本弧には4列の火山列が出現する（中川ほか，1986；Shuto and Yashima, 1990；伴ほか，1992）．伴ほか（1992）は青麻-恐火山列に属する火山のK-Ar年代

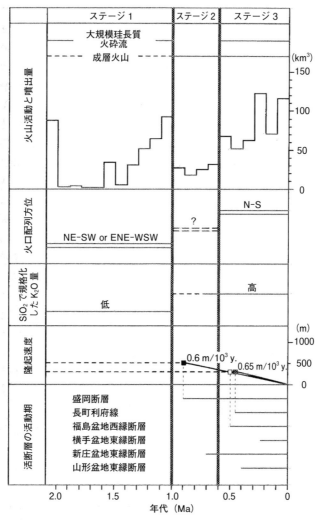

図3.2.31 東北日本，火山フロント付近の2.0 Ma以降の火山活動とテクトニクスの推移（梅田ほか，1999）

測定を行い，その結果と，これまでに報告されている火山フロント側各火山の形成年代値から，4 Ma 以降の火山フロント側火山における K レベルの時空変化を検討している．それによると，青麻-恐火山列に相当する位置では，3 Ma 前後から最近まで K_2O に乏しい（K_{55} が 0.63 以下の）マグマの活動が続いている．一方，脊梁火山列に相当する位置では，一部の火山を除いて，1～0.7 Ma までは青麻-恐火山列側と同様の K_2O に乏しいマグマが活動していたが，0.7 Ma 以降は，それに加えて，より K_2O に富んだ（K_{55} が 0.63 以上の）マグマの活動がみられる．伴ほか（1992）の結果は，Shuto and Yashima（1990）の，鮮新世では火山フロント側火山を 2 つの火山列に分けることはできないという指摘を支持し，加えて，火山フロント側（那須帯）火山の，青麻-恐火山列と脊梁火山列への分化が 1～0.7 Ma に起こったことを示している．

火山フロント側火山の青麻-恐火山列と脊梁火山列への分化は，①それまで一部でしか認められなかった角閃石安山岩が，青麻-恐火山列で普遍的に出現するようになったことと，②脊梁火山列側での K_2O に富んだ（中カリウム）カルクアルカリ系列安山岩の出現によるものである（伴ほか，1992）．脊梁火山列における中間カリウムカルクアルカリ系列安山岩は，いわゆるシソ輝石質岩系に属し，K_2O に乏しい低カリウムソレアイト系列火山岩，すなわちピジョン輝石質岩系に対して相対的に低温のマグマから生じたものと考えてよい．また，青麻-恐火山列側における角閃石安山岩の普遍的な出現も，一部にしか角閃石斑晶が認められない 1～0.7 Ma 以前のマグマに対して，より温度の低いマグマ（低カリウムカルクアルカリ岩）が活動を始めたことに対応している．したがって，1～0.7 Ma における東北日本弧火山フロント側火山の青麻-恐火山列と脊梁火山列への分化は，青麻-恐火山列では，K レベルはそのままで，より温度の低いマグマが活動を始め，脊梁火山列では，それまでに比較してより温度が低く，K レベルの高いマグマの活動が加わった結果である．

東北日本弧では，広域応力場が中間的ないし弱圧縮応力場の時期には，大規模陥没カルデラが形成され，強い水平圧縮応力場になると，噴火様式が円錐火山に変化している（守屋，1983）．少なくとも，

東北日本弧・脊梁部では，強い水平圧縮応力場の時代に入ると，火山活動様式の変化とともに，活動する苦鉄質マグマの温度が低下し，それに伴って，火山列の 4 列への分化が生じたと推定される．吉田ほか（1987）は船形火山において，噴出物の化学組成が活動の推移に伴い，低カリウムでしかも Sr 規格化値に相対的に富んだソレアイト質玄武岩から，Sr 規格化値に対して K，Rb がやや富化したソレアイト質安山岩～ソレアイトとカルクアルカリ岩との中間型の安山岩を経て，K に比較的乏しいカルクアルカリ安山岩～中間カリウムカルクアルカリ岩へと変化していることを示している．船形火山や蔵王火山（大場・吉田，1994）などで認められる，活動に伴って全体として SiO_2 で規格化した K_2O などの液相濃集元素含有量が増加する傾向は，伴ほか（1992）が東北日本弧全体で認めた，火山フロント側火山列の分化に伴って起こっている火山岩組成の時間的変遷に対応したものである．船形火山における火山岩組成の時間的変化について，吉田ほか（1987）は，初生マグマ発生時の部分溶融度の低下，マグマ温度の低下，マグマ分化深度の上昇に対応している，と考えている．そして，そのような変化はマグマ生成場における主に部分溶融温度の低下に伴うマグマ活動度の低下と，生成場と連結したマグマ分化の場であるマグマ溜りが時間の経過とともに上昇した結果であろうと述べている．

e-19. マグマ活動と構造運動の周期性と同期性

木村ほか（千葉ほか，1994；Kimura，1996）は，テフラ鍵層と $\delta^{18}O$ 編年を利用したレス-古土壌編年により，磐梯火山の精密な活動史を編むとともに，東北地方南部の安達太良，吾妻，磐梯，猫魔，砂子原，沼沢の 6 火山の火山活動のタイミングを明らかにし，少なくとも最近 65 万年間，5～10 万年の休止期をはさむ長さ 2～5 万年の同期した周期的噴火活動が起こっていることを示している．同様の活動は，乗鞍火山列でも認められている（木村・吉田，1996；Kimura and Yoshida，1999）．

第四紀に入ると内陸盆地形成にかかわる地殻変動が火山活動と密接に関連して起こっている．たとえば，火山フロント側火山の青麻-恐火山列と脊梁火山列への分化が起こった 1～0.7 Ma には，東北地方南部で造盆地運動が始まっている（Kimura，1995）．すなわち，福島盆地は約 1 Ma に沈降を開始し，会

津盆地も 1 Ma 以降に出現した（真鍋・鈴木，1983）．また，猪苗代盆地の基盤は 1 Ma の火山灰流堆積物である（鈴木，1988）．1 Ma は，大規模陥没カルデラの最後の形成期に一致し，北八甲田や八幡平火山は，この時期に噴出した火砕流堆積物を基盤としている．その後，会津盆地は 0.6 Ma の砂子原火山の火山灰流噴出の直前に縮小する．蔵王地域ではソレアイト系列岩の活動が 0.3 Ma 以降，カルクアルカリ系列岩の活動に変化するが，その間には大きな地殻変動があった（今田・大場，1985）．磐梯火山では 0.15 Ma を境とする活動様式の変化が認められ，これを境に，ソレアイト系列岩の活動がカルクアルカリ系列岩の活動へと変化している．この変化は，地殻内マグマ供給系の構造変化に対応していると推定され，この変化と同時に近隣の内陸盆地の沈降が認められている（木村，1987a,b）．その後の，猪苗代盆地の拡大は，0.08 Ma の火山活動に先行し，磐梯火山での活動の変換点は，0.07 Ma の地形改変を伴う構造運動と対応している．

火山噴火に伴うローカルな沈降は，カルデラ形成の場合のように，噴出したマグマの容積と沈降量の質量バランスで説明しうる．しかしながら，多くの内陸盆地の沈降量は，関連した火山活動で噴出したマグマの量よりも数桁多く，それを個々のマグマの噴出の結果と考えるには無理がある．火山で境される内陸盆地の直下には，しばしばマントル内部分溶融域が位置していることがある．噴火活動に先立って，近傍の内陸盆地が沈降することが多いことから，おそらく，水平圧縮応力などの変動に伴い，造盆地運動が岩床や岩脈形成などを伴うマグマの地下での移動と同期して起こり（吉田，1975），これがマグマ供給系を活性化して，火山噴火にいたる場合があると推定される（吉田ほか，1997）．

e-20.　おわりに

火山の噴火活動と地殻変動が同期する原因を検討する際，その時空的な規模の違いを考慮する必要がある．後期新生代の東北日本弧は，陸弧火山活動期，背弧海盆火山活動期，島弧火山活動期に区分できるが，これは 5～10 My 規模の現象である．一方，第四紀で最も顕著な地殻変動と火山活動の変化は，1～0.7 Ma に起こっており，これは 100 万年オーダー

の現象である．東北地方南部や乗鞍火山列では，100 万年オーダーの噴火の周期性と同期性が認められている．また，いくつかの 10 万年オーダーの噴火活動がセットになって，全体として活動域の移動を示す場合もある（吉田ほか，1997）．

島弧での構造運動と火山活動の関連については，古くから多くの研究がある．上述の通り，10 My オーダーの火山活動や地殻変動には，マントル内での大規模な湧昇や温度構造変化が伴われたと推定される．そして，100 万年オーダーのプレート運動の向きや速度の変化は，広域応力場の変動を伴う地殻変動や火山活動様式の変化と密接に関係しているようである．高田（1996）は，ハワイの火山などで，噴火割れ目の位置や，地殻変動，噴出量，噴出量/供給量比，地震活動による応力緩和などの時系列が互いに関連しながら，あるパターンに従って変化していることを示し，これをもとにマグマ供給系の自己制御機構を提案している．この火山全体にはたらく自己制御機構のパターンは，マグマ供給率と広域応力場や断層などによる応力緩和で決まり，火山の活動様式が，マグマ供給率の変化や，広域応力場の変動で大きく変化しうることを示している．

島弧における広域応力場の方位と強度を変化させる要因として，最も重要なものは，プレート間の相互作用であると思われるが，プレート運動に数～10 万年オーダーの周期性があるかどうかは不明であり，現時点では，報告されている 5～10 万年オーダーの噴火活動の周期性をプレート運動の変動で説明することは難しい．地質現象に 1～10 万年オーダーの周期性を与える原因としては，ミランコビッチ・サイクル（Milankovitch, 1941）での離心率や地軸傾斜角の周期的変化があげられる．地球軌道要素の摂動周期は離心率が 41 万年と約 10 万年，地軸傾斜角が約 4 万年，そして気候歳差が約 2 万年である（Berger, 1977）．木村ほか（1995）は，そのような地球の軌道要素の摂動がマグマを含んだ地殻～マントル系の応力場に影響を与えうると考え，周期的な同期した噴火活動の原因の 1 つとして，太陽潮汐力の周期的な変動の影響を検討する必要があると述べている（吉田ほか，1997）．　　　　　[**吉田武義**]

4. 中・古生界

4.1 概　説

　東北地方の中・古生界（先宮古統）は，北上山地，阿武隈山地，八溝山地，足尾山地などに広く分布するほか，奥羽脊梁山脈や出羽山地の一部および朝日山地にも点在する．これらは先シルル紀基盤岩類，浅海成シルル系〜下部白亜系，古生代付加体，ジュラ紀付加体およびその変成相などからなる．これらのうち，下部白亜系以外は東北日本地質区の阿武隈帯，南部北上帯，根田茂帯，北部北上帯，西南日本地質区の足尾帯，朝日帯という構造帯ごとにその構成が異なっている．東北日本と西南日本の境界は棚倉構造線であるが，中古生界に関しては，棚倉断層の左横ずれ変位による配列のずれや配列方向の違いがあるものの，東北日本の各帯は基本的には西南日本に連続するものとの認識が主流になりつつある，ただし，第6章でのべる白亜紀〜古第三紀火成岩類の年代や化学組成，配列などは，棚倉構造線を境に大きく異なっている．

　以下，各構造帯の概要をのべる（図4.1.1参照）.

a.　阿武隈帯

　阿武隈帯は，西縁を棚倉構造線に，東縁を畑川構造線（北方延長は湯沢-鬼首マイロナイト帯）に限られる，北北西-南南東方向に延びた地体である．東北日本区で最も西側に位置する構造区で，阿武隈山地の主部と奥羽脊梁山脈の南部などを含む．

　阿武隈帯は，高温型変成岩類（御斎所・竹貫変成岩類），接触変成岩類（滝根層群）および古期・新期の白亜紀深成岩類の分布で特徴づけられる．御斎所・竹貫変成岩類は，東側の塩基性岩類やチャートなどの付加体構成層を原岩とする御斎所変成岩と，西側の主に陸源砕屑岩類（海溝充填堆積物？）を原岩とする竹貫変成岩からなる．源岩の年代はジュラ紀で，初期白亜紀に高温変成作用をこうむったと考えられる（Hiroi *et al.*, 1987）．しかし，竹貫変成岩の年代や御斎所変成岩との関係に関しては異論もある．滝根層群は花崗岩のルーフペンダントとして産

する接触変成岩で，年代未詳である．

b.　南部北上帯

　南部北上帯は，畑川構造線以東，早池峰東縁断層あるいは根田茂帯との境界断層までの地体で，阿武隈山地の東縁から南部北上山地に及ぶ．また，奥羽脊梁山脈の中央部もその範囲に含まれる．阿武隈帯同様，北北西-南南東方向に延びた地域を占めるが，その北方延長の出羽山地では，阿武隈帯や根田茂帯，北部北上帯との境界は明らかではない．

　南部北上帯には，先シルル紀基盤岩類とシルル紀〜初期白亜紀の浅海成（一部陸成）堆積岩類が広く分布する．基盤岩類は高圧型変成岩類（松ヶ平・母体変成岩類），接触変成岩類（壺の沢変成岩），塩基性-超塩基性岩類（早池峰複合岩類），花崗岩類（氷上花崗岩類，正法寺閃緑岩）などからなる．先シルル系やシルル系〜デボン系の構成，岩相層序などは地域により大きく異なる．西縁部の長坂-相馬地域では松ヶ平・母体変成岩類と正法寺閃緑岩を基盤とし，シルル系〜中部デボン系を欠いて，上部デボン系〜最下部石炭系の鳶ヶ森層や上部デボン系の合ノ沢層が重なっている．東部の日頃市-世田米地域では，氷上花崗岩類とその捕獲岩である壺の沢変成岩が基盤であり，これらを石灰岩相のシルル系川内層や奥火の土層が不整合に覆う．シルル系の上位には，砕屑岩と火砕岩からなる最上部シルル系〜中部デボン系（大野層，中里層）が整合に重なる．上部デボン系は欠けている．北縁部〜北東縁部では，早池峰複合岩類と所属不明の変成岩類を砕屑岩主体のシルル系（一部オルドビス系）が整合に覆う．北縁の大迫地域ではこれらの上位にデボン系が分布するが，その層序の詳細は不明である．東縁の釜石地域では，最上部シルル系〜上部デボン系千丈ヶ滝層が早池峰複合岩類の上位をなす．千丈ヶ滝層の下部〜中部は火砕岩を，上部は泥岩を主体とし，下部〜中部の岩相・年代は東部地域の大野層に，上部

4. 中・古生界

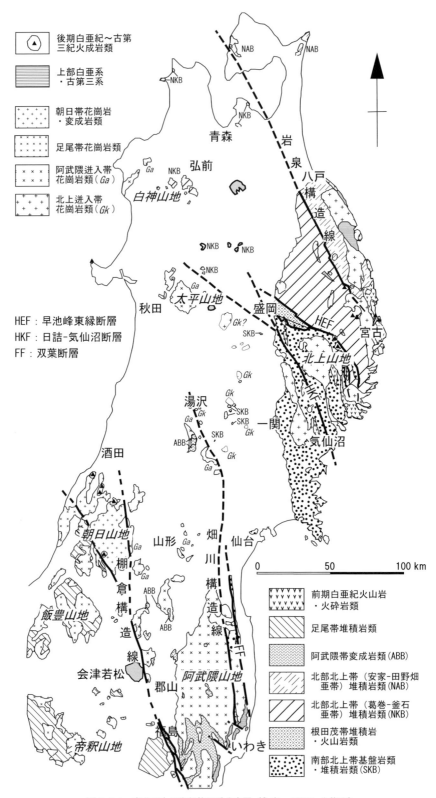

図 4.1.1 東北日本の先新第三系分布図（永広，1989a を修正）

のそれらは西縁部の鳶ヶ森層に似る.

　石炭系の下部は前期石炭紀前期の砕屑岩・火砕岩からなり，その岩相や層厚は地域により異なっており，いくつかの堆積盆地に分化していたと考えられている（川村・川村，1989b）．層厚は西よりの米里地域で最も厚く，次いで世田米地域で厚い．また，これらの地域では火砕岩や火山岩の占める割合が大きい．西縁部の長坂地域-相馬地域では，火砕岩がきわめて少なく，全体に薄い．また，釜石地域ではこの部分は欠けている可能性が大きい．石炭系の上部は，鬼丸層や長岩層で代表され，一部火砕岩をはさむ石灰岩からなる．年代は前期石炭紀中期～中期石炭紀で，南部北上帯全域で比較的均一な岩相・層厚を示す.

　南部北上帯では，上部石炭系～最下部ペルム系を欠き，下部ペルム系が中部石炭系を不整合に覆っている．ペルム系は，泥岩，砂岩，石灰岩，礫岩などからなり，下位より，坂本沢統，叶倉統および登米統に3分される．模式層序では，下部の坂本沢層・中部の叶倉層とも，下部が礫岩，砂岩，泥岩など，上部が主に石灰岩からなるが，砂岩や石灰岩はしばしば水平的に泥岩に移り変わり，南部北上帯全域でみると泥岩相が卓越している．登米統は主に泥岩からなる．厚い砂岩と石灰岩とは分布域を同じくする傾向があり，砂岩が堆積していた比較的浅海部にその後石灰岩が堆積したと考えられる．また，中部ペルム系の上部の層準を中心に，南部北上帯の多くの地域で局部的な層間礫岩（薄衣式礫岩）が発達する.

　三畳系～ジュラ系は南部北上山地の南半部に分布し，東列（大船渡帯），中列（唐桑-牡鹿帯）および西列（志津川帯）で岩相層序や層厚が異なっている．主に浅海成～瀬海成，一部陸成の，砂岩・泥岩などの砕屑岩からなり，堆積の中心は大まかには年代とともに西方から東方に移行する.

　三畳系は，中下部三畳系稲井層群と上部三畳系皿貝層群からなる．稲井層群は，下位より平磯層，大沢層，風越層，伊里前層に区分され，西列から中列地域にかけて分布するが，東列にはみられない．平磯層は，ペルム系を不整合に覆う礫岩に始まり，下部は砂岩が卓越する．上位に向かって次第に砂岩・泥岩互層となり，上位の縞状泥岩主体の大沢層に移化する．風越層は砂岩と泥岩から，伊里前層は砂岩

をはさむ砂質泥岩からなる．これら各層の岩相や層厚は地域ごとにほとんど変わらない．皿貝層群は西列と東列に幅狭く分布する．西列の志津川地域では下部の砂岩主体の新館層と上位の砂岩，泥岩からなる長ノ森層から，橋浦地域・水沼地域では主に砂岩からなる内の原層からなる．東列のものは凝灰岩主体の明神前層である.

　下部ジュラ系志津川層群は西列にのみ分布し，砂岩主体の下位の韮の浜層と主に泥岩からなる上位の細浦層に区分される．前者は瀬海成，後者は浅海成である．西列の中部～上部ジュラ系橋浦層群は，下位より，礫岩を伴う砂岩よりなる荒砥崎層（中原層・小島層），主に泥岩よりなる荒戸層（長尾層・大和田層），砂岩と泥岩よりなる袖ノ浜層に区分される．中列の中部ジュラ系～最下部白亜系のうち，唐桑地域の唐桑層群は，下位より，主に砂岩よりなる小鯖層，泥岩主体の綱木坂層，礫岩・砂岩の石割峠層，泥岩と砂岩・泥岩互層の舞根層，砂岩と泥岩からなる小々汐層，泥岩に砂岩を伴う磯草層に区分される．牡鹿地域の牡鹿層群は，下位より，月の浦層，荻の浜層，鮎川層に区分される．月の浦層は下部の砂岩と上部の泥岩から，荻の浜は砂岩，礫岩，泥岩など，鮎川層は砂岩と泥岩からなる．相馬地域の相馬中村層群（Mori, 1963）は，南部北上山地の中列のものの南方延長で，下位より粟津層・山上層・栃窪層・中ノ沢層・富沢層・小山田層からなる．中ノ沢層上部の小池石灰岩を除き，主に砂岩や泥岩などの砕屑岩類からなり，海成層と陸成層が繰り返している．中部ジュラ系の層厚は西列～中列でほぼ等しく，岩相層序も類似する．上部ジュラ系は西列では薄く，中列で厚い．西列のものは浅海成泥岩と砂岩からなるが，中列ではより粗粒な砕屑岩類が多く，牡鹿地域では瀬海成～陸成層を含む.

　下部白亜系は，南部北上帯のみならず北部北上帯を含めた北上山地全域に点在する．一部は上記の3列の堆積盆地に分布し，特に中列ではジュラ系から連続する．最下部白亜系は砂岩，泥岩などの砕屑岩類を主体とするが，その上位の下部白亜系は火山岩・火砕岩をはさむようになり，特に唐桑・牡鹿地域では火山岩主体となる．また，各地に点在する下部白亜系は，ペルム系や石炭系を直接不整合に覆い，厚層で，主に火山岩・火砕岩からなる.

c. 根田茂帯

根田茂帯（永広・鈴木，2003）は，盛岡から早池峰山北方にかけての地域を占め，南は南部北上帯北縁部の早池峰複合岩類と断層で接し，北東側は早池峰東縁断層で北部北上帯と境される．根田茂帯は，玄武岩・玄武岩質火砕岩，チャート，剪断変形が著しい砕屑岩類などからなる根田茂コンプレックスで特徴づけられる．砕屑岩類は混在岩が多い．玄武岩類は主として海洋島玄武岩，一部は海嶺玄武岩である（濱野ほか，2002）．玄武岩を覆うチャートから後期デボン紀のコノドント（濱野ほか，2002），陸源泥岩から前期石炭紀の放散虫（内野ほか，2005）が報告されており，このコンプレックスは古生代（石炭紀）付加体と考えられている（内野ほか，2005）．

d. 北部北上帯

北部北上帯はジュラ紀付加体からなる地体で，チャート，珪質泥岩，泥岩，砂岩，石灰岩，玄武岩などからなる．これらは海洋プレート層序（の一部）を残しながら，地層面にほぼ平行な断層で同一の層序が繰り返す，いわゆる整然相と，海溝斜面の崩壊や沈み込み時の剪断変形などで，泥質基質中にさまざまな種類，さまざまなサイズの岩塊やスラブが混在する混在相からなる．玄武岩類は，土谷ほか（1999a）や三浦・石渡（2001）による化学組成の検討結果では，大部分は海洋島型アルカリ玄武岩で，一部に N-MORB 型を含む．北部北上帯は，異地性岩体の年代の違いや砂岩の鉱物組成の違いから，岩泉構造線を境に，西側の葛巻-釜石亜帯と東側の安家-田野畑亜帯に区分される（大上・永広，1988；永広ほか，2005）．前者は古生代の異地性岩体を含み，砂岩は岩片の多い斜長石に富む長石質砂岩からなるが，後者は三畳紀以降の異地性岩体のみを含み，砂岩はカリ長石の多い長石質砂岩である．ただし，砂岩組成は岩泉構造線で明確に変わるわけではないことがわかってきている（高橋ほか，2006, 2016）．

西側の葛巻-釜石亜帯の海洋プレート層序の下部層は上部石炭系まで下り，チャートは最後期石炭紀からおそらくは前期ジュラ紀に及ぶ．亜帯東部に分布するチャート中にはいわゆるペルム紀-三畳紀境界層（P/T 境界層）をなす，珪質粘土岩・黒色粘土岩をはさんでいる．葛巻-釜石亜帯付加体の付加年代は，海溝充填堆積物の年代が示す，前期ジュラ紀〜後期ジュラ紀で，付加年代は東に向かって若くなる傾向がある．東側の安家-田野畑亜帯の最古の化石は三畳紀のもので，付加年代は中期ジュラ紀〜初期白亜紀？である．葛巻-釜石亜帯東端部の関ユニットの付加年代は後期ジュラ紀キンメリッジアン期（中江・鎌田，2003）であるが，岩泉構造線のすぐ東側の高屋敷ユニットの付加年代は後期ジュラ紀オックスフォーディアン期（Suzuki *et al.*, 2007）で，東側が古くなっている．

e. 朝日帯

朝日帯は西南日本北西端，朝日山地を占める．朝日帯の主体は白亜紀花崗岩類であるが，ごく狭く千枚岩・接触変成岩類が分布する．

f. 足尾帯

飯豊山地，帝釈山地，八溝山地などには，チャート，泥岩，砂岩などを主体とし，玄武岩や石灰岩を伴うジュラ紀付加体が広く分布する．これらは西南日本内帯の丹波-美濃-足尾帯の東端をなすものである．

［永広昌之］

4.2 南部北上帯

■4.2.1 概 説

南部北上帯の中・古生界は先シルル紀基盤岩類とその上に堆積した浅海成，一部陸成のシルル系〜下部白亜系からなり，これらは前期白亜紀深成岩類によって貫かれている．ここでは下部白亜系までをとりあつかう．南部北上帯の古生界は，石炭紀，特に前期石炭紀ビゼーアン期後期以降は帯全域でほぼ同様の発達史をたどるが，先シルル紀基盤岩類や中部古生界の岩相構成・層序などには地域により大きな違いがある．ここでは，下部〜中部古生界を一括し，地域ごとにのべ，石炭系以上については系を単位に記述する．

［永広昌之］

■ 4.2.2 下部〜中部古生界

a. 概　説

南部北上帯の下部〜中部古生界は，西縁部の長坂-相馬地域，東部の日頃市-世田米地域，北縁部の宮守-早池峰山-釜石地域の3地域において，岩相構成・層序が異なっているので（図4.2.1, 4.2.2），これらの地域ごとにのべる．

b. 西縁部（長坂-相馬地域）

西縁部の下部古生界（先シルル紀基盤岩類）は松ヶ平・母体変成岩類と正法寺閃緑岩からなり，中部古生界は上部デボン系（〜最下部石炭系）の鳶ヶ森層・合ノ沢層からなる．シルル系〜中部デボン系を欠いている．鳶ヶ森層からはYabe and Noda（1933）によりわが国で初めてのデボン紀化石（腕足類）が報告された．

b-1. 先シルル紀基盤岩類（下部古生界）

（1）松ヶ平・母体変成岩類

松ヶ平・母体変成岩類は，長坂地域の母体変成岩類と相馬地域の松ヶ平変成岩やその他の変成岩類の総称（黒田，1963）である．

母体変成岩類は，長坂地域の北部に，南に開いた複向斜構造を呈して広く分布する（図4.2.3）．黒色片岩・緑色片岩・珪質片岩などの片岩類，角閃岩類および蛇紋岩類などからなる．いずれも片状構造が発達し，特に片岩類・蛇紋岩は片状構造に沿って剥離しやすい．褶曲軸面と平行する細密微褶曲劈開も発達する．珪質片岩はチャート起源，角閃岩は玄武岩や斑れい岩起源である．玄武岩はMORB組成で（Tanaka, 1975；Kawabe et al., 1979），チャートがはさまれることをあわせ，母体変成岩類は付加体起源と考えられる（前川，1981）．角閃岩類の一部は鵜の木変成岩（Kanisawa, 1964）と呼ばれたものを含む．蛇紋岩・角閃岩類の小岩体は片岩中のブロックとして産する（前川，1981）．佐々木・大藤（2000）は，大鉢森山周辺に分布する角閃岩体（大鉢森角閃岩類）を，他の角閃岩ブロックや岩体とは別に，母体変成岩とは別個のものとして扱っている．しかし，この岩体のみを切り離すことは妥当とは考えられない．

大鉢森の縞状角閃岩中の変成ホルンブレンドのK-Ar年代は約500 Maである．また，上位の鳶ヶ

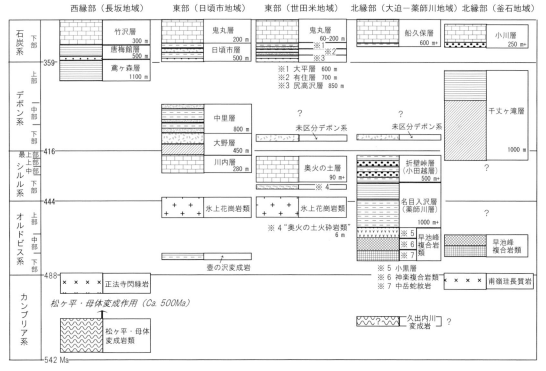

図4.2.1 南部北上帯下部-中部古生界層序表
石炭系は下部のみを示す．地層名下の数字は層厚．

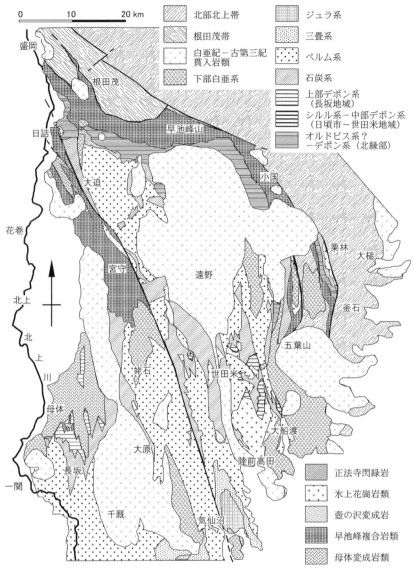

図 4.2.2 南部北上帯古生界地質略図（永広原図）

森層中部の礫質岩には縞状角閃岩や片岩類の礫が普遍的に含まれ（永広・大上，2001），後述する約440 Ma（500 Ma）の正法寺閃緑岩は母体変成作用をこうむっていない（蟹澤・永広，1997）．佐々木ほか（1997）は，大鉢森岩体が鳶ヶ森層に不整合に覆われているとのべている．したがって，母体変成岩類はカンブリア紀末〜初期オルドビス紀に当時の沈み込み帯深部で高圧型変成作用（松ヶ平・母体変成作用）を受けた先シルル紀基盤と考えられる（蟹澤ほか，1992）．付加の年代は沈み込み-高圧変成に先立つカンブリア紀とみなされる．

相馬地域の松ヶ平変成岩も母体変成岩類と類似の岩相を示し，その南西延長と考えられているが，角閃岩・蛇紋岩類の量はやや少ない．北方の山上地域には角閃岩を含む山上変成岩が，南方には同様の助常変成岩が分布する．また，相馬北方の，泥質・砂質片岩主体の割山変成岩も松ヶ平変成岩と同時期のものと考えられている．これらも沈み込み帯で形成された付加体が沈み込み帯深部で高圧型変成作用を受けたものである（梅村・原，1985；前川，1988）．相馬地域の合の沢（相の沢）中流部の縞状角閃岩中の変成ホルンブレンドのK-Ar年代は約500 Maで

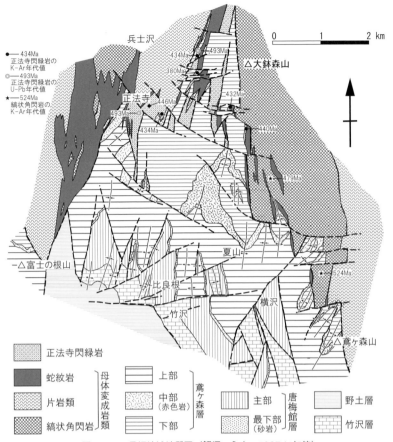

図 4.2.3　長坂地域地質図（蟹澤・永広，1997 に加筆）

ある（蟹沢ほか，1992）．合の沢支流では，上部デボン系合の沢層に不整合に覆われる（永広・大上，1990）．

（2） 正法寺閃緑岩

長坂地域の母体変成岩類と鳶ヶ森層の境界部に点在する（図4.2.3）．閃緑岩〜斑れい岩からなり，部分的に弱い片状構造がみられる部分もあるが，一般に塊状で変形していない．母体変成岩類や鳶ヶ森層との現在の関係はいずれも断層であるが，母体変成岩類が受けた変形をこうむっていないこと，鳶ヶ森層中にその角礫が多数含まれることから，母体変成岩類を貫き，鳶ヶ森層に不整合に覆われたと考えられる（永広・大上，1991；蟹澤・永広，1997）．微量元素の N-MORB 規格化パターンは沈み込み帯の岩石の特徴を示している．ホルンブレンドのK-Ar 年代は 446〜432 Ma で，後述する氷上花崗岩類とともに，後期オルドビス紀〜初期シルル紀の沈み込み帯で形成された深成岩類と考えられた（蟹澤・永広，1997）．奥羽脊梁山脈の焼石岳南方に分布する胆沢川トーナル岩（小林ほか，2000）も同様の岩相で，K-Ar 年代は 457 Ma である（笹田ほか，1992）．しかし，両者の U-Pb ジルコン年代はいずれも約 500 Ma を示し（Isozaki et al., 2015），その年代はカンブリア紀にさかのぼる可能性が大きい．

b-2．中部古生界

（1） 鳶ヶ森層

鳶ヶ森層（野田，1934；小貫，1956 再定義）は，一関市東山町鳶ヶ森周辺を模式地とし，東山町〜大東町に分布する．下部は砂質ラミナをはさむ泥岩と砂岩・泥岩互層を主体とし，薄い礫岩をはさむ（蟹澤・永広，1997）．中部は赤紫色凝灰角礫岩，凝灰岩，凝灰質砂岩・泥岩からなり，火山角礫岩（加納，1960 の夏山礫岩）を伴う．これらの一部を火砕岩起源の 2 次堆積物とする意見（田近，1997）もある．中部の赤紫色岩は鳶ヶ森層分布域のすべてに分布する．角礫は，下位の母体変成岩類由来と考え

られる縞状角閃岩を普遍的に含み，その他の片岩類や正法寺閃緑岩由来とみなされる閃緑岩〜斑れい岩も含んでいる（永広・大上，1991）．上部は主に無層理ないし縞状の泥岩からなるが，その上部に数層の薄い含礫泥岩〜礫岩をはさむ．この含礫泥岩〜礫岩は，橘（1952），Noda and Tachibana（1959）などにより唐梅館層の基底礫岩とされたが，Okami et al.（1973）がのべたように，鳶ヶ森層上部の層間礫岩で，側方に尖滅する．

鳶ヶ森層はわが国ではじめてデボン紀化石（腕足類）が報告された（Yabe and Noda, 1933）地層である．これらの腕足類の分類については Noda and Tachibana（1959）により再検討されている．また，Tachibana（1950）により鱗木化石（*Leptophloeum rhombicum*）がわが国で最初に記載された．これらは鳶ヶ森層中部〜上部から産するもので，後期デボン紀ファメニアン期を指示する．Ehiro and Takaizumi（1992）は，長坂地域の通称粘土山の本層最上部からファメニアン期のクリメニア類アンモノイドとともに初期石炭紀を指示するアンモノイドを報告し，鳶ヶ森層最上部が一部最下部石炭系に及ぶことを示した．

永広・大上（1991）や蟹澤・永広（1997）は，鳶ヶ森層中部の火砕岩類が母体変成岩や正法寺閃緑岩由来の角礫を含み，後2者と鳶ヶ森層との間には年代幅があるので，現在の両者の関係は断層であるが，本来は本層が母体変成岩や正法寺閃緑岩などの基盤岩類を不整合で覆っていたものと考えた．また，佐々木ほか（1997）は，東山町夏山付近で，鳶ヶ森層中部の赤紫色岩が母体変成岩を不整合に覆う露頭を報告している．

（2） 合の沢層

合の沢層（Sato, 1956）は，南相馬市真野川支流の合の沢（相の沢）流域を模式地とし，その周辺に狭く分布する．下部は主に緑色〜赤紫色の泥岩からなり，上部は砂岩と泥岩の互層からなる．長坂地域の鳶ヶ森層と同様の腕足類・鱗木を産する（Hayasaka and Minato, 1954；小関・浜田，1988；田沢ほか，2006）．

合の沢支流の合の沢層基底部には厚さ数十 cm の砂岩〜礫質砂岩があり，松ヶ平変成岩を直接覆っている（永広・大上，1990）．この砂岩は下位の松ヶ平変成岩由来の変成岩礫や変成岩片および花崗岩質岩由来の長石類を含み，松ヶ平変成岩を不整合に覆

うと考えられる（永広・大上，1990）．

c． 東部 （日頃市-世田米地域）

日頃市-世田米地域の基盤岩類は，氷上花崗岩類とその捕獲岩である壺の沢変成岩からなる．白亜紀のひん岩中の捕獲岩として知られる基盤もある．これらを石灰岩相のシルル系が不整合に覆い，さらに最上部シルル系〜中部デボン系の大野層・中里層が重なっている．上部デボン系を欠く．日頃市地域はわが国で初のシルル紀（当時はゴトランド紀）化石が発見された（小貫，1937b）地域である．

c-1． 先シルル紀基盤岩類 （下部古生界）

（1） 壺の沢変成岩

壺の沢変成岩（石井ほか，1956）は，氷上花崗岩類の氷上岩体中の捕獲岩として，岩体の主に南西部，陸前高田市竹駒町壺の沢北東方に分布する．泥質岩主体で，一部砂質岩を含む接触変成岩で，弱い片状構造を示す．壺の沢変成岩中のジルコンは 440 Ma から 3800 Ma に及ぶ幅広い年代幅をもつが，500 Ma より古いものは円磨した砕屑性ジルコンであり，約 440 Ma のもののみが自形を示す（Suzuki and Adachi, 1991；Watanabe *et al*., 1995）．このことは，壺の沢変成岩の原岩の堆積年代が 5 億年以降で，それが 440 Ma に氷上花崗岩類により捕獲されたことを示している．

（2） 氷上花崗岩類

氷上花崗岩類（村田ほか，1974）は，大船渡市と陸前高田市境界の氷上山を中心として分布する氷上岩体，大船渡北方の小松峠岩体，八日町の八日町岩体，奥火の土の奥火の土岩体などからなる古期花崗岩体の総称で，花崗岩を主体とし，花崗閃緑岩を伴う．氷上花崗岩類は塊状の部分と片状の部分とがあり，また，一部ではマイロナイト化している．石井ほか（1956）は氷上岩体を氷上山型と大野型に区分した．前者は岩体の中央部，南部，西部を占め，一般に片麻状構造を示す．後者は，岩体東部，北部に分布し，片麻状構造を示さない．浅川ほか（1999）は，岩体を D 型（深所貫入型）と S 型（浅所貫入方）に区分したが，後者は大野型にほぼ一致する．小林・高木（2000）は氷上岩体を9つの岩相に区分するとともに，片状花崗岩の貫入，マイロナイト化，大野型花崗岩の貫入，両者のカタクレーサイト化という貫入・変形ステージを明らかにした．小林ほか（2000）は，化学組成から，氷上花崗岩類は沈

み込み帯マグマを起源とすると考えている.

村田ほか（1974）は，大森沢支流くさやみ沢において上位のシルル系川内層基底の粗粒アルコースが氷上花崗岩類を不整合に覆うことを報告し，氷上花崗岩類を先シルル紀基盤として位置づけた．くさやみ沢の露頭のアルコースは，かつて花崗岩の風化部あるいはマイロナイト化部と誤認されていたものであるが，堆積学的検討に基づけば，氷上花崗岩類を起源とする礫質砂岩である（Okami and Murata，1975）．また，従来上位のデボン系大野層を貫くとされた花崗岩類が，大野層基底のスランプ層に，アルコースや石灰岩ブロックとともに，ブロックとして含まれるものであることも明らかにされた．なお，後述のように，大野層最下部は現在は最上部シルル系に位置づけられている．

氷上花崗岩類がシルル系基底のアルコースによって不整合に覆われることは，その後氷上岩体北西部の行人沢地域，小松峠地域，八日町地域，奥火の土地域など，日頃市-世田米地域の氷上花崗岩類とシルル系が分布するすべての地域で確認された（川村，1983；Murata *et al.*，1982；北上古生層研究グループ，1982）．しかしその後，Suzuki and Adachi（1991），鈴木ほか（1992），Adachi *et al.*（1994）は，CHIME 年代に基づき，氷上花崗岩類にはデボン紀，石炭紀，ペルム紀などさまざまな年代のものがあり，また，それを不整合に覆うアルコース砂岩や大野層基底の花崗岩礫の年代もペルム紀以降のものとする見解を示し，氷上花崗岩類が先シルル系であるという考えを否定した．

しかし，この年代論は層位関係と矛盾する（永広，1995）．氷上花崗岩類をアルコースが覆い，さらにその上位にシルル紀化石を含む石灰岩が重なるという層位関係は上記のすべての地域で知られている．もし，鈴木らの考えに従い，氷上花崗岩類やアルコースをシルル紀以降のものとすれば，これらと見かけ上位のシルル系とは断層関係にあると考えねばならない．シルル系分布地域のすべてで"偶然に"氷上花崗岩類とシルル系が断層で接するという確率はきわめて低い．また，後述のように，梅田（1996）は大野層最下部（Oh1 部層）のスランプ層直下の酸性凝灰岩からシルル紀末の放散虫の産出を報告している．スランプ層の基質をなす珪質凝灰質泥岩は上位の大野層 Oh2 部層と同様の岩相であり，

大森沢ではこれらの露頭は連続する．したがって，スランプ層はシルル系であり，そこにブロックとして含まれる岩体から得られたデボン紀以降の年代を花崗岩の冷却年代と考えることはできない．同様の，氷上花崗岩類由来と考えられる花崗岩礫を含む，スランプ層は小規模ではあるが大森沢の大野層基底から 80 m 程度上位の層準にもはさまれている（図 4.2.4 参照）．また，氷上花崗岩類が周辺の古生界に熱変成を与えていないことが従来知られており，土屋ほか（1986）もそれを再確認している．これらのことから，氷上花崗岩類で確認されたデボン紀以降の年代は，氷上花崗岩類の形成年代を示すのではなく，その後の何らかの熱的事変を示すと解する方が層序と矛盾しない．

一方，Watanabe *et al.*（1995）は 442 Ma の SHRIMP U-Pb 年代値，浅川ほか（1999）は 440 Ma，427 Ma の Rb-Sr 全岩アイソクロン年代値を氷上花崗岩類から報告している．また佐々木ほか（2013）も氷上岩体の多くの地点から約 450 Ma に集中した U-Pb ジルコン年代を得ている．これらの年代は，シルル系との層位関係，および氷上花崗岩類が 500 Ma の砕屑性ジルコン粒子を含む壺の沢変成岩の原岩を捕獲しているという事実と矛盾しないので，これらは氷上花崗岩類の形成年代を示すと考えられる．

（3） ひん岩中の捕獲岩

川村ほか（1980）は，世田米北方の石炭系を貫くひん岩中に，角閃岩，角閃石片岩などの多数の捕獲岩礫を報告し，これらを世田米地域の先シルル紀基盤の一部と考えている．

c-2. 中部古生界

（1） 川　内　層

小貫（1937b）命名．村田ほか（1974）再定義．模式地は大船渡市川内の樋口沢．Sugiyama（1940）は，小貫（1937b）の川内層を，下位より *Favosites* 石灰岩，*Clathrodictyon* 石灰岩，*Halysites* 石灰岩，*Encrinurus* 層，*Solenopora* 石灰岩に区分したが，村田ほか（1974）は，*Solenopora* 石灰岩を，Yabe and Sugiyama（1937）や小貫（1956）がシルル系とした，川内層の上位に位置する高稲荷層とともに，デボン系大野層に含めた．また，村田ほか（1974）は川内層最下部に粗粒アルコースからなる基底部を加えた．

川内層は東西 2 列に分かれて分布する．東の列は，模式地を含む，大船渡市大野から川内にいたる

地域およびその北方の大船渡市と住田町境界の小松峠付近，西側のものは，大船渡市坂本沢の行人沢上流部，白石峠付近およびその北方の住田町八日町に露出する．白石峠を除き，氷上花崗岩類を伴い，それを不整合に覆っている．模式地周辺では，層厚約80 mで，氷上花崗岩類を覆う最下部の粗粒アルコース（層厚約5 m）に始まり，黒色泥岩（8 m），暗灰色～灰白色のミクライト質石灰岩（60 m以下），泥岩・石灰岩互層（10 m以下）の順に重なり，さらにその上位に，大野層に含められた角礫状石灰岩（5 m以下）が続く（村田ほか，1974；Murata *et al.*，1982）．その他の地域でも，基底には粗粒アルコースがあり，主部は石灰岩が卓越するが，分布が断片的で詳細な層序は明らかではない．

石灰岩や石灰質泥岩より，床板サンゴ *Schedohalysites kitakamiensis*，*Falsicatenipora japonica*，*Favosites gotlandicus*，*Halysites labyrinthicus*，*Heliolites decipens*，*H. onukii*，三葉虫 *Encrinurus* (*Coronocephalus*) *kitakamiensis*，*Sphaerexochus* (*Onukia*) *sugiyamai*，その他四放サンゴ，層孔虫，腕足類，コケムシなどを産し，中部～上部シルル系（ウェンロック統～ラドロー統）に対比される（Sugiyama, 1940；Hamada, 1958；Kobayashi and Hamada, 1976；Kato *et al.*, 1979）．

（2） 奥火の土層

Kawamura（1980）命名．模式地は気仙郡住田町奥火の土西方．火の土川右岸斜面のごく狭い範囲にのみ分布する．下部層（層厚40 m以上）と上部層（50 m以上）に区分される．下部層は，下位の氷上花崗岩類を不整合に覆う層厚約1 mの泥岩，4 mの酸性凝灰岩に始まり，主部は凝灰質泥岩，酸性凝灰岩，アルコース，泥質石灰岩，礫岩などからなる（川村，1983）．最下部の凝灰岩は一部熔結しており，陸成層と考えられている（川村，1982）．上部層は黒色の成層した石灰岩からなる．

石灰岩より，*Falsicatenipora*，*Favosites*，*Halysites*，その他の化石を産するが（Kawamura, 1980），奥火の土層のサンゴ化石群集は川内層から多産する *Schedohalysites* を含まず，*Halysites* が多く，川内層のそれとは異なり，西南日本の黒瀬川帯のシルル紀群集と類似する．中部から産する *Falsicatenipora shikokuensis* は前期シルル紀ランドベリ世後期～中期シルル紀ウェンロック世前期から知られているので，奥火の土層の下部は，川内層より古く，下部シ

ルル系と考えられる（Kawamura, 1980）．

Murata *et al.*（1982）は，奥火の土層最下部の酸性凝灰岩～熔結凝灰岩が奥火の土層下部の細礫岩（川村，1983では花崗岩として図示）に不整合で覆われる可能性を示唆している．この細礫岩中には，下位の氷上花崗岩類由来の花崗岩細礫に加えて，酸性凝灰岩細礫が多数含まれている．

（3） 大 野 層

Yabe and Sugiyama（1937）の命名によるが，村田ほか（1974）は Sugiyama（1940）の川内層最上部の *Solenopora* 石灰岩と Yabe and Sugiyama（1937）の高稲荷層を大野層に含めて再定義した．川内層を整合に覆い，大船渡市大野から北方の小松峠周辺に分布する．行人沢，八日町にも類似の岩相が分布するが，詳細な層序は明らかではない．Minato *et al.*（1979）は，大野層を下位より Oh1，Oh2，Oh3 の各部層に区分した（図4.2.4）．全層厚約400 m.

下部の Oh1 部層は，淡緑色～赤紫色珪質凝灰質泥岩，および珪質凝灰質泥岩を基質とし，砂粒大から巨大なブロックにいたる，さまざまなサイズの角礫を含むスランプ層からなる．*Solenopora* 石灰岩あるいは高稲荷層と呼ばれたものに相当する．異質角礫は，下位の氷上花崗岩類や川内層に由来する花崗岩，粗粒アルコースおよび石灰岩からなる．くさやみ沢西方の斜面の露頭では，珪質凝灰質泥岩中に，花崗岩や砂岩の礫とともに，花崗岩の小岩片や石英・長石などの粒子が，厚さ数mm～2 cm程度の砂岩薄層となって頻繁にはさまれている．石灰岩の一部はシルル紀サンゴ化石などを産する．石灰岩ブロックには巨大なものもあり，小貫（1937b）によって報告されたシルル紀化石を含む川内層石灰岩の一部も Oh1 中の巨大ブロックである可能性がある．小貫（1969）によれば，大野西方のナメリ石付近では，高稲荷層（大野層 Oh1 部層）と大野層（Oh2，Oh3 部層）にわたって石灰岩（ナメリ石石灰岩）をはさむとされているが，これらもスランプブロックの可能性が大きい．

花崗岩ブロックの一部は平板状で，貫入岩様の産状を呈するが，周囲を泥岩に囲まれ連続しない．また，前述のようにこれらは周囲の泥岩に接触変成を与えていない．野沢ほか（1975），吉田ほか（1981）などにより，氷上花崗岩が大野層を貫くとされた露頭もあるが，実際には大野層とされたものは細粒の

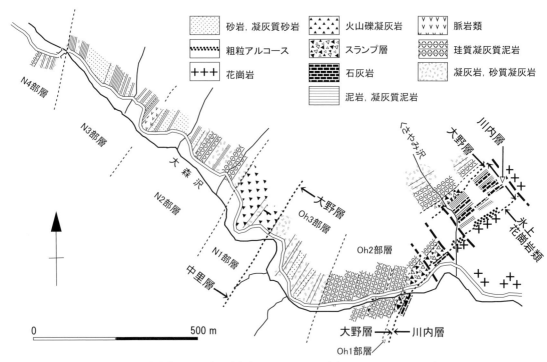

図 4.2.4 大森林道沿いの下部〜中部古生界ルートマップ（Mori et al., 1992 を一部改変）
部層境界は川村ほか（1996）に従う．

閃緑岩で，急冷縁をもっており，これが氷上花崗岩を貫いている（Murata et al., 1982）．

中部の Oh2 部層は，よく成層した珪質凝灰質泥岩〜泥質凝灰岩からなる．Oh1 の泥岩から漸移する．珪質部には放散虫を含む部分があり，これはかつて放散虫チャートと呼ばれたこともある．Oh2 は上位に向かってやや粗粒となる．大森沢では，Oh1 との境界から約 80 m 上位の層準に，Oh1 中のものと類似の岩相の厚さ 2〜3 m のスランプ層をはさみ，そこには花崗岩，アルコース，石灰岩などの角礫が含まれている．

上部の Oh3 は淡緑色〜緑色の中粒〜粗粒凝灰岩からなり，凝灰質砂岩・泥岩をはさむ．

大野層下部の石灰岩からサンゴ化石などが報告されているが（Sugiyama, 1940；Minato et al., 1979），これらは下位の川内層由来の石灰岩礫・ブロック中のものである可能性が大きい．梅田（1996）は，大野層最下部のスランプ層直下の酸性凝灰岩から，黒瀬川帯の上 流 層のものに類似するシルル紀末プリドリ世の Pseudospongoprunum 属放散虫の産出を報告している．

（4）中 里 層

Yabe and Sugiyama（1937）命名．小貫（1956）は下位の中里層と上位の大森層に区分したが，湊ほか（1959）は両者をあわせて中里層とした．また，Minato et al.（1979）は中里層を下位より N1，N2，N3，N4 部層に区分した（図 4.2.4）が，N4 部層は小貫（1956）の大森層に相当する．大野層に整合に重なる．大船渡市大野から小松峠周辺に分布する．他の行人沢，八日町地域にも分布する可能性が大きいが，確実ではない．全層厚は約 800 m．

N1 部層は，主として塩基性凝灰岩からなり，泥岩を伴う．最下部はやや粗粒で，ラピリを含む．N2 部層は酸性凝灰岩と泥岩の互層からなる．N3 部層は砂岩と泥岩の互層からなり，一部は凝灰質である．N4 部層の下部約 80 m は粗粒ないし礫質砂岩からなり，上部は砂岩と泥岩で，凝灰岩を伴う．

N3 部層の上部から三葉虫 Phacops okanoi, Thysanopeltella（Septimopeltis）paucispinosa, Reedops nonakai, Dechenella（Dechenella）minima など，サンゴ Heliolites, Calseola などや腕足類を産する（Kobayashi and Hamada, 1977；Minato et al., 1979）．これらの化石から N3 部層は中部デボン系に位置づけられ

た．また，大森沢支流クロンボラ沢から植物化石 Calamophyton? sp., Sawadonia? sp. が報告されている（小貫，1981）．梅田（1996）によれば中里層 N3 部層は中期デボン紀後期のジベティアン期の放散虫を含む．

d. 北縁部（宮守-早池峰山-釜石地域）

南部北上帯の北縁～北東縁部には広く先シルル紀基盤が分布する．これらは早池峰複合岩類（永広ほか，1988）と久出内川変成岩（大上・大石，1983）からなる．早池峰山地域ではこれら基盤岩類を覆って，砕屑岩相のシルル系（一部オルドビス系？）名目入沢層・折壁峠層および未区分デボン系（大迫地域），あるいは同じく砕屑岩相のシルル系（一部オルドビス系？）薬師川層，砕屑岩・石灰岩・玄武岩などからなる小田越層が（薬師川地域）順次重なる．名目入沢層と薬師川層は層位的・岩相的に類似する．釜石地域では，早池峰複合岩類の上位には最上部シルル系～デボン系の千丈ヶ滝層がある．上有住の中部古生界は上有住層と呼ばれている．

d-1. 先シルル紀基盤岩類（下部古生界）

（1）早池峰複合岩類

南部北上帯北縁部のかつて早池峰構造帯と呼ばれた地帯には，広く塩基性～超塩基性岩類が分布する．分布地域は，盛岡東方から早池峰山を経て小国にいたる地域（早池峰岩体），釜石地域，および南部北上帯北西部の宮守地域（宮守岩体）である．釜石地域は，白亜紀花崗岩体の栗橋岩体にへだてられた，小国地域の南東延長にあたり，宮守岩体は，早池峰岩体の西方延長が日詰-気仙沼断層の左横ずれ運動により南方に変位したものである．

早池峰山-小国地域の早池峰複合岩類は，下位（深部相）より上位（浅部相）に，中岳蛇紋岩，神楽複合岩類，および小黒層に区分される（永広ほか，1988）．中岳蛇紋岩（永広ほか，1988）は，主に早池峰連峰とその西方に分布し，蛇紋岩およびかんらん岩類，輝岩，角閃石岩などからなり，斑れい岩を伴う（Onuki, 1963）．かんらん岩，輝岩，角閃岩なども蛇紋岩化している部分が多い．神楽複合岩類（永広ほか，1988）は，早池峰山付近から小国地域に分布し，各種の岩相が複雑に混在している．見かけ下部は，斑れい岩を主体とし，かんらん岩，角閃石岩やドレライトを伴う．上部は，主にドレライトとトロニエム岩からなり，斑れい岩を伴う．早池峰山東方の薬師川下流部では，ドレライトとトロニエム岩が互いに貫きあった岩脈群が主体であるが（図 4.2.5），早池峰山北方の御山川では，これらと斑れい岩の不規則な混在相からなる．また，小国地域では角閃岩，かんらん岩などが多い．小黒層（大沢，1983）は，神楽複合岩類の見かけ上位に分布し，ドレライトと玄武岩を主体とするが，上位に向かって次第に凝灰岩，凝灰質砂岩，凝灰質泥岩を頻繁にはさむようになり，上位の砕屑岩主体の薬師川層に漸移する（図 4.2.5）．薬師川北方の尾根周辺では上部に層厚数～10 m 程度の赤鉄鉱-石英岩を数層はさむ．

早池峰山西方（大迫北方）地域の早池峰複合岩類

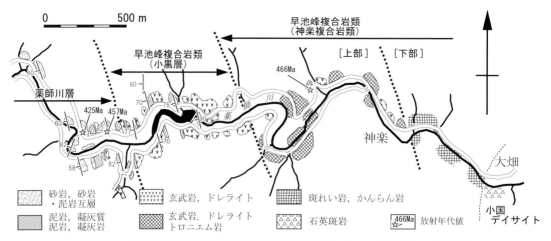

図 4.2.5 薬師川下流部の早池峰複合岩類と薬師川層下部のルートマップ（Mori et al., 1992）
年代値は下條ほか（2010）による LA-ICP-MS U-PB ジルコン年代．

は，見かけ下位の中岳蛇紋岩と上位の猫底複合岩類（永広ほか，1988）からなる．後者は，斑れい岩，ドレイト，玄武岩よりなる．釜石地域の早池峰複合岩類は，東西2列に分かれて分布する．東列のものは犬頭山複合岩類，西列のものは岩倉山複合岩類と呼ばれている（永広ほか，1988）．これらは，中粒〜粗粒斑れい岩を主体とし，ドレイトや玄武岩を伴い，しばしば混在している（大沢，1983）．西列のものはトロニエム岩を伴う．

宮守地域の早池峰複合岩類は宮守蛇紋岩（永広ほか，1988）で，各種のかんらん岩や蛇紋岩を主体とし，輝岩，角閃石岩，斑れい岩などを伴う（Ozawa，1984）．

宮守地域を研究したOzawa（1984）は，構成岩類の多くが角閃石を含むことから，早池峰複合岩類は沈み込み帯起源であると考えた．釜石地域や早池峰山地域を検討した大沢（1983）や永広ほか（1988）は，当初主要元素分析の結果から，その形成場所をリフト帯と考えたが，その後微量元素組成の検討で，沈み込み帯と改めた（Mori et al.，1992）．

早池峰複合岩類はかつて中生代の貫入岩と考えられた（たとえば，Onuki，1963）．大沢（1983）は，釜石地域および薬師川下流部において，この複合岩類が古生界の下位層を構成することを明らかにし，当時これら地域の古生界の最も古い化石資料が前期石炭紀であったので，この複合岩類を先石炭系として位置づけた．大上ほか（1986）や永広ほか（1986，1988）は，これらの上位の古生界がシルル紀化石を含むので，早池峰複合岩類は先シルル系，おそらくはオルドビス系であると考えた．小沢ほか（1988）およびShibata and Ozawa（1992）は，早池峰複合岩類の斑れい岩や超塩基性岩類のK-Ar年代（484〜421 Ma）を測定し，同じくオルドビス系に位置づけた．下條ほか（2010）は薬師川ルートの神楽複合岩類中のトロニエム岩，薬師川層最下部（下條ほか，2010では小黒層上部としているが，永広ほか，1988の区分では薬師川層に入る）の凝灰岩，薬師川層下部の砂岩，名目入沢層の砂岩に含まれるジルコンのLA-ICP-MS U-Pb年代を測定し，前2者の貫入ないし噴出年代として，466±5 Ma，457±10 Ma，後2者の堆積年代として425 Ma，430 Maを報告している（図4.2.5）．

（2） 久出内川変成岩

大上・大石（1983）が，大迫地域の久出内川を模式地として命名．早池峰複合岩類にはさまれて小規模なレンズ状岩体として点在する．泥質片岩・珪質片岩からなり，縞状角閃岩を伴う．大迫西方の鷹巣ノ山層（広川・吉田，1956）など，宮守地域の宮守蛇紋岩中にもはさまれている．

小沢ほか（1988）は，本変成岩中の縞状角閃岩から453〜369 MaのK-Ar年代を報告している．大上・大石（1983）や永広ほか（1988）は，本変成岩を先早池峰複合岩類とみなし，西縁部の母体変成岩類に対比したが，内野ほか（2008b）は岩相の類似などから根田茂帯の根田茂コンプレックスの変成相と考えている．

d-2. 中部古生界（一部オルドビス系？）

（1） 大迫地域

名目入沢層：大上ほか（1986）命名．模式地は花巻市大迫町北部の名目入沢沿い．早池峰複合岩類の南に沿って，大迫町北部〜紫波町北部に東西方向に広く分布する（図4.2.6）．緑灰色〜灰色泥岩，細粒砂岩および砂岩・泥岩互層からなり，最下部と最上部に玄武岩・玄武岩質凝灰岩をはさむ（大上ほか，1986）．下部にレンズ状石灰岩〜石灰質泥岩を伴うことがある．また，折壁峠の西方の紫波地域では，下部に赤鉄鉱-石英岩をはさむ．見かけの層厚は1500 m以上．見かけ下位の早池峰複合岩類（猫底複合岩類）とは断層で接する．

本層から化石の産出はないが，シルル紀化石を多産する折壁峠層の見かけ下位にあるのでシルル系（一部オルドビス系？）と考えられている（大上ほか，1986）．下條ほか（2010）は名目入沢層砂岩中のジルコン粒子のLA-ICP-MS U-Pbジルコン年代が430 Ma付近に集中することから，その堆積年代を前期シルル紀あるいはそれ以降としている．

折壁峠層：山崎ほか（1984）命名．紫波町と花巻市大迫町の境界，折壁峠周辺を模式地とする．名目入沢層の南に広く分布する．粗粒アルコース，泥岩，礫岩，含礫泥岩，砂岩・泥岩互層などからなり，中部〜上部に薄い石灰岩や凝灰岩をはさむ．アルコースや礫岩は下部に多く，含礫泥岩は上部に多い．礫岩の礫は，氷上花崗岩類類似の花崗岩，アルコース，デイサイト，熔結凝灰岩，泥岩，石灰岩などからなり，ごく少量の変成岩，オーソコーツァイ

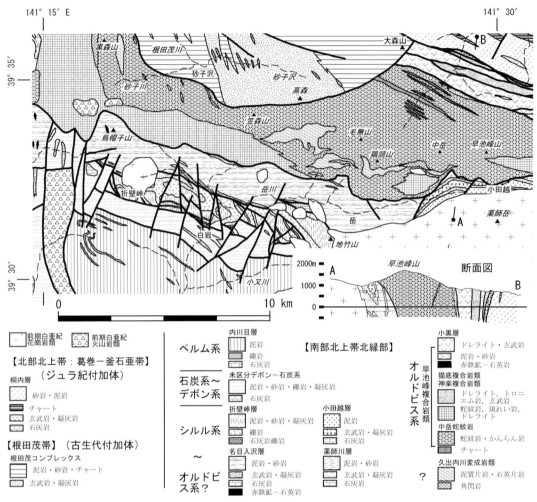

図 4.2.6 大迫地域の下部〜中部古生界地質図（永広・大石，2003）

トを伴う（大上ほか，1984, 1986）．また，含礫泥岩中には多くの石灰岩・石灰質砂岩・泥岩の礫〜岩塊が含まれている．層厚 500m 以上．見かけ下位の名目入沢層とは断層で接する．

含礫泥岩中の石灰質砂岩，薄層石灰岩，アルコース中の石灰岩礫などから床板サンゴ Halysites, Favosites, Heliolites，三葉虫 Encrinurus，層孔虫などが産出する（山崎ほか，1984；川村ほか，1984；大上ほか，1986）．岳川沿いの石灰岩から産する Halysites kuraokaensis は中期シルル紀ウェンロック世を指示する（川村ほか，1984）．

粗粒砕屑岩や含礫泥岩を多数はさむこと，氷上花崗岩類由来と考えられる花崗岩礫やアルコース，シルル紀石灰岩礫〜岩塊を大量に含むことなどから，氷上花崗岩類の上位に浅海石灰岩層が発達した南部北上帯東部地域の前面のやや深い斜面に堆積したものと考えられている（大上ほか，1986）．

未区分デボン系：大上ほか（1986）が未区分石炭系〜デボン系としたものから，川村（1997）の石炭系船久保層を除いた部分．折壁峠層の南に沿って分布する．赤紫色の凝灰岩を主体とするが，その詳細は不明である．西部の紫波町に分布するものの一部は下部白亜系火砕岩類である可能性もある．

（2）小田越〜薬師川地域

薬師川層：大沢（1983）命名，永広ほか（1986）再定義．模式地は宮古市江繋西方の薬師川中流〜上流部．薬師川中流〜上流域から南方の小黒地域にかけて広く分布する．泥岩および砂岩を主とし，下部に玄武岩，玄武岩質凝灰岩をはさむ．下部は砂岩および砂岩・泥岩互層が卓越し，上部は縞状泥岩が

多い．下位の，早池峰複合岩類最上部をなす小黒層から漸移する．小黒西方では石灰岩レンズを伴う．詳しい構造が不明で，一部で閉じた褶曲構造が観察され（永広・大上，1992），正確な層厚は不明であるが，見かけの層厚は1000 mをこえる．化石は見つかっていないが，上位に整合に重なる小田越層がシルル系であること，大迫地域の名目入沢層に岩相および層位が類似することから，シルル系で，おそらくは一部オルドビス系と考えられる（永広ほか，1988）．下條ほか（2010）は薬師川層下部から457 Ma，425 MaのLA-ICP-MS U-Pbジルコン年代を報告している．

小田越層：永広ほか（1986）命名．花巻市大迫町と宮古市の川井地域の境界である小田越の西方の，早池峰連峰南麓の奥鳥沢およびタカブ沢を模式地とし，北側の早池峰複合岩類と南側の前期白亜紀花崗岩類（遠野岩体）にはさまれて分布する．主部は泥岩，珪質泥岩，石灰質砂岩からなり，薄い石灰岩を数層はさむ．最上部は玄武岩および玄武岩質凝灰岩からなる（永広ほか，1988）．層厚500～600 m．薬師川最上流部では，薬師川層上部の泥岩の上位に，本層最下部の成層した石灰岩が整合に重なる．早池峰連峰南麓では，断層角礫を伴う，北傾斜の早池峰断層（永広ほか，1988）で早池峰複合岩類と接する．

タカブ沢支流では，本層下部に，厚さ数十cm～1 m程度の，径1 cm前後のウミユリ茎片が密集する層が数層はさまれ，少数の腕足類化石を伴う．腕足類はTrimerella sp.を含み，この化石から小田越層はシルル系と考えられる（永広ほか，1986）．しかし，川村・北上古生層研究グループ（2000）や川村ほか（2013）は，石灰岩から産する有孔虫Saccamminopsisや四放サンゴなどに基づき，小田越層を石炭系としている．シルル系以外を含む可能性を含め，小田越層の層序・年代に関してはさらに検討が必要である．

（3）上有住地域

上有住層：田沢ほか（1984）命名．模式地は住田町上有住土倉沢・カンノン沢で，模式地周辺にのみ分布する．主に縞状泥岩からなり，砂岩をはさむ．砂岩は上部に多い．また，下部にはレンズ状石灰岩，上部にはデイサイト質凝灰岩がはさまれる．下限は不明であるが，層厚は700 mをこえる．田沢

ほか（1984）は下部からの腕足類Pentamerus sp.を根拠に本層をシルル系としたが，金子・川村（1989）は三葉虫化石からデボン系と考えている．

（4）釜石地域

釜石地域には，東西2列に分かれて早池峰複合岩類が分布するが，東側の列では，早池峰複合岩類の犬頭山複合岩類の上位に，千丈ヶ滝層が分布する．

千丈ヶ滝層：大沢（1983）命名，大上ほか（1987）再定義．釜石市の水海川上流の千丈ヶ滝付近を模式地とする．模式地から釜石市栗林西方まで，南北方向に細長く分布する．下部の大沢川部層と上部の砂子畑部層に細分される（大上ほか，1987）．大沢川部層の下部は玄武岩，安山岩，ドレライトなどからなり，上部は淡緑色～赤紫色の酸性～中性凝灰岩と凝灰岩・珪質凝灰質泥岩の細互層からなり，最上部に凝灰質砂岩を伴う．層厚は700～800 m．下位の犬頭山複合岩類とは断層関係にある．砂子畑部層は主に縞状泥岩からなり，薄い砂岩や凝灰岩をはさむ．層厚100～200 m．

大沢川部層の珪質凝灰質泥岩は放散虫を含み，最上部シルル系～下部デボン系に対比される（鈴木ほか，1996；梅田，1998）．大沢川部層最上部の砂岩はデボン紀三葉虫を産する（田沢・金子，1987）．砂子畑部層最上部の泥岩は鱗木化石Leptophloeum rhomnbicumを含み，上部デボン系ファメニアン階に対比される（大上ほか，1987）．　　［永広昌之］

■4.2.3 石　炭　系

a. 概　説

南部北上帯の古生界のなかで石炭系は，ペルム系とともに主たる地質系統をなし，広範囲に分布する．古くより研究が進められた中央部の日頃市・世田米・大股-矢作の各地域のほか，西部の長坂・米里，北部の大迫・早池峰山・達曽部，東部の上有住・大松・小川（釜石），および，阿武隈山地東縁の相馬・八茎の各地域に分布する．中央部～東部では，デボン系を不整合に覆うが，西部では整合的にデボン系に重なる．また，全域でペルム系に不整合に覆われる．年代層序区分としては，下部～中部石炭系（トルネーシアン階～モスコビアン階）に相当し，上部石炭系（カシモビアン階～グゼリアン階）を欠如する．

b. 研 究 史

石炭系は，1920～30年代の先駆的な研究（遠藤，1924；小貫，1937a, 1938；湊，1941など）を基礎として，1940～50年代に層序が組み立てられた（大久保，1951；湊ほか，1953；橘，1952；山田，1958など）．岩相層序区分とともに含有化石の記載も進められた（Minato et al., 1959など）．1960～70年代には，広域的な分布や生層序が把握され（小貫，1956, 1969；Saito, 1968；小林，1973；永広，1977など），石炭系中の不整合が示唆する構造運動に基づいて，後期古生代の構造発達史が体系づけられた（Minato et al., 1979）．1980年代になると，石炭系層序や年代論は全面的に再検討され（森・田沢，1980；新川，1983a, b；川村寿，1983；川村信，1985a, b, c），それらをまとめて広域的な層序対比と形成場について総括された（川村・川村，1989a, b；川村寿，1997）．

c. 形 成 場

石炭系は，全体的な岩相層序として，火山岩類が卓越する下部（トルネーシアン階～上部ビゼーアン階）と石灰岩類が卓越する上部（上部ビゼーアン階～モスコビアン階）とに大きく2分される（図4.2.7）．下部は，岩相・層厚・堆積相が地域により異なるため，分化した堆積盆地で形成されたとみられる．火山岩類は典型的な安山岩を欠くバイモーダルな組成を示し，島弧性ないし未分化な非アルカリ玄武岩を含む（川村信，1997）．これらのことから，下部の形成場として，比較的成熟した島弧の背弧域ないしその近傍の展張場が想定されている（川村・川村，1989b）．一方，上部は，石灰岩の堆積相からみて，東縁に斜面をもつ火山弧周辺の広範な浅海域で堆積した炭酸塩とみられる．前期石炭紀の南部北上帯島弧～背弧火山活動を引き起こした海洋プレートの沈み込みにより，根田茂帯付加体（根田茂コンプレックス）が同時に対置する形成モデルも提案されている（Uchino and Kawamura, 2010）．

d. 古生物地理

下部石炭系ビゼーアン階上部の鬼丸層やその相当層から産するサンゴ類化石フォーナは，古くより南中国と類縁性が高いとされる（新川，1983b）．下部～中部ビゼーアン階から産するサンゴ類は，東オーストラリアや秋吉帯とも類縁性を示す（Kato, 1990）ことから，南中国地塊東方のパンサラッサ海西縁域に位置したと想定される（Kawamura et al., 1999）．一方，下部石炭系日頃市層とその相当層や中部石炭系長岩層から産する腕足類フォーナは，中国の天山-吉林区域やボレアル型に属するため，北中国地塊東縁に位置したとする見解（Tazawa, 2002, 2006；

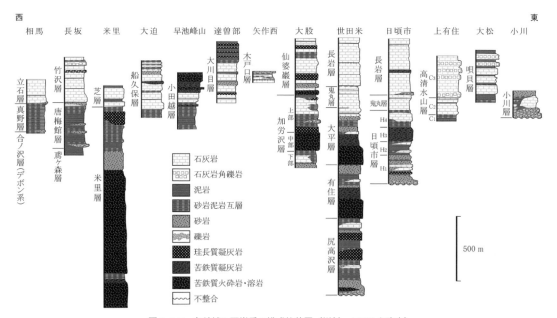

図4.2.7 各地域の石炭系の模式柱状図（川村，1989を改変）
柱状図は鬼丸層（中部層）とその相当層を基準にして並列．

田沢, 2010) もある.

e. 各地域の石炭系層序

各分布地域の石炭系は川村寿 (1989, 1997, 2005), 川村・川村 (1989a, b) でレビューされている. ここでは新たな資料を補足して, 概略的にのべる.

e-1. 日頃市地域

この地域の石炭系はデボン系とペルム系とにはさまれて連続的に分布し, 古くより南部北上帯で最も代表的な層序とされている (小貫, 1969, 1981). 層序は, 下位から日頃市層・鬼丸層・長岩層に区分される (図4.2.8).

(1) 日頃市層

大久保 (1951) 命名. 模式地は大船渡市日頃市町坂本沢~大森の山稜. 大船渡市長安寺, 住田町寒倉にも分布. 層厚は, 模式地で約500 m, 寒倉で約800 m. 下位より, H1~H4の4部層に細分される (川村寿, 1983). H1部層は, 主に緑色/赤紫色の凝灰質砂岩や砂質泥岩からなり, 砂質~ウーイド質石灰岩や珪長質凝灰岩をはさむ. 基底部に層厚2~15 mの礫岩がみられ, 地域によってデボン系中里層の上部 (Minato et al., 1979のN3・N4部層) の種々の層準を不整合で覆う. この礫岩は, デボン系に由来する珪長質凝灰岩・珪質泥岩などの礫を多く含む. H2部層は主に砂質泥岩・砂岩からなり, 生砕質/ウーイド質石灰岩をはさむ. H3部層は主に玄武岩質凝灰岩からなる. H4部層は, 砂岩・石灰岩・泥岩からなるが, 層相・層厚の側方への変化が大きい. 石灰岩はウーイド質/生砕質で斜交層理を示し, 極浅海の砂堆として堆積したと考えられている (川村寿, 1984).

H1・H2・H4部層からは四放サンゴ類, 腕足類, コケムシ類, ウミユリ, 三葉虫類などが産し, 生痕化石もみられる. H2部層からは陸生植物や胞子類の化石も報告されている. これらの化石から, H1-H2部層は上部トルネーシアン階~下部ビゼーアン階に, H4部層は上部ビゼーアン階に対比されている (森・田沢, 1980; 川村寿, 1983; 田沢, 1985; Yang and Tazawa, 2000).

(2) 鬼丸層

小貫 (1937a) 命名, Minato (1944) 再定義. 模式地は大船渡市日頃市町鬼丸北方. 住田町白石峠・小松・金ノ倉にも分布. 層厚は模式地で約60 m, 金ノ倉では200 m以上. 日頃市層H4部層に整合に重なり, H4部層の石灰岩と一部同時異相である可能性もある (川村寿, 1984b). 主にサンゴ化石を多く含む黒色成層石灰岩からなる. 模式地では下部・中部・上部・最上部に区分される (新川, 1983a). 下部~上部は主に黒色のペロイド質石灰岩からなり, 薄い泥岩・砂岩をはさむ. 中部の石灰岩には有孔虫類? Saccaminopsis の化石が密集する. 最上部は泥岩と泥質な石灰岩の互層からなる. 鬼丸層の石灰岩は, 外海と通じたラグーン環境で堆積したと考えられている (川村, 1984b).

鬼丸層からは, Kueichouphyllum・Dibunophyllum をはじめとする豊富な四放サンゴ類のほか, 小型有孔虫類, フズリナ, 腕足類, 三葉虫類・石灰藻類・コノドントなどの化石が知られる (Minato, 1955; 新川, 1983a など). サンゴ類・有孔虫類の産出をもとに, 下位から Kueichouphyllum glacile-Actinocyathus japonicus 帯, Saccaminopsis 帯, Arachnolasma-Palaeosmilia regia 帯, 不毛帯に4分帯され, それらは岩相区分にほぼ一致する (新川, 1983a). サンゴ類とコノドントの化石から, 鬼丸層は全体として上部ビゼーアン階に対比される (新川, 1983b).

(3) 長岩層

小貫 (1937a) 命名. 模式地は大船渡市日頃市町長岩付近. 鬼丸北方・奥坂本沢・寒倉北方・蓬畑などにも分布. 層厚は, 模式地で500 m以上, 鬼丸北方では200 m以上. 模式地では, 最下部・下部・中部・上部に細分される (小林, 1973). 最下部は層厚数 mの砂岩・泥岩からなり, まれに礫岩を含む. 下部~上部は主に石灰岩からなり, 泥岩や緑色/赤紫色の凝灰岩をはさむ. 下部~中部の石灰岩はミクライト質/ペロイド質のものが多く (小林, 1973; 武蔵野, 1973; 川村・川村, 1989b), しばしば珪質団塊を含む. 鬼丸層とは整合的であるが, 一部不整合関係とも考えられている (山田, 1958).

海綿類, 四放サンゴ類, フズリナ, 小型有孔虫類, 貝形虫類, コノドント, 腕足類の化石が報告されている. 化石帯として, フズリナでは Millerella 帯 (下部に相当) と Profusulinella 帯 (中部~上部に相当) (小林, 1973), コノドントでは Declinognathodus noduliferus 帯と Idiognathoides sulcatus 帯 (Minato et al., 1979) がそれぞれ設定され, 長岩層は全体として, ナムーリアン階 (=サープコビアン階)~ウェストファリアン階下部 (=モスコビアン階) に対比され

198　　　　　　　　　　　　　　　　　　　　　　4．中・古生界

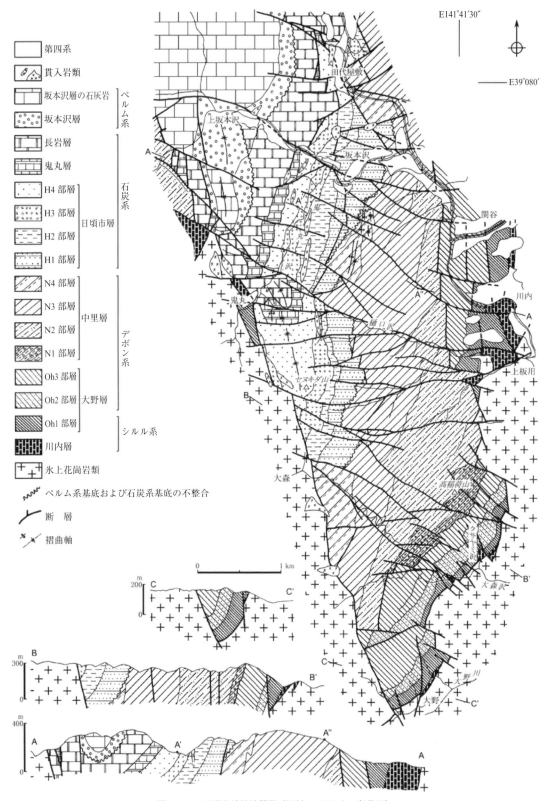

図 4.2.8　日頃市地域地質図（川村，1989を一部修正）

e-2. 世田米地域

この地域の石炭系は住田町下有住北方-陸前高田市雪沢に広く分布し,全層厚は2000 mをこえる.下位から尻高沢層・有住層・大平層・鬼丸層・長岩層に区分されるが（図4.2.9）,関係はすべて整合である.

（1） 尻高沢層

川村・川村（1981）命名. 模式地は住田町尻高沢上流. 横川上流・柏里-奥火の土・陸前高田市小坪沢-平貝の沢にも分布. 層厚約850 m. 主に泥岩・砂岩・珪長質凝灰岩・砂質石灰岩などからなる互層

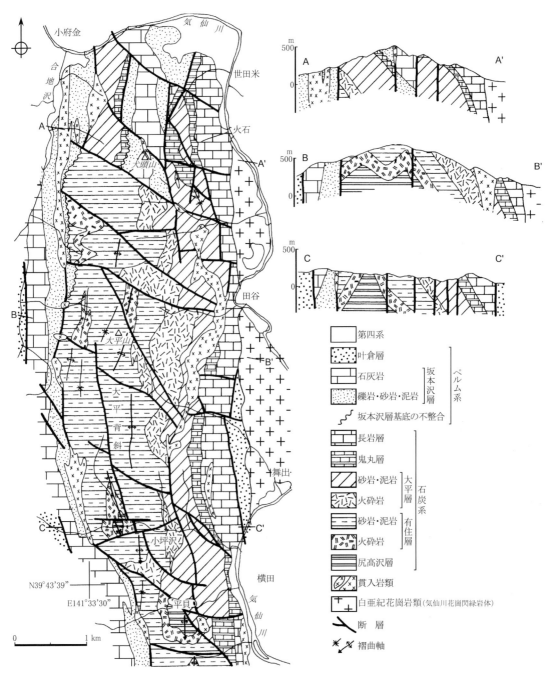

図4.2.9 世田米地域地質図（川村,1989）

で，礫岩・玄武岩質火砕岩類をはさむ．厚い珪長質凝灰岩が2層準に認められる．基底部は礫岩・珪長質凝灰岩・赤紫色の凝灰岩などからなり，奥火の土南方で未区分デボン系を不整合に覆う．

四放サンゴ類，腕足類などの化石が報告されている．化石と岩相をもとに，日頃市層H1部層に対比され（川村寿，1983；川村，1985a），上部トルネーシアン階に相当すると考えられる．

（2）有住層

湊・大久保（1948）命名．川村・川村（1981）再定義．模式地は陸前高田市小坪沢・住田町十文字西方．柏里-奥火の土・大平山周辺などにも分布．層厚は小坪沢で360 m，十文字西方で約700 m．下部は層厚200 mに達する厚い玄武岩質ラピリ火砕岩からなり，一部に同質熔岩をはさむ．玄武岩の化学組成は島弧ソレイアイト〜カルクアリカリ玄武岩を示す（川村信，1997）．上部は玄武岩質の成層した凝灰岩・泥岩・凝灰質砂岩・砂質石灰岩の互層である．

四放サンゴ類・腕足類・三葉虫類・ウミユリ・ウミツボミなどの化石が知られる．同種の腕足類の産出により，有住層上部と日頃市層H2部層が対比される（田沢，1985）．

（3）大平層

小貫（1938）命名．Minato *et al.*（1979）再定義．模式地は小坪沢．住田町十文字西方・高瀬・世田米西方にも分布．層厚約600 m．下部は層厚300 mに達する厚い玄武岩質ラピリ火砕岩・同質熔岩の重なりである．玄武岩の化学組成は島弧ソレイアイトを主とする（川村信，1997）．中部は凝灰質な砂岩と泥岩の互層からなり，一部は石灰質である．上部は主に砂岩・泥岩からなり，石灰岩・礫岩・珪長質凝灰岩をはさむ．最上部は石灰岩・泥岩からなる．上部は岩相の側方への岩相変化が大きく，泥岩の一部は鉄・アルミナに富む（川村ほか，1985）．上部〜最上部の石灰岩の一部はウーイド質で，斜交葉理を示す．

中部からは四放サンゴ類，腕足類，陸生植物など，上部・最上部からは四放サンゴ類，腕足類などの化石が知られる．化石と岩相から，上部は日頃市層H4部層と対比され（森・田沢，1980；川村寿，1983），さらに最上部は，サンゴ化石により上部ビゼーアン階とみなされる（川村ほか，1985）．

（4）鬼丸層

命名・模式地は日頃市地域参照．住田町高瀬・世田米西方・小坪沢・平貝の沢・雪沢などに分布．層厚約150 m，高瀬北方では200 m以上．主に黒色の成層した石灰岩からなり，上部は泥岩・砂岩をはさむ．石灰岩はサンゴ化石を多く含む．かつて下位の大平層とは不整合と考えられた（湊，1941）が，産出化石や累重関係の再検討の結果，整合とされる（Tazawa and Katayama, 1979；川村，1985a, b）．四放サンゴ類，三葉虫類，腕足類，有孔虫類，陸生植物，アンモノイドなどの化石が知られる．

（5）長岩層

命名・模式地は日頃市地域参照．高瀬南方・世田米西方・田谷・小坪沢下流・雪沢などに分布．層厚300 m以上．主に灰色石灰岩からなり，泥岩・砂岩・珪長質凝灰岩をはさむ．海綿類やサンゴ類の化石が知られる．

e-3. 上有住-大松地域

住田町上有住大洞付近には，石灰岩を主とする高清水山層が分布し，北方に連続して釜石鉱山の鉱床母岩となっている．その東方の釜石市大松西方には，唄貝層が分布する．

（1）高清水山層

川村・川村（1989a）命名．模式地は住田町旧大洞鉱山．旧釜石鉱山・遠野市片岩-住田町大洞・大祝沢・檜山まで南北に幅狭く分布．シルル系上有住層およびペルム系大洞層とはそれぞれ断層で接する．下限・上限とも不明．全層厚500 m以上．下位よりC1，C2，C3の3部層に区分される（川村寿，1997；Kawamura, 2012）．C1部層は砂岩・泥岩からなる．C2部層はよく成層した黒色石灰岩からなり，上部に泥岩・砂岩をはさむ．石灰岩はペロイド質/ウーイド質/生砕質である．C3部層は角礫状の灰色/黒色の石灰岩からなり，泥岩・凝灰岩をはさむ．石灰岩の堆積相として，C2部層は砂堆〜ラグーン性で日頃市地域のH4部層〜鬼丸層に対比され（Kawamura, 1989），一方，C3部層は炭酸塩プラットフォーム縁を示す．

C2部層から四放サンゴ類，小型有孔虫類，石灰藻類などの化石が知られ，上部ビゼーアン階に対比される．C3部層には海綿類や四放サンゴ類などの化石が含まれる．

（2）唄貝層

金属鉱物探鉱促進事業団（1972）命名．模式地は釜石市甲子町唄貝南西．枯松沢西方にも分布．下限は不明．層厚 400 m 以上．主に泥岩と成層石灰岩・石灰岩角礫岩からなる．石灰岩は，重力流堆積物の特徴を示し，炭酸塩プラットフォーム斜面相を示唆する．下限不明．四放サンゴ類や海綿類の化石が知られる．

e-4. 小川地域

この地域には，北部北上帯にはさまれて，南部北上帯が狭長に分布する．南部北上帯古生界は，オルドビス系？〜ペルム系で構成され，石炭系は小川層として区分されている．

（1）小川層

吉田（1961）命名，大上ほか（1987）再定義．模式地は釜石市栗林町砂子畑大沢．釜石市小川町旧小川鉱山，水海川千丈ヶ滝西方，外山西方に分布．下位のシルル系〜デボン系千丈ヶ滝層を不整合に覆う．全層厚は 150 m 以上．下部は礫岩・砂岩からなり，礫岩には下位の千丈ヶ滝層に由来するとみられる珪長質凝灰岩・珪質泥岩のほか，花崗岩・片岩類の礫を含む（川村・川村，1983）．上部は，黒色ペロイド質石灰岩や灰白色角礫状石灰岩からなり，石灰質砂岩を伴う．上部の石灰岩から，後期ビゼーアン期を示す四放サンゴ類や石灰藻類などの化石が知られる．

e-5. 大股-矢作地域

日詰-気仙沼断層と小股断層とにはさまれた大股地域には，石炭系が北北西-南南東方向に狭長に分布する．石炭系は下位から加労沢層・仙婆巌層に区分される．一方，矢作地域の日詰-気仙沼断層より西に分布する石炭系は，木戸口層として区分されている．

（1）加労沢層

川村・川村（1981）命名，川村（1985c）再定義．模式地は住田町加労沢周辺．遠野市小友町長野東方・住田町火の土川上流・大股・折壁・陸前高田市矢作町馬越などに分布．下限不明．層厚 500 m 以上．下部・中部・上部の 3 部層に細分される（川村，1985c）．下部層は泥岩・砂岩・石灰岩・玄武岩質火砕岩類などからなる．中部層は玄武岩質火砕岩類・同質熔岩からなり，層厚の側方変化が大きい．玄武岩の化学組成はカルクアリカリ玄武岩〜島弧ソ

レイアイトを示す（川村信，1997）．上部層は泥岩・砂岩・礫岩・石灰岩・珪長質凝灰岩などからなる．石灰岩の一部は黒色で成層している．

下部層から四放サンゴ類，腕足類など，上部層から後期ビゼーアン期を示す四放サンゴ類や小型有孔虫類，腕足類がそれぞれ知られる．世田米地域の大平層・鬼丸層にほぼ対比される．

（2）仙婆巌層

永広（1977）命名．模式地は陸前高田市矢作町仙婆巌付近．清水・生出峠・住田町暖畑・遠野市小友町堂場の沢などに分布．層厚 450 m 以上．加労沢層とは整合漸移の関係にある．主に灰色石灰岩・玄武岩質火砕岩類・凝灰質泥岩などからなる．凝灰岩は赤紫/緑色で，岩相の変化が大きい．四放サンゴ類やフズリナなどの化石が知られる．世田米地域の鬼丸層の最上部〜長岩層にほぼ対比される．

（3）木戸口層

永広・森（1993）命名．模式地は陸前高田市矢作町木戸口東方．清水東方・三の戸東方に分布．層厚 50 m 以上．下限・上限とも不明．石灰岩を主とし，泥岩・砂岩・凝灰岩を頻繁にはさむ．凝灰岩から海綿類が知られる（永広・森，1993）．

e-6. 達曽部地域

達曽部地域には大川目層が分布する．

（1）大川目層

Saito（1968）命名．模式地は遠野市宮守町大川目付近．宮守町中斎付近にも分布．層厚 500 m 以上．下限不明．主に灰色石灰岩・珪長質凝灰岩・凝灰質泥岩・砂岩からなる．凝灰岩類が多いことから仙婆巌層や木戸口層に類似する．中期〜後期石炭紀を示すフズリナ，腕足類，四放サンゴ類が知られる．

e-7. 大迫-早池峰山地域

大迫町内川目-紫波町船久保に分布する石炭系は船久保層として区分される．大迫町岳川上流の早池峰山南麓に分布する小田越層は，石炭系として区分される（川村ほか，2013）．

（1）船久保層

小貫（1956）命名．川村・川村（1989a）再定義．模式地は紫波町船久保白竜鉱山・花巻市大迫町白岩．大迫町小呂別・紫波町茶屋にも分布．層厚 600 m 以上．シルル系〜デボン系・ペルム系とはそれぞれ断層で接し，下限・上限とも不明．下部は泥岩・砂岩とその上位の灰〜黒色成層石灰岩からな

る．中部は主に灰黒色の石灰岩からなり，火砕岩類をはさむ．上部は凝灰質泥岩・砂岩・泥質石灰岩の互層からなる．下部から後期ビゼーアン期を示す四放サンゴ類，小型有孔虫類，腕足類など，中部からは四放サンゴ類，海綿類，フズリナなどの化石が知られている（大石・田沢，1983；大上ほか，1986；川村ほか，2013）．

（2）小田越層

永広ほか（1986）命名．川村ほか（2000）再定義．模式地は大迫町岳川支流の奥鳥沢およびタカブ沢．岳川笛貫の滝付近～小田越，薬師川アンニョカイ沢付近まで分布．下限・上限とも不明．層厚450 m以上．下部は砂岩・泥岩・凝灰岩の互層で，黒色/白色石灰岩・石灰岩礫岩層をはさむ．上部は玄武岩質熔岩・同質凝灰岩からなる．下部の砂岩や石灰岩の特徴は，日頃市層上部や鬼丸層のそれに類似する．下部の黒色石灰岩から，前期石炭紀を示す小型有孔虫類や有孔虫類? Saccaminopsis のほか，四放サンゴ類や腕足類が産する（川村ほか，2013）．

e-8. 米里地域

この地域の石炭系は，人首川・沖田川に沿って北北西-南南東方向に帯状に分布し，下位から米里層・芝層に区分される．米里層上部の石灰質部と芝層の石灰岩は，旧赤金鉱山などの接触交代鉱床の母岩と推定された（小貫，1969）．

（1）米里層

広川・吉田（1954）命名．模式地は奥州市江刺区米里町中沢-中屋敷．木細工・旧赤金鉱山付近・一関市大東町天狗岩山付近などに分布．層厚1000 m以上，下限不明．下部～中部は厚い玄武岩質～安山岩質の火砕岩類・同質熔岩・泥岩・珪長質凝灰岩などからなる．上部は主に泥岩・砂岩からなり，珪長質凝灰岩を伴い，一部石灰質となる．上部の石灰質部から四放サンゴ化石が知られている．

（2）芝層

広川・吉田（1954）命名．模式地は米里町小里原付近．山本・火石東方などに分布．層厚は250 m以上．主に白色の石灰岩・泥岩からなる．米里層に整合に重なる．海綿類・サンゴ・フズリナなどの化石が知られている（金属鉱物探鉱促進事業団，1970）．

e-9. 長坂地域

この地域の石炭系は，デボン系・ペルム系とともに，南へ開いた複向斜構造をなす（図4.2.3）．下位から唐梅館層・竹沢層に区分される（橘，1952）．

（1）唐梅館層

橘（1952）命名．模式地は一関市東山町唐梅館山南東．竹沢北方-地蔵堂・大東町猿沢・七ッ森などに分布．層厚約500 m．最下部は礫岩からなり，オーソコーツァイト礫を含む（Okami et al., 1973）．下部は砂岩・泥岩からなり，レンズ状の礫岩層を数層準にはさむ．上部は主に石灰質な砂岩・凝灰岩からなる．下位の鳶ヶ森層とは整合関係にあり，鳶ヶ森層最上部からは前期石炭紀アンモノイド化石が産する（Ehiro and Takaizumi, 1992）．最下部・下部から，腕足類，三葉虫類，二枚貝類，陸生植物など，上部からは後期ビゼーアン期を示す腕足類などの化石が知られる．

（2）竹沢層

橘（1952）命名．模式地は東山町竹沢．長坂周辺・猿沢周辺に分布．唐梅館層に整合に重なる．層厚300 m以上．下部は灰黒色の生砕質/ペロイド質石灰岩からなり，上部は灰色泥質石灰岩を主とし，泥岩・凝灰岩をはさむ．下部から後期ビゼーアン期を示す四放サンゴ類や腕足類のほか，貝形虫類，海綿類，有孔虫類などの化石が知られている．

e-10. 相馬地域

南相馬市真野川流域には南に開いた向斜構造をなして，デボン系～ペルム系が分布する．石炭系は下位から真野層・立石層に区分される（Sato, 1956）．

（1）真野層

Sato（1956）命名．模式地は立石東方の真野川沿い．大芦東方の小範囲にも分布．層厚約130 m．上部デボン系合の沢泥岩に整合的に重なるが，不整合とする意見もある．泥岩と砂岩の互層からなり，珪長質凝灰岩をはさむ．最上部から前期石炭紀ビゼーアン期を示す腕足類などの化石が知られ，唐梅館層や日頃市層に対比される（Tazawa et al., 1984）．

（2）立石層

半澤（1954）命名，Sato（1956）再定義．模式地は真野川中流部の立石付近．大芦北東，社地神付近にも分布．層厚130～150 m．真野層に整合で重なる．主に無層理で黒色の石灰岩からなる．最下部はレンズ状の石灰岩や礫岩を含む石灰質な砂岩・泥岩からなる．石灰岩から後期ビゼーアン期を示す四放サンゴ類などの化石が知られ，鬼丸層に対比され

e-11. 八茎地域

いわき市四倉町八茎北方の八茎鉱山周辺に分布する古生界のうち石灰岩は，年代資料を欠くものの，石炭系として区分される．

（1） 八茎石灰岩

小貫（1966）命名．Yanagisawa（1967）再定義．模式地は八茎北方の八茎鉱山付近．下部（Yanagisawa, 1967 の緑青沢部層：層厚 50〜80 m）はアクチノ閃石-緑泥石片岩からなる．主部（層厚 80〜190 m）は主に結晶質石灰岩からなり，頁岩・スカルン・ホルンフェルスなどをはさむ．化石は未発見であるが，岩相と層位的位置をもとに，相馬地域の立石層に対比されている（小貫，1966；Yanagisawa, 1967）．

[川村寿郎]

■ 4.2.4 ペルム系

a. 概説

ペルム系は南部北上帯のほぼ全域に分布し，白亜紀花崗岩類を除くと，地質系統別では最も広い分布面積を示す．石炭系を不整合に覆うが，侵食量の地域的な違いは少なく，大部分の地域では，上部石炭系〜最下部ペルム系を欠き，下部ペルム系（サクマーリアン階）が中部石炭系に重なる．唯一世田米地域では合地沢東支流域に南北方向に延びる侵食量の大きな地域が存在し，そこでは下部石炭系の有住層や最下部石炭系の尻高沢層上部まで削り込んでいる（斎藤，1968）．

ペルム系は，泥岩，砂岩，礫岩，石灰岩などからなり，下位より，坂本沢統，叶倉統および登米統に3分される（湊ほか，1954）．しかし，地域により岩相層序が異なるので，地域ごとにさまざまな地層名で呼ばれている（永広，1989b）．模式層序では，下部の坂本沢層・中部の叶倉層とも，下部が礫岩・砂岩・泥岩など，上部が主に石灰岩からなるが，砂岩や石灰岩はしばしば側方に泥岩に移り変わり，南部北上帯全域でみると泥岩相が卓越している（図4.2.10）．上部の登米層およびその相当層は厚い泥岩からなり，一部で砂岩をはさむ．大籠地域を除く多くの地域では，ペルム系の泥岩や細粒砂岩，泥質石灰岩などにはスレート劈開が発達しており，ス

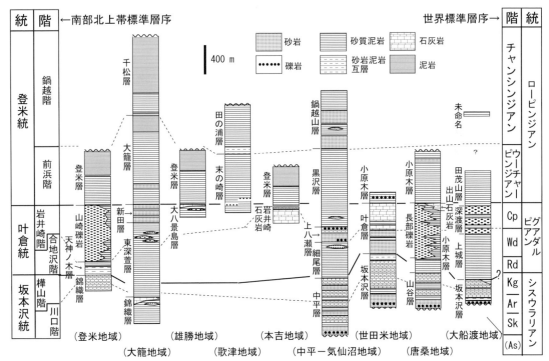

図 4.2.10　南部北上帯の主要地域のペルム系柱状図対比図
As：アッセリアン（南部北上帯では欠損），Sk：サクマーリアン，Ar：アーティンスキアン，
Kg：クングーリアン，Rd：ローディアン，Wd：ウォーディアン，Cp：キャピタニアン．

レート劈開が発達した上部ペルム系泥岩のうち細粒
均質なものは屋根用スレートや壁材・硯石などに利
用されてきた．また，叶倉統上部（*Lepidolina multi-*
septata 帯）を中心として，薄衣式礫岩と称される
厚い層間礫岩が南部北上帯内のさまざまな地域で発
達している．薄衣式礫岩中には特徴的に花崗岩礫が
含まれており，この花崗岩礫を含む礫の起源に関し
ては諸説がある．最近では，薄衣式礫岩の礫が，現
在の南部北上帯の外部にあり，ペルム紀以降南部北
上帯から切り離された，ペルム紀の火成弧からもた
らされた可能性も指摘されている（吉田ほか，
1994）．

　石灰岩に含まれるフズリナから，坂本沢統の主体
は下部ペルム系サクマーリアン階～クングーリアン
階に対比され，叶倉統は中部ペルム系のローディア
ン階～キャピタニアン階に対比されるが（Kanmera
and Mikami, 1965a, b；Choi, 1973），砂岩相を主体と
し，フズリナの産出が散点的な坂本沢統最上部～叶
倉統下部の詳細な対比には問題が残されている．泥
岩卓越地域や上部の登米統ではフズリナによる対比
は困難であるが，気仙沼地域の叶倉統下部や上部，
歌津地域の登米統下部は比較的多数のアンモノイド
を産し，それぞれ中部ペルム系ローディアン階～
ウォーディアン階，上部ペルム系ウーチャーピンジ
アン階に対比される（Ehiro and Bando, 1985；Ehiro
and Misaki, 2005）．

　以下各地域ごとにその層序と岩相についてのべ
る．

b．日頃市地域

　この地域のペルム系は，下位より，坂本沢層，上
城層，深渡層，田茂山層に区分される．また，大
船渡市前田付近には未区分上部ペルム系が分布す
る．

（1）坂本沢層

　小貫（1937a）の命名による．模式地は大船渡市
日頃市町坂本沢で，模式地やその北方の日頃市町長
岩鉱山付近に分布する．Kanmera and Mikami（1965a,
b）は，模式地に近い長岩鉱山における本層の層序を
詳しく検討し，下部層と上部層に区分した．長岩鉱
山周辺での層序は以下の通りである．

　下部層の基底部（Sa：層厚約 30 m）は，礫岩と
その上位の砂岩・泥岩からなり，下位の石炭系長岩
層を不整合に覆う．Ueno *et al.*（2007）は *Schubertella*

sp., *Eoparafusulina* aff. *perplexa*（Grozdilova and Leb-
edeva），*Nipponitella explicata* Hanzawa などのフズリ
ナを記載し，その年代をサクマーリアン期としてい
る．下部層の主部層（Sb1-Sb3：145 m）は，主に
成層した石灰岩と厚い無層理石灰岩からなるが，そ
の下部～中部は砂岩・泥岩・凝灰岩などをはさむ．
下部からは *Zellia nunosei* Hanzawa，*Nipponitella ex-*
plicata，中部～上部から *N. explicata*，*Ferganites*
longsonensis（Saurin），*Rugosofusulina alpina*（Schell-
wien）などのフズリナ化石が報告されている（Kan-
mera and Mikami, 1965b）．

　上部層の主部（Sc：61 m）は，細礫～小礫から
なる石灰岩礫岩に始まり，黒色～灰色で無層理の石
灰岩や成層した石灰岩およびそれらの互層が重なる．
下部層を軽微な不整合で覆う．*Robustoschwagerina*
shellwieni（Hanzawa），*Charaloschwagerina vulgaris*
（Schellwien and Dyhrenfurth），*Pseudofusulina fusi-*
formis（Schellwien and Dyhrenfurth），*P. ambigua*（De-
prat）などのフズリナ化石が多数含まれる（Kan-
mera and Mikami, 1965b）．上部層の最上部（Sd：30
～40 m）は，黒色泥岩と砂岩の互層からなり，下
部に石灰岩や砂鉄を含む砂岩をはさむ．

　Kanmera and Mikami（1965b）はフズリナに基づ
き，Sb1 の下部中部に *Zellia nunosei* 帯，Sb1 上部～
Sb2 主部に *Monodiexodina langsonensis* 帯，Sc の主
部に *Pseudofusulina vulgaris* 帯，Sd の下部～中部に
P. fusiformis 帯，Sd 上部に *P. ambigua* 帯を設定し，
これらをサクマーリアン階からアーティンスキアン
階に対比した．

　Ueno *et al.*（2009）は，Sc 層最上部から，*Charalo-*
schwagerina vulgaris に加えて，*Praeskinnerella fragilis*
Leven，*Pseudofusulina fusiformis* など，Sd 層から
Pseudofusulina dzamantalensis（Leven），*Kubergandel-*
la? sp.，*Misellina* sp. などを報告し，これらをそれ
ぞれテチス地域のヤクタシアン階上部およびボロリ
アン階に対比した．これらは標準層序のアーティン
スキアン階上部およびクングーリアン階に相当す
る．

（2）上城層

　飯村（1974MS）命名を永広（1989b）が紹介．模
式地は住田町世田米東方の上城付近で，模式地周辺
～住田町八日町北方に広く分布する．下位の石炭系
長岩層を不整合に覆う基底部の礫岩と，主部の縞状

泥岩からなり，砂岩・泥岩互層を伴う．下部にレンズ状石灰岩をはさむ．坂本沢層とは同時異相の関係にあり，東側の坂本沢層分布地域に向かって石灰岩は厚くなる．層厚は 700 m 以上．

住田町世田米東方の上城川上流に分布する石灰岩からフズリナ *Misellina* sp. など，同城内東方の上部層からフズリナ *Monodiexodina matsubaishi*（Fujimoto），腕足類 *Leptodus nobilis* Waagen などが知られている（飯村，1974MS）．これらの化石や坂本沢層との層位関係から，本層の主体は坂本沢層に対比され，下部ペルム系であるが，上部は後述の叶倉層に対比される中部ペルム系を含む．

（3） 深 渡 層

飯村（1974MS）の命名を永広（1989b）が紹介．模式地は住田町上有住深渡南方で，模式地から大船渡市と住田町境界の白石峠南方にかけての地域，および大船渡市盛町付近に分布する．主に花崗岩礫を含む，いわゆる薄衣式礫岩からなり，砂岩・泥岩をはさむ．下位の上城層に整合に重なり，層厚400 m 以上．

化石は知られていないが，上城層との層位関係から中部ペルム系とみなされる．

（4） 田 茂 山 層

関・今泉（1941）の命名による．模式地は大船渡市田茂山の沢で，大船渡湾西岸に沿って分布する．深渡層に整合に重なり，主に砂岩薄層をはさむ黒色泥岩からなる．大船渡市館下西方では，石灰藻を含む石灰岩レンズをはさむ（関・今泉，1941）．層厚500 m 以上．

深渡層の上位にあること，岩相的に上部ペルム系登米層に類似することから上部ペルム系とみなされる．

（5） 未区分上部ペルム系

大船渡市前田北方には，デボン系と断層関係で，泥岩を主体とする地層が分布する．含礫泥岩をはさみ，泥岩層中に腕足類化石の密集層を何層かはさむ．この化石層から，後期ペルム紀チャンシンジアン期を指示するアンモノイド *Paratirolites compressus* Ehiro，*P.* sp.（Ehiro, 1996），二枚貝 *Girtypecten spinosus* Chen など（中沢，1998）が産出する．

c. 世田米地域

この地域のペルム系は，下位から坂本沢層，叶倉層，小原木層に区分される．また，小原木層下部と

同時異相で長部礫岩・出山石灰岩がある（永広，1977）．

（1） 坂 本 沢 層

日頃市地域を模式地とする坂本沢層の西方延長にあたり，住田町世田米西方一帯，陸前高田市小坪沢上流部〜山谷にいたる地域などに広く分布する．湊ほか（1954）は本層下部を VIII 層群，中部〜上部を IX 層群，最上部を X 層群と呼び，小貫（1956）や永広（1977）は南部の陸前高田市地域に分布するものを山谷層と呼んだ．

下部は，基底礫岩に始まり，主に砂岩・泥岩からなるが，薄い石灰岩をはさむ．層厚 300 m 以下．多くの地域では石炭系長岩層を不整合に覆うが，世田米西方〜南西方の合地沢東方支流域にかけての南北に幅狭い地域では部分的に侵食量が大きく，下部石炭系鬼丸層や大平層，有住層あるいは最下部石炭系尻高沢層に不整合に重なる（斎藤，1968）．中部・上部は主に無層理〜成層した灰色石灰岩からなり，泥岩をはさむ．層厚約 400 m．最上部は砂岩と砂岩・泥岩互層からなり，薄い礫岩を伴う．この最上部の砂岩は側方に石灰岩に移化する（Murata, 1971）．西部の叶倉山西方〜南西方地域では砂岩が多く，また，南部の雪沢から南方では厚い泥岩をはさみ．石灰岩の量は少なくなる（永広，1977）．

坂本沢層の石灰質泥岩，石灰岩は化石に富み，多数のフズリナ，サンゴ，石灰藻，軟体動物化石を産する（小貫，1969；Minato *et al.*, 1978）．Choi（1973）は本層に，下位から，*Pseudoschwagerina shellwieni*（＝*Robustoschwagerina shellwieni*）帯，*Chalaroschwagerina vulgaris* 帯，*Pseudofusulina fusiformis* 帯の3つのフズリナ帯を設定した．*P. shellwieni* 帯は *P. shellwieni* のみの産出で特徴づけられる．*C. vulgaris* 帯は，*C. vulgaris* が帯全体を通じて認められるほか，下部は *Ferganites langsonensis* と *Schwagerina* cf. *krotowi*（Shellwien and Dyhrenfurth）が卓越し，上部は *Schwagerina* aff. *compacta*（White）と *Pseudofusulina* aff. *pseudosimplex*（Chen）の産出が特徴的である．*P. fusiformis* 帯は，代表種のほか，*Pseudofusulina ambigua*，*P. tschernyschewi*（Schellwien），*Charaloschwagerina setamaiensis*（Choi），*Parafusulina* cf. *multiseptata*（Schellwien），*Monodiexodina kattaensis*（Schwager）などこの帯特有の種を産する．

世田米西方の樺山沢上流部に分布する最上部の下

部は *Taeniopteris motoiwaensis* Asama and Murata, *T. setamaiensis* Asama and Murata などのカタイシア植物化石群を含む（Asama and Murata, 1974）.

（2） 叶 倉 層

小貫（1937）の命名による.模式地は住田町叶倉山周辺で,模式地付近から陸前高田市小坪沢上流部にかけて分布する.湊ほか（1954）は本層下部をXI層群,上部をXII層群と呼んだ.下部は主に厚い淡緑色石灰質砂岩からなり,一部礫質となる.また,その上部は石灰質泥岩～泥質石灰岩を伴う.層厚約500 m.湊ほか（1954）は下位の坂本沢層との関係を不整合としたが,Murata（1971）は不整合があるとしても局部的なものとした.

上部は模式地周辺では厚い灰色石灰岩からなるが,南方の合地沢支流鬼丸沢や陸前高田市小坪沢上流部では,泥岩,石灰質砂岩,泥質石灰岩などの互層となる.層厚約300 m.

本層は多くのフズリナ・サンゴ・腕足類・軟体動物などの化石を含む（小貫, 1969; Minato *et al.*, 1978）.Choi（1973）は本層下部の砂岩を主体とする部分に *Monodiexodina matsubaishi* 帯,下部の最上部の石灰質部に *Colania kotsuboensis* 帯,上部に *Lepidolina multiseptata* 帯の3フズリナ化石帯を設定した.*M. matsubaishi* 帯 は,*M. matsubaishi*, *Parafusulina motoyoshiensis*（Morikawa）, *Chusenella pseudocrassa* Kanmera, *Codonofusiella explicata* Kawano を含むほか,その下部から *Cancellina* sp. を産する.*C. kotsuboensis* 帯は,代表種のほか,*Pseudodoliolina gravitesta* Kanmera, *P. elongata* Choi などを産する.*L. multiseptata* 帯は,代表種のほか,*L. kumaensis* Kanmera, *L. minatoi* Choi, *P. gravitesta* の産出が特徴的である.

合地沢支流の下部の上部,おそらくは *Colania kotsuboensis* 帯から,アンモノイド *Timorites* が報告されている（Hayasaka, 1954）.

（3） 小 原 木 層

小貫（1956）の命名による.模式地は気仙沼市唐桑町小原木付近である.現在小原木の地名は国土地理院発行の2.5万分の1地形図にはないが,中学校名・郵便局名に残されている.模式地から南方の只越付近にかけてのほか,陸前高田市矢作町雪沢上流部から南方の矢作町金屋敷・気仙沼市上鹿折北東などに分布する.主に無層理の黒色砂質泥岩からなるが,一部では砂岩ラミナをはさみ,縞状泥岩とな

る.また,砂岩や泥質石灰岩を伴う.北部では下部に層厚数十 m の薄衣式礫岩を,南部では上部に最大層厚60 m の礫岩・砂岩（永広, 1974 の金屋敷砂岩部層）をはさむ.全層厚2000 m 以上.下位の叶倉層上部と本層下部とは一部同時異相の関係にある.また,本層下部と同時異相の関係で長部礫岩と出山石灰岩がある.

雪沢支流山小屋沢の石灰岩からフズリナ *Lepidolina* sp.（永広, 1977）,金屋敷砂岩部層から貝類 *Euphemitopsis kitakamiensis* Murata, *Astartella toyomensis* Murata（Murata, 1969）,腕足類 *Oldhamina kitakamiensis* Tazawa（Tazawa, 1982）などを産する.これらの化石から本層は中部～上部ペルム系であるが,Murata（1969）は本層は最上部ペルム系（登米統上部）を欠くと考えている.

（4） 長 部 礫 岩

志井田（1940）の命名によるが,永広（1974）再定義.模式地は陸前高田市気仙町長部付近.模式地のほか,陸前高田市気仙町一帯に分布する.主に厚い礫岩と泥岩および砂岩・泥岩互層からなり,レンズ状石灰岩を伴う.礫岩はいわゆる薄衣式礫岩で,よく円磨された小礫～巨礫からなり,基質は泥岩からなる部分と砂岩からなる部分とがある.礫種は多様であるが,花崗岩質岩を普遍的に含む.最大層厚800 m.

長部西方の横手山の石灰岩はフズリナ *Pseudodoliolina gravitesta*, *Lepidolina minatoi* などを産する（Choi, 1973）.叶倉層上部に相当する.

（5） 出 山 石 灰 岩

永広（1974）命名.模式地は気仙沼市大沢東方の出山付近.長部南方から模式地や大理石海岸を経て巨釜・半造にいたる地域に分布する.厚い石灰岩からなるが,泥岩と薄互層する部分もある.小原木海岸では石灰岩上部中に円礫が点在する.白亜紀花崗岩類による接触変成作用を受け,一般に結晶質となっている.最大層厚は約300 m.

小原木付近の石灰岩からフズリナ *Lepidolina multiseptata*? Deprat が知られている（Choi, 1973）.

d. 上有住-大松地域

（1） 大 洞 層

小貫（1956）の命名によるが,Saito（1968）が再定義.盛合（1957, 1963）の甲子層の上部,大洞層,金山層は本層に相当する.模式地は住田町上有住大

洞付近で，住田町東部に広く分布する．石炭系高清水山層を不整合に覆う基底部の礫岩・砂岩と主部の無層理〜縞状の黒色泥岩からなる．主部の泥岩は砂岩・礫岩をはさみ，また，その下部にはレンズ状および角礫状の石灰岩を伴う．また，中部には数層の厚い薄衣式礫岩（小貫，1938 の大洞礫岩）が発達する．泥岩主体で地質構造の詳細が不明であるが，層厚は1200 m をこえる．

下部の石灰岩レンズおよび石灰質泥岩はフズリナ *Zellia nunosei*, *Robustoschwagerina shellwieni* など，中部の礫岩からフズリナ *Monodiexodina matsubaishi*, *Lepidolina multiseptata* などを産する（Saito, 1968）．これらの化石から本層の主部は坂本沢統・叶倉統に相当し，化石の産出はないが，上部の泥岩相（金山層）は層位関係から登米統の下部にあたると考えられる．

e. 釜石地域

（1）栗林層

吉田・片田（1964）の命名によるが，大沢（1983）は東側のチャートを含む部分を北部北上帯の釜石層に含めて本層から分離した．模式地は釜石市栗林西方の清水沢で，釜石市外山西方から模式地付近にかけて分布する．主に砂質ラミナをはさむ縞状泥岩からなり，最下部付近に礫岩を伴う．下位の下部石炭系小川層を不整合に覆う．下部の礫岩の層厚は30〜200 m で，石灰岩・泥岩・珪質泥岩・凝灰質泥岩・チャートなどの中礫〜大礫からなる．基質は主に粗粒砂岩であるが，石灰質となることもある．全層厚は 700 m をこえる．

礫岩の基質からフズリナ *Pseudoschwagerina*? sp. など，石灰岩礫から石炭紀の小型有孔虫 *Endothyra* sp., *Millerela* sp. など（武田・吉田，1962；吉田・片田，1964）や前期ペルム紀のフズリナ（川村，1984a）を産する．

（2）中和田層

吉田尚（1961）の命名による．模式地は釜石市大松北方の大船沢で，模式地周辺にのみ分布する．主に黒色泥岩からなり，レンズ状の石灰岩を伴う．下位の早池峰複合岩類の岩倉山複合岩類とは断層関係にある．層厚は300 m をこえる．

石灰岩からフズリナ *Pseudoschwagerina* sp., *Parafusulina* sp. などを産する．

f. 達曽部地域

この地域のペルム系は達曽部層と外川目層に区分される．地域南部では達曽部層の上位に雲ノ上山層が重なるとされたが（広川・吉田，1956），吉田ほか（1992）は雲ノ上山層を達曽部層と同層位であるとし，また，達曽部層の上位に重なるペルム系を新たに外川目層と呼んだ（図4.2.11）．

（1）達曽部層

広川・吉田（1956）命名．模式地は遠野市宮守町達曽部東方の胴具足山周辺で，模式地のほか宮守町八株山周辺や花巻市大迫町外川目に分布する．下部石炭系大川目層を不整合に覆う．最下部の基底礫岩に始まり，下部約 300 m は砂岩と泥岩からなる．中部約 500 m は主に石灰岩からなり，泥岩をはさむ．上部約 450 m は主に泥岩からなり，レンズ状の石灰岩をはさむ．

中部の石灰岩はフズリナ *Robustoschwagerina shellwieni*, *Pseudofusulina krafti* (Shellwien and Dyhrenfurth), *P. paramotohashii* Morikawa, *Charaloschwagerina vulgaris*, *Parafusulina chihsiaensis* (Lee) などを産する（広川・吉田，1956；Saito, 1968；吉田ほか，1992）．また，上部の下部に挟在する石灰岩よりフズリナ *Pseudofusulina fusiformis* や *Charaloschwagerina vulgaris* が知られており（吉田ほか，1992），達曽部層中上部は下部ペルム系サクマーリアン階からアーティンスキアン階に対比される．

（2）外川目層

吉田ほか（1992）の命名による．模式地は花巻市大迫町外川目で，模式地から達曽部南方に広く分布する．本層は，下位の達曽部層に整合に重なり，砂岩と泥岩を主体とし，礫岩を伴う．また，中部はまれに薄い石灰岩レンズをはさむ．全層厚約 400 m.

花巻市大迫町硯石南方の下部の泥岩よりアンモノイド *Prostacheoceras* sp. と *Perrinites* aff. *vidriensis* Böse を産し，本層下部は中部ペルム系下部のローディアン階に対比される（Ehiro *et al.*, 2005）．

g. 大迫地域

大迫地域のペルム系は内川目層からなる．

（1）内川目層

大上ほか（1986）の命名による．模式地は花巻市大迫町内川目付近の岳川沿いで，大迫町東部〜北部〜紫波郡紫波町東部に広く分布する．下位の石炭系船久保層とは断層で接する．主に砂質ラミナを頻繁

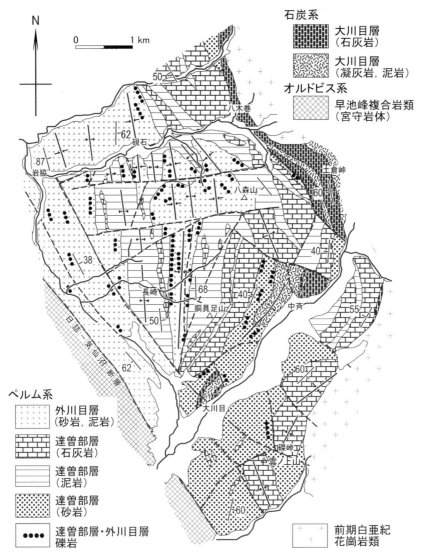

図 4.2.11 南部北上帯達曽部地域のペルム系地質図（吉田ほか，1992；Ehiro et al., 2005 より編集）

にはさむ縞状泥岩からなり，砂岩やいわゆる薄衣式礫岩をはさむ．下部には，まれに薄い石灰岩レンズを伴う．南方の達曽部地域の達曽部層や外川目層下部と同時異相の関係にある．層厚は 1500 m をこえる．

大迫町樋ノ口に分布する下部の石灰岩からフズリナ *Pseudofusulina fusiformis* や *Charaloschwagerina* cf. *vulgaris* が，黒沢西方の薄衣式礫岩中の石灰岩礫から *C.* cf. *vulgaris* が知られている（大上ほか，1986）．これらの化石や達曽部層・外川目層との層位関係から本層の下部は下部ペルム系坂本沢層に，上部は中部ペルム系叶倉層に対比される．

h. 落合地域

本地域のペルム系は下位の戸中層と上位の落合層からなる．

（1）戸中層

広川・吉田（1954）の命名による．模式地は江刺市米里戸中付近で，模式地から南方に，一関市大東町京津畑まで南北方向に分布する．本層基底部は，下位の石炭系芝層を不整合に覆う，層厚約 30 m の礫岩からなる．主部は泥岩，砂岩，砂岩・泥岩互層などからなり，レンズ状の石灰岩を伴う．全層厚は

900 m をこえる.

下部にはさまれる石灰岩から *Zellia* sp., 上部の石灰岩から *Pseudofusulina ambigua*, *P. fusiformis*, *P.* cf. *japonica*（Gümbel）などの前期ペルム紀のフズリナを産する（金属鉱物採鉱促進事業団, 1972）.

（2）落 合 層

小貫（1969）の命名による. 模式地は住田町津付から落合にかけての大股川沿いで, 模式地周辺のほか, 住田町大股以西の大股川流域一帯やその北方地域に広く分布する. 主に砂質ラミナを頻繁にはさむ縞状泥岩や無層理の黒色泥岩からなり, 厚い砂岩・泥岩互層, 礫岩, 砂岩などをはさむ. また, 石灰岩レンズを伴うこともある. 本層の礫岩は薄衣式礫岩で, 最大径 70 cm に達する円礫を含む. 砂岩はしばしば石灰質となる. 下位の戸中層に整合に重なり, 全層厚は 2000 m をこえる.

陸前高田市矢作町と住田町大股境界の生出峠北方の下部の泥質石灰岩は *Pseudofusulina* cf. *ambigua*, *P.* cf. *kraffti* などのフズリナを含む（永広, 1977）. 礫岩中の石灰岩礫や石灰岩レンズから *Misellina claudiae*（Deprat）, *Pseudodoliolina gravitesta*, *Lepidolina multiseptata* などのフズリナを産する（米谷, 1964MS；永広 1977）. これらの化石から本層の下部の一部は下部ペルム系に, 本層の主部は中部ペルム系に対比される.

i. 中平-気仙沼地域

この地域は古くからペルム紀の化石産地として著名な上八瀬・飯森地域を含む. 志井田（1940）は本地域のペルム系を上八瀬層と二ツ森層に区分した. 永広（1977）は, 下位から中平層, 落合層および鍋越山層に分けた. 落合層は, 北方の落合地域を模式地とする落合層の南方延長で, 本地域ではその中下部に, 砂岩, 石灰質泥岩, 石灰岩などが卓越する戸屋沢部層がはさまれる. この戸屋沢部層とされたものは, 気仙沼北方地域ではよく連続するので, 御前・永広（2004）は, これを上八瀬層（志井田, 1940 を再定義）として扱い, 本地域のペルム系を, 下位より, 中平層, 細尾層, 上八瀬層, 黒沢層, 鍋越山層に区分した（図 4.2.12）.

Shiino *et al.*（2011）は, 細尾層から黒沢層下部にいたる部分の堆積環境の変遷について, 堆積相・化石相解析に基づき議論している.

（1）中 平 層

永広（1977）の命名による. 模式地は陸前高田市矢作町中平付近で, 模式地のほか, その北東の矢作町的場～夏通地域, 南方の気仙沼市上八瀬地域および気仙沼市西中才付近に分布する. 本層基底部は礫岩からなり, 矢作町地域では, 下位の石炭系仙婆巌層ないし木戸口層を不整合に覆う. 主部は灰色石灰岩と泥岩との厚い互層からなり, 粗粒砂岩や礫岩をはさむが, 岩相の側方変化が大きい. 模式地の中平東方では, 石灰岩・泥岩・礫岩などからなる数十 cm 単位の互層が発達する（永広, 1977）. 上八瀬地域では, 石灰岩が主体で, 泥岩, 砂岩, 礫岩などをはさむ（田沢, 1973）. 全層厚は約 1000 m.

本層の石灰岩は多数のフズリナやサンゴ化石を産する. 上八瀬では床板サンゴ *Protomichelinia multitabulata*（Yabe and Hayasaka）が厚さ数十 cm の比較的大きな群体をなしている. フズリナは *Schubertella irumensis* Fujimoto, *Minojapanella elongata* Fujimoto and Kanuma, *Nagatoella ikenoensis* Morikawa and Isomi, *Pseudofusulina fusiformis*, *Chalaroschwagerina vulgaris*, *Robustoschwagerina shellwieni* などが含まれる（田沢, 1973；永広, 1977）. また, 中平地域では石灰質泥岩より, ノーチロイドとともにアンモノイド *Agathiceras* sp., *Artinskia* sp. の産出が報告されている（Ehiro, 1995）. これらの化石から, 本層は下部ペルム系サクマーリアン階～クングーリアン階に対比される.

（2）細 尾 層

御前・永広（2004）の命名による. 模式地は気仙沼市上八瀬細尾の南沢下流部で, 上八瀬細尾沢流域および陸前高田市飯森沢流域に広く分布する. 志井田（1940）の上八瀬層の（K2）粘板岩, 神戸・島津（1961）の坂本沢層群上部の黒色粘板岩, 田沢（1973）および Tazawa（1976）の坂本沢統樺山階上部の黒色泥岩と叶倉統合地沢階下部の黒色泥岩をあわせたもの, 永広（1977）の落合層下部の泥岩卓越部に相当する. スレート劈開が発達した無層理の黒色泥岩を主体とするが, しばしばレンズ状の薄い礫岩, 石灰質砂岩, 石灰岩をはさむ. 細尾沢支流の大カド沢やタテイシ沢では, 最上部付近に層厚約 100 m の細粒～中粒砂岩をはさむ. また, 上八瀬茂路沢南方では最上部数十 m は, 砂質ラミナをはさみ, 縞状泥岩となる. 下位の中平層とは整合で, 全

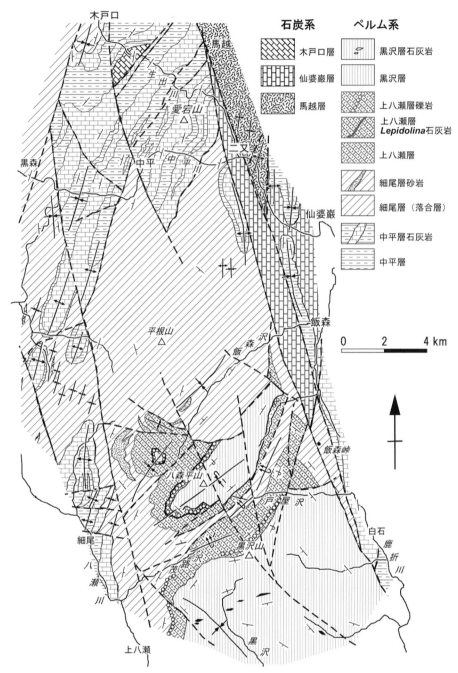

図 4.2.12　中平-上八瀬地域地質図（永広，1977；御前・永広，2004 を簡略化）

層厚は 500〜600 m.
　飯森沢の本層上部の泥岩より *Agathiceras*? sp., *Adrianites* sp., *Demarezites* sp. など，大カド沢の本層最上部の黒色泥岩より *Agathiceras* sp., *Cardiella* sp., *Waagenoceras* sp., *Paraceltites elegans* Girty など，茂路沢南方の最上部の縞状泥岩より *Agathiceras* sp., *Parastacheoceras bidentus* Ehiro and Misaki, *Tauroceras* sp. などのアンモノイドが報告されている（御前・永広，2004；Ehiro and Misaki, 2005；Ehiro, 2008）．また，茂路沢北部の砂質石灰岩や礫質石灰岩からフズリナ *Pseudodoliolina* sp. を産する（御前・永広，2004）．椎野ほか（2008）は御前・永広

(2004) の上部の砂岩に相当する砂岩層の基底部に石灰岩礫を含む礫岩を認め，この石灰岩礫よりフズリナ *Sumatorina* cf. *annae* Volz, *Pseudodoliolina pseudolepida* Deprat, *Chusenella sinensis* Sheng などを報告している．これらの化石から本層上部は中部ペルム系下部のローディアン階に，最上部は中部ペルム系中部のウォーディアン階に対比される．

（3）上八瀬層

志井田（1940）の命名によるが，御前・永広（2004）の再定義に従う．志井田（1940）の上八瀬層（K3）石灰岩，神戸・島津（1961）の叶倉層群に登米層群最下部の礫岩層を含めた部分，田沢（1973），Tazawa（1976）の叶倉統の石灰岩卓越部，永広（1977）の落合層戸屋沢部層に相当する．模式地は気仙沼市上八瀬八森平山南西斜面で，上八瀬地域〜陸前高田市飯森沢流域，気仙沼市戸屋沢に分布する．

本層は石灰岩・石灰質泥岩・砂岩を主体とし，黒色泥岩や礫岩を伴う．石灰岩は暗灰色の泥質石灰岩や砂質石灰岩が多く，フズリナ，ウミユリ，コケムシ，腕足類などの遺骸を多く含む部分と少ない部分が互層状を呈することが多い．石灰質砂岩・泥岩にはしばしば針状のフズリナ *M. matsubaishi* が密集する部分があり，「松葉石」と呼ばれる．上部には厚さ 10 m 前後の無層理石灰岩がはさまれる．この石灰岩は上八瀬層のほかの石灰岩に比べ陸源砕屑物が少なく，灰白色を呈する．この無層理石灰岩層の 5〜6 m 上位には層厚 2〜5 m 以上の，よく円磨された小礫主体の礫岩層があり上位に向かって礫質砂岩，さらに極粗粒砂岩・粗粒砂岩に移化する．最上部には石灰岩と石灰質泥岩からなる細互層があり，その一部に下部〜中部の石灰質砂岩と同様に *M. matsubaishi* が密集する部分がある．茂路沢南部では本層最下部に礫岩層を伴う．この礫岩はよく円磨された小礫からなり，南方では層厚約 40 m であるが，北方の茂路沢では層厚約 1 m 前後と急激に薄くなる．上八瀬茶屋沢では，この礫岩中に大きさ数 m の礫質石灰岩ブロックがいくつか含まれフズリナを産する．本層は，下位の細尾層に整合に重なり，全層厚は 150〜250 m で，北部ほど厚く，南部ほど薄い．

上八瀬層は化石密集層を数多くはさみ，小型有孔虫，フズリナ，サンゴ，コケムシ，腕足類，巻貝，二枚貝，オウムガイ，アンモノイド，三葉虫，ウミユリなど多様な化石を多数産する（小貫，1969；Tazawa, 1976）．本層最下部の礫岩中の礫質石灰岩はフズリナ *Pseudodoliolina* cf. *elongata* を含む（御前・永広，2004）．本層上部の灰白色石灰岩は *Lepidolina multiseptata*, *Verbeekina verbeeki*（Geinitz），*Codonofusiella* sp. を含む（Choi, 1970b；Tazawa, 1976）．本層は松葉石と称されるフズリナ *Monodiexodina matsubaishi* を多産し，これは本層下部〜中部の化石帯 *Monodiexodina matsubaishi* Zone を代表するものとされてきたが（Choi, 1970b；Tazawa, 1976），このフズリナは上部の *Lepidolina* を含む石灰岩よりも上位の層準からも産出する（Ehiro and Misaki, 2004）．

これまで本層からは *Waagenoceras* sp., *Timorites* sp., *Paraceltites elegans*, *Cibolites uddeni* Plummer and Scott などのアンモノイドが報告されている（Hayasaka, 1940, 1963；小泉，1975；Ehiro and Misaki, 2005）．これらの化石から本層は中部ペルム系ウォーディアン階〜キャピタニアン階に対比される．

（4）黒沢層

御前・永広（2004）の命名による．模式地は気仙沼市上八瀬の黒沢流域で，黒沢流域とその南方に広く分布するほか，八森平山山頂付近，戸屋沢南部地域などに分布する．志井田（1940）の二ツ森層の下部，神戸・島津（1961）の登米層群から同層群最下部の礫岩層を除いた部分，田沢（1973）や Tazawa（1976）の叶倉統岩井崎階上部の泥岩卓越部と登米統の下部，永広（1977）の落合層上部の一部に相当する．

本層はスレート劈開が発達した無層理の黒色泥岩を主体とするが，一部縞状泥岩からなる部分もあり，まれに砂岩薄層をはさむ．また，黒沢流域では，下部に層厚 20〜30 m のレンズ状灰白色石灰岩を伴う．下位の上八瀬層に整合に重なるが一部同時異層の関係にあると考えられる（御前・永広，2004）．無層理の厚い泥岩からなるため詳しい層厚は不明であるが，少なくとも 1000 m をこえる．

下部の石灰岩レンズから *Lepidolina* cf. *multiseptata*, *Lepidolina* sp. などのフズリナを産する（御前・永広，2004）．また，この石灰岩の上位の下部の泥岩より，アンモノイド *Jilingites kesennumensis* Ehiro and Araki, *Stacheoceras* sp., *Timorites takaizumii* Ehiro and Araki, *Pseudagathiceras ornatum* Ehiro and Araki, *Propinacoceras* sp., *Eumedlicottia primas*（Waagen）

などが知られている（Ehiro and Araki, 1997）．サメ類 *Helicoprion* sp. の産出層準（荒木，1980）もこのアンモノイドの層準にほぼ等しい．これらのフズリナ・アンモノイド化石から，黒沢層下部は中部ペルム系キャピタニアン階に対比される（Ehiro and Araki, 1997）．中部〜上部は化石を産しないが，層位関係からおそらくは上部ペルム系ウーチャーピンジアン階に対比される．

（5）鍋越山層

永広（1974）の命名によるが，永広（1977）の再定義に従う．模式地は気仙沼市鍋越山付近で，模式地周辺から気仙沼市街地北部に分布する．下部（層厚600〜700 m）は，主に礫岩を伴う灰色の砂岩からなり，その中部に泥岩をはさむ．この泥岩中には石灰岩レンズが含まれる．上部（層厚300 m以上）は主に黒色の泥岩からなる．下位の黒沢層に整合に重なる．上限は不明である．

下部の石灰岩から小型有孔虫 *Colaniella minima* Wang, *C. parva* (Colani), *Paracolaniella leei* Wang などやフズリナ *Nanlingella* cf. *meridionalis* Rui and Sheng, *Palaeofusulina* sp.（Tazawa, 1975；Ishii *et al.*, 1975；Kobayashi, 2002）のほか，腕足類・二枚貝などの化石が報告されている．Kobayashi（2002）は本層の小型有孔虫・フズリナから，その年代を最後期ペルム紀チャンシンジアン期とし，その群集は南中国や東南アジアのものに類似するとしている．

j．本吉地域

この地域のペルム系は，下位から岩井崎石灰岩および登米層に区分される（村田・下山，1979）．

（1）岩井崎石灰岩

Mabuti（1935）の命名によるが，小貫（1969）の再定義に従う．模式地は気仙沼市岩井崎で，模式地にのみ分布する．森川ほか（1958）は石灰岩の岩相に基づき下位からa〜h層に細分した．主に生砕物を多く含む石灰岩からなるが，最下部のa層は石灰質砂岩が卓越し，最上部のh層は泥質石灰岩と石灰質泥岩の互層からなる．中部にはしばしば群体サンゴ *Waagenophyllum* のコロニーを含み，コロニーは大きいものでは長さ数mに達する．下限は不明で，全層厚は約200 mである．

Morikawa（1960）は岩井崎石灰岩に下位より *Parafusulina matsubaishi*（＝*Monodiexodina matsubaishi*）帯，*Pseudofusulina paramotohashii* 帯，*Yabeina shi-*

raiwensis（＝*Lepidolina multiseptata*）帯の3帯を設定した．*M. matsubaishi* 帯は，a層からc層を含むが，フズリナ化石を産するのはc層上部のみである．代表種である *M. matsubaishi* の産出で特徴づけられる．*P. paramotohashii* 帯は，d層に限られ，*P. paramotohashii*, *P. oyaensis* Morikawa などで特徴づけられる．坂本沢層に特徴的な *Pseudofusulina fusiformis* や *Chalaroschwagerina vulgaris* などは産しない．*L. multiseptata* 帯は，e層からg層までを含み，*L. multiseptata* や *Verveekina* sp. が卓越する．また，小型有孔虫 *Colaniella* はh層から産出し始める（Ishii *et al.*, 1975）．サンゴ化石も多く，*Wentzelella*, *Yatsengia*, *Waagenophyllum* などがb層からh層下部まで産する（森川ほか，1958）．最上部のh層からはいくつかの頭足類が知られている（Hayasaka, 1962, 1963）．

（2）登米層

西方の北上川沿いの登米地域を模式地とする．本地域では気仙沼市南部から気仙沼市本吉町平磯にかけて分布する．主に無層理の黒色泥岩からなるが，しばしば砂岩の薄層や砂質ラミナをはさみ，下部は砂岩・泥岩互層をなすところもある．岩井崎では最下部に石灰岩レンズを含む．また，まれに石灰質ノジュールや石灰質泥岩の薄層を伴う．岩井崎石灰岩に整合に重なり，層厚は600 mをこえる．

岩井崎の最下部に含まれる石灰岩レンズより，*Lepidolina kumaensis*, *L. multiseptata* などのフズリナを産する（Choi, 1970a, 1973）．平磯前浜海岸の上部からはアンモノイド *Eusanyangites* cf. *bandoi* Zakharov（*Araxoceras* として報告：Murata and Bando, 1975），*Stacheoceras* sp.（Ehiro, 2001b），二枚貝 *Nuculites kimurai* Hayasaka, *Palaeoneilo ogachiensis* Hayasaka, *Phestia konnoi* Murata, *Nuculopsis mabutii* Murata, 巻貝 *Bellerophon* (*B.*) *yabei* Murata など（村田・下山，1979）を産する．フズリナ *Lepidolina*, アンモノイド *Eusanyangites* の産出から，本層は中部ペルム系上部のキャピタニアン階から上部ペルム系下部のウーチャーピンジアン階に対比される．

k．歌津地域

歌津地域のペルム系は下位の末の崎層と上位の田の浦層に区分される（Ehiro and Bando, 1985）．

（1）末の崎層

Ehiro and Bando（1985）の命名による．模式地は南三陸町（旧歌津町）石浜北方の末の崎から田の浦

にいたる海岸沿いで、模式地から南方の海岸沿いに分布する。一般に南北方向の走向を示し、西方に急傾斜する同斜構造を示す。主に砂質ラミナをはさむ泥岩からなるが、下部は砂質で、厚さ数 cm～数十 cm の石灰質砂岩層をはさむことも多い。これら砂岩の一部はスランプ構造を示し、また級化成層したり、底部にソールマークをもつものもある。石浜東方や東南では下部の 2 層準に含礫泥岩をはさむが、末の崎西方ではこのうち上位のものだけが、名足東方では下位のものだけが認められる。また、下部を中心に、本層泥岩には石灰質燐灰質のノジュールやレンズ～薄層が頻繁に認められる（Kanisawa and Ehiro, 1986）。本層の層厚は 800 m 以上で、下限は不明である。

村田・下山（1979）は本層の最下部付近の石灰質砂岩よりフズリナ *Lepidolina kumaensis*, *L. multiseptata* を見いだしている。また、下部の含礫泥岩の層準から、巻貝 *Euphemitopsis kitakamiensis*, 二枚貝 *Pseudopermophorus uedai* Nakazawa and Newell, *Astartella toyomensis* を、中部の泥岩から二枚貝 *Palaeoneilo ogachiensis* の産出を報告している。石浜付近の含礫泥岩の層準に含まれる石灰質ノジュールはまれにアンモノイドを産し、これまで *Stacheoceras iwaizakiense* Mabuti, *S. giganteum* Ehiro, *Pseudogastrioceras* sp., *Timorites intermedius*（Wanner）, *Araxoceras* cf. *rotoides* Ruzhentsev, *A.* sp., *Vescotoceras japonicum*（Bando and Ehiro）, *V.* sp., *Dzhulfoceras* cf. *furnishi* Ruzhentsev, *D.* sp. などが記載されている（Ehiro and Bando, 1985；Ehiro *et al.*, 1986；Ehiro, 2001b, 2006）。これらのアンモノイドは後期ペルム紀ウーチャーピンジアン期を指示する。

（2） 田の浦層

Ehiro and Bando（1985）の命名による。模式地は田の浦からその西方にいたる海岸沿いで歌津半島基部に分布する。最下部の 50～70 m は石灰質砂岩と泥岩の互層からなり、しばしばスランプ構造を示す。主部は縞状～無層理の泥岩からなり、末の崎層同様、石灰質燐灰質のノジュールや薄層、砂岩薄層をはさむ。下位の末の崎層に整合に重なり、全層厚は約 700 m.

最下部の砂岩より小型有孔虫 *Colaniella* aff. *inflata*（Wang）, フズリナ *Palaeofusulina* sp., 巻貝 *Bellerophon*（*B.*）*yabei* などを産する（村田・下山, 1979）。

l. 雄 勝 地 域

雄勝地域のペルム系は背斜構造（雄勝背斜）の軸部をなして分布し、下位の大八景島層と上位の登米層に区分される（村田・下山, 1979）。

（1） 大八景島層

村田・下山（1979）の命名による。模式地は雄勝北岸名振湾の大八景島、小八景島から小浜にかけての地域で、模式地近辺の背斜軸部に分布する。稲井・高橋（1940）の大八景島砂岩、小八景島礫岩砂岩、小浜石灰岩をあわせたものに相当する。下部～中部は砂質の泥岩を主体とし、砂岩・泥岩互層、砂岩、礫岩などをはさむ。上部は礫岩とその上位の石灰岩、石灰質泥岩ないし石灰質砂岩からなる。上部の石灰質岩は大八景島北方のハテ崎付近と小浜付近に分布する。全層厚 200 m で、下限は不明である。

小八景島に分布する下部の泥岩中にはさまれる細礫岩より、アンモノイド *Timorites intermedius* が報告されている（Ehiro *et al.*, 1986）。上部の石灰質岩は、海綿、サンゴ、腕足類などを多数含むが（稲井・高橋, 1940；小貫, 1969）、石灰岩最上部はフズリナ *Lepidolina kumaensis*, *L. multiseptata*（村田・下山, 1979）やアンモノイド *Stacheoceras otomoi* Ehiro, Shimoyama and Murata（Ehiro *et al.*, 1986）を含む。*Timorites* やフズリナから、大八景島層は中部ペルム系キャピタニアン階に対比される。

（2） 登 米 層

馬渕（1932）の命名による。模式地は地域外の登米市登米町北沢から皮袋にかけての地域。本地域では、名振湾岸から南方の雄勝東方にかけての南北の地域に分布する。下部約 500 m は砂質泥岩を主体とし、石灰質砂岩の薄層をはさみ、また、しばしば石灰質ノジュールを伴う。上部約 300 m は主に細粒均質な泥岩からなる。登米層はスレート劈開の発達が顕著で、明神地域は北上山地で現在天然スレートを唯一採掘している地域である。これは「玄晶石」と呼ばれ、屋根用スレートとして歴史建造物の修復に用いられ、また、装飾硯石として加工されている。下位の大八景島層に整合に重なる。

下部より巻貝 *Euphemitopsis kitakamiensis*, *Berllerophon*（*B.*）*yabei*, *Kitakamispira hanzawai* Murata, 二枚貝 *Astartella toyomensis*（村田・下山, 1979）, オウムガイ *Foordiceras* cf. *wynnei*（Waagen）, *Domatoceras ogatsuense* Ehiro and Takizawa（Ehiro and Takizawa,

1989), アンモノイド *Stacheoceras* sp.(Ehiro *et al.*, 1986) を, 上部の泥岩から二枚貝 *Palaeoneilo ogachiensis*, *Nuculites kimurai*(Hayasaka, 1924), 植物 *Paracalamites takahashii* Konno(Konno, 1973) が報告されている.

m. 長坂地域

本地域のペルム系は野田(1934)により下位より米谷層・薄衣礫岩・登米層に区分されたが, 橘(1952)は野田(1934)の米谷層から石炭系竹沢層を分離した. また, 米谷層の模式地は登米地域であるが, そこでは米谷層相当層は錦織層と呼ばれている. 本論では永広(1989b)を踏襲し, 本地域のペルム系を, 下位より野土層, 薄衣礫岩, 登米層に区分する.

(1) 野 土 層

名倉(1980MS)の命名を, 永広(1989b)が紹介した. 模式地は一関市東山町田河津の野土付近で, 東山町西部一帯~一関市川崎町薄衣西方に分布する. 下位の石炭系竹沢層を不整合に覆い, 主に無層理の黒色泥岩からなるが, 層厚 70~150 m の層厚変化の激しい石灰岩を数層はさむ. また, しばしば石灰岩レンズ, 砂岩薄層, 礫岩などを伴う. 全層厚は 1000 m をこえる.

石灰岩は *Pseudofusulina* sp., *Chalaroschwagerina* sp., *Nagatoella minatoi* Kanmera and Mikami などのフズリナを含む(名倉, 1980MS).

(2) 薄 衣 礫 岩

野田(1934)の命名による. 一関市薄衣町西部から花泉町東部にかけて, また, 一関市舞川周辺に分布する. 主にいわゆる薄衣式礫岩からなり, 砂岩・泥岩互層や泥岩をはさむ. 礫岩は層厚の水平変化が激しく, 基質は砂岩の場合と泥岩の場合がある. よく円磨された小礫~巨礫からなり, 礫種は花崗岩質岩, ひん岩類, 石灰岩, 砂岩, 泥岩などからなる. 石灰岩礫には不規則な外形をもち, 径 2 m をこえるものもある. 下位の野土層に整合に重なるが, 一部は同時異相の関係にある. 層厚は 800~1000 m.

薄衣付近の石灰岩礫より *Pseudofusulina popoensis* Chisaka, *Pseudofusulina toyomensis* Chisaka, *Parafusulina rodaiensis* Chisaka(岩井・石崎, 1966), 一関市舞川の石灰岩礫から *Colania douvillei*(Ozawa), *Lepidolina multiseptata*(野田, 1934)などのフズリナを産する. また, 一関市花泉町金沢の刈生沢の滝付近の薄衣礫岩中の石灰岩ブロックからサンゴ *Wentzelella*, *Yatsengia* などや海綿・コケムシなどが見いだされている(川村ほか, 1996).

これらの化石から, 本層は中部ペルム系と考えられる.

(3) 登 米 層

模式地は南方の登米地域. 本地域では, 一関市南東~一関市川崎町薄衣の北上川沿いに分布する. 薄衣礫岩に重なり, 主に黒色泥岩からなるが, 薄衣式礫岩や砂岩をはさむ. 層厚 500 m 以上.

n. 大 籠 地 域

本地域のペルム系は, 下位より, 錦織層, 東深萱層, 新田層, 大籠層および千松層に区分される(図 4.2.13:永広, 1979). 泥岩, 砂岩などの砕屑岩が卓越し, これに礫岩や石灰岩を伴う. 新田層や大籠層の主体は, 主に縞状の泥岩からなることから, 三畳系とされていたこともある(小貫, 1956).

(1) 錦 織 層

植田(1963)の命名による. 模式地は本地域西南の宮城県登米市錦織上在郷付近で, 小貫ほか(1960b)の楼台層と西郡層をあわせたものに相当する. 本地域では, 一関市藤沢町北西部を中心に分布する. 模式地の登米地域では石灰岩が多いが, 本地域では泥岩が卓越する. 泥岩は無層理のものと, 砂岩ラミナをはさみ, 縞状を呈するものとがある. 上部に石灰岩および石灰質砂岩をはさむ. 下限は不明である. 層厚は 400 m 以上. 藤沢町西口十文字の石灰岩よりフズリナ *Robustschwagerina shellwieni*? を産する(永広, 1979).

(2) 東 深 萱 層

永広(1979)の命名による. 模式地は藤沢町東深萱付近で, 藤沢町北西部に広く分布する. 下位の錦織層に整合に重なり, 無層理の黒色泥岩および黒灰色の縞状泥岩を主体とするが, 上部ほど縞状となる. また, 藤沢町東深萱, 西深萱, 粉香木付近では, 上部に礫岩や砂岩を数層挟在する. 礫岩は, 一般に泥質基質中に, 分級の悪い, 比較的よく円磨された小礫~巨礫が含まれる. 礫種は花崗岩類, ひん岩類, 砂岩, 泥岩などが多く, まれに石灰岩を含む. 層厚は 1000 m をこえる.

化石の産出はまれで, 藤沢町粉香木南方の礫岩中の石灰岩礫より, フズリナ *Yabeina* sp.(=*Lepidolina* sp.?)の産出が知られているのみである(小貫, 1956).

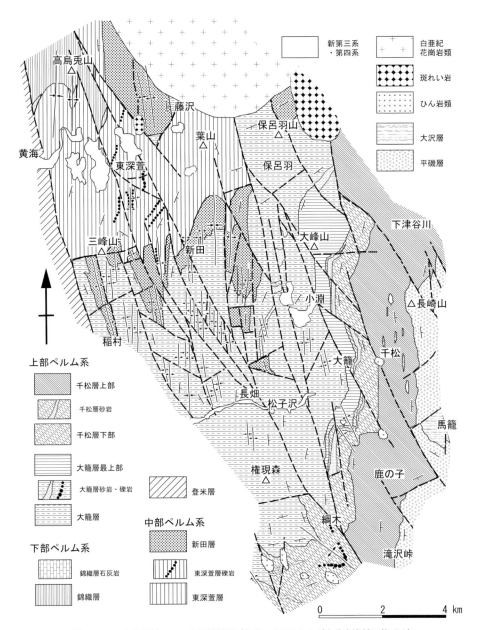

図 4.2.13 大籠地域のペルム系地質図（永広，1979 および未公表資料に基づく）

（3）新田層

永広（1979）の命名による．模式地は藤沢町新田付近で，藤沢町と宮城県登米市東和町の境界，七曲峠から模式地を経て藤沢町上大籠付近まで，東西方向の地域に分布する．下位の東深萱層に整合に重なり，厚い灰色〜灰緑色の粗粒砂岩，砂岩・泥岩互層および縞状泥岩からなる．砂岩は一部石灰質で，泥岩偽礫を含む部分もある．層厚は200 m以上．化石は未発見である．

（4）大籠層

永広（1979）の命名によるが，永広・坂東（1980）は最上部の砂岩・泥岩互層と縞状泥岩からなる部分を後述の千松層に含めて再定義した．模式地は藤沢町大籠の大籠川沿いで，大籠一帯〜登米市東和町東北部に広く分布する．下位の新田層に整合に重なり，下部〜中部（層厚 800〜1100 m）は，主に灰黒

色の縞状泥岩からなり，その下部に層厚50〜100 m
の砂岩，砂岩・泥岩互層をはさむ．また，ところど
ころに厚さ1 m以下の砂岩を挟在する．一部で漣
痕が認められる．上部約250 mは，無層理の黒色
泥岩よりなる．

上大籠矢作の本層最下部の泥岩より，アンモノイ
ド*Xenodiscus* cf. *carbonarius*（Waagen）を産する（永
広・坂東，1978；Ehiro and Bando, 1985）．また，上大
籠小淵東方の上部の泥岩分布域の転石より，アンモ
ノイド*Eumedlicottia* sp. の産出が報告されている
（Bando, 1975）．*Xenodiscus* の産出から本層下部は上
部ペルム系ウーチャーピンジアン階に対比される．

また，正確な層位的位置は不明であるが，大籠の
南西，東和町長畑の泥岩は，巻貝*Euphemitopsis ki-
takamiensis*，*Warthia* sp.，*Straparollus*（*Euomphalus*）
uedai Murata，*Mourlonia*（*M.*）*toyomensis* Murata，
Spiroscala sp.，二枚貝*Limipecten bandoi* Murata，*Pseu-
dopermophorus uedai*，*Astartella toyomensis* などを産す
る（Murata, 1969）．

（5） 千 松 層

永広（1979）の命名によるが，永広・坂東（1980）
の再定義に従う．模式地は藤沢町千松付近で，千松
付近から宮城県気仙沼市本吉町馬籠にかけて広く分
布する．下位の大籠層を整合に覆う．下部約300 m
は主に灰黒色の縞状泥岩よりなり，下大籠右名沢北
方地域ではその下部に植物片を含む砂岩・泥岩互層
をはさむ．縞状泥岩は次第に上部の無層理の黒色泥
岩に移り変わる．上部の層厚は700〜800 m．上部
の下部は石灰質ノジュールを含むことがある．

本層下部からは，下大籠右名沢北方の下部の砂
岩・泥岩互層部より，植物*Paracalamites* sp.，二枚
貝*Nuculopsis* sp.，*Actinodontophora*? sp.，巻貝*Spiro-
scala* sp.，*Straparollus*（*Euomphalus*）sp. の産出が報
告されている（永広，1979）．また，千松切通付近
の下部の上部の泥岩より，二枚貝*Etheripecten onuk-
ii*（Murata），巻貝*Straparollus*（*Euomphalus*）*uedai*
を産する（Murata, 1969）．本層上部からは，千松付
近の泥岩や泥岩中の石灰質ノジュールから，コヌラ
リア*Paraconularia siitai*（Sugiyama）（Murata, 1967），
二枚貝*Etheripecten onukii*（Murata, 1969），アンモノイ
ド*Neogeoceras kitakamiense*（Bando and Ehiro），*Eumedli-
cottia* sp.，*Cyclolobus* cf. *walkeri*（Diener），*Paratirolites*?
sp. など（Ehiro and Bando, 1985；Ehiro *et al.*, 1986）を産

する．

また，本吉町馬籠南西などの本層上部〜最上部か
ら*Stacheoceras* sp.，*Neogeoceras kitakamiense* などの
アンモノイドが発見されている．後藤ほか（2000）
によれば馬籠の本層最上部から淡水生サメ*Ortha-
canthus* sp. を産する．

アンモノイドから本層は上部ペルム系に対比され
る．Ehiro and Bando（1985）は本層の岩相と層位的
位置から，本層を気仙沼地域の鍋越山層に対比し，
上部ペルム系チャンシンジアン階相当と考えた．

o. 登 米 地 域

馬淵（1932MS）はこの地域のペルム系を，下位
より楼台層，山崎礫岩層，登米層に区分したが，小
貫ほか（1960b）はこの楼台層を，下位から西郡層，
楼台層，天神ノ木層に細分した．植田（1963）は小
貫ほか（1960b）の西郡層と楼台層をあわせて錦織
層と呼んだ．佐藤（1969）は植田（1963）の層序区
分に基づき，本地域のペルム系の詳細な地質図を公
表した．また，この地域北部の東和町畑の沢から北
方の岩手県一関市藤沢町館ヶ森山にかけての地域で
は，石灰岩相からなる中部ペルム系畑の沢層が分布
する（永広ほか，2000）．

（1） 錦 織 層

植田（1963）の命名による．模式地は登米市東和
町錦織上在郷付近で，模式地のほか東和町嵯峨立〜
米谷に分布する．主に灰青色〜灰白色の石灰岩から
なり，黒色泥岩や石灰質砂岩をはさむ．下限は不明
であるが，全層厚は200 mをこえる．

最下部の石灰岩（小貫ほか，1960b の西郡層）か
ら*Robustoschwagerina shellwieni*，*Zellia nunosei*，
Nipponitella explicata など，中部〜上部の石灰岩（小
貫ほか，1960b の楼台層）から*Pseudofusulina am-
bigua*，*P. krafti*，*P. toyomensis* Chisaka などのフズリ
ナ化石を産する（Chisaka, 1962；小貫ほか，1960b）．
また，中部の黒色泥岩からカタイシア植物群に属す
る，*Cathaysiopteris whitei*（Halle），*Sphenopteris taiyu-
anensis* Halle，*Odontopteris yongwolensis*（Kawasaki），
Pecopteris toyomensis Asama，*Taeniopteris paradensis-
sima* Asama，*T. tingii* Halle，*Cordites japonicus* Asa-
ma，その他の米谷植物化石群（Asama, 1956, 1967）
が知られている．

（2） 天神ノ木層

小貫ほか（1960b）の命名による．模式地は登米

市東和町米谷天神ノ木付近で，模式地周辺と東和町嵯峨立北方に分布する．下部は主に砂岩・泥岩互層からなり，一部石灰質である．上部は主に縞状の泥岩からなる．嵯峨立付近では砂質泥岩を主体とし，砂岩薄層をはさむ．錦織層に整合に重なり，層厚は約200mである．

石灰質砂岩や泥岩からフズリナ *Monodiexodina matsubaishi* や腕足類・ノーチロイドなどを産する（小貫ほか，1960b；Nakazawa，1960）．

（3）山崎礫岩

馬淵（1932MS）の命名による．模式地は登米市東和町米谷山崎付近で，模式地付近から嵯峨立付近まで南北に分布する．主にいわゆる薄衣式礫岩からなり，砂岩や泥岩をはさむ．礫岩の礫種は花崗岩，ひん岩類，チャート，砂岩，泥岩などの円礫からなる．不定形の石灰岩礫を含み，また，石灰岩が礫岩の基質をなすこともある．礫岩は側方への層厚変化が激しく，南方に向かって層厚を減じ，側方に砂岩や泥岩に移化する（佐藤，1969）．天神ノ木層に整合に重なり，最大層厚は約800m．基質の石灰岩から中部ペルム系上部を指示するフズリナ *Pseudodoliolina gravitesta*, *Lepidolina kumaensis*, *L. multiseptata* を産する（Chisaka，1962；村田・下山，1979）．

吉田・町山（1998）は，堆積相解析に基づき，山崎礫岩を含む，北上川沿いに分布する薄衣式礫岩を6岩相，10亜岩相に区分した．このうち礫岩相には各種の堆積岩ブロックが多数含まれ，堆積盆地近傍に断層崖などの急斜面の存在が示唆された．岩相組合せは斜面型ファンデルタに対比でき，西縁部は供給源地に最も近い位置にあったと考えられている．

（4）畑の沢層

永広ほか（2000）の命名による．模式地は登米市東和町畑の沢付近で，畑の沢から北方の館ヶ森山西方および北方にかけて，南北に細長く分布する．下部（50〜100m）は主に無層理の石灰岩からなるが，その最上部は石灰岩と泥質石灰岩ないし石灰質泥岩の薄い互層からなる．中部（30〜40m）は主に砂質泥岩からなり，砂岩薄層をはさむ．上部（90m以上）は，無層理ないし層理のある石灰岩と石灰岩・泥岩互層からなるが，薄い泥岩をはさむ．下限は不明である．

下部の石灰岩は *Codonofusiella* sp., *Pseudofusulina* sp., *Parafusulina* sp. に加えて所属不明の Neo-

schwagerinidae 科のフズリナを，上部の石灰岩は *Parafusulina* cf. *motoyoshiensis*, *Colania* cf. *douvillei*, *Lepidolina*? sp. などを産する（永広ほか，2000）．

（5）登米層

馬淵（1932MS）の命名による．模式地は登米市登米町北沢〜皮袋で，模式地付近のほか登米町登米南方，登米市東和町朝田貫，水界峠周辺に広く分布する．天神の木層あるいは山崎礫岩に整合に重なり，また，山崎礫岩と本層下部とは同時異相の関係にある（佐藤，1969）．北部の畑の沢地域では畑の沢層を整合に覆う．山崎礫岩と同時異相の関係にある下部層は主に砂質ラミナをはさむ縞状泥岩からなり，しばしば砂岩薄層をはさむ．この下部層を佐藤（1969）は宮ガ沢層として別区分している．上部は無層理の黒色泥岩からなる．全体にスレート劈開が発達する．層厚は約750mであるが，山崎礫岩と同時異相の部分を含めると1500mに達する．

下部の石灰質砂岩や泥岩から巻貝 *Euphemitopsis kitakamiensis*, *Berllerophon* (*B.*) *yabei*, 二枚貝 *Pseudopermophorus uedai*, *Astartella toyomensis*，上部の泥岩から二枚貝 *Palaeoneilo ogachiensis*, *Phestia* sp., *Nuculopsis* sp. などが知られている（Nakazawa and Newell，1968；Murata，1969；村田・下山，1979）．

p. 相馬地域

相馬地域のペルム系は，下位より上野層，大芦層，弓折沢層からなる．

（1）上野層

半澤（1954）の命名による．半澤は模式地を指定しなかったので，柳沢ほか（1996）は南相馬市の上真野川中流部を模式地とした．「上野」を Sato（1956）は Uwagaya Formation と表記し，Iwamatsu（1975）や永広・大上（1990）はこれに従い，本層を上野層と呼んだ．一方，半澤（1954），佐藤（1973），久保ほか（1990），柳沢ほか（1996）は，上野層と呼んでいる．国土地理院2.5万分の1地形図では，「上野」は現在「上萱」と表記されており，「上野」の本来の読みは「うわがや」であったと考えられる．

本層は南相馬市西部に分布する．暗灰色の無層理泥岩あるいは砂質のラミナを頻繁にはさむ縞状泥岩を主体とし，砂岩薄層やレンズ状石灰岩をはさむ．久保ほか（1990）は本層を砂質ラミナや砂岩・泥岩互層のはさみの多い下部と少ない上部に細区分した

が，下部と上部を岩相的に明瞭に区別するのは困難
である．砂岩薄層には級化構造や斜交ラミナがみら
れることもある．層厚は約 300 m．下位の石炭系立
石層を不整合に覆うとされるが（Sato, 1956；柳沢
ほか，1996），下位層との直接の関係はみられない．

模式地周辺のレンズ状石灰岩からフズリナ *Pseu-
doschwagerina* sp., *Chalaroschwagerina*? sp., *Schu-
bertella* sp., *Pseudofusulina*? sp. などを産する（佐
藤，1973；福島県教育委員会，1984）．これらの化
石から，本層は下部ペルム系と考えられる．

（2）　大　芦　層

半澤（1954）の命名による．久保ほか（1990）は
南相馬市大原大芦付近を模式地に指定した．大芦付
近およびその周辺に広く分布する．細粒〜中粒の無
層理砂岩を主体とし，薄い泥岩をはさむ．砂岩は淡
緑色〜緑灰色で淘汰のよい石質ワッケ〜アレナイト
である（久保ほか，1990）．大芦川中流部では最下
部に厚さ 1 m 程度の礫岩ないし礫質砂岩を伴う．ま
た，上部に砂岩・泥岩互層をはさむところもある．
佐藤（1973）は，構造的不調和から，下位の上野層
とは不整合であると考えたが，柳沢ほか（1996）
は，両者に構造的不調和はなく，上野層上部では次
第に砂質となるので，砂岩主体の大芦層は上野層に
整合に重なるとしている．層厚は約 300 m．

本層砂岩はフズリナ *Monodiexodina matsubaishi* を
産する（佐藤，1973）．また，地蔵木付近の砂岩は
腕足類 *Megousia koizumii* Nakamura, *Spiriferella kei-
havii*（von Buch），*Martinia* sp. などの腕足類を産す
る（Tazawa and Gunji, 1982）．これらの化石から，
本層は中部ペルム系と考えられる．

（3）　弓折沢層

佐藤（1956）の命名による．半澤（1954）の植ノ
畑層に相当する．模式地は上真野川支流の弓折沢上
流．大芦層に整合に重なり，模式地周辺では泥岩と
砂岩の薄互層を主体とするが，最下部は砂質ラミナ
をはさむ泥岩が多く，また，礫岩をはさむ．この下
部の礫岩部を下位の大芦層に含める考えもある（た
とえば，半澤，1954；佐藤，1973；久保ほか，1990）．
層厚は約 300 m．

礫岩に含まれる石灰岩礫から，*Lepidolina*, *Ver-
beekina* などのペルム紀中期を指示するフズリナ化
石を産する（Sato, 1956）．

q.　八　茎　地　域

阿武隈山地東南縁のいわき市北部とその北方地域
では，いわき市八茎の高倉山東方と楢葉町の双葉断
層沿いにわずかにペルム系が分布する．

（1）　高　倉　山　層

岩生・松井（1961）の高倉山統を柳沢・根元
（1961）が高倉山層群と改称し，下位より，入石倉
層，元村層，柏平層からなるとした．小貫（1966）
は高倉山層群を高倉山層にランクづけ，各層を部層
として扱った．模式地は八茎北方の高倉山東方地域
で，模式地周辺にのみ分布し（図 4.2.14），南北走
向で西に急傾斜する．下限は不明であるが，層厚は
360 m をこえる．

入石倉部層は，層厚 100 m 以上で，主に砂質ラ
ミナを頻繁にはさむ縞状泥岩からなる．元村部層
は，石灰質で一部礫質の粗粒〜中粒砂岩と泥岩から
なり，礫質部は多数の石灰岩礫を含んでいる．最大
層厚 60 m で，南方に薄くなり，高倉山東方では約
7 m となる．柏平部層は，層厚 200 m 以上で，主に
縞状泥岩よりなるが，砂岩や含礫泥岩を数層準には
さんでいる．砂岩はしばしば級化層理や斜交葉理を
示す．

入石倉部層は，サンゴ *Gerthia kobiyamai* Eguchi,
アンモノイド *Paraceltites* aff. *elegans* を産する（Yana-
gisawa, 1967）．元村部層の石灰岩礫からは前期ペル
ム紀のフズリナが報告されていたが（Yanagisawa,
1967），Ueno（1992）は，石灰岩礫の年代は前期ペ
ルム紀から中期ペルム紀までさまざまで，フズリナ
の多くは二次化石であること，石灰質基質にはフズ
リナ *Colania* sp. が含まれることから，堆積年代を
中期ペルム紀と考えた．柏平部層上部の泥岩（Yan-
agisawa, 1967 の G2 沢の産地）からは，三葉虫やア
ンモノイドなどの化石が多数報告されてきた．Ehi-
ro（2008）は，Hayasaka（1965），Yanagisawa（1967），
Tazawa *et al.*（2005）などによって記載報告されたア
ンモノイドを検討した．柏平層のアンモノイドフォ
ーナは *Agathiceras* sp., *Popanoceras* sp., *Tauroceras* sp.,
Stacheoceras sp., *Mexicoceras*? sp., *Waagenoceras* sp.,
Newellites cf. *dieneri richardsoni*（Miller and Furnish），
Altudoceras? sp., *Roadoceras* sp., *Propinacoceras* sp.,
Medlicottia sp., *Paraceltites elegans*, *Paraceltites* sp. か
らなっており，このフォーナの示す年代は中期ペル
ム紀ウォーディアン期である．Tazawa *et al.*（2005）

礫岩は石灰岩の不定形礫を含んでいる．層厚は模式地で約 500 m（久保ほか，2002）．下限は不明である．

Ohara et al. (1976) や菅谷ほか（1979）は，石灰岩礫より，前期ペルム紀のフズリナ *Pseudofusulina* cf. *japonica*, *Minojapanella elongata* の産出を報告している．
　　　　　　　　　　　　　　　　　　　［永広昌之］

■4.2.5 三　畳　系

a. 概　説

　南部北上帯の三畳系は，下部〜中部三畳系の稲井層群（利府層を含む），上部三畳系の皿貝層群に分けられる．

　三畳系の岩相は石灰岩を含むペルム系とは大きく異なり，主に頁岩・砂岩などの砕屑岩から構成される．稲井層群では一部の地域を除いて凝灰岩などの火山活動の証拠は認められない．また，平磯層から始まる層序はどこの地域でも整然と連続する．一方，皿貝層群は志津川地域から長ノ森地域に分布し，その分布は稲井層群に比べて狭く，局所的である．一般に凝灰質であり，一部の地域には安山岩質熔岩も知られている．利府層は仙台市東方の利府地域にのみ分布する．露出が悪いため，層序は不明な点が多い．

　ジュラ系・三畳系の分布は，北上山地の南部で北北東−南南西に並走する3列の向斜構造による規制を受けている（図4.2.15）．この構造を西からそれぞれ西列，中列，東列と呼ぶと，西列では稲井層群と皿貝層群が分布し，中列では稲井層群のみからなり，皿貝層群を欠いている（図4.2.16）．東列では稲井層群を欠いて皿貝層群のみが分布する．

b. 稲井層群

（1）概　説

　稲井層群の名称は矢部（1918）によるが，小貫・坂東（1959）により再定義された．ペルム系登米層（あるいはその相当層）を不整合に覆い，下位より礫岩・砂岩からなる平磯層，石灰質頁岩からなる大沢層，成層した砂岩が発達する風越層，石灰質の砂質頁岩からなる伊里前層の4層からなる．岩相から2つの堆積サイクルに大きく分けられる．下部の堆積サイクルはペルム系を不整合に覆う礫岩から始まり，砂岩を経て石灰質頁岩にいたる上方細粒化を示

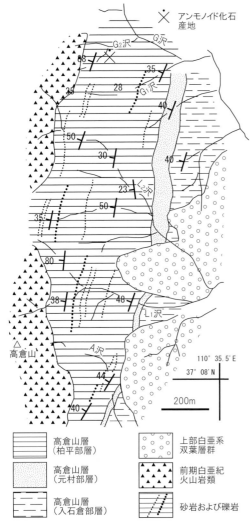

図4.2.14 阿武隈山地南東縁，八茎地域のペルム系高倉山層地質図（Ehiro, 2008）

はこれらの化石を二次堆積物とし，堆積年代はより若いとしたが，Ehiro（2008）は，二次堆積物という証拠はなく，この年代は堆積年代を示すと考えている．

　また，柏平部層はカタイシア植物化石群に相当する，*Bicoemplectopteris hallei* Asama, *Gigantopteris nicotianaefolia* Schenk, *Odontopteris subcrenulata*（Rost）などの植物化石を産する（Asama, 1956, 1974）．

（2）清太郎沢層

　久保ほか（2002）の命名による．模式地は，双葉郡楢葉町井出川支流清太郎沢中流部で，双葉断層の西側に沿い，細長く分布する．黒色泥岩と細粒〜中粒砂岩からなり，砂岩・泥岩互層や礫岩をはさむ．

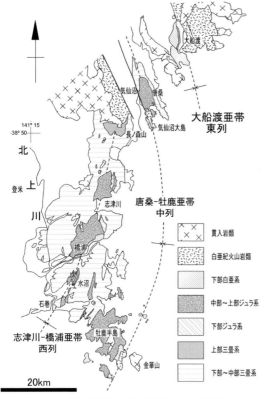

図4.2.15 南部北上山地南部の中生界分布図

によって稲井層群が提唱された際に，最下部を占める地層として再定義された．模式地は宮城県気仙沼市本吉海岸の平磯であり，斜交層理や平行層理の発達する砂岩からなる．

地域によって岩相の発達状況が異なるが，一般に下部は礫質で，礫質な砂岩や礫岩を含む砂岩からなる．中部は斜交層理・平行層理の発達する砂岩で，一部は塊状を呈する．上部は葉理をもつ細粒砂岩や極細粒砂岩が卓越し，石灰質頁岩の卓越する大沢層に漸移する．模式地では斜交層理や平行層理に二枚貝・腕足類などの化石が含まれる（図4.2.17B）．

雄勝地域では下部に礫岩や礫質砂岩が発達する（図4.2.17A）．この礫岩は「小島礫岩（市川，1951c）」と呼ばれ，苦鉄質〜超苦鉄質深成岩礫を特徴的に含み，一部には変成岩礫が認められる（市川，1951c；加納，1958a）．雄勝背斜東翼では下部の砂岩中に泥質岩をはさむ部分があり，この上位では小島礫岩に相当する礫岩層が厚く発達する．一方，登米地域では赤紫色から淡緑色を示す礫岩や赤紫色の砂質頁岩や凝灰岩が最下部を占める．この礫岩は「皮装礫岩（加納，1958a）」と呼ばれ，安山岩などの火山岩礫を大量に含む（小貫・坂東，1958b）．この礫岩や砂質頁岩にみられる赤紫色を呈する産状は陸上域での堆積（植田，1963）や凝灰質であることによるとされる（小貫・坂東，1958b；堀川・吉田，2006）．

登米から本吉地域の一部，唐桑地域では，礫岩が非常に薄いか，ほとんど発達せず，見かけ上，ペルム系登米層に直接平磯層の砂岩が累重する．また，唐桑や雄勝地域では下部にデイサイト質の凝灰岩や凝灰質頁岩が認められ，これらは登米地域の凝灰岩類に対比される（小貫・坂東，1958b；鎌田・滝沢，1992）．

すサイクルで，礫岩・砂岩が発達する部分が平磯層，石灰質頁岩が発達する部分が大沢層に相当する．上部のサイクルは，成層した厚い砂岩を主体とする砂岩・頁岩互層から始まり，厚い砂質頁岩へ上方細粒化する層序を示す．砂岩を主体とする部分が風越層に相当し，砂質頁岩の発達する部分が伊里前層に相当する．これらのうち，層厚や分布面積では伊里前層が圧倒的に大きく，稲井層群の分布域の大部分を占める．

ペルム系とは不整合関係で，三畳系基底と接する上部ペルム系の層準が異なることから，広域的な斜交不整合と考えられている（市川，1951c；小貫・坂東，1959；村田・下山，1979）．平磯層より産出する化石群集を考慮すれば，三畳紀前期のインデュアン階を欠くことが指摘されており，地層の欠損は1.5 my以上に及ぶ可能性がある（Nakazawa et al., 1994；Ehiro，2002）．

（2）平磯層

本来，平磯層の名称は稲井層群全体を示すものとして使用されたが（志井田，1940），市川（1951c）

一般に化石は少ないが，模式地の平磯層の石灰質砂岩や石灰岩から二枚貝 *Entolium ussuricus*, *Eumorphotis iwanowi*, *Bakevellia* sp., *Unionites* aff. *canalensis*, *Neoschizodus* cf. *laevigatus* など（市川，1951c；Kashiyama and Oji, 2004），アンモナイト *Glyptophiceras*? sp.（坂東，1964；Kashiyama and Oji, 2004）などのオレネキアン階下部の化石が産する．本吉地域の平磯層上部からアンモナイト *Tirolites* が産し，オレネキアン階の上部までを含むと考えられる（Shigeta and Nakajima, 2017）．また，歌津地域の唐島か

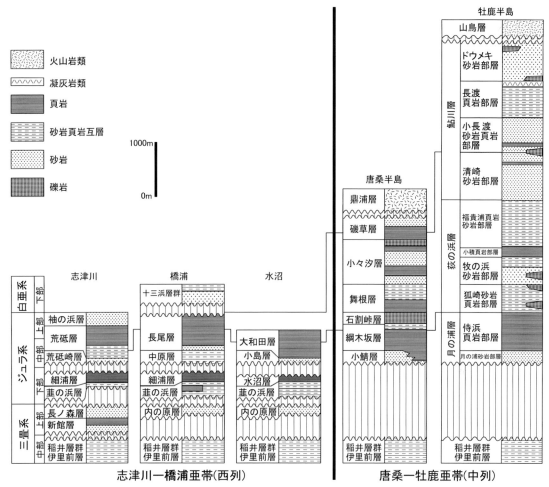

図 4.2.16 南部北上山地ジュラ系の地域別柱状図（Takizawa, 1985, 鈴木ほか，1998 に基づき作成）

らは大型両生類化石が見つかっている（Nakajima and Schoch, 2011）．雄勝・登米地域の礫岩中の石灰岩礫から前期石炭紀のサンゴ・フズリナ・コノドント・腕足類化石が産する（稲井・高橋，1940；村田，1976a；鎌田・中村，1978）．上部では *Rithocolalium* sp. などの生痕が発達する部分がある（鎌田，1993）．

層厚は模式地で195 m，雄勝地域で約250 m，登米地域では約200 m である．

（3）大 沢 層

平磯層から漸移する石灰質頁岩を主体とする地層で，市川（1951c）によって命名された．石灰質な部分と泥質な部分からなる平行葉理が著しく発達する部分がある．部分的にタービダイト砂岩をはさみ，スランプ構造が発達する場合がある．模式地は宮城県気仙沼市本吉の大沢海岸であるが，護岸工事によって現在は露出が悪い．

雄勝地域では上部と下部に分けられ，下部は層理が不鮮明で生物擾乱の発達した不淘汰な砂質頁岩からなり，薄い砂岩層を伴う．上部はタービダイト砂岩を伴う平行葉理の発達した石灰質頁岩からなる（図 4.2.17 C）（滝沢ほか，1990；山中・吉田，2007）．小規模なスランプ構造や砕屑岩脈も観察され，大規模なスランプ構造が発達する地域もある（鎌田，1980, 1983；Kawakami and Kawamura, 2002）．登米地域では下部にチャネル性の厚い礫岩と砂岩をはさみ，上部にはスランプ構造をもつ砂質頁岩が重なる（滝沢ほか，1990）．

平磯層に比べて化石が豊富に産出し，模式地ではアンモナイト化石から *Subcolumbites* 帯と *Arnautoceltites* 帯に区分され，下部三畳系のオレネキアン階上部に対比される（Bando and Shimoyama, 1974）．二枚貝 *Eumorphotis*，*Posidonia*，*Nuculopsis*?, 腕足

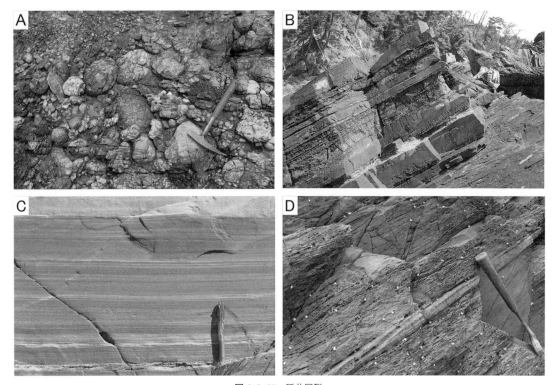

図 4.2.17　稲井層群
A. 平磯層下部の巨礫岩（雄勝地域，峠崎），B. 平磯層下部の斜交層理砂岩（本吉地域，小金沢東方），C. 葉理が鮮明な大沢層の頁岩（雄勝地域，荒浜），D. 伊里前層の砂岩・頁岩互層（本吉地域，伊里前西方）．

類化石の産出が知られる．糞化石も知られる（Nakajima and Izumi, 2014）．歌津や雄勝地域などの各地から魚竜化石 *Utatsusaurus hataii*（Shikama *et al*., 1978；Motani *et al*., 1998）を産するが，歌津地域からはこれと異なる魚竜化石も見つかっている（Takahashi *et al*., 2014）．また，同地域からは多数のアンモナイト化石（Ehiro *et al*., 2016），コノドント化石（歌津町教育委員会，1996）や節足動物化石（嚢頭類；Ehiro *et al*., 2015）も報告されている．本吉地域の山谷からもアンモナイト化石が豊富に産する（Ehiro, 2016）．唐桑地域からは *Chaetetes* を産する（加藤・鎌田，1977）．

層厚は模式地で 350 m，歌津地域で 280 m，雄勝地域で 450 m である．

（4）風越層

地層名は市川（1951c）による．塊状あるいは厚層理の砂岩からなり，層状の砂岩や砂岩・頁岩互層を伴う．模式地は宮城県気仙沼市本吉の風越海岸であるが，現在は護岸工事によって露出がよくない．一般に上方細粒化や上方粗粒化を示す塊状砂岩と厚層理砂岩からなる．砂岩中にはコンボリュート葉理や平行・斜交葉理が発達する部分もあり，塊状砂岩は頁岩偽礫を含むことが多い．厚い砂岩の一部は礫質で，石灰岩礫や火成岩礫を含む．大沢層と漸移関係にある．

登米地域からアンモナイト *Gymnites*, *Hollandites*, *Rikuzenites* など（Shimizu, 1930a；Yabe, 1949），十三浜(じゅうさんはま)地域から腕足類 *Spiriferina* など（市川，1951c）を産する．アンモナイト化石によって中部三畳系アニシアン階に対比される．

（5）伊里前層

市川（1951c）の稲井層を小貫（1956）が改名した．層理のやや不鮮明な砂質頁岩を主体とする地層で，模式地は宮城県南三陸町歌津の伊里前湾の海岸である．風越層の砂岩・頁岩互層から漸移する．一部に薄層のタービダイト砂岩，フォアセット型斜層理の発達した中粒砂岩，斜交葉理の発達した細粒〜極細粒砂岩を含むが，全体的に層理の不鮮明な，砂質頁岩と細粒砂岩の数 cm 単位の細かい互層が卓越する（図 4.2.17 D）．*Zoophycos*, *Condrites*, *Thala-*

shinoides などのさまざまな生痕化石を含み，生物擾乱構造により細粒部の層理が破壊されていることが多い．模式地では最下部に大沢層に類似した石灰質頁岩と頁岩の互層をはさみ，魚竜化石 *Mixosaurus* sp. が発見されている（歌津町教育委員会，1996）．

伊里前層の砂質頁岩は石材としても利用されることが多い．石巻市近郊で石材として採掘されている「稲井石（井内石）」がこれにあたる．

産出化石としては，*Hollandites japonicus*，*H. haradai*，"*Danubites*" *naumanni*，*Balatonites kitakamicus*，*Ussurites yabei*，*Sturia* cf. *sansovinii*，*Protrachyceras* sp.，*Beyrichites* sp.，*Anolcites*? sp. などの多くのアンモナイト化石が報告され（小貫・坂東，1959；滝沢ほか，1990），軟体動物化石（Bando, 1970）も多い．中部三畳系アニシアン階に対比される．

層厚は模式地で 1700 m 以上であり，稲井層群のなかで最も厚く，広範囲に分布する．

（6） 利 府 層

市川（1951c）の命名による．模式地は仙台市東方の利府町で，模式地周辺と多賀城市東田中付近にも分布する．小貫（1956）は本層を下部，中部，上部に区分し，下部は縞状頁岩，中部は暗青色砂岩と頁岩の互層，上部は暗灰色細粒砂岩と頁岩からなるとした．主に灰色〜黒色の頁岩からなり，砂岩をはさむ．

産出化石として，アンモナイト *Monophyllites*，*Ptychites*，*Beyrichites*，*Hollandites*，*Gymnotoceras*，*Paraceratites*，*Protrachyceras* などを含み，中部三畳系アニシアン階からラディニアン階に比較される（小貫・坂東，1959；Bando, 1964）．

新第三系に周囲を囲まれ，上限，下限とも不明である．層厚は約 500 m である．

c. 皿 貝 層 群
（1） 概 説

皿貝層群は清水・馬淵（1932）によって命名され，市川（1951c）によって下部・中部・上部に区分された．小貫・坂東（1958a）は長ノ森山・志津川地域において下から新館層・長ノ森層に区分した．安藤（1982）は歌津地域の皿貝層群を下から平松層・皿貝坂層と呼ぶことを提案している．いずれにしても，皿貝層群の層序は陸成・内湾堆積物から海成堆積物への変化を示し，大まかには 1 つの上方細粒化を示す堆積サイクルを示している．

岩手県大船渡市の明神前層は安山岩・安山岩質凝灰岩からなり，*Monotis* を含む（金川・安藤，1983）ことから皿貝層群の一部に属すると考えられる．宮城県石巻市北上町の橋浦・同市水沼地域に分布する内の原層については，皿貝層群に含める意見やジュラ系志津川層群に含める意見がある．

伊里前西方の皿貝坂の長ノ森層から産する *Monotis* 化石は Naumann（1881）によって紹介され，日本における三畳系発見の端緒となった．*Monotis* 化石そのものは「皿貝」として江戸時代から知られており，地名「皿貝坂」の由来ともなっている．

（2） 新 館 層

新館層は小貫・坂東（1958a）によって命名された．模式地は宮城県気仙沼市南部の長ノ森山北斜面で，南三陸町歌津の皿貝坂付近にも分布する．主に塊状の粗粒〜中粒砂岩からなり，一部に平行葉理や斜交層理をもつ場合や礫質な場合がある．上部は砂質頁岩や炭質頁岩をはさみ，一部に凝灰岩や凝灰質砂岩，礫岩が認められる．礫岩は安山岩・流紋岩・砂岩・粘板岩の礫を含む．長ノ森山では基底部に火山岩角礫を含む礫岩をはさむ．干裂痕や炭質頁岩の存在から陸成層の可能性がある（安藤，1982, 1986）．

稲井層群伊里前層との関係は傾斜不整合とされる（小貫・坂東，1958a；加瀬，1979）．化石はほとんど産出しないが，上位の長ノ森層との層位関係から，上部三畳系カーニアン階下部（Yabe and Shimizu, 1933；小貫・坂東，1958a），あるいはノーリアン階（市川 1951a, b）に対比される．層厚は模式地で約 300 m，皿貝坂で約 200 m である．

（3） 長 ノ 森 層

名称は小貫・坂東（1958a）による．模式地は気仙沼市長ノ森山から愛宕山にかけての地域で，南三陸町歌津の皿貝坂にも分布する．愛宕山西部や南部の大神宮山北部にも分布することが知られる（鎌田，1993；竹内・兼子，1996；竹内・御子柴，2002）．新館層には整合で重なる．黒色の砂質な頁岩と中粒〜粗粒砂岩の互層からなり，最下部には礫岩をはさむ．砂岩は長石質かつ凝灰質である．

皿貝地域から *Monotis ochotica*，*M. scutiformis*，*M. zabaikalica*，アンモナイト *Placites*，*Arcestes*，箭石 *Dictyoconites* などが知られている（市川，1951a；小貫・坂東，1958a）．上部三畳系カーニアン階上部からノーリアン階に（Yabe and Shimizu, 1933；小貫・

坂東，1958a），あるいはノーリアン階に（中沢，1964）対比される．豊富に産出する *Monotis* によって詳細な分帯がなされている（市川，1954；小貫・坂東，1958a；中沢，1964）．

d. 内 の 原 層

地層名は高橋・小貫（1959）による．模式地は石巻市真野内の原である．模式地のほか，同市北上町橋浦地域，南三陸町戸倉や翁倉山周辺にも分布する．塊状で，長石質〜石英質の粗粒〜中粒砂岩からなる地層で，化石をほとんど産しない．本来下部ジュラ系志津川層群の最下部として提唱されたが（高橋・小貫，1959），その層位には議論がある（滝沢ほか，1984）．

稲井層群の伊里前層を不整合に覆う．一方，その上限に関して，速水（1959）はジュラ系韮の浜層によって基底礫岩をもって不整合に覆われることから，皿貝層群に対比したが，Takahashi（1969）はこの不整合を認めていない．滝沢ほか（1990）は本層が上位の韮の浜層に整合漸移することから，本層を下部ジュラ系志津川層群に含めている．鈴木ほか（1998）は砂岩組成をもとに内の原層を皿貝層群の新館層に対比している．層厚は模式地で 250 m である．

e. 明 神 前 層

地層名は金川・安藤（1983）による．大船渡市大船渡町明神前には，関・今泉（1941）によって *Monotis* を含む転石が報告されていた．金川・安藤（1983）は化石産出層の層序・岩相について記載を行い，赤紫色〜緑灰色の凝灰岩からなる地層と，この凝灰岩を礫として含む火山円礫岩，火山岩質砂岩などの地層とを，従来の白亜系船河原層（関・今泉，1941；小貫・森，1961）から分離し，明神前層と呼んだ．層厚は 100〜150 m とされる．付近には白亜系に加えてペルム系登米層も分布しているが，明神前層とはそれぞれ不整合関係と考えられている．大船渡市南部の箱根山東方には箱根山層と呼ばれる火山円礫岩を主体とした地層が分布しており，岩相の類似性から金川・安藤（1983）は明神前層の側方相とみなした．　　　　　　　　　　　　　　　　　[吉田孝紀]

■4.2.6　ジュラ系〜下部白亜系

a. 概　　説

南部北上帯のジュラ系と下部白亜系は同一の堆積盆地に発達し，石巻，水沼，橋浦，志津川，唐桑，牡鹿，大船渡の各地域に分布している．三畳系と同様に，南部北上山地南部に発達する 3 列の向斜構造に沿って分布し，それぞれ西列，中列，東列と呼ばれる．西列は志津川-橋浦亜帯（石巻・水沼地域も含まれる），中列は唐桑-牡鹿亜帯，東列は大船渡亜帯と呼ばれる（滝沢，1977）．西列には下部ジュラ系志津川層群が分布し，上部三畳系皿貝層群を不整合に覆う．中列は上部三畳系・下部ジュラ系を欠き，中部ジュラ系牡鹿層群・唐桑層群が直接下部〜中部三畳系稲井層群を不整合に覆う（図 4.2.16）．東列では下部〜中部三畳系とジュラ系が分布せず，より若い地層である下部白亜系大船渡層群が上部三畳系を不整合に覆う．このように，それぞれの列によって地層の層序，層相，厚さが大きく異なる．すなわち西列の地層はすべて海成層からなり，地層の厚さも薄いのに対し，中列では陸成層（河川相）をはさみ，地層の厚さも西列の 3 倍程度である．

一方，白亜系は火山岩・凝灰岩類などの火山噴出岩が卓越し，砂岩・頁岩などの砕屑物を主体とするジュラ系とは層相が大きく異なる．中列では唐桑・牡鹿地域に，西列では気仙沼市西方の新月地域，東列では綾里地域に厚く発達する．

b. 志津川-橋浦亜帯

石巻-水沼-橋浦-志津川-長ノ森山を結ぶ地帯で，下部ジュラ系志津川層群，中部〜上部ジュラ系橋浦層群，下部白亜系十三浜層群が分布する．ジュラ系は主に頁岩から構成され，白亜系は砂岩が卓越する．

b-1. 下部ジュラ系志津川層群

志津川層群の名称は Mabuti（1933）によってはじめて使用され，これを稲井（1939）が再定義した．主に頁岩からなるが，下部では砂岩が優勢である．下から韮の浜層と細浦層に区分される．橋浦・水沼地域に分布する内の原層を志津川層群に含める場合もある（滝沢ほか，1990）．上部三畳系皿貝層群（長ノ森層）を不整合関係で覆い，中部〜上部ジュラ系荒砥崎層に不整合関係で覆われる．韮の浜層は二枚貝化石を豊富に含む砂岩と頁岩からなり，細浦

層では均質な砂質頁岩が卓越する．

（1） 韮の浜層

Mabuti（1933）による．模式地は南三陸町歌津の韮の浜西部の海岸から南三陸町志津川の細浦東岸である．橋浦や水沼地域にも分布する．模式地では主に成層した砂質頁岩と砂岩からなり，石灰質頁岩や砂岩のブロック，貝化石を含む淘汰の悪い泥質な礫岩や斜交層理の発達する砂岩をはさむ（図4.2.18 A, B）．砂質頁岩や細粒砂岩には葉理が発達し，一部にはハンモック状斜交層理も観察される．二枚貝化石床を多数はさむ．水沼地域では最下部に層厚3 m程度の礫岩層をはさむが，主に灰黒色の砂質頁岩からなり，細粒砂岩を頻繁にはさむ．砂岩は長石質〜石英質で岩片に乏しい．層厚は志津川地域で60 m，橋浦地域で250 m，水沼地域で200 mである．下部は海浜の砕波帯，上部は上部外浜から下部外浜の堆積物とされる（佐藤・桂，1988）．菅原・近藤（2004）は下部を干潟堆積物と解釈している．

産出化石として，二枚貝 *Burmesia japonica*, *Geratrigonia hosouraensis*, *Integricardium*（*Yokoyamaina*）*hayamii*, *Eomiodon lunulatus*, *Modiolus bakevelloides*, 上部からは *Trigonia senex*, *Meleagrinella* sp., アンモナイト *Alsatites*（*Yabesites*）*onoderai* を産する（Hayami, 1961b）．ベレムナイト（Iba *et al*., 2012），板鰓類化石（後藤ほか，1991）も産する．アンモナイト化石からヘッタンギアン期の中期〜後期とされる（Matsumoto, 1956；佐藤 1956；Sato, 1962；Takahashi, 1969）．二枚貝の多くは汽水〜瀕海生である．

（2） 細浦層

Mabuti（1933）による．模式地は南三陸町志津川の細浦海岸〜権現浜で橋浦地域にも分布する．下位の韮の浜層を整合に覆い，橋浦層群の荒砥崎層に不整合に覆われる．全体として砂質な黒色頁岩が卓越する（図4.2.18 C）．最下部は葉理の発達した細粒砂岩から始まり，頻繁に細粒砂岩をはさむ頁岩や砂岩・頁岩互層へ移り変わる．上部の頁岩は塊状で葉理に乏しい．砂岩中には二枚貝の化石床を伴う場合がある．層厚は志津川地域で130 m，橋浦地域で約

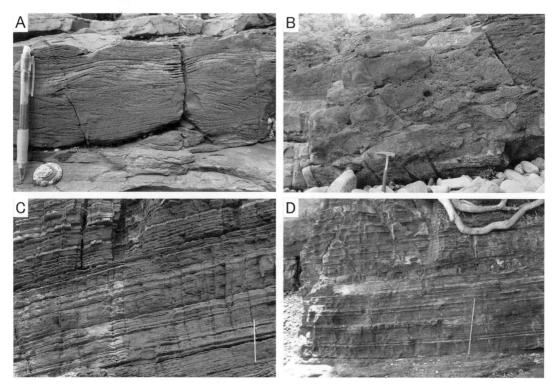

図 4.2.18 志津川地域のジュラ系
A. 斜交層理を示す韮の浜層の砂岩（南三陸町，韮の浜漁港），B. 韮の浜層に含まれる巨礫岩（南三陸町，韮の浜漁港西），C. 細浦層の頁岩（南三陸町，韮の浜西方）．スケールは1 m，D. 層理の発達した荒砥層の頁岩（南三陸町，荒砥漁港西方）．スケールは1 m．

70 m である．堆積環境として斜面基部や堆積盆底が考えられる（佐藤・桂，1988）．

石巻市水沼地域や南三陸町中斉にも同様の岩相の地層が分布し，水沼地域のものは水沼層と呼ばれる．水沼層ではさらに細粒な頁岩が卓越するが，下位の韮の浜層との境界が不鮮明であり，独立の地層として認識することがしばしば困難である．上部には長径 30～50 cm の大型石灰質コンクリーションを含む．層厚は水沼地域で約 60 m である．

アンモナイト *Planammatoceras planinsigne*, *Hosoureites ikianus*, *Arnioceras yokoyamai*, 二枚貝 *Trigonia sumiyagura*, *Variamussium* sp. を産する．アンモナイト化石から，（ヘッタンギアン階・）シネムーリアン階からアーレニアン階に対比される（Sato, 1962）．細浦海岸から産出した魚竜化石（森，1989）は，*Leptopterygius* aff. *burgundiae* と同定された（藻谷，1991）．

b-2. 中部～上部ジュラ系橋浦層群

Mabuti（1933）による．橋浦地域に分布する中部～上部ジュラ系で，砂岩と頁岩からなる．志津川地域・水沼-石巻地域にも分布する．志津川層群や三畳系稲井層群の伊里前層を不整合関係で覆う．おおまかに，砂岩から頁岩にいたる上方細粒化をなす堆積サイクルから構成され，下部の粗粒部が荒砥崎層・中原層・小島層に，上部の細粒部が荒砥層・長尾層・大和田層に相当するが，志津川地域では最上部に砂岩が卓越する袖ノ浜層が重なる．

（1） 荒砥崎層（中原層，小島層）

Mabuti（1933）による．南三陸町志津川の荒砥崎-赤岩崎付近を模式地とする．厚層の粗粒アルコース砂岩が卓越し，上部は砂岩・頁岩互層となる．下部に数枚の礫岩をはさみ，円磨された安山岩，石英斑岩，デイサイト，砂岩，花崗岩などの細礫～中礫を含む．砂岩はアルコース質で，平行層理や斜交層理が認められる．ときに層理面上に二枚貝化石破片や細礫が並んだり，レンズ状に発達して礫岩となる部分もある．志津川層群の細浦層，稲井層群の伊里前層を不整合に覆う．層厚は模式地で 100 m 程度．

橋浦地域の中原層（速水，1959），水沼地域の小島層（滝沢ほか，1984）も同層準とされる．小島層は下位の韮の浜層を軽微な不整合関係をもって覆い，無層理の青灰色を呈する粗粒～中粒砂岩からなる（鈴木ほか，1998）．一部に礫岩や頁岩偽礫に著しく富む角礫岩をはさむ．礫岩には珪長質火山岩礫や花崗岩礫が含まれる．層厚の変化が大きいが，最大 50 m である．中原層は下部に礫岩や砂岩をはさむ，主に砂質頁岩からなる地層で層厚は約 250～550 m である．

気仙沼市南方の愛宕山周辺には礫岩，砂岩や砂質粘板岩からなるジュラ系が分布するとされ（市川，1947, 1951a），愛宕山層と呼ばれた（小貫・坂東，1958b）．しかし，その分布域からは皿貝層群長ノ森層に多産する *Monotis* が得られている（Ando, 1987）．また，鎌田（1993），竹内・御子柴（2002）も長ノ森山～愛宕山周辺でのジュラ系を認識していない．

産出化石として，模式地周辺から二枚貝 *Inoceramus morii*, *Trigonia sumiyagura*, *Vaugonia yokoyamai*, サンゴ，頭足類，腕足類化石が報告されている（Kobayashi and Mori, 1954, 1955；Hayami, 1959a, 1960, 1961a, b；Takahashi, 1969）．

荒砥崎層とその相当層からは有効な示準化石は産していないが，アーレニアン階の細浦層を不整合関係で覆い，バッジョシアン階の荒砥層に覆われるので，バッジョシアン階下部に対比される（Hayamai, 1961b；佐藤・桂，1988）．中原層は荒砥崎層と荒砥層下部に対比されるので，バッジョシアン階と考えられている（滝沢ほか，1990）．

（2） 荒砥層（長尾層，大和田層）

Mabuti（1933）による．成層した黒色頁岩を主体とする地層で，砂岩・頁岩互層状を呈する部分がある（図 4.2.18 D）．下部の砂岩部には級化構造や斜交葉理が認められる．上部では頁岩が卓越するが一部に砂岩をはさむ．荒砥崎層から漸移し，上位の袖ノ浜層に整合で覆われる．層厚は模式地で 450 m 程度である．

水沼から石巻地域では大和田層と呼ばれる黒色頁岩の卓越する地層が分布する．この地層は，稲井・高橋（1940）によって「大和田頁岩」と呼ばれた．下位の小島層から整合的に漸移し，中部では中粒～細粒砂岩をはさむ葉理頁岩や砂質頁岩が発達する．頁岩中には黄鉄鉱を普遍的に含む．層厚は約 300 m である．石巻市北上地域では長尾層と呼ばれ（Mori, 1949），層理をもった黒色頁岩が発達する．層厚は 400 m である．

化石を豊富に産し，荒砥層からは *Leptosphinctes* cf. *martiusi*, *Cadomites* sp., *Idoceras* sp., *Parkinsonia* sp., *Holcophylloceras* cf. *polyolcum*, *Calliphylloceras* sp., *Thysanolytoceras* sp., *Nannolytoceras* sp. が知られ，バッジョシアン階上部を示す（Sato, 1962；Takahashi, 1969）．大和田層では，下部は *Normannites* (*Itinsaites*) sp., *Stephanoceras?* sp. の産出からバッジョシアン階に（鈴木ほか，1998），中部は *Kepplerites* (*Gowericeras*) *oyamai* の産出からカロビアン階に，また，上部は *Perisphinctes* (*Kranaosphinctes*) *matsushimai* の産出からオックスフォーディアン階に対比される（Takahashi, 1969）．橋浦地域の長尾層下部からは *Stephanoceras hashiurense*, *Otoites* sp., *Normannites* sp. などのバッジョシアン期中期のアンモノイドが知られている（Takahashi, 1969；加瀬，1979）．全体として，バッジョシアン階からキンメリッジアン階と考えられる（滝沢ほか，1984）．

（3）袖ノ浜層

地層名は松本（1953）がはじめて使用したが，Takahashi（1969）は「袖浜層」の名称を使用している．模式地は宮城県南三陸町志津川の袖浜で，袖浜周辺や伏房崎周辺にも分布する．下部では斜交葉理や平行葉理を示す中粒〜細粒砂岩が卓越する．上部は砂岩をはさむ，葉理をもつ頁岩からなる．荒砥層を不整合に覆い，層厚は約 300 m.

産出化石として，*Inoceramus* sp., *Posidonia* sp., アンモナイト *Phylloceras* (s.l.) sp., *Aulacosphinctoides* sp., *Rasenia?* sp., *Epimayaites?* sp. が報告されている（松本，1953；Arkell, 1956）．上部ジュラ系オックスフォーディアン階〜キンメリッジアン階とされる（Takahashi, 1969）．

b-3. 下部白亜系十三浜層群

橋浦地域の十三浜には，砂岩に富み，火山砕屑物に乏しい白亜系が分布することが知られている．十三浜層群の名称は Mori（1949）によるが，構成層を月浜層・立神層の 2 層とする層序区分（Mori, 1949；高橋，1961；Hayami, 1961b）と吉浜層・立神層・月浜層の 3 層とする層序区分（加瀬，1979；滝沢ほか，1990）がある．ここでは高橋（1961）に従う．

（1）月 浜 層

Mabuti（1933）による．模式地は石巻市北上町の月浜で，斜交層理をもつ粗粒砂岩や 1〜3 m に成層する粗粒〜中粒砂岩からなり，シルト岩をはさむ．シルト岩には炭質物が豊富に含まれる．砂岩は石英

質〜長石質である．下位の長尾層を不整合関係で覆う．層厚 400 m 以上.

（2）立 神 層

Mori（1949）命名．模式地は石巻市北上町の立神から白浜の道路沿い．主に中粒〜粗粒の石英質砂岩と黒色炭質頁岩の互層からなる．月浜層とは整合関係にある．砂岩は石英質〜長石質である．黒色頁岩からは非海成種を含む軟体動物化石を産し，河口（estuary）の堆積物とされる（Takizawa, 1985）．層厚 130〜200 m.

長尾層上部からジュラ紀最末期〜前期白亜紀のアンモナイトが産出しているので（加瀬，1979），主に下部白亜系と考えられている（滝沢ほか，1990）．

c. 唐桑-牡鹿亜帯

この地帯は牡鹿半島から唐桑半島を結ぶ地帯である．両半島の層序はほぼ対応しており，中部〜上部ジュラ系に整合的に下部白亜系が重なる．西列の地層と比べて，礫岩や砂岩に富み，全層厚も 2〜3 倍と非常に厚い．西列の地層がすべて海成層であるのに対して，中列では陸成層が加わっている．阿武隈山地東縁の相馬地域のジュラ系〜下部白亜系の層序は中列の層序に類似する．

c-1. 唐 桑 層 群

唐桑半島から気仙沼大島にかけての地域では，ペルム系・三畳系に囲まれて北北西-南南東方向に延びる向斜構造（綱木坂向斜；志井田，1940）の中央部に中部〜上部ジュラ系・最下部白亜系が分布する．志井田（1940, 1941）はこの地域に分布する地層群を小鯖砂岩・黒色頁岩層・黒色砂岩層からなる唐桑統と花崗岩礫岩層・舞根層・小々汐層・磯草層からなる鹿折統に区分し，両層群の関係を不整合とした．小貫（1956）は志井田（1940）の小鯖砂岩を小鯖に，黒色頁岩層・黒色砂岩層を綱木坂層に，花崗岩礫岩層を石割峠層に改称し，唐桑層群と鹿折層群の名称を使用した．しかし，永広（1974）はこの不整合を否定したため，Takizawa（1985）が一連の地層群を唐桑層群としてまとめ，再定義した（Takizawa, 1985）．ただし，唐桑層群・鹿折層群からなる従来の区分を用いる研究者も多い（たとえば奈良ほか，1994）．ここでは Takizawa（1985）の区分に従う．

唐桑層群は基底礫岩をもって三畳系稲井層群を不整合に覆い，下から小鯖層，綱木坂層，石割峠層，

舞根層，小々汐層，磯草層・長崎層に区分される．
それぞれの地層の関係はすべて整合関係である．

（1） 小 鯖 層

志井田（1940）によって小鯖砂岩と呼ばれたもの
で，小貫（1956）が小鯖層の名称を使用した．模式
地は宮城県気仙沼市唐桑町小鯖付近で，唐桑町只越
西方～不動山付近に分布する．三畳系稲井層群の伊
里前層を不整合関係で覆う．アルコース砂岩を主体
とする地層で頁岩を伴う．砂岩にはさまざまな斜交
層理が認められ，一部は礫質である．礫としては花
崗岩や酸性火山岩類が多い．層厚は 200 m で変化
に富む．

化石として，*Trigonia sumiyagura*, *Vaugonia yoko-
yamai*, *Vaugonia* (*Hijitrigonia*) *geniculata* などを産す
る（稲井，1939；Kobayashi and Kaseno, 1947；Ko-
bayashi and Mori, 1954, 1955；小貫，1956；Hayami,
1961a）．バッジョシアン階最下部に対比される（佐
藤，1956）．

（2） 綱木坂層

志井田（1940）による唐桑統の黒色頁岩層，黒色
砂岩層と呼ばれたもので，小貫（1956）によって綱
木坂層と呼ばれた．模式地は気仙沼市鹿折東方の綱
木坂付近．最下部には砂岩をはさむが，大部分は無
層理の頁岩からなり，砂岩・頁岩互層をはさむ．砂
岩は暗灰色を呈し，塊状であることが多い．層厚は
360 m である．

下部からアンモナイト *Stephanoceras* cf. *plicatissi-
mum*, *Sonninia* cf. *corrugate*, *Pelekodites spatians*,
Otoites sp. が産出し，バッジョシアン階下部～中部
とされる（Sato, 1956, 1962, 1972）．

（3） 石割峠層

志井田（1940）によって花崗岩礫岩層と呼ばれた
が，小貫（1956）はこれを石割峠層と呼んだ．模式
地は気仙沼市唐桑町舞根から石割峠の道路沿い．同
市唐桑町只越西方，綱木坂南部，東中才東方まで
分布する．花崗岩礫を大量に含む礫岩からなり，ア
ルコース砂岩を伴う．礫は人頭大の花崗岩礫を含
み，花崗岩質カタクレーサイトやオーソコーツァイ
トも認められる．加納（1959b）は花崗岩類が氷上
花崗岩から供給されたと考えた．南部では，礫岩や
塊状・成層した粗粒砂岩と頁岩の互層へ変化する．
Takizawa（1985）は北部のものを扇状地堆積物，南
部のものを沖積平野の堆積物と解釈している．層厚
は最大 230 m で西側に尖滅する．

（4） 舞 根 層

志井田（1940）命名．模式地は唐桑町舞根海岸．
頁岩とアルコース砂岩の互層からなる地層である．
下部では成層構造の明瞭な黒色頁岩が発達し，上部
ではアルコース砂岩・頁岩互層，最上部では平行葉
理が発達した砂岩となる．層厚は約 400 m である．

植物化石 *Frenelopsis* cf. *hoheneggeri*, *Williamsonia*
sp. （志井田，1940），二枚貝 *Myophorella* (*Haidaia*)
crenulata (Hayami, 1961c)，アンモナイト *Perisphinc-
tes ozikaensis*（加藤ほか，1977）を産する．

（5） 小々汐層

志井田（1940）による．綱木坂向斜の軸部に分布
し，模式地は気仙沼市小々汐海岸で，東中才東方か
ら気仙沼大島にも分布する．砂岩および頁岩からな
り，礫岩を伴う地層である．下部の砂岩は粗粒かつ
石英に富み，優白質のアルコース砂岩であり，中部
では砂岩をはさむ頁岩，上部は粗粒砂岩からなる．
礫岩は気仙沼大島の最下部層準に発達し，頁岩の偽
礫やウミユリ・サンゴ・海綿・層孔虫・二枚貝など
の生物破片，ウーイドを含む石灰岩巨礫に富む．中
部では，斜交層理の発達する粗粒な石英質アレナイ
トが頁岩中に頻繁にはさまれる．一部には炭質頁岩
がはさまれる．上部では斜交層理の発達した淘汰の
よい中粒砂岩がみられ，三角貝化石や二枚貝化石を
産する．中部の砂岩と頁岩は河川とその周辺の氾濫
原堆積物に，上部の斜交層理の発達した砂岩は上部
外浜堆積物と解釈されている（Takizawa, 1985）．層
厚は約 400～600 m である．

二枚貝 *Myophorella* (*Promyopholla*) *isokusaensis*,
Nuculana (*Praesaccella*) cf. *yatsushiroensis* (Hayami,
1961a)，チトニアン期のアンモナイト *Substeuero-
ceras* sp. が知られている（神戸・島津，1961）．

（6） 磯 草 層

地層名は小林（1948）による．模式地は気仙沼市
大島の磯草付近で，唐桑半島南端の鶴ヶ浦付近，大
島の北～北東海岸部にも分布する．主に黒色の砂質
頁岩からなる気仙沼大島の磯草や長崎付近に分布す
る地層は，従来ジュラ系小々汐層に対比されていた
が，白亜紀ベリアシアン期の化石 *Thurmanniceras
isokusensis* や *Olcostephanus* sp., *Kilianella* sp., *Ber-
riasella* sp. が報告され，小々汐層から分離された
（Sato, 1958）．層厚は大島で 20 m 以上である．

気仙沼大島からは，下部からアンモナイト *Substeuroceras* sp. などのジュラ紀末の化石が知られる（Hayami, 1960）．上部からはアンモナイト *Thurmanniceras isokusense*, *Kilianella* sp., *Olcostephanus* sp., *Berriasella akiyamai*（Sato, 1958；Takahashi, 1973），ベレムナイト *Hibolithes* sp.（佐野ほか，2015）などが知られ，白亜系のベリアシアン階からバランギニアン階下部に対比される（Takahashi, 1973）．バランギニアン期の放散虫も報告されている（竹谷，1987；奈良ほか，1994）．

（7）長崎層

地層名は小林（1948）による．磯草層とともに小々汐層から分離された（Sato, 1958）．模式地を気仙沼大島の東岸の長崎とし，主に砂岩をはさむ黒色の砂質頁岩からなる．層厚は 60 m 以上．磯草層と岩相・産出化石が類似している．竹谷（1987）は磯草層・長崎層を鼎ヶ浦層の同時異相とみなした．

産出化石として *Olcostephanus* sp., *Kilianella* sp., *Berriasella* sp., *Spiticeras*（*Spiticeras*）cf. *binodiger* Uhlig, *Protacanthodiscus* aff. *malbosi* が知られ，ベリアシアン階～バランギニアン階に対比される（Takahashi, 1973）．奈良ほか（1994）は放散虫化石からバランギニアン階とした．

c-2. 大島層群

気仙沼大島から唐桑半島の鶴ヶ浦に分布する白亜系は，大島層群と命名され，下から鼎ヶ浦層と横沼層に区分される．鼎ヶ浦層は主に火山岩からなる（図 4.2.19）．これを不整合に覆う堆積岩が横沼層と呼ばれたが（小貫，1969），同時異相とみなす見解もある（竹谷，1987）．奈良ほか（1994）は鼎ヶ浦層と長崎層・磯草層の関係を不整合としている．一方，土谷ほか（1997）は，鼎ヶ浦層下部と長崎層・磯草層は同時異相であり，唐桑層群最上部との間には著しい時間間隙がみられないとした．

（1）鼎ヶ浦層

志井田（1940）の大島噴出岩類を半澤（1954）が改称した．模式地は気仙沼大島で，気仙沼市鶴ヶ浦にも分布する．主に灰緑色～暗紫色の輝石安山岩および火山砕屑岩からなり，輝石玄武岩の岩脈を伴う．最上部は亜円礫～亜角礫を含む火山礫岩となる．層厚は 1200 m．

柴田ほか（1977）や Shibata *et al.*（1978）は放射年代で 122 Ma（K-Ar）や 119 Ma（Rb-Sr）を報告

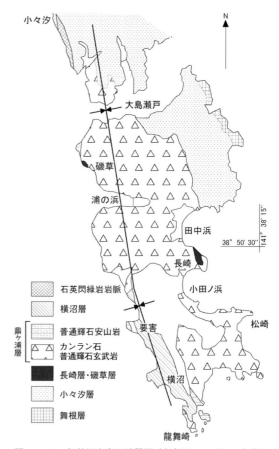

図 4.2.19 気仙沼大島の地質図（奈良ほか，1994；土谷ほか，1997 に基づき作成）

している．奈良ほか（1994）は，鼎ヶ浦層が下位層のさまざまな層準に重なる不整合関係にあること，横沼層と同時異相関係にあることを報告した．土谷ほか（1997）は磯草層，長崎層および小々汐層最上部が未固結の時期において鼎ヶ浦層の堆積が開始しているとした．そのため，鼎ヶ浦層の堆積は長崎層，磯草層と同時期のバランギニアン期から始まり，横沼層の年代であるバレミアン期まで継続したと考えた．

（2）横沼層

志井田（1940）が大島層と呼んだが，小貫（1969）が横沼層の名称を提唱した．模式地は気仙沼大島南西部の横沼で，この付近にのみ分布する．頁岩，砂岩，砂岩・頁岩互層からなり，不純石灰岩，石灰質粗粒砂岩や凝灰質砂岩をはさむ．層厚 360 m．

二枚貝・サンゴ・頭足類など多数の化石が産する

(Yabe and Shimizu, 1925；Yabe, 1927；志井田，1940；Eguchi, 1951；Matsumoto, 1953). アンモナイト *Crioceratites* (*C.*) *ishiwarai* を産し (Yabe and Shimizu, 1925), オーテリビアン階からバレミアン階に対比される (小畠，1988).

c-3. 牡鹿層群

名称は小貫（1956）による．滝沢ほか（1974）によって再定義された．下位の三畳系稲井層群を不整合に覆う中部ジュラ系および最下部白亜系の礫岩・砂岩・頁岩からなる地層群で，牡鹿半島の基部より先端部にまで分布する．安山岩質火山岩・凝灰岩類からなる山鳥層に不整合に覆われる．下位より，月の浦層・荻の浜層・鮎川層に区分され，それぞれの地層の関係は整合である（図4.2.20）．

（1）月の浦層

地層名は稲井・高橋（1940）による．滝沢ほか（1974）によって再定義された．模式地は石巻市の月の浦付近で，女川町寄磯，鮫の浦から大原浜，女川町大浦，出島に分布する．牡鹿層群の最下部を占める地層で，基底礫岩をもって三畳系稲井層群を不整合に覆う．下部の主に砂岩と礫岩からなる月の浦砂岩部層と上部の均質な黒色頁岩からなる侍浜頁

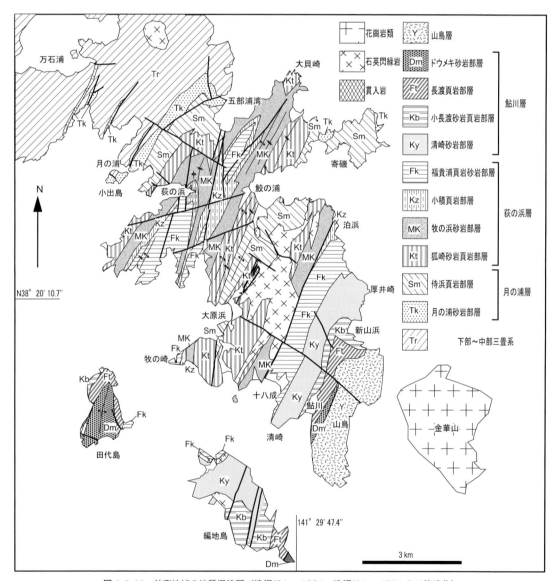

図4.2.20 牡鹿地域の地質概略図（滝沢ほか，1984；滝沢ほか，1974より簡略化）

岩部層に分けられる．層厚は牡鹿地域で700～800 m である．

月の浦砂岩部層は粗粒アルコース質で，塊状無層理のことが多い．一部には斜交層理や平行層理が発達する．基底礫岩はよく円磨された中礫の安山岩，花崗岩，珪長質火山岩の礫を含み，層厚は5 m 程度である．基底部以外にも礫岩をはさみ，これらは花崗岩礫に富んでいる．小出島南東部に分布する"おわんだ湾礫岩（深田，1947）"はこれに相当し，稲井層群に由来する砂岩巨礫が大量に含まれる．上部ではタービダイト砂岩が含まれ，各種の底痕が目立つ．

産出化石として，石灰質な部分からアンモナイト Stephanoceras sp., Normannites cf. itinsae が得られており，バッジョシアン階と考えられている（Sato, 1972）．三角貝 Vaugonia yokoyamai も産する．貝化石 Paralleodon sp., Bakevellia sp., Kobayashites hemicylindricus, Inoceramus fukadae, Inoceramus sp., Entolium sp., Chlamys kobayashii, Ctenostreon ojikanse, Trigonia sumiyagura, Vaugonia kodajimensis, Eomiodon vulgaris（Hayami, 1959b, 1961a）も報告されている．

侍浜頁岩部層は月の浦砂岩部層から漸移する地層で，主に均質な黒色頁岩からなり，石灰質コンクリーションを中部に頻繁にはさむ（図4.2.21 A）．厚さは600～700 m である．数枚の化石密集層をはさみ，アンモナイト・巻き貝・二枚貝を産する．

（2）荻の浜層

命名は稲井・高橋（1940）による．滝沢ほか（1974）が再定義．模式地は石巻市荻の浜付近で，牡鹿半島のほか，網地島北部，田代島東端部にも分布する．主に粗粒～中粒のアルコース砂岩と黒色頁岩の互層からなる．月の浦層に整合に重なる．下より，狐崎砂岩頁岩部層・牧の浜砂岩部層・小積頁岩部層・福貴浦頁岩砂岩部層に区分される．層厚は1400 m である．

狐崎砂岩頁岩部層はリズミカルな砂岩・頁岩互層からなり，下位の侍浜頁岩部層を整合に覆う．砂岩層は層厚30～50 cm で，一般には塊状であるが，級化を示すタービダイト砂岩も認められる（図4.2.21 B）．流痕が発達し，頁岩偽礫を大量に含む場合もある．沖合域の堆積物である（Takizawa, 1985）．

牧の浜砂岩部層は，主に厚層理で癒着成層した粗粒砂岩と頁岩の大規模な互層からなり，炭質頁岩や礫岩が含まれることも多い．植物化石を多産する一方で，海棲動物化石を一切産しない．陸上での蛇行河川と氾濫原の堆積物と解釈されている（滝沢ほか，1974）．牡鹿半島の白浜西方の海岸には著しく厚い礫岩が分布し，「白浜礫岩（高橋，1962）」と呼ばれている．人頭大の巨礫を含み，花崗岩礫や珪長質斑岩礫を含む．

小積頁岩部層は淘汰の悪い黒色頁岩からなり，下位の牧の浜砂岩部層から漸移する．下部には淘汰のよい砂岩をはさみ，部分的に斜交層理やリップルマークが観察される．頁岩には生物擾乱構造が著しく発達する．中部は均質な黒色頁岩からなり，上部では頻繁に砂岩をはさむ．

福貴浦頁岩砂岩部層は，小積頁岩部層から漸移する頁岩優勢な砂岩・頁岩互層で，層厚30～50 cm 程度の砂岩と頁岩が規則正しく互層する．砂岩には級化構造や斜交葉理，コンボリュート葉理が認められる．頁岩偽礫を大量に含む部分もあるが，単層の下底面は平滑でソールマークは観察されることが少ない．最上部ではやや粗粒化し，細礫岩や礫質砂岩が頻繁にはさまれる．頁岩中には生痕化石が豊富に観察され，Zoophycos isp., Chondrites isp., Cosmorhaphe isp. などが認められる．タービダイト砂岩が含まれることから，沖合域の堆積物と解釈される（Takizawa, 1985）．

産出化石としては，狐崎砂岩頁岩部層から Perisphinctes cf. matsushimai を産し，後期オックスフォーディアン期に比較される（稲井・高橋，1940）．牧の浜砂岩部層からはシダやソテツなどの陸上植物化石が多産する（高橋，1941；大山，1954）．小積頁岩部層下部からは二枚貝 Myophorella（Paramyophorella）orientalis やアンモナイト Perisphinctes（Perisphinctes）ozikaensis, P.（Kranaosphinctes）cf. matsushimai, Discosphinctes sp., Lithacoceras onukii, Aulacostephanus（Parasenia）sp., Aspidoceras sp. を産し，後期オックスフォーディアン期から前期キンメリッジアン期を示す（Hayami, 1961a；Fukada, 1950；Sato, 1962；Takahashi, 1969）．また，滝沢ほか（1984）は Takahashi（1969）の泊地域から産出した Virgatosphinctes aff. communis, Aulacosphinctoides? sp., Aulacostephanus（Pararasenia）sp. を福貴浦頁岩砂岩部層から産出したと考え，この時代をチトニアン期

とした.

(3) 鮎　川　層

命名は稲井・高橋（1940）によるが，滝沢ほか（1974）によって再定義された．模式地は石巻市牡鹿町鮎川周辺．牡鹿層群の最上部を占め，牡鹿半島の南東部や田代島，網地島などに分布する．下部と上部に厚い粗粒アルコース砂岩が発達し，中部では黒色頁岩となる．岩相から，清崎砂岩部層・小長渡砂岩頁岩部層・長渡頁岩部層・ドウメキ砂岩部層の4部層に分けられる．全層厚は1900 m である．上位の山鳥層とは不整合関係にあり，長渡頁岩部層とドウメキ砂岩部層を欠く場所がある．層厚にして約1000 m もの地層の欠損が認められる（滝沢ほか，1974）．

清崎砂岩部層は粗粒アルコース砂岩と黒色頁岩からなり，一部に礫岩をはさむ．粗粒砂岩は数 m の単位で成層し，塊状であることが多いが，一部は平行層理や斜交層理を示す（図4.2.21 C）．頁岩は暗灰色であり，葉理や層理が明瞭であることが多い．炭質頁岩も発達し，大量に植物破片を含む．一部に粘土質で著しく細粒な頁岩をはさむ．粗粒砂岩と頁岩の互層も多い．下部に淡緑色の珪長質凝灰岩をはさむ．下位の福貴浦頁岩砂岩部層とは削り込み構造をもった岩相の急変を伴って境される．清崎砂岩部層からは海棲生物化石が見つかっておらず，*Cladophlebis*, *Nilssonia* などの植物化石が含まれることから（藤，1956），陸成層と考えられている（滝沢ほか，1974）．

小長渡砂岩頁岩部層は粗粒砂岩と頁岩の互層が発達する．基底部には珪長質火山岩礫を含む礫岩が発達し，上方に砂岩・頁岩互層を経て頁岩に移る．砂岩では級化を示すアルコース砂岩が発達する．上部は厚い粗粒砂岩と頁岩の互層からなるが，側方変化が著しい．

長渡頁岩部層は小長渡砂岩頁岩部層から漸移し，葉理のよく発達した頁岩と頁岩優勢頁岩・砂岩互層の薄層からなる．一般に薄い砂岩・頁岩互層が発達し，砂岩には級化構造やソールマーク，スランプ構

図 4.2.21　牡鹿地域のジュラ系
A. 月の浦層侍浜頁岩部層の薄層砂岩・頁岩互層（石巻市荻の浜西方），B. 荻の浜層狐崎砂岩頁岩部層の斜交層理をもつ砂岩層（石巻市荻の浜西方），C. 鮎川層清崎砂岩部層の斜交層理をもつ砂岩層．頁岩偽礫を含む（石巻市鮎川港西方），D. 鮎川層ドウメキ砂岩部層．巨大な頁岩偽礫を大量に含む（石巻市鮎川港東方）．

造が頻繁に観察される.

ドウメキ砂岩部層は粗粒な長石質砂岩からなり,礫岩や頁岩をはさむ. 小長渡砂岩頁岩部層との関係は, 凹凸のある侵食面によって境されている. そのため, これを不整合とみなす見解 (小貫, 1969) もある. 下部では頁岩をはさむ斜交層理砂岩が発達する. 頁岩はしばしば炭質である. 上部では礫を含み, 斜交層理をもつ厚層の粗粒砂岩が卓越する, 植物破片に富む頁岩偽礫を頻繁に含む (図 4.2.21 D). 全体として海棲動物化石を産しないので陸成層と考えられている (滝沢ほか, 1974).

小長渡砂岩頁岩部層の下部はアンモナイト *Berriasella* sp. を産し, 白亜系ベリアシアン階に対比される (Takizawa, 1970). その上部からは *Thurmanniceras* cf. *isokusense*, さらに上位の長渡頁岩部層の上部からはアンモナイト *Kilianella* sp., *Lyticoceras* sp., *Sarasinella* aff. *hyatti* (Sato and Takizawa, 1970 : Takahashi, 1969) が知られ, バランギニアン階とされる (小畠, 1988).

c-4. 山 鳥 層

下位の牡鹿層群鮎川層を不整合に覆う火山岩や火山砕屑岩を主体とする地層. 牡鹿半島の先端部に分布する. 下部は安山岩やデイサイトの凝灰角礫岩や火砕岩が卓越し, 上部ではかんらん石玄武岩熔岩, 玄武岩質火砕岩類が発達する. 鮎川層を不整合に覆い, 層厚は 1600 m 以上である. 山鳥層は白亜紀の貫入岩類 (河野・植田, 1964) による熱変成作用をこうむっている. 火山岩の K-Ar 年代は 106 Ma でかなり若い値である (柴田, 1985).

化石は産しないが, 下位層との層位関係と熱変成作用をこうむっていることから, 下部白亜系バランギニアン階～オーテリビアン階とされる (滝沢ほか, 1974).

d. 大船渡帯―大船渡層群―

大船渡地域にはジュラ系が分布せず, 火砕岩類に富む下部白亜系が分布する (関・今泉, 1941). これらの地層群は大船渡層群と呼ばれる (小貫・森, 1961). 下から, 箱根山層・船河原層・飛定地層・小細浦層・蛸浦層に区分され, それぞれ整合関係とされる (小貫・森, 1961).

(1) 箱 根 山 層

関・今泉 (1941) による. 大船渡市末崎町箱根山山頂の東側を模式地とする. 主に火山円礫岩からな

り, 礫の大部分は安山岩である. ペルム系を不整合に覆う. 層厚は約 650 m. 金川・安藤 (1983) は箱根山層が上部三畳系明神前層の側方相に相当する可能性を示している.

(2) 船 河 原 層

命名は関・今泉 (1941) による. 大船渡市大船渡町山馬越付近の須崎川沿いを模式地とする. 大船渡市盛, 広田半島東岸, 碁石崎付近にも分布する. 主に赤紫色安山岩質凝灰岩・火山円礫岩・礫岩・凝灰岩・凝灰質砂岩・砂岩・頁岩からなるが, 特に砂岩と頁岩に富む. 岩相変化に富む. このうち, *Monotis* を含む赤紫色～緑灰色凝灰岩やこの凝灰岩を礫として含む火山円礫岩や火山岩質砂岩などの地層は, 明神前層 (金川・安藤, 1983) として船河原層から分離された.

上部からアンモナイトが産出し, 上部オーテリビアン階とされる (小畠・松本, 1977 ; 松本ほか, 1982). また, 汽水～浅海生二枚貝化石を豊富に産し, 後期オーテリビアン期～前期バレミアン期とされる (Kozai and Tashiro, 1993). 田代・香西 (1989) は領石層の汽水生と物部層の極浅海生の動物群が混在していることを指摘している. 層厚は 300～1300 m.

(3) 飛 定 地 層

命名は関・今泉 (1941) による. 小貫・森 (1961) によって再定義された. 飛定地山西方地域と大船渡市小細浦-門之浜地域, および大船渡湾東岸の尾崎-合足地域に分布する. 主に砂岩と頁岩の互層からなるが下部には礫岩が発達する. 末崎町中井付近では角礫凝灰岩を含み, 大船渡湾東岸ではサンゴ化石を産する石灰質頁岩が分布する. 層厚 250～300 m. 最上部からアンモナイト *Holcodiscus* sp. が産出し, 前期バレミアン期とされる (小畠・松本, 1977 ; 松本ほか, 1982 ; 小畠, 1988).

(4) 小 細 浦 層

小貫・森 (1961) による. 大船渡市末崎町細浦～小細浦海岸を模式地とする. 馬越道, 大船渡湾東岸地域の尾崎岬海岸, 長崎海岸にも分布. 凝灰岩・安山岩質凝灰岩・角礫凝灰岩・凝灰質砂岩・礫岩などの互層からなり, 砂岩や頁岩をはさむ. 層厚は 650 m. *Pterotrigonia* (*Pterotrigonia*) *pociliformis* を産し, オーテリビアン階～アプチアン階に対比される (田代・香西, 1989).

(5) 蛸浦層

小貫・森 (1961) による. 模式地は大船渡市赤崎町蛸浦. 礫岩・砂岩・頁岩・凝灰岩からなり, 砂岩・頁岩互層がよく発達する. 層厚は約 450 m. 砂岩や頁岩からは化石を多産する.

e. 相馬地域

福島県の相馬市から南相馬市にかけての双葉断層の東側は, 唐桑-牡鹿帯の延長にあたり, ジュラ系～下部白亜系の相馬中村層群と年代未詳の鹿狼山層が分布する.

e-1. 相馬中村層群

相馬地域の中生界は, かつて相馬中生層 (正谷, 1950) と呼ばれていたが, Mori (1963) が新たに相馬中村層群の名称を提唱した. その分布は双葉断層の東部に位置する幅 1～3 km, 南北 25 km の狭長な地帯に限られる (図 4.2.22). 東縁部は鮮新世の相馬層群に不整合に覆われる. 積算層厚は約 2300 m に及び, 従来, 北沢層・粟津層・山上層・栃窪層・中ノ沢層・富沢層・小山田層の 7 層に区分されていた (Mori, 1963). しかし, 柳沢ほか (1996) は, 北沢層 (正谷, 1950) の構成岩類を相馬中村層群より分離して, 時代未詳の鹿狼山層に含めた. そのうえで, 同層群のそれぞれの地層は整合関係であり, 最下部をなす粟津層は不整合関係で鹿狼山層を覆うとした.

(1) 粟津層

正谷 (1950) による. 粟津西方を模式地とする. 主に黒色頁岩からなる地層で, 鹿狼山層を不整合関係で覆う. 基底部は層厚 5～10 m の大礫～中礫礫岩から始まり, 中粒～粗粒砂岩を経て, 黒色頁岩となる上方細粒化を示す. 砂岩は三角貝を多産する. 礫岩は優白質花崗岩の巨礫を含み, デイサイト・細粒花崗岩・結晶片岩の礫などを含む. 黒色頁岩では生痕が著しく発達する. 層厚は約 280 m (柳沢ほか, 1996).

模式地から *Bigotites* sp., *Latitrigonia pyramidalis*, *Vaugonia awazuensis* などを産し (Masatani and Tamura, 1959), バッジョシアン階～バトニアン階に対比される (Sato, 1962；Mori, 1963).

(2) 山上層

Mori (1963) による. 相馬市山上の宇多川河床を模式地とする. 粟津層とは整合関係にある. 主に成層砂岩からなり, 下部では中粒砂岩, 上部では粗粒

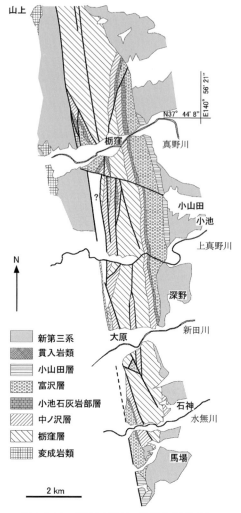

図 4.2.22 相馬中村地域の地質図 (久保ほか, 1990；柳沢ほか, 1996 に基づき作成)

砂岩が卓越して一部は礫質である. 礫は石灰岩・花崗岩・砂岩・頁岩・チャートなどの円礫からなる. 砂岩は重力流堆積物の可能性があるが, 最上部では斜交層理が発達する. 頁岩には生痕を含むものがある. 砂岩は岩片に乏しい長石質アレナイトに分類され, オーソコーツァイト礫を含む. 層厚は約 250 m (柳沢ほか, 1996). 上部の斜交層理の発達する部分は浅海相と考えられる (柳沢ほか, 1996).

基底部と中上部から *Latitrigonia unicarinata*, *Ibotrigonia masatanii*, *Scaphotrigonia somensis*, *Nipponitrigonia sagawai*, *Myophorella* (*Promyophorella*) *sugayensis* などの二枚貝が産する (正谷, 1950；Masatani and Tamura, 1959). 有効な示準化石を産しないが, 層位関係からカロビアン階とされる (Mori, 1963).

（3）栃 窪 層

正谷（1950）および Mori（1963）による．相馬市富沢および池上付近の沢筋を模式地とする．相馬市今田から南相馬市原町区北部までの背斜軸部に広く分布する．粗粒〜細粒砂岩と灰緑色・暗灰色・黒色の頁岩からなる．わずかに頁岩をはさんで粗粒砂岩が連続的に成層し，癒着する部分も多い．砂岩の粒度は下部ほど粗く，部分的に礫質となる．一部には薄い石炭層をはさむ．この石炭はかつて採掘されたものである．これらの岩相には，5〜15 m 程度の小規模な上方細粒化サイクルを示す部分や，斜交層理をもち，5〜30 m の厚層をなす部分などの，いくつかの特徴的な堆積相が観察され，蛇行河川や網状河川，氾濫原などの陸上環境に堆積したと考えられている（Takizawa, 1985；柳沢ほか，1996）．砂岩は長石質アレナイトであり，典型的なアルコースである．層厚は約 350 m（Mori, 1963）．

多量の植物化石を産するが（徳永・大塚，1930；Oishi, 1940；Kimura, 1984），これらは領石型とされる（Kimura and Ohana, 1989a, b；Takimoto *et al.*, 1997, 2008；大花・滝本，2008）．時代決定にいたる化石は発見されていない．層位関係からオックスフォーディアン階とされる（Masatani and Tamura, 1959；Mori, 1963）．

（4）中ノ沢層

徳永・大塚（1930）による．正谷（1950）が再定義．模式地は相馬市富沢西方の中ノ沢である．粗粒から中粒アルコース砂岩と石灰岩からなる地層で，海生動物化石を多産する．下位層とは整合関係にある．本層の下部〜中部は塊状の黄白色砂岩を主体とする館の沢砂岩部層に，上部は石灰岩からなる小池石灰岩部層に分けられる．層厚は模式地で約 230 m（久保ほか，1996），このうち石灰岩は約 50 m である．

館の沢砂岩部層：久保ほか（1990）による．塊状の黄白色粗粒砂岩が卓越し，細粒〜中粒砂岩をわずかにはさむ．砂岩は石英・カリ長石に富み，斜長石・岩片に乏しい．細粒〜中粒砂岩には特徴的に黄鉄鉱や黒雲母が多い（Kimura, 1953；木村，1954）．下部は正谷（1950）によって，“リマ砂岩頁岩層”・“三角介砂岩層”と呼ばれたもので，生物擾乱構造に富み，海生軟体動物化石を含む．全体に海生動物化石に富み，貝化石やアンモナイトを含む．浅海域

での堆積物とされる（Takizawa, 1985）．

小池石灰岩部層：命名者ははっきりしないが，正谷（1950）が使用した．よく成層した石灰岩からなり，薄い頁岩を伴う（江口・庄司，1965）．グレインストーン・パックストーン・ワッケストーン，サンゴに富むフロートストーンからなる 5 つの堆積ユニットが識別される（木山・井龍，1998；Kakizaki and Kano, 2009）．側方への連続性に富み，約 25 km 南北に追跡される．

サンゴや層孔虫（Eguchi, 1951；Mori, 1963），腕足類（正谷，1950；Mori, 1963），ウミユリ（平ほか，2012），巻貝，二枚貝（田村，1959；佐野ほか，2010；芳賀ほか，2012），アンモナイト（Shimizu, 1927, 1930b, 1931；徳永・大塚，1930；Kobayashi, 1935；正谷，1950；Sato, 1962, 2005, 2010；Sato and Taketani, 2008；佐藤・御前，2010）などの化石を豊富に含む．サンゴ化石はほとんどが異地性であるが，最上部では礁性石灰岩が認められる（Kakizaki and Kano, 2008）．多数のアンモナイトが産し，*Virgatosphinctes* sp., *Neumayriceras* cf. *callicerum*, *Aulacosphinctoides* cf. *steigeri*, *Aspidoceras* sp., *Lithacoceras* sp., *Taramelliceras* sp., *Haploceras* sp., *Subdichotomoceras* sp. などによって，キンメリッジアン階〜チトニアン階に対比される（Sato, 1962；Sato and Taketani, 2008）．

（5）富 沢 層

徳永・大塚（1930）による．正谷（1950），Masatani and Tamura（1959）再定義．相馬市富沢から南相馬市鹿島区〜原町区に広く分布するが，富沢付近では露出が悪く，久保ほか（1990）は南相馬市鹿島区小山田のウマ沢を模式地に指定している．主に黄白色粗粒砂岩と頁岩からなり，砂岩が優勢である．下部では石英質砂岩が卓越し，中部では極粗粒砂岩と頁岩の互層で，上方細粒化サイクルを構成する．上部では黄褐色の厚層理・塊状粗粒砂岩で中粒砂岩を伴う．上部の砂岩はしばしば礫質となり，酸性火山礫を多く含む．その他に，石英岩，オーソコーツァイト，チャート，花崗岩類などを含む（Okami *et al.*, 1976）．下部の石英質砂岩は牡鹿-唐桑地域にまで追跡できる鍵層として知られている（柳沢ほか，1996）．陸成の河川と氾濫原堆積物とされる（Takizawa, 1985）．層厚は約 400 m（柳沢ほか，1996）．

植物化石 *Podozamites lancelatus*, *Onychiopsis elon-*

gata などが報告されている（Masatani and Tamura, 1959）．層位関係からチトニアン階と推定される（柳沢ほか，1996）．

（6）小山田層

地層名は正谷（1950）による．南相馬市鹿島区小山田西方を模式地とする．黒色頁岩と細粒砂岩を主体とする地層で，下部に珪長質凝灰岩層を含む．頻繁に凝灰岩，凝灰質細粒砂岩や珪質頁岩をはさむ．下位の富沢層とは漸移関係にある．相馬中村層群の最上部を占める．層厚は約150mである（柳沢ほか，1996）．

最下部から最末期ジュラ紀のアンモナイト *Virgatosphinctes* cf. *rotundicus*，中期ジュラ紀から初期白亜紀のアンモナイト *Paraboliceras* cf. *fasciostatus*，*Parakilianella umazawenensis*，*Thurmanniceras* sp. が得られている（Sato, 1962；佐藤ほか，2005, 2011；Sato and Taketani, 2008）．*Berriasella akiyamae*（佐藤ほか，2005）や *Dalmasiceras muneoi*（Sato and Taketani, 2008）から，ベリアシアン階～バランギニアン階に対比される（Sato and Taketani, 2008）．また，松岡（1989）は *Psudodictyomitra* cf. *carpatica* などの放散虫化石を得て，その時代を前期白亜紀とした．また，ベリアシアン階からバランギニアン階を示す放散虫化石群集が見つかっている（竹谷，2013）．

したがって，小山田層下部にジュラ紀・白亜紀境界があることになる．牡鹿半島の長渡頁岩部層，唐桑半島の磯草層に対比される（Takizawa, 1985）．

e-2. 年代未詳鹿狼山層

黒田・小倉（1960）によるが，藤田ほか（1988）が再定義した．主に細粒～中粒，一部粗粒の塊状や成層砂岩からなり，中層理砂岩頁岩互層や頁岩をはさむ．全般に破砕されており，部分的に片状化して泥質マイロナイトとなっている部分もある（藤田ほか，1988）．化石を産しないため時代不詳であるが，柳沢ほか（1996）は，砂岩組成の特徴から先ジュラ系と考えている． ［吉田孝紀］

■4.2.7 南部北上帯砕屑岩の鉱物組成の年代変遷

a. 概説

南部北上帯の古生界～中生界砕屑岩での組成変遷に関する資料は非常に多い．しかし，古生界では地域によって層序が著しく異なることや白亜紀花崗岩による熱変成作用のため，鉱物組成の変遷が不鮮明な場合が多い．特に角閃石類や輝石類などは変質していることが多いため，それぞれの鉱物粒子による検討は進んでいない．

b. シルル系

シルル系砕屑岩は地域によって組成が異なる．世田米-日頃市地域では氷上花崗岩類の周辺にシルル系が発達し，砂岩などの砕屑岩を含む．これらの砂岩組成は，一般に石英・長石類に富み，岩片に乏しい．砂岩モード組成では，石英50～70%，長石類20～30%程度の石英長石質砂岩である（Okami and Murata, 1975；Murata *et al.*, 1982）．岩片は花崗岩や花崗岩質カタクレーサイトからなるが，奥火の土地域などでは，流紋岩，珪長質凝灰岩や安山岩などの火山岩片も含む．鈴木ほか（1992）は氷上花崗岩類やそれに由来する砂岩，礫岩中のジルコン・モナザイトのCHIME年代から，氷上花崗岩類周辺のアルコース砂岩をペルム紀以降の堆積物とみなしている．

一方，南部北上帯の北西部では，礫岩，砂岩，粘板岩からなる厚いシルル系が知られている（山崎ほか，1984；川村ほか，1996）．この地域のシルル系礫岩には，花崗岩・花崗閃緑岩・閃緑岩・斑れい岩などの深成岩類，流紋岩・流紋岩質熔結凝灰岩・安山岩・玄武岩などの各種の火山岩類と火山砕屑岩類，砂岩や泥岩，オーソコーツァイトからなる礫が多数含まれる（大上ほか，1984；川村ほか，1996）．砂岩は多様な組成をもち，珪長質火山岩片・花崗岩片を含む石英長石質砂岩から，珪長質～苦鉄質火山岩片に富む石質砂岩までが観察され（図4.2.23A），世田米・日頃市地域のものと比べて，やや斜長石に富む（大上ほか，1992）．砂岩中には砕屑性クロムスピネルが含まれ，その組成から前弧マントル起源とされる（吉田ほか，1995b）．砕屑性ざくろ石による予察的な検討では，その起源として酸性火成岩や角閃岩，グラニュライト相に達した泥質変成岩が考えられる（川村ほか，1996）．一部の砂岩は凝灰質であり，珪長質火山岩片を大量に含む．

大迫地域の名目入沢層や薬師川層の砕屑性ジルコン年代は480～420Maに集中する（下條ほか，2016）．

c. デボン系

デボン系は火山岩や火山砕屑岩が多く，その地層

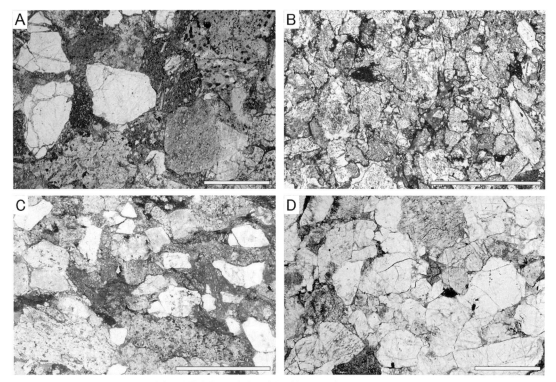

図 4.2.23 南部北上帯古生界・中生界砂岩の鏡下写真（スケールバーはすべて 1 mm）
A. シルル系・デボン系折壁峠層の石質砂岩（花巻市大迫，落合西方），B. ペルム系坂本沢層の石質砂岩（住田町柏里），C. 中部ペルム系落合層の石質砂岩（陸前高田市中平北方），D. 中部ジュラ系荻の浜層牧の浜砂岩部層の長石質砂岩（石巻市荻の浜）．

構成を反映して，砕屑岩類にも火山岩からの供給が卓越する．日頃市地域の大野層・中里層の砂岩は，一般に石英に乏しく，岩片と斜長石に富む．岩片はデイサイト・安山岩・流紋岩・玄武岩片を主体とし，わずかに花崗斑岩などの半深成岩片を含む（三上，1971）．一部には，ほとんどが斜長石のみからなる長石質砂岩も認められる．Hisada *et al.*(2002)は，日頃市地域の中里層において，不淘汰かつ火山岩片や斜長石に富む砂岩を報告している．長坂地域の鳶ヶ森層の砂岩は，酸性火山岩片を含む石質～長石質砂岩である（田近，1997）．また，釜石地域の千丈ヶ滝層上部の砕屑岩は，珪長質火山岩片を大量に含む石質砂岩である．大迫地域のシルル系～デボン系の上部では火山岩片に富む石質砂岩が卓越する．

中里層（Hisada *et al.*, 2002），鳶ヶ森層（Hisada *et al.*, 1997），千丈ヶ滝層（Hisada and Arai, 1999），阿武隈山地の松ヶ平変成岩，合の沢層，真野層（Hisada *et al.*, 1995）や鳶ヶ森層（Hisada *et al.*, 1997）からクロムスピネルの産出が報告されている．

d. 石炭系

日頃市～世田米地域の石炭系は石灰岩と流紋岩や玄武岩などの火山岩・火山砕屑岩類が卓越する．三上（1971）や川村（1984），Hisada *et al.*(2002)によれば，日頃市層の砂岩は火山岩片に富み，石英に乏しい石質～長石質砂岩である．岩片として，珪長質凝灰岩・デイサイト・流紋岩・玄武岩の岩片が多く含まれる．長坂地域の唐梅館層は，オーソコーツァイト・チャート・砂岩・粘板岩などの礫を含む（Okami *et al.*, 1973）．クロムスピネル（Hisada *et al.*, 1997）の産出も知られている．

e. ペルム系

ペルム系の砕屑岩は地域や層準による組成的変異が比較的大きい．しかし，一般には下部ペルム系から中部ペルム系下部では火山岩片や火山岩礫に富む砕屑岩が発達するが，中部ペルム系上部では花崗岩などの深成岩からの供給が増加する．

ペルム系の基底礫岩層は，世田米，日頃市，達曽

部, 大迫, 中平 などの各地で観察できるが, ともに, 流紋岩や熔結凝灰岩などの珪長質火山岩や凝灰岩を大量に含み, 安山岩礫や玄武岩礫をわずかに含む. 一部には珪化変質した石灰岩礫も含まれる. 下部ペルム系の砂岩は, 石英に乏しく, 珪長質火山岩・凝灰岩の岩片に富む特徴をもつが, 一部には安山岩片に富む石質砂岩や凝灰質砂岩が認められる (図4.2.23 B; 吉田ほか, 1994; Yoshida and Machiyama, 2004).

中部ペルム系下部では, 石英に乏しく, 安山岩片やデイサイト岩片に富む長石質～石質砂岩が発達するが (図4.2.23 B), 中部ペルム系上部では"薄衣式礫岩"と呼ばれる花崗岩礫を含む礫岩が各地に分布する (小貫, 1969; 永広, 1977, 1989b). この礫岩は, 花崗岩・花崗斑岩・閃緑岩・斑れい岩・流紋岩・安山岩・玄武岩などの火成岩礫を主体とし, 砂岩・泥岩・石灰岩・結晶片岩・ホルンフェルスなどの礫を伴う. 花崗岩礫の年代として, 276～225 MaのK-Ar年代 (柴田, 1973; 新しい壊変定数で再計算) や257～244 MaのCHIMEジルコン・モナザイト年代 (Takeuchi and Suzuki, 2000) が知られている. この礫岩に伴う砂岩は石英にやや富む長石質砂岩や石質砂岩であり, 多様な岩片種を含む. 上部ペルム系の礫岩でも花崗岩や火山岩礫が目立ち, 砂岩組成も中部ペルム系と類似している (吉田, 2000).

中部ペルム系から上部ペルム系砂岩には, 石灰質な変成岩やスカルンを起源とするざくろ石が含まれる (Takeuchi, 1994; 吉田ほか, 1995a).

f. 三 畳 系

下部～中部三畳系の稲井層群における砕屑岩組成は, 上部ペルム系とよく類似している. しかし, 上部三畳系皿貝層群では火山岩を起源とする鉱物や岩片が増加し, 堆積物も凝灰質となる.

三畳系の基底部には, 礫岩が認められる地域がある. これらはその特徴から, それぞれ"皮袋礫岩"と"小島礫岩"と呼ばれている. 皮袋礫岩は, 宮城県登米を中心とする地域の三畳系基底に認められる, 赤紫色～淡緑色を呈する礫岩で, 同色の砂質泥岩や砂岩を伴う. 礫では発泡した安山岩礫が卓越し, 砂岩も同質の岩片や斜長石に富み, 石英に乏しい. 一方, 小島礫岩は宮城県雄勝地域を中心とする地域に認められる礫岩で, 斑れい岩・花崗岩・閃緑岩などの深成岩礫に富み, 玄武岩・安山岩・流紋

のほか, 結晶片岩や超苦鉄質岩の礫を含む (滝沢, 1977).

下部～中部三畳系の砂岩組成は上部ペルム系と類似し, 石英をやや多く含む石質砂岩～長石質砂岩である. 長石では斜長石が卓越する (滝沢, 1977; 鎌田, 1979; 吉田ほか, 1995a). このような傾向は稲井層群全般に認められ, 地域や層準による差異はほとんどない. 稲井層群大沢層からは石炭系から由来したと考えられる石灰岩礫が報告されており (村田, 1976b; 加藤・鎌田, 1977; 鎌田・中村, 1978), 後背地に先ペルム系が露出していたことを示唆する.

上部三畳系の皿貝層群では, 砕屑物は珪長質火山岩や安山岩由来の物質に富むようになり, 砂岩も凝灰質となる. 志津川地域の内の浜層の帰属に関しては, 下部ジュラ系と上部三畳系の可能性が指摘されているが, その砂岩組成は火山岩類に富み, 皿貝層群のものと類似している.

砕屑性ざくろ石の化学組成によれば, ペルム系～中部三畳系までは石灰質な変成岩を起源とするが, 上部三畳系では泥質岩を起源とするグラニュライト相に達した広域変成岩からの供給が認められる (竹内, 1994; Takeuchi, 1994).

g. ジュラ系

下部ジュラ系や中部ジュラ系の一部には火山岩を起源とする砕屑粒子が増加するが, 中部ジュラ系～上部ジュラ系では石英・長石類が卓越し, 組成的成熟度が順次増加する (滝沢, 1977).

下部ジュラ系砂岩は一般に石英長石質で岩片として花崗岩片, 珪長質火山岩片を含む. 志津川層群の砂岩には砕屑性のクロリトイドやクロムスピネルが含まれ (竹内, 1994), 後背地に大陸性の変成岩やオフィオライトベルトが存在していたことが示される.

中部ジュラ系では, 地域を問わず石英質砂岩となる傾向がある. 牡鹿半島に分布する月の浦層の砂岩 (月の浦砂岩部層) は花崗岩片や珪長質火山岩片を含む長石質砂岩であるが, 荻の浜層 (牧ノ浜砂岩部層や狐崎砂岩頁岩部層, 福貴浦砂岩頁岩部層) では石英に富む長石質砂岩となり (図4.2.23 D), カリ長石量が増す. 上部ジュラ系の鮎川層 (清崎砂岩部層) ではいっそう組成的成熟度が高まり, 岩片類をほとんど含まない石英長石質砂岩～石英質砂岩となる. 一部はオーソコーツァイトに分類される

(Takizawa, 1985). 月の浦層や荻の浜層に含まれる礫岩は, 花崗岩, 花崗斑岩, 流紋岩, デイサイトなどの礫を含む. 鮎川層では火山岩礫が目立つ.

同様の傾向は唐桑半島の唐桑層群, 相馬中村地域の相馬中村層群においても認められ (Okami, 1969；大上ほか, 1992), 特に上部ジュラ系の富沢層砂岩はカリ長石に富み, 組成的熟成度が高く, 一部はオーソコーツァイトに分類される (Takizawa, 1985).

ジュラ系砂岩に含まれる砕屑性ざくろ石は, 酸性火成岩, 角閃岩, グラニュライト相に達した泥質変成岩などを起源とし, ペルム系〜中部三畳系に多く含まれる石灰質な変成岩を起源とするざくろ石とは大きく異なっている (Takeuchi, 1994；竹内, 1994).

h. 南部北上山地における鉱物組成の変遷

シルル系砕屑岩は, 花崗岩類からなる供給源とそれに安山岩質〜珪長質火山岩類, 古期の堆積岩・変成岩類, 堆積岩類が加わった供給源の大きく異なる2つの後背地に由来している. 特に後者の鉱物組成は多様であり, 後背地には大陸性基盤岩やオフィオライトベルトなどが存在していたと推定される. デボン系や石炭系には火山岩砕屑岩類が卓越することもあり, 砕屑岩組成も火山岩に由来する物質が圧倒的に多く, 花崗岩質岩や変成岩に由来する成分は非常に少ない.

しかし, 下部ペルム系ではやや石英に富む砂岩が認められる一方で, 火山岩や火山砕屑岩を起源とする砕屑物も多い. これらは先ペルム系の堆積岩類や火山岩類, あるいは同時的に活動した火山岩類に由来すると考えられる. しかし, 中部〜上部ペルム系では, 砕屑物は火山岩, 花崗岩質岩や接触変成岩を起源とする多様な岩石から供給されている. 同様の傾向は, 下部〜中部三畳系に引き継がれ, ペルム紀以前の砕屑物組成とは明瞭な対照をなしている. 宮城県登米市皮袋地域のように, 下部三畳系の一部には火山岩由来の砕屑物が卓越する地域があるが, 下部三畳系の礫岩には超苦鉄質岩礫や広域変成岩礫, 石炭系由来の石灰岩礫も含まれるなど, 後背地の岩石構成はいっそう多様化したと考えられる.

上部三畳系では花崗質岩や火山岩由来の砕屑物が卓越し, 同時的な火山活動の影響を反映している. 中部ジュラ系では砕屑岩は火山岩片に乏しく, 石英質あるいは長石質となり, 花崗質岩や広域変成岩, 大陸基盤岩からの供給を示唆している.

シルル系から下部白亜系の砕屑性ジルコンのU-Pb年代を広範にまとめたOkawa et al. (2013) は, それぞれの地質系統の砕屑性ジルコンが堆積時に近い年代グループを主体とすることを示した. さらに, シルル系〜下部石炭系が1500〜750 Maのジルコンを特徴的に含むこと, 中部ジュラ系〜下部白亜系が1850 Ma前後を示すジルコンを含むことを示した.

このようなシルル紀からジュラ紀にわたっての後背地の変化は, 砂岩の石英量において明瞭に示される (図4.2.24). シルル系では石英量がやや多いものの, デボン系・石炭系では岩片が卓越し, 石英量は非常に低い. しかし, ペルム系ではやや多く, 三畳系・ジュラ系と増加の一途をたどり, ジュラ系では石英質砂岩が卓越する層準もある. この変化は, 花崗質岩の影響の強いシルル紀の大陸的な後背地か

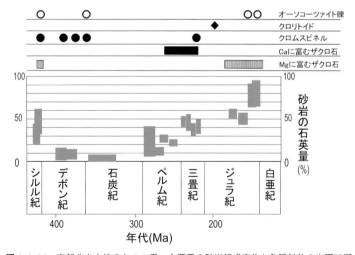

図4.2.24 南部北上山地のシルル系〜白亜系の砂岩組成変化と各種鉱物の出現時期

ら，火山岩の卓越する火成弧的な後背地，そしてそれらの複合的な後背地を経てふたたび大陸的な後背地へといたる供給源の変化を反映している．なかでも前期ペルム紀と（後期三畳紀？〜）前期ジュラ紀での後背地変化は明瞭であり，この時期にテクトニック環境の大きな変化があったと推定される．

[吉田孝紀]

4.3 根田茂帯

a. 概説

根田茂帯は，北上山地中央部西域の盛岡東部〜早池峰山（はやちねさん）の狭長な区域にあり（図4.3.1），前期石炭紀付加体を主とする根田茂コンプレックスの分布する地体である（永広・鈴木，2003；永広ほか，2005；内野ほか，2008b）．この地体には，根田茂コンプレックスのほかに，北西-南東方向の断層に沿って，南部北上帯起源の蛇紋岩や斑れい岩などのテクトニックブロックもみられる．

b. 区分の変遷

北上山地の地質は，古くより北部北上山地と南部北上山地とに区分され，その境界域に南西側の「輝緑凝灰岩帯」と北東側の「千枚岩帯」とからなる断層帯の「早池峯構造帯」（吉田・片田，1964）が設定されていた．1980年代より，早池峰構造帯とその周辺の地質の分布，構成，構造，年代，テクトニクスなどが徐々に明らかにされた．早池峰構造帯，南部北上帯，北部北上帯の各帯を構成する岩体や岩相は，層序，年代，化学組成などに基づいて地質単元が整理・再区分され（大沢，1983；永広ほか，1988；川村・北上古生層研究グループ，1988；川村ほか，1996；内野ほか，2008b），地帯区分も設定し直された（図4.3.2）．大沢（1983）は，釜石-川井（かまいし）地域の「千枚岩帯」を北部北上帯に含めて，早池峰構造帯の地質構成を整理した．永広ほか（1988）は，「輝緑凝灰岩帯」に超苦鉄質岩・角閃岩を含めて「早池峰構造帯」と再定義した．一方，川村・北上古生層研究グループ（1988）は，「輝緑凝灰岩帯」相当の一部（小黒層（こぐろ）・早池峰複合岩類）がオルドビス紀（？）砕屑岩（薬師川層（やくしがわ））と整合関係であること（大沢，1983；永広ほか，1988；内野ほか，2013）から，それらを一連の南部北上帯構成メンバーとし，盛岡〜早池峰山地域の弱変成岩類と超苦鉄質岩・角閃岩の分布域に限って早池峰構造帯（早池峰帯：川村ほか，1996）とした．永広・鈴木（2003）は，根田茂コンプレックスの分布する地体を新たに「根田茂帯」と称して，早池峰構造帯から分離した．永広ほか（2005）は，地体区分として，根田茂コンプレックス分布域を「根田茂帯」，早池峰複合岩類と超苦鉄質岩・角閃岩を「南部北上帯北縁部」として定義した．その結果，「早池峰（構造）

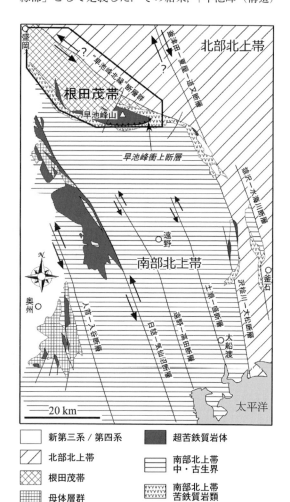

図4.3.1 北上山地中央部における地質体分布概念図
（川村・北上古生層研究グループ，1988を改変）
前期白亜紀深成岩類は省略してある．

4.3 根田茂帯

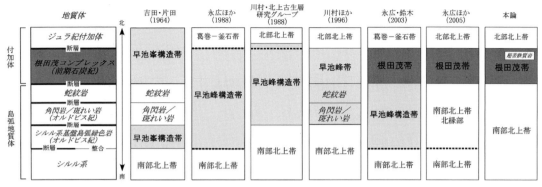

図 4.3.2 根田茂帯をめぐる地体区分の変遷（内野ほか，2008b に加筆修正）
根田茂帯中の超苦鉄質岩は内野ほか（2008b）に従い，帰属未詳（南部北上帯起源？）とする．

帯」の区分名称は消滅した（内野ほか，2008b）．なお，この区分は5万分の1地質図幅「早池峰山」（川村ほか，2013）でも踏襲されている．

c. 分布・構造

根田茂帯は，盛岡市東部から早池峰山北部までの長さ約40 km，幅約10 kmで，北西-南東方向の帯状の範囲を占める（図4.3.3）．根田茂帯内では全体的に，走向北西-南東で高角南西傾斜の片理・劈開・剪断・断層などの構造方向が優勢であるが，南部西側（根田茂川流域）では北北西-南南東の構造方向を示す．

根田茂帯の南西～南には，南部北上帯のシルル系基盤をなす苦鉄質岩類（神楽火成岩類；内野ほか，2013）や超苦鉄質岩（主に蛇紋岩）が断層で接して分布する．南端部の盛岡市砂子沢長野峠周辺では，根田茂コンプレックスと蛇紋岩が錯綜した境界帯をなす．この境界帯に分布する，大上・大石（1983）が「久出内川変成岩」として区分した片岩類は，根田茂コンプレックスに含められる（川村ほか，1996；内野ほか，2008b）．この付近では，蛇紋岩に発達する断層面や鱗片状劈開面が南傾斜を示すことから，根田茂コンプレックスや超苦鉄質岩の構造的上位に南部北上帯があるとみられる．早池峰山の南麓にみられる北傾斜の「早池峰衝上断層」（大沢，1983）は，超苦鉄質岩体が南部北上帯古生界の構造的上位に後生的に移動した結果と考えられる．早池峰山の北には，超苦鉄質岩体や根田茂コンプレックスと高角断層で接して，南部北上帯の苦鉄質岩類（神楽火成岩類）が狭長に分布する（図4.3.3）．

根田茂帯の北東には，北部北上帯のジュラ紀付加体が隣接する．両帯の境界は高角の断層群（"早池峰北縁"断層群）であり，断層に沿って超苦鉄質岩のテクトニックブロックが分布する．早池峰山より東方では，根田茂帯の分布は尖滅して，北部北上帯と南部北上帯とが直に接する（図4.3.1）．

d. 根田茂コンプレックス

根田茂コンプレックスは，泥岩・珪長質凝灰岩互層（MS互層：内野ほか，2008b），珪長質凝灰岩，玄武岩が卓越し，チャート，泥岩，砂岩，砂岩・泥岩互層，礫岩，斑れい岩などを少量含む．玄武岩，チャート，珪長質凝灰岩は側方への連続性が悪く，レンズ状またはスラブ状の岩体として分布する（図4.3.3）．MS互層は，数mm～cmオーダーの泥質層と淡緑色珪質層の互層であり，珪質層には火山ガラス砕片が含まれる（図4.3.4）．一般に剪断変形が著しく，ブーダン～レンズ状の破断構造もよくみられる．玄武岩は，ドレライトを少量伴い，海山型アルカリ岩・海山型ソレアイト・T-MORBの領域の化学組成を示す（濱野ほか，2002；内野・川村，2009）．全般にぶどう石-パンペリー石相，パンペリー石-アクチノ閃石相，緑色片岩相の変成作用を受けている（Moriya, 1972；大貫ほか，1988；内野・川村，2010）が，一部の玄武岩からは藍閃石が見いだされ，緑れん石-青色片岩亜相の高圧型変成作用を受けていることが明らかにされている（内野・川村，2010）．赤色～暗紫色のチャートをレンズ～ブロック状に伴うことが多く，一部に鉄マンガン鉱床を胚胎する．これらのチャートは，海洋底～ホットスポットの火山活動に伴う熱水噴出で形成されたと考えられている（野崎ほか，2004）．成層チャート（層厚10 m以下）の産出はまれである．根田茂コンプレックスは，岩相構成の違いによっ

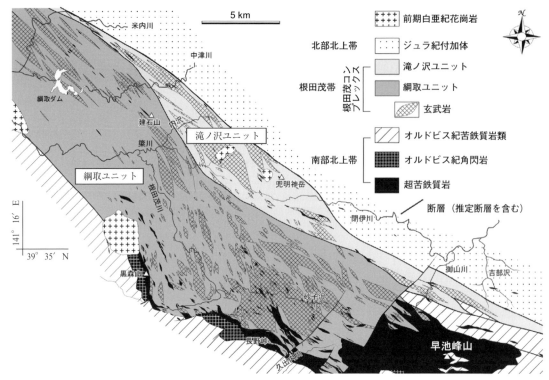

図 4.3.3　根田茂帯の地質概略図（内野・川村，2009 に加筆・修正）
地質図の範囲は図 4.3.1 参照．

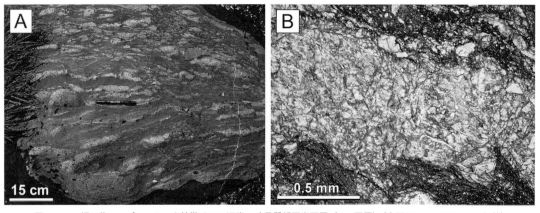

図 4.3.4　根田茂コンプレックスを特徴づける泥岩・珪長質凝灰岩互層（MS 互層）（内野ほか，2006b より転載）
A．露頭，B．薄片写真（単ポーラー）．盛岡市簗川．

て，綱取ユニットと滝ノ沢ユニットに区分される（図 4.3.3：内野ほか，2008b）．綱取ユニットは MS 互層および玄武岩が卓越し，砂岩は火山岩片で占められるのに対して，滝ノ沢ユニットは砂岩・泥岩互層を頻繁に含み，砂岩は石英・長石に比較的富むほか，まれに灰色の成層チャートを挟有する．両ユニットにはまれに礫岩が含まれ，盛岡市簗川内沢の

建石林道にみられる滝ノ沢ユニットの礫岩（「建石礫岩」）は，超苦鉄質岩や高圧型変成岩の礫を特徴的に含む（Uchino and Kawamura, 2010）．

これまで，根田茂コンプレックスの年代として，MORB に伴う鉄マンガン質チャートから後期デボン紀コノドント化石（濱野ほか，2002）が，陸源砕屑岩から前期石炭紀放散虫化石（内野ほか，2005）

が発見され，根田茂コンプレックス（綱取ユニット）の海洋プレートの生成年代と付加年代が明らかになった．また，建石礫岩の高圧型変成岩礫のフェンジャイト ^{40}Ar/^{39}Ar スポット年代は，347〜317 Ma（冷却年代）を示す（内野ほか，2008a）．

e. テクトニックブロック

綱取ユニットと滝ノ沢ユニットとの境界は，超苦鉄質岩などのテクトニックブロックを伴う断層帯である（図 4.3.3）．建石林道では，高圧型変成岩（含藍閃石苦鉄質片岩および含ざくろ石泥質片岩：「建石片岩類」）のほか角閃石岩・輝石岩・斑れい岩・石英閃緑岩が見いだされている（内野・川村，2006；Kawamura *et al.*，2007；内野ほか，2008b）．建石片岩類中の白雲母は ^{40}Ar/^{39}Ar プラトー年代で約 380 Ma を示し，母体-松ヶ平帯の先後期デボン紀高圧型変成岩に対比され，後の構造運動で上昇し定置したと考えられる（Kawamura *et al.*，2007）．テクトニックブロックのうち，超苦鉄質岩・角閃岩・斑れい岩・石英閃緑岩は南部北上帯のオルドビス系（早池峰複合岩類）を起源とすると考えられている（内野ほか，2013）．

f. 原岩層序

根田茂コンプレックスでは，多くの剪断・断層により，初生的な連続層序関係が保持されていないことや，化石年代資料がきわめて乏しいことなどから，原岩層序の復元は確立されていない．しかし，前述したような，根田茂コンプレックスの全体的な特徴（厚い成層チャートを欠き，珪長質凝灰岩に富む）や各構成岩類の随伴関係・産状，また他の付加体での層序復元を参照すれば，下位より，海洋地殻断片の玄武岩（熱水性チャートを伴う），きわめて薄い遠洋性堆積物の成層チャート，半遠洋性（〜海溝充填）堆積物の珪長質凝灰岩，そして海溝充填堆積物のMS 互層および砂岩（砂岩・泥岩互層）の順に累重する原岩層序が想定される．これらの層序の年代枠として，産出した微化石年代から，少なくとも綱取ユニットでは，海洋地殻生成年代の後期デボン紀（濱野ほか，2002）から付加年代の前期石炭紀（内野ほか，2005）までととらえることが可能である．

g. 対 比

根田茂コンプレックスは，岩相の類似性や，北上山地に発達する前期白亜紀左横ずれ断層群における変位（図 4.3.1）復元後の位置関係から，母体-松ヶ平帯の母体層群に対比可能とされている（川村・北上古生層研究グループ，1988）．母体層群は高圧型変成作用を受けていることを特徴とするが，根田茂コンプレックスにおいても高圧型変成作用を受けていることが明らかにされたことで，両者が対比できる可能性はさらに高まった（内野・川村，2010）．母体変成岩類（母体層群）の超苦鉄質岩類は，南部北上帯の上部デボン系鳶ヶ森層に不整合で覆われるとされる（佐々木ほか，1997）が，Sasaki（2001）は，この超苦鉄質岩類を先後期デボン紀の"基盤火成岩類"として，年代不明の母体変成岩類から分離している．すなわち，母体層群の付加体が先後期デボン紀であると論証されているわけではない．その超苦鉄質岩類は，根田茂帯・南部北上帯境界に産する超苦鉄質岩類と同様に，南部北上帯の構成メンバーである可能性がある．

西南日本では根田茂コンプレックスと同様の時代および岩相を示す付加体は確認されていない．しかし，石炭紀の変成年代をもつ高圧変成岩が，主に蓮華帯（Nishimura，1998）に分布しており，それらの原岩は根田茂コンプレックスに相当する付加体である可能性がある．

h. テクトニクス

西南日本では北から，大江山オフィオライト（オルドビス紀島弧），蓮華帯（石炭紀高圧型変成岩），秋吉帯（ペルム紀付加体），周防帯（ジュラ紀高圧型変成岩），美濃-丹波帯（ジュラ紀付加体）が分布しており，構造的上位により古い地質体が分布するというパイルナップ構造を示している（磯﨑・丸山，1991）．そのモデルに照らし合わせると，北上山地においても，構造的上位から下位にかけて，南部北上帯，母体-松ヶ平帯，根田茂帯（綱取ユニット，滝ノ沢ユニット），北部北上帯と初生的に分布していた可能性が想定されている（内野ほか，2008b）．

Uchino and Kawamura（2010）は，滝ノ沢ユニットから高圧型変成岩礫や超苦鉄質岩礫を特徴的に含む「建石礫岩」を見いだした．彼らは，陸棚相を示す南部北上帯下部石炭系の礫岩には高圧型変成岩や超苦鉄質岩の礫が認められないことから，根田茂コンプレックスが形成された前期石炭紀に，超苦鉄質岩を伴った高圧型変成岩（蓮華帯の高圧変成岩に相当）が前弧域に上昇・露出したと考えている．

［内野隆之・川村寿郎・川村信人］

4.4 北部北上帯

■4.4.1 概説

北部北上帯（広義）は，極東ロシア・タウハ帯-渡島帯-北部北上帯-南部秩父帯と続く，後期中生代のアジア大陸東縁にあった長大な沈み込み帯で形成された付加体からなる地体の1つである．北部北上帯は，タウハ帯や渡島帯と南部秩父帯をリンクする重要な位置にあるが，これまでその付加体の地質構造の詳細や付加年代などについては十分に解明されてこなかった．しかし，2000年代に入って各地域の海洋プレート層序の見直しが進みつつある．

北上山地の北部地域が，浅海相中・古生界よりなる北上山地南部地域（南部北上帯）と異なる岩相構成をもつことは古くから知られていた．湊（1950）は，北上山地の古生層を，盛岡-遠野を画する線の以北，以東（外側型-北部型）および以南，以西（内側型-南部型）において相を異にする2つの対立したものとして把握できると述べている．小貫（1956）は北部北上山地を，西側から，輝緑凝灰岩卓越地域，チャート卓越地域および石灰岩・輝緑凝灰岩・チャート卓越地域に分け，湊（1950）同様これらはすべて古生界と考えた．西側の輝緑凝灰岩卓越区域は早池峰-五葉山構造帯（吉田，1961）あるいは早池峰構造帯（吉田・片田，1964）にあたる．しかし，長谷ほか（1956）は東縁部にジュラ紀・白亜紀化石を認めており，加納（1958b）はこの中生界を含む東縁部を北上外縁帯として区別した．

1950年代半ばから60年代後半にかけて，大和（1956），吉田（1961），吉田・片田（1964）は南部・北部境界地帯の5万分の1地質図を作成した．吉田・片田（1964）は北上山地の地質を，北部型古生界区，早池峰構造帯，超苦鉄質岩類，および南部型古生界区に区分し，吉田（1968）は，北部型古生界区を，西側から北部北上帯（狭義），岩泉帯，田老帯に細分した．島津ほか（1970）は北部北上帯-岩泉帯境界を葛巻構造線，岩泉帯-田老帯境界を田老構造線と呼んだ．これら3帯からなる地体が北部北上山地である（小貫ほか，1960a；小貫，1969）．杉本（1974a）は，それまで知られていた化石データを総括し，北部北上帯（狭義）は主としてペルム系

から，岩泉帯は三畳系～下部白亜系，田老帯は上部ジュラ系～下部白亜系からなるとした．また，前述の2本の構造線は地向斜の東方への移行を規制するものとして意義づけられた（島津ほか，1970；杉本，1974a）．

しかし，コノドント化石に基づく再検討（豊原ほか，1980；吉田，1980；村井ほか，1981, 1983, 1985, 1986）の結果，三畳紀コノドントが，岩泉帯のみならず，北部北上帯（狭義）の古生界とされた地層や田老帯のジュラ系～下部白亜系とされた部分からも見いだされるにいたり，上記の年代構成に関する再検討が必要となった．これらのことから，上記の構造線は地質区を分けるものではなく，単なる断層であると解釈されるようになった．山口ほか（1979），山口（1981）も，北部北上帯（狭義）-田老帯にいたる地域の層位学的研究から，同様の結論を示している．小貫（1981）は，ペルム紀コノドント化石の産出東限が杉本（1974a）の関-大平断層にほぼ一致することから，北部北上帯を関-大平断層まで拡張し，この断層を岩泉構造線と呼んだ．また，岩泉構造線以東の岩泉帯を安家帯と改称した．大上・永広（1988）は，小貫（1981）の指摘した化石年代の相違に加え，岩泉構造線を境に砂岩の組成が異なること，小貫の安家帯と田老帯の地質構成に大きな相違がないことから，岩泉構造線から西側を葛巻-釜石帯，東側を安家-田野畑帯として区分した．前者の砂岩は主として岩片と斜長石に富むものからなるが，後者のそれはカリ長石に富むという違いがある．一方，北部北上山地のジュラ紀付加体分布域を一括して北部北上帯と呼ぶ研究者も少なくなかったが，これらにおいて北部北上帯という用語は明確な定義なしに用いられてきた．永広ほか（2005）は，上記の2帯がいずれもジュラ紀付加体からなるので，これらを亜帯とし，2亜帯をあわせたものを北部北上帯と再定義した．その後，葛巻-釜石亜帯東縁部の合戦場層（杉本，1974a）の砂岩が，安家-田野畑亜帯を特徴づけるとされたカリ長石に富むものであること，また，安家-田野畑亜帯西縁部の高屋敷層砂岩には，カリ長石に富むものと斜長石に富むものの両者があることがわかってきており，砂岩組

成が岩泉構造線を境に明瞭に変わるものではない（高橋ほか，2006，2016）ことが明らかになってきた．しかし，岩泉構造線をおおよその境として，異地性岩体の年代に上記のような違いがあることは再確認されている（図4.4.1：永広ほか，2008；高橋ほか，2016）．同様の年代的相違は西南北海道の渡島帯でも認められており（吉田・青木，1972），大上・永広（1988）も岩泉構造線を渡島半島に延長できる可能性を示している．

Nakae and Kurihara（2011）は北部北上帯南西縁の釜石西方地域の"桐内層"下部層の珪質泥岩から最後期ペルム紀の放散虫を報告し，桐内層をペルム紀付加体として位置づけた．しかし，この含化石層準は大沢（1983）の釜石層のチャートラミナイトに相当する．したがって，この層準は，大鳥ユニットの項で詳述する，いわゆるP-T境界層をなすものである可能性もある．また，早池峰複合岩類をはさんだ西方の釜石市小川に分布する，大畑層のチャートに接する珪質泥岩もジュラ紀放散虫を産し（大上，1989a），桐内層の北北西延長である．盛岡東方では，松岡（1988）が珪質泥岩よりジュラ紀放散虫を報告している．北部北上帯西縁部にペルム紀付加体があるかどうかは重要な問題であり，含化石層準と桐内層本体との関係，および盛岡東方の含ジュラ紀放散虫層との関係についての検討が必要である．

■ 4.4.2 葛巻-釜石亜帯

a. 概　説

葛巻-釜石亜帯は，岩泉構造線以西の北部北上山地と奥羽脊梁山脈北部や青森県西部地域を含むが，北部北上山地以外の地域での露出は限られている．この亜帯の地質構成の見直しはいまだ一部の地域でのみなされているにすぎず，不明な地域もあるが，主要な構成要素は，チャート-砕屑岩シーケンスと混在岩である．前者は，厚い層状チャートに始まり，珪質泥岩を経て，泥岩さらに厚い砂岩に終わるものが多い．後者は，泥岩基質中に，砂岩やチャートのさまざまなサイズの岩塊～スラブが含まれるもので，鱗片状劈開を伴うものと明瞭な劈開をもたないものとがある．玄武岩類・凝灰岩類や石灰岩は比較的少ないが，一部の地域ではやや規模の大きい石灰岩体や比較的厚い玄武岩・凝灰岩類を伴う．北部北上帯の玄武岩類は，これまで検討された限りでは，岩洞湖東方のものが中央海嶺玄武岩（MORB）組成であるのを除き，すべて海洋島型玄武岩である（土谷ほか，1999a；三浦・石渡，2001）．葛巻-釜石亜帯は，その東部の岩泉地域北西部～久慈市西部地域を除き，西傾斜の同斜構造が卓越するが，構成層の露頭における走向・傾斜，特に傾斜と，各岩相単位のユニットのそれとはしばしば斜交する．露頭での各岩相内の層理面の傾斜は，多くは高角西傾斜であるが，ユニットの傾斜は地域によってはきわめて低角で，水平に近い構造をもつ部分や一部低角東傾斜となる部分もある．

葛巻-釜石亜帯を構成する海洋プレートは，層状チャートから前期ペルム紀～後期三畳紀のコノドントが多くの地点から見いだされており，また，異地性岩体としての石灰岩が前期ペルム紀～中期ペルム紀のフズリナを含むので，すくなくとも前期ペルム紀には誕生していた．また，本亜帯の西部にあたる

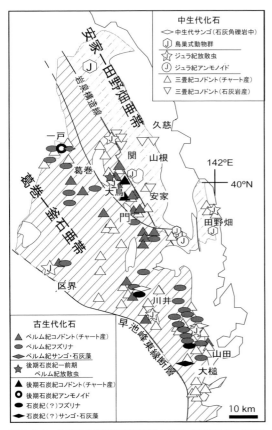

図 4.4.1　北部北上帯産化石の種類と年代（永広ほか，2008に基づく）

青森県の小泊半島に分布するチャートから後期石炭紀のコノドントの産出が知られている（村田ほか，1973）ので，遅くとも後期石炭紀には形成されていたと考えられる．北部北上山地でも，同定に疑問は残るものの後期石炭紀フズリナやサンゴ化石の産出が数地点から東北大学の卒業論文で報告されており，それらが小貫（1969）や杉本（1974a）により紹介されていた．これらはいずれも未記載であり，その年代は確実とはいえなかったが，最近一戸南方の石灰岩ブロックから後期石炭紀アンモノイドが報告された（永広ほか，2010）．また，山北ほか（2008）や永広ほか（2008）により，本亜帯の東部にあたる安家川上流部のチャート層最下部から，後期石炭紀のコノドントが報告され，本亜帯の海洋プレート層序の多くが上部石炭系を含むことがわかってきている．

葛巻-釜石亜帯付加体の付加年代については，これらが前期白亜紀（130〜110 Ma）の花崗岩類に貫かれているので，それ以前であるが，その詳細は最近まで明らかではなかった．2000年までは，三畳紀コノドント化石以外では，盛岡東方のチャートから前期ジュラ紀の放散虫化石が報告され（松岡，1988），付加年代がそれ以降であることがわかっていたのみで，海洋プレート層序の上部をなす珪質泥岩や海溝充填堆積物である泥岩・砂岩から有効な年代データは得られていなかった．2000年代になって，吉原ほか（2002）は，山田西方地域のチャート-砕屑岩シーケンスの泥岩中のマンガンノジュールから中期ジュラ紀アーレニアン期の放散虫群集を見いだし，この地域の付加体の付加年代が中期ジュラ紀であることをはじめて明らかにした．その後，中江・鎌田（2003）により，久慈市川井西方の関層（関ユニット）の珪質泥岩から後期ジュラ紀キンメリッジアン期の放散虫群集が，鈴木ほか（2007）や永広ほか（2008）により，安家川上流部に分布する大鳥層（大鳥ユニット）最上部の珪質泥岩中のマンガンノジュールから中期ジュラ紀バッジョシアン期〜前期バトニアン期の放散虫群集が，植田ほか（2009）により，青森県弘前市南方の珪質泥岩より前期ジュラ紀の放散虫群集が報告された．これらの年代もほぼ付加年代を示すと考えられている．葛巻-釜石亜帯が北北西-南南東方向で西に傾斜する大構造を示すことと，これら各化石産出地点の配置か

らすると，データは少ないものの，構造的上位の西方ほど付加年代が古く（前期ジュラ紀），下位の東部ほど付加年代が新しい（後期ジュラ紀）傾向が認められる．

以下いくつかの地域ごとにその詳細をのべる．

b. 青森県中西部

青森県中西部地域では，弘前南方にややまとまって葛巻-釜石亜帯に属する付加体が分布するほか，青森東方の夏泊半島や東岳付近および日本海沿いの津軽半島の日本海沿いにごくわずかに露出する．

弘前南方のものは，箕浦（1989）によりその岩相分布が示されている．構造的下位より，三ッ目内川層，西股山層および大和沢川層からなる．中位の西股山層は厚さの変化はあるが連続する層状チャートからなり，三ッ目内川層と大和沢川層は主に著しく変形した泥質岩と層状チャートおよび塩基性岩類からなり，砂岩を伴う．石灰岩はみられず，砂岩は珪長質火山岩片と斜長石片に富む石質〜長石質ワッケで，カリ長石片や花崗岩片をほとんど含まない（植田ほか，2009）．箕浦（1989）の地質図によれば，これらは南北方向の軸をもつ，波長数百mの褶曲を繰り返し，大局的には，北に緩くプランジする複向斜構造をなしている．西股山層のチャートからはペルム紀〜三畳紀のコノドントが産出する（豊原ほか，1980）．また，植田ほか（2009）により，三ッ目内川層の泥岩より前期ジュラ紀シネムーリアン期後期？〜プリンスバッキアン期の放散虫群集が報告されている．

夏泊半島ではその東岸に層状チャートや石灰岩がわずかに分布し，石灰岩から三畳紀コノドントを産する（Murata and Nagai, 1972）．東岳付近のものは泥岩・チャートからなり，石灰岩をはさむ（上村，1983）．

津軽半島の小泊岬には赤紫色のものを含む層状チャートとドロマイト化した角礫状石灰岩を含む変形した泥岩が分布し（対馬・上村，1959），チャートや石灰岩から後期石炭紀のコノドントの産出が報告されている（村田ほか，1973b）．片刈石沢には，レンズ状〜岩塊状の層状チャート・石灰岩・砂岩などを含む変形した泥岩が分布する．加藤（1972）は石灰岩より六放サンゴを報告し，その年代をジュラ紀としている．

c. 鹿角-森吉山地域

秋田県北東端の鹿角市やその南西の森吉山周辺にも，新第三系や火山噴出物に覆われて，数か所にジュラ紀付加体が露出する．これらは泥岩を主体とし，砂岩やチャートあるいは石灰岩を伴うもので，鹿角地域の石灰岩からは中期ペルム紀のフズリナや石灰藻が産出する（藤本・小林，1961；上田・井上，1961）．

d. 川井-山田地域

従来葛巻-釜石亜帯の諸層は西に急傾斜する同斜構造をなすとみなされていたが，大上（1990）・大上ほか（1993）は山田南西の大谷山鉱山跡周辺の含マンガン鉱チャートの分布の詳細な調査から，この地域が水平に近い構造をもつことを示した．この地域を含む，北部北上山地の中南部を占める川井から山田西方にかけての地域のジュラ紀付加体は，1990年代後半～2000年代前半に，東北大学の卒業論文や修士論文で再検討され，その構造層序が明らかになりつつある（Suzuki *et al.*, 2007）．その他の地域については付加体地質学の観点からの層序，地質構造，年代の見直しが必要である．

Suzuki *et al.*（2007）によれば，川井-山田地域は，地質構造と構成岩相の違いから，北北西-南南東方向の4つの帯状の地域に分けることができる（図4.4.2）．それぞれいくつかのコンプレックスからなり，それらはさらにサブコンプレックスに細分される．ここではこれらコンプレックスおよびサブコンプレックスをそれぞれユニット，サブユニットと呼ぶ．最も西側は，川井南方の繋付近から大槌に延びる北北西-南南東方向の桐内断層（Suzuki *et al.*, 2007）以西の地域で，そこにはスレート劈開の発達する高滝森ユニットが分布する．桐内断層の東方では，腹帯付近から南川目を通り，さらに南方に延長される蕨ノ沢断層までの間は，整然相を示すチャート-砕屑岩シーケンスを主体とする津軽石ユニットと加呂森ユニットが占め，マップスケールでは比較的低角な構造をなす．蕨ノ沢断層とその東方約2 kmを並走する裂地断層との間は北北西-南南東方向の急立した構造をなし，チャート砕屑岩シーケンスや混在相からなる，北川目ユニットが分布する．裂地断層以東の地域は，海岸沿いに広く分布する前期白亜紀花崗岩類の分布域まで，主として混在相からなる種差ユニットにより占められるが，茂市

より北西方には，砂岩・泥岩互層を主体とする茂市ユニットが分布する．後者は西方にやや急傾斜する同斜構造が卓越するが，茂市ユニットは，含まれるチャートスラブの構造から判断すると，マップスケールの構造は中庸ないし緩い西傾斜である．

（1） 高滝森ユニット

高滝森ユニットは，川井南西から南東方の大槌川流域にかけての地域に広く分布する．川井南西地域の桐内サブユニットと大槌川沿いの小又口サブユニットからなるが，両者の岩相は類似する．前者は，小貫（1969）の達曽部口層の一部に相当し，大沢（1983）の桐内層にほぼ等しい．いずれもスレート劈開の発達した泥岩，珪質泥岩，泥岩・チャート薄互層中に，チャート，凝灰岩，砂岩などのレンズやスラブを伴う．川井南西ではチャートスラブが目立つが，大槌川では少ない．スレート劈開の走向は北北西-南南東で，傾斜はほぼ垂直である．レンズやスラブの延びの方向もこれに平行する．吉田（1981）がチャートラミナイトと呼んだ泥質部と珪質部がmmオーダーで繰り返す岩相は本ユニットに特有のものである．

本地域の本ユニットから化石は発見されていない．

（2） 津軽石ユニット

津軽石ユニットは，全体として砕屑岩類が卓越し，構造的下位より，タグリ，シッピョウ，奥平，福士および古宿森の各サブユニットからなる．

タグリサブユニットは，蕨ノ沢断層の西側に沿って，南川目以南の地域に分布する．混在相を主体とし，泥質基質中にチャート，珪質泥岩，砂岩のブロックやレンズ・スラブを含む．緑色岩を含む部分もある．泥質基質には北北西-南南東方向で西に急傾斜する剪断面が発達している．各ブロックもこの方向に延びており，本サブユニットは高角で西傾斜の構造を示している．南川目付近では比較的厚いチャートスラブが卓越する．見かけの層厚は130～400 m.

シッピョウサブユニットは，タグリサブユニットの西側に沿い，福士南方の長岩森西方以南の地域に分布する．灰色層状チャートに始まり，珪質泥岩を経て，厚い泥岩に終わる，チャート-砕屑岩シーケンスの繰り返しからなる．珪質泥岩の厚さは5 m程度である．走向は北北西-南南東で，西に急傾斜

4. 中・古生界

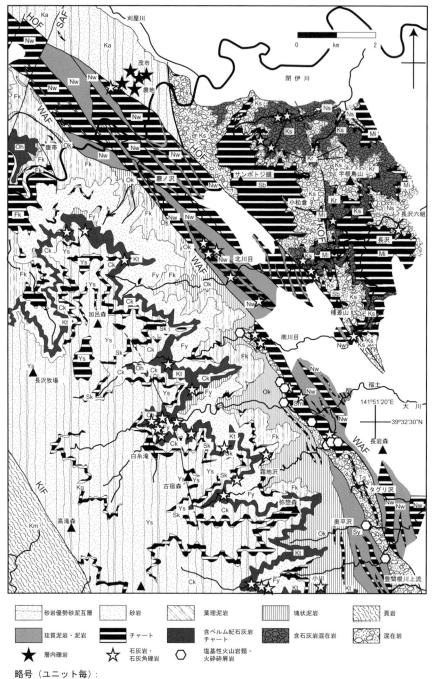

図 4.4.2　茂市-山田西方地域地質図（Suzuki *et al.*, 2007）

する.吉原ほか(2002)によれば,山田西方の津軽石川支流の豊間根川上流部では,チャート-砕屑岩シーケンスが3回繰り返し(図4.4.3),各シーケンスとも,珪質泥岩から泥岩に移行した層準に粒状,団塊状,層状のマンガンノジュールを伴う(図4.4.4).見かけの層厚は350〜700 mで,南方ほど厚い.中位のシーケンスの層状チャートは中期三畳紀から後期三畳紀のコノドントをほぼ連続的に産する(山北ほか,2004:図4.4.3).チャート最上部からは化石は知られていない.上位のシーケンスの泥岩中のマンガンノジュールからは,中期ジュラ紀アーレニアン期を指示する放散虫群集が報告されている(吉原ほか,2002).Suzuki and Ogane (2004) によればこの放散虫群集は低緯度の低生産力域のものであるという.

奥平サブユニットは,南方ではシッピョウサブユニットの,南川目-福士西方ではタグリサブユニットの西側に沿い,南川目以北では蕨ノ沢断層の西側に沿って分布する.無層理のあるいは砂質葉理が発達した厚い泥岩からなる.上部ほど葉理の発達が顕著である.下部に薄い層状チャートを伴うことがある.走向は北北西-南南東で,蕨ノ沢断層に近い東部では高角西傾斜であるが,西方ではやや緩やかな傾斜に変化する.見かけの層厚は南部で最大1000 m.閉伊川に向かって露出幅は狭くなる.

福士サブユニットは,奥平サブコンプレックスの上位に重なり,その西方に分布し,さらにその北西延長は閉伊川に沿って広く分布するほか,小国川下流部の東側支流域にも露出する.本サブユニットは,砂質葉理の発達した泥岩および砂岩・泥岩薄互層からなる.砂岩は灰緑色ないし灰色の長石質ワッケである.砂岩単層は数mmから数cmで,泥岩優勢の互層である.閉伊川沿いではしばしばスランプ褶曲が観察される.奥平サブユニットとの境界部をなす最下部にチャートレンズを伴う.走向は福士-南川目西方では北北西-南南東,閉伊川沿いでは北西-南東で,傾斜は西ないし南西に35〜60°傾斜することが多い.見かけの層厚は100〜200 mであるが,川井周辺では500 m以上に達する.

古宿森サブユニットは,福士サブユニットの上位をなし,同様の地域に分布する.砂岩優勢の砂岩・泥岩互層を主体とするが,南川目西方や腹帯南方では最上部が泥岩からなる.また,最下部や中部の数層準にレンズ状の層状チャートを伴う.層状チャー

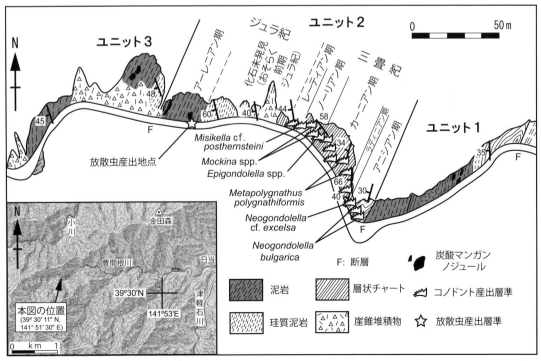

図 4.4.3 山田西方豊間根川沿いのルートマップ(吉原ほか,2002 に加筆,コノドントのデータは山北ほか,2004 による)

図4.4.4 山田西方,豊間根川でみられるマンガンノジュール
左:団塊状ノジュール,右:層状ノジュール.

トは分布の北西方ほど連続性がよい.砂岩は主に細粒〜中粒の長石質ワッケで,一部にグラニュール〜小礫サイズのチャート礫からなる礫岩を伴う.露頭における走向は北北西-南南東〜北西-南東で,傾斜は西傾斜が多いが,東傾斜をなす部分もある.見かけの層厚は50〜150mであるが,川井南西方ではさらに厚くなる.小国川沿いに分布するチャートから後期三畳紀の(吉田,1980),福士西方の大川上流部のチャートから後期三畳紀の(村井ほか,1983),豊間根西方のチャートから中期三畳紀アニシアン期の可能性が大きい(Suzuki et al., 2007)コノドントが見いだされている.また,小国川支流の貝沢の泥岩中のマンガンノジュールから中期ジュラ紀アーレニアン期(JR3)の放散虫(Suzuki et al., 2007)が報告されている.

奥平,福士および古宿森サブユニットは,露頭においては西に中庸ないし急傾斜するが,マップスケールのサブユニット単位の構造は緩い西ないし南西傾斜で,部分的には水平ないし緩い東傾斜を示す部分もあり,北北西-南南東ないし北西-南東方向の軸をもつ,緩やかな褶曲構造を呈する(図4.4.2).

(3) 加呂森ユニット

加呂森ユニットは,厚い層状チャートと砂岩主体の砕屑岩類の繰り返しが卓越し,下位より,小谷地,鳥古森,白糸滝および弥惣森サブユニットからなる.下位の津軽石ユニット上部とともに緩やかな褶曲構造を示す.

小谷地サブユニットは,厚い層状チャートを主体とし,その下部ないし中部にレンズ状-ブロック状の石灰岩をはさむ.また,下部にマンガン鉱床を胚胎し,石灰岩とともに本サブユニットを特徴づけ,本サブユニットを本地域の鍵層としている.石灰岩にはしばしば塩基性凝灰岩が伴われる.層状チャートは上位に向かいしばしば珪質泥岩・泥岩に移行する.石灰岩からは数か所から前期ペルム紀のフズリナの産出が報告されている(小貫,1956, 1969;吉田・片田,1964).チャートは後期ペルム紀〜後期三畳紀のコノドントを産する(大上,1990;大上ほか,1992).見かけの層厚は50〜450m.

下位の津軽石ユニット上部の福士・古宿森サブユニットとは斜交し,本サブユニット基底部の断層がこれらの境界を切る.

鳥古森サブユニットは,古谷地サブユニットの上位に重なり,南部の津軽石川上流部から,福士・南川目西方地域,茂市南西地域を経て,川井南方地域まで広く分布する.本サブユニットは,砂岩,泥岩などの砕屑岩卓越層であるが,地域により卓越岩相が異なる.南部の津軽石川上流部では泥岩が卓越し,福士・南川目西方地域では砂岩優勢の砂岩・泥岩互層から,茂市南西地域-川井南方地域では泥岩を伴う厚い砂岩からなる.福士・南川目西方地域の砂岩はややカリ長石片の含有量が多く,斜長石とほぼ同量である.見かけの層厚は300mから1000mまで変化する.

白糸滝サブユニットは鳥古森サブユニットの上位に位置し,主に層状チャートからなる.南川目西方

の長沢川北方尾根では最下部に灰色の火山岩を伴う. 見かけの層厚は最大 30 m.

弥惣森サブユニットはこの地域の付加体の最上位をなす砕屑岩卓越層である. 下部は砂岩優勢の砂岩・泥岩互層, 中・上部は層状チャートのレンズを伴う砂岩卓越層からなる. 中・上部の砂岩はよく分級された中粒〜粗粒の長石質アレナイトである. また, まれに泥岩偽礫を含む. 見かけの層厚は 1000 m をこえる.

（4） 北川目ユニット

北川目ユニットは, 長岩森サブユニットと霜地サブユニットからなる. これらはチャート-砕屑岩シーケンスないしチャートを主体とし, 閉伊川沿いの襲屋付近から北川目・南川目を経て, 福士にいたる北北西-南南東方向の幅 1.5〜2 km の帯状の地帯に分布し, 構成層の露頭における一般走向や各岩相の延びの方向もこれに平行する. 露頭における各層の傾斜やマップスケールでの岩相の傾斜は垂直ないし西に急傾斜する.

長岩森サブユニットは, 層状チャートに始まり, 珪質泥岩, 泥岩を経て, 砂岩・泥岩互層ないし砂岩に終わる, チャート-砕屑岩シーケンスの繰り返しからなり, 局部的に石灰岩角礫岩レンズを伴う. これらシーケンス境界には幅数 m の剪断帯が発達することが多く, また, 混在相を伴うこともある. チャートの色には, 灰色, 暗灰色, 暗茶色, 赤紫色などがある. 本サブユニットでは露頭オーダーや波長数百 m の閉じた褶曲を示す部分も多く, これらの軸面も大局的な北北西-南南東方向の構造に調和的である.

霜地サブユニットは, 長岩森サブユニットの西方の南川目から福士西方にかけての限られた範囲に分布する. 主に層状チャートからなるが, 泥岩層や, 石灰岩角礫岩を伴う. 後者は, 厚さ数十 m のレンズ状で, 細粒の石灰質基質中に, 石灰岩角礫に加えて, チャート, 珪質泥岩や玄武岩の角礫を含み, ときに級化成層し, 石灰質砂岩に移化する. 霜地沢の石灰岩角礫岩中の石灰岩より, 六放サンゴを産する（永広ほか, 2001）. また, 同地の石灰岩角礫岩直上のチャートは中期三畳紀のコノドント・放散虫を含む（永広ほか, 2001）.

（5） 種差ユニット

種差ユニットは, 構造的下位より, 長沢六組サブ

ユニット, 南川目サブユニット, 小松倉サブユニットおよびサンボトジサブユニットからなる. これらの層理面の走向・傾斜は北北西-南南東, 中庸ないし低角西傾斜であることが多く, 混在相中の剪断面のそれやマップスケールでのチャートスラブのそれもほぼ同様である.

長沢六組サブユニットは, 最も東方の牛伏沢中・下流部と長沢六組西方の長沢川中流部に分布し, 見かけの層厚は 100 m をこえる. 泥質基質中にチャートや砂岩の主に数 cm 程度の破片を含む混在相を主とし, 少量の厚さ数〜10 m 程度の層状チャートスラブをはさむ. まれに石灰岩の小岩片を含む部分もある. 泥質基質中には走向・傾斜が南北〜北北西-南南東, 15〜30°W の剪断面が発達することが多く, 含まれるチャートや砂岩片もこの面に平行な扁平な形態となっている. 化石は未発見である.

南川目サブユニットは, 牛伏沢中流部南支流域と北川目沢との合流点を中心とする長沢川中流域に分布する. 灰色ないし暗灰色の層状チャートを主体とするが, チャートから漸移する珪質泥岩およびその上位の泥岩をはさむ. 見かけの層厚は 0〜20 m. 村井ほか（1983）は長沢南方の大川と北川目川の合流点付近のチャートから後期三畳紀コノドントを報告している.

小松倉サブユニットは茂市付近から種差山にかけての地域に広く分布する. 泥質基質中にチャート, 珪質泥岩, 泥岩, 石灰岩および少量の玄武岩ブロックを含む混在相からなる. 中部にはやや連続性のよい層状チャートスラブをはさむ. 石灰岩ブロックは上部に多い. 泥質基質には剪断面の発達するものとしないものがある. 見かけの層厚は 500 m に達する. 北川目川, 種差山および福士周辺の数か所の上部の石灰岩ブロックは中期ペルム紀のフズリナを含む（小貫, 1956; 吉田・片田, 1964; Choi, 1972; 田沢ほか, 1997）.

サンボトジサブユニットは小松倉北西のサンボトジ頭周辺および種差山山頂付近に分布する. 灰白色の層状チャートとその上位の泥岩からなる. 層厚は最大 10 m 程度. 化石は未発見である.

（6） 茂市ユニット

茂市ユニットは, 茂市西方の閉伊川沿いから北西に, 刈屋川右岸に沿って分布する. 本ユニットは, 砂岩・泥岩互層を主体とし, 少量の礫岩やチャート

レンズを伴う．砂岩は細粒〜粗粒で灰色ないし灰白色の長石質ワッケで，泥岩は黒色で，しばしば砂質ラミナを伴う．礫岩は泥質基質に分級の悪い細礫〜中礫を含むもので，礫種は砂岩，チャートが多く，花崗岩質岩やひん岩類を伴う．走向は南北〜北北西-南南東で，東ないし西に40〜60°傾斜する．日向南西の沢の上流部の極細粒砂岩から属種同定不能の中生代型 Nassellaria 目放散虫を産する（Suzuki et al., 2007）．

以上の各ユニットの海洋プレート層序を図4.4.5に模式的に示す．

e．一戸南方地域

北部北上山地北西部の一戸から葛巻にいたる馬淵川沿いには，泥岩，チャート，玄武岩，砂岩などからなる葛巻層（岩井ほか，1964）が分布する．小貫ほか（1980）や鎌田ほか（1991）の地質図では，石灰岩を除くこれら各岩相が北北西-南南東方向に細長く連続するように塗色されているが，葛巻層は泥岩や泥質基質中に大小さまざまなサイズの砂岩，チャート，石灰岩，玄武岩などの岩片・ブロック・スラブを含む混在相からなり，スラブもあまり連続しない．一戸町と葛巻町の境界付近の採石場跡や尻高西方の沢沿いに分布する玄武岩は海洋島型で，これら玄武岩はしばしば石灰岩と共産し，本来は海山-礁複合体を形成していたものと考えられる（永広ほか，2010）．永広ほか（2010）は，尻高西方の石灰岩から，サンゴ・硬骨海綿などとともに，*Pseudopronorites*, *Pseudoparalegoceras*, *Graphyrites?*, *Faqingoceras* などの後期石炭紀のアンモノイドを報告している．また，尻高の旧尻高橋下の石灰岩より，ペルム紀のフズリナ *Schwagerina* sp.，サンゴ *Lophophillidium* sp. を産する（岩井ほか，1964；小貫，1969）．尻高の青刈橋西方の玄武岩質凝灰岩-チャートシーケンスから中期〜後期三畳紀コノドントが産

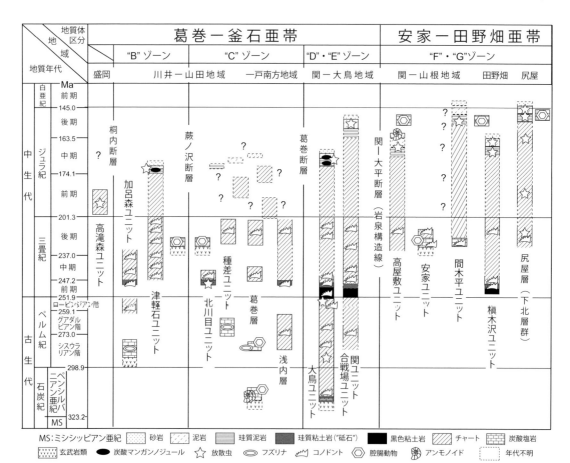

図 **4.4.5** 北部北上帯北上帯付加体の海洋プレート層序とその対比（永広ほか，2008に基づく．"B"〜"G"のゾーン区分は大藤・佐々木，2003による）

出する（山北・永広，2009）．

f. 関-大鳥地域

久慈市西部の川井西方から関西方の遠別川上流部（とうべつがわ）を経て，岩泉町安家川上流部にいたる地域は杉本（1974a）により詳細な岩相分布が示された地域である．杉本はこの地域の葛巻-釜石亜帯の諸層を，安家-田野畑亜帯の沢山川層（さわやまがわ）・安家層・高屋敷層を含め，順次累重する正常堆積物とみなし，下位より，関層，合戦場層，大鳥層および大坂本層に区分した．これらの層序・岩相・構造は東北大学の卒業論文（高橋，2006MS；遠藤，2009MS）やその後の調査によって再検討された（高橋ほか，2006，2016；永広ほか，2008）．本地域の地質は層状チャート（一部は凝灰岩を伴う）に始まり，珪質泥岩，泥岩を経て砂岩に終わる，チャート-砕屑岩シーケンスの繰り返しを主体とする．ここではチャート-砕屑岩シーケンスの構成の違いに基礎をおき，構造的下位から，チャートが卓越し，泥岩で終わるシーケンスの繰り返しを主体とする関ユニット，チャートから始まるが，砂岩が卓越するシーケンスの繰り返しからなる合戦場ユニット，および泥岩に終わるチャート-砕屑岩シーケンスの少なくとも2回の繰り返しの上位に厚い泥岩と砂岩・泥岩互層が重なる大鳥ユニットに区分する（図4.4.6）．これらは南に沈下する軸をもつ平庭岳向斜（杉本，1974a）を（ひらにわだけ）構成する．諸層の構造は，向斜軸部を除き，露頭スケールおよびマップスケールとも高角傾斜が基本である．

（1） 関ユニット

関ユニットは，杉本（1974a）の関層からその最上部の赤色チャートを伴うチャート層を除いたものに相当する．模式地は，杉本（1974a）の関層の模式地を踏襲し，久慈市山形町関南西方の遠別川流域とする．本ユニットは久慈市山形町川井西方から，関西方を経て，岩泉町安家川上流部の高屋敷西方まで，平庭岳向斜の東翼をなし，北北西-南南東方向に幅約1800mで分布する．灰色-灰白色の層状チャートに始まり，珪質泥岩を経て，泥岩に終わるシーケンスが少なくとも9回繰り返す（遠藤，2009MS）．層状チャートの見かけの厚さは100m程度，珪質泥岩は10m以下，泥岩は数十mから100mである．チャートと泥岩の量比が卓越するが，北方ほど泥岩が厚い．最上位に砂岩を伴う

チャート-砕屑岩シーケンスも少数あるが，砂岩の層厚は約十m程度で薄い．各露頭における層理面の走向・傾斜は，北北西-南南東，60〜70°西で，チャート-砕屑岩シーケンスの上位方向から判断するといずれのシーケンスも西上位である．

関ユニットのチャート卓越部には，しばしば黒色粘土岩がはさまれる．この黒色粘土岩は珪質粘土岩を伴うことがある．一般に著しく剪断されており，本来の層序関係は不明であるが，その岩相は後でのべる大鳥ユニット中のペルム紀/三畳紀（P/T）境界層に似ている．近接するチャートからペルム紀コノドントも産出するので，P/T境界層を構成するものであった可能性が大きい．

安家川沿いおよび南方の岩泉西方などのチャートからペルム紀および中期三畳紀コノドントが報告されているが（豊原ほか，1980），安家川のペルム紀とされたものはレンジが長く，三畳紀の可能性があり，また，安家西方の産出層準は関ユニットではなく大鳥ユニットである可能性が大きい（永広ほか，2008）．しかし，後にペルム紀型の *Neogondolella* 属のコノドントが確認されている（高橋ほか，2016）．また，関西方遠別川沿いの黒色粘土岩に接するチャートからも，ペルム紀型の *Neogondolella* 属が報告されており（永広ほか，2008），チャートの年代はペルム紀から三畳紀に及ぶ．遠藤（2009MS）は，上小国南西の細沢中流部の2か所のチャートより，それぞれ，中期三畳紀アニシアン期のコノドント *Nicoraella kockeli*（Tatge），*Cypridodella unialata* Mosher および前期三畳紀オレネキアン期後期〜中期三畳紀アニシアン期前期のコノドント *Neospathodus symmetricus* Orchard，*N.* sp. を見いだしている．また，川井西方の見かけ最下部付近の珪質泥岩より，後期ジュラ紀キンメリッジアン期の放散虫が産出する（中江・鎌田，2003）．

（2） 合戦場ユニット

合戦場ユニットは，杉本（1974a）の合戦場層に下位の関層最上部のチャートをあわせたもので，久慈市山形町関西方の遠別川上流域を模式地とする．本ユニットは，関ユニットの上位に位置し，平庭岳向斜の両翼をなし，南に開いた馬蹄形に分布する．関ユニットに比べ，砕屑岩，特に砂岩の占める量が圧倒的に大きい．大局的には，本ユニットと下位の関ユニットは1つのチャート-砕屑岩シーケンスが

4. 中・古生界

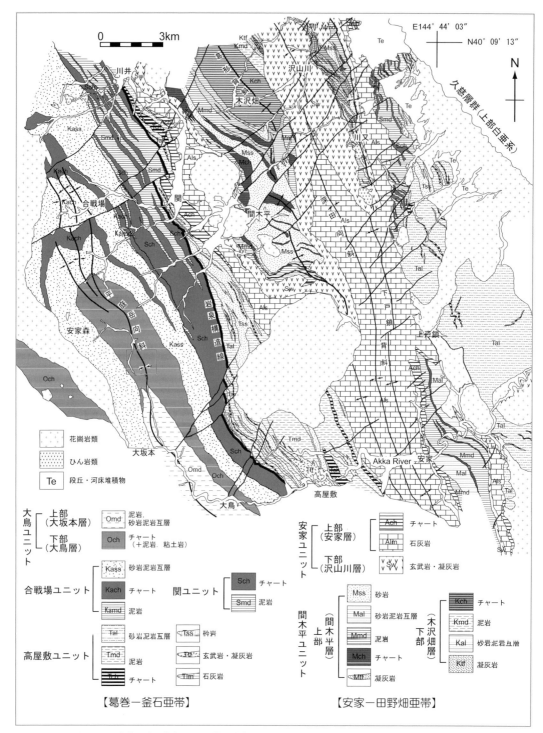

図 4.4.6　久慈西方の葛巻–釜石亜帯・安家–田野畑亜帯境界部の地質図（杉本，1974a を簡略化）

断層により繰り返したものとみることもできるが（高橋ほか，2016），砕屑岩の量に加え，本ユニットのチャートは，本地域で（最上部石炭系〜）下部ペルム系にみられる赤色チャートを伴っており，一方，関ユニットにはそれが認められないという違いもある．

層状チャートに始まり，珪質泥岩，泥岩，砂岩・泥岩互層を経て，砂岩に終わるチャート-砕屑岩シーケンスの少なくとも3回の繰り返しからなる．1つのシーケンス中で岩相の繰り返しがみられることもある．チャート-砕屑岩シーケンス層序から判断すると，いずれのシーケンスも正常位である．最下部のシーケンスはやや薄いが，上位の2つのシーケンスは厚く，砂岩が卓越する．層状チャートは灰色〜灰白色のものが多いが，最下部に一部赤色のものを含む．また，関西方の二又の西の最上位のシーケンスでは赤色チャートのさらに下位に玄武岩を伴う（遠藤，2009MS）．上部の砂岩は中粒〜粗粒，一部極粗粒の石英長石質砂岩で，砂岩粒子の組成は，石英が卓越し，次いでカリ長石と斜長石類に富み，カリ長石が斜長石よりやや多い（山口，1981；高橋ほか，2006，2016）．数mm〜数cmの泥岩の偽礫を含むものもあり，また，最上部のシーケンスの砂岩は，最上部に細礫〜小礫大のチャートの角礫よりなる角礫岩を伴う．各層の厚さは一般に，チャートが約100 m，珪質泥岩が数十m，泥岩が100 m以下，砂岩・泥岩互層が約100 m，砂岩が500 m以下である．

豊原ほか（1980）は，関西方のチャートから後期三畳紀の，関南西のチャートから中期三畳紀のコノドントを見いだしている．遠藤（2009MS）は上小国南西の新田沢支流北ノ又の下流部に分布する赤色チャートから，後期石炭紀〜前期ペルム紀のコノドント *Streptognathodus* ないし *Idiognathodus* を見いだしている．遠藤（2009MS）はこの赤色チャートを関ユニット最上部に含めているが，岩相構成上は本ユニットに含めるのが妥当であろう．

（3）大鳥ユニット

大鳥ユニットは，杉本（1974a）の大鳥層と大坂本層をあわせたものに相当する．杉本（1974）は大鳥層の模式地を関南西の遠別川上流部に，大坂本層のそれを安家川上流部の大坂本付近としたが，遠別川上流部には大鳥層の下半部のみが分布するので，本来模式地としてはふさわしくない．ここでは，安家川上流部の大鳥東方から大坂本南方の坂本付近までを模式地に指定する．なお，本ユニット下半部（大鳥層部分）については，大坂本北東の安家川支流大越沢沿いにも良好な露出があり，ここを副模式地とする．本ユニットは，平庭岳向斜の軸部をな

し，遠別川最上流部から南方に，安家川上流部に広く分布する．本ユニットは厚いチャート-砕屑岩シーケンスからなる．

下半部の大鳥層相当部分は，玄武岩質凝灰岩を最下部に伴う層状チャートから泥岩にいたるシーケンスが少なくとも2回繰り返すが，チャート内部でも繰り返しがあるものと思われる．大越沢では最下部に凝灰岩とともにチャートとドロストーンの細互層を伴い，この最下部は下位の合戦場ユニット最上部のチャート角礫岩と断層で接する．厚い層状チャートは灰色ないし暗灰色を呈するが，最下部はしばしば赤色を示し，赤色凝灰質泥岩を伴うこともある．また，チャート卓越部の中部〜上部に，後述するように珪質粘土岩および黒色粘土岩をはさむ．

上半部の大坂本層相当部は，下部が泥岩を主とし，チャートや砂岩のレンズをはさみ，上部が砂岩・泥岩互層からなる．下部の泥岩は，大鳥層のチャート-砕屑岩シーケンス最上部の泥岩から連続する．砂岩はカリ長石に乏しく，斜長石に富む（高橋ほか，2016）．

豊原ほか（1980）は，本ユニット下部のチャートから，ペルム紀，中期三畳紀，後期三畳紀などのコノドントを報告している．また，亀高ほか（2005）は，安家川上流部支流の赤色珪質泥岩から前期ペルム紀アッセリアン期〜サクマーリアン期の放散虫を見いだしている．大越沢のドロストーンを伴う灰色チャートや大鳥東方（図4.4.7）の赤色凝灰質チャート直下の緑灰色チャートからは後期石炭紀のモスコビアン期を指示するコノドント群集が見いだされている（山北ほか，2008；永広ほか，2008）．また，赤色凝灰質チャートからは最後期石炭紀グゼリアン期〜前期ペルム紀アーティンスキアン期の各年代のコノドントを産し（山北ほか，2008；永広ほか，2008），この層準は亀高ほか（2005）が前期ペルム紀の放散虫を報告した赤色泥岩の層準にほぼ等しいと考えられる．鈴木ほか（2007）は安家川上流部の泥岩中のマンガンノジュールから中期ジュラ紀バッジョシアン期〜前期バトニアン期の，永広ほか（2008）はチャート-珪質泥岩-泥岩シーケンスの珪質泥岩直上の泥岩中のマンガンノジュールからバッジョシアン期の放散虫の産出を報告している．

Takahashi et al.（2009）は，安家川上流林道沿いに分布する本ユニット下半部のチャート中に珪質粘

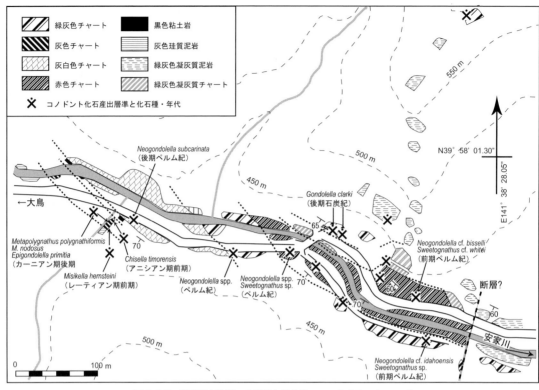

図 4.4.7 安家川上流部，大鳥東方の大鳥ユニットのルートマップ
P/T 境界層の黒色粘土岩もみられる．

土岩や黒色粘土岩をはさむことを見いだし，これらが，下位よりチャート-珪質粘土岩-黒色粘土岩-珪質粘土岩-チャートという層序を示すこと，このシーケンスはペルム紀-三畳紀境界の粘土層をはさむシーケンスに相当することを明らかにしている（図4.4.8）．同様の P/T 境界層と考えられる黒色粘土岩・珪質粘土岩は大鳥東方にもみられる（図4.4.7：永広ほか，2008）．安家川上流部の林道沿いでは，5ヶ所でこれらの岩相を含む露頭が確認されている．そのうち，もっとも詳細な情報が得られているセクション（安家森セクション-2）では，下位のチャートからペルム紀型コノドント *Neogondolella* sp.，その上位の珪質粘土岩からペルム紀型放散虫 *Albaillella triangularis* Ishiga et al.，黒色粘土岩の最下部から 0.75〜0.80 m および 1.5 m 上位から最初期三畳紀の初期インドュアン期を指示するコノドント *Hindeodus parvus* Kozur and Pjatakova が，上位の珪質粘土岩最下部付近からは，前期三畳紀後期の前期オレネキアン期のコノドント *Neospathodus waageni* Sweet が産出する（Takahashi et al., 2009）．これらのことから，このセクションにおける P/T 境界は黒色粘土岩最下部から 0.75〜0.80 m 上位の範囲にあると判断される（図4.4.8）．なお，P/T 境界直下では，ペルム紀末の大量絶滅事変と同時性をもつ炭素同位体組成の急激なマイナスシフトが認められているが，安家森セクションにおいても，黒色粘土岩最下部で約 2‰ のマイナスシフトが確認されている（Takahashi et al., 2010）．

■ 4.4.3 安家-田野畑亜帯

a. 概 説

安家-田野畑亜帯は，北部北上山地の岩泉構造線以東の地域と下北半島を含む．本亜帯の岩相構成の特徴は，チャート-砕屑岩シーケンスや混在相に加え，玄武岩-石灰岩（-チャート）シーケンスを伴うことである．［4.4.2 葛巻-釜石亜帯］の項でのべたように，玄武岩類は海洋島型玄武岩であるので（土谷ほか，1999a；三浦・石渡，2001），玄武岩-石灰岩シーケンスは海山とその上に堆積した石灰岩や海山と深海底の境界部に堆積した石灰岩・チャート

4.4 北部北上帯

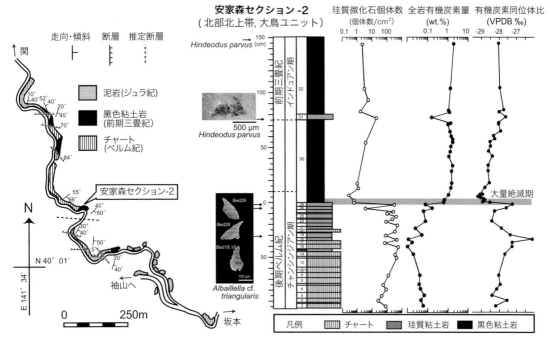

図 4.4.8 安家川上流部の奥岩泉林道，岩泉スーパー林道沿いのルートマップ（左）と P/T 境界層の柱状図と諸データを示す図 (Takahashi et al., 2009, 2010 を改変)

からなるものと判断される．西傾斜の同斜構造が卓越する葛巻-釜石亜帯と異なり，波長数 km の大波長の東フェルゲンツの閉じた転倒褶曲がみられる地域が多い．

安家-田野畑亜帯の層状チャートや珪質泥岩・粘土岩からは，前期三畳紀以降のコノドントのみが見いだされており，ペルム紀や石炭紀のものは発見されていない．また，石灰岩中の化石も中生代型のサンゴや層孔虫などと三畳紀のコノドントで，海洋プレート層序は三畳紀に始まる可能性がある．安家-田野畑亜帯の付加年代については，田野畑地域の泥岩から中期〜後期ジュラ紀（竹谷・箕浦，1984），あるいは珪質泥岩や泥岩から中期ジュラ紀バトニアン期後期〜カロビアン期（松岡・大路，1990）の放散虫群集が，青森県尻屋に分布する尻屋層群の泥岩から最後期ジュラ紀チトニアン期〜初期白亜紀の放散虫群集（松岡，1987）が報告されており，また，安家地域では，高屋敷ユニットの粗粒砂岩から後期ジュラ紀オックスフォーディアン期のアンモノイド *Perisphinctes* sp. が産出するので（Suzuki *et al.*, 2007），後期ジュラ紀（〜初期白亜紀）である．

b. 関-山根地域

久慈市山形町関から山根にいたる地域およびその南方の岩泉町岩泉周辺にかけての，岩泉構造線以東の地域には，杉本（1974a）の木沢畑層・間木平層・沢山川層・安家層・高屋敷層などが複背斜構造をなして広く分布する．これらは，構造的下位から，チャート-砕屑岩シーケンスの繰り返しを主とする間木平ユニット，玄武岩-石灰岩-チャートシーケンスからなる安家ユニットおよび混在相とチャート-砕屑岩シーケンスからなる高屋敷ユニットに区分される（図 4.4.6）．本地域の複背斜構造は，北北西-南南東方向で南に沈下する軸をもつ，東フェルゲンツの転倒褶曲からなり，西方から，葛形背斜，深田向斜および下戸鎖背斜と呼ばれる（杉本，1974a）．

（1） 間木平ユニット

間木平ユニットは，杉本（1974）の木沢畑層と間木平層をあわせたものに相当する．杉本（1974a）は，木沢畑層が主としてチャートからなり，間木平層が砂岩卓越相であることから，両者を区別したが，これらはいずれもチャート-砕屑岩シーケンスを主体とするので，ここでは一括する．模式地は，杉本（1974a）の間木平層の模式地である，川又川上流部の間木平付近とするが，ここでは本ユニットの下部が分布しないので，下部が露出する久慈川（川井川）沿いの山形町沼袋から久慈川と戸呂町川

との合流点上流部までを副模式地とする．本ユニットは，副模式地から南方の模式地にかけて，葛形背斜の軸部をなして分布するほか，久慈川北方地域や下戸鎖背斜の軸部の久慈川中流域やその支流の岩井川流域に広く分布する．

間木平ユニットはチャート-砕屑岩シーケンスを主体とするが，下半部は，泥岩およびチャートに始まり泥岩に終わる，チャート-砕屑岩シーケンスが卓越し，一方上半部は，チャートに始まり砂岩に終わるチャート-砕屑岩シーケンスの繰り返しからなり，砂岩の量比が多い．下半部の泥岩は無層理の部分と砂岩ラミナをはさむものがあり，日野沢川下流部と日野沢川と久慈川との合流点付近では砂岩ラミナをはさむ泥岩あるいは砂岩・泥岩薄互層の破断相を呈する．また，戸呂町川左岸支流域では泥岩基質にチャートや砂岩の小岩塊を含む混在相を伴う．チャートは層状のものが多く，沼袋-案内付近から木沢畑にかけての地域では厚いが，その他の地域では薄く，分布はレンズ状で連続しない．案内付近からその北北西にかけての一部の地域では赤色チャート-珪質泥岩となる．上半部の砂岩は石英長石質で，石英，次いでカリ長石が多い（山口，1981）．上戸鎖背斜の軸部にあたる久慈川中流部や戸呂町川下流部および葛形背斜東翼部の茅森からその南方にかけての地域では，上半部の上部に玄武岩・玄武岩質凝灰岩-石灰岩-チャートシーケンスを伴う．久慈川中流部-戸呂町川では，このシーケンスは少なくとも3回繰り返す．これらは，玄武岩ないし玄武岩質凝灰岩に始まり，その上位に整合に重なる石灰岩，チャート・石灰岩互層を経て，厚い層状チャートに終わる．また，石灰岩は厚さ数十ｍで，その下部からすでにチャート薄層をはさみ，上位に向かって次第にチャートのはさみが増加し，石灰岩薄層ないしレンズをはさむチャートに移化する．葛形背斜東翼部では2回程度の繰り返しで，南方では本来の層序関係は失われて，レンズ状の玄武岩，石灰岩，チャートを伴う泥岩となる．

戸呂町の伊茂屋山東方のチャート中の石灰岩から中期三畳紀ラディニアン期ないし後期三畳紀カーニアン期のコノドントを産する（吉田ほか，1987）．また，村田・杉本（1971）は山形町茅森のノジュール状チャートを含む石灰岩および川又北方の砂岩層にはさまれるノジュール状チャートを含む石灰岩か

ら後期三畳紀ノーリアン期のコノドントを，田川（2010MS）・大窪（2010MS）は久慈川沿い鱒滝トンネル東方のチャート・石灰岩互層のチャートから後期三畳紀ノーリアン期のコノドントを報告している．さらに，日野沢東方の日野沢沿いの珪質泥岩から後期ジュラ紀オックスフォーディアン期～キンメリッジアン期の放散虫が見いだされている（田川，2010MS）．

（2） 安家ユニット

安家ユニットは，杉本（1974a）の沢山川層と安家層をあわせたものに相当する．模式地は杉本（1974a）が安家層の模式地とした久慈市山根町滝から川又にいたる県道沿い．ただし，ここでは下部の沢山川層相当部分の露出がないので，杉本（1974）が沢山川層の模式地とした，滝西方から岩脇を経て深田にいたる深田沢沿いを副模式地とする．下戸鎖背斜，深田向斜，葛形背斜の翼部をなし，広く分布する．深田向斜部分では久慈川以南の地域に分布は限られる．下戸鎖背斜東翼部では久慈川をこえさらに北方に分布は延びるが，葛形背斜西翼部では久慈川北方での連続性は不確かとなる．

本ユニットの下部（沢山川層相当）は，灰色ないし緑灰色の玄武岩，玄武岩質火砕岩からなる．杉本（1974a）は本ユニットの熔岩類を安山岩としたが，土谷ほか（1999a）の検討では海洋島型玄武岩である．玄武岩は塊状のものと枕状構造を示す部分とがある．また，木売内付近や内間木北方などでは薄層石灰岩や石灰岩を基質とする凝灰角礫岩を伴う．下部の上部の凝灰岩は次第に石灰質となり，上部の石灰岩（安家層相当）に移化する．上部の石灰岩の下部は凝灰質ないし泥質で層理は不明瞭であるが，上部の主部は成層した灰色石灰岩からなる．石灰岩はミクライト質で，大型化石を含まない．本ユニットの最上部はチャートレンズないし薄層をはさむ石灰岩からなり，一部では層状チャートに覆われる．

杉本（1974a）によれば，木売内の下部の玄武岩に含まれる石灰岩から保存不良の中生代（ジュラ紀？）型石灰藻類を多産する．また，関から川井にいたる地域の上部の石灰岩の上部にはさまれるチャートから後期三畳紀のコノドントを産する（豊原ほか，1980；吉田ほか，1987）．

（3） 高屋敷ユニット

杉本（1974a）の高屋敷層に相当する．模式地は

岩泉町安家高屋敷東方の安家川沿いで，模式地から北方に，久慈市山形町関を経て川井周辺まで分布する．南方では，模式地から岩泉周辺にかけての地域に分布する．また，杉本（1974a）によれば，下戸鎖背斜東翼部にも分布する．本ユニットは，泥質基質にチャート，玄武岩，砂岩，石灰岩などの大小の岩塊やチャートスラブを含む混在岩と整然相をなすチャート-砕屑岩シーケンスからなる．砂岩は，石英に富む石英長石質砂岩で，長石類はカリ長石が卓越するが（山口，1981），高橋ほか（2016）によれば，高屋敷東方の立臼付近に分布する厚い粗粒砂岩はカリ長石に富むが，その西方地域の混在相中の砂岩小岩体は斜長石に富む．

安家川沿いの立臼付近のチャートから後期三畳紀のコノドント Epigondolella sp. が確認されている（高橋ほか，2016）．また上小国南西の細沢の南支流に分布する混在相中の珪質泥岩ブロックから，中期ジュラ紀アーレニアン期～バッジョシアン期の放散虫 Tranhsuum cf. hisuikyoense（Isozaki and Matsuda）を産する（遠藤，2009MS）．さらに，南方の岩泉東南に分布する高屋敷層の粗粒砂岩に由来する転石中から，後期ジュラ紀オックスフォーディアン期のアンモノイド Perisphinctes sp. の産出が知られている（小貫，1956；Suzuki et al.，2007）．

c． 田野畑地域

陸中海岸沿いの田野畑地域には，チャート-砕屑岩シーケンスからなるジュラ紀付加体が分布し，これを下部白亜系小本層・原地山層が不整合で覆っている．杉本（1969）はこの地域のジュラ紀付加体を，チャートが卓越する下位の槇木沢層と砂岩を主とする上位の腰廻層に区分し，これらは順次整合で累重するものと考えた．箕浦・対馬（1984）はこれらを槇木沢層として一括した．槇木沢層から原地山層までは北北西-南南東方向で西傾斜の軸面をもつ等斜状背斜（清水野背斜：杉本，1969）をなし，東翼部は逆転している．

（1） 槇木沢ユニット

杉本（1969）の槇木沢層・腰廻層をあわせたもので，箕浦・対馬（1984）の槇木沢層に相当する．模式地は下閉伊郡田野畑村槇木沢．箕浦・対馬（1984）は，槇木沢層・腰廻層を層状チャート-珪質泥岩-泥岩-砂岩が順次累重したものが3層のデコルマ（Nappe I～III）を構成する地質単元とし，これらを

まとめて槇木沢層とした．ここではこれを槇木沢ユニットと呼び，Nappe I～III をそれぞれサブユニット I～III とする．サブユニット I，II，III はそれぞれ 1200 m，1000 m，300 m の見かけの層厚をもち，いずれも下半部は層状チャートからなり，珪質泥岩を経て，上半部は砕屑岩類からなる（箕浦・対馬，1984）．チャート中に珪質泥岩を伴うこともある．砂岩はいずれも石英長石質で，長石類はカリ長石が卓越する（山口ほか，1979；山口，1981）．サブユニット II の砂岩は石灰岩ブロックを含む．

豊原ほか（1980）はサブユニット II のチャート中の珪質泥岩およびチャートから，それぞれ前期三畳紀後半および後期三畳紀ノーリアン期のコノドントを報告している．松岡・大路（1990）はこの珪質泥岩を三畳系チャートの下位に発達する珪質粘土岩（前期三畳紀の珪質粘土岩）とみなしている．長谷（1956）はサブユニット II の砂岩中の石灰岩より上部ジュラ系鳥の巣統に特有のサンゴ・層孔虫を見いだしている．また，竹谷・箕浦（1984）は田野畑村島ノ越付近のサブユニット II の砂岩にはさまれる泥岩から中期～後期ジュラ紀のいずれかの放散虫を，松岡・大路（1990）はその北方平井賀付近のサブユニット II の珪質泥岩および泥岩から中期ジュラ紀後期の Tricolocapsa conexa 帯上部を示す放散虫群集を報告している．後者はほぼカロビアン期にあたる．

（2） 小 本 層

石井ほか（1953）の命名によるが，杉本（1969）の再定義に従う．模式地は下閉伊郡岩泉町小本南方．模式地周辺から，北方の水尻崎にかけての地域に分布するほか，清水野背斜西翼に田老断層に沿い分布する．細粒の珪質凝灰岩に始まり，下部は砂岩・泥岩互層，上部は泥岩，凝灰質砂岩，凝灰岩などからなる．全層厚は約 500 m．杉本（1969）や山口ほか（1979）は本層が下位の槇木沢ユニットに整合に重なるとしたが，箕浦・対馬（1984）は小本北方から水尻崎にかけての地域で本層が下位層を斜交関係で覆うので，不整合関係にあると考えている．

Yabe（1914）は本層から領石型植物群を記載している．山口ほか（1979）は小本川河口部に分布する砂岩より Gervillaria, Eriphyla, Eomiodon, Isodomella, その他の貝類を報告した．

（3） 原地山層

石井ほか（1953）の命名による．模式地は下閉伊郡田老町原地山付近．模式地付近から南方の宮古付近までの海岸沿いに広く分布する．山口ほか（1979）によれば，下位より，I～V層に区分され，I層（層厚 800～1200 m）は輝石安山岩からなり，その下部は下位の小本層と指交関係にある．II層（0～1100 m）はデイサイトおよびデイサイト質火山礫凝灰岩，III層（200～700 m）は珪質泥岩・デイサイト質凝灰岩などをはさむ凝灰質砂岩，IV層（約 1500 m）は黒色泥岩・珪質泥岩・細粒凝灰岩などをはさむ安山岩～流紋岩，V層（400 m＋）は珪質泥岩・デイサイト質凝灰岩などをはさむ凝灰質砂岩からなる．化石は未発見である．

d. 尻屋地域

青森県尻屋崎周辺には尻屋層（今井，1961）ないし下北層群（Murata, 1962）と呼ばれる，砕屑岩類，チャート，石灰岩および苦鉄質火山岩・火砕岩類からなる中生界が分布する．対馬・滝沢（1977）はこれを尻屋層群とし，見かけの下位よりA層，B層およびC層に区分したが，於保・岩松（1986）は尻屋層群はオリストストロームからなるとした．チャート，石灰岩，火山岩・火砕岩類は数 cm から数 km の岩塊として泥質基質中にある．石灰岩は一部チャートと互層し，また，火砕岩類をはさむことがある．

小貫（1959）は，尻屋付近の礫状石灰岩，塊状石灰岩から *Kobya* などの六放サンゴ，層孔虫，二枚貝などを報告し，上部ジュラ系鳥の巣層群に対比した．Murata（1962）は尻屋東方の岸島の石灰岩や西方の石灰岩（対馬・滝沢，1977 の A 岩体）から，*Kobya shiriyaensis* Murata, *Stromatopora*（*Parastromatopora*）*crassifibra* Yabe and Sugiyama, *Calamophyllia*? sp., *Thecosmilia*? sp. などのサンゴ・層孔虫を報告し，後期ジュラ紀とした．岸島北方の藤石崎のチャートから，豊原ほか（1980）は後期三畳紀カーニアン期後期～ノーリアン期前期のコノドントを，於保・岩松（1986）は後期三畳紀放散虫 *Triassocampe nova* Yao? を見いだしている．また，松岡（1987）はチャートから前期ジュラ紀および中期～後期ジュラ紀の放散虫を，凝灰質泥岩から後期ジュラ紀チトニアン期後期～初期白亜紀の放散虫を報告している．佐野ほか（2009）は尻屋南方の石灰岩（対馬・滝沢，1977 の C 岩体）から二枚貝メガロドンの密集部を見いだし，わが国ではメガロドンが付加体中の上部三畳系石灰岩中からのみ知られていることから，その年代を後期三畳紀とした．

［永広昌之・鈴木紀毅・高橋　聡・山北　聡］

4.5　阿　武　隈　帯

■ 4.5.1　概　説

黒田（1963）は，棚倉構造線よりも東側の地質区で，阿武隈山地の主部とその北方への延長，神室山地から南の奥羽脊梁山地・秋田県太平山などを含む地域を阿武隈帯と提唱した．この帯を特徴づけるのは，白亜紀花崗岩類と阿武隈変成岩類（御斎所・竹貫変成岩類）であるが，阿武隈山地中央部には広域変成作用を受けていない年代未詳の滝根層群も分布する．ここでは阿武隈山地を中心に記述する．

阿武隈山地は，南北およそ 200 km，東西およそ 60 km の紡錘形の地域である．大部分は福島県東部であるが，北部は宮城県南部，南部は茨城県北東部にまで及ぶ．阿武隈山地の大部分は花崗岩類からなるが，山地南部には阿武隈変成岩類，ならびに日立変成岩類が分布する．

地形学的には隆起準平原で，花崗岩類の分布地域はなだらかな侵食平坦面をなすが，超苦鉄質岩や斑れい岩類がところどころに分布しており，このような部分は残丘を形成する場合が多い．斑れい岩類の分布は山地の中央部から北側に多い．

阿武隈山地の南西縁は棚倉構造線が北北西–南南東方向に走っており，それを隔てて八溝山地（足尾帯）の中生界が分布する．

また，山地の東縁に沿って双葉断層が，その約 8 km 西側に畑川断層がほぼ平行して走っている．畑川断層の東側には高圧低温型の松ヶ平–母体変成岩類，古生界，ジュラ系–最下部白亜系の相馬中村層群，および新第三系が分布する．畑川断層よりも東側は，地質学的には南部北上山地との類縁性から

南部北上帯に属する．南部北上帯の変成岩・堆積岩類については［4.2 南部北上帯］で記述している．

■ 4.5.2 阿武隈変成岩類（御斎所・竹貫変成岩類）

阿武隈山地の変成岩類は，いくつかの地域に点在して分布するが，福島県いわき市西部から，石川郡古殿町（ふるどの），石川町，東白川郡鮫川村（さめがわ），塙町（はなわ），それに茨城県北茨城市にかけて最も広く分布しており，阿武隈変成岩類，あるいは御斎所・竹貫変成岩類と呼ばれる．この変成岩類は，いわき市根岸-古殿町竹貫-石川町を通る，通称御斎所街道沿いによく露出している．東から西に向かって変成度が上昇している様子がよくわかるため，御斎所街道は模式的な地質見学コースとして知られている．

a. 地質区分と岩相

変成度の低い東側の地域では，主として苦鉄質岩を原岩とする緑色片岩からなり，チャートや泥質岩を原岩とする珪質片岩や泥質片岩をはさんでいる．西側では，大部分が泥質・珪質岩を原岩とする片岩〜片麻岩で，苦鉄質岩を原岩とする角閃岩や結晶質石灰岩をはさむ．変成度の低い東部ではほぼ南北〜北北西-南南東の褶曲軸をもつ折りたたまれた褶曲構造を示すのに対し，変成度の高い西部では，鮫川花崗岩体にほぼ調和的で緩やかなドーム状構造を示す．このように東部と西部での原岩や構造に大きな違いがあるため，東部の変成岩類を御斎所変成岩類，西部の変成岩類を竹貫変成岩類と呼ぶ．また，阿武隈山地一帯の花崗岩類分布地域には，竹貫変成岩に類似の片岩・片麻岩類が点在する．図4.5.1に阿武隈山地全体の地質概略図，図4.5.2に「竹貫図幅」地域の地質概略図を示す．

阿武隈山地中央部，大滝根山付近には花崗岩類に囲まれて時代未詳の滝根層群が分布するが，これについては別項で述べる．

b. 研究史—始原界説と白亜系説

この地域の変成岩研究は，19世紀末にKoto（1893）により，東側の変成岩が御斎所統，西側の変成岩が竹貫統と命名され，いずれも岩相の類似から始生界とされたことに始まる．日本に地質学が地歩を占め始めた明治初期においては，カナダ楯状地におけるローレンシアンとヒューロニアンの2大区分が始原界（当時はまだ始生代・原生代の区別がなされておらず，始原界は先古生界ほどの意味である）の標準とされていた．したがって，一般的には片麻岩，片岩，千枚岩，古生代堆積岩と重なる広義の層序が重視され，片麻岩や片岩は始原界と考えられ，ナウマンや原田豊吉は，漠然と欧米の始原界との岩相的な比較から，日本の片麻岩や結晶片岩は始原界であるとの見解をとっていた．一方，小藤文次郎は，原田の始原界説を批判しつつも，阿武隈山地では，下部をローレンシアンに属する片麻状花崗岩，上部を竹貫統とその上の御斎所統との2つに区分した．御斎所統はカナダのヒューロニアンに対応すると考えられた（Koto, 1893；小藤，1896）．このころの経緯に関しては，今井（1966a, b）に詳しい．

その後，Sugi（1935）により，南部阿武隈山地の変成岩に関する岩石学的な研究がはじめて行われた．彼は，古生層が変成作用を受けたものと先カンブリア系とがあり，後者には後退変成作用を受けた岩石（diaphthorite）があると考えていたらしいが，詳しい地質学的考察は行ってはいない．さらに，杉（1939）は，阿武隈山地東縁部，茨城県北茨城市磯原北西にあった塩平炭坑（しおひら）付近の新第三紀層の千枚岩質の礫岩から十字石を発見した．これについて，杉はdiaphthoriteであろうとの見解を示した．

渡辺ほか（1955）は阿武隈山地全体の花崗岩類を総括し，古期と新期に分類した．

Miyashiro（1961）は，世界各地の広域変成作用を総括し，変成相系列を提唱した．そのなかで，高温-低圧型，低温-高圧型，およびその中間のタイプの3相の変成作用の系列が区別されることを示した．そして，高温-低圧型（紅柱石-珪線石型）変成作用の典型が西南日本の領家帯（りょうけ）から阿武隈山地に続く一連の白亜紀の変成帯（領家-阿武隈変成帯＝Ryoke-Abukuma Metamorphic Belt）であるとして，一躍阿武隈変成岩を世界的に有名なものにした．この論文では，阿武隈東縁の八茎・松ケ平などの変成岩を西南日本の三波川帯の延長であるとしており，阿武隈変成岩とあわせて，いわゆる「対の変成帯」をなすものと考えた．蟹沢・宇留野（1962），Uruno and Kanisawa（1965）は竹貫変成岩のFeとAlに富むラテライト質岩石から十字石を見いだした．これを契機として，Sugi（1935）のdiaphthoriteの考えの再評価を行おうと，総研阿武隈グループが結成された．御

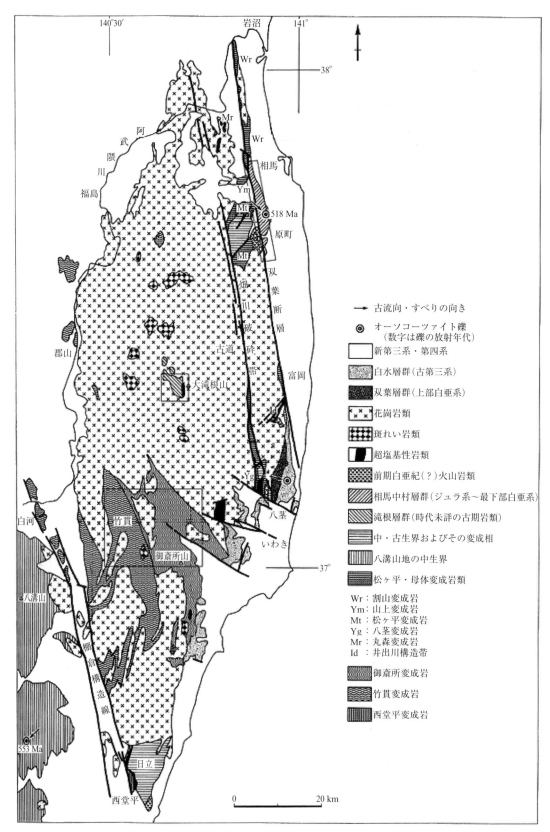

図 4.5.1 阿武隈山地の先新第三系地質概略図（加納・永広編図, 1989）

4.5 阿武隈帯

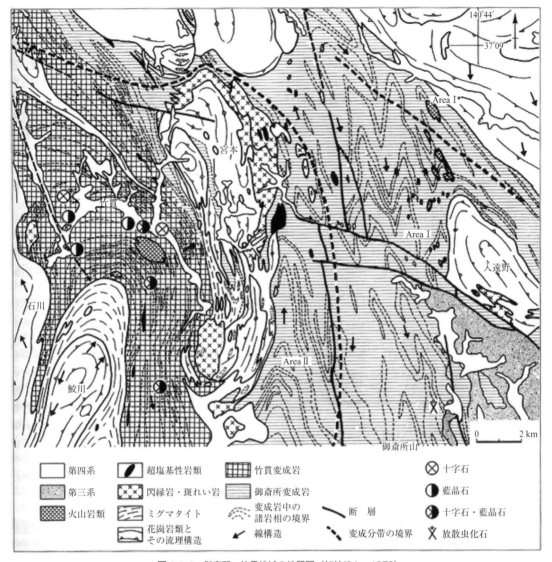

図 4.5.2 御斎所・竹貫地域の地質図（加納ほか，1973）

斎所・竹貫変成岩の分布地域に関する詳細な地質図の作成もその目的の1つであった．その成果として，5万分の1地域地質研究報告「竹貫地域の地質」図幅が刊行された（加納ほか，1973）．この図幅の刊行を契機に，多数の研究者による変成岩の研究が加速された．

c. 変成分帯，藍晶石の発見とその意義

阿武隈変成帯の原岩に関して，御斎所変成岩は苦鉄質岩が卓越し，泥質岩とチャートなどの珪質岩が挟在すること，石灰岩は非常に少ないことがあげられる．御斎所変成岩の塩基性岩については，蟹沢（1979）がソレアイト質であることを示唆し，その後，Uchiyama（1984）による鉛同位体，野原・廣井（1989）による微量・希土類元素の研究から深海性ソレアイトにきわめてよく似ていることが明らかにされている．また，マンガンに富む層が挟在し，チャートに放散虫化石がみられることなどを考慮すると，御斎所変成岩はジュラ紀の海洋性地殻の上部を構成した物質を原岩とするといえる．

一方，竹貫変成岩に関しては，珪質・泥質岩が卓越し，苦鉄質岩や結晶質石灰岩がはさまれること，石灰岩と密接に伴ったラテライト質岩がみられることから，陸源性堆積物を原岩とすると考えられる．

このように，御斎所変成岩と竹貫変成岩では大き

な違いはあるものの，東から西に向かって大局的に
変成度が上昇していることは以前から知られてい
た.

牛来（1958）は，御斎所・竹貫地域の変成岩につ
いて，東から西に向かってA，B，C（C1，C2，
C3）と分帯を行い，最も東側のAは緑色片岩帯，
Bは緑れん石角閃岩帯，Cは角閃岩帯に属するもの
とした．この分帯では，AおよびB帯がほぼ御斎
所変成岩，C帯がほぼ竹貫変成岩に相当する．そし
て，C帯は雲母片岩帯のC1，鉄ばんざくろ石雲母
片岩帯のC2，珪線石菫青石雲母片麻岩帯のC3に
細分され，鮫川岩体を取り囲むように最も変成度の
高いC3帯が分布するとした．

さらに，Miyashiro（1958）は，御斎所街道に沿う
地域において，東から西に向かって変成度が上昇す
ることにより，A帯，B帯，C帯に分帯した．Shido
（1958）は，竹貫の東方，入遠野および勿来地域の
御斎所変成岩について，広域ならびに接触変成作用
に関する研究を行った．彼らは，鉱物の反応関係よ
りも角閃石の軸色の変化を中心として分帯した．そ
して，阿武隈変成岩のような高温低圧の変成作用で
は，緑れん石角閃岩相が欠如しているとした．Mi-
yashiro（1961）は，これらの研究をもとに変成相系
列を提唱し，阿武隈変成帯を高温-低圧型の典型で
あるとしたのである．

十字石を発見した当初，蟹沢・宇留野（1962）は，
十字石の産出は特殊なFeとAlに富む岩石であるた
めと考えたが，Uruno and Kanisawa（1965）では十
字石の産出に関してはSugi（1935）の考え方に傾い
た．当時，十字石は藍晶石と同じく，Miyashiro
（1961）による高温-低圧型の変成作用では形成され
ないものとの考え方があったのである．

「竹貫地域の地質」（加納ほか，1973）では，ざく
ろ石の累帯構造の逆転をもとに，図幅中央部の御斎
所変成岩地域をほぼ南北に走る馬場平断層を境と
して，その東側のゾーンIと西側のゾーンIIとに分
帯した．ゾーンIでは角閃岩相，緑れん石-角閃岩
相，および緑色片岩相が混在し，ゾーンIIは角閃
岩相からなるというもので，ゾーンIの変成相の混
在については，複雑な地史の結果であろうとしてい
る．Kano and Kuroda（1973）では，ゾーンをエリア
に変更しているが基本的には同じであり，境界部に
沿う超苦鉄質岩の分布に注目している．この2つの

論文では，ざくろ石の累帯構造がコアよりもリムで
Mnに乏しくなる正累帯型と逆にMnに富む逆累帯
型の成因について，逆累帯を示すゾーン（エリア）
IIの岩石は複変成作用の結果であると結論してい
る．共存するざくろ石-黒雲母のFe，Mn，Mg分配
係数はゾーン（エリア）Iの場合では，ダルラディ
アン型（都城による藍晶石-珪線石タイプ）のもの
に類似するとしている．

さらに，梅村（1970, 1974, 1979）により，御斎
所・竹貫変成岩類の運動が構造岩石学的に検討さ
れ，東部の御斎所変成岩では，ほぼ南北に軸をもつ
折りたたみ褶曲が顕著なのに対して，西部の竹貫変
成岩類では深成岩体の周辺部にみられる半ドーム状
の構造が認められ，両者の間の構造には大きな違い
があることから，不連続か断層関係であると説明さ
れた．

1960〜70年代前半におけるdiaphthorite，および複
変成作用の立場での論文は，Uruno and Kanisawa
（1965），Kanisawa（1969），Kano and Kuroda（1968,
1973），加納ほか（1973），加納（1979）などである．
複変成説の場合，先カンブリア時代？には藍晶石-
珪線石型の変成作用が行われ，これにさらに紅柱石
-珪線石型の変成作用が中生代に重複したもので，
竹貫変成岩中の藍晶石や十字石は，最初の変成作用
の産物と考えた．

この間，十字石だけでは重複する変成作用の存
在，および基盤岩類の存在を示す根拠に乏しいこと
から，藍晶石の発見に勢力が注がれた．宇留野を中
心とした宮城第一女子高校生による，川砂中から耐
酸重鉱物である藍晶石を見いだし（総研阿武隈グ
ループ，1969；Uruno et al., 1974；Uruno, 1977），そ
こから露頭を発見するという手法である．その結
果，変成度の高い古殿町長光地，大作付近で藍晶
石を含む片麻岩が，また西堂平変成岩から紅柱石・
珪線石・藍晶石を含む岩石が発見された．また，
1970年代初頭から，EPMAによる鉱物化学組成の
分析が応用され，ざくろ石の累帯パターンなど，多
くの鉱物の組成変化が追跡されるようになり，変成
履歴の解析が飛躍的に進んだ．加納（1979）は，竹
貫変成岩中のざくろ石-菫青石ペアから変成温度を
600〜750℃，圧力を5.0〜5.5 kbと見積もった．そ
して，この結果は角閃石のTi含有量等量線で描い
た結果と調和的で，変成度は鮫川岩体と塙岩体を頂

点としたドーム状構造をなしているとした.

d. ジュラ紀化石の発見とその後

Hiroi et al. (1987) は,御斎所変成岩中のチャートからジュラ紀放散虫を発見し,それまでの先カンブリア紀基盤説や,diaphthorite 説は覆された.この放散虫化石の発見という結果を承けて,Hiroi and Kishi (1989),廣井・岸 (1989),廣井 (1990) により,新たに阿武隈山地の変成岩類の岩石学的研究が次々に報告された.十字石や藍晶石は,特殊な化学組成の岩石にのみ含まれるわけではなく,泥質片麻岩にもまれではあるが含まれていることが次第に明らかとなった.Tagiri et al. (1993) は,御斎所川南部の田人岩体周辺において,炭質物の石墨化度,角閃石ならびに斜長石コアの組成変化をもとに御斎所変成岩の広域変成作用と,田人岩体による接触変成作用とを区別した変成分帯を行った.

なお,十字石が最初に発見された露頭の1つで,ラテライト質の岩石のみられた横川の露頭は道路拡張のため,現在は消失してしまった.

阿武隈山地の深成岩類についての年代測定は,河野・植田 (1965b) による K-Ar 年代以来,ほとんどが 120〜85 Ma を示す白亜紀の値を示していた.その後,Rb-Sr 全岩アイソクロン年代が各岩体について行われ,最も古い鮫川岩体の 669±142 Ma から最新期岩体の示す 107 Ma の広い範囲にわたる値が出された (Maruyama, 1978;丸山,1979).この値と御斎所変成岩に放散虫化石がみられるという地質学的データとの矛盾のため,ホルンブレンドによる K-Ar 年代や Rb-Sr 年代,さらに Nd-Sm 法などによる再検討が行われた.柴田・内海 (1983) による丸山の古期花崗岩の K-Ar 年代は 119〜96.4 Ma,石川岩体では Rb-Sr 法,Nd-Sm 法を併用した値が 111 Ma および 106 Ma (柴田・田中,1987) が得られた.さらに,宮嶋 (1991) により詳しく岩型区分がなされた.宮本岩体の Rb-Sr 全岩年代は 120 Ma,119 Ma を示す (藤巻ほか,1991).これらの再検討から,いずれの岩体も白亜紀の貫入であることが明らかになった.

十字石や藍晶石の存在は,宇留野や総研阿武隈グループによって考えられていた「複変成作用」を必ずしも裏づけるものではなく,温度-圧力-時間の経過の解析によって,別の解釈すなわち「地質学的な経過時間のなかで最終的に獲得した特徴」ととらえ

るようになった (廣井・岸,1989;Hiroi et al., 1998;廣井ほか,1994;廣井,2004).廣井ほか (1994) ならびに加納 (2003) は,竹貫変成岩中のセクト構造を示すざくろ石に注目した.次に,廣井ほか (1994) による阿武隈変成岩の形成史を紹介する.

御斎所変成岩中にはカルクアルカリ質石英斑岩が貫入しており,これらも変形・変成作用をこうむっている.このなかのジルコン U-Pb SHRIMP 年代は,マグマからの固結年代である 122 Ma を示すことから,御斎所変成岩の変成時期はこの年代以降であると限定される.一部のジルコンリムには 110 Ma の年代を示すものがある.また,御斎所変成岩の泥質〜珪質片岩中のジルコン U-Pb SHRIMP 年代は 450 Ma 付近に集中するが,この値は供給源の値で,たとえば南部北上山地の氷上花崗岩相当の火成岩由来ジルコンとの関連が考えられ,御斎所変成岩の原岩は南部北上山地との関連性が強い.

一方で,竹貫変成岩中の泥質片麻岩ジルコンリムの U-Pb SHRIMP 年代は 110 Ma を示し,この値はジルコンの形態的検討から唯一度の高度変成作用の時代を示すものである.なお,竹貫泥質変成岩中の累帯ジルコンのコアでは,古い時代の出来事を継承した年代を示す 1950〜1820 Ma の原生代を示す inherited zircon age と,280〜200 Ma のペルム紀〜三畳紀を示すものがあり,これらは砕屑性のジルコンで,ジュラ紀付加体のなかに混在したものと考えられる.その起源は,御斎所変成岩とは異なり,当時のアジア大陸,特にその衝突帯〜縫合部に由来したものである.また,ジルコンリムの年代値の示す 110 Ma は変成年代である.竹貫の塩基性片麻岩中のジルコン U-Pb SHRIMP 年代は 111.9 Ma の変成年代のみが得られる.

さらに,竹貫変成岩中の藍晶石・珪線石・紅柱石,ざくろ石のグロッシュラー成分と包有物にみられる藍晶石・珪線石と斜長石,あるいはセクト構造についての詳細な検討をもとに,セクト構造の形成が変成条件の急激な変化で説明されるとした.この結果から,まず 122 Ma のジルコン U-Pb SHRIMP 年代の示す珪線石領域のステージ I (6 kb, 700℃) から,急激にステージ II で 11 kb, 750℃ の藍晶石出現の領域に圧力が増加し,次いで急激な圧力低下によって,ジルコン U-Pb SHRIMP 年代で 112 Ma のステージ III (珪線石領域) に到達し,さらに後

変動時の花崗岩類による接触変成作用（2 kb 程度，550℃程度）で紅柱石を生じたというプロセスが考えられる．このことは，御斎所・竹貫地域は非常に早い（>4 mmy⁻¹）埋没作用と削剥作用を経て，時計回りのP-Tパス（温度圧力履歴）を経験した地域であるということになる．図4.5.3にHiroi et al．（1998）による竹貫変成岩類の圧力-温度-時間経路（P-T-tパス）を示す．

竹貫変成岩に記録されている急激な高温・加圧の原因としては，御斎所変成岩の竹貫変成岩へのオブダクションによるもの，あるいは同様な現象が北米コルディレラやニュージーランドの例にもみられることから，さらに大規模なマントルプルーム，あるいは膨大な量のマグマの荷重に原因があるかもしれないと説明している（廣井ほか，1994；廣井，2004）．

一方，加納（2003）は，やはりセクト構造を示すざくろ石の晶出経路をもとに，藍晶石領域から温度の上昇と減圧により珪線石領域へ，さらに温度降下と減圧によって紅柱石の領域へと，時計回りの変化を認めている．

御斎所変成岩からのジュラ紀化石の発見により，基盤問題は消滅したが，いずれにしても，御斎所・竹貫変成岩類の接合問題や，急激な高温・加圧現象の解明は今後に残されているといえるであろう．

e. 構造岩石学的研究

阿武隈変成岩類に関する研究の当初，御斎所変成岩と竹貫変成岩とは構造的に調和しており，一連の構造運動に規定されていると想定された．この背景には，変成度が東から西に上昇していること，それによる変成鉱物の組合せ，粒度，変形構造の幾何学的方位などが，御斎所から竹貫にかけてほぼ連続的に変化しており，両者の間は整合関係であるという漠然とした考えがあったと思われる．

御斎所・竹貫変成岩類の構造岩石学的研究は，梅村（1970）によって始められた．また，御斎所・竹貫地域における地質図は，加納ほか（1973）によって公表された．これらの研究により，御斎所変成岩は急傾斜で，波長2〜3 kmの折りたたまれた背斜・向斜を繰り返していること，これに対し竹貫変成岩は波長10 km以上の半ドーム型の背斜で特徴づけられることが明らかにされた．その後，梅村（1979）は両変成岩の間には層位的な不連続があることを見いだし，両者は同時期の変形作用により大構造が規定されたが，互いに独自の構造応力を受けた2つの変形体が合体した可能性を指摘した．また，接合部

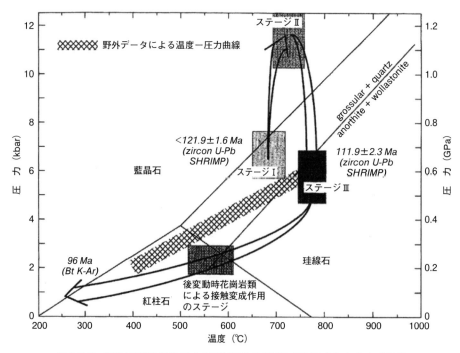

図4.5.3 竹貫変成岩の温度-圧力-時間経路を示す温度-圧力図（Hiroi et al., 1998）

付近での両者の層準は，どの地点でも境界面に斜交していること，初期の整合・不整合関係を示しているものではないこと，超苦鉄質岩の境界貫入説は事実とあわないとした．さらに，御斎所変成岩の西側移動，竹貫変成岩へののりあげがあったことを指摘している．ところで，原・梅村（1979）は，この境界に御斎所衝上断層という1つの剪断帯を考え，境界部付近で多量の超苦鉄質岩のレンズを観察している（図4.5.4）．

佐藤・石渡（2015）は，梅村（1979）によって注目された，御斎所変成岩と竹貫変成岩の接合部付近に点在する大辷，越代などの超苦鉄質岩体は，マントルかんらん岩と超苦鉄質集積岩からなるオフィオライトであることを岩石・鉱物化学組成から明らかにした．これらは御斎所変成岩と一連のものとの解釈もできるが，阿武隈変成岩とは無関係の前期古生代の沈み込み帯オフィオライト断片で，北上山地の早池峰・宮守オフィオライトに対比される可能性が考えられるが，一方で，集積岩はきわめて鉄に富む特徴から，新しいタイプのものであるとし，「古殿オフィオライト」と命名した．

Faure et al.（1986）は，竹貫変成岩を日立地域の西堂平片麻岩（日立西縁片麻岩としている）に，御斎所変成岩を同地域の日立変成岩に対比させ，後者が前者に東方から衝上していると考えた．

石川・大槻（1990）は，御斎所街道沿いにみられる褶曲構造の解析から，F1からF4までの褶曲を識別した．F1褶曲はF2褶曲によって重複変形をこうむったまれな褶曲である．御斎所変成岩に普遍的に発達する北北西方向のF2褶曲は，本地域の最も主要な構造要素で，波長数mmから1kmにわたるさまざまなオーダーのものである．F3褶曲は波長数mm～数十cmの褶曲で地域全体にしばしば認められる．褶曲軸は常に北方に急傾斜している．一般に西翼が短く，東翼が長い非対称な褶曲であることから，片理の一般走向に平行な左横ずれ運動に伴う引きずり褶曲と考えられる．F4褶曲は局所的にみられる波長数mmから1cmのキンク褶曲で，変成度の低い東部の緑色片岩中に発達し，変成作用後の変形とみられる．御斎所変成岩類にみられる左横ずれ塑性変形の発達は，変成作用の温度低下によって局所化され，棚倉破砕帯・双葉破砕帯・畑川破砕帯などに集中したと結論した．

なお，Hiroi et al.（1987）によるジュラ紀化石発見以降，1990年代までの新しい知見に基づいた成果は石川ら（1996）によって総括されている．

■ 4.5.3 滝根層群

阿武隈山地のほぼ中央部，大滝根山西方の田村市大越-滝根地区にかけて，石灰岩・泥岩・砂岩・チャート・苦鉄質岩・超苦鉄質岩などを原岩とする年代未詳の岩石が花崗岩中に比較的まとまって分布する（渡辺・菖木，1954；Sendo, 1958）．これらは，阿武隈帯のなかに分布するが，御斎所・竹貫変成岩類や阿武隈東縁変成岩類などとは岩相的に異なるもので，永広ほか（1989）によって滝根層群と命名された．同様のものは，田村市大滝根山南方から常葉地区にほぼ北北西-南南東方向にルーフペンダントやゼノリスとして花崗岩中に点在する．大滝根山西方に南北5.5 km以上，東西約3 kmにわたる地域に広く分布する滝根層群は，ほぼ南北の走向を示し，西からA層，B層，C層に分けられる（図4.5.5：永広ほか，1989）．西傾斜の部分が多く，見かけは西上位で，しばしば西傾斜の褶曲軸面をもつ転倒褶曲がみられ，全体として逆転しているようであるが，詳しい構造や層位関係は不明である．

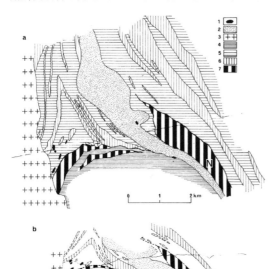

図4.5.4 御斎所変成岩類と竹貫変成岩類の構造的関係を示す古殿町北西部の地質図（原・梅村，1979）
N：入道山，1：超苦鉄質岩類，2：十文字花崗岩，3：石川花崗岩，4：泥質片麻岩，5：泥質片岩，6：塩基性片麻岩，7：珪質片麻岩．

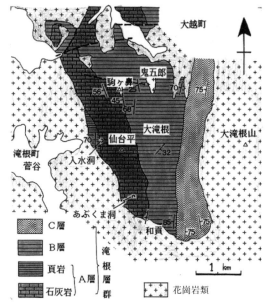

図4.5.5 大滝根山西方地域の滝根層群地質図（永広ほか，1989）

A層は，主に数mm～2cmの方解石からなる結晶質石灰岩からなり，西側には泥岩起源のホルンフェルスを伴い，ざくろ石-黒雲母の組合せがみられる．やや苦鉄質凝灰岩様の部分もみられ，単斜輝石-ホルンブレンド，黒雲母-トレモラ閃石-単斜輝石ホルンフェルスなどがみられる．石灰岩は駒ヶ鼻・中平・仙台平などの地形の高まりとなり，入水鍾乳洞，あぶくま洞などの鍾乳洞が発達する．B層は，主に薄い珪質泥岩をはさむ泥岩起源のホルンフェルスからなり，レンズ状の角閃岩をはさむ．泥岩起源のホルンフェルスは菫青石・紅柱石の斑状変晶を含む点紋ホルンフェルスで，菫青石-両雲母ホルンフェルス，紅柱石-両雲母ホルンフェルスなどがみられる．全体に微褶曲構造が発達する．C層は主にチャートラミナイト様の珪質泥岩とチャートの薄互層，塩基性凝灰岩，火成岩起源の角閃岩，それに蛇紋岩化したかんらん岩・輝岩などからなる．層状チャート・砂岩起源のホルンフェルスを伴う．泥岩・チャート・砂岩起源のものでは，両雲母ホルンフェルス，紅柱石-菫青石-両雲母ホルンフェルス，カリ長石ホルンフェルスがみられる．塩基性凝灰岩，火成岩起源のものは，角閃岩，単斜輝石-角閃岩，単斜輝石-カミングトン閃石角閃岩などがあり，超苦鉄質岩は，かんらん石，クロムスピネル，鉄鉱物などからなる．全体としては，周囲の花崗岩類によるホルンブレンドホルンフェルス相の接触変成作用をこうむってはいるが，広域変成作用はこうむっていない．各岩相の相互関係は不明であるが，見かけの厚さ数m～数十cm単位で繰り返し露出する．

滝根層群は全体として海洋地殻およびその上位に堆積した遠洋性堆積物起源のものと考えられ，苦鉄質～超苦鉄質岩類は異地性岩塊の可能性もある．構成岩石や変成作用の性質など，阿武隈帯の他の地域にみられるどの変成岩類や中・古生層とも異なっており，現在のところ，その帰属は不明である．

［蟹澤聰史］

4.6 足尾帯

a. 概説

東北地方の足尾帯には丹波-美濃帯から連続するジュラ紀付加体と後期白亜紀～古第三紀花崗岩類・火山岩類・火砕岩類が分布するが，ここでは前者についてのべる．足尾帯に属するジュラ紀付加体構成層は，朝日山地南西縁，飯豊山地，帝釈山地や八溝山地に広く分布するほか，会津盆地周辺にも点在する（図4.6.1）．泥岩，砂岩，チャートなどを主体とし，玄武岩や石灰岩を伴う．帝釈山地北西の奥只見に分布する砕屑岩層については，足尾帯のメランジュ中のオリストリスとする考えと，これとは別個の上越帯に属するものであるという2つの考えがある．

b. 朝日山地

朝日山地南西縁の山形県小国北東に花崗岩体に囲まれて箱ノ口層群が分布する．森田（1930MS）の命名を，菅井（1973，1985）が引用した．小国町綱木箱口から北西方向に幅狭く分布し，いったんとぎれて，さらに北西の小国北方の荒川上流部にも露出する．箱口付近では，北東部は主に泥岩から，南西部は泥岩をはさむ砂岩からなる．一部は花崗岩による接触変成作用を受け，ホルンフェルスとなっている．年代資料はほとんどなく，金井ほか（2002）が小国町伊佐領地域に分布する黒色珪質泥岩から，

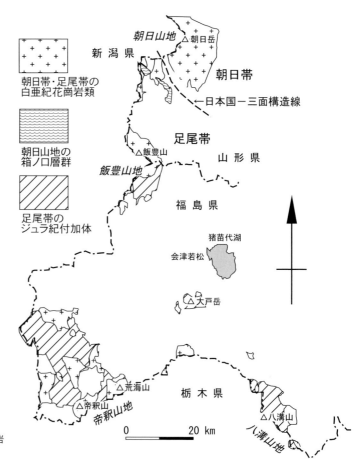

図4.6.1 東北地方の足尾帯・朝日帯構成岩類の分布図

Mirifusus 属放散虫を報告し,泥岩の年代を後期ジュラ紀～前期白亜紀としているのみである.

c. 飯豊山地

飯豊山地では,山地の中央部を占める花崗岩類をはさんで,北西側新潟県側の胎内川上流域と南東側の福島県喜多方市北西部に,砂岩,砂岩・泥岩互層,層状チャートなどからなる地層が広く分布し(高橋ほか,1996),足尾帯の先新生界に対比されている(茅原,1982).一般走向は南北で,急傾斜し,波長1km程度の同斜褶曲をなす(高橋ほか,1996).化石は未発見であるが,西方新潟県側の津川地域ではジュラ紀の放散虫化石の産出が知られている(Mizutani *et al*., 1984).

d. 帝釈山脈

福島県会津地域南部の南会津町荒海川上流域や伊南川流域には,砂岩,泥岩,チャートやそれらの互層が広く分布し,レンズ状の石灰岩を伴う(柴田ほか,1972).これらは花崗岩類に貫入され,ホルンフェルスとなっているところが多く,化石の産出はまれである.荒海川の石灰岩レンズよりSchwagerinidae科のフズリナ(柴田ほか,1972),伊南川の石灰岩転石よりフズリナ *Neoschwagerina* cf. *craticulifera*(鈴木,1962)などのペルム紀化石が報告されている.また,檜枝岐のチャートより前期三畳紀のコノドントが知られている(小池,1979;田沢・新潟基盤研究会,1999).

福島県南西部の只見町-檜枝岐村の只見川の上流部奥只見ダム西方や檜枝岐村の檜枝岐川最上流部には低度変成岩類が,只見川大鳥ダム東方地域や奥只見ダム東方,檜枝岐川上流部には,周辺のメランジュ相付加体とは岩相的に異なる,珪長質凝灰岩を含む砕屑岩類が分布する(新潟基盤研究会,1986;田沢・新潟基盤研究会,1999;滝沢ほか,1999;竹之内ほか,2002;Takenouchi and Takahashi, 2002;竹之内,2008).大鳥ダム上流部の白滝沢の泥岩からは中期ペルム紀の腕足類化石が報告されている(田

沢・新潟基盤研究会, 1999). これらの砕屑岩層については, 足尾帯のジュラ紀付加体中のオリストリスあるいは付加体中の整然相とする考えと, 奥只見ダム付近から群馬県側の片品村にかけて分布する超塩基性岩類や下部白亜系戸倉沢層・下部ジュラ系岩室層, 群馬県北部みなかた町の利根川上流部の上部三畳系奥利根層などとともに, 足尾帯とは別の, 上越帯 (黒田, 1963; 上越変成帯: Hayama et al., 1969) に属するものとする考え, 舞鶴帯ないし中国帯に対比する考えなどがある (田沢・新潟基盤研究会, 1999; 竹之内ほか, 2002; 滝沢, 2008 など). また, 山元ほか (2000) はこの砕屑岩類を大鳥層と呼び, 上越帯とは別の未定構造区のペルム系に位置づけている.

なお, 帝釈山地南側の関東地方では, 西川-川俣湖地域の石灰岩から中期ペルム紀のフズリナ (指田, 2008), チャートから前期三畳紀オレネキアン期後期〜後期三畳紀のコノドント (Sato et al., 1979), 泥岩から中期ジュラ紀の放散虫 (指田, 2008) などが知られている.

e. 会津盆地周辺地域

この地域のジュラ紀付加体は大戸層 (鈴木, 1964) と呼ばれ, 会津若松南方の大戸岳周辺にやや広く分布するほか, 会津盆地の南縁や北縁にもごく狭い分布を示す. 砂岩や泥岩あるいはそれらの互層を主体とし, チャートやまれに玄武岩を伴う. 白亜紀花崗岩により貫入されており, 年代決定に有効な化石の産出はまれで, 大戸岳西方の泥岩からジュラ紀〜白亜紀の放散虫化石が知られている (竹谷・相田, 1985) のみである.

f. 八溝山地

八溝山地は, 北から, 八溝山塊, 鷲子山塊, 鶏足山塊からなるが, 東北地方に属するのは八溝山塊のみである. 八溝山地のジュラ紀付加体は砂岩, 泥岩およびチャートが卓越し, 石灰岩や玄武岩はレンズ状のものがごく少量, 砂岩や砂岩・泥岩互層中に含まれる. チャート-泥岩-砂岩は, チャート-砕屑岩シーケンスをなし, これが断層により繰り返す構造をなしている. 一般走向は, 八溝山塊で南北, 鷲子山塊で北北西-南南東, 鶏足山塊で北東-南西で, 全体としてS字状を呈し, 西方に傾斜する同斜構造となっている.

八溝山地の地質層序については, Kawada (1953) 以来の研究があるが, 付加体層序の考えに基づくものは Aono (1985) 以降で, 最近では, 堀・指田 (1998), 指田・堀 (2000), 笠井ほか (2000) などがある. 堀・指田 (1998) は, チャートの連続性や量比, 砂岩や砂岩・泥岩互層の量比および砕屑岩の年代をもとに, 本地域の付加体を, 構造的下位 (東側) から, 笠間ユニット, 国見山ユニット, 高取ユニットおよび鮎田ユニットに区分した. 指田・堀 (2000) は前2者を笠間ユニット, 後2者を高取ユニットとしてまとめた. 鶏足山塊を研究した笠井ほか (2000) は層序区分単位としてユニットではなく層を用いているが, 区分の概要は堀・指田 (1998) を踏襲している. これらのユニットは3つの山塊を通して分布するが, 八溝山塊ではチャートの分布は少なく, また, 年代データがまれである. 鶏足山塊の緑色岩を検討した Tagiri and Kasai (2000) は, 化学組成と産状から, これらは足尾山地の出流層と同様海山起源で, 付加の際にメランジュ中に取り込まれたと考えている.

指田・堀 (2000) や笠井ほか (2000) によれば, 笠間ユニットのチャート-砕屑岩シーケンスは中期三畳紀〜前期ジュラ紀のチャート, 中期ジュラ紀の珪質泥岩および後期ジュラ紀の砂岩・泥岩からなり, 砂岩・泥岩に異地性のペルム紀玄武岩・石灰岩レンズや三畳紀チャートレンズを含む. 高取ユニットのそれは前期三畳紀オレネキアン期後期の珪質粘土岩, 中期三畳紀〜前期ジュラ紀のチャート, 中期ジュラ紀の珪質泥岩および後期ジュラ紀の砂岩・泥岩からなり, 砂岩・泥岩に異地性の石炭紀石灰岩や三畳紀チャートのレンズを伴っている. [永広昌之]

4.7 朝 日 帯

a. 概 説

朝日帯は朝日山地の主体を占め, 日本国-三面構造線 (皆川, 1965) を境に, 南西側は足尾帯と接し, 棚倉構造線を境に, 北東側の阿武隈帯と区分さ

れる．棚倉構造線の位置については諸説があるが，いずれも朝日山地の東側を通るものと考えている．朝日帯の先新第三系は，主として白亜紀花崗岩類からなるが，千枚岩類やその接触変成相からなる竹ノ沢層，後期白亜紀の酸性火砕岩類（田川酸性岩類：矢内ほか，1973）なども分布する．ここでは竹ノ沢層について紹介する．

なお，志村ほか（2002）は，Sr 同位体比初生値から，朝日帯の古期深成岩類は古期 領家花崗岩類に対比される可能性が大きいとしている．

b. 竹ノ沢層

朝日団体研究グループ（1987）の命名による．枡形山周辺から巣戸々山西方にかけて，0.5～2.3 km の幅で，北北西-南南東～南北方向に帯状に分布する．白亜紀花崗岩類に貫入され，一部は捕獲岩となっている．暗褐色～褐色の炭質物に富む泥質千枚岩，灰色～淡緑色砂質～珪質千枚岩，これらの互層，およびこれらを起源とした接触変成岩類（片状ホルンフェルス）からなる．まれに礫岩起源の千枚岩も認められる．

これらとは別に緑れん石黒雲母角閃岩，角閃石-黒雲母片麻岩などが花崗岩の捕獲岩として認められる．

いずれも化石は未発見である．　　　　［永広昌之］

5. 白亜系〜古第三系

5.1 概 説

　火山岩・火砕岩類主体のものを除く，下部白亜系上部統〜古第三系堆積岩類は，北上山地の北部と阿武隈山地の南東部の限られた地域にのみ知られている．しかし，三陸沖や常磐沖などの大陸棚下には北海道低地帯から連続する厚い上部白亜系〜古第三系が分布する．基礎試錐「三陸沖」（石油公団，2000a）のデータをもとに基礎物理探査結果を再解釈した大澤ほか（2002）は，尻屋崎沖から南方の宮古沖にかけての海域に，これらが東西60〜70 km幅の複向斜をなして分布することを明らかにした．同様の堆積物は常磐沖にも知られている（岩田ほか，2002）．

　陸上に分布する白亜系・古第三系のうち，下部白亜系上部の宮古層群は三陸海岸沿いの地域に点在する（図5.1.1）．上部白亜系と古第三系はセットをなし，北上山地北部の久慈地域，岩泉地域，門地域，および阿武隈山地東縁の双葉-多賀地域に分布する．Ando（2003）および安藤（2005）はこれら東北日本の白亜系・古第三系の層序対比を行い，堆積盆地の発達過程を論じている．

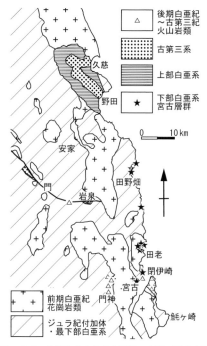

図 5.1.1　北部北上山地の白亜系・古第三系分布図

5.2　下部白亜系宮古層群

　宮古層群（花井，1949；島津ほか，1970 再定義）は，陸中海岸地域の田野畑村弁天崎-宮古市の太平洋沿岸に点在し，強く褶曲した北部北上帯のジュラ紀付加体，下部白亜系小本層・原地山層およびこれらを貫く前期白亜紀花崗岩類などを傾斜不整合で覆う．宮古層群は著しい変形をこうむっておらず，緩く東方に傾斜する（図5.2.1）．Yabe and Yehara（1913）はこれらを宮古白亜系（Miyako Cretaceous）と呼び，のちに花井（1949）が宮古層群とした．下位より，主に礫岩からなる羅賀層，礫岩，砂岩，砂岩・泥岩互層からなる田野畑層，石灰質砂岩からなり，貝化石の密集部やオルビトリナ砂岩をはさむ平井賀層，泥岩をはさむ無層理石灰質砂岩の明戸層，砂岩・泥岩互層からなる日出島層に区分される（島津ほか，1970）．層序関係不明の日出島層を除き，これらは整合関係にある（図5.2.2）．望月・安藤（2003）は宮古層群の主体をストーム卓越型浅海砂岩と考え，Fujino and Maeda（2013）は宮古層群を三角州堆積物に始まり内側陸棚堆積物で終わる一連の堆積物としてとらえている．

　宮古層群は下部白亜系上部の宮古統の模式で，多様なアンモノイド・貝類・サンゴなどの海生動物化石を産し，アンモノイドからアプチアン階上部〜アルビアン階下部に対比されている（Matsumoto,

図5.2.1 西に急傾斜するジュラ紀付加体（槇木沢ユニット）の砂岩（Mg）を傾斜不整合に覆う，東に緩くかたむく宮古層群羅賀層の礫岩（Rg）：田野畑村ハイペ海岸

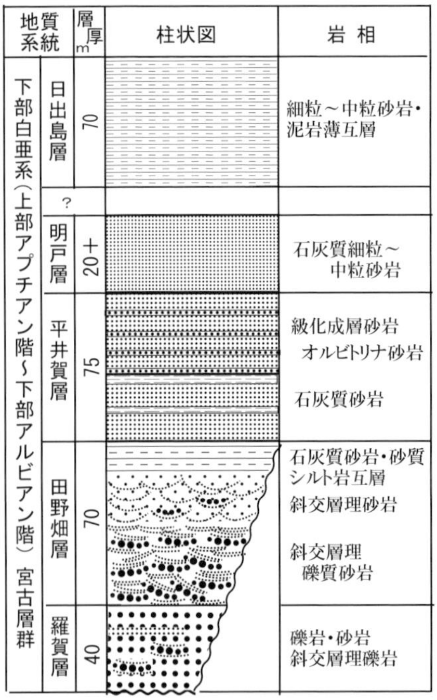

図5.2.2 宮古層群柱状図（島津ほか，1970；田中，1978などから作成）

1953, 1963；花井ほか，1968).

Umetsu and Sato (2007) によれば，宮古層群の花粉化石群集は極東地域の *Cerebropollenites* 区と *Schizaeoisporites* 区の漸移区をなし，手取層群の花粉群集と基本的な違いはないという．

（1）羅 賀 層

当初羅賀礫岩（Yabe and Yehara, 1913）と呼ばれたが，小貫（1956）により羅賀層と改称された．岩手県下閉伊郡田野畑村羅賀付近を模式地とし，羅賀から南の田老にかけての地域に点在する．主に大礫～巨礫からなる礫岩からなり，石灰質の礫質粗粒～極粗粒砂岩をはさむ．礫は北部北上帯のジュラ紀付加体由来のチャートや砂岩，前期白亜紀火山岩類および花崗岩類などの角礫～亜角礫からなる．ジュラ紀付加体や前期白亜紀花崗岩類を不整合に覆い，層厚は20～40 m．サンゴ・層孔虫・二枚貝などの化石を含む．

（2）田 野 畑 層

Yabe and Yehara (1913) の茂師砂岩と田野畑砂質頁岩をあわせて，花井ほか（1968）が再定義．模式地は下閉伊郡田野畑村羅賀上平井賀で，模式地から宮古市にかけての海岸沿いに分布する．

下部・中部・上部に3分される（島津ほか，1970；田中，1978）．下部（層厚数～20 m）は，Yabe and Yehara (1913) の茂師砂岩の下部に相当し，斜交層理をもつ円磨された中礫岩～大礫岩と粗粒～極粗粒砂岩から，中部（層厚数～25 m）は，茂師砂岩の上部に相当し，礫岩薄層をはさむ礫質の粗粒～極粗粒砂岩からなり，斜交層理を示す．上部（層厚8～14 m）は，Yabe and Yehara (1913) の田野畑砂質頁岩にほぼ相当し，石灰質砂岩と砂質シルト岩の互層からなり，下部に酸性凝灰岩の薄層をはさむ．Fujino et al. (2006) や Fujino and Maeda (2013) によれば，田野畑層中には津波堆積物がはさまれている．田野畑層は，田老付近では下位の羅賀層に整合に重なるが，他の地域では，ジュラ紀付加体・前期白亜紀火山岩類・花崗岩類などを直接不整合に覆う．

アンモノイド *Valdedorsella akushaensis*, *Miyakoceras tanohatense*, *Hypacanthoplites subcornuerianus*，二枚貝などの多くの海生動物化石を含む（田中，1978）．岩泉町茂師の下部の礫岩から発見された草食恐竜 *Mamenchisaurus* の脚骨の化石（村井ほか，1983b）は，サハリン産 *Nipponosaurus* を除くと，わが国から最初に報告された恐竜化石である．

（3）平 井 賀 層

層名は Yabe and Yehara (1913) の平井賀砂岩に由来するが，平井賀砂岩とオルビトリナ砂岩をあわせ，花井ほか（1968）が再定義．模式地は下閉伊郡田野畑村羅賀～平井賀地域で，模式地から南方の宮古周辺まで分布する．下部層と上部層に区分される（島津ほか，1970）．下部（層厚15～30 m）は，Yabe and Yehara (1913) の平井賀砂岩に相当し，主

に淘汰のよい細粒〜中粒の石灰質砂岩からなり，砂岩・泥岩互層を伴う．上部（層厚25〜35 m）は級化成層する砂岩を主体とする．下部の上部〜上部の砂岩は北方に有孔虫オルビトリナを含む砂岩に移化し，羅賀や明戸付近ではオルビトリナ砂岩が卓越する．

有孔虫 *Orbitolina* のほか，アンモノイド *Valdedorsella akushaensis*, *V. getulina*, *Pseudohaploceras nipponicum*, *Uhligella matsushimensis*, *Miyakoceras tanohatense*, *M. hayamii*, *Douvilleiceras mammillatum*, *Pseuodoleymeriella hataii*, *P. hiranamensis* などを含む（田中，1978）．

（4）明戸層

Yabe and Yehara（1913）の明戸砂岩を花井ほか（1968）が改称．模式地は下閉伊郡田野畑村明戸付近で，模式地周辺にのみ分布する．主に無層理の石灰質細粒〜中粒砂岩からなり，泥岩をはさむ．層厚20〜30 m．アンモノイド *Douvilleiceras mammillatum*, *Pseudoleymeriella hataii*, *P. hiranamensis* などを産する（田中，1978）．

（5）日出島層

島津ほか（1970）命名．模式地は宮古市日出島で，他の宮古層群構成層とは別に孤立して日出島にのみ分布する．灰色細粒〜中粒砂岩と泥岩の薄互層からなる．層厚約70 m．

5.3 上部白亜系・古第三系

■5.3.1 久 慈 地 域

久慈地域には南東に開いた向斜構造をなし，上部白亜系久慈層群（佐々，1932）と古第三系野田層群（佐々，1932）が分布する．また，久慈層群の種市層が久慈北東種市の海岸線に沿って分布する．

a. 上部白亜系久慈層群

佐々（1932）は久慈層群を，下位より，玉川層，国丹層および門ノ沢層に区分した．これら各層は整合関係にある．島津・寺岡（1962）は，基本的には佐々（1932）の区分を踏襲したが，門ノ沢層を第三系門ノ沢層との名称の重複から沢山層に改称した．山内・箕浦（1986）および Minoura and Yamauchi（1989）は久慈層群全体を久慈層として扱ったが，一般には島津・寺岡（1962）の区分が用いられている（図5.3.1）．玉川層は，礫岩，砂岩，泥岩からなり，カキ礁を伴う．国丹層は主に砂岩から，沢山層は主に凝灰岩からなり，礫岩・砂岩・泥岩をはさむ．種市地域に離れて分布するものは種市層（照井ほか，1975）と呼ばれ，主に砂岩からなる．全層厚約420 m．

松本ほか（1982）は国丹層から産するアンモノイド・二枚貝イノセラムス類から本層群を上部白亜系コニアシアン階〜カンパニアン階に対比したが，Futakami *et al.*（1997）はサントニアン階〜カンパニアン階下部と考えている．梅津・栗田（2007）は久慈層群の花粉・胞子化石群集を明らかにし，花粉化石からサントニアン階〜カンパニアン階下部に対比

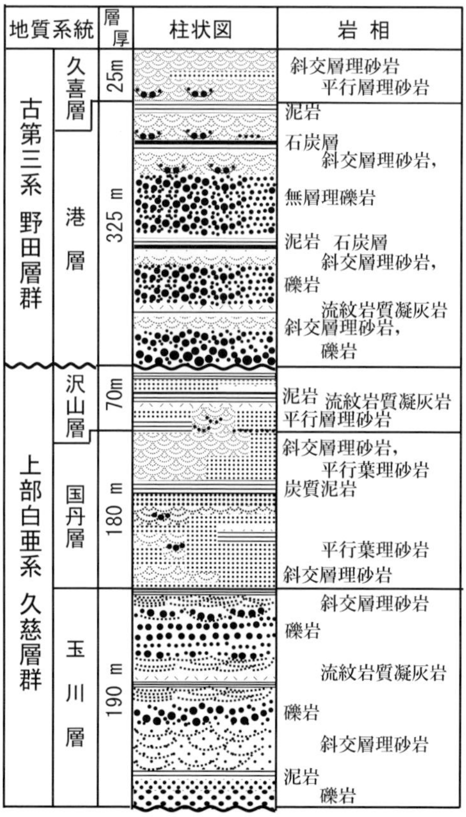

図 5.3.1　久慈地域の上部白亜系久慈層群・古第三系野田層群柱状図（諸資料より編図）

した.

山内・箕浦（1986）および Minoura and Yamauchi（1989）は，堆積相解析と地質構造解析から，久慈層群は横ずれ断層の活動により形成された堆積盆地の，南東に流下する蛇行河川とその前面の浅海域に堆積したものと考えている．また，照井・長浜（1995）によれば，本層群は扇状地～内側陸棚堆積物の4つの堆積シーケンスからなる．種市層は河川～下部外浜の2回の堆積サイクルを示す（長浜・照井，1992）．木村ほか（2005）は玉川層および古第三系港層のコハク胚胎層の堆積環境と続成について検討している．

（1）玉　川　層

佐々（1932）命名．模式地は九戸郡野田村玉川付近で，海岸に沿って好露出がある．基底部は主に礫岩からなり，中上部と最上部に流紋岩質の凝灰岩をはさむ（島津・寺岡，1962）．基底部の礫岩は模式地付近では層厚20 mに達するが，北方に薄くなり，また，礫径も小さくなる．礫岩の上位には，褐色で細粒の砂岩，さらに斜交層理の発達した中粒～粗粒砂岩が重なる．玉川付近ではその下部にカキ化石 Crassostrea sp. の密集層を数層はさむ．玉川層上部は礫岩・砂岩・泥岩などからなり，凝灰岩・炭質の泥岩・炭層をはさむ．礫岩は上部ほど多い．炭層や炭質泥岩にはしばしばコハクが含まれる．層厚30～180 m．

炭質泥岩は植物化石 Nilssonia? sp., Cladophlebis sp., Bachyphyllum sp., Calpolithus sp. などを産する（島津・寺岡，1962）．Takahashi et al.（2001）は，玉川層が Marsileales や Selaginellales を中心とする多数の大胞子化石を産することを報告し，本層をコニアシアン階上部～サントニアン階下部に位置づけた．これは日本の白亜系からは初の胞子群集の報告である．

（2）国　丹　層

佐々（1932）命名．模式地は久慈市夏井町国丹．主に層理の発達した青灰色～緑灰色の石英長石質砂岩からなる．砂質泥岩を境として，下部（層厚70 m），中部（50 m）および上部（45 m）に区分される（島津・寺岡，1962）．下部の砂岩はノジュールを多く含む中粒砂岩からなるが，その下部には斜交層理の発達した含礫粗粒砂岩を伴う．下部の最上部の砂質泥岩（層厚約8 m）は黒雲母を多量に含む酸性凝灰岩（約2 m）をはさむ．中部は主に砂岩か

らなるが，その最上部は層厚0.5～1 mの礫岩と10 m程度の砂質泥岩である．上部は上方に粗粒化する中粒～粗粒の砂岩からなる．

下部の最上部の砂質泥岩および中部の最上部の砂質泥岩は，二枚貝 Inoceramus naumanni, I. japonicus, アンモノイド Polyptychoceras subundulatum, Texanites (T.) fukazawai, T. (T.) amakusensis, T. (T.) cf. collignoni, T. (T.) aff. oliveti, T. (Plesiotexanites) pacificus, Gaudryceras denseplicatum, 魚類など多数の動物化石を産する（佐々，1932；Matsumoto, 1953；島津・寺岡，1962；Futakami et al., 1997）．また，川上ほか（1985）は本層上部からモササウルス亜科に属する海生爬虫類の歯冠化石を報告している．Futakami et al.（1997）はアンモノイド・イノセラムス化石に基づき，本層をサントニアン階～カンパニアン階下部に対比した．

（3）沢　山　層

佐々（1932）の門ノ沢層を，島津・寺岡（1962）が改称．模式地は久慈市夏井町門ノ沢付近．非海成層で，凝灰質砂岩，礫岩，シルト岩および凝灰岩からなり，炭層を伴う．凝灰岩は下部に多い．上部は砂岩・礫岩が優勢で，礫種は主にチャート・砂岩などを主体とし，月長石の斑晶をもつ熔結凝灰岩を含む．最上部には熔結凝灰岩をはさむが，風化して赤色を呈する．Iijima（1972）や棚井ほか（1978）はこの熔結凝灰岩を門地域の横道層の熔結凝灰岩に対比している．層厚約70 m．

植物化石 Sequoia, Nilssonia, Otozamites, Cladophlebis, Dicotylophyllum などを産する（Tanai, 1979）．

（4）種　市　層

浅野（1949）の命名によるが，照井ほか（1975）再定義．模式地は九戸郡洋野町種市付近．浅野（1949）は有孔虫化石に基づき本層を中新統としたが，照井ほか（1975）は二枚貝・アンモノイドから上部白亜系であることを明らかにした．本層は，基底部の礫岩とその上位の泥岩・亜炭層からなる有家部層（層厚約20 m），中部の細粒～中粒砂岩からなる小古内部層（層厚140 m），上部の無層理中粒～粗粒砂岩からなる八木部層（層厚25 m）に区分される（Matsumoto and Sugiyama, 1985）．小古内部層の下部はカキ礁を伴う．層厚約300 m．

Takahashi and Sugiyama（1990）は有家部層から多数の花粉・胞子化石を記載した．小古内部層上部は

イノセラムス *Sphenoceramus sanrikuensis* (＝*S. nau-manni?*)，アンモノイド *Polyptychoceras* cf. *subunda-tum*, *Kichinites ishikawai*, *Paratexanites* (*Anatexanites*) aff. *nomii* など，二枚貝，サメの歯，珪化木，その他が知られている（Matsumoto and Sugiyama, 1985；照井・長浜，1986；Futakami *et al.*, 1987）．これらの化石から種市層はサントニアン階に対比される．

b. 古第三系野田層群

野田層群は，下位より，港層，久喜層に区分される（佐々，1932）（図5.3.1）．野田層群は，河口付近の堆積物で，礫岩に始まり上方に砂岩・泥岩へと細粒化する4回の堆積サイクルからなる（島津・寺岡，1962）．佐々（1932）は第四サイクル下部の礫岩卓越部までを港層，第四サイクル上部の細粒部のみを久喜層としたが，島津・寺岡（1962）は第三サイクルまでを港層，第四サイクルを久喜層とした．ここでは後者の区分に従う．野田層群中の礫岩の古流向は，港層では東向き～南東向きが多く，礫種は酸性火山岩類が卓越し，それにチャートを伴う．一方，久喜層では，西向きの古流向もあり，礫種はチャートが多く，酸性火山岩類がそれに次ぐ（八木下・杉山，1996；Yagishita, 1996）．港層堆積時には網状河川が堆積盆地の大部分を占め，西方には酸性岩を主体とする火山山脈があったと考えられる（八木下・杉山，1996）．

（1）港　層

佐々（1932）の命名によるが，島津・寺岡（1962）再定義．模式地は九戸郡野田村野田港付近．礫岩に始まり上方に砂岩・泥岩へと上方に細粒化する3回の堆積サイクルからなる．細粒部には石炭層・炭質泥岩や凝灰岩を伴う．最下部のサイクルが最も厚く，層厚約100mで，厚い礫岩と上位の薄い砂岩・泥岩からなる．礫岩はレンズ状砂岩や酸性凝灰岩をはさむ．礫岩は円磨された中礫からなり，礫種は前期白亜紀火山岩類や花崗岩類に由来すると考えられる火成岩礫を主とし，チャートや砂岩を伴う．第二，第三サイクルの礫岩中の熔結凝灰岩や月長石流紋岩は太平洋側から供給されたと考えられている（照井・長浜，1986）．下位の久慈層群を不整合に覆い，全層厚は180m．

炭質泥岩から植物化石 *Metasequoia*, *Sequoia* など50種以上が知られている（佐々，1932；寺岡，1959；棚井ほか，1978）．これらに石狩炭田の幾春別層（羊歯砂岩層）との共通種を含むことから本層は漸新統と考えられたが（佐々，1932；島津・寺岡，1962），棚井（1992）は幾春別層の年代を始新世としている．一方，Horiuchi and Kimura（1986）は本層を下部暁新統と位置づけ，Uemura（1997）は本層産のイチョウ科植物化石群集をブレヤ地域の暁新統のそれに比較しており，本層の年代については意見が分かれている．

（2）久　喜　層

佐々（1932）の命名によるが，島津・寺岡（1962）再定義．模式地は野田湾北岸の久喜付近．下部の礫岩（層厚約120m）に始まり上方に砂岩・泥岩へと細粒化する．下部の礫岩はレンズ状砂岩をはさむ．上部（層厚50m）は，中粒～粗粒砂岩と泥岩の互層に始まり，上部へ泥岩薄層をはさむ細粒砂岩へ移化する．上部にはレンズ状の細礫岩～中礫岩もはさまれる．泥岩は炭質物を多く含む．港層を軽微な不整合で覆い，全層厚170m．

上部の泥岩は港層と類似の植物化石を産し（寺岡，1959），漸新統に対比される．

■5.3.2　岩　泉　地　域

北部北上山地中部の岩泉地域には，いわゆる岩泉地溝帯に沿って，ジュラ紀付加体にはさまれ，それを不整合に覆い，上部白亜系沢廻層と古第三系清水川層がわずかに分布する．小貫（1956）は岩泉地域には上部白亜系沢廻層と古第三系名目入層が分布するとしたが，後に小貫（1969）は，沢廻層産アンモノイドを二次化石とみなし，二枚貝・巻貝化石に基づき，沢廻層を古第三系漸新統に対比した．また小貫（1981）は，岩泉町下岩泉付近に分布するものを上部白亜系とみなし，これを下岩泉層と呼んで，沢廻層から分離した．一方，Iijima（1972）や杉本（1978）などは沢廻層を上部白亜系として扱っている．杉本（1978）は岩泉地域に分布する沢廻層と名目入層のすべてを沢廻層として一括し，これを下部と上部に分けた．加瀬ほか（1984）は沢廻層産のアンモノイドや二枚貝化石を再検討し，杉本（1978）の沢廻層下部は上部白亜系サントニアン階中部～上部と結論した．村井ほか（1984）は，杉本（1978）の沢廻層上部が下部を不整合に覆うと考え，これを古第三系清水川層として分離した．

a. 上部白亜系

（1） 沢 廻 層

小貫（1956）の命名によるが，村井ほか（1984）再定義．杉本（1978）の沢廻層下部に相当する．模式地は岩泉町下岩泉～沢廻．岩泉町岩泉付近のごく狭い範囲に分布する．ジュラ紀付加体を覆う基底部の礫岩に始まり，中粒～粗粒砂岩と礫岩・含礫砂岩からなる．基底部の礫岩は淘汰の悪い角礫岩で，最大層厚30 mに達する．上位の礫岩は円礫岩である．最下部は数層準にカキの密集層をはさむ．上部は主に細粒砂岩からなるが，その最下部に酸性凝灰岩や薄い炭層をはさむ．最上部にも酸性凝灰岩がある．全層厚180～200 m.

最下部より二枚貝 Inoceramus cf. orientalis nagaoi, Leptosolen cf. japonica を，最上部より，二枚貝 I. cf. orientalis nagaoi, アンモノイド Protexanites（Anatexanites）fukazawai, Texanites（T.）amakusensis, Polyptychoceras cf. subundulatum などを産し（加瀬ほか，1984；村井ほか，1984），上部白亜系サントニアン階中部～上部と考えられ，久慈地域の国丹層に対比される．

b. 古 第 三 系

（1） 清 水 川 層

村井ほか（1984）命名．杉本（1978）の沢廻層上部に相当する．模式地は岩泉町岩泉の清水川沿いで，その周辺の小範囲にのみ分布する．きわめて淘汰の悪い中礫～大礫からなる，亜角礫岩～角礫岩からなる．下部は粗粒砂岩の薄層をはさむ．礫種はチャートが多く，珪質泥岩・砂岩や少量の緑色岩を含む．層厚約200 m. 年代決定に有効な化石は未発見であるが，下位の上部白亜系沢廻層とは不整合関係にあると推定され，古第三系とみなされている（村井ほか，1984）．

■5.3.3 門 地 域

門地域には上部白亜系横道層と古第三系小川層群が，岩泉地溝帯に沿って細長く分布する．小川層群（小貫，1956）は，下位より，小松層，名目入層，大久保層，雷峠層に区分される（棚井ほか，1978）．

a. 上部白亜系

（1） 横 道 層

棚井ほか（1978）命名．模式地は下閉伊郡岩泉町横道付近で，北西-南東方向の軸をもつ向斜構造をなして分布する．棚井ほか（1978）は下位より基底礫岩層，砂岩シルト岩層および赤色岩層に細分した．海生動物化石を産せず，砂岩シルト岩層中のシルト岩からはヒシ化石 Hemitrapa angulata が密集して産するので，陸成（湖沼成）の上部白亜系と考えられている．

基底礫岩層は，主に向斜の南西翼部に分布し，ジュラ紀付加体を不整合に覆う．細礫～中礫岩からなり，砂岩をはさむ．礫種はチャート，砂岩が多く，その他泥岩，花崗岩類からなる．層厚は40～60 m. 砂岩シルト岩層は，基底礫岩層から漸移し，砂岩，シルト岩，砂岩・シルト岩互層などからなり，流紋岩質凝灰岩・炭質泥岩をはさむ．最大層厚は60 m. 赤色岩層は主に流紋岩質熔結凝灰岩からなる．層厚は5～20 m. ラテライト化しているが，ラテライト化は上位の古第三系小川層群の堆積前と考えられている（Iijima, 1972）．

棚井ほか（1978）は，花粉胞子化石にシダ類胞子が多く，被子植物花粉が少ないことから，本層を上部白亜系に位置づけた．加藤ほか（1986）は最上部の熔結凝灰岩のフィッショントラック年代として約71 Ma を報告している．

b. 古第三系小川層群

本層群は，海生化石を含まず，植物化石を多産し，しばしば炭層をはさむことから，湖沼成～河成堆積物と考えられている（棚井ほか，1978）．

（1） 小 松 層

棚井ほか（1978）命名．模式地は岩泉町小松山．主に凝灰質シルト岩・粘土岩・凝灰岩からなり，褐炭層・炭質泥岩の薄層をはさむ．最大層厚30 m.基底部は層厚1～5 mの粘土層からなり，上部白亜系横道層の熔結凝灰岩を不整合に覆う．主部はシルト岩・凝灰岩・細粒砂岩の不規則な互層からなり，数層の褐炭層をはさむ．基底部の粘土層は，有機物に乏しく淡色で薄いが広がりのよいものと，炭質物に富み暗色で局部的な分布を示すものとがある．主にカオリナイトからなり，ところによりギブサイトを含む硬質粘土で，日本で最も良好な耐火粘土鉱床として知られている（棚井ほか，1978）．

硬質粘土の上位の炭質泥岩は植物化石 *Metasequoia*, *Glyptostrobus*, *Comptonia* などを含み，上部始新統〜最下部漸新統と考えられる（棚井ほか，1978）．

（2）名目入層

小貫（1956）の命名によるが，棚井ほか（1978）再定義．模式地は岩泉町名目入．下部の鴨沢礫岩部層，上部の中沢夾炭部層に細分される（棚井ほか，1978）．小松層を非整合に覆う．

鴨沢礫岩部層：主に礫岩からなり，不規則に砂岩をはさむ．礫岩は円磨された中礫〜大礫からなり，礫種は，主に白色流紋岩，同質熔結凝灰岩からなり，少数の花崗岩類，チャート，泥岩を含む．層厚 30〜50 m．

中沢夾炭部層：鴨沢礫岩部層から漸移し，主に凝灰質中粒〜粗粒砂岩とシルト岩からなり，下部に流紋岩質凝灰岩，中部〜上部に 2〜3 層の褐炭層をはさむ．また，炭層の上・下盤に層厚 1〜2 m の粘土層を伴う．この粘土層は主にカオリナイトからなり，イライト，イライト-モンモリロナイトを含み，軟質粘土と呼ばれ稼行されている．層厚 20〜70 m．

中沢夾炭部層は植物化石 *Metasequoia occidentalis*, *Glyptostrobus europaeus* などを産する（棚井ほか，1978）．

（3）大久保層

棚井ほか（1978）命名．模式地は岩泉町中の沢〜大久保および鬼久保．下部の鬼久保砂岩礫岩互層部層と上部の大久保シルト岩部層に細分される．

鬼久保砂岩礫岩互層部層：名目入層から漸移し，主に礫岩優勢の礫岩・砂岩互層からなり，シルト岩や凝灰岩の薄層をはさむ．礫岩はチャート・花崗岩類・泥岩・砂岩などの細礫〜中礫からなる．層厚 80〜100 m，北方に層厚を減じ，上国境付近では 20 m．

大久保シルト岩部層：主としてシルト岩からなるが，炭質泥岩，砂岩，細礫岩，凝灰岩をはさむ．下部〜中部では一部砂岩・シルト岩互層となる．層厚 320 m 以上．

（4）雷峠層

小貫（1956）命名．模式地は岩泉町雷峠付近．主に角礫〜亜角礫からなる淘汰の悪い礫岩からなるが，粗粒砂岩・泥岩の薄層を不規則にはさみ，また，炭質泥岩を伴う部分もある．礫岩の礫種は下位

の横道層や小川層群に由来するシルト岩や凝灰岩が多く，花崗岩やジュラ紀付加体に由来する泥岩，砂岩などを含む．大久保層を斜交関係で覆うが，花粉化石組成が大久保層のそれと近似するので，両者の関係は非整合と考えられている（棚井ほか，1978）．層厚約 800 m 以上．

■5.3.4 双 葉 地 域

阿武隈山地南東の海岸沿いの双葉地域には上部白亜系双葉層群が，双葉地域からさらに南方の多賀地域にかけて古第三系白水層群が分布する（図 5.3.2）．双葉層群の地表での分布は双葉地域に限られ，畑川断層（畑川構造線）以西にはみられないが，ボーリング資料により，いわき西方の第三系の下位にも存在することが知られており（江口ほか，1959；高山・小畠，1968），本来白水層群とともに南部北上帯と阿武隈帯の境界をまたいで分布していたと考えられる．安藤（2002）は本地域の上部白亜系〜古第三系の研究史と文献リストをまとめている．

a. 上部白亜系双葉層群

双葉層群は，双葉白亜層（徳永，1923a），双葉層（Tokunaga and Shimizu, 1926）を，紺野（1938）が双葉統とし，Matsumoto（1943）が双葉層群と改称したものである．紺野（1938）は，下位より，足澤砂岩層，笠松頁岩層，玉山砂岩層に区分したが，これら各層は後に足沢層，笠松層，玉山層に改称された．南部北上帯の古生界や前期白亜紀花崗岩類を不整合に覆う．安藤ほか（1995）は，双葉層群の各層が河川相に始まりラグーンないし浅海相に終わる堆積サイクルをなし，各層の基底面がシーケンス境界をなすことを明らかにしている．

小畠・鈴木（1969）は，二枚貝化石に基づき，本層群の年代を後期白亜紀コニアシアン期〜前期サントニアン期と考えた．久保ほか（2002）も二枚貝・アンモノイドの検討から同様の結果を得ている．

（1）足沢層

紺野（1938）の足澤砂岩層を須貝・松井（1957）が足沢層と改称．模式地はいわき市大久町足沢（芦沢）．Saito（1961）は本層を，下位から，浅見川部層と大久川部層に区分した．安藤ほか（1995）は，堆積相解析に基づき，両部層を再定義した．ここで

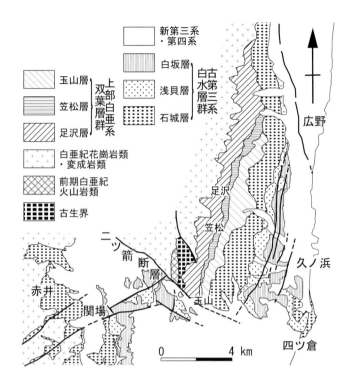

図 5.3.2 双葉地域の上部白亜系・古第三系地質図（須貝・松井，1957；大上，1989b に基づく）

は安藤ほか（1995）に従う．全層厚は模式地の足沢で 145 m．

浅見川部層：模式地は双葉郡広野町浅見川．扇状地〜網状河川相を示す礫岩と礫岩をはさむ粗粒砂岩からなる．礫種は主に花崗岩・泥岩・砂岩からなり，片岩・角閃岩・チャートなどを含む．ペルム系や前期白亜紀花崗岩類を不整合に覆い，最大層厚 50 m で，北部で厚く，南部で薄い．被子植物の花化石やヒカゲノカズラ類・シダ類の胞子，球果植物の葉や花粉などを産する（Takahashi et al., 1999a, b, 2008a, b）．

大久川部層：模式地はいわき市大久町大久川．主に灰色〜暗灰色の泥質細粒砂岩〜砂質シルト岩よりなる海成層で，中粒砂岩や礫岩薄層を伴う．最上部に細粒凝灰岩をはさむ．下位の浅見川部層に整合に重なり，層厚 60〜170 m．北方に向かって薄くなる．大久川部層は，二枚貝 Inoceramus uwajimensis など，アンモノイド Yabeiceras orientale, Mesopuzosia yubarensis, Gaudryceras denseplicatum, Eubostrycoceras indicum, Baculites yokoyamai, Forresteria（F．）alluaudi などを産する（徳永，1923a, b；Tokunaga and Shimizu, 1926；Saito, 1961；Matsumoto et al., 1990）．その他，恐竜を含む脊椎動物数種も知られている（長谷川ほか，1987；久保ほか，2002）．アンモノイド・イノセラムス化石に基づくと，本部層の年代は後期白亜紀のコニアシアン期前期（Ando, 1997），あるいはコニアシアン期中期（Matsumoto et al., 1990；久保ほか，2002）と考えられる．

（2）笠　松　層

紺野（1938）の笠松頁岩層を江口ほか（1953）が改称．模式地はいわき市大久町笠松付近．円磨度の低い石英長石質粗粒〜極粗粒砂岩と砂質シルト岩・炭質シルト岩の互層からなり，細粒凝灰岩をはさむ．砂岩は礫質となることがあり，北部では最下部に層厚約 5 m の礫岩が発達する．砂岩-シルト岩は上方細粒化サイクルをなすが，安藤ほか（1995）はこの粒度変化は海水準変動を反映したものと考え，Ando（1997）は本層を高海水準期の堆積物としている．層厚は 110〜120 m であるが，南方ではやや

厚い.

（3）玉 山 層

紺野（1938）の玉山砂岩層を須貝・松井（1957）が改称.模式地はいわき市四倉町玉山付近.安藤ほか（1995）は河川相を示す下部・中部と海成層の上部に区分したが,久保ほか（2002）はこれらをそれぞれ,小久川部層および入間沢部層と呼んだ.全層厚は模式地で175 m.

小久川部層：安藤ほか（1995）の玉山層下部～中部に相当する.無層理の中粒～極粗粒の石英長石質砂岩からなり,円磨された小礫からなる礫層をはさむ.斜交葉理を伴う部分もある.

入間沢部層：薄い海進性礫岩（安藤ほか,1995）に始まり,主部は細粒砂岩が卓越する.

本層下部は花粉・胞子化石多数を産することが知られていたが,Takahashi *et al.*（1999b）は被子植物の花化石を報告した.また,Takahashi *et al.*（2007）は種子化石の新属新種 *Symphaenale futabensis* を記載している.

入間沢部層からは二枚貝 *Inoceramus mihoensis, I. amakusensis, Apiotrigonia*（*A.*）*minor* などやアンモノイド *Gaudryceras denseplicatum, Texanites* cf. *collingnoni* などを産するほか,首長竜（*Futabasaurus suzukii*：フタバスズキリュウ）その他の脊椎動物化石も知られている（小畠,1967；小畠・鈴木,1969；小畠ほか,1970；安藤,1995；久保ほか,2002；田中・碓井,2002；Manabe *et al.*, 2003；Sato *et al.*, 2006）.また,金成のボーリングコアから,ナンノ化石が報告されている（高山・小畠,1968）.イノセラムス化石に基づき,本層はコニアシアン階上部～サントニアン階下部に対比される.

b.　古第三系白水層群

白水層群（渡辺,1928）は,下位より,石城層,浅貝層,白坂層に区分され,これらはいずれも整合関係にある.徳永（1927）の古期常磐炭田層,Hatai and Kamada（1950）の内郷層群に相当する.層群名の由来については久保ほか（2002）に詳しい.福島県富岡町から茨城県日立市北方まで,阿武隈山地の東縁に沿い南北約100 kmにわたって細長く分布する.双葉地域では上部白亜系双葉層群を,いわき周辺や多賀地域では阿武隈帯の変成岩や花崗岩を不整合に覆う.上田ほか（2003）は白水層群の堆積相区分を行い,石城層から浅貝層へ,河川相から内側陸棚相へと変化するが,これは相対的海水準変動によるもので,浅貝層堆積時に大規模な海水準の上昇があったと考えた.Komatsubara（2004）も石城層の層相変化が海水準の上昇を反映したものと考えている.

久保ほか（2002）や須藤ほか（2005）は,石城層の植物化石・脊椎動物化石,浅貝層・白坂層の微化石から,本層群の年代は後期始新世～初期漸新世と考えている.

（1）石 城 層

中村（1913）の下部第三紀層の基底層・夾炭層・石城砂岩層をあわせて徳永（1927）が再定義.模式地はいわき市湯本付近.久保ほか（2002）は石城層下部と上部に2分した.大上（1972）は,砂岩・礫岩中の安山岩片の量比と火砕岩類に由来する変質した自生鉱物の出現層準に基づき,全域の対比を試みている.層厚は模式地で400 m,北方に次第に薄くなり,双葉地域の夜ノ森では20 mとなる.南方の多賀地域では約250 m.花粉化石群集の組成変化と上部から産する脊椎動物化石から,石城層下部は最上部始新統,石城層上部は最下部漸新統に位置づけられている（久保ほか,2002）.

石城層下部は,礫岩に始まり,砂岩,泥岩へと上方へ細粒化して炭層で終わる,10～20 m単位のサイクルからなる.斜交層理の発達した礫岩が卓越するが,南方の多賀地域では砂岩が多い.礫岩は円磨された中礫からなる.*Equisetum, Glyptostrobus, Juglans, Betula, Acer* などの植物化石を産する（遠藤,1950）.

石城層上部は無層理の海成細粒砂岩を主体とし,粗粒砂岩や泥岩をはさむ.最上部は非海成の礫岩や泥岩をはさみ上方粗粒化を示す（久保ほか,2002）.*Clynocardia laxata, Clinocardium asagaiense, Profulvia harrimani, Turritella tokunagai, Neverita asagaiensis* などの貝化石を産する.また,哺乳類 *Entelodon* cf. *orientalis*（Tomida, 1986）や鳥類・爬虫類なども知られている.松岡ほか（2003）は石城層産骨質歯鳥類についてのべている.

（2）浅 貝 層

中村（1913）の浅貝砂岩層を徳永（1927）が改称.模式地はいわき市湯本町浅貝山.無層理の細粒砂岩からなり,石灰質ノジュールを含むことがある.層厚は約85 mであるが,北方では薄くなる.

本層下部～中部からは浅貝動物化石群（Otuka, 1939）と呼ばれる貝類化石が多産する．この群集は下位の石城層のそれとほぼ共通する．また，底生有孔虫，渦鞭毛藻，花粉なども知られており，これらの群集から本層の年代は前期漸新世と考えられている（久保ほか，2002）．

（3）白　坂　層

　中村（1913）の白坂頁岩層を徳永（1927）が改称．模式地はいわき市湯本白坂．下位の浅貝層の極細粒砂岩から漸移する無層理の青灰色泥岩からなるが，一部では砂岩からなる．上部の泥岩にはしばしば玄能石・亀石を含む（Okami, 1973）．層厚はいわき市では80～90 m，広野町では40～50 m．柳沢・鈴木（1987）および柳沢ほか（1989）は本層から珪藻や珪質鞭毛藻化石を報告している．これらに基づくと本層は下部漸新統と考えられる（久保ほか，2002）．

［永広昌之］

6. 白亜紀〜古第三紀火成岩類

6.1 概説

図6.1.1に東北日本の白亜紀火成岩類の分布を示す．これらのほとんどは前期白亜紀のものであり，より古い放射年代値を示す北上山地（南部北上帯・北部北上帯）の火成岩類とより新しい年代値を示す阿武隈帯の火成岩類に2分される（図6.1.2）．岩石化学的性質では，北上山地のものは磁鉄鉱系列主体でSr-Nd同位体比的には大陸地殻成分に枯渇しており，阿武隈帯のものはチタン鉄鉱系列主体でより大陸地殻成分に富むSr-Nd同位体比を示すという特徴がある．北上山地の火成岩類は，北部と南部でやや異なる性格を示すが，その境界は北部・南部北上帯の境界とは斜交していることから，これらの

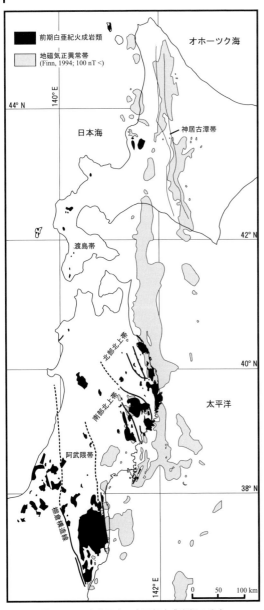

図6.1.1 東北日本の白亜紀火成岩類の分布
Finn (1994) による地磁気正異常帯の分布も示されている．

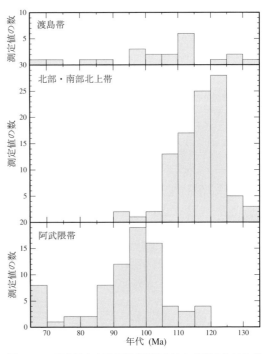

図6.1.2 東北日本白亜紀深成岩類のK-Ar年代のヒストグラム
土谷ほか（1986）およびTsuchiya et al. (2005) によりコンパイルされた年代のほか，土谷（未公表）による年代に基づく．

活動は，北部・南部北上帯の接合後に開始されたと考えられる．

奥羽山脈には，新第三系の基盤として，これらの延長と考えられる火成岩類が分布している．また棚倉構造線の北方延長に相当する朝日山地・飯豊山地周辺には，後期白亜紀〜古第三紀に活動した火成岩類が分布している．

6.2　北上山地の前期白亜紀火成岩類

北上山地の前期白亜紀火成岩類は，火山岩類，岩脈類，深成岩類の3つの時期に区分することができる．これらのうち深成岩類は最も活動時期が若く，火山岩類，岩脈類のいずれにも接触変成作用を与えている．岩脈類と火山岩類の活動時期は，南部北上帯の鼎浦層付近の岩脈の産状から，岩脈類の方が火山岩類よりも古いとされていた（土谷ほか，1999c；Tsuchiya et al., 2005）．しかしながら，活動時期に重なりはあるものの，火山岩類，岩脈類，深成岩類の順に活動したことが明らかとなった（土谷ほか，2015a）．

これまでに報告されたK-Ar年代によれば，深成岩類は120 Ma前後に集中し，火山岩類は122〜117 Ma（Shibata et al., 1978），Ar-Ar年代では118〜116 Ma（滝上，1984）であり深成岩類よりわずかに若い値を示す（ここで示す年代値はすべてSteiger and Jäger（1977）の崩壊定数および同位体存在度を用いて再計算した値である）．これは深成岩による接触変成や変質などの影響によると考えられている．また岩脈類のK-Ar年代は，130〜116 Maである．図6.2.1に，これらの火成岩類の分布を示す．

これらの火成岩類は，沈み込んだ海洋地殻の部分溶融（スラブメルティング）により形成されたアダカイト質岩の産出で特徴づけられる．アダカイトは，初生的な大陸地殻成分を代表する岩石の1つであり，花崗岩質大陸地殻の形成および成長の機構を解明するための鍵を握る岩石である（Martin, 1986；Defant and Drummond, 1990；Rapp et al., 2003 など）．北上山地のアダカイト質岩は，岩石化学的性質が著しく変化に富むことが特徴であり，アダカイト関連岩の多様性の成因を考察する上で重要な位置を占める（土谷，2008；土谷ほか，2015a）．

前期白亜紀火山岩類は，地質学的証拠から深成岩類とほぼ同時に活動したものがあり（蟹澤・片田，1988），深成岩類と同様のテクトニクスで形成され

た可能性が高い．しかしながら，火山岩類からはこれまで典型的なアダカイト質岩は見いだされていない．一方岩脈類は，さまざまなアダカイト質岩とその関連岩が主体をなしている（土谷ほか，1999c；Tsuchiya et al., 2005）．

■6.2.1　前期白亜紀火山岩類

前期白亜紀火山岩類は，深成岩類と同時かあるいはその直前に活動したと考えられている（蟹澤・片田，1988）．北部北上帯では，原地山層が海岸部のみに帯状に分布している．それらは，ほとんどが著しく変質した火砕岩であり，岩質はカルクアルカリ質の輝石安山岩・デイサイト・流紋岩などであるとされていた（山口ほか，1979 など）．しかしながら，八戸〜種差海岸付近に分布する原地山層は，主としてソレアイト質玄武岩とカルクアルカリ質デイサイトからなり，バイモーダルな組成分布が特徴である（Sasaki, 2001MS）．原地山層についてはアダカイト質花崗岩よりも前弧側に出現し，当時の前弧域の火成活動を特徴づけると考えられる．

一方南部北上帯の火山岩類は，アダカイト質花崗岩の主要な分布域よりも背弧側の広い範囲に分布し，海岸近くには仙磐山層・綾里層・合足層・尾崎層・大船渡層群・鼎浦層・新月層・山鳥層などが，また内陸部には六角牛層・猫川層・馬木ノ内層・土倉層・姥石層・山毛欅峠層などがある．これらの岩質は，これまでの研究から，カルクアルカリ質〜アルカリ質のカンラン石玄武岩・輝石安山岩・ホルンブレンド安山岩などとされていた（Kanisawa, 1974；滝沢ほか，1974；島津，1979 など）．しかし，気仙沼大島付近の鼎浦層中の火山岩類の検討によれば，Srに富むソレアイト質の玄武岩〜安山岩からなり，またその活動はバランギニアンに始まりオーテリビアン〜バレミアンまで続いた

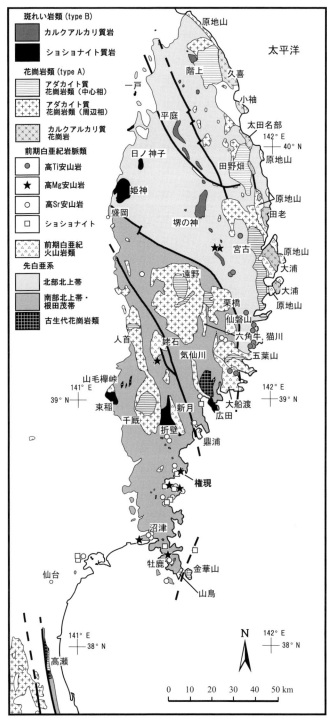

図 6.2.1 前期白亜紀火山岩類岩脈類，および深成岩類の分布
　アダカイト質累帯深成岩体には，北上帯東縁の石狩-北上磁気異常帯（Finn, 1994）に沿って南北に帯状に分布するもの（東列；階上・田野畑・宮古・金華山岩体）と，磁気異常帯主要部から離れて南部北上帯の内陸部に分布するもの（西列：遠野・人首・千厩岩体）とがあり，両者の岩石化学的性質にはわずかな違いがある（Tsuchiya et al., 2007）．

可能性がある（土谷ほか，1997）．さらに姥石層の火山岩類からは，Y，Zr，Nb などの HFS 元素に富む玄武岩や HFS 元素に富むデイサイト質の溶結凝灰岩が見いだされた（土谷・平野，2007）．このように南部北上帯の前期白亜紀火山岩類は，時代的にも岩石化学的にも変化に富んでいることが特徴である．

（1） 原地山層

青森県八戸市〜岩手県下閉伊郡山田町の三陸海岸一帯に広く分布する．久慈南方の三崎酸性火山岩類・黒崎酸性火山岩類（島津，1962）も原地山層に含まれる．Shibata et al.（1978）は，原地山層の火山岩類から 122±5 Ma，121±5 Ma，117±4 Ma，の全岩 K-Ar 年代を，滝上（1984）は 116.1±2.9 Ma，118.1±2.7 Ma の全岩 Ar-Ar 年代を報告している．原田ほか（2013）は，後述の小本層の砕屑性ジルコンの年代分布から原地山層の年代を 132 Ma と求めている．また土谷ほか（2015b）は，宮古市北方真崎付近のデイサイト質溶岩のジルコン U-Pb 年代が 131±1 Ma であることを報告している．

原地山層は，ほとんどが著しく変質した火砕岩類からなる．山口ほか（1979）は，宮古市原地山付近の原地山層の層準を I〜V に区分した．それによると下位から，輝石安山岩からなる I，デイサイト質の溶岩・火山礫凝灰岩からなる II，凝灰質砂岩と少量のデイサイト質な細粒凝灰岩・同質の角礫凝灰岩などの互層からなる III，主に安山岩・流紋岩類からなり黒色の頁岩・珪質頁岩・酸性の凝灰岩などの薄層をはさむ IV，III と同様の岩相を示し田老鉱山の黒鉱型鉱床がある V に区分され，全層厚 3500 m 以上（加納，1958；山岡，1983）とされている．

岩泉町小本地域では，黒色頁岩・砂岩・凝灰岩からなる小本層に火山岩・火山砕屑岩主体の原地山層が累重している．山口ほか（1979）は小本層と原地山層の関係を指交関係とし，Mori et al.（1992）は整合であるとしている．これらの関係を詳細に検討すると，原地山層の火山岩類は，ブロックとして小本層に取り込まれているデイサイトおよび安山岩，小本層に貫入している安山岩〜玄武岩，小本層の上位に累重する玄武岩溶岩に区分される．また小本川右岸では，小本層の堆積岩類に原地山層の玄武岩質ハイアロクラスタイトが累重し，それらを流紋岩岩脈が貫いている．同質のハイアロクラスタイトは小本

図 6.2.2　原地山層から見いだされた玄武岩質枕状溶岩（八戸市小舟渡平西方）．

川河口左岸の海岸や，南方の茂師港付近でも観察される．以上のことから，原地山層の火山岩類の活動は，小本層の堆積とほぼ同時であったことがわかる．

杉本（1975）は，八戸〜種差海岸付近の原地山層について記載し，安山岩，石英安山岩〜流紋岩質岩などの中性〜酸性火山岩および同質の火山砕屑岩，砂岩・頁岩互層などからなるとした．またほぼ北西-南東方向の走向で北東側へ急傾斜しており，火山岩類の層厚は 3000 m 以上とした．一方 Sasaki（2001MS）は火山岩類についてのさらに詳しい地質学的検討を行い，下位から安山岩質火山角礫岩，黒色泥岩・砂岩，枕状溶岩を含むカンラン石普通輝石玄武岩（図 6.2.2），デイサイト質岩および同質の火山砕屑岩，玄武岩質溶岩に区分し，全層厚 1500〜2000 m 程度とした．また火山岩類の産状では，枕状溶岩やペペライト・ハイアロクラスタイトなど，水中でのマグマの噴出や未固結堆積物との接触を示す証拠が認められることから，火山岩類の形成場は水中であったとした．さらに岩石化学的検討から，ソレアイト質の玄武岩とカルクアルカリ質のデイサイトが主体であり，カルクアルカリ質安山岩を伴うとした．

（2） 姥石層

姥石層は，岩手県気仙郡住田町と奥州市（旧江刺市）の境界の姥石峠付近を模式地とし，分布は模式地とその北方，物見山（種山）より外山にいたる範囲に及ぶ．北側では，オルドビス系とされる宮守超苦鉄質岩類，南側ではペルム系の落合層と接している．田沢ほか（1979）の前期白亜紀の非海洋性二枚

図 6.2.3 姥石層から見いだされたデイサイト質溶結凝灰岩（物見山北方藤沢の滝付近の転石の研磨面）

図 6.2.4 大船渡市須崎川本流でみられる普通輝石安山岩質ハイアロクラスタイトの研磨面の写真
発泡したガラス質の安山岩礫を多く含む.

貝化石の発見により，姥石層が前期白亜紀の地層であることが確認されたが，化石含有層と火山岩類との関係の詳細は明らかになっていない．

姥石層の火山岩類は安山岩として一括されていたが，土谷・平野（2007）は SiO_2 量が 42～55％の玄武岩類，SiO_2 量が 58～62％の安山岩類，および SiO_2 量が 64～69％のデイサイト類を報告した．また遠野市小友町藤沢の滝付近の姥石層の岩石の地質学的および記載岩石学的特徴から，玄武岩は主としてハイアロクラスタイト（一部は溶岩および貫入岩），安山岩は凝灰角礫岩および貫入岩，デイサイトは凝灰角礫岩～溶結凝灰岩（図 6.2.3）および貫入岩から構成されるとした．藤沢地区の姥石層の特徴は，水中で形成されたと考えられるハイアロクラスタイトから，陸上で形成されたと考えられる溶結凝灰岩までが整合に累重していることである．

玄武岩類の全岩化学組成については，主成分の TiO_2 と P_2O_5，微量元素の Y，Zr，Nb などの HFS 元素に富むものと，それらに乏しいものとが共存している．デイサイト質岩についても，HFS 元素に富むものと乏しいものの両者が認められる．これらの玄武岩類・デイサイト質岩はいずれも著しく変質しているが，HFS 元素は変質によって移動しにくいとされており，マグマの性質を反映したものと考えられる（土谷・平野，2007）.

（3） 大船渡層群

大船渡層群（小貫・森，1961 命名）は，大船渡湾の西岸・東岸に分布する下部白亜系である．下位から箱根山層・船河原層・飛定地層・小細浦層・蛸浦層に区分され，これらはすべて整合関係とされている．また西岡・吉川（2004）は，東隣の綾里図幅地域の大船渡層群について，下位から合足層・綾里層・蛸浦層に区分している．火山岩類はこれらのほとんどの層準に含まれるが，特に船河原層・小細浦層・綾里層・蛸浦層には火山岩類が多い．これらのうち船河原層には安山岩質ハイアロクラスタイトが認められ（図 6.2.4），綾里層中の流紋岩質凝灰岩には火山豆石が，また小細浦層には溶結凝灰岩が見いだされている．以上のことから，大船渡層群の火山岩類の噴出の場は水中と陸上の両方であった可能性がある．

なお，佐藤（2011）は，西岡・吉川（2004）が東傾斜の単斜構造としている今出山林道付近において，過褶曲同斜向斜構造による地層の逆転を指摘しており，合足層は綾里層の上位に位置すると述べている．この解釈では，綾里層は船河原層に，合足層は飛定地層に対比される．

岩石化学的には，玄武岩～デイサイトにわたる幅広い化学組成を示すことが特徴である．また西岡・吉川（2004）の綾里層の安山岩火砕岩・溶岩の一部には，岩脈類の高 Ti 安山岩と密接に伴って産し，HFS 元素にやや富むなど化学組成も類似しているものがある．以上のことから，大船渡層群の火山岩の一部は，高 Ti 安山岩と同様のマグマが噴出したものである可能性がある．

（4） 鼎 浦 層

鼎浦層は大島層群最下部に位置しており，上部ジュラ系～最下部白亜系の鹿折層群を整合（志井田，1940；Tanaka, 1977）あるいは不整合（半沢,

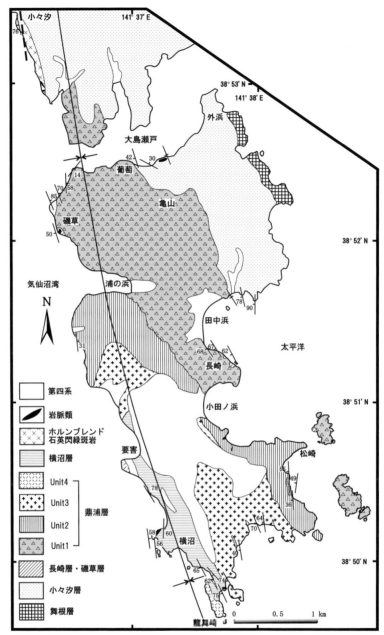

図 6.2.5 鼎浦層の地質図

1954；小貫，1969）で覆うとされた．竹谷（1987）は，それまで鹿折層群最上部とされていた磯草層・長崎層を鼎浦層と同時位相とみなし，大島層群に含めた．また奈良ほか（1994）は，詳細な地質調査と放散虫化石の検討から，鹿折層群最上部の磯草層・長崎層と大島層群最下部の鼎浦層との関係は不整合であるとし，南部北上地塊のユーラシア大陸東縁への衝突による造構作用との関連を示唆した．Shibata et al.（1978）は，鼎浦層の玄武岩の全岩 K-Ar 年代を 122 ± 9 Ma と報告している．

図 6.2.5 は，以上をふまえて再検討した土谷ほか（1997）に新たな調査結果を加えて作成した地質図である（平元ほか，2002）．火山岩類は，下位からカンラン石普通輝石玄武岩を主とした凝灰角礫岩か

らなるユニット1，カンラン石普通輝石玄武岩の貫入岩（一部溶岩）からなるユニット2，カンラン石普通輝石玄武岩～安山岩質および普通輝石シソ輝石安山岩質溶岩～凝灰角礫岩からなるユニット3，横沼層をはさんだ最上部のカンラン石普通輝石玄武岩質ハイアロクラスタイト（一部溶岩）からなるユニット4に区分される（平元ほか，2002）．これらは綱木坂向斜（志井田，1940）の南方延長部をなす向斜構造を示している．

ユニット1の凝灰角礫岩は，カンラン石普通輝石玄武岩を主としているが，さまざまな火山岩礫を含むことから，火山砕屑物が二次的に堆積したものと考えられる．ユニット1の玄武岩質凝灰岩～火山礫凝灰岩は，小々汐層最上部のアルコース砂岩と互層をなして堆積しており，両者はしばしば不規則な境界で接している．またユニット1の中には，磯草層・長崎層がはさみ込まれるように断片的に分布している．磯草付近においては，ユニット1のカンラン石普通輝石玄武岩質凝灰角礫岩が，磯草層の黒色泥岩中に不規則な形態のブロックとして包有されている．また長崎付近においては，長崎層の黒色泥岩がユニット1の玄武岩質凝灰角礫岩と不規則な境界で接しており（図6.2.6），凝灰角礫岩の不規則な形状のブロックを包有している．さらに長崎層最上部の砂質泥岩には，鼎浦層のものとみられる玄武岩～安山岩質角礫が含まれている．

これらの産状から，鼎浦層と磯草層，長崎層，および小々汐層との関係は奈良ほか（1994）がのべているような不整合ではなく，鼎浦層のユニット1は磯草層，長崎層，および小々汐層最上部とほぼ同時に堆積したと考えられる．奈良ほか（1994）は，放散虫化石から磯草層・長崎層の年代をバランギニアンであると断定しているが，それが正しいとすると，鼎浦層のユニット1の火山活動はバランギニアンに開始されたことになる．また鼎浦層の火山活動の開始時期と鹿折層群最上部との間には，長い時間間隙は存在しなかったことになる．

ユニット3最上部の普通輝石シソ輝石安山岩は，横沼付近において横沼層の泥岩と接するハイアロクラスタイトとして産する．また龍舞崎付近においては，横沼層の砂岩とユニット4のカンラン石普通輝石玄武岩質ハイアロクラスタイトが接している．以上の産状から，ユニット3とユニット4は，横沼層最下部および最上部堆積時の海底火山活動により形成された溶岩流～ハイアロクラスタイトであると考えられる．すなわちユニット3とユニット4は，オーテリビアン～バレミアンと考えられる横沼層の堆積（Yabe and Shimizu, 1925）とほぼ同時に活動したことになる．

これまで鼎浦層の火山岩類はアルカリ岩であるとされていたが（島津，1979；蟹澤・片田，1988），全岩化学組成の検討からはSrに富むソレアイト質の玄武岩～安山岩である．またユニット3の普通輝石シソ輝石安山岩には，シソ輝石仮像の斑晶にピジョン輝石の反応縁が認められるのが特徴である（図6.2.7）．

（5）新月層

新月層は鼎浦層の西方に分布し，後述の折壁深成岩体に接して分布している．主として火山岩類からなり，南側で三畳系を不整合で覆い，東端は断層で二畳系と接している（神戸・島津，1961）．全体として北北西-南南東方向の軸をもつ向斜構造をなす．安山岩質火砕岩，安山岩溶岩・岩脈，玄武岩溶岩・火砕岩などから主として構成され，南部と東部ではホルンブレンド安山岩が見いだされる（神戸・島津，1961）．

岩石化学的にはK₂Oに富む高アルミナ質岩型であり，ホルンブレンド安山岩はカルクアルカリ岩の性質を示す（蟹澤，1974，1977）．Shibata et al.（1978）は新月層の安山岩より95 Maの全岩K-Ar年代を報告し，変質による若返りの影響と解釈した．御子柴

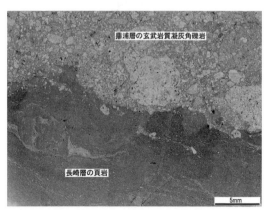

図6.2.6 長崎層の頁岩と鼎浦層の玄武岩質凝灰角礫岩の境界部の薄片写真
両者の境界は不規則であり，頁岩中には凝灰角礫岩由来の砕屑物が含まれる（下方ニコル）．

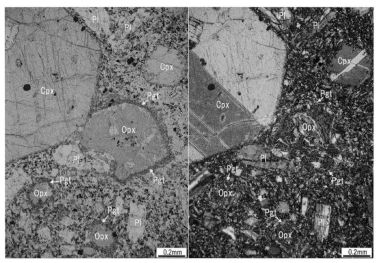

図6.2.7 ユニット3の普通輝石シソ輝石安山岩の薄片写真
斑晶は斜長石（Pl），普通輝石（Cpx），シソ輝石（Opx；仮像）であり，シソ輝石斑晶にはピジョン輝石（Pgt）の反応縁が認められる（左：下方ニコル，右：直交ニコル）．

（氏家）（2002）は，ホルンブレンド安山岩の角閃石K-Ar年代が121±6 Maであることを報告し，信頼性の高い新月層の年代であるとした．

（6）山鳥層

山鳥層は，最上部ジュラ系～最下部白亜系の鮎川累層を不整合に覆って露出し，牡鹿深成岩体による接触変成作用を受けている（滝沢ほか，1974）．牡鹿半島付近には岩脈類の高Sr安山岩が多数分布するが，山鳥層中には認められない．高Sr安山岩と山鳥層中の火山岩類には岩石化学的特徴がよく似ているものがあり，一連の火成活動の産物の可能性がある．Shibata et al. (1978) は火山岩中の角閃石岩岩片の角閃石より106±8 MaのK-Ar年代を報告したが，低温の変成による若返りと解釈した．

山鳥層を構成する岩石は，滝沢ほか（1974）による下部が普通輝石玄武岩～安山岩および一部ホルンブレンド安山岩質の凝灰角礫岩，上部がカンラン石普通輝石玄武岩質溶岩～火砕岩である．普通輝石玄武岩～安山岩は，変質したカンラン石や一部オパサイト化したホルンブレンドを含み，また普通輝石斑晶は大型で著しい組成累帯構造を示すことが特徴である．岩石化学的特徴は鼎浦層のものと類似しており，Srに富むソレアイト質の玄武岩～安山岩である．

滝沢ほか（1974）でものべられているが，最下部付近の凝灰角礫岩の礫にはホルンブレンド安山岩がしばしば含まれる．これはSrに富みYに乏しいアダカイト質のものであるが，礫として産するのみであるため，山鳥層の火山活動との関係は不明である．

（7）その他の火山岩類

仙磐山層は，釜石市小川北方の仙磐山を中心に分布し，K₂Oに富む玄武岩であることが報告されている（大沢，1983）．猫川層・六角牛層は遠野市東部に分布し，下位の猫川層は主に凝灰岩からなり上位の六角牛山層は安山岩からなるとされている．六角牛山層の火山岩類の予察的な検討結果によれば，火山岩類は玄武岩から流紋岩にわたる広い組成範囲を示し，流紋岩の少なくとも一部は溶結凝灰岩である．馬木ノ内層は釜石鉱山付近に分布する．土倉層は土倉峠から箱根峠にかけて分布し，安山岩・安山岩質凝灰岩からなるとされる．山毛欅峠層は束稲山の束稲深成岩類と接して分布し，主に安山岩質火砕岩からなる．Oji et al. (1997) によれば，束稲深成岩よりもK₂Oに乏しい安山岩である．

■6.2.2 前期白亜紀岩脈類

ここで述べる前期白亜紀岩脈類とは，前期白亜紀深成岩類より早期に活動した岩脈類と，貫入時期は不明であってもそれらと同様の岩石学的特徴を示すものである．岩石化学的特徴から高Ti安山岩・高Sr安山岩・ざくろ石流紋岩・ホルンブレンド斑れ

い岩・高Sr高Nb安山岩・ショショナイト・カルクアルカリ玄武岩・高Mg安山岩に区分され，北部北上帯南部～南部北上帯に分布する（土谷ほか，1999c；Tsuchiya *et al*., 2005）．これらはいずれも小規模な岩脈や小貫入岩体であり，高Mg安山岩にはまれに超苦鉄質包有物が含まれる（土谷ほか，1999c；Tsuchiya *et al*., 2005）．土谷ほか（2015a）により，高Sr安山岩およびそれに相当する沼津深成岩体より128 Maのジルコン U–Pb 年代が報告されている．

これらの岩脈類の分布の特徴として，高Ti安山岩は当時の前弧側に相当する北東部に分布し，ショショナイトはより背弧側に相当する南西部に分布する傾向がある（図6.2.1）．また，高Mg安山岩は南部北上帯のみから産出することが知られていたが（Tsuchiya *et al*., 2005），北部北上帯南部の腹帯～三ッ石付近からも産出することが明らかとなった（土谷，2008）．

これらの多くは前期白亜紀深成岩類による接触変成作用を受けており，それ以前に貫入したものであることが明らかである．以下に岩脈類のうち主要な岩相についてのべる．

a. 高Mg安山岩

高Mg安山岩は，一般に幅5 m以下，まれに幅70 mに達する岩脈として，宮古市（旧新里村）腹帯付近，奥州市姥石峠付近，南三陸町寺浜付近～権現付近，石巻市沢田付近および大原浜付近などに分布する．これらはペルム紀から前期白亜紀にわたる堆積岩中に貫入している（土谷ほか，1999c）．無斑晶質のものからカンラン石仮像や単斜輝石の斑晶をもつものまでさまざまな岩相が認められる．

これらのうち南三陸町（旧志津川町）権現付近の高Mg安山岩岩脈（図6.2.8：竹内・兼子（1996）は輝石ひん岩としている）は，ダナイト・レルゾライト・カンラン石単斜輝石岩・カンラン石ウェブステライト・ウェブステライト・斜方輝石岩・単斜輝石角閃石岩・角閃石単斜輝石岩・角閃石岩などのさまざまな超苦鉄質包有物を含むことが特徴である．これらの包有物は，アダカイト質マグマとマントルかんらん岩との反応の履歴を保存したものの可能性があり，高Mg安山岩質マグマの成因の解明に重要な位置を占めるものである（Tsuchiya *et al*., 2005）．

北上帯の高Mg安山岩は，典型的な高Mg安山岩

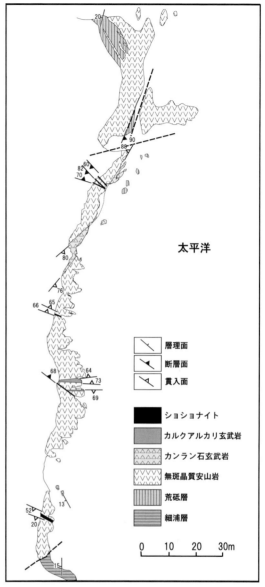

図 **6.2.8** 南三陸町（旧志津川町）権現付近の高Mg安山岩岩脈
　カンラン石玄武岩の部分に超苦鉄質包有物が密集して産する．カルクアルカリ玄武岩とショショナイトの小岩脈に貫かれている．

であるボニナイト類やサヌカイト類（Tatsumi and Maruyama, 1989；Crawford *et al*., 1989）のものよりも著しくSrに富むことが特徴である．これは，権現付近の超苦鉄質包有物の単斜輝石が，瀬戸内地域の松山付近の高Mg安山岩中の超苦鉄質包有物の単斜輝石よりも，Srに富むことと調和的である（Tsuchiya *et al*., 2005）．以上のことは，マントルか

んらん岩と反応したマグマの組成が，瀬戸内地域の場合のような流紋岩質（Shimoda et al., 1998）のものではなく，Sr に富むアダカイト質のものであったことの証拠である．これは，当時の北上帯に沈み込んでいた海洋地殻の温度がより低温だったため，より高圧下で部分溶融が起こったとするモデルで説明される（Tsuchiya et al., 2005）．

b. 高 Sr 安山岩

前期白亜紀岩脈類のうち，南部北上帯に分布するものの主体をなす高 Sr 安山岩は，高い Sr および低い K・Rb・Y で特徴づけられる安山岩質岩である．アダカイト（Defant and Drummond, 1990）と共通した特徴を示しながら Cr・Ni・Mg に富み，バハアイト（Rogers et al., 1985）に類似した性格である．このような岩石化学的特徴をもつ岩石の産出はまれであるため，当時のテクトニクスに制約条件を与えるものとして重要である．

これまでに分布が確認されたのは，南部北上帯の利府町付近の利府層分布域，牡鹿半島付近，石巻市北東部の沼津深成岩体，南三陸町の歌津～志津川付近，陸前高田市の気仙川付近，気仙沼市東部の小々汐付近，および釜石市西部の洞泉付近である．これらは主として幅 50 m 以下の岩脈として産するが，沼津深成岩体は沼津付近の南北 2.7 km，東西 1 km の範囲に分布する深成岩体をなす（滝沢ほか，1984）．片田（1974b）は沼津深成岩体を前期白亜紀深成岩類の一員としているが，全岩化学組成は他の深成岩類とまったく異なり高 Sr 安山岩に類似していることから，岩脈類に属すると判断される（土谷ほか，1999c）．沼津深成岩体は主としてホルンブレンド閃緑岩～ホルンブレンド石英閃緑岩からなり，ホルンブレンド斑れい岩および黒雲母ホルンブレンド花崗閃緑岩岩脈を伴う．

気仙川付近のものは，ペルム系長部礫岩層（志井田，1940）中に貫入するホルンブレンド安山岩であり，前期白亜紀の気仙川花崗岩体により貫入されている．気仙川花崗岩体とともに著しい変形作用を受けており，この付近の岩脈類は東西方向の圧縮力の下で貫入した可能性がある（池田，1984）．

放射年代としては，沼津岩体から 127±6 Ma の，志津川付近の岩脈から 117±3，116±3 Ma の角閃石 K-Ar 年代（土谷，未公表）が，また沼津岩体から 128±2 Ma の，金華山西部の岩脈から 128±1 Ma の

ジルコン U-Pb 年代（土谷ほか，2015a）が得られている．

これらの岩脈はさまざまな岩相を示すものが認められ，斑晶がホルンブレンド主体のもの，斜長石主体のもの，および単斜輝石主体のものがある．石基は隠微晶質を示すものが多く，完晶質で斑状組織を示すものがこれに次ぐ．構成鉱物の量比や粒度の異なるものが複合岩脈をなすことがしばしばある．

高 Sr 安山岩は，スラブメルティングによるアダカイト質マグマとマントルかんらん岩との反応によって形成されたと考えられる（土谷ほか，1999c；Tsuchiya et al., 2005）．したがって，高 Mg 安山岩の場合と同様に，アダカイト質マグマが下部地殻で形成されたものではなくマントル中を上昇してきたものであることを示す証拠として，重要な意味をもつと考えられる．

c. ショショナイト

ショショナイトは，高い K・Rb・Sr・Ba および低い Nb 含有量で特徴づけられる玄武岩質岩である．Joplin（1968）と Morrison（1980）によるショショナイトと共通の岩石化学的性質を示すが，広い組成範囲を示すことが特徴である．南部北上帯南部の牡鹿半島，利府層分布域，志津川付近などに認められる．土谷ほか（1999c）は北部北上帯の釜石付近からも産出することをのべているが，全岩化学組成を再検討した結果，それらは次項の高 Ti 安山岩に属することが明らかとなった．志津川付近の岩脈より，123±3 Ma の角閃石 K-Ar 年代（土谷，未公表）が得られている．

斑晶としてホルンブレンド・単斜輝石・斜長石をさまざまな割合で含み，少量のカンラン石を含むカンラン石含有ホルンブレンド単斜輝石玄武岩が主体である．斜長石斑晶が主体であり，斑状の外観を呈する岩相も存在する．石基は斜長石，単斜輝石，カリ長石，黒雲母，石英からなる場合が多い．利府層中のものは，赤沼付近に多数の岩脈として産する（石井ほか，1982）が，有色鉱物はすべて炭酸塩鉱物や緑泥石に置換された仮像として産し，変質が特に著しい．

ショショナイトは，K・Rb 含有量が高いこと以外は，アダカイトと共通したインコンパティブル元素の特徴を示す玄武岩である．このような岩石化学的特徴は，アダカイト質メルトに汚染されたマント

ルかんらん岩の部分溶融で説明可能であり，アダカイト質岩と成因的な関係を有する可能性が高い（土谷，2008）．

なお前期白亜紀深成岩類には，北部北上帯西縁部（片田，1974a の IV 帯）および南部北上帯の一部（片田，1974a の VIb 帯）にショショナイト質の深成岩類が産出するが（蟹澤・片田，1988；土谷・瀬川，1996），それらと同様の成因で形成されたと考えられる．

d. 高 Ti 安山岩

高 Ti 安山岩は，大型で平板状の斜長石斑晶をもつ安山岩質岩脈である（図 6.2.9）．北部北上帯の釜石市，大槌町，旧茂市村から，南部北上帯の大船渡市付近にかけて分布する．西岡・吉川（2004）によれば，綾里図幅地域には同様の岩脈が密集して産する．さらに全岩化学組成の特徴が大船渡層群の安山岩に類似していることから，大船渡層群の火山岩の一部は，高 Ti 安山岩マグマが噴出したものであると考えられる．

一般に斜長石とホルンブレンドの斑晶を含む安山岩〜花崗閃緑斑岩であり，ごく一部の試料には単斜輝石が含まれる．石基は完晶質〜陰微晶質であり，完晶質のものには斜長石・石英・カリ長石が認められ，しばしば微文象構造を示す．

高 Ti 安山岩の全岩化学組成は，スラブウィンドウ由来の玄武岩質マグマと地殻物質との相互作用によって形成されたと考えられているカリフォルニア西部のコースト・レンジの第三紀粗面安山岩のそれ（Cole and Basu, 1995）とよく似ている（土谷ほか，1999c）．

e. その他の岩脈類

土谷ほか（1999c）は，その他の岩脈類としてカルクアルカリ玄武岩，ざくろ石流紋岩，高 Sr 高 Nb 安山岩を記載している．後二者はそれぞれ岩脈 1 本ずつしか見出されていないが，ざくろ石流紋岩は自形のざくろ石斑晶を含むアダカイト質流紋岩であり，高 Sr 高 Nb 安山岩は HFS 元素に著しく富む安山岩質岩である．高 Sr 高 Nb 安山岩から 119±3 Ma の角閃石 K-Ar 年代（土谷，未公表）が得られている．

■6.2.3 前期白亜紀深成岩類

前期白亜紀深成岩類の活動年代は 120 Ma 前後に集中し，さまざまな岩相を示す岩体から構成されている．これらは古くから注目されており，その研究は，1900 年代初期に北部北上山地の一戸岩体から始まった（Kozu, 1914；近藤，1930a, b, c, d）．その後多くの研究が行われるようになり，渡邊（1950a）や石井ほか（1956）により，北上山地全域の深成岩についての分布と岩質が記載された．これらの結果から片田ほか（1971），吉井・片田（1974），片田（1974a, b），片田・金谷（1980）によって白亜紀深成岩類の総括が行われ，岩石学的特徴による分帯が試みられた．

Tsuchiya and Kanisawa（1994）は，これらの深成岩類を，塩基性岩類をほとんどあるいはまったく伴わない花崗岩類（type A）と，塩基性岩類の占める割合が高い斑れい岩類（type B）の 2 種類に大別した．また花崗岩類を，Sr 含有量によって高 Sr 型（high-Sr series）・低 Sr 型（low-Sr series）・中間型（intermediate series）の 3 系列にさらに細分し，北部北上帯東縁部の高 Sr 型の花崗岩体（片田，1974a の II 帯）にスラブメルティングによって形成されたと考えられるアダカイト質花崗岩が含まれることを示した．さらに Tsuchiya et al.（2007）は，花崗岩類の主要な岩体はほとんどが高 Sr 型花崗岩（アダカイト質花崗岩）を含み，また中心相が典型的なアダカイト質花崗岩からなり，周辺相がより Sr に乏しい花崗岩類からなる累帯深成岩体として産することを見いだした．さらに，アダカイト質マグマに関連した一連の火成活動によってこれらの累帯深成岩体が形成されたと考え，アダカイト質累帯深成岩体

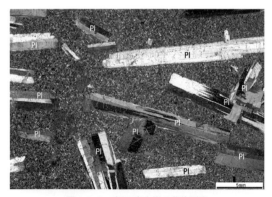

図 6.2.9 高 Ti 安山岩の薄片写真
大型で平板状の斜長石斑晶（Pl）をもつ安山岩質岩脈である（直交ニコル）．

6. 白亜紀〜古第三紀火成岩類

表6.2.1 北上山地の主要な前期白亜紀アダカイト質累帯深成岩体の特徴（土谷ほか，2015aに基づく）

岩体名	形　態	累帯構造	周辺相の岩相	中心相の岩相	文　献
階上	南北に延びた岩体（8×23 km），3つの貫入ユニットからなる	南に向かって珪長質になる正累帯構造で境界は一部不連続	片状構造の強い cpx bear. bt-hbl Gd〜Tn	bt-hbl Tn〜Gd に bt LGd〜LTn が貫入	加藤・岩沢，1981
田野畑	南北に延びた岩体（9×25 km），北方に枝を出し7つの岩型に区分される	南に向かって珪長質になる正累帯構造で境界は一部不連続	細粒で片状の cpx-bearing bt-hbl Qd〜Tn，bt-hbl Tn〜Gd，一部 cpx-bearing hbl Gb	粗粒で片状構造の弱い bt-hbl Tn〜Gd，hbl-bt Gd, bt Gd, bt LGd	林，1986；林ほか，1990
宮古	南北に延びた岩体（5〜15×50 km），5つの岩型に区分される	北部の周辺相と南部の中心相に区分される正累帯構造	(cpx-opx bear.) bt-hbl Tn，(cpx-opx bear.) bt-hbl Gd，斑状の hbl Gr	粗粒で塊状の bt-hbl Tn〜Gd と一部の bt LGd	西岡，1997
五葉山	卵形の岩体（20×24 km），南に枝を出し4つの岩型に区分される	中心に向かって珪長質になる正累帯構造，中央部はより珪長質な中心相に貫かれる	(cpx bear.) hbl-bt Gd，bt-hbl Gd〜Tn，bt-hbl Gr，岩体南部には少量の hbl Gb，(opx bear.) bt-hbl Qd	hbl-bt Gd〜bt Gd，小規模な hbl-bt Gd〜Tn が岩体中央部に貫入	西岡・吉川，2004；西岡，2007
金華山	より大きな累帯深成岩体の一部が金華山（3×4 km）と足島（0.2×1.0 km）に露出	正累帯構造で境界は一部不連続	片状優黒質の bt-hbl Tn〜Gd，金華山北西部と足島に露出	片状構造が弱く優白質の hbl-bt Gd〜bt Gd，金華山中央部から東部に露出	滝沢ほか，1987；遠藤ほか，1999
遠野	卵形の岩体（20×34 km），5つの岩型に区分される	中心に向かって珪長質になる正累帯構造で境界は一部不連続	片状〜塊状の bt-hbl Gd，cpx-opx-bt-hbl Tn〜Qd，西縁部に産する少量の ol-px hbl Gb，opx-cpx hbl Gb, hbl Gb, bt-hbl qtz Gb	hbl-bt Gd〜bt Gd，小規模な hbl-bt GdP が岩体中央部〜南部に貫入	蟹澤ほか，1986；蟹澤，1990；御子柴（氏家）・蟹澤，2008
人首	南北に長く延びた岩体（5×30 km），4つの岩型に区分される	周辺相は弱い逆累帯構造，より珪長質な中心相に貫かれる	hbl-bt Gd と岩体北西部に貫入する少量の細粒 hbl Gb	珪長質細粒の hbl-bt Gd, hbl GdP の小岩体が中央部〜北部に非調和に貫入	蟹澤，1969
千厩	南北に延びた卵形の岩体（11×25 km），3つの岩型に区分される	中心部に向かって連続的に珪長質になる正累帯構造	bt-hbl Qd, bt-hbl Tn〜Gd	優白質な bt-hbl Tn〜Gd，岩体中央部に貫入する hbl-bt GdP の小岩体	御子柴（氏家），2002
高瀬	南北に延びた岩体として後期石炭紀の割山花崗岩と断層で接する（1×9 km）	未発見	未発見	強い片状構造を示す bt-hbl Qd〜Tn	Tsuchiya et al., 2014

ol：カンラン石，opx：斜方輝石，cpx：単斜輝石，hbl：ホルンブレンド，bt：黒雲母，qtz：石英，Gb：斑れい岩，Qd：石英閃緑岩，Tn：トーナル岩，Gd：花崗閃緑岩，Gr：花崗岩，GdP：花崗閃緑斑岩，LGd：優白質花崗閃緑岩，LTn：優白質トーナル岩．

と呼んだ（表6.2.1に主要なアダカイト質累帯深成岩体の特徴を示した）．これによって花崗岩類は，典型的なアダカイトであるアダカイト質累帯深成岩体中心相，アダカイトから非アダカイトにいたるアダカイト質累帯深成岩体周辺相，および非アダカイトであるカルクアルカリ花崗岩の3種類に区分されることになる．

アダカイト質累帯深成岩体には，北上帯東縁の石狩-北上磁気異常帯（Finn, 1994）に沿って南北に帯状に分布するもの（東列：階上・田野畑・宮古・金華山・高瀬岩体）と，磁気異常帯主要部から離れて南部北上帯の内陸部に分布するもの（西列：遠野・人首・千厩岩体）とがあり，両者の岩石化学的性質にはわずかな違いがある（Tsuchiya et al., 2007）．

カルクアルカリ花崗岩は，アダカイト質累帯深成岩体の東列のさらに東側に帯状に産する久喜・田

老・大浦花崗岩体などである．これらの岩体は片田（1974a）の分帯のI帯に相当し，典型的な非アダカイトのみからなることが特徴である．

前期白亜紀深成岩類の斑れい岩類（type B）は，カルクアルカリ質からショショナイト質のさまざまな岩相からなる深成岩体として産する．これらは塩基性岩類が主体であることから，一般の島弧の火成岩類と同様に，マントルかんらん岩の部分溶融により生成された塩基性マグマに由来すると考えられる．北部北上帯では，アダカイト質累帯深成岩体の西側に，片田（1974a）の分帯のIII帯およびIV帯が帯状に分布している．これらは西に向かってK$_2$O含有量が増加する特徴を示し，IV帯の一戸・日ノ神子・姫神岩体は，カリ長石に富むモンゾニ岩・モンゾ斑れい岩・モンゾ閃緑岩などの珍しい岩石を含む深成岩体である．これらの岩体を構成する岩石は，LIL元素に富みHFS元素に乏しい島弧的な性格をもったアルカリ岩であり，ショショナイト（Joplin, 1968；Morrison, 1980）と呼ばれる．ショショナイト質岩，特に苦鉄質岩の産出は日本列島の白亜紀～古第三紀火成岩類のなかでは珍しく，西南日本からはまったく報告されていない．また東北日本でも，北上山地のこれらの岩体のほかには，北海道渡島帯の松前深成複合岩体（Tsuchiya, 1982, 1985）と阿武隈山地の西堂平岩体（Tanaka et $al.$, 1982）の産出が知られるのみである．

南部北上帯においては，アダカイト質累帯深成岩体西列と斑れい岩類の分布は，北部北上帯の場合ほど明確ではない．また斑れい岩類のなかでK$_2$Oに富むショショナイト質のものは折壁・広田・束稲岩体であるが，それらの分布にも規則性がみられない．しかしながら，Sasaki（2003）によれば，南部北上帯は前期白亜紀の右ずれ運動によって著しく変位しており，各岩体の配列は現在と大きく異なっていた可能性が示されている．Sasaki（2003）の復元図を採用すると，南部北上帯の火山岩類・深成岩類の配列は，大局的には北部北上帯のものと同様になる可能性がある．

Kanagawa（1986）は，北上山地におけるバランギニアン以前の北北西-南南東方向の大構造とオーテリビアン～バレミアンの火山岩層にみられる南北から北北東-南南西方向の劈開との間のずれは北上山地の火山岩-花崗岩活動の時期におけるサブダクションシステムの転換がこの時期にあったことに基づくと説明した．

（1）久喜・太田名部・田老・大浦花崗岩体

久喜・太田名部・田老・大浦花崗岩体は，片田（1974a）によるI帯の花崗岩類であり，北部北上山地の太平洋岸沿いに露出している．その分布域はジュラ系～白亜系からなる田老帯あるいは陸中層群の分布域にほぼ一致し，特に前期白亜紀の原地山層の火山岩類に密接に伴われることが多い．いずれも小岩体として産し，花崗斑岩に移化することも多く，全般に浅所進入型の特徴を示している．

久喜・太田名部・田老・大浦花崗岩体は，いずれも中粒～細粒で塊状をなす．北上山地の花崗岩類のなかでは最も珪長質でSiO$_2$に富み，カリ長石に富むものも多い．そのため大部分の岩質は花崗閃緑岩ないし花崗岩である．大浦花崗岩体では花崗斑岩に移化する部分が多く，一部では花崗斑岩が花崗閃緑岩を貫いている．

有色鉱物としては一般に黒雲母とホルンブレンドを含み，一部には単斜輝石がホルンブレンド結晶の内部にみられる．黒雲母の緑泥石化が著しく，他に緑れん石，ぶどう石などを生じており，花崗岩マグマの固結末期の熱水変質によるものと考えられている．

暗色包有物としては単斜輝石ホルンブレンド斑れい岩，（黒雲母）ホルンブレンド単斜輝石閃緑岩，ホルンブレンド石英閃緑岩など各種の岩石がみられ，鉱物組成や容量比，粒度，組織などは変化に富んでいる．

これらとは別に，大浦花崗岩体には比較的大きなブロックとして（ホルンブレンド）単斜輝石カンラン石斑れい岩（図6.2.10），単斜輝石ホルンブレンド斑れい岩などが含まれる．

片田（1974a）のI帯には，小袖・胡桃畑などの小岩体があり，これらはいずれもカルクアルカリ質花崗岩である．久喜岩体の南に分布する小袖岩体は，他の岩体に比べてK$_2$O，Rb，Sr，BaなどのLIL元素に富む特徴がある．

Shibata et $al.$（1978）により，田老花崗岩のRb-Sr全岩年代の128 ± 12 Ma，およびSr初生値の0.70378 ± 0.00015が得られている．土谷ほか（2015a）によって大浦花崗岩から127 ± 2 Maの，また土谷ほか（2015b）によって久喜花崗岩から122

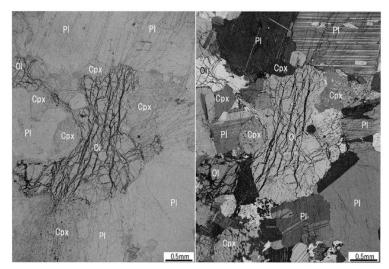

図6.2.10 大浦花崗岩体の花崗閃緑岩に包有される（ホルンブレンド）単斜輝石カンラン石斑れい岩の薄片写真
　　カンラン石（Ol），斜長石（Pl），単斜輝石（Cpx）からなり，単斜輝石中にはホルンブレンドのパッチ状の結晶が共存している（左：下方ニコル，右：直交ニコル）．

±1 Ma の，太田名部花崗岩から 124±1 Ma のジルコン U-Pb 年代が報告されている．

これらのカルクアルカリ花崗岩とよく似た岩石は，気仙沼港東方 35 km 地点の基礎試錐試料から得られており（柴田，1986），さらに北海道苫小牧市東部の坑井から得られた花崗岩試料（石油資源開発札幌鉱業所勇払研究グループほか，1992）も同様のものと思われる．柴田（1986）は，気仙沼港東方の花崗岩試料から 110±15 Ma の Rb-Sr 全岩アイソクロン年代，121±4 Ma の黒雲母 K-Ar 年代，111±4 Ma のカリ長石 K-Ar 年代を報告している．土谷ほか（2015b）による同じ試料のジルコン U-Pb 年代は 127±1 Ma である．

以上のことから，片田（1974a）の I 帯に相当するカルクアルカリ花崗岩は，気仙沼沖から苫小牧にいたる 500 km 以上にわたって南北に延びて分布している可能性がある．また試錐による試料は得られていないが，アダカイト質花崗岩もこれらの西側に接して分布している可能性があり，両者が一体となって石狩-北上磁気異常帯（Finn, 1994）の原因となっているものと考えられる．

（2）　階上花崗岩体

階上花崗岩体は，階上岳付近の南北 25 km 東西 10 km の範囲に分布する．先白亜系堆積岩類と前期白亜系の原地山層に熱変成作用を与えて貫入し，上部白亜系の久慈層群，第四系の火山噴出物・段丘堆積物などに広く被覆されている．また岩体南部で古第三系の野田層群と断層で接している．藤巻ほか（1992）は 135±25 Ma の Rb-Sr 全岩アイソクロン年代を報告している．これは北上山地の白亜紀火成岩としては最も古い年代であるが，測定誤差が大きい．土谷ほか（2015a）によるジルコン U-Pb 年代は，周辺相が 126±2 Ma，中心相が 125±1 Ma である．

加藤・岩沢（1981）によると，密接な関係にある組成の異なる 3 種類のマグマが，連続的に貫入してできたものであり，貫入順に階上岳型，和座型，明戸型と命名されている．岩相はこの順に珪長質に変化するが，いずれの岩石も鉱物の組合せと量比からアルカリ長石の少ないトーナル岩〜花崗閃緑岩である．これらのうち和座型・明戸型はアダカイト質であり，アダカイト質累帯深成岩体中心相に分類され，階上岳型はアダカイト質〜非アダカイト質の周辺相に分類される（Tsuchiya and Kanisawa, 1994）．周辺相の岩相変化は岩体全体の累帯構造とやや斜交しており，岩体東部に向かって珪長質になる傾向が認められる．以上のことと，周辺相と中心相の組成変化が連続的でないことから，両者は異なる貫入ユニットをなすと考えられる．

田老断層が階上花崗岩体の東部を切っており（吉

井・片田，1968），その東側で，階上花崗岩体の直前に貫入したと思われる久喜岩体と接している．また本岩体の中央西部の一部では斑れい岩質のノソウケ岩体と接している（加藤・加沢，1981）．

（3）田野畑花崗岩体

田野畑花崗岩体は，南北約20 km，東西約9 kmの範囲に露出する．基盤岩は中生界の岩泉層群から下部白亜系の原地山層にいたり，これらを明瞭に貫いている．本岩体と基盤岩との境界は，露頭スケールでは地層の構造と斜交するが，概略的には岩体北部を除き調和的である．田野畑花崗岩体の黒雲母K-Ar年代は，ほとんどが125～121 Maを示し，後述のM4型のものから116 Maの年代が得られている（河野・植田，1965a）．土谷ほか（2015a）によるジルコンU-Pb年代は，周辺相が127±2 Ma，125±1 Ma，中心相が122±2 Ma，119±2 Maである．

田野畑花崗岩体は，石英閃緑岩から花崗閃緑岩にいたる広い岩相変化を示しており，周辺部から内部に向かってより珪長質粗粒の岩石に変化する，典型的な累帯深成岩体であることが古くから指摘されていた（Ishii *et al.*, 1956；加藤，1977）．また林（1986）は田野畑岩体の詳細な調査に基づき，その主要部を7つの岩型に区分した．また林ほか（1990）はそれらの岩石化学的特徴について論じた．

図6.2.11は林（1986）の区分を再検討したうえでその一部を修正した岩型区分図である（土谷ほか，2008）．林（1986）によるA-1～A-3型をアダカイト質とカルクアルカリ質の中間的な性質を示す周辺相，A-4～A-7型を典型的なアダカイトの特徴を示す中心相とした．また，林（1986）が別の岩体であるとしていた川口型・内の沢型を周辺相の一部とし，M1，M4型とした．林（1986）の内の沢型は，広い組成範囲を示すとともにホルンフェルスのブロックを包有することが特徴であり，周辺相のいずれかの岩型のマグマが周囲の堆積岩類を同化することで形成されたものと解釈し，周辺相の一員と考えた．また林（1986）のA-5型については，北部に分布するものはSrに乏しく，南部の広い範囲に分布するものはSrに富む特徴が明瞭なことから，それぞれC2とC3に区分した．以上のように，周辺相はホルンブレンド斑れい岩とM1～M4の5岩型に，また中心相はC1～C5の5岩型にそれぞれ区分した．

田野畑花崗岩体の累帯構造の特徴は，中心相が同心円的ではなく南部に偏って分布することである．このような特徴は，北方の階上花崗岩体と南方の宮古花崗岩体にも共通するものであり，北部北上帯のアダカイト質累帯深成岩体に共通な特徴であるといえる．中心相が南部に偏って分布することは，南部ほど岩体の浅部が露出していることで説明される可能性があるが，田野畑花崗岩体の接触変成岩類を研究した奥山（楠瀬）（1999）によれば，南部と北部の貫入深度はいずれも0.2～0.3 GPaであり，明らかな貫入深度の差は認められていない．

周辺相から中心相にいたるそれぞれの岩型は，互いに漸移的である場合と貫入関係を示す場合とがあるが，貫入関係が認められる場合には必ずより中心部に近い岩型が周辺部の岩型に貫入している．また周辺相と中心相の境界に相当するM3型とC1型の境界部においては，両者の貫入に時間的間隙の証拠は認められず，また中間的な組成を示す岩相がみられる場合がある．以上のことから，周辺相と中心相のマグマは相次いで貫入し，両者が混合した可能性が考えられる．これは前述のジルコンU-Pb年代と

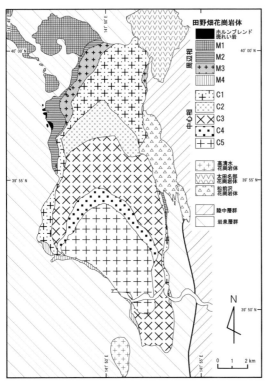

図6.2.11 田野畑花崗岩体の地質図（土谷ほか，2008）
林（1986）を一部修正し，岩型名を変更したもの．

も調和的である．さらに中心相の内部においては，C3型とC4型の組成変化トレンドには，RbやSrなどに明らかな不連続がある．このことから，早期晶出鉱物の濃集などの，組成ギャップを形成する何らかのイベントが起こったと考えることができる．

田野畑花崗岩体東縁に貫入する松前沢岩体は，片田（1974a）のI帯のものに近いカルクアルカリ質花崗岩である．また田野畑花崗岩体南西に分布する高清水（こうしず）花崗岩体は，カルクアルカリ質花崗岩であるがホルンブレンドを含まずざくろ石を含むことが特徴である．

（4） 宮古花崗岩体

宮古（みやこ）花崗岩体は，北上山地では遠野花崗岩体に次ぐ広い露出面積を示し，岩手県沿岸部岩泉町から釜石市にかけて東西約20 km×南北約50 kmにわたって南北に細長く分布している（図6.2.12）．岩体主要部で北部北上帯の中〜古生層に貫入し，また岩体東部で下部白亜系原地山層を貫き，岩体北東部で下部白亜系宮古層群最下部の羅賀層に不整合で覆われている．隣接する大浦花崗岩および原地山層に接触変成作用を及ぼしていること，上下の地層から産する化石の年代区分が明確なことから，年代尺度を決める岩体として重要な位置を占める．黒雲母によるK-Ar年代は110〜120 Ma（河野・植田，1965aなど）の値を示す．土谷（2015a）によるジルコンU-Pb年代は，周辺相125±2 Ma，中心相121±2 Maである．

宮古花崗岩体は，その化学組成・鉱物組合せ・帯磁率から，典型的な磁鉄鉱系列のIタイプ花崗岩に分類されるが，岩体周辺の一部にはチタン鉄鉱系列の部分も存在する（Ishihara et al., 1985）．また宮古花崗岩体は，中心相がより珪長質で周縁相に向かってより苦鉄質になる累帯深成岩体である．中心相が南に偏って分布する傾向は，田野畑花崗岩体よりもさらに顕著であり，周辺相は主として北部に，また中心相は主として南部に露出している．西岡（1997）は，鉱物組織や岩相，色指数の検討から，中心相を山田型および下田名部（しもたなべ）型の2つに，また周辺相を宮古型，芦原平（あしばたい）型および大沢型の3つの岩型に区分した．

岩体南部に分布する中心相は，優白質粗粒で均質であり，塩基性包有物はほとんどあるいはまったく認められない．また，しばしばアプライト，ペグマタイトを伴うことが特徴である．色指数はおよそ6〜15で，周辺相と比較して明らかに優白質であるが，中心相のなかでも，周辺相へ向かうように漸移的に粒度，色指数が変化する．たとえば，周辺相の特徴である塩基性包有物が周辺相に近い中心相の一部に含まれることもある．船越半島南部の海岸線には，中心相から周辺相の岩相が連続して産出しており，岩体周縁部へ向かって有色鉱物の割合が連続的に増加する産状が観察できる．

主に岩体北部に分布する周辺相は，中粒〜細粒の粒径を示し，中心相よりも細粒である．色指数はおよそ21〜31で，中心相と比較して有色鉱物が多く，塩基性包有物を普遍的に含み，不均質である．また岩体の北側，つまり中心相から離れるほど色指数が増加し，塩基性包有物も大型化する傾向がみられる．ときとしてアプライト・ペグマタイト脈が認められるが，中心相ほど多くはない．基盤岩の堆積岩類との境界ではアプライト質の岩相が主体となる場合が多く，大槌町波板鉱山（なみいた）付近では壁岩の同化作用によって帯磁率が著しく低いチタン鉄鉱系列となる（Ishihara et al., 1985）．

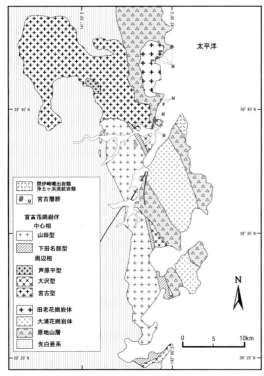

図6.2.12 宮古花崗岩体の地質図（土谷ほか，2008）西岡（1997）に一部変更を加えたもの．

（5） 金華山花崗岩体

金華山は南部北上帯の南端に位置する島であり，ほぼ全域が金華山花崗岩体からなり，島の西部に少量の変成岩類および超苦鉄質岩が伴われる．金華山花崗岩体の岩石学的研究は，Sendo and Ueda (1963)，加藤・田中 (1973)，阿部・片田 (1974)，滝沢ほか (1974) によって行われ，2種類の岩相からなることが明らかにされていた．また片田 (1974a) はVIa帯に分帯し，北部北上帯のI帯の南方延長と位置づけた．

遠藤ほか (1999) はさらに詳しい検討を行い，西部型 (W type) と東部型 (E type) の2種類に大別したうえで，西部型をW1～W4およびアダメロ岩，東部型をE1～E5に細分した（図6.2.13）．西部型は一般に片状構造が顕著であり，W1は黒雲母ホルンブレンドトーナル岩～花崗閃緑岩，W2はホルンブレンド黒雲母花崗閃緑岩，W3は中粒ホルンブレンド黒雲母閃緑岩，W4は細粒ホルンブレンド黒雲母花崗閃緑岩，および細粒黒雲母アダメロ岩である．また東部型のE1は中粒ホルンブレンド含有黒雲母花崗閃緑岩，E2～E4は中粒黒雲母花崗閃緑岩，E5は細粒黒雲母花崗閃緑岩（地質図には示されていない）である．

これらのうち東部型はアダカイト質であり，西部型はアダカイト～非アダカイト質である．したがって，これらはアダカイト質累帯深成岩体の一部が露出したものであり，西部型は周辺相，東部型は中心相と解釈される．中心相の東部型は周辺相の西部型に貫入しており，黒雲母によるK-Ar年代は西部型で122 Ma，東部型で112 Maの値が報告されている（河野・植田，1965a）．土谷ほか (2015a) によるジルコンU-Pb年代は，周辺相が121±2 Ma，中心相が122±2 Maである．

花崗岩類のホルンブレンドおよび変成岩類の変成鉱物の化学組成の検討から，花崗岩類は0.3 GPaの比較的浅所に貫入し，同時に接触変成作用によって西部に分布する変成岩類が形成されたことが示される（遠藤ほか，1999）．

金華山西縁には，マントル由来のものと思われる超苦鉄質岩が露出している．また金華山変成岩類と牡鹿半島の層序は連続していないこと，および花崗岩類と変成岩類はともに左ずれの変形作用を受けていることから，金華山瀬戸には構造線の存在が予想される（猪木ほか，1972；遠藤ほか，1999）．

金華山の北北東約10 kmに位置する足島は，長さ約1 km，幅300 mの無人島であり，全域が花崗岩類からなる．花崗岩類は主として黒雲母ホルンブレンド花崗閃緑岩であり，少量の細粒黒雲母花崗岩を伴い，全般に片状構造が発達している（滝沢ほか，1987）．黒雲母ホルンブレンド花崗閃緑岩の構成鉱物の量比とその変形構造は，金華山花崗岩類の西部型と類似することから，金華山岩体から連続する累帯深成岩体の周辺相が露出したものであると解釈される（遠藤ほか，1999）．

（6） 遠野花崗岩体

遠野花崗岩体は，北上山地中央部に位置する北上山地で最大の花崗岩体である．加納・秋田大学花崗岩研究グループ (1978) は，遠野花崗岩体が周縁相，主部相，細粒相，中心相の4岩相からなる累帯深成岩体であり，地球物理学的データからしずく状岩体とみなされることを明らかにした．蟹澤ほか (1986) は，これに荒川型と西縁斑れい岩類を加えるとともに，西縁斑れい岩類と遠野花崗岩体との関係を検討した．放射年代としては，多数の黒雲母K-Ar年代が報告されており（河野・植田，1965；Shibata and Miller, 1962；内海ほか，1990；Shibata *et*

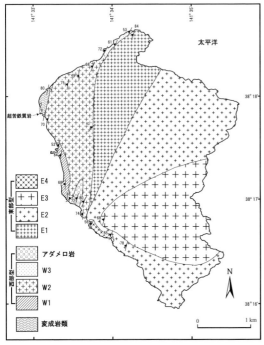

図 6.2.13　金華山花崗岩体の地質図（遠藤ほか，1999）

al., 1994），132 Ma～102 Ma の範囲を示す（平均119 Ma，1個の角閃石および1個のカリ長石の測定値を含む）．また土谷（2015a）によるジルコン U-Pb 年代は，周辺相 119±1 Ma，中心相 117±2 Ma である．

丸山ほか（1996）は，丸山ほか（1993）のデータに新しいデータを加え，Sr 同位体比の検討，および主要化学組成や微量元素（Rb, Sr）の特徴の再検討を行った．その結果，中心相はほかの岩型と異なるトレンドを示すことから，周縁相，主部相，荒川型が貫入後，地下深部に中心相のマグマが発生し上昇過程で地殻物質と混合され形成されたとしている．また西村ほか（1999）は，野外調査による再検討と全岩化学組成，鉱物化学組成の検討を行い，中心相をホルンブレンドの有無で2つに分類した．また，中心相と主部相とは別々のマグマから異なる分化経路を経て形成されたものであり，中心相は主部相の貫入・固結後に貫入した別の貫入岩体であるとした．

以上のように遠野花崗岩体は累帯深成岩体であり，中心相と主部相～周辺相とは異なる岩石化学的性質を示すことは明らかである．Tsuchiya and Kanisawa（1994）は，遠野花崗岩体中心相はアダカイトと非アダカイトの中間型であるとしたが，その後 Tsuchiya et al.（2007）は中心相はスラブメルティングで形成された典型的なアダカイトであるとした．またそれまでの主部相～周辺相を新たに周辺相と区分し，周辺相はアダカイト質メルトがマントルおよび下部地殻と反応することによって形成されたとした．御子柴（氏家）・蟹澤（2008）は，中心相はアダカイトであり，斑れい岩類と周辺相は活動的大陸縁や島弧の火山岩と共通のマグマを起源として分別結晶作用で生じた可能性を論じた．さらに Sasaki et al.（2002）は，中心相から Mn に富むイルメナイトを見いだし，揮発性成分に富む酸化的な条件下で晶出したことを示した．

遠野花崗岩体中央部付近には，花崗閃緑斑岩の貫入岩体が産出する．この花崗閃緑斑岩は，岩石化学的特徴が中心相の岩石よりも典型的なアダカイトにより近く，遠野花崗岩体の一員と考えられる（Tsuchiya et al., 2007）．ホルンブレンド-斜長石地質温度計（Holland and Blundy, 1994）と角閃石地質圧力計（Schmidt, 1992）を用いて固結条件を検討した

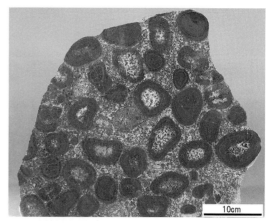

図 6.2.14　遠野花崗岩体西縁から見いだされた球状斑れい岩（岩手県立博物館所蔵，土谷ほか，2005）

結果，中心相と周辺相はほぼ同じ圧力条件（0.2～0.3 GPa）で固結し，その後ほぼ同じ圧力条件で花崗閃緑斑岩が貫入したと考えられる．この値は，Okuyama-Kusunose（1993, 1994）が珪線石アイソグラッドから求めた圧力（0.2～0.3 GPa）と調和的である．

遠野花崗岩体の西縁には，東北日本には産出の珍しい球状斑れい岩が含まれている（図 6.2.14）．この岩石の特徴は土谷ほか（2005）にのべられている．

（7）　栗橋花崗岩体

遠野花崗岩体の東に接する衛星岩体であり，そのために加納・秋田大学花崗岩研究グループ（1978）は遠野・栗橋岩体と呼んで1つの岩体として扱っている．また岩体の構造については，その輪郭に調和した単一のベーズンをなすらしいとのべている（加納・秋田大学花崗岩研究グループ，1978）．岩石化学的性質は遠野花崗岩体に似ており，中心相にアダカイト質の岩石が産出するが，その分布は岩体中央ではなく西に偏っており，遠野花崗岩体との境界部付近に産する．

（8）　人首花崗岩体

人首花崗岩体は，遠野岩体の西方に位置し，花巻市（旧東和町）の南から奥州市（旧江刺市）・一関市（旧大東町）と南北約 36 km 東西約 5 km の北北西-南南東に細長く延びた岩体である．西側では先デボン紀の母体層群に接し，東側では下部石炭系の米里層と宮守超塩基性岩に貫入している（広川・吉田，1954）．岩体の南部は細くなり千厩花崗岩体へと続く．河野・植田（1965）による黒雲母 K-Ar 年

代は 120 Ma, 117 Ma である. また土谷ほか (2015a) によるジルコン U-Pb 年代は, 周辺相 118±2 Ma, 中心相 116±1 Ma である.

構成岩石は, 遠野花崗岩体と比べると岩相変化に乏しく, 大部分は花崗閃緑岩でごく一部がトーナル岩である (加納・秋田大学花崗岩研究グループ, 1978). 人首花崗閃緑岩の岩相については, 加納・秋田大学花崗岩研究グループ (1978) は, 人首岩体中の人首北北西および阿原山北北東の 2 か所を中心とした優白質中心核をもつ正累帯構造であるとし, 一方蟹澤 (1969) は中心部ほど優黒質となる逆累体構造であるとした. 蟹澤 (1969) は, 岩体内部の構造について, 中央部で東傾斜の平板状, 南部および北部ではベーズンおよびドームというパターンを示し, 加納・秋田大学花崗岩研究グループ (1978) は岩体を東西に横断する谷によって 4 つのベーズンに分けられる数珠玉状岩体としている.

このように, これまでの研究では岩相および岩体内の構造についての意見が異なっていた. この問題について全岩化学組成から再検討したところ, 中心部に向かって SiO_2 含有量が低くなる逆累帯構造が明瞭に認められ, 蟹澤 (1969) の見解が正しいことが裏づけられた. しかしながら, 岩体中央よりやや北部の野手崎から笠根山付近には, 累帯構造とは非調和に, やや珪長質の花崗閃緑岩と花崗閃緑斑岩が貫入している. これらのうちの花崗閃緑斑岩はアダカイト質であり, 遠野花崗岩体中央部付近に貫入するものと同様の岩石化学的特徴を示すことから, 人首花崗岩体もアダカイト質累帯深成岩体の一員であると判断される (Tsuchiya et al., 2007).

(9) 千厩花崗岩体

千厩花崗岩体は人首花崗岩体の南に連続して露出し, 南北 25 km, 東西 11 km の岩体である. 加納・秋田大学花崗岩研究グループ (1978) は, 岩体の構造についてやや延びた同心しずく状あるいは "らっきょう" 型としている. Sibata and Miller (1962) は, 122 Ma の, 河野・植田 (1965) は 117 Ma の黒雲母 K-Ar 年代を求めた. 一方, 御子柴 (氏家) (2002) は, 北上山地の深成岩体のなかでは最も若い部類に属する 108±3 Ma の角閃石 K-Ar 年代 (5 個の年代の平均値) を報告した. 土谷ほか (2015a) によるジルコン U-Pb 年代は, 周辺相 119±2 Ma, 中心相 113±2 Ma である.

千厩花崗岩体はカリ長石に乏しく, 石英閃緑岩〜トーナル岩質のものが主である. また, Okuyama-Kusunose et al. (2003) が炭素同位体温度・圧力計より求めた千厩花崗岩体の接触変成岩類の圧力は 0.1 GPa 以下であり, この値は北上山地の花崗岩類の固結深度としては最も浅いものである.

Tsuchiya and Kanisawa (1994) は千厩花崗岩体を低 Sr 型 (非アダカイト) と考えていたが, その後の再検討によって中心相は典型的なアダカイトであることが明らかとなった (Tsuchiya et al., 2007). また遠野花崗岩体の場合と同様に, 中心相にはアダカイト質の花崗閃緑斑岩〜石英閃緑斑岩の貫入岩体が伴われる. なお御子柴 (氏家) (2002) は, これとは別の非アダカイト質花崗閃緑斑岩が千厩花崗岩体のすぐ東の室根山付近に貫入しているとし, その角閃石 K-Ar 年代を 107±5 Ma と報告している.

周辺相は, アダカイト質〜非アダカイト質にまたがるが, 全岩化学組成は他のアダカイト質累帯深成岩体のものよりも著しく K_2O 含有量に乏しい. すなわち, 千厩花崗岩体が他の岩体よりも K_2O に乏しいのは, 中心相ではなくて周辺相の特徴であるということになる. これは, 千厩花崗岩体の周辺相の形成に関与した下部地殻物質の組成が, 他の岩体の場合よりもかなり K_2O に乏しいものであった可能性を示すものであろう.

(10) 五葉山花崗岩体

五葉山花崗岩体は, 東西約 20 km, 南北約 24 km の岩体で, 北部北上帯と南部北上帯の境界部に位置する. 両帯を境し南北に走る早池峰東縁断層 (永広ほか, 1988) を切って分布し, 東部ではジュラ紀の堆積岩コンプレックスである釜石層を貫き, 南西側では下部白亜系の大船渡層群に貫入する. 加納・秋田大学花崗岩研究グループ (1978) によれば, 岩体の構造は全体として北に傾いた板状構造 (一部ベーズン) をとるとされる.

本岩体は, 花崗閃緑岩およびトーナル岩を主とし, わずかにアダメロ岩, 石英閃緑岩および斑れい岩を伴う. 放射年代としては黒雲母の K-Ar 法により 128〜107 Ma の年代値が得られている (河野・植田, 1965a).

西岡・吉川 (2004) および西岡 (2007) は, 岩相の肉眼的特徴, 化学分析値, 貫入関係に基づいて, 斑れい岩類, 吉浜型, 大窪山型, および黒岩型の 4

つの岩型に区分した．吉浜型は斑れい岩類に貫入しており，また黒岩型と大窪山型に貫かれる．吉浜型と大窪山型は，大船渡層群と斜長石閃緑斑岩岩脈（土谷ほか，1999c の高 Ti 安山岩）を貫いている．

主要な岩型のうちの大窪山型は，典型的なアダカイトの岩石化学的性質を示す（西岡・吉川，2004；西岡，2007）．このことから，五葉山花崗岩体もアダカイト質累帯深成岩体であると判断される（Tsuchiya et al., 2007）．なお五葉山花崗岩体は，Tsuchiya et al.（2007）による東列と西列の境界付近に位置しているが，岩石化学的性質は東列のものに近い．

五葉山花崗岩体の南の大船渡市立根町付近には，南北 6.5 km，東西 2 km の立根岩体が分布するが，この岩体は大窪山型によく似たアダカイト質岩からなる（西岡，2008）．五葉山花崗岩体との間には大船渡層群が分布していることから西岡（2008）は独立した岩体としているが，大窪山型から連続する貫入岩体との解釈も可能である．

(11)　その他の花崗岩類

南部北上帯には，片田（1974a）のⅤ帯に含まれる岩体として気仙川・入谷花崗岩体のほか盛岡花崗岩体などのごく小規模な岩体がある．気仙川花崗岩体は，南北に長く延びた 20×2 km 程度の岩体であり，鈴木（1952）や加納（1954）の研究がある．以上の片田（1974a）のⅤ帯に含まれる岩体については，これまでの全岩化学組成のデータをみる限りはアダカイト質累帯深成岩体周辺相に類似している．なお内野岩体は，片田（1974a）では斑れい岩主体のⅥb帯に分帯されているが，記載岩石学的・岩石化学的特徴はアダカイト質累帯深成岩体周辺相に近い．

(12)　平庭深成岩体

平庭深成岩体は，岩手県久慈市西方約 25 km に位置する南北 16 km 幅が約 2 km のくの字型の岩体である．河野・植田（1965a）によって，120 Ma の黒雲母 K-Ar 年代が報告されている．

平庭岩体を構成する岩石は塩基性〜中性（SiO$_2$ 48〜62 wt%）で岩相変化に富み，石英閃緑岩・トーナル岩・花崗閃緑岩からなり，少量の集積岩を伴う．久保（2010）によれば，細粒〜中粒ホルンブレンド斑れい岩および細粒ホルンブレンド閃緑岩・粗粒ホルンブレンド斑れい岩・輝石ホルンブレンド石英閃緑岩・ホルンブレンド石英閃緑岩・黒雲母含有ホルンブレンド花崗閃緑岩〜石英閃緑岩・黒雲母ホルンブレンド花崗閃緑岩の 6 つの岩相から構成され，この順に貫入している．

三木（1985）は，平庭岩体の北部と南部では，岩体規模・化学組成ともほぼ同じであるにもかかわらず，北部が正累帯構造，南部が逆累帯構造と 2 種類の異なる累帯構造を示すことをのべた．一方，久保（2010）は北部・南部ともに正累帯構造であるとした．しかしながら，久保（2010）の地質図では，北部岩体は典型的な正累帯構造を示すものの南部岩体の累帯構造はやや不規則であり，また南部岩体の中央部付近には集積岩のブロックが伴われる．以上のことから，北部岩体と南部岩体の固結過程には違いがあった可能性がある．

(13)　堺の神深成岩体

岩泉町南西の堺の神岳に分布する 14×6 km の岩体である．Kato and Hama（1976）による研究がある．ややカリ長石に富み，石英モンゾ閃緑岩〜花崗閃緑岩にわたる組成を示す．黒雲母，ホルンブレンド，単斜輝石，斜方輝石を含む斑れい岩類が伴われる．

(14)　一戸深成岩体

図 6.2.15 に一戸深成岩体の地質図を示す．一戸

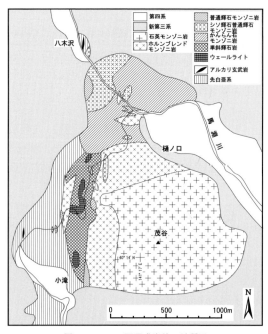

図 6.2.15　一戸深成岩体の地質図

深成岩体は，新第三系に覆われて南北 2 km 東西 1.5 km の狭い範囲に露出するにすぎないが，多様な岩石から構成される複雑な深成複合岩体である．一戸岩体の K-Ar 年代は，角閃石によるものが 119〜108 Ma，カリ長石によるものが 109〜102 Ma を示し（河野・植田，1964），Rb-Sr 年代は 105±30 Ma，Sr 初生値は 0.7041±0.0002（Kubo, 1977a）である．これらの年代値はやや若いが，土谷（2015a）によるジルコン U-Pb 年代は 124±2 Ma である．

岩体南西部には，最も優黒質な岩型である単斜輝石岩およびウェールライトが分布する．ウェールライトと単斜輝石岩の境界は一般にはっきりしているが，両者は不規則な形態で混ざり合って産出することが多い．このような産状は，未固結の層状岩体中の密度流によって層状構造が乱されることにより形成されたものと考えられる．

岩体の北半分には，優黒質なモンゾニ岩類が分布する．これらは，カンラン石モンゾニ岩（シソ輝石カンラン石黒雲母普通輝石モンゾニ岩〜モンゾ斑れい岩：図 6.2.16）およびシソ輝石普通輝石モンゾニ岩（シソ輝石黒雲母普通輝石モンゾニ岩〜斑れい岩）である．これらの岩石は，ケンタレン岩（スコットランドの地名に由来する名称であるが，現在では使われていない）として古くから知られており（Kozu, 1914；近藤，1930a；Onuki and Tiba, 1964），かつて石材として採石されていた．

岩体中央部付近には，ホルンブレンドモンゾニ岩（石英含有普通輝石黒雲母ホルンブレンドモンゾニ岩〜石英モンゾ閃緑岩）が分布する．この岩型の周辺部には，しばしば普通輝石モンゾニ岩（普通輝石黒雲母モンゾニ岩〜閃緑岩）が伴われる．岩体の南東部には，本岩体中で最も広い分布面積を示す石英モンゾニ岩（普通輝石含有ホルンブレンド石英モンゾニ岩）が分布する．以上の主要な岩型のほか，アプライト・ペグマタイトや各種の岩脈が多数認められる．

一戸深成岩類の特徴は，著しく K_2O に富む化学組成を示すことである．北上山地の白亜紀深成岩類は，K_2O の変化が大きなことが特徴であるが，そのなかでも一戸深成岩類の K_2O 量は飛び抜けて高い．これは，一戸深成岩体のマグマの部分溶融度が著しく低かったか，あるいは起源物質の K_2O 含有量が他の岩体のものよりも高かったことを示している．

一戸深成岩体中の各岩型ごとの化学組成の変化をみると，集積岩以外では，主成分・微量成分ともほぼ一連のトレンドを形成している．しかし，K_2O のほか Rb・Sr・Ba などの不適合元素にはかなりのばらつきが認められる．特に，カンラン石モンゾニ岩

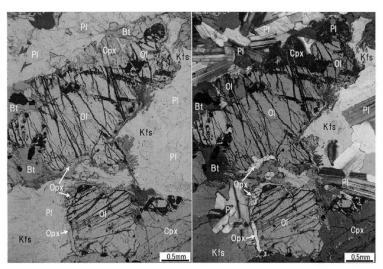

図 6.2.16 一戸深成岩体のカンラン石モンゾニ岩（シソ輝石カンラン石黒雲母普通輝石モンゾニ岩）の薄片写真
　　黒雲母（Bt），カンラン石（Ol），単斜輝石（Cpx），斜長石（Pl），カリ長石（Kfs）から主に構成され，カンラン石の周囲には斜方輝石（Opx）の反応縁がみられる（左：下方ニコル，右：直交ニコル）．

やホルンブレンドモンゾニ岩には，同一岩型内でも著しく変化が認められる．これらの各岩型内の組成変化は，全岩の主成分および微量成分化学組成や鉱物のモード組成の変化の検討から，それぞれの早期晶出鉱物の相対的な濃集で形成された可能性がある．しかしながら，一戸深成岩体のそれぞれの岩型の化学組成変化は，一連の単純な分別結晶作用では説明できない．

(15) 姫神深成岩体

姫神深成岩体は，岩手県盛岡市の北北東約20 kmに位置する姫神山（1123.4 m）周辺の，東西7 km，南北10 kmのほぼ楕円形の地域に分布する．河野・植田（1965a）により，113，118 Maの黒雲母K-Ar年代が報告されている．土谷ほか（2015a）によるジルコンU-Pb年代は，124±1 Maである．

増田ほか（1965），片田ほか（1991a, b）などの報告があり，全体的にK_2Oに富むこと，苦鉄質岩〜珪長質岩にわたるさまざまな岩石から構成されることが明らかとなっている．片田ほか（1991a）は，姫神深成岩体の南方の小岩体を姫神深成岩類の一員と考え，これを白石深成岩体と命名した．しかしながら白石深成岩体と姫神深成岩体とでは岩石化学的性質がまったく異なることから，これらは別の岩体と解釈される（土谷・瀬川，1996）．

姫神深成岩体は，北部岩体と南部岩体に2分される（片田ほか，1991a, b）．片田ほか（1991a）は，北部岩体が南部岩体に貫入していると解釈している．北部岩体は珪長質岩のみからなり，周辺から中心に向かって高木型，小桜型，姫神型が同心円状に分布し，中心に向かってより珪長質になる累帯深成岩体を構成している．これらの岩型には貫入関係は認められず，相互に漸移的とされている．

南部岩体はより苦鉄質な岩相からなり，中央部から東部に日戸型が分布し，西部と日戸型内部の一部には，岩相変化が著しく日戸型よりもややカリ長石に富む城内型が分布する．南部岩体中には，カンラン石モンゾニ岩（片田ほか，1991aのケンタレン岩），ホルンブレンドモンゾ閃緑岩，ホルンブレンドモンゾニ岩，斑れい岩などの種々の苦鉄質岩が不規則に分布する．これらの苦鉄質岩は，南部岩体中に捕獲されたブロックであるとされている．また，山谷川目川付近の城内型には，斑状モンゾニ岩の岩脈がみられる．鉱物組合せや全岩化学組成の特徴がカンラン石モンゾニ岩と共通であるため（蟹澤ほか，1994），同様のマグマが姫神岩体固結末期に貫入したものと解釈される．

(16) 日ノ神子深成岩体

姫神岩体の北東に分布する6×3 kmの岩体である．橘（1975）により岩体の概要が，また阿部（1973）により全岩化学組成が報告されている．岩石化学的特徴は，一戸深成岩体や姫神深成岩体，特に姫神深成岩体に類似している．よりK_2Oに乏しい花崗閃緑岩を主体とし，よりK_2Oに富むカンラン石モンゾニ岩，ホルンブレンド石英モンゾ閃緑岩や集積岩である単斜輝石岩が伴われる．

(17) 折壁深成岩体

新月層の西側に接して，20×8 kmにわたって分布し，周囲のペルム系，三畳系，新月層に貫入している．内海ほか（1990）により116±4 Maのカリ長石K-Ar年代が，また御子柴（氏家）（2002）により120±6 Maの角閃石K-Ar年代が報告されている．

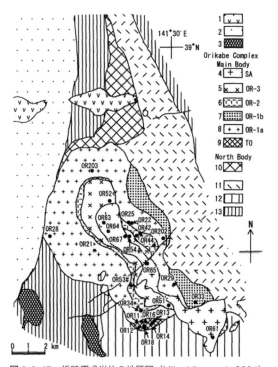

図6.2.17 折壁深成岩体の地質図（Mikoshiba et al., 2004）
1：ひん岩，2：千厩花崗岩体，3：斑れい岩類，4〜10：折壁深成岩体主岩体（4：笹森型，5〜8：折壁型，9：徳仙丈型），10：折壁深成岩体北部岩体，11：白亜紀火山岩類（新月層），12：三畳紀堆積岩類，13：ペルム紀堆積岩類．

折壁深成岩類は岩相変化に富み,石英モンゾ閃緑岩・モンゾ花崗岩・花崗閃緑岩・斑れい岩などから構成され,K₂Oに富む全岩化学組成が特徴である(石島・加藤,1971；加藤,1972；氏家,1989；Mikoshiba et al., 2004). 氏家(1989)により,累帯構造を示す主岩体とそれ以外の北方に延びる岩体とに区別された. また主岩体は,周辺部から徳仙丈型(斑れい岩)・折壁型(石英モンゾ閃緑岩〜モンゾ花崗岩)・笹森型(花崗閃緑岩)に区別され,短期間のうちにこの順序で貫入したとされている. これらのうち笹森型は折壁型よりもK₂Oに乏しい特徴があり,相対的に水に富んだマグマから生じたと推定されている(Ujiie and Kanisawa, 1995).

Mikoshiba et al. (2004)によれば,斑れい岩〜石英モンゾ閃緑岩〜モンゾ花崗岩からなる系列(徳仙丈・折壁型)と花崗閃緑岩からなる系列(笹森型)に2分され,前者はLIL元素に富みHFS元素に乏しい肥沃なレルゾライトを起源としているのに対して,後者は異なる起源物質から地殻物質を少量取り込むとともにより水に富む条件下での部分融解で生じたとされている(図6.2.17).

(18) 束稲深成岩体

束稲深成岩体は,岩手県一関市北東の束稲山付近の5×6 kmの範囲に露出する. Kato (1974)およびOji et al. (1997)の研究がある. Oji et al. (1997)によれば,束稲深成岩体は北部岩体と南部岩体に2分され,さらに斑れい岩類,石英閃緑岩,トーナル岩,および山毛欅峠火山岩類を伴う(図6.2.18). 束稲深成岩体は山毛欅峠火山岩類に貫入しており,また石英閃緑岩とトーナル岩によって貫かれている. 束稲深成岩体と斑れい岩類はほぼ同時期の火成活動の産物であり,これらは高いK₂O含有量で特徴づけられる.

南部岩体と北部岩体にはわずかなK₂O含有量の違いが認められるが,これは同一の起源マグマからの分別鉱物の量比の違いによって説明される可能性がある. 一方,山毛欅峠火山岩類,石英閃緑岩およびトーナル岩のK₂O含有量は束稲深成岩体のそれ

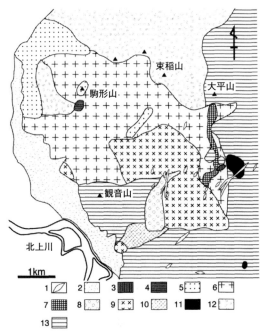

図 **6.2.18** 束稲深成岩体の地質図(Oji et al., 1997)
1：貫入岩類,2：一関層,3：トーナル岩,4：石英閃緑岩,5〜10：束稲深成岩体(5：N-3, 6：N-2, 7：N-1, 8：S-3, 9：S-2, 10：S-1),11：斑れい岩類,12：山毛欅峠火山岩類,13：登米層.

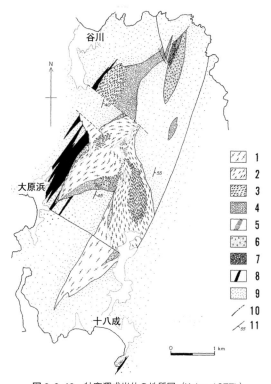

図 **6.2.19** 牡鹿深成岩体の地質図(Kubo, 1977b)
1：石英閃緑岩,2：輝石ホルンブレンド閃緑岩,3：単斜輝石斜方輝石斑れい岩,4：単斜輝石ホルンブレンド斑れい岩,5：カンラン石斜方輝石単斜輝石斑れい岩,6：斑状単斜輝石斑れい岩,7：単斜輝石岩,8：ひん岩(土谷ほか,1999cの高Sr安山岩),9：中生界堆積岩類,10：断層,11：地層の走向・傾斜.

よりも明瞭に低く，また活動時期も異なる．これらのことから，この地域の火成活動にはマグマのK_2O含有量に時間的な変化があったことがわかる．

(19) 牡鹿深成岩体

牡鹿深成岩体は，牡鹿半島中央部の8×4 kmにわたって分布する深成岩体である（Igi et al., 1974；Kubo, 1977b）．ジュラ紀牡鹿層群の砂岩・頁岩および土谷ほか（1999c）の高Sr安山岩岩脈に貫入し，接触変成作用を与えている．

Kubo（1977b）は，これらの深成岩体を単斜輝石岩・斑状単斜輝石斑れい岩・カンラン石斜方輝石単斜輝石斑れい岩・単斜輝石ホルンブレンド斑れい岩・単斜輝石斜方輝石斑れい岩・石英閃緑岩・輝石ホルンブレンド閃緑岩の7岩型に区別した（図6.2.19）．これらは前5者からなる斑れい岩類と後2者からなる石英閃緑岩類に2大別され，石英閃緑岩類が斑れい岩類を貫いている．また単斜輝石岩の層状構造が周囲のジュラ系の堆積構造と調和的なことから，牡鹿深成岩体を形成したマグマのうち少なくとも最初のステージのものはほぼ水平に近い地層中に岩床状に貫入し，その後ジュラ系堆積岩類の変

形作用が起こったとした（Kubo, 1977b）．

(20) その他の斑れい岩類

北部北上帯には片田（1974a）のIII帯に含まれる蜂が塚，大久保，牛が沢，天狗，戸呂町，伊茂屋，沼袋，小国，天神森，滝の沢，突紫森，湯沢鹿，襦々子森などの小岩体が，またIV帯には切掛岩体がある．これらの概要は吉井・片田（1974）にのべられている．またこれらのうち小国，天神森，滝の沢，突紫森岩体については，久保（2010）による詳しい記載がある．

南部北上帯には，片田（1974a）のVIb帯に含まれる広田，脇の沢，秋丸，鬼が沢，青金橋，下川内，物見石山，谷多丸，相川沢，富士沼，曽波之神，利府，浜田などの小岩体がある（片田，1974b）．滝沢ほか（1990）は，これらのうち物見石山・谷多丸岩体をまとめて大萱沢岩体と呼び，詳しい記載を報告している．Kubo（1976）は，石巻市網地島に分布する斑れい岩質小貫入岩体の層状構造について報告している．また久保（1980）は，女川町笠貝島の斑れい岩体を記載し，層状構造や球状斑れい岩の存在を報告している．

6.3 阿武隈山地の白亜紀火成岩類

阿武隈山地全域の火成活動史は，渡辺ほか（1955）により最初に総括され，深成岩類の岩相と貫入関係から先ジュラ期の"古期"と白亜紀の"新期"とに区分された（図6.3.1）．現在でも阿武隈花崗岩類の古期・新期の区分は，渡辺ほか（1955）のものが基本となっている．すなわち，花崗閃緑岩〜石英閃緑岩からなり片状構造が顕著に発達する岩相が古期花崗岩類であり，花崗閃緑岩〜花崗岩からなり比較的塊状な岩相が新期花崗岩類である．しかし，後述のようにその後の年代学的検討により，古期・新期の深成岩類の明らかな年代差は認められていない．

深成岩類の地質学的・岩石学的研究には，Sendo（1958），Shido（1958），松原（1959），岩生・松井（1961），深沢・大貫（1972），加納ほか（1973），田中（1974），Tanaka（1977, 1980），生出・藤田（1975），Tanaka et al.（1982），Ikeda（1976），Maruyama（1978），丸山（1979），Tsuchiya et al.（1980），根建

ほか（1984），田中・落合（1988），藤田ほか（1988）などがある．

阿武隈山地は，いわき〜須賀川を結ぶラインを境に地質学的に南部と北部に区分される（田中，1989）．南部阿武隈山地では変成岩類を間にはさみ，南部阿武隈山地の花崗岩体は，西堂平・入四間・鳥曽根・田人・塙・鮫川・石川・宮本・入遠野などの独立した岩体を形成しているのに対し，北部阿武隈山地では変成岩類の分布が狭く花崗岩類はバソリス状に分布する．阿武隈山地北部から中央部にかけての川俣町，小野町には，標高700〜1000 mの独立した山々の頂部に，径数kmの斑れい岩質小岩体が点在する．これらの斑れい岩体は，花崗岩類と異なり，その結晶作用の早期から磁鉄鉱が晶出していることから，花崗岩類との直接の成因関係はないと考えられている（久保，2002）．

阿武隈山地には，その南縁を画する棚倉構造線，東部の双葉断層および畑川断層に代表される北北

6.3 阿武隈山地の白亜紀火成岩類

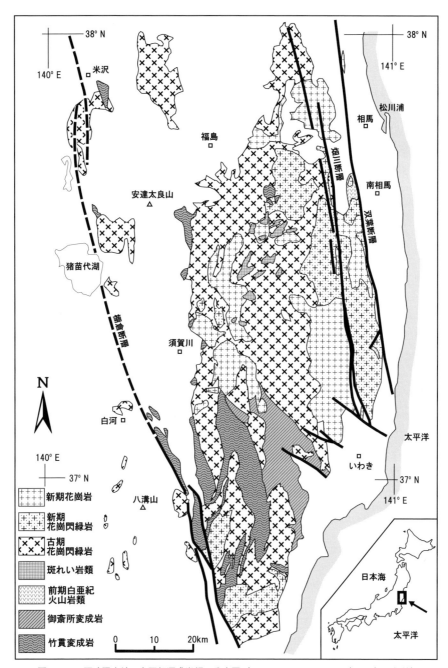

図 6.3.1 阿武隈山地の白亜紀深成岩類の分布図（Ishihara and Chappell（2008）に加筆）

西-南南東方向の左横ずれ断層が発達する．久保・山元（1990）は，畑川断層以東に分布する花崗岩類を，帯磁率，随伴する火山岩類，金属鉱床の特徴から北上型花崗岩類として阿武隈花崗岩類から区別した．

阿武隈山地の花崗岩類の放射年代については，丸山（1979）によって石川，宮本および鮫川岩体から 600〜400 Ma の Rb-Sr 全岩年代が報告されていた．しかしながら，これ以外の放射年代値はほとんどが 110〜95 Ma に集中することから（河野・植田, 1965b；柴田，1987；柴田・田中，1987；藤巻ほか, 1991；Tanaka et al., 1999；田中ほか，2000；Takagi and Kamei, 2008)，丸山（1979）の求めた古い年代は見かけのアイソクロンによるものと考えられる．

さらに最近のジルコンによる U-Pb 年代測定により，阿武隈山地の花崗岩類は 121〜99 Ma の比較的狭い範囲の固結年代を示すことが明らかにされた（Kon and Takagi, 2012；Ishihara and Orihashi, 2015；Takahashi *et al.*, 2016）．これらのうち Kon and Takagi（2012）は，阿武隈山地北部の斑れい岩類と花崗岩類の年代が 118〜100 Ma であることを示した．また Ishihara and Orihashi（2015）は，阿武隈山地中央〜南部の花崗岩類のジルコン U-Pb 年代が 121〜99 Ma であり，Ishihara and Chappell（2008）による南北方向の帯状区分の III 帯（中央部）が 121〜112 Ma で最も古く，IV〜V 帯（東部）の 110〜106 Ma がこれに次ぎ，I〜II 帯（西部）が 103〜99 Ma と最も若いと述べた．さらに Takahashi *et al.*（2016）は，阿武隈山地南部のジルコン U-Pb 年代が 113〜101 Ma であることを示した．彼らは同一岩体の新たな K-Ar 年代も測定し，固結後に急速に上昇した可能性を述べた．

以上のジルコンによる U-Pb 年代から，阿武隈帯の古期および新期花崗岩類の年代には，系統的な差が見られないことが明らかとなった．阿武隈花崗岩類の放射年代は，Hiroi *et al.*（1998）による御斎所変成岩の 112 Ma の U-Pb ジルコン SHRIMP 年代とほぼ一致することから，花崗岩類の大規模な貫入が広域変成作用の主な熱源になったと考えられる．また廣井（2004）は，阿武隈変成岩のざくろ石の包有物や組成累帯構造から，120 Ma 前後の短期間のうちに著しい高温加圧現象が起こったことを指摘し，この原因として海嶺沈み込みの可能性を示唆した．

阿武隈花崗岩類の帯磁率は一般に 100×10^{-6} emu/g 以下でイルメナイト系列に区分されるが，一部の地域では 100×10^{-6} emu/g 以上のマグネタイト系列に区分される（Ishihara, 1977, 1990）．全岩化学組成では，花崗岩類の大部分が I-type 花崗岩の特徴を示し（土谷ほか，1986），Sr 同位体比初生値は 0.704 〜0.707（Maruyama, 1978；Shibata and Ishihara, 1979；柴田，1987；柴田・田中，1987；藤巻ほか，1991；Tanaka *et al.*, 1999）であり，北上山地の花崗岩類よりも大陸地殻成分に富んでいる．石原ほか（1973）は，阿武隈山地中央部の花崗岩類の主成分

化学組成を検討し，U，Th，K_2O 含有量が西から東に向かって増加する傾向があることを述べた．

亀井・高木（2003）は福島県船引町周辺の深成岩類について，亀井ほか（2003）は福島県安達郡日山周辺に分布する深成岩類について，詳しい岩石学的特徴を記載した．また亀井・高木（2003）は，微量元素組成から花崗岩類の成因を考察し，玄武岩質下部地殻が部分溶融するモデルを提案した．Ishihara and Chappell（2008）は，石原ほか（1973）の試料を再検討し，阿武隈山地中央部の花崗岩類を I 帯から V 帯に区分した．また主成分および微量成分の特徴から，上部マントルからのマグマや熱の供給を受けて，成熟度が低い島弧地殻で花崗岩質マグマが生成した可能性を示した．さらに第 II 帯の花崗岩類はやや高い Sr/Y で特徴づけられ，深所からアダカイト質珪長質マグマが供給され，大陸地殻通過時に地殻起源マグマと反応した可能性を述べた．

■6.3.1　南部阿武隈山地の花崗岩体

（1）　西堂平岩体（にしどうひら）

コートランド岩・斑れい岩・石英閃緑岩・モンゾニ岩・閃長岩・花崗岩などの多様な岩石からなる，長径 700 m の小岩体である（渡辺，1950；Tanaka *et al.*, 1982）．これらの多様な岩石は，K_2O に富む玄武岩質マグマからの結晶作用で形成されたと解釈されている（Tanaka *et al.*, 1982）．阿武隈山地の深成岩類では特異な存在であり，北上山地の IV 帯や VIb 帯のものと共通のショショナイト質のマグマから形成された岩体と考えられる．

（2）　入四間岩体（いりしけん）

岩体南部では主に片麻状のホルンブレンド黒雲母石英閃緑岩であり，北部ほど片麻状構造が弱くなり，ホルンブレンド黒雲母花崗閃緑岩へ漸移する（黒田，1951；丸山，1979）．鳥曽根岩体貫入前には，北側の田人岩体と連続した岩体であったと推定されている（小笠原ほか，1976）．Takahashi *et al.*（2016）によるジルコン U-Pb 年代は 105.3 ± 0.8 Ma である．

（3）　鳥曽根岩体（とりそね）

主に塊状の黒雲母花崗閃緑岩〜花崗岩からなり，一部にホルンブレンドを含む（丸山，1979）．Takahashi *et al.*（2016）によるジルコン U-Pb 年代は

104.5±0.8 Ma であり，黒雲母 K-Ar 年代は 104±3 Ma である．

（4）田人岩体

中粒〜粗粒のホルンブレンド黒雲母トーナル岩・ホルンブレンド黒雲母花崗閃緑岩・黒雲母花崗閃緑岩類，および少量の斑れい岩類からなる．岩体の南部は上እ田岩体とも呼ばれる．斑れい岩類は輝石ホルンブレンド斑れい岩と少量のコートランド岩・斑れい岩ペグマタイトである（Onuki and Kato, 1971）．岩体北部の外縁部はトーナル岩からなり，核部よりも有色鉱物に富む（Shido, 1958；田中，1974）．

田中（1974）は，これらの岩石を貫入順に斑れい岩類，小室型トーナル岩，明神石型トーナル岩，および入旅人型トーナル岩・花崗閃緑岩に区分した．また Tanaka et al.（1999）は，Rb-Sr 全岩年代が 115±40 Ma，Rb-Sr 全岩-鉱物年代が 94.5±0.5 Ma，90.4±0.5 Ma であることを報告し，花崗岩類の Nd，Sr 同位体比初生値が狭い範囲を示すことからそれらの起源物質は共通であると述べた．さらに，小室型トーナル岩と明神石型トーナル岩の鉱物容量比と全岩化学組成の違いは，部分溶融時における水蒸気圧の違いで説明できるとした．

Tanaka et al.（1999）は，それまでに得られた放射年代のデータから，田人深成岩体の冷却速度が 15℃/m.y. の非常に遅いものであった可能性を述べた．この冷却速度は，Iwata et al.（2000）による入旅人型トーナル岩（103±1 Ma）と明神石型トーナル岩（102±1 Ma）の ^{40}Ar-^{39}Ar プラトー年代からも支持される．しかしながら Iwata et al.（2000）は，田人岩体の黒雲母 K-Ar 年代（111〜97 Ma）がホルンブレンド K-Ar 年代（99〜91 Ma）よりも古いという結果ものべており，本岩体の冷却過程には不明の点が残る．Takahashi et al.（2016）によるジルコン U-Pb 年代は，斑れいノーライトが 102.7±0.8 Ma，ホルンブレンド黒雲母花崗閃緑岩が 112.6±1.0 Ma であり，斑れい岩質の方が若い年代である．

（5）塙岩体

南東側の細粒の黒雲母ホルンブレンド石英閃緑岩〜トーナル岩・片状のホルンブレンド黒雲母トーナル岩〜花崗閃緑岩（古塙岩体）と，主岩相の中粒の黒雲母花崗閃緑岩類からなり，少量の細粒黒雲母花崗閃緑岩〜花崗岩を伴う（丸山，1979；田中・落合，1988）．田中ほか（2000）は，133±14，133±

24 Ma の Sm-Nd 鉱物年代，94.3±0.294.4±0.1 Ma の Rb-Sr 鉱物年代，145±9，102±6 Ma の Rb-Sr 全岩年代を報告しているが，それらの詳細は明らかにされていない．Takahashi et al.（2016）によるジルコン U-Pb 年代は，ホルンブレンド斑れい岩が 109.0±1.0 Ma，中粒〜細粒花崗閃緑岩 105.1±1.0 Ma，黒雲母トーナル岩の黒雲母 K-Ar 年代は 104±3 Ma である．

（6）鮫川・石川岩体

両岩体ともトーナル岩〜花崗閃緑岩質である．中心部は優白質であるが，周辺部は優黒質で流理構造が著しい．周囲の竹貫変成岩の構造と調和的で，特に鮫川岩体は片麻岩のドーム状構造の中心部に位置し，竹貫変成岩との間にミグマタイトを形成する．ミグマタイトにはさまざまなタイプがあるが，融解した花崗岩物質と変成岩物質との混合によって生じたものと考えられている（丸山，1970；加納ほか，1973）．

田中ほか（2000）は，鮫川岩体の核部トーナル岩と優白質花崗岩岩脈から 125±25，107±12 Ma の Rb-Sr 全岩年代を，また核部トーナル岩と周辺部トーナル岩から 124±10，122±10 Ma の Nd-Sm 鉱物年代および 93.6±0.1，97.5±0.3 Ma の Rb-Sr 鉱物年代を報告しているが，それらの詳細は明らかにされていない．Takahashi et al.（2016）による石川岩体のホルンブレンド花崗閃緑岩のジルコン U-Pb 年代は 104.2±0.7 Ma，ホルンブレンド黒雲母トーナル岩の黒雲母 K-Ar 年代は 101±3 Ma で角門石 K-Ar 年代は 104±3 Ma である．

（7）宮本岩体

超塩基性岩〜花崗岩の各種の深成岩類から構成される．おおむね塩基性岩は岩体の東側に，酸性岩は西側に分布する．岩体の西側の変成岩と接する部分と岩体北部には，ミグマタイトがみられる．塩基性岩はホルンブレンド斑れい岩〜閃緑岩で，コートランド岩・角閃石岩を伴う．酸性岩は，岩体の中央部を占める，優白質で中粒〜粗粒な片状のトーナル岩〜花崗閃緑岩（有実型）と，岩体の西部・南部に分布する，弱い片状構造をもつ斑状の花崗岩（百目木型）からなる（加納ほか，1973；丸山，1979）．

藤巻ほか（1991）は，宮本岩体の Rb-Sr 全岩年代を 120±17 Ma，119±18 Ma と報告した．宮嶋（1991）は，宮本岩体を変成超塩基性岩類，犬仏

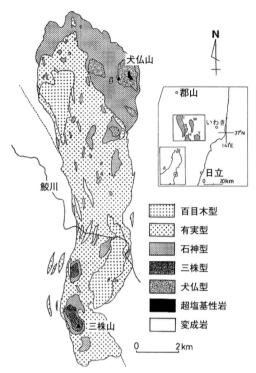

図 6.3.2 宮本岩体の地質図（宮嶋，2003）

型，三株型，石神型（以上，斑れい岩類），有実型，百目鬼型（以上，花崗岩類）にさらに細分し（図6.3.2），有実型，百目鬼型はそれぞれ別の初生マグマから形成されたとした．この結論は，各岩型の鉱物化学組成が異なる範囲を示すことからも支持された（宮嶋，2003）．

宮嶋（2003）は，角閃石圧力計によって有実型，百目鬼型の固結圧力をそれぞれ 0.83～0.63 GPa，0.62～0.37 GPa と求め，これらの差は岩体の急激な上昇によるとした．さらに藤巻ほか（1991）による全岩および鉱物アイソクロン年代を再検討し，岩体の冷却速度が 10℃/m.y. であることをのべた．一方 Takahashi et al.（2016）は，ホルンブレンド斑れい岩のジルコン U-Pb 年代が 112.0±1.0 Ma，細粒黒雲母花崗閃緑岩のジルコン U-Pb 年代が 106.5±0.9 Ma で黒雲母 K-Ar 年代が 101±3 Ma であり，花崗岩類の冷却速度を 74℃/m.y. と求めた．

（8） 入遠野岩体

主にホルンブレンド黒雲母花崗閃緑岩からなり，中央部に少量の黒雲母花崗岩を伴う．花崗閃緑岩は周縁部でやや優黒質，片状となる（加納ほか，1973；Ikeda, 1976）．Ishihara and Orihashi（2015）は，121.4 ±1.2 Ma の阿武隈山地で最も古いジルコン U-Pb 年代を報告している．

■ 6.3.2 北部阿武隈山地の深成岩類

北部阿武隈山地の深成岩類は，古期花崗閃緑岩類・新期花崗閃緑岩類・新期灰色黒雲母花崗岩類・新期淡紅色黒雲母花崗岩類・新期黒雲母白雲母花崗岩類・塩基性～超塩基性岩類に区分される（渡辺ほか，1953, 1955）．古期花崗岩類は角閃石を含み面構造が顕著に発達し，新期花崗岩類はカリ長石や白雲母を含み面構造が明瞭でないことが特徴である（Sendo, 1958；久保，1973；阪口，1995）．これらの花崗岩類の示す K-Ar 年代は，岩体や岩相ごとに系統的な差が認められず，各岩体の黒雲母やホルンブレンドの晶出後に他の岩体の熱的影響をこうむったためと考えた（久保，2002）．一方，Kon and Takagi（2012）は，北部阿武隈山地の斑れい岩類から花崗岩類のジルコン U-Pb 年代から，古期・新期の年代差はないとした．

亀井・高木（2003）および亀井ほか（2003）は，福島県船引町～安達郡日山周辺の深成岩類について詳しく検討し，古期花崗岩類を長屋・鹿山・石森の3岩体に，また新期花崗岩類を青石沢・古道・三春・葛尾・五十人山・初森の6岩体にそれぞれ細分した（図 6.3.3 に亀井ほか（2003）の地質図を示す）．

また，石川町を中心とする西部には多数のペグマタイトがあり，日本で有数の鉱物産地となっている．

（1） 古期花崗閃緑岩類

北部阿武隈山地全域に連続して幅広く分布する．一般に中粒～粗粒で，ホルンブレンド，黒雲母を含む花崗閃緑岩，トーナル岩，石英閃緑岩からなる．岩相の変化は漸移的であり，各岩相間にはほとんど貫入関係はないとされていた（牛来，1958；Sendo, 1958）．Sendo（1958）は，古期花崗岩類を角閃石の定向配列で特徴づけられる常葉型と，斑状の石英を有する船引型に区分した．古期花崗岩類には，有色鉱物や暗色包有物の定向配列による面構造が一般に認められ，面構造の走向は全体としてほぼ南北である（渡辺，1952；久保，1973；Tsuchiya et al., 1980；八島・中通り団体研究会，1981；亀井・高木，

6.3 阿武隈山地の白亜紀火成岩類　　311

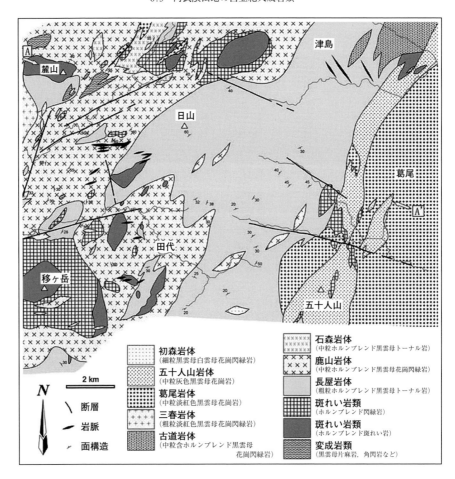

図 6.3.3　福島県安達郡日山周辺の深成岩類の分布図（亀井ほか，2003）

2003）.

　亀井・高木（2003）や亀井ほか（2003）は，福島県船引町～安達郡日山周辺の古期花崗岩類を長屋・鹿山・石森の3岩体に細分した．長屋岩体は粗粒弱片状角閃石黒雲母トーナル岩からなり，Sendo (1958) の常葉型に相当する．斑れい岩類に貫入し，その境界付近では斑れい岩類の捕獲岩を包有する．鹿山岩体は中粒弱片状角閃石黒雲母花崗閃緑岩からなり，Sendo (1958) の船引型に相当する．

　鹿山岩体は斑れい岩類に貫入し，両者の境界付近では斑れい岩類の捕獲岩を包有する．また長屋岩体に対しては貫入する場合と漸移的に移化する場合とがあり，貫入する場合は境界が不規則な形状をなす．したがって，長屋岩体と鹿山岩体を形成したマグマは，ほぼ同時期に貫入したと解釈される（亀井・高木，2003；亀井ほか，2003）．石森岩体は中粒片状角閃石黒雲母トーナル岩からなり，斑れい岩類・鹿山岩体に貫入する．

　Takagi and Kamei (2008) は，長屋岩体から 97.3±0.6 Ma の角閃石 ^{40}Ar-^{39}Ar 年代と 93±3 Ma の黒雲母 K-Ar 年代を，鹿山岩体から 103.0±0.4 Ma の角閃石 ^{40}Ar-^{39}Ar 年代と 86±4 Ma の黒雲母 K-Ar 年代を，また石森岩体から 99.0±0.5 Ma の角閃石 ^{40}Ar-^{39}Ar 年代と 94±3 Ma の黒雲母 K-Ar 年代を報告している．これらの年代値から Takagi and Kamei (2008) は，長屋・石森岩体の冷却速度がほぼ等しくそれぞれ 56，46℃/m.y. であるとし，また鹿山岩体は体積が大きいために 13℃/m.y. と小さな冷却速

度を示すとした．また Kon and Takagi（2012）は，長屋岩体から 100.4±0.7 Ma，鹿山岩体から 113.4±0.5 Ma，石森岩体から 106.7±0.8 Ma のジルコン U-Pb 年代を報告し，それらの冷却速度は後述の新期花崗岩類も含めて 10～70℃/m.y. とした．

（2） 新期花崗閃緑岩類

畑川断層の西側の都路町古道付近，およびいわき市小川付近に分布する．主に花崗閃緑岩からなり，少量のトーナル岩・石英閃緑岩を伴う．ホルンブレンド・黒雲母を含み，古期花崗閃緑岩類より全体としてカリ長石に富む．古道以北の岩石は中粒～粗粒・等粒状で均質である．大熊町以南の岩石はかなり不均質で，構成鉱物の量比・組織などが多様である（Sendo, 1958；岩生・松井，1961；渡辺ほか，1983）．新期花崗岩類のなかで最も早期に貫入したとされる（渡辺ほか，1955）．亀井ほか（2003）は日山付近の本岩体を古道岩体と呼び，斑れい岩類・長屋岩体に貫入しているとした．

（3） 新期灰色黒雲母花崗岩類

主に花崗岩～花崗閃緑岩からなり，少量のトロニエム岩を伴う．一般にホルンブレンドを含まない．面構造は発達せず．粒度は細粒～粗粒までさまざまである．細粒～中粒のものは白灰色～淡紅色で斑晶状のカリ長石をしばしば含み（渡辺，1952；渡辺ほか，1953，1955；Sendo, 1958；加納ほか，1973；Tsuchiya et al., 1980），新期花崗閃緑岩類に引き続いて貫入したとされる．

亀井ほか（2003）は，日山付近の本岩体を五十人山岩体と呼んだ．五十人山岩体は中粒灰色黒雲母花崗岩からなり，斑れい岩類・長屋岩体・葛尾岩体に貫入する．また亀井・高木（2003）による船引町周辺の青石沢岩体は中粒黒雲母花崗岩からなり，新期灰色黒雲母花崗岩類に類似する．青石沢岩体は，石森岩体に貫入あるいは一部で漸移しており，長屋岩体を明瞭に貫く．

（4） 新期淡紅色黒雲母花崗岩類

畑川断層に沿い，古町より南では断層の西側に，また古町より北では東側に分布する．主に花崗岩からなり，少量の花崗閃緑岩を伴う．一般に粗粒で，あざやかな淡紅色のカリ長石を含み，まれにホルンブレンドを含む（大野ほか，1953；Sendo, 1958；岩生・松井，1961）．新期灰色黒雲母花崗岩類に遅れて貫入し，この時期に畑川断層と双葉断層が形成さ

れたとされる（渡辺ほか，1955）．

亀井ほか（2003）は，日山周辺に分布する中粒淡紅色黒雲母花崗岩を葛尾岩体と呼んだ．久保・山元（1990）は，新期淡紅色黒雲母花崗岩（葛尾岩体）が角閃石含有黒雲母花崗閃緑岩（古道岩体）に貫入することを報告している．Ishihara and Orihashi（2015）は，葛尾岩体の南方延長部（IV帯）から 107.4±1.3 Ma，109.7±1.7 Ma のジルコン U-Pb 年代を求めている．

亀井・高木（2003）による船引町周辺の三春岩体は，粗粒淡紅色黒雲母花崗閃緑岩からなり，塊状で淡桃色の粗粒カリ長石を含み，まれに少量の普通角閃石を伴うことが特徴である．三春岩体の特徴は，新期淡紅色黒雲母花崗岩類にほぼ一致する．斑れい岩類・長屋岩体・鹿山岩体に貫入している（亀井・高木，2003）．Takagi and Kamei（2008）は，三春岩体から 91±2 Ma の黒雲母 K-Ar 年代を報告している．

（5） 新期黒雲母白雲母花崗岩類

阿武隈山地西縁部に分布し，花崗岩・花崗閃緑岩からなる．細粒～粗粒で地域により岩相が変化し，斑晶状のカリ長石と少量のざくろ石を含むことがある（小倉，1958；松原，1959；Tsuchiya et al., 1980）．灰色黒雲母花崗岩類を貫くとされる．亀井・高木（2003）の初森岩体は細粒黒雲母白雲母花崗岩からなり，本岩相に相当する．亀井ほか（2003）は，初森岩体に属する岩脈が，斑れい岩類・長屋岩体・鹿山岩体に貫入するとしている．Takagi and Kamei（2008）は，初森岩体から 91±3 Ma の黒雲母 K-Ar 年代を，Kon and Takagi（2012）は 101.9±1.6 Ma のジルコン U-Pb 年代を報告しており，両者の年代には大きな違いがある．

（6） ペグマタイト

阿武隈川地西縁部，梁川町・川俣町・郡山市東方～石川町付近の，北北東-南南西の帯状の地域に数多く分布する（三本杉，1958）．新期花崗岩類の分布域とその周辺に多く，新期花崗岩類，特に両雲母花崗岩類と関係して生成したと考えられている（渡辺，1954；小倉，1958；松原，1959）．石英・斜長石・カリ長石・白雲母・黒雲母・緑柱石などのほか，モナズ石・フェルグソン石・石川石などの放射性鉱物を含む．

（7） 塩基性～超塩基性岩類

山地中央部の川俣町～小野町に，ほぼ南北に配列した標高700～1000 mの山々の頂部を構成して，径数km以下の斑れい岩質の小岩体が点在する（Sendo, 1958；久保，1973；阪口，1995）．移ケ岳・麓山・白馬石山・片曽根山・文殊山など地形的高所に分布し，主に優黒質～優白質のホルンブレンド斑れい岩～閃緑岩から構成され（深沢・大貫，1972；Tanaka, 1980），文殊山のものは主にコートランド岩からなる径約1 kmの岩体である（坪谷，1982；Tanaka, 1980）．

これらの岩石は，古期および新期の，花崗岩～花崗閃緑岩類に貫かれている．阿武隈山地の東縁部には，新期の花崗岩～花崗閃緑岩類に先行して，蛇紋岩・斑れい岩・輝緑岩が貫入している（渡辺ほか，1955）．いわき市の水石山岩体は，ダナイト・ウェールライト・単斜輝石岩・ホルンブレンド斑れい岩・閃緑岩など多様な岩石よりなる（根建ほか，1984）．

Takagi and Kamei（2008）は，移ケ岳斑れい岩体から103.8±0.5 Maの角閃石 ^{40}Ar-^{39}Ar 年代を，また Kon and Takagi（2012）は104.9±0.9 MaのジルコンU-Pb年代を報告している．

（8） 阿武隈山地東縁の火成岩類

畑川断層と双葉断層にはさまれた地域の花崗岩類は，国見山花崗閃緑岩・八丈石山花崗岩・新田川花崗閃緑岩・川房花崗閃緑岩・花崗閃緑斑岩・珪長岩などからなり，これらが順に貫入した．これらの花崗岩類はホルンブレンドあるいは黒雲母のK-Ar年代が126～97.4 Maを示し，畑川断層以西の花崗岩類の101～95.7 Maという年代よりもやや古い．これらの年代の特徴，花崗岩類が磁鉄鉱系列に属すること，北上山地の原地山層に対比される火山岩の存在などから，久保・山元（1990）は，畑川断層は南部北上帯と阿武隈帯の両地質区を分ける構造線であるとした．

Ishihara and Orihashi（2015）は，畑川断層より東のV帯南部の花崗閃緑岩より108.3±1.0 MaのジルコンU-Pb年代を報告した．この年代は，北上山地の最も若いジルコンU-Pb年代と重なるが，より

西方からは入遠野岩体（121 Ma），好間川岩体（112 Ma），三春岩体（118 Ma）などのより古い年代が得られており，畑川断層を挟んだ年代差は明瞭ではない．

福島県原町市西方の高倉付近には，前期白亜紀火山岩類の高倉層が分布する．高倉層は，流紋岩質の火砕流堆積物とこれを覆う安山岩～石英安山岩質の溶岩および再堆積した火砕岩からなる．山元ほか（1989）および久保・山元（1990）は，高倉層のカルクアルカリ質安山岩ないしデイサイト溶岩ならびに火砕岩について記載した．また安山岩中の角閃石から121±6 MaのK-Ar年代を，またこれを貫く花崗閃緑斑岩の黒雲母から114±6 Maを示すK-Ar年代を報告し，北上山地の原地山層に対比されるものとした．

（9） 高瀬花崗岩体

阿武隈山地東縁を南北に走る双葉断層に沿ってその東側に分布する花崗岩類は，従来割山圧砕花崗閃緑岩（藤田ほか，1988）と呼ばれていた．Tsuchiya et al.（2014）は，これらのジルコンU-Pb年代を測定し，西側の約300 Maを示す岩体を割山花崗岩体，東側の118±2 Ma，117±1 Maを示す岩体を高瀬花崗岩体とした．高瀬花崗岩体は，明通峠付近から高瀬峠南方の，南北9 km東西1 kmの岩体として露出している．その西側は断層で割山花崗岩体あるいは時代未詳変成岩類と接している．岩質は，北部の大部分が SiO_2：61～66%の黒雲母ホルンブレンド石英閃緑岩，南部が SiO_2：68～70%の黒雲母ホルンブレンドトーナル岩である．

高瀬花崗岩体は，Srに富みYに乏しいアダカイトであり，アダカイト質累帯深成岩体東列の延長と考えられる（Tsuchiya et al., 2014）．

また高瀬花崗岩体の南東方15 kmの松川浦の試錐から得られた花崗岩の化学組成（阿部・石原，1985；金谷，1996）は，高瀬花崗岩とよく似ている（Tsuchiya et al., 2014）．Orihashi and Ishihara（2015）は本試錐試料のジルコンU-Pb年代を測定し，115.4±1.4 Ma，113.6±1.4 Maという高瀬花崗岩体と同様の年代を報告している．

6.4 奥羽山脈に散在して露出する深成岩類

先新第三紀の深成岩類は，奥羽脊梁山脈や出羽丘陵，あるいは津軽半島・下北半島の第三系・第四紀火山岩類の基盤としても分布する．これらは，阿武隈帯および北上帯の深成岩類の延長と考えられる．

平原ほか（2015）は，東北日本に分布する白亜紀～古第三紀花崗岩類の Sr-Nd-Hf 同位体比を報告しているが，その中で奥羽脊梁山脈などに分布する小岩体の記載岩石学的特徴を述べているほか，それらの年代データをまとめている．

■6.4.1 白 神 山 地

青森県西部の白神山地には，白神岳岩体のほか菱喰山・大沢川・七ツ滝岩体などの，花崗岩類の小岩体が点在する（図 6.4.1）．片田・大沢（1964），加納ほか（1966），藤本（1978），藤本ほか（2010）の研究がある．

各岩体の K-Ar 年代はほとんどが 98～64 Ma である．変成したひん岩は 53.9 Ma，白神岳岩体の花崗岩質マイロナイトは 42.8 Ma で，この若い年代値は変質のためと考えられる（河野・植田，1966；金属鉱業事業団，1982a）．

（1） 白神岳岩体

秋田-青森県境の海岸から白神岳にかけて分布し，東部岩体，西部岩体と中央部岩体に区分される（藤本，1978）．藤本・山元（2010）は白神岳複合岩体と呼んでいる．

東部岩体は，中粒で暗色のホルンブレンド黒雲母花崗閃緑岩からなり，黒雲母片岩ないし片麻岩のゼノリスを含む．南西端から北東に向かって珪長質になるとされている．98±2 Ma の角閃石 K-Ar 年代が報告されている（藤本，2000）．

西部岩体は中粒～粗粒のホルンブレンド黒雲母花崗閃緑岩～花崗岩からなり，細粒の閃緑岩質な暗色包有物を多く含む．一般に，斜長石・ホルンブレンド・黒雲母・カリ長石などの定向配列による片状構造が明瞭である．

黒雲母 K-Ar 年代は 95 Ma（河野・植田，1966），89±3 Ma（金属鉱業事業団，1986a），角閃石 K-Ar 年代は 92±2，91±2 Ma（藤本，2000）である．

中央部岩体は優白色の黒雲母花崗岩からなる．中央部岩体は東部岩体に貫入している．中央部・西部岩体は著しく圧砕されている．特に西部岩体の東端部は著しくマイロナイト化している．マイロナイト化における剪断のセンスは，走向が南北～北北東～南南西で東に 60～80°傾斜した面に対して，東側の地塊が北東側に移動しつつ沈下したとされる（高橋，2002）．

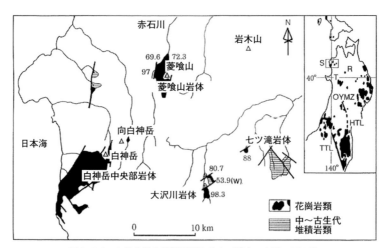

図 6.4.1　白神山地の基盤岩類の分布（藤本・山元，2010）
数字は黒雲母 K-Ar 年代，(W) は全岩 K-Ar 年代（河野・植田，1966；金属鉱業事業団，1982a），S：白神山地，T：大平山，R：竜ヶ森，TTL：棚倉構造線，HTL：畑川構造線，OYMZ：鬼首-湯沢マイロナイト帯．

（2） 菱喰山岩体

菱喰山の西側の5.3×2.5kmの範囲に分布する．細粒～中粒のホルンブレンド黒雲母花崗閃緑岩を主とし，中粒で塊状のトーナル岩とひん岩を伴う．ホルンブレンド黒雲母花崗閃緑岩はトーナル岩を包有あるいは漸移し，またひん岩のルーフペンダントを含む（藤本・山元，2010）．

河野・植田（1966）が97Maという古い年代を報告していたが，その後測定された放射年代は，70±4，72±4Maの黒雲母K-Ar年代（金属鉱業事業団，1982a）と86±7MaのRb-Sr全岩アイソクロン年代（藤本ほか，2010）などやや若いものである．Sr同位体比初生値が0.70608と高く，またAl$_2$O$_3$/（CaO+Na$_2$O+K$_2$O）モル比もやや高いことから，上部地殻起源の泥質岩の影響を大きく受けている可能性が指摘されている（藤本ほか，2010）．

（3） そのほかの岩体

大沢川・七つ滝岩体は主に中粒のホルンブレンド黒雲母花崗閃緑岩からなる．七つ滝岩体から88±4Maの，また大沢川岩体から98±5，81±7Maの黒雲母K-Ar年代が報告されている（金属鉱業事業団，1982a）．

■ 6.4.2 太 平 山 地

秋田市北東の太平山付近に広く分布する深成岩類は太平山複合プルトンと呼ばれ，最古期深成変成岩類（I期）・主貫入岩類（II期）・新期貫入岩類（III期）に分けられる（Kano *et al.*，1964；加納ほか，1966）．大沢ほか（1981）はI期・II期のものを太平山深成変成岩類と呼び，III期のものを第三紀花崗岩として区別した．丸山・山元（1994）は，最古期深成変成岩類のうち，岩体南部の協和ダム上流荒木沢の片麻状花崗閃緑岩はマイロナイトであり，源岩は斑れい岩～石英閃緑岩，花崗閃緑岩，ピンク花崗岩などであることを述べた．藤本（2006）は，同様のマイロナイトが東西-東北東の断層に切られながら北北西に延びて分布することを明らかにし，このマイロナイトを境に西部岩体と東部岩体に区別した（図6.4.2）．以下に藤本（2006）に基づいて述べる．

（1） 太平山岩体

東部岩体：主に花崗閃緑岩（E：図6.4.2の凡例の記号．以下同様）からなり，北東部に小規模な石英閃緑岩～トーナル岩（E）が分布する．花崗閃緑岩（E）が石英閃緑岩～トーナル岩（E）を貫く．花崗閃緑岩（E）は中粒～細粒の弱片状ホルンブレンド黒雲母花崗閃緑岩であり，東部岩体の主要部を占める．石英閃緑岩～トーナル岩（E）は，細粒～粗粒の黒雲母ホルンブレンド石英閃緑岩～トーナル岩からなる．比立内南部や赤沢上流では層状構造を示すことがある．花崗閃緑岩（E）に包有されたり，花崗閃緑岩質の数cmの脈で貫かれるほか，本岩の丸みを帯びた大小の岩塊が花崗閃緑岩（E）中に密集部を形成することがある．102Maの黒雲母K-Ar年代（河野・植田，1966），97Maの角閃石K-Ar年代（金属鉱業事業団，1986）が報告されている．

西部岩体：主に片状花崗閃緑岩（W）からなり，岩体西縁部にはトーナル岩～斑れい岩（W）が分布する．片状花崗閃緑岩（W）がトーナル岩～斑れい岩（W）を貫く．片状花崗閃緑岩（W）は，西部岩体の主体をなす中粒～粗粒片状ホルンブレンド黒雲母花崗閃緑岩である．柱状のホルンブレンドと黒雲母の定向配列による片状構造が明瞭である．トーナル岩～斑れい岩（W）は中粒～粗粒の黒雲母ホルンブレンドトーナル岩～斑れい岩である．一般に塊状であるが，丸舞川上流では片状構造を示す．89，88Maの黒雲母K-Ar年代（河野・植田，1966）および99.7±11.9MaのRb-Sr全岩年代（丸山・山元，1994）が報告されている．

東部岩体および西部岩体を貫く花崗岩類：東部岩体を貫く花崗岩（BE）と西部岩体を貫く斑状花崗閃緑岩（P）および花崗岩（BW）がある．花崗岩（BE）はピンク色のカリ長石が特徴的な中粒花崗閃緑岩～花崗岩であり，比立内南部にまとまって分布し，ほぼ北北西方向に延びた岩脈状の分布を示す．斑状花崗閃緑岩（P）は，太平山周辺から小阿仁川上流に分布し，1～2cmの斑晶状斜長石で特徴付けられるホルンブレンド黒雲母花崗閃緑岩である．本岩相から派生する優白質の黒雲母花崗閃緑岩岩脈が片状花崗閃緑岩（W）を貫いている．花崗岩（BE）はカリ長石がピンク色の粗粒黒雲母花崗岩であり，小阿仁川上流のほか丸舞川中流～下流部のほか三内川上流にも分布する．

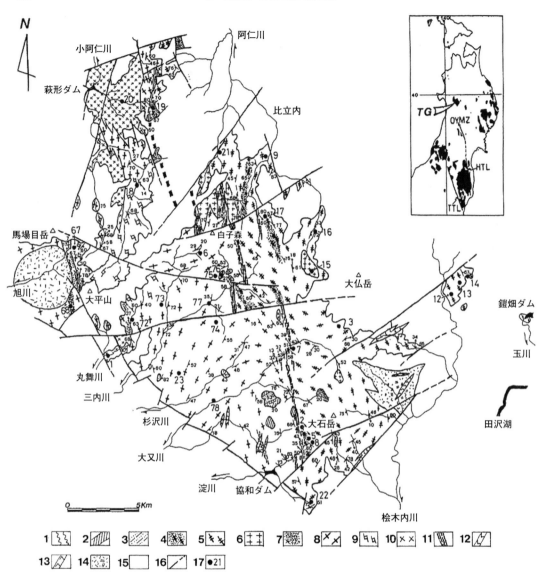

図 6.4.2 太平山深成岩体の地質図（藤本，2006）

1：ミグマタイト，2：角閃岩，3：黒雲母片岩・泥質片岩，4：石英閃緑岩〜トーナル岩（E），5：花崗閃緑岩（E），6：花崗岩（BE），7：トーナル岩〜斑れい岩（W），8：片状花崗閃緑岩（W），9：斑状花崗閃緑岩（P），10：花崗岩（BW），11：マイロナイト，12：流紋岩，13：ひん岩，14：新第三紀花崗岩類，15：古第三紀〜新第三紀堆積岩類および第四紀火山岩類，16：断層，17．試料番号，TG：太平山深成岩体，TTL：棚倉構造線，HTL：畑川構造線，OYMZ：鬼首-湯沢マイロナイト帯．

■6.4.3 奥羽脊梁山脈北部

花崗岩類が各所に点在する．河野・植田（1966），岡田ほか（1981），笹田（1984，1985，1988a）によるK-Ar年代は98〜54 Maである．

（1） 田沢湖周辺

田沢湖町生保内東方の，秋田・岩手県境付近には花崗岩類が分布する．主に片状のホルンブレンド黒雲母花崗閃緑岩からなり，細粒・中粒の黒雲母花崗岩を伴う．後者は第三紀花崗岩の可能性がある（加納・小林，1979）．前者のSr-Nd-Hf同位体比が平原ほか（2015）によって報告されている．年代を100 Maと仮定したSr同位体比初生値は0.70484であり，北上山地のものの値に近い．

（2） 和賀仙人地域

北上市西方の和賀仙人付近．主にホルンブレンド

黒雲母花崗閃緑岩からなり，花崗岩・石英閃緑岩を含む．ほとんどのものは淡灰色で均質，中粒であるが，塩基性シュリーレンが平行に配列することもある（加納ほか，1966；大沢ほか，1971）．同様の花崗岩は花巻西方の豊沢ダム辺・沢内村一帯にも点在する．

（3）焼石岳南方

胆沢川上流部に広く分布する．中粒で塊状のホルンブレンド黒雲母花崗閃緑岩〜石英閃緑岩からなり，少量の花崗閃緑岩を伴う．笹田（1985）により102±7 Ma の角閃石 K-Ar 年代が報告されている．

これらとは別に，変成岩類をはさんで下流部には，変成岩類と調和的な構造をもつ優黒色で中粒の石英閃緑岩がある（北村・蟹澤，1971）．笹田（1985）および笹田ほか（1992）によって457〜244 Ma の K-Ar 年代が報告されていたが，Isozaki *et al.* (2015) により 497〜495 Ma のカンブリア紀最末期のものであることが明らかとなった．

（4）湯沢-鳴子地域

神室山付近の神室山岩体（4×20 km）が最大であり，その東側に小岩体が散在する．神室山岩体の東を走る鬼首-湯沢マイロナイト帯の両側で性質が変化する．西側は石英斑れい岩〜花崗岩のさまざまな岩石からなり，帯磁率は 50×10⁻⁶ emu/g 以下で

ある．化学成分，特に SiO_2 と K_2O の関係は，阿武隈山地のものと北上山地の花崗岩類との中間的な性質を示す．神室山岩体では，ほとんどが中粒で片状のトーナル岩からなり，中央部と南部に包有される変成岩類と調和的な構造を示す．一方，東側は主にトーナル岩からなる．帯磁率は 100×10⁻⁶ emu/g 程度のものが多く，主化学組成では南部北上山地の花崗岩類に類似している（笹田，1985）．

鬼首-湯沢マイロナイト帯の東側の岩体では，角閃石 K-Ar 年代が 110 Ma，黒雲母 K-Ar 年代が 100 Ma を示すが，西側のものの K-Ar 年代は 99〜62 Ma，一部では 35 Ma と若い年代を示す．平原ほか（2015）は神室山岩体の Sr-Nd-Hf 同位体比を 2 個報告しているが，Sr 同位体比初生値は 0.70484，0.70580 と大きな幅を示す．

（5）月山地域

月山地域には，月山火山の基盤として花崗岩類が分布している．それらの代表は烏川閃緑岩であり，細粒のホルンブレンド黒雲母石英閃緑岩〜トーナル岩からなる（今田，1974）．平原ほか（2015）によるSr-Nd-Hf 同位体のデータでは，阿武隈帯およびその北方延長の花崗岩類のうち，最も枯渇した組成を示すとされている．

6.5 棚倉構造線とその北方延長部の火成岩類

朝日山地・飯豊山地周辺には後期白亜紀〜古第三紀に活動した深成岩類や火砕岩類が広く分布し，ジュラ紀付加体や千枚岩・接触変成岩類を伴う．この地域は棚倉構造線の北方延長域にあたり，羽越地域の地帯構造区分の議論が行われている．志村ほか（2002）によれば，朝日山地南西縁の日本国-三面マイロナイト帯よりも南西側は足尾帯の延長で，朝日山地の主体は朝日帯に属する．足尾帯には，岩船花崗岩類，新期花崗岩類が分布し（朝日団体研究グループ，1987；志村ほか，2002），ジュラ紀付加体を貫いている．朝日帯花崗岩類の Sr 同位体比初生値や変成岩ゼノリスの P-T-t パスの形態の類似性などから，朝日帯は領家帯の延長と考えられる（志村ほか，2002）．

■6.5.1 朝 日 帯

朝日帯の花崗岩類は，末沢川溶結凝灰岩より古い古期深成岩類が西朝日複合塩基性岩体，大朝日花崗閃緑岩体，大玉花崗閃緑岩体，中岳花崗閃緑岩体，相模アダメロ岩体の 5 岩体に，また末沢川溶結凝灰岩より若い新期深成岩類が化穴複合花崗閃緑岩体，平四郎アダメロ岩体，三面アダメロ岩体，平岩アダメロ岩体，以東アダメロ岩体，角楢アダメロ岩体，および細粒閃緑岩と黒雲母花崗岩の 8 岩体に区分される（朝日団体研究グループ，1987，1995）．

安藤・志村（2000）は，これらのうち黒雲母花崗岩に相当する荒川花崗岩類から 81.7±2.5 Ma の Rb-Sr 全岩アイソクロン年代を報告している．加々島ほか（2015）は，朝日帯で最古の活動とされる西

朝日複合塩基性岩体について，石英閃緑岩質親マグマの分化作用によって各岩型の成因を説明した．また石英閃緑岩質親マグマの起源物質は，領家帯塩基性岩のような Sr 同位体比が高く Nd 同位体比が低い下部地殻物質である可能性を示した．小笠原ほか（2015）は，西朝日複合塩基性岩体から 87 Ma の，大朝日花崗閃緑岩体から 99 Ma の，また大玉花崗閃緑岩体から 93 Ma のジルコン U-Pb 年代を報告し，朝日帯火成活動の開始時期が 99 Ma まで遡ることを明らかにした．さらに，大玉花崗閃緑岩中のジルコンには溶け残りコアが多く認められ，その年代が 640 Ma と古いことから，起源物質には原生代末期の岩石が含まれていた可能性を示した．

6.6 後期白亜紀〜古第三紀火山岩類

後期白亜紀〜古第三紀の火山岩類は北上山地北東部・朝日山地周辺に分布する．男鹿半島・出羽丘陵にも古第三紀〜新第三紀初頭の火成活動が知られている（Ohguchi, 1983）．

■6.6.1 北 上 山 地

後期白亜紀〜古第三紀火成岩類には，浄土ヶ浜流紋岩類と閉伊崎噴出岩類のほか，門地域の上部白亜系横道層上部の溶結凝灰岩や久慈地域・岩泉地域の上部白亜系〜古第三系中の酸性凝灰岩が知られている．これらのうち浄土ヶ浜流紋岩類は，ほとんどがアダカイトであり，高 Mg 安山岩を伴うことで特徴づけられる（土谷ほか，1999b；Tsuchiya et al., 2005）．

横道層は下閉伊郡岩泉町横道付近に分布する．最上部がラテライト化した溶結凝灰岩からなり（棚井ほか，1978），そのフィッショントラック年代は 71.2±4.4 Ma である（加藤ほか，1986）．同時代と考えられる凝灰岩相は，岩泉町岩泉の沢廻層，および久慈層群沢山層にも分布している．閉伊崎噴出岩類は，宮古市東方の閉伊崎周辺に分布する．Shibata et al.（1978）によって 61 Ma の全岩 K-Ar 年代が報告されていたが，その後再測定の結果 62.2±2.5 Ma に修正され（内海ほか，1990），白亜紀末期〜古第三紀のものであることが確定した．

浄土ヶ浜流紋岩類の分布は，周囲の先第三系の構造に斜交しており，北上山地中央部の北部北上帯および南部北上帯にまたがっている（図 6.6.1）．浄土ヶ浜流紋岩類は，宮古市北部の浄土ヶ浜流紋岩体のほか，宮古市花原市の門神岩流紋岩，宮古市松山の松山流紋岩，岩泉町の二 升 石流紋岩，川井村の小国安山岩および小国流紋岩・長者森流紋岩・立丸峠流紋岩などが 3 km 以下の貫入岩体として，また宮古市の簣目デイサイト・刈屋デイサイト・二又流紋岩，川井村鈴久名川流域の横沢デイサイト・鈴久名デイサイト，川井村の夏屋川流紋岩などが小貫入岩体として分布する．また宮古市白浜〜閉伊崎付近にも小岩脈が分布しており，これらのうちには閉伊崎噴出岩類に貫入しているものがある．さらに，岩泉町の松橋地域に分布する小貫入岩体の松橋流紋岩には，高 Mg 安山岩類の小貫入岩体が伴われている．

浄土ヶ浜流紋岩類は，先宮古統堆積岩類，前期白亜紀花崗岩類および火山岩類，宮古統堆積岩類，閉伊崎噴出岩類に貫入している（蟹澤ほか，1989；土谷ほか，1999b）．周囲の岩石との境界が観察される場合には，境界面は不規則かつ複雑である．また，多量の角礫状岩片を含み，火道角礫岩と考えられる部分もしばしば認められる（石原，1982；吉田・片田，1984）．さらに，簣目デイサイトおよび二又流紋岩の一部には溶結凝灰岩が認められる（土谷ほか，1999b）．

これまでに報告された浄土ヶ浜流紋岩類の放射年代は，浄土ヶ浜流紋岩の全岩 K-Ar 年代が 43.5±1.1 Ma（内海ほか，1990），門神岩流紋岩の全岩 K-Ar 年代が 38.4±1.3 Ma（石原ほか，1988），立丸峠流紋岩の全岩 K-Ar 年代が 20.8 Ma（通産省資源エネルギー庁，1991）および 14.4 Ma（通産省資源エネルギー庁，1992）とばらついており，年代学的な再検討が必要だと考えられる．

（1） 閉伊崎噴出岩類

島津ほか（1970）命名．宮古市東方閉伊崎周辺の，南北約 6.5 km×東西約 4 km にわたって分布する．主にデイサイト質の火砕岩からなり，溶結凝灰

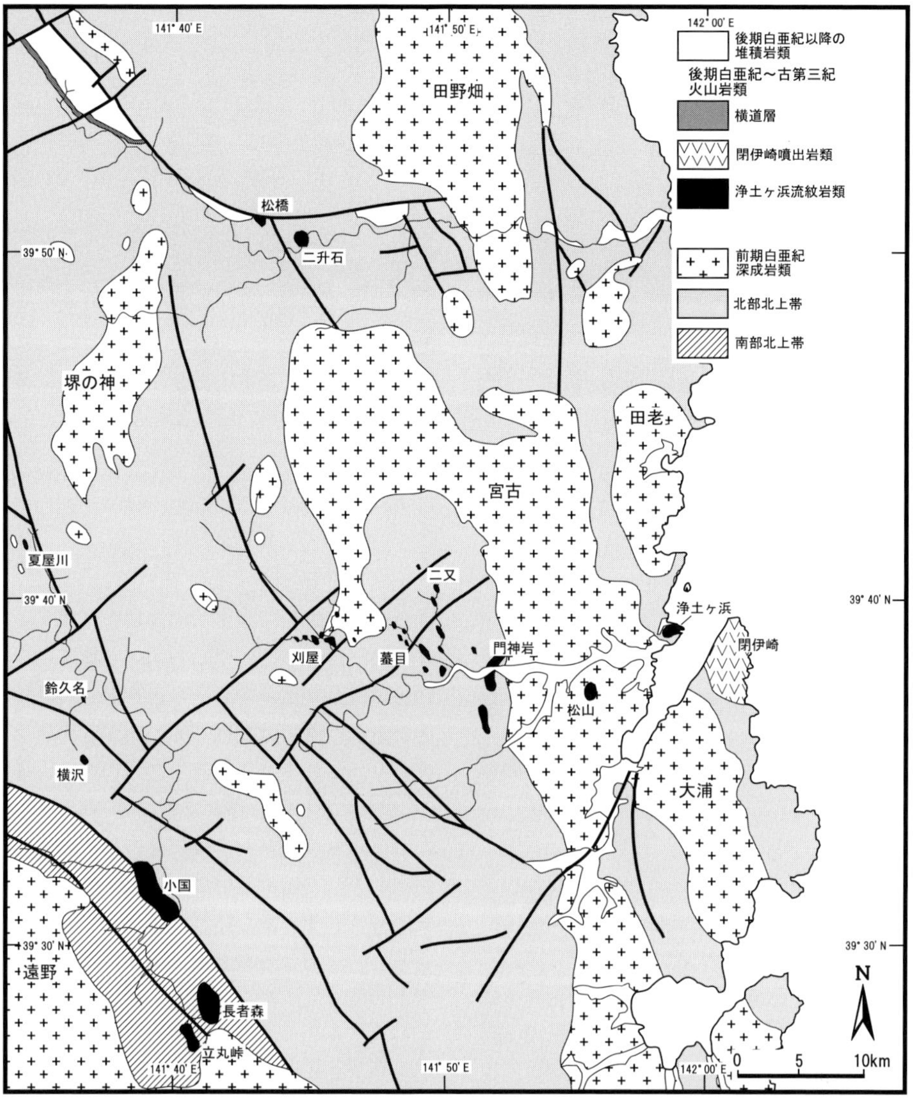

図 6.6.1　浄土ヶ浜流紋岩類の分布図（土谷ほか，2008 に基づく）
閉伊崎噴出岩類，横道層の溶結凝灰岩の分布も示されている．

岩を伴う火山岩類である．溶結凝灰岩の一部は新鮮であり，流理構造がよく保存されている（図 6.6.2）．

（2） 浄土ヶ浜流紋岩体

浄土ヶ浜（じょうどがはま）流紋岩体は，宮古市東方の浄土ヶ浜海岸に，直径約 1 km のほぼ円形の貫入岩体として産する．

岩体北部と南部で陸中層群原地山層に貫入し，岩体西部では前期白亜紀のものと考えられる花崗閃緑斑岩に，北西部では宮古層群羅賀層に貫入している（杉本，1974）．花崗閃緑斑岩との境界部では，角礫岩状となった花崗閃緑斑岩に，同じく角礫岩状の浄土ヶ浜流紋岩が貫入している．岩体北部では，ホルンフェルス化した原地山層の角礫岩に貫入している．

本岩体にはマグマの流動によると思われる流理構造がよく発達しており，流理構造にほぼ平行な縞状をなす暗色層がしばしば認められる．流理構造の走向傾斜は，中心部ではほぼ水平であり，褶曲しながら連続的に変化するドーム構造をなす（杉本，1974）．

斑晶は，菫青石，斜長石，石英，角閃石仮像であ

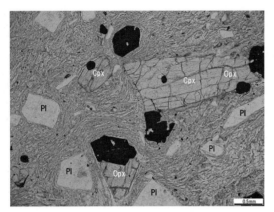

図 6.6.2 閉伊崎噴出岩類のデイサイト質溶結凝灰岩の薄片写真
　斑晶として斜長石（Pl），単斜輝石（Cpx），斜方輝石（Opx），ホルンブレンドが含まれ，溶結したガラスは新鮮である（下方ニコル）．

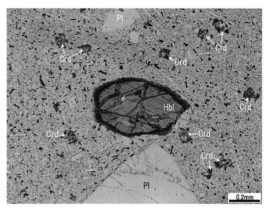

図 6.6.3 ホルンブレンドと董青石が共存する立丸峠流紋岩の薄片写真
　斑晶は斜長石（Pl）とホルンブレンド（Hbl），石基は董青石（Crd）のほか斜長石・石英・磁鉄鉱・チタン鉄鉱からなる（下方ニコル）．

り，まれに黒雲母もみられる．董青石はほとんどがピナイト化しており，一部の試料のみにわずかに新鮮な部分が残っている（土谷ほか，1999b）．董青石斑晶は，流理構造に沿って斜交して配列していることがある．このような配列は，マグマの流動の際の速度勾配によって形成されるものと思われる（Philpotts and Asher, 1994）．

　浄土ヶ浜流紋岩類の董青石は，これまでに報告された火成岩中の董青石のなかで最も Mg/(Mg＋Fe) 比が高く，Mn に乏しいものに属する（土谷ほか，1999b）．このような化学組成の特徴は，仙台西方に分布する第四紀火山の安達火山噴出物の場合（Kanisawa and Yoshida, 1989；蟹澤，1992）と同様に，比較的低温で高い酸素フュガシティーのもとで晶出したことを示していると考えられる．

（3）立丸峠流紋岩

　川井村南部の立丸峠付近に産し，長さ約 1.4 km，幅約 0.8 km の貫入岩体である．岩体東部では小黒層，西部では薬師川層に接している（Mori et al., 1992）．変質した部分は白色〜灰白色，一部の新鮮な部分は暗灰色の外観を呈し，塊状で均質な部分と角礫岩状の部分が認められる．斑晶は，斜長石，石英，ホルンブレンド，ごくまれにざくろ石が含まれ，石基には董青石が出現することが特徴である．

　これまでの報告では，董青石を含む火成岩はほとんどが Chappell and White（1974）の S-type に分類されるのに対し，浄土ヶ浜流紋岩類は，董青石の有無にかかわらずすべて I-type である（土谷ほか，1999b）．しかしながら，浄土ヶ浜流紋岩類のうち董青石を含むものはすべてがパーアルミナスな I-type であり，これまでに報告された例のない董青石とホルンブレンドの共存が特徴である（図 6.6.3）．ただし，ホルンブレンドは斑晶のみに，また董青石は斑晶および石基あるいは石基のみに出現し，両者が接触して共生するものは確認されていない．仮にホルンブレンドと董青石の晶出条件がやや異なっていたとしても，ホルンブレンドが，董青石を晶出させたパーアルミナスな液と平衡に共存していたことは明らかである（土谷ほか，1999b）．水の存在下での部分溶融作用や分別結晶作用においては，広い範囲の圧力下でメタアルミナスな起源物質からパーアルミナスな I-type マグマの生成が可能であると考えられる（土谷ほか，1999b, 2008）．

（4）松橋高 Mg 安山岩類

　岩泉町の松橋付近には，松橋流紋岩（ホルンブレンド流紋岩）・無斑晶質安山岩・カンラン石安山岩（図 6.6.4）からなる小貫入岩体が，松橋層（山口，1981）に属する頁岩に明瞭な急冷縁を伴って貫入している（図 6.6.5）．無斑晶質安山岩およびカンラン石安山岩の岩石化学的性質は，高 Mg 安山岩と共通であることから，これらを松橋高 Mg 安山岩類と呼ぶことにする．

　図 6.6.5 に，松橋流紋岩類および高 Mg 安山岩類

6.6 後期白亜紀〜古第三紀火山岩類

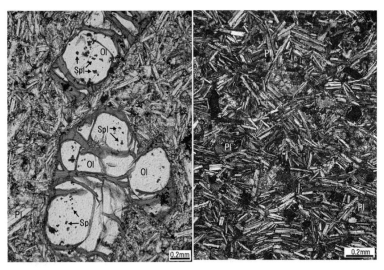

図 6.6.4 カンラン石安山岩（左：下方ニコル）と無斑晶質安山岩（右：直交ニコル）の薄片写真
無斑晶質安山岩は，斑晶としてごくわずかの輝石仮像を含むのみである．

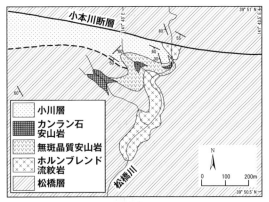

図 6.6.5 松橋流紋岩〜高 Mg 安山岩類の地質図

の地質図を示す．岩体北部は葛巻断層の南方に連なる小本川断層（山口，1981）に接しているが，直接の関係は観察されない．また岩体上部は古第三系小川層と思われる砂岩〜角礫岩と接している．

砂岩〜角礫岩中にはホルンブレンド流紋岩の不規則な形状の角礫が含まれ，またホルンブレンド流紋岩は砂岩との境界付近で不規則な角礫状に破砕される産状がみられる．ホルンブレンド流紋岩の見かけ上すぐ上位には，無斑晶質安山岩とかんらん石安山岩が産出する．無斑晶質安山岩の，砂岩〜角礫岩との境界の一部には急冷縁が認められる．また砂岩〜礫岩中には無斑晶質安山岩の角礫が含まれており，無斑晶質安山岩中の割れ目に沿って砂岩が貫入したり，無斑晶質安山岩の角礫が砂岩によって充填される

などの産状がしばしば観察される．

これらの産状から，ホルンブレンド流紋岩・無斑晶質安山岩が貫入したときには砂岩は未固結で水に飽和しており，それらの貫入に伴って流動化したものと解釈される．以上のことから，小川層が堆積し未固結の時期に，これらの高 Mg 安山岩類が相次いでほぼ同時に貫入したものと考えられる．

カンラン石安山岩のカンラン石斑晶は著しく NiO に富み（最大で Fo$_{91}$，NiO＝0.58 重量％），高橋（1986）の olivine mantle array よりも上方にプロットされることが特徴である（Tsuchiya *et al.*, 2005）．このようなカンラン石の組成は，スラブメルトとマントルかんらん岩の反応モデルで説明可能である（Tsuchiya *et al.*, 2005；土谷ほか，2008）．

（5）二升石流紋岩

岩泉町二升石付近に産する直径約 1 km の貫入岩体であり，松橋層（山口，1981）に貫入している．浄土ヶ浜流紋岩体と同様の帯状の暗色層が認められる部分があり，しばしば流理構造に斜交している．斑晶は，斜長石，石英，ホルンブレンド，ごくまれにざくろ石，菫青石仮像が含まれ，石基には菫青石仮像が出現する．

小本川河床には約 700 m の連続露頭があり，松橋層との接触部が観察される．松橋流紋岩は二升石流紋岩の一部とされていたが（吉田ほか，1984），二升石流紋岩とは連続しておらず，また SiO$_2$ がや

や低く董青石が含まれない点で異なる（土谷ほか，1999b）．

（6） 野田層群中の酸性岩礫

久慈地方の上部白亜系久慈層群・古第三系野田層群には酸性の火山岩・火砕岩礫が含まれる．これらの供給源は主として北上山地に求められるが，野田層群には東からの古流向もみられ，太平洋側からこれらの火山岩礫がもたらされたという考えもある（照井・長浜，1986）．後述のように，野田層群中の酸性岩礫の化学組成は，北上山地のものとはまったく異なる．

■6.6.2 朝日山地・日本海沿岸地域

朝日山地の北部・日本国三面構造線以北には田川酸性岩類が，以南には朝日流紋岩類とそれに相当する末沢川溶結凝灰岩・澄川層が分布する．

（1） 田川酸性岩類

矢内ほか（1973）命名．模式地は山形県東田川郡の梵字川上流の八久和ダム付近．朝日山地の北縁部に分布．溶結凝灰岩を伴うデイサイト質の火砕岩類と，それを貫く花崗閃緑斑岩からなる．

火砕岩類・花崗閃緑斑岩とも K-Ar 年代は 66〜54 Ma（河野・植田，1966：金属鉱業事業団，1982a）．大檜原型花崗岩（島津・河内，1965）に貫かれる．八久和ダム付近の細粒のホルンブレンド黒雲母花崗閃緑岩の K-Ar 年代（71 Ma：河野・植田，1966）が報告されているが，これは田川酸性岩類のホルンフェルス化した凝灰岩の年代を示す可能性が高い（金属鉱業事業団，1982a）．足尾山地の中禅寺酸性岩類（矢内，1972）や，中部地方の濃飛流紋岩類に

対比される（矢内ほか，1973）．

（2） 朝日流紋岩類

高浜（1972）命名．新潟県岩船郡山北町立島・大毎金山付近，新潟県朝日村嶋海山地域・北大平南方・立沢などに分布．中・古生界に由来する岩片を多く含む，流紋岩質の溶結凝灰岩・凝灰角礫岩からなる（高浜，1972，1976；新潟県，2000）．

K-Ar 年代が 89〜85 Ma（河野・植田，1966；Shibata and Nozawa, 1966）・83.8〜50.7 Ma（金属鉱業事業団，1982a）である．岩船花崗岩に貫かれ，弱い接触変成作用を受けている（高浜，1972）．新鮮なものの K-Ar 年代が 54〜48 Ma なので，朝日流紋岩類の一部には前期始新世の火砕岩が含まれているかもしれない（金属鉱業事業団，1982a）

（3） 末沢川溶結凝灰岩

庄司（1983）命名．朝日流紋岩類の南東方向の延長部に分布する（新潟県，2000）．石質岩片を含まず，桃色のカリ長石を含むことが特徴．流紋岩質の溶結凝灰岩で朝日流紋岩類と岩相が似ており，明らかな変形組織が認められる（庄司，1983）．岩船花崗岩に類似した深成岩に貫かれ，弱い接触変成作用を受けている（庄司，1983；朝日団体研究グループ，1987）．下部中新統北小国層に不整合に覆われる（新潟県，2000）．末沢川溶結凝灰岩は白亜系と考えられるが，一部に前期始新世の火砕岩が含まれる可能性がある（金属鉱業事業団，1982a）．

（4） 澄 川 層

高浜（1976）命名．模式地は新潟県岩船郡山北町澄川流域．複輝石安山岩・同質の火砕岩類からなる．北小国層の下位にあり，古第三系の可能性があるが不明の点が多い．層厚約 400 m．

6.7 前期白亜紀〜古第三紀火成岩類の岩石化学的特徴とその成因

■6.7.1 岩石化学的特徴

図 6.7.1 は，北上帯の前期白亜紀岩脈類と前期白亜紀火山岩類の K_2O-SiO_2 図である．ショショナイトは著しく K_2O に富む特徴を示し，それ以外の高 Sr 安山岩，高 Mg 安山岩，高 Ti 安山岩はいずれもほぼ medium-K の範囲を占める．ショショナイトはやや背弧側に分布しており，この点では一般の島弧

における K_2O 量の変化傾向と一致している．しかしながら狭い範囲で著しく K_2O 量が変化することが大きな特徴である．火山岩類では，原地山層の K_2O 含有量は著しくばらつき，また SiO_2 に乏しいものと SiO_2 に富むもののバイモーダル的な組成分布を示すことが特徴である．山鳥層・鼎浦層・新月層・山毛欅峠層などはいずれもやや K_2O に富む傾向を示す．

6.7 前期白亜紀〜古第三紀火成岩類の岩石化学的特徴とその成因

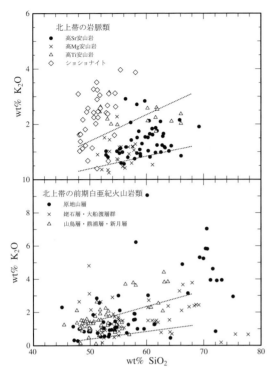

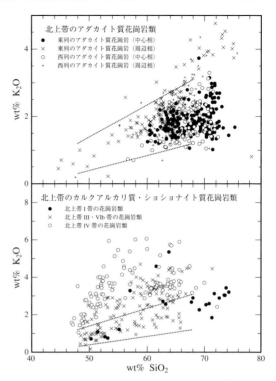

図6.7.1 北上帯の前期白亜紀岩脈類と前期白亜紀火山岩類のK₂O-SiO₂図
　図の2本の点線によってGill (1981) のlow-K, medium-K, およびhigh-Kが区分される.

図6.7.2 北上帯の前期白亜紀アダカイト質花崗岩類とカルクアルカリ質〜ショショナイト質花崗岩類のK₂O-SiO₂図

　図6.7.2は，北上帯の前期白亜紀アダカイト質花崗岩類とカルクアルカリ質〜ショショナイト質花崗岩類のK₂O-SiO₂判別図である．アダカイト質花崗岩類中心相は，東列と西列のいずれもmedium-Kの領域に分布する．これに対して周辺相はややK₂Oに富むことが特徴であり，特に東列のものの方がその傾向が明瞭である．カルクアルカリ質〜ショショナイト質花崗岩類では，ショショナイト質，特にⅣ帯のものは著しくK₂Oに富む傾向が顕著である．またⅠ帯のカルクアルカリ質岩はSiO₂に乏しいものとSiO₂に富むもののバイモーダルな組成分布が明瞭であり，同じ地域に分布する原地山層と共通した特徴を示す．
　図6.7.3は，阿武隈帯の白亜紀花崗岩類と北上帯の古第三紀火成岩類のK₂O-SiO₂図を示したものである．阿武隈帯のものは，北上帯の延長と考えられる阿武隈帯東部と，グリーンタフ地域に分布する阿武隈帯の北方延長と考えられるものを分けて示した．いずれもほぼmedium-KでSiO₂に富む部分でhigh-Kに相当し，地域ごとの差はそれほど認めら

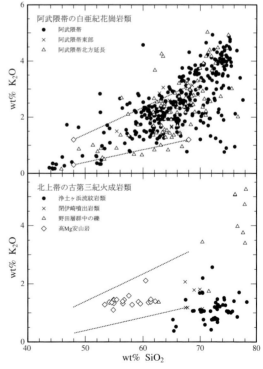

図6.7.3 阿武隈帯の白亜紀花崗岩類と北上帯の古第三紀火成岩類のK₂O-SiO₂図

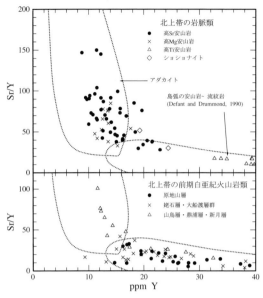

図6.7.4 北上帯の前期白亜紀岩脈類と前期白亜紀火山岩類のアダカイト判別図

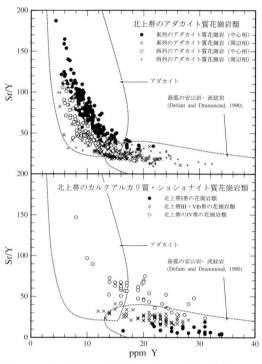

図6.7.5 北上帯の前期白亜紀アダカイト質花崗岩類とカルクアルカリ質〜ショショナイト質花崗岩類のアダカイト判別図

れない．北上帯のアダカイト質花崗岩類周辺相とほぼ同様の組成範囲を示す．北上帯古第三紀のものは，閉伊崎噴出岩類はmedium-Kからlow-K，浄土ヶ浜流紋岩類がlow-K，高Mg安山岩はmedium-K，野田層群中の流紋岩礫はhigh-Kであり，これらの4者はそれぞれ異なる組成を示すことがわかる．

図6.7.4は，北上帯の前期白亜紀岩脈類と前期白亜紀火山岩類のアダカイト判別図である．この図には，SiO_2が55％以上の分析値のみプロットした．高Sr安山岩と高Mg安山岩はアダカイトの範囲にプロットされる．ショショナイトは玄武岩がほとんどのため，この図にはわずかしかプロットされていない．高Ti安山岩は典型的な非アダカイトであり，他とはまったく異なることがわかる．火山岩類はほとんどが非アダカイトの領域に分布する．山鳥層と鼎浦層の一部には，アダカイトの領域にプロットされる安山岩類が認められるが，これらはいずれも最下部の凝灰角礫岩中の礫であり，実際にアダカイト質のマグマ活動があったかどうかは明らかではない．

図6.7.5は，北上帯の前期白亜紀アダカイト質花崗岩類とカルクアルカリ質〜ショショナイト質花崗岩類のアダカイト判別図を示したものである．アダカイト質花崗岩類中心相は典型的なアダカイトであ

るが，東列と西列で組成が異なり，東列のものの方が明らかにSrに富む．東列のものの方が前弧側に分布し，また西列のものの方がマントルかんらん岩との反応が強くみられ（Tsuchiya *et al.*, 2007），またTiO_2含有量から東列のものよりも西列のものの方が低温で形成されたと考えられる（土谷ほか，2015a）．以上のことから，東列のものは脱水分解溶融での，また西列のものはより低温の含水条件下でのスラブメルティングで形成されたと推定される（土谷ほか，2015a）．周辺相については，アダカイトから非アダカイトにまたがってプロットされるが，東列の方がややSrに乏しく，この傾向は中心相の場合とは逆である．

カルクアルカリ質〜ショショナイト質花崗岩類では，IV帯のものがアダカイトの領域にプロットされる．しかしながら，アダカイトよりもYに富み，また著しくK_2Oに富む特徴はアダカイトとはまったく異なる．このような岩石化学的性質は，アダカイト質メルトと反応したマントルの部分溶融で説明される可能性がある（土谷・瀬川，1996；土谷，2008）．I帯の花崗岩類は典型的な非アダカイトで

6.7 前期白亜紀〜古第三紀火成岩類の岩石化学的特徴とその成因

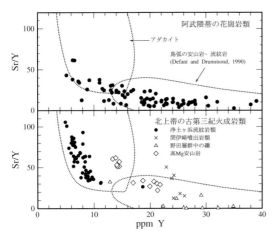

図6.7.6 阿武隈帯の白亜紀花崗岩類と北上帯の古第三紀火成岩類のアダカイト判別図

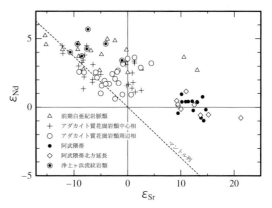

図6.7.7 東北日本白亜紀〜古第三紀火成岩類のε_{Nd}-ε_{Sr}図 柴田・田中（1987）；Tanaka et al., 1999；Tsuchiya et al., 2007；藤本ほか，2010 および土谷（未公表）に基づく．

あり，またⅢ，Ⅵb帯のものもほぼ非アダカイトである．

図6.7.6は，阿武隈帯の白亜紀花崗岩類と北上帯の古第三紀火成岩類のアダカイト判別図である．阿武隈帯の花崗岩類は，ほとんどが非アダカイトの領域にプロットされる．アダカイトの領域に入るものは，船引町西方に分布する長屋岩体である（亀井・高木，2003；亀井ほか，2003）．亀井・高木（2003）や亀井ほか（2003）ではこれらを下部地殻起源としているが，Ishihara and Chappell（2008）は，深所からアダカイト質珪長質マグマが供給され，大陸地殻通過時に地殻起源マグマと反応した可能性を述べた．

北上帯の古第三紀の火成岩類については，浄土ヶ浜流紋岩類がアダカイトの領域にプロットされ，また高Mg安山岩類がアダカイト〜非アダカイトにまたがってプロットされる．閉伊崎噴出岩類は非アダカイトであるが，ややSrに富むことが特徴である．野田層群中の礫は，非アダカイトで著しくSrに乏しくYに富み，他とはまったく異なる組成であることがわかる．

図6.7.7は，東北日本白亜紀〜古第三紀火成岩類のε_{Nd}-ε_{Sr}図である．北上帯の火成岩類はいずれも大陸地殻成分に枯渇した領域のマントル列近くにプロットされる．岩脈類の一部にε_{Sr}値の著しく高いものがあるが，これは高Mg安山岩であり，変質の影響を受けたのではないかと考えられる．アダカイト質花崗岩類では，中心相のものの方が周辺相よりもばらつきが大きいことが特徴である．累帯深成岩体中心相と周辺相の花崗岩類は，周辺相，中心相の順に貫入したと考えられる（Tsuchiya and Kanisawa, 1994）．したがって，中心相の方がSr-Nd同位体比の変動幅が大きいことを，岩体貫入後の壁岩の同化作用で説明することは困難である．以上のことから，アダカイト質花崗岩類，特に中心相の花崗岩類のSr-Nd同位体比の変動は，貫入時にはすでに存在していたと考えるのが妥当である．

阿武隈帯および阿武隈帯北方延長の花崗岩類は，北上山地のものよりも大陸地殻成分に富む領域にプロットされる．加々美ほか（1999, 2000）によれば，阿武隈帯の花崗岩類は西南日本のNorth Zoneに相当し，下部地殻起源のものと考えられる．したがって，阿武隈帯の花崗岩類の一部にはスラブメルトの関与も認められるものの，その主要な起源物質は下部地殻物質である可能性が高い．なお，阿武隈帯北方延長の花崗岩類（藤本ほか，2010）は阿武隈帯のものとほぼ同じ同位体比を示すが，藤本ほか（2010）がのべているように一部（菱喰山岩体）により大陸地殻成分に富むものがある．平原ほか（2015）によるSr-Nd-Hf同位体比の検討結果からも，同様の結論が得られている．

■6.7.2 岩石成因論とテクトニクス

アダカイト質花崗岩体東列の花崗岩類は，沈み込んだスラブの脱水分解溶融で形成されたメルトが固結した典型的なアダカイトであると考えられる．実

験岩石学的なデータからは，部分溶融の深さは2.0～2.3 GPa程度（約80 km）と見積もられる（Sen and Dunn, 1994；Moyen, 2011）．以上のことから，アダカイト質花崗岩体東列の分布域は，沈み込んだスラブの脱水分解溶融でアダカイト質マグマが形成されるフロント（土谷ほか（2015a）はアダカイトフロントと呼んだ）を示すと考えることができる．アダカイトフロントには多量のアダカイト質マグマが上昇して固結すると予想されるが，それは磁鉄鉱を含むアダカイト質花崗岩による地磁気正異常帯となるはずであり，実際に石狩-北上磁気異常帯（Finn, 1994）の一部として観察される．

アダカイトフロント上の東列の花崗岩類の年代は，階上岩体から金華山岩体を経て高瀬岩体まで，北から南に若くなっている傾向が認められる．またアダカイト質花崗岩体西列の年代はさらに若くなり，北上山地の火成岩類で最末期の火成活動と位置付けることができる．アダカイト質花崗岩類以外の岩体の年代では，原地山層の火山岩類（132～131 Ma）は北上山地の前期白亜紀火成活動のうちで最も古いものであり，またアダカイトフロントをなすアダカイト質花崗岩類のさらに海溝寄りに分布することが特徴である．原地山層の火山岩類は，同じ地域に分布するカルクアルカリ質花崗岩類（片田，1974aのI帯の花崗岩類）とともに火山-深成複合岩体を形成していると考えられ（Kanisawa, 1974），それらの岩石はアダカイト質花崗岩体東列のものと一体となって石狩-北上磁気異常帯（Finn, 1994）の起源となっている可能性がある．以上のことから，原地山層の火山岩類は石狩-北上磁気異常帯の規模（南北500～600 km）に相当する，前弧域の大規模な火成活動帯と考えられ，当時のテクトニクスの復元に重要な束縛条件となり得る．

アダカイト質花崗岩類以外の深成岩類と岩脈類では，久喜，小袖，太田名部，大浦，一戸，姫神，気仙川のカルクアルカリ質～ショショナイト質の花崗岩類および斑れい岩類，さらには岩脈類の高Sr安山岩の年代のいずれもが，128～124 Maの狭い範囲に収まる．この年代は，アダカイト質花崗岩類のうちの古いものである階上岩体と田野畑・宮古岩体の周辺相の年代（127～125 Ma）とほぼ同じである．以上のことから，北上山地の128～124 Maの火成活動では，広い範囲に様々な化学組成のマグマが同時

に活動したことになる．一方120 Ma以降になると，活動するのはアダカイト質花崗岩のみとなり，アダカイト質花崗岩体西列の活動（119～113 Ma）が最後となる．

アダカイト質花崗岩類の成因に関しては，より古い東列のマグマは脱水分解溶融で形成され，またより若い西列のマグマは含水溶融で形成されたものと考えられる．すなわちアダカイト質花崗岩の活動は，高温の東列から低温の西列に移っていったことになる．以上のことから，北上山地の前期白亜紀火成岩類のマグマ発生場は，異常に高温で様々な組成のマグマが同時に活動する状態で始まり，その後次第に冷却して113 Ma頃には終了したと考えることができる（土谷ほか，2015a）．

西列のアダカイト質花崗岩類の年代（119～113 Ma）は，より背弧側の阿武隈帯の花崗岩類の活動（121～99 Ma；Kon and Takagi, 2012；Ishihara and Orihashi, 2015；Takahashi et al., 2016）の開始時期に近い．北上山地の花崗岩類はアダカイト質のものが主体であるが，より若い阿武隈帯の花崗岩類ではほとんどが非アダカイトの領域にプロットされ，アダカイトの領域に入るものは船引町西方に分布する長屋岩体のみである（亀井・高木，2003；亀井ほか，2003）．以上のことから，アダカイト質岩およびその関連岩の活動は北上山地にほぼ限定され，またその活動は時代とともに弱まったことになる．これはマグマ発生場の温度の低下を示していると考えられ，この特徴も重要な束縛条件となり得る．以下にこれらの特徴を説明可能なテクトニクスについて考える．

以上の束縛条件を説明できるテクトニクスモデルとしては，海嶺沈み込みによるスラブウィンドウの出現と若いプレートの沈み込み（Farrar and Dixon, 1993；Thorkelson, 1996；Thorkelson and Breitsprecher, 2005）がある．前期白亜紀頃の日本列島はユーラシア大陸東縁に位置し，当時アジア大陸東縁に沈み込んでいた可能性のあるプレートは，ファラロンプレートとイザナギプレートである．Engebretson et al.（1985）は，ファラロンプレートとイザナギプレートの境界は，トランスフォーム断層で大きく西方にずれて，前期白亜紀頃には東アジア東縁に達していたとしている．これに対して，Müller et al.（2008）やSeton et al.（2012）などの復元では，ファ

ラロンプレートとイザナギプレートの境界はそのまま北方に延び，アリューシャンからアラスカに達していたと考えている．

新妻（2007）は，Engebretson *et al.*（1985）のデータを元にして，中部日本の位置における前期白亜紀のファラロン，イザナギプレートの運動方向と速度を計算した．これによると，ファラロンプレートとイザナギプレートの相対運動は収束あるいは横ずれである場合が多く，130〜120 Ma 頃に一時的に拡大境界となった可能性がある．もしこのモデルが正しいと仮定すれば，130 Ma 頃に開始された拡大によってスラブウィンドウが形成され，スラブウィンドウによる前弧域への上昇流により，原地山層の火山岩類の活動が起こったと考えられる．アセノスフェアの上昇に伴う引張応力場を仮定すれば，原地山層の火山岩類のバイモーダルな SiO_2 組成分布や黒鉱型鉱床とされる田老鉱山（山岡，1983）の存在なども説明することができる．

その後，拡大直後の若いプレートの沈み込みが起こるとすれば，原地山層と類似した化学組成を示す I 帯（片田，1974a）の火成活動とそのすぐ背弧側でのアダカイト質花崗岩体東列の活動を説明することができる．アダカイト質花崗岩体東列のマグマは沈み込んだスラブの脱水分解溶融によって形成されたと考えられ，Moyen（2011）にまとめられているように，その条件は約 900℃，2.0〜2.3 GPa である．この時期（128〜124 Ma）には，スラブメルトと上昇するアセノスフェアとの相互作用により，岩脈類やカルクアルカリ〜ショショナイト質岩（片田，1974a の III，IV，VIb 帯の深成岩類）など，様々な組成の火成岩が活動したと考られる．またアダカイト質花崗岩体東列の年代は北から南に若くなっていることから，海嶺が沈み込む 3 重点は北から南に移動したと考える必要がある．

その後 120 Ma ごろになると，プレート沈み込みの進行に伴いスラブウィンドウは背弧側に移動して行き，前弧域の温度は低下したであろう．また新妻（2007）のモデルによれば，このころからイザナギプレートとファラロンプレートの相対運動は収束となる．その場合は，前弧域の温度低下はいっそう進行したであろう．いずれにしても，マグマ発生域は阿武隈山地側に移動し，アダカイト質花崗岩体東列のスラブメルティングは停止したと考えられる．も

し収束境界が沈み込めば，下位のスラブの脱水作用によって水が供給され，より深部で含水条件でのスラブメルティングが起こるであろう．Moyen（2011）によれば，含水条件でのスラブメルティングが起こる条件は約 800℃，2.5〜3.0 GPa である．このようなより深部でのスラブメルティングにより，アダカイト質花崗岩体西列の活動が起こったと考えられる．

もし収束境界となったイザナギ・ファラロンプレート境界が沈み込めば，島弧性火山岩類の付加が引き起こされるかもしれない．北海道の空知帯には，100 Ma 頃に奥新冠岩体と呼ばれる島弧性火山岩類の付加岩体が認められる（Ueda and Miyashita, 2005）．Ueda and Miyashita（2005）は，イザナギプレート中に形成された沈み込み帯上の背弧海盆の付加を考えたが，ファラロンプレートとイザナギプレート間の収束境界が沈み込んだと考えることも可能である．収束境界の沈み込みの後は，沈み込むスラブの温度はさらに低下していくことになり，アダカイトの産出が少ない阿武隈帯の火成活動の特徴を説明可能である．

以上のように，このモデルは北上山地の前期白亜紀に起こった突発的なアダカイト質火成活動をうまく説明することができる．またこのような，一時的な拡大境界が沈み込むモデルであれば，放散虫層序学において若いプレートの沈み込みの証拠が得られていないことや，スラブウィンドウでの形成を示す火成岩の産出が非常に稀であることを説明可能であるかもしれない．北上山地の花崗岩類や堆積岩類の変形構造に関しても，Osozawa *et al.*（2012）が議論したように，活動的な海嶺の沈み込みによって説明可能である．

以上のモデルは，白亜紀頃にファラロン–イザナギプレートの境界がアジア大陸東縁にあったという仮定（Engebretson *et al.*, 1985）に基づいたものである．ファラロン–イザナギプレートの境界がもっと東側にあった場合には（Müller *et al.*, 2008；Seton *et al.*, 2012），年齢の古いイザナギプレートがほぼ定常的に沈み込んでいたことになり，何らかの特別な事件を考えないとアダカイト質マグマの生成を説明できない．

君波ほか（2009）および Kiminami and Imaoka（2013）は，西南日本のジュラ紀付加体砂岩の組成

変化や韓半島から中国東部における花崗岩類の年代学的検討から，ジュラ紀中世に大きな海台の沈み込みに伴うスラブの水平沈み込みが起こり，その後にスラブの沈み込み角度が大きくなるロールバックが起こった可能性を述べた．また Imaoka et al. (2014) は，近畿地方の 109〜99 Ma における高 Nb ランプロファイアやアダカイト質花崗岩の産出を，スラブのロールバックに伴う高温のアセノスフェアの上昇で説明した．さらに Imaoka et al. (2014) は，白亜紀初期の中国東部での I タイプおよび A タイプ花崗岩類やアダカイト質岩類の活動（Davis et al., 2001；Li et al., 2003；Yang et al., 2007；Zhang et al., 2009, 2010）が，スラブのロールバックとそれに伴うアセノスフェアの上昇によるものだとして，それが 105 Ma 頃の近畿地方に表われたと考えた．北上山地の前期白亜紀アダカイト質岩の成因も，このような高温のアセノスフェアの上昇モデルで説明することができるかもしれない．

すなわち，もしスラブのロールバックあるいは断裂による北上山地の前弧域へのアセノスフェアの上昇が 132 Ma ごろに起こったとすれば，原地山層の火山岩類の活動を説明することができ，またその後の高温のアセノスフェア中へのスラブの沈み込みによって，スラブメルティングによるアダカイト質花崗岩体東列のマグマの生成も説明することができる．さらには，その後の温度の低下によって，アダカイト質花崗岩体西列の成因も説明できる．ただしこのモデルの場合は，アダカイト質花崗岩体東列の年代が北から南に若くなることや，多量のアダカイト質マグマが供給されたと考えられるアダカイト質花崗岩体東列の成因を説明できるかどうかが問題となる．どちらのモデルが正しいかを決めるためには，これらの火成活動の時空変遷をさらに高い精度で明らかにする必要があろう．

一方，古第三紀のアダカイト質岩である浄土ヶ浜流紋岩類については，どのように考えたらよいであろうか．浄土ヶ浜流紋岩類は産出地域が限られてはいるが，それに伴う高 Mg 安山岩類の産出は，やはり海嶺沈み込を示す岩石学的証拠として重要である．浄土ヶ浜流紋岩類の年代が 40 Ma 程度であるとすると，前期白亜紀のファラロン-イザナギ海嶺の沈み込みとは無関係であり，むしろ西南日本における後期白亜紀〜古第三紀のクラ-太平洋海嶺の沈み込み（木下・伊藤，1986；Nakajima et al., 1990；君波ほか，1993）に関連するかもしれない．この問題を明らかにするためには，浄土ヶ浜流紋岩類やその関連岩についての，より精度の高い年代学的データが必要であろう．

［土谷信高］

7. 新第三系～第四系

7.1 構造発達史と火成活動の概要

東北地方の新第三系の地質に関しては，これまでに多くの研究とその総括がなされている（たとえば，北村編，1986；東北地方土木地質図編纂委員会，1988；生出ほか編，1989；鹿野ほか，1991；建設技術者のための東北地方の地質編集委員会編，2006）．

東北地方を構成する東北日本弧は，冷たいスラブの沈み込みで特徴づけられる典型的な島弧の1つである．東北日本弧における新生代火成活動は，大きく3つの火山活動期（陸弧火山活動期，背弧海盆火山活動期，島弧火山活動期）に区分できる．近年の研究結果から，火成活動様式，マグマ供給系の構造，マグマの噴出量，そして活動するマグマの組成的特徴などの時間変化は，東北日本弧における構造発達史と関連した地殻～マントル構造の進化と密接に関連している．背弧海盆火山活動期には，背弧海盆の沈降を伴う強い引張場の下で背弧は拡大し，繰り返し大規模な苦鉄質火山活動が起こっている．東北日本弧での背弧海盆火山活動期から島弧火山活動期でのマグマ活動の変化については，マントルウェッジでの大規模なアセノスフェアの湧昇とその後の冷却に伴って，マントルウェッジでの対流のパターンが変化した結果であると考えられている．マントルでのジオダイナミックな構造の変化により，背弧海盆火山活動期には大量の背弧海盆玄武岩の噴火が起こり（玄武岩期），その後の島弧火山活動期前期での下部地殻の加熱と再溶融期には，多数の珪長質深成岩体やカルデラ火山が活動している（流紋岩/花崗岩期）．その後，島弧火山活動期の後期になると，地殻の冷却が進行し，強い水平圧縮応力場の下で，地殻とマントルのカップリングが強まり，マントル由来の苦鉄質端成分マグマと浅所地殻に滞留していた珪長質端成分マグマが混合してカルクアルカリ安山岩質マグマが生じ，多数の第四紀成層火山体を形成している（安山岩期）．

背弧海盆火山活動期に，大量の玄武岩質マグマを噴出することによって，背弧側最上部マントルの温度は低下したと推定される．その結果，背弧側マントルではリソスフェアが厚くなり，玄武岩質マグマの分離深度が深化した結果，マグマの組成が低アルカリソレアイトからアルカリ玄武岩に変化している．火山フロントにおいては，背弧海盆火山活動期から島弧火山活動期へと，高 HFSE マグマから低 HFSE マグマへの変化が認められる．この変化は，マントルウェッジへの，沈み込みスラブを構成する堆積物や海洋性地殻に由来する流体の，マントルウェッジへの付加による，加水溶融作用で説明されている．13.5 Ma から 10 Ma におけるニュートラルな応力場においては，延性的な下部地殻から浮力によってダイアピル状に上昇してきた珪長質マグマは，脆性的な上部地殻に入ることにより，地殻中の割れ目に沿って，岩脈や岩床を形成しながら，密度中立深度へと上昇していく．北東方向からの千島弧前弧スリバーの衝突が始まった 10〜8 Ma になると，水平圧縮応力が次第に増加し，上部地殻中に滞留し，岩床状あるいはラコリス状の浅部マグマ溜りを形成していた珪長質マグマは，少量で高温の低カリウムソレアイトの活動を伴いながら，後期中新世と鮮新世の2期にわたる多数のカルデラ火山の活動を引き起こしている．カルデラ火山を形成したマグマ溜りの深度は，応力軸の北東-南西系から東西系への変化と上部地殻の冷却を伴いながら，後期中新世から鮮新世へと次第に深化している．島弧火山活動期の最末期になると，強い東西性の水平圧縮応力場の下で，マントルに由来する苦鉄質端成分マグマと浅所に滞留していた珪長質端成分マグマがマグマ混合やマグマ混交作用を起こして，大量のカルクアルカリ安山岩質マグマが活動するようになる．島弧火山活動期の最末期には，強い水平圧縮応力が地下深部のマグマ溜りにはたらき，カルクアルカリ安山

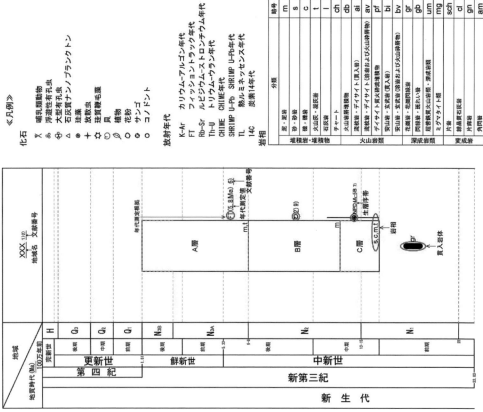

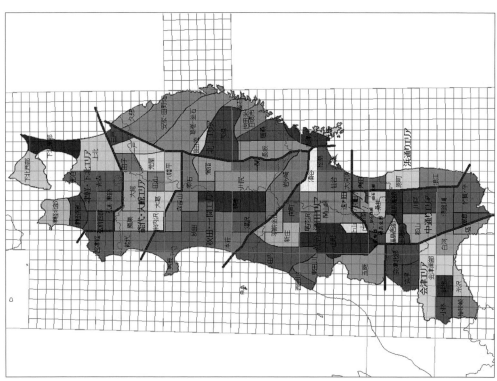

図 7.2.1 層序表の対象地域区分と凡例（建設技術者のための東北地方の地質編集委員会編、2006）

岩の苦鉄質端成分である玄武岩質マグマの浅部への上昇を加速した可能性が高い．その結果，マグマ混合で形成されたカルクアルカリ安山岩質マグマの噴出量は，それ以前の珪長質カルデラ火山活動期に比べて，約2倍となっている．マグマ混合で生じたカルクアルカリ安山岩における斑晶組合せは，マグマ中の水含有量が，火山フロント側から背弧側へと増加する傾向を示唆しているが，火山フロント側の未分化玄武岩は高い含水量をもっている．強い水平圧縮応力場の下で，地殻深部に形成された苦鉄質マグマ溜りから，過剰なマグマ起源揮発性成分が脱ガスし，上方の割れ目や海溝側のスラストシートに散逸することにより，火山フロント〜前弧側地殻内に多数のS波反射体が形成されたり，2列の歪み集中帯が形成されている．第四紀火山岩の斑晶鉱物組合せが示す島弧横断方向での変化から判断して，脊梁火山列で推定される水に富んだ苦鉄質端成分マグマからの著しい脱ガス作用は，最上部マントルから下部地殻へと非線形粘性流を伴った短縮作用が強くはたらく，火山フロント側や前弧域では，より効果的に進行したと思われる（Yoshida et al., 2014）．

7.2 津軽〜下北地域

■ 7.2.1 津軽〜弘前地域

本章では，各地の詳しい層序表を，『建設技術者のための東北地方の地質』（建設技術者のための東北地方の地質編集委員会編，2006）から引用して示すが，各層序表の対象地域区分と凡例を図7.2.1に示す．なお，本章では第四紀と鮮新世の境界は古い定義のままである．

津軽〜弘前地域は，青森県西部の津軽半島から，津軽平野を経て青森・秋田県境にいたる地域である．津軽〜下北地域の地質概要を図7.2.2に，同地域の模式柱状図を図7.2.3に示す（大槻ほか，2006）．図7.2.4は，津軽〜下北地域の層序表である．津軽半島の北端は津軽海峡に面し，半島部で

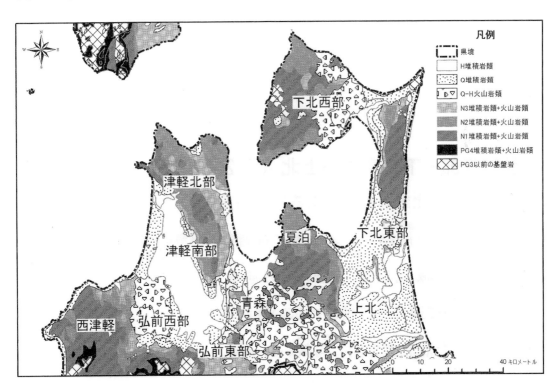

図7.2.2 津軽〜下北地域の地質概要（大槻ほか，2006）

7. 新第三系〜第四系

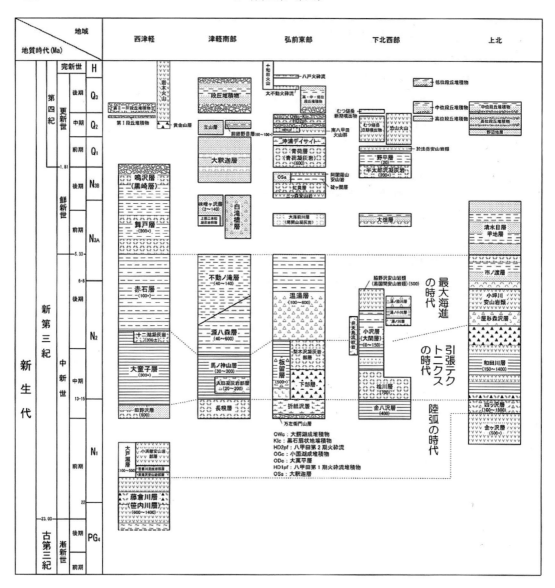

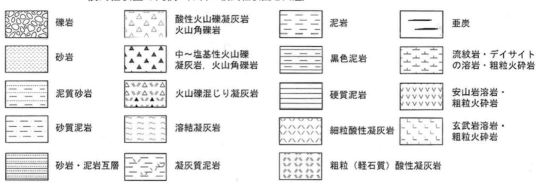

図 7.2.3　津軽〜下北地域の模式柱状図（大槻ほか，2006）

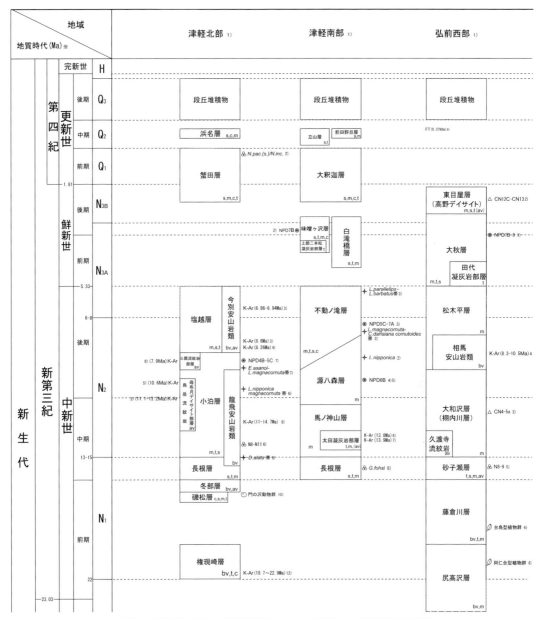

図 7.2.4 津軽〜下北地域の層序表（建設技術者のための東北地方の地質編集委員会編，2006）

津軽北部（1：箕浦ほか，1999，2：根本，1991，3：通産省資源エネルギー庁，1989a，4：通産省資源エネルギー庁，1990a，5：須崎・箕浦，1992，6：本山，1991，7：本山・丸山，1995，8：渡部・板谷，1990，9：相田・的場，1988，10：小笠原，1994，11：岩佐，1962，12：村田ほか，1973a，13：檀原ほか，2005）．

津軽南部（1：箕浦ほか，1999，2：三村，1979，3：本山・丸山，1996，4：秋葉・平松，1988，5：丸山，1988，6：通産省資源エネルギー庁，1989a，7：須崎・箕浦，1992，8：岩佐，1962）．

弘前西部（1：箕浦ほか，1999，2：岡田，1988，3：神宮・箕浦，1989，4：須崎・箕浦，1992，5：能美・根本，1994，6：岩佐，1962，7：通産省資源エネルギー庁，1982a）．

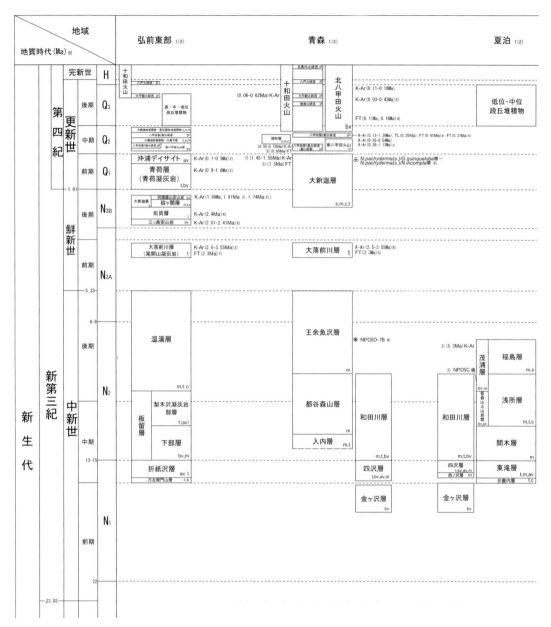

図 7.2.4 (続き)

弘前東部 (1:箕浦ほか,1999, 2:村岡・長谷,1990, 3:八島,1990, 4:新エネルギー・産業技術総合開発機構,1985b, 5:新エネルギー総合開発機構,1987a, 6:根本,1998, 7:新編弘前市史編纂委員会編,2001).

青森 (1:箕浦ほか,1999, 2:宝田・村岡,1999, 3:新エネルギー・産業技術総合開発機構,1987a, 4:新エネルギー・産業技術総合開発機構,1993, 5:新編弘前市史編纂委員会編,2001, 6:根本・千田,1994, 7:根本,1998, 8:村岡・長谷,1990, 9:丸山・郡司,1986).

夏泊 (1:箕浦ほか,1999, 2:上村,1983, 3:須崎・箕浦,1992, 4:Murata and Nagai,1972).

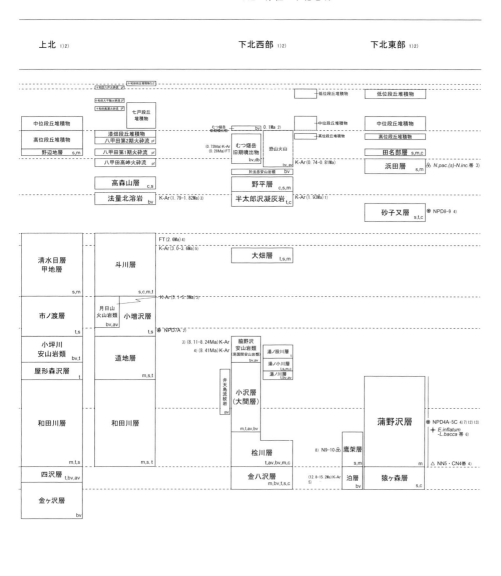

図 7.2.4 （続き）

上北 （1：箕浦ほか，1999，2：工藤，2005，3：工藤ほか，2004，4：大石ほか，2001，5：大石ほか，1995）．
下北西部 （1：箕浦ほか，1999，2：上村，1975，3：通産省資源エネルギー庁，1994，4：通産省資源エネルギー庁，1996，5：豊原ほか，1980）．
下北東部 （1：箕浦ほか，1999，2：対馬・滝沢，1977，3：根本，1991，4：芳賀・山口，1990，5：Watanabe et al., 1993，6：相田・的場，1988，7：多田ほか，1988，8：地質・地盤検討グループ，1992，9：松岡，1987，10：豊原ほか，1980，11：於保・岩松，1986）．

は，北西から南東に津軽山地が延びる．東北日本弧は島弧の延びに平行に南北に延びる地形的特徴を有するが，それらは，太平洋側から，北上・阿武隈山地帯，北上低地帯，奥羽脊梁山脈帯，山間（内陸）盆地帯，出羽丘陵帯，日本海沿岸域からなる．本地域においても，これらの各地形帯が認められ，津軽山地は，地形的には出羽丘陵帯の延長部にあたり，青森市から陸奥湾平舘海峡にいたる部分が山間（内陸）盆地帯に相当している．津軽平野の南方地域は，西部の海岸沿いから，青森・秋田県境の白神山地を経て，奥羽脊梁山脈に連なる山地となって，津軽平野南部の弘前盆地の南側を取り巻いているが，この部分も出羽丘陵帯の延長部である．津軽平野の南西部には岩木山が位置する．

　津軽半島では，新第三系は小泊岬付近に最も古い地層が分布し，日本海側から陸奥湾側まで一連の地層が重なって，東側により上位の地層が堆積している．これらの津軽半島の新第三系は，半島中軸部を北北西-南南東に連ねる，四ツ滝山，袴腰岳，馬ノ神山を中心とする四ツ滝山ドーム，袴腰岳ドーム，馬ノ神山ドーム（岩佐，1962）が連なった一大背斜構造をつくっている．各ドームの起伏量は，北ほど大きく，四ツ滝山ドームでは最下位層までが中心部に分布する．小泊半島と四ツ滝山ドームとの間には小泊向斜があり，権現崎ではふたたび下部層が露出する．津軽半島北端部には，中軸部の背斜とは離れて，ほぼ並列する蟹田背斜があり，これらの間に今別向斜が今別-蟹田間の低地帯をなしている．これらの地層は，津軽山地をほぼ南北に縦断する津軽断層（岩佐，1962）で分断されている．津軽断層の西側にも，津軽断層に平行な軸をもつ褶曲や断層がみられる．半島中軸部の袴腰岳ドームや，馬の神山ドーム東翼部などの西側の背斜軸部の隆起帯は，津軽断層の運動によって，東側に平行する向斜部を覆って衝上している．断層面は深部で西に傾斜し（三村，1979），地表でも断層は東に湾曲した形をとっている．主断層の東側にも，これに平行する数条の断層が認められるほか，より波長の短い褶曲を伴っている．津軽断層の形成時期は後期中新世に始まり，鮮新世に活発化して，津軽半島の東西の海盆下に分布する堆積物の層厚・層相などの変化に大きな影響を与えている．

　弘前地域の新第三系は，北東-南西系・北西-南東

系の断層で基盤岩類と接し，その周囲に分布する．基盤岩類は主に白神山地の花崗岩類・弘前南方の中・古生界などからなる．新第三系中の断層には南北系もあり，特に弘前地域西部の赤石川流域にある赤石断層（金属鉱業事業団，1982）は，県境をこえて，秋田県発盛まで約 40 km 連続する．褶曲は大部分が南北系である．

　下部中新統～中部中新統下部：津軽半島北部地域では，下位から，権現崎層，磯松層，冬部層，長根層，龍飛安山岩類（最下部）が，津軽半島南部地域には冬部層と長根層が分布する．弘前地域では西津軽地域，西目屋-相馬地域，弘前東部～大鰐-碇ヶ関地域にこの時代の地層が分布する．西津軽地域のこの時代の地層は下位から，藤倉川層（笹内川層），大戸瀬層（追立沢層）（清滝沢安山岩部層，吾妻川流紋岩部層，小浜館安山岩部層），田野沢層からなる．西目屋-相馬地域では下位から，尻高沢層，藤倉川層，砂子瀬層からなる．弘前東部地域には万左衛門山層と折紙沢層が分布する．

　中部中新統上部～上部中新統：津軽半島北部地域のこの時代の地層は，下位から，龍飛安山岩類，小泊層，塩越層，今別安山岩類に区分され，小泊層には母布月デイサイト部層，鳥岳流紋岩，三厩流紋岩部層を伴う．津軽半島南部地域では，下位から太田凝灰岩部層を伴う馬ノ神山層，源八森層，不動ノ滝層が分布する．西津軽地域のこの時代の地層は下位から，大童子層，（十二湖凝灰岩），赤石層からなる．西目屋-相馬地域では下位から，久渡寺流紋岩を伴う大和沢層（梣内川層），相馬安山岩類，松木平層に区分されている．また黒石-浪岡地域では下位より，梨木沢凝灰岩部層を伴う板留層，温湯層からなる．

　鮮新統：津軽半島北部地域の鮮新統～更新統は蟹田層と呼ばれる．津軽半島南部地域の鮮新統は上部二本松凝灰岩部層を伴う味噌ヶ沢層，白滝橋層で，これに鮮新統～更新統の大釈迦層が重なる．弘前地域の鮮新統は西津軽地域の舞戸層，鳴沢層（黒崎層），西目屋-相馬地域の田代凝灰岩部層を伴う大秋層，東目屋層（高野デイサイト），弘前東部～大鰐-碇ヶ関地域の鮮新統は下位より，大落前川層（尾関山凝灰岩），三ツ森安山岩，虹貝層，碇ヶ関層，阿闍羅山安山岩からなる．このうち上部の碇ヶ関層と阿闍羅山安山岩は大釈迦層下部に対比できる．

第四系：津軽半島に分布する蟹田層，大釈迦層の上部は下部更新統に属する．これらに続く中部更新統として，津軽北部の浜名層，津軽山地の東縁の丘陵に分布する岡町層，南～南西縁の丘陵に立山層，前田野目層が分布する．中部～上部更新統は海岸や河岸に分布する高位・中位・低位の各段丘堆積物，沖積平野の構成物，ローム質火山灰などからなる．津軽平野周辺には扇状地堆積物も広く分布する．岩木山，八甲田，十和田の火山群の各種噴出物が広く分布する．完新統は津軽平野と津軽半島東部の海岸沿いに厚く分布する．

と凝灰質岩からなる．青森市地域には，大落前川層や大釈迦層が分布するが，後者の上部は更新統である．

第四系：青森市地域に分布する大釈迦層の主部は更新統である．夏泊地域には，主に中位と低位の段丘堆積物が分布する．上北地域には更新統，野辺地層に高位段丘堆積物が重なる．上北地域では，鮮新統～更新統の法量北溶岩，高森山層の形成に続いて，十和田火山からの軽石流堆積物，岩木山や八甲田火山に由来する火山灰層が地域の南西部に分布する．

■7.2.2 夏泊地域

この地域は，青森県中部の青森市から東方の夏泊半島と上北郡の一部をあわせた地域である．夏泊半島は，起伏の多い山地～丘陵からなる．その山稜は，南方へは上北郡一帯の奥羽脊梁山脈の隆起帯につながり，北方へは，いったん陸奥湾に没するが，下北半島の恐山山地に連なっている．本地域では，夏泊半島弁慶内ならびに青森市東方の東岳などに，小規模に分布する先第三系を不整合に覆って，新第三系，特に下部～上部中新統が広く分布している．本地域の南方には，八甲田山，十和田火山が連なり，大量の火山噴出物に覆われている．

下部中新統～中部中新統下部：主にいわゆるグリーンタフが分布し，南部の上北郡地域には，下位にプロピライト・硬質頁岩も分布する．本地域の下部中新統～中部中新統下部は下位より，金ヶ沢層，四沢層に区分され，全域に分布する．また，夏泊地域には弁慶内層，東滝層が分布する．

中部中新統上部～上部中新統：主に油田型の細粒泥質堆積物からなり，火山砕屑岩をはさむ．青森市地域には下位より入内層，都谷森山層，王余魚沢層が分布し，夏泊半島地域には，下位より，間木層，浅所層，福島層，茂浦層が重なる．上北郡地域の中部中新統上部～上部中新統は，和田川層，屋形森沢層，道地層，小坪川安山岩類，月日山火山岩類を伴う小増沢層，市ノ渡層に区分される．

鮮新統：奥羽脊梁山脈東縁部に分布し，その東方に広がる低い丘陵の構成層とともに更新世の火山灰に覆われる．この地域の鮮新統は，甲地層，清水目層，斗川層で，上北郡地域の東縁部に分布し，砂岩

■7.2.3 下北半島地域

下北地域は，奥羽脊梁山脈の北方延長部にあたる恐山山地と，北上帯の西縁部の延長部にあたる下北丘陵からなり，両者の間の野辺地低地から連なる北上低地帯に相当する，むつ市南部には沖積低地がある．むつ市-大畑町以西の恐山山地からなる西部地域は，起伏の大きい山地からなる．新第三系は基盤岩類を中心としたドーム状の分布を示し，北北東-南南西と北北西-南南東方向の断層が数多く認められる．本地域には，北東-南西に連なる鮮新世に形成された3つのカルデラ構造が認められる．下北半島東部に位置する下北（尻屋-米糠）丘陵地域には，泊安山岩が広く分布し，背斜状構造をつくっている．その南北に延びた隆起帯の西翼部にあたる半島頸部には，下北断層（北村・藤井，1962）と呼ばれるN30E走向で，高角西傾斜の断層が発達する．本地域では，先第三系を覆って，カルデラ構造を伴う新第三系が広く分布し，第四系の火山噴出物がこれらを覆っている．

下部中新統～中部中新統下部：主に西部地域に分布する．下北半島に分布する女川期より古いグリーンタフ（緑色凝灰岩類）層からなる．西部地域には，下位より，金八沢層，桧川層が重なり，東部地域には，中部中新統下部の猿ヶ森層，泊層が分布する．

中部中新統上部～上部中新統：主にデイサイト・安山岩質の火山砕屑岩からなり，油田型の細粒泥質堆積物を主とする礫岩，砂岩，泥岩を伴う．西部地域の中部中新統上部～上部中新統は，小沢層（大間層），弁天島流紋岩，湯ノ川層，湯ノ小川層，湯ノ股川層，脇野沢安山岩類（易国間安山岩類）に区分

され，東部地域には，鷹架層，蒲野沢層が分布する．

鮮新統：酸性の凝灰岩が全域に分布し，東部に浅海成の砂質堆積物が分布する．西部地域の鮮新統は下位より，大畑層，半太郎沢凝灰岩に区分され，東部地域には砂子又層が分布する．

第四系：西部地域の野平層，東部地域の浜田層，田名部層などと，高位・中位・低位の各段丘堆積物，恐山，むつ燧岳などの第四紀火山噴出物，海岸平野堆積物からなる．火山岩が第四紀火山を構成するとともに，火山砕屑岩類は西部の山間平坦地や東部の丘陵に分布する．

7.3 能代〜三戸地域

■ 7.3.1 能代〜大館地域

能代〜一戸地域の地質概要を図7.3.1に，同地域の模式柱状図を図7.3.2に示す（大槻ほか，2006）．図7.3.3は，能代〜三戸地域の層序表である（建設技術者のための東北地方の地質編集委員会編，2006）．

能代〜大館地域は，日本海沿岸の能代から，出羽丘陵の北方延長，そして山間盆地にあたる北鹿地域である．東北日本弧では，大陸縁で背弧拡大が起こり，海が広範に進入した後，脊梁部が隆起して現在の島弧を形づくった．本地域での大陸縁火山活動期の地層は阿仁〜出羽山地に認められる．日本海の拡大を28 Maころ（Tamaki, 1995）とすると，日本海の拡大開始から大和海盆の玄武岩の活動までに，阿仁山地において，萩形層の一部（萩形安山岩，23〜21 Ma，主に陸成であるがまれに堆積岩をはさむ：金属鉱業事業団，1977）が活動している．さらに，大和海盆リフト系の活動期には，大和海盆での玄武岩の活動のほかに，太倉玄武岩，比立内玄武岩や，八塩沢川層の玄武岩質安山岩などが活動している．背弧リフト期に形成されたリフトグラーベン構造は，グラーベン部で厚い枕状玄武岩や流紋岩質ハイアロクラスタイトが発達し，ホルスト部では，それ

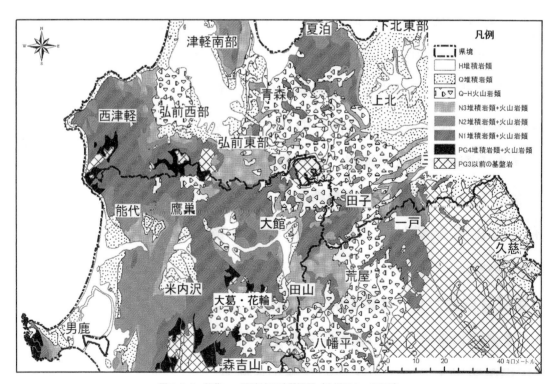

図 **7.3.1** 能代〜一戸地域の地質概要（大槻ほか，2006）

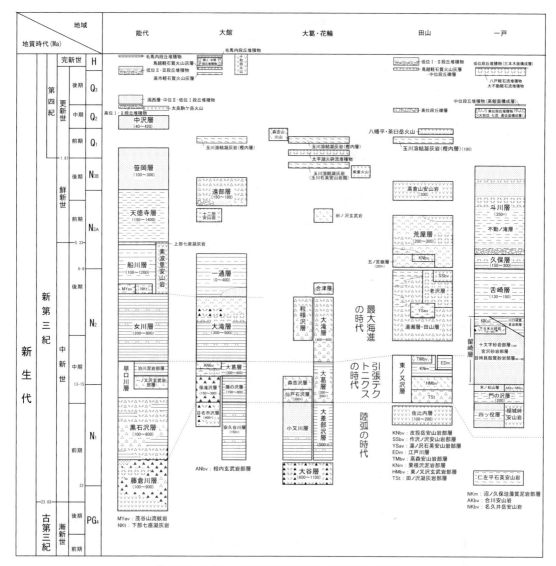

図 7.3.2 能代〜一戸地域の模式柱状図（大槻ほか，2006）

らが薄く，かつ再堆積相を主としていることから，これらの火山岩類が活動した時期（18〜12 Ma）に，その構造が形づくられたと考えられる．この背弧リフト期における火山岩類の再堆積相は，おそらく，18〜16 Ma の青沢リフトの活動と，その後の 12 Ma までの黒鉱リフトなどの活動との間隙（16 Ma 前後）に，青沢リフト側がいったん隆起したことで形成された可能性が高い．

20 Ma 前後に活動したアルカリ玄武岩である，出羽丘陵の太倉玄武岩の下部に相当する玄武岩は塊状均質な溶岩相が多いが，一部にブロック状から不明瞭な枕状構造を示すものがある．玄武岩溶岩のフローユニット間には堆積物がほとんどみられないことから，非常に浅い海域あるいは内水域での活動と推定される．したがって，大和海盆拡大開始より前に，内陸側を中心としたアルカリ玄武岩の活動があり，それに引き続いて，大和海盆の下部玄武岩と，それと同調した内陸部の高アルミナソレアイトの活動があり，その後，20 Ma 以降になって，大和海盆上部玄武岩と男鹿半島，野村川層のバイモーダル火山活動に引き継がれたものと考えられる．また，出羽丘陵の太倉玄武岩の上部層は，一般に塊状均質で不明瞭な枕状構造が認められる．太倉玄武岩の下部層のアルカリ玄武岩より枕状構造は明瞭であり，浅

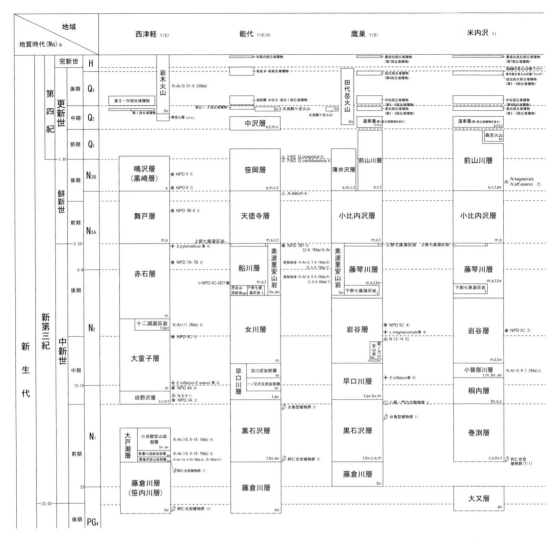

図 7.3.3 能代〜三戸地域の層序表（建設技術者のための東北地方の地質編集委員会編，2006）

西津軽（14：盛谷，1968，15：平山・上村，1985，16：矢吹ほか，1995，17：花方・三輪，2002，18：箕浦ほか，1999，19：丸山，1988，20：鈴木・根本，1995，21：星ほか，2003，22：林・大口，1998，23：福留ほか，1990，24：岩佐，1962，25：日本の地質「東北地方」編集委員会編，1989）．

能代（9：大沢，1963，10：大沢ほか，1983，11：大沢ほか，1984，12：佐藤ほか，2003，13：Ito，1981，14：中嶋ほか，1995，15：土谷，1999，16：河野・植田，1966，17：通産省資源エネルギー庁，1982a）．

鷹巣（10：角ほか，1962，11：平山・角，1962，12：中嶋ほか，1995，13：小笠原ほか，1990，14：山本ほか，1994，15：豊原ほか，1980）．

米内沢（8：角・盛合，1973，9：大口ほか，1986）．

海域での活動の産物と推定される．

背弧リフト期の活動は，日本海沿岸部の青沢リフト，内陸部の馬場目リフトおよび脊梁山脈側の黒鉱リフトの3帯のリフト域に厚く発達する玄武岩や流紋岩を主とするが，リフト最盛期には，出羽丘陵と阿仁山地の2帯のホルスト帯にまで活動が拡大している．

青沢リフトを充填する玄武岩累層の最上位には数枚の酸性凝灰岩を挟在する泥岩があるが，ここからNN5を示す微化石（16〜13.6 Ma）が報告されている（佐藤・佐藤，1992）．玄武岩活動の終息期を示す直接的な証拠は多くないが，東側のホルスト域の玄武岩質再堆積相から推定して，青沢リフト玄武岩の活動は16 Maころには終息していたとする報告

7.3 能代〜三戸地域

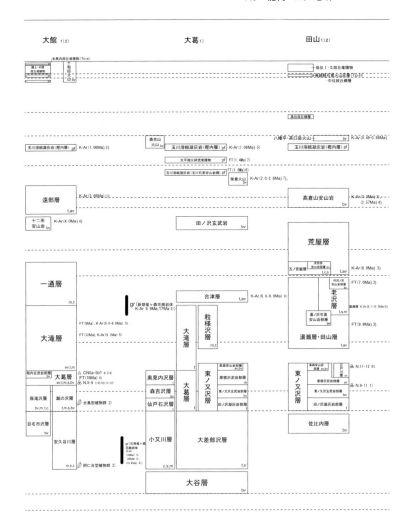

図 7.3.3 （続き）

　大館（8：井上ほか，1973a，9：井上ほか，1973b，10：Tamanyu and Lanphere, 1983，11：中嶋ほか，1995，12：金属鉱業事業団，1980，13：佐々木・平山，1983，14：金属鉱業事業団，1976，15：金属鉱業事業団，1984，16：太田ほか，1969，17：鈴木ほか，1971，18：藤岡ほか，1981，19：Kitazato，1979）．
　大葛（5：臼田ほか，1984，6：金属鉱業事業団，1977，7：河野・植田，1966，8：藤本，1983，9：Tamanyu and Lanphere, 1983，10：玉生・須藤，1978，11：須藤，1992）．
　田山（12：臼田ほか，1983，13：大口ほか，1986，14：通産省資源エネルギー庁，1985，15：八島ほか，2001，16：須藤，1992，17：上村，1982，18：藤本・小林，1961）．

もある（大口ほか，1998）．出羽丘陵地域や阿仁山地地域は，背弧リフト期を通じて，陸域や浅海域の環境にあり，夾炭泥岩・砂岩層や礫岩，火山円礫岩などが堆積している．出羽丘陵帯の南延長に相当する青沢山塊にみられる青沢玄武岩や阿仁山地地域の南延長に相当する太平山地区の砂子淵玄武岩は浅海域における玄武岩質の再堆積相を主体としている．

男鹿半島での，野村川層の活動から，青沢リフト，馬場目リフトを経て，黒鉱リフトまで，内陸部全域に玄武岩が活動している．ただし，青沢リフト玄武岩の活動期と馬場目〜黒鉱リフトの玄武岩の活動時期はやや異なり，前者は17〜15 Maころの活動，後者は16〜12 Maころの活動の可能性が高い．青沢山塊や砂子淵地域および馬場目から阿仁山地にかけ

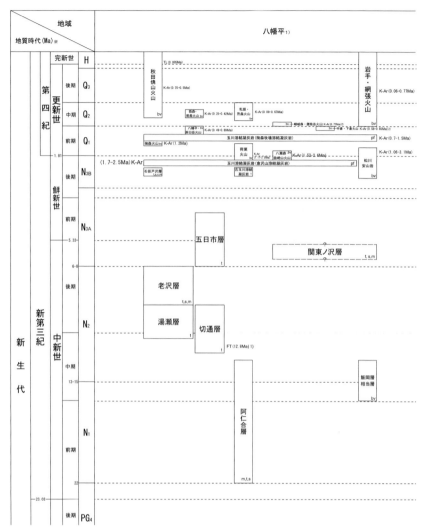

図 7.3.3 （続き）

八幡平（6：須藤，1992，7：大場ほか，2003）．

　て観察される玄武岩質の二次堆積物は，両者の遷移期に形成された可能性が高い．
　島弧火山活動は青沢リフトの東縁から現在の脊梁山脈にかけて認められ，脊梁側ほど盛んである．いずれも浅海から陸域での多数のカルデラ火山での珪長質火山活動を主としている（吉田ほか，1999a）．玄武岩の活動はまれで，馬場目リフト帯の西縁部（五城目地域と青沢地域）および黒鉱リフトの西縁部（北鹿地域と横手地域）に限定される．また，その活動時期もほぼ10 Maころに限られる．安山岩や珪長質火山活動は，12〜10 Maの現在の脊梁地域（背弧リフト期の前弧地域）にみられる安山岩からデイサイトの活動，9〜5.5 Maの安山岩から流紋岩質凝灰岩の活動（たとえば，狙板山安山岩から下部七座火山岩類，小猿部川火山岩，五日市層溶結凝灰岩）および6〜2 Maの安山岩から流紋岩の活動（た

7.3 能代〜三戸地域

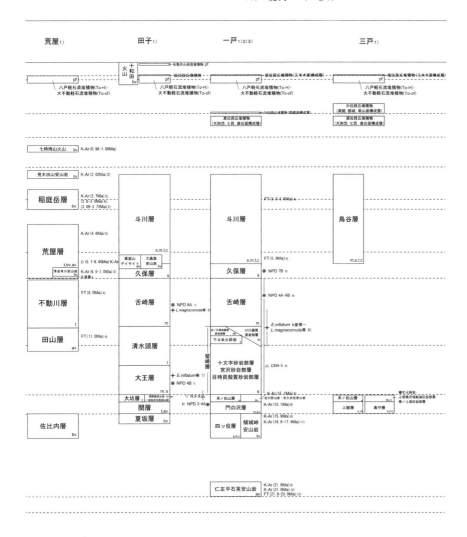

図7.3.3 （続き）
荒屋（6：大口ほか，1986，7：八島ほか，2001，8：安井・山元，2000，9：中嶋ほか，1995，10：須藤，1982，11：通産省資源エネルギー庁，1985）．
田子（1：小笠原ほか，1986，2：八島ほか，2001）．
一戸（1：小笠原ほか，1986，2：大口ほか，1986，3：Chinzei，1966，4：大石ほか，1995，5：大石ほか，2001，6：尾田ほか，1983，7：佐俣，1976，8：木村，1985，9：Maruyama，1984，10：河野・植田，1965，11：石塚・宇都，1995，12：Tagami et al.，1995）．
三戸（1：小笠原ほか，1986）．

とえば，素波里安山岩から上部七座凝灰岩，遠部層，花木層）からなる．おのおのの活動サイクルごとに，西から東へと，活動時期が若くなる傾向が認められる．

島弧期の火山活動は内陸側の中性〜珪長質火山活動に限定され，安山岩は，10〜7 Maの馬場目リフトを中心とする活動（津軽半島の今別安山岩，秋田地域の狙板山安山岩，角館地域の大威徳山安山岩など）と5〜3 Maの阿仁山地帯にみられる活動（秋田-青森県境の素波里安山岩，田沢湖地域の宮田層安山岩，秋田-山形県境の加無山安山岩など），および2 Ma以降の奥羽脊梁山脈地域での安山岩質溶結凝灰岩の活動である．

漸新統〜中部中新統下部：主に火山岩，火砕岩類からなるグリーンタフ層．この時代の地層は，秋田県北部の能代-大館地域，秋田・青森県境の白神山

地，太平山地北縁，大館盆地周縁などに広く分布する．能代〜鷹巣地域では，下位から，藤倉川層，黒石沢層，早口川層（一ノ又沢玄武岩部層，泊川泥岩部層）に区分される．米内沢地域では，下位より，大又層，巻渕層，桐内層からなり，森吉山地域では，大又層，比立内玄武岩を伴う阿仁合層，阿仁合層に相当する萩形層・玉川層，小沢層，尻高層・真昼川層が分布する．そして，大館地域には，下位から，安久谷川層，目名市沢層，瀬の沢層，保滝沢層が分布する．

中部中新統上部〜上部中新統：泥岩，シルト岩，砂岩からなる，いわゆる含油第三系．中部中新統上部〜上部中新統は，西黒沢海進後の拡大した海域に堆積した堆積岩類と，これらの堆積岩中にはさまれる火山岩類からなる．能代〜鷹巣〜米内沢地域の中部中新統上部〜上部中新統の堆積岩類は女川層・萩ノ方山安山岩を伴う岩谷層と，船川層・藤琴川層からなる．この地域の女川層，船川層は，男鹿地域の船川層群の女川層，船川層の東方延長ではあるが，地質年代はずれている．能代〜鷹巣地域では素波里安山岩が後期中新世に船川層・藤琴川層に伴って活動している．能代〜鷹巣〜米内沢地域では，下部七座凝灰岩が船川層・藤琴川層基底部に，上部七座凝灰岩が同最上部に位置している．森吉山地域では，女川層の上位に船川層相当層の松葉層・山谷層が分布する．また，大館地域に分布するこの時代の地層は，下位から，相内玄武岩部層を伴う大葛層，大滝層，一通層である．

鮮新統：能代地域の鮮新統は，秋田地域から連なる天徳寺層と笹岡層であり，笹岡層上部は更新世にかかっている．鷹巣から米内沢地域の鮮新統は，下位より，小比内沢層，薄井沢層，前山川層で，このうち前山川層の上部は更新世にかかる．森吉山地域の鮮新統は宮田層で，大館地域には，十二所安山岩，遠部層が分布する．

第四系：第四系は段丘構成層，沖積層，砂丘堆積物，田代岳火山・森吉火山を含む火山噴出物などからなる．下部更新統は主に丘陵地に点在する．この地域に分布する下部更新統のうち，海成層を伴うものは能代市東方の中沢層（大沢ほか，1984）のみである．鷹巣盆地北部の立俣沢（大沢ほか，1983）・鷹巣盆地の湯車層（今泉・小高，1952）・中部〜上部更新統は主に段丘構成層である．段丘は地域北部

の能代市を中心とする海岸地帯と米代川をはじめとする河川沿いに分布する．海岸地帯に分布する段丘は海成段丘で，高位から順に石倉面群（内藤，1977），潟西段丘，安戸六段丘（白石・潟西層団研グループ，1981）に区分される．段丘構成層はそれぞれ石倉山層，潟西層，安戸六層と呼ばれる．上部更新〜完新統は主に沖積平野に沖積層，砂丘堆積物と，丘陵や山間盆地に分布する火山噴出物（十和田火山噴出物：大不動浮石流凝灰岩・八戸浮石流凝灰岩（高市浮石質凝灰岩・鳥越浮石質凝灰岩），大湯浮石＝十和田 a 火山灰，毛馬内浮石流凝灰岩）からなる．毛馬内浮石流凝灰岩は完新世の噴出物で，平安時代までの多くの考古遺跡を覆う（平山・市川，1966；大池，1974）．

■ 7.3.2　田山〜荒屋地域

本地域は，花輪盆地の東側から，上北地域〜北部北上北縁にいたるまでの奥羽脊梁山脈地域である．本地域には，台島〜西黒沢層準を欠き，特に，多数のカルデラの活動で特徴づけられる大量の珪長質火砕岩類が分布する地域である．

下部中新統〜中部中新統下部：本地域のうち，西側の大葛地域には下部中新統〜中部中新統下部層が広く分布し，下位より，大谷層，小又川層・大差部沢層，大葛層・東ノ又沢層に区分されている．田山地域には，このうちの東ノ又沢層が続き，その下位に佐比内層を敷く．佐比内層は荒屋地域にもみられる．八幡平地域では，阿仁合層やより南に分布する飯岡層相当層が認められる．

中部中新統上部〜上部中新統：田山〜八幡平〜荒屋地域には，中部中新統上部〜上部中新統に属する切通層・湯瀬層・田山層とそれに重なる老沢層・不動川層が分布する．大葛地域で，これらに対応するのが，大滝層・粒様沢層と合津層であり，これらを新期竜ヶ森花崗岩体が同じころ貫いている．

鮮新統：本地域の鮮新統は，荒屋層・五日市層・関東ノ沢層などと，これに重なる田ノ沢玄武岩，高倉山安山岩，稲庭岳層などの火山岩類である．荒屋層基底には，斗川層の場合と同様に，皮投岳安山岩部層を伴う五ノ宮嶽層や，浄法寺川安山岩などの火山岩類の活動が認められる．また，上部鮮新統として，松川安山岩，荒木田山安山岩，柴倉火山噴出物

や古玉川溶結凝灰岩などが分布している.

第四系：この地域の第四系は，段丘堆積物とともに，下部更新統の火砕岩（玉川溶結凝灰岩類），七時雨山火山，八幡平火山，秋田焼山火山などの噴出物や十和田火山噴出物などからなる.

■7.3.3 田子～三戸地域

本地域は，馬淵川流域を中心とする，岩手県北端部-青森県南東端部地域である．馬淵川の南東側は北上山地の北端部にあたり，段丘が形成され，やや平坦となっている．その西側の馬淵川右岸流域では，三戸東方に位置する名久井岳から南側へ，折爪岳や小倉岳を経て，一戸南東部の傾城峠に続く，北北西-南南東に延びた山稜が発達する．三戸より南側の馬淵川左岸-熊原川地域は，北上河谷帯に相当する丘陵～低い山地，三戸から下流側の馬淵川の北側の地域は，上北郡五戸町から十和田市にいたる丘陵地である．この地域に分布する新第三系，第四系は下部中新統～中部中新統下部の白鳥川層群，中部中新統中部～鮮新統の三戸層群，そして第四系からなる．この地域の新第三系，特に下部中新統上部には軟体動物化石を多く含んでおり，特に白鳥川層群門の沢層の，門の沢動物化石群がよく知られている．そして，中部中新統下部から鮮新統は，微化石を含んだ砕屑岩類からなる地層が，整合に重なっており，微化石層位学における模式的層序とされている地域である．この地域に分布する中新統から鮮新統は，最上部の斗川層を除いて，主に，三戸から一戸にいたる馬淵川流域と名久井～傾城峠地域に，まとまって分布している.

なお，本地域の南側に広がる北上山地にも，狭いながら，新第三系～第四系が分布している．図7.3.4は，南部～北部北上山地に分布する新第三系～第四系の層序表である（建設技術者のための東北地方の地質編集委員会編，2006）.

下部中新統～中部中新統下部：本地域の下部中新統～中部中新統下部に属する地層が白鳥川層群（鎮西，1958a）である．安山岩類・同質の火砕岩や陸成～頻海成～浅海成層からなる．下位から仁左平石英安山岩，四ツ役層（傾城峠安山岩部層），門の沢層（館砂岩部層，尻子内シルト岩部層，鍵取砂岩部層），末ノ松山層（月館砂岩部層，合川安山岩部層，

五日町砂岩部層，米沢砂岩部層，新田砂岩部層，名久井岳安山岩部層）に区分される．北上山地の中・古生界を不整合に覆う．三戸西方の田子地域には，下位より，夏坂層，関層，大坊層（見附森安山岩，一本松沢石英安山岩）が分布するが，関層は四ツ役層～門の沢層に，大坊層は末ノ松山層に対比される．三戸地域には，上館層，島守層の上に，末ノ松山層，櫛引火砕岩・上頃巻沢溶結凝灰岩部層・巻ノ上凝灰岩部層が重なる．白鳥川層群は，北上山地縁辺の先第三系の起伏を埋積した火山岩や砕屑岩からなり，北上山地の西側の二戸から一戸にいたる馬淵川流域の門ノ沢地域に分布する．北に開いた，緩やかな向斜構造をなす．東側の名久井岳-傾城峠の山稜にも分布し，先第三系を芯とする背斜構造を形成する.

中部中新統上部～上部中新統：本地域の中部中新統上部～上部中新統に属する地層が，鮮新統に属する斗川層を除いた三戸層群（鎮西，1958b）である．三戸層群は，下位から留崎層（十文字砂岩部層，目時貝殻砂岩部層，宮沢砂岩部層，川口頁岩部層，下斗米珪藻シルト岩部層，上目時シルト岩部層），舌崎層（釜沢互層），久保層（釜沢凝灰岩部層，久保砂岩部層），斗川層に区分されるが，北村（1981）は岩相，地質構造の違いから斗川層を三戸層群から除いている．三戸層群は，主に砕屑岩類からなり，二戸から三戸にいたる三戸地域に分布する．名久井岳を中心とする背斜の構成層ともなり，その両翼部に分布する．背斜の東翼は辰の口撓曲帯（Chinzei，1966）と呼ばれ，三戸層群は垂直に近い傾斜を示している．撓曲帯の東側には緩やかな向斜部が広がっている．田子地域に分布するこの時代の地層は，大王層，清水頭層，舌崎層，久保層である.

鮮新統：一戸から田子地域に分布する鮮新統は，三戸層群最上部とされた斗川層である．また，三戸地域の鮮新統は鳥谷層と呼ばれる．田子地域では，斗川層の基底で，高堂山デイサイト，大黒森安山岩が活動している.

第四系：この地域の第四系は，鮮新統～更新統の野辺地層，更新統野左掛層と段丘礫層，火山灰層，沖積層などからなる．三戸層群最上部の斗川層は馬淵川以北の地域にも広く分布し，野辺地層，野左掛層とともに丘陵の基盤を構成する．丘陵には中位・低位段丘の礫層や火山灰層が広く分布する．北上山

7. 新第三系〜第四系

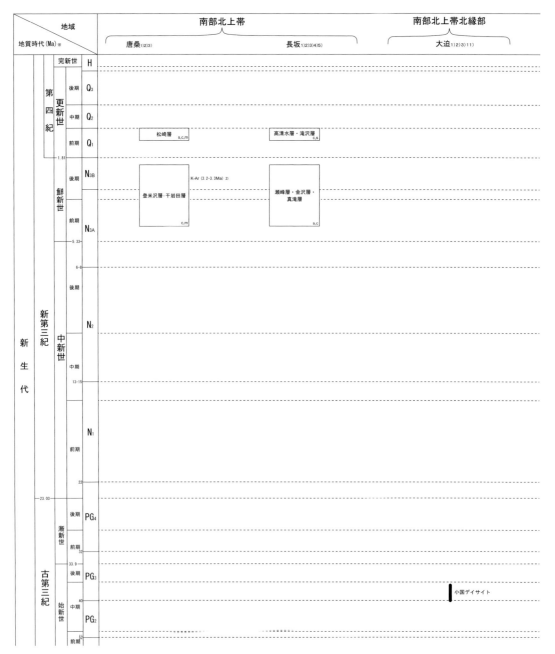

図 7.3.4 南部〜北部北上地域の層序表（建設技術者のための東北地方の地質編集委員会編, 2006）

唐桑（1：神戸・島津, 1961, 2：鎌田, 1993, 3：御前・永広, 2004, 4：内海ほか, 1990, 5：御子柴, 2002, 6：Shibata et al., 1978, 7：Yabe and Shimizu, 1925, 8：Takahashi, 1973, 9：Sato, 1972, 10：小貫・坂東, 1959, 11：田沢, 1975）.

長坂（1：竹内ほか, 2005, 2：小貫ほか, 1981, 3：竹内・御子柴, 2002, 4：滝沢ほか, 1990, 5：蟹澤・永広, 1997, 6：丸山ほか, 1993, 7：河野・植田, 1965, 8：小貫ほか, 1960, 9：Nakazawa, 1960, 10：Asama, 1956, 11：永広ほか, 2000, 12：小貫, 1969, 13：Tazawa, 1980, 14：Noda and Tachibana, 1959, 15：Ehiro and Takaizumi, 1992, 16：橘, 1952, 17：小沢ほか, 1988, 18：柴田ほか, 1972, 19：早瀬・石坂, 1967, 20：蟹澤ほか, 1992）.

大迫（1：吉田ほか, 1984, 2：永広・大石, 2003, 3：大上ほか, 1986, 4：河野・植田, 1965, 5：永広ほか, 1986, 6：山崎ほか, 1984, 7：川村ほか, 1984, 8：柴田・小沢, 1988, 9：柴田・内海, 1992, 10：Saito, 1968）.

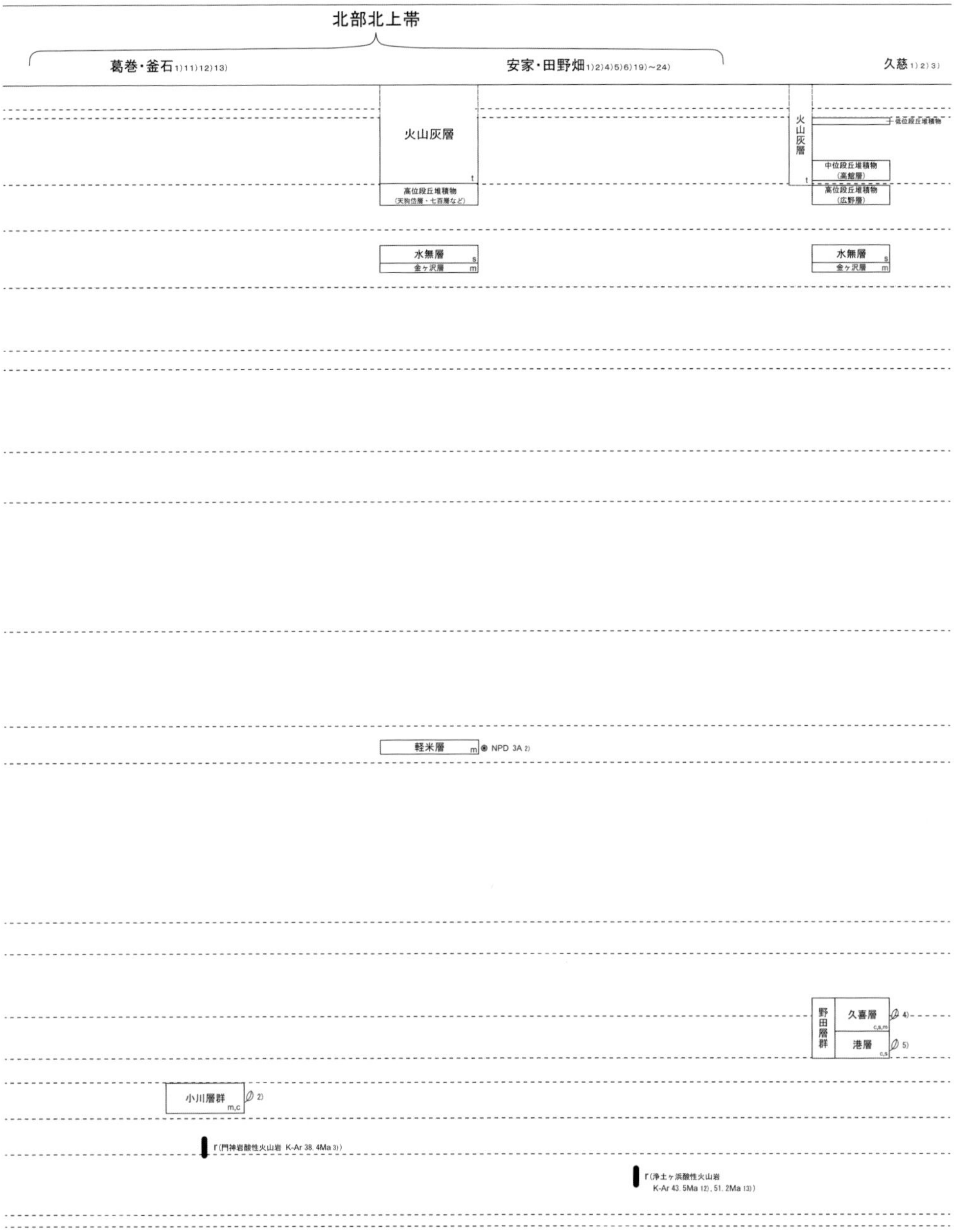

北部北上帯

| 葛巻・釜石[1)11)12)13)] | 安家・田野畑[1)2)4)5)6)19)~24)] | 久慈[1)2)3)] |

火山灰層

高位段丘堆積物
（天狗信層・七百層など）

火山灰層

子春位段丘堆積物

中位段丘堆積物
（高舘層）

高位段丘堆積物
（広野層）

水無層 s
金ヶ沢層 m

水無層 s
金ヶ沢層 m

軽米層 m ● NPD 3A 2)

野田層群　久喜層 c,s,m 4)
　　　　　港層 c,s 5)

小川層群 m,c 2)

Γ（門神岩酸性火山岩 K-Ar 38.4Ma 3)）

Γ（浄土ヶ浜酸性火山岩
K-Ar 43.5Ma 12), 51.2Ma 13)）

図 7.3.4　（続き）

葛巻-釜石（1：吉田ほか, 1984, 2：棚井ほか, 1978, 3：石原ほか, 1988, 4：加藤ほか, 1986, 5：河野・植田, 1965, 6：丸山ほか, 1993, 7：中江・鎌田, 2003, 8：吉原ほか, 2002, 9：大上・永広, 1988, 10：松岡, 1988b）.

安家-田野畑（1：鎌田ほか, 1991, 2：吉田ほか, 1987, 3：河野・植田, 1965, 4：吉田ほか, 1984, 5：吉田・片田, 1984, 6：島津ほか, 1970, 7：加々美ほか, 1999, 8：王ほか, 1994, 9：豊原ほか, 1980, 10：小貫, 1969, 11：中江・鎌田, 2003, 12：内海ほか, 1990, 13：木村, 1986, 14：花井ほか, 1968, 15：Shibata *et al.*, 1978, 16：長谷, 1956, 17：竹谷・箕浦, 1984, 18：村井ほか, 1981）.

久慈（1：鎌田ほか, 1991, 2：島津・寺岡, 1962, 3：寺岡, 1959, 4：棚井ほか, 1978, 5：松本ほか, 1982, 6：照井・長浜, 1986, 7：藤巻ほか, 1992）.

図中にない番号の文献は各地域に分布する先古第三系に関するものであるが, 参考のため, 記載した.

地北縁部には，葛巻-釜石帯，安家-田野畑帯の先第三系堆積岩類，白亜紀花崗岩類や点在する新第三系を覆って，段丘礫層と厚い火山灰層が広く分布する．段丘構成層は，中部〜上部更新統に属し，高位段丘群，中位段丘群，低位段丘群を構成する．火山砕屑物は，九戸火山灰層，天狗岳火山灰層，高館火山灰層（降下火山灰層，高館 a 火山灰流凝灰岩，奥瀬火砕流凝灰岩，大不動浮石流凝灰岩），八戸火山灰層（降下浮石層，八戸浮石流凝灰岩，褐色火山灰層），完新世降下火山砕屑物（二ノ倉火山灰層，南部浮石層，桃山浮石層，中撫浮石層，十和田 b 降下火山灰層，十和田 a 降下火山灰層），その他の火山灰層に区分される．沖積層をなす完新統砕屑岩類が河岸平野，海岸平野を構成する．

7.4 男鹿〜一関地域

■7.4.1 男鹿地域

男鹿〜一関地域の地質概要を図 7.4.1 に，同地域の模式柱状図を図 7.4.2 に示す（大槻ほか，2006）．また，同地域の層序表を図 7.4.3 に示す（建設技術者のための東北地方の地質編集委員会編，2006）．

男鹿半島は，南と北でそれぞれ砂州で本土とつながり，それらの砂州の間に八郎潟があったが，現在では八郎潟の大部分は干拓されている．男鹿半島では，主に火山岩からなる古第三系〜下部中新統と，それを覆う油田新第三系および第四系がよく露出しており，古くから多くの地質学的研究がなされてきた．男鹿半島は地形的に，西部山地，中央丘陵，寒風山，潟西低地の 4 地域に区分できる．北北西-南南東に連なる西部山地は，主に古第三紀〜中期中新世の火山噴出物からなる門前層群・台島層群からなり，花崗岩質の先第三系を覆う．中央丘陵地域は，西部山地の東麓をなす高さ約 200 m ほどの丘陵地であり，段丘が形成されている．段丘は半島全域で 7 段認められている（白石ほか，1981）．中期中新世〜更新世の海成層からなる船川層群や海成〜陸成の更新統が広く分布し，これを段丘堆積物が覆って

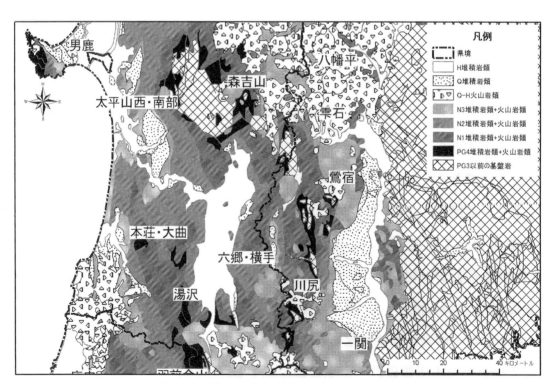

図 7.4.1. 男鹿〜一関地域の地質概要（大槻ほか，2006）

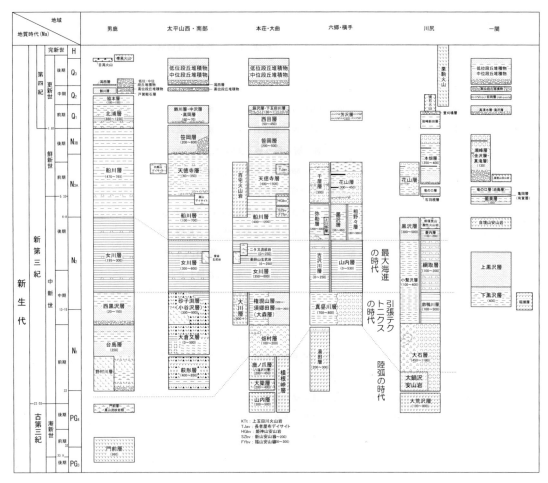

図7.4.2 男鹿〜一関地域の模式柱状図（大槻ほか，2006）

いる．中央丘陵地域は油田褶曲区で，寒風山付近を通る浜間口断層（藤岡，1959）までは北東〜東方に緩傾斜（15〜25°）した同斜構造，それ以東では，特に半島東北部において多数の向斜・背斜がある．寒風山（標高355 m）は末期更新世に半島東部に噴出した火山で，その噴出物は潟西段丘を覆っている．そして，潟西低地は，旧八郎潟周辺の沖積平野であり，沖積面は飛び砂で覆われている．

東北地方での新生代の火山活動は，陸弧での活動，背弧拡大期の活動，そして島弧での活動に区分されるが，男鹿半島では，このうちの陸弧での活動と，陸弧から背弧拡大期に移行した時代の地層がよく保存されている．男鹿半島に分布する門前層には，浅海域での活動と推定される，33〜31 Maのハイアロクラスタイトを伴うバイモーダルな火山活動期があり，それより上位に主に陸域で活動した安山岩溶岩（32〜27 Ma：大口ほか，1995）と真山流紋岩（25〜23 Ma：鈴木，1980；雁沢，1987）が活動している．日本海の拡大開始を28 Maとする（Tamaki, 1995）と，この真山流紋岩の活動は，日本海の拡大開始から大和海盆底での玄武岩の活動までの間の大陸縁での火山活動の産物であり，その後，21 Ma以降の大和海盆下部玄武岩の活動に伴い，男鹿半島では野村川層のバイモーダル火山活動があった．

秋田油田地域では，秋田市周辺に分布する地層の層序が標準層序とされ，その層序の一部として男鹿半島の船川層群の女川層，船川層が用いられている．従来，男鹿半島の船川層に重なる北浦層，脇本層は，秋田市地域で船川層に重なる天徳寺層，笹岡層に対比される，と考えられてきたが，珪藻化石層序の研究（佐藤ほか，1985；相田ほか，1985）から，男鹿半島の女川層の硬質頁岩は6.5 Maころま

7. 新第三系〜第四系

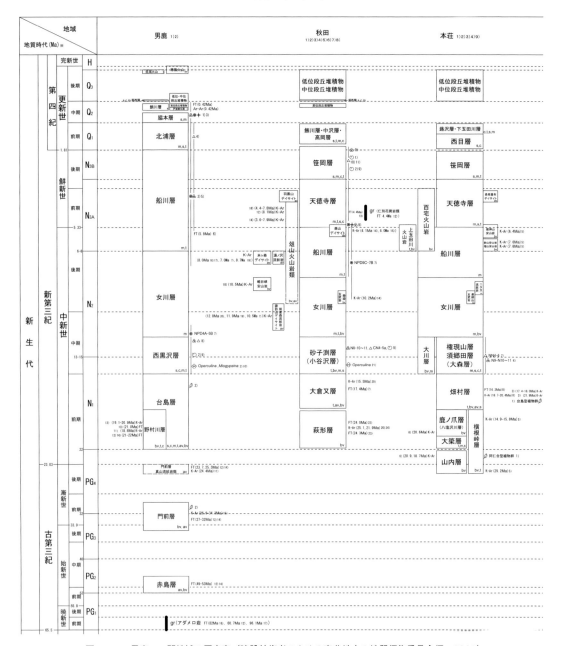

図 7.4.3 男鹿〜一関地域の層序表（建設技術者のための東北地方の地質編集委員会編，2006）

男鹿（1：藤岡，1973，2：藤岡，1959，3：北里，1975，4：佐藤ほか，1988，5：小泉・金谷，1977，6：石田，1979，7：小泉・的場，1989，8：佐藤，1982，9：Ogasawara，1973，10：Hanzawa，1935，11：木村，1986b，12：鈴木，1980，13：小林ほか，2004，14：雁沢，1987，15：大口ほか，1995，16：西村・石田，1972，17：玉生，1978）．

秋田（13：藤岡ほか，1977，14：大沢ほか，1981，15：沓沢ほか，1966，16：大沢ほか，1985，17：長谷・平山，1970，18：藤岡ほか，1976，19：土谷・吉川，1994，20：臼田ほか，1980，21：小笠原ほか，1986，22：佐藤ほか，1988，23：佐藤ほか，1999，24：土谷，1999，25：中嶋ほか，2003，26：中嶋ほか，1995，27：八島ほか，2001，28：臼田ほか，1979，29：木村，1985，30：木村，1984，31：通産省資源エネルギー庁，1986，32：木村，1986b，33：馬場ほか，1979，34：土谷，1995，35：雁沢，1983，36：今田・植田，1980，37：河野・植田，1966，38：丸山・山元，1994）．

本荘（1：大沢ほか，1977，2：臼田ほか，1978，3：大沢ほか，1982，4：大沢ほか，1988，5：臼田・岡本，1986，6：臼田ほか，1986，7：佐藤ほか，1991，8：八木ほか，2001）．

7.4 男鹿〜一関地域

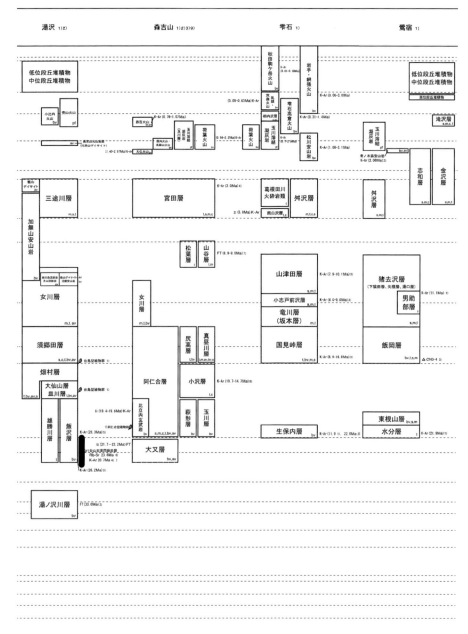

図 7.4.3 （続き）

 湯沢（1：大口ほか，1979，2：大沢ほか，1979b，3：木村，1986b，4：河野・植田，1965，5：八木ほか，2001，6：Shimakura et al., 1999，7：河野・植田，1966，8：笹田，1984，9：笹田，1985，10：通産省資源エネルギー庁，1989）．
 森吉山（1：斎藤・大沢，1956，2：大沢・角，1957，3：大沢・角，1958，4：中嶋ほか，1995，5：土谷，1995，6：河野・植田，1966，7：臼田・岡本，1986，8：土谷，1999）．
 雫石（1：須藤・石井，1987，2：玉生，1980，3：須藤・石井，1982，4：河野・植田，1966）．
 鶯宿（1：大上ほか，1990，2：八島，1990，3：大上ほか，1988）．

7. 新第三系〜第四系

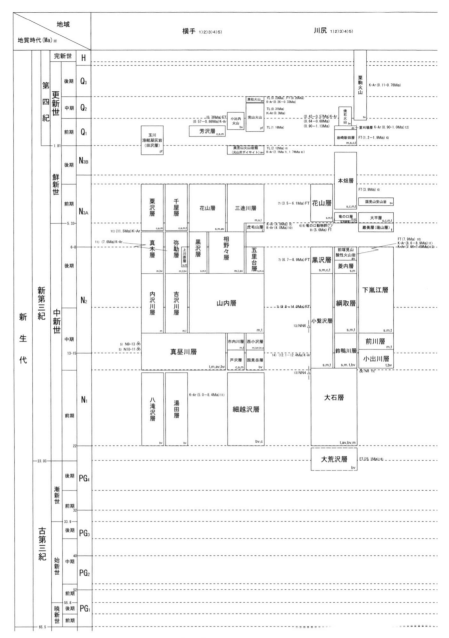

図 7.4.3 （続き）

横手（1：臼田ほか，1977，2：臼田ほか，1981，3：臼田ほか，1980，4：臼田ほか，1976，5：臼田ほか，1986，6：高島ほか，1999，7：竹野，1988，8：新エネルギー・産業技術総合開発機構，1990，9：阪口・山田，1982，10：土谷，1999，11：臼田・岡本，1986）．

川尻（1：大沢ほか，1971，2：北村，1965，3：臼田ほか，1982，4：臼田ほか，1986a，5：臼田ほか，1986b，6：大石ほか，1996，7：中嶋・檀原，1999，8：北村，1959，9：大石・吉田，1998，10：玉生，1978，11：木村，1986b，12：八島ほか，1995，13：佐藤ほか，1991，14：安斎・板谷，1990，15：藤岡ほか，1981，16：鈴木，1982，17：河野・植田，1966，18：笹田，1985，19：北村・谷，1953，20：笹田，1992）．

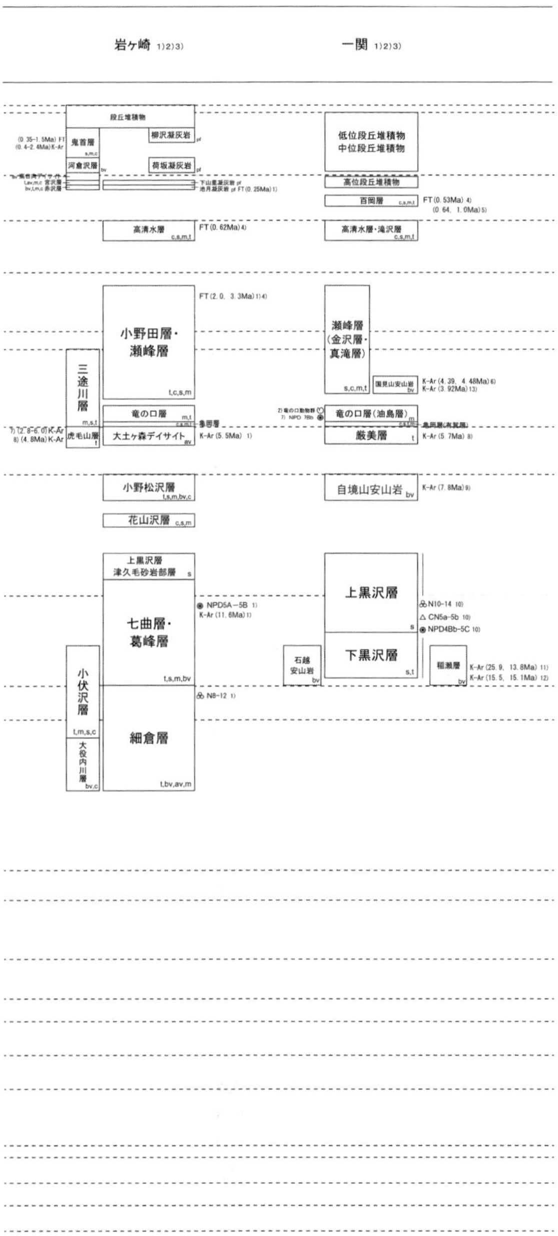

岩ヶ崎 1)2)3)　　　　　一関 1)2)3)

岩ヶ崎

- 段丘堆積物
- 柳沢凝灰岩 gf
- 鬼首層 s,m,t ／ 河倉沢層 bv
- 黄坂湖沢層 gf
- 玉山溶結凝灰岩 gf ／ 池月溶結凝灰岩 gf FT (0.25Ma)1)
- 高清水層 c,s,m,t　FT (0.62Ma)4)
- 小野田層・瀬峰層 t,c,s,m　FT (2.0, 3.3Ma)1)4)
- 三途川層
- 竜の口層 m,t
- 虎毛山層 ／ 大土ヶ森デイサイト bv　K-Ar (5.5Ma)1)
- 小野松沢層 t,s,m,bv,c
- 花山沢層 c,s,m
- 上黒沢層 津久毛砂岩部層 s
- 七曲層・葛峰層 t,s,m,bv　● NPD5A～5B 1)　K-Ar (11.6Ma)1)
- 小伏沢層 t,m,s,c
- 細倉層 t,bv,av,m　▲ N8-12 1)
- 大役内川層 bv,c

一関

- 低位段丘堆積物
- 中位段丘堆積物
- 高位段丘堆積物
- 百岡層 c,s,m,t　FT (0.53Ma)4) (0.64, 1.0Ma)5)
- 高清水層・滝沢層 c,s,m,t
- 瀬峰層（金沢層・真滝層）s,c,m,t　K-Ar (4.39, 4.48Ma)6)　K-Ar (3.92Ma)13)
- 竜の口層（油島層）t　高田層物産化石
- 厳美層 t　K-Ar (5.7Ma)8)
- 自境山安山岩 bv　K-Ar (7.8Ma)6)
- 上黒沢層　☆ N10-14 10)　△ CN5a-5b 10)　● NPD4Bb-5C 10)
- 下黒沢層 s,t ／ 石越安山岩　稲瀬層 bv　K-Ar (25.9, 13.8Ma)11)　K-Ar (15.5, 15.1Ma)12)

図 7.4.3　（続き）

岩ヶ崎（1：土谷ほか, 1997, 2：臼田ほか, 1982, 3：北村ほか, 1986, 4：土谷・伊藤, 1996, 5：笹田, 1984, 6：笹田, 1985, 7：竹野, 1988, 8：新エネルギー・産業技術総合開発機構, 1985c）.

一関（1：松野, 1967, 2：北村ほか, 1986, 3：竹内ほか, 2005, 4：大石・吉田, 1998, 5：大石・吉田, 1995, 6：八島ほか, 1995, 7：柳沢, 1998, 8：阪口・山田, 1982, 9：中嶋ほか, 1995, 10：林ほか, 1999, 11：今田・植田, 1980, 12：周藤ほか, 1992c, 13：八島ほか, 2001）.

で堆積し続けたが，半島以外ではそれよりも1〜2 Ma早く堆積を終了し，船川層の黒色泥岩に移化していることが明らかになってきた．したがって，男鹿半島の船川層と秋田油田地域の船川層の地質年代は一致しない．また，石灰質ナンノ化石（佐藤ほか，1988）から，男鹿半島の北浦層は模式地の秋田市北方の笹岡層よりも新しいことが判明している．

古第三系：従来，基盤は角閃石黒雲母アダメロ岩で，半島北西端部の赤島付近の海岸にわずかに露出し，FT年代は62 Ma（西村・石田，1972），60.7 Ma（鈴木，1980）を示すとされていたが，小笠原ほか（2005）は，これらの花崗岩について，93〜87 Maのジルコン年代値を報告し，大口ほか（2008）は，これらは赤島層中の巨大ブロックであるとしている．鹿野ほか（2011）は，輝石安山岩〜デイサイトブロックとそれらの細片からなる無層理，淘汰不良の火山角礫岩（従来の赤島溶岩類）に引き続いて活動した火砕流により，デイサイト質溶結凝灰岩（従来の入道崎火成岩類）が形成されたとする大口ほか（2008）の判断に従い，両者を同時異相として赤島層に一括している．また，デイサイト質溶結凝灰岩のジルコン年代が約72 Maであることから，赤島層の地質年代は後期白亜紀であるとしている．

男鹿半島の門前から赤島にかけて分布する古第三系，門前層（37〜34 Ma）は，小林ほか（2008）に従い，下位から，舞台島玄武岩，竜ヶ島デイサイト，長楽寺玄武岩，長崎デイサイト，毛無山安山岩，潮瀬ノ岬砂礫岩，真山流紋岩の各部層に区分できる（鹿野ほか，2011）．このうち，舞台島玄武岩から毛無山安山岩までが藤岡（1959）の潜岩溶岩類と加茂溶岩類に相当し，主に玄武岩〜デイサイト溶岩・火砕岩からなる．潮瀬ノ岬砂礫岩は，上位の野村川層館山崎デイサイトが充填するカルデラ内の巨大ブロックであるが，年代は門前層に対比される浅海堆積物と厚いスコリア火砕密度流堆積物からなる（鹿野ほか，2008；Sato et al., 2009）．真山流紋岩は流紋岩質水底溶岩を主体とし，その基底に砂礫岩と流紋岩質火砕岩を伴う（鹿野ほか，2011）．

下部中新統〜中部中新統下部：男鹿半島の下部中新統〜中部中新統下部を構成するのが台島層群（藤岡，1959）であり，下位から台島層（帆掛島石英安山岩部層を含む），西黒沢層に区分されていた（大橋，1930；外山，1925）が，小林ほか（2004）は台

島層の下部の火山岩類（デイサイト質溶結凝灰岩と玄武岩〜玄武岩質安山岩溶岩・火砕岩）を再定義して，野村川層と名づけ，台島層とは区分している．野村川層は，下位から野村川凝灰質礫岩，野村川デイサイトI，野村川玄武岩，野村川デイサイトII，館山崎デイサイトに細分でき，これを泥岩，砂岩，礫岩からなる台島層が不整合に覆う．台島層（20 Ma）は野村川層の火山活動（22〜21 Ma）に引き続いて沈降して生じた浅い水域に堆積したと推定されている（鹿野ほか，2011）．西黒沢層はこの地域における新生代最初の海進期の地層とされ，中期中新世前期の浮遊性有孔虫化石を含む．

中部中新統上部〜鮮新統：藤岡（1948）が命名した船川層群は，秋田油田地域の含油層で，凝灰岩，砂岩をはさむ厚い泥質岩からなる西黒沢層に引き続く一連の海成層である．下位から女川層，船川層，北浦層，脇本層に区分，命名されていたが，鹿野ほか（2011）は，このうちの従来の船川層を，下部の無層理暗灰色泥岩が卓越する部分を船川層と再定義し，その上位の凝灰質泥岩シルト岩に酸性凝灰岩，もしくは凝灰質砂岩の薄層を多数はさむ岩相を南平沢層，その上位の泥岩シルト岩を主体とする岩相を西水口層に区分している．この南平沢層の最上部を占める南平沢凝灰岩のジルコンFT年代値が3.3 Ma，2.7 Maを示すことと，伴う泥岩中の浮遊性有孔虫化石帯の年代から，南平沢層の地質時代は鮮新世と判断されている（鹿野ほか，2011）．

第四系：船川層群のうちの酸性凝灰岩をはさみ凝灰質砂岩シルト岩互層からなる北浦層と主に砂質シルト岩からなる脇本層は下部〜中部更新統下部の地層である．この上に重なる中部更新統上部〜上部更新統は，下位から，砂岩が卓越し，戸賀火山噴出物（従来の戸賀軽石層）をはさむ鮪川層，潟西層，相川段丘構成層，寒風山安山岩，目潟火山抛出物に区分される．潟西層は海成〜陸成層で，更新世の最終間氷期の堆積層である．完新統は，橋本層と沖積平野堆積物からなる．

■7.4.2 秋田〜本荘地域

本地域は，東側の奥羽脊梁山脈西側に沿った鹿角-横手などの山間盆地地域，出羽丘陵地域，日本海沿岸の高度がそろった丘陵地域〜海成段丘からなる

台地, そして沖積平野からなる. 海岸平野は砂丘に縁どられているが, 沖積平野は狭い. また, 本地域の基盤は先第三系の太平山深成変成岩類である. 本地域の新第三系下部中新統は, 主に火山岩類からなり, 奥羽脊梁山脈地域と出羽丘陵の隆起帯を中心に分布する. 中部中新統は浅海成の砂岩の堆積に始まり, 海進が最も進み, 深海化したときの堆積物である珪質頁岩や硬質頁岩を主とする. この層準は背弧側堆積盆地が急速な沈降を行った時期の堆積物を表している. 上部中新統は日本海沿岸地域から内陸盆地地域にかけては黒色頁岩からなるが, 奥羽脊梁山脈周辺部では, 細粒砂岩・凝灰岩の互層に変化し, さらに浅海成の砂岩相に側方変化して, その上半部は陸成相となっている. また, 珪長質の凝灰岩類をはさみ, 奥羽脊梁山脈の隆起が酸性火山活動を伴ったことを明示している. 海成鮮新統は, 主に日本海沿岸地域に分布する. これらは海退時の浅海成堆積物で, 砂岩・泥岩互層および砂岩からなる. 奥羽脊梁山脈以東では, 扇状地ないし沿岸湿地帯の堆積物を主とし, 一時的海進に伴う浅海ないし内湾成の堆積物をはさむ. 一方, 第四系の分布は限られ, 海成鮮新統に引き続く堆積物は本荘市東方に分布し, 砂岩・シルト岩・礫岩などの浅海〜沿岸成堆積物からなる. 内陸地域では, 一部に湖沼成堆積物が分布し, 扇状地堆積物・段丘堆積物なども発達する.

太平山は出羽丘陵のなかで最も隆起量の大きいところであるが, その南縁部には秋田から和田盆地を経て横手盆地に続く沈降帯が分布し, いわゆる含油第三系の特徴ある岩相が, 奥羽脊梁山脈を経て雫石盆地にいたる地域に分布している. 出羽丘陵は中部〜下部中新統の火山岩類を主とし, 日本海沿岸に平行して南北に伸長する隆起帯をなす. 西翼部では北由利衝上断層群で東側の丘陵側が西側にのし上がり, これに伴う南北性の断層と褶曲が発達している. 日本海側から多数の背斜構造が断層に断たれながら雁行状に配列し, 幅約10 kmほどの褶曲帯をなす. 太平山南麓部では, 中央に和田向斜の軸部が北北西-南南東に延び, それ以東は西傾斜の単斜構造をなす. 東翼部の傾斜は太平山に近づくにつれ高角となり, 最終的には基盤岩類と断層で接する. この断層は基盤岩の上昇に伴う北西-南東性の西落ちの正断層である. 新第三系下部層の一部は基盤岩類を不整合で覆う.

本地域の地質構造は, 南北方向の油田褶曲方向と基盤の北西-南東方向とに大きく支配され, 北西-南東方向の構造は中期中新世まで主たる役割を果たし, それ以降も副次的な役割を果たしている. 一方, 油田褶曲方向の構造形成は, はじめは副次的であったが, 後期中新世から活発化し, 現在に及んでいる. なお, 日本海沿岸地域における地質構造は, 南北性の北由利 (衝上) 断層群とこれに平行する多数の褶曲構造によって特徴づけられ, これらは東から西に衝上している. 出羽丘陵における地質構造は南北性の滝ノ沢太平山断層群と鳥田目断層群および和田向斜によって特徴づけられる. 奥羽脊梁山脈のような明瞭な背斜構造は認めがたいが, 新第三系の分布形態から, 2系列の隆起帯が認められている.

下部中新統〜中部中新統下部: 主に火山岩, 火砕岩類からなるグリーンタフ層である. 秋田市地域から, 秋田県南部の本荘-大曲地域に分布する. 秋田市地域では秋田市東〜北東方の太平山地に分布する先第三系の周囲に分布し, 下位から, 大又層, 萩形層, 大倉又層, 砂子渕層 (小谷沢層) に区分される. 本荘-大曲地域では, 出羽丘陵の南北に延びる2列の隆起帯に分かれて分布し, 下位から, 横根峠層 (相当層: 山内層, 大簗層, 鹿ノ爪層), 畑村層, 須郷田層 (相当層: 大森層, 権現山層, 大川層) に区分される.

中部中新統上部〜上部中新統: 泥岩, シルト岩, 砂岩からなる, いわゆる含油第三系. 秋田地域の中部中新統上部〜鮮新統は含油第三系とも呼ばれ, 西黒沢海進後の拡大した海域に堆積した堆積岩類と, これらの堆積岩中にはさまれる火山岩類からなる. この地域の中部中新統上部〜上部中新統の堆積岩類は女川層と船川層である. この地域の女川層, 船川層は, 男鹿地域の船川層群の女川層, 船川層の東方延長であるが, 地質年代はずれている. この地域で中期中新世後期〜後期中新世に活動した火山岩類には, 諏訪山デイサイト, 筑紫森流紋岩, 愛染玄武岩, 薬師山玄武岩, 二タ又流紋岩, 岨谷峡安山岩, 岨山火山岩類, 米ヶ森デイサイト, 湯ノ沢流紋岩, 福山安山岩, 新山安山岩などがある.

鮮新統: 秋田〜本荘地域に分布する鮮新統は, 下位より天徳寺層, 笹岡層である. 天徳寺層の基底で, 森山デイサイト, 姫神山安山岩などが活動している. 岨山火山岩類の最上部・百宅火山岩や, 羽黒

山石英安山岩，長者屋布デイサイトなどは天徳寺層堆積時に活動した火山岩類である．

第四系：段丘構成層，沖積層，砂丘堆積物，火山噴出物などからなる．下部更新統は主に丘陵地に点在する．秋田市地域には，鮪川層・中沢層・高岡層が分布し，本荘地域には西目層，藤沢層・下玉田川層が分布する．中部～上部更新統は主に段丘構成層である．段丘は雄物川をはじめとする河川沿いに分布する．海岸地帯に分布する段丘は海成段丘である．上部更新統～完新統は主に沖積平野に沖積層，砂丘堆積物と，丘陵や山間盆地に分布する火山噴出物からなる．

■7.4.3　雫石～栗駒地域

この地域は八幡平から栗駒山にいたる奥羽脊梁山脈を中心とする地域である．角館地域の沈降帯と田沢湖地域と雫石盆地とを境する奥羽脊梁山脈隆起帯との境が，南北に延びる荒川断層であり，これは東西性の胴切り断層で切られる．田沢湖地域には，北東-南西に延びる掬森断層，潟尻断層および北西-南東系の柴倉断層，松葉断層などが発達し，小さくブロック化を受けた隆起地域をなす．雫石盆地山津田北方には，滝ノ上温泉へと連なる山津田向斜が発達し，その一部は南北性の鶯宿岩沢断層で切られる．鶯宿岩沢断層は奥羽脊梁山脈の隆起帯と雫石盆地中核部を境している断層である．この鶯宿岩沢断層の派生断層と考えられる胴切的断層の桑原断層が弧状に走り刺沢湖沼盆の中心部を取り囲んでいる．雫石盆地は緩い向斜構造を示し，その東翼には中下部中新統飯岡層の山塊隆起部がある．

奥羽脊梁山脈は主に先第三系，中部～下部中新統とそれらを覆う栗駒山，焼石岳，岩手山，八幡平火山群，荷葉岳などの第四紀火山噴出物からなる．山地内に散在する雫石盆地，沢内低地などの山間盆地は，最上部新第三系～第四系に活動した酸性火砕岩類とカルデラの活動に関連して形成された湖成層で埋積されている．北上低地帯，横手盆地には上部中新統，鮮新統と第四系が広く分布する．

漸新統：男鹿半島の門前層に対比される湯ノ沢川層が湯沢地域に分布している．

下部中新統～中部中新統下部：本地域の下部中新統は，主に陸成の砕屑岩と火山岩類（溶岩を含む火山岩・凝灰岩などの火砕岩）からなり，地域による岩相の変化は少ない（田口，1973）．上部に安山岩・溶結した火砕岩類を伴っている．横手盆地東縁部-脊梁中軸部，北上河谷南部地域には，最下部中新統として，大荒沢層が分布し，これに下部～中部中新統の大石層が重なる．この相当層として，生保内層，水分層，東根山層，八滝沢層，湯田層，細越沢層，大役内川層などがある．湯沢地域の最下部中新統は雄勝川層・飯沢層で，羽前金山地域には及位層が分布する．これらと同時代に台山石英閃緑岩類が活動している．これに重なる下部中新統上部～中部中新統下部の地層は，海進期に形成された地層で，海成の砕屑岩類と主に海底に噴出した玄武岩・安山岩，デイサイト，流紋岩質の火山岩，火砕岩が複雑に共存する．田沢湖-雫石川流域地域の下部中新統上部～中部中新統下部は，尻高層・真昼川層・国見峠層・飯岡層などからなる．横手地域では，真昼川層とこれに相当する戸沢層，国見岳層，市内川層，西小沢層がみられる．川尻地域では，大石層に，小出川層，鈴鴨川層，前川層などが重なる．湯沢地域には，下位より，皿川層，大仙山層，畑村層，須郷田層が分布し，羽前金山地域には金山層が分布する．

中部中新統上部～上部中新統：この時代の地層は，主に海成層からなり，秋田地域の女川層，船川層などにみられる硬質頁岩，泥岩，砂岩と厚い酸性火砕岩からなるが，地域により岩相の変化が大きい．雫石地域の中部中新統上部～上部中新統は，下位より竜川層（坂本層），小志戸前沢層，山津田層からなる．鶯宿地域には，男助部層を伴う猪去沢層が分布する．横手地域には，山内層・吉沢川層・内沢川層や五里台層，相野々層・黒沢層・弥勒層，真木層が分布する．川尻地域では，小繋沢層の主部・綱取層・下嵐江層，上位にのる黒沢層，菱内層，前塚見山酸性火山岩などがこの時代の地層である．湯沢地域では月山流紋岩・朝日森流紋岩・沼館安山岩・横山デイサイトを伴う女川層を，羽前金山地域では大滝層を，それぞれ加無山安山岩が貫いている．

鮮新統：上部中新統末期に離水した山間盆地に噴出した火山岩類と，北上川沿いに侵入した内湾を埋積した堆積物からなる．山間盆地に分布し，下部は主に酸性の火山岩，火砕岩，上部は主に湖成層（湖

沼成堆積物）からなる．雫石地域のこの時代の地層は，舛沢層とこれに相当する南白沢層，葛根田川火砕岩類からなる．このうち，舛沢層は鶯宿地域にも分布するが，この地域では上部鮮新統の志和層，金沢層がみられる．横手地域には花山層が分布するが，この相当層が千屋層，栗沢層である．これらはカルデラ形成に伴った虎毛山層の形成に引き続いて形成された地層である．川尻地域にも花山層が分布するが，北上河谷側には厳美層（瑞山層）を敷いて，大平層や，石羽根層，竜の口層，本畑層が重なる．湯沢地域には，加無山安山岩の上部，三途川層，甑山デイサイト，奥宮山火山岩類（川井山デイサイト）が分布する．

第四系：この地域の第四系は，主に北部の田沢湖-雫石川流域に広く分布する下部更新統の火砕岩（玉川溶結凝灰岩類）と北上川低地帯やそのほかの河川沿いに分布する更新-完新統からなる．後者は主に段丘堆積物（段丘礫層）および湖沼堆積物と，それを覆う第四紀火山噴出物や火山性二次堆積物（火山灰，火砕流～火山泥流堆積物）からなる．田沢湖-雫石川流域には玉川溶結凝灰岩類が分布するが，これは下位より，小和瀬川凝灰岩，関東森層，八瀬森火山角礫岩，樫内層，大深沢層，石仮戸沢層に区分されている．湯沢地域の更新世の火山として，小比内火山と兜山火山が分布し，これを段丘堆積物が覆う．盛岡付近の下部更新統としては，盛岡夾炭層，古北上川・雫石川堆積物がある．また，盛岡北方地域の更新統～完新統をなす火山灰層として，寺林火山灰，玉山火山灰，岩手川口火山灰，江刈内火山灰，沼宮内火山灰，松内火山灰，外山火山灰，渋民火山灰，分火山灰が識別されている．火砕流・火山泥流堆積物としては沼宮内火山泥流堆積物，渋民溶結凝灰岩がある．北上市周辺地域の中部～上部更新統としては，永栄火山灰，一首坂火山灰，前沢火山灰，黒沢尻火山灰が区別されている．

■7.4.4　鬼首～一関地域

岩手・宮城県境の奥羽脊梁山脈東縁から，一関丘陵にかけての地域である．この一関丘陵は，隆起帯をなし，丘陵には南北方向の緩やかな背斜があり，東翼に一関-石越撓曲構造（松野，1967）が発達している．この撓曲構造は仙北平野北縁の石越から一

関西方の丘陵東縁を経て，さらに北方に延びている．鮮新統はこの撓曲で厚さが変化している．これらの撓曲・褶曲は，中位～低位段丘面も変位させているので，鮮新世に活動を始め，第四紀まで継続したと考えられている．

下部中新統～中部中新統下部：岩ヶ崎地域に分布する下部中新統上部が細倉層である．その相当層が大役内川層，小伏沢層である．中部中新統下部は，一般には，広域的な海進に伴って形成された地層である．岩ヶ崎地域の中部中新統下部は，細倉層最上部，葛峰層下部などである．一関地域には下黒沢層が分布する．この時代に，石越安山岩や稲瀬層の火山岩類が活動しており，その主部は中部中新統下部に属する．

中部中新統上部～上部中新統：岩ヶ崎～一関地域の中部中新統上部は葛峰層上部，七曲層，津久毛砂岩部層を伴う上黒沢層などである．上部中新統は，主に火山性陥没構造を埋積した酸性火砕岩類からなる．岩ヶ崎～一関地域には，花山沢層，小野松沢層，自境山安山岩，大土ヶ森デイサイト，厳美層などの上部中新統が分布している．鬼首地域に分布する虎毛山層の一部はこの時代を示す．

鮮新統：岩ヶ崎～一関地域に分布する鮮新統は竜の口層・油島層とそれに重なる瀬峰層，国見山安山岩を伴う瀬峰層相当の金沢層・真滝層，そして小野田層である．鬼首地域に分布する虎毛山層，それに重なる三途川層は鮮新世に形成されたカルデラ堆積物である．

第四系：本地域の第四系は，礫層，火砕流堆積物，段丘堆積物，栗駒火山などの第四紀火山噴出物，沖積層などからなる．礫層は一関丘陵や大崎平野周辺で丘陵構成層として，主に丘頂部に分布する．岩ヶ崎地域では，下位より，高清水層，池月凝灰岩，下山里凝灰岩，中里火山灰，荷坂凝灰岩，柳沢凝灰岩，青木原火山灰が分布している．鬼首地域の更新統は，下位より，赤沢層，宮沢層，高日向デイサイト，河倉沢層，鬼首層よりなり，これらに段丘堆積物がのる．沖積層は仙北平野の沈降帯に分布する．

7.5 山形・宮城地域

■ 7.5.1 庄内地域

庄内〜仙台地域の地質概要を図7.5.1に，模式柱状図を図7.5.2に示す（大槻ほか，2006）．また，山形〜角田地域の地質概要を図7.5.3に，模式柱状図を図7.5.4に示す（大槻ほか，2006）．図7.5.5は庄内〜仙台地域の，図7.5.6は白石〜郡山地域の層序表である（建設技術者のための東北地方の地質編集委員会編，2006）．

庄内地域は，山形県の西半部を占める地域で，西から東へと，山形-新潟県境に広がる羽越山地，庄内平野，そして出羽丘陵が広がる．山形地域では日本海側に羽越山地があり，秋田地域とは様相を異にする．出羽丘陵の西縁を画する南北性の断層群は，南側へと月山西麓に延びるが，鶴岡以南には羽越山地があるために，平野部がここでとぎれる．羽越山地には，北北東-南南西方向の構造が発達し，そこに先第三系基盤の花崗岩類と，下部中新統の堆積盆地が交互に分布している．庄内盆地は緩やかな盆状構造をなしている．そして，出羽丘陵は，南北に延びる複背斜構造をなす．出羽丘陵の西縁部には，南北に延びる立谷沢断層とその西方5kmにこれと並走する断層が形成されている．西側の断層は庄内平野と出羽丘陵を境する逆断層と推定される．出羽丘陵の背斜はその西翼で急傾斜を示すが，中心部での構造は，緩傾斜であり，緩く北方に背斜軸が傾斜している．

羽越山塊は，北北東-南南西に延びる標高1000mをこえる2列の山列と，その周辺の標高500〜700mほどの山地から構成されている．東部には月山火山がある．そして，西田川，大鳥，湯殿山地域は，中新世に形成された堆積盆地である．出羽丘陵中央部は南北に延びる標高600〜900mほどの山列からなり，青沢断層（Taguchi, 1962）以西の西縁部はほぼ400m以下の丘陵からなる．秋田-山形県境の出羽丘陵西縁部に鳥海火山が位置する．庄内平野は，最上川などの河口に形成された沖積平野であり，海岸沿いには砂丘列がみられる．

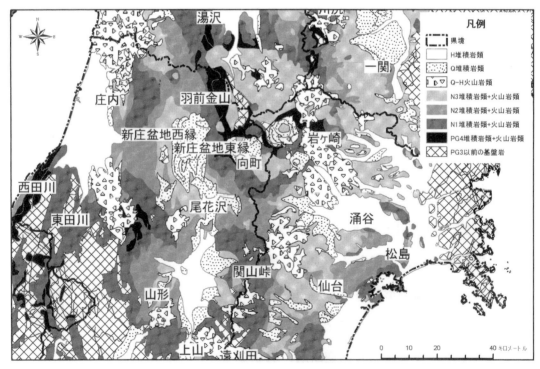

図7.5.1 庄内〜仙台地域の地質概要（大槻ほか，2006）

7.5 山形・宮城地域

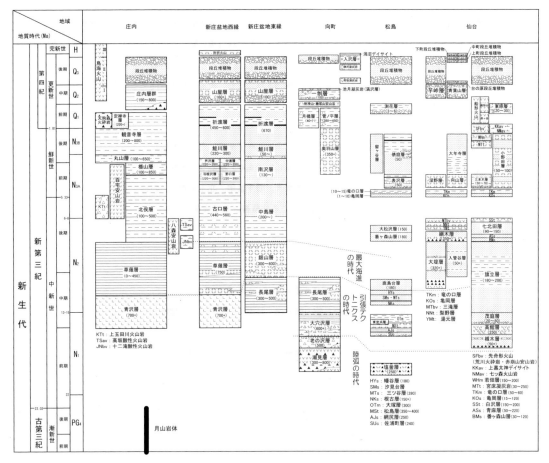

図 7.5.2 庄内～仙台地域の模式柱状図（大槻ほか，2006）

出羽丘陵における先第三系基盤の深度はきわめて深く，そこに厚い中部中新統〜鮮新統が累積している．出羽丘陵を月山地域まで南下すると，基盤深度は浅くなる．出羽丘陵をなす中部中新統〜鮮新統は，南北方向の軸をもつ複背斜を形成しているが，この複背斜の翼部は急傾斜で，南北方向の逆断層を伴っている．これらの逆断層群は，庄内地域では鳥海山麓から月山北麓まで南北約 50 km にわたって認められるが，これは，北方の本荘西方の北由利衝上断層群（大沢ほか，1977）を経て，秋田県北部の能代衝上断層群（大沢ほか，1984）へと続く構造である．

出羽丘陵西縁の逆断層の活動は庄内平野の沈降運動と出羽丘陵の隆起運動を伴っており，その結果，生じた急速な粗粒堆積物の供給によって，庄内平野が埋積されている．これらの南北方向の逆断層や褶曲を伴う造構運動は，ほぼ東西方向の圧縮応力に

よってもたらされた，と考えられている（佐藤，1986）．

古第三系：西田川～東田川地域には，暁新世に活動した田川酸性岩類とそれを貫く花崗岩類が分布している．また，男鹿半島の花崗岩類と同時期（始新世）に活動した朝日流紋岩類も分布している．また，漸新統と推定される澄川層が分布している．

下部中新統〜中部中新統下部：中新統の最下部は，主に酸性の溶結凝灰岩からなり，西田川地域には北小国層が分布する．下部中新統は非海成層で，主に礫岩と安山岩質の火砕岩からなり，阿仁合型植物群や阿仁合・台島混合型植物群を含む．西田川地域では下位から，一霞層，温海層，五十川層に区分される．東田川地域では，下位から，大泉層，東大鳥川層，鈴谷層・大網層に区分される．大網層の上部は中部中新統に属する．玉庭地域の下部中新統は，眼鏡橋層・小荒沢層で，これに，中部中新統下

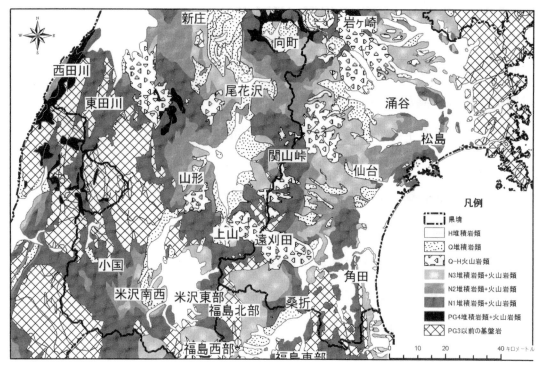

図7.5.3 山形〜角田地域の地質概要(大槻ほか，2006)

部の津川層，明沢橋層，沼沢層が重なる．中部中新統下部は台島型植物化石を含み，主に砕屑岩類からなる海成層と，海底で噴出した玄武岩質の火山岩，火砕岩からなる地層（青沢層）からなる．中部中新統下部は羽越山塊のほか，出羽丘陵地域にも分布する．青沢層の玄武岩質火砕岩類は秋田県北部から山形県北部までほぼ連続的な，きわめて広い範囲に分布する．分布と産状などから日本海形成と密接に関連した火成活動として注目されている（土谷，1988a；佐藤ほか，1988）．西田川地域の中部中新統下部〜中部は早田層と呼ばれる．鶴岡地域の中部中新統下部は下位から，善宝寺層，大山層に区分され，関川地域では下位から温海川層，鬼坂峠層に区分されている．湯殿山地域の中部中新統下部は大網層と呼ばれる．月山地域では下位から，立谷沢層，青沢層に区分され，これは出羽丘陵地域からの西方延長部である．飛島地域には，青沢層に対比される飛島層が分布する．

中部中新統上部〜上部中新統：この時代には火砕岩が減少し，主に硬質泥岩，珪質泥岩からなる地層になる．西田川地域には鼠ヶ関層と呼ばれる中部中新統上部が分布する．東田川地域には松根層が分布

する．月山地域ならびに出羽丘陵（庄内）地域では，下位より，草薙層，北俣層が分布する．北俣層下部には，八森安山岩，十二滝酸性火山岩，高坂酸性火山岩を伴う．玉庭地域の中部中新統上部〜上部中新統は，下位より，湯小屋層，宇津峠層からなる．

鮮新統：泥岩に始まり上方粗粒化を示す一連の海成層で，青沢断層以西の出羽丘陵地域と庄内平野の地下に分布する．出羽丘陵地域の鮮新統は，下位から，楯山層，丸山層，観音寺層に区分され（鯨岡，1953），いずれも整合に重なる．化石から，楯山層は中部鮮新統，丸山層，観音寺層下部〜中部は上部鮮新統で，常善寺層はおそらく更新統に及んでいる．庄内平野地下での楯山層は上部鮮新統，丸山層は更新統下部に相当する．出羽丘陵地域と庄内平野の地下での鮮新統の堆積年代の違いは，東側の出羽丘陵地域がより早く粗粒化，浅海化したことを示している．

第四系：庄内地域の天狗森火砕岩・常善寺層は下部更新統である．酒田東方の出羽丘陵西縁部と庄内平野下に，更新統の庄内層群と段丘堆積物，火山噴出物，沖積層が分布している．庄内平野の地下に

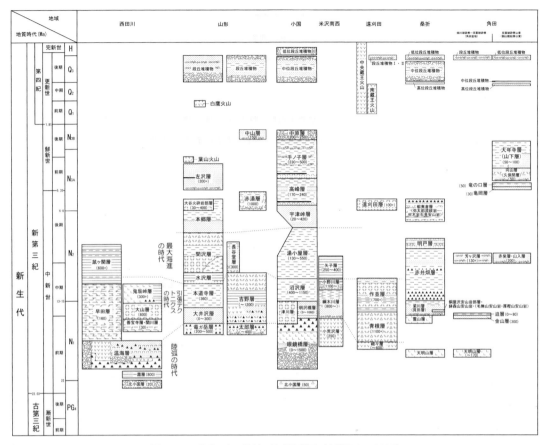

図 7.5.4 山形〜角田地域の模式柱状図（大槻ほか，2006）

は，最大層厚約 1000 m に及ぶ厚い非海成の第四系が分布する．

■ 7.5.2 新庄〜山形〜米沢地域

本地域は，山形県内の出羽丘陵から朝日山地東縁部に連なる山地，丘陵地から，米沢盆地を取り囲む飯豊山地にいたる西側の山地，そして東側の奥羽脊梁山脈に連なる山地，丘陵地で，東西をはさまれた山間盆地地域で，新庄盆地，山形盆地，米沢盆地などからなる．

出羽丘陵縁辺部では，南北性の褶曲軸に平行な谷が多数きざまれて，ケスタ地形と地すべり地形が発達する．山間盆地は，段丘，扇状地，沖積低地などの地形面に細区分される．山間盆地地域は南北方向に延びる複向斜構造をなす．盆地内には南北方向の走向をもつ褶曲および逆断層が形成され，表層の短縮変形が著しい地域となっている．いくつかの断層は段丘面にも転位を与えていることが指摘されている．

下部中新統〜中部中新統下部：下部中新統は，山形盆地西縁部，米沢盆地東縁部に分布し，変質した玄武岩〜安山岩質の火山噴出物からなる．そして，中部中新統は，出羽丘陵では主に深海〜半深海成の厚い泥岩からなり，北部では下部に玄武岩をはさむ．隆起帯では，奥羽脊梁山脈と同様，中性〜酸性の海底火山噴出物からなる．新庄盆地西縁部の中部中新統は青沢層であり，これは庄内平野からの東方延長部である．向町地域の下部中新統〜中部中新統下部は，下位から，瀬見層，老の沢層，大穴沢層からなる．山形盆地西縁部の下部中新統〜中部中新統下部は，竜が岳層・太郎層・萱平川層，大井沢層，吉野層や本道寺層の下部などからなる．米沢東部には，稲子峠層，松川層，大沢層が分布する．

中部中新統上部〜上部中新統：後期中新世になると，山形盆地，米沢盆地周辺では酸性の火砕岩，粗

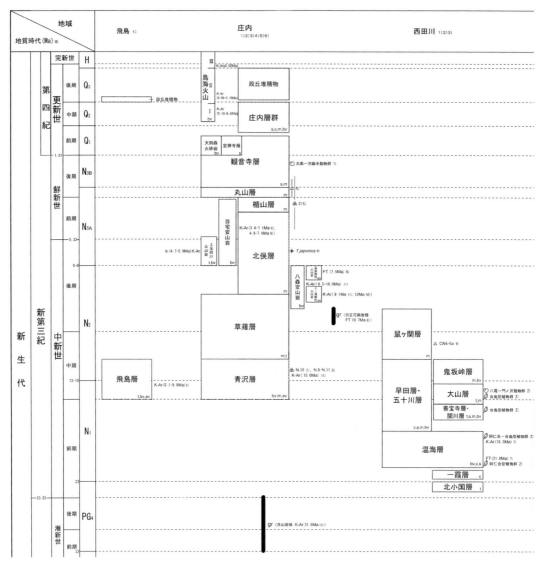

図7.5.5 庄内〜仙台地域の層序表（建設技術者のための東北地方の地質編集委員会編，2006）

飛島（1：中嶋ほか，1993）．

庄内（1：土谷ほか，1984，2：池辺ほか，1979，3：土谷，1989，4：大沢ほか，1986，5：佐藤，1986，6：中野・土谷，1992，7：Ogasawara and Naito, 1983，8：土谷，1999，9：Nakaseko, 1960，10：Ebihara et al., 1984，11：大木ほか，1995，12：柴田・内海，1992，13：河野・植田，1966）．

西田川（39：土谷ほか，1984，40：佐藤ほか，1986，41：新潟県，1992，42：山路，1989，43：通産省資源エネルギー庁，1982b，44：河野・植田，1966，45：土谷，1995）．

粒な砕屑岩などの海退期を示す堆積物が主になり，一方，新庄盆地では主に半深海に堆積した泥岩となる．新庄盆地のこの時代の地層は，下位より，草薙層，古口層である．また，新庄盆地東縁から向町地域では，下位より，長尾層，銀山層，中島層に区分

され，尾花沢地域では，下位より楯岡層，深沢層，荒町層が分布する．山形盆地西縁部のこの時代の地層は，下位から，水沢層，間沢層，本郷層に区分される．上山地域では，吉野層の上部・赤山層，長谷堂層，赤湯層・呑岡山層が分布し，米沢東部地域に

7.5 山形・宮城地域

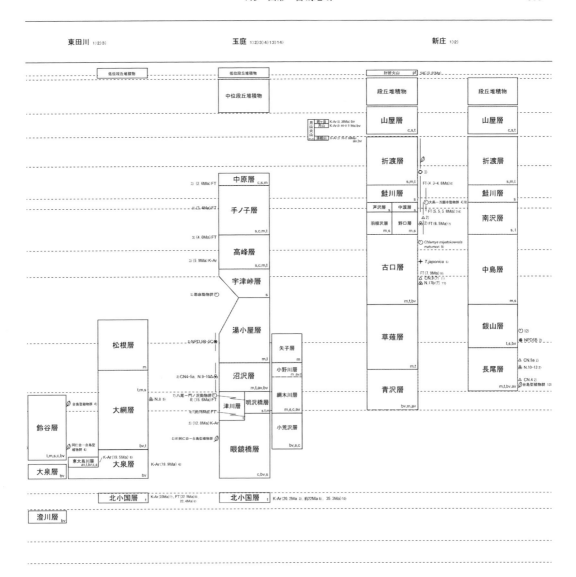

図 7.5.5 （続き）

東田川（1：矢内ほか，1979，2：今田，1973，3：山路ほか，1986，4：鴨井，1981，5：藤岡ほか，1981，6：通産省資源エネルギー庁，1982b，7：植田ほか，1973，8：雁沢，1987，9：河野・植田，1966，10：金井ほか，2002）．

玉庭（1：島津ほか，1972，2：皆川，1971，3：柳沢・山元，1998，4：島津ほか，1986，5：Kotaka and Kato，1979，6：幡谷・大槻，1991，7：Sato *et al.*，1989，8：岩野ほか，2003，9：徳永，1960，10：今田・植田，1980，11：河野・植田，1966，12：通産省資源エネルギー庁，1982b）．

新庄（11：大沢ほか，1986，12：佐藤，1986，13：山野井，1983，14：小笠原ほか，1984，15：Nakaseko，1960，16：石原ほか，2000，17：長澤ほか，1998，18：長澤ほか，1999，19：小笠原ほか，1999，20：長澤ほか，2002，21：相田ほか，1999，22：斉藤，1960，23：田口，1974）．

は，笊籬層，上和田層がみられる．奥羽脊梁山脈には，この時代の陥没性火山活動による陸成の厚い酸性の火砕岩が不規則に分布する．

鮮新統：下部鮮新統は砕屑岩からなる浅海性の海成層からなり，一部に陸成層をはさむ．上部は陸成層からなる．ともに酸性の火砕岩と粗粒な砕屑岩からなり，亜炭をはさむ．新庄盆地の鮮新統は下位から，野口層・羽根沢層，中渡層・芦沢層，鮭川層，折渡層に区分される．尾花沢地域では，折渡層の下位に，下から小平層，大林層，ワラロ層が重なる．

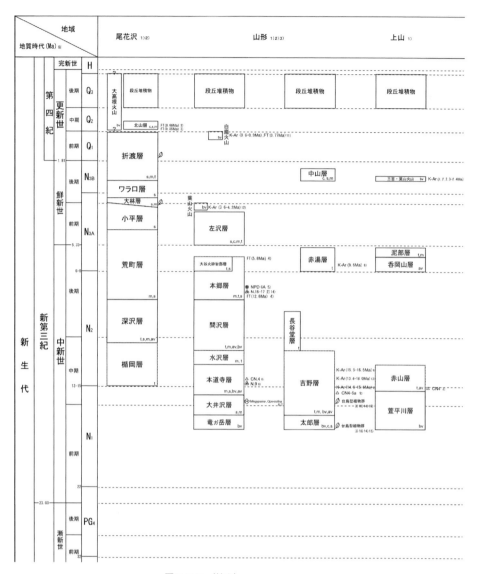

図 7.5.5 （続き）

尾花沢（1：徳永, 1958, 2：山野井, 1986, 3：山野井, 1993）.
山形（1：山形地学会, 1979a, 2：山形地学会, 1979b, 3：山形地学会, 1972, 4：吉田ほか, 1985, 5：丸山, 1993, 6：山路ほか, 1986, 7：斎藤, 1982, 8：今田・植田, 1980, 9：今田ほか, 1986, 10：田宮, 1973, 11：三村・庵野, 2000, 12：斎藤 亀井, 1995, 13．Hoshi et al., 1998）.
上山（5：神保, 1968, 6：岡田, 1985）

向町地域の鮮新統は奥羽山層と呼ばれる．山形盆地地域には，左沢層，中山層が分布し，村山葉山火山，三吉・葉山火山はこの時代に属する．
第四系：新庄盆地には古赤色土化した礫層などからなる下部～中部更新統が分布する．火山噴出物は，主に安山岩質の成層火山の本体をなすほか，軽石流，降下軽石堆積物などもある．扇状地，段丘，盆地堆積物などを構成する．新庄-尾花沢盆地には下部～中部更新統の山屋層が広く分布する．向町地域では，下位から月楯層・管ノ平層，明神山・糖塚山安山岩，一刎層，池月凝灰岩が重なる．丘陵の縁辺部には段丘構成層が，盆地縁部には肘折カルデラ

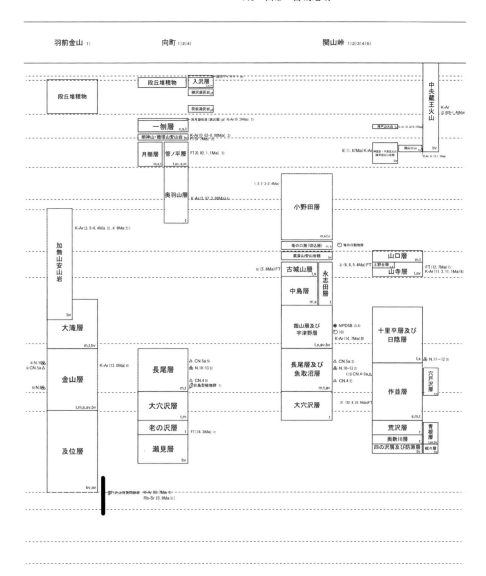

図 7.5.5 (続き)

 羽前金山 (1：大沢・角, 1961, 2：中嶋ほか, 1995, 3：通産省資源エネルギー庁, 1988, 4：土谷, 1999, 5：Shimakura et al., 1999, 6：馬場ほか, 1991).

 向町 (9：田口, 1974, 10：田口, 1975, 11：新エネルギー・産業技術総合開発機構, 1990, 12：大竹, 2000, 13：佐藤, 1986).

 関山峠 (1：天野, 1980, 2：佐藤, 1986, 3：山路ほか, 1986, 4：佐藤ほか, 1986, 5：大槻ほか, 1986, 6：三村, 2001, 7：吉田ほか, 1985, 8：今田・植田, 1980, 9：田口, 1974, 10：斉藤, 1960, 11：河野・植田, 1966, 12：新エネルギー・産業技術総合開発機構, 1995).

の噴出物が堆積している．盆地を埋積する沖積層の分布は狭い．山形盆地は，新庄-尾花沢盆地に比べ，沈降量が大きい．特に盆地南部は，舟底型の重力異常分布を示し，低異常帯の中心は山辺町近江付近の須川沿岸にある．盆地堆積物の層厚は，温泉ボーリング資料によれば500 mに達する．

■7.5.3 蔵王〜船形地域

 本地域は山形・宮城県境の奥羽脊梁山脈地域である．本地域の山地の平均的な標高は700〜800 mであり，この上に，蔵王火山や船形火山などの第四紀の成層火山がそびえている．奥羽脊梁山脈に分布す

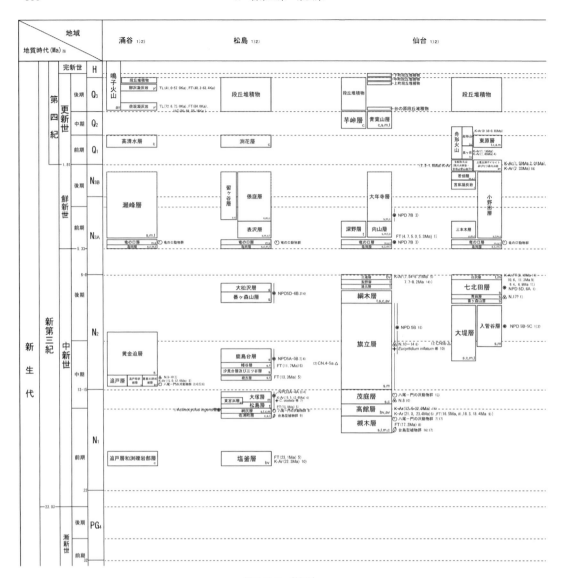

図 7.5.5 （続き）

涌谷（1：高橋・松野，1969，2：北村ほか，1981，3：石井・柳沢，1984，4：Hatai, 1938，5：Hatai, 1941，6：Masuda, 1956）．

松島（1：石井ほか，1982，2：石井ほか，1983，3：秋葉ほか，1982，4：柳沢・秋葉，1999，5：石井ほか，1983h，6：石井ほか，1982，7：佐藤ほか，1986，8：Hanzawa et al., 1953，9：Okutsu, 1955，10：今田・植田，1980，11：小貫・坂東，1959）．

仙台（1：北村ほか，1986，2：北村ほか，1983，3：柳沢，1989，4：梅田ほか，1999，5：宇都ほか，1984，6：島本ほか，2001，7：小笠原，1979，8：鈴木，1982，9：西村・天野，1979，10：尾田・酒井，1977，11：柴田ほか，1976，12：山路ほか，1986，13：Hanzawa et al., 1953，14：宇都ほか，1989，15：柳沢，1999，16：Tamanyuu, 1975，17：大槻ほか，1986，18：Okutsu, 1955，19：三村，2001）．

る新第三系は，全体にほぼ南北に延びる複背斜構造をなしている．この複背斜においては，内部での地質構造はおおむね緩やかであり，一方，翼部は急傾斜する地塁状の構造を示している．

本地域の奥羽脊梁山脈は，他地域と比較して隆起量の少ない地域にあたり，北方においては，向町-赤倉陥没盆地周辺のドーム状の隆起構造が発達し，ここに，先第三系基盤岩類や下部中新統が分布している．また，南方にも楯状の陥没盆地（カルデラ）を中心としたドーム状の隆起構造が形成されてい

る．したがって，この地域は，北方および南方に形成されたこれらのドーム状隆起部の鞍部を成している．南北の隆起部の中心には，火山性の陥没盆地（カルデラ）が位置することから，このような隆起構造は，陥没構造（カルデラ）の形成に先だって生じたものと推定されている．中期中新世ころからの火山活動に伴って形成された，これらのカルデラは，脊梁山脈にみられる地質構造上の顕著な特徴の1つである．

奥羽脊梁山脈の複背斜の翼部には，脊梁山脈の延びと平行する逆断層が存在する場合が多い．代表的なものは，地域北西部の新庄盆地東縁の経檀原断層（Taguchi, 1962）と地域南部の脊梁山脈東縁の作並断層（天野，1980）であり，これらは第四紀に形成されたと推定されている．蔵王山から船形山にかけての地域は隆起量が大きく，先第三紀の花崗岩類とそれを不整合に覆う下部中新統の火砕岩類（いわゆるグリーンタフ）が広く分布している．火山性陥没盆地（カルデラ）の形成時期から，奥羽脊梁山脈に認められる隆起構造の形成時期は，後期中新世から鮮新世と考えられている．

下部中新統〜中部中新統下部：本地域の奥羽脊梁山脈地域の下部中新統上部は，変質した安山岩質火砕岩とその上位の酸性火砕岩類からなる．これらはいずれも浅海ないし陸上での火山活動に由来する．含まれる化石や溶結凝灰岩の存在などから，この時期の奥羽脊梁山脈は全体的には浅海で，一部陸上の環境下にあったと推定される．一方，中部中新統下部は広域的な海進に伴って形成された地層で，上部浅海帯〜浅海下で堆積した砕屑物と酸性の水中火山噴出物からなる．関山峠から北では，下位より，大穴沢層，魚取沼層・長尾層が分布する．また，関山峠南側地域では，下位より，四の沢層，奥新川層，荒沢層，作並層からなる．遠刈田地域では，峨々層，青根層が重なり，七ヶ宿地域には二井宿峠層が分布する．

中部中新統上部〜上部中新統：脊梁山脈に分布する中部中新統上部は，相対的に隆起量の少ない船形火山北麓から南麓に分布し，主に浅海成の堆積物からなる．海退期に形成された地層で，細粒な砕屑岩と火砕岩からなる．上部中新統は，主に火山性陥没構造（カルデラ）を埋積した酸性火砕岩類（溶結凝灰岩・浮石質凝灰岩）と湖成層（湖沼成堆積物な

ど）からなり，下位の海成層を不整合に覆う．カルデラを埋める酸性火砕岩類の一部は鮮新統に及ぶ．脊梁山脈西側の北部地域には海成・非海成の上部中新統も分布する．関山峠より北側の奥羽脊梁山脈地域には，下位より，銀山層，宇津野層，中島層，古城山層が分布する．関山峠東側では，十里平層・日陰層，大手門層，そしてカルデラ堆積物が分布する．山形盆地側には，山寺層，上野台層が，遠刈田地域には遠刈田層が分布する．七ヶ宿地域の上部中新統上部は，下位より板滑橋層（七ヶ宿層），柏木山層，横川層，烏川層に区分される．

鮮新統：鮮新統は主に陸成〜浅海成の砕屑岩類からなるが，脊梁山脈の中心には分布せず，東西両縁から東側の丘陵部に分布する．関山峠北側の脊梁山脈東縁には下位より薬莱山安山岩類，竜の口層（切込層），小野田層が分布する．山形盆地側には山口層が分布する．

第四系：蔵王火山，船形火山などの第四紀成層火山の形成に伴う火砕流・降下火砕物などや，カルデラを埋めた堆積物（湖成層）・段丘構成層（段丘礫層など）からなり，奥羽脊梁山脈の両縁に分布する．南部地域には芋峠層が分布している．

■ 7.5.4　白石〜角田地域

本地域は，山形・宮城県境の奥羽脊梁山脈の東側にあたり，阿武隈山地の北縁部をなす地域である．本地域に分布する最下部新第三系は，玄武岩質火砕岩・酸性火砕岩，砂質岩類を主とする．これに中部中新統下部の広域的海進の初期に形成された泥質岩と酸性火砕岩がのる．本地域，特に脊梁側の上部中新統〜鮮新統は，カルデラ形成に伴う，大量の珪長質陸成火砕岩類からなり，これが中部・下部中新統を不整合に覆っている．一般に上部中新統は，広域的な海進に伴う地層で，泥質岩が卓越することが多いが，本地域では，海岸寄りに認められるものの，海進・海退に伴う地層の発達は弱く，また砂質岩が卓越している．第四系は，主に淡水〜陸成層と，第四紀火山からの噴出物からなる．

下部中新統〜中部中新統下部：白石〜大河原地域に分布するこの時代の地層は，下位より，天明山層，槻木層，高館火山岩類，橋本砂岩に区分される．角田盆地地域では，槻木層に対比される金山

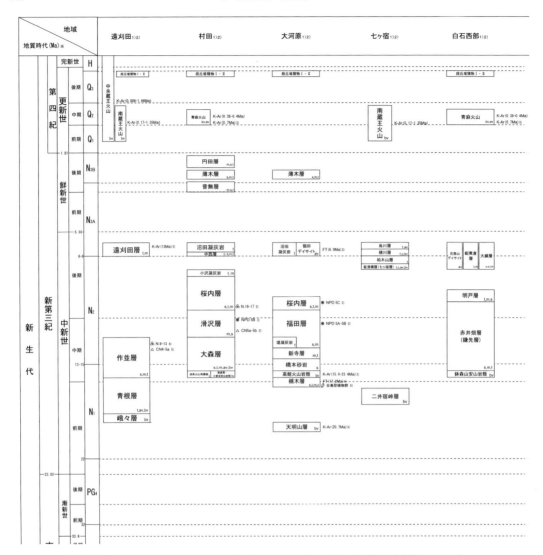

図 7.5.6 白石～郡山地域の層序表（建設技術者のための東北地方の地質編集委員会編，2006）
遠刈田（10：宮城県，1983，11：大槻ほか，1986，12：舟山，1985，13：斉藤，1985，14：岡田，1979）．
村田（20：宮城県，1983，21：大槻ほか，1986，22：三村，2001）．
大河原（12：宮城県，1983，13：大槻ほか，1986，14：宇都ほか，1984，15：鈴木，1982，16：Okutsu，1955）．
七ヶ宿（19：宮城県，1997，20：島津ほか，1986）．
白石西部（12：宮城県，1983，13：島津ほか，1986，14：三村，2001）．

層，追層が，天明山層に重なる．村田地域には，浪形火山角礫岩，猿鼻層・小妻坂安山岩類が分布する．桑折地域は白石西部地域につながる地域で，下位より，天明山層，霊山層，梁川層（貝田層）が分布している．

中部中新統上部～上部中新統：村田地域の中部中新統上部～上部中新統は，下位より，大森層，滑沢層，桜内層，小沢凝灰岩，中西層に区分される．大河原地域では，下位より，新寺層，堤凝灰岩を伴う福田層，桜内層，猫田デイサイトが分布する．白石

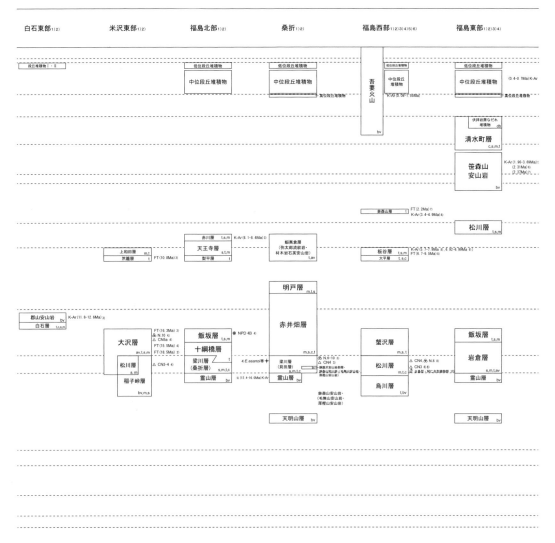

図 7.5.6 (続き)

　白石東部（3：宮城県，1983，4：島津ほか，1986，5：中嶋ほか，1995）．
　米沢東部（13：神保ほか，1970，14：山形県，1985，15：吉田，1980，16：新エネルギー・産業技術総合開発機構，1986，17：菅井，1976）．
　福島北部（2：福島県，1999，3：宮城県，1998，4：大竹・八島，2003，5：植村ほか，1986）．
　桑折（1：宮城県，1983，2：福島県，1999，3：鈴木・若生，1987，4：相田・竹谷，2001，5：Ohki et al.，1993a）．
　福島西部（1：神保ほか，1970，2：山形県，1985，3：田宮ほか，1970，4：福島県，1999，5：福島県，1982，6：植村ほか，1986，7：富樫ほか，1978，8：新エネルギー・産業技術総合開発機構，1986，9：通産省資源エネルギー庁，1990b，10：鈴木，1959）．
　福島東部（1：福島県，1982，2：福島県，1988，3：阪口，1995，4：柳沢ほか，1996，5：長橋ほか，2004，6：新エネルギー・産業技術総合開発機構，1990，7：八島，1990）．

西部から桑折地域には，下位より，鉢森山安山岩類，赤井畑層（鎌先層），明戸層，大綱層・蝦夷倉層・花房山デイサイトが重なる．また，白石東部地域には，白石層，郡山安山岩が，角田盆地地域には，芳ヶ沢層が分布する．

鮮新統：村田地域の鮮新統は，下位より，沼田凝灰岩，音無層，薄木層，円田層に区分される．

第四系：南蔵王火山，青麻火山，中央蔵王火山などの第四紀成層火山の形成に伴う火砕流・降下火砕物などや，段丘構成層（段丘礫層など）からなる．

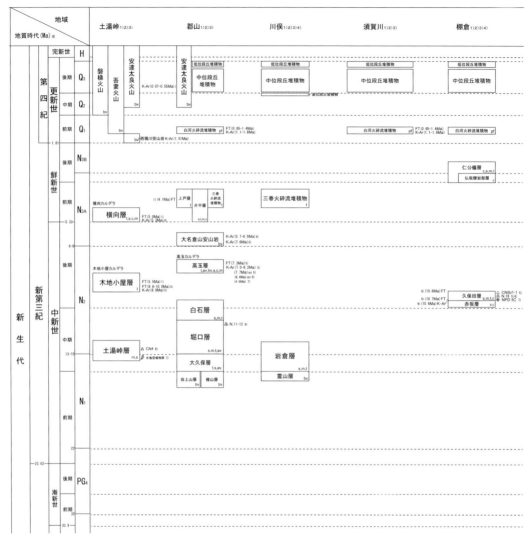

図 7.5.6 （続き）

土湯峠（1：山元，1994，2：鈴木ほか，1986，3：北村ほか，1965，4：新エネルギー・産業技術総合開発機構，1990，5：新エネルギー・産業技術総合開発機構，1991a，6：岡田，1981）．

郡山（1：山元，1994，2：鈴木ほか，1986，3：阪口，1995，4：八島ほか，2001，5：Seki，1993，6：山岡・植田，1974，7：関，1990，8：真鍋ほか，1988，9：富塚ほか，1991，10：河野・植田，1966）．

川俣（1：福島県，1989，2：福島県，1995，3：久保ほか，1990，4：久保ほか，1994，5：富塚ほか，1991）．

須賀川（1：福島県，1985a，2：福島県，1996，3：久保ほか，2002）．

棚倉（1：福島県，1985b，2：福島県，1998，3：大槻・北村，1986，4：大槻，1975，5：島本ほか，1998，6：Hayashi et al.，2002，7：柳沢ほか，2003，8：Takahashi et al.，2001b，9：Takahashi et al.，2001a，10：柴田・内海，1983，11：柴田・田中，1987，12：柴田・内海，1992）．

■ 7.5.5 仙台〜松島地域

本地域は，岩手・宮城県境の一関丘陵の南側から，阿武隈山地の北縁にいたる，北上山地と奥羽脊梁山脈，阿武隈山地に囲まれた丘陵地，平野部からなる．丘陵地は，主に高度40〜300mの小起伏の高度のそろった丘陵からなる．そのなかでも，松島丘陵や箆岳丘陵は，高度がやや高く，隆起帯をなしている．箆岳丘陵と松島丘陵との間には大崎平野，松島丘陵の南には仙台平野が広がる．仙台地域では古い基盤岩類として，中部三畳系の利府層が，塩釜丘陵の狭い範囲に露出している．一般に丘陵地域で

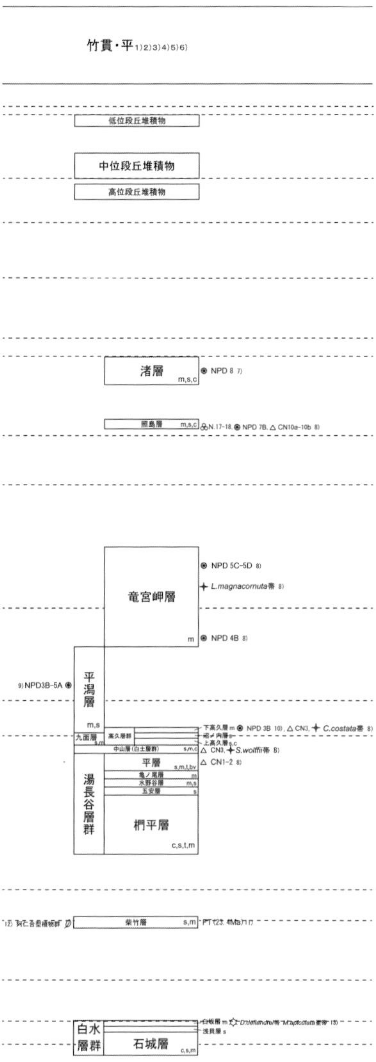

竹貫・平 1)2)3)4)5)6)

低位段丘堆積物

中位段丘堆積物

高位段丘堆積物

渚層　m,s,c　● NPD 8 7)

照島層　m,s,c　●N 17-18 ● NPD 7B, △ CN19a-19b 8)

竜宮岬層　● NPD 5C-5D 8)　+ L.magnacornuta帯 8)

m　● NPD 4B 8)

平潟層　9)NPD3B-5A　m,s

湯長谷層群

真久保層群　下真久層 m ● NPD 3B 10), △ CN3, + C.costata帯 8)
八田層　中山層(白土累層)　△ CN3, ● S.wolffii帯 8)

平層　s,m,l,br　△ CN1-2 8)
亀ノ尾層 m
水野谷層 m,s
五安層 s

樋平層　c,s,t,m

柴竹層　s,m

白水層群　石城層　c,s,m
浅貝層 8)

図 7.5.6　（続き）

竹貫・平（1：福島県，1994，2：福島県，1995，3：福島県，1998，4：福島県，1997，5：岩生・松井，1961，6：加納ほか，1973，7：Mitsui *et al.*, 1973，8：竹谷ほか，1990，9：丸山ほか，1988，10：小泉，1986，11：木村，1988，12：Tanai and Onoe, 1959，13：柳沢・鈴木，1987，14：Tanaka *et al.*, 1999，15：Iwata *et al.*, 2000，16：柴田・内海，1983，17：藤巻ほか，1991，18：柴田・内海，1992，19：Hiroi *et al.*, 1987）.

は，新第三系（中新統および鮮新統）と第四系の一部が台地部に広がり，低地には第四系が分布している．

仙台地域に分布する中新統は，陸成〜海成の名取層群と，陸成の秋保層群からなる．新第三紀中新世には，日本海の形成に伴って，陸域で火山活動が始まるとともに，それに引き続いて背弧側から海が侵入してきた．この海は，ふたたび日本海側へと後退するとともに，現在の東北日本弧が形づくられたと考えられている．仙台周辺に分布する名取層群は，この陸から海へ（背弧海盆拡大期），そしてふたたび陸域に（島弧期）変わる過程で形成された地層群

である．これに対して，秋保層群は，現在の東北日本弧が形成された後の，島弧火山活動期（前期カルデラ火山弧期）に形成された地層である．名取層群は，陸成〜内湾成の礫岩，砂岩，凝灰岩（槻木層），陸成の流紋岩・安山岩・玄武岩溶岩および軽石凝灰岩・凝灰角礫岩・火山角礫岩（高館層），浅海成で動物化石を産する礫岩，礫混じり砂岩，粗粒砂岩（茂庭層），微化石を多産する細粒砂岩・シルト岩（旗立層）と，後期中新世の浅海成の火山礫凝灰岩，軽石凝灰岩，砂岩，礫岩（綱木層）から構成されている．旗立層は，1400〜1200万年前（島本ほか，2001）に，外部浅海帯から上部漸深海帯に堆積したことを示しており，仙台付近においては，中期中新世に，海の深さが最も深かったことを示している．綱木層は，海成から陸成へと移り変わる時期に堆積した地層であるが，多量の火山性堆積物をはさみ，この陸化が激しい火山活動を伴ったものであることを示している．

　秋保層群は，陸成の軽石凝灰岩（湯元層），軽石凝灰岩・砂質凝灰岩・砂岩（梨野層），大型植物化石や昆虫化石を含む軽石凝灰岩・凝灰質シルト岩（白沢層），安山岩・玄武岩溶岩・火山砕屑岩（三滝層）から構成されている．この時代に，仙台周辺では，直径10 kmをこえるカルデラがいくつも形成され，そこから多量の火砕流堆積物が放出された．このときに生じたカルデラ深部には，かつてのマグマ溜りの跡と思われる，地震波速度の低速度異常などが現在でも観測される（Sato *et al.*, 2002）．

　仙台周辺に分布する鮮新世の地層には，2回に及ぶ陸域から海域への環境変化が記録されている．仙台層群は，亜炭をはさむ砂岩・凝灰岩（亀岡層），内湾生寒冷型の「竜の口動物群」化石を産するシルト岩・砂岩・凝灰岩（竜の口層），砂岩・シルト岩・凝灰岩・亜炭の互層（向山層），砂岩・シルト岩・亜炭（大年寺層）からなる．このうち，亀岡層と向山層は陸成層だが，竜の口層と大年寺層の大部分は海成層である．そして，厚い火砕流堆積物（広瀬川凝灰岩部層）をはさむ向山層が，竜の口層を不整合に覆うことから，亀岡層から竜の口層までと，向山層から大年寺層までが，それぞれ陸から海への堆積輪廻を示す．この竜の口層が堆積した海域を，竜の口の海，その当時の海進を，竜の口海進と呼んでいる．

　本地域には，北北西-南南東，北西-南東，北東-南西系の断層，撓曲，褶曲がみられる．阿武隈山地東側には北北西-南南東方向の双葉断層があり，鮮新統の分布はその東側に限られ，鮮新統は双葉断層付近で東側に急傾斜している．仙台付近には鈎取-奥武士線，長町-利府線など，北西-南東，北東-南西系の断層・撓曲が認められる．

　下部中新統〜中部中新統下部：松島地域には，下部中新統，塩竈層群が分布し，涌谷地域には，追戸層和渕礫岩部層が分布する．塩竈層群に，下位より，佐浦町層，網尻層，松島層，東宮浜層，大塚層が重なり，これらが松島湾層群をなす．仙台地域では，下位より，槻木層，高館層，茂庭層（名取層群の下部）が分布している．

　中部中新統上部〜上部中新統：仙台地域の中部中新統上部〜上部中新統は，下位より，旗立層，綱木層，湯元層，梨野層，三滝層，白沢層に区分される．これらは，名取層群の上部と秋保層群からなる．仙台北部〜北東部の丘陵地域には，下位より，入管谷層・大堤層，番ヶ森山層，青麻層，七北田層，白沢層が重なる．松島地域の中部中新統上部〜上部中新統，志田層群は下位より，根古層，汐見台層・三ツ谷層，幡谷層，鹿島台層，番ヶ森山層，大松沢層に区分される．箟岳丘陵〜大崎平野周辺には，追戸層（追戸砂岩部層，箟岳火砕岩部層），黄金迫層が分布している．

　鮮新統：鮮新統はこの地域の丘陵の主要な構成層で，中部〜上部中新統を不整合で覆う．全域ではほぼ同一の岩相を示す．下部は凝灰質砂岩・シルト岩からなり，亜炭をはさむ．中部は砂岩・シルト岩からなり，貝化石を含む．上部は凝灰質砂岩，シルト岩からなり，軽石質凝灰岩，亜炭をはさむ．仙台付近の鮮新統，仙台層群は下位より亀岡層，竜の口層，向山層，大年寺層に区分されている．このうち，亀岡層，竜の口層は本地域に広く分布する．仙台北東の丘陵地域には，竜の口層の上に，三本木層，宮床凝灰岩，若畑層が重なる．松島地域では，表沢層，俵庭層・留ヶ谷層，涌谷地域では瀬峰層，大崎平野地域では小野田層が竜の口層に重なる鮮新統である．

　第四系：下部更新統は，主に礫層が分布する地域と，主に火砕流堆積物が分布する地域とに分けられる．本地域では，東原層，渕花層，高清水層が下部

更新統である．七ツ森火山岩，上嘉太神デイサイト，荒川火砕岩，赤崩山安山岩や，泉ヶ岳～船形山の火山噴出物もこの時代の活動による．中部～上部更新統・完新統は，礫層，火砕流堆積物，段丘堆積物，沖積層などからなる．火砕流堆積物は大崎平野北西部で火砕流台地を，段丘堆積物は脊梁山脈沿いに段丘化した扇状地群を形成する．沖積層は，大崎平野の沈降帯や海岸平野などに広く分布する．仙台付近の中部～上部更新統・完新統は下位より，扇状地堆積物の二ツ沢礫層とそれを覆う越路火山灰からなる青葉山層，河岸段丘堆積物，降下火山灰（愛島火山灰，永野火山灰，多賀城火山灰），および低地を構成する沖積層から構成されている．

7.6 福 島 地 域

■7.6.1 会 津 地 域

　会津～棚倉地域の地質概要を図7.6.1に，同地域の模式柱状図を図7.6.2に示す（大槻ほか，2006）．また，同地域の層序表を図7.6.3に示す（建設技術者のための東北地方の地質編集委員会編，2006）．なお，福島中通り（福島～郡山）地域の層序表は，図7.5.6に示されている．

　猪苗代湖周辺から会津盆地西方にいたる地域では，会津盆地，猪苗代盆地が南北に延び，両盆地をへだてる，猫魔火山から背炙山丘陵を経て那須火山にいたる奥羽脊梁山脈の西縁をなす山列が南北に延びる．そして，会津盆地の西側には丘陵域を経て越後山脈にいたる山地が広がり，そのなかに野沢盆地や田島盆地が分布する．会津地域は，西から，越後山脈地域（野沢盆地周辺～会津盆地西南縁），会津盆地西縁丘陵地域，会津盆地地域，会津盆地北縁から檜原湖にかけての脊梁山脈北部地域，会津盆地南東縁より南の脊梁山脈南部地域，猪苗代盆地地域などに区分できる．

　越後山脈地域では，北西-南東方向の撓曲や褶曲が密集する野沢-尾岐構造帯（鈴木ほか，1986），南北方向の只子沢-小川沢破砕帯（島田・伊沢，1969）などの，褶曲・断層が多い．同様の傾向は奥羽脊梁山脈北部地域の檜原湖周辺にも認められる．流紋岩の岩脈も，北北西-南南東や南北方向に延びるものが多い．会津盆地，猪苗代盆地などの盆地は地溝性の盆地であり，盆地の東西両縁には断層や撓曲などの構造が認められる．そして，会津盆地西縁の丘陵地域には南北方向の褶曲構造が発達し，向斜部には，しばしば断層がみられる．盆地縁辺部では衝上断層もみられる．越後山脈地域には，沼沢，浅草岳の火山が，そして，奥羽脊梁山脈地域には，磐梯，猫魔の火山群が分布する．

　下部中新統～中部中新統下部：最大2000 m以上の厚さをもち，グリーンタフが多い．北部では礫岩・砂岩など，西部では層理の明瞭な泥岩などを多く伴う．会津盆地西縁，南西縁～野沢盆地地域の下部中新統～中部中新統下部は，下位より，大桧沢層，滝沢川層，利田層，萩野層に区分される．会津北部地域では，下位より，大桧沢層，黒岩層，五枚沢川層が分布する．会津南部地域には，下位より，闇川層，東尾岐層が分布している．小林～針生地域では，下位より，塩の岐層，大塩層，小川沢層（浅布層）に区分される．

　中部中新統上部～上部中新統：中部中新統中部～上部中新統下部は，厚さは数百m以下と薄く，前のステージに比べ分布範囲も狭い．火山噴出物が減少し，砂岩・泥岩が多い．下部はやや広い範囲に分布するが，上方に順次狭くなる傾向が認められる．会津地域では広域に，下位より，漆窪層，二ノ沢層，譲峠層，塩坪層が分布する．会津南部には布沢層，松坂峠層，駒止峠火砕流堆積物を伴う南会津層が分布し，これらは小林，針生地域にも広がる．カルデラ形成に伴う大峠層，入山沢層，八塩田層，柳津火砕流堆積物，高川層，城ノ入沢層や，藤峠層の下部は，上部中新統最上部に属する．

　鮮新統：上部中新統最上部から鮮新統（約7.0～1.8 Ma）にかけて，陥没盆地のなかに堆積した酸性の火山噴出物と礫岩・砂岩・泥岩などからなる互層とが，500 m程度の厚さで分布する（島田ほか，1986）．これらは，内陸盆地に堆積した陸水成層であり，会津，野沢盆地の縁辺地域などに分布する．会津盆地西縁～南西縁～野沢盆地地域には，下位よ

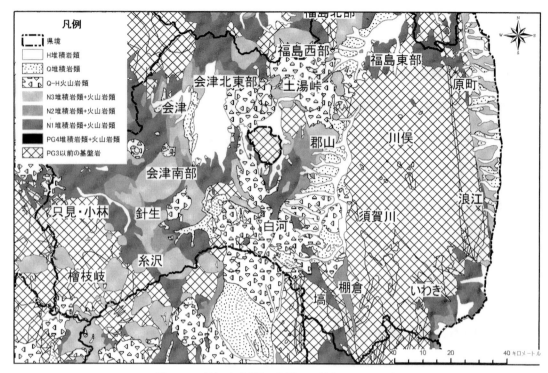

図 7.6.1 会津〜棚倉地域の地質概要（大槻ほか，2006）

り，藤峠層，和泉層が分布し，会津盆地北縁〜東縁地域には大沢層が分布する．会津南部地域では，上井草層，会津金山火山岩，仏沢火砕流堆積物，博士山火山岩が重なる．

第四系：会津盆地西縁〜野沢盆地地域の下部〜中部更新統（$1.7〜0.2\,\mathrm{Ma}$）は，下位より，七折坂層，塔寺層に区分され，会津盆地南西縁地域では，七折坂層に砂子原層が重なる．会津盆地北東縁〜南東縁の下部〜中部更新統は背炙山層である．会津南部では，カルデラ噴出物の細かい編年がなされているが，それらの重なりは，小野層（隈戸火砕流堆積物），塔のへつり層（芦野火砕流堆積物），成岡層（西郷火砕流堆積物），下郷層（天栄火砕流堆積物）の順である．中部〜上部更新統〜完新統は，会津盆地周辺の丘陵・主要河川沿いの段丘構成層，盆地を埋積する堆積物，火山噴出物からなる．大川（阿賀川），日橋川，只見川，阿賀野川の各水系沿いに分布する段丘とその堆積物，会津盆地，猪苗代盆地を埋積する堆積物および磐梯，沼沢などの火山噴出物などからなる．およそ $0.2\,\mathrm{Ma}$ 以降に形成されたもので，中期〜後期更新世の 2〜4 段の段丘と完新世の 2 段の段丘が認められる．

■7.6.2 福島〜白河地域

本地域は，阿武隈川沿いの，白河盆地，郡山盆地，そして福島盆地にいたる地域であり，地形的には，北上河谷帯の延長にあたる．西側には吾妻，安達太良，那須などの火山群をのせる奥羽脊梁山脈が南北に延び，東側にはなだらかな起伏をもつ，主に先新第三系からなる阿武隈山地が広がる．福島盆地と郡山盆地との間には，阿武隈山地から連なる変成岩類や花崗岩類からなる松川〜二本松丘陵が分布する．郡山盆地の南には須賀川-矢吹ヶ原丘陵があり，白河盆地との境界をなしている．この白河盆地の東縁では，棚倉破砕帯が北北西-南南東方向に延びている．この破砕帯は，先第三系を地塊化させ，中部中新統の堆積開始時には，隆起域と沈降域とを分けていたと考えられている（北村ほか，1965；鈴木ほか，1986）．

阿武隈川低地域には，河岸段丘とその堆積物および降下火山灰層，火砕流堆積物などが分布し，福島，郡山，白河などの盆地には，厚い中部〜上部更新統，完新統が分布している．前期更新世の白河層は，須賀川西方域に主に分布するが，須賀川南方〜

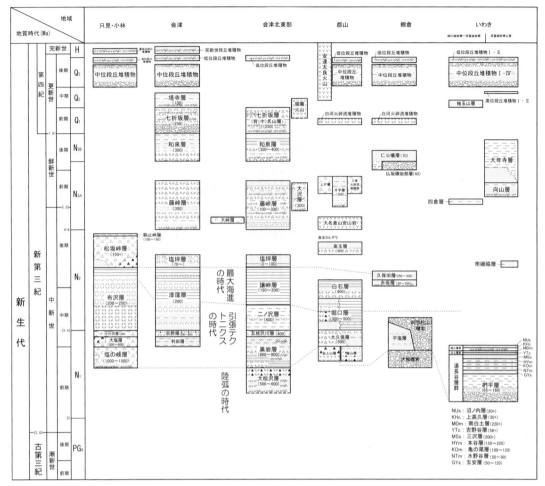

図7.6.2 会津〜棚倉地域の模式柱状図（大槻ほか，2006）

東方，郡山東方の阿武隈山地西縁部にも分布している．福島盆地と西側の丘陵や脊梁山脈との境界には，活断層研究会（1980）が命名した，福島盆地西縁断層群が，北北東-南南西・北東-南西方向に延びている．福島盆地地域の沈降が開始されたころから，たびたび運動を繰り返してきたものと思われる．福島盆地の東縁には，このような断層は認められていない．

下部中新統〜中部中新統下部：下部〜中部中新統は，福島盆地周辺から奥羽脊梁山脈地域にかけて広く分布するが，一部は阿武隈山地北部にも分布する．福島北東〜東部地域に分布する天明山層を除き，前期中新世前半の地層はほとんどなく，後半以後の地層（18〜14 Ma）が分布するところが大部分である．福島盆地周辺地域の下部〜中部中新統は，下位より，霊山層，梁川層（桑折層，貝田層），十綱橋層に区分できる．福島西部地域には，烏川層，松川層，蟹沢層が，福島東部〜川俣地域には，霊山層，岩倉層が，土湯峠地域には，土湯峠層が分布する．郡山地域には，下位より，岩上山層，檜山層，大久保層が重なる．須賀川〜白河地域には小田川層，勢至堂層・大久保層が分布する．

中部中新統上部〜上部中新統：中部〜上部中新統は，下半部は海成層からなり，福島盆地周辺から土湯峠付近や郡山盆地西縁の脊梁山脈地域にかけて広く分布するが，須賀川〜矢吹西方（棚倉破砕帯以西）の脊梁山脈地域には分布しない．上半部は，福島盆地，郡山盆地周辺の限られた地域に分布する．福島盆地周辺地域の中部〜上部中新統は，下位より，飯坂層，梨平層，天王寺層，赤川層に区分され

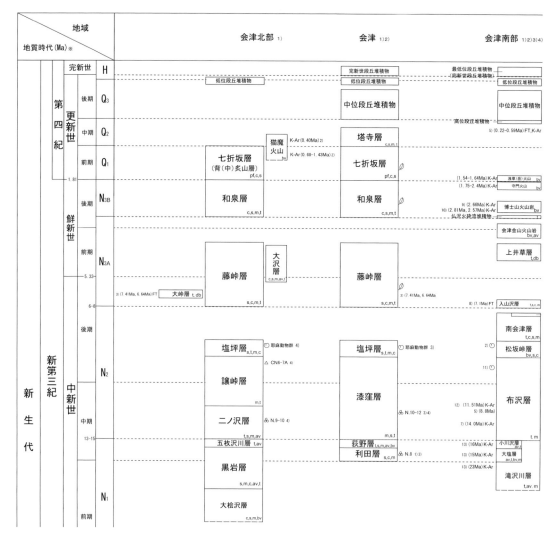

図 7.6.3 会津〜棚倉地域の層序表（建設技術者のための東北地方の地質編集委員会編，2006）

会津北部（1：福島県，2003，2：山元，1994，3：西坂・吉村，1988，4：鈴木ほか，1986）．
会津（1：鈴木ほか，1968，2：鈴木ほか，1973，3：鈴木ほか，1986，4：鈴木，1951，5：Mizutani et al.，1984，6：河野・植田，1966，7：高橋ほか，1996）．
会津南部（1：島田・伊沢，1969，2：山元・駒澤，2004，3：山元・吉岡，1992，4：山元・吉岡，1999，5：新エネルギー・産業技術総合開発機構，1985a，6：新エネルギー・産業技術総合開発機構，1990，7：山口，1986，8：山元，1992，9：博士山団体研究会，1990，10：小林・猪俣，1986，11：鈴木ほか，1086，12：新エネルギー・産業技術総合開発機構，1995，13：島田・植田，1979，14：福島県教育委員会，1985）．

る．福島西部には，大平層，板谷層が，土湯地域には木地小屋層が分布する．郡山地域では，下位より，堀口層，白石層，高玉層，大名倉山安山岩に区分される．白河地域には，高川層，城ノ入沢層が分布する．

鮮新統：上部中新統〜鮮新統は，主に内陸盆地地域に堆積した陸水成層からなる．主に福島盆地北西縁，郡山盆地などの丘陵地域に分布し，須賀川〜矢吹の丘陵地域の地下に伏在し，鮮新世末に安山岩類の貫入を受けている．福島盆地周辺地域の上部中新統〜鮮新統は，松川層，鉢森山層，笹森山安山岩である．土湯峠地域には，横向層が，郡山盆地とその周辺地域には片平層，上戸層，三春火砕流堆積物が分布する．

第四系：本地域の下部〜中部更新統は，清水町層，白河層などとその後に堆積した高田層からな

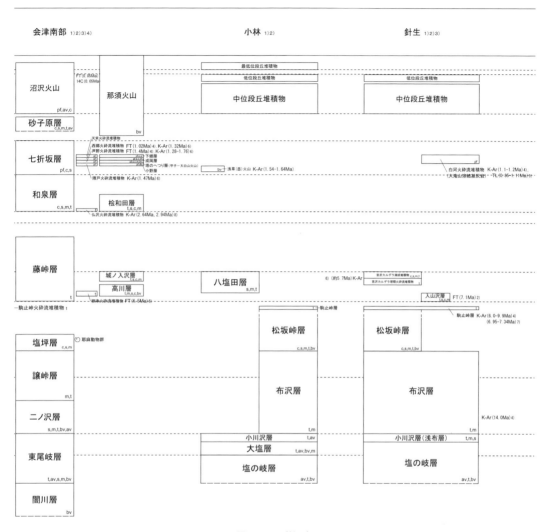

図 7.6.3 （続き）

小林（26：島田ほか，1974，27：山元ほか，2000，28：小池，1979，29：藤本・小林，1961，30：田沢・新潟基盤岩研究会，1999）．

針生（18：水戸ほか，1978，19：山元，1992，20：山元ほか，2000，21：山口，1986，22：高島・本多，1989，23：新エネルギー・産業技術総合開発機構，1987b，24：山口，1991，25：河野・植田，1966，26：日本の地質「関東地方」編集委員会編，1986）．

る．福島盆地周辺地域の下部〜中部更新統は下位より，清水町層，伏拝岩屑なだれ堆積物，高田層に区分される．郡山〜白河地域には白河層（白河火砕流堆積物）が分布する．中部更新統〜完新統として，吾妻火山，安達太良火山などの第四紀成層火山の形成に伴う火砕流・降下火砕物などや段丘構成層（段丘礫層など）が分布している．

■7.6.3 棚倉地域

福島県南部の棚倉町から茨城県北部の常陸太田市にかけての，先第三系からなる阿武隈山地とその西側の八溝山地の間を埋めて，南北約 60 km にわたり新第三系が分布している．これらは両山地を分ける棚倉破砕帯の内部とその両側に堆積したものである．棚倉破砕帯は東縁断層と西縁断層にはさまれた

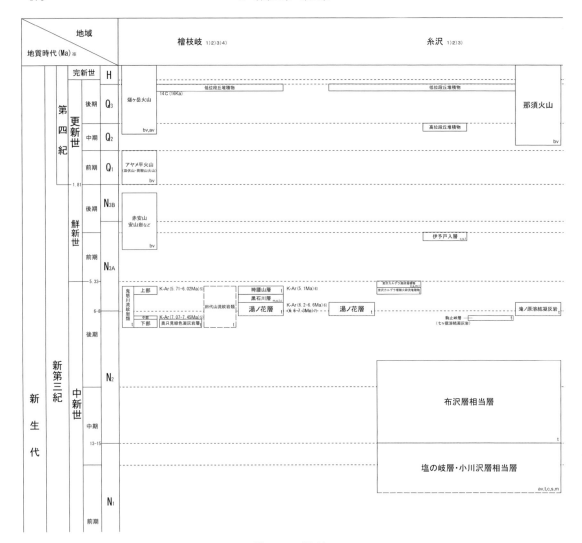

図 7.6.3 （続き）

檜枝岐（6：茅原・小松，1992，7：村山・河田，1956，8：大竹ほか，1997，9：山元ほか，2000，10：山口，1991，11：新エネルギー・産業技術総合開発機構，1985a，12：新エネルギー・産業技術総合開発機構，1987b，13：河野・植田，1966，14：日本の地質「関東地方」編集委員会編，1986，15：藤本・小林，1961）．

糸沢（4：柴田ほか，1972，5：福島県，2000，6：山元ほか，2000）．

幅約5kmの破砕帯を形成している．

　棚倉破砕帯沿いの新第三系は，梁森，西部棚倉，東部棚倉，矢祭，西部大子，東部大子，北部山方，中部破砕帯（破砕帯内部），太田（常陸太田），町屋地域などの地域に分かれて分布する（大槻，1975；天野ほか，1989）．西部棚倉地域は破砕帯西縁断層の西側にあたる．この地域の新第三系は，下部中新統最上部〜中部中新統下部からなり，前期中新世に生じた比較的小さな堆積盆を埋めた，主に礫岩・砂岩からなる地層である．東部棚倉地域は破砕帯東縁断層の東側地域で，中部中新世に始まった新たな海進によって形成された，主に浅海成の中部中新統中部〜上部中新統からなり，これを非海成鮮新統が不整合に覆っている．矢祭〜北部山方地域は破砕帯西縁断層の西側地域であり，下部中新統上部〜中部中新統下部の地層からなる．これらは，前期中新世に生じたハーフグラーベン中に形成された，主に湖沼と扇状地性三角州の堆積物からなるが，海進の進行につれて，上位に向かって沖合の堆積物に変化している．また，破砕帯内部地域には，中部中新統下部

7.6 福島地域

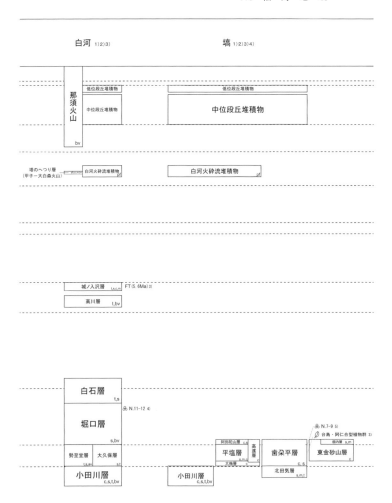

図 **7.6.3** （続き）

白河（13：福島県，1987，14：福島県，2000，15：山元，1999a，16：真鍋ほか，1988，17：河野・植田，1966）．
塙（20：福島県，1985，21：福島県，1998，22：大槻，1975，23：日本の地質「関東地方」編集委員会編，1989，24：鎮西ほか，1981，25：柴田ほか，1973，26：鈴木・佐藤，1972，27：Sashida *et al*., 1982，28：佐藤・指田，1986，29：佐藤，1980，30：吉田ほか，1976）．

が分布する．

下部中新統〜中部中新統下部：西部棚倉地域の下部中新統〜中部中新統下部は，下位より，大梅層，平塩層，阿弥陀山層，高渡層に区分される．矢祭地域の下部中新統〜中部中新統下部は，下位より，北田気層，歯染平層よりなり，また，大子地域では，下位より，浅川層，男体山火山角礫岩，百合平層，風木ノ草層が分布する．破砕帯内部地域の下部中新統〜中部中新統下部は，下部より，東金砂山層，男体山火山角礫岩，梱内層に区分される．

中部中新統上部〜上部中新統：棚倉地域には，赤坂層，久保田層が分布する．

鮮新統：棚倉地域の鮮新統は，仏坂礫岩部層を伴う仁公儀層である．

第四系：白河層のデイサイト質凝灰岩（白河火砕流堆積物）と段丘堆積物・谷底低地堆積物からなる．

■ 7.6.4 福島浜通り地域

角田〜浪江地域の宮城南東部から福島浜通りにかけた地域の層序表を図7.6.4に示す（建設技術者のための東北地方の地質編集委員会編，2006）．福島浜通り，常磐地域の新第三系は，阿武隈山地東縁の海岸地域に帯状に分布し，古第三系とともに標高約200 m以下の緩やかな丘陵地を構成している．丘陵の西縁は，比較的急な斜面で西側の山地に移り変わり，ここで第三系・上部白亜系堆積岩類が御斎所変成岩・白亜紀花崗岩類と接している．いわき市四倉町西方，赤井岳付近，湯ノ岳付近では，西北西-東

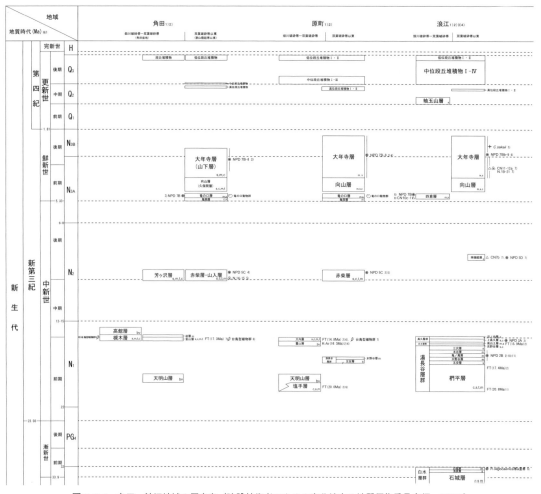

図 7.6.4 角田〜浪江地域の層序表（建設技術者のための東北地方の地質編集委員会編，2006）

角田（31：藤田ほか，1988，32：生出・藤田，1975，33：柳沢，1990，34：柳沢・栗原，2002，35：大槻ほか，1986，36：藤田・木野崎，1960，37：柳沢ほか，1996，38：菅野，1955，39：河野・植田，1965，40：島ほか，1969，41：柴田，1987）．

原町（27：久保ほか，1990，28：柳沢ほか，1996，29：柳沢，1990，30：柳沢ほか，2003，31：柳沢・栗原，2002，32：山元，1996，33：河野ほか，1969，34：久保・山元，1990，35：山元ほか，1989，36：Sato，1962，37：松岡，1989，38：Masatani and Tamura，1959，39：Sato，1956，40：佐藤，1973，41：Tazawa and Gunji，1982，42：Tazawa et al., 1984，43：Hayasaka and Minato，1954，44：蟹江ほか，1992，45：河野・植田，1965，46：柴田ほか，1972）．

浪江（16：久保ほか，1994，17：久保ほか，2002，18：岩生・松井，1961，19：福島県，1994，20：相田・竹谷，2001，21：柳沢ほか，2003，22：竹谷ほか，1986，23：竹谷ほか，1990，24：柳沢ほか，1989，25：久保ほか，1990，26：秋葉，1985，27：安藤ほか，1995，28：通産省資源エネルギー庁，1990b，29：Yanagisawa，1967，30：Ueno，1992）．

南東〜北西-南東方向に延びた正断層群により，それぞれ北部に対して，南部が西方にずれている（須貝・松井，1957）．南方にも同方向の断層があり，北東部には，ほぼ南北に延びる逆断層である，双葉断層（須貝・松井，1957）がある．これらの断層と平行に発達した小規模な断層が多数存在する．この地域に分布する新第三系は，走向がほぼ南北で，東方に傾斜した同斜構造をしている．

須貝・松井（1957）は，常磐地域の第三系を下位から，白水層群，湯長谷層群，白土層群，高久層群，多賀層群に区分している．常磐地域に分布する地層のうち，白水層群，湯長谷層群，中山層，高久層群以下が中新統，多賀層群は中新統〜鮮新統である．さらに上位に，第四系と考えられている竜田層および袖玉山層が局所的に分布し，その他段丘礫層も認められる．

福島県の太平洋沿岸地域（浜通り地域）には，鮮新統，仙台層群が広く分布しており，これを段丘堆積物が覆っている．

古第三系：常磐地域には，夾炭層を含む古第三系が分布する．古第三系，白水層群は，下位より，石城層，浅貝層，白坂層に区分される．

下部中新統〜中部中新統下部：原町地域の双葉破砕帯以西の下部中新統〜中部中新統下部は，下位よ

り，塩手層，天明山層，霊山層，大内層に区分される．双葉破砕帯以東には，湯長谷層群（五安層，水野谷層）が分布している．常磐地域に分布する下部中新統の湯長谷層群は下位より，椚平層，五安層，水野谷層，亀ノ尾層，本谷層，三沢層からなる．下部中新統上部の白土層群（中山層）は，吉野谷層（吉野谷礫岩砂岩部層），南白土層（南白土凝灰質砂岩泥岩部層）からなり，下部中新統上部〜中部中新統下部の高久層群は下位より，上高久層，沼ノ内層，下高久層に区分される．

中部中新統上部〜上部中新統：原町地域には赤柴層が分布する．浪江地域に分布する上部中新統は，南磯脇層と呼ばれる．

鮮新統：原町地域には，仙台地域から続く鮮新統，仙台層群が分布し，下位より，亀岡層，竜の口層，向山層，大年寺層が重なる．浪江地域においても，このうち，向山層と大年寺層が双葉破砕帯以東に分布している．双葉破砕帯以西の四倉地域には，四倉層が分布する．また，双葉地域には，広野層と富岡層が分布する．

第四系：第四系としては，袖玉山層，竜田層が分布し，これに高位，中位，低位の段丘堆積物が重なる． ［吉田武義］

8. 第四系と変動地形

8.1 第四系（更新統・完新統）の分布と編年

「第四紀」は，生物進化を基準に区分した地質時代のうち，最新の時代を指し，従来，178万年前以降とされていたが，現在は，国際地質科学連合IUGSの勧告に従い，気候の寒冷化が顕著になるガウス-マツヤマ境界に近いジェラシアン層の基底である260万年前（2.588 Ma）以降とされている（町田，2009a）．この新しい年代区分に従い，第四紀は，2.6〜0.78 Maの前期更新世，0.78〜0.126 Maの中期更新世，0.126〜0.0117 Maの後期更新世，そして0.0117 Maから現在までの完新世に区分されている．第四紀後半（特に中期更新世以降）には，汎世界的な氷期・間氷期の気候変動と，それに同期して氷河期には陸上の氷が増えて，海水の量が減り，海面が100 m以上低下し，間氷期には，その氷が溶け出して，海水の量が増え，海面がほぼ現在のレベルまで上昇するという海水準変動を周期的に繰り返している．

大陸東岸の中緯度地域に位置する東北地方の第四系は，この気候変動と海水準変動の影響を強く受けている．また，太平洋プレートによる東西圧縮が強まり，東北地方は，活発な地殻変動によって隆起域と沈降域が明瞭に分化している．東北地方の第四系はこのような環境のもとでの，堆積場所の制約を受けて分布している．また，奥羽脊梁山脈や出羽丘陵地域では，第四紀の火山活動に伴う大量の噴出物が分布し，これらが第四系の供給源になると同時に，第四系中の詳細な時間指標をも提供している．

そして，約2万年前は，海面が現在よりも約120 mも低かったが，最終氷期が終わった約1万7000年前から，間氷期の7000年前にかけては，氷河の氷がとけることにより，海面が急速に上昇し，約6000年前には，一時，現在よりも海面が高くなったことが知られている．海面の上昇により，海岸線はいったん陸側に移動するが，その後，河川などが運ぶ堆積物によって浅い海は埋め立てられ，海岸線は海側へと後退して，沖積平野が形成された．

a. 第四紀に形成された地層，地形とその年代

東北地方の第四系は，その年代と分布からみて，おおよそ次の5つの地形を構成している．①前期更新統〜中期更新統からなり，主として丘陵地および高位段丘群などを構成する．②中期更新統〜後期更新統からなり，主として段丘・扇状地の平坦地などを構成する．③後期更新統〜完新統からなり，海岸平野・盆地などの主として低平な沖積平野などを構成する．④火山活動に伴って生じた火山噴出物が形成する各種の火山関連地形など．さらに，上記に加えて⑤人為的営力とも言うべき各種の人工改変による地層・地形．

図8.1.1（小池ほか，2005）に①〜④の年代（地質・数値），古地磁気層序，同位体比層序，火山灰層序などに基づく編年をそれぞれ示している．また図8.1.2（日本第四紀学会編，1987）は①〜④の分布の概要を示す．

b. 前期・中期更新統（丘陵地および高位段丘群）

第四系堆積物のうち，丘陵地や高位段丘群を構成している前期・中期更新統は，奥羽脊梁山脈を境に東側と西側では，その分布と堆積状況がやや異なる．奥羽脊梁山脈東側では，北上・阿武隈山地の周囲をはじめ，上北平野や北上低地帯の内部まで広範に分布するが，その層厚は薄く変形も少ない．これに対して，奥羽脊梁山脈の西側，内陸盆地の新庄盆地や会津盆地，また出羽丘陵西麓の日本海側では，庄内平野から秋田平野の東縁部など分布域が限られてはいるが，層相および層厚の変化および変形が激しい．これらはいずれも鮮新統以降の両地域の造構運動の違いを反映していると推定されるが，5 Maから1 Maにかけての火山活動が示す背弧側から火山フロント側への移動が，この間における奥羽脊梁山脈をはさんだ地殻変動の違いに大きく影響した可能性が高い（Yoshida *et al.*, 2014；Otsubo and Miya-

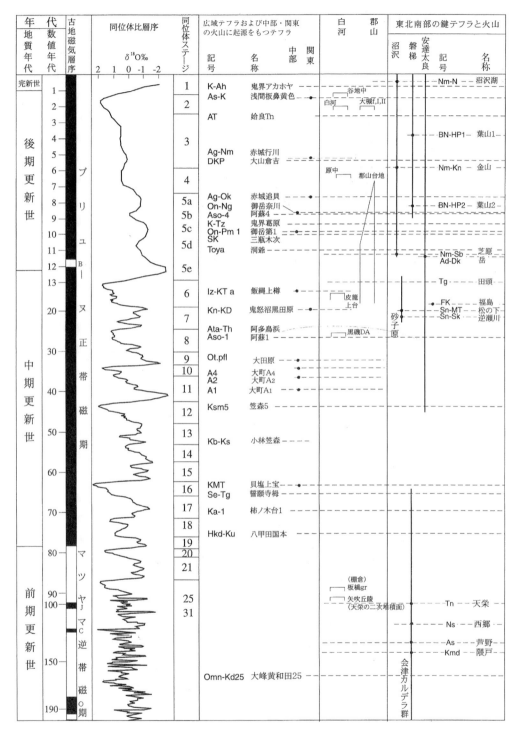

図 8.1.1 東北地方の第四紀編年（小池ほか，2005）

kawa, 2015).

c. 中期更新統〜完新統（段丘・扇状地の平坦地）

段丘や扇状地などの平坦地を構成している中期更新統から完新統は，上記の前期更新統分布域や山麓沿いに広く分布し，地域による分布の大きな違いはみられない．しかし，海岸段丘地形についてその分

8.1 第四系（更新統・完新統）の分布と編年　　　385

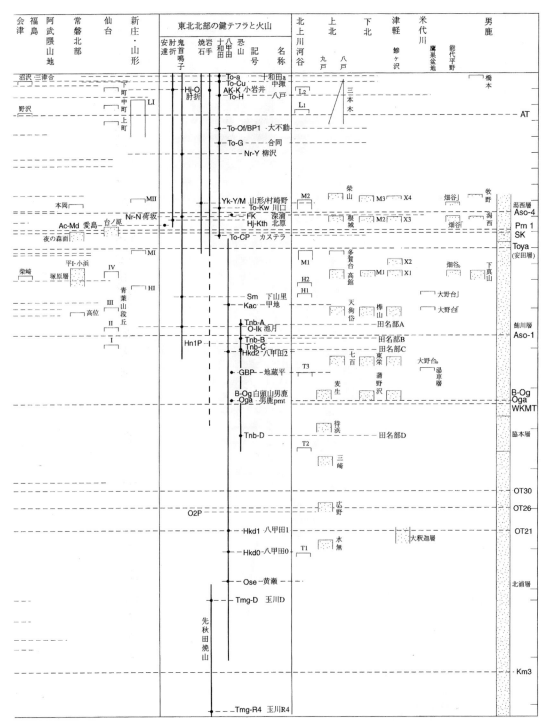

図 8.1.1　（つづき）

布高度をみると，第四紀の地殻変動（隆起）速度とその様式が異なる．太平洋側で分布高度は低く，緩やかな波状変形を示すが，日本海側では太平洋側に比べその高度は数倍高く，しかもその変化は激しい．盆地床についてみると，北上低地と横手盆地の違いに代表されるように，奥羽脊梁山脈東麓では盆

8. 第四系と変動地形

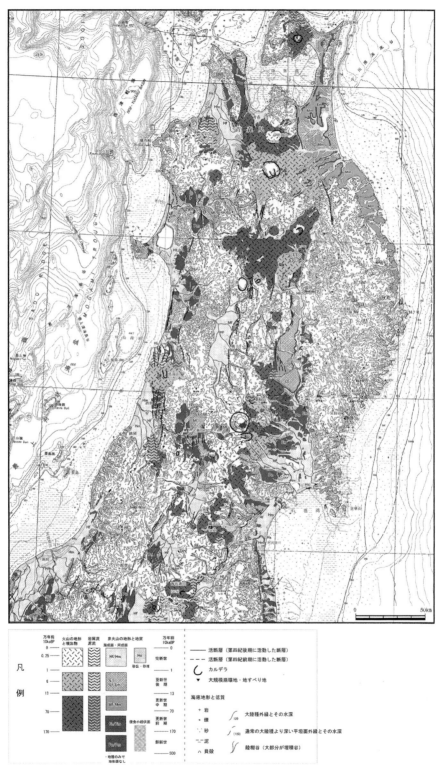

図 8.1.2 東北地方の第四紀系（地形面）の分布（日本第四紀学会編, 1987）

地床が離水した後期更新世の段丘で占められるのに対して，内陸盆地側では完新世の分布域が広い.

d. 海岸平野（低平な沖積平野）

最終氷期から一転して急上昇した海水準に呼応するように，大河川の河口付近では埋積作用が始まり，このとき，広く低平な海岸（沖積）平野が形成された．しかし，土砂供給が乏しい三陸海岸などでは，おぼれ谷となりリアス海岸が形成されている．ただし，これは地殻変動による沈降の結果，形成されたものではない.

e. 火 山 地 形

完新世（約1万年前～現在）の間に噴火したことが確認されている火山を活火山というが，地球上には，活動中の活火山が800あまりあり，そのうちの100あまりが日本に分布している（及川，2009）.奥羽脊梁山脈や出羽丘陵での第四紀の火山活動は，山麓に多量の火山噴出物を供給した．特に十和田カルデラなどでの火山活動は，それまでの地形を一変させるほどの大規模なもので，その後の周辺の地形発達・変化に大きな影響を与えている.

f. 人為による地形改変

平地に始まる人類の活動は，やがて台地・丘陵地へ，そして現在では山間奥地にまで場所を選ばず及んでいる．特に近現代では，人為による人工改変の速度は，社会状況の変動にあわせて進み，自然の変化を大きく上回り，自然を制御する勢いである．山間部には巨大な発電・用水ダムがつくられた．地すべり多発地域では砂防ダムが建設され，河床には何重もの堰堤が設けられている．台地・丘陵地は宅地・施設用地として削られ，低地の河川は堤防で護岸されてきた.

戦後の山地荒廃がもたらした下流域での洪水氾濫はさまざまな対策によって減少してきた．しかし，近年河川は低下の傾向を示し，深掘れによって橋脚や堤防の侵食が起こるなど新たな問題が生じている．河川からの土砂供給量の減少と港湾の整備は，周辺の海岸線の変化をもたらしている．沿汀流による漂砂の減少によって，海岸はほとんどの地域で侵食されており，護岸用のコンクリートブロックが敷き詰められている．このような地形の人為改変は，地層累重則に従わない新たな地層を形成してきた．今後予想されるさまざまな災害発生時に，このことが，どのような現象をもたらすか，十分に検討しておく必要がある.

8.2 第四紀地殻変動

東北地方は，太平洋プレートが沈み込む位置にある代表的な島弧海溝系の一つである．ここでは，地震活動，地殻変動，火山活動が活発で，地殻変動に伴って生じた変動地形がよく発達し，詳しく研究されている．前述のように，東北地方の第四系は，陸域，海域，海岸地域を問わず，地殻変動の影響を強く受けて分布している．これらの第四系がつくる海成段丘地形や河成段丘地形を指標にすると，隆起量・隆起速度などの地殻変動や活構造（活断層や活褶曲）の活動度（変位量や変位速度）を知ることができる.

a. 活断層の分布と活断層運動

活断層の分布を図2.1.8（活断層研究会編，1991）に示す．最近数十万年間に繰り返し活動して地震を起こし，今後も地震を起こす可能性のある活断層は，日本には約2000確認されている．それらの活断層については，その通っている所に溝（トレンチ）を掘って調べることにより，過去における地震活動を詳しく知ることが可能である．その結果，多くの活断層において，地盤が繰り返し変位していることや，断層ごとに再来間隔は異なるものの，しばしば，同じ断層では，ほぼ同じ時間間隔で繰り返し活動してきたことが確認されている．活断層は，通常，数百年あるいは数千年に1回程度の割合で断層運動を繰り返し，1回の地震でずれる量は数m以下のことが多い．仮に，1回の断層活動のずれが数m以下であっても，数十万年にわたって，その活動を繰り返すと，地表面には数百mのずれが生じることになる．その結果，変位が断層沿いに積み重なって，山や川が急に曲がったり，活断層に切られた地形が出現することになる．最近数十年間の測量結果と第四紀後期における隆起や沈降運動は，通常，ほぼ同じ傾向を示しており，現在の地形分布と調和的であることが多い.

b. 地殻変動による隆起域と沈降域の出現

島弧では，地震や火山活動などに伴う，急激な地殻の変動のほかに，ゆっくりと進行する地殻変動も知られている．東北日本弧は新第三紀の終わりころから，太平洋プレートの沈み込みに伴い，東西方向から強く圧縮されるようになり，その結果，土地の隆起や沈降，断層や褶曲運動が著しくなって，奥羽山脈や出羽丘陵などが著しく隆起している．

太平洋プレートの沈み込み帯に位置する東北日本弧は，圧縮テクトニクス場におかれている．そこには多数の活褶曲や活断層が発達している（Otsubo and Miyakawa, 2015）．断層の多くは逆断層であり，最小圧縮応力軸が上下方向であることを示唆している．その理由として，東北日本弧の背弧側には火山が多く，地殻熱流量も大きいため，弾性的な硬い地殻の厚さが薄く（図8.2.1：嶋本，1989；田力・池田，2005, 2009；武藤・大園，2012），そのために地表に起伏（逆断層や活褶曲）が生じやすいと考えられている（小池ほか，2010）．Acocella et al. (2008) は，東北日本弧に分布する断層を検討し，東北日本弧の第四紀に活動した断層にも，逆断層ばかりでなく，横ずれ断層や正断層が認められることを示し，それらの共存の原因として，地殻中部に位置するマグマ溜りにおけるマグマ圧の変動などによって，最小圧縮応力軸が遷移した結果であると論じている（図8.2.2）．

c. 火山活動に関連した奥羽脊梁域や前弧域の隆起

東北日本弧では，鮮新世に入ってから強い水平圧縮応力がはたらくとともに，火山活動域の背弧側から前弧側への年間2 cm程度の前進が起こっている（山田・吉田，2002；Honda and Yoshida, 2005a）．これに関連して，脊梁山脈の前弧側では，第四紀に入ってからも背弧側に比較して隆起運動が続いていることが知られている（今泉，1999）．Yoshida et al. (2014) は，奥羽脊梁山脈地域に分布するカルデラの下位に伏在する，固化して間もない深成岩体には，東側あるいは北東側へ非対称に発達したS波反射体が多数存在することから，これらが，深成岩体から流体がシート状割れ目に沿って前弧側へと移動した結果として，奥羽脊梁山脈地域の東側で，地殻が隆起している可能性をのべている．

1996年8月11日に起こった鬼首地震においては，本震である逆断層の余震として横ずれ断層を伴っている（海野ほか，1998）．この地域には，地殻内部の低速度体（小野寺ほか，1998）とよく対応

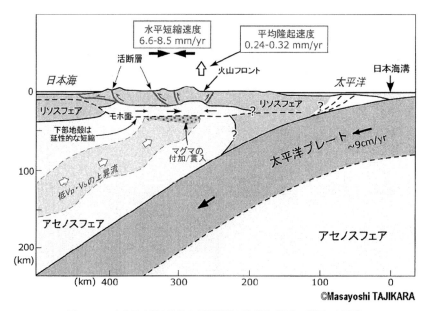

図8.2.1 東北日本弧の地殻の変形機構の模式図（田力・池田，2009）
東北日本弧を横切るレオロジー断面は嶋本（1989）に，マントルウェッジ内の地震波の低速度帯（上昇流）の分布はNakajima et al. (2001a)，長谷川ほか（2004）による（田力・池田，2005, 2009）．

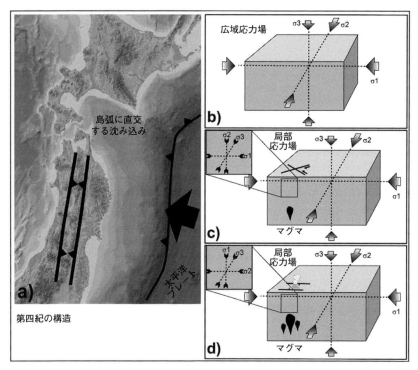

図 8.2.2　第四紀に活動した断層（Acocella et al., 2008）

したカルデラ構造が多数認められ，本震である逆断層は，カルデラとカルデラの間に位置する高速度域に生じており，一方，余震である横ずれ断層は，カルデラ構造の環状断層に沿って生じている（図2.8.5）．これは，脊梁域の地下に伏在するカルデラを形成したマグマ溜りが，太平洋プレートの沈み込みに伴う水平圧縮応力を受けて変形し，それに伴い，カルデラ間の高速度部分に応力が集中して本震（逆断層）が生じるとともに，地震波速度の高速度部分と低速度部分の境界に位置するカルデラ壁部で横ずれ断層が生じた結果であると推定される（海野ほか，1998）．地殻深部で，このようなカルデラ形成に寄与したマグマ溜りが，沈み込みに伴う水平圧縮応力により増圧した場合には，マグマ圧（σ_1）と水平圧縮応力（σ_2）の方位に規制されて，東西性の岩脈が発生したり，浅部で正断層が形成されうる（Acocella et al., 2008）．実際，Takada and Furuya (2010) は，鬼首地震の本震である逆断層運動に伴い，その上部上盤側の地殻が垂直に近い断層で切れて，ブロック状に上昇したことを，InSARによる観測結果から示している（図8.2.3）．

8.3　段丘地形からわかる広域的な隆起・沈降

　プレートの沈み込む境界では，プレートの沈み込みに伴って100年から200年に1回程度，大地震が起こるが，その際に海岸の土地の隆起が起こり，それが繰り返されることで海岸段丘が形成される．このようにして生じた地形を変動地形と呼ぶ．

a.　海成段丘と河成段丘の形成

　沈み込み帯でプレート間地震（逆断層）が発生すると，それまで沈み込むプレートに引きずられて沈降していた海岸が，地震時に跳ね返り，隆起する．海岸では通常は波による侵食によって平坦な海底面が発達するが，プレート間地震により海底面が跳ね返って離水すると，海底面は陸上に上がり，海岸段丘を形成する．この場合，海岸段丘面は内陸側に傾斜しており，これがかつて発生した地震の記録とな

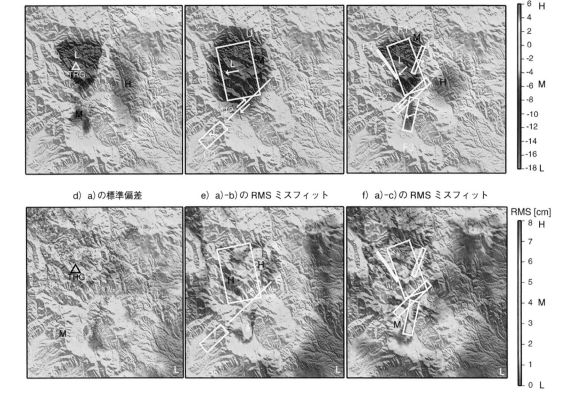

図 8.2.3 鬼首地震の震源断層
地表変動の SAR による観測値（a）と，異なる断層モデルについての合成 ΔLOS（b：海野ほか，1998，c：Takada and Furuya, 2010）との比較（e, f）．ΔLOS と，観測値の標準偏差（d），RMS ミスフィットのスケールを各図の右側に示す（Takada and Furuya, 2010）．TRG：虎毛山．U1〜U3：海野ほか（1998）の断層モデル，F1〜F5：Takada and Furuya（2010）の断層モデル．

る．地震の発生年代は，段丘面上に分布する生物遺骸やテフラの年代測定によって求まる．長い間，隆起している土地には，河岸段丘や海岸段丘ができやすい．土地が隆起すると，川は河床を削り込んで低くなり，もとの川原（氾濫原）に水が来なくなり，河岸段丘が形成される．古い段丘地形は新しいものより高い所に残ることになる．

一方，海岸では，それまで波の侵食作用や風化でできた平坦面（海食台）が，地震の発生などで地盤が隆起すると，干上がって海岸段丘になる．一方，沈降している海岸では多島海やリアス海岸などが形成される．もちろん，段丘地形は海面の低下によっても，沈降による地形は，海面の上昇によっても形成されるので，注意が必要である．

b．海成段丘の旧汀線高度

日本の海岸沿いには，海面から数 m〜数十 m の高さにほぼ水平な面が発達している場所が，しばしば認められる．場所によってはそのような地形が階段状をなすこともある．これを海岸段丘と呼ぶ．巨大地震が発生したときに，それまで海水面すれすれにあった海食台が隆起すると海岸段丘が生じる．

このようにして生じた海成段丘の旧汀線高度は，段丘面形成当時の海面高度を差し引くことによって，その段丘形成以降の絶対的な隆起量および平均的な隆起速度を測定することができる．旧汀線位置の認定精度と段丘の年代決定（対比）精度が高ければ，これらの隆起量・隆起速度は，一般に検潮記録や水準測量からわかる短期間の地殻変動の精度に匹敵することが知られている．

c．河成段丘を用いた隆起・沈降量とその速度の推定

一方，旧汀線が及ばない内陸地域では河成段丘か

ら地殻変動量を求める方法が用いられる（吉山・柳田，1995）．一般に河川の縦断形は，流域の気候環境の変化などによって水量や供給土砂量が変わると，下刻作用や埋積作用によって新たな平衡状態に移行する．たとえば，水量に比べ土砂供給量が多くなる氷期には河床は埋積して上昇し，河床縦断形は直線的になりやすい．水量が増加する完新世を含む間氷期には，河床に対する下刻力が強まり，河床縦断形は下方に凸形となる．したがって，氷期から間氷期への環境変化によって，氷期に発達した河床は離水して段丘化する．これを気候段丘と呼ぶ．主要河川沿いの顕著な河岸段丘は，このような気候段丘として形成されたと考えられている．したがって，もしある流域が隆起地域ならば，時代の異なる2回

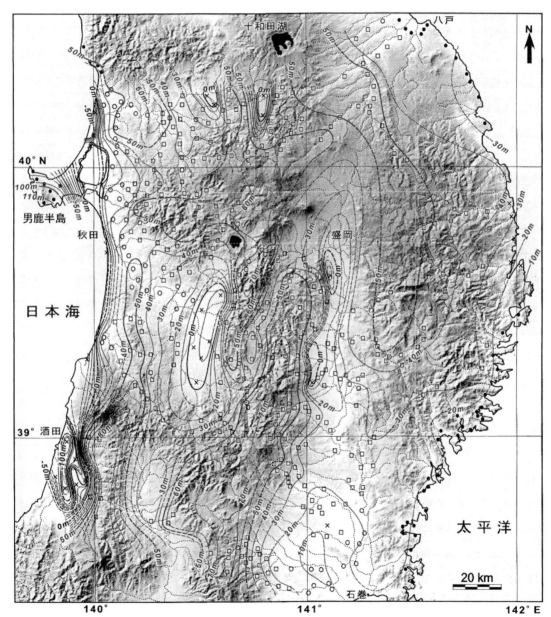

図8.3.1 東北地方中部の海成段丘・河成段丘（TT値，FS値）から推定された過去12万年間の隆起・沈降量（田力・池田，2005；小池ほか，2005）
○：TT値測定地点，□：FS値測定地点，×：下部更新世層〜上部鮮新世層の深度，またはステージ6より古い段丘面からの推定値，●：小池・町田（2001）のFS値を引用．破線は測定地点がない地域の推定値．

の氷期（たとえば MIS 6 と MIS 4 または 2）に形成された段丘の比高は，その間の隆起量に相当すると考えられる．これが T-T 法と呼ばれる．同様に，現在の河床高度と最終間氷期の河床高度の比高から求める方法を F-S 法と呼ぶ．図 8.3.1 は，東北地方の海成段丘（MIS 5e）の旧汀線高度および T-T 法によって明らかにされた後期更新世以降の地殻変動（隆起・沈降）量図である（田力・池田，2005）．この結果によって，活断層や活褶曲などによる局所的な変動量に加え，北上山地・奥羽山地・出羽丘陵や内陸盆地の広域的な隆起・沈降量とその速度がはじめて明らかにされた．

8.4 山地と盆地の発達過程

a. 盆地堆積物の層序・編年研究

日本列島における多くの山地・平野・盆地は，鮮新世〜前期更新世以降の地殻変動で形成されてきた．日本列島の平野や盆地は，テクトニックに沈降しつつある土地を埋め立てた堆積物からなる．そうした盆地堆積物の層序・編年研究を通じて，盆地の沈降史と周辺山地の形成史を編むことができる（町田，2010）．図 8.4.1（鎮西・町田，2001）は，いくつかの山地と盆地の発達過程を示す．

b. 山地の発達過程

北上山地や阿武隈山地は，少なくともその一部は，後期白亜紀には平坦な山地を形成し，鮮新世末ごろから隆起し始めた準平原であると推定されている（野上，2010b）．一方，火山フロントから背弧側で，著しい隆起の兆候が表れるのは，12〜9 Ma ころの奥羽山脈軸部においてである（Nakajima *et al.*，2006c）．その後，末期中新世，6 Ma ころから奥羽山脈全体が隆起を始めるが，この時期は，奥羽脊梁地域において最も大規模なカルデラ火山活動が起きた直後にあたる．その後，出羽丘陵が中期鮮新世に隆起を始め，そして，奥羽山脈の隆起が本格化するのは，2 度にわたるカルデラ火山活動期のうちの後期の活動ピークに続く 3 Ma 以降である．そして，鮮新世末になると，新庄で内陸盆地の沈降が始まっている（本田ほか，1999；吉田ほか，1999a；守屋ほか，2008；小池ほか，2010）．

日本全体でみた場合（鎮西・町田，2001），山地によって，隆起開始期や速度はかなり異なるが，ほぼ共通しているのは 5 Ma ころから隆起傾向に入り，ほぼ第四紀に入った 3 Ma ないし 2 Ma ころから本格的に，山地が隆起している点である．山地縁辺の堆積物に砂礫層がはさまると，一般に山地が隆起した結果であるとされるが，隆起そのものの開始時期は，砂礫の堆積年代より，かなり古いと考えられる．中期〜後期更新世の海成段丘高度に基づく第四紀の平均的な隆起速度からみると，低い陸地が隆起を開始して砂礫を流出する急勾配の河川をもつ山地にまで隆起するには，おそらく 100 万年以上の長時間を要したと考えられるからである（町田，2006；太田ほか，2010）．

奥羽脊梁地域で，山地の上昇を示唆する扇状地礫層が発達するのは，奥羽脊梁軸部に位置する湯田盆地では 1.5〜1 Ma で，奥羽山脈東麓では，0.5 Ma ごろから大規模に発達し始めている（渡辺，1991；Nakajima *et al.*，2006c）．

c. 盆地の発達過程

盆地における沈降・堆積は中期中新世から始まった場合もあるが，いったん穏やかになった後，鮮新世以降，特に第四紀に入ってから活発化した場合が多い．東北日本弧背弧側などの隆起の速い新しい山地縁辺部の狭い盆地においては沈降も速く，そこでは東西圧縮を受けて，ポップアップ構造を形成しながら山地が隆起し，一方，盆地は沈降して，起伏が増大したと推定されている（佐藤・池田，1999；太田ほか，2010）．新庄で内陸盆地の沈降が始まったのは，鮮新世末であり，新庄盆地で奥羽山脈の隆起を示唆する礫層が出現するのは中期更新世になってからである（中川ほか，1971；渡辺，1991；Nakajima *et al.*，2006c；守屋ほか，2008；小池ほか，2010）．

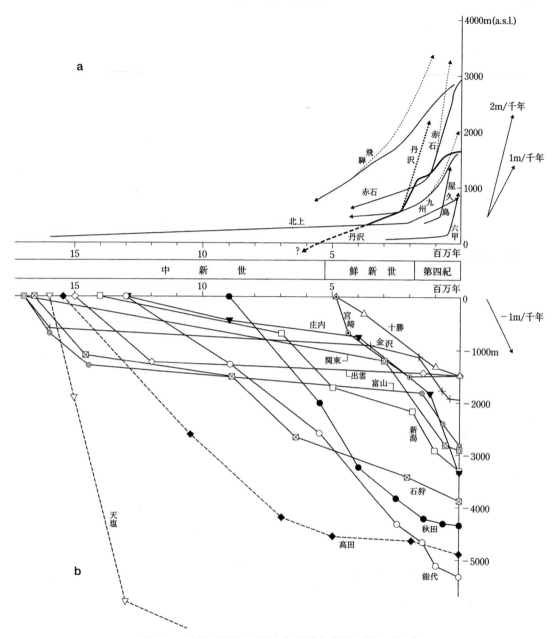

図 8.4.1 盆地の沈降史と周辺山地の形成史（鎮西・町田，2001）

aの実線は各山地の山頂の平均的最大標高，点線は侵食による山頂の低下がないと仮定した場合の曲線．破線は推定曲線．この図では，第四紀と鮮新世の境界は古い定義のままである．

8.5 地震と地殻変動

a. 約100年間の地殻変動

規模の大きな地震が起こると，地盤が隆起したり，沈降したり，断層によってくい違ったりすることが起こる．そのような地盤の変動は，三角点や水準点の測量，験潮，人工衛星による観測などによって観測されている．日本では，1883年以来，水準測量が続けられ，それに基づいて長期にわたる地殻変動の存在が明らかにされている（例えば，石川・

橋本，1999）．

水準点の測量から判明した上下変動から，特に出羽丘陵南部から奥羽山脈南部にかけての山地が隆起し，一方，宮城県から福島県の浜通りにかけての太平洋側や新潟平野などの平野部が沈降していることが明らかとなっている．また，東北地方では日本海側と太平洋側における水平方向の長期変動量の違いから，東西方向に圧縮されていることが知られている．

b. GNSS（全球測位衛星システム）

以前は，プレート運動のような広い地域におけるわずかな動きをとらえることは難しかったが，最近では，人工衛星を使った観測技術の進歩によって，そのようなわずかな動きをとらえることが可能となってきた．1993 年から，複数の人工衛星からの電波を受けて，位置決定を行う GNSS（全球測位衛星システム）を利用した電子基準点（GNSS の観測点）が順次整備され，その測地測量への適用が実用化されており，国土地理院が，全国に展開された1000 点以上の電子基準点を用いた連続観測により，地殻の動きをモニターしている．長期間にわたる地殻変動の傾向と，GNSS で検出された短い期間での地殻変動の傾向とが異なる場合，その地域において，測定期間中に地震や火山活動などに伴う急激な地殻変動があった可能性があり，そのような異常を発見し，原因を解明することが重要となってきた．

c. 東西方向の水平短縮変動

東北日本弧は鮮新世以降，日本海溝における太平洋プレートの収束運動と沈み込み境界でのカップリングによって，東西方向の短縮変形を受けてきた．太平洋プレートの沈み込みに伴う非弾性的な水平短縮変形は，上部地殻内では主として断層を伴う脆性破壊によって，下部地殻や最上部マントルでは粘性流動によって生じる（池田，1996, 2003）．この短縮変形の開始時期は 5 Ma（守屋ほか，2008）ないし3.5 Ma（Sato, 1994）と見積もられている．島弧の変形は，熱的理由によって，一般に背弧側で大きく（嶋本，1989；Hyndman, 2005），東北日本弧においても，短縮変形が羽越褶曲帯から北部フォッサマグナに集中して認められている（Matsuda et al., 1967；佐藤，1989；Okada and Ikeda, 2012）．東北日本弧の背弧側における鮮新世以降の総短縮量を，褶曲や断層運動によって変形した地質構造を変形前の状態に引

き戻すことによって見積もることができるが，この方法で求められた総短縮量は 4〜15 km 程度である（佐藤，1989；Okada and Ikeda, 2012）ことから，東北日本弧の水平短縮速度は 3〜5 mm/y 程度となる（歪み速度にして 1〜3×10⁻⁸/y）（池田ほか，2012）．

東北地方の水平変動に関して，過去 100 年弱の三角・三辺測量から求められた水平短縮速度は 10⁻⁷オーダーであるのに対して（中根，1973a, b；橋本，1990；石川・橋本，1999），活断層あるいは歴史地震（Wesnousky et al., 1982；Kaizuka and Imaizumi, 1984），地層の変形率（佐藤，1989）などの地質学的な短縮速度は，上記の通り，10⁻⁸ オーダーであり，両者は短縮速度でオーダーで 1 桁異なる（橋本，1990；石川・橋本，1999）．

d. 東北地方の上下変動

東北地方太平洋沿岸のリアス海岸では，約 12 万年前の最終間氷期の海成段丘が，海抜 10〜50 m の高さに発達しているので，10 万年オーダーの長期的スケールでみると，ほとんど不動か，あるいはゆっくり隆起していると判断されている（小池・町田，2001；池田，1996, 2003）．この緩慢な隆起は，三陸海岸北部では少なくとも酸素同位体比ステージMIS 21（約 850 ka）まで，おおよそ一様な速度（約0.3 mm/y）で継続している．また，河岸段丘の高度分布（田力・池田，2005）も，数万年から数十万年といった地質学的な時間スケールにおいて，隆起の傾向を示している．地質学的時間スケールで観測した歪みは非弾性変形であり，後戻りせず蓄積する永久変形である．太平洋岸で観察される緩慢な隆起運動は，非弾性的な地殻の水平短縮に伴って生じる地殻厚化が，島弧スケールでのアイソスタティックな隆起をもたらした結果であると解釈されている（池田，2003；Ikeda, 2005, 2006；池田・岡田，2011）．

東北地方太平洋沿岸における上下変動については，プレート境界で生じる地震性・非地震性すべりが起こる際のすべり領域の深さと海岸部との位置関係によって，深い場所での断層運動では沿岸部が隆起するのに対して，浅い場所での断層運動では沈降するので，注意が必要であるが，十数年間の GPS連続観測（Aoki and Scholz, 2003；村上・小沢，2004），数十年間の験潮観測（加藤・津村，1979；Kato, 1983；国土地理院，2010），数十年間から 100年間の水準測量（檀原，1971；Kato, 1979；El-Fiky and Kato, 1999；国見ほか，2001）といった測地観測では，いずれも東北地方太平洋側は沈降傾向を示している（宮内，2012；池田ほか，2012；西村，2012；水藤ほか，2012）．沈降率は5〜10 mm/y 程度であり，これが仮に200年続くと，1〜2 m の沈降量となる．また，宮城県沖での1978年，2005年の地震に代表される M 7 クラスのプレート境界型地震の発生の際にも，地震時には沈降が観測されている（Ueda *et al.*, 2001；今給黎ほか，2006）．なお，鮎川の検潮データにおける，1978年の地震後にわずかに認められる隆起傾向は，陸域の真下まで延びた断層の深部延長における余効変動を反映したものであると考えられている（Ueda *et al.*, 2001）．このような測地学的に観測される東北地方太平洋側での沈降については，プレートの沈み込みに伴うプレート境界での侵食作用に起因するとの考えもある（Heki, 2004）が，一般には，プレート間の固着によるものと解釈されている（Nishimura *et al.*, 2004；Suwa *et al.*, 2006）．

e. 超巨大地震の発生による水平変動と上下変動にみられる不一致の解消

上記の通り，東北地方においては，100年に及ぶ測地観測による地殻変動と，1000年をこえる長期の地形学的・地質学的に得られた変動との間に，水平変動・上下変動ともに不一致が認められている（Wesnousky *et al.*, 1982；佐藤，1989；池田，1996，2003）．このような地層に残された短縮量が，現在，測地学的に観測される短縮量に比較して1桁小さいことや，東北地方太平洋岸での地盤の変動が，短期的には沈降しているにもかかわらず，長期的には隆起している事実を，池田（1996, 2001, 2003）は，超巨大地震の発生により，これらの関係が保たれているとして説明している．つまり，短期間に陸域で蓄積される短縮変形は，超巨大地震の発生により，弾性的に解放されてしまい，陸域部分にこの短縮変形分は蓄積されず，また，観測される陸域の沈降は，太平洋プレートからの押しにより進行しており，これも超巨大地震（逆断層）の発生により，長期的には隆起成分が残ると考えた．

f. 水平変動分の不一致の解消

東北地方太平洋沖地震のような超巨大地震は100年を超える周期で発生すると推定されることから，測地学的に観測される水平短縮速度は，永久変形に加えて超巨大地震によって弾性的に解放される短縮の蓄積分を加えたものであり，地質学的に求まる水平短縮速度は日本列島の永久変形として残った分をみていると考えることができる．地質学的データと測地学的観測データにみられる水平短縮速度にみられる食い違いについては，おおよそ超巨大地震の発生により解消されたと考えることができる（水藤ほか，2012）．そして，地震間の歪みの蓄積量が0.1〜0.2 ppm/y（Kato *et al.*, 1998；Sagiya *et al.*, 2000；Miura *et al.*, 2002）であることから，東北地方太平洋沖地震に伴う最大45 ppm の伸張歪みは，およそ225〜450年分の水平歪みの蓄積量を解放したと推定されている（Takahashi, 2011；水藤ほか，2012）．

g. 地震後の余効変動による隆起の可能性

測地学的に観測される東北地方太平洋沿岸部での沈降を解消すると期待された，2011年3月11日の超巨大地震の発生によって，沿岸部は大きく1 m以上も沈降して（Ozawa *et al.*, 2011）おり，現在のところ，これまでの沈降分を解消できていない．上下変動に関する不一致を解消する一つの可能性が地震後の余効変動である（池田ほか，2012；水藤ほか，2012）．M 9 を超える巨大地震である1960年チリ地震（Mw 9.5）や1964年アラスカ地震（Mw 9.2）の発生後には数十年間にわたって隆起が観測されており，その累積量はメートルオーダーに達している（Barrientos *et al.*, 1992；Cohen and Freymueller, 2004）．また，北海道東方沖では，17世紀に発生した巨大地震の後に余効すべりがプレート境界深部に進行することで，地震時の沈降域が隆起した可能性が珪藻分析によって報告されている（Sawai *et al.*, 2004）．一方で，長期的（数万年オーダー）にみて，沈み込み帯での上下変動は定常的には隆起傾向にあり，巨大地震前に沈降傾向に転換し，その沈降が加速するという説もある（Bourgeois, 2006）．

h. 東北地方太平洋沖地震以外の地震の発生による上下変動分の不一致の解消

池田（1996, 2003）の考えが成り立つためには，最終的には，地震の余効運動として，現在進行している余効すべりによって隆起成分が勝る必要がある（池田ほか，2012）．現在進行中の余効すべりによって，本震時の沈降分は解消しそうであるが，それ以前に測地学的に観測された沈降分を解消するためには，余効すべりだけでは長い年月が必要であるとの

試算もあり，東北地方太平洋沖地震の余効変動による隆起のみで，これまでの沈降分を解消できるか，現在のところ不明である．

そのため，①プレート境界のより深部で，もう一度 M 9 の超巨大地震または巨大なゆっくりすべりが発生する，あるいは，②沿岸付近で高角の逆断層地震が発生する（池田・岡田，2011；宮内，2012），などが考えられるが，さらに，③日本海溝北部（十勝沖）から千島海溝にいたる領域で M 9 級の超巨大地震が別に発生した後の余効変動で隆起するとの考えもある（飯尾・松澤，2012）．

i. 高角の逆断層地震の発生による上下変動分の不一致の解消

超巨大地震の発生により，東北地方太平洋側を隆起させるためには，プレート境界の深い場所を含んだ地震すべりが必要であるが，東北地方太平洋沖地震の地震すべり域は浅く，そこまで達していない．もし，今回の震源域より深い深度をすべり域とする巨大地震が発生すれば，東北地方太平洋側を隆起させることは可能である（水藤ほか，2012）かもしれないが，宮城県沖のプレート境界で発生した地震のうち，地震発生域の最深部で発生した 1978 年の地震においても，海岸付近で沈降を示し，隆起は起こっていない．ただし，もしプレート境界から分岐した高角の逆断層が，沿岸に近い沖合で活動した場合には，隆起が起こる可能性が高い（宮内，2012）．

宮内（2012）は，2011 年東北地方太平洋沖地震に伴って大きく沈降した太平洋岸に限らず，日本列島の海岸部には 1 万〜10 万年スケールでみると，地殻の隆起を示す海岸地形や海成段丘が広く分布する（小池・町田，2001）ことから，海岸部の累積的隆起や変形の多くは，沖合に存在する海底活断層の運動，すなわち地震性地殻変動によって生み出されてきた可能性が高いと論じている．宮内（2012）は，東北日本の海岸部を例にして，隆起した潮間帯波食地形や更新世海成段丘の旧汀線情報から求められる海底活断層とその活動から推定される地震の諸元についてまとめ，海岸部を襲う直下型地震の発生リスクについても議論している．宮内が検討したいずれの地域でも，活断層を示唆する海底の変動地形や地質構造から，海岸直下に比較的高角の逆断層型の震源断層を想定し，それらに傾斜とすべりを与えることで，旧汀線の隆起・変形を第一近似的に再現

できる．これらの想定される震源断層群について，地震発生の将来予測に役立つ古地震の実態像を精度よく復元するためには，完新世離水海岸地形の形成史について，より高い時間分解能で解明する必要がある．そして，日本列島の多くの海岸が，速度に差があるものの，10 万年のスケールでみれば隆起を続けてきたと推定されることから，宮内（2012）は，日本列島は島弧全体が圧縮応力場に置かれ，その水平短縮歪みを解放するべく数多くの活断層が陸域・海域で活動してきたため，沖合の活断層が地震を起こすたびに，海岸部は，隆起・変形を累積させながら面積を獲得してきた可能性が高いと結論している．

j. 東北地方太平洋側での測地学的南北歪みと地震すべり

東北地方太平洋側，特に北上山地では，過去 100 年間の水平歪み速度において，南北方向の伸張が卓越している（石川・橋本，1999）．これに対して，最近の GNSS 観測から求められた歪み速度では東西方向の短縮が卓越していた（Kato *et al*., 1998；Sagiya *et al*., 2000；Miura *et al*., 2002）．過去 100 年間の水平歪みの変動では，複数回のプレート境界地震に伴う歪みの蓄積・解放プロセスを積分した結果をみているのに対して，GNSS で観測された短期の歪み速度は，プレートの固着による弾性変形として，プレート間の巨大地震によって解放されるものであると考えられている（石川・橋本，1999）．実際，東北地方太平洋沖地震に伴う歪みは，東西方向の伸張が卓越しており，短期の東西方向の短縮が解放された結果であると解釈される（飯尾・松澤，2012）．

過去 100 年間の水平歪み速度において，南北方向の伸張が卓越していたメカニズムについては未解明のままであるが，東北地方太平洋沖地震に伴う歪みにおいて，南北方向は短縮が卓越している．このことは，100 年オーダーの傾向として進行していた南北方向の伸張変形が，東北地方太平洋沖地震での短縮変形によって解放された可能性を示している．東北地方太平洋側の火山フロントから日本海溝までを，東北日本弧の前弧スリバー（北上・阿武隈前弧スリバー）と考えると，このスリバーは日本海溝側からの水平圧縮により，東西方向に短縮変形を受けるとともに，そこに発達する北西-南東に延びた大

規模トランスファー断層（馬場，2017）の左横ずれ運動を進行させ，その結果として南北伸張が卓越した可能性が考えられる．この歪みが，東北地方太平洋沖地震によって解放されると，右横ずれ運動を起こして，南北短縮が進行することが期待される．こ

の超巨大地震前の南北伸張は，東北日本弧の前弧スリバーをセグメント化していた大規模トランスファー断層間の固着を強めるとともに，この高角断層に沿った流体の排出を抑制して，超巨大地震の発生を促した可能性が考えられる．

8.6 第四紀の気候変化

新生代を通じて，地球は全体として寒冷化に向かっている．北半球では，パナマ海峡が閉鎖した約260万年前以降，急激に氷床が発達しており，これ以降が「第四紀」と定義された．そして，70万年前以降は，寒冷気候がおよそ10万年周期で訪れるようになり，北半球高緯度地域に氷床が発達する寒冷な氷期と，それが縮小する温暖な間氷期が繰り返す，氷期・間氷期サイクルが出現した．このような周期性の原因としては，地球の軌道要素の周期的な変動（ミランコビッチサイクル）が考えられており，過去70万年では，10万年周期が卓越している．気候変動の周期性をさらに詳しくみると，1万年〜7000年ごとに生じるローレンタイド氷床の融解事件であるハインリッヒ・イベント（Bond *et al.*, 1993）や，3000年〜500年前後の間隔で生じる急激な気温上昇であるダンスガード・オシュガー・サイクルなども知られている．このダンスガード・オシュガー・サイクルは，ハインリッヒ・イベントの後に生じることが多いが，これについては，ハインリッヒ・イベントにより北大西洋の海水が冷やされ，その結果，深層循環が活発になって，メキシコ湾の方から温暖な海水が北太平洋に運ばれるためであるという考えがある（町田，2009a, b；遠藤，2009；横山，2009）．

大陸地域に氷床が発達する氷期には，海面が100 m以上低下している．このような気候変動と海水準変動が，過去70万年間に7回，繰り返されている．特に，約7万〜1万年前の最後の氷期（最終

氷期）は，最も寒く，日本の年平均気温が今より約5〜7℃低かったと推定されている．このとき，日本列島と大陸との間の海峡部が海面上に露出し，日本列島は大陸と陸続きとなって多数の生物が大陸から渡ってきたことが知られている．この最後の氷期以降，現在までを後氷期と呼び，現在は間氷期にあたっている（町田，2009b；横山，2009）．

後氷期のなかでも，約6000〜4000年前ころは，世界的に温暖であり，年平均気温が現在より2〜3℃高温であったため，海水面が上昇して現在より少し高い位置にあり，海岸付近の平野では内陸まで海が入り込んでいたとされる．この気候が温暖であった時期は縄文時代にあたり，縄文海進と呼ばれている．2千数百年前から気候が寒冷化して，海退が進み，海岸平野が広がっているが，この寒冷化が始まった時期が弥生時代の始まりにあたっている．その後，気候は回復し，古墳時代の末から平安時代にあたる西暦500〜1200年ころまでは，比較的温暖であった．そして，鎌倉時代の初めの西暦1200年ころから，気候は少し寒くなり始めて，室町時代の末から江戸時代にあたる西暦1550〜1850年ころに，小間氷期をはさむ2回の小氷期が訪れて，このとき冷害や飢饉が起きている．このような，次第に寒冷化しながら，氷期・間氷期サイクルを繰り返す周期は，今後も続き，長期的には，ふたたび氷期がやってくるものと予想されている（町田，2009b；横山，2009；太田，2009）． 　　　　　　[吉田武義・今泉俊文]

9. 第四紀の活動的な火山

9.1 第四紀火山概説

　世界の活火山の約 10%が日本に存在し，そのなかの約 4 分の 1 が東北地方に存在している．よって東北地方も世界有数の火山地域であるといえる．本章では，東北地方における火山の分布，噴出物の岩石学的特徴，火山の源であるマグマの成因論についてのべ，最後に代表的な火山の特徴をのべる．

　今世紀に入ってから明らかになってきた火山クラスターについて，各クラスターの火山の特性を検討する試みは始まっている（Hone *et al*., 2007 など）．しかし，現在のところクラスターの特性はまだ明らかになっているとは言い難い．したがって，東北日本の南北方向の 4 つの火山列—青麻-恐火山列，脊梁火山列，森吉火山列，鳥海火山列—ごとに各火山列を代表する火山の特徴をのべる．主に活火山を取り上げ，またそのほか特徴的な火山についても説明する．

■9.1.1　東北地方における火山の分布

　太平洋を取り巻くように多くの沈み込み帯が連なって形成されており，そこでは火山活動が活発であり，いわゆる環太平洋火山地帯と呼ばれている．東北地方はそのなかの北西部に位置しており東北日本弧あるいは東北本州弧と称される．ここでは白亜紀から現在まで火山活動は断続的に継続しているが，特に約 60 万年前以降，その活動が活発化し，50 あまりの火山が形成されている．多数の火山は南北方向に配列しており，またその配列は，火山フロントを形成する那須火山帯と，より背弧側の鳥海火山帯の 2 列が古くから認識されてきた（Kawano *et al*., 1961；Tatsumi *et al*., 1983 など）．その後，1980 年代後半には火山の分布に加えて噴出物の特性も考慮され，これらの 2 列は，火山フロント側から背弧側へと，青麻-恐・脊梁・森吉・鳥海の 4 火山列に細分された（中川ほか，1986）．

　東北地方の活火山は，恐山・八甲田山・岩木山・十和田・八幡平・秋田焼山・岩手山・秋田駒ケ岳・栗駒山・鳥海山・肘折・鳴子・蔵王山・吾妻山・安達太良山・磐梯山・沼沢・燧ヶ岳の 18 火山である．また，約 100 万年前〜現在に活動した，主に安山岩類からなる成層火山群のほかに，それらの活動に先立って新第三紀末から第四紀前半にかけて多数の大型カルデラ火山が形成され，大量のデイサイト質火砕流を噴出されている．この時期に活動したデイサイト質〜流紋岩質の火砕流堆積物は，主に東北地方の脊梁山脈に沿って分布する．北から八甲田火山群の周辺一帯，田沢湖・八幡平火山群の周辺一帯，鬼首カルデラ東部地域，向山盆地周辺，肘折カルデラの周辺一帯，郡山-白河周辺および会津田島一帯などがその代表的な分布地域である．

　東北地方での火山分布をより詳しくみると，約 100 万年前より若い火山の多くは奥羽脊梁山脈の稜線付近に集中しているが，火山は稜線に沿って満遍なく分布するのではなく，およそ 30〜50 km ほどの広がりのなかに数個〜数十個の成層火山といくつかの大きなカルデラが密集して火山クラスターを構成している（図 9.1.1）．山脈上には火山クラスターが 70〜100 km ほどの間隔で認められる．奥羽脊梁山脈より西にある背弧側火山も，これら火山クラスターの西の延長上に分布するようにみえる（梅田ほか，1999；Tamura *et al*., 2002）特徴に加え，地震波トモグラフィ，重力のブーゲ異常分布などと火山クラスターの分布パターンとの間の関係についての考察から，Tamura *et al*. (2002) は，これらの火山分布が背弧側から各火山クラスターへと延びる指状のマントル高温域（ホットフィンガー）の分布によって説明できると考えた．このホットフィンガー説はマントルウェッジ内での低密度・低粘性の高温マントル物質の分布が指状を呈し，さらにこの指状の高温マントル物質の分布が地表での火山クラス

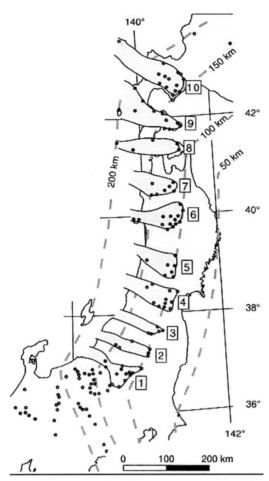

図9.1.1 東北日本の第四紀火山の分布とホットフィンガー（Tamura et al., 2002のEPSLより）

ターの分布を規定しているという考えに基づいている．一方で，各クラスターの火山の特性についても最近検討が進められている（Hone et al., 2007）．

東北日本弧のマントルウェッジには，地震波トモグラフィにより，スラブにほぼ平行な傾斜したシート状の地震波低速度帯が認められており，それはマントルウェッジ内の上昇流に対応していると考えられている（Nakajima et al., 2001a；Hasegawa and Nakajima, 2004；Wang and Zhao, 2005；Zhao et al., 2009など）．S波の最大低速度異常部（Hasegawa and Nakajima, 2004；長谷川ほか，2004など）は奥羽脊梁山脈の直下に位置し，脊梁火山列の火山活動がマントルウェッジ内の上昇流に関連したものであることを示唆している．背弧側でのS波最大低速度異常部は上記背弧側火山列の下方に認められる．背弧側低速度異常部は火山フロント側異常部とは弱い異常部でつながるものの，さらに背弧側への連続性についてははっきりしない．これらのつながりを，背弧側深部から延びるフィンガーをなすとする見方と，火山フロント側から背弧側へとつながる櫛状の構造をしているとする見方がある（Tamura et al., 2002；Hasegawa and Nakajima, 2004；長谷川ほか，2004；Honda et al., 2007）．

脊梁火山列は，島弧火山列の軸部をなし，噴出するマグマの温度は最も高く噴出量も他の火山列に比べ圧倒的に多い．脊梁火山列に沿って比較的地震活動が多いのは，地下での高温で多量のマグマの存在のため地震発生帯の下面が浅くなり，そこに応力集中が起こったためと考えられている（Hasegawa et al., 1994, 2000）．Hasegawa et al.（2000）は上部マントル内の低速度で減衰特性を表すQ値の低いダイアピルからマグマが上昇し，地殻に底づけしたり貫入することによって，地殻の温度が上昇して，それが地殻の強度を低下させるとともに，強い東西圧縮応力場のもとで奥羽脊梁地域の地形的な高まりを形成したと結論している．

■ 9.1.2 噴出物の岩石学的特徴とマグマの成因論

東北地方の第四紀火山噴出物にみられる最大の特徴は，火山フロント側から背弧側へ性質が変化することである．たとえば，K_2O量などの液相濃集元素量が背弧側へと系統的に増加している．これは，玄武岩質マグマのマントルからの分離深度が背弧側へと系統的に深くなっていること，および沈み込むスラブから付加される流体相の種類と付加程度の違いによって説明された（Tatsumi et al., 1983；吉田ほか，1995）．さらに系統的な同位体組成分析を含む最近の研究によれば，従来認められている玄武岩質マグマ組成には下部地殻物質の影響がかなり強く，その効果を差し引いて，マントル内におけるマグマ発生条件や付加流体の特性が論じられている（Kimura and Yoshida, 2006：図9.1.2）．さらに最近になって，蔵王火山の約30〜10万年前の噴出物の斑晶局所微量元素・同位体比分析をもとにした研究によって，火山フロント下のマントルで発生している玄武岩質マグマは背弧側で発生している玄武岩質

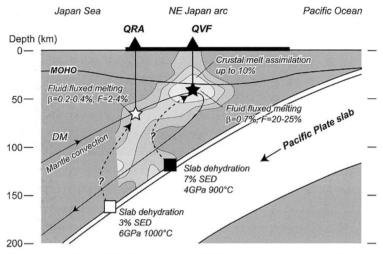

図 9.1.2 東北日本の第四紀火山のマグマ生成概念図（Kimura and Yoshida, 2006 の JP より）

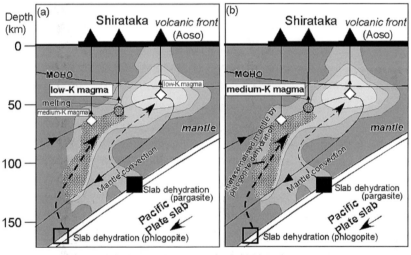

図 9.1.3 スラブからの付加と low-medium-K マグマ生成概念図（Hitrotani, et al., 2009 の CMP より）

マグマと同程度にアルカリ元素量に富んでいる可能性が指摘された（Tatsumi et al., 2008）．これが広域的に適用できるとすれば，これまで認められていた島弧横断方向の組成変化の成因論は再検討されなければならなくなる．一方，比較的背弧側の火山である約 90〜70 万年前に形成された白鷹山においてはアルカリ元素に富む玄武岩質マグマの活動に先行して，アルカリ元素に乏しい玄武岩質マグマが活動していたことが見いだされた（Hirotani et al., 2009）．

上記，蔵王・白鷹山の 2 つの研究結果をあわせると次のような仮説が成り立つ．すなわち，約 80 万年前以前はこの地域下のマントルはアルカリ元素に富む玄武岩質マグマを発生させるような組成を有していた．その後，アルカリ元素に富む流体相が付加された．付加流体は背弧側からフロント側へと沸き上がり，現在では，フロント側ではその流体相によって汚染された部分とされていない部分が混在している（図 9.1.3）．

［伴　雅雄］

9.2 青麻-恐火山列

この火山列のなかで活火山は恐山だけである．以下，恐山に加えて今世紀になって新たな地質図が公表された青麻火山について説明する．

■9.2.1 恐　山

恐山の活動史に関する研究は，富樫（1977），桑原・山崎（2001），荒川ほか（2008）がある．荒川ほか（2008）は先行研究をふまえたうえで，地質再調査および補足年代測定を行い活動期の再区分を行っている．それらを総括し以下に記す．

釜臥山活動期（約80～76万年前）：恐山の南東部を噴出中心とする活動によって，釜臥山，障子山からなる安山岩質の成層火山体が形成された．溶岩流主体であるがスコリア流堆積物もみられる．

屏風山-朝比奈岳活動期（約70～50万年前）：先行する活動に引き続く安山岩質溶岩流主体の活動によって屏風山や西部の朝比奈岳が形成された．

カルデラ火山活動期前期（約48～27万年前）：大規模な噴火によって6層の降下軽石層と9層の火砕流堆積物が形成され，この活動の末期には宇曽利カルデラが形成されたと考えられている．

カルデラ火山活動期後期（約27～20万年前）：上記カルデラ内の北部を中心とする爆発的活動によって4層の降下軽石層と3層の火砕流堆積物，およびマグマ水蒸気爆発に伴う多数の降下火山灰層が形成された．

溶岩ドーム群形成期（約20～8万年前）：宇曽利湖北岸を噴出中心とする活動により剣山などの溶岩ドームや火砕丘が形成された．

熱水活動期（8万年前以降）：宇曽利湖北岸付近を噴出中心とする水蒸気爆発によって，約8～6万年前と2万年前に降下テフラ層が形成された．その後，宇曽利湖北岸付近で活発な噴気活動が続いている．　　　　　　　　　　　　　　　［伴　雅雄］

■9.2.2 青　麻　山

Ichimura（1953）以来，詳しい火山学的研究が公表されていなかったが，最近，戸谷・伴（2001）に

よって火山地質と岩石の特徴が報告され，また，伴ら（1992）によってK-Ar年代が報告されている．岩石成因論に関するものはToya et al.（2005）がある．

青麻火山は0.40 Ma前後（伴ほか，1992）に形成された小規模な成層火山である．おそらく10万年以内の比較的短期間に形成された．

基盤は大網層，円田層および松川層からなる（北村，1985）．以下，戸谷・伴（2001）に従って概要をのべる．地質図を図9.2.1に示す．青麻火山の活動は，前期，カルデラ形成期，後期に分けられる．前期にはまず玄武岩質安山岩の薄い溶岩流（赤松沢溶岩，461 m峰溶岩類）が流出し，その結果小型の円錐形山体が形成された．その後，安山岩質の火砕流（八山火砕流堆積物，松川火砕流堆積物），それに引き続き，厚い溶岩流（凧倉溶岩，オナシ沢溶岩）が流出した．前期噴出物の総体積は約3.6 km^{3}である．カルデラ形成期には，スコリア流（曲竹スコリア流堆積物），軽石流（曲竹軽石流堆積物）が続いて流下した．この活動に伴って山頂部に直径約2.5 kmの青麻カルデラが形成された．カルデラ形成期の噴出物の総体積は3 km^{3}以上である．この活動に引き続き，山体崩壊が起こり，カルデラ壁の南部は破壊され崩落物質は南方へ流下した（深谷岩屑なだれ堆積物）．後期には，まずデイサイト質の火砕岩（板橋沢火砕岩類）が形成され，その後3つのデイサイト質の溶岩ドームが別々の噴出口から形成された（あけら山円頂丘溶岩，青麻山円頂丘溶岩類，遠森山円頂丘溶岩類）．なお，後期噴出物には特徴的に苦鉄質包有物が含まれる．後期噴出物の総体積は約0.8 km^{3}である．活動終了後，山体南東部で小規模な山体崩壊が起こった（沢北岩屑なだれ堆積物）．

青麻火山の基盤は，青麻火山下では湖成層で，周囲では大規模火砕流堆積物である．その形成時期は未確定である．また，青麻火山噴出物分布域をちょうど囲むように負の重力異常領域が認められる．青麻火山の形成史やその噴出量は，大カルデラ火山に伴う成層火山，たとえば有珠火山に似ている．これらのことから，青麻火山下に大カルデラ火山が伏在

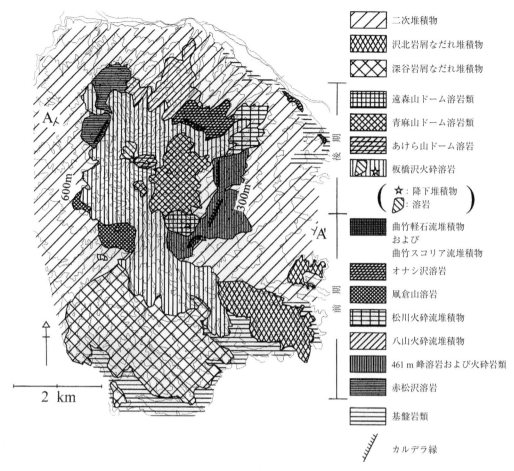

図 9.2.1 青麻火山の地質図（戸谷・伴，2001 を一部修正）

している可能性が指摘されている．

火山体の発達過程の観点からは，玄武岩質溶岩主体の円錐火山体の形成および安山岩質の厚い溶岩流出への推移，その後の爆発的噴火に伴う山頂カルデラの形成およびそれに引き続く山体崩壊の発生，最後の主にカルデラ内での溶岩ドームの形成とたどった過程はA型火山（守屋，1983）の発達過程にほぼ相当する．ただし総噴出量は独立したA型火山の平均に比べて非常に小さく，むしろ大カルデラ火山に伴う成層火山に近い値を示している．これらのことからも，青麻火山は大カルデラ火山に伴う小規模成層火山とみなすことができる． ［伴 雅雄］

9.3 脊梁火山列

■9.3.1 八甲田山

八甲田火山は青森県の中央部に位置し，直径約 8 km の八甲田カルデラと，南八甲田火山群および北八甲田火山群の2つの成層火山群から構成される．カルデラ形成を伴う噴火は，南八甲田火山群の形成途中に少なくとも3回発生した．火山体の規模は，北八甲田火山群が東西約 13 km，南北約 12 km，体積約 15 km^3（DRE），南八甲田火山群が東西約 18 km，南北約 9 km，体積約 18 km^3（DRE）である．

八甲田火山の地質学的研究としては，まず南部・谷田（1961）による報告があり，その後，通商産業省資源エネルギー庁（1976）により本火山を含む広

域の5万分の1地質図が公表された．1980年代以降は，本火山を含む鮮新世〜第四紀カルデラ群を対象として，地熱探査を目的とした調査が精力的に行われた（村岡ほか，1987, 1991；村岡・高倉，1988；村岡，1991, 1993；新エネルギー・産業技術総合開発機構，1987aなど）．他方，佐々木ほか（1985, 1986, 1987）は，本火山噴出物の全岩化学組成を報告し，マグマの成因に関する考察を行った．その後，工藤ほか（2000, 2003, 2004）は北八甲田火山群の詳細な地質と火山活動史を明らかにし，宝田・村岡（2004）は5万分の1地質図幅「八甲田山」において南八甲田火山群を含めた八甲田火山全体の地質を示した．また，工藤ほか（2006）は八甲田カルデラ起源の火砕流堆積物層序の再検討を行った．以下に，主に宝田・村岡（2004），工藤ほか（2000, 2003, 2004, 2006）に従って，本火山の活動史を紹介する．

南八甲田火山群の活動は，1.1 Maころに開始され，0.3 Maころに終息した．約1.1〜0.8 Maに南八甲田第1ステージ溶岩・火砕岩，約0.8〜0.6 Maに南八甲田第2ステージ溶岩・火砕岩，約0.5〜0.3 Maに南八甲田第3ステージ溶岩・火砕岩が形成された．その後，0.3 Maころに最後の活動が起こり，中央部で駒ヶ峯溶岩・火砕岩が，南東部で黄金平溶岩が流出した．活動終息後の0.3〜0.1 Ma

には，東部の赤倉岳で山体崩壊が発生した．本火山群の噴出物は，溶岩流を主体とし，一部で火砕岩を伴う．岩質は玄武岩〜玄武岩質安山岩を主体とし，安山岩およびデイサイトを伴う．

八甲田カルデラの活動は，南八甲田火山群の活動と並行して起こった．まず0.99〜0.78 Maの間に比較的規模の大きな噴火が起こり，八甲田黄瀬火砕流がカルデラ南方に堆積した．その後，0.76 Maと0.4 Maには，八甲田黄瀬火砕流を上回る規模の大規模噴火が発生し，それぞれ八甲田第1期火砕流，八甲田第2期火砕流が広域に堆積した．この2枚の火砕流堆積物の体積は，合計で50 km^{3}のオーダーと推定されている（村岡，1991）．八甲田第1期火砕流に対応する広域テフラは，男鹿半島，房総半島，大阪平野で認められており，八甲田-国本テフラと呼ばれている（Suzuki et al., 2005）．上記火砕流堆積物の岩質はデイサイト〜流紋岩である．

北八甲田火山群の活動は，0.4 Maの八甲田第2期火砕流の噴出による八甲田カルデラの形成後，そのカルデラ内およびカルデラ縁付近で発生した．本火山群の活動は，溶岩流の流出を主体とし，ブルカノ式噴火やストロンボリ式噴火による降下火砕物を伴う．また，一部で軽石流堆積物やブロックアンドアッシュフロー堆積物が認められる．本火山群で

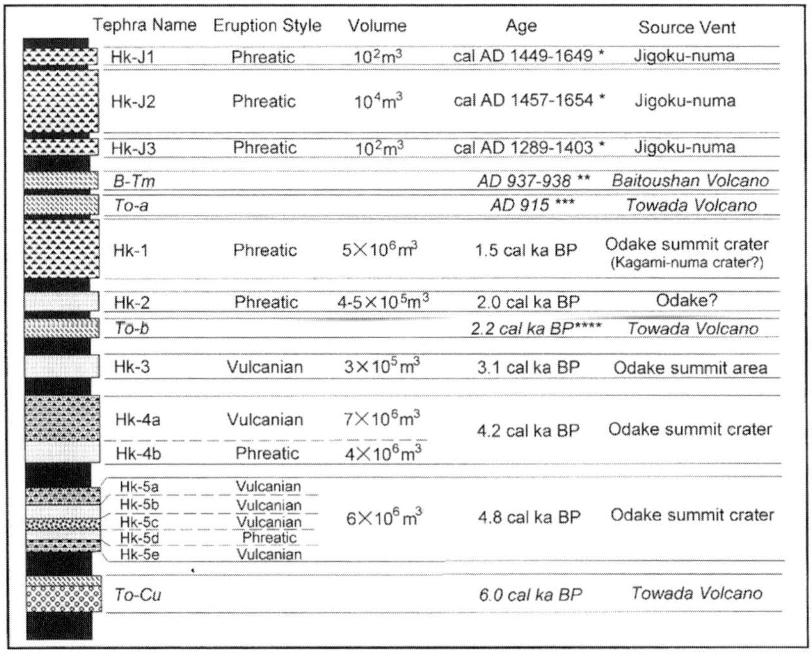

Tephra Name	Eruption Style	Volume	Age	Source Vent
Hk-J1	Phreatic	$10^2 m^3$	cal AD 1449-1649 *	Jigoku-numa
Hk-J2	Phreatic	$10^4 m^3$	cal AD 1457-1654 *	Jigoku-numa
Hk-J3	Phreatic	$10^2 m^3$	cal AD 1289-1403 *	Jigoku-numa
B-Tm			AD 937-938 **	Baitoushan Volcano
To-a			AD 915 ***	Towada Volcano
Hk-1	Phreatic	$5×10^6 m^3$	1.5 cal ka BP	Odake summit crater (Kagami-numa crater?)
Hk-2	Phreatic	$4-5×10^5 m^3$	2.0 cal ka BP	Odake?
To-b			2.2 cal ka BP****	Towada Volcano
Hk-3	Vulcanian	$3×10^5 m^3$	3.1 cal ka BP	Odake summit area
Hk-4a	Vulcanian	$7×10^6 m^3$	4.2 cal ka BP	Odake summit crater
Hk-4b	Phreatic	$4×10^6 m^3$		
Hk-5a	Vulcanian			
Hk-5b	Vulcanian			
Hk-5c	Vulcanian	$6×10^6 m^3$	4.8 cal ka BP	Odake summit crater
Hk-5d	Phreatic			
Hk-5e	Vulcanian			
To-Cu			6.0 cal ka BP	Towada Volcano

図9.3.1 北八甲田火山群における最近6000年のテフラ層序（工藤ほか，2003）

は，まず東部において，0.4〜0.2 Maに玄武岩〜玄武岩質安山岩マグマの噴出により，高田大岳火山と雛岳火山が形成された．一方，北西部においては，0.4〜0.15 Maに玄武岩〜玄武岩質安山岩マグマの噴出によって前嶽火山が，安山岩〜デイサイトマグマの噴出によって田茂萢岳火山が形成された．0.3 Ma以降は玄武岩質安山岩〜安山岩マグマのみが噴出し，中央部において鳴沢台地火山（0.3〜0.1 Ma），赤倉岳火山（0.3 Ma以降），仙人岱火山（0.3〜0.1 Ma），硫黄岳火山（0.3〜0.1 Ma），小岳火山（0.3〜0.1 Ma），井戸岳火山（0.2 Ma以降），大岳火山（0.2 Ma以降）の活動が起こった．噴出中心の位置は，時代とともに中央部に収束する傾向が認められる．赤倉岳火山では山体形成の途中で2回の山体崩壊が発生した．6000年前以降は大岳火山と大岳南西山麓の地獄沼で噴火が発生した．大岳火山では，4.8，4.2，3.1，2，1.5 cal ka BPに噴出量10^7〜10^5 m^{3}オーダーの小規模なブルカノ式噴火と水蒸気噴火が発生した．地獄沼では700〜600年前に1回，600〜400年前に2回のごく小規模な水蒸気噴火（噴出量10^2〜10^4 m^{3}のオーダー）が発生した（図9.3.1）．

北八甲田火山群の噴火を記載した古記録はいまのところ見つかっていないが，1997年7月には北八甲田北東山麓の田代平においてレンジャー訓練中の陸上自衛隊員3名が窪地滞留炭酸ガスによって死亡，2010年6月には酸ヶ湯温泉付近において中学生1名が火山性ガス（硫化水素）によって死亡する火山性ガスの事故が発生している．

［工藤　崇・宝田晋治・伴　雅雄］

■9.3.2 十　和　田

十和田火山は青森・秋田県境に位置するカルデラ火山である．カルデラは長径約11 kmに及び，四角形を呈する．カルデラ湖である十和田湖の南半部には，御倉半島と中山半島の2つの北北西に延びる半島が存在し，両者に囲まれる部分は中湖と呼ばれている．十和田湖の水深は中湖で最大325 mに達する．

本火山の地質・テフラ層序については，大池・中川（1979），Hayakawa（1985），松山・大池（1986），中川ほか（1986）などによって，その全容が明らか

にされた．それらによれば，本火山の活動は大きく先カルデラ期（200〜55 ka），カルデラ形成期（55〜15.5 ka），後カルデラ期（15.5 ka以降）に区分される．最新の噴火は，西暦915年に発生した噴火エピソードAである（町田ほか，1981；Hayakawa，1985；早川・小山，1998）．後カルデラ期の噴火活動史については，久利・栗田（2003），工藤・佐々木（2007），工藤（2008, 2010a, b）によって層序と噴火年代の再検討が行われた（図9.3.2）．

先カルデラ期（200〜55 ka）には，玄武岩質安山岩〜デイサイトマグマによる火砕噴火と溶岩流の流出が繰り返され，青撫，発荷などの複数の小規模な成層火山体が形成された．

カルデラ形成期（55〜15.5 ka）には，安山岩〜流紋岩マグマの活動により，少なくとも7回以上の火砕噴火が発生した．そのうち，噴火エピソードQ，N，Lでは，それぞれ奥瀬，大不動，八戸火砕流が流出し，最後のLにより現在のカルデラの原形が形成された（Hayakawa，1985）．Lの後には，カルデラ内に貯まった湖水が決壊して巨大洪水が発生し，その侵食・堆積作用によって上流部には奥入瀬渓谷が，下流部には現在の十和田市街地付近に三

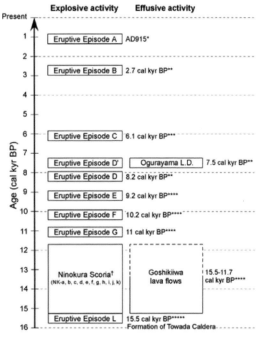

図9.3.2　十和田火山後カルデラ期の噴火活動史（工藤，2010b）

縦軸は暦年代．

本木扇状地が形成された（Kataoka, 2011）.

後カルデラ期の火山活動は，カルデラの形成直後から開始されたと考えられている（Hayakawa, 1985；久利・栗田，2003）. 初期には，主に玄武岩質安山岩マグマの活動により，火砕噴火（二の倉スコリア）と溶岩流の流出（五色岩溶岩流）が断続的に発生し，小規模な成層火山体が形成された. 噴火エピソードG以降は，主にデイサイト〜流紋岩マグマの活動へと変化し，噴火様式はプリニー式噴火とマグマ水蒸気噴火が主体となった. このうちEあるいはCの際に，中央火口が拡大し，中湖が形成されたと推定されている（大池，1976；松山・大池，1986；Hayakawa, 1985）. D'では中央火口丘の北西山麓において側噴火が発生し，御倉山溶岩ドームが形成された（工藤，2010a）. 最新のA（西暦915年）では，プリニー式噴火・マグマ水蒸気噴火に引き続いて毛馬内火砕流が四方に流出し，米代川沿いには火山泥流が流下した. 後カルデラ期においては，D'（御倉山溶岩ドーム）と大半が湖中に没するため形成時期未詳の御門石溶岩ドームを除き，いずれの噴出中心も現在の中湖付近であったと考えられる（工藤，2010a, b）.

十和田火山噴出物全体を通した岩石学的研究は，Hunter and Blake（1995）によって行われ，先カルデラ期には複数の小マグマ溜りが存在し，そのおのおのが各火山体を形成したこと，カルデラ形成期には上記の小マグマ溜りが大規模なマグマ溜りに集結発展したこと，マグマの全岩化学組成変化については後カルデラ期の一部が結晶分別作用，他が同化結晶分別作用によってもたらされたことが示された. 後カルデラ期の噴出物については，久利・栗田（1999, 2004），久利・谷口（2007），工藤（2010a, b）によって岩石学的データが示されており，玄武岩質安山岩から流紋岩へと時代とともに徐々に珪長質化する傾向が認められている. ［工藤　崇・伴　雅雄］

■9.3.3　八　幡　平

八幡平火山群はいわゆる仙岩地熱地帯に分布する多数の火山群の中心部をなしている. 仙岩地域全体については，須藤（1985），須藤・向山（1987），須藤（1992）によって火山地質，形成年代が明らかにされた. 八幡平火山群については，古くは河野・上

村（1964）による地質学的研究がある. 近年，大場・梅田（1999）は八幡平火山群に焦点を絞り，さらに詳しい火山地質や形成年代を明らかにした. それによれば，八幡平火山群は北部古期火山，八幡平火山，蒸湯火山，諸桧岳火山群，源太森火山，茶臼岳火山，安比岳火山列，恵比須-大黒森火山，西森山火山，前森山火山の10に区分される（図9.3.3）.

北部古期火山や西部〜中央部の骨格をなす八幡平火山，諸桧岳火山群，茶臼岳火山はいずれも安山岩質溶岩および火砕岩からなるなだらかな山容を呈す成層火山である. また，小規模ながらデイサイト質の溶岩ドームおよび溶岩流からなる蒸湯火山，源太森火山が西部および中央部に認められる. これらに対し，中央部の山頂付近〜東部に分布する安比岳火山列，恵比須-大黒森火山，西森山火山，前森山火山は玄武岩質安山岩〜玄武岩質の溶岩および火砕岩からなる. 前2者は山頂付近を構成する規模の小さい山体であり，後2者は小型ではあるが成層火山をなしている.

噴出年代に関しては，K-Ar年代および残留磁化方向のデータが数多く報告されており（須藤・向山，1987；須藤，1992；大場・梅田，1999），それらをまとめると，八幡平火山-諸桧岳火山群-蒸湯火山-源太森火山は1〜0.7 Ma，茶臼岳火山は1.2〜0.5 Ma程度，安比岳火山列-恵比須-大黒森火山-西森山火山は0.5〜0.4 Ma，前森山火山は0.4〜0.2 Maと考えられる.

和知ほか（2002）は八幡平山頂部において，本火山起源と考えられる火山灰層を見いだした. それらのうち上位2枚については約6000年前と7000〜9000年前と推定されている. 八幡平火山群では，温泉が多いとともに噴気孔や泥火山も認められる. 1973年と1996年には群発地震が観測されている（気象庁）. ［大場　司・伴　雅雄］

■9.3.4　秋　田　焼　山

秋田焼山は主として中心噴火によって形成された，直径約7 km，比高約700 mの比較的小型の円錐形成層火山である. 約100万年前の玉川溶結凝灰岩の噴出に伴って生じたカルデラ内に形成された. 秋田焼山の地質学的・岩石学的特徴の概要は，津屋（1954），大沢・角（1957），河野・上村（1964）や

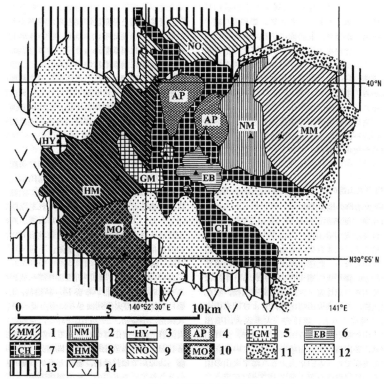

図9.3.3 八幡平の地質図(大場・梅田, 1999)
1：前森山火山，2：西森山火山，3：薬湯火山，4：安比岳火山列，5：源太森火山，6：恵比須-大黒森火山，7：茶臼岳火山，8：八幡平火山，9：北部古期火山，10：諸桧岳火山，11：砂れきなど，12：斜面崩壊堆積物，13：基盤岩，14：隣接火山.

広域的な調査報告（高島ほか，1978；角・高島，1972；須藤・向山，1987；須藤，1987a, b）の一部分として報告されてきた．その後，詳細な地質学的・岩石学的特徴が大場（1991, 1993）によって明らかにされた．以降，大場（1991, 1993）に従って概要をのべる．

本火山の活動は古期，中期および新期に3分できる．古期噴出物は溶岩流主体であるが露出が少なくその全容は明らかではない．古期噴出物の一部から約25万年前のK-Ar年代が報告されている（内海ほか，1990）．中期には降下火砕岩，溶岩および火砕流堆積物が互層をなす成層火山体が形成された．中期は約3万年前には開始したと推定される．侵食や崩壊が進行した休止期をはさんで，有史時代の活動まで続く新期には，山頂付近からの火砕物の放出，火砕岩と溶岩の流出をもたらした側噴火，さらに山頂付近に2個の溶岩ドームの形成と活動が推移した．新期は約5000年前には開始したと推定される．

古期および中期の岩石は土カンラン石斜方輝石単斜輝石安山岩で，SiO_2量は59〜63％である．山頂付近からの噴出物は斜方輝石単斜輝石安山岩およびカンラン石斜方輝石単斜輝石安山岩であり，後者の全岩SiO_2量は56〜59％である．その後の側噴火による溶岩・火砕岩はカンラン石と石英を斑晶に含む安山岩と斜方輝石単斜輝石デイサイトである．側噴火噴出物の全岩SiO_2量は56〜64％である．溶岩ドームは石英斑晶を含む斜方輝石単斜輝石デイサイトであり，全岩SiO_2量は69〜71％である．

伊藤（1998）のテフラ層序学的研究によれば，山頂の溶岩ドーム形成後，山頂部を給源とする水蒸気噴火が，14〜15，15〜17，17世紀以降の水蒸気噴火によると考えられる火山灰層が認められている．

歴史時代の噴火記録としては，807年を最古のものとして，1867年，1887年，1890年，1929年，1948年，1949年，1951年，1957年，1997年に噴火と考えられるものがある（気象庁ホームページ）．これらはいずれも水蒸気噴火と思われる．このなか

で最新の 1997 年（8 月 16 日）の噴火は山頂火口からの水蒸気噴火であった（Ohba *et al.*, 2007；伊藤ほか，1998）．Ohba *et al.* (2007) によってこの噴火の詳細な経緯およびそれをもたらした火口の地下構造や爆発の推移の検討結果が報告されている．またその年の 5 月には山麓の澄川温泉付近で地すべりとそれに伴う水蒸気爆発が発生している（星野・浅井，1997；星野ほか，1998；小森ほか，1998 など）．

なお，焼山山頂付近は特徴的に熱水変質が著しく，また山頂火口や山麓に多くの温泉が存在している．　　　　　　　　　　　　[**大場　司・伴　雅雄**]

■9.3.5　岩　手　山

岩手火山は盛岡市の北西方約 7 km に位置する玄武岩〜安山岩質の大型成層火山である．東と西の火山体に分けられ，東岩手火山は最高峰である 2038 m の薬師岳を中心とする円錐形の山体をなし，西岩手火山は山頂部に東西約 2.5 km，南北約 1.5 km の西岩手カルデラをもつ．

岩手山の地質学的研究は Onuma (1962) などの先駆的な研究に始まり，その後中川 (1987) などによって全容が明らかとなった．さらに，土井 (2000) によるテフラ層序も含めた形成過程の解明が行われ，最近では，伊藤・土井 (2005) の研究によって岩手山の形成過程がより詳細に明らかにされた．以降，伊藤・土井 (2005) をもとに形成史を紹介する（図 9.3.4）．岩手山は玄武岩〜安山岩質の成層火山体の形成と崩壊を繰り返してきたことが判明している．西岩手火山の活動は，鬼ヶ城・御神坂・御苗代・大地獄谷の 4 つのステージに分けられる．鬼ヶ城ステージは約 30〜10 万年前の活動期で，この間に山体の成長と山体崩壊が少なくとも 4 回繰り返され，西岩手成層火山体の骨格（主山体）が形成された．その後，約 2 万年間の休止期をはさんで開始した御神坂ステージでは，安山岩質の小火山体が形成された．また，火砕流も発生した．このステージの活動は約 5 万年前まで続いた．これに続く御苗代ステージでは，山頂部に西岩手カルデラが形成され，その内部に中央火口丘群が形成された．この活動は約 2 万 8000 年前までである．最近約 7000 年間の大地獄谷ステージでは，地熱活動が顕著で，複数回の水蒸気噴火が発生している（伊藤，1999；土井，

2000）．

東岩手火山の活動は，鬼又・平笠不動・薬師岳の 3 つのステージに分けられ，いずれも大規模な山体崩壊壁を埋積するように新たな山体を成長させた．鬼又ステージは約 12〜9 万年前で，西岩手主山体の南東斜面の崩壊壁を埋めるようにして鬼又火山が形成された．その後，6 万年間ほどの休止期をはさんで，平笠不動ステージの活動が開始された．この活動では，約 3 万年前の西岩手火山の東部の崩壊によって形成された崩壊壁を埋めるように，平笠不動火山が形成された．活動は約 2 万年前まで続いた．最新の薬師岳ステージでは，平笠不動火山が北東方向へ崩壊し（平笠岩屑なだれ），それによって形成された崩壊壁内での活動により薬師岳火山が形成された．なお，平笠岩屑なだれは，岩手山北東域を埋積するとともに，北上川に沿って流下し，現在の盛岡市街地にまで到達している（土井，1991）．

歴史記録に残る噴火は 17 世紀以降であるが，地質調査では平安時代から江戸時代にかけて，薬師岳において小規模な山体崩壊や山頂噴火，大地獄谷付近で水蒸気爆発が発生したことが確かめられている．1686 年，1732 年，1919 年の噴火については文献記録が解析され噴火経緯が明らかにされている（伊藤，1998；土井，2000）．1686 年噴火は山頂火口でのマグマ水蒸気爆発に始まり，火砕サージ，火山泥流が発生した．降下火山灰は盛岡市にまで達した．1732 年には薬師岳北東部の山腹で噴火が起こった．このときはほぼ直線上に配列する複数の火口が開き，スコリア丘が形成されるとともに溶岩が流出した（焼走り溶岩）．1919 年噴火は大地獄谷で発生した水蒸気噴火であった．

最近では，1998 年 2 月ころからの地震活動活発化が記憶に新しい．1995 年から認められていた地震活動が，この年の 4 月には連続的になり噴火の可能性も懸念され，7 月から入山規制が実施された．9 月 1 日に岩手山の南西約 10 km を震源とする M 6.2 の地震が発生した後，地震の発生は低下傾向になった．1999 年に入って地震活動の低下傾向が続いたが，岩手山西側の噴気活動が 5 月以降活発化した．この傾向は翌年も続いた．2004 年になり，地震活動の低下に伴い 7 月に入山規制が解除された．この一連の地変は，地下浅所にマグマが上昇・貫入したが，結果として地表噴出にはいたらなかっ

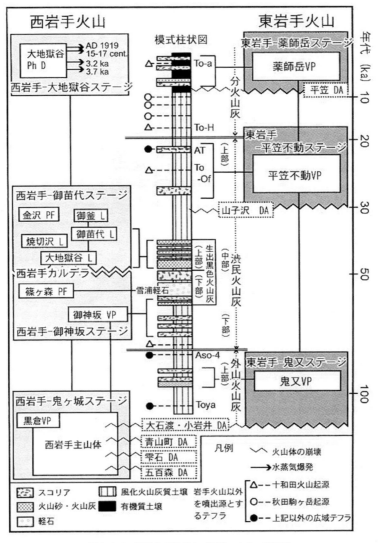

図 9.3.4 岩手山の形成史（伊藤・土井，2005）

たと解釈されている（Nishimura and Ueki, 2011 など）．

岩手山の岩石はソレアイト系列に属する玄武岩〜安山岩がほとんどである（石川ほか，1982 など）．一部にカルクアルカリ系列に属する安山岩〜デイサイトが認められている． ［伊藤順一・伴 雅雄］

■9.3.6 秋田駒ケ岳

秋田駒ケ岳については，多数の地質学的研究（桜井，1903；八木，1971；曽屋，1971；須藤・石井，1987；藤縄ほか，2004）や火山灰層序学的研究（中川ほか，1963；磯，1976；大上・土井，1978；井上，1978；大上ほか，1980；Inoue, 1980；土井ほか，1983；和知ほか，1997）が行われている．

秋田駒ケ岳の活動は，成層火山体形成期，カルデラ形成期，後カルデラ活動期に3分されている（須藤・石井，1987）．成層火山体形成期は，約10万年前ころに開始し，溶岩流主体の活動によって，現在の山体中央部付近を中心とする円錐形成層火山が形成された．カルデラ形成期は約1万3000年前ころとされる．小岩井軽石や柳沢軽石をもたらしたプリニー式噴火や，生保内火砕流，さらには水蒸気プリニー式噴火が発生した（須藤・石井，1987）．この活動により山体の中央から南西部にかけて，長径約3kmのカルデラが形成された．

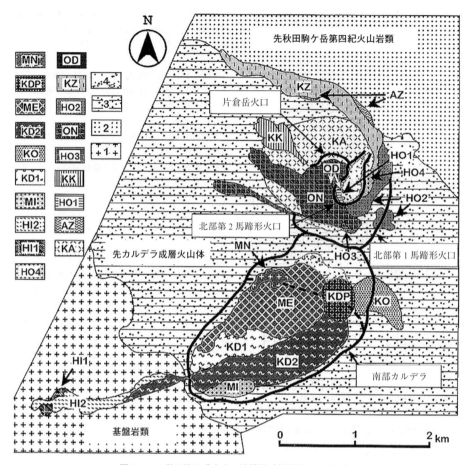

図 9.3.5 秋田駒ケ岳火山の地質図（藤縄ほか，2004）
MN：女岳1970年溶岩，OD：男女岳岩脈，KDP：小岳火砕丘，KZ：片倉沢溶岩流，ME：女岳火砕丘・溶岩流，HO2：北部第2火砕丘，KD2：小岳第2溶岩流，ON：男女岳溶岩流・火砕丘，KO：小岳大焼砂噴石堆積物，HO3：北部第3火砕丘，KD1：小岳第1溶岩流，KK：片倉岳北部溶岩流，MI：南岳火砕丘，HO1：北部第1火砕丘，HI2：桧木内川第2溶岩流，AZ：赤倉沢火砕流堆積物，HI1：桧木内川第1溶岩流，KA：片倉岳火砕丘，HO4：北部第4火砕丘．

カルデラ形成後は，外輪山の北斜面（北部）とカルデラ内（南部）で活動が継続した．北部，南部とも玄武岩質〜玄武岩質安山岩質マグマの溶岩流や火砕丘の形成が主体であるが，北部の初期や最新の1970年の噴出物などは安山岩質である．火山東麓には火砕流堆積物や降下火砕物が分布している．テフラ層序学によれば後カルデラ活動期に噴出されたテフラが13枚認められ，それらの噴出年代も推定されている（和知ほか，1997）．これによれば，約7000〜4000年前の間はテフラ噴出を伴う活動が認められていないが，その他の時期では，およそ1000年に1度以上の噴火が継続していると考えられている．カルデラ形成後の噴出物の組成変化は藤縄ほか（2004）によって詳細に明らかにされている．主にソレアイト系列のマグマが噴出したが，その組成変化幅はSiO_2量にして50〜60％と幅広い．またカルクアルカリ系列の噴出物もわずかであるが認められている．

歴史時代の噴火は水蒸気爆発が主体であるが，1970年9月18日に開始した噴火は，ストロンボリ式の噴火であった．噴火は繰り返し起こり，溶岩流も流出，噴火は1971年1月26日まで続いた．この噴火の前兆として，1970年8月末〜9月15日，女岳山頂付近における噴気孔生成があげられる．

［藤縄明彦・伴　雅雄］

■9.3.7 栗駒山

栗駒山は岩手，秋田，宮城県境に位置する成層火山である．火山体は主に東西方向に配列した多数の山頂，たとえば，笊森，東栗駒山，栗駒山，剣岳，御駒山，秣岳などから構成されている．また，主峰の栗駒山，御駒山からやや南方には，虚空蔵山，大地森山体が分布している．

栗駒山の地質学的研究は，藤縄ほか（2001）以前は概要のみが明らかにされた状況であった（大井上，1908, 1909）．ここでは，藤縄ほか（2001）に従って，山体区分と形成過程について記述する．

栗駒山は古い方から，南部独立火山列，古期東栗駒火山体，秣岳火山体，新期東栗駒火山体，栗駒火山体，剣岳火山体に区分される．噴出物はいずれの山体でも溶岩流が卓越しているが，山体形成の末期には，降下火砕物や溶岩ドームの形成も認められる場合がある．形成年代は，南部独立火山列および古期東栗駒火山体が約50万年前，新期東栗駒および栗駒火山体は約40万年前〜約10万年前，秣岳山体が約30万年前〜約10万年前，剣岳火山体は数万年以内と，それぞれ考えられている．

噴出物の化学組成は，SiO_2量にして約56〜66％と幅広い．しかし，ほぼすべてカルクアルカリ系列に属している．ただし，同じカルクアルカリ系列に属していても，古期東栗駒火山体噴出物は他に比較してK_2O量が低いなど，山体ごとに特有の組成も認められる．

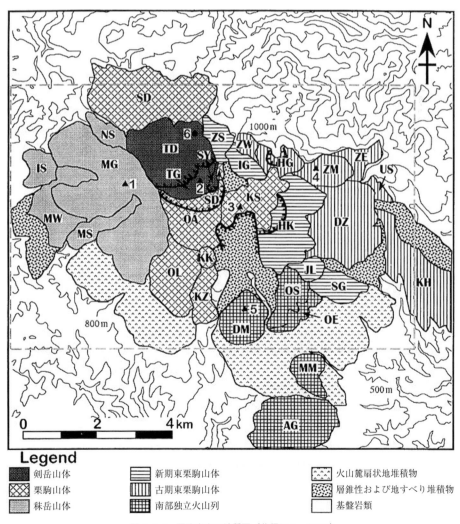

図9.3.6 栗駒火山の地質図（藤縄ほか，2001）

熊井・林（2002）のテフラ層序学的研究によれば，十和田a火山灰（915年に噴出）より上位と，十和田a火山灰と十和田中掫火山灰（約6.2 ka：工藤・佐々木，2007）の間に，それぞれ少なくとも2枚，栗駒火山起源の，水蒸気爆発によると考えられるテフラが認定されている．また歴史時代には，1716〜36年にかけて，1744年，および1944年に噴火が記録されている．また2008年6月14日に発生した内陸地震によって，栗駒山の東麓で大規模な地すべりが発生した． 　　　　　［藤縄明彦・伴　雅雄］

■9.3.8 鳴子

鳴子火山は宮城県北西部に位置する小規模カルデラ火山である．山頂には直径約5 kmのカルデラが存在する．その内部には溶岩ドーム群および溶岩流からなる中央火口丘が形成され，さらにそれらの中央部に火口湖，潟沼が存在している．また，中央火口丘には直径100〜400 m程度の爆裂火口が多数認められる．カルデラは，荷坂火砕流堆積物，柳沢火砕流堆積物の形成に伴い形成された．中央火口丘は流紋岩質である．最も新しい鳥谷ヶ森溶岩は約1万3000〜4000年前に流出したと考えられている．これは溶岩直下の砂礫層中の樹幹の年代測定による推定値（小元，1993）を暦年代に換算した値である．火口湖である潟沼の形成時に上原テフラが形成されたと思われる．その後も水蒸気爆発が続き，多数の爆裂火口が形成されたと考えられる．そのうちの一部については，火山灰層序学的研究によって，暦年代にしておよそ6400年前，3300〜3400年前，3300年前，2800年前と年代が推定されている（小元，1993；伊藤ほか，1997）．なお，潟沼の火口壁の一部には鳥谷ヶ森溶岩が露出しており，前者は後者の後に形成されたと考えられる．一方，上原テフラについて火山灰層序学的に1.8万年前（早田，1989）と推定されており，上記の年代値と矛盾が生じる．この点については今後さらに検討を進める必要がある．

歴史時代の噴火記録は，837年5月の噴火があるのみである．古文書の解析結果から，この噴火も水蒸気爆発主体であったものと推定されている（伊藤ほか，1997）． 　　　　　　　　　　　　　［伴　雅雄］

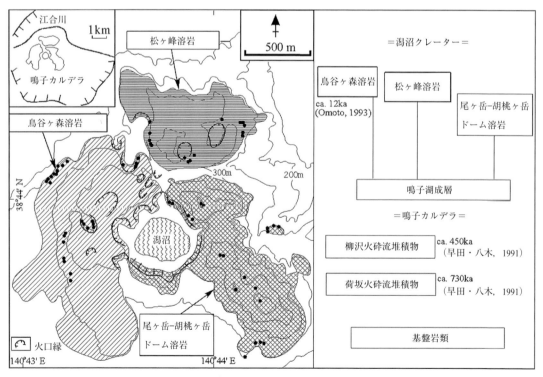

図 9.3.7　鳴子火山の地質図（Ban et al., 2005）

■9.3.9 蔵王山

東北日本弧第四紀火山前線中央部に位置する活動的な活火山である．多数の山頂がほぼ北北東-南南西に配列しており，広義には南北約20 km，東西約20 kmの範囲に分布している火山群を指す．その中央部分に御釜を胚胎する五色岳がある（図9.3.8）．この範囲にある主な山頂は，北から，瀧山，五郎岳，三郎岳，地蔵山，熊野岳，五色岳，刈田岳，前山，烏帽子岳，杉ヶ峰，屏風岳，馬ノ神岳，不忘岳である．噴出物は，その形成年代，分布や噴出物の特徴から，北から瀧山，中央蔵王山，南蔵王山に分けられている場合が多い（図9.3.9）．瀧山は約100万年前に活動した玄武岩質の火山（高岡ほか，1988；今田ほか，1987），中央蔵王山は約100万年前〜現在（高岡ほか，1988；伴ほか，2015），南蔵王山は約120〜7万年前（大場ほか，1990；沼宮内ほか，1992）に活動した玄武岩からデイサイトの多様な岩石からなる成層火山である．

火山群の周辺には他の第四紀火山が多数分布している（図9.3.9）．それらは，熊野岳の北東方約6 kmに位置する約40〜30万年前（高岡ほか，1988）の雁戸山，雁戸山の西方約15 kmには約8万年前

図9.3.8 蔵王火山，五色岳付近の空中写真

の小カルデラ火山である安達火山（蟹澤，1985；輿水，1986など），主稜線の中央部から西方12 km付近には第四紀初頭（梅田ほか，1999）の三吉葉山，主稜線の南部から東方12 km付近の約40万年前（伴ほか，1992）の小成層火山である青麻山である．なお，より北方には100万年前より古いと思われる神室岳，大東岳などが点々と連なっている．

ここでは，火山群の中で現在も活動的な，中央蔵王山について説明する．以降，中央蔵王を蔵王山と称す．蔵王山の地質は，市村の一連の研究（Ichimura，1951, 1955, 1960）によって，その全容が明らかにされ，その後，千葉(1961)やKawano et al.(1961)によって岩石の性質が明らかにされた．さらに，酒

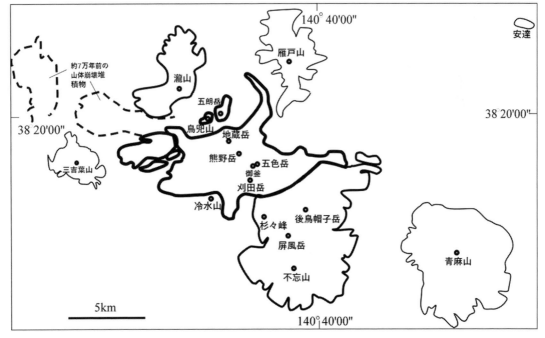

図9.3.9 蔵王火山群を構成する火山，およびその周辺の火山の分布

寄ほか（1987），大場・今田（1989），酒寄（1991, 1992），伴ほか（2015）によって，より詳細な地質と岩石の研究が進められた．また，年代学的な研究が，高岡ほか（1989）や伴ほか（2015）によって進められた．

特に新しい時期の噴火に絞った研究としては，約3万年前の噴出物についてのTakebe and Ban（2011）や御釜最新の1895年噴火についてのMiura et al.（2012）がある．

マグマの成因については，Tatsumi et al.（2008）により蔵王主要部の噴出物について斬新的なマグマ成因論が提唱され，また最近期噴出物の地殻内マグマプロセスについてはBan et al.（2008），Takebe and Ban（2015）によって明らかにされつつある．

蔵王山の基盤岩類は先第三紀の花崗岩や変成岩類，中新世の堆積岩類・火山岩類などからなる．先第三紀の花崗岩は本火山群の中央部に変成岩類を伴って露出している．中新世の地層は南部と中央部では，二井宿層，青根層（山田，1972），七ヶ宿層，横川層などがみられる．北部や北西部では，主に緑色凝灰岩からなる宝沢層（市村，1957），凝灰岩や凝灰角礫岩主体の成沢層（神保，1966）が主である．

以下に伴ほか（2015）に従って，その活動史を記す．活動は大きく6つの時期に分けられる．伴ほか（2015）から抜粋した主要部の地質図を図9.3.10に示す．

活動期Ⅰは約100万年前のもので玄武岩質マグマの水中噴火で特徴づけられる．十分な証拠は得られていないが，この活動はカルデラ湖の中で発生した可能性がある．東北地方では，成層火山の形成前に大規模な珪長質マグマの噴火によりカルデラが形成された例が多いことが報告されている（例えばBan et al., 2007）．形成後に侵食が進んでおり，かつ，後の噴出物によって覆われているため，形成当時の山容の復元は困難である．

活動期Ⅱ～Ⅴは，安山岩マグマの活動で特徴づけられる．約50万年前の活動期Ⅱでは，現在の鳥兜山～五郎岳～横倉山付近に安山岩主体の山体が形成

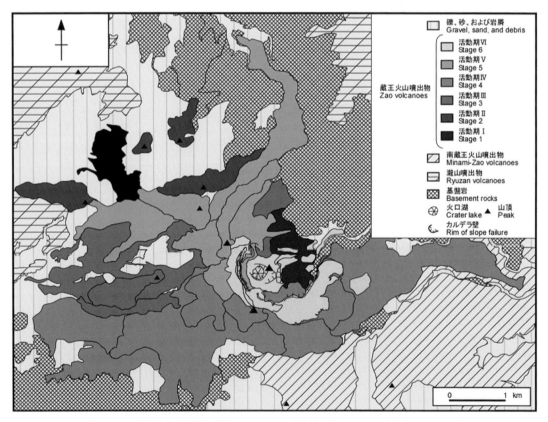

図9.3.10　蔵王火山の地質図（伴ほか，2015から抜粋し改変，カラーも白黒にしてある）

された．現在はいくつかの小山体が散在しているが，形成当時は1つの中規模火山体を形成していたものと考えられる．約35〜25万年前の活動期Ⅲでは，現在の熊野岳〜中丸山付近を中心とする活動によって複数の中規模成層火山体が形成された．主に安山岩〜デイサイト質溶岩からなる．一部に岩塊火山灰流堆積物が認められている．また，中丸山火山体は例外的に玄武岩質安山岩溶岩主体である．約25〜20万年前の活動期Ⅳでは，刈田岳付近を中心とする活動により安山岩質溶岩が東西方向に多数流出し，溶岩主体の成層火山体が形成された．約13〜4万年前の活動期Ⅴでは，熊野岳〜地蔵山に複数の火口による活動によって火砕岩と溶岩からなる成層火山体が形成された．比較的爆発的な活動が卓越し，近傍相として，水蒸気噴火やブルカノ式噴火による降下堆積物，および火砕流堆積物も多く認められる．安山岩質溶岩も挟在される．活動期Ⅱ〜Ⅴに形成された以上の山体が，現在の蔵王山の骨格になっている．

約3.5万年前以降の活動期Ⅵには，玄武岩質安山岩〜安山岩質マグマの爆発的な噴火が卓越した．噴出物は中小規模の火砕サージ堆積物とそれに伴う降下火砕物が主体である．噴火のタイプはマグマ水蒸気爆発〜水蒸気噴火主体と考えられる．また，わずかながら溶岩も流出している．活動期Ⅵは，3つの時期（約3.5〜1.3万年前，約9000〜4000年前，約2000年前以降）に細分できる．3つの時期では活動の特徴が異なる．例えば，新しいほど噴火の間隔は短く，また1回の噴火フェーズの規模は小さい．

約2000年前以降の活動によって，五色岳（五色岳火砕岩類）が形成された．現在の火口は御釜であるが，活動開始時にはそれよりやや東方に火口があった．御釜に火口が移動したのは約800年前である（伴ほか，2005）．それ以降の噴火は，はじめに水蒸気爆発が発生した後，マグマ噴火に移行し，そのマグマ噴火が複数回繰り返すという推移を辿った場合が多い．御釜を火口とする噴火は，17世紀までに少なくとも4フェーズ認められ，それに加え1794年以降の古記録に残る多数の噴火がある．なお1回の噴火フェーズは数十年程度続いた可能性がある．

1794年以降の噴火の中で最も記録が多いものは1894〜1897年のものである．1894年7月，1895年2月15日，19日，3月22日，8月22日に小規模水蒸気噴火が発生し，9月27日にクライマックスの噴火に至った．翌28日にも小規模噴火が発生した．残されているスケッチには，噴煙柱が350mほど上空に立ち上がり（Miura et al., 2012），そこから大型の火山弾が落下していることがわかる．馬の背で，この火山弾に相当するものが見つかっている（伴，2013）．クライマックスの噴火は水蒸気噴火であるが，マグマ物質も放出されたものと考えられる．

その後，1918年に御釜が沸騰，1923年8月には湖心からH_2S, SO_2噴出，ゴム状硫黄浮遊，湖水は乳白色になったとの記録がある．1939〜43年噴火では御釜では，湖水の温度上昇，変色，ガス噴出，硫黄球浮遊，湖底水温上昇などが認められたが，噴火には至らなかった（安齋，1961のまとめ）．しかし，御釜から北東約1.5km付近にある新噴気孔で，40年4月にごく小規模の噴火が発生したと推定されている（安斎，1941）．1962〜72年には，前掲の新噴気孔付近を含む中腹の数か所において，噴気孔の噴気の増加，新温泉の湧出，強い硫気ガスの発生，硫黄臭などが認められた．御釜では異常が認められなかった．この活動は1971年頃から衰退した．その他，1949年新噴気孔の噴気活動活発化，1984年熊野岳南東約5km付近での地震群発，1990年御釜〜刈田岳付近での地震群発，1992年不忘山西方・山頂付近での地震多発，1995年4月不忘山付近，12月の熊野岳北西10kmでの地震多発という記録もある．

2013年1月に火山性微動が観測され，その後断続的に観測され続け，日別地震回数が多い日も断続的に認められている．2015年4月には日別地震回数が30回程度の日が続いたため，噴火警報（火口周辺危険）が発令された．これは約2か月後に解除になった．その他，2012年頃から深部低周波地震の発生数の増加，2014年頃の山頂付近の微小隆起，2014年10月の御釜湖水の部分白濁など，異常現象が認められている．

［伴　雅雄・武部未来・西　勇樹］

■9.3.10　吾　妻　山

東北日本弧第四紀火山前線中央部に位置する成層火山で，多数の山頂を有す．一切経山（1948.8m），

東吾妻山（1974.7 m），吾妻小富士（1704.6 m），高山（1804.8 m），昭元山（1892.6 m），東大嶺（1927.9m），藤十郎（1860 m），継森（1910.2 m），中吾妻山（1930.6 m），中大嶺（1963.6 m），西吾妻山（2036 m），西大嶺（1981.8 m）などがそれにあたり，おおむね東西に連なる．大倉川と中津川を境に，東から大きく，東吾妻，中吾妻，西吾妻の3つに区分される．各火山体は単一の成層火山ではなく，いくつかの小規模な山体の集合体と考えられている（藤縄，1989）．本山体の北部には，崩壊地形が随所に認められる．また，溶岩流の表面地形と思われる，なだらかな表面地形を有する部分が多い．溶岩流の末端崖などの溶岩原地形が保存されている部分もある．山頂付近では，溶岩ドームと考えられる形態を有している場合が多い．

これまでに東吾妻火山群の地質と岩石に基づいた研究は，Kawano et al.（1961），Kuno（1962），山形県総合学術調査会（1966），田宮ほか（1970），新エネルギー・産業技術総合開発機構（1987a, 1991b）がある．新エネルギー・産業技術総合開発機構（1991b）では，岩石の特徴や化学組成が数多く報告されており，K-Ar年代測定結果も多数ある．地質学的な詳しい研究には，撹上（1956）などの未公表論文があるが，公表されたものとしては，新エネルギー・産業技術総合開発機構（1991b）のものが比較的詳しい．その他，概説的なものに，藤縄（1989）

などがある．さらに最近7000年間の活動については，山元（2005）のテフラ層序学による詳しい研究結果がある．

新エネルギー・産業技術総合開発機構（1991b）のK-Ar年代データと火山地形の保存状況を組み合わせて検討した結果，本火山の形成史は，約120～80万年前，約80～60万年前，約60～40万年前，約50～30万年前，約30万年前以降の活動に区分できることが判明した（図9.3.11）．本火山体は主に厚い溶岩流より構成されるが，約120～80万年前と約80～60万年前の活動によって形成された山体は，火山地形の開析が著しい．約60～40万年前の山体は，溶岩流の末端崖が残されている部分もある．約50～30万年前と約30万年前以降に形成された山体は，溶岩流の末端崖のほかに，側端崖や溶岩じわ，ところによっては溶岩堤防も確認できる．

多数みられる山頂は，主に小規模の溶岩ドームであると考えられるが，吾妻小富士など，一部に噴石丘も認められる．1つの噴出口における噴火活動は，溶岩流を流出することに始まり，流出が継続した後，最後には火道を埋めるように小規模な溶岩ドームが形成される，という一般的傾向がある．約50～30万年前の期間を除く4つの期間に形成された噴出物は，いずれも吾妻山のほぼ全域に分布している．すなわち，いずれの活動期間でも火口が広範囲に多数形成されたと考えられる．ただし各活動期

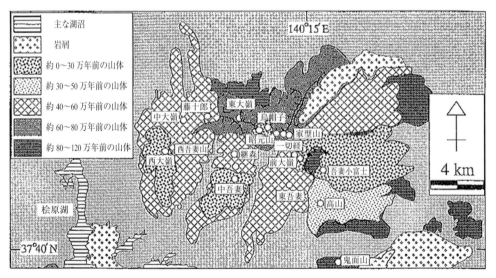

図9.3.11　吾妻火山の噴出物分布図
各山体の年代は，新エネルギー・産業技術総合開発機構（1991b）によるK-Ar年代測定値と，空中写真による，火山地形の保存の程度より推定した．

間内で火口位置がどのように移動したかは一番新しい約30万年前以降の活動以外は定かではない．約30万年前以降の活動では，西大巓，中吾妻，昭元山，烏帽子山といった西方の火山とともに，東の一切経火山が約25～30万年前に活動を行ったが，その後，西方の活動が終焉したのに対し，東方では，一切経火山のさらに東方（吾妻小富士など）で，活動が継続したと考えられる．

歴史時代に多数の噴火活動が記録されているが，そのなかで，1893～95年には，大穴火口の西方の燕沢で水蒸気爆発が起こった．このときには噴火調査に出向いた2名が犠牲になっている（6月7日）．さらに最近では1914年，1932年，1950年，1952年，1966年，2000年，2008年には大穴付近で噴気や小噴火が認められている．［藤縄明彦・伴 雅雄］

■9.3.11 安達太良山

安達太良山は，福島市の南西に位置する成層火山で，南北に並ぶ多数の山頂を有している．それらは，北から鬼面山，箕輪山，鉄山，安達太良山，和尚山，前ヶ岳などである．安達太良山の山頂部には西に開く直径約1.2 kmの沼ノ平火口がある．歴史時代に記録されている噴火活動はいずれもこの沼ノ平火口を中心とするものである．

安達太良山については，藤縄（1980），阪口（1995），藤縄ほか（2001），藤縄・鎌田（2005）の地質学的研究がある．また，山元・阪口（2000）が本火山の詳細なテフラ層序を明らかにしている．

安達太良山は大規模な火砕流の噴出に始まり，約55～45万年前の第1期活動で，鬼面山や前ヶ岳基部が形成された．約10万年の休止期を経て，約35万年前の前ヶ岳山体の形成を中心とした第2期活動が，数万年の期間内で起こった（藤縄，1980；藤縄ほか，2001）．さらに10万年の休止期の後，約25万年前に箕輪山から和尚山にかけての火山列主要部が形成された（第3期a）．この時期におけるマグマ噴出率は最大であって，0.1 km³/kaと見積もられる（阪口，1995；山元・阪口，2000）．さらに数万年の休止期をはさみ，第3期後半の活動（第3期b）が起こった．約12万年前以降から約3万年前までは，1～2万年間隔で小規模なマグマ噴出が繰り返された．次いで約1万年前からは，マグマ水蒸気

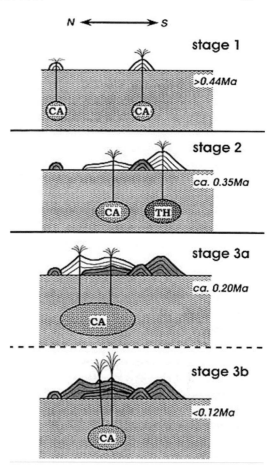

図9.3.12 安達太良火山のマグマ供給系の変遷（藤縄ほか，2001）．CA：カルクアルカリ，TH：ソレアイト

ないし水蒸気爆発の繰り返しとなり，最新のマグマ噴出活動は約2400年前であった（山元，1998；山元・阪口，2000）．本火山の活動は，ほとんどカルクアルカリ系列マグマによるが，活動期ごとにその組成に相違が認められる．また，第2期活動では，ソレアイト系列のマグマ活動も，同時に認められた（藤縄，1980；Fujinawa, 1988, 1990, 1992；藤縄ほか，2001）．

歴史時代の噴火活動のなかで，1899～1900年の活動では，水蒸気爆発を繰り返し，爆風や火砕サージも発生した（藤縄ほか，2006）．噴火が発生した沼ノ平火口内には当時，硫黄採掘所があり，作業員のうち72名が犠牲になった．この噴火の経緯についてはFujinawa et al.（2008）に詳しく述べられている．また，1997年には沼ノ平火口内で硫化水素によって登山客4名が犠牲となっている．2000年に

は沼ノ平の噴気が活発化したが2004年以降，沈静化している． ［藤縄明彦・伴　雅雄］

■9.3.12 磐　梯　山

磐梯山は福島県の中央部に位置する成層火山である．1888年の山体崩壊で有名である．最高峰は標高1819mの大磐梯山であり，1888年の山体崩壊によって形成された山頂付近から北方に開く馬蹄形カルデラが特徴的である．

磐梯山の地質学的研究は，Nakamura（1978），三村（1988），山元・須藤（1996），千葉・木村（2001）が代表的である．これらの研究では，磐梯山の山体区分や活動期の設定はまちまちである．ここでは山元・須藤（1996）と千葉・木村（2001）の研究を紹介する．

山元・須藤（1996）は大きく古期と新期に分けた．古期山体（赤埴山-櫛ヶ岳山体）は50万年前以降から約25万年前までに形成された．新期は7～8万年前のプリニー式噴火に始まり，約5万年前には安山岩質の小磐梯山体が形成され，その後は約4万年前にデイサイト質マグマの浅所貫入による山体崩壊（翁島岩屑なだれ堆積物）が発生し，崩壊地内に安山岩質の大磐梯山体が約3万年前（AT飛来以前）には形成された．その後はマグマ噴火の証拠は認められていないが，水蒸気爆発堆積物は認められており，過去5000年間に4回発生したとされている．

千葉・木村（2001）は7つの活動期に分類し，おのおの35～32万年前程度，約30～28万年前，約25～23万年前，約17～9万年前，約7～6万年前，約3万年前，約2万年前以降としている．第1～3活動期が赤埴山-櫛ヶ岳山体の，第4期以降が小磐梯，大磐梯の形成に相当する．またマグマ噴火は約1万年前までは継続していたと考えている．それ以降の水蒸気爆発に由来するテフラを8枚認定している．なお，第1活動期以前の噴出物の存在も指摘している．これに関連して，中村ほか（1992）はボーリングコアから高アルカリソレアイト質玄武岩が得られたことを報告している．

1888年には水蒸気爆発を伴って小磐梯山山頂を含む山体北部が崩壊し，崩壊物質は北方に流下後，山体の東側を回り猪苗代湖にまで達した（Sekiya and Kikuchi, 1890など）．北方山麓にみられる流山地形はこれによって形成された．また河川がせき止められるなどの結果，檜原湖なども誕生した．この噴火によって461名が犠牲になっている．磐梯山では1888年のほかにも山体崩壊に伴う岩屑なだれ堆積物が多数見つかっており，山体の成長と崩壊が繰り返されたものと推定できる．なお，1888年の噴火については最近再検討が進められ，噴火口位置などについて新見解が得られている（米地，2006；浜口，2010）．また，噴火に伴って小規模なサージも発生したことが明らかにされた（Yamamoto et al., 1999；Fujinawa et al., 2008）．

1888年以外に記録されている806年の噴火については水蒸気噴火に伴う降灰であったと解釈されている（山元・須藤，1996）．

磐梯山の岩石学的研究は，Nakamura（1978），周藤ほか（1983），木村ほか（1995）などがあり，主にカルクアルカリ系列安山岩からなるとされている． ［伴　雅雄］

9.4　森吉火山列

■9.4.1 岩　木　山

岩木山は青森県西部の弘前盆地の西にあり，東西12km，南北13kmで体積約50km³の大規模な円錐形の成層火山である．

本火山全体の地質に関しては，河野ほか（1961）などによって概要が報告され，また山麓に分布する火山灰層と段丘やローム層との関係から（雁沢ほか，1994；井村，1995；松山，1989），活動の時期についても検討されてきた．その後，弘前大学のグループなどの研究により地質・形成史の詳細が明らかにされつつある（黒木，1995；佐々木ほか，1996，2009など）．

佐々木ほか（1996，2009）のK-Ar年代測定結果も含む地質学的研究によれば，岩木火山の活動は3期に大別されている．以下に，佐々木ほか（1996，

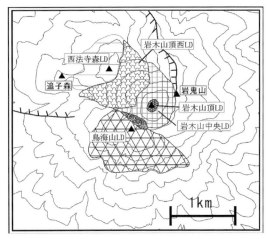

図 9.4.1 岩木山山頂付近の地質図（佐々木ほか，2009）

2009）に主に従って岩木火山の形成過程をのべる．第 1 期には安山岩の比較的薄い溶岩流により成層火山体が形成された．活動の期間は約 0.3〜0.2 Ma である．第 2 期には安山岩を主とする比較的厚い溶岩流ないし溶岩ドームが形成された．活動の期間は約 0.2〜0.05 Ma である．第 3 期には安山岩〜デイサイトからなる中央火口丘が形成された．活動の期間は約 0.05 Ma 以降である．山体崩壊による岩石なだれ堆積物が 2 層認められており，その 1 つの十腰内岩屑なだれ堆積物の発生時期は第 1 期と 2 期の間と考えられている（佐々木ほか，1996）．なお，山麓部に断片的に露出する噴出物は第 1 期よりも古いものと考えられる．側火山の森山と黒森山について各々 0.36±0.05 Ma，0.31±0.21 Ma の K-Ar 年代が報告されている（山口，2011）．また，北東麓に分布する岩屑なだれ堆積物中の岩片について約 60 万年前の K-Ar 年代値（三村・金谷，2001）が報告されている．

最新期中の活動推移についてはさらに詳しく研究が進められ（佐々木ほか，2009；伴ほか，2010，2011，2012），約 5 万年前に西法寺森溶岩ドーム，約 3〜1.5 万年前に鳥海山溶岩ドームと岩木山頂西溶岩ドーム，約 5000〜6000 年前に岩木山中央溶岩ドームと岩木山山頂溶岩ドーム，約 2000 年前に鳥ノ海溶岩ドームが山頂部に形成された（図 9.4.1）．各ドームの形成年代は付随する堆積物に含まれる有機物の ^{14}C 年代測定や噴火に付随して形成された地形面の推定年代（黒木，1995）をもとに推定されている．西法寺森，鳥海山，岩木山頂西溶岩ドームに

は付随して岩塊火山灰流堆積物が形成されたのに対し，岩木山山頂と鳥ノ海溶岩ドームの形成前には爆発的噴火により降下軽石・スコリア層が形成された．

歴史時代の噴火は 1571〜1863 年の間に多少曖昧なものまで含めると，噴火が 12 回，水蒸気爆発と思われるものが 14 回数えられる（宮城，1971；青木，1989）．特に 1600 年の噴火では山頂やや西方の鳥ノ海付近で噴火が発生し，泥流が山麓に流下している．また，何回かの降灰も記録されている．1863 年の噴火以来噴火活動は認められていない．なお，1970〜86 年の間に 6 度，岩木山に関連すると思われる地震活動が記録されている．また 1978 年には赤倉沢で活発な噴気活動が認められた．

［佐々木　実・伴　雅雄］

■ 9.4.2　森　吉　山

森吉火山は森吉帯（高橋・藤縄，1983）を代表する火山である．山体は侵食が進んでいるが，山頂を中心部としたなだらかな円錐形の山容を呈している．山頂部にはカルデラ地形もみられる．噴出物の大半は安山岩であり，少量のデイサイトおよび玄武岩を含む．噴出物はほとんどが溶岩で少量の火砕岩もみられる（中川，1983）．

本火山の火山地質や岩石に関する詳しい研究は中川の一連の研究により行われた（中川，1983，1991；中川・青木，1985）．放射年代に関しては，須藤ほか（1990）の研究がある．

火山活動は山頂部のカルデラ形成を境として大きく前期（E ステージ）と後期（L ステージ）に 2 分できる．以降，中川（1983）に従って，各活動期の地質学的・岩石学的特徴の要約をのべる．

前期は，成層火山体形成期（E-1・E-2）とカルデラ形成期（E-3）に分けられる．E-1 期は本火山中最も早期の活動で，その噴出物は山体中心部にわずかに露出するのみである．主に火砕岩類からなり，岩石は，斑晶量 50% 前後の単斜輝石斜方輝石安山岩である．その後，活動休止期をはさみ E-2 活動期が開始された．E-2 活動期の噴出物は本火山全体の 7 割近くを占めている．岩石は，斑晶量 30% 前後の単斜輝石斜方輝石安山岩が大部分で，斑晶量 30% 前後のかんらん石含有単斜輝石斜方輝石

安山岩を少量伴う．カルデラ形成に伴うE-3活動は，大規模なスコリア流とそれに引き続く溶岩流の流出からなる．岩石は斑晶量10%前後の単斜輝石斜方輝石安山岩～デイサイトである．

後期は主に溶岩流の流出および溶岩ドームの形成からなり，火砕岩類の噴出はまれである．それらの噴出中心はカルデラ壁周辺およびカルデラ内に散在する．この時期の噴出物には，苦鉄質包有物が普通に認められ，縞状溶岩も認められる．岩石は石英単斜輝石含有普通角閃石斜方輝石カンラン石玄武岩（苦鉄質包有物），石英含有単斜輝石カンラン石普通角閃石斜方輝石安山岩および縞状溶岩の灰白色部の石英単斜輝石含有斜方輝石普通角閃石デイサイトからなる．これらの斑晶量は20～40%である．

須藤ほか（1989）は森吉火山噴出物のK-Ar年代測定および古地磁気学的研究を行った．成層火山体噴出物には逆帯磁および正帯磁のものがありK-Ar年代は1.05～0.94 Maである．また，後カルデラ噴出物はおおむね正帯磁を示し約0.78と0.79 Maの年代を示した．したがって，森吉火山の活動期間は20～30万年間程度と考えられる．

円錐形成層火山の発達段階（守屋，1983）をたどった典型的な火山ととらえることができる．すなわち，前期にはまず，玄武岩質安山岩を主体とする円錐形成層火山が形成され，その終盤には，カルデラ形成を伴う大規模なスコリア流および安山岩～デイサイト溶岩流出の活動が起こった．その休止期をはさみ，後期には溶岩流が流出し，また溶岩ドームが形成された．　　　　　　［林　信太郎・伴　雅雄］

■9.4.3　肘　折

本火山は山形盆地北端から北西約20 kmに位置する小規模カルデラ火山である．以降肘折カルデラと称す．カルデラの径は南北約1.5 km，東西約2 kmで，周囲からおよそ200 mの凹地となっており，カルデラ形成後に堆積した湖成層が認められる．噴出物は北方に主に分布する火砕流堆積物と（図9.4.2），東方の尾花沢市に分布する降下軽石層である．

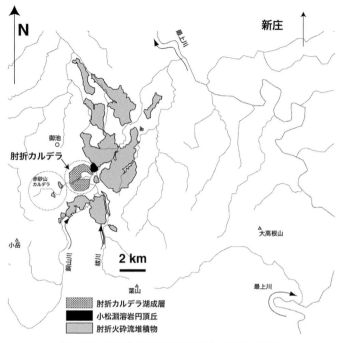

図9.4.2　肘折カルデラ噴出物の分布（宮城，2007）

肘折カルデラ由来の噴出物の存在は，杉村（1953）によってはじめて指摘された．その後，米地・菊地（1966）による尾花沢軽石層の研究により噴出口が現在の肘折付近と確定され，富田（1961）による地形学的研究，Ui（1971）による本格的な火山学・岩石学的研究，川口・村上（1994）によって層序の再検討が試みられ，宮城（2007）の詳しい調査に基づいた研究により，活動の推移が解明された．さらに，年代学的研究として，福岡・木越（1971）のイオニウム法，高島ほか（2003, 2012）の熱ルミネッセンス法，宇井ほか（1973），米地・西谷（1975）およびMiyagi（2004）による放射性炭素同位体年代測定結果を総括すると，肘折カルデラの活動開始時期は約1万2000年前であり，短期間で活動を終了したと考えられている（宮城，2007）．地熱活動は活発で，カルデラ付近では変質帯が認められ，温泉地としても有名である．また，新エネルギー・産業技術総合開発機構によって地熱発電の可能性が検討されたが実用にはいたっていない（川崎ほか，2002

など).現在,噴気活動はなく,歴史時代の噴火も一切記録されていない.以下に宮城(2007)に従って本火山の活動の推移をのべる.

活動は1～4のステージに分けられる.ステージ1には谷埋め型の非溶結軽石流堆積物と降下物が,ステージ2には谷埋め型の一部溶結軽石流堆積物と降下物が,ステージ3には谷埋め型の一部溶結軽石流堆積物と降下物(尾花沢軽石)が,ステージ4には水蒸気爆発およびマグマ水蒸気爆発による降下物,一部火砕流堆積物がもたらされた.噴出量はステージ3が最大で総噴出量(約0.83 km³ DRE)の約85%を占める.

ボーリングのデータ(新エネルギー財団,1983)をもとに,宮城(2007)は,肘折カルデラはピストンシリンダー型である可能性が高いとしている.また見積もられた総噴出量は陥没量とほぼ等しい.

[宮城磯治・伴 雅雄]

■9.4.4 沼沢

本火山は会津盆地南西端から北西約20 kmに位置する小規模カルデラ火山である.カルデラ(沼沢湖カルデラ)の径は約2 kmで,窪地の部分にはカルデラ湖が形成されている.

本火山の地質学的研究は,高橋・菅原(1985)などによって行われたが,山元(1995, 1999b, 2003),山元・駒沢(2004)の一連の研究によってその形成過程に関する知見が一新された.以下に,その研究をもとに形成史を紹介する.

噴出物は,下位から尻吹峠火砕物,木冷沢溶岩,水沼火砕堆積物,惣山溶岩,沼御前火砕堆積物,前山溶岩,沼沢湖火砕堆積物に分けられる(図9.4.3).水沼および沼沢湖火砕堆積物をもたらした際には爆発的なプリニー式噴火が起こった.

尻吹峠火砕物は火砕サージ堆積物で分布は限ら

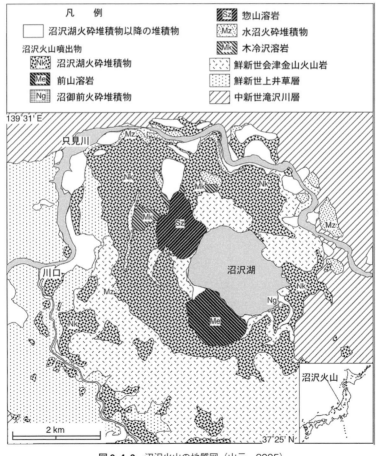

図9.4.3 沼沢火山の地質図(山元, 2005)

ており，体積は本火砕岩と対比される芝原降下堆積物（$>7\times10^{-1}$ DRE km³）よりも1桁以上小さい．放射年代値をもとに，噴出時期は約11万年前と推定されている．木冷沢溶岩はカルデラの北西約500 m付近に断片的に露出する流紋岩質溶岩（1×10^{-1} DRE km³）で，約7万年前のフィッショントラック年代が得られている．水沼火砕物は下位からユニットI〜IIIに分けられており，I，IIは降下火砕岩，IIIは火砕流堆積物からなる．総体積は1×10^{0} DRE km³程度と見積もられ，噴出年代はほぼ5万年前と推定されている．惣山溶岩は，カルデラ壁の北西付近に位置するデイサイト質の溶岩ドーム（3×10^{-1} DRE km³）で，約4万年前のフィッショントラック年代が得られている．沼御前火砕堆積物は主にデイサイト質塊状凝灰角礫岩からなり，分布は限られている．岩相などの特徴から水蒸気爆発あるいは溶岩ドームからの崖錐性堆積物と考えられ，年代は約2.5万年前と推定されている．前山溶岩はカルデラ壁の南西部付近に分布するデイサイト質の溶岩ドーム（3×10^{-1} DRE km³）で，岩質や分布などから，沼御前火砕堆積物とほぼ同時期と考えられている．沼沢湖火砕堆積物はユニットI〜IVに分けられ，デイサイト質および安山岩質軽石を含んでいる．ユニットIは非溶結の火砕流堆積物，IIは降下堆積物，IIIは火砕サージおよび粒径の異なる層が互層をなす降下堆積物，IVは降下堆積物からなる．ユニットIのサージ堆積物は450 km²以上と広範に，また軽石流堆積物は周囲の谷を埋めるように分布しており，最大層厚は約200 mに及ぶ．この噴出物をもたらした噴火によって沼沢湖カルデラが形成された．沼沢湖火砕堆積物の総体積は2×10^{0} DRE km³と見積もられ，噴出時期は紀元前3400年ころと考えられている．

　噴出物の組成は下位から上位にかけて系統的にSiO₂量が減少しており，各種岩石学的データに基づく解析結果（Yamamoto, 2007）によれば，噴出物はいずれも下部地殻物質の溶融によって生成され，しかもその溶融度が時間経過に伴い系統的に上昇した結果であることが判明した．また，沼沢湖火砕堆積物をもたらした浅部マグマ供給系の構成や噴出メカニズムについては，Ishizaki *et al.* (2009) や増渕・石崎（2011）の研究がある．〔山元孝広・伴　雅雄〕

■9.4.5　燧　ヶ　岳

　燧ヶ岳は福島県南西端に位置する円錐形の成層火山である．最高峰は2346 mであるが，基盤の標高が2000 m程度と非常に高く，山体の最大比高は300 m程度と推定される．

　本火山の地質学的研究は，末野（1933）や村山・河田（1956）の先駆的研究に始まり，渡邉（1989）によって噴出物の細分および活動期の区分がなされた．さらに早川ほか（1997）によって，テフラとの層位関係なども検討され，燧ヶ岳の形成史が明らかにされた．以下，早川ほか（1997）に従って形成史を述べる．

　本火山の噴火は，プリニー式噴火による降下軽石（七入軽石）および火砕流（モーカケ火砕流堆積物）の流出に始まった．前者は北東方向に広く分布し，また後者は本火山の土台をなす火砕流台地を形づくった．七入軽石は広域テフラとの層位関係により噴出時期は約16〜17万年前と推定されている（山元，1999）．その後，約10万年前ころに円錐形の火山体が形成された．その一部が山体北西部に残存している（大橋沢火山体）．さらに，約3万年前ころには現在の火山体の中心部分をなしている成層火山体（柴安グラ火山体）が形成された．その後，北東山腹から溶岩が流出し，また溶岩ドームも形成された（重兵衛池溶岩流，熊沢田代溶岩ドーム）．噴出物と広域テフラとの層位関係から，約1万9000年前と推定されている．その後，山体が大崩壊を起こし，山頂付近を構成していた物質は南方に流れ下り堆積した（沼尻岩なだれ堆積物）．崩壊の時期は，やはり広域テフラとの層位関係によって約8000年前と推定されている．その後，崩壊によって形成された窪地を埋めるようにして溶岩が流出した（赤ナグレ溶岩流）．なお，尾瀬沼は，これによって沼尻川がせき止められて生じた．

　最近のマグマ噴火の産物である御池岳溶岩ドームは，同時期に噴出したと考えられる白色粘土層と広域テフラとの層位関係から，約500年前に形成されたと考えられている（早川，1994）．

　噴出物の岩石学的な研究は横瀬（1989）によって行われた．それによればすべての噴出物はマグマ混合を被ったカルクアルカリ系列岩であるが，活動の前半には安山岩質，後半には安山岩〜デイサイト質

のものが卓越し，また両者の全岩化学組成は多くの
組成変化図で異なる変化傾向を示すことが明らかに
されている．

　歴史時代の噴火記録は認められていないが，地質
学的には過去1000年間にも複数回の噴火が認めら
れ，今後の噴火に関しても検討が必要な火山の1つ
である．　　　　　　　　　　　　　　　　　［伴　雅雄］

9.5　鳥海火山列

　鳥海山のみがこの火山列のなかでは活火山に属す
る．これに加えて最近詳細が明らかになってきた月
山についても述べる．

■9.5.1　鳥　　海　　山

　鳥海火山は東北日本弧鳥海火山帯を代表する大規
模な成層火山であり，成層火山体本体の体積は
70 km³に及ぶ（林，1984）．歴史時代にも何回かの
噴火を行っている活火山であるとともに，開析され
た古い溶岩地形も認められる．また，噴出物は主と
して安山岩からなり，玄武岩も含まれる（林，1986）．
鳥海火山は東西方向の圧縮応力場におかれている
（宇井，1972）．その火口は西北西-東南東に並び，
火山体の占める範囲は東西方向に26 km，南北方向
に14 kmであり，全体として東西方向に伸張した
楕円形を示す．本火山の西部には高角北落ちで，西
北西-東南東のトレンドをもった正断層群がある
（宇井，1972）．そのなかで最大のものは洗沢断層と
呼ばれている（林，1984）．また，鳥海山の基盤は
中新世から活動的な南北方向の衝上断層群で切られ
ている（酒田衝上断層群および仁賀保衝上断層群：
池辺ほか，1979；大沢ほか，1982）．鳥海火山には
2つの明瞭な崩壊地形が認められる．北に開口する
東鳥海馬蹄形カルデラと西部山腹にある南西に開口
する西鳥海馬蹄形カルデラである．また，山麓一帯
には岩屑なだれ堆積物の表面地形である流れ山が広
範囲に分布している．

　本火山の地質に関しては数々の報告があり（中
島，1906；柴橋・今田，1972；柴橋，1973；林，
1984；中野・土谷，1992），なかでも林（1984）や
中野・土谷（1992）の研究は詳細な地質調査と空中
写真判読に基づいて行われた．この両者の研究は本
火山の活動史を3つの活動期に区分するという点で
一致し，この3活動期の噴出物の分布についてもよ

く一致している．鳥海火山を起源とする降下火山層
の露頭は少ないが，大場ほか（2012）は，火山灰層
が多数累重している露頭を発見し，爆発的噴火が繰
り返されたことを明らかにした．また，鳥海山およ
びその近隣地域で発見された広域火山灰も十和田a
に限られている（町田ほか，1981；林ほか，2000）．

　鳥海火山の基盤は，中期中新世前期の火山噴出物
主体の層（青沢層），中期中新世後期〜前期鮮新世
の堆積岩層（女川層および草薙層，船川層，天徳寺
層および丸山層），後期中新世後期〜前期鮮新世の
火山岩類（上玉田川火山岩および下玉田川火山岩），
後期鮮新世の堆積岩層（天徳寺層および笹岡層，丸
山層および観音寺層），更新世の浅海成堆積岩層
（西目層および常禅寺層）である．

　鳥海火山に先行する時代不明の第四紀火山活動が
山体下部に存在することは林（1984）によって明ら
かにされた．その後，中野・土谷（1992）による詳
細な調査が行われ，林（1984）により鳥海火山に先
行する火山活動とされたものの一部は新第三紀のも
のであることが明らかにされた．その他のものは，
鶯川玄武岩，天狗森火砕岩，下玉田川層中の溶岩と
された．下玉田川層中の溶岩は岩石学的性質が鳥海
火山本体のものと類似している．これに対し，鶯川
玄武岩，天狗森火砕岩中の玄武岩はNaに富み鳥海
火山本体の噴出物とは多少異なる（Onuma, 1963；
林ほか，1994）．鶯川溶岩，天狗森火山岩から約50
万年前のK-Ar年代値が得られている（林ほか，
1994）．

　鳥海火山の活動はステージ I，II および III の3期
に区分される（林，1984；中野・土谷，1992）．以
下に，伴ほか（2002）によるK-Ar年代値も示しな
がら各活動期の地質と岩石の要点を記す．

　ステージ I（約55〜16万年前）：古期鳥海火山の
形成期である．山体東部の骨格をなしている．古期
鳥海火山噴出物はほとんどがソレアイト的な鉄に富

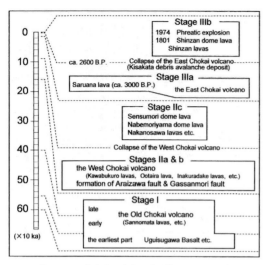

図 9.5.1 鳥海山の火山層序（伴ほか，2001）

んだ安山岩からなり，玄武岩は初期の噴出物にみられるほかはまれである．また，斑晶マフィック鉱物として，斜方輝石，単斜輝石だけが認められる岩石が主であり，まれにカンラン石を含むものがある．また，噴出物のほとんどが溶岩であり，中間型火砕流堆積物，スコリア流堆積物や降下火山砕屑物はまれに認められるにすぎない．鳥海火山の北麓や南麓にはこの時期の岩屑なだれ堆積物が分布している．古期成層火山体は現在の山頂の西約1km地点を中心とする円錐形をなし，標高2000m以上で体積47 km³の山体をつくり，現在の鳥海火山の骨格をなしており，ステージII開始直前まで活動したと考えられている（林，1984）．

ステージII（約16〜2万年前）：この時期の活動様式と噴出物の岩石学的特徴はステージIと顕著な対照をみせる．それまで山体の中心に限られていた噴出中心は，東西に広く分散し，それらの火口から溶岩が流出するようになった．ステージII以降の岩石には斑晶間の非平衡現象や石基の不均質が認められ，マグマの混合が盛んに起こったと考えられる（林，1986）．混合のために地表には純粋な形では噴出していないが，マグマ混合の端成分として玄武岩質マグマが活動している．ステージIIの活動は，角閃石を含まないカンラン石両輝石安山岩および玄武岩の活動（ステージIIa）とその後，角閃石を斑晶にもつ安山岩の活動（ステージIIb）に分けられる．IIbの中ごろに西鳥海馬蹄形カルデラが形成さ
れ，さらにカルデラ内で安山岩の活動が継続した（林，1984）．

ステージIII（約2万年前〜現在）：鳥海火山の最も新しい活動で現在も継続している．現在の山頂付近を中心とした溶岩の噴出であり，その結果，東鳥海火山と呼ばれる成層火山が形成された（ステージIIIa）．これと同時期に，鳥海火山の西の山腹から噴出し日本海に向かって猿穴溶岩が流下したと考えられる．猿穴溶岩上からは縄文後期〜晩期の遺跡が認められる（柏倉，1961）ことから，猿穴溶岩の噴出時期はステージIIIa末期と考えられる．東鳥海火山は紀元前466年（光谷，2001）に北に向かって崩壊し北西山麓に象潟岩屑なだれ堆積物が形成された．これ以降がステージIIIbである．象潟岩屑なだれ堆積物の供給源カルデラである東鳥海馬蹄形カルデラ内には約0.8 km³の溶岩が噴出した．地形からは26枚の溶岩が識別でき（守屋，1983a），10回以上の噴火記録が知られている（植木，1981；林・宇井，1993）．大場ほか（2012）は過去約4500年間に形成された鳥海火山起源の火山灰層を54枚認定した．噴火頻度は83年に1回よりも高いと計算された．これらは水蒸気噴火によるものが主であると考えられている．ただし，マグマの寄与率には幅がある．最新のマグマ噴火は，1800〜1804年にかけての新山溶岩ドーム形成活動である．また871年噴火においてもマグマの流出の可能性が指摘されている（林ほか，2000, 2006）．

岩屑なだれ堆積物について：鳥海山の山麓には岩屑なだれ堆積物が多数分布している（林・宇井，1993）．このうち供給源がはっきりしているものは上に述べた象潟岩屑なだれ堆積物のみである．また，西鳥海カルデラは山体崩壊によって形成されたとされているが，対応する岩屑なだれ堆積物は特定されていない（林，1984；中野・土谷，1992）．山麓に分布する岩屑なだれ堆積物の多くは，岩質の類似性や厚いローム層に覆われていることから，ステージIに形成されたと考えられる．この時期の岩屑なだれに関してはいくつかの記載がある（池辺ほか，1979；大沢ほか，1982, 1988；宇井ほか，1986；土谷，1989；中野・土谷，1992）が，露頭が悪く，堆積物の識別や対比は難しい．したがって，何回の山体崩壊があったかは不明である（大沢ほか，1988）．おそらく何回かの山体崩壊に伴ういくつか

の岩屑なだれ堆積物の集合体と考えられる．

［林　信太郎・伴　雅雄］

■9.5.2 月　山

　月山火山は複数の火山体から構成されており，月山（1979.5 m）を最高のピークとし，それに連なる姥ヶ岳（1670 m），湯殿山（1500 m），雨告山（1309 m），仙人岳（1265 m），薬師岳（1262 m），藁田禿山（1217 m），品倉山（1211 m）および大平山（1150.5 m）などから構成される．月山火山は，山体のほぼ中央を南北に走る断層上に噴出している．この断層は，月山火山以北では，青沢断層（田口・阿部，1953）や酒田衝上断層群（池辺ほか，1979）と呼ばれ，南方では，寒河江川断層や大井川断層（皆川ほか，1967）と呼ばれている．

　月山火山の地質と岩石の概要についてはIchimura (1955)，今田（1974），今田ほか（1975）および矢内ほか（1973）の報告がある．月山火山北西方向に分布する岩屑なだれ堆積物については宇井（1975）や土谷ほか（1984）の報告がある．小泉ほか（1984）は総括的に地質，岩石記載および全岩化学組成を明らかにした．さらに，井上・伴（1996）は月山本体について，松田ほか（1997）は湯殿山について詳しい地質学的岩石学的特徴を報告し，また，中里ほか（1996）は本火山の地質とともにK-Ar年代を報告している．最近になって，Ban et al. (2009)によって月山火山の噴出物をもたらしたマグマ供給系の進化が検討されるようになった．

　図9.5.2に月山火山の地質概略図を示す．小泉ほか（1984）と中里ほか（1996）に基づくと，月山火山の活動は大きく，約80～70万年前のデイサイトを主体とする活動（前期）と約50～30万年前の安山岩を主体とする活動（後期）に分けられる（井上・伴，1996）．前期には，西部の湯殿山～品倉山～雨告山にかけての山体が形成された．ここでは，これらをまとめて湯殿山山体と称す．噴出物は少なくとも3個以上のデイサイト質溶岩ドームとそれに伴う同質の火砕流堆積物が主である．火砕流堆積物には，溶岩ドームの崩落によって形成された特徴的

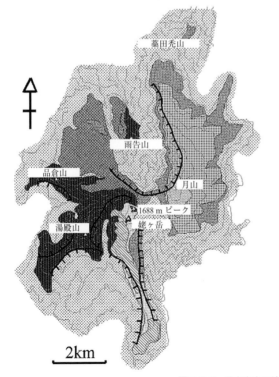

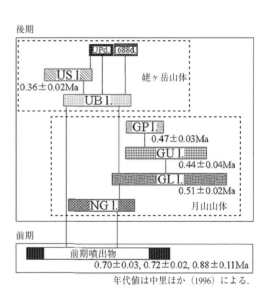

図9.5.2　月山火山の地質図（Ban et al., 2009）

右図中の略称　UPd.：姥ヶ岳山頂ドーム溶岩，1688d.：1688 mピークドーム溶岩，USl.：姥沢溶岩，UBl.：姥ヶ岳溶岩，GPl.：月山山頂溶岩，GUl.：月山上部溶岩，GLl.：月山下部溶岩，NGl.：濁川溶岩．

な岩相がみられる. 後期には, 東部の月山, 姥ヶ岳, 藁田禿山などの安山岩質溶岩流主体の山体が形成された. 一部に溶岩ドームも存在する. 姥ヶ岳を姥ヶ岳山体と呼び, その他をまとめて月山山体と呼ぶ. 月山山体下部では, 比較的薄い溶岩流の積み重なりが観察できる. 上部は比較的厚い溶岩流で構成されている. また, 同質の火砕岩も含まれる. 山体形成後に月山山頂から, 北西方向に開く, 長径約2 km の月山カルデラ (井上・伴, 1996) が形成された. 岩屑なだれ堆積物は, 山体の北方, 西方, 南方にみられる, 最も明瞭なものは, 北方のもので, 流山地形が明瞭である (土谷ほか, 1984). 主に, 安山岩質の岩片を多く含む岩屑なだれ堆積物である. 山体近くの露頭では, 山体内部の成層構造を保存する岩塊相が認められる. また, 一部に急冷破砕したと考えられる冷却節理をもつ岩片が認められている (宇井, 1975). この岩屑なだれ堆積物は, 月

山カルデラに伴って形成されたものと思われる. 西方では, 横倉溶岩の西方と湯殿山の西方に小規模な岩屑なだれが認められる. これらは, 横倉溶岩と湯殿山の西部が崩壊して形成されたものと考えられる. 南方には, 志津川沿いに小規模に認められる (小泉ほか, 1984). これは, 姥ヶ岳形成前に月山～湯殿山にかけて, 南方に開くカルデラが形成され, それに伴ってもたらされたものと考えられる (松田ほか, 1997).

月山では, 上記の南北の断層の東側は現在月山山頂で標高1979.5 m を有し, 西に比して高くなっているが, 形成当時は, 現在より東側が相対的に300～500 m 低かったと考えられる. 山体が形成された後, 断層の活動に伴って上昇したものと思われる. 本火山には崩壊地形が多数認められるが, この断層の活動によって, 山体崩壊が促進されたと推測される. 　　　　　　　　　　　　　　　　　　［伴　雅雄］

10. 海 洋 地 質

10.1 日 本 海 側

■ 10.1.1 地 質 概 要

　大和海盆-大和海嶺域から東北日本の日本海東縁部にいたる海域は，前期～中期中新世の20～13.5 Maに起きた日本海拡大によって形成された背弧海盆縁辺のリフト堆積盆地である（以下，図10.1.1参照）．大和海盆-大和海嶺域は西南日本弧に属し，島弧とほぼ平行な東北東-西南西ないし北東-南西方向の正断層系によって画された大規模なホルスト（地塁）-グラーベン（地溝）系より構成され，そのなかに北大和堆・大和堆・北隠岐堆・隠岐堆などのホルストや，北大和舟状海盆・大和海盆・隠岐舟状海盆などのグラーベンが存在している．これに対して，東北日本弧の日本海東縁部の陸棚～陸棚斜面域には，島弧とほぼ平行な北東-南西ないし北北東-南南西方向のリストリック（listric）断層で限られた幅10 km前後のハーフグラーベン（half graben）群が発達する．これらのハーフグラーベンでは，主に鮮新世の中期以降に生じた強圧縮応力場の下でテクトニックインバージョン（tectonic inversion）が進行し，ほぼ非変形に近い大和海盆-大和海嶺域とは対照的に，逆断層化したリストリック断層やそれに伴う褶曲構造の発達が顕著である．

　東北日本弧では，これらの構造が，20～13.5 Maの日本海拡大時に活動した北西-南東方向の大規模トランスファー（transfer）断層によって切断されている．主なものとしては，日本国-三面構造線（断層⑨）～棚倉構造線（断層⑧），本荘-仙台構造線（断層⑥），尾太-盛岡構造線～日詰-気仙沼断層（断層⑤），および黒松内断層帯～久慈-釜石沖につながる黒松内-釜石沖構造線（断層④）がある．その北方には，礼文-樺戸帯西縁～増毛-当別線～広島-苫小牧線（断層①）を経て苫小牧リッジ東縁断層帯（断層③）にいたる構造線と，その南東側に位置する八戸沖断層（断層②）が，日本海拡大の北端を画

する左横ずれ断層帯として発達し，その間にプルアパート堆積盆地（日高沖堆積盆地）を形成している．

　一方，東北日本弧の南端には，糸魚川-静岡構造線とその日本海延長部を西側のマスター断層（master fault）（断層⑪），そして柏崎-銚子線とその日本海延長部を東側のマスター断層（断層⑩）とする大規模なプルアパート堆積盆地が発達し，東西日本弧の境界部であるフォッサマグナを構成している．このプルアパート堆積盆地は，日本海拡大時に東西日本弧の間に発生した大規模な右横ずれ運動によって形成されたものである．この右横ずれ運動は，日本海拡大時に，西南日本弧が時計回りに，そして東北日本弧が反時計回りに回転しながら拡大した際に（Otofuji *et al.*, 1985やMartin, 2011などによる"観音開き拡大モデル"），西南日本弧よりも東北日本弧の拡大量が大きかった（Otofuji *et al.*, 1985など）ことによって生じている．その痕跡は，東西日本弧の基本構造の大きなずれとして現在の地帯構造に残っており（フォッサマグナを境として，リフト堆積盆地の西縁や東縁，および沈み込み帯前縁の位置が右側に大きくずれている），その変位量（現在の状態）はフォッサマグナの両側で最大約200 kmに達している．なお，西南日本弧の南西端には，壱岐構造線（断層⑫），対馬-五島構造線（断層⑬），梁山断層（断層⑭）が発達し，日本海拡大時に西南日本弧が時計回りに回転しながら拡大した際の，その西端を画する右横ずれ断層帯を構成している．

■ 10.1.2 層序および岩相

　大和海盆-大和海嶺域から東北日本の日本海東縁部にいたる海域において，経済産業省が実施した基礎物理探査1976年度「北海道西部～新潟海域」，1981年度「富山沖，北陸～隠岐沖，山陰沖」，1985年度「大和堆」，1987年度「西津軽～新潟沖」，2008

10. 海洋地質

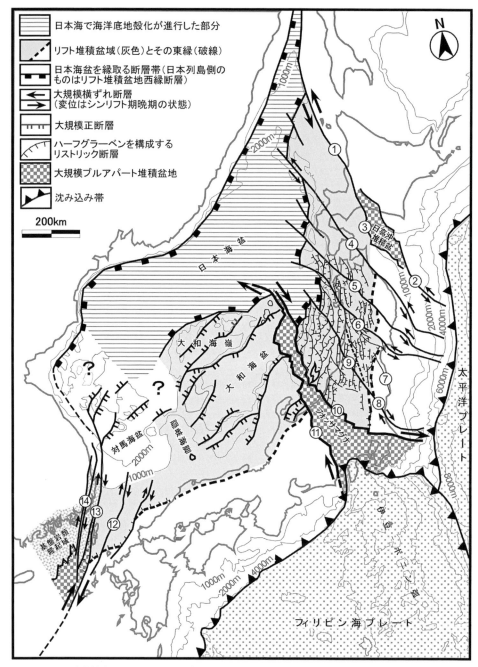

図 10.1.1 日本海拡大にかかわる日本列島の地質構造の概略．リフト堆積盆地域内の地質構造として，図 10.1.6 の音響基盤上面の地質構造の概要を附記．西南日本弧では，リフト堆積盆地東縁より南東側の地質構造を省略．

①：礼文-樺戸帯（小松，1985）西縁～増毛-当別線～広島-苫小牧線（正谷，1979；藤岡，1982）につながる構造線，②：八戸沖断層（新称），③：苫小牧リッジ（正谷，1979）東縁断層帯，④：黒松内断層帯～久慈-釜石沖につながる黒松内-釜石沖構造線（新称），⑤：尾太-盛岡構造線（大口ほか，1989）～日詰-気仙沼断層（永広，1982）につながる構造線，⑥：本荘-仙台構造線（田口，1960），⑦：双葉断層，⑧：棚倉構造線，⑨：日本国-三面構造線（山元・柳沢，1989；大槻・永広，1992），⑩：柏崎-銚子線（利根川構造線，関東構造線を含む），⑪：糸魚川-静岡構造線，⑫：壱岐構造線（井上，1982），⑬：対馬-五島構造線（井上，1982），⑭：梁山断層（井上，1982）．

年度「佐渡西方3D」および2008年度「大和海盆2D・3D」，2011年度「佐渡沖北西2D」などのマルチチャンネル地震探査データを用いて，震探層序（seismic stratigraphy）と地質構造の解釈を行った．その結果，音響基盤より上位の堆積物中において，構造運動に起因した広域オンラップ（onlap）面が4層準認められ，これらの構造性のオンラップ面を境として，大和海盆-大和海嶺域から東北日本の日本海東縁部にいたる広大な海域に分布する堆積物が，下位より，音響基盤，Yt4，Yt3，Yt2，Yt1ユニットの5つの震探層序ユニット（seismic stratigraphic unit）に区分された（図10.1.2）．これらのユニットは，深海学術調査井や経済産業省の基礎試錐の層序学的データに基づき，音響基盤が先古第三系の基盤岩類やグリーンタフの火山岩・火山砕屑岩類よりなること，そしてYt4/Yt3ユニット境界が13.5 Ma，Yt3/Yt2ユニット境界が3.6 Ma，Yt2/Yt1ユニット境界が1.8 Maに相当することが明らかとなっている．地質時代および年代値は，Ogg *et al.* (2009) に従った．

このうち，Yt3ユニットに関しては，2008年度基礎物理探査「大和海盆2D・3D」および2011年度「佐渡沖北西2D」で取得された高分解能の地震探査記録によって，下位よりYt3下部（Yt3L），Yt3中部（Yt3M），Yt3上部（Yt3U）の3つに細分できることが判明している（図10.1.2）．しかしながら，この新しい地震探査データの存在が，現状では大和海盆の東縁部に限られていることから，大和海盆-大和海嶺域の全域に適用できる震探層序としては，従来の音響基盤，Yt4，Yt3，Yt2，Yt1ユニットよりなる震探層序区分を用いざるをえない．ただし，大和海盆東縁部は，西南日本弧の背弧盆地として大和海盆-大和海嶺域と同じ地史を経ており，将来それらの海域で新規の高分解能地震探査が実施された場合には，Yt3ユニットが同様に細分できる可能性が高いことから，Yt3ユニットの震探層序の記述に関しては，この新たに細分された3つのユニットを用いて説明を行うこととする．

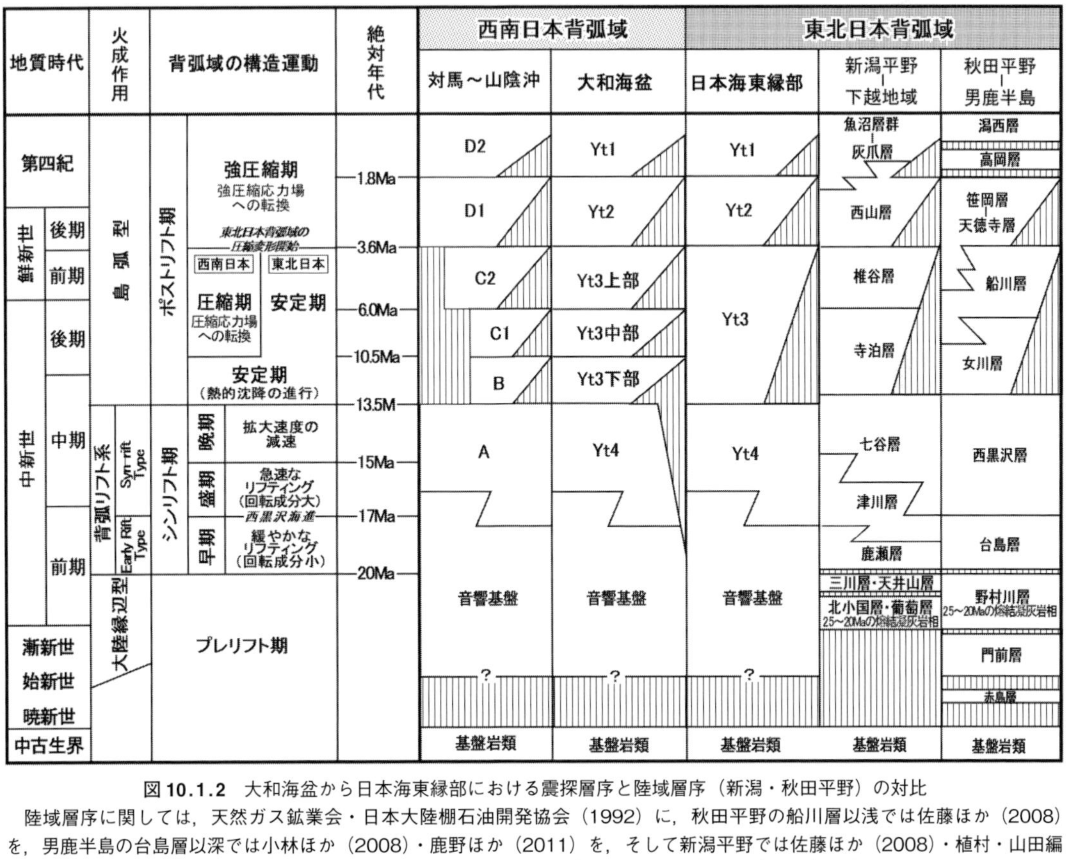

地質時代	火成作用	背弧域の構造運動		絶対年代	西南日本背弧域		東北日本背弧域		
					対馬～山陰沖	大和海盆	日本海東縁部	新潟平野-下越地域	秋田平野-男鹿半島
第四紀	島弧型	ポストリフト期	強圧縮期 強圧縮応力場への転換	-1.8Ma	D2	Yt1	Yt1	魚沼層群・灰爪層	潟西層 / 高岡層
鮮新世 後期 前期			東北日本背弧域の圧縮変形開始 西南日本 東北日本 圧縮期 圧縮応力場への転換	-3.6Ma	D1	Yt2	Yt2	西山層	笹岡層・天徳寺層 / 船川層
			安定期	-6.0Ma	C2	Yt3上部	Yt3	椎谷層	
中新世 後期			安定期（熱的沈降の進行）	-10.5Ma	C1	Yt3中部		寺泊層	女川層
				-13.5M	B	Yt3下部			
中期	背弧リフト系 Syn-rift Type 晩期	シンリフト期	拡大速度の減速	-15Ma	A	Yt4	Yt4	七谷層	西黒沢層
	盛期		急速なリフティング（回転成分大） 西黒沢海進	-17Ma				津川層	台島層
前期	Early Rift Type 早期		緩やかなリフティング（回転成分小）	-20Ma				鹿瀬層	
	大陸縁辺型	プレリフト期			音響基盤	音響基盤	音響基盤	三川層・天井山層 北小国層・葡萄層 25～20Maの焼結凝灰岩相	野村川層 25～20Maの焼結凝灰岩相
漸新世 始新世 暁新世					?	?	?	門前層 / 赤島層	
中古生界					基盤岩類	基盤岩類	基盤岩類	基盤岩類	基盤岩類

図 **10.1.2** 大和海盆から日本海東縁部における震探層序と陸域層序（新潟・秋田平野）の対比

陸域層序に関しては，天然ガス鉱業会・日本大陸棚石油開発協会（1992）に，秋田平野の船川層以浅では佐藤ほか（2008）を，男鹿半島の台島層以深では小林ほか（2008）・鹿野ほか（2011）を，そして新潟平野では佐藤ほか（2008）・植村・山田編（1988）を加味した．火成作用における背弧リフト系の2つのタイプに関しては八木ほか（2001）を用いた．

なお，シンリフト期の構造発達の記述にあたっては，最近の古地磁気学的データや火山岩石学的データなどに基づき，シンリフト期を，①早期（20〜17 Ma）：緩やかな回転と拡大が進行した時期，②盛期（17〜15 Ma）：急速な回転と拡大（ドリフティング）が進行した時期，③晩期（15〜13.5 Ma）：回転と拡大が衰退する時期，の3つに区分した．まず，シンリフト期早期は，25〜20 Ma に活動した珪長質広域熔結凝灰岩類（田口，1959；Ohguchi，1983；鹿野ほか，2011 など）の上位に発達する，低い Nd 同位体比と比較的高いチタン含有量を有する early rift type の玄武岩類（八木ほか，2007；周藤ほか，2008）の活動で特徴づけられ，沈降域では日本海の拡大に伴って堆積環境が陸水域から海域へと変化する．その次のシンリフト期盛期のはじまりは，日本海域において本格的な背弧海盆拡大とそれに伴う海進（西黒沢海進）が始まる浮遊性有孔虫化石 N8 帯の下部（約 17 Ma）に設定した．この時期は，高い Nd 同位体比と低いチタン含有量を示す syn-rift type の玄武岩類（八木ほか，2007；周藤ほか，2008）の噴出で特徴づけられ，Hayashi and Itoh（1984），Itoh et al.（2003），Tamaki et al.（2006），星（2008），星ほか（2009），Hoshi et al.（2015）などの古地磁気データに基づけば，ほぼこの時期に東西日本弧の急速な回転が起きている．シンリフト期盛期の終わりに関しては，同じく古地磁気データに基づけば，東北日本弧と西南日本弧の急速な回転が 15 Ma ころに終了していることから（Hoshi and Takahashi，1997；Itoh and Kitada，2003；Baba et al.，2007；星ほか，2008，2009；Hoshi et al.，2015），この時期をシンリフト期盛期の終わりに設定した．シンリフト期晩期になると，背弧リフト系玄武岩類の噴出活動は，より東側の縁辺域へと移動を開始し，その組成もより島弧的なものへと変化している（八木ほか，2001；Yamada et al.，2012）．そして，シンリフト期晩期の上限は，背弧リフト系の火山活動が最終的に終了し（佐藤ほか，1999；山田・吉田，2005；Yamada and Yoshida，2012 など），かつ地震探査記録上で日本海拡大に伴う正断層系の活動が停止する 13.5 Ma とした（ODP サイト 794，797 のデータで時代をコントロール）．この境界は，石灰質ナンノ化石の NN5/6 化石帯の境界に一致する．

なお，震探層序や地質構造解析に使用した坑井は以下の通りである：石油公団国内石油・天然ガス基礎調査基礎試錐「直江津沖北」，「最上川沖」，「西津軽沖」，「柏崎沖」，「佐渡沖」，「由利沖中部」，「本荘沖」，「子吉川沖」，「佐渡沖南西 S・D」，DSDP（Deep Sea Drilling Project）サイト（site）299，ODP（Ocean Drilling Program）サイト 794，797（以下の文中では坑井に関する引用は省略）．

a. 音響基盤

地震探査記録断面では，堆積層の最も深い部分に現れる，連続的な強い反射面のことを"音響基盤"という．音響学的にほとんどのサイスミックエネルギーが反射され，それ以深に地震波がほとんど到達しない音響インピーダンスコントラストの大きい地層境界であり，一般的には堆積層の下位に発達する火成岩類・変成岩類や固結した中古生界の堆積岩などより構成されることが多い（JOGMEC，石油・天然ガス用語辞典より一部抜粋）．

東北日本の日本海東縁部において掘削された基礎試錐では，複数の坑井が音響基盤に到達し，秋田〜山形沖の海域では西黒沢階の玄武岩類や流紋岩類，さらにはその下位の台島階の熔結凝灰岩類や門前階の安山岩類などを認めている．新潟県の柏崎沖や頸城沖の海域では，音響基盤最上部で七谷階の玄武岩類が確認されている．秋田-山形堆積盆地や新潟堆積盆地の陸域では，これらの西黒沢階や七谷階は，水中熔岩相を伴う玄武岩類，流紋岩類および暖流系の海棲微化石を多産する海成泥岩を主体とする海成層よりなっている．一方，それより下位の台島階〜門前階の堆積物は，陸上噴出の火山岩・火山砕屑岩類を伴う非海成層を主体とし，台島階の中上部では，しばしば海成層を挟在するようになる（天然ガス鉱業会・日本大陸棚石油開発協会，1992 など）．

大和海盆では，ODP サイト 794 や 797 において，音響基盤がシンリフト期の玄武岩熔岩やシートよりなることが確かめられ，上部の玄武岩層準は泥岩部分から海棲微化石を連続的に産出するが（Nomura，1992），それより下位の玄武岩層準からは海棲微化石（有孔虫・石灰質ナンノ化石・放散虫）が断片的に貧産するのみである（Shipboard Scientific Party，1990a, b, c）（図 10.1.3）．いずれの層準からも時代の指標となる種は産出しない．この海棲微化石の貧産帯からは，^{40}Ar-^{39}Ar 年代測定によって 21〜17 Ma の値が報告されている（Kaneoka et al.，1992）．ま

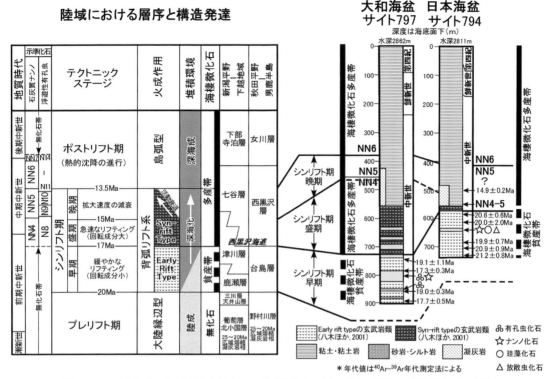

図10.1.3 大和海盆・日本海盆におけるODP坑井地質データと,秋田・新潟の陸域地質データの対比
陸域層序に関しては,天然ガス鉱業会・日本大陸棚石油開発協会(1992)に,秋田平野では佐藤ほか(2003),小林ほか(2008),鹿野ほか(2011)を,そして新潟平野では佐藤ほか(2003),植村・山田編(1988)を加味した.火成作用における背弧リフト系の2つのタイプに関しては八木ほか(2001)を用いた.また,ODP坑井のシンリフト期早期の部分には,海棲微化石(時代の指標性に乏しい)の貧産状態を示すために,その産出ポイントを付記している.

た,この部分の玄武岩類は,低いNd同位体比と比較的高いチタン含有量を有し(Noda et al., 1992),アセノスフェアの貫入によって溶融した大陸性リソスフェア由来(周藤ほか,1997)とされている陸域の20〜17 Ma(台島階)のearly rift typeの玄武岩類(八木ほか,2007;周藤ほか,2008)と同じ火山岩組成を有している.一方,上部の玄武岩類は,年代値が得られてはいないものの,高いNd同位体比と低いチタン含有量を示し(Noda et al., 1992),海棲微化石の連続産出帯を伴うことで特徴づけられている.この枯渇した同位体組成の玄武岩は,日本海の拡大に伴って薄化した大陸性リソスフェアに貫入してきたアセノスフェアに由来するもので(周藤ほか,1997),陸域では17〜13.5 Maの西黒沢海進に伴って噴出したsyn-rift typeの玄武岩類(八木ほか,2007;周藤ほか,2008)と同じ未分化な玄武岩マグマの組成を有している.これらのことから,ODPサイト794や797で認められた玄武岩は,そ

の下半部が台島階(シンリフト期早期)に,そして上半部が西黒沢階(シンリフト期盛期〜晩期)に対比される.これらの玄武岩類には,シンリフト期に発生した伸張応力場の下で,正断層が顕著に発達している(図10.1.4と図10.1.8参照).

なお,大和堆などのホルスト域では,音響基盤が濃飛流紋岩類を伴う花崗岩類,古生代〜中生代の堆積岩類(白亜系は一部夾炭層を伴う),漸新統の火山岩類などから構成されていることが知られている(粕野義夫,1975;Bersenev and Kelikov, 1979;地質調査所,1981など).

b. Yt4 ユニット(音響基盤上面〜13.5 Ma)
本ユニットは,シンリフト期の正断層活動によってブロック化した音響基盤に対して,オンラップしながら堆積する形態を示している(図10.1.4).東北日本の日本海東縁部で掘削された基礎試錐では,海成泥岩を主体とし,凝灰岩類を伴うことが確認されている.大和海盆でも,ODP坑井において,本

432　　　　　　　　　　　　　　　10. 海洋地質

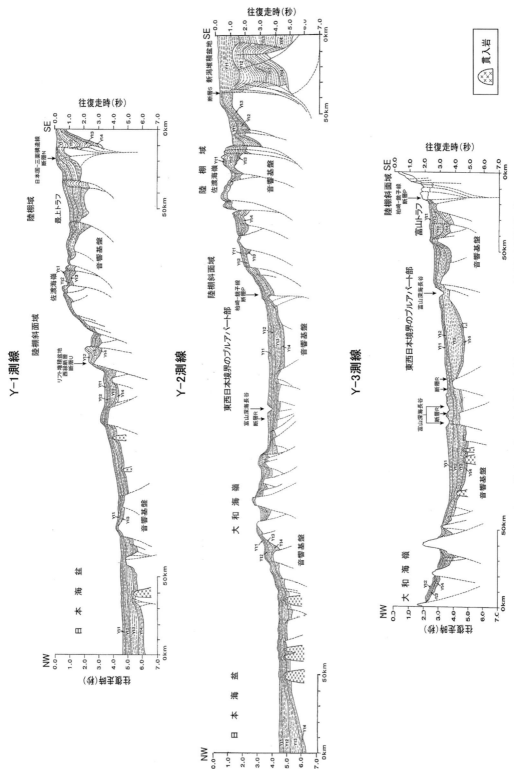

図 10.1.4-1　大和海盆を横断する北西−南東方向の測線 Y-1 から Y-3 の地震探査記録断面図
測線位置は，図 10.1.6 と図 10.1.7 参照．

10.1 日本海側

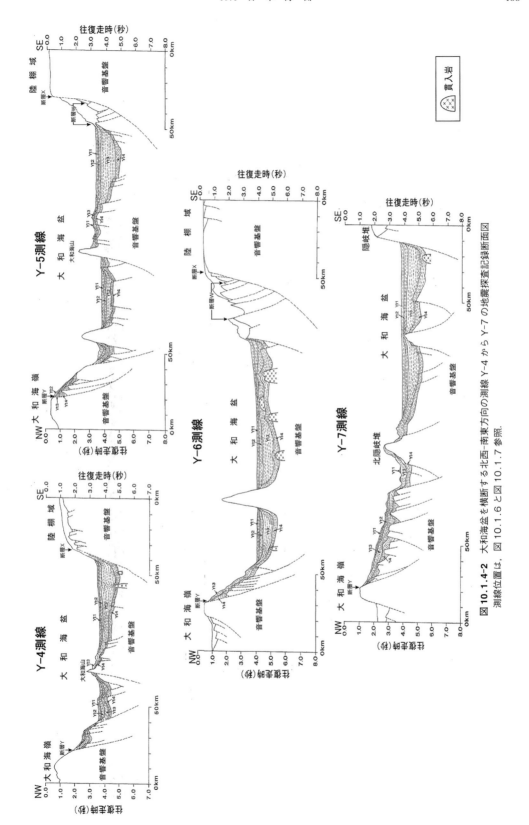

図10.1.4-2 大和海盆を横断する北西–南東方向の測線 Y-4 から Y-7 の地震探査記録断面図. 測線位置は，図10.1.6と図10.1.7参照.

ユニットの主体をなす珪質泥岩中に凝灰岩類が挟在されている（図10.1.3）．

地震探査記録断面では，しばしば音響基盤上面に発達する火山体と側方で指交する関係が認められる．本ユニット下限の時代は，シンリフト期玄武岩類の噴出量やその終了時期が地域によって異なるため，一定ではないが，本ユニットの上限は，基礎試錐やODP坑井との対比から，ナンノ化石のNN5/6境界（13.5 Ma）にほぼ一致することがわかっている．時代的には，本ユニットは，新潟地域の津川階〜七谷階中下部や秋田-山形地域の西黒沢階の中下部に対比される．

本ユニットの地震探査記録上の特徴として，日本海の拡大に伴って形成された正断層の上端が，本ユニットの上限で止まっていることがあげられる（図10.1.4，図10.1.5および図10.1.8）．このことは，日本海の拡大をもたらした伸張応力場が，本ユニット上限の13.5 Maに終了したこと（＝シンリフト期の終了）を意味している．

本ユニットが有するもう1つの重要な地質学的特徴としては，本ユニット上限において熱的沈降（thermal subsidence）による背弧域の広域沈降が始まり，上述した日本海拡大によって形成されたリフト堆積盆地が，緩やかに傾動しながら，全体的にさらに深く沈降していることがあげられる（以下"広域沈降"と呼称）．この広域沈降は，東北日本の日本海東縁から大和海盆を経て山陰沖にいたる海域で広く認められ，この広域沈降によって大きくダウンワープ（downwarp）したシンリフト期の堆積物（音響基盤とYt4ユニット）に，上位のYt3からYt1までのポストリフト期の堆積物が次々にオンラップしながら堆積している状態が地震探査記録断面上で読み取れる（図10.1.4および図10.1.8）．陸域をみても，13.5 Maの直上に対比される秋田堆積盆地東縁の砂子淵層鵜養泥岩部層（佐藤・馬場，1981），秋田県出羽丘陵の鉢位山泥岩部層-大森層（大沢ほか，1979a），山形県新庄盆地東縁の鏡沢層（馬場ほか，1991）では，その直下の浅海性の砂礫岩層から深海性の泥岩相に古水深が変化している．東北日本の脊梁部でも，ナンノ化石のNN6帯に入ると，古水深が浅海（一部陸成）から漸深海へと変化する（佐藤，1992）．これらのことは，日本海の拡大終了（13.5 Ma）とほぼ同時に，背弧域において急速に沈降が始まったことを示している．一般に，ポストリフト期に入ると，背弧海盆では熱的沈降によってダウンワープが緩やかに進行するとされているが，陸域における古水深のデータが比較的急な変化を示すことから，この広域沈降のメカニズムについては

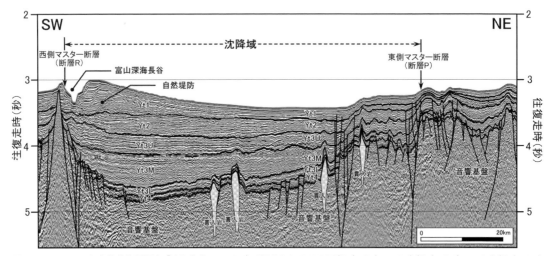

図10.1.5 2008年度基礎物理探査「大和海盆2D・3D」で認められるYt3下部（Yt3L），Yt3中部（Yt3M），Yt3上部（Yt3U）の典型的な地震探査記録断面図（図10.1.6および図10.1.7の測線Y-8）
　これは，大和海盆東縁に発達する沈降域（図10.1.9）のほぼ中央を走る北東–南西方向の断面図で，沈降域を構成するプルアパート堆積盆地の両端に，東西のマスター断層が存在する．東側のマスター断層およびその南西側には，横ずれ断層に特有のフラワー構造が発達している．Yt1ユニットには，セディメントウェーブ（sediment wave）を伴う富山深海長谷由来の大規模な自然堤防が認められる．

検討の余地がある．これとは逆に，13.5 Ma の道南や東北日本の太平洋側では，圧縮性の隆起や不整合が生じている（10.2.2 項 f 参照）．

c． Yt3 ユニット（13.5〜3.6 Ma）

上述したように，大和海盆域では，近年実施された高分解能地震探査によって，Yt3 ユニットが，Yt3 下部（Yt3L），Yt3 中部（Yt3M），Yt3 上部（Yt3U）の 3 つのサブユニットに新たに細分され（図 10.1.2），それらの境界が構造性オンラップ面（ここでは構造運動によって変形した堆積面に対する上位層のオンラップのことをいう）として追跡可能であることが示された．一方，その東方に位置する東北日本の日本海東縁部では，この時期構造運動の少ない安定期に入っており，顕著な構造性オンラップ面が認められないことから，Yt3 ユニットを一括して扱っている（図 10.1.2）．

（1） Yt3 下部ユニット（13.5〜10.5 Ma）

基礎試錐では，本ユニットが凝灰岩類を伴う泥質岩を主体とする岩相より構成され，ODP 坑井でも泥質岩や珪質泥岩（一部石灰質）よりなることが確認されている．これらの堆積物は，Yt4 ユニット上限がつくるリフト堆積盆地の凹凸を，オンラップあるいはドレープしながら埋積している（図 10.1.4，図 10.1.5 および図 10.1.8）．上述したように，本ユニット内ではシンリフト期の伸張性の断層活動が認められないことから，13.5 Ma 以降は日本海拡大終了後のポストリフト期に入ったものと判断される．

本ユニットの最上部になると，西南日本弧の背弧域において圧縮性のテクトニックイベントが発生し，それによって生じたダウンワープやインバージョンよって変形した本ユニット上面に，上位の Yt3 中部ユニットがオンラップしながら堆積している（図 10.1.5）．ただし，全体的に構造変形量が少ないことから，この圧縮応力は微弱なものであったと推測される．このテクトニックイベントが起きた時期は，2008 年度基礎物理探査「大和海盆 2D・3D」解釈報告書（JOGMEC，2010a）によれば，ODP サイト 794 との対比に基づき，10.5 Ma と見積もられている．このような 10.5 Ma の圧縮変形イベントは，韓国の Donghae-1 ガス田周辺地域（Yun and Yi，2002）や対馬沖〜山陰沖の B ユニット上限（JOGMEC（独立行政法人石油天然ガス・金属鉱物

資源機構）内部資料）の構造性オンラップ面として，西南日本の背弧域において広く認められている．

本ユニットに対比される地層としては，対馬〜山陰沖の B ユニット（JOGMEC 内部資料），新潟地域の寺泊階下部，そして秋田-山形地域の女川階下部などがある．なお，上述の対馬〜山陰沖の JOGMEC 内部資料とは，基礎物理探査 1989 年度「山陰〜北九州」および 1995 年度「対馬沖」を再解釈したものである．

（2） Yt3 中部ユニット（10.5〜6.0 Ma）

大和海盆で掘削された ODP 坑井では，上半部が珪藻質軟泥，そして下半部がオパール CT 帯の珪質泥質岩（ポーセラナイトの薄層を挟在する）よりなることが確認されている（Shipboard Scientific Party，1990a, b）．富山トラフ〜大和海盆東縁部では，海底扇状地を構成する深海チャネルとその自然堤防堆積物（channel-levee system）やターミナル・ローブ（terminal lobe）に由来する震探相が，本ユニット下部から発達し始める（馬場・佐藤，2013；JOGMEC，2013a）．新潟堆積盆地においても，この時期から S タフや Q タフと称される海底扇状地（天然ガス鉱業会・日本大陸棚石油開発協会，1992）が下部寺泊層中に発達している．この Yt3 中部ユニットの下部から海底扇状地堆積物の発達が始まる理由としては，10.5 Ma に起きた圧縮性のテクトニックイベントによって後背地の隆起上昇が生じ，その結果堆積盆地側への砕屑物供給量が増加したことが考えられる．ただし，馬場ほか（1995）がのべたように，S タフや Q タフ海底扇状地体の発達様式が基本的には汎世界的な海水準変動にコントロールされていた可能性が高いことから，この後背地の隆起上昇は比較的緩慢なものであったことがうかがわれる．

一方，東北日本弧の北部では，10.5 Ma の圧縮応力場の影響が前弧域〜脊梁域に限定され，秋田-山形堆積盆地などの日本海東縁部では，この 10.5 Ma の構造性オンラップが地震探査記録上で認められない（10.2.2 項 g 参照）．そこでは，女川層や草薙層と呼ばれる珪質泥岩を主体とする地層が広域に発達し，海底扇状地性の粗粒堆積物が欠如している．このことは，東北日本弧北部における 10.5 Ma の圧縮応力場が，海底扇状地の発達に必要とされる規模の後背地を形成するには不十分なものであったことを示唆している．

本ユニットの最上部になると，西南日本弧の背弧域において新たな圧縮性のテクトニックイベントが発生し，それによって生じたダウンワープやテクトニックインバージョンによって変形した本ユニットの上面に，上位のYt3上部ユニットがオンラップしながら堆積している（図10.1.5）．この圧縮変形が生じた時期は，ODPサイト794との対比に基づき，6.0 Maと見積もられる．このような6.0 Maのオンラップ面は，韓国のDonghae-1ガス田周辺地域（Montie *et al.*, 2002；Lee *et al.*, 2004；Kim *et al.*, 2007）や，対馬沖〜山陰沖のC1ユニット上限の大規模不整合（JOGMEC内部資料），富山トラフに存在する椎谷層下限のオンラップ面（JOGMEC, 2010b）など，西南日本の背弧域においても広く認められている．

本ユニットに対比される地層としては，対馬〜山陰沖のC1ユニット，富山トラフ〜新潟地域のSタフ海底扇状地体基底より上位の寺泊階，そして秋田-山形地域の女川階上部などである．

（3）Yt3上部ユニット（6.0〜3.6 Ma）

大和海盆で掘削されたODP坑井では，本ユニットが，頻繁に凝灰岩の薄層をはさむ珪藻質軟泥より構成されることが確認されている（Shipboard Scientific Party, 1990a, b）．DSDPサイト299（Shipboard Scientific Party, 1975）の堆積相解析によれば，本ユニットは，シルトや砂をはさむ泥質な海底扇状地の自然堤防堆積物よりなると解釈されている．この海底扇状地堆積物の分布は，Yt3中部ユニットでは富山トラフ〜大和海盆東縁部に限定されていたが，この時期になると大規模な深海チャネルと自然堤防堆積物の震探相を伴って，明洋海山の南側を通って約250 km西方の大和海盆西部まで到達するようになる（馬場・佐藤，2013；JOGMEC, 2013a）．また，佐渡海盆や新潟堆積盆地でも，椎谷層で代表される海底扇状地堆積物を主体とする地層が厚く発達するようになる．これらの顕著な海底扇状地堆積物の発達は，6.0 Maに起きた圧縮性のテクトニックイベントによって後背地の隆起上昇が促進され，その結果深海への砕屑物供給量が急増したことが原因である．ただし，この時期の海底扇状地の発達様式が基本的には汎世界的な海水準変動に支配されていた可能性があることから（馬場ほか，1994a, b），下位のYt3中部ユニットと同様に，後背地の隆起上昇は比

較的緩やかであったことがうかがえる．

一方，東北日本弧の北部では，この6.0 Maの圧縮応力場の影響が前弧域〜脊梁域に限定され，秋田-山形堆積盆地などの日本海東縁部では，この6.0 Maの構造性オンラップが地震探査記録上で認められない（10.2.2項h参照）．そこでは，船川層や古口層と呼ばれる珪質泥岩・泥岩・シルト岩を主体とする地層が広域に発達し，海底扇状地性の粗粒堆積物の発達が始まるのは，ようやく最上部付近になってからである．このことは，6.0 Maに発生した圧縮応力場も，海底扇状地の発達に必要とされる規模の後背地（主に脊梁域）を形成するには不十分なものであったことを示している．

本ユニット最上部になると，西南日本〜東北日本の広い範囲において，新たな強圧縮性のテクトニックイベントが発生する．この強圧縮応力場の下で，ダウンワープや顕著なテクトニックインバージョンが進行し，それによって変形した本ユニットの上面に，上位のYt2ユニットがオンラップしながら堆積している（図10.1.4，図10.1.5および図10.1.8）．この圧縮変形が発生した時期は，ODPサイト794との対比に基づき，3.6 Maと見積もられる．ちょうどこの時期に，日本列島は強圧縮場で特徴づけられるネオテクトニクスの時代に入り，現在の日本列島の原型が形づくられたとされている（Taira, 2001など）．東北日本の日本海東縁に存在するリフト堆積盆地においても，この時期から顕著なインバージョンテクトニクスによる圧縮変形が始まり（佐藤，1992；平松・三輪，2005など），圧縮場の影響が，はじめて東北日本背弧域のリフト堆積盆地全域に及ぶようになる．

本ユニットに対比される地層としては，対馬〜山陰沖のC2ユニット（JOGMEC内部資料），富山トラフ〜新潟地域の椎谷階，そして秋田-山形地域の船川階などである．

d．Yt2ユニット（3.6〜1.8 Ma）

大和海盆で掘削されたODP坑井では，頻繁に凝灰岩の薄層をはさむ軟泥および珪藻質軟泥よりなることが確認されており（Shipboard Scientific Party, 1990a, b），DSDPサイト299の堆積相解釈では，これらの泥質堆積物が海底扇状地の自然堤防堆積物よりなると解釈されている（Shipboard Scientific Party, 1975）．この時期に入ると，この海底扇状地の発達

方向が大和海盆から日本海盆へと大きく変化する．すなわち，富山トラフから明洋海山の南側を通って大和海盆西部に達していた海底扇状地の形成が終わり，大規模な自然堤を伴う深海チャネルが富山トラフから明洋第3海山の西側を通って日本海盆に到達するようになる（馬場・佐藤，2013；JOGMEC，2013a）．この流路変更は，3.6 Ma の圧縮場の下で明洋海山南側の流路が隆起・閉塞したことが原因である．新潟堆積盆地や秋田-山形堆積盆地などでは，上述した 3.6 Ma の構造運動によって広範かつ顕著な後背地の隆起が発生した結果，タービダイト性の砂泥互層を伴った海底扇状地堆積物が厚く発達するようになる．新潟沖の新潟堆積盆地では，テクトニックインバージョンによって隆起域がいくつも形成され，それらを後背地としてラインソース（line source）の海底扇状地体が多数発達している（馬場ほか，1994b）．

一方，本ユニットの最上部になると，新たな強圧縮性のテクトニックイベントが起こり，それによって生じたダウンワープやテクトニックインバージョンによって変形した本ユニットに，上位の Yt1 ユニットがオンラップしながら堆積している（図 10.1.4，図 10.1.5 および図 10.1.8）．

本ユニットに対比される地層としては，対馬～山陰沖の D1 ユニット（JOGMEC 内部資料），富山トラフ～新潟地域の西山階，そして秋田-山形地域の天徳寺階～笹岡階などである．

e. Yt1 ユニット（1.8～0 Ma）

軟泥（一部珪藻質軟泥をはさむ）を主体とする岩相よりなり（Shipboard Scientific Party, 1990a, b），DSDP サイト 299 における堆積相解析では，本ユニットが泥質なチャネル充填ないし自然堤防堆積物よりなる海底扇状地堆積物であると解釈されている（Shipboard Scientific Party, 1975）．震探相解析では，富山トラフから大和海盆東縁部を経て，明洋第3海山の西側から日本海盆にいたる海域で，富山深海長谷による深海チャネルとその自然堤防堆積物が顕著に認められる（馬場・佐藤，2013；JOGMEC，2013a）．自然堤防には，しばしば数 km の波長を有するセディメントウェーブが認められる（図 10.1.5）．東北日本弧日本海側の新潟地域や秋田-秋田地域などでは，上述した 1.8 Ma の強圧縮性テクトニックイベントによって後背地の隆起上昇が加速され，後背

地から供給された多量の砕屑物によって，沿岸域ではデルタシステムの発達とそれに伴う海岸平野の成長が進行している．特に，テクトニックインバージョンによって大きく成長した逆断層では，しばしばその下盤側が深く沈降し，そこに後背地から供給された大量の堆積物が厚く堆積している（佐藤ほか，2012b）．

本ユニットに対比される地層としては，対馬～山陰沖の D2 ユニット（JOGMEC 内部資料），新潟地域の灰爪階～魚沼層群，そして秋田地域の高岡層や潟西層などの更新統である．

■ **10.1.3 地 質 構 造**

ここでは，東北日本弧の日本海東縁部から大和海盆-大和海嶺域の地質構造および構造運動について記述する．説明に使用する図面は，典型的な地震探査記録断面（図 10.1.4 と図 10.1.8），地震探査記録断面を用いて解析した音響基盤の時間構造図（図10.1.6），および全堆積量図として音響基盤以浅の等時間層厚線図（図 10.1.7）の 3 種類である．この図 10.1.6 と図 10.1.7 の陸域部分の地質構造は，独立行政法人 産業技術総合研究所/地質調査総合センターの地質図表示システム/地質 Navi の 1/20万・1/5 万地質図と，『新生代東北本州弧地質資料集』第 1～3 巻（北村編，1986）を主に用いて解析し，日本海拡大期（シンリフト期）に形成されたハーフグラーベンのリストリック断層（現在はテクトニックインバージョンによって逆断層化）と主要なトランスファー断層を表現している．

なお，以下で使用する図面においては，時間の単位を往復走時で表示し，時間構造図・全堆積量図では地震探査記録断面上の小断層を省略している．

a. 大和海盆-大和海嶺域

大和海盆-大和海嶺域は西南日本弧の背弧域に属し，西南日本弧にほぼ平行な東北東-西南西ないし北東-南西方向の正断層系によって画された大規模なホルスト-グラーベン系より構成されている．そのなかには，北大和堆・大和堆・北隠岐堆・隠岐堆などのホルストと，北大和舟状海盆・大和海盆・隠岐舟状海盆・富山湾などのグラーベンが存在している．一方，大和海盆-大和海嶺域の北側に広がる日本海盆では，ホルスト-グラーベン系の発達が認め

438   10. 海洋地質

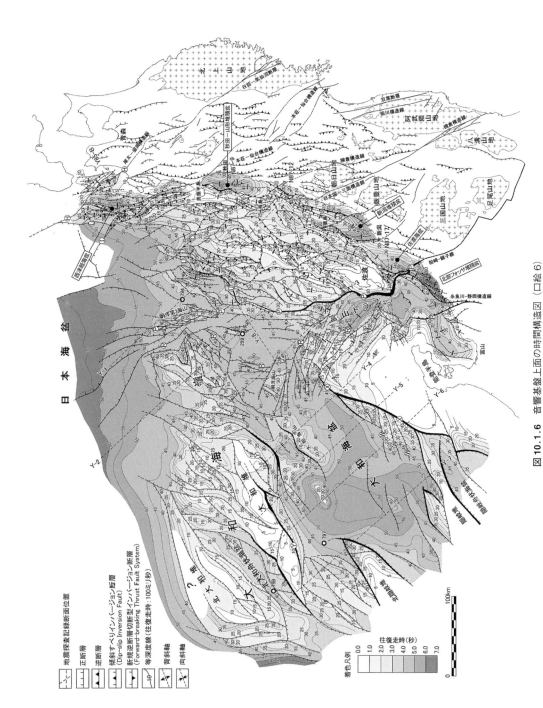

図 10.1.6 音響基盤上面の時間構造図（口絵 6）

単位は往復走時で，等深度線は 100 ミリ秒表示．地震探査記録断面図の位置を点線で示す．なお，横ずれ断層系では，垂直方向の変位を正断層・逆断層・インバージョン断層切断型インバージョン断層の記号を用いて表記し，変位が不明な部分は実線で示してある．

10.1 日 本 海 側

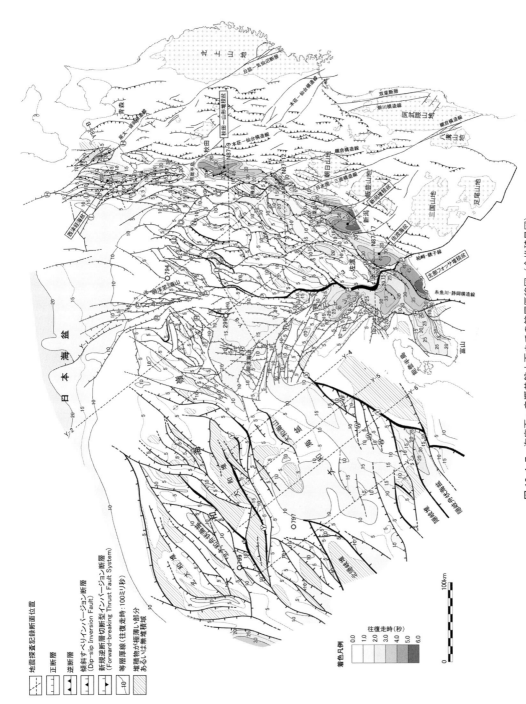

図 10.1.7 海底面〜音響基盤上面までの等層厚線図（全堆積図）

単位は往復走時で，等層厚線は 100 ミリ秒表示．地震探査記録断面図の位置を点線で示す．なお，横ずれ断層系では，垂直方向の変位を正断層・逆断層・インバージョン断層の記号を用いて表現し，変位が不明な部分は実線で示してある．

られず，ユーラシア大陸沿岸域まで続く深海平坦面が広がっていることから，日本海の拡大とそれに伴う地殻の薄化（海洋地殻化の進行）は，主に日本海盆で進行していたものと思われる（Hirata *et al.*, 1992；Sato *et al.*, 2004 など）．なお，大和海盆-大和海嶺域から日本海盆域にいたる海域は，後期中新世以降に背弧域で生じた圧縮応力場の影響をほとんど受けておらず，日本海拡大時の地質構造がほぼ非変形の状態で保持されていることから，日本海の形成過程の解明にとって格好の場を提供している．

大和海盆は，北陸〜能登半島沖の陸棚斜面に発達する北落ちの大規模正断層（断層 X）と，大和堆の南縁部に発達する南落ちの大規模正断層（断層 Y）にはさまれた幅約 150 km の広大なグラーベン状の構造形態を示している（図 10.1.4-2 の測線 Y-4 から Y-7）．その内側には，北隠岐堆や隠岐海嶺のようなホルストや，西南西-東北東方向の正断層で形成されたハーフグラーベンが発達している（図 10.1.4 の測線 Y-4，Y-5 および Y-7）．大和海盆の底部はおおむね 4〜5 秒の深度であるが，西部に存在する最深部では 5.5 秒の深さに達している（図 10.1.6）．層厚は全般に 1 秒前後と薄く，最深部が存在する西部でも最大 1.5 秒程度である（図 10.1.7）．大和海盆の西端は北隠岐堆と隠岐堆にはさまれた幅約 80 km のやや狭いグラーベンとなり，島根半島沖から隠岐諸島を通って北北西方向に延びる隠岐海脚によって限られている（図 10.1.1）．一方，大和海盆の東端は，後述する東西日本の境界部に発達する大規模なプルアパート堆積盆地によって限られ，さらにその東側には日本海盆に属するかなり薄化した島弧あるいは大陸性地殻（図 10.1.4 の測線 Y-1 の NW 側）が広がっている．北陸〜能登半島沖では，陸棚斜面に発達する北落ちの大規模正断層（断層 X）に対して，東西性のアンティセティック断層（antithetic fault）（断層 W）が発達していることから（図 10.1.4 の測線 Y-5 や Y-6），日本海形成時における西南日本弧の拡大が右横ずれの成分を伴っていた可能性がある．

大和海嶺は，大和堆と北大和堆よりなる大規模なホルストで，全体として西日本弧と平行な北東-南西方向の正断層系によって両端を限られている．その頂部の水深は，北大和堆で約 400 m，そして大和堆で水深は約 200 m と浅く，特に大和堆の頂部には

低海水準時に形成された侵食平坦面が広く分布している（図 10.1.6）．この平坦面には，しばしば先古第三系の基盤岩類が直接海底面に露出している．特に，中・古生代の堆積岩類が発達している地域では，これらの地層が上位の新第三系によって傾斜不整合の関係で被覆される状況が地震探査記録断面上で観察される．

この北大和堆と大和堆の間には，深さ約 4 秒の北大和舟状海盆が発達し（図 10.1.6），最大 1.4 秒の厚さを有する泥質堆積物によって充填されている（図 10.1.7）．音響基盤の直上付近には，流紋岩質の凝灰岩や砂岩類が挟在されている（Shipboard Scientific Party, 1990a, b）．

b. 東北日本の日本海東縁部

東北日本の日本海東縁の陸棚〜陸棚斜面には，東北日本弧と平行な北東-南西ないし北北東-南南西方向のリストリック断層で限られた幅 10 km 前後のハーフグラーベン群が発達している（図 10.1.6）．これらのハーフグラーベンの間には，しばしば北西-南東方向のトランスファー断層が発達している．

陸棚域に発達するハーフグラーベンは全般に音響基盤深度が 1〜2 秒程度と浅く，そのなかに落差 1 秒程度の西傾斜のリストリック断層を伴うハーフグラーベン群が発達している．これらのハーフグラーベンでは，鮮新世の中期（3.6 Ma）以降に生じた強圧縮応力場の下でテクトニックインバージョンが進行し（Okamura *et al.*, 1995），ほぼ非変形に近い日本海盆や大和海盆-大和海嶺域とは対照的に，逆断層化したシンリフト期の正断層やそれに伴う褶曲構造の形成が顕著である．また，日本海沿岸部に沿った海域には，最大深度が約 5 秒に達する西津軽海盆，秋田-山形堆積盆地，新潟堆積盆地，および佐渡海盆などの大規模なリフト堆積盆地が発達する（図 10.1.6）．これらの大規模なリフト堆積盆地は，後述する Lister *et al.* (1986) の二重デタッチメント断層モデル（double detachment fault model）を適用すると，島弧側に成長した低角のデタッチメント断層によって島弧地殻が大きく拡大した開口部に相当する（馬場・八木，2007）．

この陸棚域の西側には陸棚斜面が発達し，ここでは音響基盤が西傾斜の正断層によってステップ状に切れながら日本海盆に向かって落ち込んでいる．特に，陸棚斜面の西端にはやや規模の大きな正断層

10.1 日本海側

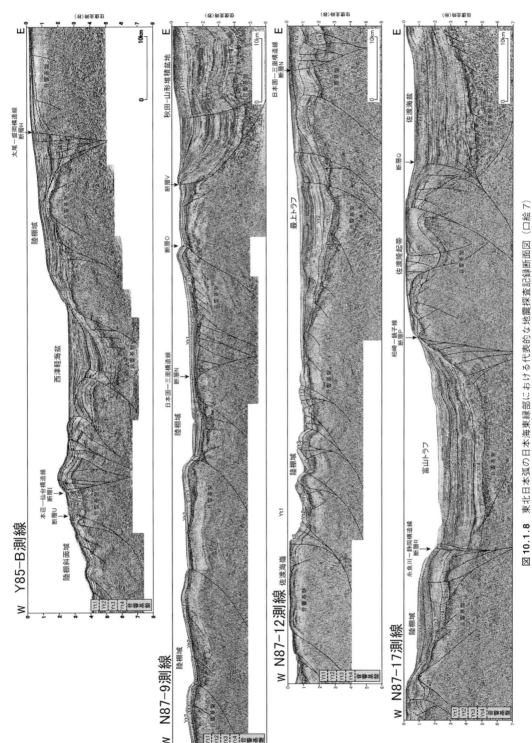

図 10.1.8 東北日本弧の日本海東縁部における代表的な地震探査記録断面図（口絵 7）測線位置は図 10.1.6 と図 10.1.7 を参照．

（断層 U）が存在し，陸棚域と日本海盆の境界部（リフト堆積盆地西縁断層）を構成している（図 10.1.4 の Y-1 測線と図 10.1.8 の Y85-B 測線）．この断層の東側には，上述したようにテクトニックインバージョンによってできた断層褶曲構造が顕著に発達しているが，この断層を境として，西側の日本海盆ではその影響がほとんど認められず，リフト期の堆積盆地の形状が良好に保存されている．

また，東北日本弧の地質構造の特徴として，陸棚〜陸棚斜面域に発達する島弧方向のハーフグラーベン群が，北西-南東ないし北北西-南南東方向の断層によってしばしば切断されていることがあげられる．このうち，尾太-盛岡構造線から北西に抜けるもの（断層 H），本荘-仙台構造線の北端から男鹿半島を通って西津軽海盆の南端部に抜けるもの（断層 I），および棚倉構造線〜日本国-三面構造線から最上深海長谷に沿って北西方向に抜けるもの（断層 N）の 3 つが特に大きなものである（図 10.1.6 と図 10.1.7）．なお，棚倉構造線の北方延長は，山元・柳沢（1989）や大槻・永広（1992）などにより，日本国-三面構造線につながるものと考えられている．

これら断層は，日本海の拡大過程で起きた地域的な伸張量の差を調整するために発生したトランスファー断層で，リフト堆積盆地西縁断層のずれに着目すると（図 10.1.1），尾太-盛岡構造線から北西に抜けるもの（断層⑤）と本荘-仙台構造線の北端から男鹿半島を通って西津軽海盆の南端部に抜けるもの（断層⑥）は左横ずれで，棚倉構造線〜日本国-三面構造線から最上深海長谷に沿って北西方向に抜けるもの（断層⑧〜⑨）は右横ずれである．これらのトランスファー断層には，しばしばフラワー構造が発達している（図 10.1.4-1 と図 10.1.8）．ただし，シンリフト期早期には，断層⑥の本荘-仙台構造線が右横ずれ（Hoshi and Takahashi, 1999；Yamaji et al., 1999），そしてシンリフト期早期〜盛期には，断層⑧の棚倉構造線が左横ずれ（淡路ほか，2006）と，逆の動きをしていたことが指摘されている．

以下では，東北日本の日本海東縁部を縦断する典型的な地震探査記録断面を用いて，音響基盤から Yt1 ユニットの構造形態や埋積形態について解説する．

（1）津軽半島沖（図 10.1.8：Y85-B 測線）

地震探査記録断面の中央部には西津軽海盆が発達し，その東側に津軽半島沖の陸棚が，そしてその西側には日本海盆へいたる陸棚斜面が発達している．この西津軽海盆の西縁には，ポジティブフラワー（positive flower）構造（断層 I）が構造的な高まりをつくって発達している．このフラワー構造は，上述したように，秋田-山形堆積盆地の北端から男鹿半島を通って西津軽海盆の南端部を抜けるトランスファー断層で，シンリフト期に活動した本荘-仙台構造線の北方延長にあたるものと解釈される．

この西津軽海盆は，音響基盤深度が約 5 秒に達する深い堆積盆地で，それを厚さ約 3 秒の Yt4 ユニットから現世までの堆積物が充填している．ここでは，3.6 Ma に起きた強圧縮応力場への転換によってテクトニックインバージョンを伴う圧縮変形が起こり，Yt3 ユニットの上面に顕著な構造性オンラップ面が発達している．その西側に広がる陸棚斜面は，厚さ 1〜1.5 秒の薄い堆積物で覆われ，リフト堆積盆地西縁断層（断層 U）の西側に発達する西傾斜の正断層によって音響基盤が日本海盆に向かってステップ状に落ち込んでいる．ここでも，これらの断層が強圧縮応力場の下で弱くインバージョンし，それによって変形した Yt3 ユニットの上面に上位層がオンラップしている．一方，西津軽海盆の東側に広がる陸棚域には，ネガティブフラワー（negative flower）構造（断層 H）を伴った最大層厚約 2.5 秒に達する鰺ヶ沢堆積盆地（鈴木，1989）が存在する．このフラワー構造は，陸域との対応から，尾太-盛岡構造線の海上延長にあたるもので，構造内に Yt4 ユニットが厚く発達していることから，シンリフト期に形成された断層である．ただし，3.6 Ma に強圧縮応力場が始まると，この横ずれ断層がインバージョンを起こし，その変形した Yt3 ユニットの上面に，上位の Yt2 ユニットがオンラップしながら堆積している．同様な変形に伴うオンラップ面は 1.8 Ma の Yt2 ユニット上面でも認められる．これらのインバージョンによる構造変形は海底表層まで及んでいることから，活構造であると判断される．

各ユニットの層厚をみると，西津軽海盆では，Yt2 と Yt1 ユニットの厚さが，その下位の Yt3 ユニットに比べて厚くなっている．このことは，3.6 Ma に発生した強圧縮応力場の下で後背地が広範に隆起し，その結果，供給量が増加した砕屑物が西津軽海盆のような堆積盆域に集中したことを現している．

（2） 秋田沖（図 10.1.8：N87-9 測線）

地震探査記録断面の東端には秋田-山形堆積盆地が発達し，その西側には浅い音響基盤よりなる陸棚域が広がっている．

秋田-山形堆積盆地は，音響基盤深度が約 5 秒に達する深い堆積盆地で，それを厚さ約 4.5 秒の Yt4 ユニットから現世までの非常に厚い堆積物が充填している．その西側の陸棚域との境界部には東傾斜の大規模な低角正断層（断層 V）が発達し，3.6 Ma に発生した強圧縮応力場の下でテクトニックインバージョンを起こして，小さな褶曲構造を伴う逆断層に転換している．また，秋田-山形堆積盆地の内部には東傾斜の逆断層を伴う背斜構造が認められる．堆積物の埋積形態をみると，秋田-山形堆積盆地では，Yt4 ユニットが音響基盤にオンラップしながら堆積し，さらに 13.5 Ma の広域沈降によって緩やかに傾動した Yt4 ユニットに Yt3 ユニットがオンラップしながら堆積している．これらの堆積物は，3.6 Ma に始まった強圧縮応力場の下で断層褶曲構造を形成し，その変形した Yt3 ユニットの上面に Yt2 ユニットがオンラップしながら堆積している．堆積盆地中央に発達する断層褶曲構造では，逆断層の西側よりも東側の Yt4 ユニットが厚いことから，この構造は，シンリフト期に存在した東傾斜のリストリック断層を伴うハーフグラーベンが，3.6 Ma に始まった強圧縮応力場の下でテクトニックインバージョンを起こしたものであることがわかる．同様な圧縮変形に伴うオンラップは，1.8 Ma の Yt2/Yt1 ユニット境界でも認められる．

一方，その西側に広がる陸棚域は，音響基盤深度が 1.0～2.0 秒程度と浅く，西傾斜の逆断層を伴う褶曲構造が，ほぼ 10 km 間隔で配列している．音響基盤上の堆積物の厚さは 1.0 秒以下とごく薄い．この陸棚域の東部には，ネガティブフラワー構造を伴った断層 N が存在し，その東側の断層 O との間に，伸張横ずれ性の正断層群を発達させている．この断層群がつくる凹凸に対して Yt4 ユニットがオンラップしながら堆積していることから，この横ずれ断層はシンリフト期の活動と考えられ，陸域地質との対応から，日本国-三面構造線の海上延長にあたるものである．

さらに，断層 N の西側に広がる陸棚域では，3.6 Ma に始まった強圧縮応力場の下でテクトニックイ

ンバージョンが進行し，西傾斜の逆断層によって，上盤側の音響基盤が下盤側よりも構造的に高い位置まで隆起している．これらのインバージョン構造を詳細にみると，逆断層の東側よりも西側の Yt4 ユニットが厚いことから，シンリフト期に存在した西傾斜のリストリック断層を伴うハーフグラーベンが，3.6 Ma に始まった強圧縮応力場の下でインバージョンを起こしたものであることがわかる．これらのインバージョンによる構造変形は海底表層まで及んでいることから，活構造であると判断される．

各ユニットの層厚をみると，秋田-山形堆積盆地では，Yt2～Yt1 ユニットの層厚が，その下位の Yt3 ユニットに比べて厚くなっている．このことは，上記した西津軽海盆と同様に，3.6 Ma に発生した強圧縮応力場の下で後背地が広範に隆起し，その結果，堆積盆地への砕屑物供給量が増加したことを現している．

（3） 温海沖（図 10.1.8：N87-12 測線）

地震探査記録断面中央より東側には緩やかに沈降した最上トラフが発達し，その西側には浅い音響基盤よりなる陸棚域が発達する．さらに，その西端部には音響基盤の侵食平坦面よりなる佐渡海嶺が存在する．

最上トラフは，音響基盤深度が 2.0～3.5 秒程度の緩やかなトラフ状の堆積盆地で，その内部には西傾斜の逆断層を伴う軽微な褶曲構造が発達し，それを厚さ 1.0～2.5 秒の比較的薄い堆積物が充填している．

最上トラフの東側には，日本国-三面構造線（断層 N）からつながるフラワー構造が発達し，その構造内には断層活動を伴った厚い Yt4 ユニットが存在することから，このフラワー構造の形成時期はシンリフト期であると判断される．このフラワー構造では，3.6 Ma に発生した強圧縮応力場の下で圧縮変形が起こり，Yt3 ユニットの上面に構造性オンラップが発達している．

最上トラフの西側に広がる陸棚域は，音響基盤深度が約 1.5 秒より浅い隆起域を形成し，堆積物の厚さも 1.0 秒以下とごく薄い．ここでは顕著な西傾斜の逆断層を伴う褶曲構造が発達し，テクトニックインバージョンの進行によって，上盤側の音響基盤が下盤側よりも構造的に高い位置まで隆起している．

さらに西端部に位置する佐渡海嶺では，この逆断層を伴う隆起運動によって侵食平坦面が形成され，音響基盤が海底面に直接露出している．これらのインバージョン構造では，Yt4ユニットの厚さが逆断層の東側よりも西側で厚いことから，シンリフト期に存在した西傾斜のリストリック断層を伴うハーフグラーベンが，3.6 Maに発生した強圧縮応力場の下でインバージョンを起こしたものであることがわかる．これらのインバージョンによる構造変形は海底表層まで及んでいることから，活構造であると判断される．

堆積物の埋積形態をみると，最上トラフでは，正断層で切られた音響基盤がつくる凹凸面をYt4ユニットがオンラップしながら埋積し，さらに13.5 Maの広域沈降によって緩やかに傾動したYt4ユニットにYt3ユニットがオンラップしている．これらの堆積物は，3.6 Maに始まった強圧縮応力場の下で断層褶曲構造を形成し，その変形したYt3ユニットの上面にYt2ユニットがオンラップしながら堆積している．同様な圧縮変形に伴うオンラップは，1.8 MのYt2/Yt1ユニット境界でも認められる．

各ユニットの層厚をみると，最上トラフでは，Yt2～Yt1ユニットが，その下位のYt3ユニットに比べて厚くなっていることから，上記した西津軽海盆や秋田-山形堆積盆地と同様に，3.6 Maに発生した強圧縮応力場の下で後背地が広範に隆起し，その結果，最上トラフへの砕屑物供給量が増加したことを示している．

（4） 中越～上越沖（図10.1.8：N87-17測線）

地震探査記録断面のほぼ中央には，佐渡島を形づくる隆起帯（佐渡隆起帯）が存在し，その東側に佐渡海盆が，そして西側には富山トラフ（富山舟状海盆）が広がっている．

佐渡島を構成する隆起帯のほぼ中央には，音響基盤深度が約2.5秒に達する向斜部が発達し，そのなかを層厚約2.5秒に達する堆積物が充填している．この向斜部の西縁には背斜構造を伴う東傾斜の逆断層（西端部は低角衝上断層化）が発達し，それとは逆に，東縁には褶曲構造を伴う西傾斜の逆断層が発達している．これらの逆断層では，下盤側に比べて上盤側のYt4ユニットが厚いことから，シンリフト期には両側を正断層で限られたグラーベンであった

ことがわかる．これらの断層がインバージョンを起こした時期は，Yt3ユニット上面がつくる褶曲構造にYt2ユニットがオンラップしながら堆積していることから，Yt3ユニット堆積終了時の3.6 Ma（強圧縮応力場への転換期）であると推測される．

佐渡海盆は，音響基盤の最大深度が5.0秒に達する深い堆積盆地で，それを最大約4.0秒に達するYt4ユニットから現世までの堆積物が充填している．佐渡海盆内の埋積形態をみると，音響基盤に対してYt4ユニットが緩やかにオンラップし，さらに13.5 Maの広域沈降によって傾動したYt4ユニットのトップにYt3ユニットがオンラップしながら堆積している．これらの堆積物は3.6 Maと1.8 Maに起きた強圧縮性のテクトニックイベントによって緩やかに変形し，Yt3ユニットとYt2ユニット上面にそれぞれ構造性オンラップ面が形成されている．

この佐渡海盆と佐渡隆起帯の境界には，複数の西傾斜の低角逆断層で切断された東傾斜の大規模断層斜面（断層Q）が発達し，この断層斜面を介して，両者には音響基盤深度で4.0秒近い高低差が存在する．佐渡隆起帯側では，この斜面を介してYt4ユニットが薄化していることから，この断層斜面は，もともとはシンリフト期に形成された東傾斜の大規模な低角正断層であったと推定される．それが，3.6 Ma以降の強圧縮応力場の下で発生した複数の西傾斜の逆断層によって切断され，佐渡隆起帯の上昇が起きている．この隆起運動によって，Yt3ユニット上面とYt2ユニット上面に，それぞれ構造性オンラップ面が形成されている．このような新規の低角逆断層によって切断されるタイプのインバージョンは，Gomes et al.（2006）により"forward-breaking thrust fault system"（新規逆断層切断型インバージョン）と呼ばれている．このタイプのインバージョンは，西津軽海盆の西半部に発達する断層（図10.1.8のY85-B測線）や，新潟堆積盆地の西縁断層S（図10.1.4-1のY-2測線）でも認められ，グラーベン縁辺の大規模高角正断層に特徴的に発達するタイプである（Panien et al., 2005）．

一方，佐渡隆起帯と富山トラフの境界には，音響基盤深度で約4.0秒の落差を有する大規模なポジティブフラワー構造（断層P）が発達している．この横ずれ断層は，後述するように，柏崎-銚子線の北方延長にあたるものである．富山トラフは，図

10.1.6 の時間構造図をみると音響基盤の最大深度が 6.5 秒に達する非常に深い堆積盆地で，その最深部には約 3.5 秒に達する Yt4 ユニットから Yt1 ユニットまでの堆積物が累重している（図 10.1.7）．本断面の位置でも，音響基盤の深度は最大 5.0 秒を示している．さらに，富山トラフの西縁にも，ポジティブフラワー構造を有する横ずれ断層（断層 R）が発達し，その西側の能登半島沖の陸棚を形成する隆起帯との境界をなしている．この横ずれ断層は，後述するように，糸魚川-静岡構造線の北方延長にあたるものである．

富山トラフにおける堆積物の埋積形態を詳細にみると，音響基盤に対して Yt4 ユニットが緩やかにオンラップし，さらに 13.5 Ma の広域沈降によって緩やかにダウンワープした Yt4 ユニットの上面に Yt3 ユニットがオンラップしながら堆積している．これらの堆積物は 3.6 Ma と 1.8 Ma に発生した強圧縮性のテクトニックイベントによって緩やかに変形し，Yt3 ユニットと Yt2 ユニット上面にそれぞれ構造性オンラップ面を形成している．なお，富山トラフに発達する Yt4 ユニットは，佐渡隆起帯や能登半島沖の陸棚に発達するものより厚いことから，富山トラフの両端に発達するフラワー構造は，Yt4 ユニット堆積時（シンリフト期）にはすでに存在し，富山トラフの凹地を形成していたものと推定される．

c. 東西日本境界部

東西日本弧の境界部にあたる富山トラフから大和海盆東縁部の地質構造解析に関しては，既存の基礎物理探査データに加えて，経済産業省の基礎物理探査 2008 年度「佐渡西方 3D」，2008 年度「大和海盆 2D・3D」，2011 年度「能登東方 3D」および 2013 年度「佐渡沖北西 2D」などの新規の高分解能地震探査データを使用した．以下では，図 10.1.6 の音響基盤時間構造図と，その当該海域における拡大図（図 10.1.9）を用いて，東西日本境界部の地質構造について細述する．

大和海盆東縁部には，北西-南東と北東-南西方向の断層で縁取られた 1 辺約 80 km の平行四辺形の"沈降域"が発達している（図 10.1.9 の灰色部分）．この沈降域の音響基盤は，最大 5.0 秒（深度約 3800 m）の深さを有し，その内部構造は南北方向の複数の正断層を伴いながら，全体として西方向に緩やかに傾斜している．この沈降域を縁取る東側の断層（断層 P）と西側の断層（断層 R）は，明洋第 3 海山の西縁で幅約 20 km の細長いグラーベン状の凹地となり，北北西方向で日本海盆に向かって延びている．明洋第 3 海山には，この北北西方向に延びる凹地に鋭角で斜交する南北性の高角正断層が雁行配列しながら密に発達している．

この沈降域の西側の断層（断層 R）は，富山トラフの西縁を画する断層につながって南下し，さらに糸魚川-静岡構造線に連絡している．一方，この沈降域の東側の断層（断層 P）は，富山トラフの東縁を画する断層につながって南下し，さらに柏崎-銚子線に連絡している．これらの断層には，横ずれ断層に特徴的なフラワー構造が発達している（図 10.1.5，図 10.1.4-1 の Y-2 と Y-3 測線および図 10.1.8 の N87-17 測線）．

富山トラフの西側に発達する断層 R と P を詳細にみると，北西-南東方向の断層と北東-南西方向の断層が，20～30 km の間隔で，南に向かって階段状に左に折れ曲がるようにして続き，富山トラフの内部にはその折れ曲がりと調和的な平行四辺形の凹地が複数存在している．

このような大和海盆東縁部の沈降域から富山トラフで認められる構造形態は，右横ずれのプルアパート堆積盆地（pull-apart basin）において典型的にみられるもの（Aydin and Nur, 1982；Brink and Ben-Avraham, 1989；加藤，1991 など）に類似している．また，大和海盆東縁部の沈降域の外形や内部に発達する地質構造の特徴は，Chakraborty and Ghosh（2005）のプルアパート堆積盆地の砂箱実験結果ともよい一致を示し，彼らの実験結果に従えば右横ずれ運動によるものである．さらに，3 次元物理探査記録を用いてシンリフト期玄武岩の直下に発達する基盤岩類上面の地質構造を解析すると（図 10.1.10），明洋第 3 海山の西縁に発達する北北西方向のグラーベン状凹地の内部に，その東縁断層（断層 P）と鋭角で接する南北性の正断層で切られた東傾斜のハーフグラーベン群が存在している状況が明らかとなる．このような構造形態は，Beauchamp（1988）の横ずれ伸張応力場（transtensional）の右横ずれのモデルと酷似している．また，このグラーベン状凹地の東縁をなす断層 P が，南に向かって階段状に左に折れ曲がる形態を示すことも，右横ずれであることを支

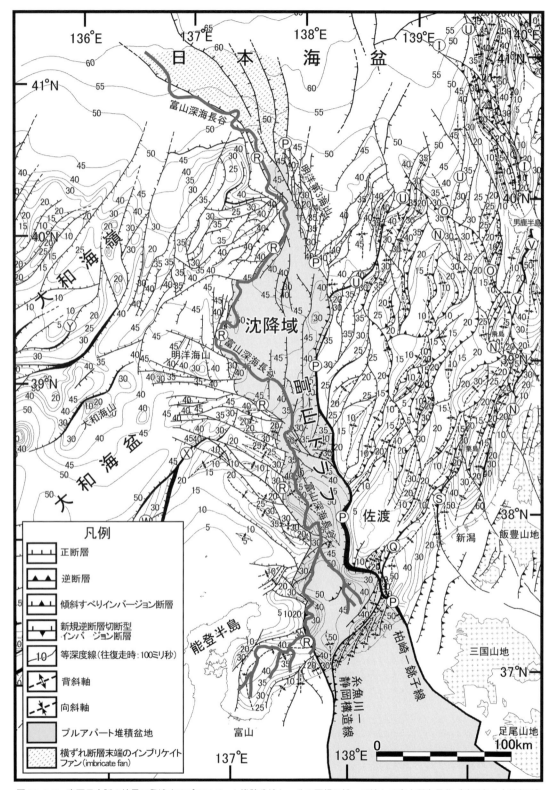

図10.1.9 東西日本弧の境界に発達するプルアパート堆積盆地と，その西縁に沿って流れる富山深海長谷（暗灰色の太線部分）

図 10.1.10 3次元地震探査においてシンリフト期に噴出した玄武岩類基底と解釈された層準の3D View
明洋第3海山の西縁部に発達するステップ状の大規模断層（断層P）を介して，その左側の凹地内に南北性の正断層で切られた東傾斜のハーフグラーベン群が発達している．この南北性の断層は，明洋第3海山にも発達している．

持している．一方，明洋第3海山本体に発達する南北性の正断層群（図10.1.9）は，グラーベン状凹地を縁取る北北西-南南東方向の右横ずれ断層Pに付随して発生した左雁行正断層群（en echelon normal fault：Harding, 1990）であると判断される．

以上より，富山トラフから大和海盆東縁の沈降域を通り，さらに明洋第3海山の西縁を通って日本海盆に達しているグラーベン状の凹地は（図10.1.9の灰色部分），右横ずれによってできたプルアパート堆積盆地であると結論づけることができる．このプルアパート堆積盆地の西側マスター断層（断層R）は糸魚川-静岡構造線の延長部にあたり，東側マスター断層（断層P）は柏崎-銚子線の延長部である．すなわち，この富山トラフから沈降域に続く凹地はフォッサマグナの日本海延長部であり，言い換えればフォッサマグナは東西日本弧の境界部に形成された巨大な右横ずれのプルアパート堆積盆地であるということができる．このプルアパート堆積盆地は，その北端に発達する左雁行配列の分岐断層を伴うインブリケイトファン（imbricate fan：Woodcock and Fisher, 1986）を介して，日本海盆に向かって消滅している（図10.1.9の網掛け部分）．

日本海の拡大は，西南日本弧が時計回りに，東北日本弧が反時計回りに回転しながら開口するメカニズム（観音開きモデル）で進行し，その際，西南日本弧に比べて東北日本弧がより大きく拡大したために東西日本弧の境界で大きな右横ずれ運動が発生し，その結果，フォッサマグナから富山トラフを通って大和海盆東縁部の沈降域にいたる大規模なプルアパート堆積盆地が形成されたと考えることができる．また，東西日本弧が回転しながら観音開きを行った結果，このプルアパート堆積盆地は，太平洋側に向かってハの字に開いた形態を示している（図10.1.1）．

この日本海形成時に起きた東西日本弧間の大きな右横ずれは，東西日本弧の基本構造の大きなずれとして現在の地帯構造に残っており，その変位量はフォッサマグナの両側で最大約200kmに達する（図10.1.1）．なお，音響基盤よりなる明洋第3海山は，このとき東北日本弧から剥がれ落ちて取り残された，島弧ないし大陸性地殻の断片であると考えることができる．また，図10.1.9に示したように，富山深海長谷はこのプルアパート堆積盆地に流路を規制され，その西縁に沿って流れる構造谷である．

■ 10.1.4 日本海拡大のリフトモデル

経済産業省の海上基礎物理探査データに陸上地質のデータを加えて，日本海拡大時のリフト堆積盆地の構造形態を復元し，日本海拡大のリフトモデルに

図10.1.11 リフト堆積盆地の復元図
東北日本弧の日本海東縁部において，リフト堆積盆地が構造的に安定していた時期に堆積したYt3ユニットの等層厚線図（往復走時で，単位は秒）を用いて，リフト堆積盆地の形状を復元した．

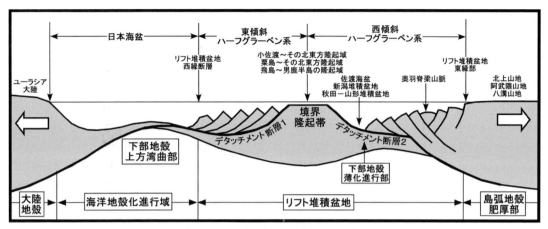

図 10.1.12　日本海拡大時のリフトモデル

ついて考察した（以下，図 10.1.11 と図 10.1.12 参照）．

　まず，海上基礎物理探査データに基づき，東北日本弧の日本海東縁におけるリフト堆積盆地の構造形態について考察した．地震探査記録によるリフト堆積盆地の復元は，13.5 Ma から 3.6 Ma に堆積した Yt3 ユニットの等層厚線図をつくることによって行った．すなわち，この 13.5 Ma の日本海拡大終了（シンリフト期の終了）から 3.6 Ma の強圧縮応力場発生にいたるまでの時期は，前述したように，東北日本弧の背弧側では断層活動や褶曲構造の形成を伴うような顕著な構造運動が認められないことから（図 10.1.2 参照），構造的に安定した場の下で，13.5 Ma に形成が終了したリフト堆積盆地を，13.5～3.6 Ma までの堆積物がオンラップしながら水平に埋め立てていたものと推測される．したがって，この間の地層の等層厚線図を作成することによって，3.6 Ma 以降に生じたテクトニックインバージョンの影響を排除して，シンリフト期のリフト堆積盆地の形態を復元することが可能となる．

　一方，陸上部分の地質構造に関しては，独立行政法人 産業技術総合研究所／地質調査総合センターの地質図表示システム／地質 Navi の 1/20 万・1/5 万地質図と，『新生代東北本州弧地質資料集』第 1～3 巻（北村編，1986）を主に用いて，シンリフト期堆積物の層厚変化やテクトニックインバージョンを起こした断層褶曲の形態などから，シンリフト期に形成されたハーフグラーベンのリストリック断層と主要なトランスファー断層を解釈している．

　その結果，小佐渡から北東方向に延びる隆起帯，粟島から北東方向に延びる隆起帯，そして飛島から男鹿半島に続く北北東方向の隆起帯（図 10.1.11 の黒背斜マーク）を境として，その西側の日本海では，西落ちのリストリック断層で画された東傾斜のハーフグラーベンシステムが発達し，その東側の日本海沿岸域～陸域では，東落ちのリストリック断層で画された西傾斜のハーフグラーベンシステムが卓越することが明らかとなった．ただし，リフト堆積盆地の東縁部では，その外縁に調和的な西落ちのアンティセティック（antithetic）な正断層系が発達し，その境界がちょうど現在の脊梁地域付近に位置している（図 10.1.11 と図 10.1.12）．

　このような，小佐渡から北東に延びる隆起帯，粟島から北東に延びる隆起帯，そして飛島から男鹿半島に続く隆起帯を境として，その西側と東側でハーフグラーベンシステムの向きが正反対となるような構造形態は，Lister et al. (1986) のシンプルシェアモデル（simple shear model）の一種である "二重デタッチメント断層モデル"（double detachment fault model）と完全に一致する（図 10.1.12）．すなわち，このモデルにおいて逆方向に延びる 2 つのデタッチメント断層の境界をなす continental ribbon（本書では境界隆起帯と呼称）が，小佐渡から北東に延びる隆起帯，粟島から北東に延びる隆起帯，そして飛島から男鹿半島に続く隆起帯に相当するものと解釈される．このモデルに従うと，秋田-山形堆積盆地，新潟堆積盆地や佐渡海盆は，境界隆起帯の東側に発達する第 2 デタッチメント断層によって開いた大きな開口部に相当することになる．そこでは，開口部の拡大に伴って下部地殻の薄化が進行

し，アセノスフェアに由来する枯渇した同位体組成を有する玄武岩類（周藤ほか，1997；八木ほか，2001, 2007）が大量に噴出している．また，この大量の玄武岩類の噴出によって，これらの開口部では比較的平坦な音響基盤の上面が形づくられている（図10.1.8のN87-9やN87-17測線）．一方，境界隆起帯の西側に発達する大規模な第1デタッチメント断層によって大きく開いた開口部が，日本海盆に相当することになる（馬場・八木，2007）．

このような東北日本弧のリフトモデルとは対照的に，西南日本弧の背弧リフト堆積盆地は，大和海盆～大和海嶺などの高角な正断層系を伴う大規模なホルスト-グラーベン系から成り立っている（図10.1.1および図10.1.6）．この形態的な特徴から，西南日本弧のリフトモデルとしては，ピュアシェアモデル（pure shear model：Lister *et al.*, 1986）ないし大陸地殻の断片化モデルが適用できる可能性が高い（馬場・八木，2007）．このように，日本海の拡大が，20～13.5 Maの間に起きた観音開きのプロセスによって形成されたにもかかわらず，東北日本弧と西南日本弧では，適用されるリフトモデルが異なることはたいへん興味深い．

10.2 太 平 洋 側

■10.2.1 地 質 概 要

東北日本の前弧域における地質構造の特徴は，現世付加体の規模が小さく，沈み込み帯前縁近くまで島弧基盤が発達していることにある（Shipboard Scientific Party, 1980など）．このタイプの前弧域では島弧基盤が基本的な地質構造を支配し，沈み込み侵食（subduction erosion）の卓越によって，付加堆積物の損耗による付加体形成の抑制と，厚い堆積物の発達を伴う島弧基盤の緩やかな沈降が生じている（Scholl *et al.*, 1980）．

前弧域に発達する堆積物は，下位から順に，前期白亜紀以前の付加体コンプレックスや深成岩類（一部後期白亜紀を含む）よりなる島弧基盤，前期白亜紀後期～前期始新世の蝦夷堆積盆地（Kimura, 1994；Ando, 2003など）の堆積岩類，中期始新世～前期漸新世の前弧堆積盆地の堆積岩類，後期漸新世～前期中新世の陸成～陸棚斜面堆積物，そして日本海拡大盛期以降に形成された前期中新世末～現世の陸成～陸棚斜面堆積物に大別され，これらが沿岸域から海溝斜面まで広く分布している．このうち，島弧基盤より上位の堆積物は，その間に構造運動によって形成された不整合や構造性オンラップ面をはさみながら厚く累重し，沿岸域に向かって次第に薄化しながら深度を減じている．沿岸域では，これらの堆積物が侵食削剥によって失われ，前期白亜紀以前の付加体コンプレックスや後期白亜紀の深成岩類などの島弧基盤が海底面に露出しているところが多い（図10.2.5参照）．

東北日本弧の前弧域の基本構造は，島弧方向（北北東-南南西方向）に配列する前期白亜紀後期～古第三紀の古い前弧堆積盆地堆積物（棚倉構造線（断層T）が南限）と，それらを切断する北西-南東方向の大規模トランスファー断層より構成されている（以下，図10.2.1参照）．この大規模トランスファー断層の主なものとしては，久慈沖～釜石沖を北西-南東方向に走る構造線（断層G：以下では"黒松内-釜石沖構造線"と呼称），尾太-盛岡構造線～日詰-気仙沼断層（永広，1982）の海上延長（断層H），本荘-仙台構造線（田口，1960）の海上延長（断層I），および日本国-三面構造線（断層N）～棚倉構造線（断層T）の海上延長がある．これらの構造線は，海溝側に向かって枝分かれを起こし，横ずれ断層の末端形態の1つであるインブリケイトファンを形成しながら，日本海溝の沈み込み帯前縁に向かって消滅している．これらの横ずれ断層は，前期～後期白亜紀前期に形成されたもので（大槻・永広，1992など），日本海拡大時には東北日本弧の反時計回りの回転に伴って，島弧を切断するトランスファー断層として再動している（馬場，1999など）．そのなかでも，日詰-気仙沼断層（断層H）は東北日本前弧域の基盤構造を南北に分ける構造線として重要な位置を占めている．

すなわち，日詰-気仙沼断層（断層H）の南側の海域では，基本的な基盤構造が，前期白亜紀に形成された北北東-南南西方向の阿武隈リッジと呼ばれ

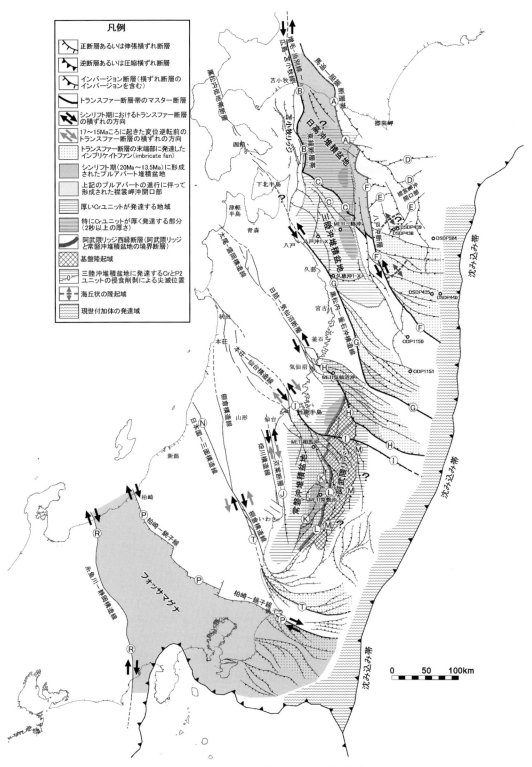

図 10.2.1 東北日本弧の太平洋側海域の構造概略図

丸で囲んだアルファベットは，本文中で使用する断層や構造線の位置を示している．なお，関東地方の陸域は高橋(2006a)を，津軽海峡はリサイクル燃料貯蔵（株）(2010a, b)の音波探査記録を，北海道の陸域は天然ガス鉱業会・日本大陸棚石油開発協会（1982）を参照した．

るホルストと，その東西に分布するグラーベン系より構成され，特に阿武隈リッジの西側には大規模な正断層を介して深いグラーベンが発達し，そのなかに厚い白亜紀～新第三紀の堆積物が累重している（常磐沖堆積盆地）．一方，日詰-気仙沼断層（断層H）の北側の海域では，そのような前期白亜紀に形成されたホルスト-グラーベン系が失われ，前期/後期漸新世境界の傾斜不整合の下位に大規模な向斜構造が発達し，そのなかに厚い前期白亜紀後期～前期始新世の蝦夷堆積盆地および中期始新世～前期漸新世の堆積物が存在している（三陸沖堆積盆地）．

東北日本弧北端に位置する道央部～日高沖海域では，後期漸新世に起きた千島海盆の拡大によって，右横ずれ運動を伴う沈降域が形成され（栗田・横井，2000；Itoh and Tsuru, 2005 など），後期漸新世～前期中新世の堆積物が下位層を不整合関係で覆って（上述）発達している．前期中新世の終わりには，それらが日高沖に発達する馬追-胆振断層帯（断層A）(Itoh and Tsuru, 2005) に向かって，北東側に大きく傾動し（図10.2.6参照），その結果形成された北西-南東方向の大規模ハーフグラーベン内に，中期中新世以降の堆積物がオンラップしながら厚く堆積している（図10.2.4の測線1参照）．この凹地は日高沖堆積盆地と呼ばれ，礼文-樺戸帯西縁～増毛-当別線～広島-苫小牧線を経て苫小牧リッジ東縁断層帯につながる構造線（断層B）を西側のマスター断層，そして八戸のはるか東方沖に発達する南北性の八戸沖断層（断層F）を東側のマスター断層として，馬追-胆振断層帯（断層A）と断層Cの間が南北に開口することによって形成されたプルアパート堆積盆地であり（図10.2.1），日本海の拡大に伴って東北日本弧が反時計回りに回転しながら拡大した際の，その最も北端に位置する横ずれ帯（左横ずれ）を構成している（図10.1.1の断層①から③）．

■ 10.2.2 層序および層相

日高沖堆積盆地から常磐沖堆積盆地にいたる東北日本弧の太平洋側海域において，経済産業省が実施した基礎物理探査1970年度「北上-阿武隈」，1971年度「関東」，1972年度「日高-渡島」，1973年度「下北-北上」，1977年度「下北～東海沖海域」，1984年度「常磐～鹿島」，1986年度基礎物理探査「南三陸～鹿島沖」，1986年度基礎物理探査「道南～下北沖」，1994年度「常磐～鹿島浅海域」，2007年度「道央南方～三陸沖」，2007年度「三陸沖3D」および2009年度「阿武隈リッジ南部3D」などのマルチチャンネル地震探査データを用いて，震探層序および地質構造の解釈を行った．その結果，島弧基盤より上位の堆積物中において，構造運動によって形成された構造性オンラップ面が9層準認められ，これらを境として，当該海域に分布する堆積物が，下位より，基盤岩類（島弧基盤），Cr, P2, P1, N6, N5, N4, N3, N2, N1の震探層序ユニットに区分された（図10.2.2）．

これらのユニットの時代に関しては，上述した海上基礎物理探査の報告書における時代対比をベースに，陸上地質，経済産業省の海上基礎試錐およびODP坑井の層序データを加味して対比を行った．その結果，基盤岩類が前期白亜紀以前の付加体コンプレックスや火成岩類（一部後期白亜紀を含む），Crユニットが前期白亜紀後期～前期始新世の蝦夷堆積盆地の堆積物，P2ユニットが中期始新世～前期漸新世の堆積物，そしてP1ユニットが後期漸新世～前期中新世の堆積物に相当するものと判断された．その上位の新第三紀の堆積物については，P1/N6ユニット境界が日本海の急速な拡大が始まる前期中新世末の17 Maに，その上位のN6/N5ユニット境界が日本海拡大の終了する13.5 Maに対比された．10.5 Ma以降になると，太平洋側海域では複数回の圧縮性テクトニックイベントによって構造性オンラップ面が形成され，N5/N4ユニット境界が10.5 Maに，N4/N3ユニット境界が6.0 Maに，N3/N2ユニット境界が3.6 Maに，そしてN2/N1ユニット境界が1.8 Maに対比された．ここで使用した地質時代および年代値は，Ogg *et al.* (2009) に従った．

なお，震探層序や地質構造解析に使用した坑井は以下の通りである：石油公団国内石油・天然ガス基礎調査基礎試錐「気仙沼沖」，「相馬沖」，「常磐沖」，「三陸沖」，DSDPサイト435, 438 and 439, 440, 584，ODPサイト1150, 1151（以下の文中では坑井に関する引用は省略）．また，礼文-樺戸帯西縁の断層帯に関しては，基礎物理探査1970年度「石狩-礼文島」，1988年度「北海道西部～北東部海域」を再解釈し，日高沖堆積盆地東方の襟裳岬沖開口部（図10.2.1）

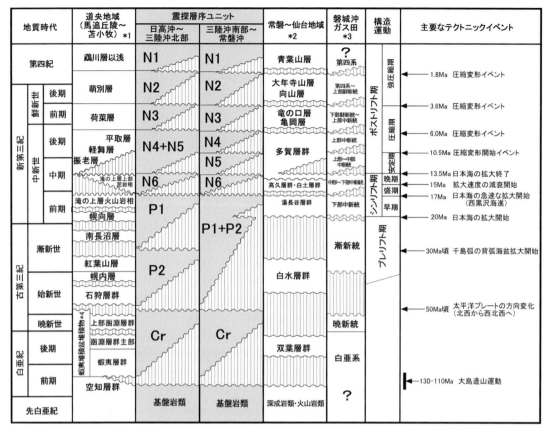

図 10.2.2 東北日本弧の太平洋側海域における震探層序ユニットと陸域層序の対比表
*1: JOGMEC (2009a) を一部改編 (鵡川層基底を1.8Maに変更) し, 岡村ほか (2010) の滝の上層データを加味, *2: 須藤ほか (2005), *3: 岩田ほか (2002)・亀尾・佐藤 (1999), *4: 安藤 (2005).

に関しては, Yohro et al. (2006) の2次元地震探査記録を再解釈して用いている.

a. 基盤岩類 (島弧基盤)

東北日本弧の太平洋側において, 基盤岩類を構成する前期白亜紀以前の付加体コンプレックスや火成岩類 (一部後期白亜紀を含む) に到達した坑井は少ないものの, 経済産業省の基礎試錐「気仙沼沖」では前期白亜紀の花崗岩類を, 久慈沖1-Xではジュラ系の堆積岩類を, そして八戸沖1-Xでは前期白亜紀の原地山層相当の火山岩類を確認している (図10.2.3). 三陸沿岸域の基盤岩類中には, 石狩～北上ベルトと呼ばれる高地磁気異常帯 (Ogawa and Suyama, 1976) が南北に帯状分布するが, 日詰-気仙沼断層の海上延長部 (断層H) を境として, その南側では, 北海道から続く連続的な帯状分布が絶たれている. また, この地磁気異常帯は, 久慈～宮古の沖合において, 黒松内-釜石沖構造線 (断層G:

図10.2.1) によって鋭角に切断されながら左側にずれた形態を示している.

b. Cr ユニット

本ユニットは, 前期白亜期後期～前期始新世 (48.6 Ma) の蝦夷堆積盆地の堆積物 (安藤, 2005) に相当し, 基礎試錐「気仙沼沖」や久慈沖1-Xでは前期白亜紀の堆積物が確認されている. 岩相は, 南三陸沖～常磐沖で掘削された基礎試錐「常磐沖」, 「相馬沖」, 「気仙沼沖」では, 沿岸性～上部・中部漸深海性の砂岩・泥岩類を主体とする. 一方, その北方で掘削された基礎試錐「三陸沖」では, 下部は沿岸性の砂岩・泥岩 (凝灰岩を伴う) を主体とするが, 上部は夾炭層を伴う陸成 (河川成)～陸棚性の砂岩・シルト質泥岩に変化している (図10.2.3). この上部の堆積物中には不整合が存在し, 下部暁新統が欠如している. 八戸東方の海溝斜面上端で掘削された ODP サイト 439 では, 後期白亜紀の深海性

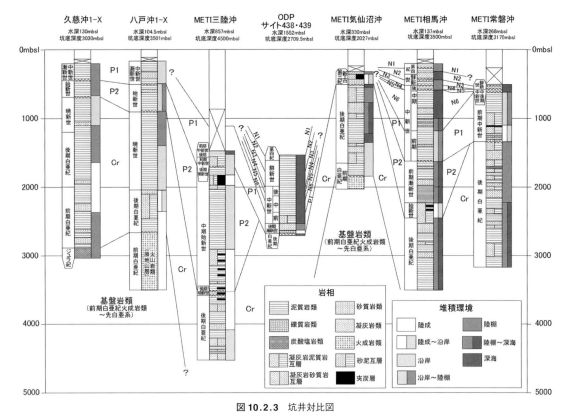

図10.2.3 坑井対比図

久慈沖1-X・八戸沖1-Xは天然ガス鉱業会・日本大陸棚石油開発協会（1992），ODPサイト438・439はShipboard Scientific Party（1980），そして基礎試錐に関しては石油公団の調査報告書に亀尾・佐藤（1999）を加味した．なお，METI三陸沖において後期暁新世から中期始新世早期とされた層準は，花粉・胞子化石の再解釈により，中期始新世の層準に含めている．

の泥岩やタービダイト性砂岩が確認されていることから，この時期，蝦夷堆積盆地の東方には，海溝へと続く斜面が存在していたことがうかがえる．

日詰-気仙沼断層（断層H）より北側に分布する本ユニットは，基盤岩類を不整合の関係で覆い（図10.2.4の測線1～5），上位のP2ユニットとともに，東北日本弧にほぼ平行な北北東-南南西方向の大規模向斜構造（東西約70 km，南北約300 km＋）を形づくっている．この向斜状構造は三陸沖堆積盆地（棚橋ほか，2005）と呼ばれている（図10.2.1および図10.2.5）．そこではCrユニットの上位にP2ユニットが傾斜不整合の関係で累重し，さらに，これらは上位のP1ユニットによって顕著な傾斜不整合関係で覆われている（図10.2.4の測線1～3）．このP1ユニットによる侵食削剥によって，大規模向斜状構造の東側および南側ではCrユニットが欠如する（図10.2.1）．

一方，日詰-気仙沼断層（断層H）の南側の海域では，北北東-南南西方向の規模の大きなホルストやグラーベンが基本構造を形成し，特に牡鹿半島沖～常磐沖には阿武隈リッジと呼ばれる北北東-南南西方向の大きな基盤岩類の隆起域が存在する（図10.2.1）．その西縁には，大規模な西傾斜の正断層を伴ってCrユニットが厚く堆積するグラーベンが発達し（常磐沖堆積盆地），最深部の層厚は2秒をこえている（図10.2.4の測線6～8）．これらの堆積物は，阿武隈リッジを構成するホルストに向かってオンラップしながら薄化尖滅している．

なお，日詰-気仙沼断層は，前期白亜紀に起きた大島造山運動（永広，1982；大槻・永広，1992）よって形成されたものである．

c. P2ユニット

本ユニットは，中期始新世（48.6 Ma）～前期漸新世（28.4 Ma）の堆積物に相当し，前の時代と同じユーラシア大陸東縁に形成された前弧堆積盆地において堆積したものと考えられ（栗田・横井，2000；

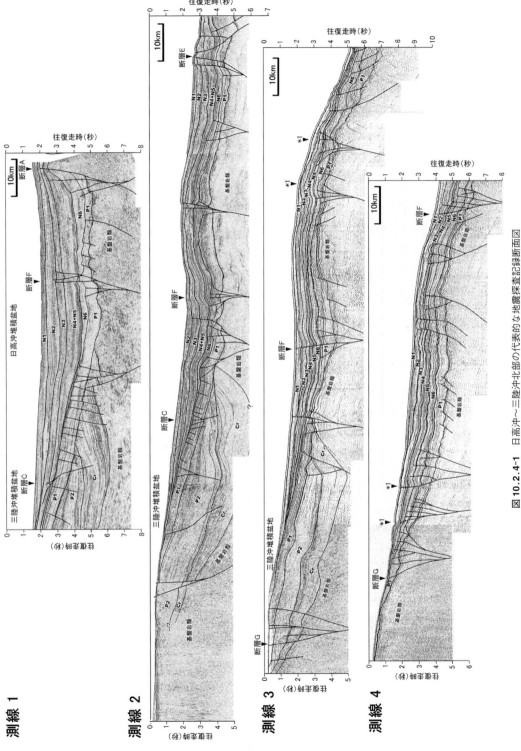

図 10.2.4-1 日高沖〜三陸沖北部の代表的な地震探査記録断面図
測線位置は図 10.2.5 参照．断層 *1 はインブリケイトファンの分岐断層を示す．

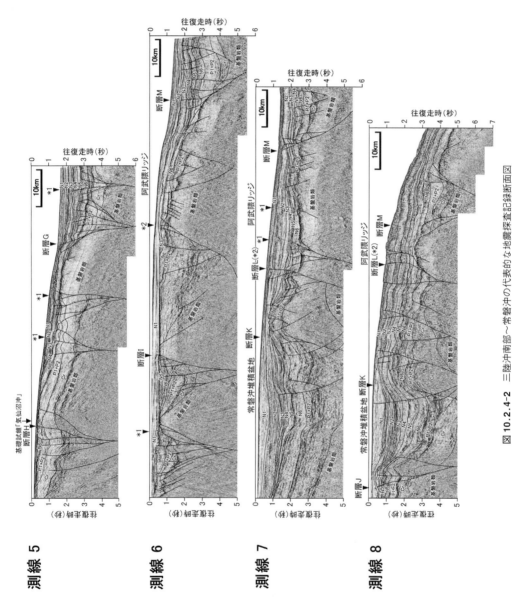

図 10.2.4-2 三陸沖南部〜常磐沖の代表的な地震探査記録断面図
測線位置は図 10.2.5〜図 10.2.7 参照．なお，断層 *1 はインブリケイトファンの分岐断層を，そして断層 *2 は阿武隈リッジ西縁断層を示す．なお，本荘-仙台構造線（断層 I）の南側では，阿武隈リッジ西縁断層 *2 と断層 L が一致する．

10.2 太平洋側

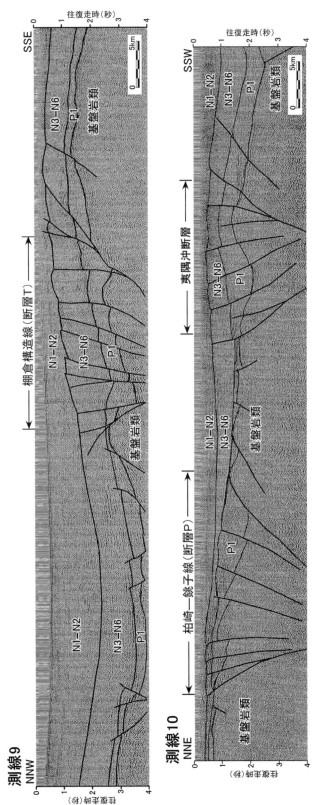

図10.2.4-3 茨城沖～房総沖の代表的な地震探査記録断面図

測線位置は図10.2.6参照．棚倉構造線（断層T）と柏崎－銚子線（断層P）の海上延長部には，幅25kmに達する大規模なネガティブフラワー構造が認められ，その内部にはP1ユニットが厚く発達している．地震探査データ解析によれば，この海域では古第三系が欠如し，P1ユニットが下部中新統のみより構成されることから，このフラワー構造の形成は前期中新世に始まったものと解釈される．これらは，その後生じた圧縮応力場で下位インバージョンを起こし，N3-N6ユニットの上面はポジティブフラワー構造に転換している．なお，柏崎－銚子線では，前期中新統のP1ユニットとその上位のN6ユニットの間に顕著なエロージョナルトランケーション（erosional truncation）を示す傾斜不整合が発達するが，これは15Maころ（平田ほか, 2010など）に生じた伊豆－ボニン弧の本州弧への衝突がもたらした圧縮応力（高橋・星, 1996）によって形成された可能性が高く，高橋ほか（2006）の庭合不整合（15Ma）に相当する可能性がある．また，房総沖中部の夷隅沖には，厚いP1ユニットを伴うネガティブフラワー構造の並走する横ずれ断層の可能性がある．この海域の解釈には，海上保安庁基礎物理探査「常磐～鹿島沖」1994年度基礎物理探査「南三陸～鹿島沖」1986年度「常磐～鹿島沖」1984年度「下北～東海沖海域」1977年度「関東」1971年度「房総沖浅海域」および「鹿島沖浅海域」1998年度基礎物理探査「房総沖浅海域」を用いている．

保柳，2007など），下位のCrユニットを傾斜不整合の関係で覆って発達している．上位のP1ユニットには，三陸沖堆積盆地において顕著な傾斜不整合関係で覆われるが，日詰-気仙沼断層（断層H）周辺より南側の海域（図10.2.4の測線5〜8）では，P2ユニットとP1ユニット間に地震探査記録上で境界を設定できるほどの構造差が認められないことから，震探層序ユニットとしては，この両者を一括したP1＋P2ユニットとして扱っている（以下P1＋P2ユニットと呼称）（図10.2.2）．

まず日詰-気仙沼断層（断層H）より南側で掘削された基礎試錐「相馬沖」では，シルト岩・砂岩を挟在するシルト質泥岩を主体とするP2ユニットが発達し，下部には夾炭層を伴っている．ここではP1ユニット下部（後期漸新世）が欠如し（須藤ほか，2005），P2ユニットとP1ユニットとの間に不整合が発達している．堆積環境は，下部が陸成〜沿岸性で，中上部が陸棚性〜上部漸深海性を示している．陸域でも，P2ユニットに対比される中期始新世〜前期漸新世の白水層群と，P1ユニットに対比される前期中新世の湯長谷層群の間に，不整合が発達している（図10.2.2）．一方，磐城沖ガス田では，前期／後期漸新世の境界が整合関係を示し（図10.2.2），P2とP1ユニットは一連整合である．基礎試錐「気仙沼沖」では夾炭層を伴う砂岩・泥岩を主体とし，震探解釈によれば，P1＋P2ユニットの下部に相当する堆積物がごく薄く発達している．基礎試錐「常磐沖」では，本ユニットが欠如している．

日詰-気仙沼断層（断層H）より北側で掘削された基礎試錐「三陸沖」では，砂岩や石炭層を挟在するシルト質泥岩・シルト岩を主体とし，陸成（河川成）〜陸棚性の堆積環境を示す中期始新世のP2ユニットが厚く発達している．ここでは，P2/P1ユニット境界に発達する不整合によって，その上半部にあたる後期始新世〜前期漸新世の堆積物が欠如している（図10.2.3）．

本ユニットの分布域は，日詰-気仙沼断層（断層H）より北側の海域では，東北日本弧にほぼ平行な大規模向斜構造（三陸沖堆積盆地）を構成し（図10.2.1および図10.2.5），上位のP1ユニットに顕著な傾斜不整合関係で覆われている（図10.2.4の測線1〜3）．本ユニットは，この向斜の軸部において約2.0秒の最大層厚を有するが，日高沖では，P1ユニット基底の不整合によって，北方に向かって薄化尖滅している（図10.2.5）．このような本ユニットの分布形態は，堆積後に生じた大規模な隆起運動によって，この向斜状凹地の外側に存在していた本ユニットが，すべて陸化して削剥されたことを示している．

一方，日詰-気仙沼断層（断層H）周辺より南側の海域では，地震探査記録上において本ユニットとP1ユニットとの間に存在する傾斜不整合が識別できなくなり，上述したように一連整合のP1＋P2ユニットとして認識されるようになる（図10.2.4の測線5〜8）．これらの地震探査記録断面では，P1＋P2ユニットが，基盤岩類より構成される阿武隈リッジにオンラップしながら堆積する状況や，その上部が侵食削剥されて上位層と不整合関係で接する状況（erosional truncation）が観察される．阿武隈リッジの西側にはグラーベン状の沈降域である常磐沖堆積盆地が発達し，そこには最大層厚約1.5秒に達するP1＋P2ユニットの堆積域が存在している．このことは，これらの堆積物がCrユニットと同様に，北北東-南南西方向のホルスト-グラーベン系に支配されながら堆積したことを示している（図10.2.5）．

なお，本ユニットは，陸域では，道央地域の石狩層群・幌内層・紅葉山層（栗田・横井，2000）や，常磐地域の白水層群（須藤ほか，2005）に対比され（図10.2.2），上述したように本ユニットの基底は下位のCrユニットと傾斜不整合の関係にある．

d．P1ユニット

本ユニットは，後期漸新世（28.4 Ma）〜前期中新世後期（17 Ma）の堆積物に相当する．上述したように，日詰-気仙沼断層（断層H）より北側の海域では，本ユニットが下位のP2ユニットと大規模な傾斜不整合の関係で接している．一方，その南側の海域では，地震探査記録上において，下位のP2ユニットとの間に構造的なギャップが認められないことから，両者を“P1＋P2”という1つのユニットとして扱っている．

まず，日詰-気仙沼断層（断層H）より北側で掘削された基礎試錐「三陸沖」では，P1ユニットの下半部において，ファンデルタ成の砂岩・シルト質泥岩の互層や，その上位に上部漸深海の泥質岩が認

10.2 太平洋側

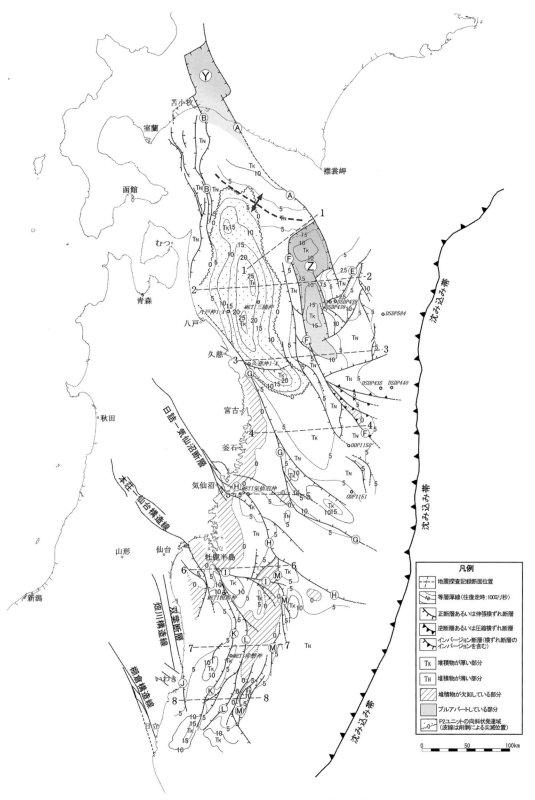

図 10.2.5 P1 ユニット＋P2 ユニットの等層厚線図
等層厚線は往復走時で，100 ミリ秒表示．

められる（図10.2.3）．八戸の東方沖で掘削された
ODPサイト439では，後期白亜紀の深海性の泥岩
やタービダイト性砂岩を，P1ユニット基底の陸成
の礫岩（石英安山岩の巨礫を伴う）が不整合関係で
覆っている．その上位には，陸棚性～上部漸深海の
砂岩・シルト岩が発達している．このことは，本ユ
ニットと下位のCrやP2ユニットとの間に発達す
る不整合が，ODPサイト439の地点まで広がって
いたことを示している．

　一方，日詰-気仙沼断層（断層H）より南側に位
置する磐城沖ガス田周辺では，漸新世～前期中新世
の陸棚性の泥岩や陸成の砂礫岩・シルト岩よりなる
P1＋P2ユニットが発達している（岩田ほか，2002）．
その東側の阿武隈リッジ西縁部で掘削された海上基
礎試錐「常磐沖」では，P1＋P2ユニットが阿武隈
リッジに向かってオンラップしながら堆積した結
果，P1ユニット上部の前期中新世の砂泥互層のみ
が分布している（図10.2.3）．ここでの堆積環境は
陸成～陸棚性を示し，磐城沖ガス田の下部中新統と
ほぼ同じ環境で堆積したものと推測される．基礎試
錐「気仙沼沖」では，震探解釈によれば，Crユ
ニットの直上に，P1＋P2ユニットの下部に相当す
る堆積物がごく薄く発達するのみである（図10.2.4
の測線5）．

　磐城沖ガス田周辺の海域では，下部中新統と漸新
統の間に，軽微なオンラップを伴う不整合の存在が
知られている（岩田ほか，2002）．この不整合は，
基礎試錐「相馬沖」で認められた下部中新統基底の
不整合（10.2.2項c参照）と同一であり，常磐陸
域においても湯長谷層基底の不整合（須藤ほか，
2005）として知られている．基礎試錐「三陸沖」や
ODPサイト439では，この時期，陸棚性の漸新統
から上部漸深海の中新統へと古水深が変化してい
る．この不整合や深海化をもたらした構造運動が起
きた時代は，日本海拡大の開始時期，すなわちシン
リフト期早期（20～17 Ma）とほぼ一致することか
ら，今後高分解能の地震探査が実施された場合に
は，この下部中新統の下部に位置する不整合面や構
造性オンラップ面が広域的に追跡できる可能性があ
る．

　このシンリフト期早期に起きた日本海の拡大開始
とそれに引き続く東北日本弧の緩やかな回転と拡大
によって，黒松内-釜石沖構造線（断層G），日詰-

気仙沼断層（断層H）および日本国-三面構造線
（断層N）～棚倉構造線（断層T）が左横ずれ，そ
して本荘-仙台構造線（断層I）が右横ずれ（Hoshi
and Takahashi, 1999；Yamaji et al., 1999）のトランス
ファー断層として運動を開始した．それに伴って，
黒松内-釜石沖構造線（断層G）と日詰-気仙沼断層
（断層H）の海上延長部の北東側，および本荘-仙台
構造線の海上延長部の南側には伸張性のインブリケ
イトファンが発達し（図10.2.5），マスター断層や
その分岐断層がつくる凹凸面を埋めるようにして，
P1ユニットやP1＋P2ユニットが発達している（図
10.2.4の測線4～8）．阿武隈リッジなどの基盤岩類
の隆起域では，本ユニットが構造的高まりに向かっ
てオンラップしながら薄化し，広範囲にわたって尖
滅している（図10.2.5および図10.2.4の測線5～
8）．

　一方，東北日本弧の北端部では漸新世中期に起き
た千島弧の背弧海盆拡大によって，北海道の中央部
に右横ずれの応力場が発生した（Kimura, 1994；木
村・楠，1997；栗田・横井，2000）．その結果，苫
小牧リッジ東縁断層帯（断層B）と馬追-胆振断層
帯（断層A）の間で右横ずれ運動が起こり，道央部
の上部漸新統を特徴づける南長沼層のプルアパート
堆積盆地（プルアパート部Y）（栗田・横井，2000）
が形成されている（以下，図10.2.5参照）．さら
に，この右横ずれ運動によって，馬追-胆振断層帯
（断層A）の南東端部において，南北性の八戸沖断
層（断層F）との間に，最大層厚1.5秒のP1ユ
ニットを有するプルアパート堆積盆地（プルアパー
ト部Z）ができている．この八戸沖断層（断層F）
の日本海溝側には，右横ずれ運動に伴って北東-南
西方向のアンティセティックな正断層系（Kim and
Sanderson, 2006）が形成され，その凹地を埋めるよ
うにP1ユニットが堆積している．また，この右横
ずれ運動に伴って副次的に発生した圧縮応力成分に
よって，日高沖では断層AとBの間に北西-南東方
向の隆起帯が形成されている（図10.2.5の背斜
マークの部分）．この隆起運動によって，三陸沖堆
積盆地に分布する下位のP2ユニットの北端部が侵
食削剥され，北海道側に分布する中部始新統～下部
漸新統との直接の連絡が絶たれている．この千島海
盆拡大による右横ずれテクトニクスは後期漸新世末
には終了し，P1ユニット上半部の前期中新世に入

ると，道央部では，日本海の拡大に関連して噴出したシンリフト期早期の滝の上層中下部の火山岩相が発達するようになる（図10.2.2）．ただし，この右横ずれテクトニクスが中期中新世末まで継続するという考えもある（Kusumoto *et al.*, 2013）．

なお，本ユニットは，陸域では，道央地域の南長沼層・幌向層（栗田・横井，2000）・前期中新世の放射年代を示す滝の上層中下部の火山岩相（岡村ほか，2010）や，常磐地域の湯長谷層群（須藤ほか，2005）に対比される（図10.2.2）．

e．N6 ユニット

本ユニットは，前期中新世末（17 Ma）～中期中新世半ばの13.5 Maの堆積物に相当し，ODPのサイト438と439の本ユニットは，上部漸深海の粘土岩を主体とし，下部にディスタル（distal）なタービダイト性砂岩や凝灰岩の薄層を伴っている．基礎試錐「気仙沼沖」では，地震探査記録解釈によれば本ユニットが欠如している（図10.2.4の測線5）．一方，基礎試錐「常磐沖」，「相馬沖」では，砂岩や凝灰岩類を伴って，泥岩・シルト岩を主体とする岩相が発達している．堆積環境を調べると，基礎試錐「相馬沖」では下部の浅海環境から上部の漸深海環境へとユニット内で古水深が増加し，基礎試錐「常磐沖」でも，P1/N6ユニット境界付近で，古水深が陸成～陸棚性から上部漸深海へと急増している．この時期，東北日本前弧域の陸上でも，常磐地域の白土層群・高久層群（須藤ほか，2005），仙台地域の茂庭層～旗立層，そして三戸地域の門の沢層・末の松山層（石井，1989）などで急速な海進が起きている．この海進は"西黒沢海進"として知られ，日本海の急速な回転と拡大が進行したシンリフト期盛期の開始時期（17 Ma）と一致する．北海道の道央部においても，前期中新世の陸成層である滝の上層中下部の火山岩相（岡村ほか，2010）の上位に，不整合の関係で中期中新世初頭を示す珪藻化石を産する滝の上層上部の海成泥岩相（栗田 2001；平松，2004）が発達する（図10.2.2）．

この17 Maに始まった急激な日本海の拡大に伴って，黒松内-釜石沖構造線や日詰-気仙沼断層の海上延長部では左横ずれ運動が活発化し，マスター断層GやHの北東側に，顕著な伸張性のインブリケイトファンが発達するようになる（図10.2.6および図10.2.7）．ここでは，マスター断層やその分

岐断層がつくる凹凸をN6ユニットがオンラップしながら埋積している．一方，本荘-仙台構造線では，17 Maになると，マスター断層Iの変位が右横ずれから左横ずれに変化し，それに伴って，マスター断層Iの南側に発達するインブリケイトファンも伸張性から圧縮性へと変化した．その結果，インブリケイトファン内の分岐断層には左横ずれ圧縮成分を伴ったインバージョンが発達するようになり，これによって阿武隈リッジの西縁に発達する断層Lと断層Kの間ではN6ユニット以深が東側に向かって大きく隆起している（図10.2.4の測線7）．さらに，この圧縮性の左横ずれに伴って，阿武隈リッジや常磐沖堆積盆地では，インブリケイトファン内に東西性の小さな正断層が無数に発生し（JOGMEC，2011），それらがつくる凹凸を埋めるようにして，N5ユニットがオンラップしながら堆積している（小断層であるため，構造図などでは省略）．

一方，後期漸新世には右横ずれ運動による沈降域を形成していた日高沖海域は，17 Maの急速な日本海拡大期（シンリフト期盛期）になると，日本海背弧堆積盆地の北端を画する横ずれ帯（Itoh and Tsuru，2005, 2006）として，日高沖堆積盆地と呼ばれる大規模な左横ずれのプルアパート堆積盆地に転換する（図10.1.1）．このプルアパート堆積盆地は，礼文-樺戸帯西縁～増毛-当別線～広島-苫小牧線を経て苫小牧リッジ東縁断層帯につながる構造線（断層B）を西側のマスター断層，そして八戸沖断層（断層F）を東側のマスター断層として，馬追-胆振断層帯（断層A）と断層Cの間が南北に開口することによって形成されたものであり（図10.2.1），P1ユニットが北東側の馬追-胆振断層帯（断層A）に向かって大きく傾動した大規模なハーフグラーベン状の構造形態を示している（図10.2.6と図10.2.7，および図10.2.4の測線1）．このため，その北東縁部では馬追-胆振断層帯（断層A）に沿って4.0～5.5秒に達する非常に深い沈降域が発達しているのに対して，南西側のマスター断層Cは傾動斜面上に形成された落差の小さな複数の正断層より構成されている（構造図ではそのなかの大きなものを断層Cとして表記）．そして，この傾動面に対して上位のN6～N1ユニットがオンラップしながら厚く堆積することによって，堆積盆地の北東縁部に沿った最深部には，最大層厚約4.0秒に達する厚い堆積物が

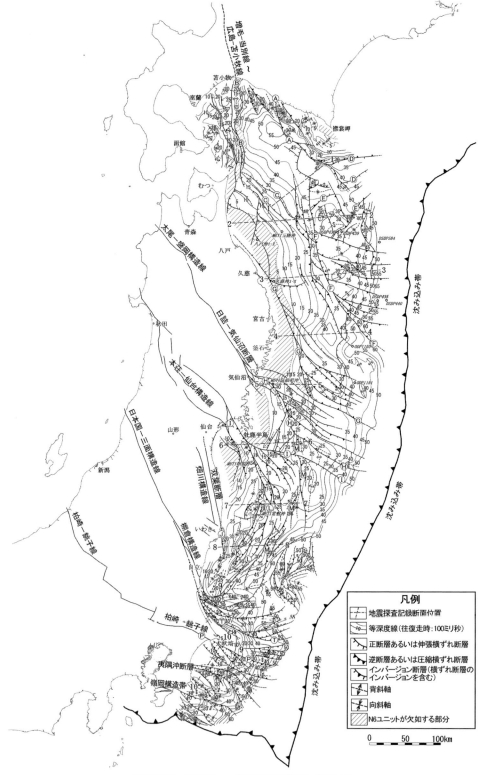

図 10.2.6　N6 ユニット基底の時間構造図（口絵 6）
等深度線は往復走時で，100 ミリ秒表示．

10.2 太平洋側

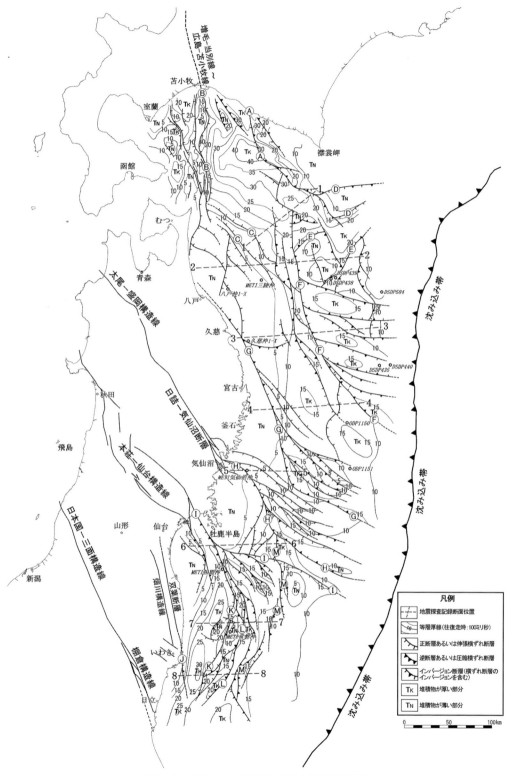

図 10.2.7 N6 ユニット基底から海底面の等層厚線図
等層厚線は往復走時で，100 ミリ秒表示．

存在している（図10.2.7）．このプルアパート堆積
盆地の形成によって発生した伸張性の傾動運動に
伴って，P1ユニットの上面には無数の小さな正断
層が発達している（小断層であるため，構造図など
では省略）（図10.2.4の測線1）．また，東側のマス
ター断層として活動した八戸沖断層（断層F）は，
P1ユニットのプルアパート堆積盆地Z（図10.2.5）
形成時には右横ずれであったが（前述），シンリフ
ト期盛期のN6ユニット堆積時になると左横ずれに
変化する．それに伴って，八戸沖断層の日本海溝側
には伸張性のインブリケイトファンが形成され，東
南東-西北西方向の正断層性の分岐断層と，それら
を埋積するN6ユニットが発達している（図
10.2.7）．

f. N5ユニット

本ユニットは，日本海の拡大が終了した13.5 Ma
から後期中新世初頭の10.5 Maまでの堆積物に相
当する．基礎試錐「常磐沖」では，上部〜中部漸深
海の泥岩が発達している（図10.2.3）．亀尾・佐藤
（1999）によれば，本ユニットの基底は，ナンノ化
石のCN4帯/CN5a帯境界（NN5/6境界に一致）に
位置している．ODPサイト438，584および1151
では，しばしば火山灰の薄層をはさむ下部漸深海の
珪藻質泥質堆積物が確認されている．基礎試錐「相
馬沖」，久慈沖1-Xおよび八戸沖1-Xでは，本ユ
ニットが欠如している（図10.2.3）．

地震探査記録断面では，本ユニットが，日本海拡
大の影響によって変形したN6ユニットを，オン
ラップしながら埋積している状況が認められる（図
10.2.4の測線2〜8）．常磐沖では，阿武隈リッジに
発達する基盤岩類の高まりや，本荘-仙台構造線の
圧縮性インブリケイトファン（compressive imbricate
fan：Woodcock and Fisher, 1986）に形成された背斜
構造に，本ユニットがオンラップしながら堆積して
いる（図10.2.4の測線6〜8）．特に，断層Kと断
層L間の隆起構造（図10.2.6）では，本ユニット
がその頂部において侵食削剥を伴って尖滅している
（図10.2.4の測線7）．さらに北方の日高沖堆積盆
地では，プルアパート堆積盆地の形成に伴って大き
く傾動したP1ユニットに，本ユニットがオンラッ
プしながら堆積している（図10.2.4の測線1）．

この時期，北海道の道南地域の陸域では13.5 Ma
の不整合が広範に発達していることが知られている

（石田・秦，1989）．東北日本陸域でも，松島地域の
志田層群根古屋層と三ツ谷層間に13.5 Maに相当す
る不整合（柳沢・秋葉，1999；柳沢・栗原，2002）
が存在し，旗立層最下部では13.5 Maのハイアタス
（柳沢，1999）が認められている．常磐地域の多賀
層群中下部にも，この時期に相当するハイアタスが
存在する（石井，1989）．さらに，ODPサイト438,
584，および1151では，13.5 Maに1 Ma前後の時間
間隙を有するハイアタスの存在が認められている．
この13.5 Maはちょうど日本海拡大の終了時に一
致している．

なお，本ユニットは，陸域では，道央地域の振老
層（栗田・横井，2000）や，常磐地域の多賀層群下
部（須藤ほか，2005）に対比される（図10.2.2）．

g. N4ユニット

本ユニットは，後期中新世初頭の10.5 Maから後
期中新世末の6.0 Maの堆積物に相当する．海上基
礎試錐「相馬沖」では砂岩を挟在する陸棚性の泥岩
を主体とし（図10.2.3），下位のN5ユニットとは
不整合の関係で接している．ODPサイト438，584
および1151では，下部漸深海の珪藻質泥質堆積物
がN5ユニットを整合関係で覆っている．基礎試錐
「常磐沖」，久慈沖1-Xおよび八戸沖1-Xでは，本
ユニットが欠如している（図10.2.3）．

地震探査記録断面では，10.5 Maに発生した弱い
圧縮応力場の下で軽微なテクトニックインバージョ
ンが起こり，それによって緩やかに圧縮変形した
N5ユニットに，N4ユニットがオンラップしながら
堆積している（図10.2.4の測線2〜8）．インバー
ジョンを起こした正断層は，日本海拡大時に起きた
前弧域の横ずれや伸張テクトニクス，およびそれ以
前の古第三紀〜前期白亜紀後期の構造運動によって
形成されたものである．南三陸の沿岸域では，本ユ
ニットが最上位のN1ユニットに削剥されている
（図10.2.4の測線3〜5）．さらに北方の日高沖堆積
盆地では，プルアパート堆積盆地の形成によって大
きく傾動したP1ユニットに，本ユニットがオン
ラップしながら堆積している（図10.2.4の測線1）．
なお，東北日本弧の北端部では，地震探査記録上で
10.5 Maの圧縮性テクトニックイベントが不明瞭と
なることから，日高沖堆積盆地およびその周辺海域
では，N4ユニットとN5ユニットを一括してN4+
N5ユニットとして扱っている（図10.2.4の測線1

と2）．この不明瞭さは，10 Maころに始まった日高山脈の隆起運動（大澤ほか，2002）の影響によって，この海域における構造性オンラップ面の形成が複雑化したことによるものである．

本ユニット基底で認められる圧縮性テクトニックイベントは，奥羽脊梁山脈では10.5 Maのテクトニックインバージョンよる褶曲構造の形成時期（Nakajima et al., 2006c）や，仙台地域の名取層群旗立層と綱木層間の不整合の時代（Fujiwara et al., 2008）に一致する．仙台平野の東部に発達する利府断層でも，テクトニックインバージョンが始まった時代が9 Maより少し前と解釈されている（藤原ほか，2003）．また，この10.5 Maの圧縮性テクトニックイベントは山陰沖のC1ユニット基底（JOGMEC内部資料）や大和海盆東縁部のYt3中部ユニット基底（JOGMEC, 2010a）に発達する構造性オンラップ面の形成時期とも一致し，西南日本弧から東北日本弧にいたる広域的なテクトニックイベントであった可能性がある（図10.3.2参照）．

なお，本ユニットは，陸域では，道央地域の軽舞層〜平取層（栗田・横井，2000）や，常磐地域の多賀層群上部（須藤ほか，2005）に対比される（図10.2.2）．

h. N3ユニット

本ユニットは，後期中新世末の6.0 Maから前期/後期鮮新世境界の3.6 Maの堆積物に相当する．基礎試錐「常磐沖」や「相馬沖」では砂岩を伴うシルト岩を主体とし，下位ユニットとは不整合の関係にある（図10.2.3）．堆積環境は，前者が上部〜中部漸深海で，後者は陸棚性である．ODPサイト435, 438, 440, 584, 1150および1151では，本ユニットが下部漸深海の珪藻質泥質堆積物より構成されている（図10.2.3）．

地震探査記録上では，6.0 Maに発生した圧縮応力場の下で軽微なテクトニックインバージョンが起こり，それに伴って緩やかに変形したN4ユニットを，本ユニットがオンラップしながら埋積している（図10.2.4の測線2〜8）．インバージョンを起こした正断層は，日本海拡大時に起きた前弧域の横ずれや伸張テクトニクス，およびそれ以前の古第三紀〜前期白亜紀後期の構造運動によって形成されたものである．特に，阿武隈リッジ西縁に発達する断層K-L間の隆起構造では，本ユニットが構造頂部に

向かってオンラップしながら薄化尖滅している（図10.2.4の測線7）．また，久慈〜仙台湾の沿岸域では，本ユニットが最上位のN1ユニットに侵食削剥されている（図10.2.4の測線3〜6）．東北日本弧の北端に位置する日高沖堆積盆地では，プルアパート堆積盆地の形成によって大きく傾動したP1ユニットに，本ユニットがオンラップしながら堆積している（図10.2.4の測線1）．

本ユニット基底において構造性オンラップが発生した時代には，ODPサイト438や440でも6 Maころにハイアタスの存在が認められている．これらのハイアタスや，基礎試錐「常磐沖」・「相馬沖」において認められた不整合は，上述したように，6.0 Maの圧縮性テクトニックイベントによって変形したN4ユニットに，本ユニットがオンラップしながら薄化尖滅することによって生じたものと解釈される．陸域では，奥羽脊梁山脈における6 Maころからの圧縮性隆起運動の再開（Nakajima et al., 2006c）や，仙台地域における仙台層群下部の不整合がこれに相当する（須藤ほか，2005；Fujikawa et al., 2008）．また，ODPサイト584や1151では，6.0 Maころから堆積速度が急増しているが，このような堆積速度の変化は，陸域における隆起上昇の反映である可能性がある．この6.0 Maの圧縮性テクトニックイベントは，西南日本弧においては，山陰沖のC2ユニット基底の広域大不整合の形成（JOGMEC内部資料）や，大和海盆におけるYt3上部ユニットの構造性オンラップ面の形成（JOGMEC, 2010a）を起こしており（図10.3.2参照），特に西南日本弧の背弧側では，山陰沖から台湾へと続く"台湾-宍道褶曲帯"と呼ばれる広域圧縮変形帯が提唱されている（Itoh et al., 1997など）．

なお，本ユニットは，陸域では，道央地域の荷菜層（栗田・横井，2000）や，仙台地域の亀岡層・竜の口層（Fujiwara et al., 2008）に対比される（図10.2.2）．

i. N2ユニット

本ユニットは，前期/後期鮮新世境界の3.6 Maから前期/後期更新世境界の1.8 Maの堆積物に相当する．基礎試錐「相馬沖」では軽石質灰岩を伴う上部〜下部漸深海の砂質シルト岩・シルト岩を主体とし，基礎試錐「常磐沖」ではシルト質砂岩・砂岩を伴う砂質シルト岩より構成されている（図10.2.3）．これらの坑井の本ユニットは，下位ユ

ニットと不整合関係で接している．ODP サイト435，438，440，584，1150 および 1151 では下部漸深海の珪藻質泥質堆積物を主体としている．

地震探査記録断面では，3.6 Ma に発生した強圧縮応力場の下でテクトニックインバージョンが起こり，それに伴って緩やかに変形した N3 ユニットを，本ユニットがオンラップしながら埋積している（図 10.2.4 の測線 2〜8）．この構造変形の度合いは，新第三紀に起きたテクトニックイベントのなかでは，この 3.6 Ma によるものが最も大きい．インバージョンを起こした正断層は，前述したように日本海拡大時に起きた前弧域の横ずれや伸張テクトニクス，およびそれ以前の古第三紀〜前期白亜紀後期の構造運動によって形成されたものである．三陸〜常磐の沿岸域では，この構造運動によって下位ユニットが海溝側に緩やかに傾斜し，その傾動面に対して本ユニットがオンラップしながら薄化し，一部では尖滅している（図 10.2.4 の測線 4〜6）．東北日本弧の北端に位置する日高沖堆積盆地でも，緩やかにダウンワープした N3 ユニットに，本ユニットがオンラップしながら堆積している（図 10.2.4 の測線 1）．

なお，基礎試錐「相馬沖」や「常磐沖」の本ユニット基底に発達する不整合は，3.6 Ma の強圧縮性テクトニックイベントによって形成された隆起域に，本ユニットがオンラップしながら堆積したことによって生じたものと考えられる．この時期，仙台地域では，竜の口層/向山層の境界に不整合が形成され（Fujiwara et al., 2008），奥羽脊梁山脈では 3.6 Ma に始まった強圧縮応力場の下で強い圧縮変形のステージが始まっている（Nakajima et al., 2006c）．また，日本海側でもこの時期から強圧縮が始まり，リフト堆積盆地の全域において顕著なテクトニックインバージョンを伴う断層褶曲構造群の形成が開始される．西南日本弧では，山陰沖の D1 ユニット基底の不整合（JOGMEC 内部資料）や大和海盆の Yt2 ユニット基底（JOGMEC, 2010a）の構造性オンラップの形成が起きている（図 10.3.2）．

なお，本ユニットは，陸域では，道央地域の萌別層（JOGMEC, 2007）や，仙台地域の向山層・大年寺山層（Fujiwara et al., 2008）に対比される（図 10.2.2）．

j．N1 ユニット

本ユニットは，前期/後期更新世境界の 1.8 Ma から現世までの堆積物に相当する．基礎試錐では本ユニットのデータが欠如しているものの（図 10.2.3），仙台湾〜常磐沖の浅海域では，地震探査記録上でデルタ成堆積物を示唆するプログラデーションパターンが顕著に認められる（図 10.2.4 の測線 6 の断層 M の左側および測線 7 と 8 の常磐沖堆積盆地付近）．ODP サイト 435，438，440，584，1150 および 1151 では，下部漸深海の珪藻質泥質堆積物を主体としている．

地震探査記録断面では，1.8 Ma に発生した強圧縮応力場の下でテクトニックインバージョンが起こり，それに伴って緩やかに変形した N2 ユニットを，本ユニットがオンラップしながら埋積している．沿岸域の多くでは，本ユニットが下位ユニットを侵食削剥しながら覆っている（図 10.2.4 の測線 2〜8）．東北日本弧の北端に位置する日高沖堆積盆地では，緩やかにダウンワープした N2 ユニットに，本ユニットがオンラップしながら堆積している（図 10.2.4 の測線 1）．

この時期，西南日本弧〜東北日本弧の背弧側では，山陰沖の D2 ユニット基底の不整合の形成（JOGMEC 内部資料）や，大和海盆〜日本海東縁部における Yt1 ユニットの基底の構造性のオンラップの形成が起きている（図 10.3.2 参照）．

なお，本ユニットは，陸域では，仙台地域の青葉山層およびその上位の段丘堆積物（柳沢，1990）に，道央地域では層位的な位置から鵡川層以浅（JOGMEC, 2009a）に対比可能である（図 10.2.2）．

■10.2.3 地 質 構 造

東北日本太平洋側における地質構造の最大の特徴は，現世付加体の規模が小さく，沈み込み帯前縁近くまで島弧基盤が発達していることにあり（Shipboard Scientific Party, 1980 など），この点で，大規模な現世付加体より構成される西南日本弧の前弧域とは決定的に異なっている．このため，東北日本前弧域では，東北日本弧の骨格をなす北西-南東方の大規模トランスファー断層（図 10.1.1）が，沈み込み帯前縁に近い海溝斜面にまで到達し（図 10.2.1），島弧方向に配列する前期白亜紀〜古第三紀の古い前

弧堆積盆地の堆積物を切断している．この前弧堆積
盆地は，その南限を棚倉構造線（断層 T）によって
限られている（安藤，2006）．

上述したように，東北日本の太平洋側では，日
詰-気仙沼断層の海上延長部（断層 H）を境として
地質構造が大きく異なるため，ここでは，その南側
と北側の海域に分けて記述を行う．なお，記述簡略
化の都合上，ここでは黒松内-釜石沖構造線の横ず
れ運動に関する記述を日詰-気仙沼断層南側の海域
に含めて記述する（以下，図 10.2.1 の構造概略図，
図 10.2.6 の N6 ユニット基底の時間構造図，図
10.2.7 の海底面から N6 ユニット基底までの等層厚
線図，および図 10.2.5 の P1～P2 ユニットの等層
厚線図を参照）．

a. 日詰-気仙沼断層の海上延長より南側の海域

この海域は，基盤岩類が構成する北北東-南南西
方向の阿武隈リッジと呼ばれるホルストと，その東
西に発達するグラーベン系が基本構造を構成し，そ
れらを北西-南東方向のトランスファー断層が切断
している（図 10.2.1）．特に，阿武隈リッジの西側
には大規模なグラーベンが発達し，そのなかを厚い
前期白亜紀後期～第四紀の堆積物が充填している
（常磐沖堆積盆地）（図 10.2.1 および図 10.2.4 の測
線 7 と 8）．

これらの構造を斜断するトランスファー断層は，
前期白亜紀に起きた大島造山運動（永広，1997 な
ど）や，前期白亜紀～後期白亜紀前期に起きたイザ
ナギプレートの斜め沈み込み（大槻・永広，1992）
に伴う一連の構造形成の産物であるとされている．
東北日本弧の前弧域で認められるものとしては，棚
倉構造線（断層 T），本荘-仙台構造線（断層 I），日
詰-気仙沼断層（断層 H）および黒松内-釜石沖構造
線（断層 G）がある．地震探査記録上では顕著なフ
ラワー構造が認められ（図 10.2.4 の測線 3～6），
その内部に，この断層活動による層厚変化を伴った
Cr ユニットが音響基盤にオンラップしながら発達
している．

本海域の南西端には双葉断層（断層 J）の海上延
長が存在し，常磐沖堆積盆地の西縁を画するフラ
ワー構造を形成している（図 10.2.4 の測線 8）．こ
こでは，フラワー構造を境として，その西側で Cr
ユニットの層厚が急減している．また，常磐沖堆積
盆地の東縁でも，阿武隈リッジ西縁断層に Cr ユ

ニットがオンラップしながら堆積していることから
（図 10.2.4 の測線 6～8 の断層＊2），基盤を構成す
る北北東-南南西方向のホルスト-グラーベン系は，
トランスファー断層と同じ時期に形成されたものと
推測される．

日本海の拡大が始まるシンリフト期早期（20～
17 Ma）になると，東北日本弧の緩やかな回転と東
進が始まり，それによって生じた日本海の先駆的な
拡大に伴って，北西-南東方向のトランスファー断
層（図 10.2.1）の活動が再開する．本章で対象と
した海域では，日本国-三面構造線（断層 N）～棚倉
構造線（断層 T），尾太-盛岡構造線～日詰-気仙沼
断層（断層 H）および黒松内-釜石沖構造線（断層
G）が左横ずれ，そして本荘-仙台構造線（断層 I）
が右横ずれのトランスファー断層として再動し
（10.1.3 項 b 参照），その P1 ユニット上半部から始
まった活動の様子が，図 10.2.5 の P1 ユニット＋
P2 ユニットの等層厚線図に現れている．これらの
構造線の海溝側には，横ずれ断層の末端形態である
インブリケイトファンが発達し，それぞれの構造線
の横ずれの方向に応じて，黒松内-釜石沖構造線
（断層 G），日詰-気仙沼断層（断層 H）および日本
国-三面構造線（断層 N）～棚倉構造線（断層 T）で
は北東側に，そして本荘-仙台構造線（断層 I）で
は南側に伸張性のインブリケイトファンを発達させ
ている．このうち，黒松内-釜石沖構造線（断層
G），尾太-盛岡構造線～日詰-気仙沼断層（断層 H）
では，その末端におけるインブリケイトファンの分
岐断層が未発達であることから（図 10.2.5），シン
リフト期早期には断層の変位量が少なかったことが
示唆される．一方，本荘-仙台構造線（断層 I）で
は，複数の分岐断層を伴うインブリケイトファンが
発達していることから，比較的大きな右横ずれ運動
のあったことが推測される．この推測は，20～18 Ma
ころに，鳥海-石巻構造線（本荘-仙台構造線と同義）
を境として，その北側の東北日本弧が反時計回りに
回転したとする考え（Hoshi and Takahashi, 1999）と
調和的である．

本格的な日本海の拡大が始まるシンリフト期盛期
（17～15 Ma）になると，東西日本弧の急速な回転
を伴う東進が起こり始め，それに伴って日本海が大
きく拡大し始める（観音開きモデル）．この 17 Ma
に始まった急激な日本海の拡大に伴って，黒松内-

釜石沖構造線（断層 G），尾太-盛岡構造線～日詰-気仙沼断層（断層 H）および日本国-三面構造線（断層 N）～棚倉構造線（断層 T）では左横ずれ運動が活発化し（図 10.2.1），マスター断層の北東側に顕著な伸張性のインブリケイトファンが発達するようになる（図 10.2.6 および図 10.2.7）．本荘-仙台構造線（断層 I）では，17 Ma になると，構造線の変位が右横ずれから左横ずれに転換し，その南側に発達するインブリケイトファンも伸張性から圧縮性へと変化した（図 10.2.1）．このことは，シンリフト期盛期には，これらのトランスファー断層ではさまれたブロックのすべてが，相対的に左横ずれ運動を行っていたこと示しており，観音開きの拡大中心に近い東北日本南部のブロックほど，拡大速度が大きかったことを意味している．なお，日本国-三面構造線（断層 N）～棚倉構造線（断層 T）以南では，15 Ma ころに起きた伊豆-ボニン弧の衝突（平田ほか，2010 など）によって反時計方向の動きが阻害され，日本国-三面構造線～棚倉構造線の変位の逆転（左横ずれから右横ずれへ）が発生したとされている（淡路ほか，2006 など）．

地震探査記録上では，図 10.2.4 の測線 3～5 において黒松内-釜石沖構造線（断層 G）や尾太-盛岡構造線～日詰-気仙沼断層（断層 H）のマスター断層とその東側に発達する分岐断層のフラワー構造が認められ，図 10.2.4 の測線 6 では本荘-仙台構造線（断層 I）のマスター断層とその西側に発達するフラワー構造が認められる．これらのフラワー構造では，断層性の凹凸を N6 ユニットがオンラップしながら埋積していることから，シンリフト期盛期にも断層活動のあったことが裏づけられる．本荘-仙台構造線（断層 I）では，上述したようにインブリケイトファンが伸張性から圧縮性へと転換した結果，インブリケイトファン内の分岐断層では左圧縮横ずれによるインバージョンが進行し，特に，阿武隈リッジの西縁に発達する断層 L と断層 K の間では N6 以深のユニットが大きく東側に向かって隆起している（図 10.2.4 の測線 7）．さらに，この左圧縮横ずれの進行によって，阿武隈リッジや常磐沖堆積盆地に発達する南北性の分岐断層の間に，それと直交する東西性の正断層が密に形成され（特に断層 K-L 間），それらがつくる凹凸を埋めるように上位の N5 ユニットがオンラップしながら堆積している

（小断層であるため，構造図などでは省略）（JOG-MEC, 2011）．本荘-仙台構造線（断層 I）のインブリケイトファンを構成する分岐断層が南北～北北東-南南西方向の走向を有する理由としては，基盤岩類に発達する北北東-南南西方向のホルスト-グラーベン構造（10.2.2 項 b）が影響している可能性が高い．本荘-仙台構造線がつくるインブリケイトファンの東側には，東傾斜の正断層群（断層 M）を介して，日本海溝へと続く海溝斜面が発達している．

常磐沖堆積盆地では，その西縁に顕著なポジティブフラワー構造を示す双葉断層（断層 J）が発達し（図 10.2.1），そのフラワー構造の内部では，褶曲構造の頂部で N6 ユニットが薄化していることから（図 10.2.4 の測線 8），双葉断層は N6 ユニットに再動し，横ずれ運動を行っていたものと推察される．なお，Yamaji et al. (1999) によれば，17 Ma 以前の双葉断層は右横ずれの断層運動を行っており，本荘-仙台構造線との連動性が示唆される．

10.5 Ma 以降になると，東北日本の前弧域は弱い圧縮応力場に転じ，それ以前に形成された正断層や横ずれ断層では，微弱なテクトニックインバージョンが起き始める．特に，3.6 Ma 以降の強圧縮応力場になると，圧縮変形を伴ったインバージョンが顕在化する（図 10.2.4 の測線 2～8）．

b. 日詰-気仙沼断層の海上延長より北側の海域

この海域には，前期/後期漸新世境界に大規模な傾斜不整合が存在し，その下位に東北日本弧にほぼ平行な東西約 70 km，南北約 300 km＋の大規模向斜構造が形成されている．その内部には，前期白亜紀後期～前期漸新世の堆積物（Cr および P2 ユニット）が厚く発達している（三陸沖堆積盆地）．この向斜部は，その西縁を石狩～北上ベルトと呼ばれる高地磁気異常帯によって画され，北海道の空知-蝦夷帯に沿って南北に分布する蝦夷堆積盆地や古第三系夾炭層堆積域の南方延長となっていることから（大澤ほか，2002；安藤，2005），日詰-気仙沼断層の海上延長より北側の海域は，北海道との層序的・構造的な共通性が強い．この三陸沖堆積盆地を構成する前期白亜期後期～前期漸新世の Cr ユニットおよび P2 ユニットは，前期/後期漸新世境界の不整合形成時の侵食削剥によって，三陸沖堆積盆地の東側に広がる大陸斜面域では，その大部分が失われている（図 10.2.1）．

後期漸新世のP1ユニット下部の時代に入ると，千島弧の背弧海盆の拡大に伴って，北海道の中央部に右横ずれの応力場が発生し（Kimura, 1994；木村・楠, 1997），その結果，苫小牧リッジ東縁断層帯（断層B）と馬追-胆振断層帯（断層A）の間で右横ずれ運動が起こり，道央部の後期漸新世（P1ユニット下部）を特徴づける南長沼層のプルアパート堆積盆地（図10.2.5のプルアパート部Y：栗田・横井, 2000）が形成された（以下，図10.2.5参照）。さらに，この右横ずれ運動によって，馬追-胆振断層帯（断層A）の南東端部において，南北性の八戸沖断層（断層F）との間にもう1つのプルアパート堆積盆地（プルアパート部Z）が形成されている。この八戸沖断層の日本海溝側には，右横ずれ運動に伴って北東-南西方向のアンティセティック（antithetic）な正断層群（Kim and Sanderson, 2006）が発達し，さらに八戸沖断層の先端は，南方の宮古沖において枝分かれ状（branch）のホーステイルスプレイ（horsetail splay：Granier, 1985など）となって，海溝側に向かって消滅している。

苫小牧リッジ東縁断層帯（断層B）と馬追-胆振断層帯（断層A）の内側には，右横ずれ運動に伴って副次的に発生した圧縮応力成分によって，西北西-東南東方向の隆起帯が形成されている（図10.2.5の破線の背斜マークの部分）。この隆起帯の形成によって三陸沖堆積盆地の北端部が削剥され，P2ユニットと北海道側の古第三系夾炭層堆積域との連絡が絶たれている（図10.2.5）。なお，Itoh and Tsuru（2006）は，古地理の復元に基づき，この右横ずれ運動の量を200 km程度と見積もっている。

本格的な日本海の拡大が始まるシンリフト期盛期（17〜15 Ma）になると，東西日本弧の急速な回転を伴う東進が起こり，それに伴って日本海が大きく拡大し始める。この17 Maに始まった急激な日本海の拡大に伴って，日高沖海域は，日本海背弧海盆の北縁をなす横ずれ帯（Itoh and Tsuru, 2005, 2006）として，大規模な左横ずれのプルアパート堆積盆地に転換する（図10.1.1）。このプルアパート堆積盆地は，礼文-樺戸帯西縁〜増毛-当別線〜広島-苫小牧線を経て苫小牧リッジ東縁断層帯につながる構造線（断層B）を西側のマスター断層，そして八戸沖断層（断層F）を東側のマスター断層として，馬追-胆振断層帯（断層A）と断層Cの間が南北に開口することによって形成されたものであり（図10.2.1），P1ユニットが北東側の馬追-胆振断層帯（断層A）に向かって大きく傾動した大規模なハーフグラーベン状の構造形態を示している（図10.2.6と図10.2.7，および図10.2.4の測線1）。その北東縁には4.0〜5.5秒に達する非常に深い沈降域が発達し（図10.2.6），P1ユニットがつくる傾動面に対して上位のN6〜N1ユニットがオンラップしながら厚く堆積している（図10.2.7）。この傾動運動に伴って，P1ユニットの上面には無数の小さな正断層が形成されている（小断層であるため，構造図などでは省略）。東側のマスター断層として活動した八戸沖断層（断層F）に着目すると，後期漸新世には右横ずれであったものが（前述），シンリフト期盛期になると左横ずれに運動方向が変化し，それに伴って，八戸沖断層の日本海溝側には伸張性のインブリケイトファンが形成され，東南東-西北西方向の正断層性の分岐断層が発達するようになる（図10.2.6）。八戸沖断層は，さらに南方の宮古沖において，枝分かれ状のホーステイルスプレイとなり，海溝側に向かって消滅している。

この日高沖堆積盆地を形成しているプルアパート堆積盆地では，左横ずれ運動の進行に伴って，その東側に位置する断層Dと断層Eの間でも開口が生じ，日本海溝側に開いた襟裳岬沖開口部と呼称した沈降域を形成している（図10.2.1および図10.2.6）。この日高沖堆積盆地からその東側に続く襟裳岬沖開口部が，日本海溝へと続く現在の日高舟状海盆の原型となっている。

10.5 Ma以降になると，東北日本の前弧域は弱い圧縮応力場に転じ，それ以前に形成された正断層において，微弱なインバージョンが起き始める。特に，3.6 Ma以降の強圧縮応力場になると，圧縮変形を伴ったインバージョンが顕在化する（図10.2.4の測線2〜8）。日高沖堆積盆地の北東端では，10 Maころから始まった日高山脈の隆起運動によって強い圧縮が起こり，逆断層を伴った褶曲構造の形成が始まる。

10.3 東北日本弧の海洋地質のまとめ

ここでは，主にリフト堆積盆地の構造概念図（図10.1.1）と広域対比図（図10.3.2）を用いて，東北日本弧の地質構造と構造発達史について総括する．

東北日本弧の形成過程は，東北日本がユーラシア大陸東縁の一部を構成していた前期中新世前期（20 Ma）以前と，それ以降の日本海の拡大に伴う島弧の時代に大別される．前者の時代の記述に関しては，日本海側の海域ではこの時代の堆積物が音響基盤の下に隠れてしまい，その層序や地質構造の詳細が不明であることから，太平洋側海域を中心に行う．なお，シンリフト期の記述に関しては，図10.3.1に示した日本海拡大過程の模式図を参照されたい．

■10.3.1 地質構造

現在海域と陸域で認められる東北日本周辺〜大和海盆海域の地質構造を概観すると，図10.1.1に示したように，東北日本弧の基本構造は，現在の島弧方向に平行な北北東-南南西方向の地質構造と，それを切断する北西-南東方向に走る複数の大規模トランスファー断層より構成されていることがわかる．

島弧方向の基本構造は，日本海溝の沈み込み帯前縁から西に向かって，(1)小規模な現世付加体（図10.2.1），(2)島弧基盤上に厚い白亜系〜第四系が発達する大陸斜面域，(3)島弧基盤が直接露出する陸棚域〜北上山地・阿武隈山地・八溝山地，(4)日本海の拡大によって形成されたリフト堆積盆地が発達する脊梁山脈〜日本海東縁陸棚域，そして，その西側にはリフト堆積盆地西縁断層を介して，(5)海洋地殻化が進行した日本海盆が広がり，さらに西方の(6)厚い大陸地殻からなるユーラシア大陸へと続いている．

この島弧方向の基本構造は，北西-南東方向の大

 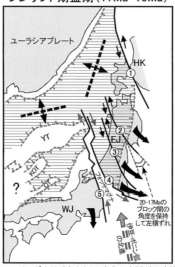 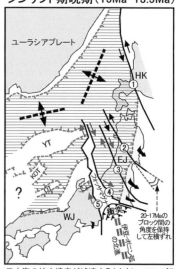

①:礼文-樺戸帯西縁〜増毛-当別線〜広島-苫小牧線〜馬追-胆振断層帯〜八戸沖断層，②:本荘-仙台構造線，③:棚倉〜日本国-三面構造線，④:柏崎-銚子線，⑤:糸魚川-静岡構造線，HK:北海道，EJ:東北日本弧，WJ:西南日本弧，YT:大和海嶺，KOT:北隠岐堆，OT:隠岐堆

図 **10.3.1** 東北日本弧における日本海拡大の過程の模式図

規模トランスファー断層によって切断されている．主なものとしては，黒松内断層帯～久慈-釜石沖につながる黒松内-釜石沖構造線（断層④），尾太-盛岡構造線～日詰-気仙沼断層（断層⑤），本荘-仙台構造線（断層⑥），日本国-三面構造線（断層⑨）～棚倉構造線（断層⑧）がある．このうち，本荘-仙台構造線に関しては，その近傍に，石巻-鳥海構造線（大森，1959），松島-本荘線（生出・大沼，1960），相馬-鶴岡線（大口ほか，1989），男鹿-牡鹿構造帯（吉田ほか，1988）などの類似した構造線が提唱されており，Yamaji（1999）が指摘したように，ある幅をもった横ずれ断層帯を形成している可能性が高い．これらの大規模トランスファー断層の多くは，横ずれ断層の末端形態の1つであるインブリケイトファンを形成しながら，日本海溝の沈み込み帯前縁に向かって消滅している．これらは，もともとは前期白亜紀～後期白亜紀前期に起きた大島造山運動（永広，1997）やイザナギプレートの斜め沈み込みによって形成されたものが（大槻・永広，1992など），日本海拡大時に，島弧を切断するトランスファー断層として再動したものである（馬場，1999など）．そのなかでも，日詰-気仙沼断層（断層⑤）は，東北日本前弧域の基盤構造を南北に分ける構造線として重要な位置を占めている．ただし，シンリフト期における変位量がさほど大きくないことから，この基盤構造の差は前期白亜紀～後期白亜紀前期に獲得されたものと考えられる．また，棚倉構造線は，先新第三系の東西日本の地質境界を構成する第一級の構造線である（安藤，2006など）．

日本海の拡大は，東北日本弧が反時計回りに，そして西南日本弧が時計回りに回転する，"観音開きモデル"によって行われたとされている（Otofuji *et al.*, 1994；Martin, 2011など）．このため，日本海拡大の北東端付近に位置するトランスファー断層①～③，④，⑤，⑥の配置は，東北日本弧の反時計回りの回転に伴って，南三陸沖付近を要として扇状に開きながら左横ずれを起こしたような形態を示している．一方，日本海拡大の南西端でも，西南日本弧の時計回りの回転に伴って，梁山断層（断層⑭），対馬-五島構造線（断層⑬），壱岐構造線（断層⑫）が，五島列島付近を要として，扇状に開きながら右横ずれを起こしたような形態を示している．

東北日本弧の北東縁に注目すると，そこでは礼文-樺戸帯西縁～増毛-当別線～広島-苫小牧線（断層①）を経て苫小牧リッジ東縁断層帯（断層③）にいたる構造線と八戸沖断層（断層②）が，日本海の拡大に伴って東北日本弧が反時計回りに回転しながら拡大した際の，その最も北端に位置する横ずれ帯を構成している．この左横ずれ運動によってプルアパートが起こり，日高沖堆積盆地が形成されている．この地域は，それ以前の後期漸新世には，千島弧の背弧海盆拡大に伴って右横ずれ運動を起こし，道央部と八戸沖にプルアパート部を形成している（図10.2.5）．

一方，東北日本弧と西南日本弧の境界部には，糸魚川-静岡構造線とその日本海延長部を西側のマスター断層（断層⑪），そして柏崎-銚子線とその日本海延長部を東側のマスター断層（断層⑩）とするプルアパート堆積盆地が発達している．このプルアパート堆積盆地は，日本海拡大時に東西日本弧の間に発生した大規模な右横ずれ運動によって形成されたもので，大局的には，富山トラフを通ってフォッサマグナにいたる日本列島を縦断する大規模なプルアパート堆積盆地を構成している．この大規模右横ずれ運動は，日本海が観音開きに拡大した際に，西南日本弧よりも東北日本弧の拡大量の方が大きかったために生じたもので，東西日本弧の基本構造の大きなずれとして現在の地帯構造に残っている．すなわち，東北日本弧におけるリフト堆積盆地（北上・阿武隈・八溝山地西縁～リフト堆積盆地西縁断層の間）は，西南日本弧では，島弧基盤隆起域（中国山地～飛騨山脈）北縁から大和海嶺の北縁を画する断層の間に位置することになる．さらに，太平洋プレート・フィリピン海プレートの沈み込み帯と日本海盆（リフト堆積盆地西縁断層）の間にはさまれた本州弧全体の形状に着目すると，フォッサマグナを構成する大規模プルアパート堆積盆地を境として，西南日本弧に対して東北日本弧が大きく右側にずれている様子が浮かび上がってくる（図10.1.1）．その変位量（現在の状態）はフォッサマグナの両側で最大約200 kmに達している．なお，富山深海長谷はこのプルアパート堆積盆地に流路を規制され，その西縁に沿って流れる構造谷である（図10.1.9）．

さらに，この大規模プルアパート堆積盆地の東西では，それを境として東西日本弧のリフト堆積盆地の構造形態に顕著な差違が認められるという特徴が

ある．すなわち，東北日本弧のリフト堆積盆地では，小佐渡から北東に延びる隆起帯，粟島から北東に延びる隆起帯，そして飛島から男鹿半島に続く隆起帯を境として，その西側と東側でハーフグラーベン系の向きが正反対となっていることから（図10.1.11），日本海拡大のモデルとしては，Lister et al.（1986）の二重デタッチメント断層モデルが適用される（図10.1.12）．これに対して，西南日本弧の背弧海盆である大和海盆や大和海嶺では，正断層で画された大規模なホルスト-グラーベン系が発達していることから，日本海拡大のモデルとしては，ピュアシェアモデル（pure shear model）あるいは大陸地殻断片化モデルが適用される．同じ一連の背弧拡大のメカニズムを経たにもかかわらず，東西日本弧で適用できるリフトのモデルが異なることはたいへん興味深い．なお，大和海盆に関しては，その内部にハーフグラーベン群の発達が認められることから（図10.1.4-1と4-2），大和海盆ではリフティングによって薄化が進行しているものの，下部地殻がいまだ残存している状態にあるものと考えられる．このことは，大和海盆は大陸地殻が伸長した構造よりできているとする，中東ほか（2005）の長期広帯域海底地震観測による結果と一致する．一方，その北縁に発達する広大な日本海盆は，大和海盆のようなホルストやグラーベン構造が認められない深海平坦面よりなることから，日本海の拡大と，それに伴う下部地殻の薄化や海洋地殻化が最も進行している部分であると考えられ，Hirata et al.（1992）やSato et al.（2004）による深部地震探査の結果と調和的である．

■ 10.3.2 地質構造発達史

a. 日本海拡大以前

（1） 前期白亜紀後期～前期始新世（130～48.6 Ma）

日本海拡大以前の東北日本弧の太平洋側では，イザナギプレートの斜め沈み込みによって，前期白亜紀（130～110 Ma）に大島造山運動（永広，1982など）が起こり，それに続く後期白亜紀前期までの間に，黒松内-釜石沖構造線（断層G），尾太-盛岡構造線～日詰-気仙沼断層（断層H），本荘-仙台構造線（断層I），日本国-三面構造線（断層N）～棚倉構

造線（断層T）の形成（永広，1982；大槻・永広，1992）や，阿武隈リッジとその東西に分布するグラーベン系の形成が起きた（以下，図10.2.1および図10.3.2参照）．特に，阿武隈リッジの西側では，大規模な正断層を伴って深いグラーベン状の常磐沖堆積盆地の形成が始まり，厚い後期白亜紀から前期始新世のCrユニットが堆積した．この時期，尾太-盛岡構造線～日詰-気仙沼断層（断層H）より北側の海域でも厚いCrユニットが堆積したが，現在では東北日本弧にほぼ平行な北北東-南南西方向の大規模向斜構造（＝三陸沖堆積盆地）内にその分布がほぼ限定されている．ここでのCrユニットは陸成～陸棚性の堆積物を主体とするが，尾太-盛岡構造線～日詰-気仙沼断層（断層H）より南側のものは陸棚性～深海性の堆積物が卓越している．これらの堆積盆地は蝦夷堆積盆地と総称され，前期白亜紀後期～前期始新世の時期に，ユーラシア大陸の東縁（現在のサハリンから鹿島沖）に形成された前弧堆積盆地群の一部であると考えられている（Ando, 2003；安藤，2005）．

その後，前期始新世の終わりになると，北海道から東北日本の太平洋側において構造運動が起こり，上位の中部始新統との間に傾斜不整合が形成されている（安藤，2005）．このCrユニットの上限に発達する不整合の成因に関しては不明な点が多いものの，栗田・横井（2000）は，クラ-太平洋海嶺の通過，ユーラシア大陸へのインド亜大陸の衝突とそれに伴う東アジアのブロック運動，および太平洋プレートの移動速度の低下などを，その可能性としてのべている．近年，このCrユニット上限にあたる50 Ma（前期始新世末）に，太平洋プレートの運動が北西から西北西方向に転換した（Sharp and Clague, 2006；Smith, 2007）とする見方があることから，この転換によって，これまで斜め沈み込みであったユーラシア大陸東縁がより強く圧縮され，東北日本の前弧域全体に広がるCrユニット上限の広域不整合が形成された可能性も考えられる．

（2） 中期始新世～前期漸新世（48.6～28.4 Ma）

Crユニットの上位には，上述の不整合を介して，中期始新世～前期漸新世の陸成～陸棚性の堆積物を主体とするP2ユニットが発達した．これらは，前の時代と同様に，ユーラシア大陸東縁に形成された

前弧堆積盆地において堆積したものと考えられている（栗田・横井，2000；保柳，2007など）．

　その後，前期漸新世の終わりころになると，尾太-盛岡構造線〜日詰-気仙沼断層（断層H）より北側の海域では，陸棚〜大陸斜面域の海溝側において，大規模な隆起運動が発生した．この隆起運動によって顕著な傾斜不整合が形成され，三陸沖堆積盆地の東側の大陸斜面域では，その際の侵食削剥によって前期白亜紀から前期漸新世までの厚い堆積物（CrユニットからP2ユニット）が失われてしまう．

　この不整合の形成に関しては，大澤ほか（2002）は，約40Maの太平洋プレートの運動方向変化（ユーラシア大陸東縁に直交となる）（丸山・瀬野，1985）と，それに伴う前弧域の隆起上昇が原因であるとのべている．しかし，北海道の陸域では中期始新世（47.9Ma）〜前期漸新世（29.1Ma）の堆積物が発達していること（図10.2.2），近年の研究では太平洋プレートの運動方向変化の時期を50Maとする見解があること（Sharp and Clague, 2006；Smith, 2007など），さらにはこの不整合が尾太-盛岡構造線〜日詰-気仙沼断層（断層H）より北側の海域に限られていることなどから，その成因に関しては，今後の検討の余地がある．

　また，後期始新世（P2ユニット上部）になると，ユーラシア大陸東縁において陸弧の形成が始まり（現在の脊梁〜背弧域），河川成〜湖沼成の堆積物を伴って，大陸縁辺型の火成活動で特徴づけられる厚い火山岩・火山砕屑岩類が堆積した（秋田平野-男鹿半島の赤島層・門前層や佐渡の入川層など：植田・山田編，1988；八木ほか，2007；小林ほか，2008）．

（3）　後期漸新世〜前期中新世初頭（28.4〜20 Ma）

　後期漸新世になると，千島弧の背弧海盆の拡大に伴って，北海道の中央部に右横ずれの応力場が発生し（Kimura, 1994；木村・楠，1997），その結果，苫小牧リッジ東縁断層帯（断層B）と馬追-胆振断層帯（断層A）の間で右横ずれ運動が起こり（Kusunoki and Kimura, 1998；Itho and Tsuru, 2005, 2006），道央部には南長沼層のプルアパート堆積盆地（プルアパート部Y）が，さらに，馬追-胆振断層帯（断層A）の南東端部では，南北性の八戸沖断層（断層F）との間にもう1つのプルアパート堆積盆地（プルア

パート部Z）が形成され，P1ユニット下部の上部漸新統が堆積した（図10.2.5）．堆積相は，道央部のプルアパート堆積盆地（プルアパート部Y）ではファンデルタ成堆積物が卓越し，より沖合のDSDPサイト439では陸棚性〜上部漸深海の堆積物が発達している．この時期，常磐沖堆積盆地では，沿岸性〜陸棚性の堆積物が堆積している（岩田ほか，2002）．

　この千島海盆の拡大が始まった時期については，藤原・金松（1994）の古地磁気データによれば，浦幌層群と音別層群の境界付近において千島海盆の拡大に関連した時計回りの回転運動が起きていることから，加藤ほか編（1990）に従えば，その回転が起きた時代は前期/後期漸新世境界（28.1Ma）である．また，小松ほか（1990）は35Maに，福沢（1992）は30Maに千島海盆の拡大が始まったと述べている．木村（1992）は，放射年代測定により，千島海盆の拡大時期が30〜25Maであるとしている．Kimura（1994）やItoh and Tsuru（2005）は，その時期をより若い25Maと考えている．

　なお，ODPサイト439で認められたP1ユニット基底の石英安山岩の巨礫を含む礫岩の成因に関しては，ODPサイト439の東側に存在した"親潮古陸"（後期白亜紀以降に形成）から供給されたとする考えと（Shipboard Scientific Party, 1980），後期漸新世の右横ずれ運動以前の古地理を復元し，ODPサイト439の位置が石英安山岩礫を供給できるような大陸縁辺の陸弧近傍にあったとする考え（Itoh and Tsuru, 2006）がある．

　一方，ユーラシア大陸東縁では，この時期も陸弧の形成が継続され（現在の脊梁〜背弧域），河川成〜湖沼成の堆積物を伴って，大陸縁辺型の火成活動で特徴づけられる厚い火山岩・火山砕屑岩類が堆積した（秋田平野-男鹿半島の門前層や佐渡の相川層など：植田・山田編，1988；八木ほか，2007；小林ほか，2008など）．

　日本海拡大直前の25〜20Maになると，本荘-仙台構造線や日本国-三面構造線〜棚倉構造線周辺を中心に，熔結凝灰岩類を伴う珪長質の火成活動が発生した（前者の構造線沿いでは野村川層・八塩沢川層・丸舞川層・雄勝川層，後者の構造線沿いでは中野俣層・小沢層・葡萄層・北小国層など：田口，1959；矢内，1979；Ohguchi, 1983；大沢ほか，

1988；鹿野ほか，2011など）．その上位には，しばしば河川成～湖沼成の堆積岩を伴う安山岩質の火山岩・火山砕屑岩類が発達している（秋田県出羽丘陵の飯沢層・皿川層や山形県南部の温海層群・早田川層（Ohguchi, 1983），および新潟県北部の大泉層（高浜，1976）・天井山層・三川層（植村・山田編，1988）など）．この時期，太平洋側の陸成では，ほぼ無堆積の状態が続いていた（生出ほか編，1989など）．

b. シンリフト期早期（20～17 Ma）

日本海の拡大，すなわち本州弧の背弧海盆拡大は，20 Maのアルカリ玄武岩類の噴出を伴うリフトバレーの形成に始まり（八木ほか，2007），その後17 Maまでは，緩やかな動きを伴って，東西日本弧の"観音開き回転"と東進が進行した（シンリフト期早期）．ただし，その回転量や拡大量は，次のシンリフト期盛期の時代に比べると小さなものであった．この日本海の拡大開始に伴って，東北日本弧の北縁を画する礼文-樺戸帯西縁～増毛-当別線～広島-苫小牧線（断層①）から苫小牧リッジ東縁断層帯（断層③）にいたる断層や，八戸沖断層（断層②）が左横ずれ運動を開始するとともに，前期白亜紀～後期白亜紀前期に形成された北西-南東方向のトランスファー断層が再動し，20～17 Maのシンリフト期早期には，黒松内-釜石沖構造線（断層④），尾太-盛岡構造線～日詰-気仙沼断層（断層⑤），日本国-三面構造線（断層⑨）～棚倉構造線（断層⑧）が左横ずれ，そして本荘-仙台構造線（断層⑥）が右横ずれを開始した（断層番号は図10.1.1参照）．この時期のトランスファー断層の変位量は全般に小さなものであったが，本荘-仙台構造線（断層⑥）では比較的大きな右横ずれ運動が起こり，それを境として北側に位置するブロックが反時計周りに回転している（Hoshi and Takahashi, 1999）．このことは，日本海拡大の初期段階には"観音開きモデル"における拡大中心が定まっておらず，日本海の北部にも拡大軸の1つが存在していたことを示している（図10.3.1）．

また，この拡大初期段階の背弧域には，比較的厚い大陸性リソスフェアが残存していたため，リフティングに伴って貫入したアセノスフェアが大陸性リソスフェアと溶融し，低いNd同位体比と比較的高いチタン含有量を有する玄武岩類が噴出していた（周藤ほか，1997）．これらは，八木ほか（2001）によって"early rift type"の玄武岩類と称され，大和海盆の21～17 Maの玄武岩類（図10.1.3）や，陸域の20～17 Maの台島期の玄武岩類（八木ほか，2001, 2007；周藤ほか，2008）に相当する．これらの玄武岩類は，地震探査記録上では音響基盤を構成している．上述したように，この時期の日本海の海域はいまだ狭く，外洋水の流入経路が制限された海洋環境下でユーラシア大陸からの河川水の影響を強く受けたため，示準化石となる外洋性浮遊性微化石の産出が認められない．この日本海の拡大開始の影響は太平洋側にも現れ，基礎試錐「相馬沖」や磐城沖ガス田周辺海域における下部中新統基底の不整合（岩田ほか，2002）や，常磐陸域の湯長谷層基底の不整合（須藤ほか，2005）などを形成している．その上位には陸成～陸棚性の堆積物が発達している．この不整合は，層準的にはP1ユニットの中部に位置するが，既存の古い海上地震探査記録では不明瞭である．

このような背弧の拡大メカニズムについては，前期中新世前期に太平洋プレートのユーラシア大陸に対する収斂速度が急減した結果（大槻，1986；Northrup et al., 1995），スラブの沈み込み角が増大して背弧域に伸張応力場が形成されたとする考えがある（受動的拡大説）．一方，磯﨑ほか（2011）のように，プリュームの上昇によって北中国地塊内部にリフティングが生じ，日本海の拡大が始まったとする説もある（能動的拡大説）．

c. シンリフト期盛期～晩期（17～13.5 Ma）

シンリフト期盛期（17～15 Ma）になると，現在のフォッサマグナ付近を中心として東西日本弧が急速に回転しながら"観音開き"を開始し（Hayashi and Itoh, 1984；Itoh et al., 2003；Tamaki et al., 2006；星，2008；星ほか，2009；Hoshi et al., 2015など），本格的な日本海の拡大が始まった．その結果，東北日本弧全域に暖流系の外洋水が流入し，いわゆる"西黒沢海進"が発生した（図10.3.2）．

この日本海の急速な拡大によって，大和海盆-大和海嶺域から東北日本の日本海東縁部にいたる海域では，リフト堆積盆地が顕著に発達するようになった（以下，図10.1.6参照）．東北日本弧に属する日本海東縁部の陸棚～陸棚斜面では，島弧とほぼ平行な北東-南西ないし北北東-南南西方向のリストリッ

ク断層で限られた幅10 km前後のハーフグラーベ
ン群が形成された．一方，西南日本弧に属する大和
海盆-大和海嶺域では，西南日本弧とほぼ平行な東
北東-西南西ないし北東-南西方向の正断層系によっ
て画された大規模なホルスト-グラーベン系（北大
和堆・大和堆・北隠岐堆・隠岐堆などのホルストや
北大和舟状海盆・大和海盆・隠岐舟状海盆・富山湾
などのグラーベン）が発達した．

北西-南東方向の大規模トランスファー断層系で
は，東北日本弧の急速な反時計回りの回転に伴って
左横ずれ運動が活発化し，本荘-仙台構造線（断層
I）でも変位の方向が左横ずれに転換した（図
10.3.1）．この転換によって，本荘-仙台構造線の末
端では，インブリケイトファンが伸張性から圧縮性
へと変化し，分岐断層（断層Kや断層Lなど）で
は左圧縮横ずれを伴うインバージョンが起きてい
る．

また，この時期の急速な日本海の拡大は大陸性リ
ソスフェアの薄化を進行させ，その結果，高いNd
同位体比と低いチタン含有量を有することで特徴づ
けられるアセノスフェアの貫入由来の枯渇した玄武
岩類が大量に噴出した（周藤ほか，1997）．これら
は，八木ほか（2001）によって"Syn-rift Type"の
玄武岩類と称され，大和海盆の音響基盤上半部の海
成玄武岩類（図10.1.3）や，陸域の西黒沢海進に
伴って噴出した地溝充填玄武岩がこれに相当する
（Noda et al., 1992；八木ほか，2001, 2007；Yamada
et al., 2012）．

シンリフト期晩期（15〜13.5 Ma）になると，東西
日本弧の回転と拡大が急速に減衰し（Hoshi and
Takahashi, 1997；Itoh and Kitada, 2003；Baba et al.,
2007；星ほか，2008, 2009；Hoshi et al., 2015），そ
れに伴って，リフト堆積盆地の形成と背弧リフト系
玄武岩類の噴出活動が東側の縁辺域へと移動を開始
する．玄武岩類の組成もより島弧的なものへと変化
する（八木ほか，2001；Yamada and Yoshida, 2011；
Yamada et al., 2012）．そして，黒鉱リフトでの活動
を最後に日本海の拡大とsyn-rift type玄武岩類の活
動が最終的に停止する．この時代は，石灰質ナンノ
化石のNN5/6化石帯の境界（13.5 Ma）に一致し，
このとき以降火成活動は島弧型へと転換する（八木
ほか，2001；佐藤ほか，1991；吉田・山田，2005；
Yamada and Yoshida, 2012）．

また，この15 Maごろには，伊豆-ボニン弧の本
州弧への衝突（平田ほか，2010など）によって，
日本国-三面構造線（断層⑨）〜棚倉構造線（断層
⑧）以南の東北日本弧の東進が阻害されるようにな
り（図10.3.1），この構造線の変位の方向が右横ず
れに逆転した（淡路ほか，2006など）．

東北日本弧の北端部では，シンリフト期盛期に生
じた急激な日本海の拡大に伴って左横ずれが大きく
進行し，断層Bと断層Fをマスター断層として開口
した断層Aと断層Cの間に，大規模なプルアパー
ト堆積盆地（日高沖堆積盆地）が形成された（図
10.2.1）．ここでは，シンリフト期早期の前期中新
統（P1ユニット）が北西側に大きく傾動し，その
傾動面に対してシンリフト期盛期以降の堆積物
（N6〜N1ユニット）がオンラップしながら厚く堆
積している（図10.2.4の測線1と図10.2.7）．

一方，東北日本弧と西南日本弧の境界部では，日
本海が"観音開きモデル"によって拡大した際に，
西南日本弧よりも東北日本弧の方が大きく拡大した
結果，明洋第3海山から大和海盆の東縁部を通って
富山トラフにいたる大規模な右横ずれのプルアパー
ト堆積盆地が形成された（図10.1.9）．このプルア
パート堆積盆地の西側のマスター断層（断層R）は
糸魚川-静岡構造線に，そして東側のマスター断層
（断層P）は柏崎-銚子線につながり，フォッサマグ
ナへと続く東西日本弧の境界をなす大規模プルア
パート堆積盆地を形成した（図10.1.1）．ただし，
フォッサマグナは，あくまで日本海拡大時の東西日
本の回転運動境界であり，古第三紀以前の東西日本
の地質境界としては棚倉構造線が重要である（安
藤，2006など）．

また，このシンリフト期盛期には，太平洋側でも
全般的な海域の拡大が起こり，堆積環境がそれまで
の陸成〜陸棚環境から漸深海環境へと大きく変化し
ている．この古水深の急増は，Itoh and Tsuru（2006）
によれば，日本海拡大における前弧スリバーの海溝
側への移動と，それに伴う激しいテクトニックエ
ロージョンの進行によってもたらされたと考えられ
ている．これ以降，太平洋側の大陸棚域は漸深海が
卓越する環境となり，現在にいたっている．

d. ポストリフト期（13.5 Ma〜現世）

13.5 Ma（ナンノ化石のNN5/6境界）になると，
伸張性の断層活動の停止やsyn-rift type玄武岩類の

火成活動の停止を伴って日本海の拡大が終了し，最終的な日本海リフト堆積盆地の形状が確定した（＝リフト堆積盆地の広がりと深さの最大期）．大局的には，この 13.5 Ma にできあがったリフト堆積盆地がつくる凹地を，ポストリフト期以降の堆積層（Yt3 下部〜Yt1 ユニット）が次々にオンラップしながら埋積し，これがその後の背弧域における埋積形態の基本パターンとなっている（図 10.1.4 および図 10.1.8）．

この 13.5 Ma には，日本海拡大の停止と同時に，東北日本の背弧域において，熱的沈降によるダウンワープを伴う広域沈降が発生した．この沈降によって，東北日本弧の広い範囲に漸深海環境の泥岩相が発達した．この広域沈降は，さらに東北日本の日本海沿岸域から大和海盆を通って山陰沖まで広がり，日本列島の背弧域全域で発生した広域テクトニックイベントとなっている（図 10.3.2）．一方，太平洋側では，この 13.5 Ma に，道南〜常磐にいたる陸域・海域において，不整合やハイアタスが形成された．この 13.5 Ma には，太平洋プレートの北北西方向への偏進と移動速度の増加（Jackson et al., 1975；大槻，1986）が起きている．石井（1989）は，この太平洋プレートの収斂速度の増加によってスラブの沈み込み角が浅くなり，東北日本の前弧域に圧縮性の隆起や不整合が生じた可能性があるとのべている．日本海拡大の停止も，このスラブの沈み込み角度が浅くなったことが原因であると考えられる．

その後 10.5 Ma までは，日本列島の背弧側において目立った構造運動や火成活動はなく，造構的に比較的安定した状態が継続した．10.5 Ma になると，西南日本弧において圧縮応力場の形成が始まり，山陰沖の C1 ユニット基底の構造性オンラップ面や，大和海盆の Yt3 中部ユニット基底の構造性オンラップ面が形成された（図 10.3.2）．東北日本弧でも，太平洋側海域において N4 ユニット基底の圧縮性の構造性オンラップ面の形成や，奥羽脊梁山脈においてテクトニックインバージョンを伴う圧縮性の隆起（Nakajima et al., 2006c）が起きている．太平洋側では，この圧縮応力場の下で，北西-南東方向の大規模トランスファー断層の末端に形成されたインブリケイトファンがインバージョンを起こし始め，その後の堆積物（N4〜N1 ユニット）の発達形態を支配している（図 10.2.4 の測線 2〜8）．ただし，このインバージョンは，3.6 Ma 以降の背弧域における

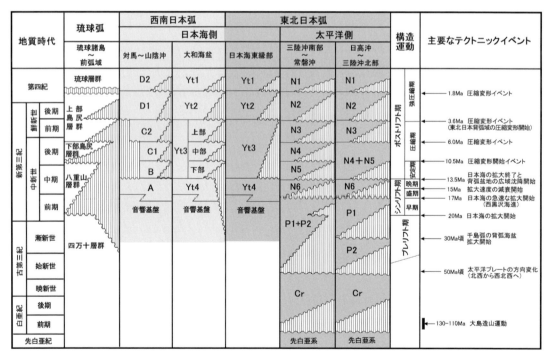

図 10.3.2　西南日本弧の背弧域から東北日本弧の太平洋側にいたる，震探層序ユニットの広域対比図．琉球弧の層序に関しては，JOGMEC（2012）を参照した．

インバージョンに比べれば微弱である．一方，東北日本の背弧側では，地震探査記録上において 10.5 Ma の圧縮性テクトニックイベントが認められないことから，この時期には圧縮応力場の影響が背弧側まで及んでいなかったことがわかる．

この 10.5 Ma のテクトニックイベントは広域に及んでおり，西南日本の前弧域では相良層群-掛川層群の堆積や宮崎堆積盆地の形成が始まるとともに，琉球弧でも下部島尻層群を伴う前弧堆積盆地の初生的な形成が開始する（鹿野，1994；JOGMEC，2012 など）．さらに南方の東南アジアの海域では，通称"中期中新世不整合"（Middle Miocene Unconformity：MMU）と呼ばれる横ずれテクトニクスを伴う広域不整合の形成が起きている（藤原，2011）．この時期，太平洋プレートでは運動方向の大きな転換が起こり，移動方向が N90W（E-W 方向）に変化するとともに（Jackson et al., 1975），太平洋プレートの運動速度の増加に伴ってユーラシアプレートの東縁における収斂速度が急増したとされている（Northrap et al., 1995）．このことは，この 10.5 Ma のテクトニックイベントが，ユーラシア大陸東縁で発生した広域的なものであったことを示している．なお，この時期の不整合の形成に関しては，ほぼ同時に起きた 3 次オーダーの汎世界的海水準低下（Haq et al., 1987）も貢献しているものと思われる．

6.0 Ma になると，西南日本弧では圧縮応力がさらに強まり，山陰沖の C2 ユニット基底の大傾斜不整合，大和海盆の Yt3 上部ユニット基底の構造性オンラップ面，および富山トラフの椎谷層基底の構造性オンラップ面の形成などが始まった（図 10.3.2）．この時期，琉球弧でも，前弧海盆群の本格的な形成と，それに伴う厚い上部島尻層群の堆積が始まっていることから（JOGMEC，2012），この 6.0 Ma は西南日本弧〜琉球弧にいたる第一級のテクトニックイベントであったことがうかがわれる．東北日本弧の太平洋側海域においても，6.0 Ma には N3 ユニット基底の圧縮性の構造性オンラップ面の形成や，奥羽脊梁山脈における圧縮性の隆起運動の再開（Nakajima et al., 2006c）が起きている．ただし，東北日本の背弧側では，このテクトニックイベントが地震探査記録上で認められないことから，この時代になっても背弧側には圧縮応力場の影響が及んでいなかったことがわかる．この時期，太平洋プレート

では，運動方向が北側へ 30° 変針するとともに（Jackson et al., 1975），運動速度が増加している（大槻，1986）．また，フィリピン海プレートでも，プレートの沈み込み再開（Kamata and Kodama, 1999），あるいは沈み込み速度の増加（Kimura et al., 2005）が起こり，重要なテクトニックイベントとなっている．なお，この 6.0 Ma のテクトニックイベントはメッシニアン塩分危機の始まりともほぼ一致し，N3 ユニット基底の不整合の形成に関しては，このとき起きた 3 次オーダーの汎世界的海水準低下（Haq et al., 1987）も寄与している可能性がある．

3.6 Ma になると，東西日本弧では，これまでに比してより強い圧縮応力場が発生し，東北日本弧の背弧リフト堆積盆地でも，顕著なテクトニックインバージョンを伴う褶曲構造の形成が始まるようになる（＝東北日本背弧全域での圧縮変形開始イベント）（図 10.3.2）．太平洋側でも，3.6 Ma にあたる N2 ユニット基底が，最も顕著な構造性オンラップ面を形成している．西南日本弧では，大和海盆の Yt2 ユニット基底に構造性オンラップが発達し（JOGMEC，2010a），山陰沖の D1 ユニット基底でも，インバージョン構造を伴う構造性オンラップや不整合が発達している（JOGMEC 内部資料）．さらに，琉球弧では，島弧軸部の隆起削剥と前弧海盆域の海溝側への大規模な傾動を伴って，スランプ堆積物を頻繁に伴う上部島尻層群が堆積している（JOGMEC，2012）．このテクトニックイベントによって，日本列島は強圧縮応力場で特徴づけられるネオテクトニクスの時代に入り，現在の日本列島の原型が形づくられたとされている（Taira, 2001 など）．このときのプレートの動きをみると，太平洋プレートでは，その進路がより東向きに変化し（Jackson et al., 1975；Harbert and Cox, 1989），フィリピン海プレートでは，大きな回転運動が起きている（高橋，2006b）．

1.8 Ma になると，東西日本弧では，さらに強い圧縮応力場が発生し（Taira, 2001 など），山陰沖の D2 ユニット基底や日本海東縁部の Yt1 ユニット基底では，構造性オンラップや不整合が顕著に発達し，大和海盆では緩やかなワーピングを伴って Yt1 ユニットの基底に構造性オンラップが発達する（図 10.3.2）．東北日本の沿岸域では，島弧側の全般的な隆起によって，不整合やデルタ成堆積物が顕著に

発達した（Yt1 ユニットや N1 ユニット）．また，秋田-山形堆積盆地や新潟堆積盆地では，インバージョンによって大きく成長した逆断層の下盤側が沈降し，そこに厚い堆積物が発達している．この時期，太平洋プレートでは収斂速度が増加し（大槻，1982），フィリピン海プレートでは沈み込みの方向がより西寄りに変化した（Komada et al., 1995；Yamaji, 2003 など）．琉球弧では背弧海盆の拡大によって沖縄トラフの形成が始まった（加賀美，2008 など）．この 1.8 Ma 以降，フィリピン海プレートと太平洋プレートの運動は現在と同じ状態となり，現在の東北日本弧とその周辺海域の地質構造がこの時期に最終的にできあがった．

以上述べたように，シンリフト期以降は，東北日本弧と西南日本弧，さらには琉球弧の地質構造が，共通したテクトニックイベントを経ながら発展し，現在にいたっていることがわかる．特に，ポストリフト期以降の東北日本弧では，そのイベントが Jackson et al. (1975) などの太平洋プレートの運動方向の変化時期とよく対応している．このことは，東西日本弧の構造発達史が，太平洋およびフィリピン海プレートに共通する，よりダイナミックな地球内部のメカニズムに支配されていた可能性を示唆している．

【補遺】
　本節では，地震探査記録断面図・構造図・等層厚線図をすべて往復走時で表示している．その理由は，これらの時間表示の図面類を深度に変換するためには，地下の P 波速度構造を知る必要があるが，地下に存在する地層（岩石）の物性は場所によって異なるため，P 波速度構造を正確に知ることが一般に困難であるからである．ここでは，往復走時を深度に変換する目安として，東北日本周辺海域の堆積岩類を主体とする基礎試錐，および大和海盆-日本海盆で得られた DSDP・ODP 坑井の海底面からの時間-深度曲線データを下記にまとめるが，あくまでも上記を念頭においたうえでの参考としていただきたい．なお，一般に深度が増大すると，時間-深度データのばらつきが大きくなる．

①日本海東縁部陸棚域～太平洋側大陸棚域
　（音響基盤や島弧基盤より上位）
　　往復走時 1.0 秒　深度 800～1000 m
　　往復走時 2.0 秒　深度 2000～2400 m
　　往復走時 3.0 秒　深度 3200～4000 m
　　往復走時 4.0 秒　深度 5000～6200 m
②大和海盆-日本海盆域（音響基盤より上位）
　　往復走時 0.5 秒　深度 400 m 前後
　　往復走時 1.0 秒　深度 850 m 前後
　　往復走時 1.5 秒　深度 1400 m 前後
　　往復走時 2.0 秒　深度 2000～2100 m

［馬場　敬］

11. 2011年東北地方太平洋沖地震

11.1 地震発生域の地質概要

■ 11.1.1 2011年東北沖地震と東日本大震災

2011年3月11日14時46分に発生した東北地方太平洋沖地震（以下，2011年東北沖地震と表記）は，Mw 9.0の南北500 km，幅200 kmにおよぶ超巨大なプレート境界地震であった（図11.1.1）．これまで，東北地方太平洋沖においては，M 7〜8級のプレート境界地震を起こすアスペリティが多数存在し，それらが繰り返し断層運動を起こしているとされていた（図2.4.2）．2011年東北沖地震に際しては，それらの複数のアスペリティが連動破壊するとともに，これまでは，固着していないために地震すべりを生じないと考えられていた海溝軸に近いプレート境界浅部が，きわめて大きな地震すべりを起こして，超巨大な地震とそれによる大津波を発生し，原子力発電所のメルトダウンを含む甚大な災害（東日本大震災）をもたらした（飯尾・松澤，2012；Satake *et al.*, 2013；長谷川，2012, 2015；今村，2015など）．本章では，2011年東北沖地震が発生した地域の地質の概要を示し，超巨大地震との関係をまとめた．

■ 11.1.2 東北日本弧の地体構造

東北日本弧は，ユーラシア大陸東縁の陸弧で，背弧海盆が発達した結果，現在の位置に至り，島弧を形作っている．陸弧の時代の基本構造は北上山地などに残されており，現在の島弧の構造とは斜交する北西〜南東方向に延びる地体構造をもつ（Sato, 1994；Yoshida, T. *et al.*, 2014；永広，2017；馬場，2017など）．それらの先新第三系の地体構造は，北から北部北上帯，根田茂帯，南部北上帯，阿武隈帯，朝日帯，足尾帯からなる（図1.2.1，図11.1.2）．

a. 北部北上帯

このうち，北部北上帯の先白亜系は岩泉構造線で北東側の安家-田野畑亜帯と南西側の葛巻-釜石亜帯に分けられる．北部北上帯は主に後期石炭紀に属する海洋基盤上に形成されたジュラ紀付加体からなり，より古い先シルル系基盤岩類からなる南部北上帯や石炭紀付加体からなる根田茂帯との境界は早池峰東縁断層（永広ほか，1988）である．そのうち，葛巻-釜石亜帯は北北西-南南東走向で西に傾斜する構造をもち，付加年代は東部の下位層ほど新しく，西側への沈み込みに伴って形成された付加体であることを示している（永広，2017）．一方，北東側の安家-田野畑亜帯は，南西側の葛巻-釜石亜帯より年代の新しい海洋島型玄武岩と石灰岩，チャートシーケンスを伴うジュラ紀付加体からなり，やはり東フェルゲンツの構造を示す．北部北上帯は北海道の渡島帯（君波ほか，1986）に続いている．

b. 根田茂帯

根田茂帯（永広・鈴木，2003）は，北部北上帯より古い海洋性の噴出岩や堆積岩から構成された石炭紀付加体からなり，南部北上帯北縁部の早池峰複合岩類と断層で接している．この古生代付加体は南部北上古陸の前縁海側にあった可能性が大きい（Uchino and Kawamura, 2010）．

c. 南部北上帯

南部北上帯はおもに先シルル紀基盤岩類とシルル系〜下部白亜系からなり，西縁部，東部，北縁部に区分される．南部北上帯西縁部は付加体起源の縞状角閃岩を主とする高圧型変成岩や沈み込み帯起源の閃緑岩〜斑れい岩類などからなる．南部北上帯東部の基盤岩類は，陸弧で形成された変成岩を伴った氷上花崗岩類で，その年代は西縁部の閃緑岩〜斑れい岩とほぼ同じである．南部北上帯北縁部は苦鉄質〜超苦鉄質岩類やその上位のシルル系陸源砕屑物からなる．これらの南部北上帯を構成する古陸（南部北上古陸）は，前期古生代にゴンドワナ北縁の沈み込み帯で形成された大陸地殻を基盤とし，前期ペルム

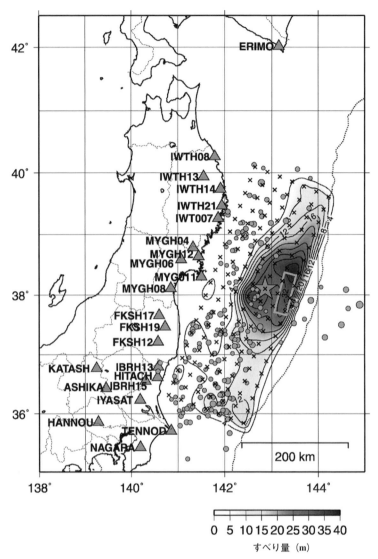

図 11.1.1 2011年東北沖地震の強震動データから求めたすべり量分布（Yoshida, Y. et al., 2011）.
すべり量を示すコンター間隔は4mである．すべり域は海溝に沿って南北に長く伸び宮城県沖にすべり量の大きい領域がある．星印は本震の位置を，×印は断層モデルの格子点を示す．丸印は本震後，24時間以内での余震分布を示す．三角が用いた強震動データの観測点である．灰色の長方形は，津波データから推定された顕著な隆起域の位置を示す（Hayashi et al., 2011）.

紀以降は白亜紀初期まで非活動的大陸縁辺にあったと推定されている（箕浦，1985）．

d. 阿武隈帯

南部北上帯と畑川構造線や湯沢-鬼首マイロナイト帯で境される阿武隈帯は，主に海溝充填堆積物と海洋底玄武岩-遠洋性堆積物を原岩とするジュラ紀付加体の白亜紀変成相とそれらを貫く白亜紀花崗岩類からなり，棚倉構造線で足尾帯・朝日帯と接している．

■ 11.1.3 東北日本弧，前弧域の構造発達史

a. 南部北上古陸と前縁付加体との関係

阿武隈帯と北部北上帯を構成する付加体は，ロシアから北海道渡島半島をへて秩父帯に連続するジュラ紀付加体の一部をなしており，これらに対して，南部北上古陸を構成する南部北上帯とその前縁に形成された石炭紀付加体からなる根田茂帯は，大規模横ずれ断層によって，より新しいジュラ紀付加体の構造を切って現位置へ移動してきた古生代大陸地塊

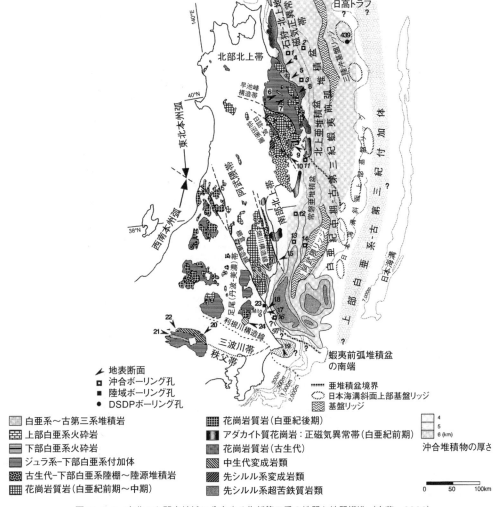

図 11.1.2　東北から関東地域に分布する先新第三系の地質と地質構造（安藤，2006）

である．本来は南部北上古陸と根田茂帯の古生代付加体や北部北上帯のジュラ紀付加体などとの間には，複数の南部北上古陸側へ沈み込む南西傾斜のプレート境界が存在していたと考えられる．

土淵-盛断層，日詰-気仙沼断層，双葉断層，畑川断層，棚倉断層などの多数の左横ずれ断層群の活動による南部北上古陸とその前縁海側に形成された石炭紀付加体やジュラ紀付加体との接合は前期白亜紀花崗岩類の活動に先行したと推定されているが，双葉断層や棚倉断層は，新第三紀にはいっても活発な断層運動を継続したことが知られている（大槻・永広，1992；永広，2017）．

b．白亜紀火成弧での花崗岩の活動

北上山地北部や阿武隈山地東部では，先白亜系基盤岩類を覆って下部白亜系上部から上部白亜系・古第三系が小規模に分布している．東北日本地質区は，前期古生代に沈み込み帯で形成された大陸地殻を基盤とする南部北上古陸と，中生代にアジア大陸東縁に生じた長大な沈み込み帯で形成されたジュラ紀付加体が接合した後，それまでに形成された地体構造と斜交する大陸東縁の火成弧で白亜紀花崗岩類の貫入を受けている．

ジュラ紀付加体の形成後，アジア大陸東縁ではプレートの西方沈み込みに伴う活動的大陸縁辺での活発な火成活動と構造運動（大島造山運動：Kobayashi, 1941）が起こり，大量の花崗岩類が活動している．北海道の礼文-樺戸帯から続く，北部北上帯，安家-田野畑亜帯の三陸海岸沿いには，重力の

正異常をともなう空中磁気の正磁気異常帯（地質調査総合センター，2005）に沿って前期白亜紀火山岩類（北上東縁-礼文火山帯：木村，1977；大澤ほか，2002）が分布し，北部北上帯，根田茂帯，南部北上帯の全域にアダカイト質のものを含む前期白亜紀花崗岩類（120～110 Ma）が活動している（Tsuchiya and Kanisawa, 1994；Tsuchiya et al., 2005）．阿武隈帯にも同時代の花崗岩類が分布するが，多くはより新期の100～90 Maの年代を示し，さらに棚倉構造線の西側に分布する花崗岩類の多くは年代が60 Maより若い．

c. 蝦夷前弧堆積盆の形成

陸弧から継続した沈み込みに伴って，渡島帯～北部北上帯の前弧域では，アプティアンから古第三紀暁新世にかけて蝦夷前弧堆積盆（図 11.1.2）が，サハリン中部から北海道中軸部（空知-蝦夷帯），さらに北上-三陸沖から鹿島-常磐沖に形成され，その海溝陸側斜面には前期白亜紀から前期始新世における沈み込みで付加体が形成されたと考えられている（Okada, 1983；安藤ほか，2001；大澤ほか，2002；岩田ほか，2002；Ando, 2003；Takashima et al., 2004, 2006, 2017；安藤，2005, 2006；Ando and Tomosugi, 2005）．

火山弧の海洋側前弧域である蝦夷前弧堆積盆に累重した厚い河川～陸棚～大陸斜面堆積物からなる蝦夷層群は，北海道では火山弧である礼文-樺戸帯の東側に分布する．北海道南部から三陸沖にかけては，石狩-北上地磁気正異常帯の東縁が蝦夷前弧堆積盆の西縁をなす（大澤ほか，2002）．さらに，鹿島-常磐沖にも地磁気正異常帯が延びており，これが蝦夷前弧堆積盆西縁の連続とみなされている（安藤，2005）．一方，蝦夷前弧堆積盆の東縁については，安藤(2005)は，水深2000 m前後の海溝斜面上部にみられる音響基盤の高まり(地質調査所，1992)

が，白亜紀における蝦夷前弧堆積盆前縁の高まりであると考え，これを「日本海溝斜面上部基盤リッジ」と名付けている（図 11.1.3）．

d. 日本海の拡大と東北日本の反時計回り回転

先新第三系基盤岩類が形成された後，背弧海盆の拡大時に，これら基盤岩類の基本構造に平行な横ずれ断層運動を伴いながら反時計回りに回転して日本海が形成され，東北日本弧が現在の姿になったが，その間，太平洋プレートは東北日本弧の下に沈み込み続けていたと考えられている．

e. 中新世後期の千島弧前弧スリバーの衝突

中新世後期になって，ユーラシアプレートの東縁に位置していた東北日本弧に北米プレート，オホーツク地塊の西南端にあたる千島弧前弧スリバーが衝突することにより，ユーラシアプレートに北米プレートが衝上して日高山脈が形成され，東北日本弧は横ずれ断層が卓越する場となった（Kimura et al., 1983；Kimura, 1996）．

■ 11.1.4 東北日本弧の発達史と応力場の時代的変遷

東北日本弧では，日本海の拡大後，太平洋プレートの斜め沈み込みに由来する千島弧前弧スリバーの西進（Kimura, 1986）などの影響により，σ_{Hmax}が北東～南西方向を向く状況下で，比較的ニュートラルな応力場におかれた後，奥羽脊梁域を中心に多数のカルデラ形成を伴いながら，隆起運動が始まり，海域から陸域へと変化した．5～3.5 Ma以降は，日本海側でのユーラシアプレートと北米プレート（東北日本弧）の衝突および太平洋プレートの沈み込みに伴う強い東西性の水平圧縮応力の下におかれ，特に1 Ma以降は，脊梁域で強い水平圧縮応力によるポップアップ構造を形成するに至っている（Sato,

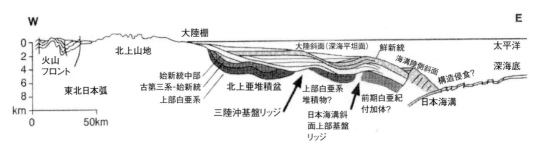

図 11.1.3　東北地方太平洋沖の地質構造断面図（安藤，2005）

1994；佐藤ほか，2004；Acocella et al., 2008）．この間，著しい圧縮変形が背弧側で進行したのち，変形量を小さくしながら，隆起を伴う圧縮変形域は，前弧側へと移動し，1 Ma ころには奥羽脊梁域に到達して，その後，奥羽脊梁域で大量の安山岩を噴出しながら，現在にいたっている（Yoshida, T. et al., 2014；Otubo and Miyakawa, 2015）．

■ 11.1.5 東北日本弧への斜め沈み込み成分の影響

太平洋プレートは，現在，図 11.1.4 に示すように日本海溝では海溝軸にほぼ直交する沈み込み帯を形成しているが，千島海溝と伊豆小笠原（伊豆・ボニン）海溝に対しては，斜めに沈み込んでいる．東北日本弧における広域応力場の時間的変遷には，日本海側でのユーラシアプレートと北米プレート（東北日本弧）の衝突および日本海溝での東西性の水平圧縮応力に由来する成分に加えて，鮮新世以前から働いている千島弧や伊豆小笠原弧での太平洋プレートの斜め沈み込みに起因する各前弧スリバーに分配された水平圧縮応力の東北日本弧への寄与に由来する圧縮成分の役割も重要である．鮮新世以前の千島弧前弧スリバーの南西方向への衝突が強い段階（図 11.1.5）では，東北日本弧の火山フロントより海側の前弧スリバー（東北日本弧前弧スリバー：奥羽脊梁東縁から日本海溝までの上盤プレート）は，千島弧前弧スリバーの影響を受けて，南進していたと推定される（Acocella et al., 2008）．東北日本弧における強い東西圧縮成分の増加（図 11.1.6）については，3 Ma に起こったフィリピン海プレートの運動方向の北から北西方向への変化に伴って，伊豆小笠原弧前弧スリバーの北上運動が弱まったため（高橋，2006a）との説明がなされている．

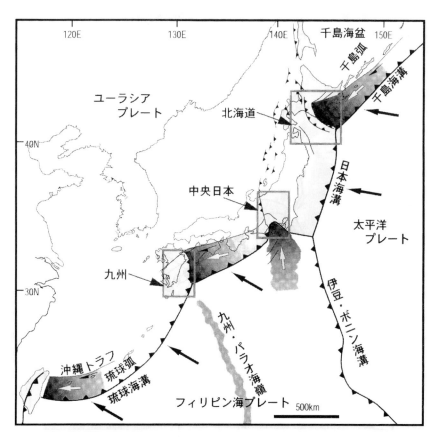

図 11.1.4　日本列島における島弧会合部（木村，2002）
　黒い矢印は，プレートの運動方向を示し，白い矢印は各前弧スリバーの衝突方向を示し，暗色部が，色がより濃い側へと衝突していることを示している．

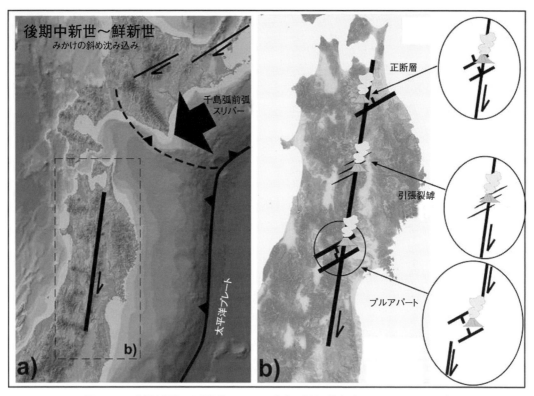

図11.1.5　後期中新世から鮮新世にかけての東北日本弧の構造（Acocella et al., 2008）

そして，太平洋プレートの沈み込みに由来する東西性水平圧縮応力が，2011年東北沖地震の発生で，ほとんど解放された結果，東北日本弧北部では鮮新世以前から働いていた千島弧での斜め沈み込みに由来する北東-南西系の水平圧縮応力が主要な残留応力となり，これが地震時応力変化と重なって横ずれ断層を主とする多数の誘発地震（図11.1.6）が発生したと考えることができる（小菅ほか，2012；Yoshida, K. et al., 2012；Yoshida, T. et al., 2014）．

■ 11.1.6　東北地方太平洋沖の地形

東北地方太平洋沖は，大陸棚，大陸斜面をなす深海平坦面，海溝陸側斜面，海溝海側斜面，そしてアウターライズを挟んで深海底へと続く（図2.1.2, 図11.1.3）．海溝海側斜面にはホルスト-グラーベン構造が発達している．

a.　東北地方太平洋沖の海底地形

日本海溝の陸側斜面は，浅い側から，上部海溝斜面（upper trench slope），中部海溝斜面（middle trench slope），下部海溝斜面（lower trench slope）に区分できる（Kimura et al., 2012）が，このうち上部海溝斜面が深海平坦面に対応し，海溝陸側斜面の上部が中部海溝斜面，下部が下部海溝斜面に相当する（図11.1.7）．蝦夷前弧堆積盆が発達する上部海溝斜面のほぼ中央に神居古潭亜帯から続く三陸沖基盤リッジや阿武隈リッジ（阿武隈隆起帯）が発達しており，上部海溝斜面と中部海溝斜面の境界に日本海溝斜面上部基盤リッジ（安藤，2005, 2006；高橋・安藤，2016；upper trench slope basement ridge）が発達している（図11.1.3）．

b.　スラブ-マントル接触域とスラブ-地殻接触域

東北地方の太平洋岸から日本海溝までの約200 kmの間のほぼ中間あたりまでは厚い約30 kmの地殻が続いている（図11.1.8）が，そこから日本海溝に向けて，地殻は少し薄くなった後，深度約25 km前後で沈み込みスラブと接して，次第に薄くなる（図11.1.9）．この沈み込みスラブが上盤プレートのモホ面と接するまでの陸側のプレート境界をスラブ-マントル接触域とよび，そこから海溝側のプレート境界をスラブ-地殻接触域とよぶ（日野ほか，2011）．したがって，深度約25 kmのモホ面から深

11.1 地震発生域の地質概要

(a) 東北地方北部での2011年東北沖地震前の地震活動

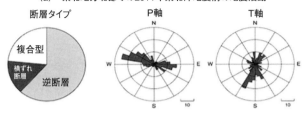

(b) 東北地方北部での2011年東北沖地震後の地震活動

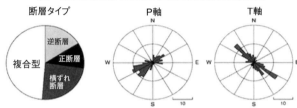

(c) 東北日本弧の第四紀における断層運動様式

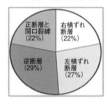 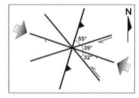

(d) 東北日本弧の後期中新世〜鮮新世における断層運動様式

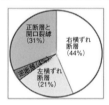 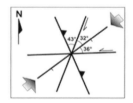

図11.1.6 2011年東北沖地震前後での東北地方北部での地震活動の変化（(a), (b)：小菅ほか，2012）と東北日本弧での後期中新世〜鮮新世から第四紀への断層運動様式の変化（(c), (d)：Acocella et al., 2008）

度約15 kmのコンラッド面までの下部地殻がスラブと接触するプレート境界をスラブ-下部地殻接触域とよび，それ以浅のプレート境界をスラブ-上部地殻接触域とよぶことができよう．日本海溝でのスラブの傾斜角は南北でほぼ一定であることから，スラブ-地殻接触域の幅はほぼ一定となり，茨城県沖では海岸からスラブ-地殻接触域までの距離が短くなる（図11.1.8）．2011年東北沖地震の本震震源位置は，ほぼスラブ-地殻接触域の最深部（約24 km深度）に位置しており，そこから陸側が，ほぼプレート境界のスラブ-マントル接触域に，海側がスラブ-地殻接触域に対応している．

c. 下部海溝斜面下の海溝内縁無地震域

中部海溝斜面と下部海溝斜面の境界は，日本海溝の変形フロントから約40 km陸側に位置する，水深約3500 mにある傾斜変換点（slope break）である．この正断層が発達した傾斜変換点は，沈み込むスラブの傾斜の変換点でもあり，2011年東北沖地震発生前には，地震活動は中部海溝斜面以深に限られ，下部海溝斜面下ではほとんどプレート境界地震が観測されておらず，海溝内縁無地震域と呼ばれていた（日野ほか，2011；Kimura et al., 2012）．また，2011年東北沖地震後の余震も，沈み込み帯上盤陸側の前弧ウェッジのうち，圧縮性臨界状態にある下部海溝斜面下では発生しておらず，伸張性臨界状態となる中部海溝斜面から陸側の上盤プレートで，多数の正断層性の余震が発生している（Kimura et al., 2012；Obana et al., 2013）．

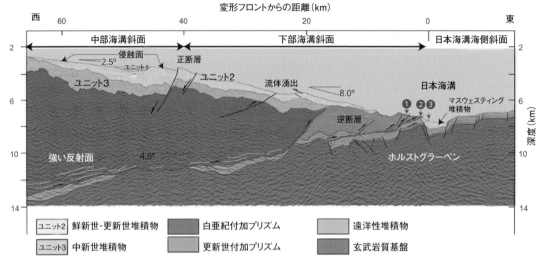

図 11.1.7 日本海溝に直交する地質構造断面(Tsuru et al., 2000;Tsuji et al., 2011;Kimura et al., 2012)
反射法地震探査断面(Tsuru et al., 2000;Tsuji et al., 2011)の解釈図(Kimura et al., 2012).中部海溝斜面と下部海溝斜面との境界にある傾斜変換点(slope break)には正断層が発達している.それに対して下部海溝斜面下のプリズムは逆断層に切られている.沈み込む海洋プレート上面には,正断層で切られたホルストグラーベン構造が発達し,それを埋めた遠洋性堆積物とともに,日本海溝から更新世付加プリズムの下に沈み込んでいる.1~3の番号のついた丸が,推定される3つの2011年東北沖地震時のfrontal thrustであるが,このうち,1は沈み込んだホルストの角から分岐したランプスラスト,2は沈み込む遠洋性堆積物と上盤側の前縁付加体基底との境界面,3は沈み込む玄武岩質海洋基盤の上面である(Kimura et al., 2012).

d. 前弧海底地形と沈み込みスラブ区分との対応

海底地形は,プレート境界の構造と密接に関係しており,三陸沖基盤リッジや阿武隈リッジの東翼は,ほぼスラブ-マントル接触域とスラブ-地殻接触域の境界(深度約25 km前後)であるモホ面とスラブとの接合部にあたっている.そして日本海溝斜面上部基盤リッジの位置は,ほぼコンラッド面とスラブとの接合部に対応している.そして,正断層が発達した傾斜変換点で境される,中部海溝斜面はスラブ-上部地殻下部接触域に,下部海溝斜面はスラブ-上部地殻上部接触域にほぼ対応している(図11.1.9).

e. 前弧海底地形と臨界尖形理論

前弧ウェッジは,先端部をなし傾斜が急な外ウェッジ(outer wedge)と,その内側の傾斜が緩い内ウェッジ(inner wedge)に区分でき,一般には,外ウェッジ下のプレート境界はすべり速度強化条件下の非地震域であるのに対して,内ウェッジ下のプレート境界はすべり速度弱化条件下にあり地震発生帯となる(Wang and Hu, 2006;斎藤ほか,2009b).Kimura et al.(2007)は,非地震性デコルマと小さな尖形角度,順序内衝上断層で特徴づけられる外ウェッジと,プレート境界の地震発生帯(再活動するルーフスラスト)と小さな尖形角度,内部変形のない付加体で特徴づけられる内ウェッジとの間に,順序外断層と大きな尖形角度で特徴づけられる漸移帯(transition zone)を設定し,そこは地震発生プレート境界からの分岐断層と非地震性断層のステップダウン(フロアースラスト)で特徴づけられるとしている(斎藤ほか,2009a).

Wang and Hu(2006)は地震発生サイクルにともなうプレート境界面の摩擦力や応力状態の変化を取り入れた臨界尖形理論(dynamic critical taper theory)により,観測される付加体の形状の変化を説明している(斎藤ほか,2009b).プレート境界巨大地震が地震発生帯で起きると,その浅部の非地震域(外ウェッジ)ではプレート境界面のすべりに対する摩擦抵抗が大きくなる(すべり速度強化条件)場合,そこで急激にすべり量が低下したり,一時的な非排水状態が生じて強度低下すると,プリズム内の水平圧縮応力が増加して,圧縮性の臨界状態が生じ,これによって外ウェッジ内で逆断層運動が発生する.これはときに深部断層からの高角の分岐断層運動となる.地震後は摩擦力低下や断層変形により応力緩和が進行して,安定状態に戻る.一方,間震期でも有効摩擦係数が低く(深さ20 kmで20 MPa程度の

図 11.1.8　陸のプレート内のモホ面の深さ分布（Katsumata, 2010）

剪断応力下で），地震時の摩擦はほとんどゼロになる内ウェッジのプレート境界はすべり速度弱化条件にあり，地震後にプレート境界面の強度が回復してから固着を始めるが，圧縮性の臨界条件になることは地震発生サイクルを通じて一度もない，と考えられている．これは，内ウェッジでは前弧海盆が発達し，活断層もあまり発達していないことと調和的である（Wang and Hu, 2006；斎藤ほか，2009b；Wang et al., 2010）．

■ 11.1.7　東北地方太平洋沖の地質構造

a.　石狩-北上地磁気正異常帯

東北地方太平洋沖の下北半島沖には，石狩低地帯の海側延長であり，日本海溝の前弧海盆でもある日高舟状海盆（日高トラフ）が発達している（大澤ほか，2002）．この大きな重力の負異常を示す日高舟状海盆は千島弧前弧スリバーの西進で日高山脈が上昇した際に，その西側に生じた急速沈降域とされている（木村，2002；大澤ほか，2002）．

苫小牧沖から下北半島にかけて，ほぼ南北方向の走向をもつ正断層群を伴う苫小牧リッジが発達し，白亜紀の前弧海盆西縁あるいは火山フロントとされている（正谷，1979；大澤ほか，2002；辻野・野田，2010）．この苫小牧リッジとその東縁には，北海道南部から東北南部にかけての北上-常磐地磁気帯，あるいは石狩-北上地磁気正異常帯と呼ばれる，三陸海岸沿いのアダカイト質花崗岩の分布によく対応した正磁気異常帯が発達している（Ogawa and Sunamura, 1976；Finn, 1994；Okubo and Matsunaga, 1994；土谷ほか，1999）．

b.　前期白亜紀北上底盤（東北沖底盤）

Finn（1994）は，この石狩-北上地磁気正異常帯は，北上山地東縁から阿武隈山地東縁にかけて広く

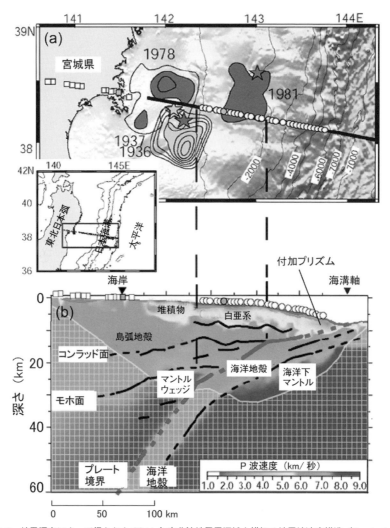

図 11.1.9 地震探査によって得られた 2011 年東北沖地震震源域を横切る地震波速度構造（Ito *et al.*, 2005）
(a) に示す東北沖地震の本震付近を通り海溝軸に直交する測線に沿って，(b) に P 波速度の鉛直断面をグレースケールで示す．(a) に示した星印とコンターはそれぞれ年号を示した地震の震源とアスペリティを示す．

分布する北上帯の白亜紀花崗岩体に対応していると考え，重力や地震学的なデータに基づき，それに続く伏在深成岩体（北上底盤）が東北日本沖の蝦夷前弧堆積盆の陸側下位に広く（幅 70～120 km，長さ 800 km，厚さ 10～15 km）分布していると考えている（図 11.1.10）．この Finn (1994) の「北上底盤」は，北海道から棚倉構造線までの東北日本の太平洋岸から沖合に広く分布しており，「東北沖底盤」と呼称すべきかも知れない．その西側の境界が 60～90°の高角西落ちであると推定される北上底盤（東北沖底盤）の形態（図 11.1.10）は，この底盤が北北西-南南東に延びる大規模トランスファー断層に沿った横ずれ運動により変形して膨縮している可能性を示唆している（Ogawa *et al.*, 1994；Finn, 1994）．また，通常，大陸縁での海溝から火山フロントまでの距離は 300～400 km であるのに対して，北上底盤（東北沖底盤）から日本海溝までの距離は 100 km に過ぎず，数百 km の前弧地殻が沈み込みによる構造侵食で失われた可能性を示唆している（Jarrard, 1986；Finn, 1994）．2011 年東北沖地震の本震の震央は，この北上底盤（東北沖底盤）の最も海溝寄りの端部近傍に位置している．陸域の北上深成岩類が示す密度と帯磁率の平均値（2660 kg/m^3，8.61×10^{-3} SI units）が花崗閃緑岩～閃緑岩の値に相当するのに対して，海底下 5～15 km に伏在する北上底盤（東北沖底盤）についての推定値（2660～

11.1 地震発生域の地質概要 489

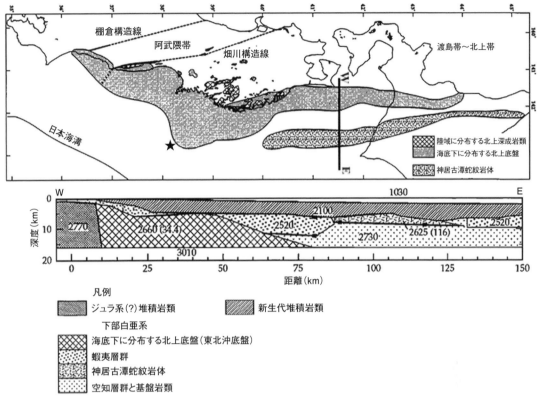

図 11.1.10 北上底盤（東北沖底盤）の分布域と，下北半島から襟裳岬南方での地殻構造東西断面図（Finn, 1994）
この地殻構造断面図の作成にあたっては，重力，空中磁気，地震学的データを参照している．ここでは，東北沖の2列の磁気異常帯のうち，西側は海底下に分布する北上深成岩類（北上底盤）に対応し，東側は神居古潭変成岩類を構成する蛇紋岩体に対応していると推定されている．それぞれのユニットに示した数字は密度（kg/m³）を示す．かっこの中の数字は帯磁率（×10⁻³ SI units）を示す．陸域の北上深成岩類が示す密度と帯磁率の平均値が花崗閃緑岩〜閃緑岩の値に相当するのに対して，海底下に分布する北上深成岩類（北上底盤）が示す値は，ほぼ角閃石斑れい岩に相当している（Yoshida, 2001；Nishimoto et al., 2005）．2011年東北沖地震本震の震源（星印）は，北上底盤の最も海溝寄りの部分にある．

2680 kg/m³，34.4〜39×10⁻³ SI units，V_p＝6.2 km/s）は，ほぼ角閃石斑れい岩類に相当している（Finn, 1994；Yoshida, T., 2001；Nishimoto et al., 2005）．

c. 蝦夷前弧堆積盆

これらの苫小牧リッジや石狩-北上地磁気正異常帯によって，渡島帯〜北部北上帯はその海側の白亜系〜古第三系からなる南北に伸張した堆積盆（三陸-日高沖前弧堆積盆：大澤，2002）から区分されている．この南北に延びる蝦夷前弧堆積盆は，前述のとおり北部北上帯，南部北上帯，阿武隈帯などの北北西-南南東方向に配列した先白亜紀基盤岩類の構造と斜交しており，それらの接合後に形成されたと推定されるが，これらはともに，それ以降の日本海の拡大や東北日本弧の反時計回り回転の影響を受けていると推定される．

d. 蝦夷前弧堆積盆の内部構造

東北地方太平洋沖陸側に発達する白亜系-下部古第三系（密度＝2520〜2730 kg/m³，V_p＝3.5〜5.8 km/s；Finn, 1994）からなる蝦夷前弧堆積盆を，大澤ほか（2002）は陸奥基盤上昇帯によって，勇払沖亜堆積盆と三陸沖亜堆積盆に区分しているが，Ando（2003）は，日高舟状海盆と，早池峰構造帯とその海域延長部の2つの構造によって，北海道亜堆積盆，北上亜堆積盆，常磐亜堆積盆に区分している．北部北上帯と南部北上帯を分ける早池峰構造帯の南東海域延長部には基盤の沈降部があり，ここを境に堆積物の層厚分布様式が変化している（地質調査所，1992；安藤，2005）．

常磐亜堆積盆の海側には基盤リッジ（basement

ridge）の1つである阿武隈リッジ（阿武隈隆起帯）が，北上亜堆積盆には三陸沖基盤リッジが発達している（加藤ほか，1996；岩田ほか，2002；安藤，2005，2006）．この三陸沖基盤リッジ（親潮古陸）は，空知-蝦夷帯中央東寄りに分布する蝦夷前弧堆積盆の基盤を構成するジュラ紀オフィオライト（海洋地殻もしくは海洋島弧）の一部が衝上した神居古潭亜帯の延長部にあたり，これらの分布は，東北日本沖にみられる北上東縁-礼文火山帯に対応する石狩-北上地磁気正異常帯の東側で，それと平行して延びる正磁気異常帯の分布とよく対応している（瀬川ほか，1986；Finn，1994；大澤ほか，2002）．この神居古潭亜帯の延長部に発達する三陸沖基盤リッジ（図11.1.2，図11.1.3）は，太平洋プレートの運動方向の変化に伴う強い圧縮応力により，始新世後期から漸新世（42～30 Ma）に上昇して，漸新世不整合を形成したため，これにより白亜系の分布は東西に分断されたと考えられている（Maruyama and Seno，1986；大澤ほか，2002；安藤，2005；安藤ほか，2007）．

そして，この蝦夷前弧堆積盆の海溝側境界にあたる日本海溝斜面上部基盤リッジの東側の海溝陸側斜面上部の地下には，かつて，空知-蝦夷帯東縁のイドンナップ亜帯（植田・川村，2010）から続く，陸弧への沈み込み帯があり，そこで前期白亜紀付加体が形成されていた（図11.1.3）と考えられている（Kimura，1997；安藤，2005）．

e. 深海平坦面の構造

大陸棚外縁と日本海溝斜面上部基盤リッジ（安藤，2005，2006）の間の大陸斜面をなす深海平坦面では，前弧斜面堆積物が不整合面（K/T 不整合：Ando and Tomosugi，2005）を介して，白亜紀基盤岩類を覆っている（図11.1.3）．これらの深海平坦面に広く分布する中新世以降の前弧斜面堆積物は，一般に緩やかな起伏を示し，顕著な圧縮変形を示すような日本海溝に平行な断層や褶曲構造はあまり認められず，その内部変形は顕著ではないものの，多数の白亜紀基盤岩類に達する高角の（横ずれ断層や）正断層の発達が認められている（岡村，2012）．なお，幅が150 km ほどの深海平坦面の日本海溝斜面上部基盤リッジ側には，多数の馬蹄形凹地が認められるが，これらは活断層には関係なく，局所的な沈降によるものと推定されている（岡村，2012）．

岡村（2012）は，東北地方太平洋沖の前弧ウェッジに見られる地質構造の特徴から，スラブの沈み込みに伴うプレート間のすべりのほとんどがプレート境界で生じ，その上盤陸側の前弧ウェッジでは，地震サイクルの中でほぼ弾性的な伸び縮みが繰り返しているだけであると解釈している．このことは，前弧ウェッジが多数の高角の（横ずれ断層や）正断層

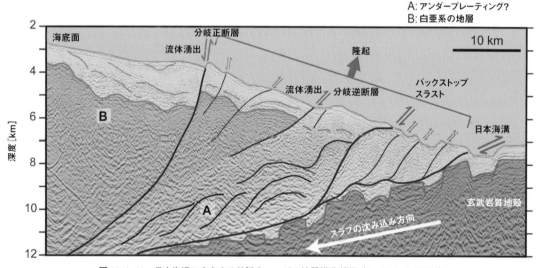

図11.1.11 日本海溝に直交する前弧ウェッジの地質構造断面（Tsuji et al., 2011）
中部海溝斜面と下部海溝斜面との境界にある傾斜変換点には正断層が発達し，そこでは流体湧出が認められている．それに対して下部海溝斜面下のプリズムは逆断層に切られている．沈み込む海洋プレート上面には，正断層で切られたホルスト-グラーベン構造が発達し，それを埋めた遠洋性堆積物とともに，日本海溝から更新世付加プリズムの下に沈み込んでいる．

の形成にみられるような伸張破断を受けているものの，ほぼ一体化した，あまり内部変形しない強度の安定した大陸性地殻物質から構成されているという考えと調和的である.

f. 前弧ウェッジの日本海溝陸側斜面下の構造

日本海溝陸側斜面下の上盤側プレートを構成する前弧ウェッジは，付加プリズムとそれに重なる海溝斜面堆積物からなる（図11.1.11）. 付加プリズム部分はバックストップスラスト（Tsuru et al., 2000, 2002）を介して，先端側の更新世付加プリズム（前縁付加体：フロンタルプリズム）と白亜紀付加プリズム（ミドルプリズム）から構成されている. それらのP波速度は，それぞれ，1.7〜2.8 km/s と6.2〜6.6 km/s である（Murauchi and Ludwig, 1980；Suyehiro and Nishizawa, 1994；Tsuru et al., 2000）. これらを覆って海溝斜面堆積物が分布するが，それらはユニット1〜3からなる（図11.1.7）. 最も新しいユニット1は中部海溝斜面の下部に生じた向斜部を埋め，平坦面を作って局部的に分布している. ユニット2と3は前弧ウェッジでの褶曲運動や断層運動の影響を受け，変形している（Nasu et al., 1980；von Huene et al., 1982）. 鮮新世から更新世の堆積物であるユニット2は，主に陸源性のシルトからなるが，中部海溝斜面において，その一部は明らかに侵食を受け，削られて砕屑物が海溝軸側へ移動している. ユニット3は中新世の変形を受けた陸源性堆積物からなる（Nasu et al., 1980）. これらの海溝斜面堆積物はその下位に発達する白亜紀付加プリズムを不整合で覆っており，白亜紀付加プリズムはいったん，陸化した後，沈み込み侵食作用，特に下底侵食作用（von Huene and Scholl, 1991）の進行によって沈降したことを示している（Kimura et al., 2012）.

g. 前縁付加体（フロンタルプリズム）

海溝陸側斜面は，幅の狭い平坦面（mid-slope terrace）を境に，上部と下部に区分できる（岡村，2012）. 上部は白亜系の不整合面とその上に重なる中新世以降の地層からなり，深海平坦面と連続する特徴を示す. 西側に傾斜した反射面であるバックストップスラスト（Tsuru et al., 2000, 2002）より海溝側の海溝陸側斜面最下部には，海溝陸側斜面からの崩落物を主とする小規模な前縁付加体（フロンタルプリズム，更新世付加プリズム，toe prism：図11.1.7）が認められている（Nasu et al., 1980; von

Huene et al., 1982；Tsuru et al., 2000；Kimura et al., 2012）. このバックストップスラストは前弧ウェッジ先端部の変形フロントから陸側へ距離20 km，深度10 kmの位置で，プレート境界のメガスラストに接合している. この前弧ウェッジ先端部にあたる下部海溝斜面の最下部に発達する更新世前縁付加体（Kimura et al., 2012）の内部には海溝軸に平行な褶曲などの明瞭な構造は認められず，現在，海底地形にも逆断層運動による海溝軸に平行に延びるリッジなどはあまり発達していない. 前縁付加体を境するバックストップスラストも，その上盤側に明瞭な背斜構造を伴っていないことから，これについても，最近，圧縮変形を受けて生じた活動的な逆断層であるとは考えられていない（岡村，2012）. なお，Kimura et al.（2012）は，プレート境界メガスラストから分岐する断層（ランプスラスト）の位置が，沈み込む海洋プレートに発達したホルスト-グラーベン構造のホルストの角にコントロールされている可能性を指摘している（図11.1.7）. これまで，この前縁付加体基底のプレート境界メガスラストは，非震性であると考えられてきた（Wang et al., 2010）.

■11.1.8 日本海溝での造構性侵食作用

東北日本弧は，現在，日本海溝で造構性侵食作用（沈み込み侵食作用：subduction erosion）を受けている（Murauchi and Ludwig, 1980；von Huene and Lallemand, 1990；von Huene et al., 1994）. スラブ上盤陸側プレートの下底部は，流体によって破砕（von Huene et al., 2004）したり，沈み込む海山（Yamazaki and Okamura, 1989）やホルスト-グラーベン構造の発達した沈み込むスラブによって削られたり（Hilde, 1983；Tsuru et al., 2002；鶴，2004）などして底面侵食を受け，白亜紀以降，基本的には継続して沈降していると推定されている. それに伴い，日本海溝は次第に大陸性地殻を侵食しながら，大陸側に移動しているとされている（von Huene and Lallemand, 1990；岡村，2012）. その結果，日本海溝の沈み込むプレートの上盤側の地殻は，表層を除くと陸上の北上山地や阿武隈山地に続く大陸性地殻に由来する主に斑れい岩質〜花崗岩質の白亜紀深成岩類（Nishimoto et al., 2008）やそれらに貫かれた中生代付加体〜古生代堆積岩類などから構成されて

いる（大澤ほか，2002など）と推定される．東北日本弧前弧域における上盤プレートの中新世以降の継続的な沈降は，そこでの継続的な造構性侵食作用をもたらすプレート間の強いカップリングの結果であり，そこでの超巨大地震の発生は底面侵食作用と沈降運動の進行過程そのものと考えることができる（Heki, 2004）．海溝型地震の震源域が構造的な沈降域にほぼ一致するという考えもあり，超巨大地震の発生によりプレート境界浅部における物質移動が起こる場合については，沈み込み帯前弧側での沈降速度に関する弾性論的議論において，注意が必要であり，前弧域での詳細な重力についての検討などによってプレート境界での物質移動現象を検証する必要がある（Wells *et al.*, 2003；岡村，2012）．

11.2　東北日本弧，前弧海域の構造

■ 11.2.1　東北日本弧の太平洋側海域での震探層序

　馬場（2017）は，日高沖堆積盆地から常磐沖堆積盆にいたる東北日本弧の太平洋側海域ならびにその周辺における，多数の地震探査データに基づいて，この地域の震探層序および地質構造をまとめている．この地域の先白亜系より上位の堆積物中においては，構造運動によって形成された構造性オンラップ面が9層準認められ，これらを境として，当該海域に分布する堆積物が，下位より，基盤岩類（島弧基盤），Cr，P2，P1，N6，N5，N4，N3，N2，N1の震探層序ユニットに区分できる（図10.2.2）．これらのユニットの年代に関しては，海上基礎物理探査の報告書に示された年代対比を基本にして，陸上地質，経済産業省の海上基礎試錐およびODP坑井の層序データなどを加味して対比を行っている（馬場，2017）．その結果，古第三紀より古い時代の堆積物について，基盤岩類とした部分は前期白亜紀以前の付加体コンプレックスや火成岩類，Crユニットは前期白亜期末〜前期始新世の蝦夷前弧堆積盆の堆積物，P2ユニットは中期始新世〜前期漸新世の堆積物，そしてP1ユニットは後期漸新世〜前期中新世の堆積物に相当するものと判断されている．新第三紀の堆積物については，P1/N6ユニット境界が日本海の急速な拡大が始まる17 Ma±に，その上位のN6/N5ユニット境界が日本海拡大の終了する13.5 Maに対比されている．10.5 Ma±以降になると，太平洋側海域では複数回の圧縮性テクトニックイベントによって構造性オンラップ面が形成され，N5/N4ユニット境界が10.5 Ma±に，N4/N3ユニット境界が6.0 Ma±に，N3/N2ユニット境界が

3.6 Ma±に，そしてN2/N1ユニット境界が1.8 Ma±に対比されている．

■ 11.2.2　東北日本弧前弧海域における地質構造の発達

　新第三紀以降の東北日本弧前弧域における地質構造の特徴は，図11.1.7に示されているように，現世付加体の規模が小さく，沈み込み帯前縁近くまで島弧基盤が発達していることにある（Tsuru *et al.*, 2000, Tsuji *et al.*, 2011；Kimura *et al.*, 2012など）．このタイプの前弧域では島弧基盤が基本的な地質構造を支配し，造構性侵食作用による付加堆積物の損耗による付加体形成の抑制と，おもに中期中新世以降の厚い堆積物の発達を伴う島弧基盤の緩やかな沈降が生じている（Scholl *et al.*, 1980）．日本海溝寄りの深海平坦面下には白亜系からなる地層が侵食面を介して広く分布している（von Huene *et al.*, 1982；岡村，2012）．陸域にあって侵食を受けていた白亜紀の地層が沈降を始めたのは約25 Ma頃であり，日本海溝における強い造構性侵食作用の開始は，おそらく日本海の拡大開始に関連した東北日本弧の反時計回り回転の始まりに関係していると推定される．したがって，日本海溝での強い造構性侵食作用は南側から始まり，そこから北上しながら回転の終了した15 Maには，日本海溝全域で強い造構性侵食作用が働くとともに，そこから日高帯の急激な隆起を伴う千島弧前弧スリバーの東北日本弧への衝突作用と伊豆小笠原弧前弧スリバーの本州弧への衝突作用とが働き，東北日本弧の応力場は背弧拡大に伴う東西引張の応力場から，北東-南西圧縮の横ずれ応力場に移行したと考えられる．

■11.2.3 東北日本弧の大規模横ずれ断層

東北日本弧前弧海域の基本構造は，島弧方向（北北東-南南西方向）に配列する前期白亜紀末〜古第三紀の前弧堆積盆の堆積物と，それらを切断する北西-南東方向の大規模トランスファー（横ずれ）断層より構成されている（馬場，2017）．この大規模トランスファー断層の主なものとしては，久慈沖〜釜石沖を北西-南東方向に走る黒松内-釜石沖構造線，尾太-盛岡構造線〜日詰-気仙沼断層（永広，1982）の海上延長，本荘-仙台構造線（田口，1960）の海上延長，および日本国-三面構造線〜棚倉構造線の海上延長がある．これらの構造線は，海溝側に向かって枝分かれを起こし，横ずれ断層の末端形態のひとつであるインブリケイトファン（Woodcock and Fisher, 1986）を形成しながら，日本海溝の沈み込み帯前縁部に向かって消滅している．これらの横ずれ断層は，もともとは前期〜後期白亜紀前期に形成されたもので（大槻・永広，1992 など），日本海拡大時には東北日本弧の反時計回りの回転に伴って，島弧を切断するトランスファー断層として再動している（馬場，1999 など）．このうち，日本海拡大時には黒松内-釜石沖構造線と本荘-仙台構造線の活動量が大きい（馬場，2017）．

■11.2.4 大規模横ずれ断層で境された東北日本弧

東北日本弧の南端には柏崎-銚子線が発達し，それを東側のマスター断層，そして糸魚川-静岡構造線を西側のマスター断層とする大規模なプルアパート堆積盆地（フォッサマグナ）が発達している（Martin, 2011）．このプルアパート堆積盆地は，富山トラフを通って大和海嶺の東縁部まで連続し，東西日本弧を切断する大きな境界部を構成する（馬場，2017）が，これは，日本海拡大時に東北日本弧と西南日本弧の間に発生した大規模な右横ずれ運動によって形成されたものである．この右横ずれ運動は，日本海拡大時に，西南日本弧が時計回りに，そして東北日本弧が反時計回りに回転した際に（観音開き拡大モデル），西南日本弧よりも東北日本弧の回転量が大きかった（Otofuji et al., 1985 など）ことによって生じている（高橋・安藤，2016）．

一方，東北日本弧北端に位置する道央部〜日高沖海域には，日本海の拡大に伴って東北日本弧が反時計回りに回転した際の，その最も北端に位置する横ずれ帯（左横ずれ）が発達し，礼文-樺戸帯西縁〜増毛-当別線〜広島-苫小牧線から苫小牧リッジ東縁断層につながる構造線を西側のマスター断層，そして馬追-胆振断層帯〜八戸のはるか東方向に発達する南北性の断層を東側のマスター断層としたプルアパート堆積盆地（日高沖堆積盆地）が形成されている．この横ずれ断層系は，後期漸新世に起きた千島海盆の拡大に伴って形成された右横ずれ断層系（栗田・横井，2000：Itoh and Tsuru, 2005 など）が，日本海拡大時に再動（変位は逆転）したものである．

東北地方の太平洋岸は大きく北上山地沖と阿武隈山地沖に分かれ，両者の間に北上山地と阿武隈山地の間にひろがる主に第三紀にリフトとして活動した仙台から石巻にかけての平野部が位置している．このような大規模横ずれ断層群でセグメント化された陸域（図11.1.10参照）の地殻構造の違いは，前弧海域の大陸性地殻から構成される地殻部分にもおよんでいると推定される．大規模横ずれ断層群でセグメント化されたブロック境界の多くは，東北日本弧陸域の地殻内で認められる地震波速度構造などが示す島弧方向と斜交する食い違い構造によく対応している（Zhao et al., 2009）．このことは，地震波トモグラフィー（図11.2.1）で，東北日本弧の陸域や前弧海域地殻中に認められる地震波速度構造や方位異方性の不均質性（Liu and Zhao, 2017）の多くが，日本海拡大時あるいはそれ以前に発達した大規模トランスファー断層に沿った起源の異なる基盤岩類の横ずれ断層運動により形成された可能性を示唆している．

■11.2.5 東北日本弧前弧海域の地質構造

a. 蝦夷前弧堆積盆に沿った地質構造の変化

東北日本弧前弧域では，中期白亜紀〜古第三紀にかけて陸弧前弧域に生じた，サハリン中部から続く，幅数十〜150 km，長さ1400 kmにおよぶ蝦夷前弧堆積盆が日本海溝にほぼ平行して発達している（Ando, 2003）．蝦夷前弧堆積盆は，既述のとおり，北から北海道亜堆積盆，北上亜堆積盆，常磐亜堆積盆に区分されるが，日本海溝沿いに発達する後二者

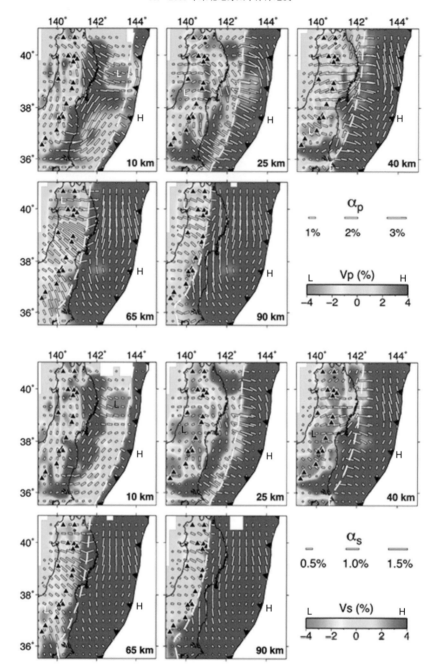

図 11.2.1 深度別のＰ波とＳ波速度の方位異方性トモグラフィー（Liu and Zhao, 2017）
白い棒の方位と長さは，方位異方性（α）の方位（速度の速い方向）と異方性の大きさを示す．黒三角は火山で，黒三角のついた実線は海溝軸を示す．地震波速度偏差の大きさをグレースケールで示す．

は，その基盤構造の特徴が異なっている（図11.1.2：安藤，2005, 2006）．

b. 蝦夷前弧堆積盆，北上亜堆積盆

蝦夷前弧堆積盆のうち，早池峰東縁断層（永広ほか，1988）とその南方の南三陸沖の基盤沈降部を境として，その北側に分布する北上亜堆積盆では，前期/後期漸新世境界の傾斜不整合の下位に，北北西-南南東から北西-南東方向に延びた大規模な向斜構造（図11.1.2）が発達し，その中に厚い前期白亜紀末～前期始新世の蝦夷前弧堆積盆堆積物および中

期始新世～前期漸新世の前弧堆積盆堆積物が分布している．また，その北部では三陸沖基盤リッジが日本海溝斜面上部基盤リッジの陸側に発達していると推定されている（安藤，2005，2006）．

c. 蝦夷前弧堆積盆，常磐亜堆積盆

一方，早池峰東縁断層とその南方の南三陸沖の基盤沈降部を境として，その南側に発達する常磐亜堆積盆では，基本的な基盤構造が，前期白亜紀に形成された北北東-南南西方向の阿武隈リッジと呼ばれるホルストと，その東西に分布するグラーベン系より構成され，とくに阿武隈リッジの西側には，大規模な正断層を介して海底面下6000 mを超える深いグラーベン（常磐堆積盆）が発達し，その中に厚い白亜紀～新第三紀の堆積物が累重している．

d. 蝦夷前弧堆積盆の堆積物とその分布南限

北海道から続く蝦夷前弧堆積盆は，西南日本外帯の白亜系が分布する銚子の沖合まで続き，先新第三系基盤を構成する東北日本地質区に属する阿武隈帯と西南日本地質区に属する足尾帯の境界をなす棚倉構造線がほぼその南限をなしている（安藤，2006）．東北日本地質区内に形成された蝦夷前弧堆積盆の北上亜堆積盆および常磐亜堆積盆に分布する上部白亜系～古第三系の層序は，基本的には蝦夷前弧堆積盆内で連続的かつ広域に分布している（安藤，2005，2006）．宮古層群（上部アプチアン～下部アルビアン）で代表される蝦夷前弧堆積盆の北上～常磐亜堆積盆に堆積した最初期の堆積物は，中期ジュラ紀～最前期白亜紀付加体，前期白亜紀の花崗岩や，原地山層，大船渡層群，大島層群などの火山岩類などの前期白亜紀の陸域で大島造山運動を被った東北日本地質区に属する北部北上帯，南部北上帯，阿武隈帯を含む多様な地質帯の地層を覆っている（地質調査所，1992；Kimura，1994；加藤ほか，1996；Ando，2003；安藤，2005，2006；馬場，2017など）．

■11.2.6 前弧海域における地震学的構造と構成岩石

a. 東北地方太平洋沖の速度構造断面

図11.1.9に地震探査によって得られた，2011年東北沖地震の深度約24 kmのプレート境界に位置する本震付近を通り，日本海溝に直交する測線に沿ったP波速度の鉛直断面図（Ito *et al.*，2005）を示

す．この速度構造が示すように，海岸から海側では，コンラッド面より浅い上部地殻のうち，海溝軸から陸側へ25 kmまでの前縁付加体（フロンタルプリズム）はP波速度3 km/s未満の堆積物からなり，それより陸側の中部海溝斜面下の地殻はP波速度が5.5 km/sを超える白亜紀堆積岩類からなる（Tsuru *et al.*，2000；Ito *et al.*，2005；Kimura *et al.*，2012）．また，上部地殻の深部（深度10～15 km）にはP波速度が6.0～6.2 km/sの花崗閃緑岩～閃緑岩質岩やそれらに貫かれた堆積岩類が広く分布している（Tsuru *et al.*，2002）と推定される．これに対して，コンラッド面からモホ面までの下部地殻（深度15～25 km）でのP波速度は6.6～7.0 km/sに達し，おもに斑れい岩質の岩石からなることを示唆している．また，東北地方太平洋沖の陸側直下のスラブ-マントル接触域では，P波速度は7.0 km/sを超え，8.0 km/sに達し，S波速度（Nakajima *et al.*，2009b）はおもに4.5～4.0 km/sであり，これらの値は，輝石斑れい岩やかんらん岩の速度に相当している．

b. 2011年東北沖地震震源域近傍の構造

前弧海域で発生したM 7～8クラスの地震の多くが速度構造が急変する場所，あるいはその高速度側に位置しており，速度構造急変部が，アスペリティの境界部をなし，しばしば，プレート境界地震の震源破壊開始点として機能している可能性が指摘されている（Zhao *et al.*，2009；長谷川，2015）．Yamamoto *et al.*（2014）は，2011年東北沖地震の震源域近傍のプレート境界での詳細な地震波速度構造を示している（図11.2.2，図11.2.3）．海溝軸から60 kmほど西側のプレート境界浅部の，地震時に熱圧化（thermal pressurization）が起こったと推定されるスラブ-上部地殻接触域では沈み込みスラブ最上部は，低いV_p，V_sと高いV_p/V_s（＞1.85）で特徴づけられ，海洋プレート上の流体に富んだ堆積物を伴って沈み込んでいると推定される．堆積物の粒間に含まれる流体は沈み込みに伴う堆積物の圧密と続成作用によって，海溝軸から70～80 km程度でほとんど失われてしまう（Hyndman and Peacock，2003；Kimura *et al.*，2012など）．その結果，西側のスラブ-下部地殻接触域では，より浅部での圧密による脱水と含水鉱物の形成により，沈み込むスラブ最上部は中間的な地震波速度（V_p=6.5，V_s=3.7）とV_p/V_s（1.78）を示している（Yamamoto *et al.*，2014）．Duan

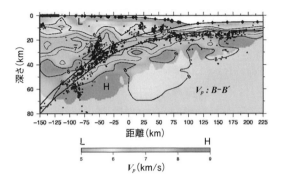

図 11.2.2 2011 年東北沖地震震源域近傍の P 波速度構造 (Yamamoto et al., 2014)

2011 年東北沖地震の本震付近を通り海溝軸に直交する測線に沿った P 波速度構造を示す．下に示したグレースケールが V_p 値を示す．本震震源の北側と南側では，前弧堆積盆が基盤リッジにより二分されていることや，日本海溝斜面上部基盤リッジに対応した高速度部が確認できる．本震の震源位置は，スラブ-地殻接触域とスラブ-マントル接触域近傍の，日本海溝斜面上部基盤リッジと前弧堆積盆の中軸部に発達した基盤リッジがつくる地震波速度の谷部の下位に位置し，さらにそのダウンディップ側には高い V_p/V_s 値を示す直径 50 km ほどの領域が認められる．また，2 列の基盤リッジに沿って，多数の余震が活動しており，その分布はこれらの基盤リッジに沿って高角断層が発達していることを示唆している．

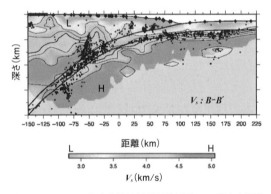

図 11.2.3 2011 年東北沖地震震源域近傍の S 波速度構造 (Yamamoto et al., 2014)

(2012) は，震源の海溝側に間隙流体圧が低く，強度が大きい海洋プレートとともに沈み込んだ海山 (70×23 km) があり，これが強いアスペリティとして働いたと主張しているが，海山の存在を強く支持するデータはまだ認められていない．

深度約 24 km に位置する 2011 年東北沖地震の本震震源は，ほぼスラブ-下部地殻接触域とスラブ-最上部マントル接触域との境界近傍にあり，上盤側が下部地殻岩からマントル構成岩へと変化する場所にほぼ相当している．本震震源の深部側の沈み込みス

ラブ最上部には局部的（直径約 30～40 km）に V_p/V_s が高いパッチがあり，おそらく破砕により割れ目が発達して流体に富んだ強度の低い部分が相対的に強度の高いスラブ（カップリングの強いアスペリティ）と接触している場所であると推定されている．その周囲や深部のスラブ-マントル接触域のマントルは V_p，V_s は速く（$V_p=8$，$V_s=4.5$），V_p/V_s は低い (Yamamoto et al., 2014)．

Yamamoto et al.（2014）の V_p，V_s 図のうち，特に 2011 年東北沖地震の震源の北側と南側では，前弧堆積盆が，北上底盤（東北沖底盤）に相当する地震波高速度域（$V_p=6.6$，$V_s=3.7$）からなる基盤リッジにより二分されていることや，日本海溝斜面上部基盤リッジに対応した高速度部（$V_p=6.4$，$V_s=3.7$）が確認できる．本震の震源位置は，スラブ-地殻接触域とスラブ-マントル接触域近傍の，日本海溝斜面上部基盤リッジと前弧堆積盆の中軸部に発達した基盤リッジがつくる地震波高速度域の谷部の直下に位置し，上記のとおり，そのダウンディップ側のスラブには高い V_p/V_s 値を示し，破砕による割れ目が発達して流体に富むと推定される直径 30～40 km ほどの領域が認められる．Yamamoto et al.（2014）は，このような局部的な不均質性が，巨大地震の発生や破壊過程において，特に破壊開始点として重要な役割を果たしていた可能性を指摘している．

c. 沈み込み帯での地震波方位異方性の変化

図 11.2.4 に東北日本弧沈み込み帯での地震波速度の方位異方性に関する構造モデルを示す (Liu and Zhao, 2017)．太平洋プレートは，一般に海溝軸に対して平行な方向に速い方位異方性をもつが，海溝での沈み込みに伴って，スラブ-地殻接触域のメガスラスト帯では方位異方性が変化して，海溝軸に垂直な方位異方性を獲得する．火山弧下のマントルウェッジでは，マントル内での流れに平行な方向に速い方位異方性（C/E 型）が発達するが，マントルウェッジ先端部では，海溝軸に平行な方向に速い B 型の方位異方性を示す．

d. 地殻-マントル不均質性と化石ファブリック

現在のマントルで認められる低速度域の分布や地震波方位異方性などの構造 (Nakajima and Hasegawa, 2004 ; Nakajima et al., 2006b) は，基本的には，現在の島弧-海溝系に平行あるいは垂直に発達してい

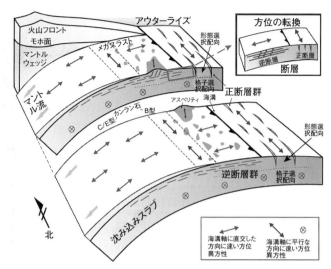

図 11.2.4 東北日本弧沈み込み帯のプレート境界での方位異方性構造モデル（Liu and Zhao, 2017）
　太平洋プレートは，一般に海溝軸に対して平行な方向に速い方位異方性をもつが，海溝での沈み込みに伴って，メガスラスト帯で方位異方性が変化して，海溝軸に垂直な方位異方性を獲得する．火山弧下のマントルウェッジでは，マントル内での流れに平行な方向に速い方位異方性（C/E型）が発達するが，マントルウェッジ先端部では，海溝軸に平行な方向に速いB型の方位異方性を示す．地震発生帯のアスペリティが示す方位異方性は周囲のプレート境界とは異なるが，上盤陸側の方位異方性と調和的である．

る．一方で，それと斜交する大規模トランスファー断層のひとつである棚倉構造線で境された西南本州地質区と東北本州地質区との間での，Q値や方位異方性を含むマントル構造の不均質性が認められている（吉田ほか，1999b；Yoshida, T. et al., 2014）．

　東北日本弧でのQ値の空間分布は，棚倉構造線で境されている基盤構造と調和的である（Tsumura et al., 2000）ことから，吉田ほか（1999b，2005）は，棚倉構造線がマントルに根を持つ深い構造線であることを示唆している．この棚倉構造線に沿ったマントルの不均質性は，現在の火山フロントの方向とは斜交し，日本海側へと延びている（Zhao et al., 2012；Nakajima et al., 2013；Yoshida, T. et al., 2014）．また，地震波の減衰から推定された温度構造（Nakajima and Hasegawa, 2003a）は，マントル浅部では第四紀火山の分布とよく対応しているものの，深度60〜80 kmでの温度構造は棚倉構造線を境に東北本州地質区よりも西南本州地質区の方が高温を示している．また，P波の方位異方性は，日本海の下で一様ではなく，棚倉構造線の東側では速度が速い方位が海溝軸に垂直であるのに対して，西側では海溝軸に斜交し，大和海盆の拡大軸に垂直であることから，Yoshida, T. et al.（2014）は，棚倉構造線の西側背弧側に発達する地震波の方位異方性は，かつ

てのマントル内流動方向を示す化石ファブリック（fossil fabrics）である可能性を述べている．下部地殻から上部マントルへかけての組成不均質性は，第四紀火山岩や白亜紀花崗岩類にみられる広域組成変化からも示唆されており（Kersting et al., 1996；Kimura and Yoshida, T., 2006），東北日本弧における大規模トランスファー断層で境された基盤構造の不均質性が地殻下部から最上部マントルにおよんでいる可能性は高い．

e. 前弧海域での地震波速度構造の不均質性
　東北日本弧の陸域から前弧域における詳しい地震波トモグラフィーによれば，沈み込みスラブの上盤側プレート内での地震波速度構造やQ構造は，基盤地質と密接に関連した著しい不均質性を示している（Liu et al., 2014；Liu and Zhao, 2017）．深度10 kmの上部地殻では，大規模トランスファー断層である棚倉構造線に沿った低速度帯と第四紀火山の分布に対応した低速度体の分布が認められる（図11.2.1）．北上山地や阿武隈山地から海側にかけて広く拡がる高速度域は先第三系基盤岩類の分布，特に北上山地や阿武隈山地に分布する白亜紀深成岩類の分布によく対応している（Finn, 1994）．そのうちの海溝側へ延びるP波高速度域は，ほぼ2011年東北沖地震の本震の震央域とよく対応しているとともにFinn

（1994）が示している北上底盤（東北沖底盤）が日本海溝に最も近い場所まで拡がる地域に対応している．そこに発達する方位異方性に認められる不均質性は基盤岩類の構造を反映していると推定され，北部北上帯（北西-南東方向）と，南部北上帯北部（南北方向～北東-南西方向），そして南部北上帯南部-阿武隈帯（東西方向）の間には方位異方性の不連続が認められる．これらが化石ファブリックを反映していると考えると，北上底盤（東北沖底盤）のくびれの部分（図11.1.10）が大規模トランスファー断層での横ずれ運動による変形の結果であり（Finn, 1994），ファブリックの異なるブロックはセグメント化しているとする考えと調和的である．

f. 前弧域でのQ構造の不均質性

地震波エネルギーの吸収の大小（減衰）を表すQ値は，物質が完全な弾性体に近いほど大きい．ソリダス温度とQ値で規格化した場合，そのときの規格化Q値は，規格化温度の増加とともに，指数関数的に減少することが知られている（Sato, 1992）．このことは，逆に温度が一定の場合，物質の溶融点の降下に伴い，やはりQ値が指数関数的に低下することを意味する．一方，P波速度は常温から溶融開始温度まで，温度の関数で徐々に低下し，ソリダス温度からリキダス温度間で，約半値まで低下する（Fowler, 1990）．したがって，Q構造はP波速度構造に比べ，同じ物質に対しては温度に対して鋭敏であり，温度が一定ならば物質間のソリダス温度の違いに鋭敏である．仮に枯渇したマントルが無水で，エンリッチマントルが角閃石を含む場合，60 km深度では200°C以上のソリダス温度差が生じ（Green, 1971），後者のQ値が前者に比べて著しく低くなることが期待される（吉田ほか，1999a）．

吉田ほか（1999a）は，東北地方南部における深度60 km前後のマグマ分離深度近傍での低Q域の境界が，火山フロントの方向と交差し，その方向と位置は，棚倉構造線とよい一致を示す（Tsumura et al., 2000）ことから，棚倉構造線から北東側では，マントルウェッジ内温度が低いか，あるいはより枯渇した高融点マントルから構成されている可能性を指摘し，地震波速度構造や火山フロントとの関係から，認められた棚倉構造線を境にしたQ値の変化はマントル（リソスフェア）構成岩の組成差を反映している可能性が高いとしている．このことから，

ユーラシア大陸から分離してきた東北日本弧のリソスフェアが，少なくとも一部で厚さが80 kmを越え，大陸地域で形成された不均質構造を保持した状態で沈み込みスラブと接合している可能性を示唆している．

Liu et al.（2014）は，東北日本弧の陸域から日本海溝にかけてのQpおよびQs構造を示し，2011年東北沖地震の震源域において，高Qパッチと低Q異常域が分布し，地震間でのすべり欠損域や地震時の大すべり域に対応する高Qパッチはプレート境界地震発生域でのアスペリティに対応し，低Q異常域はカップリングの弱い領域を示すと論じている．そして，プレート境界での巨大地震の震源は，Q値の急変域にあるとし，プレート境界域での構造の不均質性が，プレート間でのカップリングや断層破壊の進行をコントロールしていると論じている．

g. 前弧地殻高速度帯と北上底盤（東北沖底盤）

東北地方太平洋沖の日本海溝に近い深さ10 kmでの速度構造は，前弧ウェッジの上部地殻に海溝に直交する方向と海溝に平行な方向の両方で顕著な不均質性があることを示している（図11.2.1）．図11.2.1の深度10 kmの地震波トモグラフィーで，東北日本の太平洋岸の陸域から海域にかけて，日本海溝にほぼ平行なP波とS波速度の高速度帯が認められる．このうちP波速度は宮城県沖で海溝側へ突出しており，その分布は北上山地東縁から続く北上底盤（東北沖底盤）の分布にほぼ対応しており，閃緑岩類～角閃石斑れい岩類からなる可能性が高い．また，阿武隈基盤リッジに相当する位置にも弱いP波高速度域が認められ，同様にこの基盤リッジが白亜紀深成岩体からなる可能性を示唆している．

h. 前弧地殻低速度帯と白亜紀付加プリズム

10 km深度での東北日本の海岸線に沿って延びる前弧地殻内高速度域が北上底盤（東北沖底盤）に対応すると考えられるのに対して，同じ深度での地震波速度構造において，北上底盤（東北沖底盤）に対応する高速度域の前弧側で日本海溝軸に平行に延びる低速度帯が，とくにS波速度構造においてよく発達している（図11.2.1）．この海溝に平行な低速度帯は，P波速度においては2011年東北沖地震の震央域周辺に分布する北上底盤（東北沖底盤）から続く高速度域によって南北に二分されている．これ

らのP波速度の低速度域は，それぞれ，蝦夷前弧堆積盆の北上亜堆積盆と常磐亜堆積盆の海溝寄り部分から中部海溝斜面下にあたり，蝦夷前弧堆積盆を埋める白亜系-下部古第三系（密度＝2520〜2730 kg/m³，V_p＝3.5〜5.8 km/s；Finn, 1994），あるいはその下位の白亜紀付加プリズム（Kimura et al., 2012）にほぼ対応していると推定される．

i. 前弧地殻内低速度異常域

前弧ウェッジの地殻内における海溝に沿った顕著な速度構造の不均質性として，2011年東北沖地震震源北側の三陸沖10 km深度で認められるP波とS波の低速度異常域（図11.2.1）があげられる．この顕著な地震波速度の異常域はスラブ直上のスラブ-地殻接触域に続き，とくにS波の低速度異常域はさらに三陸沖プレート境界のスラブ-マントル接触域へと連続している（図11.2.5）．

また，図11.2.1の深度25 kmにおけるトモグラフィー中のプレート境界を示す白い破線の上盤陸側に沿っても，これらの低速度異常域を含む地震波速度が低い狭い帯が発達し，その陸側は高速度を示している．この部分は図11.2.5から判断するとスラブ-地殻接触域の最深部であると同時に，その位置は，ほぼ三陸沖基盤リッジ〜阿武隈リッジが連なる蝦夷前弧堆積盆中軸部の基盤リッジ帯の下位にあたっており，この部分での高角の正断層の存在を示唆している．一方，スラブとモホ面の接合部から深部に続くスラブ-マントル接触域の約30 km以深では，沈み込みスラブは高速度のマントルと接している．

j. 局部的な蛇紋岩化マントル

蝦夷前弧堆積盆のうち北上亜堆積盆には，ジュラ紀オフィオライトの一部が衝上した神居古潭蛇紋岩体から続く三陸沖基盤リッジ（親潮古陸：密度＝2625 kg/m³，帯磁率＝116×10⁻³ SI units；Finn, 1994）が発達している．蛇紋岩体は，北上底盤（東北沖底盤）を構成する閃緑岩や角閃石斑れい岩よりP波速度，特にS波速度が低いので，地殻やマントル内の低速度異常域として認識されうる．ただし，前

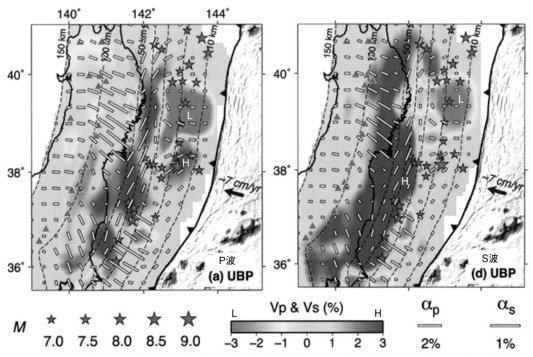

図 **11.2.5** 沈み込みスラブ直上1 km（UBP）でのP波とS波速度の方位異方性トモグラフィー（Liu and Zhao, 2017）
白い棒の方位と長さは，方位異方性の方位（速度の速い方向：FVD）と異方性の大きさを示す．三角は火山で，黒三角のついた実線は海溝軸を示す．星印は1900年1月から2016年12月までに発生したM7以上の地震の震源を示すが，2011年東北沖地震の震央（大きな星印）は，地殻-スラブ接触域の最深部に近い地殻内のP波高速度域に位置している．このP波高速度域では，その北側や南側に発達するP波低速度域では方位異方性が海溝軸に垂直な方向に発達しているのに対して，方位異方性の方位が，より浅い部分と同じく海溝軸と斜交しており，化石ファブリックを保持している可能性がある．

弧地殻内の低速度異常域から続く沈み込みスラブ近傍のウェッジマントル内低速度域は，40 km 深度では三陸沖のみ（図 11.2.1）となっており，スラブ近傍の最上部マントルでの蛇紋岩化は，必ずしもスラブや海溝からの距離に対応しているわけではない．実際，40 km 深度での北上山地東縁から三陸沖にかけての S 波の低速度域の分布は，三陸沖での無地震帯とはよく対応しているものの，この無地震帯は東北日本弧におけるアサイスミックフロント（吉井，1975）の異常部にあたり，海溝やスラブとの位置関係とは別の原因を考える必要がある．すなわち，この沈み込み帯上盤プレート内での局所的な蛇紋岩化部の分布をプレート表面での深度に規制された脱水反応のみに起因するとする考えには，問題がある．

k. 蛇紋岩化マントルでの地震活動の抑制

Zhao et al.（2011）は，2011 年東北沖地震震源域の高速度域の北側に接する三陸沖の低速度域について，地震活動が弱く，反射体やスローアースクェークが見られることから，スラブに由来する流体や堆積物の寄与によるとし，低速度域と高速度域では，物性が異なり，高速度域の方がより大きな摩擦係数をもち，より大きなプレート間カップリングが生じるとしている．東北沖の陸側海域のうち，図 11.2.1 で示されるように，三陸沖のみ最上部マントルから下部地殻が低速度になっているのは，この地域のマントルが局所的に蛇紋岩化して，弱化しているため，アサイスミックフロントの海側であるにもかかわらず，マントルウェッジ先端部での地震が少ないと考えられていることとよく対応している（Kawakatsu and Seno, 1983；Mishra et al., 2003；Seno, 2005；Zhao et al., 2009）．

l. 早池峰構造帯とジュラ紀沈み込み境界

南部北上帯は中上部古生界から中下部中生界の堆積岩類とそれを貫く深成岩類を主とする大陸地殻性の地殻からなるのに対して，北部北上帯は，その基底に後期石炭紀海洋基盤をもつジュラ系～最下部白亜系付加体からなる．北部北上帯の南縁はかつての海洋基盤からなり，それらと断層で接する南部北上帯の北東縁に分布するオルドビス系の早池峰岩体や宮守岩体は沈み込み帯起源と考えられており（Ozawa, 1984；Shibata and Ozawa, 1992），沈み込み帯に沿って地殻浅部に上昇してきた，マントルに続く蛇紋岩化を強く受けた超苦鉄質岩体であると推定される．

したがって，宮古沖の最上部マントル～下部地殻で観測される低速度異常域は，沈み込みスラブ直上の上盤側マントルリソスフェアから下部地殻にかけての蛇紋岩化部に相当していると推定される．この蛇紋岩化部の分布域，とくにその南限は，ほぼ北部北上帯と南部北上帯の境界にあたり，陸上では，蛇紋岩化した超苦鉄質岩体が広く分布する早池峰構造帯にほぼ対応している．この前弧地殻内の低速度異常域はジュラ紀付加体が形成されたときの海洋性基盤と大陸性基盤との境界部（かつての沈み込み境界）にあたり，前弧地殻内からマントル最上部に至ると推定される蛇紋岩化した超苦鉄質岩体の分布は，かつての沈み込み境界の深部構造を反映している可能性が高い．

m. 高速度域での斑れい岩質岩の分布

ただし，北部北上帯の北東部陸域下の下部地殻（深度 25 km）については，概して P 波も S 波も標準値よりも高速度を示すことから，この地域の下部地殻では北東側のかつての海側へと斑れい岩が拡がっていると推定される．この北部北上帯の北東部は海側に発達したジュラ系～最下部白亜系の付加複合体にあたり，その北東側に拡がる北部三陸沖の高速度域は，かつての海洋域を構成していた斑れい岩質海洋地殻の分布域に対応していると考えることができる．

また，10 km 深度の中部地殻に北上底盤（東北沖底盤）に相当する高速度帯が発達している部分の深部 25 km の宮城県から福島県の沿岸に沿っては，北上底盤（東北沖底盤）の深部延長をなすと推定される地震波高速度帯が延びている（図 11.2.1）．

n. 前弧域陸域での地震波速度構造

北上山地のジュラ系～最下部白亜系の古期付加複合体からなり，下部地殻は斑れい岩質であると推定される北部北上帯に対して，南部北上帯と阿武隈帯は，より古い時代に形成された大陸地殻からなり，地上では中上部古生界から中下部中生界の堆積岩類が広く分布している．したがって，北部北上帯に対して，南部北上帯や阿武隈帯の下部地殻（25 km 深度）は標準値よりも低速度であり，北部北上帯の上部地殻よりも珪長質な下部地殻岩から構成されていることを示唆している（図 11.2.1）．北上帯の下部

地殻については，その地震波速度構造（Nishimoto et al., 2008；Yoshida, T. et al., 2014）から，北部北上帯南西側から南部北上帯にかけては，石英斑れい岩〜花崗閃緑岩類からなると推定されている．

11.3　プレート境界地震の発生とアスペリティ

■11.3.1　プレート境界での歪みの蓄積と解消

　地震は，断層面に加わる応力がその強度をこえたとき，断層運動として生じる．したがって，地震の発生を予測するためには，対象とする断層面にはたらく応力と断層の強度がどのように時空間変化しているかを明らかにする必要がある．プレート境界型地震においては，下盤側の沈み込むプレートが上盤側の陸側プレートを引きずることにより，プレート境界断層の応力が増加するとされている．このプロセスは，プレート境界の断層面上に固着（カップリング）している領域があり，その周囲がゆっくりとすべることにより，この固着した部分で特に歪みと応力が集中，増加するというものである（例えば，Scholz, 1990；Yamanaka and Kikuchi, 2004）．地震の大きさは，断層のどれくらいの範囲が地震すべりを起こすのかに関係している．以前は，固着している領域（アスペリティ）は地震時以外はほとんどいつも固着しており，基本的にこの部分のみが地震時に高速のすべりを起こすと考えられていた．しかし，2011 年東北沖地震では，プレート境界のアスペリティの外側の非地震性すべりを起こしていたと推定されていたプレート境界浅部でも大きな地震すべりを起こしたことが明らかになっている（Kido et al., 2011；Sato et al., 2011；飯尾・松澤，2012）．

■11.3.2　プレート境界地震の規模とアスペリティ

　一方，プレート境界地震を起こす断層の大きさは，断層が発達するプレート境界面における応力と歪み分布に関係するとともに，一般にはセグメント化していると推定される沈み込むスラブの上盤側の構造にも規制される．プレート境界の上盤側がセグメント化し，お互いに独立したブロックの集合体からなる場合，プレート境界での応力や歪みは上盤側セグメントブロックごとに異なっている可能性が高

い．その結果，特定のセグメント化したブロックの基底で繰り返し起こるプレート境界地震は，同一の破壊領域（アスペリティ）をもっていると考えることが可能である（Lay and Kanamori, 1981；Lay et al., 1982；Matsuzawa et al., 2002）．

■11.3.3　セグメント境界とアスペリティ

　プレート境界地震は，普段はプレート境界の固着した震源域で歪みが蓄積され，それが限界を超えると一気に破壊にいたって起こる現象である．この破壊を起こして，大きくすべる領域をアスペリティと呼ぶ（Lay and Kanamori, 1980）が，その領域の大きさは地震の規模（Mw）と対応する．破壊を起こす場所については，これまでは，ほぼ一定しており，同じ場所で繰り返し地震が発生すると考えられていた（図 2.4.2）．しかしながら，2011 年東北沖地震においては，これまで知られていた多数のアスペリティが，その間に分布する，これまで非地震性すべり域と考えられていた領域と一緒に連動して大規模な地震すべりを起こした．このようなアスペリティの実体を理解し，プレート境界地震が発生する仕組みを理解することは，そこでの地震や津波の発生を予測するうえで，きわめて重要である（飯尾・松澤，2012；松浦，2012）．

■11.3.4　プレート境界での深さに依存した破壊特性変化

　2011 年東北沖地震などの沈み込み帯のプレート境界で発生する超巨大地震には，深さによるすべり特性の違い（図 11.3.1）が認められ，大きなすべり分布域が沈み込み帯のプレート境界浅部である海溝寄りに位置しているのに対して，短周期地震波の励起源は陸側のプレート境界深部に位置している（Lay et al., 2012；長谷川，2015）．一般に，陸に近いプレート境界深部では，すべり量は浅部ほど大き

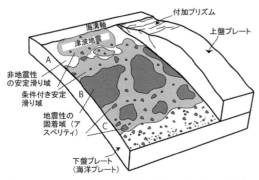

図 11.3.1 深さに依存した破壊（すべり）特性の模式図（Lay et al., 2012；長谷川，2015）

沈み込み帯のプレート境界地震の発生域は，深さに応じてすべり特性が異なる A, B, C の 3 つに区分される．非地震性の安定すべり域：定常的にゆっくりすべる領域で，海溝軸近傍（下部海溝斜面下のスラブ-上部地殻上部接触域）とプレート境界地震の発生下限より背弧側のプレート境界深部で認められる．条件付き安定すべり域：場合によって，間欠的にゆっくりすべったり，高速で地震すべりを起こしたりする領域（中部海溝斜面下のスラブ-上部地殻下部接触域）．地震性の固着域（アスペリティ）：ふだんは固着していて地震時に高速ですべる領域（上部海溝斜面下のスラブ-下部地殻接触域からプレート境界地震の発生下限までの領域）．

くないが，より高速で複雑なすべりによって，強い短周期地震波が放射される．従来，宮城県沖や福島県沖で繰り返された M 7.5 前後の地震の震源域は，このプレート境界深部に位置している．一方，プレート境界浅部の海溝寄りでは，きわめて大きなすべりが生じて大きな津波の原因とはなるものの短周期の地震波はあまり放射しない．図 11.3.1 中の海溝軸近傍のプレート境界地震発生域の最浅部である A 領域（下部海溝斜面下：海溝軸〜スラブ-上部地殻上部接触域）では，一般に津波地震あるいは定常的な安定すべりが生じる．そのため，2011 年東北沖地震の発生以前には，ほとんどプレート境界地震の発生は認められておらず，この領域のプレート境界は海溝内縁無地震域（日野ほか，2011）と呼ばれていた．A 領域に続くプレート境界浅部の B 領域（スラブ-上部地殻下部接触域〜スラブ-下部地殻接触域）では，概して短周期地震波の放射は少ないが，大きな地震すべりが生じる領域である．そして，さらに深部のスラブ-マントル接触域に入ったプレート境界深部の C 領域では，すべり量は小さいが，短周期地震波の放射が著しい．そして，以上の地震発生帯より深部のスラブ-マントル接触域の粘性領域においては，プレート境界でのすべりは，定常的な安定すべりかあるいは間欠的なゆっくりすべりが生じる．このように，沈み込み帯のプレート境界では，深度の増加に伴う摩擦特性の変化に起因した顕著なすべり特性の変化が認められている（Lay et al., 2012；長谷川，2015）．

■11.3.5 速度-状態依存摩擦構成則

断層面では摩擦力が働いているが，両盤が断層に沿ってすべり始めると，摩擦係数は静止摩擦係数から動摩擦係数に変わる．速度-状態依存摩擦構成則によれば，断層が動きはじめて，すべり速度が増加した際，摩擦係数もいったん上昇した後，減少する．その後のケースとして，摩擦係数が前より大きくなるすべり速度強化の場合と，前より小さくなるすべり速度弱化の場合があり，前者では安定すべりとなり，後者では動的すべりに移行して地震すべりが発生する．普段は固着していて地震時に地震すべりを起こすアスペリティはすべり速度弱化条件下に，安定すべりを起こす非アスペリティ領域はすべり速度強化条件下にある．動的すべりに移行するのに必要なすべり量を臨界すべり量と呼ぶ．

■11.3.6 2011 年東北沖地震のすべりモデル

海底地殻変動データも含めて推定された 2011 年東北沖地震のすべり分布のモデルを図 11.3.2（Ozawa et al., 2012）に示す．図に示されているとおり，すべり量が 40〜50 m を超える大きなすべり領域は南北 2 つに分かれ，いずれも本震震源の海溝側に位置している．1 つは本震震源のすぐ海溝寄りで，もう 1 つはそれより 80〜90 km 北側に寄った位置にあり，すべり量の小さい領域が両者の間に分布している．これら推定される地震すべり量のピーク位置は，海底で最大隆起を起こした下部海溝斜面領域ではなく，中部海溝斜面領域にある．プレート境界での最大すべり量 40〜50 m は，この地域での沈み込み速度が約 8 cm/年程度であることから，ほぼ 500〜600 年以上固着していた部分（強いアスペリティ）が，大きなすべりによって歪みを完全に解放したことを意味している．

11.3 プレート境界地震の発生とアスペリティ

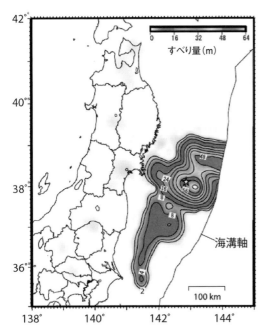

図 11.3.2　海底地殻変動データも含めて推定された 2011 年東北沖地震のすべりモデル（Ozawa et al., 2012）
星印が，2011 年東北沖地震本震の震源である．すべり量の高い領域が複数あることを示している．

■ 11.3.7　2011 年東北沖地震の発生モデル

2011 年東北沖地震は，プレート境界での非アスペリティ領域を含む大きな地震すべりの発生で特徴づけられる．東北地方太平洋沖で太平洋プレートの沈み込みにより蓄積される歪は，そのような超巨大地震の発生により，定常的に解消されている可能性が高い．2011 年東北沖地震で，複数のアスペリティを同時に破壊して M9 の地震を生じさせるモデルとして，以下のような考えがある（長谷川，2012；2015）．

a. 多様な発生モデル

熱圧化による速度強化領域の速度弱化への変化：地震時に発生する摩擦熱で間隙流体圧が上昇（熱圧化）して，摩擦強度の低下を起こし，大きなすべりを生じる．たとえば，通常の地震発生帯より浅部での間隙流体圧が，継続的にプレート境界に沈み込む含水遠洋性堆積物の続成作用によって次第に上昇し，それが熱圧化を伴うプレート境界浅部での地震すべりを含む超巨大地震の発生によって低下する場合は，続成作用が関係した時定数で超巨大地震を起こす（Mitsuii and Iio, 2011, Yagi and Fukahata, 2011；

Kimura et al., 2012）．

プレート境界浅部の強いアスペリティパッチ：プレート境界浅部では，流体が効率よく排出され間隙流体圧が低下する．その結果，摩擦強度が高まり固着が強くなって強いアスペリティとして機能するため，深部のより弱いアスペリティの破壊より長い時定数で両者の連動破壊を起こす（Kato and Yoshida, S., 2011）．

階層アスペリティモデル：震源域全域がすべり速度弱化条件下にあるが，臨界すべり量が小さい領域が，臨界すべり量の大きい領域に囲まれてパッチ状に分布し，前者のみの破壊のサイクルより長いサイクルで全体が地震すべりを起こす（Hori and Miyazaki, 2011）．

高速すべりによる速度弱化への変化：低～中すべ

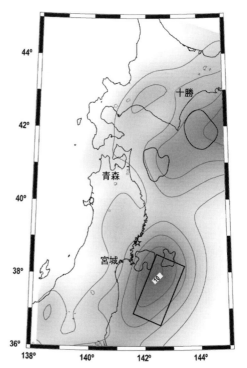

図 11.3.3　プレート境界のすべり遅れ（結合度）分布とプレート境界大地震の震源域（Suwa et al., 2006）．
1997～2002 年の GPS データから推定されたプレート境界のすべり遅れ（結合度：バックスリップ）を，細い実線のコンター（2 cm 間隔）と白黒の濃淡（Suwa et al., 2006）で，プレート境界大地震のアスペリティ（Yamanaka and Kikuchi, 2003, 2004；室谷ほか，2003）を太い実線で示す．Kanamori et al. (2006) は，宮城県沖から福島県沖のすべり遅れを解消するため，いずれはゆっくりすべりイベントか，大地震が発生する可能性を指摘していた（長谷川ほか，2015）．

り速度ですべり速度弱化を起こすアスペリティが，同じすべり速度領域ですべり速度強化を起こす非アスペリティ領域に囲まれている場合，長期にわたり蓄積した歪によってすべり速度がある閾値（臨界すべり速度）を超えた高すべり速度条件下では，いずれもすべり速度弱化して全体が地震すべりを起こす（Shibazaki *et al.*, 2011）.

b. 超巨大地震を引き起こす臨界条件

地震は摩擦構成則に従って挙動する断層面に沿った摩擦すべりであり（長谷川，2012），2011年東北沖地震のような超巨大地震は，上に記したように間隙流体圧の変動による摩擦強度変化や，臨界すべり量や臨界すべり速度を超える断層運動によって，多数のアスペリティとその周囲の非アスペリティ領域全体が同時にすべって発生すると考えられる．これらの超巨大地震を起こす臨界条件がどのようにして達せられるかを検討する必要がある.

2011年東北沖地震に関しては，おもにスラブ-マントル接触域で，ほぼこれまでのM7～8クラスの地震のアスペリティに対応する複数の場所で，ほぼ連続して強震動を起こし，さらに，スラブ-地殻接触域の海溝側で大すべりを生じ，蓄積されていた歪のほとんどを解放してしまったと考えられている（Hasegawa *et al.*, 2011；Ide *et al.*, 2011）．また，本震発生後，大すべりが発生する前の段階でM9クラスの性質を有していたと考えられる（飯尾・松澤，2012）ことは重要である．大すべり発生前からM9の特徴を有していたということは，地震時に発生した摩擦熱の効果を考える立場を支持しない．臨界すべり量や臨界すべり速度を考える立場，あるいは摩擦強度の高い部分が破壊される立場は，いずれも，これまでの個々のアスペリティを破壊する断層運動とは異なる，最も強い固着域を破壊して，プレート境界に蓄積されていた歪みのほとんどを解放できるメカニズムの存在が必要となる．いずれにしても，東北地方太平洋沖では，数十～百数十年間隔で繰り返すM7～8クラスの地震では，プレート境界のすべり遅れを解消できず，500～1000年程度の間隔で発生するM9地震によって，プレート境界のすべり遅れ（図11.3.3）が解消されていると推定される（長谷川，2012）.

11.4 プレート境界断層，高角分岐断層と大規模横ずれ断層

■ 11.4.1 プレート境界断層（メガスラスト）

Kimura *et al.*（2008a）は，巨大地震を発生する断層の固着域を直接観察することを目指し，沈み込み帯前弧域の地震発生帯を掘削して，プレート境界断層（メガスラスト，あるいはデコルマ）と高角分岐断層の試料採取と断層近傍の物性計測に成功している．南海トラフでは，プレート境界断層（メガスラスト）が，地震波反射面として観測され，変形フロントから地震発生帯まで続いている（図11.4.1）．採取されたプレート境界断層（メガスラスト）からの試料は著しく変形している．この著しく変形した部分は圧密や続成作用により固化が進行し，その間隙率は小さく，浸透率も小さい．それに対して，この変形が進行したメガスラスト（デコルマ）の直下は，変形があまり発達せず，間隙率は大きい．変形による圧密や続成作用で透水性が悪くなったメガスラストの下に，間隙率の大きい層があると，地震波に対して反射係数が負となり，極性の反転した（負の極性を示す）反射面としてとらえられる．透水性が悪い，変形の進んだメガスラスト直下は，すべりに対して摩擦抵抗が最も小さい場所となり，次にすべるときには，この部分が新たなすべり面＝メガスラスト（デコルマ）面としてはたらく（Kimura *et al.*, 2008a）.

■ 11.4.2 日本海溝から沈み込むプレート境界の特徴

日本海溝に沈み込む海洋プレート（図11.1.7）は，玄武岩質海洋地殻とその上にのる厚さ400～500mの降下火山灰を含む遠洋性堆積物からなる．この遠洋性堆積物の最下部には白亜紀のチャートやカルセドニーなどが認められるが，その多くは新生代に属する珪藻質～放散虫質のシルトからなる（The Shipboard Scientific Party, 1975, 1980）．この沈

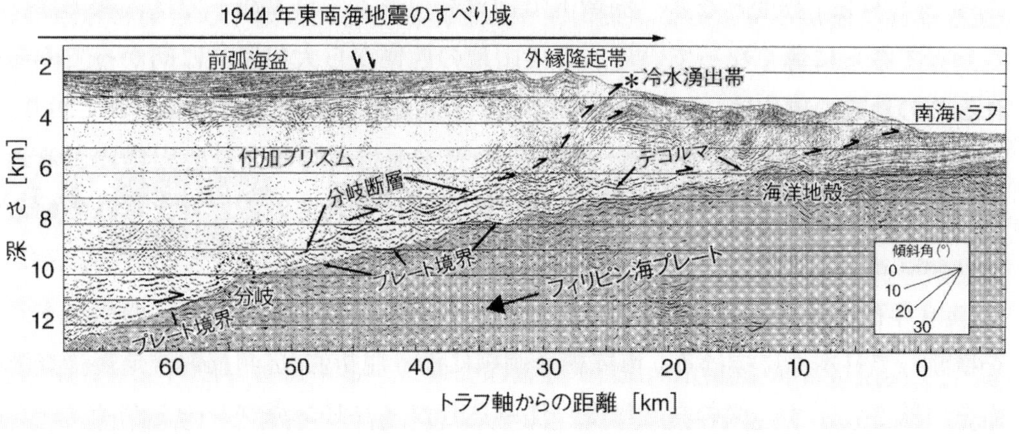

11.4 プレート境界断層，高角分岐断層と大規模横ずれ断層

1944 年東南海地震のすべり域

図中ラベル：前弧海盆，外縁隆起帯，＊冷水湧出帯，南海トラフ，付加プリズム，分岐断層，デコルマ，海洋地殻，プレート境界，フィリピン海プレート，再分岐，プレート境界，傾斜角（°）

縦軸：深さ [km]　横軸：トラフ軸からの距離 [km]

図 11.4.1　1944 年東南海地震の震源域を通り，トラフ軸に直交する測線に沿う反射法地震探査断面（Park *et al.*, 2002；長谷川ほか，2015）

み込む海洋プレートには，落差が 200〜1000 m のホルスト−グラーベン構造（Tsuji *et al.*, 2011）が発達しており，これが海溝部から沈み込んで，上盤側の大陸プレートを構成する岩石を削り取るようにして地球内部に運び込むことにより，造構性侵食作用がはたらいていると考えられている（Tanioka *et al.*, 1997；木村・山口，2009；丸山ほか，2011）．造構性侵食作用がはたらいている日本海溝では，沈み込む海洋プレートに接する上盤側は，先端部や表層部を除いて，主に大陸地殻の基盤岩に由来する固結度の高い岩石から成ると推定される．したがって，東北日本弧では，沈み込む海洋プレートに由来する流体は，プレート境界断層（メガスラスト）部に集中する傾向が強いと考えられ，また，断層の固着域も，より浅部まで続いている可能性が高い（Kato and Yoshida, 2011；飯尾・松澤，2012）．

■11.4.3　プレート境界断層（メガスラスト）の特徴

日本海溝において，太平洋プレートは東北日本弧の下に約 4.6°の傾斜で沈み込んでいる（図 11.4.2）．そこでの内部破壊の特徴や余震分布から，傾斜角の小さい中部海溝斜面が伸張性臨界状態にあるのに対して，傾斜角の大きい下部海溝斜面は圧縮性臨界状態にあると推定されている（Wang and Hu, 2006；斎藤ほか，2009b；Kimura *et al.*, 2012）．

a.　プレート境界面での反射特性

スラブ−上部地殻下部接触域である日本海溝斜面

上部基盤リッジから中部海溝斜面下に位置するミドルプリズム下のメガスラストは，その下に位置する玄武岩質海洋基盤の表面が正の極性（positive polarity）を示す強い反射体であるのに対して，負の極性（negative polarity）を示す顕著な反射体の存在で特徴づけられる．プレート境界面での反射特性は，境界面を挟む両盤の構造，孔隙圧，密度差などに影響され，ミドルプリズムの陸側プレート基底で認められる負の極性を示す強い反射体の存在は，塊状の陸側プレートの下底が破砕されていたり，陸側プレート基底をなす岩石に比較して強度の低い遠洋性堆積物を敷いていることを示唆している（von Huene *et al.*, 2009）．このことは，スラブ−上部地殻下部接触域のメガスラストが高い間隙流体圧をもった流体を保持している可能性を示唆している（Kimura *et al.*, 2012）．

b.　前弧ウェッジの温度構造

スラブ傾斜角や沈み込み速度，沈み込む海洋プレートや上盤プレートの温度などで変化する沈み込み帯での温度構造は，プレート境界での破壊様式に影響し，地震発生帯の深度を左右する重要な要因である（Hyndman and Wang, 1993, Peacock and Wang, 1999；Wada and Wang, 2009；Kimura *et al.*, 2012）．Kimura *et al.*（2012）は，前弧ウェッジ先端域のメガスラストに沿った温度構造を，そこでの地殻熱流量や断層に沿った剪断応力下でのすべり量から見積もった摩擦熱なども参照しながら求めている（図 11.4.2）．それによれば，変形フロントから陸側に 100 km の深度約 20 km のプレート境界での推定温

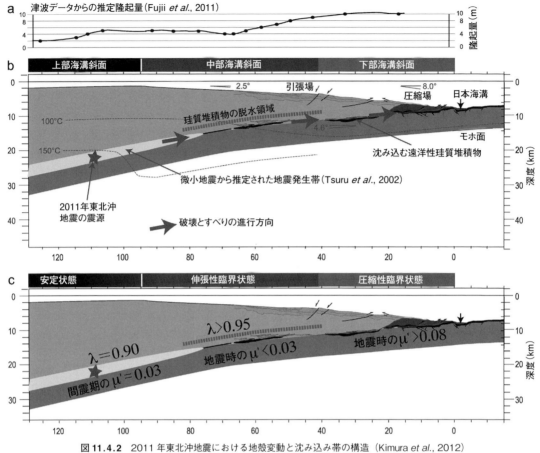

図 11.4.2 2011年東北沖地震における地殻変動と沈み込み帯の構造 (Kimura et al., 2012)
a：津波データから推定された海底の隆起量 (Fujii et al., 2011)．b：2011年東北沖地震の震源位置と，珪質堆積物の脱水深度範囲や温度構造との関係．中部海溝斜面では引張が，下部海溝斜面では圧縮が働いたことが示唆される．c：推定された間隙水圧比（λ），とプレート境界メガスラストでの有効摩擦係数（μ'）．プレート境界メガスラストが，中部海溝斜面下において高い流体圧下で破壊し，その破壊が海溝軸まで進行したと推定される (Kimura et al., 2012).

度は約150℃に達し，深度約24 kmに位置する2011年東北沖地震の震源近傍の温度は約160℃と推定されている．

c. 沈み込み堆積物の続成作用と脱水作用

日本海溝でスラブとともに一定の速度で連続的に沈み込む堆積物は泥質あるいは珪質のシルトであり，プレート境界では温度の上昇で進む続成作用に伴ったオパールAからオパールCT，そして石英への転移やスメクタイト-イライト転移によって，変形フロントから水平距離40～80 kmのプレート境界で脱水作用が進行する．日本海溝での温度構造から推定される堆積物の最大脱水深度は海溝の変形フロントから水平距離で50～60 kmのプレート境界であり（図11.4.2），そこでのメガスラストに沿った温度は100～120℃と推定されている．珪質堆積物は，続成作用の進行とともに脱水し，変形フロントから距離約80 km陸側の約120℃を超えたプレート境界で，ほぼ脱水が終了して，チャート質な堆積岩に変化する．このプレート境界での120℃という温度は，ほぼ地震発生帯の上限深度での温度に相当している (Oleskevich et al., 1999)．珪質堆積物からの最大脱水域は，ほぼ中部海溝斜面下のスラブ-上部地殻下部接触域に相当し，プレート境界のメガスラストで負の極性を示す顕著な地震波反射体が認められる領域と一致している．スメクタイトなどの粘土鉱物の脱水温度も珪質堆積物よりは高いが，150℃を超えるものではない (Kimura et al., 2012).

d. メガスラストでの高い間隙流体圧の発生

日本海溝でのプレート境界地震発生帯での間隙流

体圧比（λ' = 間隙流体圧/静岩圧）は 0.96〜0.98，あるいは静水圧で規格化した間隙流体圧比（λ_b =（間隙流体圧−静水圧）/（静岩圧−静水圧））は 0.93〜0.96 と考えられている（Seno, 2009）．2011 年東北沖地震では，水平圧縮域が地震後，ほとんど水平引張域に変化したことから，地震発生時の差応力の大きさは，約 21〜22 MPa ときわめて小さかったことが指摘されている（Hasegawa *et al.*, 2012）．Kimura *et al.*（2012）は，この小さな差応力の原因として，地震発生帯での高い間隙流体圧比（λ_b = 〜0.90）が寄与しているとしている．そして，通常の深度 15 km 以浅の非地震帯を破壊するためには，中部海溝斜面下のメガスラストでの地震時の有効摩擦係数が 0.03 以下であり，そのときの間隙流体圧比 λ_b は 0.95 を超えていたと論じている．一方，地震時に圧縮性臨界状態で大きくすべった，これまで海溝内縁無地震域とよばれていた下部海溝斜面下のプレート境界では，すべり速度強化により有効摩擦係数が 0.08 を超えていたとしている（図 11.4.2）．

間隙流体圧には，断層に沿った浸透率が重要であるが，プレート境界断層に沿った間震期での浸透率は十分に低く，高い間隙流体圧の発生が示唆されている（Kato *et al.*, 2004）．これらのことから，Kimura *et al.*（2012）は，2011 年東北沖地震におけるメガスラストに沿った大きなすべりは，このスラブ−上部地殻接触域で，数百年から 1000 年の長期にわたって継続した遠洋性堆積物の続成作用に伴う定常的な流体の放出により，異常に高い間隙流体圧が，通常の地震発生帯より浅部の中部海溝斜面下に生じた結果であると結論している．

e.　断層バルブモデルと地震発生サイクル

地震後，生じた断層では間隙の固着が進行したり，鉱物が間隙に沈殿したりして，透水性が悪くなって間隙水圧が，次第に高くなるとともに，テクトニックな応力による変形が進行し，歪みエネルギーが増加していく．Sibson（1992）の断層バルブモデルでは，間震期に透水性の悪い断層の間隙水圧が次第に高くなって，断層の摩擦強度が低下するとともに，断層周辺の岩盤では歪みエネルギーが増大していき，ある時点で，有効法線応力が低下し摩擦強度が下がった断層が再活動する．ダイラタンシーを伴う断層破壊により，間隙が繋がり流体が断層から排出されて，間隙水圧が減少すると，断層の摩擦

強度が回復して間震期に入る（斎藤ほか，2009a）．2011 年東北沖地震に際しても，地震により海側へすべった上盤陸側プレートの中部海溝斜面に発達している，プレート境界断層から分岐し高角で海底に達する正断層では，地震直後に高い地殻熱流量を示し，これが開口割れ目として働いて，メガスラストの破壊で深部から解放された間隙流体の湧出口（図 11.1.11）として機能したことを示している（Tsuji *et al.*, 2011, 2013）．

■11.4.4　下部海溝斜面下での動的過程

a.　下部海溝斜面下での大すべりの発生

通常のプレート境界地震発生帯の浅部に位置するミドルプリズムからフロンタルプリズム下のプレート境界は，一般にすべり速度強化条件下にあり，地震時の摩擦係数が大きいため，急激なすべりを抑制すると考えられていた（Seno, 2009；Wang *et al.*, 2010）．2011 年東北沖地震に際しては，海岸部から上部海溝斜面での沈降を伴う，スラブ−上部地殻接触域にあたる海溝陸側斜面（中部海溝斜面〜下部海溝斜面）下の前弧ウェッジ先端部（深度 15 km 以浅）基底の破壊に伴う急激な隆起（図 11.4.2，図 11.4.3）によって，大きな津波が発生している．特に大きな隆起は，前弧ウェッジ先端部の圧縮性臨界状態にある下部海溝斜面域で起こっている（Fujii *et al.*, 2011；Ito *et al.*, 2011；Kido *et al.*, 2011；Sato *et al.*, 2011；Kimura *et al.*, 2012；Tsuji *et al.*, 2013）．

b.　下部海溝斜面下での大すべりの原因

なぜ，2011 年東北沖地震において，通常のプレート境界地震発生帯の上限である深度 15 km 以浅（スラブ−上部地殻接触域）で断層破壊と大すべりが生じたかは重要な問題である．津波のデータから導かれた東北地方太平洋沖の海底における，海岸部から上部海溝斜面での沈降域の分布は本震の震源域周辺での隆起域の分布と相補的であるのに対して，海溝軸近傍での大すべり域は，より幅がせまく，圧縮性臨界状態におかれ，これまで海溝内縁無地震域とよばれていた下部海溝斜面下に限定されている（図 11.4.4）．したがって，海底での大津波をひきおこした隆起運動のメカニズムは，下部海溝斜面下とその陸側では異なっていた可能性が高い．2011 年東北沖地震で観測された 2 波の津波のうち，

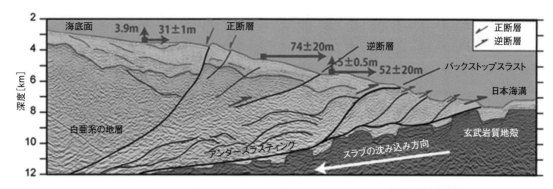
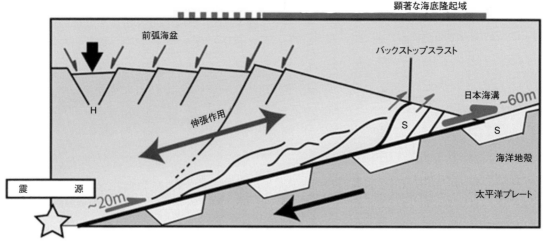

図 11.4.3　2011年東北沖地震における地殻変動と前弧ウェッジの構造（Tsuji et al., 2011, 2013）
上：反射法地震探査結果とその地質学的解釈図に地震時の海底の移動量を示す（Ito et al., 2011；Kido et al., 2011；Sato et al., 2011；Tsuji et al., 2013）．下：2011年東北沖地震時の断層破壊と津波の発生モデル（Tsuji et al., 2013）．ここでは大陸性地殻物質の上に載る堆積物は描かれていない．前弧堆積盆が発達する上部海溝斜面域での多数の正断層の活動によりその前弧側の津波発生域の海底への隆起が促されたと推定されている．

最初の津波は，震源が深い貞観地震タイプの海岸部から上部海溝斜面域での沈降と本震震源域周辺での隆起に伴うもので，それに続いた第2波目の津波は，三陸津波地震発生域に近い下部海溝斜面の急激な隆起に伴うものと考えられている（Satake et al., 2013）．

c．下部海溝斜面下での動的過剰すべり

長谷川（2015）は，2011年東北沖地震における海溝軸近傍の下部海溝斜面域でのきわめて大きな変位は，本震による断層面での食い違いに伴う弾性的な静的応答のみによるものではなく，それ以外の，プレート境界での動的過剰すべり（dynamic overshoot）などの動的応答（Ide et al., 2011）や非弾性的応答をも含んだものであろうと述べている．

たとえば，プレート境界の深部に位置するすべり速度弱化域で破壊がはじまり，それにより励起された地震波が浅部のすべり速度強化域に大きな応力変化をもたらして，その破壊が海溝軸まで突き抜けたり，プレート境界浅部の強いアスペリティがすべって，完全な応力解放がもたらされ，動的過剰すべりが生じて海溝軸に抜ける大きなすべりが発生したり，上盤陸側の剛性率が小さく，非常に低角なプレート境界における動的過剰すべりによって，最浅部での大きなすべりが発生したりするなどと考えられている（Ide et al., 2011；Duan, 2012；Fukuyama and Hok, 2013；Kozdon and Dunham, 2013）．つまり，

(Mase and Smith, 1987；Okamoto et al., 2006；Ujiie et al., 2008；斎藤ほか, 2009a；Noda and Lapusta, 2013).

■ 11.4.5 大規模横ずれ断層と高角の分岐断層

沈み込み帯の前弧海域においては、しばしば、高角の分岐断層や横ずれ断層群（大規模トランスファー断層）が、低角のプレート境界断層（メガスラスト）の上盤陸側プレートをセグメント化して、プレートの沈み込みに伴うプレート境界地震断層の空間的広がり（アスペリティ）を規制していると考えられる．

南海トラフでは、プレート境界断層（メガスラスト）の背後に、低角分岐断層が発達し、ときに、これが海溝側へ立ち上がり、高角分岐断層となって海底に達する．日本海溝にも、海溝軸近傍で、プレート境界断層（メガスラスト）から分岐する逆断層の他に、より陸側で、プレート境界断層から低角で立ち上がり、傾斜を増しながら海底に達する高角正断層の存在（図11.1.11）が知られている（Tsuji et al., 2011, 2013）．上盤側の大陸プレート内に発達する棚倉構造線などの長大な横ずれ断層（大規模トランスファー断層）や、その海上延長上に発達する分岐断層（馬場, 2017）は、基本的には高角であり、プレート境界断層（メガスラスト）が低角の逆断層として動く際には、前弧側と背弧側を高角で境する正断層（開口割れ目）として機能する可能性が高い（図11.4.3）．本来、これらのトランスファー断層（横ずれ断層）は、物性の異なる地質体の境界をなしており、プレート境界断層（メガスラスト）が逆断層運動をする際には、通常、セグメント境界として機能する．太平洋プレートの沈み込みによって生じる東西性の水平圧縮応力によりプレート境界断層（メガスラスト）が逆断層運動をする際、上盤陸側でセグメント境界として機能した高角の大規模トランスファー断層（横ずれ断層）の先端部から、セグメント境界の延長部として、海溝軸に直交する方向に、高角断層が分岐することが予想されるが、多くの北西-南東系横ずれ断層は、その海溝近傍では、海溝軸に直交する高角分岐断層を派生しており（馬場, 2017）、その多くが個々のアスペリティの境界、すなわちセグメント境界として機能していると推定

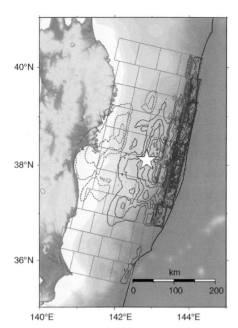

図 11.4.4 2011年東北沖地震における海底面の変位 (Satake et al., 2013)
すべり分布から推定した垂直変位のうち、実線のコンターは1m間隔の隆起量を示し、鎖線のコンターは0.5m間隔での沈降量を示す．本震震源を白星印で示す．

2011年東北沖地震のような超巨大地震の際には、通常はすべり速度強化の性質をもち、地震を起こさない定常的な安定すべり域であると考えられる前弧ウェッジ最浅部の下部海溝斜面下のプレート境界が動的にすべってしまうということを示唆している（長谷川, 2015）．

d. 流体の熱圧化による弱化メカニズム

Kimura et al.（2012）は、日本海溝に定常的に沈み込む遠洋性堆積物から、続成作用に伴って放出される流体が、次第に累積して中部海溝斜面下のメガスラストでの間隙流体圧比を次第に大きくしたと考えている．地殻内深度での間隙水圧は、通常、静岩圧の7割程度（Zoback and Townend, 2001）であり、封圧下でこれを加熱すると間隙水圧は上昇する．加熱による増圧で断層内での間隙水圧が静岩圧に近づくと断層の摩擦強度が下がり、断層破壊に至る．この流体の熱圧化による弱化メカニズムは、中部海溝斜面下のメガスラストのような間隙流体に富む断層での動的弱化メカニズムとして重要であり、それがプレート境界浅部での完全な応力解放をもたらして、前弧ウェッジ先端部である下部海溝斜面下での大きなすべりの原因になったと考えられている

される.

■ 11.4.6 前弧域における高角断層に沿った流体の排出

地層に歪みが生じると間隙水圧も変動する. この間隙水圧を計測すると歪みの大きさを推定することが可能となる（Kimura et al., 2008a）. また, 間隙水圧が高くなると有効応力が減少して, 破壊が起こりやすくなる. 一方, 地震前に微小破壊が起こってダイラタンシー（膨張）が起こると, その場所では間隙水圧は低下する. 前弧域において, 流体は, そこに発達する断層系に沿って移動する（木村, 2002；木村・木下, 2009；Kodaira et al., 2004；Kimura et al., 2012）. プレート境界断層（メガスラスト）の上盤側に発達する分岐断層, 特に高角の分岐断層は, しばしば海底面にとどき, ときに低周波地震を伴う（Ide et al., 2007）. このことから, これらはプレート境界から海底への流体排出路であると考えられている（木村ほか, 2005）. 海溝軸に平行なタイプの分岐断層にしろ, セグメント境界を成す横ずれ断層

にしろ, プレート境界断層（メガスラスト）に連結した高角の断層は, プレート境界から海底への流体排出路として機能し, それに連結するプレート境界部分の間隙流体圧を下げて, プレート境界の固着度を上昇させると予想される. 2011年東北沖地震で, 上盤陸側プレートに累積していた歪みはほとんど解放され, その際, 陸側プレート内の開口割れ目に沿って, メガスラスト域の間隙流体が排出されている. その結果, メガスラスト内の間隙流体圧は低下し, 断層面の摩擦強度は地震後強化されたと推定される. 今後の, 定常的に続く太平洋プレートの沈み込みに伴い, メガスラスト域での間隙流体圧が上昇するとともに, 上盤陸側プレートに発達している高角断層群においても開口割れ目の閉塞が進行する. 高角断層群の閉塞は一様ではなく, 海溝軸に平行な断層は, 海溝軸に斜交, あるいは直交する断層に対して, 先に閉塞が進行するため, 間隙流体をメガスラスト域から排出する上盤陸側プレート内の開口割れ目の閉塞は段階的に進行しながら, 全体的な流体排出路の閉塞が進み, メガスラスト域での間隙流体圧の破壊的な上昇ステージに至ると考えられる.

11.5 2011年東北沖地震の前震, 本震, 余震活動

■ 11.5.1 2011年東北沖地震の前震活動

2011年東北沖地震に先行して, その震源域の2つの強いアスペリティ周辺において, 地震性ならびに非地震性すべりが生じている（図11.5.1）. この地域では, 1936年と1939年に宮城県沖, 1938年に福島県沖, そして1978年と1981年に宮城県沖でM7クラスの地震が起きている. その後2003年10月までの約22年間の地震活動は比較的静穏であった. この時期の地震の多くは図11.5.1(a)に示すように, 2011年東北沖地震の2つの強いアスペリティ周辺の陸側深部で発生しており, 最後の1981年の地震は, 2つのアスペリティの間の陸側近傍で起こっている. 2003年10月のM7クラスの地震発生以降, 再び, 2011年東北沖地震震源域の西側深部における地震活動が活発となり, その間には, 地震すべりのモーメントに匹敵する異常に大きな余効すべり（非地震性のゆっくりすべり）を伴ったM7

クラスの地震も発生している. 図11.5.1(b)には, 2003年以降2010年末までの間の地震すべり量と余効すべり量を加えたすべり分布を示している（Suito et al., 2011）. この2011年東北沖地震発生前に, その震源域から西〜南西側深部で生じた広い範囲での固着の剝がれが, その後の2011年東北沖地震での2つの強いアスペリティにおける固着の剝がれを促したと考えられている（Hasegawa and Yoshida, K., 2015；長谷川, 2015）.

■ 11.5.2 2011年東北沖地震に先行したすべりの加速

Mavrommatis et al.（2014）は, 1996年以降のGPS時系列データに基づいて, 前節で述べた2011年東北沖地震の発生に向けて, 宮城県沖から茨城県沖の図11.5.1(b)において, 2011年東北沖地震震源域の南西側深部で固着の剝がれが進行していた領域に

11.5 2011年東北沖地震の前震,本震,余震活動

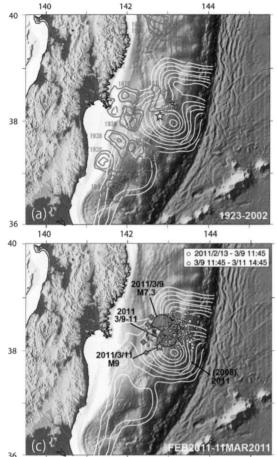

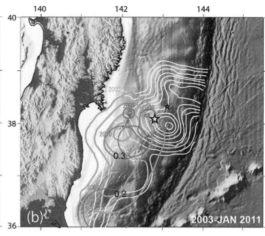

図 11.5.1 2011年東北沖地震に先行した地震すべりと非地震性すべり (Hasegawa and Yoshida, 2015)
(a) 1923〜2002年，年号のついた灰色のコンターは地震すべりを示す．
(b) 2003〜2011年1月，灰色のコンターのうち，年号のついたものは地震すべりを，年号のついていない全体をカバーしたコンターは非地震性すべり（ゆっくりすべりイベント）を示す．
(c) 2011年2月〜3月11日の本震発生まで．2011/3/9 M7.3 と表記した楕円は3月9日M7.3の最大前震のすべり域を，2011/3/9-11と表記した楕円はその余効すべり域を示す (Ohta et al., 2012)．白丸および灰色の丸はそれぞれ2月13日からの前震および3月9日からの前震の震源．菱形は海底圧力計の観測点である．2011年東北沖地震のすべり分布 (Ozawa et al., 2012) を白コンターで示す．
(Yamanaka and Kikuchi, 2003, 2004；室谷ほか, 2003；Ozawa et al., 2012；Hasegawa and Yoshida, 2015)．

おいて，陸側プレートのすべりが次第に加速していたことを明らかにしている（図11.5.2）．図に示されているように，すべりの方向は宮城県沖ではほぼ2011年東北沖地震のすべり方向に一致しているが，その南側では北西から南東に向けてすべっており，これはほぼ棚倉構造線などの大規模トランスファー断層の向きに調和的な方向である．なお，2011年東北沖地震の北側のアスペリティより北側の領域ではすべりの方向は南東から北西に向く逆向きを示し，すべりの加速ではなく，すべり遅れを示している．これについては1995年三陸はるか沖地震以降回復しつつあるこの領域でのプレート間固着に対応するものと考えられている（Hasegawa and Yoshida, K., 2015）が，このすべりの加速域とすべりの遅れ域の境界は，先に述べた北部北上帯と南部北上帯の境界にほぼ一致している．

■ 11.5.3 本震と最大前震の震源位置

上記の通り，2011年東北沖地震震源域の深部で，長期間にわたってプレート間すべりの加速が進行していたなかで，M9地震の約1ヵ月前，2011年2月中旬から，顕著な前震活動が本震震源近傍北側の2つの強いアスペリティ間の深部で始まっている（図11.5.1(c)）．この場所は上部海溝斜面海側のスラブ-マントル接触域最上部の通常の地震発生帯にあたる場所である．そして，2日前の3月9日にM7.3の最大前震とその余震活動が継続するなかで，3月11日にM9.0の本震が発生した．本震の震源は，2日前の最大前震の余震活動域の南西端に位置している．

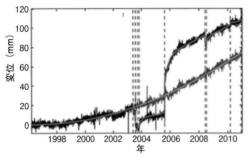
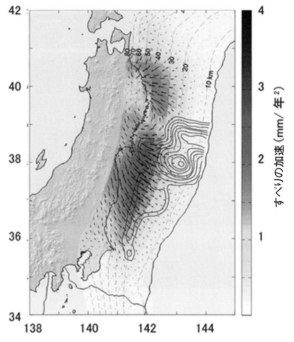

図11.5.2 2011年東北沖地震に先行したすべりの加速 (Mavrommatis *et al.*, 2014; Hasegawa and Yoshida, 2015)

(左) 2011年東北沖地震に先行したすべりの加速. 女川観測点におけるGPS時系列を示す. 滑らかに右上がりに変化する線が地震すべりと余効すべりの効果を除いた時系列で, 2003年以降に上下しながら変化しているのが観測値である.

(右) 推定された先行すべりの分布. すべりの加速の大きさをグレースケールで, すべりの加速の方向を矢印で示す. Mavrommatis *et al.* (2014) による. 薄い黒線は2011年東北沖地震のすべり分布 (Ozawa *et al.*, 2012).

■ **11.5.4 前震活動域の移動による本震のトリガー**

本震の破壊開始点に向けた前震活動の移動は, 2月15日頃から2月29日頃までの前震活動と, 3月9日の最大前震の発生から本震の発生まで続いた前震活動の両方で認められている (図11.5.3). 図11.5.1(c) に, 2月13日以降に2週間程度継続した

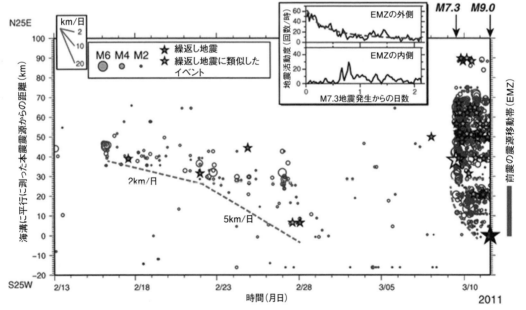

図11.5.3 2011年東北沖地震の際に, 繰り返し起こった前震の本震破壊開始点側への移動 (Kato *et al.*, 2012)
EMZ (earthquake migration zone): 前震の震源移動帯. 丸は各前震を海溝に平行な方向での2011年東北沖地震本震の震源からの距離に示している. 星印は繰り返し地震を示す. ここでは北側をプラスにとっている. 破線は前震の移動を示す. 右上の枠内に示した破線は余震の大森公式に従った減少を示す.

本震震源の北側から本震近傍へと移動した前震活動の震源とともに，M7.3最大余震のすべり域と，その南東側浅部の余効すべり域を示す（Kato et al., 2012; Ohta et al., 2012）．最大前震が発生した本震2日前以降の前震活動は，当初は本震の北東側に集中していたが，1日数kmの速度で地震活動域が，次第に南西側の本震の震源側へと拡大する傾向が観察されている（Mitsui and Iio, 2011; Kato et al., 2012）．Ando and Imanishi（2011）は，この前震活動フロントの移動を，流体の拡散に伴って最大前震の余効すべりが本震の震源域へと拡大した結果であると解釈している．このことから，最大前震の発生に伴う流体の関与した余効すべりによって，次のM9.0本震がトリガーされた可能性が指摘されている（Matsuzawa et al., 2004; 飯尾・松澤，2012）．

Ito et al.（2013）は，海底圧力計のデータ解析から，2月中旬から始まった前震活動に対応して，中部海溝斜面下において北側のアスペリティ領域から南側の強いアスペリティ領域に向け，Mwにして約6.8におよぶ非地震性すべりが伝搬した（図11.5.1(c)）ことを明らかにしている．同様の非地震性すべりが同じ場所で3年前の2008年にも起こっていたらしい（Ito et al., 2013）．

■ 11.5.5 強いアスペリティの破壊による本震の発生

上記したM7～8クラスの大きな地震を伴う複数の地震すべり，非地震すべりイベントの発生によって，500～600年以上にわたって固着してきた2011年東北沖地震のアスペリティ（特に南側のアスペリティ）に，繰り返し応力が加えられて，スラブ-下部地殻接触域に位置する南側のアスペリティのモホ面との接合部に近い深部側で破壊（2011年東北沖地震の本震）が起こり，これが隣接する北側のアスペリティの破壊を誘発するとともに，周囲，とくに

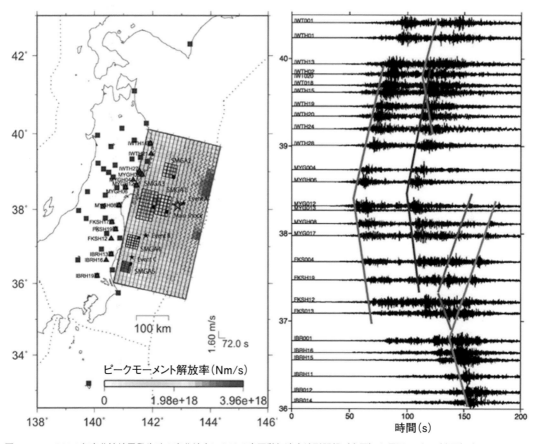

図11.5.4 2011年東北沖地震発生時の東北地方における東西動加速度波形記録（右図）と震源モデル（左図）（Kurahashi and Irikura, 2011）

深部のスラブ-マントル接触域にあった複数のアスペリティを巻き込んで広大なプレート境界が破壊・移動して，M 9.0 におよぶ 2011 年東北沖地震が発生したと考えられている（Hasegawa and Yoshida, K., 2015 など）．

■ 11.5.6　2011 年東北沖地震本震の震源モデル

防災科学技術研究所によって展開されていた強震計の東西動加速度波形記録を，東北日本に沿って北から南に並べたものを図 11.5.4（右）に示す（Kurahashi and Irikura, 2011）．図から 2011 年東北沖地震における強震動は，複数回にわたって異なる場所で発生していることがわかる．これをもとに推定した，5 つの強震動発生域をもつ震源モデルが図 11.5.4（左）である．図から，すべり量の大きな領域が海溝軸に近い側に 2 つに分かれて分布するのに対して，強震動発生域の多くは陸に近いプレート境界深部のスラブ-マントル接触域に分布していることがわかる（Kurahashi and Irikura, 2011；Yoshida, K. et al., 2011）．

■ 11.5.7　3 段階の断層すべりの進展と 2 波の津波の発生

2011 年東北沖地震については，地震波データや測地・津波データ，地形変動等に基づいて，その断層モデルや破壊過程が詳しく解析されている（例えば，八木，2012 など）．それらの結果にもとづけば，2011 年東北沖地震の震源過程は，大きく 3 段階に分けられる．解析結果の一例を図 11.5.5（Yoshida, K. et al., 2011）に示す．

三陸沖南部海溝寄りの西縁に位置する，モホ面近傍のプレート境界で，最初の逆断層型の震源破壊が起きた．その 40〜60 秒後程度までの第一段階は，通常のプレート境界地震であり，20 秒後には破壊が震源からより深い陸側の宮城県沖の領域に及び，2005 年の宮城県沖の地震で破壊されずに残っていた 1978 年の震源域が破壊された．この想定宮城県沖地震域の歪みを解放した結果，地震発生帯の陸側深部では 35 秒後頃からいったん破壊速度が低下するが，その後再び海溝寄りの大すべりに引きずられ

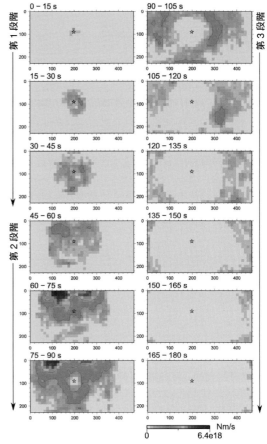

図 11.5.5　モーメント速度値（Nm/s）で示した 2011 年東北沖地震の破壊過程（Yoshida, K. et al., 2011）
星印が破壊の開始点．各フレームの左上に破壊開始からの時間（秒）を示す．破壊過程は，3 段階（0〜45 s，45〜90 s，90〜180 s）に区分でき，北側の深部での破壊に始まり，それが浅部での大きなすべりに拡大した後，破壊域が南へと移動して，活動を終えている（Yoshida, K. et al., 2011）．

て速度が増加し，80 秒過ぎまですべり続ける．この第 1 段階の破壊により，貞観地震タイプのゆっくりと海面が上昇する津波の第 1 波が発生した．第 2 段階の破壊は，約 50〜70 秒後の，本震の震源から北東海溝寄りのプレート境界極浅部での 50 m を超える大すべりである．この第 2 段階の海溝付近での大きなすべりを伴う破壊で，短周期の急激な水面の上昇による津波の第 2 波が発生した．この海溝付近での異常に大きなずれに引きずられるように，80〜90 秒後以降の第 3 段階で，破壊が震源陸側に位置する宮城県沖の南北（三陸中部沖，福島県沖，茨城県沖），特に南方へと拡大した（例えば，Umino et al., 2006；Iinuma et al., 2011；Honda et al., 2011；Ide et

11.5 2011年東北沖地震の前震，本震，余震活動 515

al., 2011；Suzuki *et al.*, 2011；Yoshida, K. *et al.*, 2011；Yoshida, Y. *et al.*, 2011；深畑ほか，2012；飯尾・松澤，2012；島崎，2012；Iinuma *et al.*, 2012；八木，2012；佐竹，2012；Satake *et al.*, 2013 など）．

■11.5.8 最大地震すべり発生前に示されていたM9地震の特徴

2011年東北沖地震が超巨大地震にいたった原因の1つは，地震破壊開始後50〜70秒後に，海溝軸付近で50mを超える断層すべりが発生したことである（Fujiwara *et al.*, 2011；Ito *et al.*, 2011など）．ただし，海溝部での大規模なすべりによって，それに続く宮城県沖の南北での破壊が誘発された可能性もあるが，海溝付近ですべりが急速に大きくなる破壊開始後40秒の時点で，すでに震源付近では，15m程度と2003年十勝沖地震の最大すべりの倍程度のすべり量となっており（Lee *et al.*, 2011），破壊が本震の震源から宮城県沖に移った時点で，すでに通常のM8クラスの地震とは異なっていた可能性が高い（飯尾・松澤，2012）．

■11.5.9 東北日本弧前弧域の高P波速度領域の破壊

主に日本海の拡大時に発達した東北地方太平洋沖の大規模トランスファー断層などで境されたセグメントブロック間には顕著な不均質性がある．最も大きな地震すべりを起こした宮城県沖から海溝軸部にかけての上盤陸側プレートは，北上底盤（東北沖底盤）が海側に最も張り出した位置にあたるP波の高速度域であり（Finn, 1994；Zhao *et al.*, 2011），さらに，日本海溝沿いで最も北西-南東系の高角分岐断層が密に発達した領域である（馬場，2017）．そのような岩質と地質構造によって，このセグメントはその南北のセグメントに対して，プレート境界面（メガスラスト）が，より強く固着し，長期間，歪みを蓄積していたと推定される．2011年3月9日の最大前震において，この強く固着したプレート境界の北東側浅部から，固着の剝がれが大きく進行して，このプレート境界での間隙流体の拡散を伴った破壊は，南西側深部，P波高速度セグメントブロック中央部の地殻・マントル境界近傍まで進み，本震

の震源破壊を誘発した．本震においては，破壊がさらに深部の宮城県沖震源域に及ぶとともに，このP波高速度セグメントからその北東側三陸沖のP波低速度セグメントにいたる領域の海溝寄りにおける大規模な断層すべりを発生した．この大すべりに引きずられるように，破壊が周囲，特に南方へと進行して，2波の津波を含む超巨大地震となったと推定される．

■11.5.10 地震後の静的応力変化と余震活動

この2011年東北沖地震による，プレート境界の（特に南側の）強いアスペリティにおける大きな地震すべりの結果生じた静的応力変化によって，剪断応力が著しく増加してすべりやすくなった部分で，地震後にいくつかのM7を超える余震が発生している．大きな余震は沈み込む海洋プレート最上部で発生（スラブ内地震）しており，強いアスペリティの海側では伸張によって正断層が，陸側では圧縮によって逆断層が発生している．この傾向はM7以下の，より小さい地震でも認められ（図11.5.6），南側の強いアスペリティの海溝側ではT軸が本震のすべり方向を向く正断層（あるいは横ずれ断層）型の地震が，一方，陸側ではP軸が本震のすべり方向を向く逆断層型の地震が集中して発生している（Hasegawa and Yoshida, K., 2015）．

■11.5.11 本震直後の余震分布の特徴

図11.1.1に2011年東北沖地震の本震発生後，24時間以内の余震分布を示す．それらの本震直後の余震は東北日本弧前弧域の日高沖構造線から柏崎-銚子線の間に，震源が集中的に分布している．この区間は，日本海拡大時に，反時計回りに回転しながら大陸から離れた1つの大きなブロック，すなわち東北日本弧を構成しており（馬場，2017），2011年東北沖地震の一連の地震活動によって，この東北日本弧ブロックが全体として海溝側に動いたことが示唆される．ただし，図11.3.2に示されているとおり，その地震すべり量は，地震すべりを起こしたブロック内で一様ではなく，複数のセグメントからなることがわかる．東北日本弧前弧側に広がる2011年東

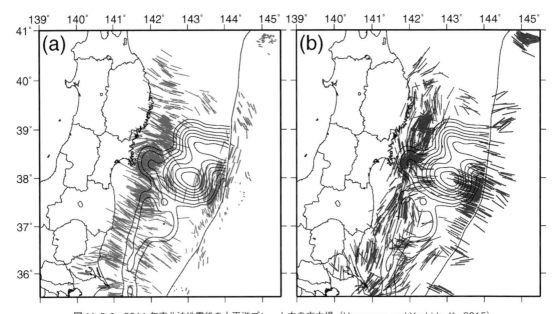

図 11.5.6　2011 年東北沖地震後の太平洋プレート内の応力場（Hasegawa and Yoshida, K., 2015）
(a) 最大主応力軸（P 軸：最大圧縮応力軸），(b) 最小主応力軸（T 軸：最大引張応力軸）の方位をメカニズム解の決まった地震の位置にそれぞれ線分で示している．コンターは東北沖地震のすべり分布（Ozawa *et al.*, 2012）.

北沖地震の余震分布域の西縁は，非常に明瞭であり，これを Igarashi *et al.* (2001)，Uchida and Matsuzawa (2011) は，低角逆断層型地震発生域の西縁，すなわち，プレート境界地震の下限を示していると解釈している．

11.6　2011 年東北沖地震の震源過程

■ 11.6.1　強震動発生源と大すべり域の分布

2011 年東北沖地震による破壊域は南北約 500 km，東西約 200 km で，すべり量が 5 m を超える領域だけでも 450×200 km におよぶ．図 11.5.4 の右側に，2011 年東北沖地震発生時の東北地方における東西動加速度波形記録を示す（Kurahashi and Irikura, 2011）．波形記録が示す個々の強震動発生源に由来する波束のうち，左側と中央の 2 列は，それぞれ，宮城県はるか沖（SMGA1）と宮城県沖（SMGA3）で生じた破壊によるものである．その後，より北側の三陸沖（SMGA2）での破壊による波束が続き，それに遅れて南側の福島県沖（SMGA4）と茨城県沖（SMGA5）での 2 つの破壊が続いている．これらのデータは，少なくとも 5 つの顕著な強震動発生域が存在したことを示唆している（Kurahashi and Irikura, 2011）．図 11.5.4 の左側の図は，ピークモーメント速度図（Yoshida, K. *et al.*, 2011）に重ねて，上記波形記録が示す強震動発生域（SMGA）の分布を 5 つの長方形（SMGA1/本震の破壊開始から 15.6 s 後に破壊：宮城県はるか沖，SAMGA2/同 66.4 s 後：三陸沖中部，SMGA3/同 68.4 s 後：宮城県沖，SMGA4/同 109.7 s 後：福島県沖，SMGA5/同 118.2 s 後：茨城県沖）で示している．おのおのの強震動発生域内の黒い点がその域内での破壊開始点である．大きい星印は本震を，小さい星印は強震動発生域の解析に用いた 3 つの小イベント（Event A, B, C）を示す．黒四角は，解析に用いたデータの観測点（KiK-net）である．すべり量の大きな領域が海溝軸に近いプレート境界浅部である三陸沖中部海溝寄りと宮城県沖海溝寄りの 2 箇所に分かれて分布するのに対して，強震動発生域は本震陸側のプレート境界深部のスラブ-マントル接触域に分布している（Kurahashi and Irikura, 2011；Yoshida, K. *et al.*, 2011).

■11.6.2　性格の異なる破壊域の分布と構造との対応

これらの応力降下量やすべり速度の大きい破壊域である強震動発生域は，いずれも M 7〜8 地震のアスペリティにほぼ対応している．観測点が震源の西側に限定されていることに注意が必要であるが，2011 年東北沖地震は，プレート境界深部のスラブ-マントル接触域に分布する多数の M 7〜8 地震のアスペリティが，浅部の海溝寄りでの大すべりを伴って，連動して破壊した結果であるといえる（図11.5.5）．つまり，2011 年東北沖地震においては，応力降下量やすべり速度が大きい破壊域とすべり量が大きい破壊域とが一致しておらず，震源断層域のうち，プレート境界深部のスラブ-マントル接触域で前者が，プレート境界浅部のスラブ-地殻接触域で後者が認められる．

■11.6.3　スラブ-上部地殻接触域での大すべりの発生

2011 年東北沖地震時に発生した津波データに基づいてスラブ-地殻接触域での隆起量を見積もった結果を図 11.4.2(a) に示す．海底での隆起量には，スラブ-下部地殻接触域とスラブ-上部地殻接触域とに，それぞれ約 5 m と約 10 m の 2 つのピークがあり，伸張性臨界状態にあると推定される中部海溝斜面の中ほどで隆起量がいったん低下している．そして，中部海溝斜面中ほどから，圧縮性臨界状態域と推定される下部海溝斜面へと隆起量は増加し，下部海溝斜面での隆起量は 10 m に達している（Fujii *et al.*, 2011；Kimura *et al.*, 2012）．

■11.6.4　前弧ウェッジでの有効摩擦係数と間隙水圧比

前弧ウェッジにおける上部海溝斜面，中部海溝斜面，下部海溝斜面域での，傾斜角，応力状態，そし

て地震時の隆起量の違いは，動的臨界尖形理論の立場からは，プレート境界での有効摩擦係数や，前弧ウェッジ先端部基底でのすべり速度強化などが寄与していると考えられている（Kimura *et al.*, 2012）．

前弧ウェッジ内での応力状態とそれに対応した海底の地震時隆起量は，プレート境界での間隙水圧比（λ）と有効摩擦係数（μ）に大きく関係している．沈み込み角度が同じ場合，一般には傾斜角が大きいと，間隙水圧比は小さくなり，有効摩擦係数は大きく，一方，傾斜角が小さいと間隙水圧比は大きくなり，有効摩擦係数は小さくなる．日本海溝の 2011 年東北沖地震の破壊域においては，地震時に傾斜角が大きく，これまで海溝内縁無地震域とされていた下部海溝斜面下（外ウェッジ）では高い有効摩擦係数（$\mu > 0.08$）の下で圧縮性臨界状態となって，海底面の隆起量が大きくなったと推定され，一方，傾斜角の小さな中部海溝斜面下（内ウェッジ）ではより低い有効摩擦係数の下で伸張性臨界状態となっており，震源近傍の上部海溝斜面下での地震前の有効摩擦係数は 0.03 まで低下していたと推定されている（Kimura *et al.*, 2012）．

■11.6.5　中部海溝斜面下での正断層型余震の発生

2011 年東北沖地震後，伸張性臨界状態域と推定される中部海溝斜面下で，多数の正断層を伴う余震活動が発生しており，ミドルプリズムのこの領域が，東西圧縮の場での巨大プレート境界地震発生後の間震期初期には，応力場が転換して正断層の発生する伸張場となっていることを示している（Hasegawa *et al.*, 2011, 2012；Asano *et al.*, 2011）．

なお，Tsuji *et al.* (2013) は，プレート境界断層から分岐した正断層が発達している上部海溝斜面域では，地震時に伸張場となり，そこで多数の陸側に傾斜した流体湧出を伴う開口割れ目性の高角正断層が再動して前弧海盆域が沈降したと推定し，このような多数の正断層の活動が上盤側プレートの海溝側への移動を促し，巨大な津波の原因となったと考えている（図 11.4.3）．

11.7 2011年東北沖地震による津波

■ 11.7.1 東北地方，太平洋岸を過去に襲った津波

東北地方，太平洋岸，とくに三陸沿岸では，過去に何度も津波の被害を受けている（例えば，佐竹，2012；岡村，2012；今村，2015 など）．1896（明治29）年6月15日の夜8時頃に発生した明治三陸津波は，岩手県や宮城県の沿岸を襲い，死者約22,000人に及ぶ大きな被害を出している．この津波は岩手県の25町村で10mを越え，最大38mまで遡上している．この明治三陸津波は，海溝近傍浅部での断層すべり（約10m）に伴う，地震の揺れが小さい（震度2～3程度）にもかかわらず大きな津波を発生する津波地震（M 8.5～8.2）であった．その37年後の1933（昭和8）年3月3日の未明に発生した昭和三陸津波は，日本海溝の海側で発生した正断層型の地震（アウターライズ地震）によるもので，大きな地震動（M 8.1）の後，5～10m程の津波が午前3時頃に海岸を襲った．地震動が大きかったこともあり，多くの住民が高台へ避難して助かったが，死者・行方不明者数は約3000人に及んでいる．さらに，東北地方を含む太平洋沿岸は，1960（昭和35）年5月22日の遠地地震であるM 9.5 チリ地震でも，大きな被害を受け，142人の犠牲者を出している．この津波は地震後約23時間後に日本の太平洋岸に到達し，三陸沿岸での津波の高さは3～5mであった．2011年東北沖地震による津波を含め，近年，東北地方，太平洋岸で発生した津波は，いずれもタイプの異なる地震によるものであり，それぞれ津波の特徴が大きく異なることを認識しておくことは防災上，重要である．

■ 11.7.2 2011年東北沖地震による2波の津波

2011年東北沖地震は3月11日の14時46分に発生したが，それによる津波が三陸沿岸に到達したのは約30分後の15時10分以降であり，仙台平野に到達したのは約1時間後の16時頃であった．そして，津波の高さは，大船渡で40.0m，釜石で33.2m，

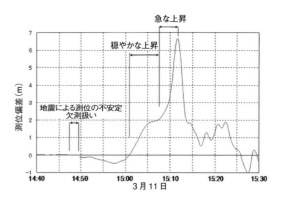

図 11.7.1 海底津波計 TM2 で観測された津波波形（Maeda et al., 2011；今村，2015）
釜石沖の海岸から約40kmの水深1000mに設置された海底津波計（TM2）で観測された津波波形（潮位偏差 (m)の時間変化）を示す．最初の引き潮の後，緩やかな上昇が続き，それに急激な上昇が続いたことがわかる．

相馬で21.6mに達していた．図11.7.1に釜石沖の海岸から約40kmの水深1000mの海底に設置された海底津波計（TM2）で観測された津波の高さ（潮位偏差，m）の時間変化を示す（Maeda et al., 2011；今村，2015）．図には，地震発生後，わずかに潮位が低下したのち，10分後から海面が次第に上昇し，20分後からは急激な上昇があって，25分後から潮位は低下したことが記録されている．つまり，津波のゆっくりと上昇した第1波と急激に上昇した第2波が記録されている．先に述べたとおり，このうちの第1波が震源が深い貞観地震タイプの海岸部から上部海溝斜面域での海底の沈降と本震震源周辺での隆起に伴った広い領域を波源とするゆっくりと海面が上昇する津波で，それに続いた第2波は，海溝寄りの三陸津波地震発生域に近い下部海溝斜面の隆起に伴う狭い領域（超大すべり域）を波源とする水面の急激な上昇による津波と考えられている（Satake et al., 2013；今村，2015）．つまり，2011年東北沖地震は，陸に近い深部のスラブ-マントル接触域での貞観地震のようなプレート境界地震が，海溝近傍での明治三陸地震のような津波地震を伴って一連の断層として破壊・変位することによって発生したといえる．

■ 11.7.3 2011年東北沖地震による津波の高さ分布

図11.7.2に2011年東北沖地震による東北地方の海岸における津波の高さ分布を示す（Satake et al., 2013）．津波の高さは宮城県以南では，ときに10 mを超える津波となっているのに対して，岩手県の三陸沖でより高く，20 mを超える津波となっており，最大40 mに達している．三陸沖では海岸付近が狭く，すぐ背後に山地になっているため，遡上した津波が谷を駆け上がり，高い遡上高を記録しているためである．一方，仙台平野などでは浸水高は三陸沖に比較して低いものの，平野部を遡上して内陸部まで浸水が及んでいる（図11.7.3）．

明治三陸津波や昭和三陸津波が，北緯38.2°から40°付近までの三陸海岸をおもに襲ったのに対して，チリ地震津波は北海道から沖縄までの広域に影響をおよぼしている．2011年東北沖地震による津波も，やはり北海道から房総半島，さらには四国や九州に及ぶ広域に影響をおよぼしているが，それに加えて，三陸地方にも20 mを超えるきわめて高い津波が押し寄せているのが特徴である．ただし，2011年東北沖地震による津波の犠牲者の多くが，津波が最も高かった久慈から大船渡の地域より，津波の浸水高が従来のハザードマップなどに示された想定を大きく超えた陸前高田から原町の沿岸地域で被災している点は特筆すべきであろう（島崎，2012）．

■ 11.7.4 2011年東北沖地震による津波と貞観津波

869（貞観11）年7月に発生した貞観地震による津波は，平安時代に編纂された日本三代実録に記載されており，宮城県や福島県では多数の伝承が残されている．近年，津波堆積物の研究から宮城県と福島県で津波の明瞭な痕跡が確認されていた．津波の遡上にしたがって陸域に運ばれて堆積した砂層などからなる津波堆積物は，津波が来襲したことを示す物的証拠となるものである（箕浦，2011）．海岸から2～5 km内陸側まで分布する貞観地震に伴う津波堆積物の拡がりから推定されていた貞観津波の浸水域は，2011年東北沖地震の浸水域（図11.7.3）と類似している（岡村，2012；Satake et al., 2013）．東北大学や産業技術総合研究所の研究者たちは，仙台平野で貞観地震の津波堆積物が現在の海岸線から数km内陸まで分布していることや，同様の津波堆積物が複数認められることから貞観津波と類似の大津波が仙台平野において500～800年程度の間隔で繰り返し発生していたことを，2011年東北沖地震の発生前に明らかにしていた（阿部ほか，1990；Minoura and Nakaya, 1991；Minoura et al., 2001；菅原ほか，2001；澤井ほか，2006；宍倉ほか，2007；箕浦，2011など）．また，このかつて仙台平野を襲った貞観津波については，それまでに得られた地質調査データにもとづいて検討した結果，プレート境界の地震発生帯深部で100×200 km規模の震源断層が7 m以上すべって，M 8.4以上のプレート境界地震が発生した結果であるとするモデルが，2008年に発表されていた（佐竹ほか，2008）．しかし，それらの成果が広く周知され，防災対策に生かされる前に東日本大震災が発生した（佐竹，2012）．なお，2011年東北沖地震による津波で形成された津波堆積物（砂層）は，津波の浸水域の1～2 km手前で確認できなくなっており，津波堆積物の広がり

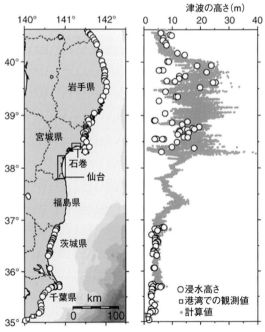

図11.7.2　2011年東北沖地震による東北地方の海岸における津波の高さ分布（Satake et al., 2013）
○は津波の浸水高さが測定された場所（左）と浸水高さ（右，m）を示す．長方形は図11.7.3の範囲．

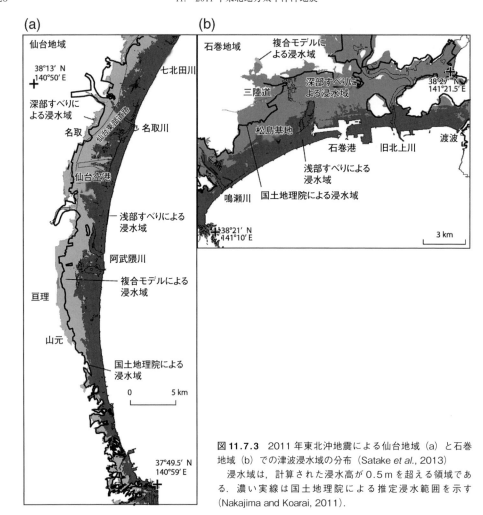

図 11.7.3 2011年東北沖地震による仙台地域 (a) と石巻地域 (b) での津波浸水域の分布 (Satake et al., 2013)
浸水域は，計算された浸水高が 0.5 m を超える領域である．濃い実線は国土地理院による推定浸水範囲を示す (Nakajima and Koarai, 2011)．

から推定した貞観津波の規模は過小評価されていた可能性が高い（Goto et al., 2011；岡村，2012）．

11.8 2011年東北沖地震の誘発地震

■ 11.8.1 東北日本弧，内陸部での誘発地震の発生

2011年東北沖地震の発生時に起こった東北日本弧の東西への急激な伸張に伴って，地下に直径 10 km におよぶ高温岩体を伴うと推定される奥羽脊梁山脈のカルデラ群分布域が 15～20 km にわたって，5～15 cm 程度沈下している（図 11.8.1；Takada and Fukushima, 2013）．その後，東北日本弧の上盤陸側プレートの地殻浅所で，多数の誘発地震（Toda et al., 2011）が発生している（図 11.8.2）．その多くは，群発性で顕著な震源の移動拡大を示し，地殻内に分布する流体がこれらの震源移動を伴う群発地震の発生に重要な役割を果たしていたと推定されている（Okada et al., 2014；Yoshida, K. et al., 2016）．

陸域での最大の誘発地震活動が，いわき市周辺で認められる（図 11.8.2）が，この位置は，棚倉構造線と畑川構造線にはさまれた領域にあたるとともに，アサイスミックフロント海側の 2011年東北沖地震の余震域が陸域に位置する場所にもあたっている．ここでの活発な正断層を主とする誘発地震の発生には，この地域が 2011年東北沖地震の断層すべ

11.8　2011年東北沖地震の誘発地震

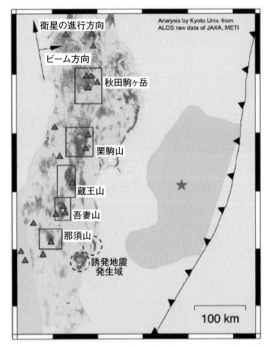

図11.8.1　2011年東北沖地震の発生時における地殻変動（Takada and Fukushima, 2013）
　星印は2011年東北沖地震本震の震源で，その周囲に地震すべり域を示す．奥羽脊梁の火山地域周辺において地殻変動（暗色部）が生じていることが干渉合成開口レーダーによる解析から明らかとなっている．その多くは後期新生代のカルデラ地域で発生している．

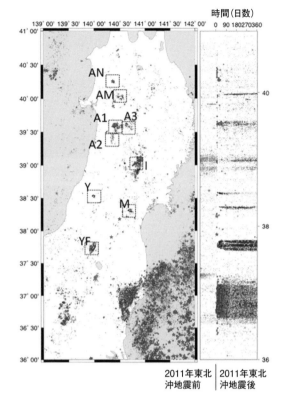

図11.8.2　2011年東北沖地震に伴う内陸地震活動の変化（Okada et al., 2014）
　2011年東北沖地震後，活発な誘発地震活動が始まったことがわかる．点線の枠と記号は顕著な活動が発生した地域を示す．AN：秋田北部，AM：秋田北部（森吉山），A1：秋田（仙北北部），A2：秋田（仙北南部），A3：南部秋田（千屋断層），I：岩手-宮城県境，Y：山形（月山），M：宮城（仙台西方：白沢カルデラ），YF：山形-福島県境（大峠カルデラ）．

り域の上盤側に位置していることが大きく影響している可能性が高い．また，この位置は地震すべりの大きかった領域の陸側に広がる余効すべりの大きな領域の南西側周縁部にもあたっている．

■11.8.2　カルデラ構造と地震活動

　東北日本弧には，後期新生代に形成された多数の陥没カルデラが分布する．それらの多くは，ピストン-シリンダー型の高角の環状断層に沿った地殻ブロックの陥没で形成されたカルデラであり，その下位には，マグマ溜りあるいはそれが固結した深成岩体が伏在すると推定される．上部地殻中にマグマ溜りとして定置し，冷却途上にある高温岩体は，地殻にかかる応力に敏感に反応して変形するため，その肩部に応力が集中して，破壊し，高角の開口割れ目や断層を発達させる（Anderson, 1936；Aizawa et al., 2006；Gudmundsson and Nilsen, 2006）．1996年の鬼首地震では三途川内側カルデラ下の異常減衰域（堀

内ら，1997）の南西側にあたる南北に配置するカルデラ間の地震波高速度域で，東傾斜の逆断層が発生し，鬼首カルデラの壁部では，最大余震の横ずれ断層が発生している（海野ら，1998；小野寺ら，1998）．このとき，震源逆断層の上部ブロックは，2本の高角逆断層によって15 cm以上隆起した（Takada and Furuya, 2010）．その後，2008年の岩手・宮城内陸地震に際しては，鬼首地震発生域の東側で，西傾斜の逆断層，あるいは共役逆断層が発生し，第四紀火山の東麓域が著しく隆起している（Takada et al., 2009）．

　2011年東北沖地震後に東北地方の陸域で発生した誘発地震の多くが，奥羽脊梁山脈や出羽丘陵の逆断層で挟まれたポップアップ領域，前弧域の歪集中帯で発生していると共に，カルデラ構造との密接な

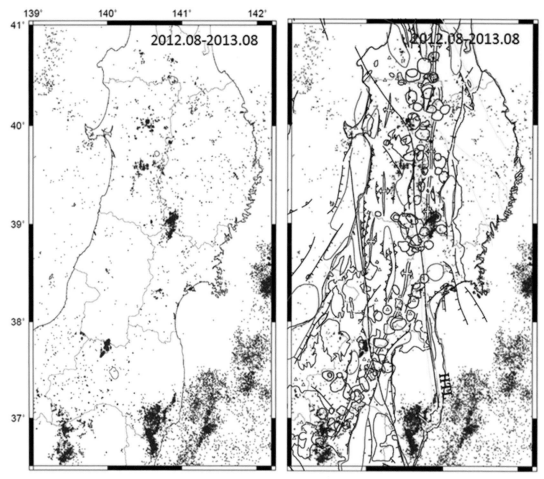

図 11.8.3 2011年東北沖地震の誘発地震の分布と地質構造（図 2.1.2, 図 2.8.4 参照）との関係
　内陸部で認められる多くの誘発地震が，後期新生代に形成されたカルデラ構造と密接な関連を示している（Yoshida, K. et al., 2016）．なお，2011年東北沖地震後，棚倉構造線と畑川構造線に挟まれたいわき市周辺では，きわめて活発な地震活動が認められるが，この地震は，海側に広がる上盤陸側プレートの伸張域で生じた余震と一連の活動とみられる．HTL：畑川構造線．

関係を示している（図 11.8.3）．特に流体の移動を伴ったと推定される群発性の震源移動を示す誘発地震は，後期新生代に形成されたカルデラ構造に伴って分布し，その内部，壁部や周縁部で発生している．

■ 11.8.3　カルデラ構造に関係した誘発地震の発生

　仙台西方で発生した誘発地震は，後期中新世白沢カルデラの内部に分布しているが，その発生位置は，白沢カルデラの南西側に伏在する鮮新世カルデラのマグマ溜りの北東側縁辺部に分布するP波速度の高い領域である．主に逆断層からなる誘発地震

の震源域の直下には，これまで多数の東落ちあるいは西落ちのS波反射体が確認されている．震源は，時間とともに深部のマグマ溜りから離れる方向である北東側浅部へと移動拡散している（Okada et al., 2014; Yoshida, T. et al., 2014）．

　山形・福島県境で発生した誘発地震（Yoshida, K. et al., 2016）は，2011年東北沖地震の発生後，1週間経過した後に活動を始め，最初の2ヵ月間は非常に活発な活動が続き，その後，急激に地震数が減少していった（図 11.8.4）．この複数の群発性の震源群において摩擦強度の増加を伴う震源の系統的な移動が認められた地震活動には，流体の活動が関与していたと推定されているが，震源の分布は後期中新世に形成された大峠カルデラの構造と密接な関係を示

11.9 セグメント境界の固着による連動破壊　　　523

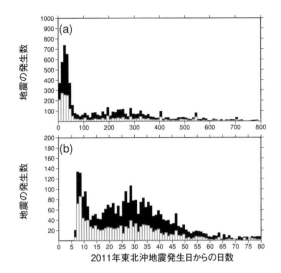

図11.8.4 2011年東北沖地震による誘発地震数の推移（Yoshida, K. et al., 2016）

2011年東北沖地震後の誘発地震の発生数の800日間における，気象庁の一元化カタログに基づく経時変化を（a）に，最初の80日間における経時変化を（b）に示す．イベント数を示す棒のうち，黒はM1.5以上の数を，白はM2.0以上の数を示す．この間，震源断層の摩擦強度は初期の低い状態から200日程度でより高い一定値まで増加している．

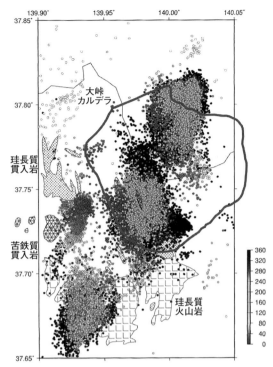

図11.8.5 山形-福島県境，大峠カルデラ周辺での誘発地震活動（Yoshida, K. et al., 2016に加筆）

点は群発性地震の震源を示し，グレースケールは2011年東北沖地震発生時からの日数を示す．細い実線は山形-福島県境を示し，太い実線は大峠カルデラのカルデラリム（蟹沢ほか，2006）を示す．

している（図11.8.5）．とくに最初に活動を始めた誘発地震群の分布やメカニズムは大峠カルデラに発達する北北西-南南東方向に延びた岩脈群とその位置や方位がよく一致しており，それらのカルデラ構造に関係して形成された岩脈系にトラップされていた流体が，これらの群発性の誘発地震の発生と密接に関連していた可能性が考えられる．これらの誘発地震がM9地震発生の1週間後から活動していることから，伸張場で生じた開口割れ目に流体が流入した後，割れ目の閉口などに伴う間隙水圧の増加で摩擦強度が低下して群発地震が発生したと考えられる．そして，地震の群発と移動で流体は周囲に拡散し，間隙水圧が低下して，岩石強度が回復した結果，活動は終息したと推定される．地下で形成された構造は，カルデラにしばしば伴われる岩脈や岩床系の発達と関連していると推定され，大規模な地震と火山活動との関連を検討する上で，重要な事象であると思われる（Okada et al., 2014；Yoshida, K. et al., 2016）．

11.9 セグメント境界の固着による連動破壊

11.9.1 セグメントとその連動破壊

プレート境界周辺の剛性率がほぼ一様であるとすると，プレート境界地震の規模は，破壊領域が広いほど大きくなる．震源断層の破壊領域の広さは幅と長さで決まるが，幅はカップリング領域（地震発生帯）の幅に相当する．大陸縁沈み込み帯ではカップリング領域の幅が200 kmを越え，長さも1000 kmに及ぶことがある（Fujii and Matsu'ura, 2000；池田ほか，2012）．震源断層の海溝方向の長さは，トランスフォーム断層起源の断裂帯などの存在により，通常はセグメント化しているが，ときに，それらが

連動して巨大地震を発生する.

■ 11.9.2 セグメント境界での固着の進行と 地震の規模

東北日本弧の前弧域でセグメントブロック（アスペリティ）を境する，北西-南東系横ずれ断層（大規模トランスファー断層）や，高角の分岐断層での固着が弱い場合は，これらの断層でセグメント化した個々のブロック（アスペリティ）内でのみ，歪みが解消され，M 7〜8 クラスの地震を発生する. それらの地震の発生域は，空白域を残しながら，ほぼ固定したセグメント（アスペリティ）間を移動していく.

これに対して，セグメント境界をなす，ときに開口割れ目となる高角断層において固着が強まった状態で，流体の移動がプレート境界面（メガスラスト）のみに集中して間隙流体圧が増加し，プレート境界断層の破壊が始まると，この低角逆断層による破壊領域は，互いに強く固着したセグメント境界をまたいで広い範囲にわたって拡大し，超巨大な地震の発生に至ると予想される. したがって，プレート境界地震の規模を論じる際には，プレート境界面における固着の強弱とともに，その上盤陸側での，大規模トランスファー断層（横ずれ断層）や高角の分岐断層で境されたセグメントブロック間での固着状態の時間発展についても十分に注意を払う必要がある.

■ 11.9.3 北東-南西系の水平圧縮応力

東北日本弧前弧域での，セグメント化した上盤陸側ブロック間での固着については，日本海溝での太平洋プレートの沈み込みおよび日本海東縁でのプレート衝突に伴う東-西系の水平圧縮応力に由来する成分に加えて，この間，継続する千島弧や伊豆小笠原弧での太平洋プレートの斜め沈み込みに関連して生じる，北東-南西系あるいは北西-南東系の水平圧縮応力の東北日本弧への寄与に由来する部分も重要である.

特に，千島弧での太平洋プレートの斜め沈み込みによって，その前弧スリバーに働く北東-南西方向の水平圧縮応力は，東北日本弧の前弧域に発達す

る，主要な構造である北西-南東系の大規模トランスファー断層群（高角横ずれ断層群）に対して，強い法線応力としてはたらき，その断層面の固着を強める性質をもつ. プレート境界断層の上盤陸側ウェッジにおけるセグメント-ブロック間の固着が，ある時定数に従って次第に強化されると，プレート境界断層（メガスラスト）から高角断層を経由して進行する海底への流体の排出が抑制されて，プレート境界断層（メガスラスト）での間隙流体圧が，次第に上昇すると考えられる.

大規模トランスファー断層群の固着が進行した段階で，日本海溝での太平洋プレートの沈み込みに由来する東西性圧縮応力と，一定速度で進行するプレート境界での堆積物の続成作用に由来する流体放出によって，メガスラストでの間隙流体圧が十分に上昇して，最も強い固着域（アスペリティ）の強度が低下し，破壊されると，互いに強く固着した前弧海域の上盤陸側ウェッジを構成する多数のセグメントブロックが連動して動き，M 9 クラスの巨大地震を起こすに至ると考えることができる.

■ 11.9.4 東北日本弧前弧スリバー

東北日本弧では，現在の東-西系の水平圧縮応力場になる前は，千島弧前弧スリバーの衝突に由来する北東-南西系の水平圧縮応力場にあったことが知られている（Kimura, 1986；Sato, 1994；Acocella *et al.*, 2008；Yoshida, T. *et al.*, 2014）. プレートの斜め沈み込みは，マントルウェッジに海溝に垂直なドラッグフローを生じるとともに，分解された応力が上盤側地殻に作用し，前弧スリバーの海溝に平行な運動を生じる（Fitch, 1972；Honda *et al.*, 2007）. 東北日本弧が横ずれ断層場にあった鮮新世以前，東北地方太平洋側の火山フロントから日本海溝までの前弧スリバー（東北日本弧前弧スリバー）は，千島弧前弧スリバーの衝突により日本海溝軸に平行に南進していた（図 11.1.5）と推定されている（Acocella *et al.*, 2008）.

a. 東北日本弧前弧スリバーでの水平歪み

東北地方太平洋側，特に北上山地では，過去 100 年間の水平歪みにおいて，南北方向の伸張が卓越している（石川・橋本, 1999）. これに対して，最近の GPS 観測から求められた歪み速度では東西方向

の短縮が卓越していた（Kato *et al.*, 1998；Sagiya *et al.*, 2000；Miura *et al.*, 2002）．過去 100 年間の水平歪みの変動では，複数回のプレート境界地震に伴う歪みの蓄積・解放プロセスを積分した結果をみているのに対して，GPS で観測された短期の歪み速度は，プレートの固着による弾性変形を反映しており，プレート間の巨大地震によって解放されるものであると考えられている（石川・橋本，1999）．実際，2011 年東北沖地震に伴う歪みは，東西方向の伸張が卓越しており，短期の東西方向の短縮が解放された結果であると解釈される（飯尾・松澤，2012）．

b. 南北伸張から南北短縮への変化

過去 100 年間の水平歪みにおいて，南北方向の伸張が卓越していたメカニズムについては未解明のままであるが，2011 年東北沖地震に伴う歪みにおいては，南北方向は短縮が卓越している．このことは，100 年オーダーの傾向としてプレートの沈み込みに伴う前弧域での東西圧縮により進行していた南北方向への伸張変形が，2011 年東北沖地震の発生により東西圧縮が解放され，前弧スリバーでの変形が南北伸張から南北短縮へと移行した可能性を示唆している．

c. 前弧スリバーでの水平歪みと高角断層

東北地方の前弧スリバーは日本海溝側からの水平圧縮により，東西方向に短縮変形を受けるとともに，そこに発達する北西-南東に延びた大規模トランスファー断層（馬場，2017）の左横ずれ運動を進行させ，その結果として南北伸張が卓越した可能性が考えられる．この歪みが，2011 年東北沖地震によって解放されると，大規模トランスファー断層に沿って右横ずれ運動を起こし，南北短縮が進行することが期待される．

この太平洋プレートの沈み込みに伴う東西圧縮に由来する超巨大地震前の南北伸張は，東北地方の前弧スリバーをセグメント化していた大規模トランスファー断層間の固着を強めるとともに，この高角断層に沿った流体の排出を抑制することにより，超巨大地震の発生を促した可能性が考えられる．

■ 11.9.5 北東-南西系の広域応力場への回帰

東北日本弧北部では，太平洋プレートの沈み込みに由来する東-西系の圧縮による歪みが，2011 年東北沖地震の発生でほとんど解放された（Hasegawa *et al.*, 2011）結果，鮮新世以前から継続してバックグラウンドで働いていた，千島弧での太平洋プレートの斜め沈み込みに由来する北東-南西系の水平圧縮応力が主要な残留応力となり，これが，地震時応力変化と重なって横ずれ断層を主とする誘発地震が多く発生している（小菅ほか，2012；Yoshida, K. *et al.*, 2012；Yoshida, T. *et al.*, 2014）．日本海溝における次の超巨大地震の発生は，継続する太平洋プレートの沈み込みによって，現在，東北日本弧北部において，鮮新世以前の広域応力状態である北東-南西系に回帰している水平圧縮応力軸が，ふたたび，2011 年東北沖地震発生前の東-西系に戻った後であると予測される．

■ 11.9.6 大地震のスーパーサイクル

通常は，北東-南西系の水平圧縮応力は，東-西系の水平圧縮応力に対して，一定の比率で小さく，東-西系の応力場の下で隠されているが，太平洋プレートの斜め沈み込みの進行により，一定の時定数で歪みを集積し，特に東北日本弧に発達する北西-南東系の横ずれ断層群の法線応力を増加させ，セグメント境界断層の固着を時間とともに強めていく．プレート上盤側でのセグメント境界の固着の進行は，高角断層に沿った流体の排出を阻害するため，プレート境界の固着域での間隙水圧を上昇させ，プレート境界断層の強度を低下させる．このような効果により，プレート境界断層上盤の大陸側プレートが，ある一定のタイミングで広く一体化し，超巨大地震を発生させると考えることが可能である．沈み込み帯における大地震のスーパーサイクルには，プレートの沈み込みに伴う弾性的応答の他に，メガスラストで一定の時定数で進行する沈み込む海洋性堆積物の続成作用に由来する間隙流体圧の増加や，その間隙流体の海底への排出をコントロールする上盤陸側ウェッジ内に発達する各種断層の寄与なども組み込む必要があろう．

沈み込み帯の前弧域における高角の横ずれ断層や分岐断層の詳細な分布を明らかにし，それらの高角断層で境されたセグメント構造を明らかにするとともに，そこにおける固着の時系列変化，流体排出率を観測することは，沈み込み帯での超巨大地震の発生を予測する上で重要であろう．

[吉田武義・馬場　敬・長谷川　昭]

12. 地下資源

12.1 金属資源

■ 12.1.1 概説

　天然資源には，エネルギー資源と物質資源とがあり，前者には，石油，石炭，天然ガス，オイルシェールといった化石燃料資源のほかに，ウランなどの放射性物質が含まれる．これに加えて，最近では，地熱，太陽熱や太陽光，水力，風力，バイオマスなどの再生可能エネルギー資源が注目されている．一方，後者の物質資源には，金，銀，銅，鉛，亜鉛など有用金属資源や陶石，ろう石，珪石，長石，耐火粘土など非金属資源（または，工業用原料鉱物資源ともいう）があり，両者を一括して鉱物資源と呼ぶ．また，広い意味の物質資源には，食料や森林生態系などの生物資源，水資源，土壌資源なども含まれる．

　本章では，天然資源のうち，エネルギー資源の化石燃料資源と物質資源の鉱物資源を，特に「地下資源」と呼び，とりわけ東北地方に関係の深い有用金属資源，およびウラン鉱を除く化石燃料資源について解説する．

　ここで，慣例として，これらのエネルギー資源や鉱物資源のうち，現在の技術で生産して利益の上がるものを「鉱床」と呼び，必ずしも利益の上がらないものを，「鉱物」，「鉱化帯」，「変質帯」などと称する．

　図12.1.1に鉱床の棲み分けを概念的に示す．一般に知られているように，太平洋や大西洋の海底には，長さ数千kmに及ぶ海底の大山脈があり，これを中央海嶺と呼ぶ．中央海嶺は，海洋底を形成している岩石の下から，流動性のあるマントル物質が上昇してくる場所であり，海底面近くで冷却固結したマグマが，岩盤（プレートという）となって側方へと移動し，大陸の近くでふたたび沈み込んでいく（このような場所をサブダクション帯という）．大陸

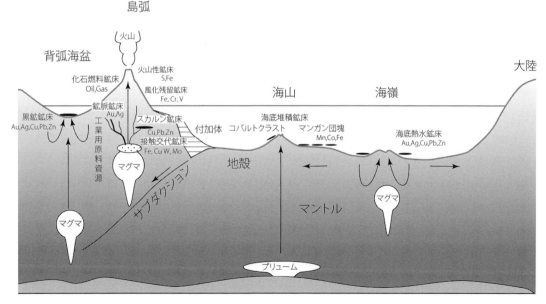

図 **12.1.1**　鉱床の棲み分け（鹿園，2006をもとに作成）

との境界部で沈み込んだ岩盤プレートは，再び溶融してマグマとなり，大陸の縁に沿って上昇し，大陸の一部を引き裂いて日本列島のような島弧を形成し，そこに海水が浸入して日本海のような縁海（背弧海盆）を形成する．このような地球規模の動きをプレートテクトニクスと呼び，日本列島の地質構造や地下資源は，まさにプレートテクトニクスにおけるサブダクション帯の特徴として説明できる．

　プレートテクトニクスや，太平洋にある深海底の金属資源については，優れた多くの解説書があるので，それらを参考にしていただき，ここでは，東北地方を中心としたサブダクション帯，すなわち，海溝-島弧-背弧海盆に特徴的な地下資源について述べる．

　沈み込み帯（サブダクション帯）では，大洋底プレート上に堆積した砂や泥が，次第に固結して堆積岩となり，やがて大陸と遭遇して，プレート自体は地下深部へ潜り込み，その上にのっていた堆積物は剥ぎ取られて大陸の縁辺部に貼りつけられる．このような場所を「海溝付加体」といい，東北地方では，太平洋側（外帯）の北上山地や阿武隈山地を構成する地質体の一部が該当する．このようなサブダクション帯では，プレートの潜り込みに伴って，地下深部でマグマが発生し，付加体中の堆積岩類中を上昇してくる．マグマには，多量の有用金属が含まれており，付加体の岩石と反応して銅や鉄，場合によってはタングステンやモリブデンを沈殿させる．このようにして形成された鉱床を接触交代鉱床と呼び，反応した岩石が石灰岩である場合には，特にスカルン鉱床という．このタイプの接触交代鉱床やスカルン鉱床は，釜石鉱山をはじめ，北上山地の各所にみられ，八茎鉱山で代表される阿武隈山地にも存在する．さらにマグマが上昇すると，マグマ本体から分離された水分などの揮発性成分が，岩盤の亀裂に沿って上昇する．この揮発性成分にも，多量の有用金属が含まれており，亀裂を充填した有用鉱物は，鉱脈鉱床と呼ばれる．一般に，鉱脈鉱床は，温度や圧力の低下に応じて，下部ほど鉄や銅に富み，上部には鉛や亜鉛に富む鉱脈が形成される．ただし，北上山地や阿武隈山地では，地下浅所で形成された鉛や亜鉛の鉱脈部分は，長い年月の間に削剥されて失われてしまった可能性が高く，現在みられる鉱脈の大部分は銅，鉄を主とし，少量の金を随伴す

る中熱水性鉱脈と呼ばれるタイプばかりである．また，マグマが地下深部で固結して形成される花崗岩に伴って，金属のみならず有用な非金属鉱物が濃集し，ペグマタイト鉱床と呼ばれる．阿武隈山地のペグマタイトからは，現在でも，珪石や長石が鉱床として生産されており，また，過去には，わが国でもまれな大型の水晶，蛍石，電気石，トパーズなどの結晶が採取され，販売された．

　付加体を構成する堆積岩のなかには，それらが付加体として貼りつけられるはるか以前の大洋底に堆積していた時代に，海水から沈殿した層状マンガン鉱床（海底堆積鉱床という）や，海底火山の近辺で形成された海底熱水鉱床が胚胎されている．北上山地の太平洋沿岸には，野田玉川鉱山をはじめとする層状マンガン鉱床が特に多く，阿武隈山地の福島県南部から茨城県にかけては，海底熱水鉱床に分類される層状含銅硫化鉄鉱鉱床（キースラーガーとも呼ばれる）が集中している．有用金属のみならず，付加体を構成する堆積岩そのものも，石灰岩や珪石などの鉱物資源を含み，北上山地や阿武隈山地のいたるところで鉱山開発が行われていた．

　一方，サブダクション帯のさらに深部では，プレートの沈み込みに伴ってマントルの一部が溶融して多量のマグマが発生する場合がある．背弧側で部分溶融したマグマを含むアセノスフェアが上昇するともとの大陸を引き裂いて弧状列島が形成される．日本海と日本列島の関係が，まさにそれに該当し，後期新生代のおよそ30 Ma前に始まったアセノスフェアの上昇から，25 Ma前頃に開始された日本海の拡大，それに続く海底火山活動によって，東北日本の日本海側に多量の火山岩が積み重なり，その結果，徐々に陸化して現在の東北日本が形づくられたものと考えられている（東北建設協会，2006）．現在の脊梁山地にみられる活火山列（火山帯）も，この造山運動の延長線上にある．

　このような運動を背弧海盆火山活動といい，東北地方の日本海側には，この火山活動をもたらしたマグマに由来するさまざまな地下資源が存在する．代表的なものは，拡大しつつある日本海の海底に，ある特定の時期に一斉に形成された多数の海底熱水鉱床群であり，黒鉱鉱床と命名され，大規模で高品位であることから，世界的にも有名となった．この造山活動は，背弧海盆の黒鉱鉱床形成後も島弧火山活

動として引き継がれ，さまざまな時代に，さまざまな深度のマグマに由来する多種多様な鉱脈鉱床が形成されている．東北地方には，地下浅所まで上昇した浅いマグマ活動に関連する鉱脈が多く，急激な生成環境の変化に対応した金，銀，銅，鉛，亜鉛など多種類の有用金属を複雑に含有する多金属鉱脈と呼ばれるタイプが多い．これらを北上山地や阿武隈山地の中熱水性鉱脈に対して，浅熱水性鉱脈と呼ぶ．

　上記の背弧海盆火山活動とそれに引き続く島弧火山活動は，有用金属のみならず，マグマや鉱脈の周辺にさまざまな変質作用をもたらした．これらは，地下深部において，マグマから発生した数百℃の熱水と周辺の岩石が反応して形成されたもので，中性熱水変質帯と呼ばれる．これには，陶磁器など各種工業用の原料となるセリサイトやカオリナイト，遮水性やイオン吸着性の高さから有害物質の遮蔽や吸着に用いられるモンモリロナイトやゼオライトなどの鉱物資源をはじめ，建築材料やセラミックス材料となる石膏や重晶石などの鉱物資源がある．また，変質帯に限らず，火山岩や凝灰岩そのものが，石材や骨材資源として活用されている．

　このように，後期新生代の造山運動は，火山活動以外にもさまざまな恩恵を人々にもたらしている．たとえば，日本海側で生産されている石油や天然ガスは，背弧海盆の形成に伴って地下深部に潜り込んだ有機物を多量に含む堆積岩を起源とすると考えられており，また，背弧から島弧への急激な環境変動に伴って海棲生物の大量絶滅が生じ，それらの死骸である珪藻土が資源として採掘されている．

　さらに，現世にまで引き継がれた火山活動は，東北脊梁山地を形づくり，地熱，温泉などの天然資源のみならず，火山活動から直接もたらされた硫黄鉱床や温泉の沈殿物として形成された褐鉄鉱鉱床を形成した．東北地方には，とりわけ大規模な鉱床が多く，岩手県の松尾鉱山は，硫黄鉱山としては日本最大規模を誇る．

　最後に，地下資源という言葉からは違和感があるが，これまで述べてきたさまざまな鉱床が地表に露出して，風化し，河川により運搬されて鉱床規模にまで濃集した鉱物資源があり，風化残留鉱床と呼ばれる．砂金や砂鉄が，その代表例で，記録に残る日本最初の砂金鉱床は宮城県にあり，万葉砂金と呼ばれている．また，三陸海岸北部の砂鉄鉱床は，南北

朝時代の刀剣製造に欠かせなかったとされているが，いずれも，現在では生産されていない．

■ 12.1.2　変質帯と鉱床の形成

　地熱や温泉といった再生可能エネルギー資源は，現在の地下深部に存在するマグマ活動に由来している．有用金属資源あるいは工業用原料鉱物資源の多くは，すでに述べたように，過去に活動したマグマやマグマからもたらされる揮発性成分によって形成されたものである．このようにマグマが関与して有用金属や有用鉱物が濃集するメカニズムをマグマ熱水系と呼び，そのようにして形成された変質帯を熱水変質帯という．

　しかし，変質帯には，それらが形成された場所の違いや温度，圧力などの物理化学的条件に応じて，マグマ熱水系以外にも，さまざまなタイプが存在する．たとえば，岩石が風化して形成される変質帯（風化変質）や，地層が地中深くに埋没することに伴う続成変質，あるいは海底で活動した火山岩などが冷却の過程で生ずる母岩変質など，広い範囲に現れる変質帯を「広域的な変質作用」という．このような広域的な変質帯を，マグマが関与しないという意味で，「非マグマ性変質帯」と呼ぶ場合もある．

　これらの変質帯を地下資源の観点からみると，大部分の有用金属鉱床や耐火粘土などの鉱物資源はマグマ性の熱水変質に伴って形成されていることはすでに述べたが，広域的な非マグマ性変質帯にも有用な地下資源が形成されている．たとえば，花崗岩などの風化に伴って，カオリンなどの粘土鉱物が生成し，それらが移動集積して濃集したものが木節粘土，蛙目粘土などの堆積性カオリン粘土で，主として耐火粘土として利用される．流紋岩や石英斑岩などの珪長質火山岩類が自らの熱で変質し，セリサイトや少量のカオリン鉱物を含む岩体となり，それらが分解し，移動集積して純度の高い粘土層として濃集したものが，陶石やろう石と呼ばれる粘土鉱床で，天草陶石などがこのタイプの代表的なものである．同様に火山岩などの母岩の変質に伴ってモンモリロナイトが生成し，地層中の特定の部分が選択的に高純度となったもの，あるいは，移動集積して高品位となったものが，遮蔽材として重要なベントナイト鉱床となり，その風化溶脱したものが石油や油

脂の工業用原料として用いられる酸性白土と呼ばれるものである．また，堆積物中に挟在される火山灰などの火山噴出物が地下深くまで埋没し，噴出物に含まれる火山ガラスが，その埋没深度に応じて，沸石，粘土鉱物，シリカ鉱物などに連続的に変化する変質を続成変質と呼び，その代表的なものが，吸着材として用いられるゼオライト鉱床として利用される．

このように，エネルギー資源や鉱物資源を人の生活に役に立つ「工業用原料」や「鉱床」として開発するためには，マグマ熱水系だけでなく，変質帯全般に対する理解が不可欠である．そこで，地下資源について詳しく解説するのに先立ち，変質帯についてのべる．ここでは，主に東北地方の地下資源に関連する変質帯についてのみのべ，変質帯や変質作用の全般については，優れた解説書があり本巻の末尾に一括して記載したので，それらを参照していただきたい．

■ 12.1.3 熱水変質作用

a. 東北地方の非マグマ性熱水変質

東北地方における代表的な非マグマ性の熱水変質として，日本海側の全域に厚く分布するグリーンタフ変質と呼ばれる変質帯をあげることができる．

グリーンタフ変質は，海底に噴出した火山岩が，冷却する過程で岩体内部の亀裂などを通して海水が循環し，斜長石や輝石，角閃石といった初生の造岩鉱物が，温度や pH および Ca や Mg などの陽イオンの濃度（厳密には活動度という）に応じて，さまざまな種類の粘土鉱物に置き換わる変質をいい，一般に，緑色の粘土鉱物（緑泥石，緑れん石，モンモリロン石など）が生成されるため，グリーンタフ（緑色凝灰岩という意味）と呼ばれるようになった．もともとは，背弧海盆火山活動の変質した玄武岩に対して名づけられたものであるが，現在では，そのような変質メカニズムをもつ火山岩すべてに用いられている．また，同様の変質は，陸上の火山岩においても，岩体に内在していた熱水循環により生ずる場合があり，玄武岩や安山岩にみられるプロピライト変質と石英安山岩や流紋岩にみられる沸石変質が代表的である．プロピライト変質は，火山岩に初生的に含まれる斜長石が分解して曹長石や方解石が生

成し，輝石や角閃石といった苦鉄質鉱物が変質して，緑泥石や緑れん石およびモンモリロン石が生ずる．一般的に玄武岩や安山岩の原岩の組織が失われることは少なく，鉱物間のガラス質部分が選択的に変質され，変質程度の高い場合には，斑晶鉱物を虫食い状に交代置換する．流紋岩などの珪長質火山岩の場合には，緑泥石や緑れん石に代わってさまざまな種類の沸石が形成される場合が多く，曹長石や緑泥石とともに，モルデン沸石や斜プチロル沸石を主とし，少量のクリストバル石およびモンモリロン石を伴う．

グリーンタフ変質は，東北地方の脊梁山地から日本海にかけてほぼ全域に認められ，深海から浅海域の火山活動であった背弧海盆火山岩類のほぼすべてが該当する．この変質作用に伴う東北地方の鉱床として，山形県大江町の月布ベントナイト鉱床や秋田県二ツ井町のゼオライト鉱床がある．

b. 東北地方のマグマ性熱水変質

マグマが関与する熱水変質帯は，水素イオン濃度（pH）と Ca，Na，K，Mg などのアルカリ元素濃度（厳密には活動度という）とにより，酸性，中性およびアルカリ性変質作用に区分され，さらに温度に応じて，形成される変質鉱物が異なり，それぞれの条件で形成される代表的な変質鉱物の名前を冠して分帯されている．いくつかの分類が提案されているが，一般的な事例を図 12.1.2 に示す．

酸性変質は，水素イオン濃度が高い（すなわち，低 pH の）領域で生成するもので，生成温度に応じたカオリン族鉱物が出現することで特徴づけられる．鉱化帯の中央部には，明礬石などの硫酸塩鉱物を伴う珪化岩体があり，亀裂に沿ってハロイサイトやダイアスポアなどの変質鉱物を随伴する．一般に，中央部の珪化岩体を包み込むようなカオリン鉱物からなる粘土帯があり，エンベロープと呼ばれる．このタイプの変質は，初生的に非常に酸性な鉱化溶液から形成され，ある種の金鉱床（高硫化系金鉱床または南薩型金鉱床などと呼ばれる）に特徴的に出現するほか，中性変質帯の頂部や鉱脈際にも存在する．また，非常に活動的な火山の噴気孔周辺や地熱変質帯にも広く認められる．東北地方には，この型の金鉱床はあまり多くないが，下北半島の陸奥鉱山など小規模なものはいくつか知られている．逆に，現世の活火山に伴う硫黄鉱床や硫化鉄鉱鉱床の

| 酸性変質 || 中性変質 || アルカリ性変質 ||
硫酸塩系	珪酸塩系	K 系	Ca-Mg 系	Ca 系	Na 系
明礬石－石英帯	パイロフィライト帯	カリ長石帯	プロピライト帯（含エピドート）	ワイラカイト帯	アルバイト帯
	ディッカイト－ナクライト帯	イライト帯	プロピライト帯（緑泥石・イライト帯）	ローモンタイト帯	
	カオリナイト帯	混合層粘土鉱物帯		ヒューランダイト帯	アナルサイム帯
明礬石－オパール帯	ハロイサイト帯	スメクタイト帯		スティルバイト帯	モルデナイト帯

高 ← 温度 → 低

小 ← アルカリ・アルカリ土類イオン活量／水素イオン活量 → 大

図 12.1.2 マグマ性熱水変質の分類（歌田，1978 をもとに作成）

周辺には，ごく一般的に認められ，岩手県の松尾鉱山や秋田県の川原毛鉱山，山形県の蔵王鉱山など，非常に大規模な酸性変質帯が知られている．

中性変質は，東北地方の背弧海盆火山活動に関連して，新第三紀に形成されたほとんどすべての金属鉱床に伴われるもので，非常に詳しく研究されている．一般には，温度の低下に伴って，鉱化帯中心部や鉱脈帯の下部には，カリ長石と石英からなるカリ長石帯，その外側あるいは鉱脈帯中間部の有用金属を含むゾーンにはセリサイト質の粘土化帯，さらに外側あるいは鉱脈帯の上部には，スメクタイト質の粘土化帯という累帯配列があり，このような鉱床帯近傍の変質帯を取り囲むかたちで，広い範囲のプロピライト変質帯が分布する．変質帯の最上部には，熱水中に含まれる硫化鉱物と地表水との反応によって，硫酸酸性水が生成され，それにより岩石中の鉱物が選択的に溶脱されて，石英と一部の硫酸塩鉱物のみからなる溶脱型の珪化帯，および深部熱水と硫酸酸性水との反応による層状のカオリナイト帯が形成される．個々の変質分帯の幅や変質帯全体の規模は，母岩の透水性や亀裂などの岩盤物性に応じて変化に富むが，分帯の順序や構成鉱物は驚くほど類似している．東北地方に多くみられる浅熱水性鉱脈鉱床の例を図 12.1.3 に示す．

東北地方のほとんどすべての金属鉱床は中性変質

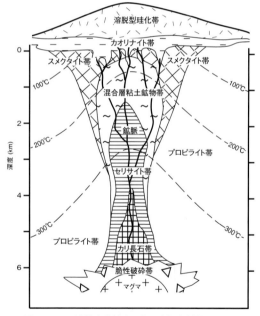

図 12.1.3 浅熱水性鉱床に伴う中性変質帯のモデル
深度および温度は Giggenbach（1977）を参考にした．

帯を伴っており，その最も経済的価値の高い部分（富鉱体という）は，セリサイト帯からその外側あるいは上部のスメクタイト帯にかけてみられる混合層粘土鉱物帯と一致する．このことから，地表でみられる鉱床が，鉱化帯全体の上部をみているのか，あるいは上部はすでに削剥されてしまい鉱化帯の下

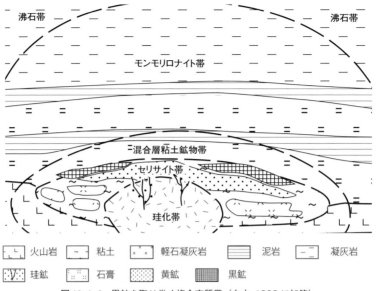

図 12.1.4　黒鉱を取り巻く複合変質帯（白水，1990 に加筆）

部のみ露出しているのか，ということを判定する鍵となっている．有用金属の有無にかかわらず，大規模な変質帯をもつ場合には，セリサイトや陶石など耐火粘土，あるいはベントナイト鉱床など工業用原料資源として活用されている例が多く，山形県の板谷(いた や)鉱山のカオリンやベントナイト資源がこれに該当する．

アルカリ性変質帯は，あまり活動的ではない地熱系や比較的地温勾配が大きく深部に熱源が推定されるような地域の続成変質帯にみられるもので，金属鉱床を伴う例は少ない．

東北地方の黒鉱鉱床の場合，中心部が中性変質累帯，周辺部にアルカリ性変質帯という非常に規模の大きい複合変質帯を構成する例が多い．これは，鉱化帯中央部あるいは下部から，周辺部あるいは上部に向かって，カリ長石・緑泥石帯→セリサイト帯→混合層粘土鉱物帯→モンモリロナイト帯という中性変質の累帯があり，それを取り巻いて方沸石帯→モルデン沸石帯→斜プチロル沸石帯というアルカリ性変質累帯が発達し，数 km 以上にも及ぶ巨大な複合変質帯として出現する．その例を図 12.1.4 に示す．この複合変質帯には，中央部の珪化した部分に，酸性変質帯に特有なパイロフィライトやカオリナイトが出現する鉱山もあるが，初生的な酸性熱水の活動かどうかは，よくわかっていない．また，周辺部のアルカリ性変質帯は，広域的な非マグマ性の続成変質とする考え方もあり，複合変質帯は，必ずしも定説とはなっていない．

■ 12.1.4　東北地方の金属資源

a．概　要

東北地方の金属資源は，北上山地や阿武隈山地の中・古生界の堆積岩類を母岩とし，白亜紀の花崗岩との接触部に形成された金銅スカルン鉱床や中熱水性金銀鉱脈鉱床と，奥羽山地など日本海側の新第三紀グリーンタフ中に胚胎する銅，鉛，亜鉛などの浅熱水性鉱床に大別される．前者には，釜石鉱山（スカルン）や大谷(おお や)鉱山（鉱脈鉱床）など，後者には，尾去沢(お さりざわ)鉱山や阿仁鉱山の金-銅の浅熱水性鉱脈鉱床および花岡鉱山や小坂鉱山の黒鉱鉱床など，わが国のみならず世界的にも著名な鉱山が存在する．また，奥羽脊梁山地の現世火山帯に伴う鉄鉱床や硫黄鉱床にも，松尾鉱山や秋田鉄山など日本を代表する大規模な鉱床が知られている．

本項では，これらの金属鉱床について，地質構造場や鉱種の相違ごとに解説し，各タイプを代表する鉱山について，詳しくのべる．なお，煩雑になるため，以下では，鉱山名は固有名詞のみで記載する．また，町村や集落などの，あまり一般的ではないと思われる鉱山名については，初出にルビを付した．

b. 地質構造場と鉱床

（1） 中・古生界に胚胎する鉱床

一般に，北上山地や阿武隈山地を構成する中・古生界に胚胎する金属鉱床は，その地質的生い立ちよりも，白亜紀に活動した花崗岩類と密接に関連して形成された金銅鉱床や銅鉄鉱床などが大多数を占める．このうち，花崗岩体との接触部に生じた接触交代鉱床の釜石，赤金などの金銅鉱床，花崗岩と石灰岩との反応で形成されたスカルン鉱床の六黒見（金），大川目（モリブデン），八茎（金・銅）などが知られている．

この時代の花崗岩マグマから派生する亀裂に生じた鉱脈鉱床（後述のグリーンタフ地域の鉱脈と区別するため，中熱水性鉱脈とも呼ばれる）は，その多くが含金石英脈鉱床であり，非常に多数の鉱山が記録に残されている．このなかで，北上山地の大谷は日本屈指の金産出量を誇り，宮城県の鹿折はモンスターゴールドと呼ばれる1kg弱の金塊を産出したことで世界的にその名を知られているが，その他の多くは中小規模で，産出記録も不明確な鉱山が多い．これらの鉱脈鉱床には多くの変種が知られており，岩手県南部から宮城県にいたる日詰-気仙沼断層に沿って点在するタングステンを伴う金鉱床として黄金坪，世田米，東磐井があり，蛇紋岩中に胚胎する含金・ニッケル鉱脈の長者森，斑れい岩の岩体中に存在しマグマ固結の過程で形成されたと考えられている岩漿性金属鉱床の矢越などがある．また，茨城県から連続する八溝山地にも，北上山地や阿武隈山地と同タイプの含金石英脈鉱床が知られている．

一方，地質的生い立ちに密接に関連する鉱床としては，白亜紀田老帯の火山活動に関連した火山性塊状硫化物鉱床とされる田老（銅・亜鉛）や，白亜紀の石灰岩中の層状マンガン鉱床の野田玉川，あるいは阿武隈帯南部の古生界中に層状に胚胎する層状含銅硫化鉄鉱鉱床（キースラーガーとも呼ばれる）の沢渡が存在する．

（2） グリーンタフ地域の鉱床

奥羽山地や福島県会津地域を構成する新第三紀の火山岩類，一般にグリーンタフと呼ばれる地層には，その地質的生い立ちと密接に関連したさまざまな鉱種の鉱床が存在する．とりわけ黒鉱鉱床と呼ばれる銅鉛亜鉛鉱床は，非常に高品位で大規模である

ことから，世界的にも有名になった．秋田-青森県境の北鹿地域と呼ばれる地帯には，小坂，花岡，釈迦内，深沢，松木，南古遠部，相内，花輪など世界的規模の黒鉱鉱床が集中し，その他にも，大正，西又，安部城などの下北半島黒鉱鉱床群や青森県上北郡の上北，山形県中央部の吉野，秋田-岩手県境に位置する白土，畑平，翁沢，上野々，本仁王沢などの土畑鉱床群，田代，横田で代表される福島県の会津盆地鉱床群など，東北地方の脊梁山地に沿って南北に配列する「黒鉱ベルト地帯」を構成している．一般には，金銅鉱山に分類されることが多い岩手県の鷲ノ巣や甲子は，今日では，土畑鉱床群とともに黒鉱鉱床地帯を構成し，黒鉱タイプの変種と考えられており，また，主として銀を採掘した会津地域の軽井沢や黒沢も，黒鉱タイプと目されている．

鉱脈鉱床（前述の中・古生界の鉱脈と区別するため浅熱水性鉱脈とも言われる）にも大規模なものが多く，津軽（金），大葛（金），高玉（金），院内（銀），延沢（金銀），半田（銀），赤羽根（金）などの金銀鉱脈鉱床があり，尾太（鉛・亜鉛），太良（鉛・亜鉛），尾去沢（金・銅），阿仁（金・銅），荒川（銅），細倉（鉛・亜鉛）などはわが国有数の銅鉛亜鉛鉱脈として知られる．また，永松（銅），三永（金銅），高旭（金銅），小山（金銅）など山形県中央部の金銅鉱床群や岩手県の分訳鉱山（金銅）や福島県の高畑（銅）など，グリーンタフ特有の金銅鉱床として知られている．また，下北半島の陸奥（葛沢）はテルルを伴う高品位金鉱床として有名である．

その他の鉱床には，わが国唯一の第三紀層石灰岩のスカルン鉱床といわれる山形県の大堀，黒鉱型に類似する大規模塊状硫化鉄鉱鉱床の下北半島の大揚，花崗岩中に不規則レンズ状～円筒状に胚胎しビスマスを随伴する山形県大張などの鉱床学的にやや特異な鉱床が存在する．また，青森県津軽半島西岸から深浦地域に多い新第三紀層中の層状マンガン鉱床（千金，深浦）が知られている．

（3） 第四紀層や現世火山に伴われる鉱床

北上山地には多数の砂金産出が伝聞されているが，鉱山として稼行された記録は定かではない．宮城県涌谷地域の黄金迫の砂金，福島県から茨城県に連なる八溝山地，岩手県下閉井郡の小友川流域，同県北部の馬淵川流域，宮城県栗原郡の金成周辺，

福島県金谷川周辺などに砂金産出が伝聞されている．これらは主に平安時代の伝聞であり，産金の実績や正確な場所など，不明な点が多い．

砂鉄鉱床は，青森県八戸市から岩手県久慈市一帯の第四紀層に含まれる砂鉄，とりわけ久慈砂鉄は，ドバと呼ばれる褐鉄鉱系の砂鉄で，品質もよく，数億トンの埋蔵量があったとされる．宮城-岩手県境から福島県相馬市にかけての太平洋岸には，多数の海浜砂鉄鉱床（漂砂鉱床）が存在し，1950 年代まで盛んに採掘された．これと同種の海浜砂鉄鉱床は，青森県三沢市から北方の下北半島の東海岸にも広く分布し，三沢鉱床，百石鉱床などは戦前から終戦直前に盛んに稼行され，一時期，国内産鉄鉱資源の 50％に達したとされる．とりわけ三沢鉱山の砂鉄にはかなりのバナジウムが含まれ資源として回収された．

第四紀火山に関連する鉄鉱床には，褐鉄鉱鉱床と硫化鉄鉱床があり，後述する硫黄鉱床でも硫化鉄鉱が採掘されている．北から，青森県恐山北麓の正津川に沿って点在するいくつかの硫化鉄鉱山（八瀧など），鳥海山の秋田県側の秋田鉄山（褐鉄鉱），秋田県湯沢市の高松岳山麓の蓬莱高松（褐鉄鉱，硫化鉄鉱）などに実績があり，吾妻火山の東麓や安達太良火山〜磐梯火山の周辺には比較的規模の大きな褐鉄鉱鉱床（中丸，庭坂）が多く，昭和初期から戦時中にかけて採掘された．また，後述する沼沢硫黄鉱山は，上部が硫黄鉱床，下部が褐鉄鉱鉱床として戦時中から終戦直後まで採掘された．

東北地方の硫黄鉱床には，大規模なものが多く，岩手県の松尾は日本一の埋蔵量を誇り，秋田県の川原毛は，非常に歴史の長い鉱山であり，藩政時代（1600 年代）に始まり，明治後期から大正時代を経て昭和の初期に大発展し，1967 年まで稼行された．その他，秋田県北部の田代火山東麓の赤倉，蔵王火山の山形県側にある蔵王，安達太良火山群の一部をなす沼尻火山にある沼尻，吾妻火山の東斜面にある信夫，沼沢火山に伴う沼沢などが主なものである（日本鉱業協会，1965，1968）．

c. 鉱山各論

上記で概説した主な鉱山につき，鉱種別にのべる．ここでは，比較的大規模な鉱山や鉱床学的に特徴ある鉱山について解説する．これら各鉱山の位置については，鉱種別の鉱山位置図に表示するとともに，章末付表の鉱山リストに緯度経度座標（10 進 UTM 座標）で記載した．また，鉱山リストには，参考文献を併記したので，各鉱山の詳細については，それらを参照されたい．

（1）金銀鉱山

東北地方の金銀鉱山の分布を図 12.1.5 に示す．

大谷鉱山：宮城県本吉地方の三畳系稲井層群に胚胎する含金石英脈．「みよし金」の発見は坂上田村麻呂の時代にさかのぼるとされるが，系統的な探鉱開発は 1905 年に始まり，大正末期から 1943 年の金山整備令まで，わが国屈指の金山として盛大に稼行さ

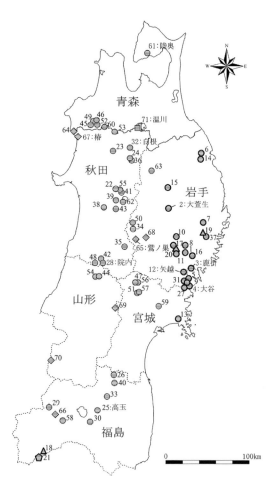

中・古生界に胚胎する鉱床　　新第三紀層に胚胎する鉱床
　　⊖　鉱脈鉱床　　　　　　⊖　鉱脈鉱床
　　△　スカルン鉱床　　　　◇　網状鉱床
　　⬠　層状鉱床　　　　　　▯　黒鉱鉱床

図 12.1.5　金銀鉱山の分布
図中の番号は付表の鉱山リストに対応．番号に鉱山名を附記したものは，本文中に記載した鉱山．

れた．1949年に再開され，1971年に閉山．この間の累計産金量18トン（産銀量6トン）は，国内金山トップテンに含まれる．

鉱床は，元山本坑と周辺の赤牛，津谷，岩尻の衛星鉱体からなり，NS～N20°Eに平行配列する多数の石英脈から構成される．大谷本坑の主体をなす本脈群は，走向延長700 m，傾斜延長500 m，平均脈幅30 cmでAu 10～30 g/t．石英脈には，多量の硫砒鉄鉱を伴い，テルル金やテルル蒼鉛鉱（Bi）を随伴する特徴がある．とりわけ「大谷の肉眼金」といわれるエレクトラムの大粒結晶を産出したことでも知られる．周辺には，折壁岩体に属する花崗閃緑岩が露出し，鉱脈下部延長は，それらから派生した閃緑岩小岩体に連続することから，鉱床を形成した関係火成岩と考えられている（金属鉱業事業団，2000；渡邊，1950b；資源素材学会，1992）．北上山地の金鉱脈の代表例として，鉱脈分布図および断面図を図12.1.6に示す．

大萱生鉱山：岩手県盛岡南方のペルム系坂本沢層または叶倉層に属する塩基性火山岩類（輝緑岩・角閃岩）を母岩とする含金石英脈．ただし，近年の研究では，オルドビス系の早池峰複合岩体に関連すると考えられている（東北建設協会，2006）．口碑によれば数百年前の発見とされるが定かではない．1903年に廃坑が発見され，1912年まで小規模に稼行，1913年に大鉱脈が発見され発展し，1943年の金山整備令まで青化精練設備を設けて盛大に稼行された．戦後，数回の組織的探鉱が行われたが成功せず，休山．1935年以降の記録に残る産金量は約400 kgであるが，累計産金量は数トンに達すとの記録もあり，北上山地の金鉱床としては，大谷鉱山に次ぐ規模を誇る．

鉱床は，1本の緩傾斜石英脈からなり，走向延長1000 m，傾斜延長400 mで，平均脈幅2 m，最大は7 mに達した．鉱脈は，主に変塩基性火山岩（輝緑岩）中に胚胎するが，関係火成岩とされる閃緑岩中にも達しており，閃緑岩中の鉱脈は膨縮，分岐している．石英脈中に母岩の薄層を平行にはさみ，いわゆる「大萱生のブック構造」と呼ばれる縞状石英脈を特徴とする．金品位は概して高く，平均20 g/t，最高80 g/tに達し，少量の黄銅鉱や，これらの変質した輝銅鉱や孔雀石を伴う（高橋・南部，2003）．

高玉鉱山：東北地方最大の金鉱山であり，福島県猪苗代湖東岸のグリーンタフ中に胚胎する．慶長年間の蒲生氏の発見にかかわるとされる．1886年以降，混汞法と青化精錬を用いた現地精錬により小規模に稼行されていたが，1918年に日本鉱業の前身の久原鉱業が探鉱に成功し，大発展した．1943年の金山整備令においても珪酸鉱の生産は継続し，1976年に閉山するまで，粗鉱量340万トン，累計産金量28トン（平均Au 8.2 g/t）は，わが国金鉱山の第5位にランクされる．

鉱床は，鶯，本山，青木葉の3鉱床区からなり，2000本以上ともいわれる非常に多数の鉱脈か

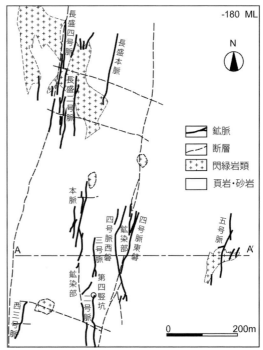

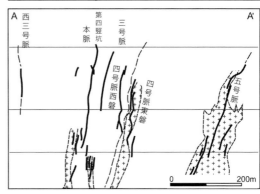

図12.1.6 大谷鉱山地質鉱床図（資源素材学会，1992をもとに作成）
上段：地質平面図，下段：地質断面図．

ら構成され，網状鉱床に近い産状を呈する．鉱床母岩は，新第三紀中新世の白石層と，それに迸入した岩根流紋岩に胚胎し，金団粘土と呼ばれる緩傾斜断層粘土に関連して富鉱帯が形成されている．

母岩の白石層砂質凝灰岩，岩根層真珠岩および岩根流紋岩の関係は，最近の知見では，カルデラ内堆積物（カルデラフィル）と再生流紋岩ドームと解釈されている．グリーンタフ中の金鉱床では珍しく，鉱脈中には硫化鉱物をあまり伴わず，石英と氷長石を主とする．鉱脈の盤際に良質のカオリン粘土を伴い，一時期，生産された．一般に，半玉髄質で半透明縞状鉱脈，あるいは細粒砂状石英の縞状構造脈に金銀が多く含まれるとされ，脈幅は狭い（平均 24 cm）が金品位は高い（平均 Au 30g/t）ことを特徴とする．鉱脈上部で辰砂や輝安鉱，下部で少量の方鉛鉱・閃亜鉛鉱・黄銅鉱を随伴した（柳生, 1954；山岡・根建, 1978）．グリーンタフ中に産する金鉱脈の代表例として，鉱脈分布図および鉱脈載面図（金品位分布図）を図12.1.7に示す．

院内鉱山：秋田県南に位置し，新第三紀層に胚胎する鉱脈鉱床で，歴史的に非常に著名な銀山である．慶長年間の初めに発見され，佐竹藩の御用山として，盛大に稼行された．明治初めに最盛となり，明治天皇の視察（御幸）を受けたほどであったが，明治末期には衰退し，1954年に鉱量枯渇して閉山した．正確な産出量は不明であるが，兵庫県の生野銀山と並んで日本最大級の銀山と考えられている．新第三紀初期の及位層に属する大仙山玄武岩を主たる母岩とするが，鉱化作用は，それより上位の畑村層や須郷田層にも及んでおり，新第三紀中新世頃の鉱脈鉱床と考えられている．

鉱脈は，ほぼ東西系で北側に湾曲する3条の平行する主脈と，これらと斜交するNE系の支脈からなり，その構造から，大仙山玄武岩のドーム構造と考えられていたが，最近の知見では，鉱床南側に位置するカルデラ構造の壁面の平行割目および壁面から放射状に派生する割目系を充填したものと推定されている．鉱脈は，輝銀鉱，濃紅銀鉱，脆銀鉱に富む石英脈で，脈石に含マンガン輝石，菱マンガン鉱，方解石を伴う．この種のグリーンタフ中に胚胎する鉱脈としては著しく銀に富むのが特徴で，金銀比は1/100をこえる．また，鉱脈の構造は，外側からバラ輝石，菱マンガン鉱，石英，含銀帯の累帯構造が

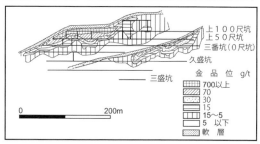

図 12.1.7 高玉鉱山鉱床分布図（上段）および二号坑金品位分布図（載面図，下段）（資源素材学会，1992をもとに作成）

あり，中央部に晶洞を伴う場合や輪鉱（リング状構造）を呈するところもある．主脈は，走行延長300〜600 m，傾斜延長100〜400 mで平均脈幅0.5〜1.2 m，張力割目に充填したものと考えられ，最大脈幅6〜8 mに達する．硫化物は鉱脈上部に多く，閃亜鉛鉱・方鉛鉱・黄銅鉱を随伴するが，下部に向かって減少する（秋田県地下資源開発促進協議会，2005）．

その他特徴的な金銀鉱床：宮城県気仙沼市北方の

鹿折は，藤原時代から知られた歴史の古い鉱山であるが，平均 Au 20 g/t という非常に高品位の富鉱帯をもつことで有名であり，なかでも，1904 年に「モンスターゴールド」と呼ばれる自然金塊を産出した．これは，縦 10 cm，横 8.5 cm，重量 910 g の金鉱石に 711 g の金を含有していた．高品位金の鉱脈は，ペルム系の砂岩・粘板岩に胚胎する脈幅 1 m前後の白色堅緻な 1 条の石英脈で，大粒の金粒は，断層破砕帯に産したとされる（渡邊，1950b）．

岩手県東磐井郡の矢越は，前期白亜紀とされる花崗閃緑岩・輝緑岩複合岩体中にあり，そのうちの輝緑岩体は，斑れい岩質，閃緑岩質，半花崗岩（グラノファイアー）およびペグマタイト質部分が複雑に分化した産状を呈する．金を含む鉱石は，主として輝緑岩の斑れい岩質部分にあり，半花崗岩質やペグマタイト質部分など粗粒質な岩相にも存在する．金は，黄銅鉱，キューバ鉱に富む部分に多いが，金鉱物は発見されていない．輝緑岩質マグマの固結の各段階で，相対的に揮発性成分に富む部分に銅硫化物とともに沈殿したと推定されている（渡邊，1950b）．

青森県下北半島の陸奥は古くは葛沢金山と呼ばれ，1940 年に露頭の鉱石を小坂鉱山に送ったところ，ストーブ脇で乾燥中に鉱石が泡立ち，Au 4996 g/t という非常に高品位を示したことから，一躍，有名となった．鉱床は，新第三紀桧川層に貫入した筑紫森石英安山岩中に胚胎し，中新世中頃の鉱化作用と考えられている．鉱脈は，薄い粘土をはさんだ脈幅 50〜70 cm の石英脈で，多量の黄鉄鉱を伴う．金は，テルル金鉱として存在し，クレンネル鉱，テルル蒼鉛鉱，ゴールドフィールド鉱，クラブロート鉱，自然テルルが報告されている（資源素材学会，1992）．

秋田県山本郡八森（現，八峰町）の海岸にある発盛椿鉱山は，1888 年に発見され，武田恭作の乾式製錬法の開発によって 1906 年には，日本一の銀山に発展した．新第三紀中新世の安山岩とその直上の凝灰岩・泥岩に胚胎するパイプ状の網状鉱床で，泥岩部分で肥大し，多量の重晶石を随伴することから黒鉱タイプとされてきた．直径 150〜200 m，高距 80 m 程度の 2 つの漏斗状鉱体からなり，平均 Ag 0.1 %，高品位部は Ag 1 % に達した．多量の重晶石のほか，白鉄鉱と少量の方鉛鉱を伴うが，金はほとんど含有しない．

岩手県和賀郡の鷲の巣は，土畑黒鉱鉱床群の一角にあり，黒鉱の珪鉱に相当する可能性もあるが，流紋岩中の鉱染状の金鉱床として，やや特異なものである．金の富鉱部は，脈幅 10〜20 cm の珪質脈中に存在するが，これらが複雑に交差し，周辺母岩は激しく珪化し，黄鉄鉱，黄銅鉱とともに弱い金鉱化作用を与えている．最上部に二次富鉱帯があり，露天掘り部分では Au 17〜29 g/t，深部初生鉱染帯で Au 3〜5 g/t の平均品位をもち，比高 100 m 程度の特異なドーム状岩体を呈する．

秋田-青森県境に位置する温川は，上部に鉛・亜鉛に富む層状鉱床をもつ典型的な黒鉱鉱床ながら，下部に金に富む珪鉱や網状鉱染帯を有する．黒鉱鉱床の狭義の黒鉱（鉛・亜鉛鉱）中や重晶石に富む鉱石に金銀を多量に伴う例は多いが，当鉱山の金は，黄銅鉱，黄鉄鉱からなる網状鉱染帯に含まれる．鉱染帯は，平均 Au 8 g/t で，層状黒鉱の下部に接続し，上部の開いた直径 50 m 程度の円筒状をなす．下方に徐々にサイズを減じて，およそ 100 m 下で数条の石英脈に移行する．

この黒鉱と金鉱化帯の関係は，秋田県最古の金鉱床といわれる白根金山でもみられ，黒鉱タイプの小真木（小三郎鉱床）に連続する．黒鉱鉱床との関連は明確ではないが，これらに類似した金（銀）鉱化帯の事例は多く，秋田県中央部の田子内（重晶石帯から金鉱染帯へ移行），岩手県和賀郡の分訳，赤石などの金銅網状鉱床がある．

（2） 銅 鉱 山

東北地方の銅鉱山の分布を図 12.1.8 に示す．

赤金鉱山：岩手県江刺市に位置し，前期白亜紀とされる花崗岩類と石灰岩との接触部に形成されたスカルン鉱床．同種の鉱床としては釜石鉱山の方が大規模であるが，釜石鉱山は，主に鉄鉱床としての歴史が長く，「(4) 鉄鉱山」の項で記載した．当鉱山は，藤原時代には，地表近くの金が，また，明治期には鉄鉱山として開発された歴史をもつが，第二次世界大戦後，銅山として再興した．鉱床は，花崗閃緑岩から派生し，複雑に分岐した花崗斑岩と，主部石炭系から下部ペルム系とされる緑色変成岩類（中性から塩基性火山岩類）や石灰岩との接触部に形成された赤金鉱床，米里鉱床，丸森鉱床などのスカルン型金・銅・鉄の鉱染鉱床と，周辺の磁石山，つつじ森，大蔵鉱床などの鉱脈〜鉱染状鉱床からな

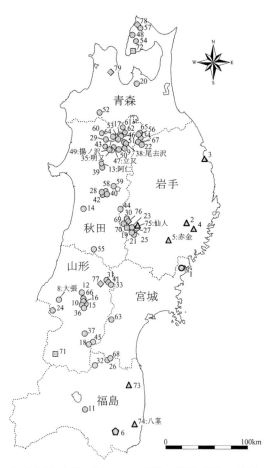

図 12.1.8 銅鉱山の分布

図中の番号は付表の鉱山リストに対応. 番号に鉱山名のあるものは, 本文中に記載した鉱山. 鉄鉱山として稼行されたものも含む.

る. 鉱石は, 角閃石を主とする緑色スカルン中に黄銅鉱, キューバ鉱など銅分が多く, ざくろ石を主とする赤色スカルンでは, 相対的に磁硫鉄鉱と磁鉄鉱など鉄分が多くなる. 一般に, 花崗斑岩の縁辺部から周辺のスカルン帯にかけ鉱染状の塊状鉱床をなすが, 石灰岩中の層理と調和して含銅磁硫鉄鉱スカルンと磁鉄鉱スカルンが胚胎する例(東鉱床)もある. 米里鉱床や磁石山鉱床では, 花崗斑岩を母岩とする多数の石英脈群があり, 相対的に金に富む. 北上山地のスカルン銅鉄鉱床の代表例として, 地質図および断面図を図 12.1.9 に示す.

八茎鉱山: 福島県平市の北方にあり, いわゆる八茎古生層中に胚胎するスカルン鉱床. 天正年間(1573〜93年)に発見された. 1900年にドイツ人技術者の指導を得て再開し, 大正初期にはわが国有数の銅山に発展した. 昭和初期から戦時中まで, 石灰石を採掘したが, 1945年に大規模な新鉱床を発見して再興し, 1978年頃まで, 銅, タングステンを採掘した. 鉱山周辺の地質は, 下部古生層の緑色凝灰岩と上部の粘板岩・石灰岩累層からなり, 北に開いた向斜構造を呈し, 南および西に白亜紀の花崗閃緑岩が迸入する.

鉱床は, 花崗閃緑岩に関連して, 上部層の石灰岩の下盤側に発達したスカルン帯にレンズ状に胚胎し, 緑青坑, 本坑, 旭坑など露頭鉱床のほかに, スカルン帯の傾斜に沿って深部延長の第1, 第2, 第3鉱床が開発されている. 最大の第1鉱床は, 幅350 m, 傾斜延長600 m, 平均厚さ40 m の規模を有する. 鉱石は, ざくろ石-輝石スカルン帯中に不規則塊状から鉱染状の黄銅鉱, 磁鉄鉱を主とし, 方鉛鉱, 閃亜鉛鉱, 輝水鉛鉱(Mo), 灰重石(W), コバルト鉱を随伴する. とりわけ, 黄銅鉱は灰鉄輝石(ヘデンベルグ輝石)を選択的に交代し, 灰重石は上盤側に多く, 輝水鉛鉱は下盤側の粘板岩近くに多いなどの特徴がある. 北西側に500 m 離れて同タイプの旧大野が存在する(日本鉱業協会, 1965; 福島県, 1964).

阿仁鉱山: 秋田県中央部に位置し, 新第三紀中新世の阿仁合層に迸入した花崗岩〜花崗斑岩に伴う鉱脈型金銅鉱床. 江戸時代中期には, 大坂商人の資本により上部の金鉱脈が開発され, 江戸後期には佐竹藩の直山の銅山として稼行された歴史の長い鉱山であるが, 明治中期に古河市兵衛の手により日本屈指の銅山として大発展した. 大正, 昭和を通じて金, 銅を生産し続けたが, 1966年に閉山した. 鉱脈は, 南北7 km, 東西6 km の範囲に, 少なくとも100以上の鉱脈からなり, 花崗岩に関連する北部鉱脈と, 流紋岩や玄武岩に密接に関連する南部および東部鉱脈群とに大別される.

北部では, 南北に細長く延びた岩株状花崗岩の貫入方向に沿った NS 系張力裂罅と, それと直交する剪断裂罅を充填する黄銅鉱-黄鉄鉱石英脈で, 赤鉄鉱や緑泥石を普遍的に随伴する. また, 一部では, 重晶石, 方鉛鉱, 閃亜鉛鉱を伴う場合もある. 南部

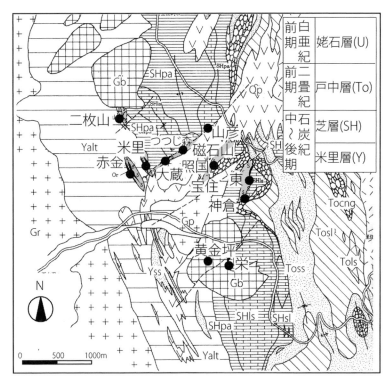

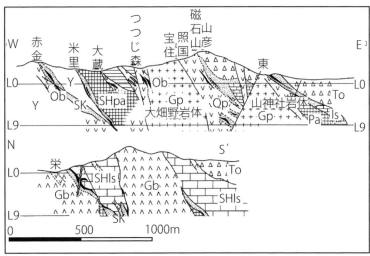

図 12.1.9 赤金鉱山地質鉱床図(高橋・南部,2003 をもとに作成)

Yalt:米里層(安山岩質砕屑岩・粘板岩・石灰岩・砂岩),Yss:米里層(砂岩),SHpa:芝層(安山岩・凝灰岩),SHls:芝層(石灰岩),Tosl:芝層(頁岩・砂岩),Tocng:戸中層(礫岩),Tosl:戸中層(粘板岩),Tols:戸中層(石灰岩),Toss:戸中層(砂岩),U:姥石層(凝灰岩),Gr:人首花崗閃緑岩,Op:石英斑岩,Gd:斑れい岩,S:スカルン.

および東部では，流紋岩や玄武岩を母岩とするNE-SW系の平行割目を充填し，潜在する花崗岩類の衝上運動と推定されている．一般に，上部で緑泥石や赤鉄鉱の多い金鉱脈，下部で黄銅鉱石英脈に変化する．グリーンタフ中に胚胎する金銅鉱脈の例として，地質平面図（鉱脈分布図を併記）および地質断面図を図12.1.10に示す（秋田県地下資源開発促進協議会，2005）．

尾去沢鉱山：秋田県北部にあり，非常に歴史が古く，和銅年間（708〜715年）の発見とされるが，確証はない．慶長から元禄年間には，金山（西道金山）として稼行された．1666年に銅鉱が発見され，幕末から明治初めまで，阿仁鉱山と並んで東北を代表する銅山ではあったが，明治中期に三菱の所有となってから発展し，日立，別子に次ぐ生産量を誇った．昭和になって，戦前，戦後と紆余曲折はあったが，1978年の閉山まで，四国の別子，栃木の足尾などと並んで日本屈指の銅山に発展した．

鉱床は，新第三紀中新世の凝灰岩，泥岩に胚胎する鉱脈鉱床で，東西1.5 km，南北2 kmの範囲に無数の鉱脈があり，N70〜80°EとN10〜30°Eの2系統の脈群からなる．主要な鉱脈は，延長600 mから1300 mに及び，最大脈幅2〜3 m，下部の安山岩から派生し，概して急傾斜で，上部は漏斗状に分散す

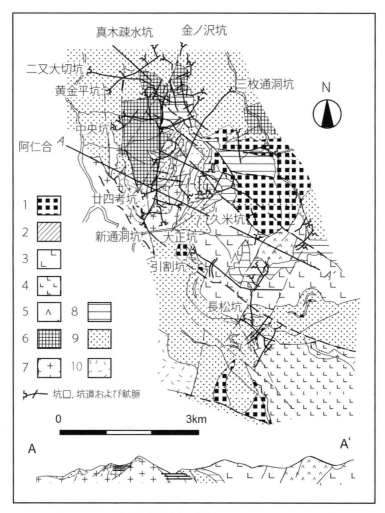

図12.1.10 阿仁鉱山地質鉱床図（神山ほか，1958をもとに作成）
1：小淵玄武岩（粗粒玄武岩を含む），2：三滝沢石英粗面岩，3：鬼灯山粗面岩（石英安山岩），4：大沢石英安山岩，5：桂落粗面安山岩（安山岩），6：九両玄武岩（粗粒玄武岩），7：山神社斜長流紋岩（大正坑花崗斑岩），8：湯口内層，9：愛宕山層，10：小沢凝灰角礫岩．

12.1 金属資源

る.

鉱石は, 黄銅鉱, 黄鉄鉱を主とする石英脈で, 重晶石や菱マンガン鉱を随伴する. また, 一部では, 赤鉄鉱や緑泥石に富み, 「なるみ鉱」と呼ばれる金に富む鉱石も存在した (秋田県地下資源開発促進協議会, 2005).

東北地方には, この型の銅鉱脈はきわめて多く, 生産実績のある鉱山としては, 秋田県の不老倉, 来満, 四角, 宝倉, 大倉 (大披), 立又, 明又, 荒川, 宮田又, 日三市, 岩手県の金当, 卯根倉, 松川, 鷲合森, 奥仙人, 山形県の満沢, 大張, 長富, 大蔵, 日正, 永松, 見立, 高旭, 幸生, 小山, 三永, 睦合, 朱山, 二重坂, 福島県の高畑, 八総などがある.

黒鉱に伴う銅:黒鉱鉱床は, 主に鉛や亜鉛を含む狭義の黒鉱と, 主に銅や鉄からなる黄鉱とがあり, この割合は鉱山ごとに大きく異なる. 黒鉱鉱床のうち, 黄鉱の多い鉱山は銅鉱山に分類される. 青森県の上北, 秋田県の花岡, 岩手県の土畑などが, その代表格で, 鉱床規模が大きいため, 銅の生産額では, その他の銅鉱脈をはるかにしのぐ. これらの黒鉱タイプの諸鉱山については項を改めて記載する.

その他の特徴的な鉱山:阿武隈山地南部にある沢渡は, 古生界の御在所緑色変成岩類に層状に胚胎する銅鉱床で, キースラーガータイプ (層状含銅硫化鉄鉱鉱床) に分類される. 同タイプの鉱床は, 日立鉱山をはじめとして, 阿武隈山地の茨城県側に多く, その鉱床区の北延長に相当し, 当鉱山など4〜5鉱山が知られている. 鉱床は, 緑色片岩を主とし, それに挟在する黒雲母片岩や珪岩の層理に沿って胚胎し, 厚さ0.5〜1.5 m, 単位鉱床の延長50〜80 mで, 少なくとも5か所の鉱床群からなる. 品位は良鉱部でCu 2.5〜3.0%, 磁硫鉄鉱を随伴する (日本鉱業協会, 1965).

和賀仙人は, 岩手県中部の奥羽山地に位置するが, 先第三層基盤の砂岩, 粘板岩, 石灰岩中に胚胎し, 白亜紀花崗岩に関連するスカルン鉱床とされている. 鉱床は, 塊状を呈する7鉱体があり, 主として鉄鉱床として稼行されたが, その一部 (遠平鉱床) に銅を随伴する. 大正から戦前まで, わが国の重要鉄鉱山として盛大に稼行され, 戦後は, 主に銅を生産して1975年に閉山した. 鉱石は赤鉄鉱 (葉片状の鏡鉄鉱を特徴とする) を主とし少量の磁鉄鉱

と黄銅鉱を伴い, 石灰岩と花崗斑岩の接触部のスカルン帯に胚胎する. 下遠平鉱床では, 少量の方鉛鉱や閃亜鉛鉱も存在したとされる (高橋・南部, 2003).

山形県北部, 最上地域の大堀は, 他に類例をみない新第三紀の熱水性沈殿物と考えられる炭酸塩岩を交代した特異なスカルン鉱床を伴うことで知られている. スカルン鉱床の蟹ノ又鉱床と花崗岩の貫入に関連する鉱脈鉱床とがあり, 前者は, Pb, Znを伴う優白色〜緑れん石スカルンと, Cu, Feを主とする緑泥石スカルンの累帯をなす. 後者の鉱脈鉱床は, 粗粒玄武岩中に胚胎し, 銅のほかビスマスを伴い, ゼノサーマルタイプと推定されている (竹内ほか, 1960).

このほか, ビスマスを随伴する鉱山として, 山形県北西部の大張があり, 新第三紀の花崗閃緑岩中の不規則レンズ状〜円筒状の鉱体で, 金銀銅鉱山として稼行された. また, 秋田県北部の揚ノ沢は, ビスマスを主要鉱種とする鉱脈鉱床として知られており, 銅鉱脈を主とする周辺の明又鉱山, 立又鉱山とともに, 花崗岩体周辺の高温鉱脈あるいはゼノサーマルタイプとされる.

（3） 鉛亜鉛鉱山

東北地方の鉛亜鉛鉱山の分布を図12.1.11に示す.

田老鉱山:岩手県下閉井郡田老町にあり, 北上山地では唯一の鉛・亜鉛を随伴する鉱床. 白亜系とされる原地山層のチャート, 粘板岩・砂岩互層中に胚胎する層状鉱床で, 成因論には諸説あるが, 近年では, 酸性ひん岩を下盤とする中生代の黒鉱鉱床の可能性が示唆されている. 安政年間に発見され, 藩政時代には鉄鉱山として開発されたが, 大正から昭和初期に銅鉱山として発展し, 戦時中には非常増産特別指定鉱山に指定された. また戦後は, 亜鉛鉱山として盛大に稼行され, 1971年に休山した. 南北6 kmの範囲に11鉱床が知られ, 鉛亜鉛鉱床と含銅硫化鉄鉱鉱床とがあり, また, 層状鉱床と網状〜脈状鉱床とがある. 閃亜鉛鉱, 方鉛鉱, 黄銅鉱, 黄鉄鉱のほか, 少量の磁硫鉄鉱, 硫砒鉄鉱, 閃マンガン鉱を随伴し, 石膏を伴う場合もある. 北上山地の鉛亜鉛鉱床の例として地質図および代表的な鉱床断面図を, それぞれ図12.1.12に示す.

細倉鉱山:宮城県北部にあり, グリーンタフ中に

12. 地下資源

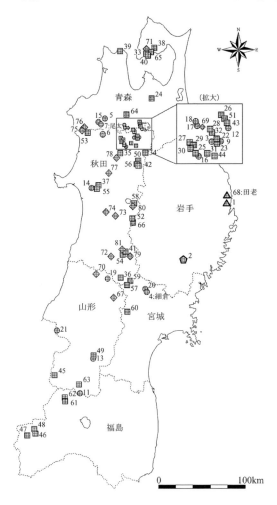

図 12.1.11 鉛亜鉛鉱山の分布
図中の番号は付表の鉱山リストに対応．番号に鉱山名を併記したものは，本文中に記載した鉱山．

胚胎する鉱脈鉱床．最盛期には，岐阜県の神岡鉱山に次いでわが国第2の鉛亜鉛鉱山であった．9世紀の発見とされ，当初は銀山として，また藩政時代には，仙台藩一の鉛山として栄えた．1890年に高田鉱山として再興したが思うように発展せず，1934年に三菱鉱業の手により探鉱開発が進められ，日本有数の大鉱山に発展した．昭和になってからも大規模な生産を続けたが，1987年にオイルショックに伴う世界的不況の影響で生産を休止し，その後は鉱山設備を活用したリサイクル事業を展開している．

鉱床は，新第三紀初期の安山岩質凝灰岩・溶岩とその上位の緑色凝灰岩を母岩とする鉱脈鉱床で，東西3 km，南北2.5 kmの範囲に無数の鉱脈群があり，脈幅1 m以上の主要な鉱脈だけでも30以上存在する．一般に富鉱部は，溶岩相の安山岩中にあり，最大の富士本鉋は，走向延長2200 m，傾斜延長330 m，平均脈幅1.3 mで，比較的均質に鉛2％，亜鉛6％の平均品位を有する．鉱石は，方鉛鉱，閃亜鉛鉱，黄鉄鉱の縞状集合からなり，若干の蛍石，黄銅鉱，輝安鉱などを随伴し，多様な銀鉱物を含む．微量成分として，錫，アンチモン，インジウムなどが報告されている．周辺に，大土森，花山など，同じタイプの鉱脈群がみられる．新第三紀鉛亜鉛鉱床の代表例として，地質平面図および代表断面を，それぞれ図12.1.13に示す（柏木ほか，1971）．

尾太鉱山・太良鉱山：尾太と太良は，秋田-青森県境をはさんで対峙し，グリーンタフ初期の安山岩中に胚胎する鉛亜鉛鉱脈鉱床である．尾太の歴史は古く，大同年間（806〜810年）の発見とされるが，主に慶長年間（1598年以降）に津軽藩にて盛大に稼行された．明治初年から大正，昭和の初期まで，小規模稼行の記録はあるが，経営不振により鉱業権者は転々とした．戦後（1952年）に，優勢な尾太本鉋が発見され，1965年頃まで東北地方屈指の鉛亜鉛鉱山に発展したが，1978年に鉱量枯渇のため閉山した．

太良も，尾太と同時期に発見され，幕末にかけて佐竹藩の直山として発展し，平賀源内発案による加護山製錬所の鉛を供給したことでも知られる．明治末期から昭和の初期まで，多数の優勢な鉱脈が発見され隆盛を極めたが，1955年に大水害があり閉山した．

両鉱山とも，新第三紀中新世の安山岩および同質凝灰角礫岩中に胚胎する鉱脈鉱床であり，閃亜鉛鉱，方鉛鉱を主とし，初期には黄銅鉱，晩期にはマンガン鉱を伴う．近年，実施された系統的な調査により，女川階の活動とされる青秋カルデラのカルデラ壁に沿う平行裂罅，あるいは放射状裂罅を充填した鉱脈鉱床と考えられている（資源エネルギー庁，1982）．

黒鉱に伴う鉛亜鉛：黒鉱鉱床は，項を改めて解説するが，黒鉱鉱床のいくつかは，鉛亜鉛鉱を主とし

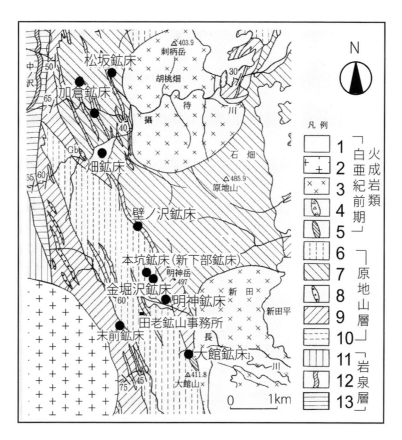

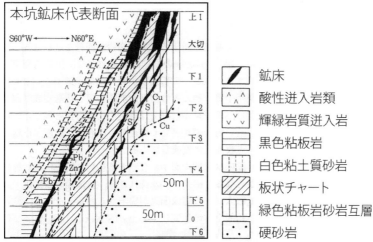

図 12.1.12 田老鉱山地質鉱床図(高橋・南部,2003 をもとに作成)
1:第四紀層,2:宮古花崗岩,3:田老花崗岩,4:斑れい岩および閃緑岩,5:角閃岩および蛇紋岩,6:流紋岩および石英安山岩,7:安山岩,8:チャート,9:頁岩,10:砂岩,11:チャート,12:石灰岩,13:粘板岩.

544   12. 地下資源

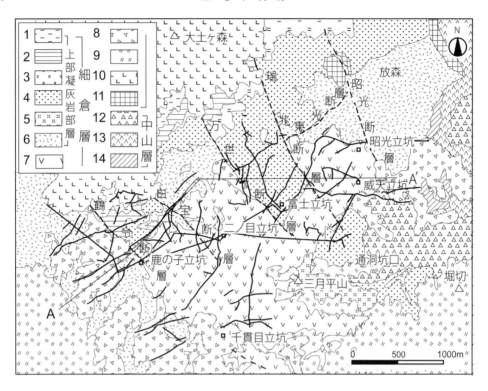

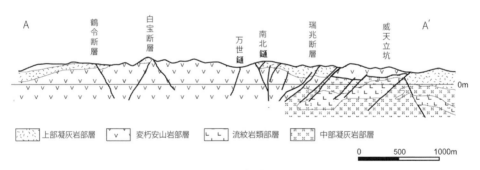

図 12.1.13　細倉鉱山地質鉱床図（柏木ほか，1971をもとに作成）
1：浮石質凝灰石，2：凝灰質シルト岩，3：浮石質凝灰岩，4：安山岩質砂質凝灰岩，5：安山岩溶岩，6：凝灰岩および浮石質凝灰質シルト岩，7：変朽安山岩，8：（六角層）浮石質凝灰角礫岩，9：（文字層）石英安山岩質凝灰岩およびシルト岩，10：石ヶ森石英安山岩，11：安山岩質貫入岩，12：安山岩質凝灰角礫岩，13：安山岩溶岩，14：浮石質凝灰岩およびシルト岩．

て開発され，鉱脈鉱床に比べて大規模なため，産出金属量としては圧倒的に大きい．とりわけ，1973年から生産が開始された深沢は，秋田県大館市にあり，典型的黒鉱鉱床でありながら，95％以上の鉱石が鉛亜鉛鉱（狭義の黒鉱）であり，きわめて高品位（Zn 12％）かつ大規模であるため，鉛亜鉛資源としての黒鉱鉱床を一躍有名にした．その発見を契機として，隣接地域の探鉱が進められ，1975年には餌釣が発見され，1984年には，十和田湖畔に温川が

発見された．また，黒鉱鉱床中の鉛亜鉛鉱（狭義の黒鉱）には，多量の金銀はじめ有用なレアメタルが多く含まれていることがわかり，それまでの黒鉱鉱山でも，銅鉱（黄鉱）に代わって黒鉱の採掘割合を増大させたため，1970年代から，平成初めまで，東北地方の鉛亜鉛鉱山といえば黒鉱鉱床を意味するようになった．

その他の特徴的な鉛亜鉛鉱山：青森県南津軽郡碇ヶ関にある津軽湯ノ沢は，重晶石に富む網状鉱床

であり，シルト岩の層理に沿って富鉱帯が存在するため，しばしば黒鉱鉱床に分類される．鉱床は，鮮新世の凝灰角礫岩を下盤とし，湖成堆積物を上盤とする湖成塊状硫化物鉱床と考えられている．銀に富み，閃亜鉛鉱，方鉛鉱，重晶石を主とするが，硫酸鉛鉱，ヨルダン鉱などの希産鉱物が報告されている．

山形県北村山郡尾花沢にある福舟も，銅亜鉛の網状鉱床であるが，黒色頁岩に塊状の富鉱部が存在するため，しばしば黒鉱鉱床に分類される．ビスマス鉱物（ウィチヘン鉱）を伴い，セリサイトを主とする中性変質帯のほかにカオリン帯を伴うため，黒鉱タイプと浅熱水性鉱脈の中間的性質をもつとされる．

山形県米沢市にある八谷は，グリーンタフ中に胚胎する比較的大規模な浅熱水性鉛亜鉛鉱脈鉱床であるが，上部に，鉛亜鉛鉱脈とは直接，成因的な関係を有しない金銀石英脈を伴うことが特徴である．カルデラ壁を通路とした複合鉱化作用の可能性が示唆されている．

（4）鉄鉱山

黒鉱鉱床や鉱脈鉱床に随伴する硫化鉄鉱を除外すると，北上山地や阿武隈山地の中・古生界に胚胎する接触交代性あるいはスカルン鉱床，岩手県久慈市から青森県九戸の内陸にある段丘砂鉄鉱床に稼行実績があり，また岩手県から福島県にかけての海岸線および下北半島東海岸にある海浜砂鉄は，南北朝時代あるいは第二次世界大戦中に採掘されたが，鉱山として稼行実績はない．

岩手県北上市和賀にある仙人（前出）のうち，遠平夏畑鉱床は，基盤岩の露出部に発見されたスカルン鉄鉱床であり，後述する釜石鉱山と同種と考えられていたが，鉱脈と同時期の新第三紀熱水性交代鉱床とする考え方も提案されている．スカルン鉱床は，岩手県釜石市の釜石や後に当鉱山の一部となった大峰，および岩手県江刺市にある赤金に生産実績があり，下閉井郡の六黒見など数鉱山は，同タイプながらも金や銅の鉱床に分類される．

東北地方の鉄鉱山およびマンガン鉱，重晶石，タングステン・モリブデン鉱を随伴する鉱山を一括して，図 12.1.14 に示す．

釜石鉱山：発見は享保年間（1727 年）とされるが，当時は磁硫鉄鉱など塊鉱を製錬する技術がなく，長い間放置されていた．幕末になり，大島高任の手によってわが国最初の洋式高炉による製錬技術が確

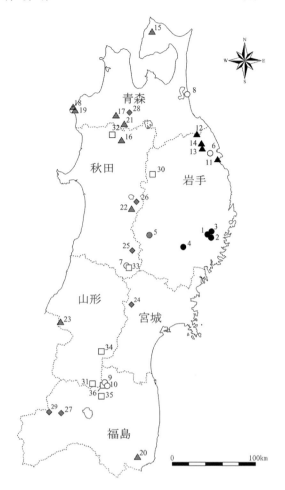

図 12.1.14 鉄およびその他鉱山の分布
図中の番号は付表の鉱山リストに対応．本文中に記載した鉱山に限定した．

立され，一躍，注目されたが，経営的には困難を極め，明治初年に休山した．その後，再開，休山を繰り返し，1914 年に勃発した第一次世界大戦により，鉄需要が急増して一時的に栄えたが，その後の不況と大震災により資金難となり，大正から昭和にかけ三井鉱山の経営下におかれた．1939 年に，鉱山部門が独立して日鉄鉱業の経営となり操業を継続した．戦後の 1951 年になって，周辺地域で多数の銅鉱床が発見され，わが国有数の鉄銅鉱山として大いに発展し，昭和末まで大規模な操業を継続した．

1993年に鉄・銅鉱床とも終掘したが，白色石灰石の採掘を続け，また近年においては，地下の湧き水を飲料水として販売したり地下空洞の多目的利用などを行っている．

鉱床は，南部北上帯の石炭系（一部，ペルム系）堆積岩類と，これを貫く初期白亜紀の花崗岩類に関連したスカルン銅鉄鉱床であり，累計生産量5800万トンは，この型の鉱床としてわが国最大規模を有する．多数の鉱床群からなり，地域中央部を南北方向に延びる閃緑岩・花崗閃緑岩複合岩帯（蟹岳岩体）の東西両翼に分布し，それぞれ，東列鉱床群，西列鉱床群と呼称される．東列鉱床群は，南北9 kmにわたり7鉱床があり，磁鉄鉱を主とし，若干の黄銅鉱と硫化鉄鉱を含む接触交代性の含銅鉄鉱床であるのに対し，西列鉱床群は，南北5 km範囲に9鉱床があり，古生層石灰岩と蟹岳複合岩体との接触部に生じたスカルンである．全体として，磁鉄鉱，磁硫鉄鉱，黄銅鉱が多く，黄鉄鉱やキューバ鉱を伴い，概して，ニッケル，コバルトの含有量が高いのが特徴である（日本鉱山地質学会，1981）．

北上山地のスカルン鉄鉱床の代表例として，その地質鉱床図および断面図を図12.1.15に示す．

久慈鉄山：岩手県久慈市大川目から青森県九戸郡大野村にかけ，海岸線から10 km内外の内陸に位置する洪積統の海成段丘砂鉄層．当地域の砂鉄の歴史は古く，旧藩政時代から刀剣や鉄器に用いられていたが，鉱業として採掘が行われたのは，大正以降である．昭和初期から終戦までの間，川鉄久慈鉱山として製鉄所を設けて生産を続け，戦後は，川崎製鉄が海綿鉄を生産し，1967年に閉山した．

鉱床は，ジュラ紀付加体とされる岩泉層群および上部白亜系の久慈層群の上位に不整合に堆積した更

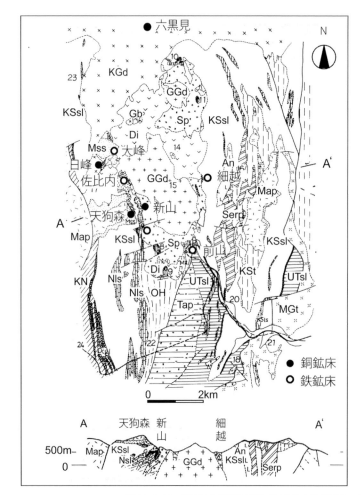

1：土倉層安山岩質凝灰岩類，2：土倉層仙人ひん岩，3：大橋層粘板岩，4：唄貝層粘板岩・石灰岩，5：鬼丸層石灰岩，6：甲子層粘板岩，7：甲子層石灰岩，8：甲子層凝灰岩，9：大洞礫岩，10：金山層粘板岩，11：馬木の内層砂岩，12：馬木の内層安山岩質凝灰岩，13：超塩基性岩，14：変斑れい岩，15：斑れい岩，16：閃緑岩～閃緑ひん岩，17：安山岩，18：蟹岳花崗閃緑岩，19：栗橋花崗閃緑岩，20：モンゾニ岩，21：スカルン．

図 **12.1.15** 釜石鉱山地質鉱床図（日本鉱山地質学会，1981をもとに作成）

新世の浅海成砂層中にあり，層厚平均3m程度，局部的には10mに達し，火山灰に覆われる．鉱石は，黒褐色から褐色の砂状ないし塊状で，磁鉄鉱，赤鉄鉱，チタン鉄鉱，褐鉄鉱および石英や岩片から構成され，Fe 50〜55％，TiO_2 10〜12％に達する．ボーリング探査による可採鉱量660万トンに対し，これまで採掘された鉱量は70万トン程度と推定されている（高橋・南部，2003）．

（5）マンガン鉱

東北地方のマンガン鉱床には，中・古生界の堆積岩類に胚胎する堆積性層状マンガン鉱床，新第三紀の砂岩，泥岩あるいは凝灰質砂岩中に胚胎し，レンズ状〜不規則塊状を呈する沈殿性マンガン鉱床および熱水性鉱脈鉱床の一部に銅，鉛，亜鉛と累帯して出現する鉱脈鉱床の3種類が存在する．

中・古生界（厳密にはジュラ紀付加体）に含まれる堆積性マンガン鉱床は岩手県久慈，九戸地域（野田玉川ほか6鉱山）にあり，新第三紀層中の海底沈殿性のマンガン鉱床は，青森県下北郡（千金マンガンほか2鉱山），同西津軽郡深浦地域（深浦ほか5鉱山）と青森から宮城県にいたる黒鉱地域に点在する（中津軽郡の久渡寺，秋田県大館市の沼館，宮城県加美町の宮崎マンガンなど）．また熱水性鉱脈のマンガン鉱は，ほとんどの鉛亜鉛鉱脈に随伴するが，マンガン鉱として稼行された実績のある鉱山は，青森県南津軽郡大鰐町の早瀬野，秋田県角館町の白岩マンガン，山形県東田川郡の大泉など数鉱山にすぎない．

野田玉川鉱山：岩手県九戸郡野田村にあり，ジュラ紀付加体の安家川層中に胚胎する層状マンガン鉱床．1905年の発見とされ，昭和の初期まで，小規模に稼行されたが休山．1942年に再開され，1950年ころから下部開発に成功して東北地方随一のマンガン鉱山に発展するが，経営悪化のため1972年に採掘休止．その後，1987年から「マリンローズパーク野田玉川」として坑道観光やバラ輝石の販売を行っている．

鉱床は，安家川層のチャートの層理に沿って胚胎するレンズ状鉱体群からなり，地表から470m深部まで断続的に分布する．鉱石は，バラ輝石，テフロ石，ハウスマン鉱，菱マンガン鉱などからなり，概して含マンガン珪酸塩鉱物に富むのが特徴である．このため，花崗閃緑岩の貫入による熱変成作用

が重複したものと推定されている．褶曲の軸部で富鉱帯を形成し，Mn 35〜40％以上を示すが，急激に劣化してバラ輝石の散点する白色塊状珪岩に変化する．断層の周辺にZn，Cu，As，Ni，Pbなどの異常を示すが，明瞭な重金属帯は存在しない（高橋・南部，2003）．

大泉鉱山：山形県東田川郡朝日村にあり，新第三紀層中の鉛亜鉛の鉱脈鉱床であるが，鉱脈中に多量のマンガンを随伴するため，ここでのべる．明治初年に発見され，明治中期から古河市兵衛の手により開発された．1918年の大雪崩災害でいったん休山したが，1937年に再開，戦後は鉛亜鉛鉱石を主として年間4〜5万トンを生産したが，1979年に閉山した．

鉱床は，東西系の鉛亜鉛鉱脈とNW系のマンガン鉱脈とがあり，マンガン鉱は後期晶出脈と考えられている．東西系の鉛亜鉛鉱脈には，黄銅鉱のほかに銀，インジウム，錫が含有されるが，マンガン鉱脈には少なく，菱マンガン鉱と石英のみからなる（山形県，1955）．

深浦鉱山：青森県西津軽郡深浦町にあり，周辺に多数の小鉱山がある．沿革は定かではないが，1942〜44年頃，盛んに採掘された．鉱床は，新第三紀初期の砂岩と凝灰角礫岩の互層中にあり，砂岩中あるいは砂岩と安山岩の接触部に層状ないし不規則塊状を呈する．鉱石は二酸化マンガン鉱からなり，粗鉱品位Mn 30％前後とされる．虎石（玉髄質チャート）やソープストーン（石鹸石）を伴っていたとされる．

（6）重晶石

黒鉱の累帯の一部として採掘された鉱山（たとえば小坂，深沢など，前出），黒鉱タイプの鉱床のうち著しく重晶石に富む鉱山（青森県南津軽郡平賀町の尾崎，宮城県加美郡加美町の宮崎）あるいは銀鉱山として稼行されたが著しく重晶石に富む鉱床（八盛椿，軽井沢，黒沢，前出）など，一般には副産物として生産されることが多い．後述の田子内も，かつては黒鉱タイプの珪鉱と考えられた金銀の網状鉱床であるが，重晶石を主体に稼行された実績をもつ．

田子内鉱山：最上部に金鉱脈を伴う重晶石の網状鉱床で，後期新第三紀の安山岩中に胚胎する．発見は，元和年間（1620年代）とされ，その後は寛政

文化時代（1800年頃）に発展したとされるが記録は定かではない．1900年頃から，藤田組にて金鉱山として開発，周辺の銀鉱床（前山鉱床）を含めて発展したが，1917年に閉山．1937年に重晶石鉱山として再開し，1949年には，わが国有数の重晶石鉱山に発展したが，1953年頃から鉱況悪化して休山．1963年以降，上部の金鉱床の再開発を狙って何度か探鉱されたが，再開にいたらず，休山している．

鉱床は，金-重晶石の網状鉱床からなる元山鉱床と含金銀鉛亜鉛鉱脈の前山鉱床がある．元山鉱床は，やや東西に延びた直径30 m程度の漏斗状の珪化した岩体中に，幅15 cm内外の石英脈が縦横に走る網状鉱体で，上部は開口し，粘土化帯に移行する部分に数g/t内外の金を伴う．下部は低品位ながらも閃亜鉛鉱，方鉛鉱に移化したとされる（秋田県地下資源開発促進協議会，2005）．

（7）タングステン・モリブデン鉱

東北地方には，タングステンやモリブデンを主として稼行された鉱山は存在しない．一般には，スカルン銅鉄鉱床の副産物（八茎），金鉱脈の一部にタングステンに富む鉱脈が存在する例（岩手県気仙郡住田町の世田米，同東磐井郡川崎の東磐井，同江刺市伊手の小金坪），金鉱脈の一部にモリブデンを伴う例（岩手県久慈市大川目），および花崗岩中のモリブデン鉱脈（福島県南会津郡の田子倉）などに小規模ながらも生産された記録がある．

（8）多金属硫化物鉱床としての黒鉱鉱床

黒鉱鉱床とは，新第三紀中新世の海底火山活動に伴って形成された層状の多金属硫化物鉱床を意味する．非常に規模が大きく，かつ高品位であることから，1950年代後半以降に精力的に探鉱活動が行われ，大規模な鉱床が次々に発見されて一躍有名となった．多種多様な鉱物の集合からなり，古くは，銀鉱山として，戦前戦後は主に銅鉱山として開発され，1950年代後半以降は主として銅鉛亜鉛の複雑硫化鉱として稼行された．また，最上部に重晶石鉱を伴い，周辺部や最下底に大規模な石膏帯を伴うことから，これらの工業用原料鉱物資源を主目的に生産された鉱山もあり，また近年では，金銀のほか，アンチモン，ガリウムなどの有用金属も回収されている．

黒鉱鉱床は，幕末の小坂鉱山における土鉱の発見

（1881年）に端を発し，小坂元山において大規模な塊状鉱床が発見されたが，当時は，このような複雑硫化鉱を製錬する技術がなく，土鉱から細々と銀を回収していたにすぎない．1899年に，久原房之助により自溶炉製錬法が確立されて金銀，銅，鉛などが分離して回収できるようになると，小坂元山の塊状鉱が注目され，当時としてはきわめて大規模な露天掘りが開発された．また，ドイツから技術を輸入して水力発電所や鉄道を建設し，日本鉱業史上最大の発展をみた．黒鉱の有用性が知られるにつれ，隣接の花岡，秋田県山本郡八森の椿と水沢，青森県下北郡の安倍城，岩手県和賀郡の土畑鉱床群の一部，福島県の加納など，次々に同種の黒鉱鉱山が開発された．しかし，明治から大正，昭和初期まで増産を続けたため，花岡鉱山を除くほとんどの黒鉱鉱山で資源が枯渇し，第二次世界大戦後は，残された低品位鉱に水をかけ，沈殿銅の回収を行っていた．

1950年代中頃に黒鉱の海底噴気堆積性鉱床という新しい成因論が確立され，「黒鉱層準」という考え方が導入されると，それまでの東北の鉱山の常識を覆す世界的規模の巨大鉱床が次々に発見された．1957年の相内鉱山，1959年の小坂内の岱，1960年の南古遠部，1961年の釈迦内と花岡松峰鉱床，1967年の小坂上向鉱床，1971年の深沢，1975年の餌釣および1984年の温川などが新たに発見され，さらにこれまで知られていた花輪，大巻などでも新鉱床の発見が続いた．

これらの大規模黒鉱鉱床は，すべて北鹿地域または北鹿ベーズンと呼ばれる直径25 km程度の秋田-青森県境の限られた地域に集中して発見されたため，世界的に強い衝撃を与えた．しかし，前にものべたように，2度にわたるオイルショックとプラザ合意による円高により，黒鉱鉱山といえども急速に経済性を失い，1994年にすべての黒鉱鉱山が生産を休止した．

現在では，それまで培われた鉱山設備や鉱山技術を活用して，天然粘土シーリングを活用した産業廃棄物処分場や汚染土壌からの有価金属の回収（花岡），電子機器からのレアメタルリサイクル（小坂）など，新たな環境リサイクル基地（エコタウン）としてよみがえり，現在でも操業を継続している．

小坂鉱山：鉱山沿革は上記した．黒鉱は，南北およそ3 kmの範囲に，北から，元山鉱床，内の岱鉱

床群および上向鉱床群の3か所あり，わが国第2位の規模を有する．鉱床は，銀を多量に含む鉛亜鉛鉱（狭義の黒鉱）と銅・硫化鉄に富む黄鉱からなる層状鉱床部と，それらを供給した通路に沈殿した銅鉛亜鉛の網状鉱床（珪鉱）からなり，層状鉱床の最上部には重晶石，最下位には石膏を伴う．新第三紀中新世の石英安山岩ないし流紋岩質の溶岩，凝灰岩を下盤とし，同女川階の軽石凝灰岩と泥岩の互層を上盤とする堆積性の鉱床で，下盤中には，全体として不規則層状の珪鉱と円筒状の網状鉱床を伴う．最盛期の年間出鉱量はおよそ50万トン，Cu 1.3～2.0%，Pb 1.7～2.1%，Zn 5.0～5.5%，他に多量の金銀を随伴する．

山元に製錬所を有し，自溶炉，転炉および電解工

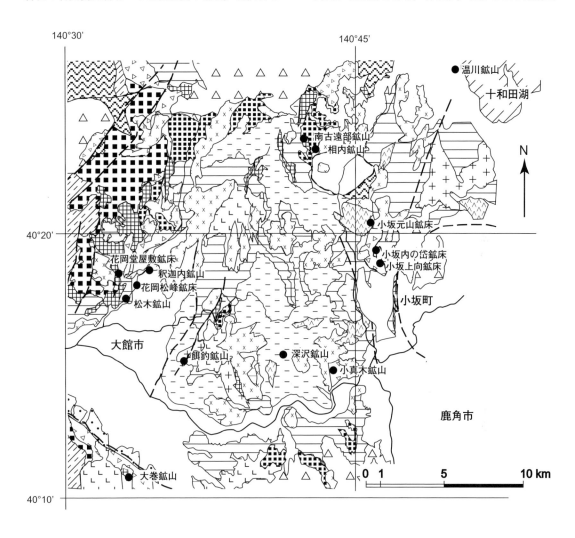

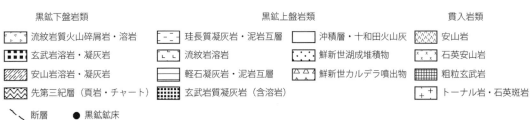

図 12.1.16　北鹿地域地質図および黒鉱鉱床の分布（Yamada and Yoshida, 2004 をもとに作成）

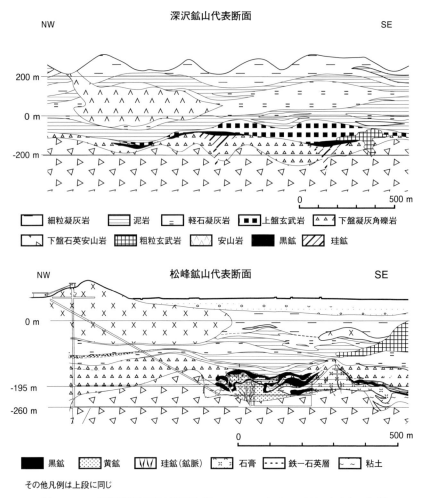

図 12.1.17 代表的黒鉱鉱床の断面図（Yamada and Yoshida, 2004 をもとに作成）

場の一貫設備により，主として銅を生産していたが，金銀，ヒ素，ビスマス，アンチモン，ガリウムなど不純物の多い鉱石から多金属を回収する技術に優れており，その技術を活用して，現在は，自動車バッテリーからの貴金属回収や電子機器からのレアメタル回収を行っている．

花岡鉱山：堂屋敷鉱床群と松峰鉱床の2鉱山からなり，松峰鉱床は，わが国最大の黒鉱鉱床である．地域的には離れるが，その後発見された深沢鉱床と餌釣鉱床の鉱石も一括処理し，生産粗鉱量は年間100万トンに達する．

全体的な地質概要は，小坂鉱山と同様であるが，胚胎場や鉱石の産状は鉱山ごとに異なっており，堂屋敷鉱床は，黄鉱を主とし，膨大な石膏を伴い，松峰鉱床は，下位から上位に硫化鉱（硫化鉄鉱），黄鉱，黒鉱の順に重なる．また，深沢は，ほとんど黒鉱のみからなる鉱床であるが，非常に高品位な亜鉛鉱を産し，餌釣は，花岡鉱山のなかでは小規模であるが，高品位の銀を伴う．

北鹿地域の黒鉱分布を図12.1.16に，また代表的鉱山断面を図12.1.17に示す．

■コラム　歴史にみる金属鉱山の役割

東北地方の鉱山の歴史は古く，奈良東大寺の大仏建立に用いられたと伝聞される宮城県涌谷地方の「黄金迫（こがねはざま）の金」，坂上田村麿から安倍一族の時代に盛大に開発された宮城県本吉地域の「みよし金」，藤原三代から南北朝時代にかけ「金掘り吉次（きちじ）」の活躍の舞台となった奥羽山地の金鉱山群など，主に産

金伝説や黄金文化の舞台として伝えられている．ここで，「みよし金」とは，河川や海岸の砂層中に二次的に濃集する砂金に対し，金山地帯の表土を水で洗って，「猫流し」と呼ばれる一種の比重選鉱で金を集める方法を「みよし掘り」と呼び，その方法で回収された金を「みよし金」という．

南北朝以降，武士の時代になると，久慈市から八戸市の海岸線にある砂鉄が刀剣の素材として注目され，それまでの「野焼き」に代わって蹈鞴を用いて多量の製鉄を可能とする「たたら吹き」製法の開発と相まって，江戸中期まで，島根県と並ぶ日本の2大産地としておおいに発展した．このころ，後に東北地方最大の銅山に発展する尾去沢鉱山も発見されているが，当時は西道金山と称され，北方の白根金山（現在の小真木鉱山）とともに金鉱山として注目され，後の関が原に続く慶長年間には「南部の運上金」として，徳川幕府の財政を支えていたらしい．しかし，江戸時代初めには，金はまだ貨幣としては一般に通用せず，もっぱら銀貨が重用されたため，秋田県の院内銀山，山形県の延沢銀山など，銀を主とする鉱山の探鉱開発が進められ，島根県の大森銀山や兵庫県の生野銀山と並び称されるようになった．

江戸中期になると，海外との交易品としての銅の重要性が増大するとともに，東北地方各地で積極的な探鉱活動が行われた．この結果，阿仁，尾去沢などそれまで金鉱山として知られていた鉱山の下部に優勢な銅鉱脈が発見され，四国の別子銅山とともに，江戸後期から明治時代にかけおおいに発展した．

江戸後期から幕末には，大砲の鋳造に欠かせない鉄の需要が急増し，それまでの砂鉄を原料とした「反射炉」に代わって，塊鉱から大量の製鉄を可能とした「高炉」が発明されるに及んで，それまで不適として放置されていた釜石鉄山の塊状鉱が注目された．このため，釜石鉱山は，周辺の鉄鉱山を含めて積極的な開発が進められ，幕末には日本最大の鉄山に発展した．

明治中ごろになると，それまで，風化帯から「土鉱」として細々と銀の回収が行われていた「黒もの」から，銅，鉛，亜鉛などに分離して回収する技術が開発されると，「黒もの」鉱床が一躍，脚光を浴び，秋田県の十輪田銀山や小坂鉱山を中心とした「黒もの」の探鉱が積極的に行われた．とりわけ，小坂鉱山の下部にそれまでの「黒もの」鉱山とは桁違いに規模の大きい新鉱床が発見されるに及び，大々的な露天掘りが行われ，わが国鉱山開発史上最大の発展をみた．これが明治の殖産興業を支え，1957年以降の黒鉱鉱床の発展に引き継がれた．

大正から昭和の初期には，主として軍需産業の要請から，銅や鉛の需要が急激に高まり，東北地方各地でおびただしい数の鉱山が開発された．とりわけ，秋田県を中心とする北東北は日本最大級の銅の有望地として注目された．またこの頃には，1899年の金本位制の採用に伴い金山開発も奨励され，それまでの混汞法（水銀アマルガム）に代わってシアンを用いて溶解する青化精錬が発明され，金の実収率が飛躍的に向上したこともあって，銅を伴う複雑な鉱石や，それまでの低品位として注目されなかった小規模な金山が多数開発されるようになった．第二次世界大戦に突入するとともに，軍需物質としての銅や鉛の増産要請が高まり，1943年には，すべての金山の設備を，銅や鉛の鉱山に転用するという「金山整備令」が出され，小坂鉱山や花岡鉱山など黒鉱開発や，尾太，細倉などのいわゆる卑金属鉱山が大発展した．

1945年の終戦とともに，これらの卑金属に代わって食糧増産の必要から，肥料の「硫安」の原料となる硫黄や硫化鉱が注目され，下北半島大揚鉱山の硫化鉱，あるいは岩手県松尾鉱山や秋田県川原毛鉱山の硫黄が大々的に稼行された．

その後，一時期，東北の鉱山開発は下火になっていたが，1957年にそれまでの常識を覆す品位，規模をもつ巨大な黒鉱鉱床が，次から次へと発見され，いわゆる「黒鉱ブーム」として，世界的にも注目されることとなった．しかしながら，1970年代からの2度にわたるオイルショックによる操業コストの上昇と，1979年のプラザ合意に端を発した円高による鉱石価格の下落により，東北地方の金属鉱山は，急速に経済性を失って閉山を余儀なくされ，1994年の花岡鉱山の生産休止を最後に，実質的にはすべて終了した（渡辺，1968）．　　　[**山田亮一**]

12.2 石油資源

■ 12.2.1 秋田-山形地域

　秋田県-山形県に分布する主要油ガス田は，最北の八森油田から庄内の余目油田まで数多く分布する（図12.2.1）．現在稼働中のものは黒川油田，八橋油田，象潟ガス田，申川油田，福米沢油田，由利原油ガス田，鮎川油ガス田，金浦ガス田，余目油田などに限られるが，本地域が国内有数の油田分布地域であることに変わりはない．

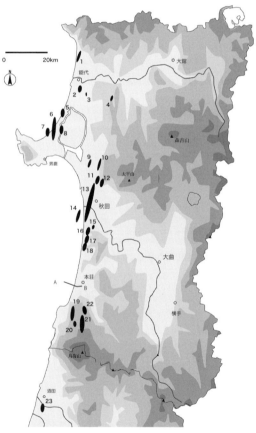

図 12.2.1　秋田-山形地域に分布する油ガス田
1：八森油田，2：南能代油田，3：榊油田，4：響油田，5：美野ガス田，6：申川油田，7：橋本油田，8：福米沢油田，9：豊川油田，10：黒川油田，11：北秋田油田，12：道川油田，13：八橋油田，14：土崎沖油田，15：豊岩油田，16：桂根油田，17：羽川油田，18：勝手油田，19：院内油田，20：桂坂油田，21：由利原油ガス田，22：鮎川油ガス田，23：余目油田．

a. 石油地質概要
（1）石油堆積盆地の発生

　日本海側地域は，日本海の形成に伴う堆積盆地の発達と関連し，秋田から新潟にいたる海岸線沿いに多くの油ガス田が分布する．油田群が海岸線沿いにのみ分布するのは，後述するように堆積盆地の構造発達と密接に関連する．すなわち，約1700万年前に発生した日本海の形成は，リフティングによる日本列島の大陸からの分離が原因であり，その運動は回転運動や北北西-南南東の方位をもつ横ずれ断層などで考えられている（[3.2.1　東北日本新第三系生層序と古海洋変動] の項参照）．Jolivet and Tamaki（1992）はODPの調査結果から日本列島の大陸からの分離が横ずれ運動に基づくことを指摘したが，その見解は秋田地域の堆積盆地が，南北に連なる北北東-南南西に傾いた堆積盆地の集まりとなっていることとも一致する．これら堆積盆地はその後の東西圧縮により衝上断層を伴った背斜構造をつくるものの，基盤構造が東に傾いているため，結果として油田構造の延び方向は東に傾いている（図12.2.1）．また，このような日本海形成と一連の構造運動の結果として内陸の大曲-横手に連なる現在の横手盆地にも堆積盆地が形成された（佐藤比呂志ほか，2004）が，この堆積盆地では，石油根源岩の形成やその後の熟成の点で石油鉱床の形成までにはいたっていない．

　石油鉱床の成立と密接に関連する日本海の形成のタイミングは，日本海でのODPでAr-Ar法により20 Ma±の年代を示す玄武岩類が見つかっているが，奥尻島から山陰にいたる地域，および日本海で掘削されたODPでの調査結果でも最も古い海棲プランクトン化石はNN4帯であり，それより古い海生化石が見つかっていない．このことからすると，日本海の広がりの開始は最も古く見積もっても1770万年前であり，この時期に日本海側石油堆積盆地の形成が開始した（[3.2.1　東北日本新第三系生層序と古海洋変動] の項参照）．日本海の形成は，上述のように東北日本の北北西-南南東のいくつもの横ずれ断層が原因であり，その結果，逆「くの字」の日本列島の基本形態が完成した（Jolivet and

Tamaki, 1992). 佐藤(比呂志)ほか(2004)は, 男鹿から内陸の出羽丘陵, 脊梁地域にいたる秋田地域の堆積盆地の形態に注目し, 海岸線沿いの堆積盆地がフェイルドリフトであることを指摘した. このような構造運動の結果として, 秋田地域の石油堆積盆地は, 主に海岸線沿いに北北東-南南西に延びるトレンドで分布する(図12.2.1). また, この油田系列の地下堆積盆地では, NN4～NN5帯の西黒沢階に厚さ2000 m以上にも達する玄武岩類が発達しており,「秋田-庄内油田系列玄武岩」と呼ばれている(図12.2.2, 図12.2.3:佐藤ほか, 1991). この玄武岩類は, 化学組成からMORB(中央海嶺玄武岩)ないしBABB(背弧海盆玄武岩)に対比され, 日本海形成のリフティングと関連した日本海側堆積盆地形成時の火山岩類として注目されている(佐藤ほか, 1991).

(2) 石油根源岩と熟成レベル

日本海側地域の石油鉱床は, 古くから女川層と船川層が石油根源岩としてみなされてきた. 特に女川層は植物プランクトン起源の堆積物で, 一部層準ではラミナを有する岩相が発達する. このような岩相は堆積物が堆積する海底面に溶存酸素量がなかったことを示し, 結果として生物活動のない, 有機物が分解されない環境であったことを示す. このことから, ラミナを有する堆積岩は有機物が海底面で分解されないまま保存された優秀な根源岩となっている. 実際に八橋油田を例にとると, 西黒沢層, 女川層, 船川層の有機炭素量は, いずれも1%前後の平均値を示すが, なかでも女川層は1.19%で, ロックエヴァル分析結果ともあわせると, 最も良好な油根源岩である(平井ほか, 1990).

地表では, ラミナの顕著な岩相が海岸線沿いの油田系列にある権現山地域の女川層下部で厚く発達する(図12.2.4:杉井, 1998MS:佐藤ほか, 2009). 図12.2.4はラミナが顕著な女川層の例で, このようなラミナは海洋の環境変動リズムを示す. すなわち, 海洋表層の植物プランクトン生産量変化などによるものであるが, これらが海底に堆積する際, 海底面での溶存酸素量が十分にあると海底の生物活動が活発となり, 堆積物がかき乱されてラミナは消滅し, 有機物は分解される. しかし, 海底面での溶存酸素量が無いとラミナは乱されず有機物も保存されるため, 結果として堆積物中の有機炭素量は多い.

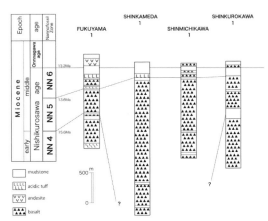

図12.2.2 秋田油田試掘井で確認された厚い西黒沢期玄武岩類(佐藤ほか, 1991)
坑井位置は図12.2.3参照.

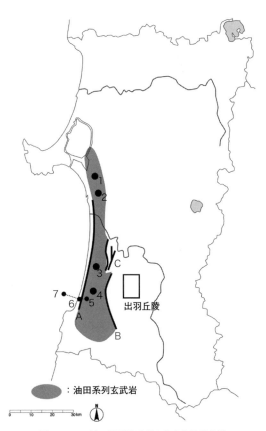

図12.2.3 油田系列玄武岩の分布と坑井位置
[石油試堀井]
1. 新黒川1, 2. 新道川1, 3. 新亀油田1, 4. 福山1, 5. NKH-1, 6. NKH-3, 7. MITI子吉川沖.
A:北由利衝上断層群, B:鳥田目断層, C:中帳断層.

554   12. 地下資源

図 12.2.4 女川層にみられるラミナ

図12.2.5は，男鹿半島の女川層にみられる岩相変化と含有有機炭素量を示している（杉井，1998MS）．男鹿半島の女川層は生物擾乱の顕著な岩相とラミナをもつ岩相が互層する傾向を示す．図12.2.5に示したように，それらは周期的に変動するようにもみえるが，特に注目されるのは岩相と有機炭素量との関係で，ラミナを有する岩相では3％，ときには5％にも達する優秀な根源岩能力を示す．それに対し，生物擾乱の激しい塊状な岩相ではラミナを有する岩相と比べ低い値を示す．また，このような岩相を地域間で比較してみると（図

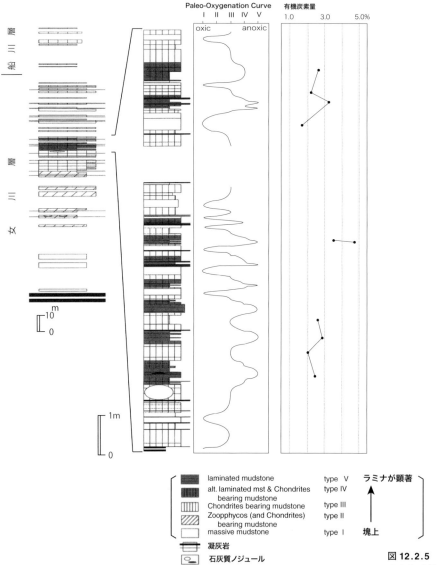

図 12.2.5 男鹿半島の女川層にみられる岩相変化と有機炭素量（杉井，1998MS）

12.2.6)，現在の秋田県の海岸線沿いに南北に分布する油田系列の堆積盆地で最もラミナが厚く発達し，西方の男鹿半島では上述のようにラミナを有する岩相は薄くなるほか，生物擾乱を受けた岩相との互層へ変化する．さらに，東方で，鳥田目断層をはさんだ東側の出羽丘陵地帯では層理はみられるもののラミナを有する岩相はまったく発達せず，生物擾乱を受けた岩相のみの分布となる（杉井，1998MS：佐藤ほか，2009）．一般に中新世の日本海がシルで境されたシルドベーズンであったと考えられていることからすると，ラミナを有する岩相は溶存酸素量のない深い海底を示唆し，生物擾乱の活発化は溶存酸素量の増加，すなわち浅海域を示唆する．このことからすると，女川層の堆積時の秋田平野沿岸部は，東西の男鹿半島や出羽丘陵に比べ，最も深く無酸素～貧酸素状態であったことを示し，逆に出羽丘陵では比較的溶存酸素量の多い相対的に浅い海域であったことを示している．したがって，石油根源岩の分布からすると，出羽丘陵山塊は石油根源岩能力を有する堆積岩類が発達していないことを示す．

一方，石油根源岩の熟成の点では，一般に堆積岩に含まれるビトリナイトの反射率が0.5％以上になると熟成帯に入ったことを示す．八橋油田のビトリナイト反射率を測定した平井ほか（1990）によると，八橋油田の背斜構造の位置では石油根源岩の女川層が熟成レベルに達しておらず，背斜構造西翼の沈降域で熟成レベルに達している．このことは，八橋油田の油は，西翼の沈降域で石油が生成され，八橋背斜へ移動したことを示す．石油根源岩からの油の生成移動のタイミングを，石灰質ナンノ化石層序による年代対比から構造発達史を復元すると，八橋背斜への石油移動がごく最近の第四紀に入ってからであることが明らかである（図12.2.7；平井ほか，1990）．すなわち，約1000万年前に堆積した石油根源岩の女川層は，船川層や天徳寺層の堆積後も埋没深度は2000 m前後であり，熟成レベルには達しない．しかし，笹岡層堆積後の約1.7 Maになると，北由利衝上断層の運動と関連し，八橋背斜が形成，八橋油田西翼の沈降域が埋没し女川層が熟成域に到達する（図12.2.7）．すなわち，石油根源岩である女川層からの油の生成/移動/集積は第四紀の1.7 Ma以降になって活発に行われたことを示唆している．

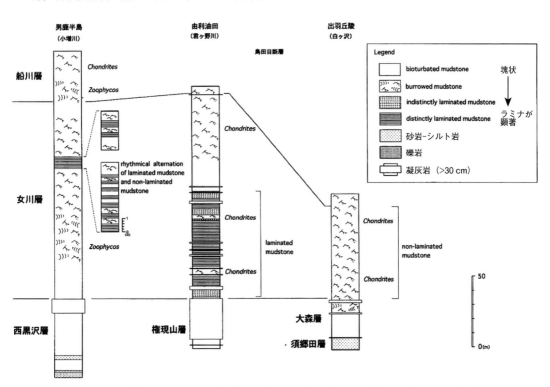

図 12.2.6 女川層のラミナおよび生痕化石に注目した秋田地域の東西岩相比較（杉井，1998MS）

このような構造発達に関しては，佐藤ほか（2011）によって秋田県南部の本荘市を東西に横切る石灰質ナンノ化石による地下層序断面図を例に詳細が明らかにされている（図12.2.8）．佐藤ほか（2011）は，坑井層序が有孔虫化石によって地層境界が決定されているため，岩相層序による地層名との混乱を避け，地下断面図の作成では石灰質ナンノ化石対比基準面に基づいて年代層序学的な断面図を作成した（図12.2.8）．すなわち，北由利衝上断層群をはさんで東西に位置するNKH-1号井と3号井の坑井対比によると，3.85 Ma頃に活動を開始した北由利衝上断層群は西黒沢階上限の13.2 Maの層準を約3000 m近く変位させたが，1.7 Maの層準までは影響せず，そこで活動が停止する．その後，衝上断層の活動は海岸線より沖合へ移動し，0.99 Maの層準を1000 m近く変位させる．この結果，断層群の運動によって上盤には背斜構造が形成されるとともに下盤の石油根源岩は埋没し，熟成域に達する．このような由利本荘地域で認められる衝上断層群の動きによるトラップの形成と，下盤側の荷重による根源岩の熟成は，八橋油田などの秋田に分布する石油鉱床の形成でも同様であり，背斜構造の形成，根源岩の熟成〜移動がごく最近に起きたことを示唆している．

（3） 石油貯留岩

秋田油田の貯留岩の多くは砂岩〜凝灰質砂岩，お

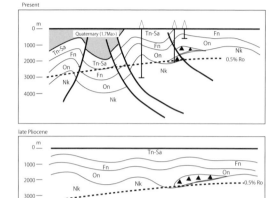
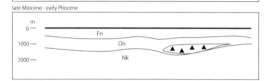

Sa: 笹岡層　Tn: 天徳寺層　On: 女川層　Nk: 西黒沢層
▲: 愛染玄武岩

図 12.2.7　八橋油田の構造発達史と石油根源岩の熟成レベル（平井ほか，1990を加筆修正）

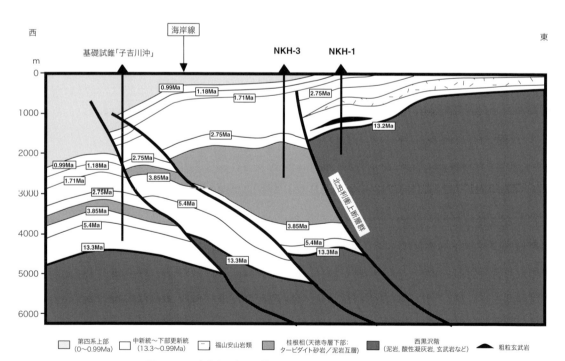

図 12.2.8　本荘市を東西に横切る地下断面図（佐藤ほか，2011）

よび凝灰岩を主体としており，そのほとんどはタービダイトである．特に天徳寺層下部にみられる"桂根相"は，上述の北由利衝上断層群の形成と関連する秋田平野部の浅海/陸化によるタービダイト砂岩で，八橋油田などでは良好な貯留岩となっている．一方，男鹿半島の申川油田も同様にタービダイト砂岩が貯留岩となっているが，これらは北浦層〜脇本層に対比され，地質年代ではより若い 2.0 Ma 以降のタービダイト砂岩である．すなわち，秋田平野沿岸部の油田貯留岩は，3.85 Ma での北由利衝上断層群の活動によるタービダイト砂岩であるのに対し，より西方の申川油田は，秋田平野部の上昇陸化後の，秋田平野沿岸から男鹿半島へ流入した 2.0 Ma 以降の北浦層や脇本層に対比されるタービダイト砂岩が貯留岩層となっているもので，地質年代からみるとより若い地層群である（図 12.2.9）．

一方，由利原油ガス田は，西黒沢期玄武岩の溶岩やハイアロクラスタイトを貯留岩とする世界的にみても珍しい火山岩貯留岩である．この玄武岩類は石灰質ナンノ化石帯の NN4〜NN5 帯に対比される西黒沢期前期から中期の火山岩類で，日本海形成に伴ったリフトベーズンの発達と密接に関係する（佐藤ほか，1991；佐藤・佐藤，1992）．新潟県長岡地域周辺のガス田（南長岡ガス田など）も西黒沢期火山岩類を貯留岩としているが，それは西黒沢期初期の NN4 帯に対比される流紋岩類を貯留岩としており，すなわち活動時期の点で異なる．

b．秋田-山形の代表的石油鉱床
（1）八橋油田

わが国最大の油田であった八橋油田は，北が秋田市外旭川，南が新屋分水付近までの秋田市の街中に位置する石油鉱床である（図 12.2.10）．八橋地区は明治初頭から注目されていたが，1927 年の国による試掘奨励金の交付を機に日鉱，日石による秋田市八橋〜雄物川河口にかけての事業が大規模に展開されるようになった（帝国石油，1979）．以後 1935 年 3 月の日鉱による大噴油，日石による同年 4 月の大噴油を経て八橋油田として注目されるようになった．2000 年までの掘削坑井が 1161 坑井，累計生産量は石油が 560 万 kl 以上，天然ガスが 12 億 m^3 以上に達する．

油層は"洪積層"から女川層までに発達する（帝国石油，1979）．貯留岩として良好なものは III 層と呼ばれる天徳寺層下部で桂根相のタービダイト砂岩，IV 層で桂根相最下部の八橋凝灰岩，VIII 層以下の女川層に挟在する凝灰岩類などである．VIII 層以下の貯留岩の合計層厚は 310 m にも達する．

八橋油田の構造は北由利衝上断層群の北方延長にあたる衝上断層によって形成された背斜構造で，断層に接する西翼が東翼に比べ急傾斜である（図 12.2.11）．衝上断層群によって形成された背斜構造であることから，深部ほど背斜軸が東に移る傾向に

図 12.2.9 男鹿半島北浦層の砂岩泥岩互層

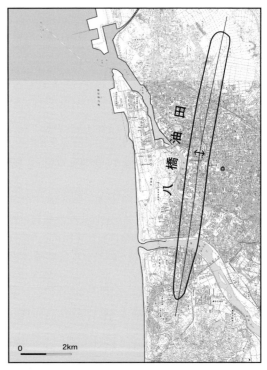

図 12.2.10 八橋油田位置図（国土地理院発行 1/2.5 万地形図「土崎」，「秋田西部」，「羽川」を使用）

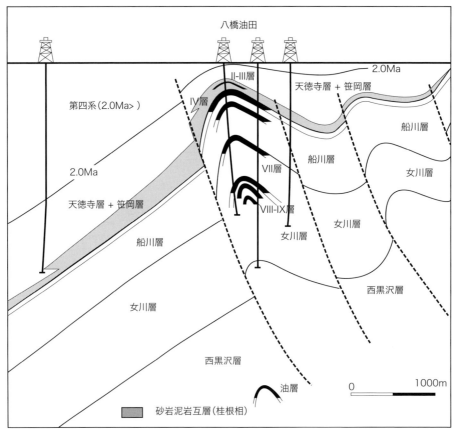

図 12.2.11 八橋油田の東西断面図（相場，1977 を加筆修正）

ある．背斜構造の形成完了タイミングは衝上断層群の活動時期からみて 2.0 Ma より若いとみられる．石油根源岩は女川層で，衝上断層群の活動によって西翼側の下盤が沈降，下盤側の女川層石油根源岩が熟成域に達し，八橋背斜の貯留岩に移動集積した．そのタイミングは平井ほか (1990) によると，2.0 Ma 以降になる．

石油鉱床の平面的な形態は，幅 2 km，南北 12 km の北北東-南南西のトレンドをもつ細長い背斜構造である．南北からやや東のトレンドを示すのは，前述のごとく日本列島が大陸から北北西-南南東の方位をもつ横ずれ断層で，日本列島が順次大陸から分離した (Jolivet and Tamaki, 1992) ことによるもので，その際の基盤構造が後の圧縮場での衝上断層群の方向性を規制している．

（2） 申川油田，橋本油田

申川油田と橋本油田はいずれも男鹿半島北岸に位置するわが国でも有数の油田であり，申川油田は生産開始から 50 年をすぎた現在も，沖合構造の探鉱が積極的に進められている．

申川油田の構造は，背斜構造で，部分的に断層トラップを伴う．断層は，船川層上部の背斜軸部を切るように衝上する衝上断層群で，第四系上部までを切っている．したがって，衝上断層上盤の船川層最上部では，西翼が急傾斜で東翼が緩傾斜の非対称構造を示すのに対し，断層下盤の船川層下部は，対称型の背斜であるばかりでなく，背斜軸の位置が東にずれる特徴をもつ（図 12.2.12）．油田構造を平面でみると，背斜構造は西北西-東南東のトレンドで背斜構造を横切る胴切り断層で切られ，A から E のブロックに分かれる（図 12.2.13）．貯留岩は船川層に発達するタービダイト性の凝灰質砂岩と凝灰岩の I 層から XI 層，船川層/女川層境界部の凝灰岩 XII 層，および女川層に発達する砂質凝灰岩 XIII 層から XV 層があり，いずれも油田内に連続で発達する（石油資源開発（株），2006）．

主要油層はⅠ層からⅢ層である．油田の開発は，南部では主に陸上からの掘削であったが，構造の主部および北部は海上に位置することから海岸からの傾斜井で開発が行われた．特に近年では，水平距離が1.6 km以上に及ぶ大偏距井によって北部構造の探鉱が活発に進められている．2009年現在，掘削坑井が112坑井，累計生産量が原油238万kl，天然ガス2億 m^{3}以上に達する（石油資源開発（株），2006）．

橋本油田は，申川油田の西に並走して存在する油田で，申川油田と平行して開発された．衝上断層に沿って背斜軸が存在することから，西翼は急傾斜で，東翼は緩傾斜，背斜軸は深部ほど東にずれる構造をもつ（図12.2.14）．貯留岩は申川油田と同様に船川層のⅠ層からⅫ層である．1991年に採油を終了．累計生産量は原油4.7万kl，天然ガス307万 m^{3}以上であった（石油資源開発（株），2006）．

（3）福米沢油田

旧八郎潟西岸で若美町（現在男鹿市）に位置する．申川油田の東にあり，申川油田の女川層貯留層ⅩⅤ層での産油が最初の発見となった．福米沢油田は，他の油田群と同様に衝上断層の運動と関連して

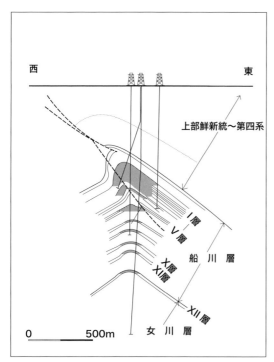

図12.2.12 申川油田，橋本油田船川層上部地下構造図（石油資源開発（株），2006）

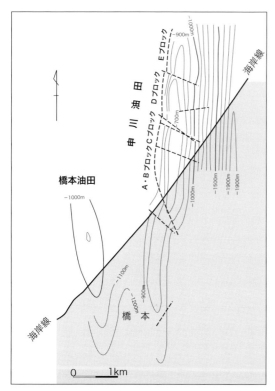

図12.2.13 申川油田東西断面（石油資源開発（株），2006を一部加筆修正）

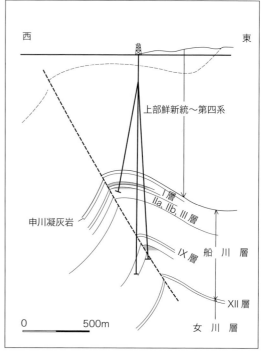

図12.2.14 橋本油田東西断面（石油資源開発（株），2006を一部加筆修正）

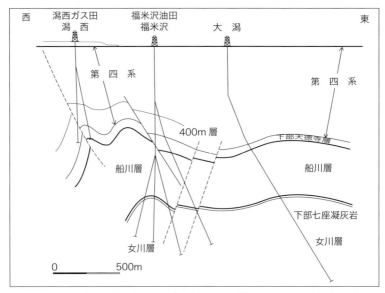

図 12.2.15 福米沢油田東西断面（石油資源開発（株），2006 を一部加筆修正）

形成された背斜構造であるが（図 12.2.15），貯留岩がわが国でも珍しいドロマイト層であることに特徴をもつ．この貯留岩は，申川油田で認められた女川層中の凝灰岩層，XIV 層と XV 層がドロマイト化したもので，北東および南西に向かって急激に凝灰岩へと岩相変化する（石油資源開発（株），2006）．貯留岩孔隙は粒子間孔隙のほか，フィッシャーやバグなどを含む複合型である．2005 年 12 月までの累計生産量は原油 68 万 kl，天然ガス 7000 万 m^3 以上である（同上）．

（4） 由利原油ガス田

秋田県南部の由利原高原，鳥海山北麓に位置する．探鉱当初，天徳寺層下部の桂根相での油徴に注目していたが（片平ほか，1977），1978 年に西黒沢階上部の酸性凝灰岩から天然ガスを，1981 年には同じく酸性凝灰岩および西黒沢階玄武岩から原油と天然ガスを認め，由利原油ガス田の発見となった（図 12.2.16）．

西黒沢階の火山岩貯留岩は，すでに新潟地域南長岡ガス田で流紋岩類を貯留岩に天然ガスが生産されている（Komatsu et al., 1983；佐藤，1984）．しかし，由利原油ガス田の火山岩貯留岩は新潟地域と同じ西黒沢階であるものの，新潟地域の酸性火山岩類直上の泥岩が石灰質ナンノ化石帯の NN4 帯に対比されるのに対し，由利原地域の西黒沢階玄武岩類は，挟在する泥岩が NN4〜NN5 帯の石灰質ナンノ

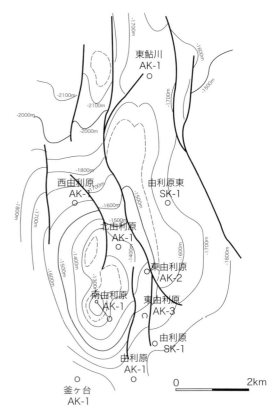

図 12.2.16 由利原油ガス田西黒沢階火山岩類上限の地下構造図（石油資源開発（株），2006）

化石を示唆し，酸性凝灰岩類が NN5/NN6 境界に位置する（佐藤ほか，1991）．また，由利原などの秋田油田地域の玄武岩類は，その組成が中央海嶺玄武

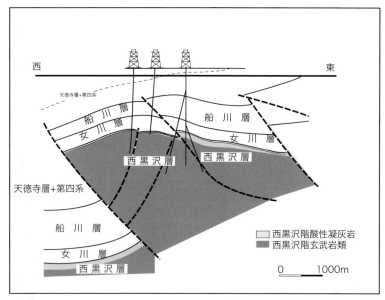

図 12.2.17　由利原油ガス田東西断面図（石油資源開発（株），2006）

岩〜背弧海盆玄武岩である（佐藤・佐藤，1992）.これは，新潟地域の酸性火山岩貯留岩がリフティング開始期の火山活動であるのに対し，由利原を代表とする秋田油田の玄武岩類がリフティング時の大規模な活動であることを示し，地質年代でも背景となる火山活動の点からも大きく異なる．八木ほか（2001）は，由利原地域の玄武岩類の化学組成からこれら玄武岩類をシンリフト期の活動として位置づけている．

このような由利原から秋田県の沿岸部の西黒沢階に厚く発達する玄武岩類は，「油田系列玄武岩（佐藤ほか，1991）」と呼ばれ，秋田市周辺でも探鉱が活発に行われた．しかし，ほとんどの地域では火山岩貯留岩特性の点で劣るため，現在まで，玄武岩貯留岩を対象とした開発は由利原油ガス田のみとなっている．玄武岩類の岩相は溶岩（シートフロー，枕状溶岩）からハイアロクラスタイトなどさまざまであるが，孔隙はシートフローや枕状溶岩に発達するベシクル（気泡）やフラクチャーが主である（稲葉，2001）．トラップは背斜トラップで，貯留岩性状や西黒沢層〜女川層泥岩のキャップロックなどの点に注目した探鉱が進められている（図12.2.17）．2005年12月までの隣接する鮎川油田を含む累計生産量は原油44万kl，天然ガス2億4000万m^3以上となっている．

■ 12.2.2　東北日本太平洋側地域

a.　石油地質概要

東北日本太平洋側沖合には北海道中央部から連なる日高舟状海盆が連なる．堆積盆地は北上隆起帯によっていったん境されたあと，その南方には，気仙沼沖から鹿島沖にいたる堆積盆地が広がる（図12.2.18）．これらの堆積盆地には白亜系から古第三系堆積岩類が広がり，それらを新第三系〜第四系が不整合で覆う．石油根源岩は古第三系の石炭層で，貯留岩は古第三系〜新第三系砂岩層である．

b.　石油鉱床

（1）　久慈-八戸沖

本海域では1977年と1978年に久慈沖1Xと八戸沖1Xが掘削された．いずれもわずかな油徴またはガス徴を認めるにとどまった．石油根源岩は古第三系石狩層群の石炭層および白亜系の有機質泥岩である．上部漸新統に大規模な傾斜不整合が認められる（大澤ほか，2002）．

この海域では，1999年に八戸東方沖60km，水深857mの地点で基礎試錐「三陸沖」が掘削され（図12.2.18），上部白亜系上部蝦夷層群で掘り止められた．上部白亜系函淵層群と始新統石狩層群で石炭層が発達する．始新統石狩層群下部のシルト質細粒砂岩層でテストが行われ，日産10万m^3の天然ガス産出に成功したが，現在まで開発にはいたって

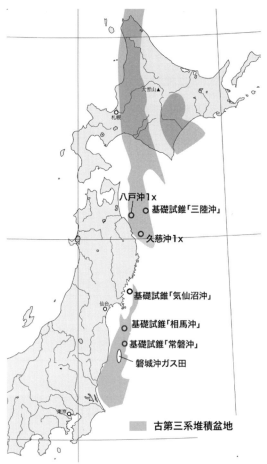

図 12.2.18 北海道～東北日本太平洋側沖合の古第三系堆積盆地と試掘井の位置

いない（大澤ほか，2002）．

（2）気仙沼沖

気仙沼沖は，常磐沖から北に続く古第三系堆積盆地の北縁に位置する．古第三系は薄いか発達せず，白亜系が比較的厚く分布する特徴をもつ．1984～85年にかけて，気仙沼沖東方35kmの地点，水深240mの地点で国の基礎試錐「気仙沼沖」が掘削された．525m以深で上部白亜系であったが深度1843m以深，掘り止めの2027mまでは白亜紀花崗岩であった．本試錐での白亜系泥岩は石油根源岩能力としては低く，大部分のケロジェンが酸化されたタイプⅢ，すなわちタイプⅣからなる．この原因として，本地域の白亜系が浅海成層であることとも関係していると推定されている（佐々木・岩崎，1992）．

（3）磐城沖ガス田

福島県楢葉町沖合40kmの海域（図12.2.18）で1973年に発見された，わが国で最初の太平洋側地域海洋ガス田である．水深154mの地点に生産施設を建設し，1984年から生産開始，2007年生産終了した．天然ガスの累計生産量は56億m^3に達する．

本ガス田は，阿武隈山塊と東側の先古第三系隆起域によって境される常磐沖堆積盆地に位置する．基盤に達した坑井はないが，坑井で確認した年代層序に基づくと，泥岩と細流砂岩よりなるチューロニアン階からマーストリヒチアン階でSissingh（1977）の石灰質ナンノ化石帯，CC12～CC22に対比される上部白亜系，その上位に暁新統とそれを不整合で覆う漸新統が分布する．ただし，古第三系の地質年代は花粉化石や渦鞭毛藻化石に基づいているため，地質年代の正確な対比の点でやや不確かである．さらにこれらを下部中新統，中部中新統，および上部中新統が覆うが，石灰質ナンノ化石調査結果によると下部/中部および中部/上部中新統の間には不整合が発達する（亀尾・佐藤，1999；岩田ほか，2002）．

根源岩は最上部白亜系，古第三系，および下部中新統に発達する石炭および炭質泥岩で，十分な有機炭素量と良好なロックエヴァルの分析値を示している．しかし，泥岩は上部白亜系以上の層準いずれにおいても全有機炭素量は1％未満と低い．貯留岩は漸新統基底付近および下部中新統の浅海成砂岩で，海成泥岩が帽岩である（岩田ほか，2002）．

亀尾・佐藤（1999）の石灰質ナンノ化石による磐城沖坑井の南北対比によると（図12.2.19），中新世西黒沢期海進時で多賀層群に相当するNN4帯からNN6帯相当層が本海域に広く追跡される．しかし，多くの坑井ではこれらの堆積物はNN6帯もしくはNN7帯上限付近で広域的な不整合で上位層に覆われる．不整合の上位では上部中新統中部のNN9帯相当層が広く覆うが，この堆積物も上部中新統NN11帯の堆積物によって不整合で覆われる．同様に，上部鮮新統のNN16帯相当層も，不整合で上位層に覆われることが多い．

NN4帯からNN5帯にかけてはいわゆるMid Miocene Climatic Optimumと呼ばれる中新世でも最も安定して温暖な時期に相当するのに対し，NN6帯以降は南極大陸での氷床拡大とも相まって急激な

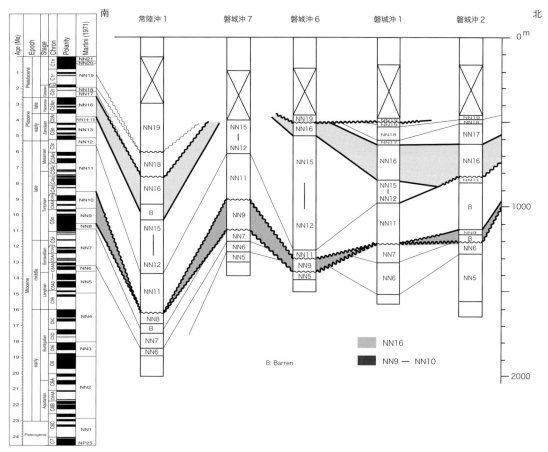

図 12.2.19 磐城沖坑井の南北対比(亀尾・佐藤,1999 を加筆修正)

寒冷化とユースタシーの低下が指摘されている．同様に，新第三紀/第四紀境界がある NN16 帯中部は，パナマ地峡の成立と関連した北半球における急激な氷床拡大時期に相当(Sato and Kameo, 1996；Sato et al.,2004)し，大規模なユースタシーの低下を招いている．本海域で認められた不整合のいくつかは，このようなグローバルな地史的イベントと対応しており，不整合の形成と堆積様式の変化が，これらグローバルな海水準変動の影響を少なからず受けている可能性を示している．

[佐藤時幸]

付表　鉱山リスト ［山田亮一］

鉱山位置は 10 進 UTM（世界測地系）で表示した.
鉱山 No. は，本文中の鉱種別鉱山分布図の番号に対応する.
文献略字は下記による.

M 東北　経済産業省広域地質構造調査－東北北部地域－　　日鉱覧上・下　日本の鉱床総覧（上・下），日本鉱業協会，1965；1968.
M 渡下　経済産業省広域地質構造調査－渡島・下北地域－　　日金誌　　　日本金山誌第 3 編－東北一，資源・素材学会，1992.
M 津軽　経済産業省広域地質構造調査－津軽半島地域－　　　日鉱探 1, 2　日本の鉱床探査（第 1 巻，第 2 巻），日本鉱山地質学会，1981；
M 北北　経済産業省広域地質構造調査－北鹿北部地域－　　　　　　　　　1984.
M 発盛　経済産業省広域地質構造調査－発盛地域－　　　　　青地資　　　青森県の地下資源調査報告，青森県，1954.
M 八甲　経済産業省広域地質構造調査－八甲田地域－　　　　秋鉱誌　　　秋田県鉱山誌，秋田県地下資源開発促進協議会，2005.
M 北秋　経済産業省広域地質構造調査－北秋地域－　　　　　新岩鉱誌　　新岩手県鉱山誌，高橋維一郎・南部松夫，2003.
M 西津　経済産業省広域地質構造調査－西津軽地域－　　　　山鉱誌　　　山形県鉱山誌，山形県，1955.
M 東中　経済産業省広域地質構造調査－東北中部地域－　　　宮地下　　　宮城県の地下資源，渡邊萬次郎，1950.
M 東南　経済産業省広域地質構造調査－東北南部地域－　　　福鉱誌　　　福島県鉱山誌，福島県，1989.
M 田沢　経済産業省広域地質構造調査－田沢地域－　　　　　同内資　　　同和鉱業社内資料
M 栗原　経済産業省広域地質構造調査－栗原地域－　　　　　＊1　　　　鉱山地質，36, 149-16, 1986.
M 陸北　経済産業省レアメタル賦存状況調査－陸中北部　　　GKD　　　Geology of Kuroko Deposits, Mining Geology Special Issue 6,
　　　　地域－　　　　　　　　　　　　　　　　　　　　　　　　　　　Soc. Min. Geol., 1974.

1：金銀鉱山

世界測地系（10 進）　1：中・古生界，2：新第三紀層

NO.	鉱山名	（英名）	経度	緯度	時代	随伴鉱種	鉱床型	文献	
1	大鷲	Owashi	141.4615	39.1399	1	ヒ素	鉱脈	日金誌	
2	大ケ生（大萱生）	Ogayu	141.2575	39.6098	1		鉱脈	日鉱覧下	日金誌
3	鹿折	Shishiori	141.5585	38.9909	1		鉱脈	日金誌	
4	大谷	Oya	141.5275	38.8149	1	銀	鉱脈	日鉱覧下	日金誌
5	新月	Niitsuki	141.5235	38.8819	1	銅	鉱脈	日金誌	
6	岩井（東陸中）	Iwai	141.6854	40.1988	1		鉱脈	日金誌	M 陸北
7	長者森	Chojamori	141.7114	39.4649	1	ニッケル	鉱脈	日金誌	M 田沢
8	堂場	Doba	141.4632	39.2196	1	タングステン	鉱脈	日金誌	
9	徳仙丈	Tokusenjyo	141.4758	38.8425	1	銀	鉱脈	日金誌	
10	砥ノ森	Tonomori	141.3495	39.3129	1		鉱脈	日金誌	
11	黄金坪	Koganetsubo	141.3505	39.1629	1	タングステン	鉱脈	新岩鉱誌	
12	矢越	Yagoshi	141.4208	38.9456	1		鉱脈	日金誌	
13	真野	Mano	141.3795	38.4630	1	銀	鉱脈	日金誌	
14	大川目	Okawame	141.6844	40.1298	1		鉱脈	M 陸北	
15	姫神	Himegami	141.2414	39.8408	1		鉱脈	日金誌	
16	世田米	Setamai	141.5715	39.1199	1	銀	鉱脈	日金誌	
17	米里	Yonezato	141.3155	39.2289	1		鉱脈	日金誌	
18	真米	Magome	139.5557	37.0711	1	銀，鉛，亜鉛	スカルン	日鉱覧上	
19	六黒見	Rokuromi	141.7084	39.3469	1	銀，銅	スカルン	日鉱覧上	日金誌
20	二枚山	Nimaiyama	141.3395	39.1829	1	鉄	スカルン	日金誌	

付表 鉱山リスト

21	水引	Mizuhiki	139.5137	37.0121	1	銀, 鉛, 亜鉛	層状	日鉱覧上	
22	宮田又	Miyatamata	140.5335	39.8168	2		鉱脈	日金誌	M 田沢
23	前田	Maeda	140.4985	40.2117	2		鉱脈	同内資	
24	北平 (寺ノ沢)	Kitahira	140.7225	40.1381	2		鉱脈	M 北秋	
25	高玉	Takatama	140.2896	37.5110	2	銀	鉱脈	日鉱覧下	日金誌
26	半田	Handa	140.5176	37.8740	2	銀	鉱脈	日鉱覧下	日金誌
27	宮城	Miyagi	141.4585	38.7779	2	銀	鉱脈	日金誌	M 栗原
28	院内	Innai	140.3590	39.0540	2	銀	鉱脈	日鉱覧下	日金誌
29	赤羽根	Akabane	139.6407	37.5410	2	銀, 銅	鉱脈	日金誌	
30	日山	Hiyama	140.1927	37.3861	2	銀, 銅	鉱脈	日金誌	M 東南
31	大盛	Omori	141.4574	38.8522	1	銀, 銅	鉱脈	日金誌	
32	白根	Shirane	140.7295	40.2447	2	銅	鉱脈	秋鉱誌	
33	松川	Matsukawa	140.4246	37.6540	2	銅	鉱脈	日金誌	
34	志賀来	Shigaki	140.7735	39.4008	2		鉱脈	日金誌	
35	武道 (金宝)	Budo	140.6575	39.2139	2	銀	鉱脈	日金誌	
36	真金山	Makinnyama	140.7345	40.1208	2	銀, 銅	鉱脈	秋鉱誌	
37	弁天(釜石弁天)	Benten	141.7514	39.3279	1	銀, 銅	鉱脈	日金誌	日金誌
38	金取	Kanatori	140.3775	39.6238	2	銀, 銅	鉱脈	日金誌	M 田沢
39	鎌足	Kamatari	140.5425	39.6978	2		鉱脈	M 田沢	
40	高子	Takako	140.5226	37.7950	2		鉱脈	福鉱誌	
41	相内	Ainai	140.6185	39.7808	2		鉱脈	M 田沢	
42	日長	Hinaga	140.3446	39.0819	2		鉱脈	日金誌	M 雄勝
43	坊沢	Bozawa	140.5395	39.6088	2		鉱脈	日金誌	M 田沢
44	谷口	Taniguchi	140.3066	38.9029	2	銀	鉱脈	M 雄勝	
45	川原沢	Kawarazawa	140.2005	40.4837	2	銀	鉱脈	日金誌	M 西津
46	居森平	Imoritai	140.2785	40.5297	2	銀	鉱脈	M 西津	
47	銀花石	Ginkaseki	140.8025	38.8429	2	銀	鉱脈	M 栗原	
48	束松	Tabanematsu	140.2606	39.0459	2	銀	鉱脈	M 雄勝	
49	津軽	Tsugaru	140.2415	40.5237	2	銀	鉱脈	日金誌	M 西津
50	松川	Matsukawa	140.7625	39.4658	2	銀, 銅	鉱脈	日金誌	
51	松保土	Matsuhodo	140.8255	38.7279	2	銀, 銅	鉱脈	日金誌	M 栗原
52	厚羅沢	Atsurazawa	140.2785	40.4937	2	銀, 銅	鉱脈	M 西津	
53	冷水	Hiyamizu	140.5335	40.4147	2	銀, 銅	鉱脈	日金誌	M 北北
54	真室	Mamuro	140.2606	38.9019	2		鉱脈	M 雄勝	
55	小和沢	Kowasawa	140.5985	39.8048	2		鉱脈	日金誌	M 田沢
56	砥沢	Tozawa	140.8265	38.8379	2	銀	鉱脈	日鉱覧下	日金誌
57	池月	Ikezuki	140.8505	38.7429	2	銀, 銅, 鉄	鉱脈	日金誌	M 栗原
58	旭無量	Asahi-muryo	139.8276	37.3988	2	銀, 銅	鉱脈	日金誌	
59	大貫	Onuki	141.1140	38.5962	2	銀	鉱脈	日金誌	
60	長慶	Chokei	140.3865	40.4687	2		鉱脈	日金誌	M 西津
61	陸奥	Mutsu	140.9684	41.2166	2		鉱脈	日金誌	
62	荒川大沢	Arakawa-Osawa	140.6507	39.6875	2	銀	鉱脈	M 田沢	
63	丸森 (岩手)	Marumori	141.0275	40.0098	2		鉱脈	日金誌	

64	八森	Hachimori	139.9935	40.4137	2	銀, 銅	細脈	M 北秋	
65	鷲ノ巣	Washinosu	140.8055	39.2889	2	銀, 銅	網状	日鉱覧下	日金誌
66	軽井沢	Karuizawa	139.7417	37.4660	2	鉛, 亜鉛, 重晶石	網状	日鉱覧下	日金誌
67	椿（八盛椿）	Tsubaki	140.0195	40.3657	2	銀, 鉛, 亜鉛	網状	日金誌	
68	綱鳥	Tsunatori	140.9382	39.3071	2	金, 銅	網状	日金誌	
69	尾花沢（延沢）	Obanazawa	140.5256	38.5699	2	金, 銅	網状	日金誌	
70	玉金	Tamagane	139.6757	38.0310	2	金, 銅	網状	日金誌	
71	温川	Nurukawa	140.8065	40.4867	2	銅, 亜鉛	黒鉱	*1	

2：銅鉱山

世界測地系（10 進） 1：中・古生界，2：新第三紀層

NO.	鉱山名	（英名）	経度	緯度	時代	随伴鉱種	鉱床型	文献	
1	興北松岩	Kohoku-Matsuiwa	141.5373	38.8790	1	金	鉱脈	日鉱覧下	日金誌
2	大峰	Omine	141.6681	39.3147	1	金, 銀	スカルン	日鉱覧上	新岩鉱誌
3	普代	Fudai	141.8464	40.0278	1		スカルン	M 陸北	新岩鉱誌
4	釜石	Kamaishi	141.7114	39.2829	1	鉄	スカルン	日鉱覧上	
5	赤金（江刺）	Akagane	141.3573	39.1679	1	鉄	スカルン	日鉱覧上	日金誌
6	沢渡	Sawatari	140.6466	37.1281	1	硫化鉄	キースラーガー	日鉱覧上	M 田沢
7	軽井沢（大滝）	Karuizawa	140.6595	40.2337	2	金	鉱脈	秋鉱誌	
8	大張	Obari	139.8306	38.5399	2	金, 銀, ビスマス	鉱脈	日金誌	
9	大葛	Okuzo	140.7245	40.1328	2	金	鉱脈	日鉱覧下	日金誌
10	小山（磯部）	Koyama（Isobe）	140.1456	38.4585	2	金, 銀	鉱脈	日鉱覧下	日金誌
11	高簱	Takahata	140.1967	37.3771	2	金, 銀	鉱脈	日鉱覧下	日金誌
12	東邦大蔵	Touhou-Okura	140.1506	38.6114	2	金, 銀	鉱脈	日鉱覧下	
13	阿仁	Ani	140.4215	39.9861	2	金, 銀	鉱脈	日鉱覧下	日金誌
14	畑(昭和鉱業畑)	Hata	140.1839	39.5059	2	金, 鉛, 亜鉛	鉱脈	秋鉱誌	
15	高旭	Takahi	140.1726	38.4779	2	金, 鉛, 亜鉛	鉱脈	日鉱覧下	
16	見立	Mitate	140.1566	38.5069	2	金, 銀, 亜鉛	鉱脈	日鉱覧下	
17	山館	Yamadate	140.6445	40.2597	2	金, 銀	鉱脈	秋鉱誌	
18	二重坂	Futaezaka	140.2596	38.0720	2	金, 銀	鉱脈	日鉱覧下	日金誌
19	卯根倉	Unekura	140.8465	39.2362	2	金, 銀	鉱脈	日鉱覧下	
20	開明	Kaimei	140.9244	40.8327	2	金, 銀	鉱脈	日鉱覧下	M 八甲
21	鷲合森	Washiaimori	140.8632	39.2279	2	銀, 硫化鉄	鉱脈	日鉱覧下	M 田沢
22	四角	Shikaku	140.9475	40.2427	2		鉱脈	秋鉱誌	M 八甲
23	金当	Kaneate	140.8365	39.2919	2		鉱脈	岩鉱誌	
24	甲土	Katchi	139.7426	38.4229	2		鉱脈	日金誌	日金誌
25	大荒沢	Oarasawa	140.8765	39.2699	2		鉱脈	岩鉱誌	日金誌
26	柳沢	Yanagisawa	140.5096	37.8960	2		鉱脈	日金誌	M 東南
27	水沢	Mizusawa	140.8985	39.2759	2		鉱脈	日鉱覧下	日金誌
28	宮田又	Miyatamata	140.4105	39.6558	2		鉱脈	日鉱覧下	M 田沢
29	大倉（大披）	Okura	140.4855	40.2407	2	鉛, 亜鉛	鉱脈	秋鉱誌	M 東南
30	分訳	Bunwake	140.7765	39.3798	2		鉱脈	日金誌	
31	杉の入	Suginoiri	140.4916	38.7239	2	銀	鉱脈	日鉱覧下	

32	中野	Nakano	140.3436	37.8450	2	銀	鉱脈	福鉱誌	
33	長富	Nagatomi	140.5366	38.6949	2	銀	鉱脈	日鉱覧下	
34	不老倉	Furokura	140.9405	40.2677	2	銀, 硫化鉄	鉱脈	日鉱覧下	M八甲
35	明又	Akarimata	140.5545	40.1207	2	銀, 硫化鉄	鉱脈	日鉱覧下	M北秋
36	三永	Sanei	140.1576	38.4449	2	金	鉱脈	日金誌	日金誌
37	朱山	Akeyama	140.1966	38.1800	2	金	鉱脈	山鉱誌	M田沢
38	尾去沢	Osarizawa	140.7505	40.1887	2	金, 銀	鉱脈	日鉱覧下	日金誌
39	佐山	Sayama	140.4395	39.9458	2	金, 銀	鉱脈	日鉱覧下	M北秋
40	日三市	Hisaichi	140.5015	39.6418	2	鉛	鉱脈	M田沢	
41	満沢	Mitsuzawa	140.5096	38.7059	2	鉛, 亜鉛	鉱脈	日鉱覧下	M雄勝
42	荒川	Arakawa	140.4155	39.6388	2	鉛, 亜鉛	鉱脈	日鉱覧下	M田沢
43	湯の岱	Yunotai	140.4805	40.1697	2	鉛, 亜鉛	鉱脈	秋鉱誌	
44	川口三台	Kawaguchi-sandai	140.7095	39.4998	2	鉛, 亜鉛	鉱脈	日鉱覧下	M西津
45	赤山	Akayama	140.2976	38.0870	2	硫化鉄	鉱脈	日鉱覧下	
46	宝倉	Takarakura	140.6705	40.2557	2	硫化鉄	鉱脈	日鉱覧下	
47	立又	Tatsumata	140.5635	40.1437	2	銀, 亜鉛	鉱脈	日鉱覧下	M北秋
48	佐井	Sai	140.8664	41.3516	2	銀, 亜鉛	鉱脈	日鉱覧下	M西津
49	揚ノ沢	Agenosawa	140.5325	40.1217	2	ビスマス	鉱脈	日鉱覧下	M北秋
50	長部	Osabe	140.6281	40.1181	2		鉱脈	M北北	M栗原
51	土深井	Dobukai	140.7325	40.1947	2		鉱脈	秋鉱誌	
52	一ノ渡	Ichinowatari	140.4021	40.5249	2	金, 銀	鉱脈	M西津	青地資
53	象ヶ倉	Zogakura	140.6645	40.2647	2		鉱脈	秋鉱誌	
54	畑(合同資源畑)	Hata	140.9224	41.2846	2		鉱脈	M渡下	M田沢
55	弥生	Yayoi	140.3286	39.0709	2		鉱脈	M雄勝	日金誌
56	新不老倉	Shinfuroukura	140.9265	40.2797	2	金, 銀	鉱脈	秋鉱誌	M八甲
57	大畑	Ohata	140.9684	41.4216	2	鉛, 亜鉛	鉱脈	M渡下	
58	亀山盛	Kisamori	140.4735	39.6758	2	鉛, 亜鉛	鉱脈	M田沢	
59	松葉	Matuba	140.6065	39.7468	2	鉛, 亜鉛	鉱脈	M田沢	M西津
60	大比立	Ohitachi	140.4325	40.3077	2	鉛, 亜鉛	鉱脈	M西津	
61	掘内	Horinai	140.7135	40.3557	2	鉛, 亜鉛	鉱脈	秋鉱誌	
62	大地	Daichi	140.7435	40.3047	2	硫化鉄	鉱脈	秋鉱誌	
63	秋保	Akiu	140.5746	38.3220	2	亜鉛	鉱脈	日鉱覧下	
64	岩神	Iwagami	140.5975	40.2727	2	亜鉛	鉱脈	秋鉱誌	日金誌
65	来満(中不老倉)	Raiman	140.9375	40.2867	2		鉱脈	日鉱覧下	M八甲
66	幸生(永松)	Sachiu(Nagamatsu)	140.1496	38.5349	2		鉱脈	日鉱覧下	
67	細地	Hosoji	140.9305	40.2547	2		鉱脈	秋鉱誌	M八甲
68	七里沢	Shichirizawa	140.5456	37.9150	2	金, 銀	鉱脈	日金誌	
69	柳沢	Yanagisawa	140.7265	39.3298	2	亜鉛	鉱脈	日鉱覧下	
70	土畑	Tsuchihata	140.7765	39.2909	2	金, 銀	黒鉱	日鉱覧上	
71	津川	Tsugawa	139.7987	37.9670	2		黒鉱	日鉱覧上	
72	蠣崎	Kakizaki	140.8774	41.1856	2		黒鉱	M渡下	
73	高ノ倉	Takanokura	140.8226	37.6290	1	金, 銀	スカルン	日鉱覧上	
74	八茎	Yaguki	140.8886	37.1991	1	タングステン	スカルン	日鉱覧上	

568 12. 地 下 資 源

75	仙人（和賀）	Sennin	140.8875	39.3049	1	鉄	スカルン	岩鉱誌	
76	赤石	Akaishi	140.7845	39.3608	2	金，銀	網状	日鉱覧下	日金誌
77	福舟	Fukufune	140.3906	38.6939	2	硫化鉄	網状	山鉱誌	
78	青森（奥戸）	Aomori（Okkope）	140.9374	41.4656	2	硫化鉄	網状	M 渡下	
79	大豊	Otoyo	140.5645	40.9577	2	硫化鉄	網状	M 津軽	

3：鉛亜鉛鉱山

世界測地系（10進）　1：中・古生界，2：新第三紀層

NO.	鉱山名	（英名）	経度	緯度	時代	随伴鉱種	鉱 床 型	文献	
1	山口	Yamaguchi	141.9234	39.6878	1	タングステン	スカルン	M 陸北	
2	ラサ興田	Rasa-Okita	141.3665	39.1239	1	鉄	キースラーガー	日鉱覧上	
3	長木	Nagaki	140.7165	40.3367	2	銀	鉱脈	秋鉱誌	
4	細倉	Hosokura	140.8935	38.8049	2	銀	鉱脈	日鉱覧下	M 栗原
5	舟打	Funauchi	140.3395	40.5287	2	銅	鉱脈	日鉱覧下	M 西津
6	太良	Daira	140.3225	40.3847	2	銅	鉱脈	日鉱覧下	M 西津
7	尾太	Oppu	140.2825	40.4727	2	銅	鉱脈	日鉱覧下	M 西津
8	八総	Yaso	139.6587	37.0621	2	銅	鉱脈	日鉱覧下	秋鉱誌
9	鴇	Tokito	140.7805	40.3367	2	銅	鉱脈	秋鉱誌	
11	八谷	Yatani	140.0157	37.7780	2	銀	鉱脈	日鉱覧下	
12	鉛山	Namariyama	140.8335	40.4387	2	銅	鉱脈	秋鉱誌	
13	南沢	Minamizawa	140.1938	38.1391	2	金	鉱脈	日金誌	
14	新城	Shinjo	140.1745	39.8418	2	銀	鉱脈	M 北秋	秋鉱誌
15	八光	Hakko	140.2530	40.4934	2	銀，銅	鉱脈	M 西津	
16	餌館	Edate	140.6085	40.2547	2	銅，重晶石	鉱脈	同内資	
17	秋津	Akitsu	140.6055	40.4327	2	銅	鉱脈	M 北北	
18	大碇	Oikari	140.5885	40.4517	2	銅	鉱脈	M 北北	
19	杉沢	Sugisawa	140.3846	38.9319	2	銅	鉱脈	M 雄勝	
20	大土森	Odomori	140.8815	38.8199	2	銅	鉱脈	日鉱覧下	M 栗原
21	大泉	Oizumi	139.7277	38.4139	2	マンガン	鉱脈	日鉱覧下	
22	小坂元山	Kosaka	140.7615	40.3477	2	金，銀	黒鉱	日鉱覧上	
23	小坂内の岱	Uchinotai	140.7635	40.3337	2	金，銀	黒鉱	GKD	
24	上北	Kamikita	140.9594	40.7427	2	金，銀	黒鉱	日鉱覧上	M 八甲
25	餌釣	Ezuri	140.5985	40.2587	2	銀，銅	黒鉱	GKD	
27	花岡	Hanaoka	140.5415	40.3227	2	金，銀，銅	黒鉱	日鉱探1	GDK
28	古遠部	Furutobe	140.6965	40.4007	2	金，銀，銅	黒鉱	日鉱探1	GDK
29	釈迦内	Shakanai	140.5725	40.3167	2	金，銀，銅	黒鉱	日鉱探1	GDK
30	松木	Matsuki	140.5495	40.2987	2	金，銀，銅	黒鉱	日鉱探1	GDK
31	深沢	Fukasawa	140.6735	40.2697	2	金，銀，銅	黒鉱	日鉱探1	GDK
32	相内	Ainai	140.7165	40.3937	2	金，銀，銅	黒鉱	GKD	
33	西又	Nishimata	140.8884	41.1996	2	銅，硫化鉄	黒鉱	M 渡下	
34	花輪	Hanawa	140.8685	40.1828	2	銅	黒鉱	日鉱覧上	M 八甲
35	大巻	Omaki	140.5525	40.1847	2	銅，硫化鉄	黒鉱	日鉱覧上	M 北秋

36	畑野	Hatano	140.5628	38.9373	2	銅	黒鉱	M 雄勝	秋鉱誌
37	光沢	Mitsuzawa	140.2575	39.8478	2	銀, 銅	黒鉱	M 北秋	
38	安部城	Abeshiro	140.9939	41.2509	2	金, 銀	黒鉱	日鉱覧上	
39	上磯	Kamiiso	140.5594	41.2166	2	金, 銀	黒鉱	日金誌	M 津軽
40	大正	Taisho	140.9006	41.1969	2	金, 銀	黒鉱	M 渡下	
41	吉乃	Yoshino	140.6025	39.2019	2	金, 銀	黒鉱	日鉱覧上	
42	鹿角（田ノ沢）	Kazuno	140.7665	40.0518	2	金, 銀	黒鉱	日鉱覧上	
43	十和田鉛山	Towada	140.8255	40.4617	2	金, 銀	黒鉱	日鉱覧下	
44	小真木	Komaki	140.7335	40.2477	2	金, 銀	黒鉱	日鉱覧上	日金誌
45	羽前小国	Uzen-Oguni	139.6925	37.9553	2	銅	黒鉱	日鉱覧上	
46	横田	Yokota	139.4384	37.3905	2	銅, 石膏	黒鉱	日鉱覧上	
47	黒沢	Kurosawa	139.3307	37.3510	2	銀, 銅	黒鉱	日鉱覧上	
48	田代	Tashiro	139.4277	37.4040	2	銀, 銅	黒鉱	日鉱覧上	
49	吉野	Yoshino	140.1946	38.1560	2	銀, 銅	黒鉱	日鉱覧上	M 山吉
50	小割沢	Kowarisawa	140.7677	40.0833	2	銀, 銅	黒鉱	同内資	
51	十和田	Towada	140.8155	40.4747	2	銀, 銅	黒鉱	日鉱覧上	M 八甲
52	真木	Maki	140.7165	39.5298	2	銀, 銅	黒鉱	M 田沢	
53	水沢	Mizusawa	140.1255	40.3967	2	銀, 銅	黒鉱	M 発盛	
54	大倉吉乃	Okura-Yoshino	140.5815	39.1789	2	銀, 銅	黒鉱	秋鉱誌	
55	馬場目	Babame	140.2485	39.8338	2	銀, 銅	黒鉱	M 北秋	M 田沢
56	馬見平	Mamitai	140.7619	40.0681	2	銀, 銅	黒鉱	同内資	
57	杉ノ森	Suginomori	140.6425	38.8689	2	金, 銅	黒鉱	日金誌	M 栗原
58	吉ケ沢（仙岩）	Kichigasawa	140.7415	39.6798	2	銅, 重晶石	黒鉱	M 田沢	
59	竹ノ子森	Takenokomori	140.6805	38.9029	2	銀, 銅	黒鉱	同内資	
60	宮崎	Miyazaki	140.6446	38.5999	2	銀, 重晶石	黒鉱	宮地下	
61	加納	Kano	139.8327	37.7030	2	銅, 石膏	黒鉱	日鉱覧上	GKD
62	与内畑	Yonaihata	139.8307	37.7290	2	銅, 石膏	黒鉱	日鉱覧上	
63	唐戸屋	Karatoya	140.0017	37.8680	2	銀, 重晶石	黒鉱	日鉱覧上	M 山吉
64	尾崎	Ozaki	140.6305	40.5837	2	重晶石	黒鉱	M 北北	
65	大揚	Oage	140.9574	41.2136	2	硫化鉄	黒鉱	日鉱覧上	
66	川口	Kawaguchi	140.7235	39.4938	2	金, 銀	鉱脈・黒鉱	日鉱覧下	
67	大堀	Ohori	140.4636	38.7409	2	金, ビスマス	スカルン	日鉱覧上	
68	田老	Taro	141.9314	39.7618	2	銅	層状	日鉱覧上	M 陸北
69	湯ノ沢	Yunosawa	140.6155	40.4317	2		層状	M 北北	
70	日正	Nissho	140.2306	38.9829	2	銅	網状	日鉱覧下	M 雄勝
71	岩滝	Iwataki	140.8954	41.2166	2	銅	網状	M 渡下	
72	松岡	Matsuoka	140.4326	39.1569	2	金, 銀, 銅	網状	日金誌	M 雄勝
73	杉沢	Sugisawa	140.4905	39.5578	2	金, 銀, 銅	網状	日金誌	M 田沢
74	畑	Hata	140.3675	39.5988	2	金, 銀, 銅	網状	日鉱覧下	日金誌
75	久栄	Kyuei	140.0595	40.4217	2	銀	網状	M 西津軽	
76	真瀬	Mase	140.0775	40.4477	2	銀	網状	日金誌	
77	阿仁向山	Ani-mukaiyama	140.3865	39.9958	2	銀	網状	日金誌	M 北秋
78	門ケ沢	Kadogasawa	140.4985	40.1457	2	重晶石	網状	同内資	

NO.	鉱山名	（英名）	経度	緯度	時代	随伴鉱種	鉱床型	文献	
79	田子内	Tagonai	140.6705	39.1549	2	金	網状	M 東中	
80	霜岱（生保内）	Shimotai	140.7165	39.6638	2	重晶石	網状	M 田沢	
81	増田吉乃	Masuda-Yoshino	140.5845	39.2189	2	金，銀，銅	網状・黒鉱	GKD	

4：その他（鉄・マンガン・重晶石・硫黄）

鉄鉱山

世界測地系（10進）　1：中・古生界，2：新第三紀層，3：第四紀層

NO.	鉱山名	（英名）	経度	緯度	時代	随伴鉱種	鉱床型	文献	
1	大峰	Omine	141.6742	39.3131	1	金，銀，銅	スカルン	日鉱覧上	
2	釜石	Kamaishi	141.7114	39.2829	1	銅	スカルン	日鉱覧上	
3	六黒見	Rokuromi	141.7084	39.3469	1	金，銀，銅	スカルン	日鉱覧上	
4	赤金（二枚山）	Nimaiyama	141.3395	39.1829	1	金	スカルン	日金誌	
5	仙人	Sennin	140.8875	39.3049	2	銅	スカルン	岩鉱誌	
6	川鉄久慈	Kawatetsu-kuji	141.6933	40.1647	3		砂鉱	岩鉱誌	
7	蓬来高松	Horai-Takamatsu	140.5706	38.9899	3		砂鉱	秋鉱誌	M 雄勝
8	三沢	Misawa	141.4084	40.7727	3		砂鉱	青地資	
9	中丸	Nakamaru	140.3086	37.7830	3		砂鉱	福鉱誌	
10	庭坂	Niwasaka	140.3106	37.7540	3		砂鉱	福鉱誌	

マンガン鉱山

NO.	鉱山名	（英名）	経度	緯度	時代	随伴鉱種	鉱床型	文献	
11	野田玉川	Noda-Tamagawa	141.8158	40.0866	1		層状鉱床	日鉱覧下	
12	観音	Kannon	141.5103	40.3431	1		層状鉱床	＊	
13	高松	Takamatsu	141.5839	40.2144	1		層状鉱床	新岩鉱誌	
14	小玉川	Kotamagawa	141.5778	40.2678	1		層状鉱床	新岩鉱誌	
15	千金	Senkin	140.9224	41.4226	2		沈殿性	M 渡下	
16	沼館	Numadate	140.5205	40.2947	2		沈殿性	＊	
17	久渡寺	Kudoji	140.4365	40.5477	2		沈殿性	M 西津	
18	深浦	Fukaura	139.8975	40.6257	2		層状鉱床	M 西津	
19	岩崎	Iwasaki	139.9115	40.6027	2		層状鉱床	M 西津	
20	御斉所	Gosaisho	140.7164	36.9986	2		層状鉱床	福鉱誌	
21	早瀬野	Hayaseno	140.5405	40.4607	2		熱水性	M 北北	
22	白岩	Shiraiwa	140.6495	39.5878	2	重晶石	脈状	M 田沢	
23	大泉	Oizumi	139.7278	38.4122	2	銅，亜鉛	脈状	山鉱誌	

重晶石

NO.	鉱山名	（英名）	経度	緯度	時代	随伴鉱種	鉱床型	文献	
24	宮崎	Miyazaki	140.6446	38.5999	2	鉛，亜鉛	黒鉱	宮地下	
25	田子内	Tagonai	140.6705	39.1549	2	金	網状	M 東中	
26	霜岱（生保内）	Shimotai	140.7165	39.6638	2	鉛，亜鉛	網状	M 田沢	
27	軽井沢	Karuizawa	139.7417	37.4660	2	銀，鉛，亜鉛	網状	日鉱覧下	日金誌
28	尾崎	Ozaki	140.6305	40.5837	2	石膏	黒鉱	M 北北	

硫黄

NO.	鉱山名	（英名）	経度	緯度	時代	随伴鉱種	鉱床型	文献	
29	沼沢	Numasawa	139.5817	37.4710	3	硫化鉄	昇華硫黄	福鉱誌	
30	松尾	Matsuo	140.9270	39.9396	3	硫化鉄	昇華硫黄	日鉱覧下	
31	西吾妻	Nishiazuma	140.1456	37.7661	3		昇華硫黄	福鉱誌	
32	赤倉	Akakura	140.4414	40.4075	3		昇華硫黄	＊	
33	川原毛	Kawarage	140.5981	38.9938	3	硫化鉄	昇華硫黄	M 雄勝	
34	蔵王	Zao	140.2602	38.1040	3	硫化鉄	昇華硫黄	山鉱誌	
35	沼尻	Numajiri	140.2572	37.6360	3		昇華硫黄	福鉱誌	
36	信夫	Shinobu	140.2896	37.7480	3		昇華硫黄	福鉱誌	

本文中に記載した鉱山に限る.

文献＊印は，吉村豊文（1952）：日本のマンガン鉱床.

13.　地盤災害，地質災害，地質汚染

13.1　地　盤　災　害

　人類の生活や生活基盤に害を与えるのが災害であるが，そのうち，大地にかかわる災害が，地盤災害である（洪水や波浪，津波災害は除く）．これらの災害は基本的には陸域の岩体に重力と水がかかわることで発生するが，それらの関与は山地と平地では異なる．すなわち，地質学的には山地では侵食作用が，平地では堆積作用（続成作用）が主体となって進行しているが，こうした作用が生活の場所で急激に起こると地盤災害となる．山地の地盤災害は斜面災害と一括されるが，それらは，形状，規模，運動速度，水の関与のあり方などにより，一連ではあるが種々の相をみせる．これらの相のうち本書では，大規模なものを「地すべり」，小規模なものを「崖崩れ」，特に流水の関与が大きいものを「土石流」として扱う．他方，平地の地盤災害は圧密作用が十分に進行しない第四系に急激な脱水があると，「地盤沈下」が起こる．

　東北の大地はこれまでの各章でのべられた岩質や構造をもつが，とりわけ，第四紀以降の構造運動が地盤災害をもたらす一義的要因である．こうした要因は防災上除去することはできないので，それを地域特性として理解したうえで防災の指針とすることが基本的に重要なこととなる．この章では地盤災害が東北地方の地質とどのようにかかわるかについて扱うこととする．

■13.1.1　山地の災害

a.　地すべり災害

　東北の地すべりについては，たとえば佐々木ほか（1964）の秋田県根森田地すべり，安藤ほか（1972）の福島県会津地方の地すべりなど，災害現場に関しての多くの報告がなされてきた．地質と地すべりとの関係については盛合ほか（1991）や千葉（1998）などによって扱われている．地すべりの地形学的な

研究では，寺戸（1978）などの奥羽山脈の報告があるが，東北地方としての視点で扱われ始めたのは，大八木ほか（1982）があげられる．この報告では空中写真による地すべり地形の判読を行い，1/5万や1/2.5万地形図に地すべり地形を記入し，これをさらに大縮尺にした地すべり地形図が公表されている．この地形図の範囲は1/20万地勢図の，弘前，八戸，秋田，盛岡，新庄，一関のみで，東北地方の北側と南側がないが，東北地方の地すべり地形は，平野部や北上山地で少なく，奥羽山脈や出羽山地で多いという対照を表現している．このことをもとに新第三系の主たる侵食様式は地すべりであることを指摘し，下位の硬質泥岩では大規模な地すべりが，上位の固結度が低い泥岩では中・小規模のものがそれぞれ多く，さらに新しい未固結の砕屑層では地すべり地形はまれか，あっても規模が小さいことをのべている．また，新第三系分布地で，地すべり災害が少ないとされてきた西津軽，白神山地，阿仁合，焼石岳周辺に地すべり地形の密集帯が存在したり，最も大規模な地すべり地形は第四紀火山帯にあるなどの特徴も見いだされている．そして，地すべり地形の基盤の地質（時代と岩質）により，11の「地質帯区分」に分けて，代表的な地すべり地（指定地）を対照させた．こうした地すべりの地形学的な研究は，その方法は新庄地域を例とした清水（1983）などに詳しいが，東北地方のみならず全国的に実施された（国立防災科学技術センター，1982〜1988）．これらのうち，東北地方での成果は，地すべり学会東北支部（1992）で採用され，『東北地方の地すべり・地すべり地形』として刊行された．

　この地すべり学会東北支部（1992）による地すべり地形は，所管別に表現された地すべり防止区域とともに，東北を27区域に分割した1/20万の透視できる地形図に表現され，同一縮尺のカラー土木地質図に重ねて見ることができる．説明書は，A3判，

142ページの大冊で地すべり地形の解説などが主体になっている。さらに，清水（1992）の制作による1/100万に縮小された地すべり地形図（東北地方地すべり地形分布図）がつけられている（以後「地すべり地形図」という）。こうした地すべり地形の抽出は東北地方の山地の侵食や地すべりなどを考察するうえで，たいへん有用な学術的基礎資料である。しかし，この冊子の副題にあるように「技術者のための活用マニュアル」になりうるためには，ある具体的な地すべりが，なぜそこに生まれて，どう成長し，そして現在にいたったかがわかり，さらに将来どのように変化していくかの予測ができることが必要になろう。この冊子の冒頭で北村信は次のようにのべている。「全てのマス・ムーブメントの発生は，その切っ掛けとなった直接の誘因が何であるかは別として，その地域の地質的特性に依存する物であることは明白である。地質的特性とは，むしろ，site characterizationと云うべきものであって，単にその場所を構成している岩石の種類とか，その物理的・化学的性質を指しているのではなくて，その場所の岩石や土壌を，今日見られるような状態に作り上げてきた内因的並びに外因的な営力の歴史を含むものと理解しなければならない。即ち，これはその場所の地質構造発達史及び地形発達史そのものであり，地表の風化・侵食の歴史を背景とした山腹斜面の性格付けを意味するものである」と。これは「地質的特性」をもって現在活動中の地すべりを扱う必要性を説く卓見である。本項では東北地方のこれまでの地すべり災害について，地質的特性の観点でまとめてみたい。

a-1. 東北地方の地すべり概観

地すべりの地質的特性は，一定の範囲をもった地域特性としてとらえる必要があろう。図13.1.1の左に清水（1992）の地すべり地形図を掲げる。さらに，防災の対象となる地すべりとの関係を得るために，東北地方の各県が把握している「地すべり防止区域」の位置を図の右側に示す。地すべり防止区域は法律に基づいて，地すべりを起こしている区域やそのおそれのきわめて大きい区域を，その周りの防災に必要な区域を含めて5 ha以上の区域が，公共の利害に密接に関連する場所が優先されて，指定される。こうして指定された区域は行政の対象であって，地すべり地としての科学的な一律性は保証され

るものではない。しかしながら防災に必要な現在活動中の地すべりの所在を知るには有効である。こうした地すべりに関して，図13.1.1の左側で表現される地形（以後「地すべり地形」という）と右側にプロットされている地点（以後「地すべり地」という）とを山地がある場所で比較した。そして東北地方の山地を「地すべり地形」の密度で2分し，さらに両者をそれぞれ「地すべり地」の密度で2分し，次の4区域に分けた。

A. 地すべり地形が疎である地域（先新第三系の分布地域）

　A1. 地すべり地が疎である地域（北上山地，阿武隈山地）

　A2. 地すべり地が密である地域（久慈区域，棚倉区域，常磐区域）

B. 地すべり地形が密である地域（新第三系・第四紀火山噴出物分布地域）

　B1. 地すべり地が疎である地域（奥羽山脈，白神山地，丁岳山地，飯豊山地）

　B2. 地すべり地が密である地域（出羽山地）

東北の山地において地すべり地形の疎と密の地域の境界（AとB地域の境界）はかなり明瞭で，それは前弧と背弧の境界，盛岡-白川線，もしくは火山前線によって東北が東西に2分されるそれぞれの大きな地質区分の境とほぼ一致する。こうした大区分はさらにA1，A2あるいはB1，B2と細分したが，必要であれば，細分を繰り返すことで一定の範囲の地質的特性をもった地すべりの地域特性を把握することができるであろう。

上で区分したA1は細分を要さないが，A2は久慈区域，棚倉区域と常磐区域が設けられる。棚倉区域は変成岩や花崗岩分布域であり，ここの地すべりは破砕帯地すべりと考えられる（盛合，1997）。久慈区域は古第三系，常磐区域は古第三系と一部は新第三系中新統の分布域にあることが特徴である。

次にBの新第三系分布地域は西側の出羽山地と東側の奥羽山脈の2列の複背斜構造をもった褶曲地帯である。これらの褶曲構造は東北日本弧が圧縮の場に転じた新第三紀末から第四紀更新世前半まで緩やかに継続した第一期圧縮変動とその後の急激な第二期圧縮変動によって形成されたと考えられている（山野井，2005a）。とりわけ，地すべりのような激しい侵食が生じたのは，第二期圧縮変動によるもの

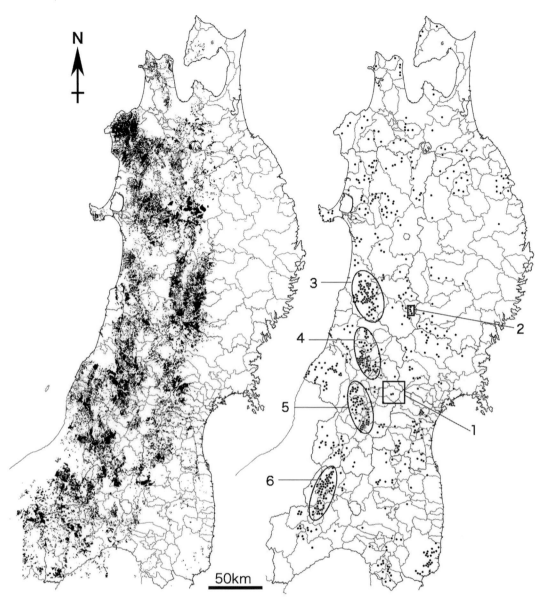

図 13.1.1 東北地方の地すべり地形と地すべり地
左側：清水（1992）による地すべり地形図，右側：2009年3月現在の地すべり防止区域．
1：山形盆地東部区域，2：横手盆地東部の東成瀬区域，3：横手盆地西方区域，4：新庄盆地西方区域，5：山形盆地西方区域，6：会津盆地西方区域．1〜6は地すべりと地質的特性との関係で扱われる区域．

とされ，この時期の侵食を，山野井（2005a）は「ネオエロージョン」と呼んだ．第二期圧縮変動のはじまりは，70〜30万年の間と考えられるが，この変動によって発生したネオエロージョンが多くの地すべり地形をつくったと考えられる（山野井，2005a）．現在の東北地方の地すべりは図13.1.1に示される通り奥羽山脈に少なく，出羽山地に多い傾向が認められるが，それはネオエロージョンのあり方に差異があった可能性がある．すなわち，ネオエロージョンは，一般に奥羽山脈側でより早く進行し，現在はその最盛期をすぎているのに対し，出羽山地側では，現在もなお活発な侵食作用を継続させている区域があるからである．

a-2. 奥羽山脈の地すべり

奥羽山脈は地すべり地形は密であるが，地すべり地は疎であるという一般的特徴をもつ．こうした一般的特徴が，なぜ生じているかについては，山形盆地東部山地での研究事例がある．乱川流域という侵食単位での地域特性として，地すべり現象が扱われているが，奥羽山脈全般の侵食に関する普遍性を解く糸口となる可能性がある．

他方，奥羽山脈には地すべり地が少ないという一般特性からはずれ，例外的に地すべりが多発する秋田県横手盆地東部地域のうち，東成瀬地区の地すべりに関しても扱うことにする．ここでは何が地質的特性となって，地すべりが多発するかが明らかにされつつある．

（1）山形盆地東部区域

奥羽山脈では，なぜ地すべりが疎であるかに関しての研究事例として，山形盆地の天童市～村山市の東側の奥羽山脈西斜面の乱川流域（図13.1.1右の区域1）の侵食のあり方と地すべりの関係の検討がある（山野井，2005a）．その結果は図13.1.2に示されるように，この区域は現在活動中の地すべり地はほとんどないが，地すべり地形は数多く残されている．地すべり地形のうち，その形が明瞭なものは分水嶺近くの「外側山地」に多くみられるのに対し，侵食により原形が失われた地すべり地形や，地すべり地形を残さず，地すべりで作られた地質のみを残すいわば，地すべりの残骸は「内側山地」を主体にみられることが明らかにされた．つまり，盆地側から山地側に向かって古い地すべり地形から新しい地すべり地形が配置されている傾向が認められる．乱川流域にみられるこうした侵食地形は，第二期圧縮変動で，隆起して高くなりつつある奥羽山脈が，盆地側で発生した地すべりのような激しい侵食が侵食前線となって高地（分水嶺）側に進んでいっ

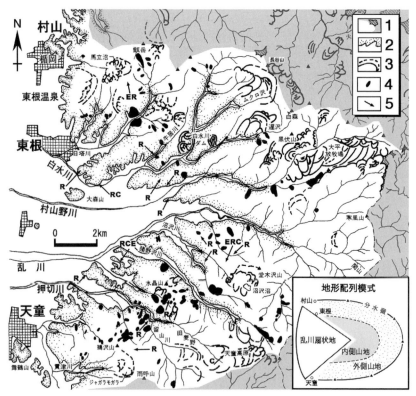

図13.1.2 奥羽山脈西斜面の乱川流域にみられる地すべり地形など（山野井，2005aに加筆）
1．白抜き区域が乱川流域．斜線区域は緩斜面（古斜面），2．山地と平地の境界線，3．実線：輪郭が明瞭に残る地すべり地形，破線：輪郭が不明瞭な地すべり地形，4．輪郭など原形が失われた地すべり地形，5．地すべりの地形は失われていても，地すべりでつくられた地質がみられた地点（E：事件相，R：修復相，C：被覆相）．

たと考えられている（山野井，2005a）．こうした激しい侵食が生じている時期がネオエロージョンの最繁期で，侵食前線が分水嶺に達すると，その流域では地すべりのような侵食活動は衰える．すなわち，現在の乱川流域はそうしたネオエロージョンの衰退期にあたり，各地に地すべりによる地形を残すものの，現在は地すべりがほとんど発生しない区域となっている．

（2） 横手盆地東部の東成瀬区域

奥羽山脈では一般に地すべりが少ないが，例外的に地すべりがやや密な区域がある．その1つに栗駒山周辺の宮城・岩手県境付近から秋田県の横手盆地東部があげられる（宮城・岩手県境付近は第四紀の火山噴出物に関係する地すべりとして別の地すべりグループとして後述する）．

横手盆地東部は奥羽山脈の複背斜帯の西斜面にあって，褶曲や断層構造の発達が著しい場所で，こうした区域に多くの地すべり地がある（盛合ほか，1994）．特に，秋田県東成瀬地区（成瀬川周辺の斜面，図13.1.1右の区域2）には狼沢や谷地の地すべり防止区域があり，ここでは，寺川ほか（1979），野崎ほか（1993），千葉ほか（2001），森屋ほか（2005）など多くの研究がある．なかでも谷地地すべりに関してはその地質的特性が明らかにされてきた好例である．

谷地地すべりは，寺川ほか（1979）によって，図13.1.3の地すべりによる微地形が明らかにされ，地すべり機構の解明がなされた．すなわち，寺川ほか（1979）によれば，谷地地すべりは，その基盤岩は硬質頁岩（女川層に対比される山内層）で，地質構造は，ほぼ成瀬川に沿う成瀬川断層によってつくられる複向斜構造の西斜面である．ここの地すべりは10～15°の層理面（dip slope）の上を傾斜方向にブロック化した硬質頁岩の岩体がすべるロック・スライド型地すべりである．地すべりの型に関しては，地すべりの基盤岩が延性度の低い硬質頁岩を主体とし，延性度の高い凝灰岩層をはさむことから，両者の延性度の格差が高く，植村（1976）の区分する地すべりの型から，スライド型の発生にいたったという（寺川ほか，1979）．

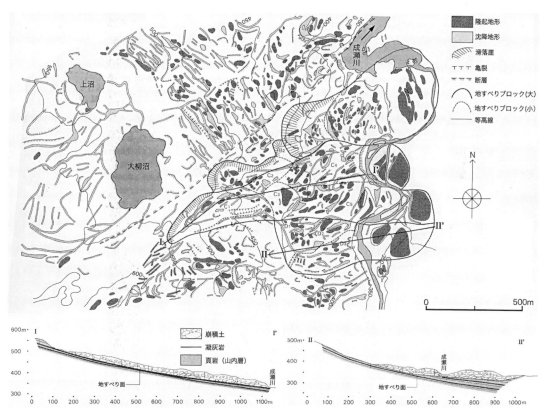

図13.1.3 秋田県谷地地すべりの微地形分類と地すべり断面（寺川ほか，1979）

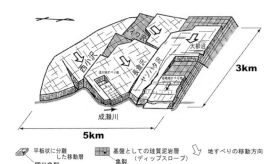

図 13.1.4 秋田県東成瀬地区の成瀬川西岸における地すべり変動地区区分図（森屋ほか，2005）

その後，成瀬川西岸のロック・スライド型地すべりに関しては，森屋ほか（2005）によって，地域を拡大して詳しく解析され，図 13.1.4 に示されるように，この区域の個々の地すべり地は，さらにローカルな地質的特性を反映して地形的に変遷していることが明らかにされている．すなわち，東成瀬地区の斜面は，その表層部で基盤岩の上で層理面に平行するように亀裂が多い部分が生じ，それが順次薄皮が剥がれるごとく滑動する侵食を通じて形成されてきた．それは「亀裂の発生→沢や河川の発達→初生岩盤地すべりの発生→地すべりの分化→地すべり移動塊の消滅→基盤への亀裂の発生→初生岩盤地すべりの発生」といったサイクルの繰り返しによるものであるという（森屋ほか，2005）．地すべりはこのように解析されてはじめて，現在起こっている（あるいは止まっている）地すべりを歴史的に位置づけることができ，それにより未来の動きを予測することが可能になり，防止対策に有効な基本方針が得られることになる．

a-3．出羽山地の地すべり

出羽山地は地すべり地形が密で，地すべり地も密であるが，図 13.1.1（右）から，さらに地すべり地が密に集まっている区域（地すべり多発区域）が抽出できる．それらは，北から，「横手盆地西方区域」，「新庄盆地西方区域」，「山形盆地西方区域」，「会津盆地西方区域」である．これらの地すべり多発区域で共通する特徴は，新第三系を基盤岩とするほかに，東北地方の代表的な盆地の西側山地に位置することである．このことは盆地が複向斜構造をもって沈降している区域であるのに対し，その西方で地すべりが多発する区域は，複背斜や断層構造を

もって隆起している区域である．すなわち，盆地の沈降と山地の隆起の顕著な対照が，現在もなお影響して侵食作用が生じやすい場となって，地すべり多発区域を形成していると考えられる．このような一般的な傾向はそれぞれの多発区域について，よりローカルな特徴をもって具現しているはずである．そうした地質的特性を多発区域ごとにみていく．

（1）横手盆地西方区域

秋田県の出羽山地南部の地すべり地は図 13.1.5 に示される（阿部ほか，2004）．このうち，横手盆地西方区域は，旧市町名では本庄市以南の由利町，東由利町，矢島町から羽後町や鳥海町の北部の出羽山地で，50 か所ほどの地すべり指定区域がある（図 13.1.5）．この地すべり多発区域は，出羽山地（太平山地）の南北に走る顕著な2つの断層にはさまれた区域である．すなわち，出羽山地西側の鳥田目-坪淵断層（杏沢，1963），あるいは鳥田目断層群（大沢ほか，1988 など）と呼ばれた大断層群と東側で横手盆地の西縁丘陵部を走る二井山-元西断層（杏沢，1963），滝ノ沢太平山断層群（大沢ほか，1979a）あるいは滝ノ沢断層（臼田ほか，1986）などと呼ばれた顕著な2つの断層群（これらを以後「鳥田目断層」，「滝ノ沢断層」という）にはさまれた区域である．鳥田目断層は旧大内町及位付近から南へ 35 km 延長する西落ちの逆断層（大沢ほか，1988）で，落差は北で少ないが，南の竜馬山付近で最大 800〜1000 m に達し，さらに南では少なくなり，500 m 以下となる（大沢ほか，1977）．他方，横手盆地西縁丘陵部の滝ノ沢断層は旧大曲市の滝ノ沢東方から南に 40 km 以上続く東落ちの断層群で，落差は 50〜250 m，ところによっては 400 m に達するという（大沢ほか，1979a）．なお，鳥田目断層と滝ノ沢断層の一部はいずれも活断層（確実度 II）とされている（活断層研究会，1980）．これら2つの断層ではさまれた出羽山地は，笹森丘陵とも呼ばれ，標高 200 m 前後の定高性を保つ丘陵地帯で，緩く波曲する畑村層，須郷田層，女川層から構成されている（大沢ほか，1988）．

以上のようにこの区域は，2つの断層による隆起台地で，中新統の海成層は一部を残し，ほとんどが侵食され，緩く波曲する海進前の火山岩や火砕岩が広く露出するといったきわめて特徴的な地質的特性をもっている．第二期圧縮変動によるネオエロー

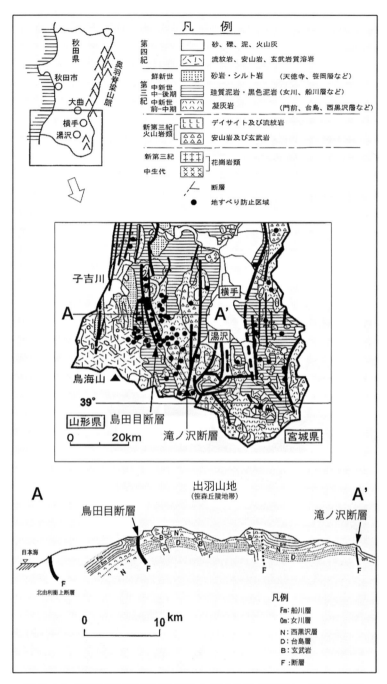

図 13.1.5 秋田県横手盆地西方区域の地すべりと地質（阿部ほか，2004に加筆）

ジョンを受けたものと考えられるが，この地では圧縮変動は隆起となって，そこに堆積した海成層をほぼ均一に定高性をもった丘として，削り続けてきたものと考えられる．すなわち，地形的には，数十万年前から，継続的に老年期様であるにもかかわらず，ポテンシャルエネルギーを得て回春し，現在にいたるもなお激しい侵食作用である地すべりを発生させる特異な区域といえよう．この区域を隆起させる2つの断層のうち，特に西側の鳥田目断層による隆起が大きい．この付近での地すべり地は図13.1.6のように，7つの地すべり地が鳥田目断層に沿って配列している（阿部ほか，2004；森屋ほか，

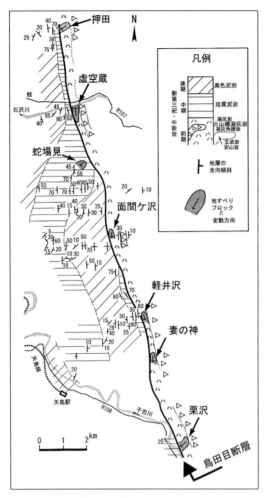

図 13.1.6 秋田県鳥田目断層と地すべり（阿部ほか，2004 に加筆）

2007）．阿部ほか（2004）はここの各地すべり地の地質を検討した結果，これらの地すべりは必ずしも断層活動による地盤の悪化によるものではなく，鳥田目断層とこれに平行して貫入した玄武岩による熱水変質や玄武岩縁辺部に集まる多量の地下水の影響が発生の要因であるとしている．そうした影響はあるにしても，鳥田目断層の隆起する側の縁にある場所が，こうした形に配列して地すべり侵食をみせるのは断層運動の反映としてむしろ必然的であるように思われる．

（2）新庄盆地西方区域

新庄盆地西方の出羽山地の地すべり地形の分布と地質との関係は図 13.1.7 に示される（山野井，1987）．この図では過去の地すべりの跡をとどめる地すべり地形のみならず，最近動きのあった地すべり地も示されている．この区域にみられる地すべりの特徴は山地の東西で明確な違いがある．すなわち地すべり地形として，西側は，幅が数 km をこえるような大規模な馬蹄形であるのに対し，東側では幅が数百 m 以下で長さは 1 km をこえない細長い U 字形であるという対照が顕著である（肘折南東部に一部例外）．さらに西側の大規模な地すべり地形は，一次滑落崖に侵食が及ぶ古い地形も多く，現在はほとんど地すべりを起こしていないのに対し，東側の小規模な地すべり地形の多くは近年地すべりを発生させている（山野井，1987）．こうした違いを地質（岩質）でみると，西側の大規模地すべり地形は中部中新統やさらに古い硬質凝灰岩・火山岩類や中部中新統の草薙層（硬質頁岩），古口層（やや硬質な泥岩）であるが，東側の小規模地すべり地形は上部中新統の野口層（やや軟質な泥岩）や固結度の低い鮮新統の中渡層（シルト岩主体），鮭川層（砂岩主体），新庄層群（泥岩，砂岩，礫岩，亜炭など）と，大局的には岩質の硬軟が反映されている．地質構造は図 13.1.7 の断面図に示されるように，西側は隆起の大きな複背斜帯，東側はそうした西側山地から，新庄盆地の低地域に移行する短周期の褶曲帯としてそれぞれ位置づけられる．

この区域の地史は中期中新世まで広く海域であったが，出羽山地の隆起によって隔離されていく内陸部に鮮新統の瀬海成や陸水成の新庄層群が形成されたものである（徳永，1958）．その隆起は，5 Ma ころから始まったとされているが，狭まりゆく海峡が内陸水域に影響を与えて形成されたのが，中渡層以上の鮮新統である（守屋ほか，2008）．したがって，現在の最上峡を形成する草薙層などの中新統の隆起は，第一期圧縮変動による古い時期からのもので，さらに鮮新統の堆積後の激しい褶曲運動（第二期圧縮変動）が累加されたことで，出羽山地の中核部として，より早い時期から隆起して激しい侵食が始まったものと考えられる．

この区域にみられる東側の小規模な地すべりと西側の大規模な地すべりの 2 つのタイプは図 13.1.8 に示す新潟県で認められた「頸城系地すべり」と「魚沼系地すべり」（山野井，1987；山野井，2005a）に対応し，それぞれの型の変遷をたどっていると考えられている．

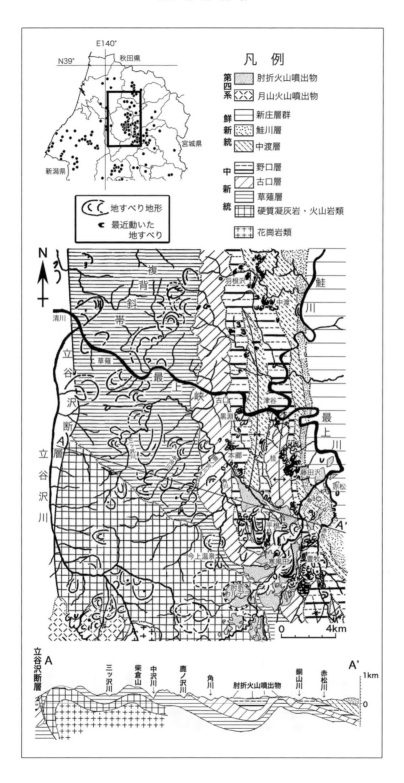

図 **13.1.7** 山形県新庄盆地西方区域の地すべりと地質(山野井, 1987 に加筆)
左上の地すべり防止区域図中の太枠内が下図の範囲を示す.

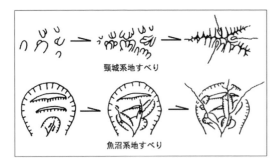

図 13.1.8 山形県新庄盆地西方地区で認められる地すべりの2つの型（山野井，1987 に加筆）

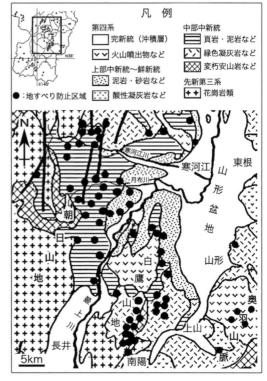

図 13.1.9 山形県山形盆地西方地区の地すべりと地質

なお，肘折火山の噴火は約1万年前（宇井ほか，1973 など）とされている．山野井（1987）は，その噴出物（シラス）が堆積する場所の寒風田や平根の地すべりは表層部を覆う火山噴出物の岩質を反映して大形の地すべりを発生させているが，同様に火山噴出物の覆う斜面で大規模に発生した豊牧地すべりは，その後のシラスの侵食除去で，基盤の泥岩が現れて，小形の地すべりにその型をシフトしたものと考えた．他方，Moriai and Chiba（1988）や阿部ほか（2002）は肘折火山噴出物（シラス）が堆積する以前から泥岩（野口層）にロック・スライド型の大規模地すべりがあって，その上をシラスが覆い，その後も旧大規模地すべりを反映した地すべりに引き継がれたと解釈した．今後，こうした異なった見解は，これらの地すべり地でみられる崩積土の堆積相とシーケンス（山野井，2005b）を再検討し，より科学的な結論が導かれることが期待される．

（3）山形盆地西方区域

この区域の地すべり防止区域の分布を地質図に入れたものが，図 13.1.9 である．地すべり防止区域の密な分布は，地質的特性の差違により，最上川を境にさらに朝日山地東部区域（最上川右岸，月布川周辺，寒河江川周辺）と白鷹山地南部区域とに細分される．

朝日山地東部区域の地質は中部中新統の本道寺層（硬質頁岩）やその上位の水沢層（やや硬質な泥岩），および葛沢層（やや軟質なシルト岩）の分布域が主体であるが，特に水沢層の分布域に多い．この区域で広く地表に分布する水沢層を主体とする地層は短周期の褶曲を繰り返し，その背斜・向斜軸は寒河江川流域では4km間に8本，月布川流域では6kmに9本がそれぞれ川にほぼ直交する走向で存在している（山形県，1979）．1984年に大規模地すべりを起こした小清地すべりは，こうした褶曲軸（背斜軸）の影響する古くからの地すべり地である（地すべり学会東北支部，1992）．また，月布の水沢層には吸水により著しい膨潤性を示すモンモリロナイトを主体とするベントナイト鉱山が稼業中で，他域の水沢層にもこうした粘土鉱物の含有があって，それが，たとえば，小清地すべりの素因となっているという指摘もある（北ほか，1986）．

白鷹山地南部区域は中部中新統下部の安山岩質，石英安山岩質，もしくは流紋岩質の溶岩やこれらの火山砕屑岩類を主体とする，いわゆる緑色凝灰岩の分布地域である（山形県，1972；足立，1977）．ここはまた，吉野鉱山などがあって黒鉱鉱床を採掘していたように，一帯は広く複雑な熱水変質を受けた区域でもある（北ほか，1986）．地すべり地は南陽市に向けてほぼ南北に流れる吉野川の西岸に特に密集している．この吉野川に沿って吉野川断層（足立，1977）があり，その西側に小断層帯や強褶曲帯を伴っている（山形県，1972）．吉野川西岸の下荻地すべりや西山地すべりでは火山砕屑岩類の風化帯

が地すべり地の深部にまで及んでいることが確認されている（山形県，1988）．

(4) 会津盆地西方区域

会津盆地西縁の地質と地すべりとの関係は安藤ほか（1972）によって，第三紀層地すべりのうち，「グリーンタフ型」地すべりの地質的特性の検討の一環として調査された．検討された範囲は阿賀川より北側で，喜多方市の濁川西部の丘陵（喜多方西部地区）と，その南西部で西会津町に続く阿賀川右岸の新潟県境付近（西会津地区）である．そのうち，前者（最北部を除く）の地すべりと地質の関係について，図13.1.10に示す．この図の「地すべり・崩壊」は，その説明がないが，顕著な地すべり地形とみなしておきたい．また，現在活動中の地すべりは地すべり防止区域のものと判断される．ここの地すべり防止区域と地質（岩相）との関係では，新第三系のいずれの地層でも地すべりが発生していることが特徴である．すなわち，この区域の地すべりは，その発生の要因として新第三系の堆積相ではなく，図13.1.10に示されるように，断層や褶曲軸の密な存在が重要とされている（安藤ほか，1972）．

他方，安藤ほか（1972）は，西会津地区でも同様に地質と地すべりとの関係を検討している（図13.1.10の範囲外）．この区域の地質は花崗岩の基盤の上に新第三系が断層もしくは不整合で重なるが，区域内の地すべり防止区域の分布は，中新統から更新統の各地層にあり，これらの岩相を選ばずに地すべりが発生している．また，この区域でも断層

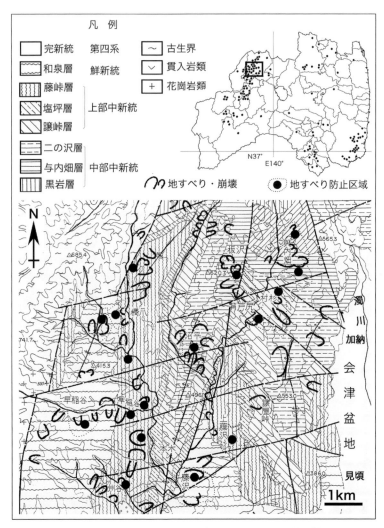

図 **13.1.10** 福島県会津盆地西方地区のうち，喜多方西部地区の地すべりと地質（安藤ほか，1972に加筆）

や褶曲構造などが密に存在することから，安藤ほか（1972）は第四紀の地塊構造運動が地すべり発生の主要因としている．この区域の喜多方市山都町西部の阿賀川右岸区域の地すべりと地質に関して，阿部（1996）は，花崗岩の隆起がもたらす周辺の新第三系は，断層や過褶曲で接しているという．すなわち，こうした新第三系では層理面に沿って鏡肌を伴う複数の粘土薄層が地すべり面に発展すると考え

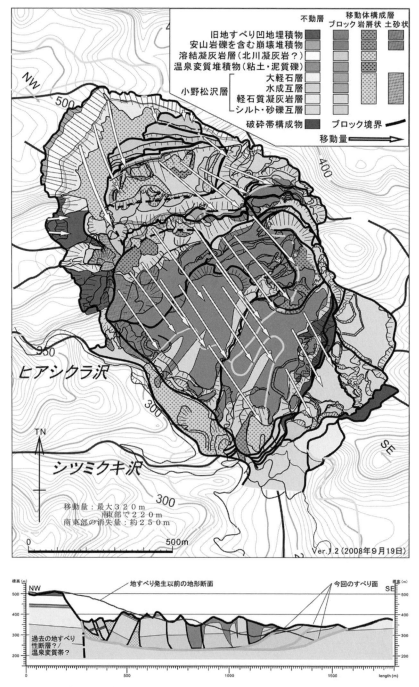

図 **13.1.11**　宮城県栗原市荒砥沢ダム上流で，2008 年岩手・宮城内陸地震で発生した地すべりの調査図（川辺，2009 に加筆）

た．この区域では，森屋ほか（2007）も指摘しているように，構造運動に伴う地層の過褶曲構造が地すべり発生の一義的な要因と考えられる．

さらに西方の阿賀川右岸の新潟県境に近い滝坂地すべりは，1888年から地すべり活動が記録され，その後も何回かの地すべりが継続的に発生している大きな地すべり地である（安藤ほか，1972；地すべり学会東北支部，1992；渡辺ほか，1995）．地質は花崗岩の断層によるブロック運動で，断層付近の花崗岩の風化（マサ化）と，花崗岩上でほとんど褶曲をしていない中部中新統の深層に及ぶ風化が特徴である（安藤ほか，1972；渡辺ほか，1995）．すべり面検出器によるすべり面深度は100mをこえる地点も多く，最大は170mに達する特異な地すべりである（渡辺ほか，1995）．

以上のように，会津盆地西方地区の地すべりはそれぞれの区域で，より狭い地質的特性を反映した発生要因をもつが，安藤ほか（1972）によれば，第四紀の地塊構造運動としての隆起運動に伴う新第三系の破壊に粘土化や硫化物などの風化が加わることが主因となって地すべり地帯を形成しているという．

a-4. 第四紀火山地域

奥羽山脈や出羽山地は新第三系を主体とするが，脊梁部や頂部付近に第四紀の火山噴出物をのせる区域がある．隆起する脊梁部や頂部付近にさらに新規の火山噴出物が追加されるため，一般に山体は不安定で大崩壊を起こす．第四紀の成層火山などにおいては火山体が崩壊を起こすことは特異な現象ではなく，火山体の通常の開析過程の1つとさえいわれている（井口，2006）．東北地方の第四紀火山における山体崩壊・岩屑なだれとしては，北から岩木，田代岳，西岳，七時雨山，岩手山，岩手八幡平，秋田駒ヶ岳，鳥海山，高松，栗駒，葉山，月山，白鷹，蔵王，安達太良山，磐梯山，那須岳があげられている（井口，2006）．このうち，歴史的記録に残るものは，1888年の磐梯山（三村，1988；井口，1988など）がある．なお，火山体の大規模崩壊・岩屑なだれは，地すべり災害のように頻発するものではなく，日本列島全体でも60年に1回程度発生する可能性が指摘されている（井口，2006）．

こうした火山体の大規模な崩壊と地すべりとの関係は，たとえば，八幡平においてみることができる．過去に発生した，藤七沢，北ノ股，松尾鉱山の

3つの大地すべり地形が井口ほか（2008）によって紹介されているが，そのうち現在地すべり活動があって，防止区域として指定されている場所は北ノ股地すべりの上部の滑落崖下付近で，観光道路アスピーテラインをはさむ一帯である（地すべり学会東北支部，1992）．

蔵王温泉火山においても過去に大崩壊があった（山野井，2003）が，その崩壊土塊の一部が蔵王温泉の鴫の谷地地すべり（地すべり学会東北支部，1992）や小倉地すべり（山形県，1988）となっている．こうした地すべりは，過去の大崩壊の崩積土の斜面に内包されるものである．

そのほか，十和田（岩手県），栗駒山（岩手県，宮城県），船形山（宮城県），鬼首（宮城県），吾妻山（福島県），沼沢（福島県）などの火山噴出物に関連した地すべりがある（地すべり学会東北支部，1992）．このうち，2008年岩手・宮城内陸地震に伴って発生した荒砥沢ダム上流域の地すべりについて，川辺（2009）による調査結果を図13.1.11に示す．この地すべりは，より広大な旧地すべり地のなかの一部が再崩落したものである（川辺，2009）．

［山野井　徹］

b. 崩壊災害

本章では斜面変形のうち，比較的規模の大きなものを「地すべり」，小さなものを「崩壊」と区別して扱っている．したがって，規模の小さな崩壊である「崖崩れ」もここでは「崩壊」に含まれる．

崩壊の要因は「素因」と「誘因」に分けられる．すなわち，「素因」は斜面の地質や地形などであるのに対し，「誘因」は降雨，降雪や凍結・融解，あるいは地震などである．素因のうちの地形は比較的緩斜面に地すべりが多いのに対し，崩壊は急斜面に多い．また，地質とは，地すべりでは比較的深い関係があることは前項で扱われている通りである．しかしながら，崩壊では地質との関係が薄い（山田ほか，1971；東北建設協会，2006，など）．

以上のように，崩壊災害の発生は地質などの素因よりはむしろ，その引き金となる誘因に深くかかわると思われるので，東北地方の崩壊について誘因の視点でみていきたい．

b-1. 誘因からみた崩壊災害

崩壊の誘因は気象条件（豪雨，豪雪）や地震など，その程度や発生頻度は一律ではない．また誘因

が及ぶ斜面も林地，農地，あるいは宅地など，多様である．そこで，東北地方のさまざまな斜面を通過する国道に関し，1966年度から2003年度までの38年間の斜面災害を誘因別にみると，年間発生件数（平均）は降水が8.1件（65.3％），地震が4.3件（34.7％）である（国土交通省，2006）．斜面災害から地すべりを除いて崩壊のみの誘因別の発生件数（1996〜2003年の8年間）では，85％が降水で，15％が地震である（国土交通省，2006）．この期間は比較的地震が少なかったことを付記しておきたい．また，1990〜2003年の14年間の崩壊において，誘因が降水である場合，自然斜面と人工斜面での発生比率は約1：6で人工斜面が高比率に被災するのに対し，地震では同比率が約12：1となり，自然斜面の被災比率が高くなる（国土交通省，2006）．このことは，人工斜面に比べて自然斜面は格段に広い面積であるので，自然斜面は一概に降水よりも地震に対して崩れやすいとはいえないが，少なくとも人工斜面は，降水に対しては自然斜面よりは，はるかに崩れやすいといえよう．

以上，東北地方の国道とその周辺から崩壊災害についてみたが，それ以外の地域でも崩壊の誘因としては降水と地震が主体であると推定される．

降水は集中豪雨や台風，あるいは春期の融雪があるが，それぞれの誘因別に，東北地方で生じた崩壊の事例をあげておきたい．

b-2．誘因別の崩壊事例

（1）降 雨

東北地方の降雨災害としては古くは1948年9月のアイオン台風がある．この台風は三陸沖を通過し，各地に豪雨をもたらし，北上川などの氾濫による大水害となった．この際，早池峰山地の北斜面（アイオン沢）では最大幅500mの大規模な崩落が発生し，下方では土石流となって下流に大きな災害をもたらした．

近年では，2002年，7月の台風6号に伴う豪雨によって，岩手県国道45号羅生トンネル付近のマサ化した土塊からなる斜面に崩壊が発生している（図13.1.12）．ここでは崩壊した上部斜面が下位へ流動化し，谷底に堆積していた岩塊を巻き込みつつ約80m流下してトンネル坑口を越流し，さらに土砂は路上を数百m覆った（阿部ほか，2009）．この際の誘因となった降雨の状況は図13.3.13の通りであ

図 **13.1.12** 羅生トンネル上方の谷状斜面の崩壊流出状況（阿部ほか，2009）

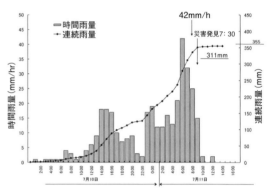

図 **13.1.13** 災害発生前後の降雨状況（阿部ほか，2009）

る．すなわち，災害の発生は最大時間雨量（42mm/h）直後で，このときまでの連続雨量は311mmに達している．

（2）融 雪

東北地方は冬期に日本海側で多雪となる．春期，融雪が急激に進むとその水は豪雨と類似した誘因となって，地すべりや崩壊を発生させている．以下は，山形県寒河江市の南西約11kmの最上川左岸の県道沿いの崩壊である（阿部ほか，2007）．ここでは2000年4月11日午前8時ころ，比高約140mの上方斜面に崩落（幅28m，高さ15〜20m，厚さ20m，土量約3000 m^3）が生じた．地質は上部中新統で凝灰質砂岩や，同質シルト岩を主体とし，崩落に対して流れ盤構造である．また，崩落発生後も，同斜面では約2週間で最大約462mmの変位が認められた．降雨とこれによる急激な融雪が日頃のクリープ的な変位を加速させ，崩壊にいたったと考えられる．この崩壊地周辺の積雪や降雨の状況は図13.1.14の通りである．なお，崩落直前の10日間

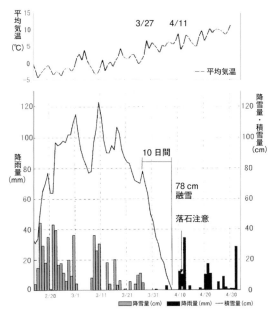

図13.1.14 被災前後の降雨状況と気温（阿部ほか，2007）

に，降雨と融雪を降雨換算した合計累積量は329 mm に達した（阿部ほか，2007）．

（3） 地震

東北地方はこれまでにいくつかの地震があった．その多くは海洋に震源をもつタイプのもので，その震度が大きい地域では地盤災害が発生していた．他方，内陸に震源をもつ大きな地震は比較的少ないが，2008年6月14日午前8時43分頃に「岩手・宮城内陸地震（震源：北緯39度02分，東経140度53分，深さ8 km，マグニチュード：7.2）」が発生した．起震断層は西傾斜の逆断層とされている．震度は，6強を岩手県奥州市と宮城県栗原市で，宮城県大崎市で6弱を示した．震央が栗駒山の北東約13 km であったため，周辺山地に大きな地盤災害をもたらした．この地震にかかわる災害調査結果は，平成20年度岩手・宮城内陸地震4学協会東北合同調査委員会（2009）によってまとめられている．同委員会（2009）による斜面変状（地すべり，崩壊，土石流など）箇所（概要）は図13.1.15の通りである．震央が奥羽山脈の西側山地にあったため，付近一帯の斜面変状は2200か所以上であったとされている．変状箇所は北から胆沢川上流とその支川，磐井川，三迫川，二迫川，一迫川の各上流部の栗駒山の北東から南東に分布するが，栗駒山の真南約7 km を中心とした半径約6 km の範囲に集中してい

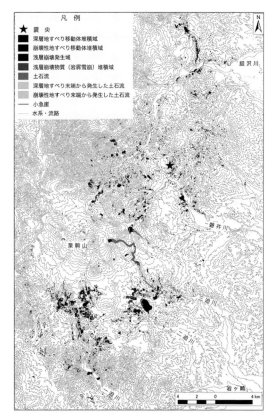

図13.1.15 岩手・宮城内陸地震の震央と斜面変状箇所の分布（2008 岩手・宮城内陸地震報告書，2009）

る（図13.1.15）．表13.1.1に被災地域に分布する地質とそこに発生した斜面災害をまとめて示す（同委員会，2009）．ここでの斜面災害は，深層地すべり，崩壊性地すべり，浅層崩壊に大別されているが複合していると推定される箇所もある．地すべり性の崩壊は，凝灰質堆積岩・礫質凝灰岩に特に広く分布しているが，崩壊は特定の岩質に偏在する傾向は少ない．

（4） その他の誘因

誘因が特定できない事例として岩手県雫石町の玄武洞（「葛根田の大岩屋」：天然記念物）の崩壊をあげる．1999年9月3日に突然崩壊した．約1年前に，近くで雫石地震（1998年9月，震源：北緯39度54分，東経140度48分，深さ8 km，マグニチュード：6.2）が発生しているが，これとの関連は明らかになっていない．現場は，岩手山から直線距離約5 km の葛根田川左岸の岩壁である．地質は下位より，玄武洞を構成する柱状節理の発達した安山岩，亀裂の多い安山岩質溶岩，その上位に自破砕

表 13.1.1 岩手・宮城内陸地震の地質ごとにみた斜面災害タイプの発生面積と発生率（平成20年度岩手・宮城内陸地震4学協会東北合同調査委員会，2009）

地域	地質・岩相	年代	地質帯面積 (m^2)	深層地すべり面積 (m^2)	崩壊性地すべり面積 (m^2)	浅層崩壊面積 (m^2)	地質帯ごとの斜面変動発生率（%）深層地すべり	崩壊性地すべり	浅層崩壊
北部	安山岩質溶岩/火砕岩	後期鮮新世/中期更新世	73,525,581	40,831	260,598	500,944	0.06	0.35	0.68
	デイサイト火砕岩	後期中新世/前期鮮新世	22,129,165	96,774	21,718	361,481	0.44	0.10	1.63
	砂岩・泥岩互層/凝灰岩質堆積岩	後期中新世/前期鮮新世	43,072,233	95,324	23,402	361,054	0.22	0.05	0.84
南部	デイサイト溶結凝灰岩/火砕岩・凝灰岩	後期鮮新世/中期更新世	79,997,007	295,854	363,440	1,271,638	0.37	0.45	1.59
	凝灰質堆積岩・礫質凝灰岩	後期中新世/前期鮮新世	49,526,621	1,805,869	411,725	1,157,186	3.65	0.83	2.34

図 13.1.16 崩壊前の玄武洞（雫石町提供）

状溶岩が重なる（図 13.1.16）．空洞の上部高さ約 65 m が崩壊した結果，幅約 90 m，高さ約 80 m の直壁が形成された．図 13.1.17 は崩壊直後の岩盤斜面の模式断面図である（阿部ほか，2008）．崩落直後から4年間，遠隔モニタリングが行われたが，斜面全体にトップリングなどの兆候はみられず，その後の降雨や地震に対しても安定しているという．本地域の崩壊時には幸いにも人災にいたらなかった

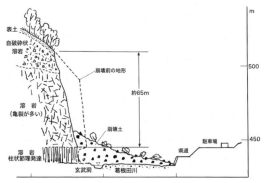

図 13.1.17 崩壊直後の玄武洞の断面模式図（阿部ほか，2008）

が，東北地方にはこうした断崖や絶壁が，名勝や天然記念物に指定されて，人の立ち入りの多い観光地になっている場所がいくつかある．断崖や絶壁は元来崩壊しにくい岩質がもたらした地形でもあるが，そのような場所では経年変化などによる予期し難い崩壊が起こりうるという事例である．

b-3. 常磐地域の崩壊

常磐地域は阿武隈山地の南部に位置し，山地ではあるが，全般になだらかな高原状の山地である．広域な切峰面図（岡山，1988）が示す等高線でみても，福島-白河以西の奥羽山地で密になっているのとは対照的に広い間隔となっている．このように小起伏の山地が広い面積を占め，その古い侵食面は新第三紀以前から形成されてきたとされている（木村，1994）．また，こうした長期間の侵食の歴史をもつ山地は，準平原であるという見解もある（中村，

1960). そうした侵食の歴史を反映してか大規模な侵食地形の1つである地すべり地形はこの地には少ないにもかかわらず、地すべり防止区域は比較的密に存在するという特異な地域である（図13.1.1）．

近年，各地に崩壊災害が発生し，地すべりや崩壊の災害が少ない区域とはいえない状況にある．この地域は準平原状の山地が主体で，元来侵食作用が穏やかに進行すると考えられるにもかかわらずなぜ，崩壊災害が多発するのであろうか．まずは災害事例をいくつか紹介しておきたい．

（1）古第三系

かつてこの地域には常磐炭田が存在したが，石炭は他の日本の炭田と同様に，古第三系の夾炭層から採掘したものである．当時は坑道の掘削に際し底盤などが異常に盛り上がる，いわゆる「盤ぶくれ」現象などの災害があったが，近年の古第三系にかかわる崩壊災害には次のようなものがある．

いわき市四ツ倉地区：いわき市内国道6号四ツ倉地区において，2007年8月上旬の早朝に発生したモルタル吹きつけ法面が崩落した事例である（図13.1.18）．

崩落崖は古第三紀白水層群の浅貝層（泥質砂岩が主体）である．全体に70°前後の共役節理が発達し，これらに沿って風化の激しい部分が観察された．被災の約2週間前に100 mm近くの降雨を経験しているが，直近には降雨がなく直接の誘因は明らかではない．法面にはモルタル吹きつけが施工されており，表面からの急速な風化は低減されていると思われていた．しかし，崩壊後，顕著な風化ゾーンが形成されている箇所が認められたことで，こうした部分は長期間，雨水の浸透を受けた結果と考えられた．この現場の岩片を用いた乾燥後の浸水試験では，顕著なスレーキング現象が認められた（国土交通省，2007）．

いわき市工業団地：2002年1月，工業団地造成に伴う現場で発生した大きな崩壊は，地すべりと呼べるような規模である．造成工事による法面掘削後，短期間のうちに地すべりが発生したので，誘因は盤下げによる不安定化と考えられる．地質は斜面下部が古第三系白水層群の白坂層（泥岩主体），上部が新第三系の湯長谷層群最下位の滝挟炭層（凝灰岩が優勢）である．素因はこれらの基盤岩の風化が顕著であったことと，北西-南東方向を走向とする緩い流れ盤構造の影響もあると考えられる（いわき市，2002）．

（2）中新統

ある宅地造成地：この区域では宅地の盛り上がりによる変状が数十戸発生し，基礎の修復が余儀なくされた．この区域の地質は平層の本谷泥岩部層である．この泥岩の野外での特徴としては，新鮮な岩盤を掘削して1週間程度放置すると図13.1.19のように，岩塊が砕片化し，さらにときを経ると細粒状になることである．これは工学的にはスレーキング現象と呼ばれるものである．この岩石に乾・湿を繰り返し与えると顕著な残留歪の累積が認められた（中島ほか，1986；田野，1987；日本大学工学研究所，1986～1988）．すなわち，乾・湿が繰り返されることで亀裂が発生し，これによる変形が残留し，「ふくれる」ことになると推測された．したがって，この区域では，剥土により数年かけて地盤の乾燥と

図13.1.18 崩壊した道路脇の吹きつけ法面（国土交通省，2007）

図13.1.19 掘り出して数日後の本谷泥岩の状況（日本大学工学研究所，1987）

図13.1.20 地すべりにより傾いた貯水タンク（いわき市，1997）

湿潤の繰り返しが進行し，亀裂が発生して「盤ぶくれ」にいたったと考えられた（田野，2003）．同様な現象は法面の掘削においても生ずると考えられ，それが崩壊に及んでいる可能性もあることを指摘しておきたい．なお，「盤ぶくれ」は，大山ほか（1995）は石膏の晶出の影響を指摘している．

いわき桜ヶ丘：いわき市内桜ヶ丘地内において，1997年5月に水道用貯水タンクをのせた地盤が地すべり（幅約80 m，長さ約90 m）を起こし，崩壊土砂の末端は住宅地（図13.1.20の下方）にまで及んだ．直接の誘因と考えられているものは降雨で，最大時間雨量（30 mm）から約12時間経過して地すべりが発生している．この間の累積雨量は208 mmに達した．地すべり地の基盤岩は亀ノ尾層（頁岩や凝灰岩）であるが風化が激しく，軟弱な粘土状を呈する部分も認められた．

（3） 常磐地域の崩壊の地域特性

磐城地域の崩壊などに関する災害例をいくつかみてきたが，共通することは崩壊などの現場の表層の土質が著しい風化を受けていることである．風化の要因の1つに常磐地域の基盤岩にはスレーキングを起こしやすい泥質岩や砂質凝灰岩などがかなりの割合で存在するようである．このことはこの地域の古第三系からの新生界は奥羽山脈や出羽山地のようないわゆるグリーンタフ地域の新生界のような厚い堆積物ではないので，物理的・化学的な続成作用も大きく受けず，固結度が低いことも要因の1つと考えられる．さらに，現場に共通することとして，崩壊などの発生斜面は，切り取りなどの人為的改変が行われた場所であることがあげられる．

常磐地域は長期間の侵食を受け，小起伏はあるものの準平原的な地形であることは前記の通りである．したがって，元来この地域は全般に侵食のポテンシャルエネルギーが小さく，大規模な侵食が進行しにくい特性をもっているはずである．侵食が少なければ長期間にわたって地表付近にさらされ，風化の累積が多くなることが考えられる．このような地表に対し改変，とりわけ掘削を伴う人工斜面を出現させた場合，そこに斜面災害が発生する確率が高いことが示唆される．すなわち，元来，常磐地域の自然斜面は降雨や地震など自然現象の一時的な負荷はあったものの，それに反応して安定化を図ってきた大地である．この結果が比較的平坦な斜面なのである．こうした自然斜面と改変された斜面を比較すると，改変された斜面は急速かつ大きな負荷になっていることは明らかである．

以上，常磐地域の崩壊災害と地質特性についてふれたが，今後磐城地域のみならず，地形的に比較的平坦でかつ，地質的には風化を受けやすい岩質の地域は人工的改変に特段の注意を要することを指摘しておきたい．

［田野久貴］

■ 13.1.2　平地の災害

a. 地盤沈下

a-1. 東北地方の地盤沈下の歴史と現状

わが国では，江戸時代の中頃に上総掘りと呼ばれるさく井技術が生まれた．この頃から掘り抜き井戸を設けて被圧地下水を利用するようになったものと思われる．明治時代に入ると，上総掘りの技術も進歩し，深さ数百mに達する井戸が設けられるようになった．地盤沈下はいつ頃から始まったかは正確にはわからないが，大正の初期に東京都で，昭和の初期には大阪市で地盤沈下が注目され始めた．大正年代に入ると，近代的なさく井機械が輸入され，深井戸が数多く掘られるようになった．これに伴って，被圧地下水が多量に汲み上げられるようになり，地盤沈下が社会的問題となってきた．

東北地方では，1955年をすぎる頃から福島県南相馬市原町区においてはなはだしい沈下現象が認められるようになった．この頃の地盤沈下は，第四系のごく浅層部分の収縮が大部分を占めていた．しか

13.1 地盤災害

し，地下水の開発がより深層の帯水層を対象とするにつれ，更新統や鮮新統まで激しく収縮するようになってきた．

最近の主要な地盤沈下は，5県13地域でみられる（図13.1.21および表13.1.2）．ただし，岩手県のような地盤沈下量を測定していない地域，あるいは埋立地のような大規模な人工地盤で生じた地盤沈下地域は含まれていない．

東北地方の地盤沈下は1960年代後半から顕著となり，1975年頃水準測量による観測態勢が整備され，地盤沈下対策がなされるようになったこともあり，次第に沈静化するようになった（陶野，1985）．しかし山形県の米沢盆地のように，以前にも増して地盤沈下が著しくなり，2006年度，2007年度と2年連続して全国第2位の年間沈下量が観測された所もある．

地盤沈下を監視するため，2007年度に水準測量が実施された地域は，宮城県の気仙沼地域，古川地域，仙台平野および山形県の米沢盆地の4地域となり，大半の地域で毎年の水準測量が行われなくなった．また，軟弱地盤地域で地下水を揚水しているにもかかわらず水準測量を実施していない箇所も数多く存在している．このような地域では水準測量を定期的に行い，手遅れにならないうちに対策を講ずるべきである．

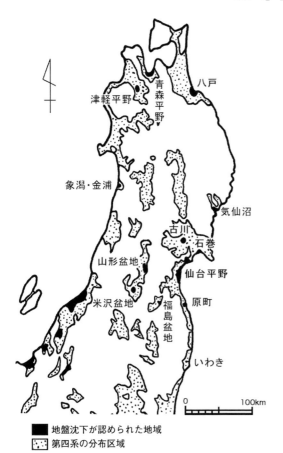

図 13.1.21　東北地方の地盤沈下地域

表 13.1.2　東北地方において地盤沈下が認められた区域の面積（陶野，1990を修正，環境省，2009などに基づく）

県名	地域名	地盤沈下が認められた地域 (km²)	ゼロメートル地帯 (km²)	過去の年間最大沈下量 最大沈下量 (cm)	過去の年間最大沈下量 測量年度	累積沈下量の最大値 累積沈下量 (cm)	累積沈下量の最大値 測量年度	累積沈下量の最大値 観測地点
青森県	青森平野	39		6.8	1973	59	1981〜2007	青森市沖館1丁目
青森県	津軽平野					25	1968〜1986	五所川原市岩木町
青森県	八戸	8		4.1	1988	45	1975〜2008	八戸市柏崎2丁目
秋田県	象潟・金浦	10		13.8	1970	57	1968〜1985	にかほ市金浦赤石
山形県	山形盆地	63		13.7	1975	44	1974〜2008	山形市服部
山形県	米沢盆地	7		3.3	2006	26	1974〜2008	米沢市門東町1丁目
宮城県	古川	10		3.1	1976	24	1983〜2008	大崎市古川旭
宮城県	気仙沼	5	1	2.4	1978	27	1975〜2008	気仙沼市弁天町2丁目
宮城県	石巻	5	1	4.2	2003	8	1981〜2003	石巻市魚町1丁目
宮城県	仙台平野	290		9.6	1975	47	1974〜2008	塩竈市北浜4丁目
福島県	福島盆地					7	1954〜1985	福島市入江町
福島県	原町	41		10.3	1975	165	1955〜2004	南相馬市原町区米々沢
福島県	いわき					7	1953〜1984	いわき市平

a-2. 各県の地盤沈下
（1） 青森県

現在，青森県において地盤沈下調査を実施している地区は，青森と八戸の2地区である．

青森平野の第四系は西部より東部で厚く，最大700 mに達している．青森平野では主に，深度約150 mから250 mにある2層の帯水層から地下水を揚水している．青森市では，1968年頃から市の中央部を中心にして激しい地盤沈下が認められ，下水道の逆流，家屋の床下浸水，および防波堤や岸壁の不同沈下などの被害が発生した．中央1丁目では1958年から1993年の間に53 cm，沖館1丁目では累積沈下量が59 cmに達し，地震の影響と思われる以外でも最大年間68 mmの沈下量を記録している（表13.1.2）．

1977年度から1982年度にかけての年間沈下量の最大値は約15 mmであるが，年による違いはあまりみられない．しかし，1983年度は柳川2丁目で69 mmもの沈下量を記録している（青森県，1985）．これは，1983年5月26日に発生した日本海中部地震による影響が大きいと思われる．この地震による地盤災害がさほど顕著とは思われない青森地区で70 mm近い沈下量を示していることを考えれば，日本海中部地震で最も顕著な地盤災害が発生した津軽平野，特に屏風山砂丘帯や岩木川流域では，広範囲にわたってかなりの沈下が生じたものと思われる．そのことは，つがる市富萢町をはじめとした屏風山砂丘帯と岩木川流域の沖積平野の境界付近にある建物などが著しく沈下したり，抜け上がったりしていたことから推測される（図13.1.22）．

五所川原市岩木町では，1968年度から1986年度までの累積沈下量が25 cmに達し，しかも1983年から1986年までの4年間に平均2.0 cmの沈下が生じていた．こうした著しい地盤沈下が生じているにもかかわらず1987年以降は水準測量が行われていない．津軽平野は地盤沈下が生じやすい地層で構成されており，1983年日本海中部地震の際にも沈下を伴う顕著な災害が発生している．

八戸市では，1960年頃から地下水の塩水化が認められ，臨海部では今でも高塩水化状態にある．八戸市柏崎2丁目では，1975年以降の累積沈下量が45 cmに達し，1983年までの15 cmに比べ，累積沈下量が約3倍となった．また年間最大沈下量も1982年の2.8 cmから1988年の4.1 cmと増加した．この原因として，1986年以降新たに上水道用の井戸がいくつも掘られたことにより，深度が100 mに達するような深層における地下水位の低下が顕著になったことがあげられる．堅固な地盤でない限り，揚水井戸は深いほど地盤環境に与える影響が大きくなる傾向にある．なお，地盤沈下が認められた地域の総面積は8 km^{2}である．

（2） 秋田県

秋田県で地盤沈下の観測を行っていたのは，象潟・金浦地域のみである．にかほ市の象潟・金浦地域は鳥海山の山麓に開けた小さな海岸平野である．また，この地域は南北方向に並列する褶曲軸が発達している．深度300 mの新第三系中に水溶性天然ガスがあり，これを採取するために，大量の地下水が採取されていた．地盤沈下は旧象潟・金浦両町の境界付近で認められ，1969年度と1970年度および1976年度には年間10 cm以上の激しい沈下を記録している．その後も，やや年間沈下量の減少がみられるが，断続的に著しい地盤沈下が生じていた．1984年に大半の採取井が廃止されたこともあり，1985年度以降水準測量は実施されていない．地盤沈下が認められた地域は10 km^{2}程度であるが，累積沈下量は57 cmに達している．

また前述のように，日本海中部地震が発生した1983年度に青森市で約70 cmの沈下が認められたが，液状化災害が顕著であった能代市や八郎潟周辺地域では，おそらくこれ以上の沈下が生じたものと思われる．

秋田県でも象潟・金浦地域に限らず，地盤沈下が生じやすい比較的大きな平野や盆地がいくつもあ

図 13.1.22　1983年日本海中部地震によって抜け上がった浄化槽（つがる市立富萢小学校，1983年6月12日撮影）

る．こうした区域で被圧地下水を揚水している場合，水準測量などの監視を行い，大きな災害が発生する前に対策を講ずるべきである．

(3) 岩手県

岩手県は地盤沈下に関する調査や監視を行っていない東北地方唯一の県である．そのため，地盤沈下の実態は把握できていない．しかし，盛岡市などの北上川流域や宮古市などの三陸沿岸地域では，宮城県で地盤沈下の著しい古川市や気仙沼市と第四紀層の堆積状況や地盤の土質力学的性質が類似している．そのため，これらの地域で揚水を行っているのであれば，古川市や気仙沼市と同程度あるいはそれ以上の地盤沈下が生じている可能性がある．

(4) 山形県

山形県では，1974年から観測井の整備を進めてきた．水準測量は山形市と米沢市で1974年から，天童市で1979年から，東根市で1980年から実施している．

山形盆地では，揚水された地下水の大半は農業用に用いられている．農業用の揚水量が5月から9月に集中しているので，地下水位は夏期のみ低下するという，年周期の変動をしている．したがって，地盤も夏期に沈下する傾向を示している．このことは，飯塚町と本町にある観測井の水位記録にも現れている．山形市の中心部は扇状地部にあり，ほとんど地盤沈下は生じていない．しかし，市街地北西部の水田地帯では，1960年代前半から農業用深井戸の鉄管が抜け上がる現象が発見され，その後も急激な地盤沈下の進行が観測された．図13.1.23は山形市中野において，抜け上がった揚水井戸を示したものである．山形市服部では44 cmの地盤沈下が観測

されている．この地点では，1974年当時すでに37 cmの井戸の抜け上がりが観測されているので（山形県，1984），当初からの沈下量は約80 cmと推定されるが，大きな被害は発生していない．

米沢市では，1967年頃から市街地の一部で床コンクリートに亀裂が発生し，地盤沈下が進行するにつれて，道路の陥没，建物の傾斜，グランドの亀裂などの被害が発生した（山形県，1984）．1983年度までの累積沈下量は8 cmと比較的少ないが，この地域の地盤沈下は不同沈下のため，建物などの施設に被害が発生している．沈下当初からの累積沈下量は，被害の状況から約30 cmに達するものと推定される地点がある．南部小学校にある観測井の水位記録では，山形の場合と逆に，冬期に低下し，春期に回復する年周期変動を示しており，地盤も冬期に沈下する傾向を示している．地下水は1/3が農業用に，1/3が工業用と消雪用に，残りの1/3が上水道用・商業用・養魚用その他に使われていた（陶野，1997）．他の地域に比べかなり多目的に利用されている．年間2 cm以上の著しい沈下を一度も記録していないなど，地下水揚水の適正化が図られていた．ところが最近，消雪用に多量の地下水を揚水したことにより，2006年度が3.3 cm，2007年度が3.0 cmの沈下量を記録し，ともに全国第2位の年間沈下量となり，全国屈指の地盤沈下地域となった．なお，米沢市門東町1丁目では，26 cmの累積沈下量を記録し，市内で沈下が認められた総面積は7 km^{2}となっている（表13.1.2）．

(5) 宮城県

現在までに地盤沈下が確認されている地域は，仙台平野，古川地域，気仙沼地域および石巻地域である．これらの地域では，建設構造物，港湾施設，農地などに被害が発生している．また，塩竈市，石巻市，気仙沼市などでは，いわゆるゼロメートル地帯もある．

仙台平野の地盤沈下問題は，仙台市東部に新しく造成された苦竹工業団地で1966年頃から激しい地盤沈下が起こり，1973年頃には工場や事業所などに被害が続出したのがはじまりである．仙台平野では，その後も引き続き激しい地盤沈下が進行している．現在まで引き続き地盤沈下が進行している地域は，多賀城市と利府町にまたがる地区，塩竈市新浜地区，仙台市宮城野区苦竹から若林区卸町にかけ

図13.1.23 抜け上がり現象をとどめる揚水井戸（山形市中野，2007年8月25日撮影）

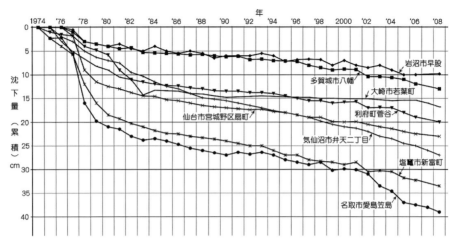

図 13.1.24　宮城県平野部各地の地盤累積沈下量（宮城県，2009 より抜粋）

た地区，および名取市の西部地区である．地盤沈下が認められた地域の総面積は 290 km² もの広い範囲に及んでいる．宮城県の平野部の各地における主な地点の沈下の累積量は図 13.1.24 に示す通りである（宮城県，2009）．これらの地点では後述するように現在でも沈下が継続している．

地盤沈下と地震との関係では，メキシコ地震や宮城県沖地震などでも明らかなように，地盤沈下が生じていた地区とそうでない地区とでは建設構造物の倒壊数などに著しい違いがみられる．1978 年 6 月 12 日に発生した宮城県沖地震による災害の特徴の 1 つとして，仙台市の苦竹工業団地を中心とする地区で建築物の被害が顕著であったことがあげられる．支持杭基礎の建築物周辺地盤が沈下すると，周辺地盤の荷重が杭に伝わり，負の摩擦力が発生する．この負の摩擦力によって，杭が破損したり，建物に不同沈下が生じたりする（陶野，1990）．著しい地盤沈下が生じている地区に大地震が襲ったことにより，破損した杭が支持力を失って，建築物が破壊する．地盤沈下の激しい苦竹地区を中心として倒壊した杭基礎の建築物のなかのいくつかは，このような理由で生じていた（図 13.1.25）．また，仙台市宮城野区福田町で 18.9 cm もの年間沈下量を記録したが，この地点は宮城県沖地震以前にはあまり地盤沈下が生じていなかったので，地震の影響による沈下と考えられる．

図 13.1.26 に示した仙台市苦竹地盤沈下観測所における記録をみると，地震後の半年まで，地震に起因した地盤沈下が進行しているのがわかる．これ

図 13.1.25　宮城県沖地震時に地盤沈下の影響もあって大破した建物（1978 年 6 月 15 日撮影）

は，粘性土地盤は透水係数が小さいので，地震によって生じた過剰間隙水圧がゆっくりと消散するため，長時間にわたって圧密沈下が進行したことによる（陶野，1990）．

宮城県庁にある観測井では，夏期に数 m の水位が低下する年周期変動が認められる．これは，冷房用水が主な原因と考えられている．逆に，名取市上余田では長期的にはほぼ一定であるが，冬期に数 m 水位低下する年周期の変動を生じている．これ

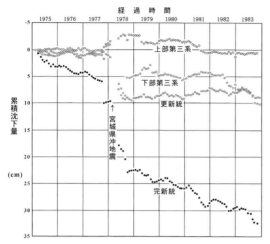

図 13.1.26 仙台市苦竹地盤沈下観測所における層別地盤沈下記録（宮城県，1984）

は，セリ栽培の影響によるものと考えられている．多賀城市山王では現在もなお地下水位が低下する傾向を示している．仙台市潮見町では地下水位が海面下にあり，地下水の塩水化現象が生じ，塩水化対策がなされた．

気仙沼地域は侵食谷の埋積によって形成された比較的狭い平野である．1974年に実施された国土地理院の水準測量の結果地盤沈下が認められたため，気仙沼市では1975年度から水準測量を開始した．気仙沼市弁天町2丁目の累積沈下量は27 cm，市内で沈下が認められた総面積が 5 km²，内ゼロメートル地帯が 1 km² となっており，井戸水の塩水化がかなり進んだため，塩水化対策がなされた．2003年度には3.0 cmの沈下量を記録し，全国第2位の年間沈下量となった（表13.1.2，図13.1.24）．

仙北平野は大崎市古川を中心とする地域であり，江合川などによって形成された沖積平野である．1974年ころから古川の市街地で建築物の抜け上がりや不同沈下などの被害が認められるようになった．古川地区で揚水された地下水はほとんど農業用と工業用に用いられている．著しい地盤沈下地域とはいえないが，相変わらず沈下が継続している．地盤沈下が認められた地域の総面積は10 km² にも及んでおり，大崎市古川旭の累積沈下量は24 cm，最近の5年間（2004〜8年度）の沈下量は3.6 cmである．

石巻地域では石巻大橋付近と石巻漁港の背後地がやや沈下の傾向を示している．石巻市魚町1丁目の累積沈下量は 8 cm，市内で沈下が認められた総面積が 5 km²，内ゼロメートル地帯が 1 km² となっており，塩水化対策がなされている．2003年度には4.2 cm沈下し，全国一の年間沈下量を記録している（表13.1.2）．

(6) 福 島 県

国土地理院が行った一等水準測量の結果をみると，福島県では福島市，いわき市および原町市（現在は，南相馬市原町区）で沈下が認められた．

原町地域における地盤沈下の範囲は，国鉄常磐線の磐城太田駅を中心とした太田川沿いの沖積低地である．1969年頃から地盤沈下による被害が認められるようになった．1975年度には大甕（おおみか）で年間103 mmもの沈下をしており，現在までに地盤沈下が認められた地域の総面積は41 km² にも及び，米々沢（めめざわ）では1975年から2004年までの間に165 cmも沈下している．被害が発生しているのは，大甕地区のほか近隣の大田地区と渋江地区に及び，その面積は約2500 ha（うち農用地約1500 ha）にのぼっている（福島県，1984）．水田の不同沈下による湛水不良，用水路の通水不能，道路の不同沈下や損壊，家屋の不同沈下による破損，井戸水の枯渇などのさまざまな被害が生じている．この一帯は，主に砂・シルト・礫から構成される沖積層が10〜20 mの厚さで発達し，原町区としては軟弱地盤の厚い所である（東北農政局計画部，1979）．

水田用に地下水を利用している地域では，夏期に水田を冠水させるため，しばしば多量の地下水を揚水する．このため，地下水位が急激に低下し，著しい地盤沈下が生じる．しかし，冬期には地下水位は回復し，それに伴って地盤も若干膨張する．このように，地盤は，年周期の季節的な収縮を繰り返すが，ゴムのような弾性体ではないので，年々沈下量が累積していくことになる．

福島市では入江町で7 cm，いわき市では平（たいら）で7 cm沈下したという記録がある．

a-3. 地盤沈下の防止対策

地盤沈下が生じたために引き起こされる高潮，河川の氾濫などの災害による社会的損失は大きい．地盤沈下防止対策は，現在生じている地盤沈下を防止する対策と地盤沈下がすでに生じた地域に対するほかの災害から守るための対策とに分けることができる．

現在生じている地盤沈下を防止するためには地下水の採取を総合的に規制することである．そのため，地盤沈下量，地下水位，揚水量などの実態調査を通して，地盤沈下の予測を行い，適正揚水量を求める必要がある．

他方，地盤沈下がすでに生じた区域の災害防止対策としては，高潮・津波対策，水害および内水氾濫対策などがあり，堤防のかさ上げ，内水排除施設整備，海岸施設整備，土地改良などの事業などが必要である．また，地震対策が必要な場合もある．なお，地球温暖化に伴う海水面の上昇が危惧されている．海面の上昇は，相対的に地盤が沈下することであり，世界中の沿岸部の都市が水没する危険性がある．このようなことが生じると，これまでの地盤沈下防止対策の域をこえた深刻な問題となる可能性がある．

追補：2011年東北地方太平洋沖地震後の地盤沈下

2011年東北地方太平洋沖地震（M＝9.0）は広い震源域をもつ巨大な地震であったため，東北地方の太平洋沿岸部で著しい地殻変動が生じた．電子基準点の観測から求められた本震による地殻変動のうち上下変動量は図13.1.27の通りである（国土地理院，2011）．最大の沈下は電子基点牡鹿での1.2mである．その後，本震後の余効変動や，余震などによる変動が加わっている．今後，国土地理院による詳細な地盤変動調査や，環境省の水準測量などの結果は追って公表される予定である．

こうした巨大地震による地殻変動として現れたグローバルな地盤沈下は，地質時代を通してリアス海岸をつくるような地盤変動の一部として残るかもしれない．地震に伴う地盤沈下は，沿岸部の低地が広がる市街地では津波後の浸水域が回復しなかったり，満潮時などの浸水が深刻な問題となっている（図13.1.28）．ちなみに，こうした市街地での電子基準点で観測された最大の沈下は大船渡市で76cmである（国土地理院，2011）．地震前のローカルな地盤沈下域は，地下水の過剰なくみ上げなど人為的な原因で生じていることは前述の通りであるが，こ

図 **13.1.27** 本震（M9.0）に伴う地殻変動等変動量線図（上下変動量）（国土地理院，2011による）

図 **13.1.28** 宮城県気仙沼市潮見町における地盤沈下域　津波後も浸水状態が続いている．

うした沈下区域が，今回の地震に伴う広域な沈下に際してどのような影響を受けたのか，あるいは以後どのように推移していくかは，今後の継続調査が必要である．

［陶野郁雄］

13.2 東北地方，地圏環境リスクマップ

■ 13.2.1 地圏環境インフォマティクス

環境意識の高まりと，土壌汚染による健康影響の懸念や対策の確立への社会的要請により，「土壌汚染対策法」が，2003年度より施行された．土壌汚染に関してもようやく法の網がかぶせられ，「大気汚染防止法」(1968年)，「水質汚濁防止法」(1971年) とあわせて，大気，水，土壌の環境保全と汚染，および人の健康被害の防止にかかわる一応の法整備が終了したことになる．

土壌汚染は有機物質による汚染と無機汚染に大別されるが，地質という観点からは，ヒ素および重金属類の無機物質による汚染が対象となる例が多い．土壌は，地質環境と関連性が強く，このためヒ素や重金属類の土壌汚染を考える場合には，自然由来のバックグラウンドの把握，鉱染帯などのリスクの高い地域の限定など，全国規模での地圏環境情報の整備と統合化が必要である．

産業技術総合研究所では日本全土における有害元素の濃度分布と元素のバックグラウンド値を明らかにするため，日本全土から採取された河川堆積物中の有害元素（ヒ素，水銀，カドミニウム，アンチモン，ビスマス，鉛など）をはじめとする53元素を同一手法で測定し，日本の地球化学図を作成している（今井ほか，2004）．また，地質（20万分の1地質図）や地形，土壌，植生，土地利用形態，変質帯分布，鉱山位置，鉱山情報，地下水データと土壌中に含まれる重金属の情報などさまざまな地圏情報データを GIS（地理情報システム）を用いて統合化した地圏環境インフォマティクス（GENIUS: Geosphere Environmental Informatic Universal System）が開発されている（土屋ほか，2006）．

GIS では複数の地圏環境マップをレイヤーとして重ね合わせることができる．さらに，個々のマップがもつ固有の属性を相互に比較し，相関性の有無や高い相関性の領域を抽出したりすることが可能である．このような機能を用いることにより，土壌中の重金属分布と地質や土質などとの関連性を2次元的に把握することが可能である．図13.2.1はGISの空間検索機能により，ある特定の地質（中新世後期の女川階の堆積岩類）上に位置する鉱床を示したものであり，特定の地質情報による検索とマップ上での表示が可能である（狩野ほか，2008）．またシステム内には鉱床の情報（稼行当時の鉱山名称，地名，経緯度，鉱種，鉱床属性など）が格納されており，わが国の鉱山の分布と属性などを解析することができる．

図 13.2.2 は，北上川および阿武隈川の河川堆積物中の鉛とヒ素の含有量（今井ほか，2004）を採取地点より上流の流域ごとに示している．この図には，鉱石鉱物中に鉛を含む鉱床位置も示している．

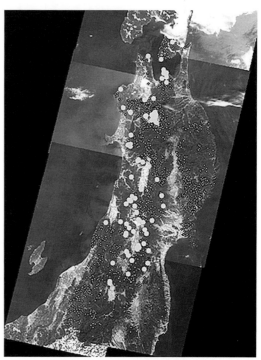

● 鉱床の位置　○ 空間検索機能で抽出した女川層および相当層上にある鉱床

図 13.2.1 地圏環境インフォマティクス（GENIUS）に格納されている衛星画像と鉱床の分布
女川相当層にある鉱床だけを抽出．

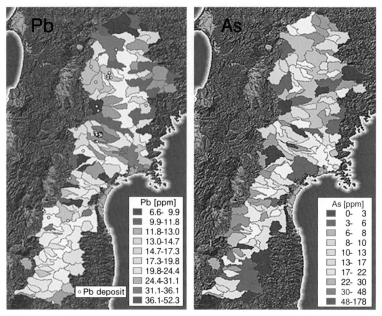

図 13.2.2 北上川，阿武隈川流域の流域分布と河川堆積物中の鉛とヒ素の含有量分布

鉛は，脊梁山脈から太平洋平野部にかけての広い地域で，高い含有量を示す地域があり，また，鉛の含有量と鉱床の位置関係には密接な関係があり，さらに鉱床の下流域にも影響を及ぼしていることがわかる．ヒ素を含む鉱石鉱物が鉱床中に含まれているかは厳密には決められないので，鉱床との位置関係は不明であるが，ヒ素の高含有量分布流域は，鉛に比べると局所的に分布している（土屋ほか，2007）．

このように，地図情報と重金属含有量との関係を情報システムのなかで統合化することにより，ヒ素や重金属類の発生箇所と移行の実態を理解することができる．地圏環境の成り立ちと現状をしっかりと把握することにより，土壌汚染や河川の汚染など環境問題への対応と対策が的確に行える．なお，地圏環境インフォマティクス（GENIUS）は次のサイトから申し込むことができる（http://geoserv.kankyo.tohoku.ac.jp/genius/）．

■ 13.2.2 宮城県土壌の自然由来重金属バックグラウンドマップ

わが国のような火山国においては，比較的高濃度の自然由来のヒ素や重金属類が地層や土壌中に含まれる例がある．人為的な汚染を正確に把握するためには，自然由来のヒ素や重金属類をあらかじめ理解しておく必要があり，宮城県との共同で県内の土壌のヒ素と鉛のバックグラウンドマップを作成した．

宮城県には古生代から現世までの地質時代の岩石が分布している．宮城県内の地域的，また地質時代的な偏りがないように 127 点から土壌を採取し，粒径 2 mm 以下の土壌について環境省告示第 18 号溶出試験（水溶出試験），19 号に定める含有量試験（塩酸溶出試験，以下，可溶分含有量），および蛍光 X 線分析装置による全岩含有量を測定した．

測定の結果，宮城県内のヒ素溶出量は，全般に高く，全体の約 15 % が環境基準の 0.01 mg/l を超過し，鉱山の熱水変質帯を除外すると，第四紀層や北上山地の古生界でバックグラウンド値が高いことがわかった．鉛もヒ素の場合と同様の傾向が認められ，全体の約 15 % が環境基準値の 0.01 mg/l を超過した．一方，カドミウム，水銀は大部分の試料が検出限界以下であり，特に注意すべき試料はなく，また，セレン，ホウ素，フッ素についても分析を行ったが，自然由来土壌のこれら元素の値は十分に低いことが確認された．

ヒ素と鉛については，水溶出量を地図情報システム（GIS）の地質ポリゴンに与えた「溶出バックグラウンドマップ」（図 13.2.3，図 13.2.4）とリスクをスコアとして表した「スコア濃度分布図」（図 13.2.5，図 13.2.6）を作成した．水溶出量は，地

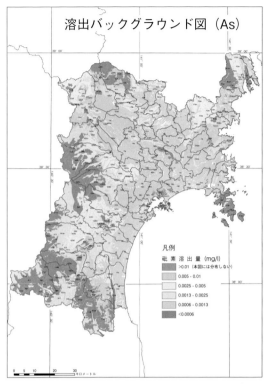

図 13.2.3 宮城県土壌自然由来バックグラウンドマップ（ヒ素溶出量）

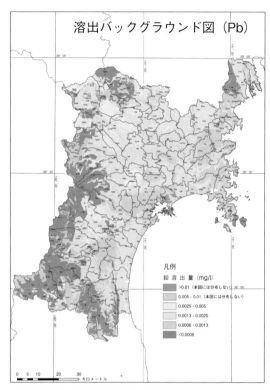

図 13.2.4 宮城県土壌自然由来バックグラウンドマップ（鉛溶出量）

下水への溶出の目安になるなどリスクとしてイメージしやすいが，一方で，溶出量と可溶含有量，全岩含有量との間には明確な相関関係が認められない．たとえば，含有量が低くても水溶出量が高いものもあれば，その逆もある．そのため，水溶出量だけからリスクを判断すると誤った解釈をする可能性があり，またどれか 1 種類の分析だけではその地層のもつリスクを十分に評価することができない．そのため，水溶出量，可溶含有量，全岩含有量の 3 種類の分析を等価なリスクと仮定し，統計的手法を用いてスコア化し，その合計得点を GIS 地質図に与えたもので「スコア濃度分布図」とした．したがって，この図は，自然由来のヒ素や鉛の総合的なリスクを表していると考えることができる．スコアは，15 点が満点で最大リスク，3 点が最低点で最低リスクを表している．

地質－岩相単位の溶出量は，ヒ素，鉛とも，一部試料が突出して高い値を示す場合があるが，それらを除外すればバックグラウンドレベルとしては大部分が環境基準の 0.01 mg/l 以下に収まる．したがって，図 13.2.3，図 13.2.4 に示す溶出バックグラウンドマップでは，環境基準値以上を示す地層単位は宮城県には分布しない．ただし，完新世，第三紀層，基盤岩類（特に古生界）にはバックグラウンドレベル自体が，環境基準値に近い範囲に分散しており，新たな曝露などを行う場合には細心の注意を要する地層がある．また，第三紀層のうち，ヒ素，鉛とも後期中新世（N3）が高溶出を示す．これは，仙台平野などに広く分布する竜の口層の泥岩や砂岩に起因する異常であり，都市基盤整備などに際して留意すべき事項と考える．

このことがさらに明確になるのは「スコア濃度分布図」である．これは先に記したように自然由来のヒ素や鉛に関する総合的なリスクを表している．ヒ素，鉛とも，仙台平野から石巻にかけて，また県北部から石巻にかけて，さらに気仙沼周辺がスコア値が高くなっている．これらの地域の土地利用にあたっては，自然由来のヒ素や鉛のバックグラウンドが他地域に比べて相対的にリスクが高いことを念頭に開発計画を立案する必要がある．

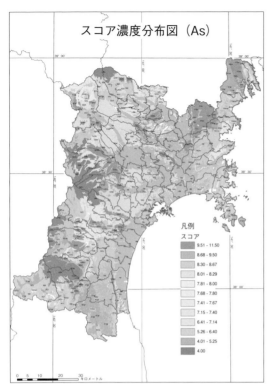

図 13.2.5 宮城県土壌自然由来バックグラウンドマップ（ヒ素スコア濃度）

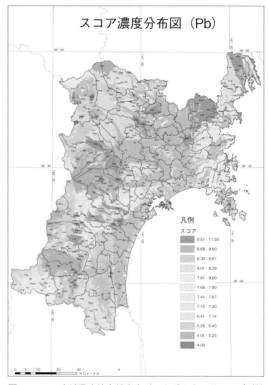

図 13.2.6 宮城県土壌自然由来バックグラウンドマップ（鉛スコア濃度）

なお，バックグラウンドマップは，以下の web サイトからダウンロード可能である．宮城県環境生活部環境対策課ホームページ（http://www.pref.miyagi.jp/kankyo-t/dojo/dojomap.htm）．

■ **13.2.3 仙台平野竜の口層の擬3次元分布とヒ素のリスクマップ**

前述の地圏環境インフォマティクス（GENIUS），宮城県土壌の自然由来重金属バックグラウンドマップ，さらには産総研が刊行している「土壌地質汚染評価基本図～1：50,000 仙台地域～」（産総研，2006），「表層土壌評価図～宮城県地域～」（産総研，2008），および須藤ほか（2010）によっても，仙台市街地の地下に広く分布する竜の口層と呼ばれる新第三紀鮮新世の地層が，ヒ素，鉛，カドミウムなど有害重金属を溶出するリスクが高いことが指摘されている．

3次元地質図は鉱山域など限られたところでは作成されることがあるが，一般には深度方向の地質情報が限られることから，地質図の3次元化は困難な場合が多い．しかしながら，竜の口層については仙台市営地下鉄東西線の経路でもあり，また都市計画道路の建設のためのボーリング試料など，深度方向の地質情報が取得されていることから，これらの情報を統合化して，竜の口層の擬3次元地質図を作成した．深度方向の地質情報が比較的豊富といっても，竜の口層は層厚数十 m でかつ膨縮する地層であり，また深度方向のデータ群は地下鉄や道路トンネルなど限られた所しか得られないことから，竜の口層の上面深度のみを3次元空間上に描画することで空間分布を透視できるようにした．擬3次元地質図と称する所以である．図 13.2.7 には南方方向から見た竜の口層の上面の分布を示す．このほか，ヒ素の含有量（図 13.2.8），水溶出量（図 13.2.9）などのデータも3次元化し，仙台市街域におけるヒ素および重金属類のハイリスク地層の分布を表すことができるようになった．このシステムでは，鳥瞰角度や俯瞰方位などはユーザーが自由に設定でき，また，たとえば5 m 剥土した場合に当該地層が曝露

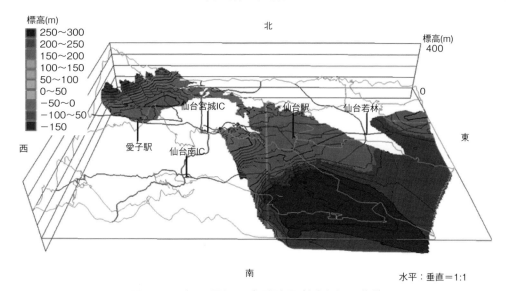

図 13.2.7　竜の口層上面 3 次元標高図（南方上空から俯瞰）

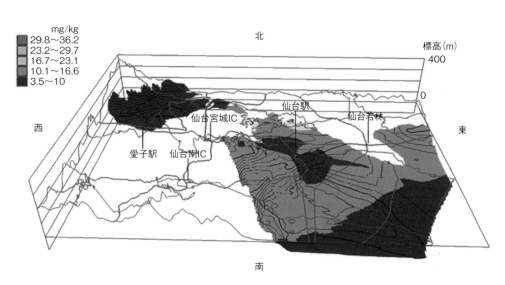

図 13.2.8　竜の口層中の As の全岩含有量空間分布図（南方上空から俯瞰）

する地域を示すことができる．これにより，たとえば，大規模宅地造成や工業団地の造成などの場合，要処理土壌の量や，逆に高リスク岩体を曝露させない領域などの机上シミュレーションが可能となる．他の大都市地域においても，地層の地下情報はある程度蓄積されている．地表のみならず，深度方向の情報も統合化させることにより，土地の造成，トンネルなど社会基盤整備の設計やその際のリスク管理に役立つものと考えられる．

［土屋範芳］

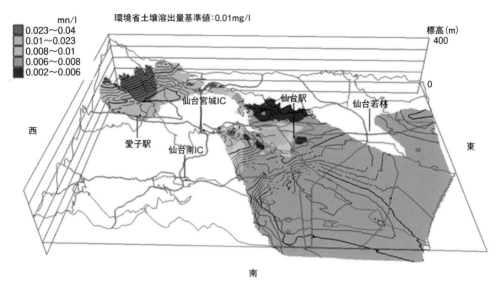

図 13.2.9　竜の口層中の As の水溶出量空間分布図（南方上空から俯瞰）

13.3　河川の水質汚濁

■ 13.3.1　概　要

　清潔な水は，人の健康を維持するうえで欠かせないものであるだけでなく，水質が保全された河川水や地下水といった人を取り巻く水環境全体が，快適な社会生活を営むうえで不可欠なものであるとの考え方が，社会的コンセンサスになりつつある．このような背景から，2003年には，水質汚濁防止法が改正され，それまでの「人の健康の保護」という観点で定められた環境基準に対して，水棲生物や昆虫といった生態系全体を含めた人の生活環境を保全する，すなわち「生活環境の保全に関する環境基準」という新しい考え方が導入され，翌年には，全亜鉛 0.03 mg/l という新たな指針値が設けられた（その後，2010年の法改正に伴って指針値から環境基準値に改定された）．同時に，人の健康の保護に関する環境基準についても改正が行われ，それまでの鉛，ヒ素，カドミウム，クロム，シアン，水銀などに加え，新たにニッケル，モリブデン，アンチモン，マンガンおよびウランが要監視項目として追加された．これら一連の法整備によって，重金属などの有害元素（ヒ素は化学用語としては金属ではないが，本項では重金属などに含めて議論する）は，電子材料や自動車産業などの基幹産業に不可欠の元素であるが，基準値をこえた河川への排出は，人の健康の保護や生態系の保全の観点から厳しく監視されることとなった．

　一方，河川や地下水の重金属汚濁には，工場や鉱山などの人為由来の原因のほかに，火山，温泉および変質帯，あるいはある種の地層などから自然的条件で流出する自然由来汚濁が含まれる．本来，自然由来の重金属汚染土壌に関しては，環境規制の対象外とされ，その濃度自体に環境基準が適用されるわけではないが，近年，それらの実態を十分に把握せずにトンネル工事やダム建設などの事業が行われた結果，一部で環境基準を超過する水質汚濁事例が報告され，計画変更を余儀なくされるケースが発生している．このような事態を受け，2010年に土壌汚染対策法が改正され，自然的，人為的の区別なく，すべての汚染土壌について，土壌含有量や溶出量，あるいは河川や地下水汚濁にかかわる環境基準値が適用されることとなった．

　このような現状に対応するため，東北大学と産業技術総合研究所が中心となって，2006〜7年度の2か年にわたり，新エネルギー・産業技術総合開発機構（以下，NEDO）の委託による「知的基盤創成・

利用促進研究開発事業」として河川汚濁の現況調査や汚濁原因を解明するための基礎的研究開発を行った. これは, 関東・東北地方の全域の河川水の重金属汚濁について, 自然状態で岩石から溶出する量を見積もり, それに, 人為活動により付加される量を加算して, トータルとしての環境への負荷割合を定量的に評価し, 水質汚濁リスク評価基本図として国土の基本情報(知的基盤)として提供することを目的としている. 本項は, その成果を基本として, 最近まで得られた新たな知見を加えて作成したものである.

■ 13.3.2　河川汚濁の現況の解析

水質汚濁の現況を把握するうえで, 河川水中の亜鉛含有量を指針とした. これは, 重金属にかかわる環境基準値のうち, 全亜鉛は, 「生態系の保護」の指針として, 他の重金属類の環境基準値が排出基準(工場などからの排出が許容される限度)のおおむね1/10であるのに対して, 排出基準よりもおよそ2桁低く設定されており, 環境悪化をモニタリングする指標としては最も厳しい基準であること, および, 筆者らの調査を通じて, 少なくとも自然由来の河川汚濁については重金属間の相関があり, 全亜鉛量をモニタリングすることで大部分の重金属汚濁は監視できることが判明したためである.

水質汚濁の現況調査は, 環境省の公表する関東・東北地方の常時監視河川1701地点(環境省, 2005)のうち, 河川水の全亜鉛の値が0.03 mg/lをこえている代表的河川の43地点を選定して現地調査を行った. 調査にあたっては, 汚濁原因が明確な場合(たとえば, 鉱山や工場排水)には, 異常が検出された環境省監視点の上流部と下流部について, また, 自然由来と考えられた場合には, 源流から異常点の下流部までの河川水を系統的に採取し, 水温, 酸性度(pH), 酸化還元電位(ORP), 電気伝導度(EC)などについて現地測定を行い, ボルタンメトリーによる現場簡易分析と分析用水質試料を採取した. 室内分析は5種類の重金属類(As, Cd, Cu, Pb, Zn)についてICP-MS(質量分析計)による精密分析を行うとともに, 水質特性を解明するためのイオンクロマトグラフィによる溶存イオンの分析を行った. さらに, その河川に露出する岩石や岩盤条件の

違いごとに岩石試料を採取し, さまざまな溶出試験や地球科学的解析を行い, 河川汚濁との因果関係を検証した.

これらの現地調査の過程で, 水質汚濁防止法に定める排出基準を遵守しているにもかかわらず, 周辺岩盤からの溶出や, 複数の汚濁源が複合して, 結果として環境基準を超過する河川監視点が多数存在することが判明した. とりわけ都市部において, 複合汚濁の傾向が顕著に認められたため, 東北地方の県庁所在地6都市(青森, 秋田, 盛岡, 山形, 仙台, 福島)と水質汚濁が問題となっている関東地方の人口密集地2地域(千葉県姉ヶ崎市周辺, 群馬県高崎市周辺)を独自に選定して, それらの都市圏に流入する水域全体について, 系統的な調査を行った.

解析にあたっては, 河川水の化学ポテンシャルや重金属含有量の急激な変動から異常源を特定する手法(以下, 流域変動曲線と呼ぶ)や地質体からの溶出と人為的付加の割合を定量的に評価する手法(以下, マスバランス計算と称する)を開発して, 汚濁原因を特定するとともに, 公表されているPRTRデータ(有害化学物質の排出移動に関る届け出制度)に基づいて個々の発生源の負荷割合につき, 定量的解析を行った. また原因不明の複合汚濁と考えられる場合には, 重金属異常に伴う溶存イオンバランスの要因分析を判別するダイアグラムを開発し(以下, 寄与率判定図と称する), 複合汚濁の要因を判別するとともに, おのおの要因ごとの汚濁寄与率を判定した.

これらを関東・東北地方の全河川について行い, 自然由来と人為由来の汚濁を区分したうえで, 環境省の公表する常時監視点のデータと独自調査のデータを統合して, 重金属濃度分布を積算し, それを平均水量で除した値が環境基準に対してどの程度の余裕があるかを定量的に表した現況図を作成した(以下, 河川の許容負荷量図と称する).

これと並行して, 将来の自然災害による河川汚濁が発生した場合や原因不明の重金属異常が検出された場合に, その原因を迅速に解明するため, 関東東北地方全域について, 重金属排出源にかかわるデータベースの整備を行った. データベースは, 岩石の重金属含有量(岩石主成分と重金属含有量)と公定法による重金属溶出量, 鉱山と鉱徴地(金属, 非金属に区分, 排水量, 属性など)の正確な位置, 変質

帯（熱水変質帯），温泉（位置と属性）の分布およびPRTRに該当する施設についてとりまとめた．

以上のすべてのデータや情報について，許容負荷量図をプラットフォームとして，地理情報システム（ArcGIS ver.9.2）上に統合した．これをリスク評価基本図と称する．

■ 13.3.3 解析手法と具体的事例

各解析手法の詳細と具体的な事例をのべる．

a. 重金属変動曲線

環境省常時監視河川の監視点において，環境基準を超過する重金属異常が検出され，その異常源と思われる施設・設備が推定できる場合に適用した．推定異常源を含む水系の最源流から，一定の間隔をおいて河川水の分析を行い，推定異常点を経て，異常が存在しなくなる地点までの河川水分析値について，源流からの距離を横軸とし，pHや重金属濃度を縦軸として表現する．この図において，重金属濃度が推定異常源の施設・設備で急上昇し，その後，減衰する場合には，異常原因がほぼ特定されたと考えられる．この場合，異常源が工場や産業廃棄物処分場などの明らかな人為由来であり，PRTRデータなどが公表されている場合には，その異常源に応じた特定の元素のみが変動するため，確度の高い判定を下すことができる．代表例を図13.3.1に示す．

一方，自然由来の場合には，鉛と亜鉛，カドミウムと亜鉛，銅とヒ素など，その地域の地質学的な特性に応じた重金属間の相関があり，かなりの確度で推定できるものの，非常に多くの汚濁源が複合しているため，主たる汚濁源を特定することは，それほど簡単ではない．このようなケースでは，次のマスバランス計算が必要となる．

b. マスバランス計算

異常源と推定される施設・設備のほかに，広範囲な自然由来の異常が推定される場合，たとえば，排水処理を行っている鉱山があり，その周辺に重金属を含む変質帯が広く分布する場合などに有効な指標である．ただし，初期値として用いた環境省公表値では，特定異常点以外のヒ素，カドミウム，鉛値については，その多くが測定限界以下（nd.），あるいは単に検出されず，とされている場合が大部分であり，正確なマスバランス計算は不可能であった．しかし，先に述べたように，自然由来源の汚濁の場合には重金属元素間の相関が顕著なため，実務上は，亜鉛の河川水分析値による計算を行うことで異常原因を特定することができた．

具体的には，異常源と考えられる施設・設備の排水量や亜鉛排出量を，前述した鉱山排水量データベースやPRTRデータベースから決定し，異常源を含む水系の年間平均流水量（国土開発調査会，2002；日本河川協会，2002）を流域面積で除した値を単位面積流量とし，任意の流界ポリゴンの地質区分を100万分の1デジタル地質図（産業技術総合研究所，2003）から求め，溶出試験の値を加重平均して初期計算値とし，それと実測値とを対比した．異常源の存在しない最上流や支流の実測値が初期計算値より小さい場合には，実測値が平衡に達していないと仮定して，係数（平衡度）を掛け，実測値が大きい場合には，未知汚濁源を仮定して，実測点ごとに補正して下流のポリゴンに連結した．これらの仮定が無理なく行われ，計算値と実測値がオーダー単

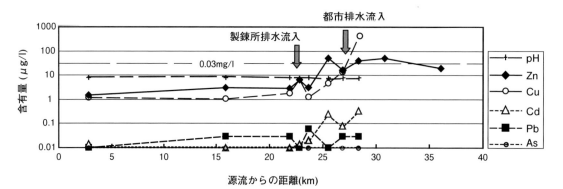

図 13.3.1 流域変動曲線．亜鉛製錬所と都市汚染の複合汚濁の事例

13.3 河川の水質汚濁

Y川年平均流量	流域面積(km²)	平均流量(m³/sec)	(m³/min)	単位面積流量(t/min)
	2109	52.22	3133.2	1.485633

K川本流

ポリゴンNo.	流域面積	流域水量(ton/min)	累積流量(ton/min)	地質溶出量(g/ton)	区域含有量(g/min)	累積含有量(g/min)	計算値(ppb)	実測値(ppb)
101	2.386	3.5	3.5	0.005	0.018	0.018	5.2	
103	1.700	2.5	6.1	0.004	0.009	0.028	4.5	
測点1			6.1			0.028	4.5	4.0
102	2.693	4.0	10.1	0.003	0.010	0.038	3.8	
103(2)	0.230	0.3	10.4	0.004	0.001	0.039	3.8	
104	1.304	1.9	12.4	0.007	0.014	0.053	4.3	
105	6.244	9.3	21.6	0.013	0.121	0.174	8.0	
F鉱山排水		016	21.8	0110	0.018	0.191	8.8	
202	9.516	14.1	35.9	0.003	0.037	0.228	6.3	
A鉱山排水		19	37.8	0.240	0.446	0.674	17.9	
測点2			37.8			0.674	17.9	33.0
301	9.600	14.3	52.0	0.013	0.180	0.854	16.4	
支流①流入	29.000	43.1	95.1	0.008	0.362	1.216	12.8	
K鉱山へ引水		-170	78.1		0.000	1.216	15.6	
401	7.810	11.6	89.7	0.014	0.162	1.378	15.4	
501	23.020	34.2	123.9	0.009	0.321	1.700	13.7	
106	3.520	5.2	129.2	0.002	0.010	1.710	13.2	
測点3			129.2			1.710	13.2	12.0
302	4.740	7.0	136.2	0.003	0.020	1.730	12.7	
602	7.600	11.3	147.5	0.005	0.059	1.789	12.1	
303	2.950	4.4	151.9	0.011	0.050	1.839	12.1	
107	2.410	3.6	155.5	0.020	0.073	1.912	12.3	
農業用水引水		-500	105.5		0.000	1.912	18.1	
測点4			105.5		0.000	1.912	18.1	21.0
K鉱山排水		210	126.5	0.250	5.250	7.162	56.6	
304	2.500	3.7	130.2	0.028	0.103	7.264	55.8	
108	3.080	4.6	134.7	0.031	0.143	7.407	55.0	
支流流入	24.250	36.0	170.8	0.018	0.648	8.056	47.2	
農業用水復水		500	220.8	0.005	0.250	8.306	37.6	
測点5			220.8			8.306	37.6	41.0
306	4.100	6.1	226.9	0.021	0.128	8.434	37.2	
支流②流入	32.550	48.4	275.2	0.012	0.571	9.004	32.7	
109	1.310	1.9	277.2	0.031	0.061	9.065	32.7	
測点6			277.2			9.065	32.7	41.0

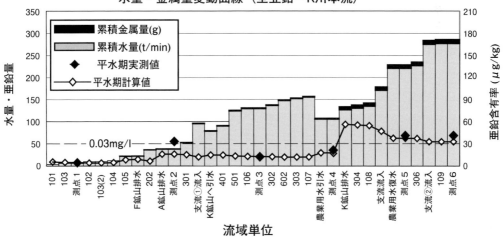

図 13.3.2 マスバランス計算の事例
上段計算表の地質溶出量は，公定法の0.2を平衡度として与えた．下段グラフ下底の3桁の数値はポリゴン名称．

位で合致する場合には，異常原因は100%解明されたものと判断した．具体例を図13.3.2に示す．

c. 寄与率判定図

本研究で行った多数の河川水の溶存イオン分析値から，主成分イオンの統計処理を行い，陰イオンと陽イオンを，岩石溶存因子（R），火山・温泉・鉱化・変質因子（W），生活環境因子（A）に分配し，三角ダイアグラム上に表現した．ここで，各因子を構成する元素の種類やその重みづけについての詳細は割愛するが，岩石が崩壊して河川水に放出される陽イオン群を（R），鉱脈や変質帯を形成した熱水成分を（W），人の生活環境により増加する窒素酸化物の総和を（A）と置くことにより，有効な指針を確立することができた．判定図の一例を図13.3.3に示す．この図において，異常原因により，ある特定方向にシフトした実測値（A'）と，異常が検出された地域の標準変動曲線，すなわち，人為的添加がない場合の河川の平均汚濁傾向曲線上の位置（A）との差を求めることにより，異常原因の寄与率解析を行った．

d. 許容負荷量図

GISの手法を用いて，以下の手順により許容負荷量を求めた．

① 関東・東北地方の全河川について，流域界非集水域データ（国土交通省，1978）を用いて平均10 km^{2}程度の流界ポリゴンを作成し，100万分の1デジタル地質図（産業技術総合研究所，2003）とGIS上で統合して，およそ3万単位の地質-流界ポリゴンに細分した．

② 関東山地，関東平野，北上・阿武隈山地およびグリーンタフ地域の4つの地質構造単元ごとに平均した時階別地質単元別溶出量と，年平均降水量から求めた流水量とを乗じて，細分化した地質-流界ポリゴン単位の重金属総量を求め，これを積算しておおむね10 km^{2}単位の流界ポリゴン単位の金属量とし，国交省の公表する流量データベース（国交省，2008a）から計算した流域-流界単位の流水量で除して，当該ポリゴンの初期計算値とし，その金属量を下流側ポリゴンに累積して，同様の計算を行い，すべての流界ポリゴンを連結した．

③ 大都市圏については本研究で行った分析値，その他の地域については，環境省が定期的に行っている常時観測点データなどの既存実測値と初期計算値との照合を行い，重金属が過剰，すなわち，実測値が大きい場合には，後述する汚濁要因解析ダイアグラムにより，重金属異常をもたらした主たる要因

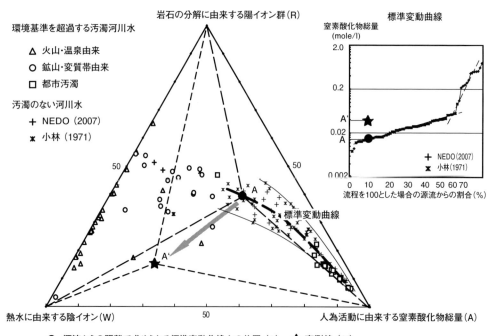

図 **13.3.3** 寄与率解析図

13.3 河川の水質汚濁

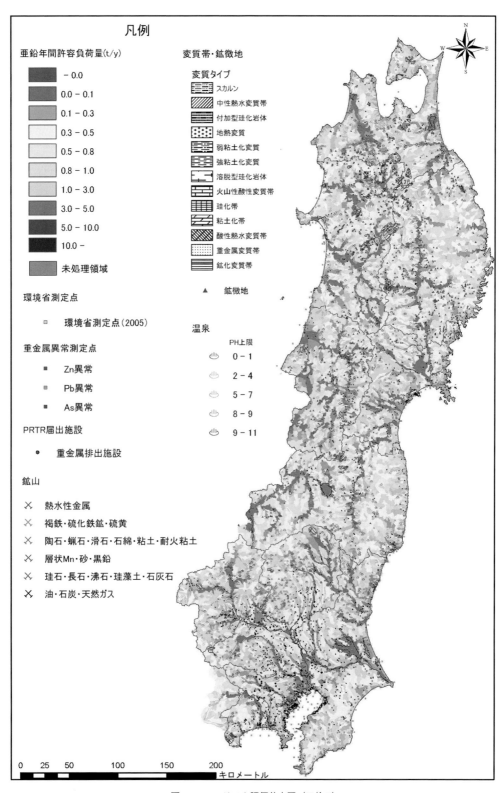

図 13.3.4 リスク評価基本図（口絵 7）

を判定し，データベースから排出源を特定（たとえば，鉱山周辺変質帯やデータのない鉱山廃石など）して再計算を行い，バックグラウンド分と添加分とに配分した．逆に，計算値の方が大きい場合には，流域のどこかで沈殿プロセスがはたらいたものと仮定して，計算値を実測値にあわせ，下流部のポリゴンに連結させた．この手順を河口まで連続的に繰り返した．

④　ここで，市町村単位の利水情報が公表されている（たとえば，主要水系調査，国土交通省，2008b）場合には，平均流量から利水量（取水点と取水量）を減じ（排水している場合には排水点と排水量を与えて），重金属（分子）を希釈する流量（分母）を変動させる補正を行った．ただし，主要水系調査は現在更新中であり，公開されているデータのほとんどは20〜30年以上前のものである．本許容負荷量図は，エンドユーザーがハンドリングすることを前提に設計されており，詳細な利水現況は，エンドユーザーが更新するものとして，ここでは基本設計のみ行った．

以上により計算された重金属濃度と環境基準値の差を「許容負荷率」と呼び，それに流量を乗じたものを「許容負荷量」と称する．

■ 13.3.4　リスク評価基本図

許容負荷量図を活用した正確なリスク管理を行うためには，自然状態で含まれる重金属量，すなわちバックグラウンドレベルを正確に捕捉し，それを超過している重金属量の排出源の特定と定量化が不可欠である．すなわち，上述したマスバランス計算をすべての流域ポリゴンに対して行うことが必要となる．しかし，PRTRで公表されている排出施設は，一定規模以上に限定され，圧倒的多数を占める小規模排出源は，個人情報保護の観点や風評被害に対する危惧から，地方自治体が捕捉しているデータを含めて公表を拒まれるケースが多い．また，実際問題として，自然由来の変質帯や火山などから加算される金属量を定量的に捕捉することはきわめて困難である．そこで，計算で得られる許容負荷量図を初期値とし，データベースに収録されている鉱山，温泉，変質帯，PRTRによる排出源からの寄与を，すべて重ね合わせ，それを背景図として，環境基準値

を超過している測定点（あるいはその流域）を明示することで，真のリスク評価図に代わるものとして，リスク評価基本図とした．これを図13.3.4に示す．

■ 13.3.5　リスク評価の手法

河川の許容負荷量図は，それ自体，リスク評価に用いることができる．すなわち，限界まで重金属に飽和した（許容負荷量の小さい）河川については，新たな負荷の発生が予想される産業の立地は困難であるとか，どの程度の排出規模までなら立地が可能であるとか，環境保全と産業立地とのバランスを考慮した環境管理が可能となる．これは，従来の排出基準による個別排出源の管理とは異なり，自然由来のバックグラウンドを含めたトータルとしての排出量を正確に捕捉したうえで，その河川がもつ自然浄化能力との調和を図りつつ，各種の社会基盤整備の策定など，多方面に応用可能である．

また，リスク評価基本図と寄与率解析ダイアグラムを併用して，自然災害などにより新たな水質汚濁が発生した場合に，その汚濁原因を特定し，搭載されているデータベースと照合することで，地すべりの発生であるとか，鉱山やその周辺の汚染水であるとかといった河川汚濁の主たる原因と位置が判定でき，迅速な対応が可能となる．本リスク評価基本図は市販の表計算ソフトに対応しているため，上記の自然災害などによる新たな河川汚濁が発生した場合には，迅速な汚濁波及シミュレーションが可能となる．たとえば，地震に伴う大規模地すべりや火山噴火に伴って新たな水質汚濁が観測された場合に，リスク評価基本図のデータ入力フォーマットに新たな分析値を入力することで，その点より下流域にあるすべてのポリゴンが再計算され，環境基準を超過するおそれのある地点や範囲を瞬時に捕捉することができる．また，基本設計としては，流速や流量を与えれば，汚濁波及のリアルタイムシミュレーションを行うことも可能であり，一般に重金属バックグラウンド値の高い東北地方での河川の水質汚濁を総合的に管理し，環境の保全を図ることができる．

［山田亮一・吉田武義・丸茂克美・
布原啓史・池田浩二］

引用文献

阿部　壽・菅野喜貞・千釜　章，1990，仙台平野における貞観11年（869年）三陸津波の痕跡高の推定．地震第2輯，**43**，513-525.

Abe, K., 1977, Tectonic implications of large Shioya-oki earthquakes of 1938. *Tectonophysics*, **41**, 269-289.

阿部真郎，1966，東北地方の新第三紀・泥岩層における褶曲及び断層構造の成因と地すべりとの関連性．日本地すべり学会誌，**33**，20-28.

阿部真郎・森屋　洋・小松順一，2004，秋田県・鳥田目断層と地すべり．日本地すべり学会誌，**41**，77-84.

阿部真郎・佐藤一幸・高橋明久・檜垣大助，2002，東北地方における第四紀火山周辺の地すべりの発達―山形県肘折カルデラ周辺を例として―．日本地すべり学会誌，**38**，310-317.

阿部智彦，1973，東北地方の深成岩類の化学成分，1. 北部北上山地日神子深成岩体．地質調査所月報，**24**，91-97.

阿部智彦・石原舜三，1985，福島県川川浦産トーナル岩の化学的性質．地質調査所月報，**36**，167-171.

阿部智彦・片田正人，1974，東北地方の深成岩類の化学成分―2 金華山の花崗岩類と変成岩類―．地質調査所月報，**25**，517-523.

阿部大志・高見智之・川村晃寛，2008，岩盤崩落面の3次元モニタリングによる経年変化調査．平成20年度日本応用地質学会研究発表会講演論文集 CD-ROM，12.

阿部大志・高見智之・川村晃寛・林　直宏，2009，トンネル坑口上方のまさ土斜面の崩壊による土砂流動災害の事例．日本応用地質学会，**49**，331-337.

阿部大志・高見智之・東海林明憲・野田牧人・近藤敏光，2007，融雪による岩盤破壊の発生機構の一考察．日本地すべり学会誌，**43**，62-69.

Acocella, V., Yoshida, T., Yamada, R. and Funiciello, F., 2008, Structural control on late Miocene to Quaternary volcanism in the NE Honshu arc, Japan. *Tectonics*, **27**, TC5008, doi:10.1029/2008TC002296.

足立久男，1977，山形吉野地域のグリーン・タフ―特に西黒沢期の不整合問題について―．地質学雑誌，**83**，411-424.

Adachi, M., Suzuki, K., Yogo, S. and Yoshida, S., 1994, The Okuhinotsuchi granitic mass in the South Kitakami terrane: pre-Silurian basement or Permian intrusives. *Jour. Mineral. Petrol. Econ. Geol.*, **89**, 21-26.

相場淳一，1977，裏日本における主要油田・ガス田の成立条件．藤岡一男教授退官記念論文集，9-37.

相場惇一・円谷博明，1981，三陸沖～千葉沖にみられる第三紀以後の不整合について．海洋科学，**13**，168-171.

相田吉昭・的場保望，1988，青森県鰺ヶ沢・五所川原地域および下北半島の新第三系放散虫化石．飯島東編，新第三紀珪質岩の総合研究（総合研究A 昭和62年度研究成果報告書），63-80.

相田吉昭・的場保望・高安泰助，1985，秋田油田における女川層層準の岩相変移．石油技術協会誌，**50**，266.

相田　優・竹谷陽二郎，2001，福島県内に分布する海成新第三系の微化石調査資料．福島県立博物館学術調査報告書，**36**，53p.

相田　優・竹谷陽二郎・丸山俊明・田中裕一郎・小笠原憲四郎，1999，山形県真室川町における新第三紀鯨類化石産出層の微化石年代．山形県真室川町産鯨類化石調査報告書，山形県立博物館，69-105.

相田　優・竹谷陽二郎・岡田尚武・長谷川四郎・丸山俊明・根本直樹，1998，会津地域における中新統の微化石層序と古海洋環境．福島県立博物館紀要，no.13，1-119.

Aizawa, K., Acocella, V. and Yoshida, T., 2006, How the development of magma chambers affects collapse calderas: insights from an overview. *Geol. Soc., London, Spec. Publ.*, **269**, 65-81.

相澤幸治・吉田武義，2000，ラコリス状マグマ溜り―陥没カルデラと花崗岩体の接点―．月刊地球，**22**，387-393.

Aki, K., 1979, Characterization of barriers on an earthquake fault. *Jour. Geophys. Res.*, **84**, 6140-6148.

秋葉文雄，1985，亀ノ尾層（下部中新統）の珪藻化石群集：いわゆる *Kisseleviella carina* Zone と *Thalassiosira fraga* Zone の再検討，日本珪藻学会第6回大会講演要旨，18.

Akiba, F., 1986, Middle Miocene to Quaternary diatom biostratigraphy in the Nankai Trough and Japan Trench, and modified Lower Miocene Quaternary diatom zones for middle-to-high latitudes of the North Pacific. *Initial Rep. Deep Sea Drilling Proj.*, **87**, 393-480.

秋葉文雄・平松　力，1988，青森県鰺ヶ沢，五所川原および下北地域の新第三系珪藻化石層序．飯島東編，新第三紀珪質岩の総合研究（総合研究A 昭和62年度研究成果報告書），35-51.

秋葉文雄・柳沢幸夫・石井武政，1982，宮城県松島周辺に分布する新第三系の珪藻化石層序．地質調査所月報，**33**，215-239.

秋田県地下資源開発促進協議会，2005，秋田県鉱山誌，秋田県鉱業会，708p.

Allan, J. F. and Gorton, M. P., 1992, Geochemistry of igneous rocks from Legs 127 and 128, Sea of Japan. *Proc. ODP Sci. Results*, **127/128**, 905-929.

Allègre, C. J., and Minster, J. F., 1978, Quantitative models of trace element behavior in magmatic processes. *Earth Planet. Sci. Lett.*, **38**, 1-25.

Allègre, C. J., Hamelin, B., Provost, A. and Dupré, B.,1987, Topology in isotopic multispace and origin of the mantle chemical heterogeneities. *Earth Planet. Sci. Lett.*, **81**, 319-337.

天野一男，1980，奥羽脊梁山脈宮城・山形県境地域の地質学的研究．東北大学理学部地質学古生物学教室研究邦文報告，**81**，1-56.

天野一男，1986，多重衝突帯としての南部フォッサマグナ．月刊地球，**8**，581-585.

天野一男，1991，棚倉断層に沿って発達する横ずれ堆積盆．構造地質，no.36，77-82.

Amano, K., 1991, Multiple collision tectonics of the South Fossa Magna in central Japan. *Modern Geol.*, **15**, 315-329.

天野一男・越谷　信・高橋治之・野田浩司・八木下晃司，1989，棚倉破砕帯の構造運動と堆積作用．日本地質学会第96年学術大会見学旅行案内書，55-86.

天野一男・佐藤比呂志, 1989, 東北本州弧中部地域の新生代テクトニクス. 地質学論集, no.32, 81-96.

天野和孝, 2001, 日本海側における鮮新世の軟体動物群と古海況. 生物科学, **53**, 178-184.

天野和孝, 2007, 大桑一万願寺動物群とその変遷過程. 化石, no.82, 6-12.

天野和孝・佐藤時幸・小池高司, 2000, 日本海中部沿岸域における鮮新世中期の古海況—新潟県新発田市の鍬江層産軟体動物群—. 地質学雑誌, **106**, 883-894.

Anderson, E. M., 1936, The dynamics of the formation of cone sheets, ring dikes, and cauldron subsidence. *Proc. Royal Soc. Edinburgh*, **56**, 128-157.

Anderson, E. M., 1951, *Dynamics of Faulting and Dyke Formation. 2nd ed.*, Oliver and Boyd, 206p.

安藤寿男, 1982, 南部北上山地の上部三畳系皿貝層群について. 日本地質学会第88年学術大会講演要旨, 201.

Aono, H., 1985, Geologic structure of the Ashio and Yamizo Mountains with special reference to its tectonic evolution. *Sci. Rep., Inst. Geosci., Univ. Tsukuba*, Sec. B, **6**, 21-57.

安藤寿男, 1986, 宮城県歌津地域の上部三畳系皿貝層群について. 早稲田大学教育学部紀要, **35**, 35-49.

Ando, H., 1987, Paleobiological study of the Late Triassic bivalve *Monotis* from Japan. *Univ. Mus., Univ. Tokyo, Bull.*, 30, 1-109.

Ando, H., 1997, Apparent stacking patterns of depositional sequences in the Upper Cretaceous shallow-marine to fluvial successions, Northeast Japan. *Mem. Geol. Soc. Japan*, no.48, 43-59.

安藤寿男, 2002, 茨城県北部～福島県南部太平洋岸地域における常磐堆積盆の地質学的研究—文献リストと研究概観—. 茨城県自然博物館研究報告, **5**, 81-97.

Ando, H., 2003, Stratigraphic correlation of Upper Cretaceous to Paleocene forearc basin sediments in Northeast Japan: cyclic sedimentation and basin evolution. *Jour. Asian Earth Sci.*, **21**, 921-935.

安藤寿男, 2005, 東北日本の白亜系-古第三系蝦夷前弧堆積盆の地質学的位置づけと層序対比. 石油技術協会誌, **70**, 24-36.

安藤寿男, 2006, 関東平野東端の太平洋岸に分布する銚子層群・那珂湊層群・大洗層の地質学的位置付け. 地質学雑誌, **112**, 84-97.

安藤寿男・栗原憲一・高橋賢一, 2007, 蝦夷前弧堆積盆の海陸断面堆積相変化と海洋無酸素事変層準：夕張～三笠. 地質学雑誌, **113**(補遺), 185-203.

安藤寿男・勢司理生・大島光春・松丸哲也, 1995, 上部白亜系双葉層群の河川成～浅海成堆積システム—堆積相と堆積シーケンス—. 地学雑誌, **104**, 284-303.

Ando, H. and Tomosugi, T., 2005, Unconformity between the Upper Maastrichtian and Upper Paleocene in the Hakobuchi Formation, north Hokkaido, Japan: A major time gap within the Yezo forearc basin sediments. *Cretaceous Research*, **26**, 85-95.

安藤寿男・友杉貴茂・金久保勉, 2001, 北海道中頓別地域における上部白亜系～暁新統函淵層群の岩相層序と大型化石. 地質学雑誌, **107**, 142-162.

Ando, R. and Imanishi, K., 2011, Possibility of Mw9.0 mainshock triggered by diffusional propagation of after-slip from Mw7.3 foreshock. *Earth Planets Space*, **63**, 767-771.

安藤 勧・志村俊昭, 2000, 朝日山地周辺に分布する火成岩類の活動ステージ区分と地球化学. 日本地質学会第107年学術大会講演要旨, 157.

安藤 武・大久保太治・橋本尚幸, 1972, 福島県会津地方における第三紀層地すべりの地質特性. 地質調査所月報, **23**, 85-119.

Andrews, D. J. and Sleep, N. H., 1974, Numerical modelling of tectonic flow behind island arcs. *Geophys. J. R. Astr. Soc.*, **38**, 237-251.

安斎憲夫・板谷徹丸, 1990, 岩手県川尻地域中期中新世火山岩類のK-Ar年代と岩石学的特徴. 日本地質学会第97年学術大会講演要旨, 408.

Aoki, K., 1971, Petrology of mafic inclusions from Itinome-gata, Japan. *Contrib. Mineral. Petrol.*, **30**, 314-331.

青木謙一郎, 1978, かんらん岩の安定領域と上部マントルの岩石学的構造. 久城育夫・荒牧重雄編, 地球の物質科学II—火成岩とその生成—, 岩波書店, 63-79.

青木謙一郎, 1989, 岩手火山. 荒牧重雄・白尾元理・長岡正利編, 空から見る日本の火山, 丸善, 62-65.

Aoki, K., Ishikawa, K. and Kanisawa, S., 1981, Fluorine geochemistry of basaltic rocks from continental and oceanic regions and petrogenetic application. *Contrib. Mineral. Petrol.*, **76**, 53-59.

Aoki, K. and Shiba, I., 1973, Pyroxenes from lherzolite inclusions of Itinome-gata, Japan. *Lithos*, **6**, 41-51.

青木謙一郎・吉田武義, 1986, 秋田県一の目潟の火山岩と地殻下部由来捕獲岩の微量成分. 東北大学核理研研究報告, **19**, 279-287.

Aoki, Y. and Scholz, C. H., 2003, Vertical deformation of the Japanese islands, 1996-1999. *Jour. Geophys. Res.*, **108**, 2257, doi:10. 1029/2002JB002129.

青森県, 1985, 地盤沈下の現況と対策. 環境白書, 昭和59年版, 99-109.

荒井章司, 1980, 島弧リソスフェアの岩石学. 月刊地球, **2**, 822-828.

荒川武久・岡島靖司・水上啓司・宮脇理一郎・青木道範・小林淳, 2008, 下北半島, 恐山火山の火山活動史：マグマ噴出率, 噴火様式等の長期的変化. 日本火山学会講演予稿集, 2008年度秋季大会, 16.

荒木英夫, 1980, 宮城県気仙沼市より軟骨魚類ヘリコプリオン属化石の発見. 地質学雑誌, **86**, 135-137.

Aramaki, S. and Ui, T., 1982, Japan. In Thorpe, R. S., ed., Andesites, John Wiley & Sons, 259-292.

Aramaki, S. and Ui, T., 1983, Alkali mapping of the Japanese Quaternary volcanic rocks. *Jour. Volcanol. Geotherm. Res.*, **18**, 549-560.

Arculus, R. J. and Johnson, R. W., 1981, Island-arc magma sources: a geochemical assessment of the role of slab-derived components and crustal contamination. *Geochem. Jour.*, **15**, 109-133.

Arkell, W. J., 1956, Chapter 16. Japan and Korea. Jurassic Geology of the World, Oliver abd Boys Ltd., London, 418-430.

Arndt, N. T., 2013, Formation and evolution of the continental crust. *Geochem. Perspect.*, **2**, 1-533.

Arthur, M. A., von Huene, R. and Adelseck, C. G., 1980, Sedimentary evolution of the Japan fore-arc region off northern Honshu, Legs 56 and 57, Deep Sea Drilling Project. *Initial Rep. Deep Sea Drilling Proj.*, **56/57**, Part 1, Washington, D. C., U. S. Goverment Printing Office, 521-612.

朝日団体研究グループ, 1987, 朝日山地の地質—その1. 岩石

記載と貫入関係―. 地球科学, **41**, 253-280.

朝日団体研究グループ, 1995, 朝日山地南西部の地質―その2. 地質構造―. 地球科学, **49**, 227-247.

浅川敬公・丸山孝彦・山元正継, 1999, 南部北上帯, 氷上花こう岩体の Rb-Sr 全岩アイソクロン年代. 地質学論集, no. 53, 221-234.

Asama, K., 1956, Permian plants from Maiya in northern Honshu, Japan (Preliminary note). *Proc. Japan Acad.*, **32**, 469-471.

Asama, K., 1967, Permian plants from Maiya, Japan 1. *Cathaysiopteris* and *Psygmophyllum. Bull. Nat. Sci. Mus.*, **13**, 291-317.

Asama, K., 1974, Permian plants from Takakurayama, Japan. *Bull. Nat. Sci. Mus.*, **17**, 239-248.

浅間一男, 1988, 東北日本の二畳紀植物群より推定される古地理上の諸問題. 地球科学, **42**, 202-211.

Asama, K. and Murata, M., 1974, Permian plants from Setamai, Japan. *Bull. Nat. Sci. Mus.*, **17**, 251-256.

浅野 清, 1949, 岩手県種市町付近の "白亜系" の化石. 有孔虫, no. 10, 12.

Asano, Y., Saito, T., Ito, Y., Shiomi, K., Hirose, H., Matsumoto, T., Aoi, S., Hori, S. and Sekiguchi, S., 2011, Spatial distribution and focal mechanisms of aftershocks of the 2011 off the Pacific Coast of Tohoku Earthquake. *Earth Planets Space*, **63**, 669-673.

芦寿一郎・川村喜一郎・木下正高, 2009, 南海付加体の海底観察・観測. 木村 学・木下正高編, 付加体と巨大地震発生帯, 65-122, 東京大学出版会, 281p.

Atwater, B. F., Stuiver, M. and Yamaguchi, D. K., 1991, Radiocarbon test of earthquake magnitude at the Cascadia subduction zone. *Nature*, **353**, 156-158.

淡路動太・山本大介・高木秀雄, 2006, 棚倉破砕帯の脆性領域における運動履歴. 地質学雑誌, **112**, 222-240.

粟田泰夫, 1988, 東北日本弧中部内帯の短縮変動と太平洋プレートの運動. 月刊地球, **10**, 587-591.

Awata, Y. and Kakimi, T., 1985, Quaternary tectonics and damaging earthquakes in northeast Honshu, Japan. *Earthquake Prediction Res.*, **3**, 231-251.

Aydin, A. and Nur, A., 1982, Evolution of pull-apart basins and their scale independence. *Tectonics*, **1**, 91-105.

Baba, A. K., Matsuda, T., Itaya, T., Wada, Y., Hori, N., Yokoyama, M., Eto, N., Kamei, R., Zaman H., Kidane, T and Otofuji, Y., 2007, New age constraints on counter-clockwise rotation of NE Japan. *Geophys. Jour. Intern.*, **171**, 1325-1341.

馬場 敬, 1999, 大和海盆の地質構造―日本海から見た東日本の地質構造と構造形成. 月刊地球, 号外**27**, 100-106.

馬場 敬, 2017, 海洋地質. 日本地質学会編, 日本地方地質誌2 東北地方, 朝倉書店, 427-478.

馬場 敬・伊藤雅之・大口健志・岡本金一・後藤 求・佐藤尚文, 1979, 秋田県大平山南縁部からの *Operculina* の発見及びその意義. 日本地質学会支部会報, **9**, 16-17.

馬場 敬・越川憲一・金子光好・佐藤時幸・大口健志・田口一雄, 1991, 新庄盆地北縁部及位地域のグリーン・タフ層序に関する新知見. 石油技術協会誌, **56**, 135-147.

馬場 敬・峯崎智成・佐藤時幸, 1994a, 海水準変動に起因した海底扇状地の発達様式―新潟県北蒲原郡, 中蒲原郡, 西蒲原郡及び阿賀沖海域の椎谷期を例として―（その1）. 石油技術協会誌, **59**, 43-53.

馬場 敬・峯崎智成・佐藤時幸, 1994b, 海水準変動に起因し

た海底扇状地の発達様式―新潟県北蒲原郡, 中蒲原郡, 西蒲原郡および阿賀沖海域の椎谷期を例として―（その2）. 石油技術協会誌, **59**, 227-236.

馬場 敬・佐藤大地, 2013, 平成23年度基礎物理探査「佐渡沖北西2D」のデータ解釈結果. 平成24年度石油開発技術本部年報, 独立行政法人石油・天然ガス金属鉱物資源機構, 45-46.

馬場 敬・八木正彦, 2007, 東北日本の背弧リフト火成作用とテクトニクス（その1）―堆積盆の地質構造と構造発達史. 日本地球惑星科学連合学術大会予稿集（CD-ROM）, G119-P005.

馬場 敬・山田泰生・南館 有・内田 隆, 1995, 下部寺泊階海底扇状地成堆積物の堆積相と二次孔隙. 石油資源開発株式会社技術研究所研究報告, **11**, 15-33.

伴 雅雄・林信太郎・高岡宣雄, 2002, 東北日本弧, 鳥海火山のK-Ar年代：連続的に活動した3個の成層火山. 火山, **46**(6), 317-333.

Ban, M., Hirotani, S., Wako, A., Suga, T., Iai, Y., Kagashima, S., Shuto, K. and Kagami, H., 2007, Origin of felsic magmas of some large-caldera-related stratovolcano in the central part of NE Japan - Petrogenesis of the Takamatsu volcano. *Jour. Volcanol. Geotherm. Res.*, **167**, 100-118.

Ban, M., Iai, Y., Hirotani, S., Shuto, K. and Kagami, H., 2009, Temporal Change of Magma Feeding System beneath the Gassan Volcano, NE Japan. *Goldschmidt Conference Abstracts*, A83.

伴 雅雄・中川光弘・佐々木実・三浦光太郎, 2010, 岩木山の噴火履歴とマグマ発達過程の解明に関する研究. 「地震及び火山噴火予知のための観測研究計画」平成21年度成果報告, 2905.

伴 雅雄・中川光弘・佐々木実, 2011, 岩木山の噴火履歴とマグマ発達過程の解明に関する研究. 「地震及び火山噴火予知のための観測研究計画」平成22年度成果報告, 2905.

伴 雅雄・中川光弘・佐々木実, 2012, 岩木山の噴火履歴とマグマ発達過程の解明に関する研究. 「地震及び火山噴火予知のための観測研究計画」平成23年度成果報告, 2905.

伴 雅雄・大場与志男・石川賢一・高岡宣雄, 1992, 青麻―恐火山列, 陸奥燧岳, 恐山, 七時雨および青麻火山のK-Ar年代―東北日本弧第四紀火山の帯状配列の成立時期. 岩鉱, **87**, 39-49.

Ban, M. and Yamamoto, T., 2002, Petrological study of Nasu-Chausudake Volcano (ca. 16 ka to Present), northeastern Japan. *Bull. Volcanol.*, **64**, 100-116. doi:10. 1007/s00445-001-0187-9.

Bando, Y., 1964, The Triassic stratigraphy and ammonite fauna of Japan. *Sci. Rep. Tohoku Univ., 2nd Ser.*, **36**, 1-137.

Bando, Y., 1970, Lower Triassic ammonodids from the Kitikami Massif. *Trans. Proc. Palaeont. Soc. Japan, N. S.*, **79**, 337-354.

Bando, Y., 1975, On some Permian Medlicottidae from the Toyoma Formation in the Kitakami Massif. *Mem. Fac. Educ. Kagawa Univ., pt. 2*, **25**, 67-81.

Bando, Y. and Shimoyama, S., 1974, Late Schythian ammonoids from the Kitakami Massif. *Trans. Proc. Palaeont. Soc. Japan, N. S.*, **94**, 293-312.

Barnes, D. A., Thy, P. and Renne, P., 1992, Sedimentology, phenocryst chemistry, and age - Miocene "Blue Tuff": Sites 794 and 796, Japan Sea. In Tamaki, K., Suyehiro, K., Allan, J. and McWilliams, S., eds., *Proc. ODP Sci. Results*, **127/128**, 115-130.

Barrientos, S. E., Plafker, G. and Lorca, E., 1992, Post-seismic coastal uplift in southern Chile. *Geophys. Res. Lett.*, **19**, 701-704.

Bartoli, G., Sarnthein, M., Weinelt, M., Erlenkeuser, H., Garbe-Schonberg, D., and Lea, D. W., 2005, Final closure of Panama and the onset of northern hemisphere glaciation. *Earth Planet. Sci. Lett.*, **237**, 33-44.

Barton, C. A., Moos, D., Peska, P. and Zoback, M. D., 1997, Utilizing wellbore image data to determine the complete stress tensor - Application to permeability anisotropy and wellbore stability. *The Log Analyst*, **38**, 21-33.

Beauchamp, J., 1988, Triassic sedimentation and rifting in the High Atlas（Morocco）. In Manspeozer, W., ed., *Triassic-Jurassic rifting, Part A.*, Elsevier, Amsterdam, 477-497.

Behn, M. D., Kelemen, P. B., Hirth, G., Hacker, B. R. and Massonne, H. -J., 2011, Diapirs as the source of the sediment signature in arc lavas. *Nat. Geosci.*, **4**, 641-646.

Bell, J. S., 1990, Investigating stress regimes in sedimentary basins using information from oil industry wireline logs and drilling record. *Geol. Soc., London, Spec. Publ.*, **48**, 305-325.

Berger, A., 1977, Long term variations of the Earth's orbital elements. *Celestial Mechanics*, **15**, 53-74.

Bersenev, I. I. and Kelikov, E. P., 1979, Geological map of the Japan Sea. *Priroda*, no. 8, 74-79.（in Russian）

Bleeker. W., 2003, The late Archean record: A puzzle in ca. 35 pieces. *Lithos*, **71**, 99-134.

Blow, W. H., 1969, Late middle Eocene to Recent planktonic foraminiferal biostratigraphy. *Proc. 1ˢᵗ Intern. Conf. Planktonic Microfossils, Geneva 1967*, 1, 199-421.

Bond, G., Broecker, W., Jousen, S., McManus, J., Labeyrie, L., Jouzel, J. and Bonani, G., 1993, Correlations between climate records from North Atlantic sediments and Greenland ice. *Nature*, **365**, 143-147.

Bourgeois, J., 2006, A movement in four parts ?. *Nature*, **440**, 430-431.

Boyet, M. and Carlson, R. W., 2006, A new geochemical model for the Earth's mantle inferred from ^{146}Sm-^{142}Nd systematics. *Earth Planet. Sci. Lett.*, **250**, 254-268.

Brayard, A., Escarguel, G., Bucher, H. and Bruhwiler, T., 2009, Smithian and Spathian（Early Triassic）ammonoid assemblages from terranes: Paleoceanographic and paleogeographic implications. *Jour. Asian Earth Sci.*, **36**, 420-433.

Brudzinski, M. R., Thrber, C. H., Hacker, B. R. and Engdahl, E. R., 2007, Global prevalence of double Benioff zones. *Science*, **316**, 1472-1474.

Burgmann, R., Ergintav, S., Segall, P., Hearn, E. H., McClusky, S., Reilinger, R. E., Woith, H. and Zschau, J., 2002, Time-dependent distributed afterslip on and deep below the Izmit earthquake rupture. *Bull. Seismol. Soc. Amer.*, **92**, 126-137.

Burke, K., Steinberger, B., Torsvik, T. H. and Smethurst, M. A., 2008, Plume generation zones at the margins of Large Low Shear Velocity Provinces on the core-mantle boundary. *Earth Planet. Sci. Lett.*, **265**, 49-60.

Chakraborty, C. and Ghosh, S. K., 2005, Pull-apart origin of the Satpura Gondwana basin, central India. *Jour. Earth Syst. Sci.*, **114**, 259-273

Chapman, M. E. and Solomon, S. C., 1976, North American-Eurasian plate boundary in northeast Asia. *Jour. Geophys. Res.*, **81**, 921-930.

Chappell, B. W. and White, A. J. R., 1974, Two contrasting granite types. *Pacific Geol.*, **8**, 173-174.

Chapple, W. M. and Tullis, T. E., 1977, Evaluation of the forces that drive plates. *Jour. Geophys. Res.*, **82**, 1967-1984.

Chen, X. and Tazawa, J., 2003, Middle Devonian（Eifelian）brachiopods from the southern Kitakami Mountains, northeast Japan. *Jour. Paleont.*, **77**, 1040-1052.

千葉則行, 1998, 第三紀層地すべりの地形・地質的要因―東北地方グリーンタフ地域を例として―. 地すべり, **34**, 1-10.

千葉則行・盛合禧夫・宮城豊彦, 2001, 秋田県成瀬川地域の硬質頁岩帯に見られる地すべり地形の形態とその分布. 東北地域災害科学研究, **37**, 203-208.

千葉茂樹・木村純一・佐藤美穂子・冨塚玲子, 1994, 福島県磐梯火山のテフラ―ローム層序と火山活動史. 地球科学, **48**, 223-240.

千葉茂樹・木村純一, 2001, 磐梯火山の地質と火山活動史―火山灰編年法を用いた火山活動の解析―. 岩石鉱物科学, **30**, 126-156.

茅原一也, 1982, 新潟積成盆地および周辺地域の基盤構造と新生代火成活動史. 地質学雑誌, **88**, 983-999.

茅原一也・小松正幸, 1992, 八海山地域の地質. 地域地質研究報告（5万分の1地質図幅）. 地質調査所, 107p.

鎮西清高, 1958a, 北上山地北端部鮮新統の層序―北上山地北縁の新生界 II―. 地質学雑誌, **64**, 526-536.

鎮西清高, 1958b, 岩手県福岡町付近の新第三系について―北上山地北縁の新生界 I―. 地質学雑誌, **67**, 1-30.

Chinzei, K., 1966, Younger Tertiary geology of the Mabechi River valley, northeast Honshu, Japan. *Jour. Fac. Sci., Univ. Tokyo, sec. 2*, **16**, 161-208.

鎮西清高・岩崎泰頴・松居誠一郎, 1981, 福島県棚倉地方の新第三系. 日本地質学会第88年学術大会巡検案内書.

鎮西清高・町田洋, 2001, 日本の地形発達史. 米倉伸之・貝塚爽平・野上道男・鎮西清高編, 日本の地形1総説, 東京大学出版会, 297-322.

鎮西清高・松田時彦, 2010, 日本列島と周辺海域の大地形と地質構造. 太田陽子・小池一之・鎮西清高・野上道男・町田洋・松田時彦編, 日本列島の地形学, 東京大学出版会, 2-13.

Chisaka, T., 1962, Fusulinids from the vicinity of Maiya Tawn, Kitakami Mountainland, and Upper Permian fusulinids of Japan. *Jour. Coll. Arts Sci., Chiba Univ.*, **3**, 519-551.

地質調査所, 1981, 日本海中部海域広域海底地質図（1:1,000,000）.

地質調査所, 1992, 日本地質アトラス 第2版, 14 sheets, 朝倉書店, 52p.

地質調査総合センター, 2005, 日本空中磁気データベース. 数値地図図 P-6.

地質・地盤検討グループ, 1992, 原子燃料サイクル事業に係る安全性のチェック検討グループ会議報告書「再処理施設地直下及び海域における地質・地盤の安全性」. 青森県, 原子燃料サイクル事業に係る安全性について, 安全性のチェック検討グループ会議報告書―地質・地盤―, 青森県, 7-43.

千代延俊・森本隼平・鳥井真之・尾田太良, 2012, 宮崎層群上部の石灰質微化石に基づく, 鮮新世/更新世境界とその古海洋変動. 地質学雑誌, **118**, 109-116.

Choi, D. R., 1970a, On some Permian fusulinids from Iwaisaki, N. E. Japan. *Jour. Fac. Sci., Hokkaido Univ., Ser. IV*, **14**, 313-325.

Choi, D. R., 1970b, Permian fusulinids from Imo, Southern Kitakami Mountains, N. E. Japan. *Jour. Fac. Sci., Hokkaido Univ., Ser. IV*, **14**, 327-354.

Choi, D. R., 1972, *Colania douvillei* (Ozawa), a fusulinid Foraminifera, from the Northern Kitakami Mountains, NE Japan. *Trans. Proc. Palaeont. Soc. Japan, N. S.*, **86**, 369-374.

Choi, D. R., 1973, Permian fusulinids from the Setamai-Yahagi district, Southern Kitakami Mountains, N. E. Japan. *Jour. Fac. Sci., Hokkaido Univ., Ser. IV*, **16**, 1-132.

Clift, P. and Vannucchi, P., 2004, Controls on tectonic accretion versus erosion in subduction zones: Implications for the origin and recycling of the continental crust. *Rev. Geophys.*, **42**, RG2001, doi:10. 1029/2003RG000127.

Cloos, M., 1992, Thrust type subduction zone earthquakes and seamount asperities: A physical model for seismic rupture. *Geology*, **20**, 601-604.

Cloos, M. and Shreve, R. L., 1988a, Subduction-channel model of prism accretion, melange formation, sediment subduction, and subduction erosion at convergent plate margins 2: Implications and discussion. *pure and applied geophys.*, **128**, 501-545.

Cloos, M. and Shreve, R. L., 1988b, Subduction-channel model of prism accretion, melange formation, sediment subduction, and subduction erosion at convergent plate margins 1: Background and description. *pure and applied geophys.*, **128**, 455-500.

Cloos, M. and Shreve, R. L., 1996, Shear-zone thickness and the seismicity of Chilean- and Marianas-type subduction zones. *Geology*, **24**, 107-110.

Cohen, R. S. and O'Nions, R. K., 1982, Identification of recycled continental material in the mantle from Sr, Nd and Pb isotope investigations. *Earth Planet. Sci. Lett.*, **61**, 73-84.

Cohen, S. C. and Freymueller, J. T., 2004, Crustal deformation in the southcentral Alaska subduction zone. *Advances in Geophys.*, **47**, 1-63.

Cole, R. B. and Basu, A. R., 1995, Nd-Sr isotopic geochemistry and tectonics of ridge subduction and middle Cenozoic volcanism in western California. *Bull. Geol. Soc. Amer.*, **107**, 167-179.

Coltorti, M., Bonadiman, C., O'Reilly, S. Y., Griffin, W. L. and Pearson, N. J., 2010, Buoyant ancient continental mantle embedded in oceanic lithosphere (Sal Island, Cape Verde Archipelago). *Lithos*, **120**, 223-233.

Cousens, B. L. and Allan, J. F., 1992, A Pb, Sr, and Nd isotopic study of basaltic rocks from the Sea of Japan, ODP Leg 127/128. *Proc. ODP Sci. Results*, **127/128**, 805, 817.

Cousens, B. L., Allan, J. F. and Gorton, M. P., 1994, Subduction-modified pelagic sediments as the enriched component in back-arc basalts from the Japan Sea: Ocean Drilling Program sites 797 and 794. *Contrib. Mineral. Petrol.*, **117**, 421-434.

Cox, A. and Engebretson, D., 1985, Change in motion of Pacific Plate at 5 Myr BP. *Nature*, **313**, 472-475.

Crawford, A. J., Falloon, T. J., and Green, D. H., 1989, Classification, petrogemesis and tectonic setting of boninites. In Crawford, A. J., ed., Boninites, Unwin Hyman, Winchester, Mass., 2-44.

Dahlen, F. A., 1984, Noncohesive critical Coulomb wedges: An exact solution. *Jour. Geophys. Res.*, **89**, 10125-10133.

第四紀学会編, 1987, 日本第四紀地図. 東京大学出版会, 4 図幅, 118p.

第四紀火山カタログ委員会, 2000, 日本の第四紀カタログ (WEB バージョン), URL:http://www.geo.chs.nihon-u.ac. jp/tchiba/volcano, 日本火山学会.

檀原 毅, 1971, 日本における最近 70 年間の総括的上下変動. 測地学会誌, **17**, 100-108.

壇原 徹・星 博幸・岩野英樹・吉岡 哲・折橋裕二, 2005, 青森県津軽地方に分布する権現崎層溶結凝灰岩のフィッショ ン・トラック年代. 地質学雑誌, **111**, 476-487.

Das, S. and Aki, K., 1977, Fault planes with barriers: A versatile earthquake model. *Jour. Geophys. Res.*, **82**, 5648-5670.

Davis, D. M., Suppe, J. and Dahlen, F. A., 1983, Mechanics of fold-and-thrust belts and accretionary wedges. *Jour. Geophys. Res.*, **88**, 1153-1172.

Davis, G. A., Zheng, Y., Wang, C., Darby, B. J., Zhang, C., Gehrels, G., 2001, Mesozoic tectonic evolution of the Yanshan fold and thrust belt, with emphasis on Hebei and Liaoning province, northern China. *Geol. Soc. Amer. Memoir*, no. 194, 171-197.

Defant, M. J. and Drummond, M. S., 1990, Derivation of some modern arc magmas by melting of young subducted lithosphere. *Nature*, 347, 662-665.

Defant, M. J. and Kepezhinskas, P., 2001, Evidence suggests slab melting in arc magmas. *EOS, Trans. AGU*, **82**, 65-69.

DeMets, C., 1992, Oblique convergence and deformation along the Kuril and Japanese trenches. *Jour. Geophys. Res.*, **97**, 17615-17625.

DePaolo, D. J. and Wasserburg, G. J., 1976, Nd isotopic variations and petrogenetic models. *Geophys. Res. Lett.*, **3**, 249-252.

DePaolo, D. J., 1985, Isotopic studies of processes in mafic magma chambers: I. The Kiglapait intrusion, Labrador. *Jour. Petrol.*, **26**, 925-951.

Dewey, J. F. and Bird, J. M., 1970, Mountain belts and new global tectonics. *Jour. Geophys. Res.*, **75**, 2625-2647.

Dickinson, W. R. and Hatherton, T., 1967, Andesite volcanism and seismicity around the Pacific. *Science*, **157**, 801-803.

土井宣夫, 1991, 岩手火山―岩手火山山麓の岩屑なだれ堆積物 群―. 日本火山学会 1991 年秋季大会野外討論会「岩手火山」 資料 (10 万分の 1 地質図添付), 18-23.

土井宣夫, 2000, 岩手山の地質―火山灰が語る噴火史―. 滝沢 村教育委員会, 234p.

土井宣夫・川上雄司・大石雅之, 1983, 岩手山麓, 柳沢軽石・ 五百森泥流の ^{14}C 年代―岩手火山噴出物とそれに関連する堆 積物の ^{14}C 年代 (その 1)―. 岩手県立博物館研究報告, **1**, 29-34.

Duan, B., 2012, Dynamic rupture of the 2011 Mw9.0 Tohoku-Oki earthquake: Roles of a possible subducting seamount. *Jour. Geophys. Res.*, **117**, B05311, doi:10. 1029/2011JB009124.

Dupre, B. and Allègre, C. J., 1983, Pb-Sr isotope variation in Indian Ocean basalts and mixing phenomena. *Nature*, **303**, 142-146.

Eberle, M. A., Grasset, O. and Sotin, C., 2002, A numerical study of the interaction between the mantle wedge, subducting slab, and overriding plate. *Physics of the Earth and Planetary Interiors*, **134**, 191-202.

Ebihara, M., Nakamura, U., Wakita, H., Kurasawa, H., and Konda, T., 1984, Trace element composition of Tertiary volcanic rocks of northeast Japan. *Geochem. Jour.*, **18**, 287-295.

Eguchi, M., 1951, Mesozoic hexacorals from Japan. *Sci. Rep. Tohoku Univ., 2nd Ser.*, **24**, 1-96.

江口元紀・庄司力偉, 1965, 福島県鹿島町付近におけるジュラ

系石灰岩の堆積. 地質学雑誌, **71**, 237-246.

江口元起・庄司力偉・鈴木舜一, 1953, 常磐炭田における炭層堆積状態の研究 (その2). 地質学雑誌, **59**, 544-551.

江口元起・庄司力偉・荒川 透・鈴木舜一, 1959, 常磐炭田地域における白亜系と第三系の境界. 有孔虫, no.10, 61-67.

永広昌之, 1974, 南部北上山地日詰―気仙沼構造線に沿った地域の構造地質学的研究. 地質学雑誌, **80**, 457-474.

永広昌之, 1977, 日詰―気仙沼断層―とくにその性格と構造発達史的意義について―. 東北大学理学部地質学古生物学教室研究邦文報告, **77**, 1-37.

永広昌之, 1979, 藤沢町の地質. 藤沢町史編纂委員会編, 藤沢町史本編 (上), 661-690.

永広昌之, 1982, 東北日本のNNW性断層群―棚倉破砕帯の姉妹断層. 月刊地球, **4**, 200-205.

永広昌之, 1989a, 図1.1 東北地方の中・古生界および古第三系の分布と構造帯区分. 日本の地質「東北地方」編集委員会編, 日本の地質2 東北地方, 共立出版, 3p.

永広昌之, 1989b, 第2章 中・古生界, (2) 南部北上帯, (2)-5 ペルム系. 日本の地質「東北地方」編集委員会編, 日本の地質2 東北地方, 共立出版, 23-31.

Ehiro, M., 1995, Cephalopod fauna of the Nakadaira Formation (Lower Permian) in the Southern Kitakami Massif, Northeast Japan. *Trans. Proc. Palaeont. Soc. Japan, N. S.*, **179**, 184-192.

永広昌之, 1995, 3. 東北地方の古い山地. 地学団体研究会編, 新版地学教育講座第8巻 日本列島の歴史, 東海大学出版会, 53-64.

Ehiro, M., 1996, Latest Permian ammonoid *Paratirolites* from the Ofunato district, Southern Kitakami Massif, Northeast Japan. *Trans. Proc. Palaeont. Soc. Japan, N. S.*, **184**, 592-596.

Ehiro, M., 1997, Ammonoid palaeobiogeography of the South Kitakami Palaeoland and palaeogeography of eastern Asia during Permian to Triassic time. Jin Yu-Gan and D. Dineley, eds., *Proceedings of the 30th International Geological Congress, vol. 12*, VSP, Utrecht, 18-28.

永広昌之, 2000, 南部北上帯―早池峰構造帯と黒瀬川帯と"古領家帯". 高木秀雄・武田賢治編, 古領家帯と黒瀬川帯の構成要素と改変過程, 地質学論集, no.56, 53-64.

Ehiro, M., 2001a, Origins and drift histories of some microcontinents distributed in the eastern margin of Asian Continent. *Earth Sci.*, **55**, 71-81.

Ehiro, M., 2001b, Some additional Wuchiapingian (Late Permian) ammonoids from the Southern Kitakami Massif, Northeast Japan. *Paleont. Res.*, **5**, 111-114.

Ehiro, M., 2002, Time-gap at the Permian-Triassic boundary in the South Kitakami Belt, Northeast Japan: An examination based on the ammonoid fossils. *Saito Ho-on Kai Mus. Nat. Hist., Res. Bull.*, **68**, 1-12.

Ehiro, M., 2006, A new species of *Stacheoceras* (Permian ammonoid) from the Upper Permian in the South Kitakami Belt, Northeast Japan. *Paleont. Res.*, **10**, 261-264.

Ehiro, M., 2008, Two genera of Popanoceratidae (Permian Ammonoidea) from the South Kitakami Belt, Northeast Japan, with a note on the age of the Takakurayama Formation in the Abukuma Massif. *Bull. Tohoku University Museum*, **8**, 1-8.

Ehiro, M., 2016. Additional Early Triassic (late Olenekian) Ammonoids from the Osawa Formation at Yamaya, Motoyoshi area, South Kitakami Belt, Northeast Japan. *Paleontological Research*, **20**, 1-6.

永広昌之, 2017, 中古生界. 日本地質学会編, 日本地方地質誌2 東北地方, 朝倉書店, xx-xx.

Ehiro, M. and Araki, H., 1997, Permian cephalopods of Kurosawa, Kesennuma City in the Southern Kitakami Massif, Northeast Japan. *Paleont. Res.*, **1**, 55-66.

永広昌之・坂東祐司, 1978, 南部北上山地のペルム系登米層から *Xenodiscus* の発見. 地質学雑誌, **84**, 37-38.

永広昌之・坂東祐司, 1980, 南部北上山地の上部ペルム系からの *Rotodiscoceras* の発見とその意義. 地質学雑誌, **86**, 484-486.

Ehiro, M. and Bando, Y., 1985, Late Permian ammonoids from the Southern Kitakami Massif, Northeast Japan. *Trans. Proc. Palaeont. Soc. Japan, N. S.*, **137**, 25-49.

Ehiro, M., Hasegawa, H. and Misaki, A., 2005, Permian ammonoids *Prostacheoceras* and *Perrinites* from the Southern Kitakami Massif, Northeast Japan. *Jour. Paleont.*, **79**, 1222-1228.

永広昌之・石崎国熙・酒井孝幸, 2000, 南部北上山地, 米谷地域北部の石灰岩相中部ペルム系. 地質学雑誌, **106**, 511-519.

永広昌之・蟹沢聰史, 1996, 南部北上古陸―ゴンドワナ大陸北縁での誕生と分離―. 月刊地球, **18**, 370-374.

Ehiro, M. and Kanisawa, S., 1999, Origin and evolution of the South Kitakami Microcontinent during the Early-Middle Palaeozoic. In Metcalfe, I., ed., *Gondwana dispersion and Asian accretion: IGCP 321 Final results volume, A. A.* Balkema, Rotterdam, 283-295.

永広昌之・蟹沢聰史・竹谷陽二郎, 1989, 阿武隈山地中央部大滝根山西方に分布する先第三系滝根層群. 福島県立博物館紀要, no.3, 21-37.

永広昌之・川村信人・川村寿郎, 2005, 東北地方, 第1章中古生界, 1.1 概説および構造帯区分. 日本の地質増補版編集委員会編, 日本の地質増補版, 共立出版, 49-50.

永広昌之・小守一男・土谷信高・川村寿郎・吉田裕生・大石雅之, 2010, 北部北上帯付加体中の海山石灰岩からの石炭紀アンモノイド・サンゴ化石. 地質学雑誌, **116**, 219-228.

Ehiro, M. and Misaki, A., 2004, Stratigraphic range of the genus *Monodiexodina* (Permian Fusulinoidea): Additional data from the Southern Kitakami Massif, Northeast Japan. *Jour. Asian Earth Sci.*, **23**, 483-490.

Ehiro, M. and Misaki, A., 2005, Middle Permian ammonoids from the Kamiyasse-Imo district in the Southern Kitakami Massif, Northeast Japan. *Paleont. Res.*, **9**, 1-14.

永広昌之・森 啓, 1993, 南部北上山地, 陸前高田市矢作町西部の木戸口層 (新称) からの *Chaetetes* の発見とその意義. 地質学雑誌, **99**, 407-410.

永広昌之・野木大志・森 啓・川島悟一・鈴木紀毅・吉原賢, 2001, 北部北上山地, 葛巻―釜石帯の石灰岩礫岩より六放サンゴ化石の産出とその意義. 地質学雑誌, **107**, 531-534.

永広昌之・大石雅之, 2003, 早池峰山周辺地域の地質研究史および地質概説. 岩手県立博物館研究報告, no.21, 1-14.

永広昌之・大上和良, 1990, 阿武隈山地東縁部の松ヶ平変成岩と上部デボン系合ノ沢層の層位関係. 地質学雑誌, **96**, 537-547.

永広昌之・大上和良, 1991, "松ヶ平・母体帯"と南部北上帯―東北日本の古生代構造発達史に関連して―. 中川久夫教授退官記念地質学論文集, 23-29.

永広昌之・大上和良, 1992, 南部北上帯はクリッペか?. 地球科学, **46**, 199-207.

永広昌之・大上和良・蟹沢聰史, 1988, "早池峰構造帯"研究の現状と課題. 地球科学, **42**, 317-335.

Ehiro, M., Sasaki, O., Kano, H., Nemoto, J. and Kato, H., 2015. Thylacocephala (Arthropoda) from the Lower Triassic of the South Kitakami Belt, Northeast Japan. *Paleontological Research*, **19**, 269-282.

Ehiro, M., Sasaki, O., Kano, H., 2016, Ammonoid fauna of the late Olenekian Osawa Formation in the Utatsu area, South Kitakami Belt, Northeast Japan. *Paleontological Research*, **20**, 90-104.

Ehiro, M., Shimoyama, S. and Murata, M., 1986, Some Permian cyclolobaceae from the Southern Kitakami Massif, Northeast Japan. *Trans. Proc. Palaeont. Soc. Japan, N. S.*, **142**, 400-408.

永広昌之・鈴木紀毅, 2003, 早池峰構造帯とは何か―早池峰構造帯の再定義と根田茂帯の提唱―. 構造地質, no.47, 13-21.

Ehiro, M. and Takaizumi, Y., 1992, Late Devonian and Early Carboniferous ammonoids from the Tobigamori Formation in the Southern Kitakami Massif, Northeast Japan and their stratigraphic significance. *Jour. Geol. Soc. Japan*, **98**, 197-204.

Ehiro, M. and Takizawa, F., 1989, *Foordiceras* and *Domatoceras* (Nautiloid Cephalopods) from the Upper Permian Toyoma Formation, Southern Kitakami Massif, Northeast Japan. *Trans. Proc. Palaeont. Soc. Japan, N. S.*, **155**, 215-220.

永広昌之・田沢純一・大石雅之・大上和良, 1986, 北上山地, 早池峰山南方の小田越層（新称）よりシルル紀腕足類 *Trimerella* の発見とその意義. 地質学雑誌, **92**, 753-756.

永広昌之・山北 聡・高橋 聡・鈴木紀毅, 2008, 安家―久慈地域の北部北上帯ジュラ紀付加体. 地質学雑誌, **114**, 補遺, 121-139.

El-Fiky, G. S. and Kato, T., 1999, Interplate coupling in the Tohoku district, Japan, deduced from geodetic data inversion. *Jour. Geophys. Res.*, **104**, 20361-20377.

Ellam, R. M. and Hawkesworth, C. J., 1988, Elemental and isotopic variations in subduction related basalts: evidence for a three component model. *Contrib. Mineral. Petrol.*, **98**, 72-80.

遠藤 渓, 2009MS, 北部北上帯, 安家森―小国地域のジュラ紀付加体の層序と地質構造. 東北大学理学部地圏環境科学科卒業論文, 106p.

遠藤邦彦, 2009, 第四紀の地球環境とその変動（概説）. 日本第四紀学会50周年電子出版編集委員会編, デジタルブック最新第四紀学, 2-1 - 2-9.

遠藤美智子・土谷信高・木村純一, 1999, 南部北上帯, 金華山花崗岩類の岩石化学的特徴. 地質学論集, no.53, 85-110.

遠藤隆次, 1924, 北上山地南部地方に於ける古生層の層序に就きて. 地質学雑誌, **31**, 230-249.

遠藤誠道, 1950, 常磐炭田白水層産化石植物群（要旨）. 地質学雑誌, **56**, 277-278.

Engdahl, E. R. and Scholz, C. H., 1977, A double Benioff zone beneath the central Aleutians: an unbending of the lithosphere. *Geophys. Res. Lett.*, **4**, 473-476.

Engebretson, D. C., Cox, A. and Gordon, R. G., 1985, Relative motions between oceanic and continental plates in the Pacific basin, *Geol. Soc. Amer., Spec. Pap.*, **206**, 59p.

Enkin, R. J., Yang, Z., Chen, J. P. and Courtillot, V., 1992, Paleomagnetic constraints on the geodynamic history of the major

blocks of China from the Permian to the Present. *Jour. Geophys. Res.*, **97**, 13953-13989.

Escartin, J., Hirth, G. and Evans, B., 2001, Strength of slightly serpentinized peridototes: Implications for the tectonics of oceanic lithosphere. *Geology*, **29**, 1023-1026.

Fang, Z., 1985, A preliminary study of the Cathaysia faunal province. *Acta Paleont. Sinica*, **24**, 344-349.

Fang, Z. and Yin, D., 1995, Discovery of fossil bivalves from Early Permian of Dongfang, Hainan Island with a review on glaciomarine origin of Nanlong diamictites. *Acta Palaeont. Sinica*, **34**, 301-315.

Farrar, E. and Dixon, J. M., 1993, Ridge subduction: kinematics and implications for the nature of mantle upwelling. *Can. Jour. Earth Sci.*, **30**, 893-907.

Faure, M., Lalevee, F., Gusokujima, Y., Iiyama, J. T. and Cadet, J. P., 1986, The pre-Cretaceous deep-seated tectonics of the Abukuma massif and its place in the framework of Japan. *Earth Planet. Sci. Lett.*, **77**, 384-398.

Feeley, T. C., Dungan, M. A. and Frey, F. A., 1998, Geochemical constraints on the origin of mafic and silicic magmas at Cordon El Guadal, Tatara-San Pedro Complex, central Chile. *Contrib. Mineral. Petrol.*, **131**, 393-411.

Finn, C., 1994, Aeromagnetic evidence for an buried Early Cretaceous magmatic arc, northeast Japan. *Jour. Geophys. Res.*, **99**, 22165-22185.

Fitch, T. J., 1972, Plate convergence, transcurrent faults, and internal deformation adjacent to southeast Asia and the western Pacific. *Jour. Geophys. Res.*, **77**, 4432-4460.

Fowler, C. M. R., 1990, *The Solid Earth*, Cambridge Univ. Press, 472p.

Flower, M., Tamaki, K. and Hoang, N., 1998, Mantle extrusion: a model for dispersed volcanism and DUPAL-like asthenosphere in East Asia and the Western Pacific. In *Mantle Dynamics and Plate Interactions in East Asia*, AGU, Geodynamics Ser. 27, 67-88.

Founier, M., Jolivet, L. and Huchon, P., 1994, Neogene strike-slip faulting in Sakhalin and the Japan Sea. *Jour. Geophys. Res.*, **99**, 2701-2725.

Francis, T. G., 1981, Serpentinization faults and their role in the tectonics of slow spreading ridges. *Jour. Geophys. Res.*, **86**, 11616-11622.

Freed, A. M., Burgmann, R., Calais, E., Freymueller, J. and Hreinsdottir, S., 2006, Implications of deformation following the 2002 Denali, Alaska earthquake for postseismic relaxation processes and lithospheric rheology, *Jour. Geophys. Res.*, **111**, B003894.

French, S. W. and Romanowicz, B., 2015, Broad plumes rooted at the base of the Earth's mantle beneath major hotspots, *Nature*, **525**, 95-99.

藤 則夫, 1956, 宮城県牡鹿半島の最下部白亜系鮎川層からの植物化石. 地球科学, **30**, 32-35.

藤江 剛・笠原順三・日野亮太・佐藤利典・篠原雅尚, 2000, 三陸沖プレート沈み込み帯における不均質地殻構造と地震活動度―地震波反射強度分布と地震活動度との関係―. 地学雑誌, **109**, 497-505.

藤井昭二・絈野義夫・中川登美雄, 1990, 北陸地域の新第三系層序・対比, 日本海沿岸後期新生代層の層序と古環境の変遷. 平成元年度科学研究費補助金（総合研究A）研究成果報

告書, 30-37.

Fujii, Y. and Matsu'ura, M., 2000, Regional difference in scaling laws for large earthquakes and its tectonic implication. *pure and applied geophys.*, **157**, 2283-2302.

Fujii, Y., Satake, K., Sakai, S., Shinohara, M. and Kanazawa, T., 2011, Tsunami source of the 2011 off the Pacific coast of Tohoku Earthquake. *Earth Planets Space*, **63**, 815-820.

藤巻宏和・宮嶋　敏・青木謙一郎, 1991, 南部阿武隈山地の宮本複合岩体の Rb-Sr 年代. 岩鉱, **86**, 216-225.

藤巻宏和・王　成玉・青木謙一郎・加藤祐三, 1992, 北部北上山地の階上深成岩体の Rb-Sr 年代. 岩鉱, **87**, 187-196.

藤本治義・小林二三雄, 1961, 奥羽地方内帯の古生層について. 地質学雑誌, **67**, 221-227.

藤本幸雄, 1978, 青森県白神岳複合花崗岩質岩体の岩石と構造. 岩鉱, **73**, 5-17.

藤本幸雄, 1983, 秋田県竜ヶ森地域の第三紀花崗岩類についての再検討（講演要旨）. 岩鉱, **78**, 147.

藤本幸雄, 2000, 能代市および周辺地域の地質. 能代市史, 自然編, 能代市, 42-54.

藤本幸雄, 2006, 秋田県太平山複合花崗岩質岩体の岩石学的研究. 岩石鉱物科学, **35**, 253-269.

藤本幸雄・山元正継, 2010, 白神山地の花崗岩類と東北地方の白亜紀―古第三紀花崗岩類との対比. 地球科学, **64**, 127-144.

藤縄明彦, 1980, 安達太良火山の地質と岩石. 岩鉱, **75**, 385-395.

Fujinawa, A., 1988, Tholeiitic and calc-alkaline magma series at Adatara volcano, northeast Japan: I. Geochemical constraints on their origin. *Lithos*, **22**, 135-158.

藤縄明彦, 1989, 磐梯・吾妻火山（日本地質学会見学旅行案内書）.

Fujinawa, A., 1992, Distinctive REE patterns for tholeiitic and calc-alkaline magma series co-occurring at Adatara volcano, Northeast Japan. *Geochemical Journal*, **26**, 395-409.

Fujinawa, A., Ban, M., Ohba, T., Kontani, K. and Miura, K., 2008, Characterization of low-temperature pyroclastic surges that occurred in the northeastern Japan arc during the late 19th century. *Jour. Volcanol. Geotherm. Res.*, **178**, 113-130.

藤縄明彦・藤田浩司・高橋美保子・梅田浩司・林信太郎, 2001, 栗駒火山の形成史. 火山, **46**, 269-284.

藤縄明彦・林信太郎・梅田浩司, 2001, 安達太良火山の K-Ar 年代：安達太良火山形成史の再検討. 火山, **46**, 95-106.

藤縄明彦・巌嵜正幸・本田恭子・長尾明美・和知　剛・林信太郎, 2004, 秋田駒ヶ岳火山, 後カルデラ活動期における噴火史：火山体構成噴出物と降下テフラ層の対比. 火山, **49**, 333-354.

藤縄昭彦・鎌田光春, 2005, 安達太良火山の最近 25 万年間における山体形成史とマグマ供給系の変遷. 岩石鉱物科学, **34**, 35-38.

藤縄明彦・鴨志田毅・棚瀬充史・谷本一樹・中村洋一・紺谷和生, 2006, 安達太良火山, 1900 年爆発的噴火の再検討. 火山, **5**, 311-325.

Fujino, S. and Maeda, H., 2013, Environmental changes and shallow marine fossil bivalve assembladges of the Lower Cretaceous Miyako Group, NE Japan. *Jour. Asian Earth Sci.*, **64**, 168-179.

Fujino, S., Masuda, F., Tagomori, S. and Matsumoto, D., 2006, Structure and depositional processes of a gravelly tsunami deposit in a shallow marine setting: Lower Cretaceous Miyako Group, Japan. *Sed. Geol.*, **187**, 127-138.

藤岡一男, 1959, 5 万分の 1 地質図幅「戸賀・船川」及び同説明書. 地質調査所, 61p.

藤岡一男, 1963, 阿仁合型植物化石群と台島型植物化石群. 化石, no.5, 39-50.

藤岡一男, 1968, 秋田油田における出羽変動. 石油技術協会誌, **33**, 283-297.

藤岡一男, 1973, 男鹿半島の地質. 日本自然保護協会調査報告, **44**, 5-34.

藤岡換太郎, 1983, 黒鉱鉱床はどこで形成されたか. 鉱山地質特別号, **11**, 55-68.

藤岡一男・大沢　穣・池辺　穣, 1976, 羽後和田地域の地質. 地域地質研究報告（5 万分の 1 地質図幅）, 地質調査所, 65p.

藤岡一男・大沢　穣・高安泰助・池辺　譲, 1977, 秋田地域の地質. 地域地質調査報告（5 万分の 1 地質図幅）, 地質調査所, 75p.

藤岡展价, 1982, 石狩～日高地域の地質構造区分ならびに第三系火山岩類の層準と岩質. 石油技術協会誌, **47**, 207-220.

藤岡展价・大口健志・米谷盛壽郎・臼田雅郎・馬場　敬, 1981, 東北裏日本地域における台島―西黒沢期の堆積物について. 石油技術協会誌, **46**, 159-174.

藤田至則・加納　博・滝沢文教・八島隆一, 1988, 角田地域の地質. 地域地質研究報告（5 万分の 1 地質図幅）, 地質調査所, 99p.

藤田至則・木野崎せつ子, 1960, 槻木層の検討―阿武隈山地北縁の第三系（その 6）. 地質学雑誌, **66**, 297-304.

藤原昌史, 2011, タイ沖パタニトラフ南部の中期中新世不整合. 石油技術協会誌, **76**, 545-555.

Fujiwara, O., Yanagisawa, Y., Irizuki, T., Shimamoto, M., Hayashi, H., Danhara, T., Fuse, K. and Iwano, H., 2008, Chronological data for the Middle Miocene to Pliocene sequence around the southwestern Sendai Plain, with special reference to the uplift history of the Ou Backbone Range. *Bull. Geol. Survey Japan*, **59**, 423-438.

藤原　治・柳沢幸夫・島本昌憲, 2003, FT 年代と珪藻化石層序からみた長町―利府断層のテクトニックインバージョンの時期. 地球惑星科学関連学会合同大会予稿集, G015-004.

Fujiwara, T., Kodaira, S., No, T., Kaiho, Y., Takahashi, N. and Kaneda, Y., 2011, The 2011 Tohoku-Oki earthquake: Displacement reaching the trench axis. *Science*, **334**, 1240.

藤原嘉樹・金松敏也, 1994, 北海道東部に見られる屈曲構造の形成時期. 地質ニュース, **478**, 45-48.

深田淳夫, 1947, 牡鹿半島の"おわんだ湾礫岩"について. 地質学雑誌, **53**, 622-627.

Fukada, A., 1950, On the occurrence of Perisphinctes (s. s.) from the Ojika Peninsula in the southern Kitakami Mountainland. *Jour. Fac. Sci., Hokkaido Univ., Ser. IV*, **7**, 211-216.

Fukahata, Y. and Matsu'ura, M., 2006, Quasi-static internal deformation due to a dislocation source in a multilayered elastic/viscoelastic half-space and an equivalence theorem. *Geophys. J. Int.*, **166**, 418-434.

Fukahata, Y., Nishitani, A. and Matsu'ura, M., 2004, Geodetic data inversion using ABIC to estimate slip history during one earthquake cycle with viscoelastic slip-response functions. *Geophys. J. Int.*, **156**, 140-153.

深畑幸俊・八木勇治・三井雄太, 2012, 2011年東北地方太平洋沖地震による絶対歪みの解放：遠地実体波インバージョン解析と動的摩擦弱化. 地質学雑誌, **118**, 396-409.

Fukao, Y., Maruyama, S., Obayashi, M. and Inoue, H., 1994, Geologic implication of the whole mantle P-wave tomography. *Jour. Geol. Soc. Japan*, **100**, 4-23.

Fukao, Y., Obayashi, M., Inoue, H. and Nenbai, M., 1992, Subducting slabs stagnant in the mantle transition zone. *J. Geophys. Res.*, **97**, 4809-4822.

Fukao, Y., Widiyantoro, S. and Obayashi, M., 2001, Stagnant slabs in the upper and lower mantle transition region. *Rev. Geophys.*, **39**, 291-323.

深沢丈夫・大貫 仁, 1972, 北部阿武隈山地のはんれい岩類について. 岩鉱, **67**, 1-10.

深瀬雅幸・周藤賢治, 2000, 男鹿半島, 漸新統門前層中部の火山岩類の岩石学. 地質学雑誌, **106**, 280-298.

福留高明・吉田武義・長尾敬介・板谷徹丸・田上誠二, 1990, 日本海東縁久六島の鮮新世アルカリ玄武岩. 岩鉱, **85**, 10-18.

福岡孝昭・木越邦彦, 1971, 火山噴出物のイオニウム年代測定. 火山, **15**, 111-119.

福沢仁之, 1992, 千島弧の背弧海盆拡大テクトニクスと堆積相. 1992年度研究実績報告書（課題番号：04640715), KAKEN研究課題・成果情報・科学研究補助金データベース.

福島県, 1964, 福島県鑛産誌, 296p.

福島県, 1982, 5万分の1土地分類基本調査「福島」. 福島県, 64p.

福島県, 1984, 地盤沈下. 環境白書, 昭和59年版, 135-147.

福島県, 1985a, 5万分の1土地分類基本調査「須賀川」. 福島県, 45p.

福島県, 1985b, 5万分の1土地分類基本調査「棚倉」. 福島県, 60p.

福島県, 1987, 5万分の1土地分類基本調査「長沼」. 福島県, 47p.

福島県, 1988, 5万分の1土地分類基本調査「保原」. 福島県, 47p.

福島県, 1989, 5万分の1土地分類基本調査「川俣」. 福島県, 43p.

福島県, 1994, 5万分の1土地分類基本調査「平」. 福島県, 72p.

福島県, 1995a, 5万分の1土地分類基本調査「常葉」. 福島県, 66p.

福島県, 1995b, 5万分の1土地分類基本調査「川部・小名浜」. 福島県, 65p.

福島県, 1996, 5万分の1土地分類基本調査「小野新町」. 福島県, 65p.

福島県, 1997, 5万分の1土地分類基本調査「竹貫」. 福島県, 79p.

福島県, 1998, 5万分の1土地分類基本調査「塙・大田原・川部・大子・高萩」. 福島県, 78p.

福島県, 1999, 5万分の1土地分類基本調査「関・桑折」. 福島県, 71p.

福島県, 2000, 5万分の1土地分類基本調査「那須岳・白河」. 福島県, 63p.

福島県, 2003, 5万分の1土地分類基本調査「熱塩」. 福島県, 74p.

福島県教育委員会, 1985, 会津盆地南縁山地の基盤岩類調査報告. 福島県立博物館学術調査報告書, no.9, 43.

福島県教育委員会, 1984, 福島県立博物館学術調査報告書第6集 福島県浜通り地方化石調査報告. 49p.

Fukuyama, E. and Hok, S., 2013, Dynamic overshoot near trench caused by large asperity break at depth. *pure appl. geophys.*, **172**, 2157-2165.

Fukuyama, H., 1985, Gabbroic inclusions of Ichinomegata tuff cone: Bulk chemical composition. *Jour. Fac. Sci., Univ. Tokyo*, sec.2, **22**, 67-80.

舟山裕士, 1985, 山形盆地東縁部の新第三系について. 山形県地質誌, 皆川信弥教授記念論文集, 141-158.

Furukawa, Y., 1993, Depth of the decoupling plate interface and thermal structure under arcs. *Jour. Geophys. Res.*, **98**, 20005-20013.

Furukawa, Y. and Tatsumi, Y., 1999, Melting of a subducting slab and production of high-Mg andesite magmas: unusual magmatism in SW Japan at 13-15 Ma. *Geophys. Res. Lett.*, **26**, 2271-2274.

Futakami, M., Kawakami, T. and Obata, I., 1987, Santonian texanitine ammonites from the Kuji Group, Northeast Japan. *Bull. Iwate Pref. Mus.*, **5**, 103-112.

雁沢好博, 1982, フィッション・トラック法によるグリーン・タフ変動の年代区分, その1―佐渡地域―. 地質学雑誌, **88**, 943-956.

雁沢好博, 1983, フィッション・トラック法によるグリーン・タフ変動の年代区分, その2―富山県太美山地域―. 地質学雑誌, **89**, 271-286.

雁沢好博, 1987, 東北日本弧内帯の白亜紀-第三紀火山岩のフィッション・トラック年代―奥尻島・男鹿半島・朝日山地―. 地質学雑誌, **93**, 387-401.

雁沢好博・久保田喜裕, 1987, 谷川石英閃緑岩体の形成とその冷却史. 地質学会第94年大会講演要旨, 194.

雁沢好博・佐藤和平, 1989, 西南北海道奥尻島の漸新世火山性陥没. 地団研専報, no.37, 11-23.

雁沢好博・柳井清治・八幡正弘・溝田智俊, 1994, 南北海道-東北地方北部に広がる後期更新世の広域風成塵堆積物. 地質学雑誌, **100**, 951-965.

Geological Survey of Japan, 1977, *Geology and Mineral Resources of Japan. 3rd ed.*, Geological Survey of Japan, 430p.

Ghiorso, M. S., Hirschmann, M. M., Reiners, P. W. and Kress, V. C., 2002, The pMELTS: A revision of MELTS for improved calculation of phase relations and major element partitioning related to partial melting of the mantle to 3 GPa. *Geochem. Geophys. Geosys.*, **3**, 1030. doi:10. 1029/2001GC000217.

Giggenbach, W. F., 1977, The origin and evolution of fluids in magmatic-hydrothermal systems. In Barnes, H. L., ed., *Geochemistry of Hydrothermal Ore Deposits. 3rd ed.*, Wiley, 737-796.

Gill, J. B., 1981, *Orogenic Andesites and Plate Tectonics*, Springer-Verlag, 390p.

Gill, J. B., 1987, Early geochemical evolution of an oceanic island arc and backarc: Fiji and the south Fiji basin. *Jour. Geol.*, **95**, 589-615.

Gill, J. B., Michael, P., Woodcock, J., Dreyer, B., Ramos, F., Clague, D., Kela, J., Scott, S., Konrad, K. and Stakes, D., 2016, Spatial and temporal scale of mantle enrichment at the Endeavour segment, Juan de Fuca Ridge. *J. Petrol.*, **57**, 863-896.

Gomes, C. J. S., Martins-Neto, M. A. and Ribeiro, V. E., 2006, Positive inversion of extentsional footwalls in the southern Serra do Espinhaco, Brazil - insights from sandbox laboratory experiments. *Anais da Academia Brasileira de Ciencias*, **78**, 331-344.

牛来正夫，1958，阿武隈高原の変成作用と深成作用．鈴木醇教授還暦記念論文集，74-87.

Gordon, R. G., Cox, A. and Harter, C. E., 1978, Absolute motion of an individual plate estimated from its ridge and trench boundaries, *Nature*, **274**, 752-755.

Gordon, R. and Jurdy, D., 1986, Cenozoic Global Plate Motions, *Jour. Geophys. Res.*, **91**, 12389-12406.

Goto, K., Goff, C. C., Fujino, S., Goff, J., Jaffe, B., Nishimura, Y., Richmond, B., Sugawara, D., Szczucinski, W., Tappin, D. R., Witter, R. and Yulianto, E., 2011, New insights of tsunami hazard from the 2011 Tohoku-oki event. *Marine Geol.*, doi:10. 1016/i. margeo. 2011. 10. 004.

Goto, M., 1994, Paleozoic and early Mesozoic fish faunas of the Japanese *Islands. Island Arc*, **3**, 247-254.

後藤仁敏・兼子尚知・鈴木雄太郎・大倉正敏，2000，本邦古生界からのクセナカントゥス目サメ類歯化石の発見．地質学雑誌，**106**，737-742.

後藤仁敏・久家直之・蜂須喜一郎，1991，日本産中生代のヒボドゥス上科板鰓類3属の歯化石について．地質学雑誌，**97**，743-750.

後藤忠徳・笠谷貴史・三ヶ田均・木下正高・末廣　潔・木村俊則・芦田　譲・渡辺俊樹・山根一修，2003，電磁気学的な流体の分布と移動の解明—南海トラフを例として．物理探査，**56**，439-451.

Granier, T., 1985, Origin, damping, and pattern of development of faults in granite. *Tectonics*, **4**, 721-737.

Green, D. H., 1971, Compositions of basaltic magmas as indicators of conditions of origin: applications to oceanic volcanism. *Phil. Trans. Roy. Soc. London*, **268**, 707-725.

Green, D. H. and Ringwood, A. E., 1967, The genesis of basaltic magmas. *Contrib. Mineral. Petrol.*, **15**, 103-190.

Green, H. W. and Houston, H., 1995, The mechanics of deep earthquakes. *Annual Rev. Earth Planet. Sci.*, **23**, 169-213.

Gudmundsson, A. and Nilsen, K., 2006, Ring faults in composite volcanoes: structures, models, and stress fields associated with their formation. In De Natale, G., Kilburn, C. and Troise, C. eds.,, *Mechanism of Activity and Unrest at Large Calderas*. Geol. Soc. London, Sp. Publ., 269, 83-108.

Gvirtzman, Z. and Nur, A., 1999, Plate detachment, asthenosphere upwelling, and topography across subduction zones. *Geology*, **27**, 563-566.

Hacker, B. R., Abers, G. A., and Peacock, S. M., 2003a, Subduction factory 1. Theoretical mineralogy, densities, seismic wave speeds, and H_2O contents. *J. Geophys. Res.*, **108**, 2029, doi:10. 1029/ 2001JB001127.

Hacker, B. R., Abers, G. A. and Peacock, S. M., 2003, Subduction factory 1. Theoretical mineralogy, densities, seismic wave speeds, and H_2O contents. *Jour. Geophys. Res.*, **108**, doi:10. 1029/2001 JB001127.

Hacker, B. R., Peacock, S. M., Abers, G. A., and Holloway, S., 2003b, Subduction factory 2. Intermediate-depth earthquakes in subducting slabs are linked to metamorphic dehydration reactions.

J. Geophys. Res., **108**, doi:10. 1029/2001JB001129.

芳賀正和・山口寿之，1990，下北半島東部の新第三系—第四系の層序と珪藻化石．国立科学博物館研究報告，**16**，55-7.

芳賀拓真・平　宗雄・竹谷陽二郎・二上文彦・加瀬友喜，2012，相馬中村層群の上部ジュラ系から産した世界最古級のニオガイ上科穿孔性二枚貝 *Opertochasma somensis*（オオノガイ目）の産出．福島県立博物館紀要，no.26，21-33.

博士山団体研究会，1990，会津盆地南西方の鮮新世博士山火山岩層．地球科学，**44**，113-126.

Hall, C., Fischer, K., Parmentier, E. and Blackman, D., 2000, The influence of plate motions on three-dimensional back arc mantle flow and shear wave splitting. *Jour. Geophys. Res.*, **105**, 28009-28033.

Hall, R., 2002, Cenozoic geological and plate tectonic evolution of SE Asia and the SW Pacific: computer-based reconstructions, model and animations. *Jour Asian Earth Sci.*, **20**, 353-431.

Hall, R., Fuller, M., Ali, J. R. and Anderson, C. D., 1995, The Philippine Sea Plate: magnetism and reconstructions. In Taylor, B. and Natland, J., eds., Active Margins and Marginal Basins of the Western Pacific, AGU, Geophys. Monogr. Ser., **88**, 371-404.

Hamada, T., 1958, Japanese Halysitidae. *Jour. Fac. Sci., Univ. Tokyo, sec. 2*, **11**, 91-114.

浜口博之，2010，1888年磐梯山水蒸気爆発のメカニズム—その2：前兆現象の解釈—．日本火山学会講演予稿集，28.

濱野幸治・岩田圭示・川村信人・北上古生層研究グループ，2002，早池峰帯緑色岩中の赤色チャートから得られた後期デボン紀コノドント年代．地質学雑誌，**108**，114-122.

花方　聡・三輪美智子，2002，青森県深浦地域の中新統〜鮮新統微化石層序および古環境．地質学雑誌，**108**，767-780.

花井哲郎，1949，宮古層群に関する2・3の問題．地質学雑誌，**55**，116-116.

花井哲郎・小畠郁生・速水　格，1968，白亜系宮古層群概報．国立科学博物館専報，**1**，20-28.

Hanan, B. B. and Graham, D. W., 1996, Lead and helium isotope evidence from oceanic basalts for a common deep source of mantle plumes. *Science*, **272**, 991-995.

Hansen, J., Skjerlie, K. P., Pederson, R. B. and Rosa, R. B., 2002, Crustal melting in the lower parts of island arcs: an example from the Bremanger Granitoid Complex, west Norwegian Caledonides. *Contrib. Mineral. Petrol.*, **143**, 316-335.

Hanyu, H., Tatsumi, Y. and Nakai, S., 2002, A contribution of slab-melts to the formation of high-Mg andesite magmas: Hf isotopic evidence from SW Japan. *Geophys. Res. Lett.*, **29**, 2051, doi:10. 1029/2002GL015856.

Hanyu, H., Tatsumi, Y., Nakai, S., Chang, Q., Miyazaki, T., Sato, K., Tani, K., Shibata, T. and Yoshida, T., 2006, Contribution of slab melting and slab dehydration to magmatism in the NE Japan arc for the last 25 Myr: Constraints from geochemistry. *Geochem. Geophys. Geosys.*, **7**, 1-29, doi:10. 1029/2005GC001220.

Hanzawa, S., 1935, Some fossil Operculina and Miogypsina from Japan and their Stratigraphycal significance. *Sci. Rep. Tohoku Univ., 2nd Ser.*, **18**, 1-29.

半澤正四郎，1954a，日本地方地質誌　東北地方．朝倉書店，318p.

半澤正四郎，1954b，日本地方地質誌　東北地方．朝倉書店，344p.

Hanzawa, S., Hatai, K., Iwai, J., Kitamura, N. and Shibata,T., 1953,

The geology of Sendai and its environs. *Sci. Rep. Tohoku Univ., 2nd Ser.*, **25**, 1-50.

Haq, B. U., Hardenbol, J. and Vail, P. R., 1987, Chronology of fluctuating sea levels since the Triassic. *Science*, **235**, 1156-1167.

Haq, B. U., Hardenbol, J. and Vail, P. R., 1988, Mesozoic and Cenozoic chronostratigraphy and eustatic cycles. In Wilgus, C. K., Hastings, B. S., Kendall, C. G. St. C., Posamentier, H., Ross, C. A. and Van Wagoner, J. C., eds., *SEPM Spec. Publ.*, **42**, 71-108.

原 郁夫・梅村隼夫, 1979, 松ケ平・母体変成岩類の時代論. 加納博教授記念論文集「日本列島の基盤」, 559-578.

原田拓也・小原北士・高地吉一・大川泰幸・森田祥子・横川実和・川越雄太・柳井修一・大藤 茂, 2013, 北部北上帯, 横木沢層及び小本層の砕屑性ジルコンのU-Pb年代分布. 日本地球惑星科学連合2013年大会要旨, SGL41-P14.

Harbert, W. and Cot, A., 1989, Late neogene of the pacific plate. *Jour. Geophys. Res.*, **94**, 3056-3064.

Harding, T. P., 1990, Identification of wrench faults using subsurface structural data: criteria and pitfalls. *AAPG. Bull.*, **74**, 1590-1609.

Harris, N. and Massey, J., 1994, Decompression and anatexis of Himalayan metapelites. *Tectonics*, **13**, 1537-1546.

Hart, S. R., 1984, A large-scale isotope anomaly in the Southern Hemisphere mantle, *Nature*, **309**, 753-757.

Hart, S. R., Gerlach, D. C. and White, W. M., 1986, A possible new Sr-Nd-Pb mantle array and consequences for mantle mixing. *Geochim. Cosmochim. Acta*, **50**, 1551-1557.

Hart, S. R., Hauri, E. H., Oschmann, L. A. and Whitehead, J. A., 1992, Mantle plumes and entrainment: Isotopic evidence. *Science*, **256**, 517-520.

長谷川昭・佐藤春夫・西村太志, 2015, 地震学. 共立出版, 473p.

長谷紘和・平山次郎, 1970, 五城目地域の地質. 地域地質研究報告 (5万分の1地質図幅), 地質調査所, 52p.

長谷弘太郎, 1956, 小本付近に新たに確認された中生層. 総合研究「日本の後期中生界の研究」連絡誌, **3**, 26-28.

長谷弘太郎・坂東祐司・高橋功二・小貫義男・半沢正四郎, 1956, 北上山地の新たに確認された中生層. 地質学雑誌, **62**, 357.

長谷川昭, 1991, 微小地震活動の時空特性. 地震第2輯, **44**, 329-340.

長谷川昭, 2012, 東北沖地震は何故予測できなかったか. 地震ジャーナル, **53**, 1-9.

長谷川昭, 2015, 2011年東北沖地震の震源域で何が起きたか？―東北沖地震の発生機構―. 地震ジャーナル, **60**, 2-15.

Hasegawa, A., Horiuchi, S. and Umino, N., 1994, Seismic structure of the northeastern Japan convergent margin: A synthesis. *Jour. Geophys. Res.*, **99**, 22295-22311.

Hasegawa, A. and Nakajima, J., 2004, Geophysical constraints on slab subduction and arc magmatism. In Sparks, R. S. J. and Hawkesworth, C. J., eds., *The State of the Planet: Frontiers and Challenges in Geophysics, Volume 150, Geophys. Monogr. Ser.*, AGU, 81-94.

Hasegawa, A., Nakajima, J., Kita, S., Okada, T., Matsuzawa, T. and Kirby, S., 2007, Anomalous deepening of a belt of intraslab earthquakes in the Pacific slab crust under Kanto, central Japan: Possible anomalous thermal shielding, dehydration reactions, and seismicity caused by shallow cold slab material. *Geophys. Res.*

Lett., **34**, L09305, doi:10. 1029/2007GL029616.

長谷川昭・中島淳一・内田直希・弘瀬冬樹・北佐枝子・松澤暢, 2010, 日本列島下のスラブの三次元構造と地震活動. 地学雑誌, **119**, 190-204.

Hasegawa, A., Nakajima, J., Umino, N. and Miura, S., 2005, Deep structure of the northeastern Japan arc and its implications for crustal deformation and shallow seismic activity. *Tectonophysics*, **403**, 59-75.

長谷川昭・中島淳一・海野徳仁・三浦 哲・諏訪謡子, 2004, 東北日本弧における地殻の変形と内陸地震の発生様式. 地震第2輯, **56**, 413-424.

Hasegawa, A., Umino, N. and Takagi, A., 1978, Double-planed structure of the deep seismic zone in northeastern Japan arc. *Tectonophysics*, **47**, 43-58.

Hasegawa, A., Yamamoto, A., Umino, N., Miura, S., Horiuchi, S., Zhao, D. and Sato, H., 2000, Seismic activity and deformation process of the overriding plate in the northeastern Japan subduction zone. *Tectonophysics*, **319**, 225-239.

Hasegawa, A. and Yoshida, K., 2015, Preceding seismic activity and slow slip events in the source area of the 2011 Mw9.0 Tohoku-Oki earthquake: a review. *Geoscience Lett.*, **2**, 6, doi:10. 1186/s40562-015-0025-0.

Hasegawa, A., Yoshida, K. and Okada, T., 2011, Nearly complete stress drop in the 2011 Mw9.0 off the Pacific coast of Tohoku Earthquake. *Earth Planets Space*, **63**, 703-707.

Hasegawa, A., Yoshida, K., Asano, Y., Okada, T., Iinuma, T. and Ito, Y., 2012, Change in stress field after the 2011 great Tohoku-Oki earthquake. *Earth Planet. Sci. Lett.*, **355-356**, 231-243.

Hasegawa, A., Zhao, D., Hori, S., Yamamoto, A. and Horiuchi, S., 1991, Deep structure of the northeastern Japan arc and its relationship to seismic and volcanic activity. *Nature*, **352**, 683-689.

長谷川善和・国府田良樹・渡辺俊光・押田勝男・滝沢 晃・鈴木千里, 1987, 福島県広野町双葉層群産恐竜化石群. 日本古生物学会第136回例会講演予稿集, **4**, 4.

Hasemi, A., Ishii, H. and Takagi, A., 1984, Fine structure beneath the Tohoku district. *Tectonophysics*, **101**, 245-265.

Hashida, T. and Shimazaki, K., 1987, Determination of seismic attenuation structure and source strength by inversion of seismic intensity data: Tohoku district, Northeastern Japan arc. *Jour. Phys. Earth.*, **35**, 67-92.

橋本 学, 1990, 測地測量により求めた日本列島の地震間の平均的な地殻水平歪速度 (1)：本州・四国・九州. 地震第2輯, **43**, 13-26.

Hatai, K, 1938, A Note on pectin *kagamianus* YOKOYAMA. *Bull. Biogeogr. Soc. Japan*, **18**, 103-110.

Hatai, K, 1941, On Some Fossils from the Oido Shell-Beds Developed in Toda-Gun, Rikuzen Province, Japan. *Jour. Geol. Geogr.*, **18**, 109-118.

Hatai, K. and Kamada, Y., 1950, Fossil evidence for the geological age of the Uchigo Group, Joban Coal-field. *Short papers Inst. Geol. Paleont. Sendai*, **2**, 58-73.

幡谷竜太・大槻憲四郎, 1991, 山形県小国町付近の地質―東北本州弧前期中新世ハーフ・グラーベンの例―. 地質学雑誌, **97**, 835-848.

Hayakawa, Y., 1985, Pyroclastic geology of Towada Volcano. *Bull. Earthq. Res. Inst. Univ. Tokyo*, **60**, 507-592.

早川由紀夫, 1994, 燧ヶ岳で見つかった約500年前の噴火堆積

物. 火山，**39**，243-246.

早川由紀夫・新井房夫・北爪智啓，1997，燧ケ岳火山の噴火史. 地学雑誌，**106**，660-664.

Hayama, Y., Kizaki, Y., Aoki, K., Kobayashi, S., Toya, K. and Yamashita, N., 1969, The Joetsu Metamorphic Belt and its bearing on the geologic structure of the Japanese Islands. *Mem. Geol. Soc. Japan*, no. 4, 61-82.

早川由紀夫・小山真人，1998，日本海をはさんで10世紀に相次いで起こった二つの大噴火の年月日―十和田湖と白頭山―. 火山，**43**，403-407.

Hayami, I., 1959a. Bajocian pelecypods of the Aratozaki Formation in northeast Japan. *Japan. Jour. Geol. Geogr.*, **30**, 53-70.

Hayami, I., 1959b, Some pelecypods from the Tsukinoura Formation in Miyagi Prefecture. *Trans. Proc. Palaeont. Soc. Japan, N. S.*, **35**, 133-137.

速水　格，1959，宮城県稲井村水沼地方のジュラ系. 地質学雑誌，**65**，505-515.

Hayami, I., 1960, Jurassic inoceramids in Japan. *Jour. Fac. Sci., Univ. Tokyo, sec. 2*, **12**, 277-328.

Hayami, I., 1960, Pelecypods of the Jusanhama Group（Purbeckian or Wealden）in Hashiura area, northeast Japan. *Japan. Jour. Geol. Geogr.*, **31**, 13-21.

Hayami, I., 1961a, Successions of the Kitakami Jurassic. Jurassic stratigraphy of South Kitakami, Japan I. *Japan. Jour. Geol. Geogr.*, **32**, 159-177.

Hayami, I., 1961b, Sediments and correlation of the Kitakami Jurassic, Jurassic stratigraphy of South Kitakami, Japan II. *Japan. Jour. Geol. Geogr.*, **32**, 179-190.

Hayami, I., 1961c, Geologic history recorded in the Kitakami Jurassic. Jurassic stratigraphy of South Kitakami, Japan III. *Japan. Jour. Geol. Geogr.*, **32**, 191-204.

Hayami, I., Sugita, M. and Nagumo, Y., 1960, Pelecypods of the Upper Jurassic and Lowermost Cretaceous Shishiori Group in northeast *Japan. Japan. Jour. Geol. Geogr.*, **31**, 85-98.

Hayasaka, I., 1924, Fossils in the roofing slate of Ogachi, Prov. Rikuzen. *Japan. Jour. Geol. Geogr.*, **3**, 45-53.

Hayasaka, I., 1940, On two Permian ammonoids from the Kitakami Mountains, north Japan. *Jour. Geol. Soc. Japan*, **47**, 422-427.

Hayasaka, I., 1954, Younger Palaeozoic cephalopods from the Kitakami Mountains, Japan. *Jour. Fac. Sci., Hokkaido Univ., Ser. IV*, **8**, 361-374.

Hayasaka, I., 1962, Two species of Tainoceras from the Permian of the Kitakami Mountains. *Bull. Nat. Sci. Mus.*, **6**, 137-143.

Hayasaka, I., 1963, Some Permian fossils from Southern Kitakami. III. *Proc. Japan Acad.*, **39**, 594-599.

Hayasaka, I., 1965, Some cephalopods in the Permian faunule of Takakura-yama, Fukushima Prefecture, Japan（with a note on the geology of the district, by Ichiro Yanagisawa and Mamoru Nemoto）. *Trans. Proc. Palaeont. Soc. Japan, N. S.*, **57**, 8-27.

Hayasaka, I. and Minato, M., 1954, A Sinospirifer-faunule from the Abukuma Plateau, northeast Japan, in comparison with the so-called Upper Devonian brachiopod faunule of the Kitakami Mountains. *Trans. Proc. Palaeont. Soc. Japan, N. S.*, **16**, 201-211.

早瀬一一・石坂恭一，1967，Rb-Srによる地質年令（1），西南日本. 岩鉱，**58**，201-212.

林　広樹・高橋雅和・笠原敬司，2004，関東平野の地下における新第三系の分布. 石油技術協会誌，**69**，574-586.

Hayashi, H., Yamaguchi, T., Takahashi, M. and Yanagisawa, Y., 2002, Planktonic foraminiferal biostratigraphy of the upper Miocene Kubota Formation in the eastern Tanagura area, Northeast Japan. *Bull. Geol. Survey Japan*, **53**, 409-420.

林　広樹・柳沢幸夫・鈴木紀毅・田中裕一郎・齋藤常正，1999，岩手県一関市下黒沢地域に分布する中部中新統の複合微化石層序. 地質学雑誌，**105**，480-494.

林信太郎，1984，鳥海火山の地質. 岩鉱，**79**，249-265.

林信太郎，1986，鳥海火山の岩石学（その3）―微量元素組成および岩石成因論―. 岩鉱，**81**，370-383.

林信太郎・伊藤英之・伴　雄雅，2006，鳥海山の完新世噴火史と火山災害（総特集　活火山における噴火様式の時代的変遷と長期噴火予測（上）. 月刊地球，**28**(5)，334-340.

林信太郎・毛利春治・伴　雄雅，2000，鳥海火山東部に分布する十和田 a 直下の灰色粘土質火山灰―貞観13年（871年）の火山灰？ 歴史地震，**16**，99-106.

林信太郎・大口健志，1998，青森県・深浦～鯵ケ沢地域，前期中新世大戸瀬層の K-Ar 年代と火山岩相. 岩鉱，**93**，207-213.

林信太郎・高橋邦浩・佐藤正樹・吉田武義，1994，鳥海火山山麓，更新世鷲川玄武岩・天狗森火砕岩の K-Ar 年代と全岩化学組成. 東北大学理学部核理研研究報告，**27**，218-231.

林信太郎・宇井忠英，1993，鳥海火山のハザードマップ. 文部省科研費自然災害特別研究「火山災害の規模と特性」（代表者 1 荒牧重雄）報告書，251-262.

林信太郎・梅田浩司・伴　雄雅・佐々木実・山元正継・大場司・赤石和幸・大口健志，1996，東北日本，第四紀火山の時空分布(1)―背弧側への火山活動域の拡大―，1996年度火山学会予稿集，**2**，88.

林信太郎・吉田武義・高嶋幸生・青木謙一郎，1991，東北日本，寒風火山の微量元素組成. 東北大学核理研研究報告，**24**，274-285.

林　歳彦，1986，北部北上山地，田野畑累帯深成岩体の地質および記載岩石学的特徴. 岩鉱，**81**，359-369.

林　歳彦・吉田武義・青木謙一郎，1990，北上山地，田野畑累帯深成岩体の地球化学. 東北大学核理研研究報告，**23**，45-65.

Hayashi, Y., Tsushima, H., Hirata, K., Kimura, K. and Maeda, K., 2011, Tsunami source area of the 2011 off the Pacific coast of Tohoku Earthquake determined from tsunami arraival times at offshore observation stations. *Earth Planets Space*, **63**, 809-813.

早田　勉，1989，テフロクロノロジーによる前期旧石器時代遺物包含層の検討. 第四紀研究，**28**，269-282.

Hedge, C. E. and Knight, R. J., 1969, Lead and strontium isotopes in volcanic rocks from northern Honshu, Japan. *Geochem. Jour.*, **3**, 15-24.

平成20年度岩手・宮城内陸地震4学協会東北合同調査委員会，2009，平成20年（2008年）岩手・宮城内陸地震災害調査報告書. 403p.

Heki, K., 2004, Space geodetic observation of deep basal subduction erosion in northeastern Japan. *Earth Planet. Sci. Lett.*, **219**, 13-20.

Hilde, T. W. C., 1983, Sediment subduction vs. accretion around the Pacific. *Tectonophysics*, **99**, 381-397.

Hildreth, W. and Wilson, C. J. N., 2007, Compositional zoning of the Bishop tuff. *Jour. Petrol.*, **48**, 951-999.

日野亮太・鈴木健介・伊藤喜宏・金田義行，2011，東北地方太平洋沖地震の前震・本震・余震の分布. 科学，**81**，1036-

1043.

Hirahara, Y., Kimura, J. -I., Senda, R., Miyazaki, T., Kawabata, H., Takahashi, T., Chang, Q., Bogdan, S. V., Sato, T. and Kodaira, S., 2015, Geochemical variations in Japan Sea back-arc basin basalts formed by high-temperature adiabatic melting of mantle metasomatized by sediment subduction components. *Geochem. Geophys. Geosyst.*, **16**, 1324-1347.

平原由香・仙田量子・高橋俊郎・土谷信高・加々島慎一・吉田武義・常　青・宮崎　隆・ヴォグラロフ ステファノフ ボグダン・木村純一，2015，東北日本弧に分布する白亜紀〜古第三紀の花崗岩類の Sr・Nd・Hf 同位体組成の空間分布．岩石鉱物科学，**44**，91-111.

平井明夫・佐藤時幸・高島　司，1990，八橋油田における油の根源岩と生成・移動・集積．石油技術協会誌，**55**，37-47.

平松　力，2004，勇払油・ガス田における上部中新統〜鮮新統の珪藻化石層序．石油技術協会誌，**69**，291-299.

平松　力・三輪美智子，2005，秋田県海域および沿岸地域における鮮新世〜更新世の浮遊性有孔虫化石マーカーの出現パターンと集油構造形成時期．石油技術協会誌，**70**，104-113.

平元加奈子・石川麗香・土谷信高，2002，南部北上帯気仙沼市大島付近に分布する前期白亜紀火山岩類，鼎ヶ浦層の火山活動の変遷．地球惑星科学連合 2002 年大会要旨，G030-P009.

Hirano, N., Takahashi, E., Yamamoto, J., Abe, N., Ingle, S. P., Kaneoka, I., Hirata, T., Kimura, J-I., Ishii, T., Ogawa, Y., Machida, S. and Suyehiro, K., 2006, Volcanism in response to plate flexure. *Science*, **313**, 1426-1428.

平田大二・山下浩之・鈴木和恵・平田岳央・李　毅兵・昆　慶明，2010，プロト伊豆-マリアナ島弧の衝突付加テクトニクス―レビュー―．地学雑誌，**119**(6)，1125-1160.

Hirata, N., Yamaguchi, K. T., Kanazawa, T., Suyehiro, K., Kasahara, J., Shibata, H. and Kinoshita, H., 1992, Oceanic crust in the Japan Basin of the Japan Sea bg the 1990 JAPAN-USSR Expedition. Geophys. Res. Lett., **19**, 2027-2030.

平内健一・片山郁夫，2010，マントルウェッジ条件下での蛇紋岩の流動特性に関する実験的研究．月刊地球，**32**，167-171.

平山次郎・市川賢一，1966，1,000 年前のシラス洪水―発掘された十和田湖伝説―．地質ニュース，**140**，10-28.

平山次郎・角　清愛，1962，5 万分の 1 地質図幅「鷹巣」および同説明書．地質調査所，90p.

平山次郎・上村不二雄，1985，鯵ヶ沢地域の地質．地域地質研究報告（5 万分の 1 地質図幅），地質調査所，86p.

廣井美邦，1990，阿武隈変成帯，横川の同一露頭に見られる高圧および低圧で安定な鉱物組合せ―変成史の解析．岩鉱，**85**，207-222.

廣井美邦，2004，ザクロ石のインクルージョンおよび組成累帯構造に基づく阿武隈変成岩の温度―圧力経路．地学雑誌，**113**，703-714.

Hiroi, Y., 2016, Chapter 2b. Pre-Cretaceous accretionary complexes. Abukuma Belt. Moreno, T., Wallis, S., Kojima, T. and Gibbons, W., eds., *The Geology of Japan*. Geological Society, London, 87-91.

廣井美邦・Fanning, C. M.・Ellis, D. J.・白石和行・本吉洋一・田切美智雄・仲井　豊，2004，阿武隈変成岩中のジルコンの SHRIMP による U-Pb 年代測定とテクトニクス．日本地質学会第 101 年学術大会講演要旨，177.

廣井美邦・岸　智，1989，阿武隈変成帯，竹貫泥質片麻岩中の十字石と藍晶石．岩鉱，**84**，141-151.

Hiroi, Y. and Kishi, S., 1989, P-T evolution of Abukuma metamorphic rocks in Northeast Japan: metamorphic evidence for oceanic crust obduction. In Daly, J. S., Cliff, R. A. and Yardley, B. W., eds., *Evolution of Metamorphic Belts*, 481-486.

Hiroi, Y., Kishi, S., Nohara, T., Sato, K. and Goto, J., 1998, Cretaceous high-temperature rapid loading and unloading in the Abukuma metamorphic terrane, Japan. *Jour. Metamorphic Geol.*, **16**, 67-81.

Hiroi, Y., Yokose, M., Oba, T., Nohara, T. and Yao, A., 1987, Discovery Jurassic radiolaria from acmite-bearing metachert of the Gosaisyo metamorphic rocks in the Abukuma terrane, northeastern Japan. *Jour. Geol. Soc. Japan*, **93**, 445-448.

広川　治・吉田　尚，1954，5 万分の 1 地質図幅「人首」および同説明書．地質調査所，33p.

広川　治・吉田　尚，1956，5 万分の 1 地質図幅「大迫」および同説明書．地質調査所，31p.

Hirose, F., Nakajima, J. and Hasegawa, A., 2008, Three-dimensional seismic velocity structure and configuration of the Philippine Sea slab in south-western Japan estimated by double-difference tomography. *Jour. Geophys. Res.*, **113**, B09315, doi:10. 1029/2007JB005274.

弘瀬冬樹・中島淳一・長谷川昭，2008，Double-Difference Tomography 法による関東地方の 3 次元地震波速度構造およびフィリピン海プレートの形状の推定．地震第 2 輯，**60**，123-138.

Hirotani, S. and Ban, M., 2006, Origin of silicic magma and magma feeding system of Shirataka volcano, NE Japan. *Jour. Volcanol. Geotherm. Res.*, **156**, 229-251.

Hirotani, S., Ban, M. and Nakagawa, M., 2009, Petrogenesis of mafic and associated silicic end-member magmas for calc-alkaline mixed rocks in the Shirataka volcano, NE Japan. *Contrib. Mineral. Petrol.*, **157**, 709-734. doi:10. 1007/s00410-008-0360-7.

Hisada, K., Arai, S. and Ishii, T., 1995, Occurrence of detrital chromian spinels and its implication: tectonic setting of Matsugadaira-Motai belt, NE Japan. *Ann. Rep., Inst. Geosci., Univ. Tsukuba*, **21**, 15-19.

Hisada, K. and Arai, S., 1999, Gondwana marginal subduction zone deduced from the chemistry of chromian spinels in Upper Devonian sandstone, Japan. In Metcalfe, I., ed., *Gondwana dispersion and Asian accretion, IGCP 321 Final Results Volume*, A. A. Balkema, Netherlands, 247-257.

Hisada, K., Bunyoungkul, T. and Charusiri, P., 2002, Detrital chromian spinels in Devonian-Carboniferous sandstones of Hikoroichi area, NE Japan: their provenance and tectonic relationship. *Sci. Rep. Inst. Geosci., Univ. Tsukuba, Sec. B*, **23**, 39-51.

Hisada, K., Mogi, N. and Arai, S., 1997, Detrital chromian spinels from the Tobigamori and Karaumedate Formations in the Mt. Tobigamori area, South Kitakami Mountains, NE Japan. *Ann. Rep., Inst. Geosci., Univ. Tsukuba*, **23**, 21-27.

星野　実・浅井健一，1997，1997 年 5 月八幡平地すべり災害（速報）．国土地理院時報，**88**，28-40.

星野　実・小野塚良三・浅井健一・稲沢保行・久松文男，1998，1997 年 5 月八幡平澄川地すべり災害（第 2 報）―地すべり・岩屑なだれ・土石流の挙動と地形の特徴―．国土地理院時報，**90**，50-71.

Hoang, N., Yamamoto, T., Itoh, J. and Flower, M. F. J., 2009,

Anomalous intra-plate high-Mg andesites in the Choshi area (Chiba, Central Japan) produced during early stages of Japan Sea opening ? *Lithos*, **112**, 545-555.

Hoemle, K., Hauff, F., Werner, R., van den Bogaard, P., Gibbons, A. D., Conrad, S. and Muller, R. D., 2011, Origin of Indian ocean seamount province by shallow recycling of continental lithosphere. *Nat. Geosci.*, **4**, 883-887.

Hofmann, A. W., 1997, Mantle geochemistry: The message from oceanic volcanism. *Nature*, **385**, 219-229.

Hofmann, A. W. and Fametani, C. G., 2013, Two views of Hawaiian plume structure. *Geochem. Geophys. Geosyst.*, **14**, 5308-5322.

Hofmann, A. W. and Feigenson, M. D., 1983, Case studies on the origin of basalt. I. Theory and reassessment of Grenada basalts. *Contrib. Mineral. Petrol.*, **84**, 382-389.

Holland, T. and Blundy, J., 1994, Non-ideal interactions in calcic amphiboles and their bearing on amphibole-plagioclase thermometry. *Contrib. Mineral. Petrol.*, **116**, 433-447.

Honda, R., Yukutake, Y., Ito, H., Harada, M., Aketagawa, T., Yoshida, A., Sakai, S., Nakagawa, S., Hirata, N., Obara, K. and Kimura, H., 2011, A complex rupture image of the 2011 off the Pacific coast of Tohoku Earthquake revealed by the MeSO-net. *Earth Planets Space*, **63**, 583-588.

Honda, S. and Yoshida, T., 2005a, Application of the model of small-scale convection under the island arc to the NE Honshu subduction zone. *Geochem. Geophys. Geosys.*, **6**, Q01002, doi:10. 1029/2004 GC000785.

Honda, S. and Yoshida, T., 2005b, Effects of oblique subduction on the 3-D pattern of small-scale convection within the mantle wedge. *Geophys. Res. Lett.*, **32**, L13307, doi:10. 1029/2005GL 023106.

Honda, S., Yoshida, T. and Aoike, K., 2007, Spatial and temporal evolution of arc volcanism in the northeast Honshu and Izu-Bonin arcs: Evidence of small-scale convection under the island arc ? *Island Arc*, **16**, 214-223. doi:10. 1111/j. 1440-1738. 2007. 00567. x.

本田康夫・川辺孝幸・長沢一雄・大場　聰, 1999, 新庄盆地西部の鮮新統中渡層の地質―出羽丘陵はいつ隆起を始めたか. 山形応用地質, **19**, 4-8.

Hone, D. W. E., Mahony, S. H., Sparks, R. S. J., Martin, K. T., 2007, Cladistic analysis applied to the classification of volcanoes. *Bulletin of Volcanology*, **70**, 203-220.

堀　常東・指田勝男, 1998, 八溝山地鶏足山塊の中生界. 地学雑誌, **107**, 493-511.

堀修一郎・長谷川昭, 1991, 微小地震反射波から推定される秋田県森吉山直下の地殻深部溶融体. 地震第2輯, **44**, 39-48.

堀修一郎・海野徳仁・長谷川昭, 1999, 東北地方南部における自然地震のS波反射面の分布. 月刊地球, 号外27, 155-160.

堀修一郎・海野徳仁・河野俊夫・長谷川昭, 2004, 東北日本弧の地殻内S波反射面の分布. 地震第2輯, **56**, 435-446.

Hori, T. and Miyazaki, S., 2011, A possible mechanism of M9 earthquake generation cycles in the area of repeating M7～8 earthquakes surrounded by aseismic sliding. *Earth Planets Space*, **63**, 773-777.

堀川英隆・吉田孝紀, 2006, 南部北上帯登米地域に分布する三畳系稲井層群基底部の堆積環境. 地質学雑誌, **112**, 469-477.

Horiuchi, J. and Kimura, T., 1986, *Ginkgo tzagajanica* Samylina from

the Palaeogene Noda Group, Northeast Japan, with special reference to its external morphology and cuticular features. *Trans. Proc. Palaeont. Soc. Japan, N. S.*, **142**, 341-353.

星　博幸, 2009, 西南日本の時計回り回転：到達点と課題. 日本地質学会第116年学術大会講演要旨, **11**.

星　博幸・壇原　徹・岩野英樹, 2008, 東北日本の反時計回り回転運動：小泊半島（津軽）の前期～中期中新世火山岩類からの新たな証拠. 日本地質学会第115年学術大会講演要旨, 229.

星　博幸・石井六夢・吉田武義, 2003, 青森県西津軽にみられる中新世火山岩類のK-Ar年代. 石油技術協会誌, **68**, 191-199.

Hoshi, H., Kato, D., Ando, Y. and Nakashima, K., 2015, Timing of clockwise rotation of Southwest Japan: constrains from new middle Miocene paleomagnetic results. *Earth, Planets and Space*, **67**-92. doi:10. 1186/s40623-015-0266-3.

Hoshi, H. and Matsubara, T., 1998, Early Miocene paleomagnetic results from the Ninohe area, NE Japan: Implication for arc rotation and intra-arc differential rotation. *Earth Planets Space*, **50**, 23-33.

星　博幸・大槻憲四郎, 1996, 小断層解析により復元した茂木地域の前・中期中新世応力場の変遷. 地質学雑誌, **102**, 700-714.

Hoshi, H., Sato, K. and Saito, K., 1998, K-Ar dates of some Miocene volcanic rocks from the Yamagata area, Northeast Japan. *Jour. Geol. Soc. Japan*, **104**, 722-725.

Hoshi, H. and Takahashi, M., 1997, Paleomagnetic constraints on the extent of tectonic blocks and the location of their kinematic boundaries: Implications for Miocene intra-arc deformation in Northeast Japan. *Jour. Geol. Soc. Japan*, **103**, 523-542.

Hoshi, H. and Takahashi, M., 1999, Miocene Counterclockwise rotation of Northeast Japan: a review and new model. *Bull. Geol. Survey Japan*, **50**, 3-16.

Hoshi, H., Tanaka, D., Takahashi, M. and Yoshikawa, T., 2000, Paleomagnetism of the Nijo Group and its implication for the timing of clockwise rotation of southwest Japan. *Jour. Mineral. Petrol. Sci.*, **95**, 203-215.

保柳康一・川上源太郎・宮坂省吾, 2007, 地質学のふるさと夕張：石炭形成とその前後の地質時代の地層. 地質学雑誌, **113**, 補遺, 205-215.

Hsui, A. T. and Toksoz, M. N., 1981, Back-arc spreading: trench migration, continental pull or induced convection ? *Tectonophysics*, **74**, 89-98.

Hu, Y. and Wang, K., 2006, Bending-like behavior of wedge-shaped thin elastic fault blocks. *Jour. Geophys. Res.*, **111**, B06409, doi:10. 1029/2005JB003987.

Hu, Y., Wang, K., He, J., Klotz, J. and Khararadze, G., 2004, Three-dimensional viscoelastic finite element model for postseismic deformation of the great 1960 Chile earthquake. *Jour. Geophys. Res.*, **109**, B12403.

Huang, Z., Zhao, D., Umino, N., Wang, L., Matsuzawa, T., Hasegawa, A. and Yoshida, T., 2010, P-wave tomography, anisotropy and seismotectonics in the eastern margin of Japan Sea. *Tectonophysics*, **489**, 177-188, doi:10. 1016/j. tecto. 2010. 04. 014.

Huang, Z., Zhao, D. and Wang, L., 2011, Seismic heterogeneity and anisotropy of the Honshu arc from the Japan Trench to the Japan Sea. *Geophys. Jour. Intern.*, **184**, 1428-1444.

Hunter, A. G. and Blake, S., 1995, Petrogenetic evolution of a transitional tholeiitic -calc-alkaline series：Towada volcano, Japan. *Jour. Petrol.*, **36**, 1579-605.

Hyndman, R. D., 2005, Subduction zone backarcs, mobile belts, and orogenic heat. *GSA Today*, **15**, 4-10.

Hyndman, R. D. and Peacock, S. M., 2003, Serpentinization of the forearc mantle. *Earth Planet. Sci. Lett.*, **212**, 417-432.

Hyndman, R. D. and Wang, K., 1993, Thermal constraints on the zone of major thrust earthquake failure, the Cascadian subduction zone. *Jour. Geophys. Res.*, **98**, 2039-2060.

Hyndman, R. D. and Wang, K., 1995, The rupture zone of Cascadia great earthquakes from current deformation and the thermal regime. *Jour. Geophys. Res.*, **100**, 22133-22154.

Hyndman, R. D., Wang, K. and Yamano, M., 1995, Thermal constraints on the seismogenic portion of the southwestern Japan subduction thrust. *Jour. Geophys. Res.*, **100**, 15373-15392.

Hyndman, R. D., Wang, K., Yuan, T. and Spence, G. D., 1993, Tectonic sediment thickening, fluid expulsion, and the thermal regime of subduction zone accretionary prisms: The Cascadia margin off Vancouver Island. *Jour. Geophys. Res.*, **98**, 21865-21876.

Hyndman, R. D., Yamano, M. and Oleskevich, D. A., 1997, The seismogenic zone of subduction thrust faults. *Island Arc*, **6**, 244-260.

Hyodo, H. and Niitsuma, N., 1986, Tectonic rotation of the Kanto Mountains, related with the opening of the Japan Sea and collision of the Tanzawa Block since Middle Miocene. *Jour. Geomag. Geoelectr.*, **38**, 335-348.

Iba, Y., Sano, S., Mutterlose, J. and Kondo, Y., 2012, Belemnites originated in the Triassic-a new look at an old group. *Geology*, **40**, 911-914.

市川浩一郎，1947，北上山地南部津谷伊里前地方中下部三畳系の層序について（演旨）．地質学雑誌，**53**，79-80.

市川浩一郎，1951a，北上山地南部長ノ森地方の地質，特に皿貝層群について（演旨）．地質学雑誌，**57**，277.

市川浩一郎，1951b，本邦三畳紀の年代区分．地質調査所報告特別号，日本三畳系の地質，1-4.

市川浩一郎，1951c，北上山地南部の三畳紀層．地質調査所報告特別号，日本三畳系の地質，7-23.

市川浩一郎，1954，北上山地南部のトリアス系．地団研中生界研究グループ速報特別号（日本の中生界），10-17.

Ichimura, T., 1953, Geological investigation on the Zao: II. Aoso Volcano. Bull. *Earthq. Res. Inst. Univ. Tokyo*, **31**, 129-150.

Ichimura, T., 1955, Activities of the Gassan Volcano. *Bull. Earthq. Res. Inst. Univ. Tokyo*, **33**, 419-432.

Ida, Y., 1983, Conversion in the mantle wedge above the slab and tectonic processes in subduction zones. *Jour. Geophys. Res.*, **88**, 7449-7456.

井田喜明，1986，マグマの発生と上昇．火山第2集，**30**，S73-S84.

井田喜明，2012，地震予知と噴火予知．ちくま学芸文庫，253p.

Ide, S., Baltay, T. and Beroza, G. C., 2011, Shallow dynamic overshoot and energetic deep rupture in the 2011 Mw 9.0 Tohoku-Oki earthquake. *Science*, **332**, 1426-1429.

Ide, S., Beroza, G. C., Shelly, D. R. and Uchide, T., 2007, A scaling low for slow earthquakes. *Nature*, **447**, doi: 10. 1038/nature05780.

Igarashi, T., 2010, Spatial changes of inter-plate coupling inferred form sequences of small repeating earthquakes in Japan. *Geophys. Res. Lett.*, **37**, L20304, doi:10. 1029/2010GL044609.

Igarashi, T., Matsuzawa, T., Umino, N. and Hasegawa, A., 2001, Spatial distribution of focal mechanisms for interplate and intraplate earthquakes associated with the subducting Pacific plate beneath the northeastern Japan arc: A triple-planed deep seismic zone. *Jour. Geophys. Res.*, **106**, 2177-2191.

Igarashi, T., Matsuzawa, T. and Hasegawa, A., 2003, Repeating earthquakes and interplate aseismic slip in the northeastern Japan subduction zone. *Jour. Geophys. Res.*, **108**, doi: 10. 1029/2002 JB001920.

Igi, S., Katada, M., Takizawa, F. and Abe, T., 1974, Gabbroic complexes in the Ojika Peninsla and Kasagai islet, Miyagi Prefecture, Japan. *Jour. Geol. Soc. Japan*, **80**, 107-114.

猪木幸男・滝沢文教・片田正人，1972，金華山の地質構造にまつわる若干の問題．地球科学，**26**，139-148.

Iijima, A., 1972, Latest Cretaceous-Early Tertiary lateritic profile in Northern Kitakami Massif, Northeast Honshuu, Japan. *Jour. Fac. Sci., Univ. Tokyo, sec. 2*, **18**, 325-370.

飯島　東，1988，東北本州弧の新第三紀堆積本の変遷と珪質岩層に関する諸問題．科研費総合研究（A）報告書，209-229.

飯村次雄，1974MS，岩手県気仙郡住田町八日町南部の地質．東北大学理学部地質学古生物学科卒業論文.

Iinuma, I., Hino, R., Kido, M., Inazu, D., Osada, Y., Ito, Y., Ohzono, M., Tsushima, H., Suzuki, S., Fujimoto, H. and Miura, S., 2012, Coseismic slip distribution of the 2011 off the Pacific Coast of Tohoku Earthquake（M9.0）refined by means of seafloor geodetic data. *Jour. Geophys. Res.*, **117**, B07409, doi:10. 1029/2012JB 009186.

Iinuma, I., Ohzono, M., Ohta, Y. and Miura, S., 2011, Coseismic slip distribution of the 2011 off the Pacific coast of Tohoku Earthquake（M9.0）estimated based on GPS data - Was the asperity in Miyagi-oki ruptured? *Earth Planets Space*, **63**, 643-648.

飯尾能久・松澤　暢，2012，東北地方太平洋沖地震の発生過程：なぜM9が発生したのか？．地質学雑誌，**118**，248-277.

池辺　穣・大沢　穣・井上寛生，1979，酒田地域の地質．地域地質調査報告（5万分の1地質図幅），地質調査所，42p.

Ikeda, Y., 1976, Petrology and mineralogy of the Iritono granitic body, central Abukuma Plateau. *Jour. Fac. Sci., Univ. Tokyo, sec. 2*, **19**, 205-226.

池田幸夫，1984，南部北上山地における白亜紀前期の造構作用の研究．広島大学地学研究報告，**24**，99-157.

池田安隆，1996，活断層研究と日本列島の現在のテクトニクス．活断層研究，**15**，93-99.

池田安隆，2001，測地学的変動と第四紀地殻変動の比較．米倉伸之・貝塚爽平・野上道男・鎮西清高編，日本の地形1総説，東京大学出版会，111-114.

池田安隆，2003，地学的歪速度と測地学的歪速度の矛盾．月刊地球，**25**，125-129.

Ikeda, Y., 2005, Long-term and short-term rates of horizontal shortening over the Northeast Japan arc. *Program and Abstracts, Hokudan International Symposium on Active Faulting 2005*, 48-49.

Ikeda, Y., 2006, Long-term and short-term rates of crustal deformation over the northeast Japan arc, and their implications for gigantic earthquakes at the Japan Trench. *Program and Abstracts, International Workshop on Tectonics of Plate Convergence Zones*, 64-68.

池田安隆・岡田真介, 201, 島弧-海溝系における長期的歪み蓄積過程と超巨大地震. 科学, **81**, 1071-1076.

池田安隆・岡田真介・田力正好, 2012, 東北日本島弧—海溝系における長期の歪み蓄積過程と超巨大歪み解放イベント. 地質学雑誌, **118**, 294-312.

今井 功, 1961, 5万分の1地質図幅「近川」および同説明書. 地質調査所, 45p.

今井 功, 1966a, 明治時代における始原界論争-とくに原田・小藤両説を中心として-. 地学雑誌, **75**, 294-302.

今井 功, 1966b, 黎明期の日本地質学—先駆者の生涯と業績. ラティス, 194p.

今井 登・寺島 滋・太田充恒・御子柴真澄・岡井貴司・立花好子・富樫茂子・松久幸敬・金井 豊・上岡 晃, 2004, 日本の地球化学図. 地質調査総合センター, 209p.

今泉力蔵・小高民夫, 1952, 秋田県北秋田郡鷹巣・大館および米内沢地区の地質. 東北大学理学部地質学古生物学教室研究邦文報告, **41**, 1-33.

今泉俊文, 1999, 活断層の分布から見た東北地方の地形起伏—いくつかの疑問. 月刊地球, 号外27, 113-117.

今給黎哲郎・小沢慎三郎・西村卓也・水藤 尚, 2006, 2005年8月16日の宮城県沖の地震に関連した地殻変動と断層モデル. 国土地理院時報, **110**, 95-100.

今村文彦, 2015, 東北地方太平洋沖地震による巨大津波のメカニズムと被害予測. 地震ジャーナル, **60**, 16-22.

Imaoka, T., Nakashima, K., Kamei, A., Itaya, T., Ohira, T., Nagashima, M., Kono N., and Kiji, M., 2014, Episodic magmatism at 105 Ma in the Kinki district, SW Japan: Petrogenesis of Nb-rich lamprophyres and adakites, and geodynamic implications. *Lithos*, **184-187**, 105-131.

Imbrie, J., Hays, J. D., Martinson, D. G., McIntire, A., Mix, A. C., Morley, J. J., Pisias, N. G., Prell, W. L. and Shackleton, N. J., 1984, The orbital theory of Pleistocene climate: Support from a revised chronology of the marine $\delta^{18}O$ record. Berger, A. L. et al., eds., *Milankovitch and Climate, Part I*. Reidel, 269-305.

井村隆介, 1995, 岩木火山の噴火史. 地質学会102年大会講演要旨, 245.

稲葉 充, 2001, 由利原油ガス田の玄武岩貯留岩. 石油技術協会誌, **66**, 56-67.

稲井 豊, 1939, 宮城県本吉郡志津川町四近の地質（予報）. 地質学雑誌, **46**, 231-242.

稲井 豊・高橋年次, 1940, 北上山地南端部の地質に就いて. 東北大学理学部地質学古生物学教室研究邦文報告, **34**, 1-40.

Ingle, C., 1992, Subsidence of the Japan Sea: Stratigraphic evidence from ODP sites and onshore sections, *Proc. ODP Sci. Results*, **127/128**, 1197-1218.

井口 隆, 1988, 日本における火山体の山体崩壊と岩屑流—磐梯山・鳥海山・岩手山の研究事例—. 国立防災科学技術センター研究報告, **41**, 163-275.

井口 隆, 2006, 日本の第四紀火山で生じた山体崩壊・岩屑なだれの特徴—発生状況・規模と運動形態・崩壊地形・流動堆積状況・発生原因について—. 日本地すべり学会誌, **42**, 409-420.

井口 隆・八木浩司, 2008, 八幡平火山の巨大地すべり地形.

日本地すべり学会誌, **44**, 53-55.

井上厚行, 2003, II-A7 熱水変質作用, 資源環境地質学, 資源地質学会, 195-202.

井上英二, 1982, 対馬海峡をめぐる白亜系・第三系の地質学的問題—その2—海域の地質と総括. 地質ニュース, **340**, 46-61.

井上克弘, 1978, 秋田駒ヶ岳火山噴出物の ^{14}C 年代地球科学. **32**, 221-223.

Inoue, K., 1980, Stratigraphy distribution mineralogy and geochemistry of late Quaternary tephras erupted from the Akita-Komagatake volcano, northeastern Japan. *Soil Sci., Plant Nutr.*, **26**, 42-61.

井上和俊・伴 雅雄, 1996, 東北日本, 月山火山新期噴出物の岩石学的研究. 岩鉱, **91**, 33-47.

井上道則・吉川武義・藤巻宏和・伴 雅雄, 1994, 東北本州弧, 高原火山群における山体形成史とマグマの成因. 東北大学核理研研究報告, **27**, 169-198.

井上 武・乗富一雄・上田良一・臼田雅郎, 1973, 5万分の1秋田県総合地質図幅「花輪」および同説明書. 秋田県, 54p.

井上 武・乗富一雄・上田良一・臼田雅郎, 1973, 5万分の1秋田県総合地質図幅「大館」および同説明書. 秋田県, 94p.

石田正夫・秦 光男, 1989, 西南北海道渡島半島第三系の地質構造発達史. 地質学論集, no.32, 29-56.

石田志朗, 1979, 男鹿半島（2）—F. T. 年代一. 土 隆一編, 日本新第三系層序に関する基本資料, 71-73.

Ishiga, H. and Ishiyama, D., 1987, Jurassic accrerionary complex in Kaminokuni Terrane, southwestern Hokkaido, Japan. *Mining Geol.*, **37**, 381-394.

石原舜三, 1973, Mo・W鉱床生成区と花崗岩岩石区. 鉱山地質, **23**, 13-32.

Ishihara, S., 1977, The magnetite-series and ilmenite-series granitic rocks. *Mining Geol.*, **27**, 293-305.

石原舜三, 1982, 岩手県, 門神岩の角礫岩. 地質ニュース, **333**, 45-49.

Ishihara, S., 1990, The inner zone batholith vs. the outer zone batholith of Japan: evaluation from their magnatic susceptibility. Univ. Mus., *Univ. Tokyo, Nature and Culture*. **2**, 21-34.

Ishihara, S. and Chappell, B. W., 2008, Chemical compositions of the late Cretaceous granitoids across the central part of the Abukuma Highland, Japan-Revisited. *Bull. Geol. Survey Japan*, **59**, 151-170.

石原舜三・服部 仁・坂巻幸雄・金谷 弘・佐藤岱生・望月常一・寺島 滋, 1973, 阿武隈高地—横断面における花崗岩質岩石および変成岩の化学的性質の広域的変化—とくに U, Th, K2O. 地質調査所月報, **24**, 269-284.

Ishihara, S. and Matsuhisa, Y., 2004, Oxygen isotopic constraints on the genesis of the Cretaceous granitoids in the Kitakami and Abukuma terrains, Northeast Japan. *Bull. Geol. Survey Japan*, **55**, 57-66.

Ishihara, S., Matsuhisa, Y., Sasaki, A. and Terashima, S., 1985, Wall rock assimilation by magnetiteseries granitoid at the Miyako Pluton, Kitakami, northeastern Japan. *Jour. Geol. Soc. Japan*, **91**, 679-690.

Ishihara, S. and Orihashi, Y., 2015, Cretaceous granitoids and their zircon U-Pb ages across the south-central part of the Abukuma Highland, Japan. *Island Arc*, **24**, 159-168.

石原舜三・柴田 賢・内海 茂, 1988, 白亜紀-古第三紀花崗

岩類に伴う鉱床の鉱化年代—1987年における総括. 地質調査所月報, **39**, 81-90.

石原敬久・大平寛人・立石雅昭, 2000, 山形県新庄盆地に分布する折渡層のフィッション・トラック年代. 地質学雑誌, **106**, 905-908.

石井和彦, 1985, 北上山地牡鹿半島での褶曲とスレート劈開の形成機構について. 地質学雑誌, **91**, 309-321.

石井和彦, 1988, 南部北上山地におけるスレートへき開の形成と花崗岩体の上昇・貫入過程. 東北大学理学部地質学古生物学教室研究邦文報告, **91**, 1-14.

Ishii, K., 1988, Grain growth and re-orientation of phyllosilicate minerals during the development of slaty cleavage in the South Kitakami Mountains, northeast Japan. *Jour. Struct. Geol.*, **10**, 145-154.

Ishii, K., Okimura, Y. and Nakazawa, K., 1975, On the Genus *Colaniella* and its biostratigraphic significance. *Jour. Geosci., Osaka City Univ.*, **19**, 107-138.

Ishii, K., Sendo, T., and Ueda, Y., 1956, The diversity of the Tanohata granitic mass, northern Kitakami mountains, Iwate Prefecture. *Sci. Rep. Tohoku Univ., 3rd Ser.*, **5**, 153-167.

石井清彦・千藤忠昌・植田良夫・島津光夫, 1956, 岩手県の火成岩. 岩手県地質説明書II, 岩手県, 50p.

石井清彦・植田良夫・山岡一雄・山江徳載, 1953, 岩手県田老町付近の地質及び岩石. 岩鉱, **37**, 41-50.

石井武政, 1989, 東北本州弧外側第三系の地質とその発達史. 地質学論集, no.32, 113-132.

石井武政・柳沢幸夫, 1984, 旧北上川沿いに分布する追戸層の地質時代について. 地質調査所月報, **35**, 623-635.

石井武政・柳沢幸夫・山口昇一, 1983a, 塩竈地域の地質. 地域地質研究報告（5万分の1地質図幅）, 地質調査所, 112p.

石井武政・柳沢幸夫・山口昇一, 1983b, 松島湾周辺に分布する中新世軽石凝灰岩のフィッション・トラック年代. 地質調査所月報, **34**, 139-152.

石井武政・柳沢幸夫・山口昇一・安部智彦, 1982, 塩釜地域の中新世火山岩 K-Ar 年代-Actinocyclus ingens ゾーンと Denticulopsis lauta ゾーンの境界の年代に関して. 地質調査所月報, **34**, 139-152.

石井武政・柳沢幸夫・山口昇一・寒川 旭・松野久也, 1982, 松島地域の地質. 地域地質研究報告（5万分の1地質図幅）, 地質調査所, 121p.

石島正巳・加藤祐三, 1971, 北上山地折壁花崗岩質岩体について. 岩鉱, **65**, 149-161.

石川賢一・吉田武義・青木謙一郎, 1982, 岩手火山の地球化学的研究. 核理研研究報告, **15**, 257-264.

石川正弘・広井美邦・田切美智雄, 1996, 竹貫―御斎所変成岩類の岩石と地質構造. 日本地質学会第103年学術大会見学旅行案内書, 139-153.

石川正弘・大槻憲四郎, 1990, 御斎所変成帯の褶曲と左横擦れ塑性剪断変形. 地質学雑誌, **96**, 719-730.

石川典彦・橋本 学, 1999, 測地測量により求めた日本の地震間の平均的な地殻水平ひずみ速度（II）. 地震第2輯, **52**, 299-315.

石井洋平, 1999, 黒鉱型鉱床の地球科学的特性を利用した潜頭鉱床探査. 平成10年度鉱物資源探査技術開発調査報告書, 通産省・資源エネルギー庁, IV-1～IV-79.

石和田靖章, 1981, 東シナ海の広域不整合について. 海洋科学, **13**, 177-179.

Ishizaka, K. and Carlson, R.W., 1983, Nd-Sr systematics of the Setouchi volcanic rocks, southwest Japan: a clue to the origin of orogenic andesite. *Earth Planet. Sci. Lett.*, **64**, 327-340.

Ishizaki, Y., Masubuchi, Y. and Aono, Y., 2009, Two types of dacitic pumices from the caldera-forming eruption of Numazawa Volcano, NE Japan. *Jour. Mineral. Petrol. Sci.*, **104**, 356-373.

石塚 治・宇都浩三, 1995, 岩手県二戸地域新第三紀火山岩類の K-Ar 年代. 1995年日本火山学会講演予稿集, 4.

Ishizuka, O., Uto, K. and Yuasa, M., 2003, Volcanic history of the back-arc region of the Izu-Bonin（Ogasawara）arc. *Geol. Soc., London, Spec. Publ.*, **219**, 187-205.

磯 望, 1976, 岩手山東麓の火山灰層. 日本地理学会予稿集, **11**, 130-131.

Isozaki, Y., 1996, Anatomy and genesis of a subduction-related orogen: A new view of geotectonic subdivision and evolution of the Japanese Islands. *Island Arc*, **5**, 289-320.

磯﨑行雄, 1998, 日本列島の起源と付加型造山帯の成長―リフト帯での誕生から都城型造山活動へ―. 地質学論集, no.50, 89-106.

Isozaki, Y., Ehiro, M. Nakahata, H., Aoki, K., Sakata, S. and Hirata, T., 2015, Cambrian plutonism in Northeast Japan and its significance for the earliest arc-trench system of proto-Japan: new U-Pb zircon ages of the oldest granitoids in the Kitakami and Ou Mountains. *Jour. Asian Earth Sci.*, **108**, 136-149.

磯﨑行雄・丸山茂徳, 1991, 日本におけるプレート造山論の歴史と日本列島の新しい地体構造区分. 地学雑誌, **100**, 697-761.

磯﨑行雄・丸山茂徳・青木一勝・中間隆晃・宮下 敦・大藤 茂, 2010, 日本列島の地帯構造区分再訪―太平洋型（都城型）造山帯構成単元および境界の分類・定義―. 地学雑誌, **119**, 999-1053.

磯﨑行雄・丸山茂徳・青木一勝・中間隆晃・山本伸次・柳井修一, 2011, 活動的大陸縁の肥大と縮小の歴史―日本列島形成史アップデイト―. 地学雑誌, **120**, 65-99.

磯﨑行雄・丸山茂徳・中間隆晃・山本伸次・柳井修一, 2011, 活動的大陸縁の肥大と縮小の歴史―日本列島形成史のアップデイト―. 地学雑誌, **120**, 65-99.

一色直記, 1974, 阿武隈山地太平洋側の中新世枕状溶岩. 地質学雑誌, **80**, 323-328.

Ito, A., Fujie, G., Miura, S., Kodaira, S. and Kaneda, Y., 2005, Bending of the subducting oceanic plate and its implication for rupture propagation of large interplate earthquakes off Miyagi, Japan, in the Japan Trench subduction zone. *Geophys. Res. Lett.*, **32**, L05310. doi:10. 1029/2004GL022307.

伊藤 慎, 1997, 上総丘陵の地質. 千葉県の自然誌 本編2 千葉県の大地, 千葉県, 201-239.

Ito, T., 1981, Superposition of the Cenozoic two fold systems in the northwest Akita Region, Northeast Japan. *Jour. Fac. Sci., Univ. Tokyo, sec. 2*, **20**, 295-343.

伊藤谷生・歌田 実・奥山俊一, 1989, 東北日本脊梁地域に分布する中新世後期～鮮新世のカルデラ群について. 地質学論集, no.32, 409-429.

Ito, Y., Hino, R., Kido, M., Fujimoto, H., Osada, Y., Inazu, D., Ohta, Y., Iinuma, T., Ohzono, M., Miura, S., Mishina, M., Suzuki, K., Tsuji, T. and Ashi, J., 2013, Episodic slow slip events in the Japan subduction zone before the 2011 Tohoku-Oki earthquake. *Tectonophysics*, **600**, 14-26.

Ito, Y. and Obara, K., 2006, Dynamic deformation of the accretionary prism excites very low frequency earthquakes. *Geophys. Res. Lett.*, **33**, L02311, doi:10. 1029/2005GL25270.

Ito, Y., Obara, K., Shiomi, K., Sekine, S. and Hirose, H., 2007, Slow earthquakes coincident with episodic tremors and slow slip events. *Science*, **315**, 503-507.

Ito, Y., Tsuji, T., Osada, Y., Kido, M., Inazu, D., Hayashi, Y., Tsushima, H., Hino, R. and Fujimoto, H., 2011, Frontal wedge deformation near the source region of the 2011 Tohoku-Oki earthquake. *Geophys. Res. Lett.*, **38**, L00G05, doi:10. 1029/2011 GL048355.

伊藤順一，1998，文献史料に基づく，岩手火山における江戸時代の噴火活動史．火山，**43**，467-481.

伊藤順一，1999，西岩手火山において有史時代に発生した水蒸気爆発の噴火過程とその時代．火山，**44**，261-266.

伊藤順一・土井宣夫，2005，岩手火山地質図，産総研地質調査総合センター，13p.

伊藤順一・川辺禎久，1998，秋田焼山1997年8月16日噴火により放出された火山灰の構成物．火山噴火予知連絡会会報，**69**，17-22.

伊藤順一・阪口圭一・山元孝広，1997，鳴子火山における後カルデラ期の水蒸気爆発（演旨）．地球惑星科学関連学会合同大会予稿集，805p.

Itoh,Y., T. Nakajima, A. Takemura, 1997, Neogene deformation of the back-arc shelf of Southwest Japan and its impact on the paleoenvironments of the Japan Sea. *Tectonophysics*, **281**, 71-82.

Itoh, Y. and Tsuru, T., 2005, Evolution history of the Hidaka—oki (offshore Hidaka) basin in the southern central Hokkaido, as revealed by seismic interpretation, and related tectonic events in an adjacent collision zone. *Physics of the Earth and Planetary Interiors*, **153**, 220-226.

Itoh, Y. and Tsuru, T., 2006, A model of late Cenozoic transcurrent motion and deformation in the fore-arc of northeast Japan: Constraints from geophysical studies. *Physics of the Earth and Planetary Interiors*, **156**, 117-129.

伊藤康人・山本朗子・岩野英樹・檀原　徹・渡辺真人，2000，金沢・医王や間地域に分布する中新統の古地磁気とフィッショントラック年代．地質調査所月報，**51**，495-504.

岩井淳一・石崎国熙，1966，北上山地薄衣式礫岩の研究．東北大学理学部地質学古生物学教室研究邦文報告，**62**，35-53.

岩井淳一・村田正文・長谷紘和・大村一夫，1964，北部北上山地葛巻付近の地質．地質学雑誌，**70**，382-383.

岩井武彦，1986，島弧横断ルートNo.11（深浦-岩木山-弘前-八甲田-三沢）．北村　信編，新生代東北本州弧地質資料集，宝文堂，11p.

いわき市，1997，桜ヶ丘5号線道路災害調査設計業務委託報告書．いわき市土木部，67p.

いわき市，2002，四倉中核工業団地1号防災調整池関連地すべり防止調査委託報告書（地すべり調査・対策編）．いわき市土木部，87p.

Iwamatsu, A., 1975, Folding-styles and their tectonic levels in the Kitakami and Abukuma mountainous lands, Northeast Japan. *Jour. Fac. Sci., Univ. Tokyo, sec. 2*, **19**, 95-131.

Iwamori, H., 1998, Transportation of H_2O and melting in subduction zones. *Earth Planet. Sci. Lett.*, **160**, 65-80.

Iwamori, H., 2007, Transportation of H_2O beneath the Japan arcs and its implications for global water circulation. *Chem. Geol.*, **239**,

182-198.

岩森　光，2016，マントル対流と全地球ダイナミクス．火山，**61**，1-22.

Iwamori, H. and Nakamura, H., 2015, Isotopic heterogeneity of oceanic, arc and continental basalts and its implications for mantle dynamics. *Gondwana Res.*, **27**, 1131-1152.

Iwamori, H. and Zhao, D., 2000, Melting and seismic structure beneath the northeast Japan arc. *Geophys. Res. Lett.*, **27**, 425-428.

岩野英樹・星　博幸・檀原　徹・吉岡　哲，2003，東北本州弧，朝日山地南縁に分布する中新世火山岩類のフィッション・トラック年代測定．地質学雑誌，**109**，179-191.

岩生周一・松井　寛，1961，5万分の1地質図幅「平・川前（付井出）」および同説明書．地質調査所，103p.

岩佐三郎，1962，青森県津軽地方の含油第三系とその構造発達史について．石油技術協会誌，**27**，197-231.

Iwasaki, T., Kato, W., Moriya, T., Hasemi, A., Umino, N., Okada, T., Miyashita, K., Mizogami, T., Takeda, T., Sekine, S., Matsushima, T., Tashiro, K. and Miyamachi, H., 2001, Extensional structure in northern Honshu Arc as inferred from seismic refraction/wide-angle reflection profiling. *Geophys. Res. Lett.*, **28**, 2329-2332.

Iwasaki, T., Yoshii, T., Moriya, T., Kobayashi, A., Nishiwaki, M., Tsutsui, T., Ikeda, T., Ikami, A. and Masuda, T., 1994, Precise P and S wave velocity structures in the Kitakami massif, Northern Honshu, Japan, from a seismic refraction experiment. *Jour. Geophys. Res.*, **99**, 22187-22204.

Iwata, N., Tanaka, H., and Kato, Y., 2000, ^{40}Ar-^{39}Ar and K-Ar mineral ages of the Tabito composite mass in the southern Abukuma Mountains, northeast Japan, *Jour. Mineral. Petrol. Econ. Geol.*, **95**, 1-11.

岩田尊夫・平井明夫・稲場士誌典・平野真史，2002，常磐沖堆積盆における石油システム．石油技術協会誌，**67**，62-71.

Jackson, E. D., Shaw, H. R. and Brager, K. E., 1975, Calculated geochronology and stress field orientations along the Hawaiian Chain. *Earth Planet. Sci. Lett.*, **26**, 145-155.

Jackson, M. G., Kurz, M. D., Hart, S. R. and Workman, R. K., 2007, New Samoan lavas from Ofu Island reveal a hemispherically heterogeneous high $^3He/^4He$ mantle. *Earth Planet. Sci. Lett.*, **264**, 360-374.

Jahn, B. M., Usuki, M., Usuki, T. and Chung, S. L., 2014, Generation of Cenozoic granitoids in Hokkaido, Japan : Constraints from zircon geochronology, Sr-Nd-Hf isotopic and geochemical analyses, and implications for crustal growth. *Am. Jour. Sci.*, **314**, 704-750.

Jarrard, R. D., 1986, Relations among subduction parameters. *Rev. Geophys.*, **24**, 217-284.

神保　惠，1968，5万分の1地質図幅「上山」および同説明書．山形県，24p.

神保　惠・田宮良一・鈴木雅宏・北　卓治・大丸広一郎・本田康夫・加藤　啓・北崎　明・清水貞雄・佐藤康次郎・玉ノ井正俊・高橋静夫・山田国洋・渡辺則道，1970，5万分の1地質図幅「米沢・関」および同説明書．山形県，39p.

神宮　宏・箕浦幸治，1989，弘前市南部上部新生界の層序．小林巌雄・立石雅昭編，古日本海（日本海沿岸総研・研究報告），**2**，10-11.

地震調査研究推進本部地震調査委員会，2000，宮城県沖地震の長期評価．http://www.jishin.go.jp/main/chousa/kaikou_pdf/miyagi.pdf.

地震調査研究推進本部地震調査委員会, 2009, 三陸沖から房総沖へかけての地震活動の長期評価の一部改訂について. http://www.jishin.go.jp/main/chousa/kaikou_pdf/sanriku_boso_2.pdf.

地すべり学会東北支部, 1992, 東北の地すべり・地すべり地形―分布図と技術者のための活用マニュアル―. 地すべり学会東北支部, 142p.

Jolivet, L., Huchon, P., Brun, J. P., LePichon, X., Chamot-Rooke, N. and Thomas, J. C., 1991, Arc deformation and marginal basin opening Japan Sea as a case study. *Jour. Geophys. Res.*, **96**, 4367-4384.

Jolivet, L., Shibuya, H. and Fournier, M., 1995, Paleomagnetic rotations and the Japan Sea opening. In Taylor, B. and Natland, J., eds., Active Margins and Marginal Basins of the Western Pacific. AGU, Geophys. Monogr., **88**, 355-369.

Jolivet, L. and Tamaki, K., 1992, Neogene kinematics in the Japan Sea region and volcanic activity of the northeast Japan arc. *Proc. ODP, Sci. Results*, **127/128**, 1311-1327.

Jolivet, L., Tamaki, K. and Fournier, M., 1994, Japan Sea, opening history and mechanism: A synthesis. *Jour. Geophys. Res.*, **99**, 22237-22259.

Jonsson, S., Segall, P., Pedersen, R. and Bjornsson, G., 2003, Post-earthquake ground movements correlated to pore-pressure transients. *Nature*, **424**, 179-183.

Joplin, G. A., 1968, The shoshonite association: A review. *Jour. Geol. Soc. Australia*, **15**, 275-294.

Jung, H., Katayama, I., Jiang, Z., Hiraga, T. and Karato, S., 2006, Effect of water and stress on the lattice preferred orientation of olivine. *Tectonophysics*, **421**, 1-22.

加賀美英雄, 1979, 音響層位学からみた大陸縁辺域の海進・海退と海面変化. 月刊地球, **45**, 808-815.

加賀美英雄, 2008, 東シナ海大陸棚の地学的概観. 城西大学研究年報自然科学編, **31**, 13-27.

加々美寛雄, 2005, 本州弧に分布する白亜紀～古第三紀花崗岩の活動と起源物質. 地質学雑誌, **111**, 441-457.

加々美寛雄・川野良信・井川寿之・石岡 純・加々島慎一・志村俊昭・周藤賢治・飯泉 滋・今岡照喜・大和田正明・小山内康人・田結庄良昭・田中久雄・土谷信高・柚原雅樹, 2000, 本州弧, 後期白亜紀～古第三紀珪長質火成岩の εSr・εNd 初生値の広域的分布. 月刊地球, 号外30, 185-190.

加々美寛雄・川野良信・井川寿之・石岡 純・加々島慎一・柚原雅樹・周藤賢治・飯泉 滋・今岡照喜・大和田正明・小山内康人・田結庄良昭, 1999, 本州弧白亜紀―第三紀火成活動の時空変遷と下部地殻-Rb-Sr 全岩アイソクロン年代と Sr, Nd 同位体比初生値からの検討―. 地質学論集, no.53, 1-19.

加々島慎一・渡辺幸治・村瀬 豪・野原（今中）里華子・平原由香・仙田量子, 2015, 白亜紀珪長質火成活動に先行する西朝日複成塩基性岩体の成因. 岩石鉱物科学, **44**, 189-204.

貝塚爽平, 1972, 島弧系の大地形とプレートテクトニクス. 科学, **42**, 673-581.

Kaizuka, S. and Imaizumi, T., 1984, Horizontal strain rates of the Japanese Islands estimated from Quaternary fault data. *Geogr. Rep. Tokyo Met. Univ.*, **19**, 43-65.

Kakizaki, Y. and Kano, A., 2009, Architecture and chemostratigraphy of Late Jurassic shallow marine carbonates in NE Japan, western Paleo-Pacific. *Sed. Geol.*, **214**, 49-61.

攬上忠佑, 1956, 吾妻火山群の地質および岩石. 東北大学卒業論文（理, 岩鉱）.

鎌田耕太郎, 1979, 南部北上山地唐桑半島周辺の三畳系稲井層群（その1）―層序および古地理―. 地質学雑誌, **85**, 737-751.

鎌田耕太郎, 1980, 南部北上山地唐桑半島周辺の三畳系稲井層群（その2）―大沢層にみられる層間異常について―. 地質学雑誌, **86**, 713-726.

鎌田耕太郎, 1983, 宮城県登米地域の稲井層群の層序―とくに大沢層の海底地すべり堆積物について―. 地球科学, **37**, 147-161.

鎌田耕太郎, 1993, 津谷地域の地質, 地域地質研究報告（5万分の1地質図幅）. 地質調査所, 70p.

鎌田耕太郎・秦 光男・久保和也・坂本 亨, 1991, 20万分の1地質図「八戸」, 地質調査所.

鎌田耕太郎・中村 通, 1978, 宮城県登米町東方の稲井層群中の石灰岩礫から石炭紀コノドントの発見. 地質学雑誌, **84**, 697-700.

鎌田耕太郎・滝沢文教, 1992, 大須地域の地質, 地域地質研究報告（5万分の1地質図幅）. 地質調査所, 69p.

Kamata, H. and Kodama, K., 1994, Tectonics of an arc-arc junction: an example from Kyushu Island at the junction of the Southwest Japan Arc and the *Ryukyu Arc. Tectonophysics*, **233**, 69-81.

Kamata, H. and Kodama, K., 1999, Volcanic history and tectonics of the Southwest Japan Arc. *Island Arc*, **8**, 393-403.

亀井淳志・高木哲一, 2003, 福島県船引町周辺に分布する阿武隈花崗岩類の地質と岩石記載. 地質学雑誌, **109**, 234-251.

亀尾浩司・佐藤時幸, 1999, 石灰質ナンノ化石層序の最近の知見とその応用―とくに常磐海域坑井の新第三系・第四系層序について―. 石油技術協会誌, **64**, 16-27.

亀高正男・中江 訓・鎌田耕太郎, 2005, 北部北上帯, 陸中関地域の珪質泥岩から産出した前期ペルム紀放散虫化石. 地質調査所研究報告, **56**, 237-243.

神山貞二・米林 滋・福本博美・本間照夫・青木哲也, 1958, 阿仁鉱山の地質と鉱床について. 鉱山地質, **8**, 193-209.

鴨井幸彦, 1981, 朝日山地西麓地域産中新世植物群について. 地質学雑誌, **87**, 175-188.

掃部 満・加藤 進・生路幸生, 1992, 桂根相の堆積環境. 地質学論集, no.37, 239-248.

Kanagawa, K., 1986, Early Cretaceouous folding and cleavage in the Kitakami Mountains, analysed in the Ofunato terrane. *Jour. Geol. Soc. Japan*, **92**, 349-370.

金川久一・安藤寿男, 1983, 南部北上山地大船渡地域からの Monotis の発見とその意義. 地質学雑誌, **89**, 187-190.

金井勝宏・田中久雄・鈴木紀毅, 2002, 山形県小国町の箱ノ口層群より後期ジュラ紀―前期白亜紀放散虫化石の発見. 日本地質学会第109年学術大会講演要旨, 293.

Kanamori, H., 1977, Seismic and aseismic slip along subduction zones and their tectonic implications. *AGU Geophys. Monogr.*, 163-174.

Kanamori, H., Miyazawa, M. and Mori, J., 2006, Investigation of the earthquake sequence off Miyagi Prefecture with historical seismograms. *Earth Planets and Space*, **58**, 1533-1541.

金谷 弘, 1996, 福島県相馬市の試錐コアーの化学組成と磁性についての2～3の知見―松川浦試錐コアーの花崗岩類―. 岩鉱, **91**, 364-372.

神戸信和・島津光夫, 1961, 5万分の1地質図幅「気仙沼」お

よび同説明書. 地質調査所, 73p.

Kaneko, A., 1990, A New Trilobite Genus *Rhinophacops. Trans. Proc. Palaeont. Soc. Japan, N. S.*, **157**, 360-365.

金子　篤・川村寿郎, 1989, 北上山地上有住層産デボン紀三葉虫化石群. 日本古生物学会 1989 年年会予稿集, 100.

Kaneoka, I., 1990, Radiometric age and Sr isotope characteristics of volcanic rocks from the Japan Sea floor. *Geochem. Jour.*, **24**, 7-19.

兼岡一郎, 1991, 日本海の形成時期を探る―放射年代を基にして―. 地質ニュース, **442**, 16-29.

Kaneoka, I., Matsuda, J., Zashu, S., Takahashi, E. and Aoki, K., 1978, Ar and Sr isotopes of mantle derived rocks from the Japanese Islands. *Bull. Volcanol.*, **41**, 424-433.

Kaneoka, I., Notsu, K., Takigami, Y., Fujioka, K. and Sakai, H., 1990, Constraints on the evolution of the Japan Sea based on $^{40}Ar-^{39}Ar$ ages and Sr isotopic ratios for volcanic rocks of the Yamato Seamount chain. *Earth Planet. Sci. Lett.*, **97**, 211-225.

Kaneoka, I., Tajuganum Y., Takaoka, N., Yamashita, S, and Tamaki, K., 1992, 57 $^{40}Ar-^{39}Ar$ analysis of volcanic rocks recovered from the Japan Sea floor: Constraints on the age of formation of the Japan Sea. *Proc. ODP, Sci. Results*, **127/128**, Pt. 2, 819-836.

兼岡一郎・滝上　豊・野津憲治・酒井　均・藤岡換太郎, 1986, 日本海岩石の K-Ar, $^{40}Ar-^{39}Ar$ 年代と Sr 同位体比. 火山第 2 集, **31**, 279.

Kaneoka, I., Takigami, Y., Tokuoka, N., Yamashita, S. and Tamaki, K., 1992, $^{40}Ar-^{39}Ar$ analysis of volcanic rocks recovered from the Japan Sea floor: Constraints on the age of formation of the Japan Sea. *Proc. ODP Sci. Results*, **127/128**, 819-836.

Kaneoka, I. and Yuasa, M., 1988, $^{40}Ar-^{39}Ar$ age studies on igneous rocks dredged from the central part of the Japan Sea, *Geochem. Jour.*, **22**, 195-204.

Kanisawa, S., 1964, Metamorphic rocks of the southwestern part of the Kitakami Mountainland, Japan. *Sci. Rep. Tohoku Univ., ser. 3*, **9**, 155-198.

Kanisawa, S., 1969, Garnet-amphibolite at Yokokawa in the Abukuma metamorphic belt, Japan. *Contrib. Mineral. Petrol.*, **20**, 164-176.

蟹沢聰史, 1969, 北上山地の人首花崗閃緑岩体について. 岩鉱, **62**, 275-288.

Kanisawa, S., 1974, Granitic rocks closely associated with the Lower Cretaceous volcanic rocks in the Kitakami Mountains, Northeast Japan. *Jour. Geol. Soc. Japan*, **80**, 355-367.

蟹沢聰史, 1974, 火成活動および変成史よりみた東北日本. 地質学論集, no. 10, 5-19.

蟹沢聰史, 1977, 東北日本の基盤と古・中生代の火成活動. 地団研専報, no. 20, 27-35.

蟹沢聰史, 1979, 阿武隈変成岩類の化学組成と含水鉱物中のフッ素の挙動. 加納博教授記念論文集「日本列島の基盤」, 483-490.

蟹澤聰史, 1992, マグマ起源の菫青石・紅柱石―安達火山石質岩片の場合―. 月刊地球, **14**, 305-312.

Kanisawa, S. and Ehiro, M., 1986, Occurrence and geochemical nature of phosphatic rocks and Mn-rich carbonate rocks in the Toyoman Series, Kitakami Mountains, Northeastern Japan. *Jour. Japan Assoc. Mineral. Petrol. Econ. Geol.*, **81**, 12-31.

蟹澤聰史・永広昌之, 1997, 南部北上帯西縁部の先デボン紀正法寺閃緑岩―その岩石学と K-Ar 年代―. 岩鉱, **92**, 195-204.

蟹澤聰史・永広昌之・大上和良, 1992, 松ヶ平―母体変成岩類中の角閃岩類の K-Ar 年代とその意義. 岩鉱, **87**, 412-419.

蟹澤聰史・石川賢一・土谷信高・片田正人, 1994, 北上山地, IV 帯の深成岩類を貫くアルカリに富む岩脈類. 岩鉱, **89**, 189-202.

蟹澤聰史・片田正人, 1988, 北上山地の前期白亜紀火成活動の特徴. 地球科学, **42**, 220-236.

蟹澤聰史・大槻憲四郎・永広昌之・吉田武義・風間基樹・鹿野和彦・宝田晋治・脇田浩二・京極正昭・中山政喜・鹿摩貞男・小山利直・三浦　昭, 2006, 建設技術者のための東北地方の地質. 東北建設協会, 408p.

蟹沢聰史・宇留野勝敏, 1962, 阿武隈, 竹貫地方に見出された含十字石変成岩（予報）. 地球科学, **55**, 156.

Kanisawa, S. and Yoshida, T., 1989, Genesis of the extremely low-K tonalites from the island arc volcanism: Lithic fragments in the Adachi-Medeshima pumice deposits, Northeast Japan. *Bull. Volcanol.*, **51**, 346-354.

蟹沢聰史・吉田武義・石川賢一・青木謙一郎, 1986, 北上山地・遠野花崗岩体の地球化学的研究. 東北大学核理研研究報告, **19**, 251-264.

蟹沢聰史・吉田武義・石川賢一・永広昌之・青木謙一郎, 1989, 北上山地, 古第三紀珪長質火山岩類の地球化学的研究. 東北大学核理研研究報告, **22**(1), 76-85.

Kanisawa, S. and Yoshida, T., 1989, Genesis of the extremely low-K tonalites from the island arc volcanism. *Bull. Volcanol.*, **51**, 346-354.

蟹澤聰史・吉田武義・石川賢一・永広昌之・青木謙一郎, 1989, 北上山地, 古第三紀珪長質火山岩類の地球化学的研究. 東北大学核理研研究報告, **22**, 76-85.

環境省, 2005, 水環境総合情報サイト公共用水域測定データ. http://www.2.env.go.jp/water/mizu-site/.

環境省, 2009, 平成 20 年度全国の地盤沈下地域の概況, ほか.

Kanmera, K. and Mikami, T. 1965a, Succession and sedimentary features of the Lower Permian Sakamotozawa Formation. *Mem. Fac. Sci., Kyushu Univ., ser. D*, **16**, 265-274.

Kanmera, K. and Mikami, T., 1965b, Fusuline zonation of the Lower Permian Sakamotozawa Series. *Mem. Fac. Sci. Kyushu Univ., ser. D*, **16**, 275-320.

菅野三郎, 1955, 北部阿武隈金山付近の地質. 東京教育大学地質学鉱物学教室研究報告, **4**, 11-23.

加納　博, 1954, 北上中軸帯における花崗岩類と堆積岩類の構造的関係 (I). 地質学雑誌, **60**, 241-254.

加納　博, 1958a, 南部北上山地登米地方の稲井層群基底礫岩―含花崗質岩礫岩の研究（その 2）―. 地質学雑誌, **64**, 464-473.

加納　博, 1958b, 本州外側地向斜における白亜紀キースラーガー―鉱床区の展望―北上外縁と四万十帯. 鉱山地質, **8**, 318-327.

加納　博, 1959, 鹿折層群（上部ユラ系）の花崗質岩礫とその起源. 地質学雑誌, **65**, 750-759.

加納　博, 1960, 夏山礫岩の再検討とその構造地質学的意義. 地球科学, **52**, 9-18.

加納　博, 1971, 北上山地の薄衣式礫岩（総括）. 地質学雑誌, **77**, 415-440.

加納　博, 1979, 中・南部阿武隈高原の変成作用, とくに角閃石の化学組成とざくろ石・菫青石地質温度計. 加納博教授記念論文集「日本列島の基盤」, 431-481.

加納　博，1989，第9章構造発達史の概要と諸問題，9.1古生代〜白亜紀の初期，（4）阿武隈帯．日本の地質「東北地方」編集委員会編，日本の地質2 東北地方，共立出版，242-244．

加納　博，2003，阿武隈山地竹貫変成岩のセクターザクロ石―記載と考察―．秋田大学工学資源学部「鉱業博物館」，**36**，3-30．

加納　博・秋田大学花崗岩研究グループ，1978，花崗岩プルトンの構造岩石学（1）―北上山地のしずく形プルトン―．岩鉱，**73**，97-120．

加納　博・永広昌之，1989，図2.25 阿武隈山地の先新第三系の地質略図．日本の地質「東北地方」編集委員会編，日本の地質2 東北地方，共立出版，55．

加納　博・小林治朗，1979，秋田県生保内東方脊梁山地の先第三系基盤花崗岩類―花崗岩プルトンの構造岩石学（II）．秋田大学鉱山学部地下資源研究施設報告，**45**，77-89．

Kano, H. and Kuroda, Y., 1968, On the occurrence of staurolite and kyanite from the Abukuma Plateau, northeastern Japan. *Proc. Japan Acad.*, **44**, 77-82.

Kano, H. and Kuroda, Y., 1973, On the chemistry of coexisting garnet and biotite in pelitic-psammitic metamorphic rocks, central Abukuma, Japan. *Jour. Geol. Soc. Japan*, **79**, 621-641.

加納　博・黒田吉益・宇留野勝敏・濡木輝一・蟹沢聰史・丸山孝彦・梅村隼夫・光川　寛・瀬戸延男・大平芳久・佐藤　茂・一色直記，1973，竹貫地方の地質．地域地質研究報告（5万分の1地質図幅），地質調査所，109p．

Kano, H., Yanai, K., and Tsuji, M., 1964, The geology and structure of the Taiheizan complex pluton with special reference to the basement problem of the Green tuff region. *Jour. Min. Coll., Akita Univ., Ser. A*, **3**, 107-117.

加納　博・矢内桂三・辻万亀雄・河瀬章貴・蟹沢聰史，1966，グリーンタフ地域における2・3の基盤花崗岩の構造とその意義．地団研専報，no.16，1-15．

鹿野和彦，1994，100万分の1日本地質図第3版に織り込まれた日本列島の成立過程．地質ニュース，**482**，31-41．

鹿野和彦・加藤碵一・柳沢幸夫・吉田史郎，1991，日本の新生界層序と地史．地質調査所報告，**274**，1-114．

鹿野和彦・小布施明子・佐藤雄大・大口健志・小笠原憲四郎，2008，男鹿半島潮瀬ノ岬砂礫岩の年代層序学的位置づけ．石油技術協会誌，**73**，86-96．

鹿野和彦・大口健志・柳沢幸夫・栗田泰夫・小林紀彦・佐藤雄大・林信太郎・北里　洋・小笠原憲四郎・駒澤正夫，2011，戸賀及び船川地域の地質（第2版）．地域地質研究報告（5万分の1地質図幅），産総研地質調査総合センター，127p．

鹿野和彦・佐藤雄大・小林紀彦・小笠原憲四郎・大口健志，2007，東北日本男鹿半島，真山流紋岩類の放射年代．石油技術協会誌，**72**，608-616．

Kano, K., Uto, K. and Ohguchi, T., 2007, Stratigraphic review of Eocene to Oligocene successions along the eastern Japan Sea: Implication for early opening of the Japan Sea. *Jour. Asian Earth Sci.*, **30**, 20-32.

鹿野和彦・宇都浩三・内海　茂・小笠原憲四郎，2000，ロシア，サハリン島南部，マカロフ地域およびチェホフ地域における前期中新世の不整合とその意義．地学雑誌，**109**，262-280．

鹿野和彦・柳沢幸夫，1989，阿仁合型植物群及び台島型植物群の年代．地質調査所月報，**40**，647-653．

狩野真吾・土屋範芳・井上千弘・原　淳子・駒井　武・白鳥寿一・神宮　宏，2008，地圏環境インフォマティクスのデータベース構築とその応用例．*Journal of MMIJ*，**124**，148-153．

Karato, S., 2003, Mapping water content in the upper mantle. In Eiler, J., ed., *Inside the Subduction Factory*, AGU, Geophysical Monographs, **138**, 135-152.

Karato, S. and Karki, B. B., 2001, Origin of lateral variation of seismic wave velocities and density in the deep mantle. *Jour. Geophys. Res.*, **106**, 21771-21783.

笠原敬司，1985，プレートが三重会合する関東・東海地方の地殻活動様式．国立防災科学技術センター研究報告，**35**，33-137．

笠井勝美・酒井豊三郎・相田吉昭・天野一男，2000，八溝山地中央部におけるチャート・砕屑岩シークェンス．地質学雑誌，**106**，1-13．

Kasaya, T., Goto, T., Mikada, H., Baba, K., Suyehiro, K. and Utada, H., 2005, Resistivity image of the Philippine Sea Plate around the 1944 Tonankai earthquake deduced by marine and land MT surveys. *Earth Planets Space*, **57**, 209-213.

加瀬友喜，1979，南部北上山地，橋浦地域中生界の層序の再検討．地質学雑誌，**85**，111-122．

加瀬友喜・小畠郁生・花井哲郎・川上雄司・柳沢忠昭・照井一明，1984，岩泉地溝帯，沢廻層の時代．岩手県立博物館研究報告，no.2，164-177．

絹野義夫，1975，日本海の謎．築地書館．

柏木高明・鈴木　強・脇田健治，1971，細倉鉱山の地質構造と鉱脈系について．鉱山地質，**21**，70-83．

柏倉亮吉，1961，三崎山出土の青銅刀．東北考古学，第二輯，1-12．

Kashiyama, Y. and Oji, T., 2004, Low-diversity shallow marine benthic fauna from the Smithian of northeast Japan: paleoecologic and paleobiogeographic implications. *Paleont. Res.*, **8**, 199-218.

片田正人，1974a，北上山地の白亜紀花崗岩類，I，序論．地質調査所報告，**251**，1-7．

片田正人，1974b，北上山地の白亜紀花崗岩類，VI，南部北上山地の花崗岩類および全北上山地花崗岩類の分帯区分．地質調査所報告，**251**，121-133．

片田正人・金谷　弘，1980，北上山地白亜紀深成岩類のK，Rb，Sr，Th，Uについて．岩鉱，**75**，173-185．

片田正人・金谷　弘・大貫　仁，1991b，北上山地北西部の姫神深成岩のマグマ分化作用．岩鉱，**86**，100-111．

片田正人・大貫　仁・加藤祐三・蟹澤聰史・小野千恵子・吉井守正，1971，北上山地，白亜紀花崗岩質岩石の帯状区分．岩鉱，**65**，230-245．

片田正人・大沢　穠，1964，青森県南西部に見られる片状花崗岩類（白神岳花崗岩類）―東北地方グリンタフ地域の基盤岩類，II．地質調査所月報，**15**，87-94．

片田正人・高橋一男・藤原郁夫，1991a，北上山地北西部の姫神深成岩の岩石記載．岩鉱，**86**，91-99．

片平忠実・猪間明俊・保泉忠夫・甲田　弘，1977，秋田県由利原田位置の石油探鉱．藤岡一男教授退官記念論文集，63-81．

Kataoka, K. S., 2011, Geomorphic and sedimentary evidence of a gigantic outburst flood from Towada caldera after the 15 ka Towada-Hachinohe ignimbrite eruption, northeast Japan. *Geomorphology*, **125**, 11-26.

片山郁夫・平内健一・中島淳一，2010，日本列島下での沈み込みプロセスの多様性．地学雑誌，**119**，205-233．

Katayama, I., Jung, H. and Karato, S., 2004, A new type of olivine fabric from deformation experiments at modest water content and low stress. *Geology*, **32**, 1045-1048.

Katayama, I. and Karato, S., 2006, Effect of temperature on the B- to C-type olivine fabric transition and implication for flow pattern in subduction zones. *Physics of the Earth and Planetary Interiors*, **157**, 33-45.

Kato, A., Obara, K., Igarashi, T., Tsuruoka, H., Nakagawa, S. and Hirata, N., 2012, Propagation of Slow Slip Leading up to the 2011 Mw9.0 Tohoku-Oki Earthquake, *Science*, **335**, 705-708.

Kato, A., Sakaguchi, A., Yoshida, S., Yamaguchi, H. and Kaneda, Y., 2004, Permeability structure around an ancient exhumed subduction-zone fault. *Geophys. Res. Lett.*, L06602, doi:10.1029/2003GL019183.

加藤碵一, 1991, Pull-apart basin の形成過程. 構造地質, no.36, 19-32.

Kato, H., 1992, Fossa Magna: A masked border region separating southwest and northeast Japan. *Bull. Geol. Survey Japan*, **43**, 1-30.

加藤 誠, 1972, 森県津軽半島の"古生層". 地質学雑誌, **78**, 515.

Kato, M., 1990, Paleozoic corals. In Ichikawa, K., Mizutani, S., Hara, I., Hada, S. and Yao, A., eds., *Pre-Cretaceous terranes of Japan*, Nippon Insatsu Shuppan, 307-312.

加藤 誠・藤原嘉樹・箕浦名知男・輿水達司・斉藤真人, 1986, 北部北上山地の上部白亜系横道累層ジルコンのフィッション・トラック年代. 地質学雑誌, **92**, 821-822.

Kato, M., Haga, S. and Kawamura, M., 1979, Stratigraphy, Silurian. In Minato, M., Hunahashi, M., Watanabe, J. and Kato, M. eds., *The Abean Orogeny*, Tokai Univ. Press, 56-59.

加藤 誠・鎌田耕太郎, 1977, 南部北上山地唐桑半島の三畳系稲井層群より *Chaetetes* の産出. 地質学雑誌, **83**, 250-251.

加藤 誠・勝井義雄・北川芳男・松井 愈編, 1990, 日本の地質 1 北海道地方, 共立出版.

加藤 誠・川村寿郎・佐藤悦郎, 1984, 石炭系日頃市層のサンゴ化石. 日本地質学会第 91 年学術大会講演要旨, 227.

加藤 誠・熊野純男・箕浦名知男・鎌田耕太郎・輿水達司, 1977, 唐桑半島産 *Perisphinctes ozikaensis*. 地質学雑誌, **83**, 305-306.

Kato, M., Minato, M., Niikawa, I., Kawamura, M., Nakai, H. and Haga, S., 1980, Silurian and Devonian corals of Japan. *Acta Palaeont. Polonica*, **25**, 557-566.

Kato, N., Sato, H., Imaizumi, T., Ikeda, Y., Okada, S., Kagohara, K., Kawanaka, T. and Kasahara, K., 2004, Seismic reflection profiling across the source fault of the 2003 Northern Miyagi earthquake (Mj6.4), NE Japan: basin inversion of Miocene back-arc rift. *Earth Planets Space*, **56**, 1369-1374.

Kato, N., Sato, H., and Umino, N., 2006, Fault reactivation and active tectonics on the fore-arc side of the back-arc rift system, NE Japan. *Jour. Struct. Geol.*, **28**, 2011-2022.

Kato, N. and Yoshida, S., 2011, A shallow strong patch model for the 2011 great Tohoku-oki earthquake: A numerical simulation. *Geophys. Res. Lett.*, **38**, L00G04, doi:10.1029/2011GL048565.

加藤 進・秋葉文雄・守屋成博, 1996, 相馬沖海域における上部白亜系・新生界の層序. 地質学雑誌, **102**, 1039-1051.

加藤 進・荒木直也・片平忠實, 1992, 新潟県中越地域の地下に発達する七谷層. 瑞浪市化石博物館研究報告, no.19, 363-372.

Kato, T., 1979, Crustal movements in the Tohoku district, Japan, During the period 1900 - 1975, and their tectonic implications. *Tectonophysics*, **60**, 141-167.

Kato, T., 1983, Secular and earthquake-related vertical crustal movement in Japan as deduced from tidal records (1951-1981). *Tectonophysics*, **97**, 183-200.

Kato, T., El-Flky, G. S., Oware, E. N. and Miyazaki, S., 1998, Crustal strains in the Japanese islands as deduced from dense GPS array. *Geophys. Res. Lett.*, **25**, 2445-3448.

加藤照之・津村建四朗, 1979, 潮位記録から推定される日本の垂直地殻変動 (1951～1978). 東京大学地震研究所彙報, **54**, 559-628.

加藤祐三, 1972, 北上山地, 折壁花崗岩質岩体の岩石学. 岩鉱, **67**, 50-59.

Kato, Y., 1974, Petrology of the Tabashine granitic body, Kitakami Mountains, northeastern Japan. *Jour. Japan. Assoc. Mineral. Petrol. Econ. Geol.*, **69**, 417-425.

加藤祐三, 1977, 北上山地, 岩泉・太田名部花崗岩体の岩石学. 岩鉱, **72**, 443-452.

加藤祐三, 1979, 北上山地, 岩泉・階上・宮古花崗岩類の化学的性質―特に「乙茂型」花崗岩類について―. 地質学論集, no.17, 273-280.

加藤幸弘, 1999, プレートの斜め沈み込みによる前弧域の変形―北海道南方, 千島弧前弧―. 日本地質学会第 106 年大会講演要旨, 39.

Kato, Y. and Hama, S., 1976, Petrochemistry of the Sakainokami plutonic body, Kitakami Mountains, northeastern Japan. *Jour. Japan. Assoc. Mineral. Petrol. Econ. Geol.*, **71**, 363-378.

加藤祐三・岩沢久則, 1981, 北上山地, 階上花崗岩体の岩石学. 岩鉱, **76**, 147-155.

加藤祐三・田中久雄, 1973, 北上山地, 金華山花崗岩質岩体の岩石学. 岩鉱, **68**, 395-403.

活断層研究会, 1980, 日本の活断層, 分布と資料. 東大出版会, 363p.

活断層研究会編, 1991, 新編 日本の活断層―分布図と資料, 東京大学出版会, 448p.

Katsumata, K., 2010, Depth of the Moho discontinuity beneath the Japanese islands estimated by traveltime analysis. *Jour. Geophys. Res.*, **115**, B04303, doi:10.1029/2008JB005864.

Kawabe, I., Sugisaki, R. and Tanaka, T., 1979, Petrochemistry and tectonic setting of Paleozoic-Early Mesozoic geosynclinal volcanics in the Japanese Islands. *Jour. Geol. Soc. Japan*, **85**, 339-354.

川辺孝幸, 2009, 2008 年岩手・宮城内陸地震による地質災害について. 山形応用地質, **29**, 41-53.

Kawada, K., 1953, Geological studies on the Yamizo, Torinoko ando Toriashi mountain blocks and their neighbourhood in the northeastern Kwanto district. *Sci. Rep. Tokyo Bunrika Daigaku, Sec. C*, **2**, 217-307.

川口泰廣・村上英樹, 1994, 山形県肘折地域に分布する火砕流堆積物とその生成機構. 秋田大学鉱山学部研究報告, **15**, 81-88.

Kawai, N., Nakajima, T. and Hirooka, K., 1971, The evolution of the island arc of Japan and the formation of granites in the circum-Pacific belt. *Jour. Geomag. Geoelectr.*, **23**, 267-293.

Kawakami, G. and Kawamura, M., 2002, Sediment flow and deformation (SFD) layers: Evidence for intrastratal flow in laminated muddy sediments of the Triassic Osawa Formation, Northeast Japan. *Jour. Sed. Res.* **72**, 171-181.

川上雄司・照井一明・長谷川善和・大石雅之, 1985, 北上山地北東縁部, 上部白亜系久慈層群産モササウルス類歯化石. 岩手県立博物館研究報告, no.3, 133-142.

Kawakatsu, H. and Seno, T., 1983, Triple seismic zone and the regional variation of seismicity along the northern Honshu arc. *Jour. Geophys. Res.*, **88**, 4215-4230.

Kawakatsu, H. and Watada, S., 2007, Seismic evidence for deep water transportation in the mantle. *Science*, **316**, 1468-1471.

Kawamura, M., 1980, Silurian halysitids from the Shimoarisu District, Iwate Prefecture, Northeast Japan. *Jour. Fac. Sci., Hokkaido Univ.*, Ser. IV, **19**, 273-303.

川村信人, 1982, 南部北上帯シルル系奥火の土層の凝灰岩類. 地球科学, **36**, 261-271.

川村信人, 1983, 南部北上山地のシルル系奥火の土層と先シルル紀花崗岩体. 地質学雑誌, **89**, 99-116.

川村信人, 1985a, 南部北上帯世田米地方の石炭系岩相層序（その1）―世田米亜帯下有住地域―. 地質学雑誌, **91**, 165-178.

川村信人, 1985b, 南部北上帯世田米地方の石炭系岩相層序（その2）―世田米亜帯横田地域―. 地質学雑誌, **91**, 245-258.

川村信人, 1985c, 南部北上帯世田米地方の石炭系岩相層序（その3）―大股亜帯加労沢―生出地域―. 地質学雑誌, **91**, 341-352.

川村信人, 1997, 南部北上帯世田米地域の前期石炭紀島弧型火山岩類の産状と化学組成. 加藤誠教授退官記念論文集, 77-92.

川村信人・川村寿郎, 1981, 南部北上帯下部石炭系層序の再検討. 構造地質, no.26, 31-41.

川村信人・北上古生層研究グループ, 1988, 早池峰構造帯の地質学的諸問題. 地球科学, **42**, 371-384.

川村信人・緒方 達・中井 均・永田秀尚・田近 淳, 1980, 南部北上山地, 世田米地域から発見された変成岩ゼノリス. 地質学雑誌, **86**, 477-480.

川村信人・内野隆之・北上古生層研究グループ, 1999, "早池峰帯"の岩相構成と内部構造. 日本地質学会第106年学術大会講演要旨, 179.

Kawamura, M., Uchino, T., Gouzu, C. and Hyodo, H., 2007, 380 Ma ^{40}Ar/^{39}Ar ages of the high-P/T schists obtained from the Nedamo Terrane, Northeast Japan. *Jour. Geol. Soc. Japan*, **113**, 492-499.

川村寿郎, 1983, 南部北上山地日頃市地方の下部石炭系（その1）―日頃市層の層序―. 地質学雑誌, **89**, 707-722.

川村寿郎, 1984a, 釜石西方早池峰"構造帯"の石炭系. 日本地質学会第91年学術大会講演要旨, 228.

川村寿郎, 1984b, 南部北上山地日頃市地方の下部石炭系（その2）―砂岩・石灰岩について―. 地質学雑誌, **90**, 831-847.

Kawamura, T., 1989, Depositional facies of the Visean (Carboniferous) limestones in the South Kitakami Terrane, northeast Japan. In Taira, A. and Masuda, F., eds., *Sedimentary Fades in the Active Plate Margin*, Terra Pub., 377-391.

川村寿郎, 1989, 北上山地 4, 石炭系. 日本の地質「東北地方」編集委員会編, 日本の地質 2 東北地方, 共立出版, 17-23.

川村寿郎, 1997, 南部北上帯の石炭系―地質図の公表―. 加藤

誠教授退官記念論文集, 215-228.

川村寿郎, 2005, 北上山地, 南部北上帯の古生界. 日本の地質増補版編集委員会編, 日本の地質増補版, 共立出版, 50-51.

Kawamura, T., 2012, Visean (Lower Carboniferous) carbonate section in the Kamiarisu district, South Kitakami Terrane, northeast Japan. *Saito Ho-on Kai Mus. Res. Bull.*, no.76, 1-23.

川村寿郎・井龍康文・川村信人・町山栄章・吉田孝紀, 1996, 南部北上帯古生界標準層序と"早池峰構造帯". 日本地質学会第103年学術大会見学旅行案内書, 59-97.

川村寿郎・川村信人, 1983, 早池峰"構造帯"上部古生界の花崗質岩・片状岩礫をふくむ礫岩について. 地質学雑誌, **89**, 183-186.

川村寿郎・川村信人・加藤 誠, 1985, 南部北上山地世田米―雪沢地域の下部石炭系大平層・鬼丸層. 地質学雑誌, **91**, 851-866.

川村寿郎・川村信人, 1989a, 南部北上帯の石炭系（その1）―層序の総括―. 地球科学, **43**, 84-97.

川村寿郎・川村信人, 1989b, 南部北上帯の石炭系（その2）―構成岩類の形成環境―. 地球科学, **43**, 157-167.

川村寿郎・北上古生層研究グループ, 2000, "小田越層"の帰属と層序区分―5万分の1地質図幅「早池峰山」の地域地質（その2）―. 日本地質学会第107年学術大会講演要旨, 72.

Kawamura, T. and Machiyama, H., 1995, A Late Permian coral reef complex, South Kitakami Terrane, northeast Japan. *Sed. Geol.*, **99**, 135-150.

Kawamura, T., Machiyama, H. and Niikawa, I., 1999, Carboniferous and Permian coral-bearing carbonates from the South Kitakami Terrane, northeast Japan. *8th Intern. Symp. Fossil Cnidaria and Porifera Field Trip B2 Guidebook*, 56p.

川村寿郎・中井 均・川村信人, 1984, 南部北上山地北縁部におけるシルル紀化石新産地. 地質学雑誌, **90**, 61-64.

川村寿郎・内野隆之・川村信人・吉田孝紀・中川 充・永田秀尚, 2013, 早池峰山地域の地質. 地域地質研究報告（5万分の1地質図幅）. 産総研地質調査総合センター, 101p.

川村寿郎・上野佑太, 2006, 北部北上帯八戸域の石灰岩体―トリアス紀海山群炭酸塩の堆積―. 日本地質学会第113年学術大会講演要旨, 63.

河野義礼・青木謙一郎・門脇 淳, 1961, 岩木火山の岩石学的研究. 岩石鉱物鉱床学会誌, **46**, 101-110.

川野良信・柴田 賢・内海 茂・大平寛人, 1992, 谷川岳鮮新世深成岩体のK-Ar年代. 岩鉱, **87**, 221-225.

河野義礼・植田良夫, 1964, 本邦産火成岩のK-A dating (I). 岩鉱, 51, 127-148.

河野義礼・植田良夫, 1965a, 本邦産火成岩のK-A dating (II) ―北上山地の花崗岩類―. 岩鉱, **53**, 143-154.

河野義礼・植田良夫, 1965b, 本邦産火成岩のK-A dating (III) ―阿武隈山地の花崗岩類―. 岩鉱, **54**, 162-172.

河野義礼・植田良夫, 1966, 本邦産火成岩のK-A dating (IV) ―東北日本の花崗岩類―. 岩鉱, **56**, 41-55.

河野義礼・上村不二雄, 1964, 5万分の1地質図幅「八幡平」及び同説明書. 地質調査所, 36p.

Kawano, Y., Yagi, K. and Aoki, K., 1961, Petrography and petrochemistry of the volcanic rocks of Quaternary volcanoes of northeastern Japan. *Sci. Rep. Tohoku Univ., 3rd Ser.*, **7**, 1-46.

川崎耕一・菊地恒夫・及川寧己, 2002, 高温岩体発電システムの開発―NEDO肘折プロジェクト―. 地熱, **39**, 23-27.

Kelemen, P.B., 1995, Genesis of high Mg# andesites and the

continental crust. *Contrib. Mineral. Petrol.*, **120**, 1-19.

Kelemen, P. B., Hart, S. R., and Bernstein, S., 1998, Silica enrichment in the continental upper mantle via melt/rock reaction. *Earth Planet. Sci. Lett.*, **164**, 387-406.

Kennett, J. P., McBirney, A. R. and Thunell, R. C., 1977, Episodes of Cenozoic volcanism in the Circum-Pacific region. *Jour. Volcanol. Geotherm. Res.*, **2**, 145-163.

建設技術者のための東北地方の地質編集委員会編, 2006, 建設技術者のための東北地方の地質. 東北建設協会, 地質図4葉＋凡例, DVD1枚, CD1枚, 説明書, 408p.

Kersting, A. B., Arculus, R. J. and Gust, D. A., 1996, Lithospheric contributions to arc magmatism: Isotope variations along strike in volcanoes of Honshu, Japan. *Science*, **272**, 1464-1468.

Khelifi, N., Sarnthein, M., Andersen, N., Blanz, T., Frank, M., Garbe-Schonberg, D., Haley, B. A., Stumpf, R. and Weinelt, M., 2009, A major and long-term Pliocene intensification of the Mediterranean outflow, 3.5-3.3 Ma ago. *Geology*, **37**, 811-814.

Kido, E. and Sugiyama, T., 2011, Silurian rugose corals from the Kurosegawa Terrane, Southwest Japan, and their paleobiogeographic implication. *Bulletin of Geosciences*, **86**, 49-61.

Kido, M., Osada, Y., Fujimoto, H., Hino, R. and Ito, Y., 2011, Trench-normal variation in observed seafloor displacements associated with the 2011 Tohoku-Oki earthquake. *Geophys. Res. Lett.*, **38**, L24303, doi:10.1029/2011GL050057.

Kim, W., Cheong, D. K. and Kendall C. G. St. C., 2007, Effects of in-phase and out-of-phase sediment supply responses to tectonic movement on sequence development in the late Tertiary southern Ulleung Basin, East (Japan) Sea. *Computers & Geosciences*, **33**, 299-310.

Kim, Y. and Sanderson. D. J., 2006, Structural similarity and variety at the tips in a wide range of strike-slip faults: a review. *Terra Nova*, **18**, 330-344.

金原啓司, 2005, 日本の温泉・鉱泉分布図および一覧. 産業技術総合研究所, CD-ROM版.

君波和雄, 1986, 北海道およびオホーツク海周辺域の白亜紀テクトニクス. 地団研専報, no.31, 403-418.

Kiminami, K. and Imaoka, T., 2013, Spatiotemporal variations of Jurassic-Cretaceous magmatism in eastern Asia (Tan-Lu Fault to SW Japan): evidence for flat-slab subduction and slab rollback. *Terra Nova*, **25**, 414-422.

君波和雄・木下生一・今岡照喜, 2009, 西南日本のジュラ紀付加体砂岩におけるジュラ紀中世の組成変化とその意義. 地質学雑誌, **115**, 578-596.

君波和雄・宮下純夫・川端清司, 1993, 海嶺衝突とその地質的影響：西南日本の後期白亜紀を例として. 地質学論集, no.42, 167-182.

木村 学, 1981, 千島弧西端付近のテクトニクスと造構応力場. 地質学雑誌, **87**, 757-768.

Kimura, G., 1986, Oblique subduction and collision: Forearc tectonics of the Kuril arc. *Geology*, **14**, 404-407.

Kimura, G., 1994, The latest Cretaceous-early Paleogene rapid growth of accretionary complex and exhumation of high pressure series metamorphic rocks in northwestern Pacific margin. *Jour. Geophys. Res.*, **99**, 22147-22164.

Kimura, G., 1996, Collision orogeny at arc-arc junctions in the Japanese Island. *Island Arc*, **5**, 262-275.

Kimura, G., 1997, Cretaceous episodic growth of the Japanese Islands. *Island Arc*, **6**, 52-68.

木村 学, 2002, プレート収束帯のテクトニクス学. 東京大学出版会, 271p.

木村 学・木下正高, 2009, 付加体と巨大地震発生帯—南海地震の解明に向けて. 東京大学出版会, 281p.

Kimura, G., Hina, S., Hamada, Y., Kameda, J., Tsuji, T., Kinoshita, M. and Yamaguchi, A., 2012, Runaway slip to the trench due to rupture of highly pressurized megathrust beneath the middle trench slope: The tsunamigenesis of the 2011 Tohoku earthquake off the east coast of northern Japan. *Earth Planet. Sci. Lett.*, **339-340**, 32-45.

Kimura, G., Kitamura, Y., Hashimoto, Y., Yamaguchi, A., Shibata, T., Ujiie, K. and Okamoto, S., 2007, Transition of accretionary wedge structures around up-dip limit of the seismogenic subduction zone. *Earth Planet. Sci. Lett.*, **255**, 471-484.

木村 学・楠 香織, 1997, 日高造山運動と島弧会合部のテクトニクス. 地質学論集, no.47, 295-305.

Kimura, G., Miyashita, S. and Miyasaka, S., 1983, Collision tectonics in Hokkaido and Sakhalin. In Hashimoto, M. and Uyeda, S. eds.,, *Accretion Tectonics in the Circum-Pacific Regions*, Terra Pub., 123-134.

木村 学・斎藤実篤, 1998, 世界の沈み込み帯と日本列島—浸食と成長のテクトニックバランス. 科学, **68**, 42-49.

Kimura, G., Screaton, E., Curewitz, D. and the Expedition 316 Scientists, 2008a, NanTroSEIZE stage 1A: NanTroSEIZE shallow megasplay and frontal thrusts. *IODP Prel. Rept.*, **316**, doi:10.2204/iodp. pr. 316. 2008.

Kimura, G., Silver, E. A., Blum, P., *et al.*, 1997, *Proc. ODP, Initial Rep., 170: Costa Rica Accretionary Wedge Site 1039-1043*, Ocean Drilling Program, College Station TX, doi:10.2973/odp. proc. ir. 170. 1997.

Kimura, G. and Tamaki, K., 1986, Collision, rotation and back arc spreading: The case of the Okhotsk and Japan Seas. *Tectonics*, **5**, 389-401.

木村 学・山口飛鳥, 2009, 世界の沈み込み帯と付加体. 木村 学・木下正高編, 付加体と巨大地震発生帯, 1-25, 東京大学出版会, 281p.

木村純一, 1987a, 長野県における後期更新世の降下火山砕屑物層序. 第四紀研究, **25**, 247-263.

木村純一, 1987b, 長野県聖山北麓の更新統—中部から上部更新統—. 地質学雑誌, **93**, 245-257.

Kimura, J. -I., 1995, Synchronized episodes of volcanic activities and inland basin subsidence in the middle to late Pleistocene, in the southern segment of the Tohoku Honshu arc, Japan. *Daiyonki*, **27**, 29-35.

Kimura, J. -I., 1996, Near-synchroneity and periodicity of back-arc propagation of Quaternary explosive volcanism in the southern segment of northeastern Honshu arc, Japan: A study facilitated by tephro-chronology. *Quaternary Intern.*, **34**, 99-105.

木村純一・千葉茂樹・吉田武義, 1995, 東北本州弧南部, 更新世における地殻内マグマ供給システムの変遷とその成因. 地球惑星科学関連学会 1995 年合同大会予稿集, 279.

木村純一・千葉茂樹・佐藤美穂子, 1995, 多重トラップ地殻内マグマ供給系からもたらされた磐梯火山のテフラ. 福島大学教育学部論集, 理科報告. **55**, 29-47,

Kimura, J. -I., Gill, J. B., Kunikiyo, T., Osaka, I., Shimoshioiri, Y., Katakuse, M., Kakubuchi, S., Nagao, T., Furuyama, K., Kamei, A.,

Kawabata, H., Nakajima, J., van Keken, P. E. and Stern, R. J., 2014, Diverse magmatic effects of subducting a hot slab in SW Japan: Results from forward modeling. *Geochem. Geophys. Geosyst.*, **15**, 691-739.

Kimura, J. -I., Gill, J. B., Skora, S., van Keken, P. E. and Kawabata, H., 2016, Origin of geochemical mantle components: Role of subduction filter. *Geochem. Geophys. Geosyst.*, **17**, 3289-3325.

Kimura, J. -I., Gill, J. B., van Keken, P. E., Kawabata, H. and Skora, S., 2017, Origin of geochemical mantle components: Role of spreading ridges and thermal evolution of mantle. *Geochem. Geophys.*, **18**, doi:10. 1002/2016GC006696.

Kimura, J. -I., Hacker, B. R., van Keken, P. E., Kawabata, H., Yoshida, T. and Stern, R. J., 2009, Arc basalt simulator version 2, a simulation for slab dehydration and fluid-fluxed mantle melting for arc basalts: Modeling scheme and application. *Geochem. Geophys. Geosys.*, **10**, doi:10. 1029/2008GC002217.

Kimura, J. -I., Kent, A. J. R., Rowe, M. C., Katakuse, M., Nakano, F., van Keken, P. E., Kawabata, H. and Stern, R. J., 2010, Origin of cross-chain geochemical variation in Quaternary lavas from northern Izu arc: Using a quantitative mass balance approach of identify mantle source and mantle wedge processes. *Geochem. Geophys. Geosys.*, **11**, Q10011. doi:10. 1029/2010GC003050.

Kimura, J. -I. and Nakajima, J., 2014, Behaviour of subducted water and its role in magma genesis in the NE Japan arc: A combined geophysical and geochemical approach. *Geochim. Cosmochim. Acta*, **143**, 165-188.

Kimura, J. -I. and Stern, R. J., 2008, Neogene volcanism of the Japan island arc: The K-h relationship revisited, In Spencer, J. E. and Titley, S. R., eds., *Ores and orogenesis: Circum-Pacific tectonics, geologic evolution, and ore deposit: Arizona Geological Society Digest 22*, 187-202.

Kimura, J. -I., Stern, R. J. and Yoshida, T., 2005, Reinitiation of sub-duction and magmatic responses in SW Japan during Neogene time. *Bull. Geol. Soc. Amer.*, **117**, 969-986, doi:10. 1130/B25565. 1

Kimura, J. -I., Tanji, T., Yoshida, T. and Iizumi, S., 2001, Geology and geochemistry of lavas at Nekoma volcano: implications for origin of Quaternary low-K andesite in the North-eastern Honshu arc, Japan. *Island Arc*, **10**, 116-134.

木村純一・吉田武義, 1993, 後期更新世, 木曽御嶽火山噴出物の岩石学とマグマ輸送システム. 東北大学核理研研究報告, **26**, 219-255.

木村純一・吉田武義, 1996, 乗鞍火山列下のマグマ供給系. 月刊地球, **18**, 97-103.

Kimura, J. -I., and Yoshida, T., 1999, Magma plumbing system beneath Ontake volcano, central Japan. *Island Arc*, **8**, 1-29. doi:10. 1046/j. 1440-1738. 1999. 00219. x.

Kimura, J. -I., and Yoshida, T., 2006, Contributions of slab fluid, wedge mantle, and crust to the origin of Quaternary lavas in the NE Japan arc. *Jour. Petrol.*, **47**, 2185-2232, doi:10. 1093/ petrology/egl041.

Kimura, J. -I., Yoshida, T. and Iizumi, S., 2002, Origin of low-K intermediate lavas at Nekoma volcano, Northeast-Honshu arc, Japan: Geochemical constraints for lower-crustal melts. *Jour. Petrol.*, **43**, 631-661. doi:10. 1093/petrology/43. 4. 631.

木村勝弘, 1984, 絶対年代測定による標準層序の研究. 石油開発技術センター年報 (昭和 58 年度), 25-26.

木村勝弘, 1985, 油田地域における基盤の地史的な構造変化の研究. 石油開発技術センター年報 (昭和 59 年度), 16-18.

木村勝弘, 1986a, 東北地方第三系の放射年代層位. 月刊地球, 8, 370-375.

木村勝弘, 1986b, 層位関係と放射年代からみた男鹿, 秋田と本荘-湯沢地域の中・下部第三系の年代層位区分. 北村信教授記念地質学論文集, 167-173.

木村勝弘, 1988, 油田地域における基盤の地史的な構造変化の研究. 石油公団石油開発技術センター年報 (昭和 62 年度), 14-17.

木村勝弘, 1992, 千島海盆の拡大時期. 日本地質学会学術大会講演要旨, 99, 174.

木村和雄, 1994, 阿武隈高地北部の侵食小起伏面と後期新生代地形発達史. 季刊地理学, 48, 1-18.

Kimura, Tatsuaki, 1984, Mesozoic floras of East and Southeast Asia, with a short note on the Cenozoic Floras of Southeast Asia and China. *Geol. Palaeont. SE. Asia*, **25**, 325-350.

Kimura, Tatsuaki, 1987, Geographical distribution of Palaeozoic and Mesozoic plants in east and southeast Asia. In Taira, A. and Tashiro, M., eds., *Historical Biogeography and Plate Tectonic Evolution of Japan and Eastern Asia*, Terra Sci. Publ. Comp., Tokyo, 135-200.

Kimura, Tatsuaki and Ohana, T., 1989a, Late Jurassic plants from the Oginohama Formation, Oshika Group in the Outer Zone of Northeast Japan (I). *Bull. Natn. Sci. Mus., Tokyo, Ser. C*, **15**, 1-24.

Kimura, Tatsuaki and Ohana, T., 1989b, Late Jurassic plants from the Oginohama Formation, Oshika Group in the Outer Zone of Northeast Japan (II). *Bull. Natn. Sci. Mus., Tokyo, Ser. C*, **15**, 53-70.

木村俊則・芦田　譲・後藤忠徳・笠谷貴史・三ヶ田均・真田佳典・渡辺俊樹・山根一修, 2005, 南海トラフ沈み込み帯の地殻比抵抗構造. 物理探査, **58**, 251-262.

Kimura, Toshio, 1953, The origin of pyrite in the Nakano-sawa formation. *Jour. Earth Sci., Nagoya Univ.*, **1**, 35-41.

木村敏雄, 1954, 中の沢層の砂岩と石灰岩. 地質学雑誌, **60**, 67-80.

木村敏雄, 1977, 日本列島—その形成に至るまで—I. 古今書院, 243p.

木村敏雄, 1979, 日本列島—その形成に至るまで—II 上. 古今書院, 245-576.

木村靖幸・鮎沢　潤・佐々木和久, 2005, 岩手県久慈地域に分布する琥珀胚胎層の堆積環境と続成. 福岡大学理学集報, **35**, 31-40.

Kincaid, C. and Griffiths, R. W., 2003, Laboratory models of the thermal evolution of the mantle during rollback subduction. *Nature*, **425**, 58-62.

木下　修・伊藤英文, 1986, 西南日本の白亜紀火成活動の移動と海嶺のもぐり込み. 地質学雑誌, **92**, 723-735.

金属鉱物探鉱促進事業団, 1970, 昭和 44 年度広域調査報告書「遠野地域」. 通商産業省, 28p.

金属鉱物探鉱促進事業団, 1972, 昭和 46 年度広域調査報告書「遠野地域」. 通商産業省, 52p.

金属鉱業事業団, 1976, 昭和 50 年度精密調査報告書「北鹿地域」. 通商産業省資源エネルギー庁, 121p.

金属鉱業事業団, 1977, 昭和 51 年度精密調査報告書「北鹿地域」. 通商産業省資源エネルギー庁, 88p.

金属鉱業事業団, 1980, 昭和 54 年度精密調査報告書「北鹿地

域」．通商産業省資源エネルギー庁，160p.

金属鉱業事業団，1982a，昭和56年度広域調査報告書「西津軽地域」．通商産業省資源エネルギー庁，167p.

金属鉱業事業団，1982b，昭和56年度広域調査報告書「羽越地域」．通商産業省資源エネルギー庁，109p.

金属鉱業事業団，1984，昭和58年度精密調査報告書「北鹿地域」．通商産業省資源エネルギー庁，115p.

金属鉱業事業団，1986，昭和60年度広域調査報告書「田沢地域」．通商産業省資源エネルギー庁，151p.

金属鉱業事業団，2000，平成11年度広域構造調査報告書「東北中部地域」．通商産業省資源エネルギー庁，255p.

Kirby, S. H., 1995, Intraslab earthquakes and phase changes in subducting lithosphere, U. S. Natn., Rep. Intern. Union Geodesy Geophys. 1991-1994. *Rev. Geophys.*, **33**, 287-297.

Kirby, S. H., Engdahl, E. R. and Denlinger, R., 1996, Intermediate-depth intraslab earthquakes and arc volcanism as physical expressions of crustal and uppermost mantle metamorphism in subducting slabs. In Bebout, G. E., Scholl, D. W., Kirby, S. H. and Platt, J. P., eds., *Subduction: Top to Bottom, Geophysical Monograph Series*, 96, AGU, 195-214.

岸　清・宮脇理一郎，1996，新潟県柏崎平野周辺における鮮新世～更新世の褶曲形成史．地学雑誌，**105**，88-112.

Kita, S., Hasegawa, A., Nakajima, J., Okada, T., Matsuzawa, T. and Katsumata, K., 2012, High-resolution seismic velocity structure beneath the Hokkaido corner, northern Japan: Arc-arc collision and origins of the 1970 M6.7 Hidaka and 1982 M7.1 Urakawa-oki earthquakes. *Jour. Geophys. Res.*, **117**, B12301, doi:10. 1029/ 2012JB009356.

Kita, S., Okada, T., Nakajima, J., Matsuzawa, T. and Hasegawa, A., 2006, Existence of a seismic belt in the upper plane of the double seismic zone extending in the along-arc direction at depths of 70-100km beneath NE Japan. *Geophys. Res. Lett.*, **33**, doi:10. 1029/ 2006GL028239.

Kita, S., Okada, T., Hasegawa, A., Nakajima, J. and Matsuzawa, T., 2010, Anomalous deepening of a seismic belt in the upper-plane of the double seismic zone in the Pacific slab beneath the Hokkaido corner: Possible evidence for thermal shielding caused by subducted forearc crust materials. *Earth Planet. Sci. Lett.*, **290**, 415-426.

北　卓治・本田康夫・松本　尚・中根啓雄，1986，山形県小清地すべり―断裂と鉱床（金属・非金属）と地すべり（その1）―．山形応用地質，**6**，5-12.

北上古生層研究グループ，1982，南部北上帯の先シルル紀基盤．地質学論集，no.21，261-281.

北村　信，1959，東北地方における第三紀造山運動について―奥羽脊梁山脈を中心として―．東北大学理学部地質学古生物学教室研究邦文報告，**49**，1-98.

北村　信，1965，焼石岳地域の地質．地域地質研究報告（5万分の1地質図幅）．地質調査所，40p.

北村　信，1981，新第三系．北上川流域地質図（二十万分之一）説明書．長谷地質調査事務所，225-277.

北村　信，1985，土地分類基本調査「白石」，II．表層地質．宮城県，25-36.

北村　信編，1986，新生代東北本州弧地質資料集，全3巻．宝文堂．

北村　信・藤井敬三，1962，下北半島東部の地質構造について―とくに下北断層の意義について―．東北大学理学部地質学

古生物学教室研究邦文報告，**56**，43-56.

北村　信・石井武政・寒川　旭・中川久夫，1986，仙台地域の地質．地域地質調査報告（5万分の1地質図幅），地質調査所，134p.

北村　信・蟹沢聰史，1971，奥羽脊梁山脈焼石岳南麓の先第三系基盤岩類について．東北大学理学部地質学古生物学教室研究邦文報告，**71**，61-66.

北村　信・大槻憲四郎・増田孝一郎，1986，島弧横断ルートNo.20（鬼首-細倉-花泉）．北村　信編，新生代東北本州弧地質資料集，宝文堂，8p.

北村　信・大沢　穣・石田琢二・中川久夫，1981，古川地域の地質．地域地質研究報告（5万分の1地質図幅），地質調査所，32p.

北村　信・大沢　穣・中川久夫，1983，吉岡地域の地質．地域地質調査報告（5万分の1地質図幅），地質調査所，50p.

北村　信・鈴木敬治・小泉　格・小林良明・和久紀生・大山広喜・新妻信明・臼井雅郎・小原繁夫，1965，5万分の1地質図幅「猪苗代湖東部地方」および同説明書．福島県，66p.

北村　信・谷　正巳，1953，岩手県胆沢郡西部及び西磐井郡西部の地質について，其の1．岩鉱，**37**，103-116.

北里　洋，1975，男鹿半島新生界の地質および年代．東北大学理学部地質学古生物学教室研究邦文報告，**75**，17-49.

Kitazato, H., 1979, Marine paleobathymetry and paleotopography of the Hokuroku district during the time of the Kuroko deposition, based on foraminiferal assemblages. *Mining Geol.*, **27**, 207-216.

北里　洋，1985，底生有孔虫からみた東北日本弧の古地理．科学，**55**，532-540.

木山　修・井龍康文，1998，上部ジュラ系小池石灰岩の堆積過程．堆積学研究，**47**，17-31.

Knopoff, L., 1958, Energy release in earthquakes. *Geophys. Jour. Royal Astr. Soc.*, **1**, 44-52.

小林文夫，1973，中部石炭系長岩層について．地質学雑誌，**79**，69-78.

Kobayashi, F., 2002, Lithology and foraminiferal fauna of allochthonous limestones（Changhsingian）in the upper part of the Toyoma Formation in the South Kitakami Belt, Northeast Japan. *Paleont. Res.*, **6**, 331-342.

小林　純，1971，水の健康診断．岩波書店，223p.

Kobayashi, K. and Nakamura, E., 2001, Geochemical evolution of Akagi volcano, NE Japan: implications for interaction between island-arc magma and lower crust, and generation of isotopically various magmas. *Jour. Petrol.*, **42**, 2303-2331.

小林紀彦・鹿野和彦・大口健志，2004，野村川層：東北日本，男鹿半島西部における新たな層序単元の提唱．石油技術協会誌，**69**，374-384.

小林紀彦・大口健志・鹿野和彦，2008，東北日本，男鹿半島門前層層序の再検討．地質調査研究報告，**59**，211-224.

小林昭二・猪俣桂次，1986，会津・博士山火山岩層のK-Ar年代．地球科学，**40**，453-454.

Kobayashi, T., 1935, Contribution to the Jurassic Torinosu Series of Japan. *Japan. Jour. Geol. Geogr.*, **12**, 69-91.

Kobayashi, T., 1941, The Sakawa orogenic cycle and its bearing on the origin of the Japanese Islands. *Jour. Fac. Sci., Imp. Univ. Tokyo, sec. 2*, **5**, 219-578.

小林貞一，1948，日本群島地質構造論，中巻前扁．目黒書店，275p..

Kobayashi, T. and Hamada, T., 1976, A new Silurian trilobites from

Ofunato, North Japan. *Proc. Japan Acad.*, **52**, 367-370.

Kobayashi, T. and Hamada,T., 1977, Devonian trilobites of Japan in comparison with Asian, Pacific and other faunas. *Palaeont. Soc. Japan, Spec. Paper*, **20**, 202p.

Kobayashi, T. and Kaseno, Y., 1947, A new Liassic species of Trigonia s. str. (i. e. *Liriodon*) from the Kitakami Mountains, Nippo. *Japan. Jour. Geol. Geogr.*, **20**, 41-43

Kobayashi, T. and Mori, K., 1954, Studies on the Jurassic Trigonians in Japan, Part 2. Prosogyrotrigonia and the Trigoniinae. *Japan. Jour. Geol. Geogr.*, **25**, 155-175.

Kobayashi, T. and Mori, K., 1955, The Vaugoniinae from the Kitakami Mountains in north Japan. On the Jurassic trigonians in Japan, Part III. *Japan. Jour. Geol. Geogr.*, **26**, 73-88.

小林洋二，1978，テクトニズムと火成活動の周期性．地震学会春季大会講演予稿集，**B31**，107.

小林洋二，1983，プレート"沈み込み"の始まり．月刊地球，**5**，510-514.

小林靖広・高木秀雄，2000，南部北上帯氷上花崗岩類の岩相区分，構造および岩石化学．地質学論集，no.56，103-122.

小林靖広・高木秀雄・加藤 潔・山後公二・柴田 賢，2000，日本の古生代花崗岩類の岩石化学的性質とその対比．地質学論集，no.56，65-88.

小平秀一・富士原敏也・中村武史，2012，2011年東北地方太平洋沖地震：海底地形データから明らかにされた海底変動．地質学雑誌，**118**，530-534.

Kodaira, S., Iidaka, T., Kato, A., Park, J. -O., Iwasaki, T. and Kaneda, Y., 2004, High pore fluid pressure may cause silent slip in the Nankai Trough. *Science*, **304**, 1295-1298.

Kodaira, S., Takahashi, N., Park, J. -O., Mochizuki, K., Shinohara, M. and Kimura, S., 2000, Western Nankai Trough seismogenic zone: Results from a wide-angle ocean bottom seismic survey. *Jour. Geophys. Res.*, **105**, 5887-5905.

Kodama, K., Tashiro, H. and Takeuchi, T., 1995, Quaternary counterclockwise rotation of south Kyushu, southwest Japan. *Geology*, **23**, 823-826.

古賀祥子・伊藤喜宏・日野亮太・篠原雅尚・海野徳仁，2012，日本海溝周辺における太平洋プレート内の地震発生機構．地震第2輯，**64**，75-90.

小池 清，1951，いわゆる黒滝不整合について．地質学雑誌，**57**，143-156.

小池一之，1968，北阿武隈山地の地形発達．駒澤地理，**4/5**，109-126.

Koike, K., 1969, Geomorphological development of the Abukuma Mountains and its surroundings, Northeast *Japan. Japan. Jour. Geol. Geogr.*, **40**, 1-24.

小池一之，2001，侵食小起伏面の発達．米倉伸之ほか編，日本の地形1 総説，東京大学出版会，142-149.

小池一之，2005，東北地方の地形・地質編年．小池一之・田村俊和・鎮西清高・宮城豊彦編，日本の地形3 東北，東京大学出版会，41-44.

小池一之・鎮西清高・松田時彦，2010，鮮新世以降の地殻変動による隆起域と沈降域の出現．太田陽子・小池一之・鎮西清高・野上道男・町田 洋・松田時彦編，日本列島の地形学，東京大学出版会，48-70.

小池一之・町田 洋編，2001，日本の海成段丘アトラス，東京大学出版会，CD-ROM3枚，付図2，105p.

小池一之・田村俊和・鎮西清高・宮城豊彦編，2005，日本の地形3 東北．東京大学出版会，355p.

小池敏夫，1979，三畳紀コノドントの生層序．鹿沼茂三郎教授退官記念論文集「日本の二畳系ならびに三畳系におけるコノドントとナマコの骨片による生層序」，21-77.

小泉 斉，1975，日本の古生代頭足類化石．鼎石文庫，149p.

小泉 格，1986，常磐炭田新第三系の珪藻年代層序―湯長谷・白土・高久層群―．北村信教授記念地質論文集，175-191.

小泉 格・金谷太郎，1977，男鹿半島と秋田北方丘陵における新第三系の対比．藤岡一男教授記念論文集，401-412.

小泉 格・的場保望，1989，西黒沢階の上限について．地質学論集，no.32，374-379.

小泉武栄・山川信之・原 篤・坂本里美，1984，上越平標山の埋没泥炭層からみた完新世後期の気候変化．地理学評論，**57**，739-748.

Kojima, S., Kemkin, I.V., Kametaka, M. and Ando, A., 2000, A correlation of accretionary complexes of southern Sikhote-Alin of Russia and the Inner Zone of Southwest Japan. *Geosci. Jour.*, **4**, 175-185.

国土地理院，2009，プレート境界面上の滑りと固着の時空間変化の把握．地震・火山噴火予知研究計画平成21年度年次報告［機関別］，http://www.mext.go.jp/component/b_menu/shingi/toushin/_icsFiles/afieldfile/2010/10/25/1297873_6014a.pdf.

国土地理院，2010，日本全国の地殻変動．地震予知連絡会会報，**84**，8-31.

国土地理院，2011a，東北地方の地殻変動，地震予知連絡会報，**86**，184-272.

国土地理院，2011b，Web site（http//www.gsi.go.jp/）東日本大震災関連情報：GPS連続観測から得られた電子基準点の地殻変動．

国土交通省，1978，国土数値情報，流域界・非集水域（面）データ．http://nlftp.mlit.go.Jp/ksj/old/eci-bin/_kategori_view.cgi.

国土交通省，2006，道路斜面災害事例集II．国土交通省東北整備局道路部，324p.

国土交通省，2007，平成19年度久之浜地区地質調査報告書（四ツ倉地区法面崩落編）．磐城国道事務所，29p.

国土交通省，2008a，水文水質データベース．http://www1.river.go.jp/

国土交通省，2008b，主要水系調査（1級河川）．http://tochi.mlit.go.jp/tockok/index.htm.

国立防災科学技術センター，1982-1988，5万分の1地すべり地形分布図．第1集-第6集.

Komabayashi, T., Hirose, K., Funakoshi, K. and Takafuji, N., 2005, Stability of phase A in antigorite（serpentine）composition determined by in situ X-ray pressure observations. *Physics of the Earth and Planetary Interiors*, **151**, 276-289.

小松正幸，1985，北海道中軸部の構造帯―その構成，性格および構造運動―．地質学論集，no.25，137-155.

Komatsu, M., Miyashita, S., Maeda, J., Osanai, Y. and Toyoshima, T., 1983, Disclosing of a deepest section of continental-type crust upthrusts as the final event of collision of arcs in Hokkaido, North Japan. In Hashimoto, M. and Uyeda, S., eds., *Accretion Tectonics in the Circum-Pacific Regions,* Terra Pub., 149-165.

小松正幸・榊原正幸・豊島剛志，1990，千島海盆の拡大と日高変成帯の構造運動．月刊地球，**12**，501-506.

小松直幹，1979，常磐・北上沖の堆積盆地について．石油技術協会誌，**44**，36-39.

Komatsu, N., Fujita, Y. and Sato, O., 1983, Cenozoic volcanic rocks as potential hydrocarbon reservoirs. *Preprint, 11th World Petroleum Congress, Special Paper*, **12**, 1-10.

Komatsubara, J., 2004, Fluvial architecture and sequence stratigraphy of the Eocene to Oligocene Iwaki Formation, northeast Japan: channel-fills related to the sea-level change. *Sed. Geol.*, **168**, 109-123.

駒澤正夫・石原丈実・広島俊男・山崎俊嗣・村田泰章, 1992, 日本及び隣接地域重力異常図 (500万分の1). 地質調査所, 日本地質アトラス (第2版), Sheet 13, 朝倉書店.

小森次郎・遠藤邦彦・千葉達郎・林 武司, 1998, 1997年5月11日八幡平澄川地すべりにおいて発生した水蒸気爆発―噴出物調査にもとづく検討―. 日本大学文理学部自然科学研究紀要, **33**, 127-140.

今田 正, 1973, 5万分の1地質図幅「勝木―大鳥池」および説明書. 17p.

今田 正・月山図幅調査グループ, 1974, 五万分の一地質図「月山」図幅及び説明書, 山形県商工労働部, 38p.

今田 正・大場与志男, 1985, 蔵王火山の火山地質. 総合学術調査報告蔵王連峰, 山形県総合学術調査会, 1-24.

今田 正・斉藤和男・渡辺雄二・岡田尚武, 1986, 山形県吉野層火山岩のK-Ar年代. 地質学雑誌, **92**, 371-374.

今田 正・柴橋敬一・富沢 尹, 1975, 月山・葉山地域の地質. 山形県総合学術調査会編「出羽三山・葉山」, 1-14.

今田 正・植田良夫, 1980, 東北地方の新第三紀火山岩のK-Ar年代. 岩鉱, 特別号2, 343-346.

Kondo, H., Kaneko, K. and Tanaka, K., 1998, Characterization of spatial and temporal distribution of volcanoes since 14 Ma in the Northeast Japan arc. *Bull. Volcanol. Soc. Japan*, **43**, 173-180.

Kondo, H., Tanaka, K., Mizouchi, Y. and Ninomiya, A., 2004, Long-term changes in distribution and chemistry of middle Miocene to Quaternary volcanism in the Chokai-Kurikoma area across the Northeast Japan Arc. *Island Arc*, **13**, 18-46.

近藤信興, 1930a, 陸奥鳥越基性岩のアルカリ長石の成因に就いて. 地質学雑誌, **37**, 297-298.

近藤信興, 1930b, 北上地方の花崗岩の特異なる岩相に就いて. 地質学雑誌, **37**, 392-394.

近藤信興, 1930c, 陸奥鳥越基性岩の冷却史とアルカリ長石の成因に就いて (其一). 地質学雑誌, **37**, 433-458.

近藤信興, 1930d, 陸奥鳥越基性岩の冷却史とアルカリ長石の成因に就いて (其二). 地質学雑誌, **37**, 467-490.

紺野芳男, 1938, 常磐炭田第六区磐城國双葉郡久之濱町附近地質図, 同説明書. 地質調査所, 40p.

Kon'no, E., 1973, New species of *Pleuromeia* and *Neocalamites* from the Upper Scythian bed in the Kitakami Massif, Japan-with a brief note on some equisetacean plants from the Upper Permian bed in the Kitakami Massif. *Sci. Rep. Tohoku Univ*, 2nd Ser., **43**, 99-115.

河野迪也・曽我部正敏・鈴木泰輔・尾上 享, 1969, 宮城県伊具郡大内地域の含ウラン層. 地質調査所報告, **232**, 641-658.

Konstantinovskaia, E. and Malavieille, J., 2005, Erosion and exhumation in accretionary orogens: Experimental and geological approaches. *Geochem. Geophys. Geosys.*, **6**, Q02006, doi:10.1029/2004GC000794.

Koppers, A. A., Staudigel, P. H., Pringle, M. S. and Wijbrans, J. R., 2003, Short-lived and discontinuous intraplate volcanism in the South Pacific Hot spots or extensional volcanism? *Geochem. Geophys. Geosyst.*, **4**, 1089, doi:10.1029/2003GC000533.

小関 攻・浜田隆士, 1988, 福島県北東部阿武隈山地上部デボ

ン系合の沢層から発見されたLeptophloeumについて. 日本古生物学会第137回例会講演予稿集, 1.

越谷 信, 1986, 棚倉破砕帯の変形と運動. 地質学雑誌, **92**, 15-29.

小菅正裕・渡邊和俊・橋本一勲・葛西宏生, 2012, 2011年東北地方太平洋沖地震後の東北地方北部での誘発地震活動. 地震第2輯, **65**, 69-83.

Kotaka, T. and Kato, H., 1979, Additional Fossil Shells from the Utsutoge Formation, Yamagata Prefecture, Northeast Honshu, Japan. *Saito Ho-on Kai Mus. Nat. His., Res. Bull.*, **47**, 3-22.

Koto, B., 1893, The Archean formation of the Abukuma plateau. *Jour. Coll. Sci., Imp. Univ. Tokyo*, **5**, 197-291.

小藤文次郎, 1986, 日本の始原界. 地質学雑誌, **3**, 188-190.

Kozai T., and Tashiro, M., 1993, Bivalve fauna from the Lower Cretaceous Funagawara Formation, Northeast Japan, *Mem. Fac. Sci., Kochi Univ., Geol.*, **14**, 25-43.

Kozdon, J. E. and Dunham, E. M., 2013, Rupture to the trench: Dynamic rupture simulations of the 11 March 2011 Tohoku Earthquake. *Bull. Seism. Soc. Am.*, **103**, 1275-1289.

Kozu, S., 1914, Kentallenite with unusual mica from Torigoe, Japan. *Sci. Rep. Tohoku Imp. Univ.*, 2nd Ser., **2**, 1-5.

久保和也, 1973, 中部阿武隈山地三春町付近の花崗岩類. Magma, **32**, 11-14.

Kubo, K., 1976, Layered structure in the basic intrusive mass in the Aji Islet, Miyagi Prefecture, Northeast Japan. *Jour. Geol. Soc. Japan*, **82**, 423-440.

Kubo, K., 1977a, A Rb-Sr isotope study on the Ojika and Ichinohe gabbroic complexes in the Kitakami Mountains, Northeast Japan. *Jour. Japan. Assoc. Mineral. Petrol. Econ. Geol.*, **72**, 412-418.

Kubo, K., 1977b, Petrological study on the Ojika gabbroic complex, Kitakami Mountains, Northeast Japan. *Jour. Geol. Soc. Japan*, **83**, 763-782.

久保和也, 1980, 宮城県, 笠貝島斑れい岩体について. 岩鉱, **75**, 234-243.

久保和也, 2010, 北部北上山地, 「陸中関」地域の貫入岩類. 地質調査研究報告, **61**, 171-193.

久保和也・山元孝広, 1990, 阿武隈山地東縁原町地域の白亜紀貫入岩類―岩石記載およびK-Ar年代―. 地質学雑誌, **96**, 731-743.

久保和也・柳沢幸夫・吉岡敏和・山元孝広・滝沢文教, 1990, 原町及び大甕地域の地質. 地域地質研究報告 (5万分の1地質図幅), 地質調査所, 155p.

久保和也・柳沢幸夫・吉岡敏和・高橋 浩, 1994, 浪江及び磐城富岡地域の地質. 地域地質研究報告 (5万分の1地質図幅), 地質調査所, 104p.

久保和也・柳沢幸夫・利光誠一・坂野靖行・兼子尚知・吉岡敏和・高木哲一, 2002, 川前及び井出地域の地質. 地域地質研究報告 (5万分の1地質図幅), 産総研地質調査総合センター, 136p.

工藤 崇, 2005, 十和田地域の地質. 地域地質研究報告 (5万分の1地質図幅), 産総研地質調査総合センター, 79p,

工藤 崇, 2008, 十和田火山, 噴火エピソードE及びG噴出物の放射性炭素年代. 火山, **58**, 193-199.

工藤 崇, 2010a, 十和田火山, 御倉山溶岩ドームの形成時期と噴火推移. 火山, **55**, 89-107.

工藤 崇, 2010b, 十和田火山, 御門石溶岩ドームの形成時期に関する考察. 地質調査研究報告, **61**, 477-484.

工藤　崇・駒澤正夫, 2005, 十和田地域の地質. 地域地質研究報告（5万分の1地質図幅）, 産総研地質調査総合センター, 79p.

工藤　崇・西村　健・佐々木実, 2004, 八甲田—十和田火山地域における後期中新世〜鮮新世火山岩のK-Ar年代とマグマ組成の時間変遷. 日本地質学会第111年学術大会講演要旨, 121.

工藤　崇・奥野　充・大場　司・北出優樹・中村俊夫, 2000, 北八甲田火山群, 地獄沼起源の噴火堆積物—噴火様式・規模・年代—. 火山, 45, 315-322.

工藤　崇・奥野　充・中村俊夫, 2003, 北八甲田火山群における最近6000年間の噴火活動史. 地質学雑誌, 109, 151-165.

工藤　崇・佐々木寿, 2007, 十和田火山後カルデラ期噴出物の高精度噴火史編年. 地学雑誌, 116, 653-663.

工藤　崇・宝田晋治・佐々木実, 2004, 東北日本, 北八甲田火山群の地質と火山発達史. 地質学雑誌, 110, 271-289.

工藤　崇・植木岳雪・宝田晋治・佐々木寿・佐々木実, 2006, 八甲田カルデラ南東部に分布する鮮新世末期〜中期更新世火砕流堆積物の層序と給源カルデラ. 地質学雑誌, 115, 1-25.

工藤　健・河野芳輝, 1999, 西南日本の重力異常勾配と地震活動との関連. 地震第2輯, 52, 341-350.

工藤　健・吉田武義・山本明彦・河村　将・志知龍一, 2010, 重力異常からみた東北本州弧地殻構造の特徴. 月刊地球, 32, 373-382.

鯨岡　明, 1953, 最近の探鉱成果（山形地区）—最近の石油技術の進歩—. 石油技術協会誌, 18, 157-163.

熊井修一・林信太郎, 2002, 栗駒火山の完新世テフラ—明治から存在していた昭和湖—. 地球惑星科学関連学会合同大会予稿集, V032-P008.

国見利夫・高野良仁・鈴木　実・斎藤　正・成田次範・岡村盛司, 2001, 水準測量データから求めた日本列島100年間の地殻上下変動. 国土地理院時報, 96, 23-37.

Kuno, H., 1959, Origin of Cenozoic petrographic provinces of Japan and surrounding areas. *Bull. Volcanol.*, 20, 37-76.

Kuno, H., 1962, *Catalogue of the active volcanoes of the world including solfatara fields, Part XI. Japan, Taiwan and Marianas*. International Association of Volcanology, Rome, 332p.

Kuno, H., 1966, Lateral variation of basalt magma type across continental margins and island arcs, *Bull Volcanol*, 29, 195-222.

Kuno, H., 1967, Mafic and ultramafic nodules from Itinomegata, Japan. In Wyllie, P. J., ed., *Ultramafic and Related Rocks*, John Wiley and Sons, 337-342.

Kuno, H., 1968, Origin of andesite and its bearing on the island arc structure. *Bull. Volcanol.*, 32, 141-176.

Kurahashi, S. and Irikura, K., 2011, Source model for generating strong ground motions during the 2011 off the Pacific coast of Tohoku Earthquake. *Earth Planets Space*, 63, 571-576.

倉沢　一・藤縄明彦・Leeman, W. P., 1986, ひとつの火山に共存するカルク・アルカリ及びソレアイト質岩系—ストロンチウム同位体比による検討—. 地質学雑誌, 92, 205-217.

倉沢　一・今田　正, 1986, 東北日本第三紀火山岩類のストロンチウム同位体比—日本海拡大との関連—. 地質学雑誌, 92, 205-217.

久利美和・栗田　敬, 1999, 十和田火山後カルデラ期の降下火砕物の推移. 地質調査所月報, 50, 699-710.

久利美和・栗田　敬, 2003, 十和田火山二の倉スコリア群の層序区分の再検討—二の倉スコリア期の噴火活動の推移—. 火

山, 48, 249-258.

久利美和・栗田　敬, 2004, 十和田火山二の倉期のマグマプロセス. 火山, 49, 367-381.

久利美和・谷口宏充, 2007, 十和田火山後カルデラ期新郷軽石噴火にみるサブプリニアン噴火の噴火推移. 東北アジア研究, 11, 159-172.

栗原敏之・佐藤義孝・田沢淳一, 2005, 南部北上帯日頃市地域の大野層から産出した前期デボン紀放散虫化石. 地質学雑誌, 111, 187-190.

栗田裕司, 2001, 中央北海道南部, 第三系南長沼層および幌向層の模式地の層序. 石油資源開発株式会社技術研究所研究報告, 15, 67-84.

栗田裕司・横井　悟, 2000, 中央北海道南部における新生代テクトニクスの変遷と油田構造形成. 石油技術協会誌, 65, 58-70.

Kuritani, T., Kimura, J-I., Ohtani, E., Miyamoto, H. and Furuyama, K., 2013, Transition zone origin of potassic basalts from Wudalianchi volcano, northeast China. *Lithos*, 156-159, 1-12.

Kuritani, T., Ohtani, E. and Kimura, J-I., 2011, Intensive hydration of the mantle transition zone beneath China caused by ancient slab stagnation. *Nat. Geosci.*, 4, 713-716.

Kuritani, T., Yoshida, T., Kimura, J. -I., Hirahara, Y. and Takahashi, T., 2013, Water content of primitive low-K tholeiitic basalt magma from Iwate Volcano, NE Japan arc: Implications for differentiation mechanism of frontal-arc basalt magmas. *Mineral. Petrol.*, 108, 1-11, doi:10. 1007/s00710-013-0278-2.

黒田吉益, 1951, 日立地方の所謂圧砕性花崗岩及び角閃石片麻岩について. 地質学雑誌, 57, 135-142.

黒田吉益, 1963, 東北日本の深成変成岩類の相互関係. 地球科学, 67, 21-29.

黒田吉益・小倉義雄, 1960, 北部阿武隈山地における点紋片岩の発見とその意義. 岩鉱, 44, 287-291.

黒木貴一, 1995, 岩木山北麓の火山麓扇状地. 季刊地理学, 47（4）, 285-301.

Kushiro, I., 1987, A petrological model of the mantle wedge and lower crust in the Japanese island arcs. In Mysen, B. O., ed., *Magmatic Processes: Physicochemical Principles*, The Geochemical Society, Special Publications, St Louis, 1, 165-181.

Kusumoto, S., Itoh, Y., Takano, O., and Tamaki, M., 2013, Numerical modeling of sedimentary basin formation at the termination of lateral faults in a tectonic region where fault propagation has occurred. In Itoh, Y., ed., *Mechanism of sedimentary basin formation: multidisciplinary approach on active plate margins.*, In Tech, Rijeka.

Kusunoki, K. and Kimura, G., 1998, Collision and extrusion at the Kuril-Japan arc junction. *Tectonics*, 17, 843-858.

杳沢　新, 1963, 中新世における"田代不整合"の意義（その1）—出羽丘陵・横手盆地西縁の地質—. 地質学雑誌, 69, 421-436.

杳沢　新・秋葉　力・藤江　力・船橋三男・松井　愈・渡辺順・加納　博・佐藤次郎・蟹沢聡史・加藤祐三・生出慶司・折本左千夫・矢内桂三・矢島隆一, 1966, 大平山南縁部の新第三系の層序と構造—とくにグリーンタフ活動様式と堆積作用. 地団研専報, no.12, 73-94.

桑原拓一郎・山崎晴雄, 2001, テフラから見た最近45万年間の恐山火山の噴火活動史. 火山, 46, 37-52.

桑原　徹, 1981, 中新世における棚倉破砕帯の左横ずれ断層活

動．地質学雑誌，**87**，475-487.

Kuwahara, T., 1982, Late Cretaceous to Pliocene fault systems and corresponding regional tectonic stress fields in the southern part of Northeast Japan. *Sci. Rep., Inst. Geosci., Univ. Tsukuba, Sec. B*, **3**, 49-111.

Lallemand, S. and Jolivet, L., 1986, Japan Sea: A pull—apart basin? *Earth Planet. Sci. Lett.*, **76**, 375-389.

Lay, T. and Kanamori, H., 1980, An asperity model of large earthquake sequences. In Simpson, D. W. and Richards, P. G. eds.,, *Earthquake Prediction: an International Review, Maurice Ewing Ser. 4*, AGU, 579-592.

Lay, T., Kanamori, H., Ammon, C. J., Koper, K. D., Hutko, A. R., Ye, L., Yue, H. and Rushing, T.M., 2012, Depth-varying rupture properties of subduction zone megathrust faults *Jour. Geophys. Res.*, **117**, B04311, doi:10. 1029/2011JB009133.

Lay, T., Kanamori, H., Ammon, C. J., Nettles, M., Ward, S. N., Aster, R. C., Beck, S. L., Bilek, S. L., Brudzinski, M. R., Butler, R., DeShon, H. R., Ekstrom, G., Satake, K. and Sipkin, S., 2005, The Great Sumatra-Andaman Earthquake of 26 December 2004. *Science*, **308**, 1127-1133.

Lay, T., Kanamori, H. and Ruff, L., 1982, The asperity model and the nature of large subduction zone earthquakes. *Earthquake Prediction Res.*, **1**, 3-71.

Leake, B.A., 1978, Nomenclature of amphiboles. *American Mineralogist*, **63**, 1023-1053.

Lee, C.-T., Luffi, A. P., Hoink, T., Dasgupta, J. and Hernlund, J., 2010, Upside-down differentiation and generation of a primordial lower mantle. *Nature*, **463**, 930-933.

Lee, G. H., Kim, B., Chang, S., Huh, S. and Kim, H., 2004, Timing of trap formation in the southwestern margin of the Ulleung Basin, East Sea (Japan Sea) and implications for hydrocarbon accumulations. *Geosci. Jour.*, **8**, 369-380.

Lee, G. H., Kim, H. J., Han, S. J. and Kim, D. C,. 2001, Seismic stratigraphy of the deep Ulleung Basin in the East Sea (Japan Sea) back-arc basin. *Marine and Petroleum Geol.*, **18**, 615-634.

Lee, S-J., Huang, B-S., Ando, M., Chiu, H-C. and Wang, J-H., 2011, Evidence of large scale repeating slip during the 2011 Tohoku-Oki earthquake. *Geophy. Res. Lett.*, **38**, L19306, doi:10. 1029/2011GL 049580.

Lee, Y. S., Ishikawa, N. and Kim, W. K., 1999, Paleomagnetism of Tertiary rocks on the Korean Peninsula: tectonic implications for the East Sea (Sea of Japan). *Tectonophysics*, **304**, 131-149.

Li, J. W., Vasconcelos, P. M., Zhang, J., Zhou, M. F., Zhang, X. J., Yang, F. H., 2003, 40Ar/39Ar constraints on a temporal link between gold mineralization, magmatism, and continental margin transtension in the Jiaodong gold province, Eastern China. *Jour. Geol.*, **111**, 741-751.

Li, M., McNamara, A. K. and Gamero, E. J., 2014, Chemical complexity of hotspots caused by cycling oceanic crust through mantle reservoirs. *Nat. Geosci.*, **7**, 366-370.

Lister, G. S., Etheridge, M. A. and Symonds, P. A., 1986, Detachment faulting and the evolution of passive continental margins. *Geology*, **14**, 246-250.

Liu, X. and Zhao, D., 2017, Depth-varying azimuthal anisotropy in the Tohoku subduction channel. *Earth, Planet. Sci. Lett.*, **473**, 33-43.

Liu, X., Zhao, D. and Li, S., 2014, Seismic attenuation tomography

of the Northeast Japan arc: Insight into the 2011 Tohoku earthquake (Mw9.0) and subduction dynamics. *Jour. Geophys. Res.: Solid Earth*, **119**, 1094-1118.

Lohrmann, J., Kukowski, N., Adam, J. and Oncken, O., 2003, The impact of analogue material properties on the geometry, kinematics, and dynamics of convergent sand wedges. *Jour. Struct. Geol.*, **25**, 1691-1711.

Luth, W. C., Jahns, R. H. and Tuttle, O. F., 1964, The granitic system at pressures of 4 to 10kb. *Jour. Geophys. Res.*, **69**, 759-773.

Lynner, C. and Long, M. D., 2014, Lowermost mantle anisotropy and deformation along the boundary of the African LLSVP. *Geophy. Res. Lett.*, **41**, 3447-3454.

馬淵精一，1932MS，北上山地南部田束山塊の層位に就いて．東北大学理学部地質学古生物学科卒業論文．

Mabuti, S., 1933, Jurassic stratigraphy of the southern part of the Kitakami Mountainland, north-east Japan. *Proc. Japan Acad.*, **9**, 313-316.

Mabuti, S., 1935, On the occurrence of Stacheoceras in the Kitakami Mountainland, northeast Honshuu, Japan. *Saito Ho-on Kai Mus. Nat. His., Res. Bull.*, **6**, 143-149.

町田　洋，2006，第四紀の気候と海面の変化による地形の発達．町田　洋・松田時彦・海津正倫・小泉武栄編，日本の地形5 中部，東京大学出版会，329-339.

町田　洋，2009a，地球史の現代：第四紀の研究（概説）．日本第四紀学会50周年電子出版編集委員会編，デジタルブック最新第四紀学，1-1〜1-4.

町田　洋，2009b，古気候研究からの展望．日本第四紀学会50周年電子出版編集委員会編，デジタルブック最新第四紀学，3-3〜3-49.

町田　洋，2010，地形と環境の編年．太田陽子・小池一之・鎮西清高・野上道男・町田　洋・松田時彦編，日本列島の地形学，東京大学出版会，32-46.

町田・洋・新井房夫・森脇　広，1981，日本海を渡ってきたテフラ．科学，**51**，562-569.

Maeda, T., Furumura, T., Sakai, S. and Shinohara, M., 2011, Significant tsunami observed at ocean-bottom pressure gauges during the 2011 Off the Pacific Coast of Tohoku earthquake. *Earth Planets Space*, **63**, 803-808.

前川寛和，1981，北上山地南西部母体層群の地質．地質学雑誌，**87**，543-554.

前川寛和，1988，東北日本の低温高圧型変成岩類—母体-松ヶ平帯．地球科学，**42**，212-219.

Mahoney, J. J., Frei, R., Tejada, M., Mo, X. X., Leat, P. T. and Nägler, T. F., 1998, Tracing the Indian Ocean mantle domain through time: isotopic results from old west Indian, east Tethyan, and south Pacific seafloor. *J. Petrol.*, **39**, 1285-1306.

米谷盛寿郎，1964MS，岩手県遠野市小友周辺および気仙郡住田町北部の地質．東北大学理学部地質学古生物学科卒業論文．

米谷盛寿郎，1978，東北日本油田地域における上部新生界の浮遊性有孔虫層序．池辺展生教授記念論文集，35-60.

米谷盛寿郎・井上洋子・秋葉文雄，1981，鹿島灘．土編，日本の新第三系の生層序及び年代層序に関する基本資料，6，13-17.

真鍋健一・小栗雅彦・尾田太良，1988，郡山盆地西方に分布する新第三系の古地磁気層序．東北日本の東西断面における上部新生界の磁気層位学的研究（昭和62年度科学研究費補助

金一般研究 B 報告書），9-15.

真鍋健一・鈴木敬治，1983，会津盆地における鮮新―更新統の層序．地団研専報，no.25，115-123.

Manabe, M., Hasegawa, Y. and Takahashi, T., 2003, A hadrosaurid vertebra from the Ashizawa Formaion, Futaba Group, Fukushima, Japan. *Bull. Gunma Mus. Nat. Hist.*, **7**, 7-10.

Marot, M., Monfret, T., Pardo, M., Ranalli, G. and Nolet, G., 2013, A double seismic zone in the subducting Juan Fernandez Ridge of the Nazca Plate（32°S），central Chile. *J. Geophys. Res., Solid Earth*, **118**, 3462-3475.

Martin, A. K., 2011, Double saloon door tectonics in the Japan Sea, Fossa Magna, and the Japanese Island Arc. *Tectonophysics*, **498**, 45-65, doi:10. 1016/j. tecto. 2010. 11. 016.

Martin, H., 1986, Effect of steeper Archean geothermal gradient on geochemistry of subduction-zone magmas. *Geology*, **14**, 753-756.

Martin, H., 1995, The Archean grey gneisses and the genesis of continental crust. In Condie, K. C., ed., *Archean crustal evolution*, Elsevier, 205-259.

Martin, H., Smithies, R. H., Rapp, R. P., Moyen J. -F., and Champion, D., 2005, An overview of adakite, tonalite-trondhjemite-granodiorite（TTG），and sanukitoid: relationships and some implications for crustal evolution. *Lithos*, **79**, 1-24.

Martini, E., 1971, Standard Tertiary and Quaternary calcareous nannoplankton zonation. In Farinacci, A., ed., *Proc. 2nd Planktonic Conf. Roma 1970*, 2, 738-785.

Martinson, D. G., Pisias, N. G., Hays, J. D., Imbrie, J., Moore, T. C. and Shackleton, N. J., 1987, Age dating and the orbital theory of the ice ages: development of a high resolution 0-300,000 year chronostratigraphy. *Quaternary Research*, **27**, 1-29.

丸茂克美，2006，土壌・地質汚染評価基本図（1:50,000 仙台）ver.1．産業技術総合研究所，CD-ROM 版．

丸山茂徳，1990，高圧変成帯の上昇機構．日本地質学会第 97 年学術大会講演要旨，484.

Maruyama, S., 1997, Pacific-type orogeny revisited: Miyashiro-type orogeny proposed. *Island Arc*, **6**, 91-120.

Maruyama, S., Isozaki, Y., Kimura G. and Terabayashi, M., 1997, Paleogeographic maps of the Japanese Islands: Plate tectonic synthesis from 750 Ma to the present. *Island Arc*, **6**, 121-142.

Maruyama, S., Liou, J. G. and Terabayashi, M., 1996, Blueschists and eclogites of the world and their exhumation. *Intern. Geol. Rev.*, **38**, 485-594.

Maruyama, S., Masago, H., Katayama, I., Iwase, Y., Toriumi, M., Omori, S. and Aoki, K., 2010, A new perspective on metamorphism and metamorphic belts. *Gondwana Res.*, **18**, 106-137.

Maruyama, S. and Okamoto, K., 2007, Water transportation from the subducting slab into the mantle transition zone. *Gondwana Res.*, **11**, 148-165.

丸山茂徳・大森聡一・千秋博紀・河合研志・Windley, B. F., 2011，太平洋型造山帯―新しい概念の提唱と地球史における時空分布―．地学雑誌，**120**，115-223.

丸山茂徳・瀬野徹三，1985，日本列島周辺のプレート相対運動と造山運動．科学，**55**，32-41.

Maruyama, S., and Seno, T., 1986, Orogeny and relative plate motion: example of the Japanese islands, *Tectonophysics*, **127**, 305-329.

丸山茂徳・瀬野徹三・Engebretson, D.，1982，日本列島周辺のプレート運動史と造山運動．日本地質学会第 89 年学術大会

討論会資料，メランジェ帯の構成とテクトニクス，10，71-76.

Maruyama, S., Seno, T. and Engebretson, D. C., 1982, Subduction - Collision - Transcurrent orogeny in the Japanese Islands. *EOS, Trans. AGU*, **63**, T41A-7, 439.

丸山孝彦，1970，阿武隈高原，鮫川～石川地方の地質と構造―特に古期型花崗質岩類の構造に関して―その 1．地質学雑誌，**76**，355-366.

Maruyama, T, 1978, Geochronological studies on granitic rocks distributed in the Gosaisho-Takanuki disrict, southern Abukuma Plateau, Japan. *Jour. Mining. Coll., Akita Univ., Ser. A*, **5**, 53-102.

丸山孝彦，1979，南部阿武隈高原の花崗岩類の Rb-Sr 同位体年代論．加納博教授記念論文集「日本列島の基盤」，523-558.

Maruyama, T., 1984, Miocene diatom biostratigraphy of onshore sequence on the Pacific side of northeast Japan, with reference to DSDP Hole 438A（Part 2）．*Sci. Rep. Tohoku Univ., 2nd Ser.*, **55**, 77-140.

丸山孝彦・三浦英行・山元正継，1993，北上山地，後期中生代火成岩類の Sr 同位体初生値について．秋田大学鉱山学部資源地学研究施設報告，**58**，29-52.

丸山孝彦・三浦英行・山元正継・浅川敬公，1996，北上山地・遠野火成岩体の花崗岩類の Rb-Sr 全岩年代．秋田大学鉱山学部資源地学研究施設報告，**61**，31-49.

丸山孝彦・山元正継，1994，秋田県中央部太平山地，先第三紀花崗岩類の Rb-Sr 全岩年代に関する予察的研究．秋田大学鉱山学部資源地学研究施設報告，no.59，25-36.

丸山俊明，1988，青森県新第三系珪藻化石層序．飯島東編，第三紀珪質岩の総合研究（総合研究 A 昭和 62 年度研究成果報告書），13-33.

丸山俊明，1993，生痕化石に含まれる上部中新統の珪藻化石．日本地質学会東北支部会報，**22**，43-44.

丸山俊明・郡司幸夫，1986，青森県南方の王余魚沢層は主に珪藻 T. schraderi 帯．日本地質学会東北支部会報，**16**，14.

丸山俊明・並川貴俊・高柳洋吉，1988，常磐炭田南部に分布する多賀層群の珪藻化石層序と古海洋事件．日本地質学会東北支部会報，**18**，22-24.

正谷　清，1950，福島県相馬地方のジュラ系について．地質学雑誌，**56**，499-505.

正谷　清，1979，北海道海域の堆積盆の分布と性格．石油技術協会誌，**44**，254-259.

Masatani, K. and Tamura, M., 1959, A stratigraphic study on the Jurassic Soma Group on the eastern foot the Abukuma Mountains, northeast Japan. *Japan. Jour. Geol. Geogr.*, **30**, 245-257.

Mascle, A., Moore, J. C., *et al.*, 1988, *Proc. ODP, Initial Rep., 110*, Ocean Drilling Program, College Station TX, doi:10. 2973/odp. proc. ir. 110. 1988.

Mase, C. W. and Smith, L., 1987, Effect of frictional heating on the thermal hydrologic, and mechanical response of a fault. *Jour. Geophys. Res.*, **92**, 6249-6272.

増渕佳子・石崎泰男，2011，噴出物の構成物組成と本質物質の全岩および鉱物組成から見た沼沢火山の BC3400 カルデラ形成噴火（沼沢湖噴火）のマグマ供給系．地質学雑誌，**117**，357-376.

増田富士雄，1984，プレート運動が支配する堆積盆の消長．鉱山地質，**34**，1-20.

Masuda, K., 1956, Some Fossil Pectinidae from the Oido Formation, Wakuya-Machi, Toda-Gun, Miyagi Prefecture, Northeast Japan.

Saito Ho-on Kai Mus. Nat. His., Res. Bull., **25**, 22-26.

増田紘一・大貫　仁・千葉とき子，1965，北上山地，姫神花崗岩質岩体について．岩鉱，**54**，62-75.

Masuda, Y. and Aoki, K., 1979, Trace element variations in the volcanic rocks from Nasu Zone, northeast Japan. *Earth Planet. Sci. Lett.*, **44**, 139-149.

Masursky, H., Eliason, E., Ford, P. G., McGill, G. E., Pettengill, G. H., Schaber, G. G., and Schubert, G., 1980, Pioneer-Venus rader results: Geomorphology from imagery and altimetry. *Jour. Geophys. Res.*, **85**, 8232-8260.

Matoba, Y., 1984, Paleoenvironment of the Sea of Japan. *Benthos'83; 2nd Symp. Benthic Foraminifera*, 409-414.

松原秀樹，1959，福島県雲水峰周辺地域の地質及びペグマタイト調査報告．地質調査所月報，**10**，191-201.

松田光美・伴　雅雄・大場与志男，1997，東北日本，鳥海火山列南部，湯殿山火山の噴出物と2種の包有物の岩石学的特徴．岩鉱，**92**，245-259.

Matsuda, T., 1978, Collision of the Izu-Bonin arc with central Honshu: Cenozoic tectonics of the Fossa Magna, Japan. *Jour. Phys. Earth*, **26**(Suppl.), S409-S421.

松田時彦，2006，南部フォッサマグナ地域概説．町田　洋ほか編，日本の地形5　中部，東京大学出版会，42-45.

Matsuda, T., Nakamura, K. and Sugimura, A., 1967, Late Cenozoic orogeny in Japan. Tectonophysics, **4**, 349-366.

松田時彦・上田誠也，1970，太平洋型造山作用—Paired belts 概念の拡張と縁海の成因など—．星野通平・青木　斌編，島弧と海洋，東海大学出版会，41-59.

Matsumoto, T., 1943, Fundamentals in the Cretaceous stratigraphy of Japan. Perts II & III. *Mem. Fac. Sci., Kyushu Univ., ser. D*, **2**, 97-237.

Matsumoto, T., 1953, *The Cretaceous System in the Japanese Islands*, Japan. Soc. Prom. Sci. Res., 324p.

松本達郎，1953，ジュラ紀．地史學　下巻，朝倉書店，325-377.

Matsumoto, T., 1956, Yebisites, a New Lower Jurassic Ammonite from Japan. *Trans. Proc. Palaeont. Soc. Japan, N. S.*, **23**, 205-212.

Matsumoto, T., 1963, The Cretaceous. in Takai, F., Matsumoto, T. and Toriyama, R., eds., *Geology of Japan*, Univ. Tokyo Press, 99-128.

Matsumoto, T., 1977, Timing of geological events in the Circum-Pacific region. *Can. Jour. Earth Sci.*, **14**, 551-561.

Matsumoto, T., Nemoto, M. and Suzuki, C., 1990, Gigantic ammonites from the Cretaceous Futaba Group of Fukushima Prefecture. *Trans. Proc. Palaeont. Soc. Japan, N. S.*, **157**, 366-381.

松本達郎・小畠郁生・田代正之・太田喜久・田村　実・松川正樹・田中　均，1982，本邦白亜系における海成・非海成層の研究．化石，no.31，1-26.

Matsumoto, T. and Sugiyama, R., 1985,, A new inoceramid (Bivalvia) species from the Upper Cretaceous of Northeast Japan. *Proc. Japan Acad., Ser. B*, **61**, 106-108.

松野久也，1967，若柳地域の地質．地域地質研究報告（5万分の1地質図幅），地質調査所，24p.

松岡　篤，1987，青森県尻屋層群の放散虫年代．化石，no.42，7-13.

松岡　篤，1988，北部北上帯（狭義）よりジュラ紀古世放散虫化石の発見．地球科学，**42**，104-106.

松岡　篤，1989，相馬中村層群小山田層（最下部白亜系）からの放散虫化石．化石，no.46，11-16.

松岡　篤・大路樹生，1990，北部北上山地田老帯横木沢層から

のジュラ紀中世放散虫化石の産出．地質学雑誌，**96**，239-241.

松岡広繁・国府田良樹・小野慶一・長谷川善和，2003，本邦の骨質歯鳥類化石の特質と白水層群石城層産標本の進化的重要性．群馬県立自然史博物館研究報告，no.7，47-59.

松浦充宏，2012，東北沖超巨大地震とプレート沈み込み帯のマルチ地震サイクル．地質学雑誌，**118**，313-322.

Matsu'ura, M. and Sato, T., 1989, A dislocation model for the earthquake cycle at convergent plate boundaries. *Geophys. J. Int.*, **96**, 23-32.

Matsu'ura, M., Tanimoto, T. and Iwasaki, T., 1981, Quasi-static displacements due to faulting in a layered half-space with an intervenient viscoelastic layer, *J. Phys. Earth*, **29**, 23-54.

松山　力，1989，岩木火山の形成（その1）周辺の火山噴出物：火山灰および火山岩．日本地質学会学術大会講演要旨，**87**，242.

松山　力・大池昭二，1986，十和田火山噴出物と火山活動．十和田科学博物館，No.4，IN64.

松澤　暢，2001，地震予知の戦略と展望．地学雑誌，**110**，771-783.

松澤　暢，2009，プレート境界地震とアスペリティモデル．地震第2輯，**61**，S347-S356.

松澤　暢，2011，なぜ東北日本沈み込み帯でM9の地震が発生しえたのか？—われわれはどこで間違えたのか？．科学，**81**，1020-1026.

Matsuzawa, T., Igarashi, T. and Hasegawa, A., 2002, Characteristic small earthquake sequence off Sanriku, northeastern Honshu, Japan. *Geophys. Res. Lett.*, **29**, 1543, doi:10.1029/2001GL 014632.

Matsuzawa, T., Uchida, N., Igarashi, T., Okada, T. and Hasegawa, A., 2004, Repeating earthquakes and quasi-static slip on the plate boundary east off northern Honshu, Japan. *Earth Planets Space*, **56**, 803-811.

Matsuzawa, T., Umino, N., Hasegawa, A. and Takagi, A., 1986, Upper mantle velocity structure eatimated from PS-converted wave beneath the northeastern Japan arc. *Geophys. Jour. Royal Astr. Soc.*, **86**, 767-787.

McKenzie, D. E., 1969, Speculations on the consequences and causes of plate motions. Geophys. *Jour. Royal Astr. Soc.*, **18**, 1-32.

McKenzie, D. P., 1978, Some remarks on the development of sedimentary basins. *Earth Planet. Sci. Lett.*, **40**, 25-32.

Mei, M., Huang, Q. C., Du, M. and Dilcher, D. L., 1996, The Xu-Huai-Yu Subprovince of the Cathaysian Floral Province. *Rev. Palaeobot. Palynol.*, **90**, 63-77.

Meschede, M., 1986, A method of discriminating between different types of mid-ocean ridge basalts and continental tholeiite with the Nb-Zr-Y diagram. *Chem. Geol.*, **56**, 207-218.

Metcalfe, I., 1994, Gondwanaland origin, dispersion, and accretion of East and Southeast Asian continental terranes. *Jour. SE. Asian Earth Sci.*, **7**, 333-347.

Meyzen, C. M., Blichert-Toft, J., Ludden, J. N., Humler, E., Mevel, C. and Albarede, F., 2007, Isotopic portrayal of the Earth's upper mantle flow field. *Nature*, **447**, 1069-1074.

Meyzen, C. M., Ludden, J. N., Humler, E., Luais, B., Toplis, M. J., Mével, C. and Storey, M., 2005, New insights into the origin and distribution of the DUPAL isotope anomaly in the Indian Ocean mantle from MORB of the Southwest Indian Ridge. *Geochem.*

Geophys. Geosyst., **6**, Q11K11, doi:10. 1029/2005GC000979.

Mibe, K., Fujii, T. and Yasuda, A., 1999, Control of the location of the volcanic front in island arcs by aqueous fluid connectivity in the mantle wedge. *Nature*, **401**, 259-262.

Mikada, H., Becker, K., Moore, J. C., Klaus, A., *et al.*, 2002, *Proc. ODP, Initial Rep., 196*, Ocean Drilling Program, College Station TX, doi:10. 2973/odp. proc. ir. 196. 2002.

三上貴彦, 1971, 南部北上山地日頃市地方古生界砂岩の予察的研究. 地質学論集, no.6, 33-37.

三木 順, 1985, 2つの異なる累帯構造を持つ北上山地平庭岩体について. Magma, **73**, 105-110.

御子柴（氏家）真澄, 2002, 北上山地南部, 千厩-気仙沼地域の火成岩類のK-Ar年代. 岩石鉱物科学, **31**, 318-329.

御子柴（氏家）真澄・蟹澤聰史, 2008, 北上山地, 遠野複合深成岩体の岩石化学的特徴. 地球科学, **62**, 183-201.

Mikoshiba, M.U., Kanisawa, S., Matsuhisa, Y., and Togashi, S., 2004, Geochemical and isotopic characteristics of the Cretaceous Orikabe plutonic complex, Kitakami Mountains, Japan: magmatic evolution on a zoned pluton and significance of a subdaction-related mafic parenatal magma. *Contrib. Mineral. Petrol.*, **146**, 433-449.

Milankovitch, M., 1941, *Kanon der Erdbestrahlung und seine Andwendung auf das Eiszeitenproblem.* K. Serb. Akad. Bergrad, Spec. Publ., 132, 633p.（日本語訳：柏谷健二・山本淳之・大村 誠・福山 薫・安成哲三, 1992, 気候変動の天文学理論と氷河時代, 古今書院, 520p）.

三村弘二, 1988, 磐梯火山の地質と活動史. 地学雑誌, **97**, 279-284.

三村弘二, 2001, 東北日本火山フロントに沿う七ツ森火山岩, 神室岳及び青麻火山のK-Ar年代. 地質調査研究報告, **52**, 309-313.

三村弘二・金谷 弘, 2001, 東北日本, 岩木火山北東麓の流れ山のK-Ar年代と岩木火山の火山体形成およびその崩壊時期. 火山, **46**(1), 17-20.

三村弘二・鹿野和彦, 2000, 東北日本, 白鷹火山の層序と歴史. 火山, **45**, 13-23.

三村高久, 1979, 青森県津軽半島南部地域の構造地質学的研究. 地質学雑誌, **85**, 719-735.

皆川信弥, 1965, 檜原—野川構造線について—棚倉破砕帯の北方延長その1—. 山形大学紀要（自然科学）, **6**, 319-332.

皆川信弥, 1971, 5万分の1地質図幅「手ノ子」および同説明書. 山形県, 21p.

皆川信弥・山形 理・菅井敬一郎・武田次弘, 1967, 大井沢構造及びその延長—棚倉破砕帯の北方延長その2—. 山形大学紀要（自然科学）, **6**, 469-479.

Minato, K., Hunahashi, M., Watanabe, J. and Kato, M., eds., 1979, *The Abean Orogeny*. Tokai Univ. Press.

湊 正雄, 1941, 岩手県気仙郡世田米地方の下部石炭系に就いて. 地質学雑誌, **48**, 469-490.

Minato, M., 1944, Phasenanalyse der Gebirgebildun-gen der palaeozoichen Aera im Kitakami-Gebirge（nordostlisches Honshu, Japan）. *Japan. Jour. Geol. Geogr.*, **19**, 151-180.

湊 正雄, 1950, 北上山地の地質. 地団研専報, no.5, 1-28.

Minato, M., 1955, Japanese Carboniferous and Permian corals. *Jour. Fac. Sci., Hokkaido Univ., Ser. IV*, **9**, 1-202.

湊 正雄・橋本誠二・陶山国男・武田裕幸・鈴木淑夫・木村昭二・山田一雄・垣見俊弘・市川輝雄・末富 宏, 1953, 世田

米地方の石炭紀層の層序と化石帯. 地質学雑誌, **59**, 385-399.

湊 正雄・橋本誠二・陶山国男・武田裕幸・鈴木淑夫・木村昭二・山田一雄・垣見俊弘・市川輝雄・末富 宏, 1954, 世田米地方の二畳紀層の層序と化石帯. 地質学雑誌, **60**, 378-387.

Minato, M., Hunahashi, M., Watanabe, J. and Kato, M., eds., 1979, *The Abean Orogeny, Variscan geohistory of northern Japan*. Tokai Univ. Press, 427p.

Minato, M., Kato, M., Nakamura, K., Hasegawa, Y.,Choi, D. R. and Tazawa, J., 1978,Biostratigraphy and correlation of the Permian of Japan. *Jour. Fac. Sci., Hokkaido Univ., Ser. IV*, **18**, 11-47.

湊 正雄・大久保雅弘, 1948, 本邦下部石炭系の対比. 地質学雑誌, **54**, 167-168.

湊 正雄・武田裕幸・橋本 徹・加藤 誠, 1959, 本邦古生層中の火山岩礫類について, 第1報, ゴトランド・デボン系. 地質学雑誌, **65**, 71-79.

Minato, M., Takeda, H., Kakimi, T. and Kato, M., 1959, Zur Biostratigraphie der Onimaru und Nagaiwa-Serie. *Jour. Fac. Sci., Hokkaido Univ., Ser. IV*, **10**, 337-347.

箕浦幸治, 1985, 北上・阿武隈はどこからきたか. 科学, **55**, 14-23.

箕浦幸治, 1989, 奥羽脊梁山地とその西方地域 (3) 葛巻-釜石帯 3. 弘前南方地域. 日本の地質「東北地方」編集委員会編, 日本の地質2 東北地方, 共立出版, 67-69.

箕浦幸治, 2011, 津波の水理堆積学的考察. 科学, **81**, 1077-1082.

Minoura, K. and Hasegawa, A., 1992, Crustal structure and its evolution in the northeastern Japan arc. *Island Arc*, **1**, 2-15.

Minoura, K., Imamura, F., Sugawara, D., Kono, Y. and Iwashita, T., 2001, The 869 Jogan tsunami deposit and recurrence interval of large-scale tsunami on the Pacific coast of northeast Japan. *Journal of Natural Disaster Science*, **23**, 83-88.

箕浦幸治・小菅正裕・柴 正敏・根本直樹・山口義伸, 1999, 青森県の地質, 青森県, 207p.

Minoura, K. and Nakaya, S., 1991, Traces of tsunami preserved in inter-tidal lacustrine and marsh deposits: Some examples from northeast Japan. *Journal of Geology*, **99**, 265-287.

箕浦幸治・対馬 博, 1984, 北部北上山地東縁部小本地域の地質. 弘前大学理科報告, **31**, 93-107.

Minoura, K. and Yamauchi, H., 1989, Upper Cretaceous-Paleogene Kuji Basin of Northeast Japan: Tectonic controls on strike-slip basin. In Taira, A. and Masuda, F., eds., *Sedimentary Facies in the Active Margin*, Terra Sci. Publ., 633-658.

御前明洋・永広昌之, 2004, 南部北上山地, 上八瀬—飯森地域に分布する中部ペルム系の層序と地質年代. 地質学雑誌, **110**, 129-145.

Mishra, O. P., Zhao, D., Umino, N. and Hasegawa, A., 2003, Tomography of northeast Japan forearc and its implications for interplate seismic coupling. *Geophys. Res. Lett.*, **30**, 1850.

水戸研一・原 坦・根田武二郎, 1978, 福島県地質調査報告書, 針生地域の地質. 福島県, 33p.

Mitsui, S., Ouchi, K., Endo, S. and Hasegawa, Y., 1973, Stratigraphy and geological age of the Taga Group in the Joban coal-field of Fukushima and Ibaraki Prefectures. *Res. Rep. Kochi Univ., Nat. Sci. I*, **22**, 103-124.

Mitsui, Y. and Iio, Y., 2011, How did the 2011 off the Pacific coast of

Tohoku Earthquake start and grow? The role of a conditionally stable area. *Earth Planets Space*, **63**, 755-759.

光谷拓実, 2001, 年輪年代法と文化財. 日本の美術, **421**, 98.

Miura, D. and Wada, Y., 2007, Effects of stress in the evolution of large silicic magmatic systems: An example from the Miocene felsic volcanic field at Kii Peninsula, SW Honshu, Japan. *Jour. Volcanol. Geotherm. Res.*, **167**, 300-319.

三浦 亮・石渡 明, 2001, 北部北上帯, 島守層に産する海洋島ソレイアイト起源緑色岩の岩石学. 岩石鉱物科学, **30**, 1-16.

Miura, S., Iinuma, T., Yui, S., Uchida, N., Sato, T., Tachibana, K. and Hasegawa, A., 2006, Co- and post-seismic slip associated with the 2005 Miyagi-oki earthquake（M 7.2）as inferred from GPS data. *Earth Planets Space*, **58**, 1567-1572.

Miura, S., Sato, T., Hasegawa, A., Suwa, Y., Tachibana, K. and Yui, S., 2004, Strain concentration zone along the volcanic front derived by GPS observations in NE Japan arc. *Earth Planets Space*, **56**, 1347-1355.

Miura, S., Sato, T., Tachibana, K., Satake, Y. and Hasegawa, A., 2002, Strain accumulation in and around Ou Backbone Range, northeastern Japan as observed by a dense GPS network. *Earth Planets Space*, **54**, 1071-1076.

Miyagi, I., 2004, On the eruption age of the Hijiori caldera, based on more accurate and reliable radiocarbon data. *Bull. Volcanol. Soc. Japan*, **49**, 201-205.

宮城磯治, 2007, 肘折火山：噴出物の層序と火山活動の推移. 火山, **52**, 311-333.

Miyagi, I., Itoh, J., Hoang, N. and Morishita, Y., 2012, Magma systems of the Kutcharo and Mashu volcanoes（NE Hokkaido, Japan）: Petrogenesis of the medium-K trend and the excess volatile problem. *Jour. Volcanol. Geotherm. Res.*, **231-232**, 50-60.

宮城一男, 1971, 岩木火山の研究（第2報）：有史時代の火山活動. 弘前大学教育学部紀要, 26, 39-43.

宮城県, 1983, 5万分の1土地分類基本調査「白石」. 宮城県, 77p.

宮城県, 1997, 5万分の1土地分類基本調査「上山・関」. 宮城県, 56p.

宮城県, 1998, 5万分の1土地分類基本調査「桑折・相馬中村」. 宮城県, 72p.

宮城県, 2009, 平成20年度宮城県公害資料（地盤沈下編）. 宮城県ホームページ（PDF）公開資料, 60p.

宮城県保健環境部, 1984, 昭和58年度宮城県公害資料（地盤沈下編）.

宮嶋 敏, 1991, 南部阿武隈山地, 宮本複合岩体の岩型区分. 岩鉱, **86**, 285-298.

宮嶋 敏, 2003, 南部阿武隈山地, 宮本複合岩体の岩石学—各岩型の成因的関係と岩体形成条件—. 岩石鉱物科学, **32**, 257-269.

宮坂省吾・保柳康一・渡辺 寧・松井 愈, 1986, 礫岩組成から見た中央北海道の後期新生代山地形成史. 地団研専報, no.31, 285-294.

Miyashiro, A., 1958, Regional metamorphism of the Gosaisho-Takanuki district in the central Abukuma plateau. *Jour. Fac. Sci., Univ. Tokyo, sec. 2*, **11**, 219-272.

Miyashiro, A., 1961, Evolution of metamorphic belt. *Jour. Petrol.*, **2**, 277-311.

Miyashiro, A., 1974, Volcanic rock series in island arcs and active continental margins. *Amer. Jour. Sci.*, **274**, 321-355.

Miyashiro, A., 1986, Hot regions and the origin of marginal basins in the western Pacific. *Tectonophysics*, **122**, 195-216.

宮内崇裕, 2012, 海岸部を襲う直下型地震：懸念される海底活断層と地震性地殻変動. 科学, **82**, 651-661.

Miyazaki, T., Kimura, J-I., Senda, R., Bogdan, S. V., Chang, Q., Takahashi, T., Hirahara, Y., Hauff, R., Hayasaka, Y., Sano, S., Shimoda, G., Ishizuka, O., Kawabata, H., Hirano, N., Machida, S., Ishii, T., Tani, K. and Yoshida, T., 2015, Missing western half of the Pacific Plate: Geochemical nature of the Izanagi-Pacific Ridge interaction with a stationary boundary between the Indian and Pacific mantles. *Geohcem. Geophys. Geosyst.*, **16**, 3309-3332.

Mizoue, M., Nakamura, I. and Yokota, T., 1982, Mapping of a unusual crustal discontinuity by microearthquake reflections in the earthquake swarm area near Asio, northwestern part of Tochigi Prefecture, central Japan. *Bull. Earthquake Res. Institute, Univ. Tokyo*, **57**, 653-686.

Mizutani, R., Uemura, T. and Yamamoto, H., 1984, Jurassic Radiorarians from the Tsugawa Area, Niigata Prefecture, Japan. *Earth Sci.*, **38**, 352-358.

望月浩司・安藤寿男, 2003, 下部白亜系宮古層群のストーム卓越型浅海成シーケンスにおける軟体動物化石層. 化石, no.74, 1-2.

Mogi, A. and Nishizawa, K., 1980, Breakdown on the slope of the Japan Trench. *Proc. Japan. Acad., Ser. B.*, **56**, 257-259.

Molnar, P. and Tapponier, P., 1975, Cenozoic tectonics of Asia: Effects of a continental collision, *Science*, **189**, 419-426.

Montie, Sneider and Colliton, 2002, *Seismic Review of Block VI-1*. Internal report by Sneider Exploration, Inc.

Moore, J. C., Klaus, A., *et al.*, 1998, *Proc. ODP, Initial Rep., 171A*, Ocean Drilling Program, College Station TX, doi:10. 2973/odp. proc. ir. 171a. 1998.

Moore, J. C. and Saffer, D., 2001, Updip limit of the seismogenic zone beneath the accretionary prism of southwest Japan: An effect of diagenetic to low-grade metamorphic processes and increasing effective stress. *Geology*, **29**, 183-186.

Moore, G. F., Taira, A., Klaus, A., *et al.*, 2001, *Proc. ODP, Initial Rep., 190*, Ocean Drilling Program, College Station TX, doi:10. 2973/odp. proc. ir. 190. 2001.

Mori, Kazuo, 1949, On the Jurassic formations in the Hashiura district, province of Rikuzen, Japan. *Japan. Jour. Geol. Geogr.*, **21**, 315-321.

Mori, Kei, 1963, Geology and paleontology of the Jurassic Somanakamura Group, Fukushima Prefecture, Japan, *Sci. Rep. Tohoku Univ., 2nd Ser.*, **35**, 33-65.

森 啓, 1989, 第2章志津川の地質. 志津川町史編さん室編, 自然の輝志津川町史I, 志津川町, 95-176.

Mori, K., Okami, K. and Ehiro, M., 1992, Paleozoic and Mesozoic sequences in the Kitakami Mountains (29th IGC Field Trip A05). In Adachi, M. and Suzuki, K., eds., *29th IGC Field Trip Guide Book Vol. 1, Paleozoic and Mesozoic Terranes: Basement of the Japanese Islands Arcs, Nagoya University, Japan*, 81-114.

森 啓・田沢純一, 1980, 模式地における下部石炭系日頃市層からビゼー期四射サンゴ類・腕足類化石の発見とその意義. 地質学雑誌, **86**, 143-146.

盛合禧夫, 1957, 岩手県釜石鉱山付近の地質学的研究. 地質学雑誌, **63**, 412.

盛合禧夫, 1963, 釜石鉱山地域の地質構造. 鉱山地質, **13**, 61-74.

盛合禧夫, 1997, 東北地方の地盤災害, 地すべり. 東北地方の地盤工学, 地盤工学会東北支部, 117-134.

盛合禧夫・浅田秋江・伊藤孝男・千葉則行, 1991, 東北地方における大規模地すべりの成因の研究. 東北工業大学紀要I：理工学編, **11**, 49-56.

Moriai, T. and Chiba, N., 1988, A geographic and geologic study on the old-time landslide in Toyomaki region, Yamagata Prefecture. *Mem. Tohoku Inst. Tech.*, Ser.I: Sci. Eng., **8**, 33-41.

盛合禧夫・千葉則行・佐藤健一, 1994, 秋田県横手東部の被う脊梁山脈における地すべり地質. 東北工業大学紀要I：理工学編, **14**, 47-53.

Morikawa, R., 1960, Fusulinids from the Iwaisaki Limestone. *Sci. Rep. Saitama Univ., Ser. B*, **3**, 273-299.

森川六郎・佐藤敏彦・柴崎達雄・品田 穣・大久保雅弘・中沢圭二・堀口万吉・村田正文・菊地良樹・田口亨行・高橋幸蔵, 1958, 岩井崎石灰岩の再検討. 藤本治義教授還暦記念論文集, 81-90.

森田日子次, 1930MS, 山形県西置賜郡小国町付近の第三紀層の地形・地質. 東北大学理学部地質学古生物学科卒業論文.

盛谷智之, 1968, 深浦地域の地質. 地域地質研究報告（5万分の1図幅）, 地質調査所, 57p.

森屋 洋・羽沢大樹・阿部真郎・佐藤康彦, 2005, 秋田県東成瀬地域における大規模地すべり地形の地質的素因. 日本地すべり学会誌, **42**, 40-50.

森屋 洋・荻田 茂・山田孝雄・阿部真郎, 2007, 東北地方における断層周辺の第三紀層地すべり. 日本地すべり学会誌, **44**, 44-49.

守屋以智雄, 1983, 日本の火山地形. 東京大学出版会, 135p.

Moriya, S., 1972, Low-grade metamorphic rocks of the northern Kitakami Mountainland. *Sci. Rep. Tohoku Univ., 3rd Ser.*, **11**, 239-282.

守屋俊治・鎮西清高・中嶋 健・檀原 徹, 2008, 山形県新庄盆地西縁部の鮮新世古地理の変遷―出羽丘陵の隆起時期と隆起過程. 地質学雑誌, **114**, 389-404.

森谷武男, 1986, 浅い地震活動と起震歪力から見た北海道のテクトニクス. 地団研専報, no.31, 475-485.

Morrison, G. W., 1980, Characteristics and tectonic setting of the shoshonite rock association. *Lithos*, **13**, 97-108.

藻谷亮介, 1991, 宮城県志津川町産出の大型魚竜化石について（演旨）. 日本古生物学会講演予稿集, **140**, 36.

Motani, R., Minoura, N. and Ando, T., 1998, Ichthyosaurian relationships illuminated by new primitive skeletons from Japan. *Nature*, **393**, 255-257.

本山 功, 1991, 津軽半島地域の新第三系の地質と微化石層序. 日本地質学会東北支部・北海道支部合同シンポジウム「東北本州弧の新生代構造発達史―北部（西南北海道）と中・南部（東北地方）の比較論―」講演予稿集, 7-8.

本山 功・丸山俊明, 1995, 青森県津軽半島中西部の新第三系の層序と放散虫・珪藻化石. 地質調査所月報, **46**, 333-374.

本山 功・丸山俊明, 1996, 放散虫および珪藻による津軽半島新第三系の複合微化石層序. 地質学雑誌, **102**, 481-499.

Moyen, J. -F., 2011, The composite Archaean grey gneisses: petrological significance, and evidence for a non-unique tectonic setting for Archaean crustal growth. *Lithos*, **123**, 21-36.

Muller, R. D., Sdrolias, M., Gaina, C., Steinberger, B and Heine, C., 2008, Long-term sea-level fluctuations driven by ocean basin dynamics. *Science*, **319**, 1357-1362. doi:10.1126/science.1151540.

Mulugeta, G. and Koyi, H., 1992, Episodic accretion and strain partitioning in a model sand wedge. *Tectonophysics*, **202**, 319-333.

村井貞允・大上和良・工藤春男, 1981, 昭和55年度岩手県における珪石資源調査報告書. 岩手県, 1-13.

村井貞允・大上和良・工藤春男, 1983a, 岩手県における珪石資源調査報告書. 岩手県, 1-43.

村井貞允・大上和良・大石雅之, 1983b, "茂師竜"発見地付近の地質. 岩泉教育委員会, 36p.

村井貞允・大上和良・大石雅之, 1984, 小本川流域の地質―上部白亜系～古第三系について―. 岩泉教育委員会, 39p.

村井貞允・大上和良・大石雅之, 1985, 岩泉町における先上部白亜系の地質（その1）. 岩泉町, 45p.

村井貞允・大上和良・永広昌之・大石雅之, 1986, 岩泉町における先上部白亜系の地質（その2）. 岩泉町, 43p.

村上 亮・小沢慎三郎, 2004, GPS連続観測による日本列島上下地殻変動とその意義. 地震第2輯, **57**, 209-231.

村岡洋文, 1991, 八甲田地熱地域の熱源系. 地質調査所報告, **275**, 113-134.

村岡洋文, 1993, 八甲田火山地域のカルデラ群. 月刊地球, **15**, 713-717.

村岡洋文・長谷紘和, 1990, 黒石地域の地質. 地域地質研究報告（5万分の1地質図幅）. 地質調査所, 124p.

村岡洋文・高木慎一郎・玉生志郎・堀 昌雄・品田正一・山田敬一, 1987, 全国地熱資源総合調査の地域レポート［3］八甲田地域（火山性熱水対流系地域タイプ③）. 地熱エネルギー, **12**, 155-181.

村岡洋文・高倉伸一, 1988, 10万分の1八甲田地熱地域地質図説明書, 特殊地質図（21-4）, 地質調査所, 27p.

村岡洋文・山口 靖・長谷紘和, 1991, 八甲田地熱地域で見出されたカルデラ群. 地質調査所報告, **275**, 97-111.

Murata, M., 1962, The Upper Jurassic of Cape Shiriya, Aomori Prefecture, Japan. *Sci. Rep. Tohoku Univ., 2nd Ser.*, Spec. vol.**5**, 119-126.

Murata, M., 1967, Some Permian conulariidae from the Kitakami massif, Northeast Japan. *Saito Ho-on Kai Mus. Nat. His., Res. Bull.*, **36**, 9-16.

Murata, M., 1969, Molluscan fauna of the Toyoma Formation（Late Permian）. *Saito Ho-on Kai Mus. Nat. His., Res. Bull.*, **38**, 1-22.

Murata, M., 1971, Fusulinid biostratigraphy and molluscan fauna from the Uppermost part of the Sakamotozawa Formation, and Pre-Kanokura unconformity, in the southern part of the Kitakami Massif, northeast Japan. *Trans. Proc. Palaeont. Soc. Japan, N. S.*, **82**, 93-116.

村田正文, 1976a, 北上山地のペルム紀・三畳紀貝化石（三畳紀）. 日本化石集, no.41, 築地書.

村田正文, 1976b, 氷上花崗岩体にまつわる諸問題. 地球科学, **30**, 347-357.

Murata, M. and Bando, Y., 1975, Discovery of Late Permian *Araxoceras* from the Toyoma Formation in the Kitakami Massif, northeast Japan. *Trans. Proc. Palaeont. Soc. Japan, N. S.*, **97**, 22-31.

村田正文・蟹沢聰史・植田良夫・武田信従, 1974, 北上山地シルル系基底と先シルル系花崗岩体. 地質学雑誌, **80**, 475-486.

Murata, M. and Nagai, T., 1972, Discovery of conodonts from Sekkenai, Hiranai-cho, Higashi-tsugaru-gun, Aomori Prefecture. *Professor Jun-ichi Iwai Memorial Volume*, 709-717.

村田正文・永井敏彦・川村真一，1973，津軽半島小泊岬より石炭紀 conodonts の産出について．日本地質学会東北支部会報，**4**，4-5.

村田正文・永井敏彦・川村真一，1974，津軽半島小泊岬より石炭紀後期コノドント化石の産出とその意義．青森地学，**26**，3-5.

Murata, M., Okami, K., Kanisawa, S. and Ehiro, M., 1982, Additional evidence for the Pre-Silurian Basement in the Kitakami Massif, Northeast Honshu, Japan. *Mem. Geol. Soc. Japan*, no.21, 245-259.

村田正文・下山正一，1979，北上山地におけるペルム系-三畳系境界付近の層序と先三畳系不整合．熊本大学理学部紀要（地学），**11**，11-31.

村田正文・杉本幹博，1971，北部北上山地よりトリアス紀後期コノドントの産出（予報）．地質学雑誌，**77**，393-394.

Murauchi, J., 1971, The renewal of island arcs and the tectonics of marginal seas. In Uda, M., ed., *Proceedings of Joint Oceanographic Assembly*, The Ocean World, 303-305.

Murauchi, S. and Ludwig, W. J., 1980, Crustal structure of the Japan Trench: The effect of subduction of ocean crust. *Initial Reports of DSDP*, **56/57**, 463-570.

村山正郎・河田清雄，1956，5万分の1地質図幅「燧ヶ岳」および同説明書．地質調査所，28p.

室谷智子・菊池正幸・山中佳子，2003，1938 年に起きた複数の福島県東方沖地震の破壊過程．地球惑星科学関連学会 2003 年合同大会，S052-0003.

Murotani, S., Kikuchi, M., Yamanaka, Y. and Shimazaki, K., 2004, Rupture process of large Fukushima-Oki earthquakes (2). *Seism. Soc. of Japan* (*SSJ*), Fall Meeting, Hakozaki, Japan, P029.

武蔵野實，1973，長岩層石灰岩の岩相と化学組成．地質学雑誌，**79**，481-492.

武藤 潤・大園真子，2012，東日本太平洋沖地震後の余効変動解析へ向けた東北日本弧レオロジー断面．地質学雑誌，**118**，323-333.

長浜春夫・照井一明，1992，北部北上山地・上部白亜系―古第三系種市層の砕屑組成と堆積相．地質学論集，no.38，59-70.

長橋良隆・木村裕司・大竹二男・八島隆一，2004，福島市南西部に分布する鮮新世「笹森山安山岩」の K-Ar 年代．地球科学，**58**，407-412.

長澤一雄・本田康夫・檀原 徹，1998，山形県新庄盆地に分布する野口層・中渡層のフィッション・トラック年代．山形県戸沢村産海牛化石調査報告書，山形県立博物館，45-56.

長澤一雄・本田康夫・大場 總，1999，山形県真室川町の野口層の年代について．山形県真室川町産鯨類化石調査報告書，山形県立博物館，137-142.

長澤一雄・大場 總・本田康夫，2002，山形県新庄盆地北部の新第三系の年代について．山形県真室川町産マッコウクジラ類化石調査報告書，山形県立博物館，75-82.

名倉 弘，1980MS，岩手県東磐井郡東山町長坂付近の地質．東北大学理学部地質学古生物学科卒業論文．

内藤博夫，1977，秋田県能代平野の段丘地形．第四紀研究，**16**，57-70.

中江 訓・鎌田耕太郎，2003，北部北上帯「陸中関」地域から

産出した後期ジュラ紀放散虫化石．地質学雑誌，**109**，722-725.

Nakae, S. and Kurihara, T., 2011, Direct determination for an Upper Permian accretionary complex (Kirinai Formation), Kitakami Mountains, Northeast Japan. *Palaeoworld*, **20**, 146-157.

中川久夫・石田琢二・大池昭二・小野寺信吾・竹内貞子・七崎修・松山 力・木母恒雄，1971，新庄盆地の第四紀地殻変動．東北大学理学部地質学古生物学教室研究邦文報告，**71**，13-29.

中川久夫・石田琢二・佐藤二郎・松山 力・七崎 修，1963，北上川上流沿岸の第四系および地形．地質学雑誌，**69**，163-171.

中川久夫・松山 力・大池昭二，1986，十和田火山噴出物の分布と性状．東北農政局計画部，48p.

中川光弘，1983，森吉火山の地質と岩石．岩鉱，**78**，197-210.

中川光弘，1987，東北日本，岩手火山群の形成史．岩鉱，**87**，132-150.

中川光弘，1991，森吉火山における安山岩-デイサイト質マグマ生成モデル．火山，**36**，223-239.

中川光弘・青木謙一郎，1985，森吉山の岩石学―カルデラ形成後に主として活動した混合マグマ．岩鉱，**80**，136-154.

中川光弘・霜鳥 洋・吉田武義，1986，青麻-恐火山列：東北日本弧火山フロント．岩鉱，**81**，471-478.

中川光弘・霜鳥 洋・吉田武義，1988，東北日本弧，第四紀玄武岩組成の水平変化．岩鉱，**83**，9-25.

中東和夫・篠原雅尚・山田知朗・植平賢司・望月公広・塩原肇・酒井慎一・金沢敏彦，2005，長期広帯域海底地震観測による日本海東部下のマントルウェッジ構造．地球惑星科学関連学会合同大会予稿集（CD-ROM），J062-P017.

Nakahigashi, K., Shinohara, M., Yamada, T., Uehira, K., Sakai, S., Mochizuki, K., Shiobara, H. and Kanazawa, T., 2015, Deep slab dehydration and large-scale upwelling flow in the upper mantle beneath the Japan Sea. *J. Geophys. Res., Solid Earth*, **120**, 3278-3292.

Nakajima, H. and Koarai, M., 2011, Assessment of tsunami flood situation from the Great East Japan earthquake. *Bull. Geosp. Inf. Auth. Japan*. **59**, 55-66.

Nakajima, J., Hada, S., Hayami, E., Uchida, N., Hasegawa, A., Yoshioka, S., Matsuzawa, T. and Umino, N., 2013, Seismic attenuation beneath northeastern Japan: Constraints on mantle dynamics and arc magmatism. *Jour. Geophys. Res.*, **118**, 1-18.

Nakajima, J. and Hasegawa, A., 2003a, Estimation of thermal structure in the mantle wedge of northeastern Japan from seismic attenuation data. *Geophys. Res. Lett.*, **30**, 1760, doi:10.1029/2003 GL017185.

Nakajima, J. and Hasegawa, A., 2003b, Tomographic imaging of seismic velocity structure in and around the Onikobe volcanic area, northeastern Japan: implications for fluid distribution. *Jour. Volcanol. Geotherm. Res.*, **127**, 1-18.

Nakajima, J. and Hasegawa, A., 2004, Shear-wave polarization anisotropy and subduction-induced flow in the mantle wedge of northeastern Japan. *Earth Planet. Sci. Lett.*, **225**, 365-377.

Nakajima, J. and Hasegawa, A., 2007, Subduction of the Philippine Sea plate beneath southwestern Japan: Slab geometry and its relationship to arc magmatism. *Jour. Geophys. Res.*, **112**, B08306, doi:10.1029/2006JB004770.

Nakajima, J., Hasegawa, A., Horiuchi, S., Yoshimoto, K., Yoshida, T.

and Umino, N., 2006a, Crustal heterogeneity around the Nagamachi-Rifu fault, northeastern Japan, as inferred from travel-time tomography. *Earth Planets Space*, **58**, 843-853.

Nakajima, J., Hirose, F. and Hasegawa, A., 2009a, Seismotectonics beneath the Tokyo metropolitan area: Effect of slab-slab contact and overlap on seismicity. *Jour. Geophys. Res*., **114**, B08309, doi:10. 1029/2008JB006101.

Nakajima, J., Matsuzawa, T., Hasegawa, A. and Zhao, D., 2001a, Three-dimensional structure of Vp, Vs and Vp/Vs beneath northeastern Japan arc: Implications for arc magmatism and fluids. *Jour. Geophys. Res.: Solid Earth*, **106**(B10), 21843-21857.

Nakajima, J., Matsuzawa, T., Hasegawa, A. and Zhao, D., 2001b, Seismic imaging of arc magma and fluids under the central part of northeastern Japan. *Tectonophysics*, **341**, 1-17.

Nakajima, J., Shimizu, J., Hori, S. and Hasegawa, A., 2006b, Shear-wave splitting beneath the southwestern Kurile arc and northeastern Japan arc: a new insight into mantle return flow. *Geophys. Res. Lett*., **33**, L05305, doi:10. 1029/2005GL025053.

Nakajima, J., Takei, Y. and Hasegawa, A., 2005, Quantitative analysis of the inclined low velocity zone in the mantle wedge of northeastern Japan: A systematic change of melt-filled pore shapes with depth and its implications for melt migration. *Earth Planet. Sci. Lett*., **234**, 59-70.

Nakajima, J., Tsuji, Y. and Hasegawa, A., 2009b, Seismic evidence for thermally-controlled dehydration reaction in subducting oceanic crust. *Geophys. Res. Lett*., **36**, L03303, doi:10. 1029/2008 GL036865.

中島欽三, 1906, 鳥海火山地質調査報文. 震予報, **52**, 1-32.

中嶋聖子・周藤賢治・板谷徹丸, 1993, 日本海東縁・飛島に産する第三紀火山岩類のK-Ar年代と岩石記載. 総合研究「東北日本の新生代火山岩類の時空分布の変遷とテクトニクス」研究報告, **2**, 124-134.

中嶋聖子・周藤賢治・加々美寛男・大木淳一・板谷徹丸, 1995, 東北日本弧, 後期中新世〜鮮新世火山岩の島弧横断方向における化学組成および同位体組成変化. 地質学論集, no.44, 197-226.

Nakajima, T., 1996, Cretaceous granitoids in SW Japan and their bearing on the crust-forming process in the eastern Eurasian margin. *Geol. Soc. Amer., Spec. Pap*., **315**, 183.

中嶋健・檀原徹, 1999, 岩手県湯田盆地に分布する中部中新統〜鮮新統のフィッション・トラック年代. 地質学雑誌, **105**, 668-671.

中嶋健・檀原徹・鎮西清高, 2000, 岩手県湯田盆地の堆積盆発達史-新生代後期における奥羽山脈中軸部の地質構造発達史に関連して. 地質学雑誌, **106**, 93-111.

中嶋健・檀原徹・岩野英樹・山下透, 2003, 秋田市羽川の天徳寺層桂根相のフィッション・トラック年代. 地質学雑誌, **109**, 252-255.

Nakajima, T., Danhara, T., Iwano, H. and Chinzei, K., 2006c, Uplift of the Ou Backbone Range in Northeast Japan at around 10 Ma and its implication for the tectonic evolution of the eastern margin of Asia. *Paleogeogr. Paleoclimatol. Paleoecol*., **241**, 28-48.

Nakajima, T., Shirahase, T., and Shibata, K., 1990, Along-arc lateral variation of Rb-Sr and K-Ar ages of Cretaceous granitic rocks in Southwest Japan. *Contrib. Mineral. Petrol*., **104**, 381-389.

Nakajima, Y. and Izumi, K., 2014, Coprolites from the upper Osawa Formation (upper Spathian), northeastern Japan: Evidence for predation in a marine ecosystem 5 Myr after the end-Permian mass extinction. *Palaeogeography, Palaeoclimatology, Palaeoecology*, **414**, 225-232.

Nakajima, Y. and Schoch, R. R., 2011, The first temnospondyl amphibian from Japan. *Journal of Vertebrate Paleontology*, **31**, 1154-1157.

中島信哉・田野久貴・渡辺英彦, 1986, 軟岩の吸水膨張とAEに関する実験的研究. 昭和60年度土木学会東北支部技術研究発表会講演概要, 201-202.

Nakamura, H., Iwamori, H. and Kimura, J. -I., 2008, Geochemical evidence for enhanced fluid flux due to overlapping subducting plates. *Nature Geosci*., **1**, 380-384.

中村一明, 1969, 島弧のテクトニクスI. 仮説. 地質学会第76年会総合討論会資料「グリーンタフに関する諸問題」, 31-38.

Nakamura, K., 1977, Volcanoes as possible indicators of tectonic stress orientation. *Jour. Volcanol. Geotherm. Res*., **2**, 1-16.

中村一明, 1983, 日本海東縁新生海溝の可能性. 東京大学地震研究所彙報, **58**, 711-722.

中村光一, 1992, 反転テクトニクス(inversion tectonics)とその地質構造表現. 構造地質, no.38, 3-45.

中村新太郎, 1913, 常磐炭田第一区磐城国石城郡湯本村附近地質説明書. 地質調査所, 20-45.

中村嘉男, 1960, 阿武隈隆起準平原北部の地形発達. 東北地理, **12**, 62-70.

Nakamura, Y., 1963, Base level of erosion in the central part of the Kitakami mountainland. *Sci. Rep. Tohoku Univ., 7th Ser*., **13**, 115-133.

Nakamura, Y., 1978, Geology and petrology of Bandai and Nekoma volcanoes. *Sci. Rep. Tohoku Univ., 3rd Ser*., **14**, 67-119.

中村嘉男, 1996, 阿武隈山地の侵食平坦面. 藤原健蔵編, 地形学のフロンティア, 大明堂, 31-46.

中村洋一・青木謙一郎・田中耕平・井口隆・酒井英男・平井敏・長尾敬介, 1992, 磐梯火山北麓のボーリング試料で得られた高アルカリソレアイト質玄武岩(演旨). 日本火山学会講演予稿集, 94.

中根勝見, 1973a, 日本における定常的な水平地殻歪(I). 測地学会誌, **19**, 190-199.

中根勝見, 1973b, 日本における定常的な水平地殻歪(II). 測地学会誌, **19**, 200-208.

中野俊・土谷信之, 1992, 鳥海山及び吹浦地域の地質. 地域地質研究報告(5万分の1地質図幅), 地質調査所, 138p.

Nakaseko, K., 1960, Applied Micropaleontological Research by means of Radiolarian fossils in the oil bearing Tertiary, Japan(Part 2). *Sci. Rept. Coll. Gene. Educ., Osaka Univ*., **9**, 145-185.

中田高・今泉俊文, 2002, 活断層詳細デジタルマップ. 東京大学出版会, DVD-ROM, 60p.

Nakatani, M., 2001, Conceptual and physical clarification of rate and state friction: Frictional sliding as a thermally activated rheology. *Jour. Geophys. Res*., **106**, 13347-13380.

中里浩也・大場孝信・板谷徹丸, 1996, 東北日本弧, 月山火山の地質とK-Ar年代. 岩鉱, **91**, 1-10.

Nakazawa, K., 1960, Two Permian nautiloids from Japan. *Japan. Jour. Geol. Geogr*., **31**, 121-127.

中沢圭二, 1964, 上部三畳系 *Monotis* 層, 特に *Monotis typica* 帯について. 地質学雑誌, **70**, 523-535.

Nakazawa, K., 1964, On the Monotis typica zone in Japan. *Mem.*

Coll. Sci., Univ. Kyoto, Ser. B, **30**, 21-39.

Nakazawa, K., 1991, Mutual relation of Tethys and Japan during Permian and Triassic time viewed from bivalve fossils. In Kotaka, T., Dickins, J. M., McKenzie, K. G., Mori, K., Ogasawara, K. and Stanley, G. D. Jr., eds., *Shallow Tethys 3*, Saito Ho-on Kai, 3-20.

中沢圭二, 1998, 南部北上山地のペルム系最上部より産した二枚貝化石. 地球科学, **52**, 51-54.

Nakazawa, K., Ishibashi, T., Kimura, T., Koike, T., Shimizu, D. and Yao, A., 1994, Triassic biostratigraphy of Japan based on various taxa. In Guex, J. and Baud, A., eds., Recent development on Triassic stratigraphy, *Memoires de Geologie*, **22**, 83-103.

Nakazawa, K. and Newell, N. D., 1968, Permian Bivalves of Japan. *Mem. Fac. Sci., Kyoto Univ., Ser. Geol. Mineral.*, **35**, 1-108.

南部松夫・谷田勝俊, 1961, 青森市八甲田火山群の地質および地下資源の調査報告書. 青森県総務部企画課, 29p.

奈良親芳・竹谷陽二郎・箕浦幸治, 1994, 南部北上山地気仙沼・唐桑地域のジュラ-白亜系層序. 福島県立博物館紀要, no. 8, 29-63.

Nasu, N., von Huene, R., Ishiwada, Y., Langseth, M., Bruns, T. and Honza, E., 1980, Interpretation of multichannel seismic reflection data, Legs 56 and 57, Japan Trench transect, Deep Sea Drilling Project. *Initial Rep. Deep Sea Drilling Proj.*, **56/57**, 489-503.

Naumann, E., 1881, Ueber das Vorkommen von Triasbildungen im nördlichen Japan. *Jahrb, Geol, Reichsandst., Wien*, **31**, 519-628.

Nebel, O., Münker, C., Nebel-Jacobsen, Y. J., Kleine, T., Mezger, K. and Mortimer, N., 2007, Hf-Nd-Pb isotope evidence from Permian arc rocks for the long-term presence of the Indian-Pacific mantle boundary in the SW Pacific. *Earth Planet. Sci. Lett.*, 254, 377-392.

根建心具・大貫　仁・吉田武義・田切美智雄, 1984, 南東阿武隈山地, 水石山超苦鉄質-苦鉄質深成岩体―特に不透明鉱物について. 岩鉱, **79**, 200-213.

Nelson, A. R., Atwater, B. F., Bobrowsky, P. T., Bradley, L. A., Clagueparallel, J. J., Carver, G. A., Darienzo, M. E., Grant, W. C., Kruegerstar, H. W., Sparks, R., Stafford, Jr., T. W. and Stuiver, M., 1995, Radiocarbon evidence for extensive plate-boundary rupture about 300 years ago at the Cascadia subduction zone. *Nature*, **378**, 371-374.

根本直樹, 1991, 渡島半島～津軽地域の鮮新・更新統微化石層序. 日本地質学会東北支部・北海道支部合同シンポジウム「東北本州弧の新生代構造発達史―北部（西南北海道）と中・南部（東北地方）の比較論―」講演予稿集, 14.

根本直樹, 1998, 浪岡町およびその周辺から得られたカリウム―アルゴン年代. 浪岡町史研究年報, **3**, 53-61.

根本直樹・千田良一, 1994, 青森県津軽半島南端部に分布する大釈迦層の有孔虫群. 弘前大学理科報告, **41**, 259-275.

日本大学工学研究所, 1986, 泥岩の風化膨張機構に関する調査業務（その1）報告書. 日本大学工学研究所報告, 37p.

日本大学工学研究所, 1987, 泥岩の風化膨張機構に関する調査業務（その2）報告書. 日本大学工学研究所報告, 45p.

日本大学工学研究所, 1988, 泥岩の風化膨張機構に関する調査業務（その3）報告書. 日本大学工学研究所報告, 48p.

日本第四紀学会編, 1987, 日本第四紀地図（I 地形・地質・活構造図）解説, 東京大学出版会, 119p.

日本鉱業協会, 1965, 日本の鉱床総覧（上巻）, 581p.

日本鉱業協会, 1968, 日本の鉱床総覧（下巻）, 941p 日

日本鉱山地質学会, 1981, 日本の鉱床探査（第1巻）, 30 周年記念出版委員会, 345p.

日本の地質「関東地方」編集委員会編, 1986, 日本の地質3 関東地方, 共立出版, 335p.

日本の地質「東北地方」編集委員会編, 1989, 日本の地質2 東北地方, 共立出版, 338p.

新潟県, 1992, 5 万分の1土地分類基本調査「温海・勝木」, 新潟県, 72p.

新潟県, 2000, 新潟県地質図および同説明書（2000 年版）, 新潟県, 200p.

新潟基盤岩研究会, 1986, 奥只見地域 袖沢・白戸川流域の足尾帯. 総合研究 上越帯・足尾帯研究報告, no.3, 69-75.

新川　公, 1983a, 南部北上山地鬼丸層の化石層序と対比, その1. 地質と化石層序, 地質学雑誌, **89**, 347-357.

新川　公, 1983b, 南部北上山地鬼丸層の化石層序と対比, その2. 対比とまとめ. 地質学雑誌, **89**, 549-557.

新妻信明, 1979, 東北日本弧の地質構造発達―プレートの沈み込み過程をさぐる―. 科学, **49**, 36-43.

Niitsuma, N., 1989, Collision tectonics in the South Fossa Magna, central Japan. *Modern Geol.*, **14**, 3-18.

新妻信明, 2007, プレートテクトニクス―その新展開と日本列島. 共立出版, 292p.

西来邦章・伊藤順一・上野龍之, 2012, 第四紀火山岩体・貫入岩体データベース. 産総研地質調査総合センター, 地質調査総合センター速報, no.60.

Nishimoto, S., Ishikawa, M., Arima, M. and Yoshida, T., 2005, Laboratory measurement of P-wave velocity in crustal and upper mantle xenoliths from Ichino-megata, NE Japan: ultrabasic hydrous lower crust beneath the NE Honshu arc. *Tectonophysics*, **396**, 245-259.

Nishimoto, S., Ishikawa, M., Arima, M., Yoshida, T. and Nakajima, J., 2008, Simultaneous high P-T measurements of ultrasonic compressional and shear wave velocities in Ichino-megata mafic xenoliths: Their bearings on seismic velocity perturbations in lower crust of northeast Japan arc. *Jour. Geophys. Res.*, **113**, B12212, doi:10. 1029/2008JB005587.

西村幸一・丸山孝彦・山元正継・浅川敬公, 1999, 南部北上帯, 遠野複合深成岩体の中心相と主部層の関係. 地質学論集, no.53, 177-188.

西村　進・天野吉幸, 1979, 放射年代資料46. F. T. 法による新第三紀放射年代資料（1968-1978）. 日本の新第三系の生層序及び年代層序に関する基本資料, 文部科学研究費総合研究（A）234052「太平洋側と日本海側の新第三系の対比と編年」, 135-142.

西村　進・石田志朗, 1972, Fission-Track 法による男鹿半島新第三系の凝灰岩の年代決定, 岩鉱, **67**, 166-168

西村卓也, 2012, 測地観測データに基づく東日本の最近120年間の地殻変動. 地質学雑誌, **118**, 278-293.

Nishimura, T., Hirasawa, T., Miyazaki, S., Sagiya, T., Tada, T., Miura, S. and Tanaka, K., 2004, Temporal change of interplate coupling in northeastern Japan during 1995-2002 estimated from continuous GPS observations. *Geophys. Jour. Intern.*, **157**, 901-916.

Nishimura, T., Miura, S., Tachibana, K., Hashimoto, K., Sato, T., Hori, S., Murakami, E., Kono, T., Nida, K., Mishina, M., Hirasawa, T. and Miyazaki, Z., 2000, Distribution of seismic coupling on the subducting plate boundary in northeastern Japan inferred from GPS observations. *Tectonophysics*, **323**, 217-238.

Nishimura, T. and Ueki, S., 2011, Seismicity and magma supply rate of the 1998 failed eruption at Iwate volcano, Japan. *Bull. Volcanol.*, doi:10. 1007/s00445-010-0438-8.

Nishimura, Y., 1998, Geotectonic subdivision and areal extent of the Sangun belt, Inner Zone of Southwest Japan. *Jour. Metamorphic Geol.*, **16**, 129-140.

西岡芳晴, 1997, 北上山地, 宮古累帯深成岩体の岩石記載と全岩化学組成. 岩鉱, **92**, 291-301.

西岡芳晴, 2007, 北上山地, 五葉山岩体に見いだされたアダカイト質岩の地質学的, 岩石学的特徴. 地球科学, **61**, 21-31.

西岡芳晴, 2008, 北上山地のアダカイト質小深成岩体, 立根岩体の岩石学的特徴. 地球科学, **62**, 203-210.

西岡芳晴・吉田武義・蟹澤聰史・青木謙一郎, 1987, 北上山地, 宮古花崗岩体の地球化学的研究. 東北大学核理研研究報告, **20**, 340-350.

西岡芳晴・吉川敏之, 2004, 綾里地域の地質. 地域地質研究報告（5万分の1地質図幅）. 産総研地質調査総合センター, 49p.

西坂弘正・篠原雅尚・佐藤利典・日野亮太・望月公廣・笠原順三, 2001, 海底地震計と制御震源を用いた北部大和海盆, 秋田沖日本海東縁部海陸境界域の地震波速度構造. 地震第2輯, **54**, 265-379.

西坂昌美・吉村尚久, 1988, 米沢市南西部に分布する中新統大峠層のフィッション・トラック年代について. 地球科学, **42**, 100-103.

Noda, H. and Lapusta, N., 2013, Stable creeping fault segments can become destructive as a result of dynamic weakening. *Nature*, **493**, 518-523.

野田光雄, 1934, 北上山地西部長坂附近の地質学的研究. 地質学雑誌, **41**, 431-456.

Noda, M. and Tachibana, K., 1959, Some Upper Devonian Cyrtospiriferids from the Nagasaka District, Kitakami mountainland. *Sci. Bull. Fac. Lib. Arts Educ. Nagasaki Univ.*, **10**, 15-21.

Noda, S., Tatsumi, Y., Yamashita, S., Fujii, T., Tamaki, K., Suyehiro, K., Allan, J. and McWilliams, M., 1992, 57 Nd and Sr isotopic study of leg 127 basalts: Implications for the evolution of the Japan Sea backarc basin. *Proc. ODP, Sci. Results*, **127/128**, Pt.2, 899-904.

野上道男, 2010a, 日本列島の地形の概観. 太田陽子・小池一之・鎮西清高・野上道男・町田 洋・松田時彦編, 日本列島の地形学, 東京大学出版会, 13-22.

野上道男, 2010b, 大陸棚および大陸斜面の地形と海水準変化・地殻運動. 太田陽子・小池一之・鎮西清高・野上道男・町田 洋・松田時彦編, 日本列島の地形学, 東京大学出版会, 124-129.

野原 壮・広井美邦, 1989, 阿武隈変成帯にみられる塩基性岩の原岩について（主要, 微量元素及びREEによる考察）. 岩鉱, **84**, 118.

Nohda, S., 2009, Formation of the Japan Sea basin: Reassessment from Ar-Ar ages and Nd-Sr isotopic data of basement basalts of the Japan Sea and adjacent regions. *Jour. Asian Earth Sci.*, **34**, 599-609.

Nohda, S., Tatsumi, Y., Otofuji, Y., Matsuda, T. and Ishizuka, K., 1988, Asthenospheric injection and back-arc opening: isotopic evidence from Northeast Japan. *Chem. Geol.*, **68**, 317-327.

Nohda, S., Tatsumi, Y., Yamashita, S., Fujii, T., 1992, Nd and Sr isotopic study of Leg 127 Basalts: implications for the evolution of the Japan Sea backarc basin. In Tamaki, K., Suyehiro, K., Allan, J., McWilliams, S., eds., *Proceedings of the Ocean Drilling Program,*

Scientific Results: 127/128 Pt. 2. Ocean Drilling Program, 899-904.

Nohda, S. and Wasserburg, G. J., 1981, Nd and Sr isotopic study of volcanic rocks from Japan. *Earth Planet. Sci. Lett.*, **52**, 264-276.

Nohda, S. and Wasserburg, G. J., 1986, Trends of Sr and Nd isotopes through time near the Japan Sea in northeastern Japan. *Earth Planet. Sci. Lett.*, **78**, 157-167.

能美佳央・根本直樹, 1994, 青森県津軽盆地南西部に分布する上部新生界の有孔虫群. 日本地質学会第101年学術大会講演要旨, 44.

Nomura, R., 1992, Miocene benthonic foraminifera at Site 794, 795, and 797 in the Sea of Japan with reference to the foram sharp line in the Honshu arc. *Proc. ODP, Sci. Results*, **127/128**, Pt.1, 493-540.

Northrup, C. J., Royden, L. H. and Burchfiel, B. C., 1995, Motion of the Pacific plate relative to Eurasia and its potential relation to Cenozoic extension along the eastern margin of Eurasia. *Geology*, **23**, 719-722.

Notsu, K., 1983, Strontium isotope composition in volcanic rocks from the Northeast Japan arc. *Jour. Volcanol. Geotherm. Res.*, **18**, 531-548.

野崎 保・三浦光生, 1993, 秋田県谷地地すべり周辺の地質構造と初生地すべりの発生機構. 地球科学, **47**, 17-30.

野崎達生・中村謙太郎・藤永公一郎・森口恵美・加藤泰浩, 2004, 東北日本, 早池峰帯の海洋地殻断片とそれに伴う層状含マンガン鉄鉱床の地球科学. 資源地質, **54**, 77-89.

野沢 保・吉田 尚・片田正人・柴田 賢, 1975, デボン系をつらぬく氷上花崗岩. 地質学雑誌, **81**, 581-583.

大場与志男・吉田武義, 1994, 東北本州弧, 蔵王火山群早期噴出物の地球化学的研究, 東北大学核理研研究報告, **27**, 199-217.

Obana, K., Kodaira, S., Shinohara, M., Hino, R., Uehira, K., Shiobara, H., Nakahigashi, K., Yamada, T., Sugioka, H., Ito, A., Nakamura, Y., Miura, S., No, T. and Takahashi, N., 2013, Aftershocks near the updip end of the 2011 Tohoku-Oki earthquake. *Earth Planet. Sci. Lett.*, **382**, 111-116.

Obara, K., 2002, Nonvolcanic deep tremor associated with subduction in southwest Japan. *Science*, **296**, 1679-1681.

小原一成・長谷川昭・高木章雄, 1986, 東北日本における地殻, 上部マントルの三次元P波及びS波速度構造. 地震第2輯, **39**, 201-215.

小畠郁生, 1967, 白亜系双葉層群の上限. 地質学雑誌, **73**, 443-444.

小畠郁生, 1988, 東北日本の白亜系. 地球科学, **42**, 385-395.

小畠郁生・長谷川善和・鈴木 直, 1970, 白亜系双葉層群より首長竜の発見. 地質学雑誌, **76**, 61-164.

小畠郁生・松本達郎, 1977, 本邦下部白亜系の対比. 九州大学理学部研究報告 地質学, **12**, 165-179.

小畠郁生・鈴木 直, 1969, 再び白亜系双葉層群の上限について. 地質学雑誌, **75**, 443-445.

尾田太良・長谷川四郎・本田信幸・丸山俊明・船山政昭, 1983, 中新統浮遊性微化石層序の現状と問題点. 石油技術協会誌, **48**, 71-87.

Oda, M., Hasegawa, S., Honda, N., Maruyama, T., and Funayama, M., 1984, Integrated biostratigraphy of planktonic foraminifera, calcareous nannofossils, radiolarians and diatoms of middle and upper Miocene sequences of central and northeast Honshu, Japan.

Palaeogeogr. Palaeoclimatol. Palaeoecol., **46**, 53-69.

尾田太良・酒井豊三郎，1977，旗立層中・下部の微化石層位—浮遊性有孔虫・放散虫—．藤岡一男教授退官記念論文集，441-456.

Ogasawara, K., 1973, Molluscan fossils from the Nishikurosawa Formation, Oga Peninsula, Akita Prefecture, Japan. *Sci. Rep. Tohoku Univ., 2nd Ser.*, Spec. vol.6, 137-155.

小笠原憲四郎，1979，太平洋側新第三系 13．宮城県仙南地域，日本の新第三系の生層序及び年代層序に関する基本資料．文部科学研究費総合研究（A）234052「太平洋側と日本海側の新第三系の対比と編年」，44-45.

小笠原憲四郎，1994，浅海性貝類化石に基づく日本海拡大期の日本列島の古地理と古海洋気候．月刊地球，**16**，174-180.

小笠原憲四郎，1996，大桑・万願寺動物群の古生物地理学的意義．北陸地質研究所報，**5**，245-262.

小笠原憲四郎・丸山孝彦・土井宣夫・吉田武義・的場保聖，1986，島弧横断ルート No.16（羽後和田—太平山—鎧畑ダム）．北村　信編，新生代東北本州弧地質資料集，宝文堂，13p.

小笠原憲四郎・長澤一雄・大場　總，1999，山形県真室川地域新第三系の貝類化石と古環境．山形県真室川町産鯨類化石調査報告書，山形県立博物館，107-122.

Ogasawara, K. and Naito, K., 1983, The Omma-Manganzian molluscan fauna from Akumi-gun, Yamagata Prefecture, Japan. *Saito Ho-on Kai Mus. Nat. His., Res. Bull.*, **51**, 41-56.

小笠原憲四郎・尾田太良・堀越　叡，1986，島弧横断ルート No.13（能代-大館-花輪-三戸-階上岳）．北村　信編，新生代東北本州弧地質資料集，宝文堂，16p.

小笠原憲四郎・佐藤比呂志・大友淳一，1984，山形県新庄盆地西部の鮮新統貝類化石群集．国立科学博物館専報，**17**，23-34.

小笠原正継・根岸義光・堀江憲路・藤本幸雄・大平芳久・庄司勝信・水落幸広，2015，朝日山地の花崗岩類の SHRIMP U-Pb 年代とその意義．日本地質学会第 122 年学術大会要旨，R1-O-2.

小笠原正継・下田　玄・森下祐一，2005，男鹿半島の基盤花崗岩のジルコン U-Pb 年代．日本岩石鉱物鉱床学会 2005 年度学術講演会講演要旨集，27.

小笠原正継・鈴木正芳・丸山孝彦・加納　博，1976，重力探査による田人．入四間岩体の構造および進入形態について．日本地質学会第 83 年学術大会講演要旨，264.

Ogawa, K. and Sunamura, J., 1976, Distribution of aeromagnetic anomalies, Hokkaido, Japan, and its geologic implication. In Aoki, H. and Iizuka, S. eds.,, *Volcanoes and Tectonosphere*, Tokai Univ. Press, 207-215.

Ogawa, Y., Fujioka, K., Fujikura, K. and Iwabuchi, Y., 1996, En echelon patterns of Calyptogena colonies in the Japan Trench. *Geology*, **24**, 807-810.

Ogawa, Y., Mishina, M., Goto, T., Satoh, H., Oshiman, N., Kasaya, T., Takahashi, Y., Nishitani, T., Sakanaka, S., Uyeshima, M., Takahashi, Y., Honkura, Y. and Matsushima, M., 2001, Magnetotelluric imaging of fluids in intraplate earthquake zones, NE Japan back arc, Japan. *Geophys. Res. Lett.*, **28**, 3741-3744.

Ogawa, Y., Nishida, Y. and Makino, M., 1994, A collision boundary imaged by magnetotellurics, Hidaka Mountains, central Hokkaido, Japan. *Jour. Geophys. Res.*, **99**(B11), 22373-22388.

Ogg, J. G., Ogg, G. and Gradstein, F. M., 2009, *The Concise Geologic Time Scale*, Cambridge.

小倉義雄，1958，ペグマタイト鉱床鉱物の利用（第 1 報）福島県雲水峰地方の花崗岩類およびペグマタイトについて．資源技術試験所報告，**43**，1-23.

王　成玉・藤巻宏和・加藤祐三・青木謙一郎，1994，北上山地，太田名部花崗岩体の Rb-Sr 年代．岩鉱，**89**，311-316.

大花民子・滝本秀夫，2008，福島県南相馬市における常磐自動車道関連工事に伴い産出した中生代ジュラ紀の植物化石に関する研究報告書．ミュージアムパーク茨城県自然博物館，74p.

O'hara, S., Sugaya, M. and Nemoto, N., 1976, Fusuline fossils from the Futaba Tectonic Line of the Abukuma Plateau. *Jour. Coll. Arts Sci., Chiba Univ.*, **B-9**, 69-74.

大橋良一，1930，男鹿半島の地質．地質学雑誌，**37**，740-754.

大場　司，1991，秋田焼山火山の地質学的・岩石学的研究：1．山体形成史．岩鉱，**86**，305-322.

大場　司，1993，秋田焼山火山の地質学的・岩石学的研究：2．マグマ組成の変化．岩鉱，**88**，1-19.

大場　司・林　信太郎・梅田浩司，2003，岩手県松川地熱地域北方に分布する火山岩の K-Ar 年代．火山，**48**，367-374.

Ohba, T., Kimura, Y. and Fujimaki, H., 2007, High-magnesian andesite produced by two-stage magma mixing: A case study from Hachimantai, Northern Honshu, Japan. *Jour. Petrol.*, **48**, 627-645.

Ohba, T., Taniguchi, H., Miyamoto, T., Hayashi, S. and Hasenaka, T., 2007, Mud plumbing system of an isolated phreatic eruption at Akita Yakeyama volcano, northern Honshu, Japan. *J. Volcanol. Geotherm. Res.*, **161**, 35-46.

大場　司・梅田浩司，1999，八幡平火山群の地質とマグマ組成の時間—空間変化．岩鉱，**94**，187-202.

Ohguchi, T., 1983, Stratigraphical and petrographical study of the Late Cretaceous to Early Miocene volcanic rocks in Northeast Inner Japan. *Jour. Min. Coll., Akita Univ., Ser. A*, **6**, 189-258.

大口健志・林信太郎・小林紀彦・板谷徹丸・吉田武義，1995，男鹿半島・門前層下部（漸新統），潜岩・加茂溶岩部層の K-Ar 年代．地質学論集，no.44，39-54.

大口健志・鹿野和彦・小林和彦・佐藤雄大・小笠原憲四郎，2008，男鹿半島の火山岩相：始新世〜前期中新世火山岩と戸賀火山．地質学雑誌，**114**，補遺，日本地質学会第 115 年学術大会見学旅行案内書，17-32.

大口健志・大上和良・尾田太良，1986，島弧横断ルート No.15（大葛温泉-田山-浄法寺-二戸・久慈）．北村　信編，新生代東北本州弧地質資料集，宝文堂，13p.

大口健志・和気史典・佐藤時幸・佐藤比呂志・馬場　敬，1998，秋田油田東部・砂子渕層の地質と形成史，平成 10 年度石油技術協会講演要旨，62.

Ohguchi, T., Yamagishi, H., Kobayashi, N. and Kano, K. 2008, Late Eocene shoreline volcanism along the continental margin: the volcanic succession at Kabuki Iwa, Oga Peninsula, NE Japan. *Bull. Geol. Survey Japan*, **59**, 255-266.

大口健志・山崎貞治・野田浩司・佐々木清隆・鹿野和彦，2005，男鹿半島から見いだされた 20Ma 以前の海成堆積物．石油技術協会誌，**70**，207-215.

大口健志・矢内桂三・植田良夫・玉生志郎，1979，男鹿半島第三系・入道崎火成岩の岩相と放射年代．岩鉱，**74**，207-216.

大口健志・吉田武義・大上和良，1989，東北本州弧における新生代火山活動域の変遷．地質学論集，no.32，431-455.

大木淳一・周藤賢治・板谷徹丸，1995，山形県出羽丘陵の中新

統青沢層に産する火山岩類の K-Ar 年代. 地質学論集, no.44, 56-63.

Ohki, J., Shuto, K. and Kagami, H., 1994, Middle Miocene bimodal volcanism by asthenospheric upwelling: Sr and Nd isotopic evidence from the back-arc region of the Northeast Japan arc. *Geochem. Jour.*, **28**, 473-487.

Ohki, J., Shuto, K., Watanabe, N. and Itaya, T., 1993a, K-Ar ages of the Miocene Ryozen basalts from the northern margin of the Abukuma Highland, Japan. *Jour. Mineral. Petrol. Econ. Geol.*, **88**, 313-319.

Ohki, J., Watanabe, N., Shuto, K. and Itaya, T., 1993b, Shifting of the volcanic fronts during Early Miocene ages in the Northeast Japan arc. *Island Arc*, **2**, 87-93.

大中康誉・松浦充宏, 2002, 地震発生の物理学, 東京大学出版会, 378p.

Oho, Y., 1982, Effective factors controlling cleavage formation and other microstructures in the south Kitakami Mountains. *Jour. Fac. Sci., Univ. Tokyo, sec. 2*, **20**, 345-381.

於保幸正・岩松 暉, 1986, 下北半島尻屋崎地域のオリストストローム. 地質学雑誌, **92**, 109-134.

Ohta, Y., Hino, R., Inazu, D., Ohzono, M., Ito, Y., Mishina, M., Iinuma, T., Nakajima, J., Osada, Y., Suzuki, K., Fujimoto, H., Tachibana, K., Demachi, T. and Miura, S., 2012, Geodetic constraints on afterslip characteristics following the March 9, 2011, Sanriku-oki earthquake, Japan. *Geophys. Res. Lett.*, **39**, L16304, doi:10. 1029/2012GL052430.

大竹政和・平 朝彦・太田陽子, 2002, 日本海東縁の活断層と地震テクトニクス, 東京大学出版会, 201p.

Ohzono, M., Ohta, Y., Iinuma, T., Miura, S. and Muto, J., 2012, Geodetic evidence of viscoelastic relaxation after the 2008 Iwate-Miyagi Nairiku earthquake. *Earth Planets Space*, **64**, 759-764.

生出慶司・藤田至則, 1975, 岩沼地域の地質. 地域地質研究報告（5万分の1地質図幅）, 地質調査所, 27p.

生出慶司・中川久夫・蟹沢聰史, 1989, 日本の地質2 東北地方, 共立出版, 338p.

生出慶司・大沼晃助, 1960, 東北地方を中心とした“グリーンタフ時代”の火成活動. 地球科学, **50-51**, 36-55.

及川輝樹, 2009, 第四紀火山―第四紀火山の長期的な活動様式の変遷とテクトニクスとの関係―. 日本第四紀学会50周年電子出版編集委員会編, デジタルブック最新第四紀学, 日本第四紀学会, 8-202～8-245.

大池昭二, 1974, 十和田火山は生きている. 国土と教育, **26**, 2-7.

大池昭二, 1976, 十和田湖の湖底谷―水底の謎を探る―. 十和田科学博物館, no.2, 65-73.

大池昭二・中川久夫, 1979, 三戸地域広域農業開発基本調査地形並びに表層地質調査報告書. 東北農政局計画部, 103p.

大井上義近, 1908, 栗駒火山調査報告. 震災予防調査報告, **60**, 1-56.

大井上義近, 1909, 栗駒火山に就いて. 地質学雑誌, **16**, 66-72；99-106；227-234；256-272.

大石雅之, 1998, 北上低地帯の鮮新・更新統に関する考察とまとめ. 岩手県立博物館調査研究報告書, **14**, 73-76.

大石雅之・壇原 徹・田鎖周治, 2001, 八戸市付近に分布する最上部中新統～鮮新統のフィッション・トラック年代. 化石はちのヘクジラ発掘調査報告書II, 八戸児童科学館, 29-31.

大石雅之・壇原 徹・田鎖周治・七崎 修・吉田裕生, 1995, 八戸市尻内町に分布する“斗川層”のフィッショントラック年代. 化石はちのヘクジラ発掘調査書, 八戸児童科学館, 27-30.

大石雅之・高橋雅紀, 1990, 群馬県高崎地域に分布する中新統―とくに庭谷不整合形成過程について―. 東北大学理学部地質学古生物学教室研究邦文報告, **92**, 1-17.

大石雅之・田沢純一, 1983, 南部北上山地大迫町白岩付近の下部石炭系鬼丸層とその産出化石. 地球科学, **37**, 56-58.

大石雅之・吉田裕生, 1995, 北上低地帯, 胆沢扇状地付近に分布する中・下部更新統百岡層（新称）のフィッション・トラック年代. 地質学雑誌, **101**, 825-828.

大石雅之・吉田裕生, 1998, 北上低地帯中流域の鮮新・更新統のフィッション・トラック年代. 岩手県立博物館調査研究報告書, 北上低地帯の鮮新・更新統の地質と年代, **14**, 55-59.

大石雅之・吉田裕生・金 光男・柳沢幸夫・杉山了三, 1996, 北上低地帯西縁に分布する鮮新・更新統の地質と年代：いわゆる“本畑層”の再検討. 地質学雑誌, **102**, 330-345.

Oishi, S., 1940, The Mesozic floras of Japan. *Jour. Fac. Sci., Hokkaido Imp. Univ., Ser. IV*, **5**, 123-480.

Oji, H., Tsuchiya, N., and Kanisawa, S., 1997, Petrology of the Tabashine plutonic complex, southern Kitakami Mountains, Japan. *Jour. Mineral. Petrol. Econ. Geol.*, **92**, 154-172.

岡 孝雄, 1986, 北海道の後期新生代堆積盆の分布とその形成に関するテクトニクス. 地団研専報, no.31, 295-320.

Okada, H., 1983, Collision orogenesis sedimentation in Hokkaido, Japan. In Hashimoto, M. and Uyeda, S. eds., *Accretion Tectonics in the Circum-Pacific Regions*, Terra Sci. Publ., 91-105.

岡田 博・幡崎哲夫・岩田 峻, 1981, 秋田県南泥湯地域の基盤地質構造について. 日本地熱学会昭和56年度講演会要旨集, 13.

岡田尚武, 1979, 石灰質ナンノ化石による東北地方南部新第三系の堆積年代について. 日本地質学会第86年学術講演要旨, 104.

岡田尚武, 1981, 福島県北塩原地域. 土 隆一編, 日本の新第三系の生層序及び年代層序に関する基礎資料（続編）, 76-77.

岡田尚武, 1985, 蔵王山地に露出する海成層から見付かった石灰質ナンノ化石. 山形県総合学術調査会編, 蔵王連峰, 66-72.

岡田尚武, 1988, 東北日本北部の新第三系における石灰質ナノ化石層序. 飯島東編, 新第三紀珪質岩の総合研究（総合研究A 昭和62年度研究成果報告書）, 81-86.

Okada, H. and Bukry, D., 1980, Supplementary modification of code numbers to low-latitude coccolith biostratigraphic zonation (Bukry, 1973, 1975). *Marine Micropaleontol.*, **5**, 321-325.

Okada, S. and Ikeda, Y., 2012, Quantifying crustal extension and shortening in the back-arc region of Northeast Japan. *Jour. Geophys. Res.*, **117**, B01404, doi:10. 1029/2011JB008355.

Okada, T., Matsuzawa, T. and Hasegawa, A., 1995, Shear-wave polarization anisotropy beneath the northeastern part of Honshu, Japan. *Geophys. Jour. Intern.*, **123**, 781-797.

Okada, T., Matsuzawa, T., Umino, N., Yoshida, K., Hasegawa, A., Takahashi, H., Yamada, T., Kosuga, M., Takeda, T., Kato, A., Igarashi, T., Obara, K., Sakai, S., Saiga, A., Iidaka, T., Iwasaki, T., Hirata, N., Tsumura, N., Yamanaka, Y., Terakawa, T., Nakamichi, H., Okuda, T., Horikawa, S., Katao, H., Miura, T., Kubo, A., Matsushima, T., Goto, K. and Miyamachi, H., 2014, Hypocenter migration and crustal seismic velocity distribution observed for the inland earthquake swarms induced by the 2011 Tohoku-Oki earthquake in NE Japan: implications for crustal fluid distribution and crustal permeability. *Geofluids*, doi:10. 1111/gfl. 12112.

Okada, T., Umino, N. and Hasegawa, A., 2010, Deep structure of the Ou mountain range strain concentration zone and the focal area of the 2008 Iwate-Miyagi Nairiku earthquake, NE Japan - seismogenesis related with magma and crustal fluid. *Earth Planets Space*, **62**, 347-352.

Okami, K., 1969, Sedimentary petrograpic study of the quartzose sandstone of the Tomisawa Formation. *Sci. Rep. Tohoku Univ., 2nd Ser.*, **41**, 95-108.

大上和良, 1972, 常磐第三系石城層中の粘土鉱物ならびに変質自生鉱物の検出. 岩井淳一教授記念論文集, 175-183.

Okami, K., 1973, Sedimentary petrographic study on the Iwaki Formation, Joban coal-field, Japan. *Sci. Rep. Tohoku Univ., 2nd Ser.*, **44**, 1-53.

大上和良, 1989a, 釜石地域における "早池峰構造帯" の発達史. 昭和63年度科学研究費補助金 (一般C) 研究成果報告書, 9p.

大上和良, 1989b, 第3章白亜系〜古第三系. 日本の地質「東北地方」編集委員会編, 日本の地質2 東北地方, 共立出版, 74-80.

大上和良, 1990, 北部北上山地南東部, 大谷山に分布する層状マンガン鉱床の形成時期と形成環境. 鉱山地質, **40**, 257-268.

大上和良・土井宣夫, 1978, 北部北上低地帯の鮮新―更新両統の層序について. 岩手大学工学部研究報告, **31**, 63-79.

大上和良・土井宣夫・大口健志・照井一明, 1988, 脊梁山地東縁, 岩手県紫波郡湯沢における温泉試錐で確認された西黒沢階とその下位の溶結凝灰岩の意義. 地質学雑誌, **94**, 141-143.

大上和良・永広昌之, 1988, 北部北上山地の先宮古祖堆積岩類に関する研究の総括と現状. 地球科学, **42**, 187-201.

大上和良・永広昌之・栗谷川寛衛・浅沼晃子, 1987, 北上山地, "早池峰構造帯" 中の *Leptophloeum* 産出層. 地質学雑誌, **93**, 321-327.

大上和良・永広昌之・大石雅之, 1986, 南部北上山地北縁部の中・下部古生界と "早池峰構造帯" の形成. 北村信教授記念地質学論文集, 313-330.

大上和良・永広昌之・山崎 円・大石雅之, 1984, 南部北上山地, シルル系折壁峠層からオーソコォーツァイト礫の産出. 地質学雑誌, **90**, 911-913.

大上和良・畑村政行・土井宣夫, 1980, 北部北上低地帯の鮮新―更新両統の層序について (その2). 岩手大学工学部研究報告, **33**, 57-67.

Okami, K., Kawakami, T., Murata, M., 1973, Conglomerate of the Karaumedate Formation in the Kitakami Massif, northeast Japan. *Sci. Rep. Tohoku Univ., 2nd Ser.*, Spec. vol. **6**, 457-464.

大上和良・越谷 信・永広昌之, 1992, 北上・阿武隈山地に分布する中・古生界の砂岩組成. 地質学論集, no.38, 43-57.

大上和良・越谷 信・杉井智一・荒屋智史, 1993, 北部北上山地南東部, 大谷山鉱山北方地域に分布する層状マンガン鉱床の層位学的研究. 資源地質, **43**, 375-385.

大上和良・松坂裕之・土井宣夫・越谷 信・大口健志, 1990, 脊梁山地東縁部, 盛岡市―花巻市西方に分布する中新統の層序について. 地球科学, **44**, 245-262.

Okami, K., Masuyama, H. and Mori, T., 1976, Exotic pebbles in the eastern terrain of the Abukuma Plateau, Northeast Japan (Part 1). The conglomerate of the Jurassic Somanakamura Group. *Jour. Geol. Soc. Japan*, **82**, 83-98.

Okami, K. and Murata, M., 1975, Basal sandstone of the Silurian Kawauchi Formation in the Kitakami Massif, Northeast Japan. *Jour. Geol. Soc. Japan*, **81**, 339-348.

大上和良・大石雅之, 1983, 早池峰塩基性岩体中に分布する変成岩について. 地質学雑誌, **89**, 362-364.

Okamoto, K. and Maruyama, S., 1999, The high-pressure synthesis of lawsonite in the MORB+H_2O system. *American Mineralogist*, **84**, 362-373.

Okamoto, S., Kimura, G., Takizawa, S. and Yamaguchi, H., 2006, Earthquake fault rock indicating a coupled lubrication mechanism. *e-Earth*, **1**, 23-28.

Okamura, S., 1987, Geochemical variation with time in the Cenozoic volcanic rocks of southwest Hokkaido, Japan. *Jour. Volcanol. Geotherm. Res.*, **32**, 161-176.

Okamura, S., Arculus, R. J., Martynov, Y. A., Kagami, H., Yoshida, T. and Kawano, Y., 1998, Multiple magma sources involved in marginal-sea formation: Pb, Sr, and Nd isotopic evidence from the Japan Sea region. *Geology*, **26**, 619-622. doi:10. 1130/0091-7613 (1998)026〈0619:MMSIIM〉2. 3. CO;2

Okamura, S., Arculus, R. J. and Marthynov, Y. A., 2005, Cenozoic magmatism on the north-eastern Eurasia margin: the role of lithosphere versus asthenosphere. *Jour. Petrol.*, **46**, 221-153.

岡村 聡・八幡正弘・西戸裕嗣・指宿敦志・横井 悟・米島真由子・今山武志・前田仁一郎, 2010, 北海道中央部に分布する滝の上期火山岩類の放射年代と岩石学的特徴―勇払油ガス田の浅層貯留層を構成する火山岩の岩石化学的検討―. 地質学雑誌, **116**, 181-198.

岡村 聡・吉田武義・加々美寛雄, 1993, 奥尻島漸新世火山岩の岩石学―東北日本漸新世, 陸弧火山フロントにおける火山活動. 岩鉱, **88**, 83-99.

岡村行信, 2005, 日本海沿岸の海底地形. 小池一之・田村俊和・鎮西清高・宮城豊彦編, 日本の地形3 東北, 東京大学出版会, 294-300.

岡村行信, 2012, 地質から東北地方太平洋沖地震を考える. 地震ジャーナル, **54**, 1-12.

岡村行信・加藤幸弘, 2002, 海域の変動地形および活断層. 大竹政和・平 朝彦・太田陽子編, 日本海東縁の活断層と地震テクトニクス, 東京大学出版会, 47-94.

岡村行信・倉本真一・佐藤幹夫, 1998, 日本海東縁海域の活構造およびその地震との関係. 地質調査所月報, **49**, 1-18.

Okamura, Y., Watanabe, M., Morijiri, R. and Satoh, M., 1995, Rifting and basin inversion in the eastern margin of the Japan Sea. *Island Arc*, **4**, 166-181.

Okawa, H., Shimojo, M., Orihashi, Y., Yamamoto, K., Hirata, T., Sano, S., Ishizaki, Y., Kouchi, Y., Yanai, S. and Otoh, S., 2013, Detrital zircon geochronology of the Silurian-Lower Cretaceous continuous succession of the South Kitakami Belt, Northeast Japan. *Memoir of the Fukui Prefectural Dinosaur Museum*, no. 12, 35-78.

岡山俊雄, 1988, 100万分の1日本列島切峰面図, 古今書院, 71p.

Okazaki, K. and Hirth G., 2016, Dehydration of lawsonite could directly trigger earthquakes in subducting oceanic crust. *Nature*,

530, 81-84.

Okino, K., Kasuga, S. and Ohara, Y., 1998, A new scenario of the Parece Vela Basin genesis. *Marine Geophys. Res.*, **20**, 21-40.

Okino, K., Ohara, Y., Kasuga, S. and Kato, Y., 1999, The Philippine Sea: New survey results reveal the structure and the history of the marginal basin. *Geophys. Res. Lett.*, **26**, 2287-2290.

大窪康平, 2010MS, 北部北上山地, 久慈西方, 山形-山根地域のジュラ紀付加体の層序と地質構造. 東北大学理学部地圏環境科学科卒業論文, 55p.

大久保雅弘, 1951, 日頃市統および先日頃市世の不整合について. 地質学雑誌, **57**, 195-209.

Okubo, Y. and Matsunaga, T., 1994, Curie point depth in northeast Japan and its correlation with regional thermal structure and seismicity. *Jour. Geophys. Res.*, **99**(B11), 22363-22371.

奥田義久, 1981, 南海トラフ周辺の Hiatus. 海洋科学, **13**, 198-204.

奥田義久・熊谷 誠・玉木賢裕, 1979, 西南日本外帯沖の堆積盆地の分布と性格. 石油技術協会誌, **44**, 47-58.

0kutsu, H., 1955, On the stratigraphy and paleobotany of the Cenozoic plant beds of the Sendai area. *Sci. Rep. Tohoku Univ., 2nd Ser.*, **26**, 1-114.

Okuyama-Kusunose, Y., 1993, Contact metamorphism in andalusite-sillimanite type Tono aureole, northeast Japan. *Bull. Geol. Survey Japan*, **44**, 377-416.

Okuyama-Kusunose, Y., 1994, Phase relations in andalusite type Fe-rich metamorphic aureole, northeast Japan. *Jour. Metamorphic Geol.*, **12**, 153-168.

奥山（楠瀬）康子, 1999, 北部北上山地, 田野畑深成複合岩体接触帯の変成作用—白亜紀深成岩類マグマ溜りの深度の解明に向けて—. 岩鉱, **94**, 203-221.

Okuyama-Kusunose, Y., Morikiyo, T., Kawabata, A., and Uyeda, A., 2003, Carbon isotopic thermometry and geobarometry of sillimanite isograd in thermal aureoles: the depth of emplacement of upper crustal granitic bodies. *Contrib. Mineral. Petrol.*, **145**, 534-549.

Oleskevich, D. A., Hyndman, R. D. and Wang, K., 1999, The updip and downdip limits to great subduction earthquakes: Thermal and structural models of Cascadia, south Alaska, SW Japan and Chile. *Jour. Geophys. Res.*, **104**, 14965-14991.

大森昌衛, 1954, 東北日本の第三系の構造の特性—とくに石巻-鳥海山構造線について. 地球科学, **18**, 1-8.

Omori, M., 1958, On the geological history of the Tertiary System in the southwestern part of the Abukuma Mountainland with special reference to the geological meaning of the Tanakura Sheared zone. *Sci. Rep. Tokyo Kyoiku Daigaku, C*, **6**, 55-116.

Omori, S., Kamiya, S., Maruyama, S. and Zhao, D., 2002, Morphology of the intraslab seismic zone and devolatilization phase equilibria of the subducting slab peridotite. *Bull. Earthquake Res. Institute, Univ. Tokyo*, **76**, 455-478.

Omori, S., Kita, S., Maruyama, S. and Santosh, M., 2009, Pressure-temperature conditions of ongoing regional metamorphism beneath the Japanese Islands. Gondwana Res., **16**, 458-469.

Omori, S., Komabayashi T., Maruyama, S., 2004, Dehydration and earthquakes in the subducting slab: empirical link in intermediate and deep seismic zones. *Phys. Earth Planet. Int.*, **146**, 297-311.

小元久仁夫, 1993, 宮城県鳴子盆地の ^{14}C 年代資料. 第四紀研究, **4**, 227-229.

O'Nions, R. K., Carter, S. R., Evensen, N. M. and Hamilton, P. J., 1979, Geochemical and cosmochemical applications of Nd isotope analysis. *Annual Rev. Earth Planet. Sci.*, **7**, 11-38.

大野勝次・砥川隆二・渡辺岩井・柴田秀賢, 1953, 北部阿武隈高原東南地域の地質. 東京文理科大学地質学鉱物学教室研究報告, **2**, 543-553.

小野寺充・堀内茂木・長谷川昭, 1998, Vp/Vs インヴァージョンによる1996年鬼首地震震源域周辺の地震波速度構造. 地震第2輯, **51**, 265-279.

Onuki, H., 1963, Petrology of the Hayachine ultramafic complex in the Kitakami Mountainland, northern Japan. *Sci. Rep. Tohoku Univ., 3rd Ser.*, **8**, 241-295.

Onuki, H. and Kato, Y., 1971, Some gabbroic rocks of the Tabito plutonic complex in the Abukuma Plateau. *Sci. Rep. Tohoku Univ., 3rd Ser.*, **11**, 113-123.

大貫 仁・柴 正敏・香川浩昭・堀 弘, 1988, 北部北上山地の低温広域変成岩類 I. 区界-盛岡地域. 岩鉱, **83**, 495-506.

Onuki, H. and Tiba, T., 1964, Petrochemistry of the Ichinohe alkali plutonic complex, Kitakami Mountainland, northern Japan. *Sci. Rep. Tohoku Univ., 3rd Ser.*, **9**, 123-154.

小貫義男, 1937a, 北上山地坂本沢附近の古生層 "鬼丸統・雪沢統（新称）" に就いて. 地質学雑誌, **44**, 168-186.

小貫義男, 1937b, 北上山地, 岩手県気仙郡地方におけるゴトランド紀層の新発見ならびに古生層の層序について（予報）. 地質学雑誌, **44**, 600-604.

小貫義男, 1938, 北上山地気仙郡地方の秩父系に就いて. 地質学雑誌, **45**, 48-78.

小貫義男, 1956, 北上山地の地質. 岩手県地質説明書 II, 岩手県, 1-189.

小貫義男, 1959, 青森県尻屋より六射珊瑚の発見（短報）. 地質学雑誌, **65**, 248.

小貫義男, 1966, 阿武隈山地八茎・高倉山地方の古生層の層位および構造. 松下 進教授記念論文集, 41-52.

小貫義男, 1969, 北上山地地質誌. 東北大学理学部地質学古生物学教室研究邦文報告, **69**, 1-239.

小貫義男, 1981, 北上川流域地質図（二十万分之一）説明書, 長谷地質調査事務所, 3-223.

小貫義男・坂東祐司, 1958a, 上部三畳系皿貝層群について. 地質学雑誌, **64**, 481-493.

小貫義男・坂東祐司, 1958b, 北上山地三畳系基底部における凝灰岩について（短報）. 地質学雑誌, **64**, 752-753.

小貫義男・坂東祐司, 1959, 下部および中部三畳系稲井層群について. 東北大学理学部地質学古生物学教室研究邦文報告, **50**, 1-69.

小貫義男・長谷弘太郎・鈴木 充, 1960a, 北部北上山地, 岩手県小本・田野畑地方の所謂層位未詳古期岩層について. 地質学雑誌, **66**, 594-604.

小貫義男・北村 信・中川久夫, 1981, 北上川流域地質図（二十万分之一）及び説明書, 長谷地質調査事務所, 307p.

小貫義男・森 啓, 1961, 南部北上山地, 岩手県大船渡地方の地質. 地質学雑誌, **67**, 641-654.

小貫義男・村田正文・坂東祐司・水戸 滉, 1960b, 南部北上山地, 宮城県米谷地方の二畳系. 地質学雑誌, **66**, 717-732.

Onuma, K., 1962, Petrography and petrochemistry of the rocks from Iwate volcano, northeastern Japan. *J. Japan. Assoc. Min. Petr. Econ. Geol.*, **47**, 192-204.

Onuma, K., 1963, Geology and petrology of Chokai volcano, north eastern Japan, Part II, petrochemistry and petrogenesis. *The Journal of the Japanese Association of Mineralogists, Petrologists and Economic Geologists*, **50**, 235-244.

Onuma, N., Hirano, M. and Isshiki, N., 1983, Genesis of basalt magmas and their derivatives under the Izu Islands, Japan, inferred from Sr/Ca - Ba/Ca systematics. Jour. Volcanol. *Geotherm. Res.*, **18**, 511-529.

O'Reilly, S. Y., Zhang, M., Griffin, W. L., Begg, G. C. and Hronsky, J., 2009, Ultradeep continental roots and their oceanic remnants: A solution to the geochemical "mantle reservoir" problem? *Lithos*, **112**, 1043-1054.

Orihashi, Y. and Ishihara, S., 2015, Finding of 115 Ma adakitic tonalite east of the Futaba Fault, Abukuma Highland, and its regional geological implications. *Jour. Geol. Soc. Japan*, **121**, 167-171.

大沢正博, 1983, "早池峰構造帯" の地質学的研究. 東北大学理学部地質学古生物学教室研究邦文報告, **85**, 1-30.

大澤正博・中西 敏・棚橋 学・小田 浩, 2002, 三陸〜日高沖前弧堆積盆の地質構造・構造発達史とガス鉱床ポテンシャル. 石油技術協会誌, **67**, 38-51.

Osozawa, S. and Pavlis, T., 2007, The high P/T Sambagawa extrusional wedge in Japan. *Jour. Struct. Geol.*, **29**, 1131-1147.

Osozawa, S., Tsai, C. H., andWakabayashi, J., 2012, Folding of granite and Cretaceous exhumation associated with regional-scale flexural slip folding and ridge subduction, Kitakami zone, northeast Japan. *Jour. Asian Earth Sci.*, **59**, 85-98.

Ota, T., Terabayashi, M., and Katayama, I., 2004, Thermobaric structure and metamorphic evolution of the Iratsu eclogite body in the Sanbagawa belt, central Shikoku, Japan: *Lithos*, **73**, 95-126.

太田陽子, 2009, 日本列島における完新世相対的な海面変化および旧汀線高度の地域性. 日本第四紀学会50周年電子出版編集委員会編, デジタルブック最新第四紀学, 2-49〜2-88.

太田陽子・小池一之・鎮西清高・野上道男・町田 洋・松田時彦, 2010, 日本列島の地形学, 東京大学出版会, 204p.

太田陽子・松田時彦, 2010, 更新世中期以降における変動地形の形成. 太田陽子・小池一之・鎮西清高・野上道男・町田 洋・松田時彦編, 日本列島の地形学, 東京大学出版会, 70-86.

Ota, Y. and Omura, A., 1991, Late Quaternary shorelines in the Japanese Islands. *The Quaternary Res.* (*Daiyonki-kenkyu*), **30**, 175-186.

太田垣享・阿部喜治・木村彰宏・藤岡洋介, 1969, 北鹿ベーズン北東地区の地質構造と鉱床. 鉱山地質, **19**, 122-132.

大竹二男・八島隆一, 2003, 福島市飯坂町北西方地域に分布する後期中新世火山岩のK-Ar年代. 地球科学, **57**, 83-88.

大竹正巳, 2000, 栗駒南部地熱地域, 赤倉カルデラの層序と火砕流噴出・陥没様式. 地質学雑誌, **106**, 205-222.

大竹正巳・佐藤比呂志・山口 靖, 1997, 福島県南会津, 後期中新世木賊カルデラの形成史. 地質学雑誌, **103**, 1-20.

Otofuji, Y., Itaya, T. and Matsuda, T., 1991, Rapid rotation of Southwest Japan - Paleomagnetic and K-Ar ages of Miocene volcanic rocks of Southwest Japan. *Geophys. Jour. Intern.*, **105**, 397-405.

Otofuji, Y., Kambara, A., Matsuda, T. and Nohda, S., 1994, Counter-clockwise rotation of Northeast Japan: Paleomagnetic evidence for regional extent and timing of rotation. *Earth Planet. Sci. Lett.*, **121**,

503-518.

Otofuji, Y. and Matsuda, T., 1984, Timing of rotational motion of Southwest Japan inferred from paleomagnetism. *Earth Planet. Sci. Lett.*, **70**, 373-382.

Otofuji, Y., Matsuda, T. and Nohda, S., 1985, Paleomagnetic evidences for the Miocene counterclockwise rotation of northeast Japan - Rifting process of the Japan arc. *Earth Planet. Sci. Lett.*, **75**, 265-277.

大藤 茂・佐々木みぎわ, 2003, 北部北上帯堆積岩複合体の地質体区分と広域対比. 地学雑誌, **112**, 406-410.

Otsubo, M. and Miyakawa, A., 2015, Landward migration of active folding based on topographic development of folds along the eastern margin of the Japan Sea, northeast Japan. *Quaternary Intern.*, **397**, 563-572, doi:10. 1016/j. quaint. 2015. 11. 019.

大槻憲四郎, 1975, 棚倉破砕帯の地質構造. 東北大学理学部地質学古生物学教室研究邦文報告, **76**, 1-70.

大槻憲四郎, 1982, 収れん型境界におけるテクトニクスの "複合モデル". 構造地質, no.27, 127-142.

大槻憲四郎, 1986, 新生代東北本州弧のテクトニクスに関する考察. 北村信教授記念地質学論文集, 351-372.

大槻憲四郎, 1989, 鉱脈による新第三紀東北本州弧の造構応力場復元. 地質学論集, no.32, 281-304.

Otsuki, K., 1990, Neogene tectonic stress fields of northeast Honshu arc and implications for plate boundary conditions. *Tectonophysics*, **181**, 151-164.

Otsuki, K. and Ehiro, M., 1978, Major strike-slip faults and their bearing on spreading in the Japan Sea. *Jour Phys. Earth*, **26**, 537-555.

大槻憲四郎・永広昌之, 1992, 東北日本の大規模左横ずれ断層系と日本の地体構造の成立ち. 地質学雑誌, **98**, 1097-1112.

大槻憲四郎・北村 信, 1986, 島弧横断ルート No.30（川治-塩原, 棚倉, 常磐）. 北村 信編, 新生代東北本州弧地質資料集, 宝文堂, 9p.

大槻憲四郎・中田 高・今泉俊文, 1977, 東北地方南東部の第四紀地殻変動とブロックモデル. 地球科学, **31**, 1-14.

大槻憲四郎・根本 潤・長谷川四郎・吉田武義, 1994, 広瀬川流域の地質. 仙台市環境局編, 広瀬川流域の自然環境（*Nature of the valley of Hirosegawa River*）, 1-83.

大槻憲四郎・大口健志・宮城豊彦・吉田武義・今泉俊文, 2006, 東北地方の新生代の地質と地形. 蟹沢聰ほか編, 建設技術者のための東北地方の地質, 東北建設協会, 43-150.

大槻憲四郎・吉田武義・斎藤常正, 1986, 島弧横断ルート No.24（白鷹山-上山-蔵王-岩沼）. 北村 信編, 新生代東北本州弧地質資料集, 宝文堂, 19p.

Otuka, Y., 1939, Tertiary crustal deformation in Japan（with short remarks on Tertiary palaeogeography）. *Jubilee Publication in the Commemoration of Professor H. Yabe, M. I. A. 60th Birthday*, **1**, 481-519.

大和栄次郎, 1956, 5万分の1地質図幅「土湯」および同説明書. 地質調査所, 16p.

大八木規夫・清水文健・井口 隆, 1982, 東北地方の地すべりと地質. 地すべり, **18**, 34-38.

大山年次, 1954, 宮城県牡鹿半島鮫浦産蘇鉄葉類の植物化石について. 茨城大学文理学部紀要（自然科学）, **4**, 97-113.

大山隆弘・千木良雅弘, 1995, 泥岩の化学的風化による石膏の生成の応用地質学的意義. 日本応用地質学会平成7年度研究発表会講演論文集, 151-154.

大沢　穣, 1963, 5万分の1地質図幅「岩館」および同説明書. 地質調査所, 14p.

大沢　穣・舟山裕士・北村　信, 1971, 川尻地域の地質. 地域地質研究報告（5万分の1地質図幅）, 地質調査所, 40p.

大沢　穣・広島俊夫・駒沢正夫・須田芳朗, 1988, 1/20万地質図 新庄及び酒田, 地質報告書.

大沢　穣・池辺　穣・荒川洋一・土谷信之・佐藤博之・垣見俊弘, 1982, 象潟の地質（酒田地域の一部, 飛島を含む）. 地域地質研究報告（5万分の1地質図幅）, 地質調査所, 73p.

大沢　穣・池辺　穣・平山次郎・粟田泰夫・高安泰助, 1984, 能代地域の地質. 地域地質研究報告（5万分の1図幅）, 地質調査所, 91p.

大沢　穣・加納　博・丸山孝彦・土谷信之・伊藤雅之・平山次郎・品田正一, 1981, 太平山地域の地質. 地域地質研究報告（5万分の1地質図幅）. 地質調査所, 69p.

大沢　穣・片平忠実・中野　俊・土谷信之・粟田泰夫, 1988, 矢島地域の地質. 地域地質研究報告（5万分の1地質図幅）, 地質調査所, 87p.

大沢　穣・片平忠実・土谷信之, 1986, 清川地域の地質. 地域地質研究報告（5万分の1地質図幅）, 地質調査所, 61p.

大沢　穣・鯨岡　明・粟田泰夫・高安泰助・平山次郎, 1985, 森岳地域の地質. 地域地質研究報告（5万分の1地質図幅）, 地質調査所, 69p.

大沢　穣・大口健志・高安泰助, 1979a, 浅舞地域の地質. 地域地質研究報告（5万分の1地質図幅）, 地質調査所, 53p.

大沢　穣・大口健志・高安泰助, 1979b, 湯沢地域の地質. 地域地質研究報告（5万分の1地質図幅）, 地質調査所, 64p.

大沢　穣・角　清愛, 1957, 森吉山地域の地質. 地域地質研究報告（5万分の1地質図幅）, 地質調査所, 42p.

大沢　穣・角　清愛, 1958, 田沢湖地域の地質. 地域地質研究報告（5万分の1地質図幅）, 地質調査所, 23p.

大沢　穣・角　清愛, 1961, 5万分の1地質図幅「羽前金山」および同説明書. 地質調査所, 66p.

大沢　穣・高安泰助・池辺　穣・藤岡一男, 1977, 本荘地域の地質. 地域地質研究報告（5万分の1地質図幅）, 地質調査所, 54p.

大沢　穣・土谷信之・角　清愛, 1983, 中浜地域の地質. 地域地質研究報告（5万分の1図幅）, 地質調査所, 62p.

Ozawa, K., 1984, Geology of the Miyamori ultramafic complex in the Kitakami Mountains, Northeast Japan. *Jour. Geol. Soc. Japan*, **90**, 697-716.

小沢一仁・柴田　賢・内海　茂, 1988, 北上山地宮守超苦鉄質岩体のはんれい岩類に含まれる角閃石のK-Ar年代. 岩鉱, **83**, 150-159.

Ozawa, S., Murakami, M., Kaidzu, M., Tada, T., Sagiya, T., Hatanaka, Y., Yari, H. and Nishimura, T., 2002, Detection and monitoring of ongoing aseismic slip in the Tokai region, central Japan. *Science*, **298**, 1009-1012.

Ozawa, S., Nishimura, T., Munekane, H., Suito, H., Kobayashi, T., Tobita, M. and Imakiire, T., 2012, Preceding, coseismic, and postseismic slips of the 2011 Tohoku eartuquake, Japan. *Jour. Geophys. Res.*, **117**, B07404, doi:10. 1029/2011JB009120.

Ozawa, S., Nishimura, T., Suito, H., Kobayashi, T., Tobita, M. and Imakiire, T., 2011, Coseismic and postseismic slip of the 2011 magnitude-9 Tohoku-Oki earthquake. *Nature*, **475**, 373-376.

Pacheco, J. F., Sykes, L. R. and Scholz, C. H., 1993, Nature of seismic coupling along simple plate boundaries of the subduction

type. *Jour. Geophys. Res.*, **98**, 14133-14159.

Panien, M., Schreurs, G. and Pfiffner, A., 2005, Sandbox experiments on basin inversion: testing the influence of basin orientation and basin fill. *Jour. Struct. Geol.*, **27**, 433-445.

Park, J. -O., Tsuru, T., Kodaira, S., Cummins, P. R. and Kaneda, Y. 2002, Splay fault branching along the Nankai subduction zone. *Science*, **297**, 1157-1160.

Patriat, P. and Achache, J., 1984, India-Asia collision chronology has implications for crustal shortening and driving mechanisms of plates. *Nature*, **311**, 615-621.

Peacock, S. M., 2001, Are the lower planes of double seismic zones caused by serpentine dehydration in subducting oceanic mantle? *Geology*, **29**, 299-302.

Peacock, S. M., 2003, Thermal structure and metamorphic evolution of subducting slabs. In Eiler, J., ed., *Inside the Subduction Factory*, AGU, Geophysical Monographs, 138, 7-22.

Peacock, S. M. and Hyndman, R. D., 1999, Hydrous minerals in the mantle wedge and the maximum depth of subduction thrust earthquakes. *Geophys. Res. Lett.*, **26**, 2517-2520.

Peacock, S. M., Rushmer, T. and Thompson, A. B., 1994, Partial melting of subducting oceanic crust. *Earth Planet. Sci. Lett.*, **121**, 227-244.

Peacock, S. M. and Wang, K., 1999, Seismic consequences of warm versus cool subduction metamorphism: Examples from southwest and northeast Japan. *Science*, **286**, 937-939.

Pearce, J. A., Kempton, P. D., Nowell, G. M. and Noble, S. R., 1999, Hf-Nd element and isotope perspective on the nature and provenance of mantle and subduction components in western Pacific arc-basin systems. *Jour. Petrol.*, **40**, 1579-1611.

Pearson, D. G., Parman, S. W. and Nowell, G. M., 2007, A link between large mantle melting events and continent growth seen in osmium isotopes. *Nature*, **449**, 202-205.

Philpotts, A. R. and Asher, P. M., 1994, Magmatic flow direction indicators in a giant diabase feeder dike, Connecticut. *Geology*, **22**, 363-366.

Phipps-Morgan, J., 1999, The thermodynamics of pressure release melting of a veined plum pudding mantle. *Geochem. Geophys. Geosys.*, **2**, doi:10. 1029/2000GC000049.

Plank, T. and Langmuir, C. H., 1998, The chemical composition of subducting sediment and its consequences for the crust and mantle. *Chem. Geol.*, **145**, 325-394.

Pollitz, F. F., 1986, Pliocene change in Pacific Plate motion, *Nature*, **320**, 738-741.

Pori, S. and Schmidt, M. W., 1995, H_2O transport and release in subduction zones: Experimental constraints on basaltic and andesitic systems. *Jour. Geophys. Res.*, **100**, 22299-22314.

Porter, K. A. and White, W. M., 2009, Deep mantle subduction flux. *Geochem. Geophys. Geosyst.*, **10**, Q12016, doi:10. 1029/2009GC 002656.

Portnyagin, M., Hoernle, K., Plechov, P., Mironov, N. and Khubunaya, S., 2007, Constratints on mantle melting and composition and nature of slab components in volcanic arcs from volatiles（H_2O, S, Cl, F）and trace elements in melt inclusions from Kamchatka Arc. *Earth Planet. Sci. Lett.*, **255**, 53-69.

Pouclet, A., Lee, J. -S., Vidal, P., Cousens, B. and Bellon, H., 1995, Cretaceous to Cenozoic volcanism in South Korea and in the Sea of Japan: magmatic constraints on the opening of the back-arc basin. In Smellie, J. L., ed., Volcanism associated with extension at consuming plate margins. *Geol. Soc. Spec. Publ.*, **81**, 169-191.

Prima, O. D. A., Echigo, A., Yokoyama, R. and Yoshida, T., 2006, Supervised landform classification of Northeast Honshu from DEM-derived thematic maps. *Geomorphology*, **78**, 373-386, doi:10. 1016/j. geomorph. 2006. 02. 005.

プリマ オキ ディッキ A.・吉田武義・工藤　健・野中翔太, 2012, 重力異常分布図からの伏在カルデラリム抽出法. GIS-理論と応用, **20**, 83-93.

Rahman, A., 1992, Calcareous nannofossil biostratigraphy of Leg 127 in the Japan Sea. *Proc. ODP Sci. Results*, **127/128**, 171-186.

Raleigh, C. B. and Paterson, M. S., 1965, Experimental deformation of serpentinite and its tectonic implications. *Jour. Geophys. Res.*, **70**, 3965-3985.

Rapp, R. P., Shimizu, N., and Norman, M. D., 2003, Growth of early continental crust by partial melting of eclogite. *Nature*, **425**, 605-609.

Rapp, R. P., Watson, E. B., and Miller, C. F., 1991, Partial melting of amphibolite/eclogite and the origin of Archean trondhjemites and tonalites. *Precambrian Res.*, **51**, 1-25.

Rapp, R. P. and Watson, E. B., 1995, Dehydration melting of metabasalt at 8-32 kbar: implications for continental growth and crust-mantle recycling. *Jour. Petrol.*, **36**, 891-931.

Raymo, M. E., Grant, B., Horowita, M. and Rau, G. H., 1996, Mid-Pliocene warmth: stronger greenhouse and stronger conveyor. *Marine Micropaleontol.*, **27**, 313-326.

Reinen, L. A., Weeks, J. D. and Tullis, T. E., 1991, The frictional behavior of serpentinite: Implications for aseismic creep on shallow crustal faults. *Geophys. Res. Lett.*, **18**, 1921-1924.

Ren, J., Tamaki, K., Li, S. and Junxia, Z., 2002, Late Mesozoic and Cenozoic rifting and its dynamic setting in Eastern China and adjacent areas. *Tectonophysics*, **344**, 175-205.

リサイクル燃料貯蔵株式会社, 2010a, 第50会部会Cグループコメント回答（その4）敷地周辺の海底地形について. 原子力安全・保安院, 1-12.

リサイクル燃料貯蔵株式会社, 2010b, 第50会部会Cグループコメント回答（その20）地質関係：敷地周辺海域, 原子力安全・保安院, 1-43.

Riva, R. E. M. and Govers, R., 2009, Relating viscosities from postseismic relaxation to a realistic viscosity structure for the lithosphere. *Geophys. Jour. Intern.*, **176**, 614-624.

Robertson, J. K. and Wyllie, P. J., 1971, Rock-water systems, with special reference to the water-deficient region. *Amer. Jour. Sci.*, **271**, 252-277.

Rogers, G., Saunders, A. D., Terrell, D. J., Verma, S. P., and Marriner, G. F., 1985. Geochemistry of Holocene volcanic rocks associated with ridge subduction in Baja California, Mexico. *Nature*, **315**, 389-392.

Rona, P. A. and Richardson, E. S., 1978, Early Cenozoic global plate reorganization, *Earth Planet. Sci. Lett.*, **40**, 1-11.

Rudnick, R. L. and Gao, S., 2003, Composition of the continental crust. In Rudnick, R. L., ed., *The Crust, Treatise on Geochemistry*, Elsevier, 1-64.

Ruff, L. J., 1989, Do trench sediments affect great earthquake occurrence in subduction zones? *pure and applied geophys.*, **129**, 263-282.

Ruff, L. J. and Kanamori, H., 1983, Seismic coupling and uncoupling at subduction zones. *Tectonophysics*, **99**, 99-117.

Rundle, J. B., 1978, Viscoelastic crustal deformation by finite quasi-static sources. *J. Geophys. Res.*, **83**, 5937-5945.

Rundle, J. B., 1982, Viscoelastic-gravitational deformation by a rectangular thrust fault in a layered earth. *J. Geophys. Res.*, **87**, 7787-7796.

Ryan, M. P., 1987, Neutral buoyancy and the mechanical evolution of magmatic systems. In Mysen, B. O., ed., *Magmatic Process: Physicochemical Principles*. The Geochemical Society, Special Publications, **1**, 259-287.

Ryan, W., 1973, Geodynamic implications of the Messinian crisis of salinity. In Rooger, C., ed., *Messinian events in the Mediterranean*, Norht-Holland, 26-38.

Saffer, D. M. and Bekins, B. A., 2006, An evaluation of factors influencing pore pressure in accretionary complexes: Implications for taper angle and wedge mechanics. *Jour. Geophys. Res.*, **111**, B04101, doi:10. 1029/2005JB003990.

鷺谷　威・宮崎真一・多田　堯, 1999, GPSで見た日本列島の変形. 月刊地球, **21**, 236-243.

Sagiya, T., Miyazaki, S. and Tada, T., 2000, Continuous GPS array and present-day crustal deformation of Japan. *pure and applied geophys.*, **157**, 2303-2322.

Saita, H., Nakajima, J., Shiina, T. and Kimura, J. -I., 2015, Slab-derived fluids, fore-arc hydration, and sub-arc magmatism beneath Kyushu, Japan. *Geophys. Res. Lett.*, **42**, 1685-1693, doi:10. 1002/2015GL063084.

齋藤和男・亀井智紀, 1995, 山形県, 村山葉山火山溶岩類のK-Ar年代. 火山, **40**, 99-102.

斎藤正次・大沢　穰, 1956, 5万分の1地質図幅「阿仁合」および同説明書. 地質調査所, 39p.

斎藤実篤・木村　学・堀　高峰, 2009b, 付加体の理論と地震発生. 木村　学・木下正高編, 付加体と巨大地震発生帯, 東京大学出版会, 186-213.

斎藤実篤・木村　学・山口飛鳥・東　垣, 2009a, 南海付加体と四万十付加体. 木村　学・木下正高編, 付加体と巨大地震発生帯, 東京大学出版会, 123-185.

斉藤常正, 1960, 宮城・山形県境付近春梁山地西縁の地質. 地質学雑誌, **66**, 157-169.

Saito, T., 1961, The Upper Cretaceous System of Ibaraki and Fukushima Prefecture, Japan (part 1). *Ibaraki Univ., Fac. Arts. Sci., Bull.*, **12**, 103-144.

斎藤常正, 1982, 山形県内陸地域の中新世有孔虫化石群と堆積環境. 山形県総合学術調査会編, 最上川, 34-42.

斉藤常正, 1985, 蔵王火山基盤岩（新第三紀層）中の動物化石. 山形県総合学術調査会編, 蔵王連邦, 66-72.

斎藤靖二, 1968, "世田米褶曲"―南部北上山地における石炭紀末の変動. 国立科学博物館専報, **1**, 13-19.

Saito, Y., 1968, Geology of the younger Paleozoic System of the southern Kitakami Massif, Iwate Prefecture Japan. *Sci. Rep. Tohoku Univ., 2nd Ser.*, **40**, 79-139.

阪口圭一, 1995, 二本松地域の地質. 地域地質研究報告書（5万分の1地質図幅）, 地質調査所, 79p.

阪口圭一・山田営三, 1982, 鬼首カルデラ周辺の溶結凝灰岩類および同カルデラ内の火山岩類の化学組成・K-Ar年代. 昭和56年度サンシャイン計画研究開発成果中間報告書「地熱探査技術等検証調査そのII栗駒地域」, 地質調査所, 143-147.

Sakashima, T., Terada, K., Takeshita, T. and Sano, Y., 2003, Large-scale displacement along the Median Tectonic Line, Japan: evidence from SHRIMP zircon U-Pb dating of granites and gneisses from the South Kitakami and paleo-Ryoke belts. *Jour. Asian Earth Sci.*, **21**, 1019-1039.

酒寄淳史, 1991, 東北日本, 蔵王火山におけるマグマ系の変遷. 火山, **36**, 79-92.

酒寄淳史・吉田武義・青木謙一郎, 1987, 東北日本, 蔵王火山噴出物の地球化学的研究. 東北大学核理研研究報告, **20**, 153-164.

桜井広三郎, 1903, 岩手火山彙地質調査報文. 震災予防調査会, **44**, 1-62.

Sakuyama, M., 1977, Lateral variation of phenocryst assemblages in volcanic rocks of the Japanese islands. *Nature*, **269**, 134.

Sakuyama, M., 1978, Petrographic evidence of magma mixing in Shirouma-Oike volcano, Japan. *Bull. Volcanol.*, **41**, 501-512.

Sakuyama, M., 1979, Lateral variations of H_2O contents in Quaternary magmas of northeastern Japan. *Earth Planet. Sci. Lett.*, **43**, 103-111.

Sakuyama, M., 1983, Petrology of arc volcanic rocks and their origin by mantle diapir. Jour. *Volcanol. Geotherm. Res.*, **18**, 297-320.

柵山雅則・久城育夫, 1981, 沈み込みと火山帯. 科学, **51**, 499-507.

Sakuyama, M. and Nesbitt, R. W., 1986, Geochemistry of the Quaternary volcanic rocks of the Northeast Japan arc. *Jour. Volcanol. Geotherm. Res.*, **29**, 413-450.

Sakuyama, T., Nagaoka, S., Miyazaki, T., Chang, Q., Takahashi, T., Hirahara, Y., Senda, R., Itaya, T., Kimura J-I. and Ozawa, K., 2014, Melting of the uppermost metasomatized asthenosphere triggered by fluid fluxing from ancient subducted sediment: Constraints from the Quaternary basalt lavas at Chugaryeong volcano, Korea. *J. Petrol.*, **55**, 499-528.

Salters, V. J. M., Mallick, S., Hart, S. R., Langmuir, C. E. and Stracke, A., 2011, Domains of depleted mantle: New evidence from hafnium and neodymium isotopes. *Geochem. Geophys. Geosyst.*, **12**, Q08001, doi:10. 1029/2011GC003617.

Salters, V. J. M. and White, W. M., 1998, Hf isotope constraints on mantle evolution. *Chem. Geol.*, **145**, 447-460.

佐俣哲郎, 1976, 北上山地北縁部, 馬淵川流域の新第三系の浮遊性有孔虫化石層序. 地質学雑誌, **82**, 783-793.

三本杉巳代治, 1958, 阿武隈山地の花崗岩―ペグマタイトについて. 鈴木醇教授還暦記念論文集, 278-286.

産業技術総合研究所編, 2003, 100万分の1日本地質図第3版 CD-ROM 第2版. 数値地質図 G-1, 産総研地質調査総合センター.

産業技術総合研究所, 2006, 土壌地質汚染評価基本図：5万分の1仙台地域 (CD-ROM).

産業技術総合研究所, 2008, 表層土壌評価図：宮城県地域 (CD-ROM).

佐野晋一・伊庭靖弘・伊左治鎭司・浅井秀彦・ジューバ オクサナ S., 2015, 日本における白亜紀最初期のベレムナイトとその古生物地理学的意義. 地質学雑誌, **121**, 71-79.

佐野晋一・杉沢典孝・島口 天, 2009, 青森県下北半島尻屋地域のメガロドン石灰岩. 地質学雑誌, **115**, III-IV.

佐野晋一・竹谷陽二郎・平 宗雄・八巻安夫・荒 好・森野善広・近藤康生, 2010, 上部ジュラ系相馬中村層群中ノ沢層からハボウキガイ科二枚貝 Trichites の発見. 福島県立博紀要,

no. 24, 31-40.

Sarnthein, M., Bartoli, G., Prange, M., Schmittner, A., Svhneider, B., Weinelt, M., Andersen, N. and Garbe-Schonberg, D., 2009, Mid-Pliocene shifts in ocean overturning circulation and the onset of Quaternary-style climate. *Climate of the Past*, **5**, 269-283.

佐々保雄, 1932, 岩手県久慈地方の地質について (1), (2). 地質学雑誌, **39**, 401-430；481-501.

笹田政克, 1984, 神室山-栗駒山地域の先新第三紀基盤岩類―その1. 鬼首-湯沢マイロナイト帯―. 地質学雑誌, **90**, 865-874.

笹田政克, 1985, 神室山-栗駒山地域の先新第三紀基盤岩類―その2. 阿武隈帯と北上帯の境界―. 地質学雑誌, **91**, 1-17.

笹田政克, 1988a, 鬼首カルデラ内 KR-1, KR-5 坑井の先新第三紀基盤岩類. 地質調査所報告, **268**, 19-36.

笹田政克, 1988b, 鬼首―湯沢マイロナイト帯. 地球科学, **42**, 346-353.

笹田正克・柴田 賢・内海 茂, 1992, 焼石岳南麓の先第三紀基盤岩類の K-Ar 年代―457Ma のトーナル岩―. 地質学雑誌, **98**, 279-280.

佐々木充男・平山晴彦, 1983, 釈迦内鉱山南部の石灰質ナンノ化石層序. 鉱床地質, **33**, 253-257.

佐々木惇・土谷信高・足立達朗・中野伸彦・小山内康人, 2013, 南部北上山地, 氷上花崗岩類のジルコン U-Pb 年代の再検討. 日本地質学会第 120 年学術大会要旨, 61.

Sasaki, K., 2001MS, Geology and petrology of Lower Cretaceous volcanic rocks in northern Rikuchu coast, North Kitakami belt, Japan. -Early Cretaceous forearc volcanism in the Northeast Japan-. 岩手大学大学院教育学研究科修士論文, 60p.

佐々木公典・藤原明敏, 1964, 秋田県根森田地すべりについて. 地すべり, **1**, 64-74.

佐々木克治・岩崎哲治, 1992, その他地域の石油地質：東北太平洋側. 改訂版日本の石油・天然ガス資源, 天然ガス鉱業会・大陸棚石油開発協会, 201-205.

Sasaki, K., Nakashima, K., and Kanisawa, S., 2002, Pyrophanite and high Mn ilmenite discovered in the Cretaceous Tono Pluton, NE Japan. *Neues Jahrb. Mineral. Mh.*, 302-320.

Sasaki, M., 2001, Restoration of Early Cretaceous sinistral displacement and deformation in the South Kitakami Belt, NE Japan: An example of the Motai-Nagasaka area. *Earth Sci.*, **55**, 83-101.

Sasaki, M., 2003. Early Cretaceous sinistral shearing and associated folding in the South Kitakami Belt, northeast Japan. *Island Arc*, **12**, 92-109.

佐々木みぎわ・大藤 茂, 2000, 南部北上帯母体-長坂地域の脆性剪断帯―兵士沢剪断帯の例―. 地質学雑誌, **106**, 659-669.

佐々木みぎわ・束田和弘・大藤 茂, 1997, 南部北上山地, 上部デボン系鳶ヶ森層基底部の不整合露頭. 地質学雑誌, **103**, 647-655.

佐々木実・小川 洋・斎藤憲二・梅田浩司, 1996, 岩木火山の形成史. 火山学会秋季大会予稿集, 17.

佐々木実・山本七代・鎌田慎也, 2009, 岩木火山, 最新期活動噴出物の岩石学的研究. 日本火山学会講演予稿集, 36.

佐々木智之・玉木賢策, 1999, 北部日本海溝陸側斜面下部域における崩壊地形の潜航観察―「かいこう」第 112, 第 114 潜航, 「しんかい 6500」第 478 潜航を中心に―. しんかいシンポジウム予稿集, **16**, 103.

佐々木寧仁・吉田武義・青木謙一郎, 1985, 那須北帯, 北八甲田火山群の地球化学的研究. 東北大学核理研研究報告, 19, 175-188.

佐々木寧仁・吉田武義・青木謙一郎, 1986, 八甲田火山群, ステージ1, 2噴出物の地球化学的研究. 東北大学核理研研究報告, 19, 288-299.

佐々木寧仁・吉田武義・青木謙一郎, 1987, 八甲田火山群, ステージ1に活動したソレアイトマグマの地球化学的研究. 東北大学核理研研究報告, 20, 363-374.

指田勝男, 2008, 帝釈山脈の足尾帯. 日本地質学会編, 日本地方地質誌3 関東地方, 朝倉書店, 104-106.

指田勝男・堀 常東, 2000, 八溝山地の中生界とユニット区分. 地学論集, no.55, 99-106.

Sashida, K., Igo, H., Takizawa, S. and Hisada, K., 1982, On the occurrence of Jurassic radiolarians from the Kanto Region and Hida Mountains, central Japan. Ann. Rep., Inst. Geosci., Univ. Tsukuba, 8, 74-77.

佐竹健治, 2011, 東北地方太平洋沖地震の断層モデルと巨大地震発生のスーパーサイクル. 科学, 81, 1014-1019.

佐竹健治, 2012, どんな津波だったのか―津波発生のメカニズムと予測―. 佐竹健治・堀 宗朗編, 東日本大震災の科学, 41-125, 東京大学出版会, 243p.

Satake, K., Fujii, Y., Harada, T. and Namegaya, Y., 2013, Time and space distribution of coseismic slip of the 2011 Tohoku Earthquake as inferred from tsunami waveform data. Bull. Seism. Soc. Am., 103(2B), 1473-1492.

佐竹健治・行谷佑一・山木 滋, 2008, 石巻・仙台平野における869年貞観津波の数値シミュレーション. 活断層・古地震研究報告, 8, 71-89.

Satake, K., Shimazaki, K., Tsuji, Y. and Ueda, K., 1996, Time and size of a giant earthquake in Cascadia inferred from Japanese tsunami records of January 1700. Nature, 379, 246-249.

Satake, K., Wang, K. and Atwater, B. F., 2003, Fault slip and seismic moment of the 1700 Cascadia earthquake inferred from Japanese tsunami descriptions. Jour. Geophys. Res., 108, 2535, doi:10.1029/2003JB002521.

Sato, Hiroki, 1992, Thermal structure of the mantle wedge beneath northeastern Japan: magmatism in an island arc from the combined data of seismic anelasticity and velocity and heat flow. J. Volcanol. Geotherm. Res., 51, 237-252.

佐藤博樹, 1995, 地震波速度構造から求めた日本列島上部マントルの温度と部分溶融量―島弧におけるマグマの発生―. 地震第2輯, 48, 139-149.

佐藤博樹・長谷川昭, 1996, 東北日本上部マントルの部分溶融域のマッピング―島弧におけるマグマの上昇. 火山, 41, 115-125.

佐藤 浩, 1969, 南部北上山地宮城県登米町周辺の層位学的研究. 地質学雑誌, 75, 555-570.

佐藤 浩, 2011, 糸静線と北上山地の地質―糸静線は糸魚川に延びていない― 主に大船渡市東部の下部白亜系, セーコー印刷, 68p.

佐藤比呂志, 1986, 東北地方中部地域（酒田―古川間）の新生代地質構造発達史（第Ⅰ部・第Ⅱ部）. 東北大学理学部地質学古生物学教室研究邦文報告, 88, 1-32；89, 1-45.

佐藤比呂志, 1989, 東北本州弧における後期新生界の変形度について. 地質学論集, no.32, 257-268.

佐藤比呂志, 1992, 東北日本弧中部地域の後期新生代テクトニ

クス. 地質調査所月報, 43, 119-139.

Sato, Hiroshi, 1994, The relationship between late Cenozoic tectonic events and stress field and basin development in northeast Japan. Jour. Geophy. Res., 99, 22261-22274.

佐藤比呂志, 2005, 島弧としての東北日本. 小池一之・田村俊和・鎮西清高・宮城豊彦編, 日本の地形3 東北, 2-19, 東京大学出版会, 355p.

Sato, Hiroshi and Amano, K., 1991, Relationship between tectonics, volcanism, sedimentation and basin development, Late Cenozoic, central part of Northern Honshu, Japan. Sed. Geol., 74, 323-343.

Sato, Hiroshi, Hirata, N., Iwasaki, T., Matsubara, M. and Ikawa, T., 2002, Deep seismic reflection profiling across the Ou Backbone Range, Northern Honshu Island, Japan. Tectonophysics, 355, 41-52.

佐藤比呂志・池田安隆, 1999, 東北日本の主要断層モデル. 月刊地球, 21, 569-575.

Sato, Hiroshi, Imaizumi, T., Yoshida, T., Ito, H. and Hasegawa, A., 2002, Tectonic evolution and deep to shallow geometry of Nagamachi-Rifu active fault system, NE Japan. Earth Planets Space, 54, 1039-1043.

Sato, Hiroshi, Iwasaki, T., Kawasaki, S., Ikeda, Y., Matsuta, N., Takeda, T., Hirata, N. and Kawanaka, T., 2004, Formation and shortening deformation of a back-arc rift basin revealed by deep seismic profiling, central Japan. Tectonophysics, 388, 47-58.

佐藤比呂志・大槻憲四郎・天野一雄, 1982, 東北日本弧における新生代応力場変遷. 構造地質, no.27, 55-79.

佐藤比呂志・土谷信之・天野一男, 1988, 日本海拡大時の海洋底玄武岩―中部中新統青沢層の掘削とその意義―. 月刊地球, 10, 251-255.

佐藤比呂志・山路 敦・石井武政, 1986, 島弧横断ルートNo.22（温海―鶴岡―尾花沢―松島）. 北村 信編, 新生代東北本州弧地質資料集, 宝文堂, 26p.

佐藤比呂志・吉田武義, 1993, 東北日本の後期新生代大規模陥没カルデラの形成とテクトニクス. 月刊地球, 15, 721-724.

佐藤比呂志・吉田武義・岩崎貴哉・佐藤時幸・池田安隆・海野徳仁, 2004, 後期新生代における東北日本中部背弧域の地殻構造発達―最近の地殻構造探査を中心として―. 石油技術協会誌, 69, 145-154.

Sato, M., Ishikawa, T., Ujihara, N., Yoshida, S., Fujita, M., Mochizuki, M. and Asada, A., 2011, Displacement above the hypocenter of the 2011 Tohoku-Oki earthquake. Science, 332, 1395.

佐藤雅之・小泉 格・高安泰助・的場保望, 1985, 秋田県女川層の珪藻化石層序. 石油技術協会誌, 50, 265.

Sato, M., Shuto, K. and Yagi, M., 2007, Mixing of asthenospheric and lithospheric mantle-derived basalt magmas as shown by along-arc variation in Sr and Nd isotopic compositions of Early Miocene basalts from back-arc margin of the NE Japan arc. Lithos, 96, 453-474.

佐藤 修, 1984, 火山岩貯留岩の岩相と孔隙―特に南長岡ガス田における流紋岩について―. 石油技術協会誌, 49, 11-19.

佐藤 修・佐藤時幸, 1992, 秋田および新潟油田地域に発達する西黒沢期玄武岩―基礎試錐「仁賀保」・「新潟平野」で認められた玄武岩の持つ意義―. 石油技術協会誌, 57, 91-102.

佐藤 正, 1956, 菊石化石にもとづいた日本下部ジュラ系の対比. 地質学雑誌, 62, 490-503.

Sato, Tadashi, 1956, Révision chronologique de la série de Karakuwa

(Jurassique moyen). *Japan. Jour. Geol. Geogr.*, **27**, 167-171.

Sato, Tadashi, 1958, Supplement a la faune de la série de Shizukawa (Jurassique inferieur) du Japon septentrional. *Japan. Jour. Geol. Geogr.*, **29**, 153-159.

Sato, Tadashi, 1962, Etudes Biostratigraphiques des ammonites du Jurassique du Japon. Mem. Soc. Geol. France, nouv. ser., **41**, 1-122.

Sato, Tadashi, 1972, Some Bajosian ammonites from Kitakami, Northeast Japan. *Trans. Proc. Palaeont. Soc. Japan, N. S.*, **85**, 280-292.

佐藤 正，1980，八溝山地およびその周縁．猪郷久義・菅野三郎・新藤静夫・渡辺景隆編，関東地方（改訂版），朝倉書店，136-156.

Sato Tadashi, Igo, H., Takizawa, S., Gusokujima, Y., Kuwahara, T., Aono, H., Fuseya, M. and Sato, Y., 1979, Stratigraphy and geologic structure of the Permian-Triassic exposed in the Umasakazawa valley, a tributary of the Kinu River, Tochigi Prefecture. *Ann. Rep., Inst. Geosci., Univ. Tsukuba*, **5**, 55-57.

佐藤 正・桂 雄三，1988，北上山地志津川地方のジュラ系にみられる堆積構造．地球科学，**42**，336-345.

佐藤 正・御前明洋，2010，福島県南相馬市の相馬中村層群から産出した保存の良い *Taramelliceras* sp.（ジュラ紀後期アンモノイド）．北九州市立自然史・歴史博物館研報，A 類 自然史，**8**，1-7.

佐藤 正・指田勝男，1986，八溝帯の異地性岩体の特徴．総合研究 A 上越帯・足尾帯研究報告，31-39.

Sato, Tadashi and Taketani, Y., 2008, Late Jurassic to Early Cretaceous ammonite fauna from the Somanakamura Group in Northeast Japan. *Paleont. Res.*, **12**, 261-282.

佐藤 正・竹谷陽二郎・鈴木千里・八巻安夫・平 宗雄・荒好・相田 優・古川祐司，2005，ジュラ紀-白亜紀の相馬中村層群から新たに採集されたアンモナイト．福島県立博物館紀要，no.19，1-41.

佐藤 正・竹谷陽二郎・八巻安夫・栃久保廣泰・荒 好・平宗雄・岸崎晃一郎・二上文彦・田村 翼・松岡 篤，2011，南相馬市の相馬中村層群小山田層の新産地から採集されたベリアシアン（白亜紀初期）アンモナイトおよびオウムガイ化石群集．福島県立博紀要，no.25，25-48.

Sato, Tadashi and Takizawa, F., 1970, On some Berriasian ammonites from the Ayukawa Formation, Ojika Peninsula, in Takizawa, F., Ayukawa Formation of the Ojika Peninsula, Miyagi Prefecture, Northeast Japan: Appendix. *Bull. Geol. Survey Japan*, **21**, 575-576.

Sato, Takeshi., Shinohara, M., Karp,, B. Y., Kulinich, R. G. and Isezaki, N., 2004, P-wave velocity structure in the northern part of the central Japan Basin, Japan Sea with ocean bottom seismometers and airguns. *Earth, Planets and Space*, **56**, 501-510.

Sato, Tamaki., Hasegawa, Y. and Manabe, M., 2006, A new elasmosaurid plesiosaur from the Upper Cretaceous of Fukushima, Japan. *Palaeontology*, **49**, 467-484.

佐藤時幸，1982，石灰質微化石群集に基づく七谷層と西黒沢層の生層序学的考察．石油技術協会誌，**86**，374-379.

佐藤時幸，1986，基礎試錐「気仙沼沖」より産出した白亜紀石灰質ナンノ化石群集とその時代．石油技術協会誌，**51**，205-208.

佐藤時幸，2017，東北日本新第三系生層序と古海洋変動．日本地質学会編，日本地方地質誌 2 東北地方，朝倉書店，120-

128.

佐藤時幸・馬場 敬，1981，秋田県太平山南縁部グリーンタフ層準の微化石について（要旨）．石油技術協会誌，**46**，273.

佐藤時幸・馬場 敬・大口健志・高山俊昭，1991，日本海側における海成下部中新統の発見と東北日本の台島-西黒沢期における環境変動．石油技術協会誌，**56**，263-279.

佐藤時幸・千代延俊・Farida, M., 2012a，グローバル気候変動と新第三紀のおわり/第四紀の始まり—石灰質ナンノ化石層序からの検討—．地質学雑誌，**118**，87-96.

佐藤時幸・樋口武志・石井崇暁・湯口志穂・天野和孝・亀尾浩司，2003，秋田県北部に分布する上部鮮新統〜最下部更新統の石灰質ナンノ化石層序—後期鮮新世古海洋変動と関連して—．地質学雑誌，**109**，280-292.

Sato, Tokiyuki and Kameo, K., 1996, Pliocene to Quaternary calcareous nannofossil biostratigraphy of the Arctic Ocean, with refference to late Pliocene glaciation. *Proc. ODP, Sci. Results*, **151**, 39-59.

佐藤時幸・亀尾浩司・三田 勲，1999，石灰質ナンノ化石による後期新生代地質年代の決定精度とテフラ層序．地球科学，**53**，265-274.

佐藤時幸・神崎 裕・奥山貴夫・千代延俊，2010，北陸〜北日本に分布する中新統石灰質ナンノ化石層序．秋田大学大学院工学資源学研究科研究報告，**31**，37-45.

佐藤時幸・工藤哲朗・亀尾浩司，1995，微化石層序からみた新潟地域における石油根源岩の時空分布．石油技術協会誌，**60**，76-86.

佐藤時幸・佐藤伸明・山崎 誠・小川由梨子・金子光好，2012b，石灰質ナンノ化石からみた秋田地域の新第三紀〜第四紀古環境変動．地質学雑誌，**118**，62-73.

佐藤時幸・高山俊昭・加藤道雄・工藤哲朗，1988，日本海側に発達する最上部新生界の石灰質微化石序，その 3：秋田地域および男鹿半島．石油技術協会誌，**53**，199-212.

佐藤時幸・山崎 誠・千代延俊，2009，秋田県の地質．大地，**50**，70-83.

Sato, Tokiyuki, Yuguchi, S., Takayama, T. and Kameo, K., 2004, Drastic change of the geographical distribution of the cold water nannofossil *Coccolithus pelagicus*（Wallich）Schiller during the late Pliocene-with special reference to increase of ice sheet in the Arctic Ocean-. *Marine Micropaleontol.*, **52**, 181-193.

佐藤敏彦，1956，北東部阿武隈山地に発見された上部デヴォン紀層（予報）．地質学雑誌，**62**，117-118.

Sato, Toshihiko., 1956, On the Tateishi formation and its Carboniferous coral fauna, in the northwestern part of Abukuma massif, Japan. *Sci. Rep. Tokyo Kyoiku Daigaku, C*, **36**, 235-261.

佐藤敏彦，1973，相馬古生層（福島県，北東部阿武隈山地）の二畳系にみられる古生代末の地殻変動について．信州大学教養部紀要，第 2 部自然科学，**7**，91-104.

Sato, Toshihiko., 1974, The geologic map and stratigraphic relationship of the Upper Devonian Ainosawa Formation in the Soma district, Fukushima Prefecture, Japan. *Jour. Fac. Lib. Arts., Shinshu Univ., pt. 2*, **8**, 5-14.

Sato, Toshinori. and Matsu'ura, M., 1988, A kinematic model for deformation of the lithosphere at subduction zones. *J. Geophys. Res.*, **93**, 6410-6418.

Sato, Yoshio., Yanagisawa, Y and Yamamoto, T., 1989, Acid-Potamid fauna of the Myozawabashi Formation, Yamagata Prefecture, Northwest Japan. 日本古生物学会 1989 年年会予稿集，83.

佐藤雄大・鹿野和彦・小笠原憲四郎・大口健志・小林紀彦，
　2009，東北日本男鹿半島，台島層の層序．地質学雑誌，**115**，
　31-46．

Sato, Yudai., Kano, K., Ohguchi, T., Yamazaki, T. and Ogasawara, K.,
　2009, High-temperature emplacement and liquefaction of shallow-
　water caldera-forming eruption products: Early Miocene
　Tateyamazaki Dacite in the Oga Peninsula, NE Japan. *Sed. Geol.*,
　220, 218-226.

佐藤勇輝・石渡　明，2015，阿武隈変成帯中に露出する沈み込
　み帯域オフィオライト断片の岩石学．岩石鉱物科学，**44**，
　239-255．

Savage, J. C., 1969, Steketee's paradox. *Bull. Seismol. Soc. Amer.*, **59**,
　381-384.

澤井祐紀・岡村行信・宍倉正展・松浦旅人・高田圭太・AUNG
　Than Tin・小松原純子・藤井雄士郎，2006，仙台平野の堆積
　物に記録された歴史時代の巨大津波—1611 年慶長三陸津波
　と 869 年貞観津波の浸水域—．地質ニュース，**624**，36-41．

Sawai, Y., Satake, K., Kamataki, T., Nasu, H., Shishikura, M.,
　Atwater, B. F., Horton, B. P., Kelsey, H. M., Nagumo, T. and
　Yamaguchi, M., 2004, Transient uplift after a 17th-century
　earthquake along the Kuril subduction zone. *Science*, **306**, 1918-
　1920.

Schmidt, M. W., 1992, Amphibole composition in tonalite as a
　function of pressure: an experimental calibration of the Al-in-
　hornblende barometer. *Contrib. Mineral. Petrol.*, **110**, 304-310.

Scholl, D. W., von Huene, R., Vallier, T. L., and Howell, D. G., 1980,
　Sedimentary masses and concepts about tectonic processes at
　underthrust ocean margins. *Geology*, **8**, 564-568.

Scholl, D. W. and von Huene, R., 2007, Crustal recycling at modern
　subduction zones applied to the past-issues of growth and
　preservation of continental basement crust, mantle geochemistry,
　and supercontinent reconstruction. *Geol. Soc. America Mem.*, **200**,
　9-32.

Scholz, C. H., 1990, *The Mechanics of Earthquakes and Faulting*,
　Cambridge University Press, 439p.

Scholz, C. H. and Small, C., 1997, The effect of seamount subduction
　on seismic coupling. *Geology*, **25**, 487-490.

Scotese, C. R. and McKerrow, W. S., 1990, Revised world maps and
　introduction. In McKerrow, W. S. and Scotese, C. R., eds.,
　Palaeozoic palaeogeography and biogeography, Mem. Geol. Soc.,
　12, 1-21.

瀬川爾朗・大島章一・吉田俊夫，1986，大陸性地磁気異常の縞
　模様，その島弧における意義．平　朝彦・中村一明編，日本
　列島の形成，岩波書店，227-234．

関　武夫・今泉力蔵，1941，岩手県気仙郡大船渡湾沿岸の白亜
　紀層．東北大学理学部地質学古生物学教室研究邦文報告，
　35，1-36．

関　陽児，1990，高玉カルデラの地質と金鉱化作用．三鉱学会
　秋季連合学術講演会要旨集，98．

Seki, Y., 1993, Geological setting of the Takatama Gold Deposit,
　Japan: an example of caldera-related epithermal gold mineraliza-
　tion. *Resource Geol. Spec. Issue*, **14**, 123-136.

Sekiya S. and Kikuchi, Y., 1890, The Eruption of Bandai-san. *Jour.
　Coll. Sci., Imp. Univ. Tokyo*, **13**, 91-172.

石油開発公団，1970，昭和 45 年度大陸棚石油・天然ガス資源
　基礎調査基礎物理探査「石狩-礼文島」調査報告書．

石油開発公団，1971，昭和 45 年度大陸棚石油・天然ガス資源

基礎調査基礎物理探査「北上-阿武隈」調査報告書．

石油開発公団，1972，昭和 46 年度大陸棚石油・天然ガス資源
　基礎調査基礎物理探査「関東」調査報告書．

石油開発公団，1973，昭和 47 年度大陸棚石油・天然ガス資源
　基礎調査基礎物理探査「日高-渡島」調査報告書．

石油開発公団，1974，昭和 48 年度大陸棚石油・天然ガス資源
　基礎調査基礎物理探査「下北-北上」調査報告書．

石油開発公団，1976，昭和 51 年度大陸棚石油・天然ガス資源
　基礎調査基礎物理探査「北海道西部-新潟海域」調査報告書．

石油開発公団，1978，昭和 52 年度大陸棚石油・天然ガス資源
　基礎調査基礎物理探査「下北-東海沖海域」調査報告書．

石油公団，1982a，昭和 56 年度国内石油・天然ガス基礎調査基
　礎試錐「直江津沖北」調査報告書．

石油公団，1982b，昭和 56 年度国内石油・天然ガス基礎調査基
　礎物理探査「富山沖・北陸〜隠岐沖・山陰沖」調査報告書．

石油公団，1984，昭和 58 年度国内石油・天然ガス基礎調査基
　礎試錐「最上川沖」調査報告書．

石油公団，1985a，昭和 59 年度国内石油・天然ガス基礎調査基
　礎試錐「西津軽沖」調査報告書．

石油公団，1985b，昭和 59 年度国内石油・天然ガス基礎調査基
　礎物理探査「常磐〜鹿島」調査報告書．

石油公団，1985c，昭和 59 年度国内石油・天然ガス基礎調査基
　礎試錐「気仙沼沖」調査報告書．

石油公団，1985d，昭和 60 年度国内石油・天然ガス基礎調査基
　礎物理探査「大和堆」調査報告書．

石油公団，1987，昭和 61 年度国内石油・天然ガス基礎調査海
　上基礎物理探査「南三陸〜鹿島沖」調査報告書．

石油公団，1988a，昭和 61 年度国内石油・天然ガス基礎調査海
　上基礎物理探査「道南〜下北沖」調査報告書．

石油公団，1988b，昭和 62 年度国内石油・天然ガス基礎調査海
　上基礎物理探査「西津軽〜新潟沖」調査報告書．

石油公団，1988c，昭和 62 年度国内石油・天然ガス基礎調査基
　礎試錐「柏崎沖」調査報告書．

石油公団，1989a，昭和 63 年度国内石油・天然ガス基礎調査基
　礎試錐「佐渡沖」調査報告書．

石油公団，1989b，昭和 63 年度国内石油・天然ガス基礎調査海
　上基礎物理探査「北海道西部〜北東部海域」調査報告書．

石油公団，1990，平成元年度国内石油・天然ガス基礎調査海上
　基礎試錐「山陰〜北九州沖」調査報告書．

石油公団，1991，平成 2 年度国内石油・天然ガス基礎調査基礎
　試錐「相馬沖」調査報告書．

石油公団，1992，平成 3 年度国内石油・天然ガス基礎調査基礎
　試錐「常磐沖」調査報告書．

石油公団，1993，平成 4 年度国内石油・天然ガス基礎調査基礎
　試錐「由利沖中部」調査報告書．

石油公団，1994a，平成 5 年度国内石油・天然ガス基礎調査基
　礎試錐「本荘沖」調査報告書．

石油公団，1994b，平成 6 年度国内石油・天然ガス基礎調査基
　礎物理探査「常磐〜鹿島浅海域」調査報告書．

石油公団，1996a，平成 7 年度国内石油・天然ガス基礎調査基
　礎試錐「子吉川沖」調査報告書．

石油公団，1996b，平成 7 年度国内石油・天然ガス基礎調査海
　上基礎物理探査「対馬沖」調査報告書．

石油公団，2000a，平成 10 年度国内石油・天然ガス基礎調査基
　礎試錐「三陸沖」調査報告書．

石油公団，2000b，平成 10 年度国内石油・天然ガス基礎調査基
　礎物理探査「房総沖浅海域」報告書．

石油公団, 2005, 平成15年度国内石油・天然ガス基礎調査基礎試錐「佐渡南西沖S・D」調査報告書.

石油資源開発株式会社, 2006, 宇宙150億年に咲いた「華」石油資源開発株式会社五十年史, 60-78.

石油資源開発札幌鉱業所勇払研究グループ・岡村 聡・加藤孝幸・柴田 賢・雁沢好博・内海 茂, 1992, 北海道苫小牧市東部における坑井から採取された白亜紀花崗岩類, 地質学雑誌. **98**, 547-550.

石油天然ガス・金属鉱物資源機構, 2009a, 平成19年度国内石油・天然ガス基礎調査基礎物理探査「道央南方～三陸沖2D」データ解釈報告書.

石油天然ガス・金属鉱物資源機構, 2009b, 平成19年度国内石油・天然ガス基礎調査基礎物理探査「三陸沖3D」データ解釈報告書.

石油天然ガス・金属鉱物資源機構, 2010a, 平成20年度国内石油・天然ガス基礎調査基礎物理探査「大和海盆2D・3D」データ解釈報告書.

石油天然ガス・金属鉱物資源機構, 2010b, 平成20年度国内石油・天然ガス基礎調査基礎物理探査「佐渡西方3D」データ解釈報告書.

石油天然ガス・金属鉱物資源機構, 2011, 平成21年度国内石油・天然ガス基礎調査基礎物理探査「阿武隈リッジ南部3D」データ解釈報告書.

石油天然ガス・金属鉱物資源機構, 2013a, 平成23年度国内石油・天然ガス基礎調査基礎物理探査「佐渡沖北西2D」データ解釈報告書.

石油天然ガス・金属鉱物資源機構, 2013b, 平成23年度国内石油・天然ガス基礎調査基礎物理探査「能登東方3D」データ解釈報告書.

石油天然ガス・金属鉱物資源機構, 2015, 平成25年度国内石油・天然ガス基礎調査基礎物理探査「沖縄3D」データ解釈報告書.

石油天然ガス・金属鉱物資源機構, 2016, 石油・天然ガス用語辞典. https://oilgas-info.jpgmec.go.jp/dicsearch.p1.

Sen, C. and Dunn, T., 1994, Dehydration melting of a basaltic composition amphibolite at 1.5 and 2.0 GPa: implications for the origin of adakites. *Contrib. Mineral. Petrol.*, **117**, 394-409.

Sendo, T., 1958, On the granitic rocks of Mt. Otakine and its adjacent districts in Abukuma massif, Japan. *Sci. Rep. Tohoku Univ., 3rd Ser.*, **6**, 57-167.

Sendo, T. and Ueda, Y., 1963, Petrology of the Kinkasan islet, Miyagi prefecture, northeastern Japan. *Sci. Rep. Tohoku Univ., 2nd Ser.*, **8**, 297-315.

瀬野徹三, 1987, 日本海付近の新プレート境界と50万年前の変動. 科学, **57**, 84-93.

瀬野徹三, 1995, プレートテクトニクスの基礎. 朝倉書店, 190p.

Seno, T., 1999, Synthesis of the regional stress fields of the Japanese islands. *Island Arc*, **8**, 66-79.

Seno, T., 2003, Fractal asperities, invasion of barriers, and interplate earthquakes. *Earth Planets Space*, **55**, 649-665.

瀬野徹三, 2005, 世界のプレート運動. 地学雑誌, **114**, 350-366.

Seno, T., 2005, Variation of downdip limit of the seismogenic zone near the Japanese islands: Implications for the serpentinization mechanism of the forearc mantle wedge. *Earth Planet. Sci. Lett.*, **231**, 249-262.

Seno, T., 2009, Determination of the pore fluid pressure ratio at seismogenic megathrusts in subduction zones: Implications for strength of asperities and Andean-type mountain building. *Jour. Geophys. Res.*, **114**, B05405, doi: 10.1029/2008JB005889.

Seno, T. and Maruyama, S., 1984, Paleogeographic reconstruction and origin of the Philippine Sea. *Tectonophysics*, **102**, 53-84.

Seno, T., Sakurai, T. and Stein, S., 1996, Can the Okhotsk plate be discriminated from the North American plate? *Jour. Geophys. Res.*, **101**, 11305-11315.

Seno, T. and Yamanaka, Y., 1996, Double seismic zones, compressional deep trench-outer rise events and super-plumes. In Bebout, G. E., Scholl, D. W., Kirby, S. H. and Platt, J. P., eds., *Subduction: Top to Bottom, Geophysical Monograph Series, 96*, AGU, 347-355.

Seno, T. and Yamazaki, T., 2003, Low-frequency tremors, intraslab and interplate earthquakes in Southwest Japan - From a view point of slab dehydration. *Geophys. Res. Lett.*, **30**, 2171, doi:10.1029/2003GL018349.

Seton, M., Flament, N., Whittaker, J., Muller, R. D., Gurnis, M., Bower, D. J., 2015, Ridge subduction sparked reorganization of the Pacific plate - mantle system 60-50 million years ago. *Geophys. Res. Lett.*, **42**, 1732-1740, doi:10.1002/2015GL063057.

Sharp, W. D. and Clague, D. A., 2006, 50-Ma Initiation of Hawaiian-Emperor Bend Records Major Change in Pacific Plate Motion. *Science*, **313**, 1250-1251.

Shelly, D. R., Beroza, G. C., Ide, S. and Nakamura, S., 2006, Low-frequency earthquakes in Shikoku, Japan, and their relationship to episodic tremor and slip. *Nature*, **442**, 188-191.

Shemenda, A. I., 1993, Subduction of the lithosphere and back arc dynamics: Insights from physical modeling, *Jour. Geophys. Res.*, **98**, 16167-16185.

Shen, G. 1995, Permian floras. In Li, X., ed., *Fossil Floras of China through the Geological Ages*, Guangdong Sci. Tech. Press, 127-223.

Shi, G. R., Archbold, N. W. and Zhan, L., 1995, Distribution and characteristics of mixed (transitional) mid-Permian (Late Artinskian-Ufimian) marine faunas in Asia and their palaeogeographical implications. *Palaeogeogr. Palaeoclimatol. Palaeoecol.*, **114**, 241-271.

柴橋敬一, 1973, 鳥海火山の地質学的研究. 山形県の地質と資源（原口九萬教授退官記念）, 7-15.

柴橋敬一・今田 正, 1972, 鳥海火山の地質と岩石「鳥海山・飛島」. 山形県総合学術調査会, 14-34.

柴田 賢, 1973, 氷上花崗岩および薄衣花崗岩礫のK-Ar年代. 地質学雑誌, **79**, 705-707.

Shibata, K., 1974, Rb-Sr geochronology of the Hikami granite, Kitakami mountains, Japan. *Geochem. Jour.*, **8**, 193-207.

柴田 賢, 1985, 白亜紀の放射年代—とくに地質年代尺度に関連して—. 地質学論集, no.26, 119-133.

柴田 賢, 1986, 基礎試錐「気仙沼沖」花崗岩コアの同位体年代. 地質調査所月報, **37**, 467-470.

柴田 賢, 1987, 阿武隈山地北端部, 丸森地域の花崗岩類のRb-Sr全岩年代. 岩鉱, **82**, 36-40.

柴田 賢・蜂須紀夫・内海 茂, 1973, 八溝山地の花崗岩類のK-Ar時代. 地質調査所月報, **24**, 511-516.

Shibata, K. and Ishihara, S., 1979, Initial $^{87}Sr/^{86}Sr$ ratios of plutonic rocks from Japan. *Contrib. Mineral. Petrol.*, **70**, 381-390.

Shibata, K., Kaneoka, I., and Uchiumi, S., 1994, $^{40}Ar/^{39}Ar$ analysis of K-feldspars from Cretaceous granitic rocks in Japan: Significance of perthitization in Ar loss. *Chem. Geol.*, **115**, 297-306.

Shibata, K., Matsumoto, T., Yanagi, T. and Hamamoto, R., 1978, Isotopic ages and stratigraphic control of Mesozoic igneous rocks in Japan. *Contrib. Geol. Time Scale, Amer. Assoc. Petrol. Geol.*, 143-164.

Shibata, K. and Miller, J. A., 1962, Potassium-Argon ages of granitic rocks from the Kitakami highlands. *Bull. Geol. Surv. Japan*, **13**, 709-711.

Shibata, K. and Nozawa, T., 1966, K-Ar age of the Nihon-koku gneiss, northeast Japan. *Bull. Geol. Surv. Japan*, **17**, 426-429.

柴田 賢・小沢一仁，1988，北上山地宮守超苦鉄質岩体の K-Ar 年代．岩鉱，**83**，108.

Shibata, K. and Ozawa, K., 1992, Ordovician arc ophiolite, the Hayachine and Miyamori complexes, Kitakami Mountains, Northeast Japan. *Geochem. Jour.*, **26**, 85-97.

柴田 賢・高木秀雄，1989，関東山地北部の花崗岩類の年代．同位体からみた中央構造線と棚倉構造線との関係．地質学雑誌，**95**，687-700.

柴田 賢・田中 剛，1987，Nd・Sr 同位体からみた阿武隈山地石川複合岩体の形成年代．岩鉱，**82**，433-440.

柴田 賢・内海 茂，1983，南部阿武隈山地花崗岩類の角閃石 K—Ar 年代．岩鉱，**78**，405-410.

柴田 賢・内海 茂，1992，K-Ar 年代測定結果-4—地質調査所未公表資料—．地質調査所月報，**43**，359-367.

柴田 賢・Wanless, R. K.・加納 博・吉田 尚・野沢 保・猪木幸男・小西健二，1972，日本列島の2，3のいわゆる基盤岩類の Rb-Sr 年代．地質調査所月報，**23**，505-510.

柴田 賢・柳 哮・浜本礼子，1977，北上山地中生代花崗岩・火山岩の年代．岩鉱，**72**，119-120.

柴田豊吉・増田孝一郎・村田正文・石崎国煕・羽鳥晴文・佐々木郁郎・佐々木隆・田野久貴・中川義二郎・渡辺 斌・以東希久夫，1972，福島県地質調査報告「糸沢地域の地質」．福島県商工労働部，36p.

Shibata, T. and Nakamura, E., 1991, Interaction between subducted oceanic slab and wedge mantle inferred from across-arc variations of Pb, Sr and Nd isotopic compositions in Northeastern Japan. *Proc. Japan. Acad.*, **67**, 115-120.

Shibata, T. and Nakamura, E., 1997, Across-arc variations of isotope and trace element compositions from Quaternary basaltic volcanic rocks in northeastern Japan: Implications for interaction between subducted oceanic slab and mantle wedge. *Jour. Geophys. Res.*, **102**, 8051-8064.

柴田豊吉・植田良夫・土生志郎，1976，仙台付近産火山岩類の絶対年代と層序区分との関係について．日本地質学会第 83 年学術大会講演要旨，174.

Shibazaki, B., Garatani, K., Iwasaki, T., Tanaka,. A. and Ito, Y., 2008, Faulting processes controlled by the non-uniform thermal structure of the crust and uppermost mantle beneath the northeastern Japanese island arc. *Jour. Geophys. Res.*, **113**, B08415, doi:10.1029/2007JB005361.

Shibazaki, B., Matsuzawa, T., Tsutsumi, A., Ujiie, K., Hasegawa, A. and Ito, Y., 2011, 3D modeling of the cycle of a great Tohoku-oki earthquake, considering frictional behavior at low to high slip velocities. *Geophys. Res. Lett.*, **38**, L21305, doi:10.1029/2011GL 049308.

Shibazaki, B., Okada, T., Muto, J., Matsumoto, T., Yoshida, T. and Yoshida, K., 2016, Heterogeneous stress state of island arc crust in northeastern Japan affected by hot mantle fingers. *J. Geophys. Res. Solid Earth*, **121**, 3099-3117.

Shichi, R., Yamamoto, A., Kimura, A. and Aoki, H., 1992, Gravimetric evidence for active faults around Mt. Ontake, centaral Japan: Specifically for the hidden faulting of the 1984 western Nagano Prefecture earthquake. *Jour. Phys. Earth*, **40**, 459-478.

Shido, F., 1958, Plutonic and metamorphic rocks of the Nakoso and Iritono districts in the central Abukuma Plateau. *Jour. Fac. Sci. Univ. Tokyo, sec. 2*, **11**, 131-217.

資源エネルギー庁，1982，広域調査報告書西津軽地域．167p.

資源素材学会，1992，日本金山誌第3編 東北．日本金山誌編纂委員会，222p.

Shigeta, Y. and Nakajima, Y., 2017, Discovery of the early Spathian (late Olenekian, Early Triassic) ammonoid *Tirolites* in the Hiraiso Formation, South Kitakami Belt, Northeast Japan. *Paleontological Research*, **21**, 37-43.

志井田功，1940，宮城県気仙沼町近傍の地質に就きて．東北大学理学部地質学古生物学教室研究邦文報告，**33**，1-72.

志井田功，1941，宮城県気仙沼近傍の侏羅紀層（唐桑系）に就きて．矢部長克教授還暦記念論文集，**2**，893-910.

Shiina, T., Nakajima, J. and Matsuzawa, T., 2013, Seismic evidence for high pore pressures in the oceanic crust: Implications for fluid-related embrittlement. *Geophys. Res. Lett.*, **40**, 2006-2010.

椎野勇太・鈴木雄太郎・小林文夫，2008，南部北上山地上八瀬地域の中部ペルム系細尾層から産出したフズリナ化石とその意義．地質学雑誌，**114**，200-205.

Shiino, Y., Suzuki, Y. and Kobayashi, F., 2011, Sedimentary history with biotic reaction in the Middle Permian shelly sequwncw of the Southern Kitakami Massif, Japan. *Island Arc*, **20**, 203-220.

Shikama, T., Kamei, T. and Murata, M., 1978, Early Triassic ichthyosaurus, Utatsusaurus hataii gen. et sp. nov., from the Kitakami Massif, Northeast Japan. *Sci. Rep. Tohoku Univ., 2nd Ser.*, **48**, 77-97.

鹿園直建，2006，地球学入門．慶応義塾大学出版会，243p.

鹿園直建・綱川英夫，1982，細倉・佐渡鉱山の K-Ar 年代．鉱山地質，**32**，479-482.

島 誠・岡田昭彦・矢吹英雄，1969，Fission track 法と K-Ar 法の相互検討について．岩鉱，**61**，100-105.

島田昱郎・伊沢敏昭，1969，福島県地質調査報告書，只見地域の地質．福島県，39p.

島田昱郎・根田武二郎・黒江良太郎・伊沢寿昭，1974，福島県地質調査報告書．小林地域の地質．福島県，29p.

島田昱郎・植田良夫，1979，西会津グリーンタフ地域における酸性岩類の K-Ar 年代．岩鉱，**74**，387-394.

Shimada, S., and Bock, Y., 1992, Crustal deformation measurements in central Japan determined by a Global Positioning System fixed-point network. *Jour. Geophys. Res.*, **97**, 12437-12455.

Shimakura, K., Shuto, K. and Shimura, T., 1999, Genesis of Tertiary granitoids from the Daiyama and Nissho areas, central part of the Northeast（NE）Japan Arc. *Mem. Geol. Soc. Japan, no.53*, 365-381.

島本昌憲・林 広樹・鈴木紀毅・田中裕一郎・斎藤常正，1998，福島県東部棚倉地域に分布する新第三系の層序と微化石年代．地質学雑誌，**104**，296-313.

島本昌憲・太田 聡・林 広樹・佐々木 理・齋藤常正，

2001, 仙台市南西部に分布する中新統旗立層の浮遊性有孔虫層序. 地質学雑誌, **107**, 258-268.

嶋本利彦, 1989, 岩石のレオロジーとプレートテクトニクス―剛体プレートから変形するプレートへ. 科学, **59**, 170-180.

島崎邦彦, 2012, 東北地方太平洋沖地震に関連した地震発生長期予測と津波防災対策. 地震第2輯, **65**, 123-134.

島津光夫, 1964, 東北日本の白亜紀花崗岩 (1) (2). 地球科学, **71**, 18-27:**72**, 24-29.

島津光夫, 1979, 北上山地の白亜紀―古第三紀火成活動作用に関する2, 3の問題. 地質学論集, no.17, 113-120.

島津光夫・河内洋佑, 1965, 朝日連峯～東北アルプス. 地調ニュース, **134**, 28-38.

島津光夫・西田彰一・田宮良一・皆川信弥・神保 憲・鈴木雅宏, 1972, 5万分の1地質図幅「小国」および同説明書. 山形県, 28p.

島津光夫・斎藤常正・天野一男・大槻憲四郎・柳沢幸夫・山路敦, 1986, 島弧横断ルート No.25 (荒川河口-小国-手の子, 赤湯-白石-角田). 北村 信編, 新生代東北本州弧地質資料集, 宝文堂, 22p.

Shimazu, M. and Takano, M., 1977, Ca-Fe rich pyroxenes in Miocene perlites from the Tsugawa and Tadami area, Northeast Japan. *Jour. Japan Assoc. Mineral. Petrol. Econ. Geol.*, **72**, 419-427.

島津光夫・田中啓策・吉田 尚, 1970, 田老地域の地質 (地域地質研究報告, 5万分の1地質図幅). 地質調査所, 54p.

島津光夫・寺岡易司, 1962, 5万分の1地質図幅「陸中野田」および同説明書. 地質調査所, 63p.

清水文健, 1983, 空中写真判読による地すべり地形の認定と表現方法―新庄地域を例として―. 地すべり, **19**, 34-38.

清水文健, 1992, 100万分の1東北地方地すべり地形分布図. 東北の地すべり・地すべり地形, 付図, 地すべり学会東北支部.

Shimizu, S., 1927, A Tithonian species of Perisphinctes from the Torinosu Limestone of Koike, Province of Iwaki. *Japan. Jour. Geol. Geogr.*, **5**, 219-222.

Shimizu, S., 1930a, On some Anisic ammonites from the *Hollandites* beds of the Kitakami Mountainland. *Sci. Rep. Tohoku Imp. Univ., 2nd Ser.*, **14**, 63-74.

Shimizu, S., 1930b, Notes on Two Tithonian species of Perisphinctes from the Torinosu Limestone of Koike, Province of Iwaki. *Japan. Jour. Geol. Geogr.*, **7**, 45-48.

Shimizu, S., 1931, Note on a species of the Tithonian genus Streblites from the Torinosu limestone of Koike, Iwaki province. *Japan. Jour. Geol. Geogr.*, **9**, 13-15.

Shimizu, S. and Itaya, T., 1993, Plio-Pleistocene arc magmatism controlled by two overlapping subducted plates, central Japan. *Tectonophysics*, **225**, 139-154.

清水三郎・馬淵精一, 1932, 北上山地上部三畳紀層. 地質学雑誌, **39**, 313-317.

Shimoda, G., Tatsumi, Y., Nohda, S., Ishizaka, K., and Jahn, B.M., 1998, Setouchi high-Mg andesites revisited: geochemical evidence for melting of subductiing sediments. *Earth Planet. Sci. Lett.*, **160**, 479-492.

下條将徳・大藤 茂・柳井修一・平田岳史・丸山茂徳, 2010, 南部北上帯古期岩類の LA-ICP-MS U-PB ジルコン年代. 地学雑誌, **119**, 257-269.

下鶴大輔, 1988, 磐梯山の概要. 地学雑誌, **97**, 1-13.

志村俊昭・加々島慎一・高橋 浩, 2002, 羽越地域の花崗岩質地殻の形成と変形. 日本地質学会第109年学術大会見学旅行案内書, 65-86.

新エネルギー・産業技術総合開発機構, 1985a, 昭和59年度全国地熱資源総合調査 (第2次), 高温可能性地域 (南会津地域) 調査火山岩分布年代調査報告書要旨. 64p.

新エネルギー・産業技術総合開発機構, 1985b, 昭和59年度全国地熱資源総合調査 (第2次), 火山性熱水対流系地域タイプ3 (八甲田地域) 調査火山岩分布年代調査報告書. 45p.

新エネルギー・産業技術総合開発機構, 1985c, 地熱開発促進調査報告書, No.7「湯沢雄勝地域」. 814p.

新エネルギー・産業技術総合開発機構, 1985d, 地熱開発促進調査報告書, No.8「奥会津地域」. 811p.

新エネルギー・産業技術総合開発機構, 1986, 地熱開発促進調査報告書, No.10「吾妻北部地域」. 846p.

新エネルギー・産業技術総合開発機構, 1987a,「八甲田山地域」火山地質図 (5万分の1), 地熱地質編纂図 (10万分の1) 及び同説明書村 77p.

新エネルギー・産業技術総合開発機構, 1987b, 昭和61年度全国地熱資源総合調査 (第2次), 高温可能性地域 (南会津地域) 調査総合解析報告書. 204p 村

新エネルギー・産業技術総合開発機構, 1988, 昭和63年度地熱開発促進調査. 地質・変質帯調査報告書, No.28「尾花沢東部地域」. 106p.

新エネルギー・産業技術総合開発機構, 1990a, 地熱開発促進調査報告書, No.20「皆瀬地域」. 814p.

新エネルギー・産業技術総合開発機構, 1990b,「那須地域」火山地質図, 地熱地質編纂図及び同説明書. 68p.

新エネルギー・産業技術総合開発機構, 1990c, 地熱開発促進調査報告書, No.21「猪苗代地域」. 1012p.

新エネルギー・産業技術総合開発機構, 1990d, 地熱開発促進調査報告書, No.23「最上赤倉地域」. 808p.

新エネルギー・産業技術総合開発機構, 1990e, 平成元年度全国地熱資源総合調査 (第3次), 広域熱水流動系調査 (磐梯地域) 火山岩分布・年代調査報告書要旨. 144p.

新エネルギー・産業技術総合開発機構, 1991a, 平成2年度全国地熱資源総合調査 (第3次), 広域熱水流動系調査 (磐梯地域) 火山岩分布・年代調査報告書. 179p.

新エネルギー・産業技術総合開発機構, 1991b,「磐梯地域」火山地質図, 地熱地質編纂図及び同説明書. 80p.

新エネルギー・産業技術総合開発機構, 1993, 地熱開発促進調査報告書, No.3「八甲田西部地域」. 934p.

新エネルギー・産業技術総合開発機構, 1995, 地熱開発促進調査報告書付帯資料 平成6年度地熱開発促進調査 地質構造調査 (地質編図) 報告書 No.B-2「猿倉嶽地域」. 110p.

新エネルギー・産業技術総合開発機構, 2007, 新環境基準に対応した水質汚濁リスク評価基本図の作成―平成18年度成果報告書―, 51p.

新エネルギー・産業技術総合開発機構, 2008, 知的基盤創成・利用促進研究開発事業―新環境基準に対応した水質汚濁リスク評価基本図の作成―平成19年度成果報告書―. 75p.

新エネルギー財団, 1983, 昭和56年度地熱開発促進調査総合解析報告書 No.2 銅山下流地域.

新編弘前市史編纂委員会編, 2001, 新編弘前市史 通史編1 (自然・原始). 弘前市企画部企画課, 425p.

Shipboard Scientific Party, 1975, *Initial Report of the Deep Sea Drilling Project Site 299*, 31, Government Printing Office.

Shipboard Scientific Party, 1980, *Initial Report of the Deep Sea Drilling Project Site 434, 435, 436, 438, 439, 440 and 441*, 56/57, Government Printing Office.

Shipboard Scientific Party, 1986, *Initial Report of the Deep Sea Drilling Project Site584*, 87, Government Printing Office.

Shipboard Scientific Party, 1990a, *Proceeding of the Ocean Drilling Project, Initial Report Site 794*, 128, College Station, TX (Ocean Drilling Program).

Shipboard Scientific Party, 1990b, *Proceeding of the Ocean Drilling Project, Initial Report Site 794*, 127, College Station, TX (Ocean Drilling Program).

Shipboard Scientific Party, 1990c, *Proceeding of the Ocean Drilling Project, Initial Report Site 797*, 127, College Station, TX (Ocean Drilling Program).

Shipboard Scientific Party, 2000, *Proceeding of the Ocean Drilling Project, Initial Report Site 1150-1151*, 186, College Station, TX (Ocean Drilling Program).

Shirai, M. and Tada, R., 2000, Sedimentary Successions Formed by Fifth-Order Glacio-Eustatic Cycles in the Middle to Upper Quaternary Formations of the Oga Peninsula, Northeast Japan. *Jour. Sed. Res.*, **70**, 839-849.

白石建雄・潟西層団体研究グループ，1981，男鹿半島における安田層の分布と安田期の構造運動について．秋田大学教育学部研究紀要（自然科学），**31**，60-73.

白水　明・高橋正樹・池田幸雄，1983，栃木県茂木地域に産するピジョン輝石デイサイト．岩鉱，**80**，255-266.

白水晴基，1988，粘土鉱物学．朝倉書店，185p.

白水晴基，1990，粘土のはなし．技法堂，184p.

宍倉正展・澤井祐紀・岡村行信・小松原純子・AUNG Than Tin・石山達也・藤原　治・藤野滋弘，2007，石巻平野における津波堆積物の分布と年代．活断層・古地震研究報告，**7**，31-46.

庄司勝信，1983，朝日山地・末沢川溶結凝灰岩の変形特性．地質学雑誌，**89**，197-208.

周藤賢治，1989，日本海拡大説からみた東北日本弧の第三紀火山活動．地球科学，**43**，28-42.

周藤賢治，2009，東北日本弧―日本海の拡大とマグマの生成―．共立出版，236p.

周藤賢治・茅原一也，1987，新潟油・ガス田地域における中新世中～後期の塩基性火山岩．石油技術協会誌，**52**，253-291.

周藤賢治・午来正夫，1997，地殻・マントル構成物質．共立出版，350p.

Shuto, K., Hirahara, Y., Ishimoto, H., Aoki, A., Jinbo, A. and Goto, Y., 2004, Sr and Nd isotopic compositions of the magma source beneath north Hokkaido, Japan: comparison with the back-arc side in the NE Japan arc. *Jour. Volcanol. Geotherm. Res.*, **134**, 57-75.

Shuto, K., Ishimoto, H., Hirahara, Y., Sato, M., Matsui, K., Fujibayashi, N., Takazawa, E., Yabuki, K., Sekine, M., Kato, M. and Rezanov, A. I., 2006, Geochemical secular variation of magma source during Early to Middle Miocene time in the Niigata area, NE Japan: Asthenospheric mantle upwelling during back-arc basin opening. *Lithos*, **86**, 1-33.

周藤賢治・伊崎利夫・八島隆一，1985，栃木県茂木町北方地域に産する第三紀高 TiO$_2$ ソレアイト．岩鉱，**80**，246-262.

Shuto, K., Kagami, H. and Yamamoto, K., 1992, Temporal variation of Sr isotopic compositions of the Cretaceous to Tertiary volcanic rocks from Okushiri Island, Northeast Japan Sea. *Jour. Mineral.*

Petrol. Econ. Geol., **87**, 165-173.

周藤賢治・加藤　進・大木淳一・加々美寛雄・荒戸裕之・アンドレイ レザノフ，1997，新潟油・ガス田地域における中新世バイモーダル火山活動―背弧海盆拡大との関連―．石油技術協会誌，**62**，45-58.

周藤賢治・牧野淳史・板谷徹丸・八島隆一，1992b，北上市東方に産する稲瀬火山岩類の K-Ar 年代と岩石学的特徴．岩鉱，**87**，20-34.

周藤賢治・中嶋聖子・大木淳一・上松昌勝・渡部直喜・山本和広，1995，東北日本弧リソスフェア性マントルにおける HFS 元素の枯渇現象．地質学論集，no.44，241-262.

Shuto, K., Ohki, J., Kagami, H., Yamamoto, M., Watanabe, N., Yamamoto, K., Anzai, N. and Itaya, T., 1993, The relationships between drastic changes in Sr isotope ratios of magma sources beneath the NE Japan arc and the spreading of the Japan Sea back-arc basin. *Mineral. Petrol.*, **49**, 71-90.

周藤賢治・大木　淳・渡部直喜・安斎憲夫・山本和広・牧野淳史・猪俣恵理・滝本俊明・桑原通泰・板谷徹丸，1992c，東北日本弧の中期中新世（16～12Ma）火山活動とテクトニクス．松本征夫教授記念論文集，333-346.

周藤賢治・大木　淳・山本和広・渡部直喜，1993，陸弧火山活動から島弧火山活動へ―東北日本弧第三紀火山活動の時間変遷―．地質ニュース，**464**，6-18.

周藤賢治・佐藤　誠・大木淳一，2008，新潟油・ガス田地域の中新世火山岩と海水の相互作用―石油・天然ガスを胚胎する火山岩の Sr および Nd 同位体比―．石油技術協会誌，**73**，517-530.

周藤賢治・滝本俊明・阪井明子・山崎　勉・高橋　勉，1988，東北日本弧北部中新世火山岩類の全岩化学組成の時間的変遷．地質学雑誌，**94**，155-172.

周藤賢治・八島隆一，1985，茨城県大子地域に産するホルトノライト安山岩．岩鉱，**80**，398-405.

周藤賢治・八島隆一，1986，東北表日本の中新世岩石区とその岩石構成．岩鉱，**81**，190-201.

Shuto, K. and Yashima, R., 1990, Lateral variation of major and trace elements in the Pliocene volcanic rocks of the Northeast Japan arc. *Jour. Mineral. Petrol. Econ. Geol.*, **85**, 364-389.

周藤賢治・八島隆一・千葉茂樹・中馬教允，1983，磐梯山安山岩中の輝石．*Magma*，**68**，9-20.

Sibson, R. H., 1992, Implications of fault-valve behavior for rupture nulceation and recurrence. *Tectonophysics*, **211**, 283-293.

Sibson, R. H., 2009, Rupturing in overpressured crust during compressional inversion - the case from NE Honshu, Japan. *Tectonophysics*, **473**, 404-416.

Sibson, R. H., Robert, F. and Poulsen, K. H., 1988, High-angle reverse faults, fluid-pressure cycling, and mesothermal gold-quartz deposit. *Geology*, **16**, 551-555.

Sircombe, K. N., 1999, Tracing provenance through the isotope ages of littoral and sedimentary detrital zircon, eastern Australia. *Sed. Geol.*, **124**, 47-67.

Smith, A. D., 2007, A Plate model for Jurassic to Recent intraplate volcanism in the Pacific Ocean basin. *Geol. Soc. Amer., Spec. Pap.*, **430**, 471-495.

Smith, D. K. and Jordan, T. H., 1988, Seamount statistics in the Pacific Ocean. *Jour. Geophys. Res.*, **93**, 2899-2918.

総研阿武隈グループ，1969，阿武隈高原の複変成作用．地質学論集，no.4，83-97.

引 用 文 献

曽屋龍典, 1971, 秋田駒ヶ岳 1970 年の噴火と岩石. 地調月報, **22**, 647-653.

Staudigel, H., Davies, G. R., Hart, S. R., Marchant, K. M. and Smith, B. M., 1995, Large scale isotopic Sr, Nd and O isotopic anatomy of altered oceanic crust: DSDP/ODP sites 417/418. *Earth Planet. Sci. Lett.*, **130**, 105-120.

Steiger, R. H. and Jäger, E., 1977, Subcommission on Geochronology: convention on the use of decay constants in geo- and cosmochronology. *Earth Planet. Sci. Lett.*, **36**, 359-362.

Steinberger, B. and Torsvik, T. H., 2012, A geodynamic model of plumes from the margins of Large Low Shear Velocity Provinces. *Geochem. Geophys. Geosyst.*, **13**, Q01W09, doi:10. 1029/2011GC 003808.

Stern, R. J., 2002, Subduction zones. *Rev. Geophys.*, **40**, 1012, doi:10. 1029/2001RG000108.

Stracke, A., 2012, Earth's heterogeneous mantle: A product of convection-driven interaction between crust and mantle. *Chem. Geol.*, **330-331**, 274-299.

Stracke, A., Hofmann, A. W. and Hart, S. R., 2005, FOZO, HIMU, and the rest of the mantle zoo. *Geochem. Geophys. Geosyst.*, **6**, Q05007, doi:10. 1029/2004GC000824.

須藤 斎・柳沢幸夫・小笠原憲四郎, 2005, 常磐地域及びその周辺の第三系の地質と年代層序. 地質調査研究報告, **56**, 375-409.

須藤 茂, 1985, 仙岩地熱地域南部の鮮新世—更新世火山活動について—安山岩火山の古地磁気と K-Ar 年代. 地質調査所月報, **36**, 43-76.

須藤 茂, 1987a, 仙岩地熱地域中心部の地質構造. 地調報告, **266**, 43-76.

須藤 茂, 1987b, 仙岩地熱地域中心部の珪長質大規模火砕流堆積物—玉川溶結凝灰岩と古玉川溶結凝灰岩—. 地調報告, **266**, 77-142.

須藤 茂, 1992, 特殊地質図 (21-5) 5 万分の 1 仙岩地域中心部地熱地質図説明書. 地質調査所, 73p.

須藤 茂・石井武政, 1987, 雫石地域の地質. 地域地質研究報告 (5 万分の 1 地質図幅). 地質調査所, 142p.

須藤 茂・向山 栄, 1987, 仙岩地熱地域北部の火山岩の古地磁気と火山活動の推移地調報告. **266**, 143-158.

須藤 茂・宇都浩三・内海 茂, 1990, 仙岩地熱地域南部, 乳頭・高倉火山群噴出物の K-Ar 年代. 地質調査所月報, **41**, 395-404.

末野悌六, 1933, 尾瀬地方の地質. 天然記念物調査報告, 文部省.

菅井敬一郎, 1973, 山形県南西部地域の熱変成岩の岩石学的研究. 山形県立博物館研究報告, no.1, 29-44.

菅井敬一郎, 1976, 山形県南端部の変成岩および花崗岩質岩の K-Ar 年代. 岩鉱, **71**, 178-182.

菅井敬一郎, 1985, 山形県の先第三系基盤岩類について—いわゆる古生層と変成岩類. 山形県地質誌, 皆川信弥教授記念論文集, 1-13.

須貝貫二・松井 寛, 1957, 常磐炭田地質図「5 万分の 1」および同説明書. 日本炭田図 I, 地質調査所, 143p.

菅原大助・箕浦幸治・今村文彦, 2001, 西暦 869 年貞観津波による堆積作用とその数値復元. 津波工学研究報告, **18**, 1-10.

菅原憲博・近藤康生, 2004, 南部北上志津川地域における下部ジュラ系韮ノ浜層の汽水域および浅海域底生動物化石群集. 高知大学術研究報告 (自然科学編), **53**, 21-40.

菅谷政司・根本修行・大原 隆, 1979, 阿武隈山地東縁部から産した紡錘虫化石. 平地学同好会会報特別号 (柳沢一郎先生公立学校退職記念号), 42-46.

Sugi, K., 1935, A preliminary study on the metamorphic rocks of southern Abukuma plateau. *Japan. Jour. Geol. Geogr.*, **12**, 115-151.

杉 健一, 1939, 阿武隈高原塩平産の十字石. 地質学雑誌, **45**, 79-80.

杉井大輔, 1998MS, 秋田地域に分布する中新統女川層の堆積環境と石油根源岩特性—岩相, 生痕化石, 地化学分析から—. 秋田大学大学院鉱山学研究科修士論文.

杉本幹博, 1969, 北上外縁帯, 岩手県小本・田野畑地域の中生層. 東北大学理学部地質学古生物学教室研究邦文報告, **70**, 1-22.

杉本幹博, 1974a, 北上山地外縁地向斜地域の層位学的研究. 東北大学理学部地質学古生物学教室研究邦文報告, **74**, 97-109.

杉本幹博, 1974b, 北部北上山地, 宮古市浄土ヶ浜地域の地質構造. 金沢大学教育学部紀要自然科学編, **23**, 89-103.

杉本幹博, 1975, 北部北上山地, 種差海岸地域の地質構造. 金沢大学教育学部紀要自然科学編, **24**, 29-43.

杉本幹博, 1978, 北部北上山地, 岩泉地域の後造山期堆積物. 金沢大学紀要自然科学編, **26**, 11-22.

杉村 新, 1953, 月山東北方の軽石流台地. 地質学雑誌, **59**, 89-91.

Sugimura, A., 1960, Zonal arrangement of some geophysical and petrological features in Japan and its environs. *Jour. Fac. Sci., Univ. Tokyo, sec. 2*, **12**, 133-153.

杉村 新, 1972, 日本付近におけるプレートの境界. 科学, **42**, 193-202.

Sugioka, H., Okamoto, T., Nakamura, T., Ishihara, Y., Ito, A., Obana, K., Kinoshita, M., Nakahigashi, K., Shinohara, M. and Fukao, Y., 2012, Tsunamigenic potential of the shallow subduction plate boundary inferred from slow seismic slip. *Nat. Geosci.*, **5**, doi:10. 1038/NGEO1466

Sugiyama, T., 1940, Stratigraphical and palaeontological studies of the Gotlandian deposits of the Kitakami Mountainland. *Sci. Rep. Tohoku Univ., 2nd Ser.*, **21**, 81-146.

杉山雄一, 1992, 西南日本前弧域の新生代テクトニクス—静岡地域のデータを中心にして—. 地質調査所月報, **43**, 91-112.

Suito, H. and Freymueller, J. T., 2009, A viscoelastic and after-slip postseismic deformation model for the 1964 Alaska earthquake. *Jour. Geophys. Res.*, **114**, B11404, doi:10. 1029/2008JB005954.

Suito, H. and Hirahara, K., 1999, Simulation of postseismic deformations caused by the 1896 Riku-u earthquake, Northeast Japan: Re-evaluation of the viscosity in the upper mantle. *Geophys. Res. Lett.*, **26**, 2561-2564.

水藤 尚・西村卓也・小林知勝・小沢慎三郎・飛田幹男・今給黎哲郎, 2012, 2011 年 (平成 23 年) 東北地方太平洋沖地震に伴う地震時および地震後の地殻変動と断層モデル. 地震第 2 輯, **65**, 95-121.

Suito, H., Nishimura, T., Tobita, M., Imakiire, T. and Ozawa, S., 2011, Interplate fault slip along the Japan Trench before the occurrence of the 2011 off the Pacific coast of Tohoku Earthquake as inferred from GPS data. *Earth Planets Space*, **63**, 615-619.

角　清愛・盛谷智之，1973，米内沢地域の地質．地域地質研究報告（5万分の1図幅），地質調査所，46p.

角　清愛・大沢　穠・平山次郎，1962，5万分の1地質図幅「太良鉱山」および同説明書．地質調査所，51p.

角　清愛・高島　勲，1972，秋田県玉川温泉地域の第四系とその^{14}C年代．地調月報，**23**，157-168.

Sun, S. and McDonough, W.F., 1989, Chemical and isotopic systematics of oceanic basalts: Implications for mantle composition and processes. *Geol. Soc., Spec. Publ.*, **42**, 313-345.

須藤　斎・柳沢幸夫・小笠原憲四郎，2005，常磐地域及びその周辺の第三系の地質と年代層序．地質調査研究報告，**56**，375-409.

須藤孝一・米田　剛・小川泰正・山田亮一・井上千弘・土屋範芳，2010，竜の口層の堆積岩における重金属類の溶出挙動および形態変化に及ぼす風化の影響．応用地質，**51**，181-190.

須藤　茂，1982，玉川溶結凝灰岩及び周辺の類似岩のK-Ar年代．日本地熱学会誌，**4**，159-170.

須藤　茂，1992，5万分の1仙岩地域中心部地熱地質図説明書．特殊地質図（21-5），地質調査所，73p.

須藤　茂・石井武政，1982，仙岩地熱地域南部の新第三紀火山岩のK-Ar年代．地質調査所月報，**33**，433-442.

須藤　茂・石井武政，1987，雫石地域の地質．地域地質研究報告（5万分の1地質図幅），地質調査所，141p.

Suwa, Y., Miura, S., Hasegawa, A., Sato, T. and Tachibana, K., 2006, Interplate coupling beneath NE Japan inferred from three-dimensional displacement field. *Jour. Geophys. Res.*, **111**, B04402, doi:10. 1029/2004JB003203.

Suyehiro, K. and Nishizawa, A., 1994, Crustal structure and seismicity beneath the forearc off northeastern Japan. *Jour. Geophys. Res.*, **99**, 22331-22347.

須崎俊秋・箕浦幸治，1992，青森県地域上部新生界の層序と古地理．地質学論集，no.37，25-37.

鈴木陽雄・佐藤　正，1972，鶏足山地からのジュラ紀菊石の産出．地質学雑誌，**78**，213-215.

Suzuki, K. and Adachi, M., 1991, Precambrian provenance and Silurian metamorphism of the Tsubonosawa paragneiss in the South Kitakami terrane, Northeast Japan, revealed by the chemical Th-U-total Pb isochron ages of monazite, zircon and xenotime. *Geochem. Jour.*, **25**, 357-376.

鈴木和博・足立　守・山後公二・千葉弘一，1992，南部北上帯の氷上花崗岩および“シル・デボン系”砕屑岩中のモナザイト・ジルコンCHIME年代．岩鉱，**87**，330-349.

鈴木和恵・丸山茂徳・山本伸次・大森聡一，2010，日本列島の大陸地殻は成長したのか？―5つの日本が生まれ，4つの日本が沈み込み消失した―．地学雑誌，**119**，1173-1196.

鈴木敬治，1951，会津盆地西方地域の地質（I中央地区）．地質学雑誌，**57**，379-386，449-456.

鈴木敬治，1959，東北日本における新第三紀産植物化石群の時代的遷移について．新生代の研究，**30**，1-24.

鈴木敬治，1964，福島県5万分の1地質図幅「会津地方」および同説明書．福島県企画開発部，57p.

鈴木敬治，1986，島弧横断ルートNo.27（佐土-弥彦-津川-喜多方-吾妻山-福島）．北村　信編，新生代東北本州弧地質資料集，宝文堂，14p.

鈴木敬治，1988，猪苗代湖盆の形成史．地学雑誌，**97**，271-278..

鈴木敬治，1989，東北本州弧南部における中～下部中新統の植物化石層位について．地質学論集，no.32，197-205.

鈴木敬治・島津光夫・島田昱郎・真鍋健一，1986，島弧横断ルートNo.28（柏崎-守門岳-只見-会津若松-郡山）．北村信編，新生代東北本州弧地質資料集，宝文堂，15p.

鈴木敬治・若生　亮，1987，福島盆地北縁地域の新第三系の層位と構造．福島大学理科報告，**40**，33-48.

鈴木敬治・八島隆一・吉田　義・西村新六・真鍋健一・小林昭二，1968，福島県地質調査報告書，野沢地域の地質．33p.

鈴木敬治・吉田　義・真鍋健一・馬場干児，1973，福島県地質調査報告書，喜多方地域の地質．50p.

鈴木敬治・吉村尚久・島津光夫・岡田尚武，1986，島弧横断ルートNo.27（佐渡-弥彦-津川-喜多方-吾妻山-福島）．北村　信編，新生代東北本州弧地質資料集，宝文堂，14p.

鈴木峰史・根本直樹，1995，青森県西海岸に分布する中新統の有孔虫群集（予報）．弘前大学深浦臨海実習所報告，**15**，5-16.

Suzuki, N., Ehiro, M., Yoshihara, K., Kimura, Y., Kawashima, G., Yoshimoto, H. and Nogi, T., 2007, Geology of the Kuzumaki-Kamaishi Subbelt of the North Kitakami Belt (a Jurassic accretionary complex), Northeast Japan: Case study of the Kawai-Yamada area, eastern Iwate Prefecture. *Bull. Tohoku University Museum*, **6**, 103-174.

鈴木紀毅・尾田太良・千代延俊・野崎莉代，2006，仙台市周辺地質巡検案内書．石油技術協会．

Suzuki, N. and Ogane, K., 2004, Paleocanographic affinities of radiolarian faunas in late Aalenian time (Middle Jurrasic) recorded in the Jurassic accretionary complex of Japan. *Jour. Asian Earth Sci.*, **23**, 343-357.

鈴木紀毅・高橋大樹・川村寿郎，1996，釜石地域の中部古生界から産出するシルル紀後期・デボン紀前期放散虫化石．地質学雑誌，**102**，824-827.

鈴木紀毅・山北　聡・高橋　聡・永広昌之，2007，北部北上帯（葛巻―釜石亜帯）の大鳥層中の炭酸マンガンノジュールから産出した中期ジュラ紀放散虫化石．地質学雑誌，**113**，274-277.

鈴木達郎，1980，男鹿半島第三紀火山岩類に関するfission track年代．地質学雑誌，**86**，22-123.

鈴木達郎，1982，東北地方の下部新第三系に関するFission track年代．日本地質学会第89年学術大会講演要旨，163.

鈴木毅彦，1989，常磐海岸南部における後期更新世の段丘と埋没谷の形成．地理学評論，**62**，475-494.

鈴木毅彦，2005，阿武隈山地北西部に分布する小起伏面の形成過程と年代．日本地理学会発表要旨集，**67**，215.

Suzuki, T., Eden, D., Danhara, T. and Fujiwara, O., 2005, Correlation of the Hakkoda-Kokumoto Tephra, a widespread Middle Pleistocene tephra erupted from the Hakkoda Caldera, northeast Japan. *Island Arc*, **14**, 666-678.

鈴木毅彦・植木岳雪，2006，阿武隈山地北西部および郡山盆地周辺の地形発達史．日本地理学会発表要旨集，**69**，91.

鈴木宇耕，1989，日本海東部新第三系堆積盆地の地質．地質学論集，no.32，143-183.

Suzuki, W., Aoki, S., Sekiguchi, H. and Kunugi, T., 2011, Rupture process of the 2011 Tohoku-Oki mega-thrust earthquake (M9.0) inverted from strong-motion data. *Geophys. Res. Lett.*, **38**, L00G16, doi:10. 1029/2011GL049136.

鈴木淑夫，1952，北上山地南部高田町附近の花崗閃緑岩の構造について．地質学雑誌，**58**，1-16.

引　用　文　献

鈴木雄太郎・永広昌之・森　啓，1998，南部北上山地水沼地域の大和田層より産出した中期ジュラ紀アンモノイドとその意義．地質学雑誌，**104**，268-271．

鈴木善照・谷村昭二郎・橋口博宣，1971，北鹿地域の地質及び構造．鉱山地質，**21**，1-21．

Syracuse, E. M., van Keken, P. E., and Abers, G. A., 2010, The global range of subduction zone thermal models: *Phys. Earth Planet. Inter.*, **183**, 73-90.

Tachibana, K., 1950, Devonian plant first discovered in Japan. *Proc. Japan Acad.*, **26**, 54-60.

橘　行一，1952，北上山地長坂地域の鳶ケ森層群について（1），（2）．地質学雑誌，**58**，353-360；445-455．

橘　行一，1975，北上山地北部，岩手町沼宮内東部の北山形附近に分布する溶結凝灰岩層と日神子深成岩体について．岩手大学教育学部研究年報，**35**，47-59．

Tackley, P. J., 2008, Layer cake or plum pudding? *Nat. Geosci.*, **1**, 157-158.

Tada, R., 1991, Origin of rhythmical bedding in Middle Miocene siliceous rocks of the Onnagawa Formation, northern Japan. *Jour. Sed. Res.*, **61**, 1123-1145.

多田隆治・水野達也・飯島　東，1988，青森県下北半島北東部新第三系の地質とシリカ・沸石続成作用．地質学雑誌，**94**，855-867．

Tagami, T., Uto, K., Matsuda, T., Hasebe, N. and Matsumoto, A., 1995, K-Ar biotite and fission-track zircon ages of the Nisatai Dacite, Iwate Prefecture Japan: A candidate for Tertiary age standard. *Geochem. Jour.*, **29**, 207-211.

田川哲也，2010MS，北部北上山地，久慈西方，戸呂町地域のジュラ紀付加体の層序と地質構造．東北大学理学部地圏環境科学科卒業論文．55p.

Tagiri, M., Dunkley, J. D., Adachi, T., Hiroi, Y. and Fanning, C. M., 2011, SHRIMP dating of magmatism in the Hitachi metamoephic terrane, Abukuma Belt, Japan: Evidence for a Cambrian volcanic arc. *Island Arc*, **20**, 259-279.

Tagiri, M. and Kasai, K., 2000, Nature of greenstones in the Mesozoic Yamizo Super Group, Keisoku Massif in the Yamizo Mountains, eastern Japan. *Jour. Mineral. Petrol. Sci.*, **95**, 48-56.

田切美智雄・森本麻希・望月涼子・横須賀歩・Dunkley, D. J.・足立達明，2010，日立変成岩―カンブリア紀のSHRIMPジルコン年代をもつ変成花崗岩質岩類の産状とその地質について．地学雑誌，**119**，245-256．

Tagiri, M., Sato, H., Matsumura, E. and Nemoto, H., 1993, Late Mesozoic low-P/high-T metamorphism preceding emplacement of Cretaceous granitic rocks in the Gosaisyo-Takanuki district, Abukuma metamorphic belt. *Island Arc*, **3**, 152-169.

田口一雄，1959，いわゆる“及位層”中より熔結凝灰岩の発見とのその重要性．地質学雑誌，**65**，571-573．

田口一雄，1960，出羽丘陵新第三系下部層について（出羽地向斜の研究-II）．地質学雑誌，**66**，102-112．

Taguchi, K., 1962, Basin architecture and its relation to the petroleum source rocks development in the region bordering Akita and Yamagata prefectures and the adjoining area, with the special reference to the depositional environment of petroleum source rocks in Japan. *Sci. Rep. Tohoku Univ., 3rd Ser.*, **7**, 283-342.

田口一雄，1973，東北新第三系下部層の火山層序と放射年代．地質学論集，no.8，183-193．

田口一雄，1974，5万分の1地質図幅「新庄」および同説明書．山形県，22p．

田口一雄，1975，5万分の1地質図幅「鳴子」および同説明書．山形県，14p．

田口一雄・阿部正宏，1953，鳥海山東麓の石油地質と構造．岩鉱，**37**，130-140．

Taira, A., 2001, Tectonic Evolution of The Japanese Island Arc System. *Annual Rev. Earth Planet. Sci.*, **29**, 109-134.

Taira, A., Hill, I., Firth, J. V., *et al.*, 1991, *Proc. ODP, Initial Rep.*, **131**, Ocean Drilling Program, College Station TX, doi:10. 2973/ odp. proc. ir. 131. 1991.

平　宗雄・橋本悦雄・八巻安夫，2012，南相馬市石神の中ノ沢層産ウミユリ類の根化石．地学研究，**60**，147-160．

Tajika, E. and Matsui, T., 1990, The evolution of the terrestrial environments. In Newson, M. E. and Jones, J. H., eds., *Origin of the Earth*. Oxford Univ. Press, 347-370.

田近　淳，1997，南部北上山地，上部デボン-下部石炭系鳶ケ森層群の岩相層序．加藤誠教授退官記念論文集，229-241．

田力正好・池田安隆，2005，段丘面の高度分布からみた東北日本弧中部の地殻変動と山地・盆地の形成．第四紀研究，**44**，229-245．

田力正好・池田安隆，2009，島弧規模の大地形，および島弧内の山地・盆地の形成―特に東北日本弧を中心として―．日本第四紀学会50周年電子出版編集委員会編，デジタルブック最新第四紀学，8-156〜8-201．

Takada, A. 1989, Magma transport and reservoir formation by a system of propagating cracks. *Bull. Volcanol.*, **52**, 118-126.

高田　亮，1994，珪長質マグマの発生と上昇，マグマ溜り．地質学論集，no.43，1-19．

高田　亮，1996，マグマ供給システムの自己制御機構―観測量と力学的モデルとの比較―．地質学論集，no.46，13-28．

Takada, Y. and Fukushima, Y., 2013, Volcanic subsidence triggered by the 2011 Tohoku earthquake in Japan. *Nature Geoscience*, **6**, 637-641, doi:10. 1038/NGEO1857.

Takada, Y. and Furuya, M., 2010, Aseismic slip during the 1996 earthquake swarm in and around the Onikobe geothermal area, NE Japan. *Earth Planet. Sci. Lett.*, **290**, 302-310.

Takada, Y., Kobayashi, T., Furuya, M. and Murakami, M., 2009, Coseismic displacement due to the 2008 Iwate-Miyagi Nairiku earthquake detected by ALOS/PALSAR: preliminary results. *Earth Planets Space*, **61**, e9-e12.

Takagi, T. and Kamei, A., 2008, ^{40}Ar-^{39}Ar and K-Ar geochronology for plutonic rocks in the central Abukuma Plateau, northeastern Japan. *Jour. Mineral. Petrol. Sci.*, **103**, 307-317.

高浜信行，1972，新潟県北部，朝日山塊山麓にみいだされた後期中生代火山岩：朝日流紋岩類．地質学雑誌，**78**，323-324．

高浜信行，1976，朝日山塊西麓地域の新第三系．地質学論集，no.13，211-228．

Takahashi, E., 1978, Petrologic model of the crust and upper mantle of the Japanese Island arcs. *Bull. Volcanol.*, **41**, 529-547.

Takahashi, E., 1986, Genesis of calc-alkali andesite magma in a hydrous mantle-crust boundary: petrology of lherzolite xenoliths from the Ichinomegata crater, Oga peninsula, northeast Japan, Part II. *Jour. Volcanol. Geotherm. Res.*, **29**, 355-395.

高橋栄一，1986，玄武岩マグマの起源―高温高圧実験の結果を踏まえて―．火山第2集，**30**，17-40．

高橋栄一・東宮昭彦・宮城磯治，1997，島弧火山の深部構造とマグマ変遷の仕組み．火山，**42**，S209-S218．

高橋治之, 1961, 南部北上山地橋浦・十三浜地方の中生界. 茨城大学文理学部紀要（自然科学）, **12**, 145-160.

高橋治之, 1962, 牡鹿半島中生界の層序. 茨城大学文理学部紀要（自然科学）, **13**, 89-99.

Takahashi, Haruyuki, 1969, Stratigraphy and ammonite fauna of the Jurassic System of the Southern Kitakami Massif, northeast Honshu, Japan. *Sci. Rep. Tohoku Univ., 2nd Ser.*, **41**, 1-93.

Takahashi, Haruyuki, 1973, The Isokusa Formation and its late Upper Jurassic and early Lower Cretaceous ammonite fauna. *Sci. Rep. Tohoku Univ., 2nd Ser.*, Spec. vol. **6**, 319-336.

Takahashi, Haruyuki and Amano, K., 1984, Miocene transgression in and around the Tanakura shear zone. *Bull. Coll. Gen. Educ., Ibaraki Univ.*, **16**, 149-162.

高橋治之・小貫義男, 1959, 南部北上山地水沼・大和田地域のジュラ系について. 地質学雑誌, **65**, 454.

Takahashi, Hiroaki, 2011, Static strain and stress changes in eastern Japan due to the 2011 off the Pacific coast of Tohoku Earthquake, as derived from GPS data. *Earth Planets Space*, **63**, 741-744.

高橋兵一・松野久也, 1969, 涌谷地域の地質. 地域地質調査報告（5万分の1図幅）, 地質調査所, 26p.

高橋維一郎, 南部松夫, 2003, 新岩手県鉱山誌. 東北大学出版会, 307p.

Takahashi, K. and Sugiyama, R., 1990, Palynomorphs from the Santonian Uge Member of the Taneichi Formation, Northeast Japan. *Bull. Fac. Lib. Arts, Nagasaki Univ. Nat. Sci.*, **30**, 133-573.

Takahashi, Masaki, 1983, Space-time distribution of Late Mesozoic to Early Cenozoic magmatism in east Asia and its tectonic implications. In Hashimoto, M., Uyeda, S., eds., *Accretion Tectonics in the Circum-Pacific Regions*, Terra, 69-88.

高橋正樹, 1986a, 日本海拡大前後の"島弧"マグマ活動. 科学, **56**, 103-111.

高橋正樹, 1986b, 東北日本の第四紀火山活動―時間的変化とテクトニクス. 月刊地球, **12**, 729-733.

高橋正樹, 1994a, 複成火山の構造と地殻応力場：1. 道安定型・不安定型火山. 火山, **39**, 191-206.

高橋正樹, 1994b, 複成火山の構造と地殻応力場：2. P-type・O-type 火山. 火山, **39**, 207-218.

Takahashi, Masaki, 1994, Miocene lateral bending of central Japan - Intra-arc deformation at arc-arc collision zone - . *Bull. Geol. Survey Japan*, **45**, 477-495.

高橋正樹, 1995, 大規模珪長質火山活動と地殻歪速度. 火山, **40**, 33-42.

高橋正樹, 1997, 日本列島第四紀島弧火山における地殻内浅部マグマ供給システムの構造. 火山, **42**, S175-S187.

高橋止樹・藤縄明彦, 1983, 第四紀東北日本弧火山における K₂O 量, Na₂O 量, CaO 量広域的変化の再検討. 三鉱学会（弘前）講演要旨集, 30.

高橋正樹・菅原 宏, 1985, 沼沢火山の活動史. 火山, **30**, 125-126.

高橋雅紀, 1990, 西南日本の回転と Kanto Syntaxis の形成. 構造地質, no.35, 51-55.

高橋雅紀, 1998, 房総半島に分布する海成中新統に挟在するスコリアの起源とテクトニックな意義. 地質調査所月報, **49**, 157-177.

高橋雅紀, 2006a, フィリピン海プレートが支配する日本列島のテクトニクス. 地学雑誌, **115**, 116-128.

高橋雅紀, 2006b, 日本海拡大時の東北日本弧と西南日本弧の境界. 地質学雑誌, **112**, 14-32.

高橋雅紀, 2008, 新第三系研究の進展, 第三系. 日本地質学会編, 日本地方地質誌 3 関東地方, 朝倉書店, 16-62；133-275.

高橋雅紀・安藤寿男, 2016, 弧―海溝系の視点に基づく日本の白亜紀陸弧の配置. 化石, **100**, 45-59.

Takahashi, Masaki, Hayashi, H., Danhara, T., Iwano, H. and Okada, T., 2001a, K-Ar and fission track ages of the Kt-1 Tuff in the Miocene marine sequence in the Tanagura area, Northeast Japan. *Jour. Japan. Assoc. Petroleum Tech.*, **66**, 311-318.

高橋雅紀・林 広樹・笠原敬司・木村尚紀, 2006, 関東平野西縁の反射法地震探査記録の地質学的解釈―とくに吉見変成岩の露出と利根川構造線の西方延長―, 地質学雑誌, **112**, 33-52.

高橋雅紀・星 博幸, 1995, 栃木県茂木地域に分布する前期中新世火山岩類の放射年代. 地質学雑誌, **101**, 821-824.

高橋雅紀・星 博幸, 1996, 栃木県茂木地域に分布する中川層群の地質年代とテクトニックな意義. 地質調査所月報, **47**, 317-333.

Takahashi, Masaki, Hoshi, H. and Yamamoto, T. 1999, Miocene counterclockwise rotation of the Abukuma Mountains, Northeast Japan. *Tectonophysics*, **306**, 19-31.

Takahashi, Masaki, Iwao, H., Yanagisawa, Y. and Hayashi, H., 2001b, Fission track age of the Kt-7 tuff in the Miocene Kubota Formation in the eastern Tanagura area, Northeast Japan. *Bull. Geol. Survey Japan*, **52**, 291-301.

Takahashi, Masaki and Saito, K., 1997, Miocene intra-arc bending at arc-arc collision zone, central Japan. *Island Arc*, **6**, 168-182.

Takahashi, Masaki and Saito, K., 1999, Miocene intra-arc bending at arc-arc collision zone, central Japan: Reply. *Island Arc*, **8**, 117-123.

高橋雅紀・柳沢幸夫, 2004, 埼玉県比企丘陵に分布する中新統の層序―複合年代層序に基づく岩相層序の総括―. 地質学雑誌, **110**, 290-308.

Takahashi, Masamichi, Crane, P.R. and Ando, H., 1999a, *Esgueiria futabensis* sp. nov., a new angiosperm flower from the Upper Cretaceous（lower Coniacian）of northeast Honshu, Japan. *Paleont. Res.*, **3**, 81-87.

Takahashi, Masamichi, Crane, P. R. and Ando, H., 1999b, Fossil flowers and associated plant fossils from the Kamikitaba locality（Ashizawa Formation, Futaba Group, Lower Coniacian, Upper Cretaceous）of Northeast Japan. *Jour. Plant Res.*, **112**, 187-206.

Takahashi, Masamichi, Crane, P.R. and Ando, H., 2001, Fossil megaspores of Marsileales and Selaginellales from the Upper Coniacian to Lower Santonian（Upper Cretaceous）of the Tamagawa Formation（Kuji Group）in Northeast Japan. *Intern. Jour. Plant Sci.*, **162**, 431-439.

Takahashi, Masamichi, Friis, E. M. and Crane, P. R., 2007, Fossil seeds of Nymphaeales from the Tamayama Formation（Futaba Group）, Late Cretaceous（Early Santonian）of Northeastern Honshu, Japan. *Intern. Jour. Plant Sci.*, **68**, 341-350.

Takahashi, Masamichi, Friis, E. M., Uesugi, K., Suzuki, Y., Crane, P. R., 2008a, Floral evidence of Annonaceae from the Late Cretaceous of Japan. *Intern. Jour. Plant Sci.*, **169**, 908-917.

Takahashi, Masamichi, Friis, E. M., Herendeen, P. S., and Crane, P. R., 2008b, Fossil flowers of Gagales from the Kamikitaba locality（Early Coniacian; Late Cretaceous）of Northeastern Japan. *Intern.*

Jour. Plant Sci., **169**, 899-907.

Takahashi, Narumi, Kodaira, S., Tsuru, T., Park, J. -O., Kaneda, Y., Suyehiro, K., Kinoshita, H., Abe, S., Nishio, M. and Hino, R., 2004, Seismic structure and seismogenesis off Sanriku region, northeastern Japan. *Geophys. Jour. Intern.*, **159**, 129-145.

高橋成美・三浦誠一・小平秀一・鶴　哲郎・仲西理子・朴　進午・金田義行・末広　潔・木下　肇・阿部信太郎・西野　実・日野亮太, 2002, 日本海溝三陸沖の速度構造. 日本地震学会秋季大会, 215.

高橋　聡, 2006MS, 北部北上山地，安家西方域の層序と地質構造. 東北大学理学部地圏環境科学科卒業論文.

高橋　聡・永広昌之・鈴木紀毅, 2006, 岩泉安家西方地域のジュラ紀付加複合体，北部北上山地の地質（概報）. 岩手の地学，no.35・36, 65-70.

高橋　聡・永広昌之・鈴木紀毅・山北　聡, 2016, 北部北上帯の亜帯区分と渡島帯・南部秩父帯との対比：安家西方地域のジュラ紀付加体の検討. 地質学雑誌，**122**, 1-22.

Takahashi, S., Kaiho, K., Oba, M. and Kakegawa, T., 2010, A smooth negative shift of organic carbon isotope ratios at an end-Permian mass extinction horizon in central pelagic Panthalassa. *Palaeogeogr. Palaeoclimatol. Palaeoecol.*, **292**, 532-539.

Takahashi, S., Yamakita, S., Suzuki, N., Kaiho, K. and Ehiro, M., 2009, High organic carbon content and a decrease in radiolarians at the end of the Permian in a newly discovered continuous pelagic section: a coincidence? *Palaeogeogr. Palaeoclimat. Palaeoecol.*, **271**, 1-12.

Takahashi, T., Hirahara, Y., Miyazaki, T., Senda, R., Chang, Q., Kimura, J. -I. and Tatsumi, Y., 2012, Primary magmas at the volcanic front of the NE Japan arc: Coeval eruption of crustal low-K tholeiitic and mantle-derived medium-K calc-alkaline basalts at Azuma volcano. *Jour. Petrol.*, **53**, doi:10.1093/petrology/egs065.

高橋年次, 1941, 宮城県牡鹿半島の中生代植物化石層に就きて. 矢部長克教授還暦記念論文集，**2**, 695-703.

Takahashi, Y., Nakajima, Y. and Sato, T., 2014. An Early Triassic Ichthyopterygian Fossil from the Osawa Formation in Minamisanriku Town, Miyagi Prefecture, Japan. *Paleontological Research*, **18**, 258-262.

高橋　浩, 1999, 棚倉構造線の北方延長問題の再検討―日本国-三面マイロナイト帯を中心に―. 構造地質，no.43, 69-78.

高橋　浩, 2002, 自神山地周辺に分布する花崗岩質マイロナイト類. 地球科学，**56**, 215-216.

Takahashi, Y., Mikoshiba, M., Kubo, K., Iwano, H., Danhara, T., and Hirata, T., 2016, Zircon U-Pb ages of plutonic rocks in the southern Abukuma Mountains: Implications for Cretaceous geotectonic evolution of the Abukuma Belt. *Island Arc*, **25**, 154-188.

高橋　浩・山元孝広・柳沢幸夫, 1996, 飯豊山地域の地質. 地域地質研究報告（5万分の1地質図幅），地質調査所，52p.

Takano, O., 2002, Changes in depositional systems and sequences in response to basin evolution in a rifted and inverted basin: an example from the Neogene Niigata-Sin'etsu basin, Northern Fossa Magna, central Japan. *Sed. Geol.*, **152**, 79-97.

宝田晋治・村岡洋文, 2004, 八甲田山地域の地質. 地域地質研究報告（5万分の1地質図幅），産総研地質調査総合センター，86p.

高島　勲・渕本　決・窪田康宏・林　育浩・西村　進, 1978, 秋田県鹿角市大沼地熱地域の熱水変質帯. 地調報告，**259**, 281-310.

高島　勲・本多朔郎, 1989, 福島県会津田島地域の火砕流堆積物のK-Ar年代とTL年代の比較. 地質学雑誌，**95**, 807-816.

高島　勲・久間木恵, 2012, 北海道・東北地域の火山岩類の予察的熱ルミネッセンス年代―半定量年代測定としての利用例―. 火山，**57**, 37-43.

高島　勲・向久保晶・Sucipta, E., 2003, 熱ルミネッセンス年代測定はどこまで使えるか―ルミネッセンス研究から真の年代測定へ―. 日本火山学会2003年秋季大会講演予稿集，17.

高島　勲・荻原宏一・張　文山・村上英樹, 1999, 秋田県泥湯周辺地域の第四紀火山岩類のTL年代. 岩鉱，**94**, 1-10.

Takashima, R., Kawabe, F., Nishi, H., Moriya, K., Wani, R. and Ando, H., 2004, Geology and stratigraphy of forearc basin sediments in Hokkaido, Japan: Cretaceous environmental events on the Northwest Pacific margin. *Cretaceous Research*, **25**, 365-390.

Takashima, R., Nishi, H. and Yoshida, T., 2006, Late Jurassic-Early Cretaceous intra-arc sedimentation and volcanism linked to plate motion change in northern Japan. *Geological Magazine*, **143**, 753-770.

Takashima, R., Nishi, H., and Yoshida, T., 2017, Stratigraphic and Petrological Insights into the Late Jurassic-Early Cretaceous Tectonic Framework of the Northwest Pacific Margin. In *Dynamics of Arc Migration and Amalgamation - Architectural Examples from the NW Pacific Margin*, 45-66, doi:10.5772/intechopen.68289.

高山徳次郎, 2001, ブレークアウト法による北海道の地殻応力方位の解析. 石油資源開発株式会社技術研究所研究報告，**15**, 53-66.

高山俊昭・小畠郁生, 1968, 白亜系双葉層群よりナンノプランクトンの発見. 地質学雑誌，**74**, 187-189.

武田裕幸・吉田　尚, 1962, 北部北上山地釜石市周辺の鬼丸統. 地質学雑誌，**68**, 33-40.

Takehara, M., Horie, K., Tani,K., Yoshida,T., Hokada, T. and Kiyokawa, S. 2016, Timescale of magma chamber processes revealed by U-Pb ages, trace element contents and morphology of zircons from the Ishizuchi caldera, Southwest Japan Arc. *Island Arc*, 2017; e12182. https://doi.org/10.1111/iar.12182.

Takei, Y., 2002, Effect of pore geometry on Vp/Vs: from equilibrium geometry to crack. *Jour. Geophys. Res.*, **107**, doi:10.1029/2001JB00522.

竹野直人, 1988, 栗駒北部地熱地域の地質. 地質調査所報告，**268**, 191-210.

竹之内耕, 2008, 上越帯. 日本地質学会編，日本地方地質誌3 関東地方，朝倉書店，106-109.

Takenouchi, K. and Takahashi, Y., 2002, Deformation history of low-grade schists in the Joetsu region, central Japan-Correlation between the Kawaba and Mizunashi-gawa metamorphic rocks. *Jour. Geol. Soc. Japan*, **108**, 794-805.

竹之内耕・滝沢文教・宮下純夫・木村公志・大河内誠, 2002, 上越帯・足尾帯西帯の岩石構成と構造. 日本地質学会第109年学術大会見学旅行案内書，41-63.

竹谷陽二郎, 1987, 宮城県気仙沼市大島より産する下部白亜系放散虫化石. 福島県立博物館紀要，no.1, 23-39.

竹谷陽二郎, 2013, 相馬中村層群小山田層から産出した最下部白亜系放散虫化石群集. 福島県立博物館紀要，no.27, 1-24.

竹谷陽二郎・相田　優, 1985, 福島県立博物館学術調査報告書

第 9 集，会津盆地南縁産地の基盤岩類調査報告．福島県教育委員会，43p．

竹谷陽二郎・相田　優・長谷川四郎・尾田太良・岡田尚武・丸山俊明・根本直樹，1986，福島県双葉地域の多賀層群より産する微化石調査報告．福島県立博物館学術調査報告書，no.12，53p．

竹谷陽二郎・相田　優・小野俊夫・岡田尚武・長谷川四郎・丸山俊明・根本直樹・栗原宗一郎・高柳洋吉，1990，常磐地域に分布する新第三系の地質時代と堆積環境．福島県立博物館学術調査報告書第 20 集，浜通り地方形成史の解明，1-99．

竹谷陽二郎・箕浦幸治，1984，北上山地東縁部先宮古統より発見された放散虫化石．日本地質学会第 91 年学術大会講演要旨，205．

Takeuchi, A., 1980, Tertiary stress field and tectonic development of the southern part of the Northeast Honshu arc, Japan. *Jour. Geosci., Osaka Univ.*, **23**, 1-64.

竹内　章，1981，広域応力場の変遷と堆積盆のテクトニクス．地質学雑誌，**87**，737-751．

竹内　章・中村一明・小林洋二・堀　清彦，1979，岩脈群からみた本州中部の新生代応力場．月刊地球，**1**，447-452．

竹内　誠，1994，南部北上帯下部ジュラ系志津川層群中の砕屑性ザクロ石・クロムスピネル・クロリトイドの起源．地質学雑誌，**100**，234-248．

Takeuchi, M., 1994, Changes in garnet chemistry show a progressive denudation of the source areas for Permian-Jurassic sandstones, Southern Kitakami Terrane, Japan. *Sed. Geol.*, **93**, 85-105.

竹内　誠・兼子尚知，1996，志津川地域の地質．地域地質研究報告（5 万分の 1 地質図幅），地質調査所，93p．

竹内　誠・鹿野和彦・御子柴（氏家）真澄・中川　充・駒澤正夫，2005，20 万分の 1 地質図幅「一関」．産総研地質調査総合センター．

竹内　誠・御子柴（氏家）真澄，2002，千厩地域の地質．地域地質研究報告（5 万分の 1 地質図幅），産総研地質調査総合センター，76p．

Takeuchi, M. and Suzuki, K., 2000, Permian CHIME ages of leucocratic tonalite clasts from Middle Permian Usuginu-type conglomerate in the South Kitakami Terrane, northeast Japan. *Jour. Geol. Soc. Japan*, **106**, 812-815.

竹内常彦・菖木浅彦・鈴木光郎・阿部宏，1960，山形県大堀鉱山の鉱床について．鉱山地質，**10**，8-28．

滝上　豊，1984，年代学からみた北海道—東北地方の白亜紀火山帯．月刊地球，**6**，613-616．

滝口　潤・田中久雄，2001，山形県南陽市周辺のマイロナイト帯（梨郷マイロナイト帯）の発見と棚倉構造線の北方延長問題．地質学雑誌，**107**，406-410．

Takimoto, H., Ohana, T. and Kimura, T., 2008, New fossil plants from the Upper Jurassic Tochikubo and Tomizawa formations, Somanakamura Group, Fukushima Prefecture, Northeast Japan. *Paleont. Res.*, **12**, 129-144.

Takizawa, F., 1970, Ayukawa Formation of the Ojika Peninsula, Miyagi Prefecture, northeast Japan. *Bull. Geol. Survey Japan*, **21**, 567-578.

滝沢文教，1975，南部北上牡鹿半島の白亜紀層の堆積．地質調査所月報，**26**，267-305．

滝沢文教，1977，南部北上帯中生代堆積盆に関する二, 三の問題．地団研専報，no.20，61-73．

Takizawa, F., 1985, Jurassic sedimentation in the South Kitakami Belt, Northeast Japan. *Bull. Geol. Survey Japan*, **36**, 203-320.

滝沢文教，2008，上越帯，日本地質学会編，日本地方地質誌 3 関東地方，朝倉書店，109-112．

滝沢文教・一色直記・片田正人，1974，金華山地域の地質．地域地質研究報告（5 万分の 1 地質図幅），地質調査所，62p．

滝沢文教・鎌田耕太郎・酒井　彰・久保和也，1990，登米地域の地質．地域地質研究報告（5 万分の 1 地質図幅），地質調査所，126p．

滝沢文教・神戸信和・久保和也・秦　光男・寒川　旭・片田正人，1984，石巻地域の地質．地域地質研究報告（5 万分の 1 地質図幅），地質調査所，103p．

滝沢文教・久保和也・猪木幸男，1987，寄磯地域の地質．地域地質研究報告（5 万分の 1 地質図幅），地質調査所，74p．

滝沢文教・竹之内耕・田沢純一，1999，足尾帯・上越帯境界地域の二畳紀酸性凝灰岩．日本地質学会第 106 年学術大会講演要旨，16．

Tamaki K., 1988, Geological structure of the Japan Sea and its tectonic implications. *Bull. Geol. Survey Japan*, **39**, 269-365.

Tamaki, K., 1995, Opening tectonics of the Japan Sea. In Taylor, B., ed., *Backarc Basin: Tectonics and Magmatism*, Plenum Press, New York, 407-419.

Tamaki, K. and Honza, E., 1985, Incipient subduction along the eastern margin of the Japan Sea. *Tectonophysics*, **119**, 381-406.

Tamaki, K., Suyehiro, K., Allan, J., Ingle, J. C. Jr. and Pisciotto, K. A., 1992, Tectonic synthesis and implications of Japan Sea ODP drilling, *Proc. ODP Sci. Results*, **127/128**, 1333-1348.

Tamaki, M., Itoh, Y. and Watanabe, M., 2006, Paleomagnetism of the Lower to Middle Miocene Series in the Yatsu area, eastern part of southwest Japan: clockwise rotation and marine transgression during a short period. *Bull. Geol. Survey Japan*, **57**, 73-88.

Tamanyuu, S., 1975, Fission-track age determination of accessory zircon from the Neogene-Tertiary tuff samples, around Sendai City, Japan. *Jour. Geol. Soc. Japan*, **81**, 233-246.

玉生志郎，1978，フィッション．トラック法による東北日本第三系の年代測定—秋田県男鹿半島，岩見三内地域，岩手県陸中川尻—焼石岳地域—．地質学雑誌，**84**，489-503．

玉生志郎，1980，仙岩地域放射年代測定．昭和 53・54 年度サンシャイン計画研究開発成果中間報告書，地熱地域の熱水系に関する研究，地質調査所，15-23．

Tamanyu, S. and Lanphere, M. A., 1983, Volcanic and geothermal history at the Hachimantai geothermal field in Japan -on the basis of K-Ar ages-. *Jour. Geol. Soc. Japan*, **89**, 501-510.

玉生志郎・須藤　茂，1978，八幡平西部の玉川溶結凝灰岩の層序と年代．地質調査所月報，**29**，159-174．

田宮良一，1973，米沢盆地の中部中新統と植物化石群（予報）．原口九萬教授退官記念論文集　山形県の地質と資源，75-90．

田宮良一・神保　惠・北　卓治・本田康夫・加藤　啓・佐藤康次郎・鈴木雅宏・高橋静夫・山田国洋・渡辺則道，1970，5 万分の 1 地質図幅「吾妻山・福島」および同説明書．山形県，44p．

田村　実，1959，相馬ジュラ紀層群産の鳥の巣二枚貝化石群について．地質学雑誌，**65**，280-289．

田村　実，1992，後期三畳紀の河内ヶ谷二枚貝化石群とテチス二枚貝化石群の対立とその意義．地質学雑誌，**98**，979-989．

田村俊和，2005，山地と盆地の分化．小池一之・田村俊和・鎮西清高・宮城豊彦編，日本の地形 3 東北，東京大学出版会，312-315．

Tamura, Y., Tatsumi, Y., Zhao, D., Kido, Y. and Shukuno, H., 2002, Hot fingers in the mantle wedge: New insights into magma genesis in subduction zones. *Earth Planet. Sci. Lett.*, **197**, 105-116.

棚橋　学・大澤正博・中西　敏・小田　浩・佐藤俊二・畑中実・鈴木祐一郎・中嶋　健・德橋秀一編，2005，燃料資源地質図「三陸沖」説明書．産業技術総合研究所．

Tanai, T., 1979, Late Cretaceous floras from the Kuji District, Northeastern Honshu, Japan. *Jour. Fac. Sci., Hokkaido Univ., Ser. IV*, **19**, 75-136.

棚井敏雅，1992，東アジアにおける第三紀森林植生の変遷．瑞浪市化石博物館研究報告，**19**，125-143.

棚井敏雅・飯島　東・吾妻高志，1978，北上北部岩手粘土鉱山付近の上部白亜系-古第三系．地質学雑誌，**84**，459-473.

Tanai, T. and Onoe, T., 1959, A Miocene flora from the northern part of the Joban coal-field, Japan. *Bull. Geol. Survey Japan*, **10**, 261-286.

田中明子・山野　誠・矢野雄策・笹田政克，2004，日本列島及びその周辺域の地温勾配及び地殻熱流量データベース．数値地質図 DGM P-5，産総研地質調査総合センター．

Tanaka, A., Yano, Y. and Sasada, M., 2004, Geothermal gradient data in and around Japan. *Digital Geoscience Map DGM P-5*, Geological Survey, Japan.

田中久雄，1974，阿武隈高原田人複合岩体について．岩鉱，**69**，18-31.

Tanaka, H., 1977, Petrochemistry of some Mesozoic granitic rocks in the northern Abukuma Mountains. *Jour. Japan. Assoc. Mineral. Petrol. Econ. Geol.*, **72**, 373-382.

Tanaka, K., 1977, Cretaceous Systems. In Tanaka, K. and Nozawa, T. eds., *Geology and Mineral Resources in Japan*, 182-206.

Tanaka, H., 1980, Gabbroic rocks from the northern Abukuma Mountains, Northeast Japan. *Bull. Yamagata Univ., Nat. Sci.*, **10**, 127-142.

田中久雄，1989，白亜紀花崗岩類（3）阿武隈山地．日本の地質「東北地方」編集委員会編，日本の地質 2 東北地方，共立出版，86-90.

Tanaka, H., Kagami, H., and Yoshida, T., 1999, Sr and Nd isotopic compositions of the Tabito Composite Mass in the southern Abukuma Mountains, Northeast Japan. *Mem. Geol. Soc. Japan*, no. 53, 247-259.

田中久雄・加々美寛雄・柚原雅樹，2000，南部阿武隈山地の花崗岩体，特に田人岩体の生成年代と Sr・Nd 同位体組成．月刊地球，号外 30，217-221.

Tanaka, H., Kanisawa, S., and Onuki, H., 1982, Petrology of the Nishidohira cortlanditic mass in the southern Abukuma Mountains, Northeast Japan. *Jour. Japan. Assoc. Mineral. Petrol. Econ. Geol.*, **77**, 438-454.

田中久雄・落合清茂，1988，南部阿武隈山地，塙深成岩体と周辺の変成岩類について．岩鉱，**83**，318-331.

田中啓策，1978，化石の宝庫宮古層群．地質ニュース，**291**，32-48.

Tanaka, S., 2012, Tidal triggering of earthquakes prior to the 2011 Tohoku-Oki earthquake（Mw9.1）. *Geophys. Res. Lett.*, **39**, L00G26, doi:10. 1029/2012GL051179.

Tanaka, T., 1975, Geological significance of rare earth elements in Japanese geosynclinal basalts. *Contrib. Mineral. Petrol.*, **52**, 233-246.

Tanaka, T. and Aoki, K., 1981, Petrogenic implications of REE and Ba data on mafic and ultramafic inclusions from Itinomegata, Japan. *Jour. Geol.*, **89**, 369-390.

田中　猛・碓井和幸，2002，上部白亜系双葉層群より産出したサメの歯化石．地学研究，**51**，157-158.

Tanioka, F., Ruff, L. and Satake, K., 1997, What controls the lateral variation of large earthquake occurrence along Japan Trench. *Island Arc*, **6**, 261-266.

田野久貴，1987，泥岩の劣化に関する基礎研究．東北地域災害科学研究報告，**23**，14-17.

田野久貴，2003，堆積軟岩．基礎工，**31**，39-43.

Tapponnier, P., Peltzer, G., Ledain, A. V., Armijo, R. and Cobbold, P., 1982, Propagating extrusion tectonics in Asia: new insights from simple experiments with plasticine. *Geology*, **10**, 611-616.

田代正之・香西　武，1989，二枚貝フォーナからみた東北日本と西南日本の白亜系の関連について．地球科学，**43**，129-139.

巽　好幸，1986，沈み込み帯マグマの成因．火山第2集，**30**，S153-S172.

Tatsumi, Y., 1989, Migration of fluid phases and genesis of basalt magmas in subduction zones. *Jour. Geophys. Res.*, **94**, 4697-4707.

巽　好幸，1995，沈み込み帯のマグマ学．東京大学出版会，186p.

Tatsumi, Y., 2005, The subduction factory: How it operates in the evolving Earth. *GSA Today*, **15**, doi:10. 1130/1052-5173.

Tatsumi, Y., Furukawa, Y. and Yamashita, S., 1994, Thermal and geochemical evolution of the mantle wedge in the northeast Japan arc. 1. Contribution from experimental petrology. *Jour. Geophys. Res.*, **99**, 22275-22283.

Tatsumi, Y., Hamilton, D. L. and Nesbitt, R. W., 1986, Chemical characteristics of fluid phase from the subducted lithosphere: evidence from high pressure experiments and natural rocks. *Jour. Volcanol. Geotherm. Res.*, **29**, 293-309.

Tatsumi, Y., Ishikawa, N., Anno, K., Ishizaka, K., and Itaya, T., 2001, Tectonic setting of high-Mg andesite magmatism in SW Japan: K-Ar chronology of the Setouchi volcanic belt. *Geophys. Jour. Intern.*, **144**, 625-631.

Tatsumi, Y. and Kogiso, T., 1997, Trace element transport during dehydration processes in the subducted oceanic crust: 2. Origin of chemical and physical characteristics in arc magmatism. *Earth Planet. Sci. Lett.*, **148**, 207-221.

Tatsumi, Y. and Maruyama, S., 1989, Boninites and high-Mg andesites: tectonics and petrogenesis. In Crawford, A. J., ed., *Boninites and Related Rocks*, Unwin Hyman, 50-71.

Tatsumi, Y., Nohda, S. and Ishizaka, K., 1988, Secular variation of magma source compositions beneath the northeast Japan arc. *Chem. Geol.*, **68**, 309-316.

Tatsumi, Y., Otofuji, Y., Matsuda, T. and Nohda, S., 1989, Opening of the Sea of Japan back-arc basin by asthenospheric injection. *Tectonophysics*, **166**, 317-329.

Tatsumi, Y., Sakuyama, M., Fukuyama, H. and Kushiro, I., 1983, Generation of basaltic magmas and thermal structure of the mantle wedge in subduction zone. *Jour. Geophys. Res.*, **88**, 5815-5825.

Tatsumi, Y., Sato, K. and Sano, T., 2000, Transition from arc to intraplate magmatism associated with backarc rifting: evolution of the Sikhote Alin volcanism. *Geophys. Res. Lett.*, **27**, 1587-1590.

Tatsumi, Y., Takahashi, T., Hirahara, Y., Chang, Q., Miyazaki, T., Kimura, J. -I, Ban, M. and Sakayori, A., 2008, New insights into andesite genesis: the role of mantle-derived calc-alkalic and crust-derived tholeiitic melts in magma differentiation beneath Zao volcano, NE Japan. *Jour. Petrol.*, **49**, 1971-2008.

Tatsumoto, M., 1969, Lead isotopes in volcanic rocks and possible ocean floor thrusting beneath island arcs. *Earth Planet. Sci. Lett.*, **6**, 369-376.

Tatsumoto, M., Basu, A., Wankang, H., Junwen, W. and Guanghong, X., 1992, Sr, Nd, and Pb isotopes of ultramafic xenoliths in volcanic rocks of eastern China: enriched components EMI and EMII in subcontinental lithosphere. *Earth Planet. Sci. Lett.*, **113**, 107-128.

Taylor, B., 1992, Rifting and the volcanic-tectonic evolution of the Izu-Bonin-Mariana arc. In Taylor, B., Fujioka, K. *et al.*, eds., *Proceedings of the Ocean Drilling Program, Scientific Results, 126*, College Station, TX, 627-651.

Taylor, S. R. and McLennan, S. M., 1995, The geochemical evolution of the continental crust. *Rev. Geophys.*, **33**, 241-265.

田沢純一, 1973, 南部北上山地上八瀬地域の地質. 地質学雑誌, **79**, 677-686.

Tazawa, J., 1975, Uppermost Permian fossils from the Southern Kitakami Mountains, Northeast Japan. *Jour. Geol. Soc. Japan*, **81**, 629-640.

田沢純一, 1975, 南部北上山地気仙沼市鍋越山周辺のペルム系とそこに産する腕足類. 日本地質学会第82年大会講演要旨, 249.

Tazawa, J., 1976, The Permian of Kesennuma, Kitakami Mountain: A preliminary report. *Earth Sci.*, **30**, 175-185.

Tazawa, J., 1980, Visean Brachiopods from the Karaumedate Formation, Southern Kitakami Mountains. *Trans. Proc. Palaeont. Soc. Japan, N. S.*, **119**, 359-370.

Tazawa, J., 1982, *Oldhamina* from the Upper Permian of the Kitakami Mountains, Japan and its Tethyan Province distribution. *Trans. Proc. Palaeont. Soc. Japan, N. S.*, **128**, 445-451.

Tazawa, J., 1984, Early Carboniferous (Visean) brachiopods from the Hikoroichi Formation of the Kitakami Mountains, northeast Japan. *Trans. Proc. Palaeont. Soc. Japan, N. S.*, **133**, 300-312.

田沢純一, 1985, 北上山地の日頃市層と有住層から産出した石炭紀腕足類 *Marginatia* と *Unispirifer*. 地球科学, **39**, 459-462.

Tazawa, J., 1991, Middle Permian brachiopod biogeography of Japan and adjacent regions in East Asia. In Ishii, K., Liu, X., Ichikawa, K. and Huang, B., eds., *Pre-Jurassic geology of Inner Mongolia, China. Report of China-Japan Cooperative Research Group, 1987-1989*, Matsuya Insatsu, 213-230.

Tazawa, J., 1998, Pre-Neogene tectonic divisions and Middle Permian brachiopod faunal provinces of Japan. *Proc. Royal Soc. Victoria*, **110**, 281-288.

Tazawa, J., 2002, Late Paleozoic brachiopod faunas of the South Kitakami Belt, northeast Japan, and their paleobiogeographic and tectonic implications. *Island Arc*, **11**, 287-301.

Tazawa, J., 2006, The *Marginatia-Syringothyris-Rotaia* brachiopod assemblage from the Lower Carboniferous of the South Kitakami Belt, northeast Japan, and its palaeobiogeographical implications. *Paleont. Res.*, **10**, 127-139.

田沢純一, 2010, 南部北上帯の上部石炭系長岩層産コリスティテス型腕足類とその古生物学的意義. 地質学雑誌, **116**, 233-236.

田沢純一・陳 秀琴, 2001, 南部北上帯の中里層から産出した中期デボン紀腕足類：内蒙古西部の中期デボン紀腕足類フォーナとの古生物地理学的類縁性. 地質学雑誌, **107**, 706-710.

Tazawa, J., Fujikawa, M., Zakharov, Y. D. and Hasegawa, S., 2005, Middle Permian ammonoids from the Takakurayama area, Abukuma Mountains, northeast Japan, and their stratigraphical significance. *Sci. Rep. Niigata Univ., Geol.*, **20**, 15-27.

Tazawa, J. and Gunji, Y., 1982, Middle Permian brachiopods from the Oashi Formation, Abukuma Mountains, Northeast Japan. *Saito Ho-on Kai Mus. Nat. His., Res. Bull.*, **50**, 67-75.

Tazawa, J., Gunji, Y. and Mori, K., 1984, A Visean brachiopod fauna from the Mano Formation, Soma district, Abukuma Mountains, Northeast Japan. *Trans. Proc. Palaeont. Soc. Japan, N. S.*, **134**, 347-360.

田沢純一・岩岡 洋・長谷川美行, 1997, 北部北上山地北川目産ペルム紀紡錘虫とその地質学的意義. 地質学雑誌, **103**, 1183-1186.

田沢純一・金子 篤, 1987, 北上山地 “早池峰構造帯” 東部よりデボン紀三葉虫化石の発見. 地球科学, **41**, 65-68.

Tazawa, J. and Katayama, T., 1979, Lower Carboniferous brachiopods from the Odaira Formation in the Southern Kitakami Mountains. *Sci. Rep. Tohoku Univ., 2nd. Ser.*, **49**, 165-173.

田沢純一・森 啓・小笠原憲四郎・谷藤隆三・板橋文夫, 1979, 南部北上山地の “姥石層” より産出した前期白亜紀二枚貝化石とその意義. 地質学雑誌, **85**, 261-263.

田沢純一・村本宏司・森 啓, 1984, 南部北上山地上有住よりシルル紀腕足類 *Pentamerus* の発見. 地質学雑誌, **90**, 353-355.

田沢純一・新潟基盤研究会, 1999, 新潟-福島県境付近の奥只見地域から産出したペルム紀腕足類とその構造地質学的意義. 地質学雑誌, **105**, 729-732.

田沢純一・斎木健一・横田昭彦, 2006, 福島県相馬地域の合ノ沢層産 *Leptophloeum* および日本の含 *Leptophloeum* 上部デボン系の堆積場について. 地球科学, **60**, 69-72.

帝国石油株式会社秋田鉱業所, 1979, 八橋油田のあゆみ, 4 帝国石油株式会社. 1-230.

ten Brink, U. S. and Ben-Avraham, Z., 1989, The anatomy of pull-apart basin: seismic reflection observations of the Dead Sea Basin. *Tectonics*, **8**, 333-350.

天然ガス鉱業会・日本大陸棚石油開発協会, 1982, 日本の石油・天然ガス資源. 4-58.

天然ガス鉱業会・日本大陸棚石油開発協会, 1992, 改訂版日本の石油・天然ガス資源. 104p.

寺戸恒夫, 1978, 奥羽山脈中部の大規模 mass movement. 東北地理, **30**, 189-198.

寺川俊浩・西田彰一・近藤昌敏, 1979, 谷地すべり―とくに岩盤地すべりと地質的背景―. 地すべり, **16**, 9-18.

寺岡易司, 1959, 岩手県陸中野田地域の上部白亜～古第三系. 有孔虫, no. 10, 68-72.

照井一明・長浜春夫, 1986, 北部北上山地, 久慈地方の上部白亜系・古第三系の砕屑物の供給源と堆積. 北村信教授記念地質学論文集, 545-570.

照井一明・長浜春夫, 1995, 上部白亜系久慈層群の堆積相とシークェンス. 地質学論集, no. 45, 238-249.

照井一明・照井佳代子・柳沢博文・小林武久, 1975, 陸中海岸北部の種市層から白亜紀化石の発見. 地質学雑誌, **81**, 783-

785.

Thatcher, W., 1990, Order and diversity in the modes of Circum-Pacific earthquake recurrence. *Jour. Geophys. Res.*, **95**, 2609-2623.

Thatcher, W., Matsuda, T., Kato, T. and Rundle, J. B., 1980, Lithospheric loading by the 1896 Riku-u earthquake, Northern Japan: Implications for plate flexure and asthenospheric rheology. *Jour. Geophys. Res.*, **85**, 6429-6435.

Thatcher, W. and Rundle, J. B., 1984, A viscoelastic coupling model for the cyclic deformation due to periodically repeated earthquakes at subduction zones. *J. Geophys. Res.*, **89**, 7631-7640.

The Shipboard Scientific party, 1975, *DSDP Volume XXXII Table of Contents. Site 304, Japanese Magnetic Lineations*, doi:10.2973/dsdp.proc.32.103.1975.

The Shipboard Scientific party, 1980, *DSDP Volume LVI and LVII Table of Contents. Site 436, Japan Trench Outer Rise. Leg 56*, doi:10.2973/dsdp.proc.5657.107.1980.

Thorkelson, D. J., 1996, Subduction of diverging plates and the principles of slab window formation. *Tectonophysics*, **255**, 47-63.

Thorkelson, D. J. and Breitsprecher, K., 2005, Partial melting of slab window margins: genesis of adakitic and non-adakitic magmas. *Lithos*, **79**, 25-41.

Toda, S., Stein, R. S. and Lin, J., 2011, Widespread seismicity excitation throughout central Japan following the 2011 M=9.0 Tohoku earthquake and its interpretation by Coulomb stress transfer. *Geophys. Res. Lett.*, **38**, LOOG03.

富樫茂子, 1977, 恐山火山の岩石学的研究. 岩鉱, **72**, 45-60.

Togashi, S., 1978, Petrology of Miocene calc-alkaline rocks of northeastern Honshu, Japan. *Sci. Rep. Tohoku Univ., 3rd Ser.*, **14**, 1-51.

富樫茂子, 1983, 東北地方中新世火成岩の帯状分布の変遷. 鉱山地質特別号, **11**, 93-102.

Togashi, S., Tanaka, T., Yoshida, T., Ishikawa, K., Fujinawa, A. and Kurasawa, H., 1992, Trace elements and Nd-Sr isotopes of island arc tholeiites from frontal arc of Northeast Japan. *Geochem. Jour.*, **26**, 261-277.

富樫幸雄・佐々木昭・寺島 滋, 1978, 山形県板谷カオリン鉱床に伴う黄鉄鉱の硫黄同位体組成と微量成分. 岩鉱, **73**, 217-221.

陶野郁雄, 1985, 地盤沈下. 土質工学会支部設立三十周年記念誌, 123-132.

陶野郁雄, 1990, 大深度地下開発と地下環境. 鹿島出版会, 234p.

陶野郁雄, 1997, 地盤沈下. 東北地方の地盤工学, 地盤工学会東北支部, 144-153.

東北地方土木地質図編纂委員会編, 1988, 東北地方土木地質図解説書, 461p.

東北大学, 2010b, アスペリティの特性解明に向けた観測研究. 地震・火山噴火予知研究計画平成22年度年次報告［機関別］, http://www.mext.go.jp/component/b_menu/shingi/toushin/_icsFiles/afieldfile/2011/08/03/1309144_004.pdf.

東北建設協会, 2006, 建設技術者のための東北地方の地質. 東北建設協会, 408p.

東北農政局計画部, 1979, 原町地区地盤沈下調査報告書. 161p.

Toksöz, M. N. and Hsui, A. T., 1978, Numerical studies of back-arc convection and the formation of marginal basins. *Tectonophysics*, **50**, 177-196.

Tokuda, S., 1926, On the echelon structure of the Japanese archipelagoes. *Japan. Jour. Geol. Geogr.*, **5**, 41-76.

徳橋秀一, 1997, 清澄山系の地質. 千葉県の自然誌, 本編2 千葉県の大地, 163-200.

徳永重元, 1958, 5万分1地質図幅「尾花沢」及び同説明書. 地質調査所, 32p.

徳永重元, 1960, 山形県小国植物化石層についての新知見. 地質調査所月報, **11**, 35.

徳永重康, 1923a, 磐城炭田地方にて発見せる中生層. 地質学雑誌, **30**, 101-114.

徳永重康, 1923b, 再び双葉白亜紀層に就いて. 地質学雑誌, **30**, 257-262.

徳永重康, 1927, 常磐炭田の地質. 早稲田大学理工学部紀要, **5**, 1-316.

徳永重康・大塚弥之助, 1930, 相馬中生層に関する新事実について. 地質学雑誌, **37**, 575-592.

Tokunaga, S. and Shimizu, S., 1926, The Cretaceous Formation of Futaba in Iwaki and its Fossils. *Jour. Fac. Sci., Imp. Univ. Tokyo, sec. 2*, **1**, 181-212.

東京大学地震研究所, 2006, 総合観測による沈み込み帯プレート境界におけるアスペリティの実態解明. 地震予知のための新たな観測研究計画（第2次）［機関別］, http://www.eri.u-tokyo.ac.jp/YOTIKYO/H21-25/report.html.

Tomida, Y., 1986, Recognition of the Genus Entelodon（Artiodactyla, Mammalia）from the Joban Coalfield, Japan and the age of the Iwaki Formation. *Bull. Natn. Sci. Mus., Ser. C*, **12**, 165-170.

Tomita, T., 1935, On the chemical compositions of the Cenozoic alkaline suite of the circum-Japan Sea region. *Jour. Shanghai Sci. Inst., Sect. II*, **1**, 227-306.

冨田芳郎, 1961, 肘折盆地とその付近の地形発達について. 辻村太郎先生古稀記念地理学論文集, 27-38.

冨塚玲子・八島隆一・門沢康成, 1991, 中部阿武隈山地三春地域における花崗岩類のK-Ar年代. 福島大学理科報告, **48**, 19-23.

Tonegawa, T., Hirahara, K., Shibutani, T. and Fujii, N., 2006, Lower slab boundary in the Japan subduction zone. *Earth Planet. Sci. Lett.*, **247**, 101-107.

Tosha, T. and Hamano, Y., 1988, Paleomagnetism of Tertiary rocks from the Oga Peninsula and the rotation of northeast Japan. *Tectonics*. **7**, 653-662.

戸谷成寿・伴 雅雄, 2001, 東北日本弧, 青麻火山の形成史と主成分化学組成. 岩石鉱物科学, **30**, 105-116.

Toya, N., Ban, M. and Shinjo, R., 2005, Petrology of Aoso volcano, northeast Japan arc: temporal variation of the magma feeding system and nature of low-K amphibole andesite in the Aoso-Osore volcanic zone. *Contrib. Mineral. Petrol.*, **148**, 566-581.

外山四郎, 1925, 秋田県男鹿半島に発達せる第三紀層. 北光, **20**, 57-71.

豊原富士夫・上杉一夫・木村敏雄・伊藤谷生・村田明広・岩松暉, 1980, 北部北上山地―渡島帯の地向斜. 日本列島北部における地向斜及び構造帯区分の再検討（総合研究A 研究成果報告書）, 27-36.

坪谷幸六, 1926, 福島県産コートランダイトに就いて. 地学雑誌, **38**, 27-30.

土谷信高, 2008, アダカイト研究の現状と問題点―アダカイト質岩の多様性の成因とその地質学的意義. 地球科学, **62**,

161-182.

土谷信高・足立達朗・中野伸彦・小山内康人・荒戸裕之, 2015b, 基礎試錐「気仙沼沖」花崗岩コアのジルコン U-Pb 年代と全岩化学組成の特徴. 日本地質学会第 122 年学術大会講演要旨, R1-O-3.

土谷信高・千葉達也・高橋和恵・和田元子, 1997, 南部北上山地気仙沼大島に分布する前期白亜紀火山岩類の産状. 岩手大学教育学部研究年報, **57**, 53-73.

土谷信高・古川聡子・木村純一, 1999b, 北上山地古第三紀浄土ヶ浜流紋岩類の岩石学的研究―パーアルミナスなアダカイト質マグマの成因―. 地質学論集, no.53, 57-83.

土谷信高・平野正彦, 2007, 南部北上山地, 下部白亜系姥石層の火山岩類の岩石学的特徴. 岩手県立博物館研究報告, no.24, 33-42.

Tsuchiya, Nobutaka and Kanisawa, S., 1994, Early Cretaceous Sr-rich silicic magmatism by slab melting in the Kitakami Mountains, northeast Japan. *Jour. Geophys. Res.*, **99**, 22205-22220.

Tsuchiya, Nobutaka, Kimura, J.-I., and Kagami, H., 2007, Petrogenesis of Early Cretaceous adakitic granites from the Kitakami Mountains, Japan. *Jour. Volcanol. Geotherm. Res.*, **167**, 134-159.

土谷信高・三木　順・西川純一・橋元正彦, 1986, 西南北海道の白亜紀深成岩類―白亜紀沈み込みに伴う大陸縁辺部タイプ火成活動―. 地団研専報, no.31, 33-50.

土谷信高・西岡芳晴・小岩修平・大槻奈緒子, 2008, 北上山地に分布する古第三紀アダカイト質流紋岩～高 Mg 安山岩と前期白亜紀アダカイト質累帯深成岩体. 地質学雑誌, **114**, 補遺, 159-179.

土谷信高・大友幸子・武田朋代・佐々木惇・阿部真里恵, 2013, 阿武隈山地東縁の石炭紀および白亜紀アダカイト質花崗岩類. 地質学雑誌, **119**, 補遺, 154-167.

土谷信高・瀬川紀子, 1996, 北上山地姫神深成岩類における K₂O 含有量の多様性とその成因. 岩手大学教育学部研究年報, **56**, 83-112.

Tsuchiya, Nobutaka, Suzuki, S., Kimura, J.-I. and Kagami, H, 2005, Evidence for slab melt/mantle reaction: petrogenesis of Early Cretaceous and Eocene high-Mg andesites from the Kitakami Mountains, Japan. *Lithos*, **79**, 179-206.

土谷信高・高橋和恵・木村純一, 1999, 北上山地の前期白亜紀深成活動に先行する岩脈類の岩石化学的性質. 地質学論集, **53**, 111-134.

土谷信高・武田朋代・足立達朗・中野伸彦・小山内康人・足立佳子, 2015a, 北上山地の前期白亜紀アダカイト質火成活動とテクトニクス. 岩石鉱物科学, **44**, 69-90.

土谷信高・武田朋代・中村一史, 2012, ジルコンを用いた U-Pb 年代測定法の概要とオマーンおよび北上帯の珪長質岩への応用. 岩手の地学, no.42, 22-33.

土谷信高・武田朋代・佐々木惇, 2014, カンブリア紀のジルコン U-Pb 年代を示す甫嶺珪長質岩類について. 岩手の地学, no.44, 49-56.

Tsuchiya, Nobutaka, Suzuki, S., Kimura, J. and Kagami, H, 2005, Evidence for slab melt/mantle reaction: petrogenesis of Early Cretaceous and Eocene high-Mg andesites from the Kitakami Mountains, Japan. *Lithos*, **79**, 179-206.

Tsuchiya, Nobutaka, Takeda, T., Tani, K., Adachi, T., Nakano, N., Osanai, Y. and Kimura, J., 2014, Zircon U-Pb age and its geological significance of late Carboniferous and Early Cretaceous

adakitic granites from eastern margin of the Abukuma Mountains, Japan. *Jour. Geol. Soc. Japan*, **120**, 37-51.

土谷信高・和田元子・木村純一, 1999a, 北部北上帯に産する緑色岩類の岩石化学的特徴. 地質学論集, no.52, 165-179.

土谷信高・矢内桂三・柳沢忠昭, 2005, 宮守村産球状斑れい岩調査報告書. 宮守村文化財調査報告書第 7 集, 岩手県上閉伊郡宮守村教育委員会, 63p.

Tsuchiya, Nobuyuki, 1982, Petrology of the Matsumae plutonic complex, southwestern Hokkaido, Japan. Part I, petrography and petrochemistry. *Jour. Japan. Assoc. Mineral. Petrol. Econ. Geol.*, **77**, 322-344.

Tsuchiya, Nobuyuki, 1985, Petrology of the Matsumae plutonic complex, southwestern Hokkaido, Japan. Part II, mineralogy and fractional crystallization. *Jour. Japan. Assoc. Mineral. Petrol. Econ. Geol.*, **80**, 179-197.

土谷信之, 1986, 秋田県中部における中新世中期塩基性岩の海底火成活動. 地質調査所月報, **37**, 353-366.

土谷信之, 1987, 東北日本海側の台島-西黒沢期玄武岩についての予察. 構造地質, no.32, 103-106.

土谷信之, 1988a, 秋田-山形油田地帯付近における中新世中期玄武岩類の分布と化学組成. 地質学雑誌, **94**, 591-608.

土谷信之, 1988b, 秋田-山形油田地帯付近における中新世中期玄武岩類の微量元素. 岩鉱, **83**, 486-491.

土谷信之, 1989, 大沢地域の地質. 地域地質研究報告（5 万分の 1 地質図幅）, 地質調査所, 85p.

Tsuchiya, Nobuyuki, 1990, Middle Miocene back-arc rift magmatism of basalt in the NE Japan arc. *Bull. Geol. Survey Japan*, **41**, 473-505.

土谷信之, 1992, 中新世背弧リフティングと青沢玄武岩. 地球科学, **46**, 29-37.

土谷信之, 1995, 東北地方中部日本海側地域の漸新世～中期中新世火成活動の変遷. 地質学論集, no.44, 227-240.

土谷信之, 1999, 秋田-山形油田地帯の後期中新世-鮮新世火山岩の火山活動と貯留岩の形成. 地質調査所月報, **50**, 17-25.

土谷信之・伊藤順一, 1996, 5 万分の 1 地質図幅「岩ヶ崎」地域の火山層序：第三紀火山岩類及び鬼首カルデラを起源とする火砕流の噴出年代. 日本火山学会講演予稿集, **2**, 169.

土谷信之・伊藤順一・関　陽児・巌谷敏光, 1997, 岩ヶ崎地域の地質. 地域地質研究報告（5 万分の 1 地質図幅）, 地質調査所, 96p.

土谷信之・中野　俊, 1992, 鳥海山東方地域の後期中新世-前期鮮新世の火山活動. 日本地質学会学術大会講演要旨, **99**, 425.

土谷信之・大沢　穧・池辺　穣, 1984, 鶴岡地域の地質. 地域地質研究報告（5 万分の 1 地質図幅）, 地質調査所, 77p.

Tsuchiya, Nobuyuki, Ozawa, A. and Katahira, T., 1989, Two types of Miocene basaltic rocks around Yurihara oil and gas field, southwestern Akita Prefecture, northeast Japan. *Jour. Japan. Assoc. Petroleum Tech.*, **54**, 179-193.

土谷信之・吉川敏之, 1994, 刈和野地域の地質. 地域地質研究報告（5 万分の 1 地質図幅）, 地質調査所, 72p.

土屋範芳・狩野真吾・小川泰正・山田亮一, 2007, 地圏における重金属類の分布と岩石からの移行プロセスにおける化学形態に関する基礎的検討. 地学雑誌, **116**, 864-876.

土屋範芳・駒井　武・白鳥寿一, 2006, 地圏環境インフォマティクスのシステム開発と全国展開. 地質ニュース, **628**, 21-28.

土屋範芳・小川泰正・山田亮一・布原啓史, 2009, 宮城県自然由来重金属等バックグラウンドマップ. http://www.pref.miyagi.jp/kankyo-t/dojo/dojomap.htm.

土屋範芳・鈴木舜一・小田幸人, 1986, 氷上および気仙川花崗岩体周辺の古生層・中生層のケロジェンの変成度. 岩鉱, **81**, 479-491.

Tsuchiya, T., Hoe, S.G., Uchiyama, K. and Mori, H., 1980, A study of the Uzumine-Sengosawa structual belt in the Abukuma Plateau, Japan. *Jour. Fac. Sci., Hokkaido Univ., Ser. IV*, **19**, 321-356.

Tsuji, T., Ito, Y., Kido, M., Osada, Y., Fujimoto, H., Ashi, J., Kinoshita, M. and Matsuoka, T., 2011, Potential tsunamigenic faults of the 2011 Tohoku Earthquake. *Earth Planets Space*, **63**, 831-834.

Tsuji, T., Kawamura, K., Kanamatsu, T., Kasaya, T., Fujikura, K., Ito, Y., Tsuru, T. and Kinoshita, M., 2013, Extension of continental crust by anelastic deformation during the 2011 Tohoku-oki earthquake: The role of extensional faulting in the generation of a great tsunami. *Earth Planet. Sci. Lett.*, **364**, 44-58.

Tsuji, Y., Nakajima, J. and Hasegawa, A., 2008, Tomographic evidence for hydrated oceanic crust of the Pacific slab beneath northeastern Japan: Implications for water transportation in subduction zones. *Geophys. Res. Lett.*, **35**, L14308, doi:10.1029/2008GL034461.

Tsujimori, T. and Ernst, W. G., 2014, Lowsonite blueschists and lawsonite eclogites as proxies for palaeo-subduction zone processes: a review. *J. Metamor. Geol.*, **32**, 437-454.

辻野　匠・野田　篤, 2010, 北海道周辺海域の地形および地質. 日本地方地質誌 1 北海道地方, 朝倉書店, 349-353.

佃　為成・武田智吉・柳沢　賢, 2008, 新潟県小千谷地域の活褶曲—約 30 年間の水準測量結果. 東京大学地震研究所彙報, **83**, 203-215.

Tsumura, N., Ikawa, H., Shinohara, M., Ito, T., Arita, K., Moriya, T., Kimura, G. and Ikawa, T., 1999, Delamination-wedge structure beneath the Hidaka Collision zone, central Hokkaido, Japan inferred from seismic reflection profiling. *Geophys. Res. Lett.*, **26**, 1057-1060.

Tsumura, N., Matsumoto, S., Horiuchi, S. and Hasegawa, A., 2000, Three-dimensional attenuation structure beneath the northeastern Japan arc estimated from spectra of small earthquakes. *Tectonophysics*, **319**, 241-260.

Tsunakawa, H., 1983, Simple two-dimensional model of propagation of magma-filled cracks. *Jour. Volcanol. Geotherm. Res.*, **16**, 335-343.

Tsunakawa, H., 1986, Neogene stress field of the Japanese arcs and its relation to igneous activity. *Tectonophysics*, **124**, 1-22.

鶴　哲郎, 2004, 日本海溝域におけるテクトニックエロージョンの新展開. 月刊地球, **26**, 672-679.

Tsuru, T., Park, J. O., Takahashi, N., Kodaira, S., Kido, Y., Kaneda, Y. and Kono, Y., 2000, Tectonic features of the Japan Trench convergent margin off Sanriku, northeastern Japan revealed by multi-channel seismic reflection data. *Jour. Geophys. Res.*, **105**, 16403-16413.

Tsuru, T., Park, J. O., Miura, S., Kodaira, S., Kido, Y. and Hayashi, T., 2002, Along-arc structural variation of the plate boundary at the Japan Trench margin: Implication of interplate coupling. *Jour. Geophys. Res.*, **107**, 2357, doi:10.1029/2001JB001664.

対馬坤六・滝沢文教, 1977, 尻屋崎地域の地質. 地域地質研究報告（5 万分の 1 地質図幅）, 地質調査所, 36p.

対馬坤六・上村不二雄, 1959, 5 万分の 1 地質図幅説明書「小泊」. 地質調査所, 32p.

通商産業省資源エネルギー庁, 1976, 昭和 50 年度広域調査報告書「八甲田地域」, 88p.

通商産業省資源エネルギー庁, 1982a, 昭和 56 年度広域調査報告書「西津軽地域」, 167p.

通商産業省資源エネルギー庁, 1982b, 昭和 56 年度広域調査報告書「羽越地域（I）」, 164p.

通商産業省資源エネルギー庁, 1985, 昭和 59 年度広域調査報告書「八甲田地域」, 121p.

通商産業省資源エネルギー庁, 1986, 昭和 60 年度広域調査報告書「田沢地域」, 151p.

通商産業省資源エネルギー庁, 1988, 昭和 63 年度広域地質構造調査報告書「雄勝地域」, 162p.

通商産業省資源エネルギー庁, 1989a, 昭和 63 年度広域地質構造調査報告書「津軽半島地域」, 156p.

通商産業省資源エネルギー庁, 1989b, 昭和 63 年度広域地質構造調査報告書「雄勝地域」. 226p.

通商産業省資源エネルギー庁, 1990a, 平成元年度広域地質構造調査報告書「津軽半島地域」, 119p.

通商産業省資源エネルギー庁, 1990b, 平成元年度希少金属鉱物資源の賦存状況調査報告書「阿武隈東部地域」, 149p.

通商産業省資源エネルギー庁, 1994, 平成 4 年度広域地質構造調査報告書「渡島・下北地域」, 318p.

通商産業省資源エネルギー庁, 1995, 平成 6 年度広域地質構造調査報告書「東北南部地域」. 53p.

通商産業省資源エネルギー庁, 1996, 平成 6 年度広域地質構造調査報告書「渡島・下北地域」, 107p.

通商産業省資源エネルギー庁, 1998, 黒鉱型鉱床の地球化学的特性を利用した潜頭鉱床探査. 平成 9 年度鉱物資源探査技術開発調査報告書・新探査・生産技術の開発調査（II）, 各論 III, 1-73.

Tsutsumi, Y., Ohtomo, Y., Horie, K., Nakamura, K. and Yokoyama, K., 2010, Granitoids with 300 Ma in the Joban coastal region, east of Abukuma Plateau, northeast Japan. *Jour. Mineral. Petrol. Sci.*, **105**, 320-327.

津屋弘逵, 1954, 秋田県焼山火山と玉川温泉玉川温泉研究会十周年誌. 玉川温泉研究会, 130-135.

Uchida, N. and Matsuzawa, T., 2011, Coupling coefficient, hierarchical structure, and earthquake cycle for the source area of the 2011 off the Pacific coast of Tohoku earthquake inferred from small repeating earthquake data. *Earth Planets Space*, **63**, 675-679.

Uchida, N., Matsuzawa, T., Igarashi, T. and Hasegawa, A., 2003, Interplate quasistatic slip off Sanriku, NE Japan, estimated from repeating earthquakes. *Geophys. Res. Lett.*, **30**, doi:10.1029/2003GL017452.

Uchida, N., Matsuzawa, T., Hirahara, S. and Hasegawa, A., 2006, Small repeating earthquakes and interplate creep around the 2005 Miyagi-oki earthquake（M＝7.2）. *Earth Planets Space*, **58**, 1577-1580.

Uchida, N., Nakajima, J., Hasegawa, A. and Matsuzawa, T., 2009, What controls interpolate coupling ?: Evidence for abrupt change in coupling across a border between two overlying plates in the NE Japan subduction zone. *Earth Planet. Sci. Lett.*, **283**, 111-121.

内野隆之・川村信人, 2006, 根田茂帯（旧“早池峰帯”）から発見された藍閃石を含む苦鉄質片岩とその意義. 地質学雑

誌，**112**，478-481.

内野隆之・川村信人・郷津知太郎・兵藤博信，2008a，根田茂帯礫岩から得られた含ザクロ石泥質片岩礫の白雲母 $^{40}Ar/^{39}Ar$ 年代．地質学雑誌，**114**，314-317.

内野隆之・川村信人・川村寿郎，2008b，北上山地前期石炭紀付加体「根田茂帯」の構成岩相と根田茂帯・南部北上帯境界．地質学雑誌，**114**，補遺，141-157.

内野隆之・川村信人，2009，根田茂帯緑色岩の化学組成．地質学雑誌，**115**，242-247.

Uchino, T. and Kawamura, M., 2010, Tectonics of an Early Carboniferous forearc inferred from a high-P/T schist-bearing conglomerate in the Nedamo Terrane, Northeast Japan. *Island Arc*, **19**, 177-191.

内野隆之・川村信人，2010，根田茂帯の変玄武岩から見出された藍閃石とその意義．地質調査研究報告，**61**，445-452.

内野隆之・栗原敏之・川村信人，2005，早池峰帯から発見された前期石炭紀放散虫化石―付加体砕屑岩からの日本最古の化石年代―．地質学雑誌，**111**，249-252.

内野隆之・中川　充・川村信人・川村寿郎，2013，第3章　南部北上帯オルドビス系．川村寿郎・内野隆之・川村信人・吉田孝紀・中川　充・永田秀尚，早池峰山地域の地質．地域地質研究報告（5万分の1地質図幅），産総研地質調査総合センター，14-27.

内海　茂・宇都浩三・柴田　賢，1990，K-Ar年代測定結果-3―地質調査所未公表資料―．地質調査所月報，**41**，567-575.

Uchiyama, K., 1984, Tonalite complex in the Abukuma axial metamorphic belt, Japan. *Jour. Fac. Sci., Hokkaido Univ., Ser. IV*, **21**, 251-291.

植田房雄，1963，南部北上山地宮城県登米・米谷地区二畳系・三畳系の地質構造．東洋大学紀要，**4**，1-78.

植田勇人・川村信人，2010，中生代～古第三紀収束域の地質体．日本地方地質誌1 北海道地方，朝倉書店，29-39.

Ueda, Hayato and Miyashita, S., 2005, Tectonic accretion of a subducted intraoceanic remnant arc in Cretaceous Hokkaido, Japan, and implications for evolution of the Pacific northwest. *Island Arc*, **14**, 582-598.

植田勇人・盛美和子・佐藤和泉，2009，青森県弘前市南方の付加体泥岩から産出した前期ジュラ紀放散虫化石．地質学雑誌，**115**，610-613.

Ueda, Hideki, Ohtake, M. and Sato, H., 2001, Afterslip of the plate interface following the 1978 Miyagi-Oki, Japan, earthquake, as revealed from geodetic measurement data. *Tectonophysics*, **338**, 45-57.

上田良一・井上　武，1961，秋田県花輪盆地東縁山地地質に関する2・3の新知見について．秋田大学鉱山学部地下資源研究施設報告，**24**，1-11.

上田庸平・安藤寿男・篠崎将俊，2003，茨城県北部の古第三系下部漸新統白水層群石城層から浅貝層にかけての堆積相と古地理的意義．茨城県自然博物館研究報告，no.6，1-17.

植田良夫・神保　惠・田宮良一，1973，山形県新第三系下部溶結凝灰岩のK-Ar年代．岩鉱，**68**，91.

植田良夫・山岡一雄・大貫仁一・田切美智雄，1969，本邦変成岩類のK-Ar dating（II）．―南部阿武隈山地，日立変成岩類―．岩鉱，**61**，92-99.

植木貞人，1981，鳥海山の活動史．自然災害特別研究班成果，**56**，33-37.

上村不二雄，1975，陸奥川内地域の地質．地域地質研究報告

（5万分の1図幅），地質調査所，39p.

上村不二雄，1982，仙岩地域地質構造調査―その1　新第三系（昭和56年度），八幡平北方地区，昭和56年度サンシャイン計画研究開発成果中間報告書，32-49；64-71；77-80.

上村不二雄，1983，浅虫地域の地質．地域地質研究報告（5万分の1地質図幅），地質調査所，40p.

植村和彦，1989，環日本海地域のグリンタフ下部層の比較層序・小植物と古地理学的意義．昭和63年度科研費補助金研究報告書，1-41.

Uemura, K., 1997, Ceniozoic history of *Ginkgo* in East Asia. In Hori, T., Ridge, R. W., Tulecke, R., Tredici, P. D., Treouillaux-Guiller, J. and Tobe, H., eds., *Ginkgo biloba ‒ A Global Treasure*, Springer-Verlag, 207-221.

植村和彦・長澤一雄・大場　總・阿部龍市，2001，山形県朝日村田麦俣産のフウ属 Liquidambar 化石．山形応用地質，**21**，69-76.

植村　武，1976，崩壊型式とダクティリティー．昭和50年度自然災害特別研究「フォサマグナ北部地域における崩災の発生機構と予測に関する研究」成果報告．

植村　武・鈴木敬治・柳沢幸夫・大槻憲四郎，1986，島弧横断ルートNo.26（佐渡・中条・小国・玉庭・米沢・福島-原町）．北村　信編，新生代東北本州弧地質資料集，宝文堂，13p.

植村　武・山田哲雄ほか，1988，日本の地質4 中部地方I，共立出版．

Ueno, K., 1992, Permian foraminifers from the Takakurayama Group of the southern Abukuma Mountains, Northeast Japan. *Trans. Proc. Palaeont. Soc. Japan, N. S.*, **168**, 1265-1295.

Ueno, K., Shintani, T. and Tazawa, J., 2009, Fusuline foraminifera from the upper part of the Sakamotozawa Formation, South Kitakami Belt, Northeast Japan. *Sci. Rep. Niigata Univ., Geol.*, **24**, 27-61.

Ueno, K., Tazawa, J. and Shintani, T., 2007, Fusuline foraminifera from the basal part of the Sakamotozawa Formation, South Kitakami Belt, Northeast Japan. *Sci. Rep. Niigata Univ., Geol.*, **22**, 15-33.

Ui, T., 1971, Genesis of magma and structure of magma chamber of several pyroclastic flows in Japan. *J. Fac. Sci., Univ. Tokyo, Sec. 2*, **18**, 53-127.

宇井忠英，1972，鳥海火山中腹の断層崖と山麓に分布する火砕岩の成因「鳥海山・飛島」，山形県総合学術調査会，8-13.

宇井忠英，1975，月山北西山麓のいわゆる"泥流堆積物"の起源（概報）．日本火山学会1975年度春季大会講演要旨，火山，**20**，110.

宇井忠英・杉村　新・柴橋敬一，1973，肘折火砕流堆積物の ^{14}C 年代．火山，**18**，171-172.

宇井忠英・山本　浩・尾上秀司・只隈和博，1986，鳥海火山の岩屑流．文部省科研費自然災害特別研究，計画研究「火山噴火に伴う乾燥粉体流（火砕流等）の特質と災害」（代表者：荒牧重雄）報告書，201-211.

Ujiie, K., Hisamitsu, T. and Taira, A., 2003, Deformation and fluid pressure variation during initiation and evolution of the plate boundary decollement zone in the Nankai accretionary prism. *Jour. Geophys. Res.*, **108**, doi:10. 1029/2002JB2314.

Ujiie, K., Yamaguchi, A. and Taguchi, S., 2008, Stretching of fluid inclusions in calcite as an indicator of frictional heating on faults. *Geology*, **36**, 111-114.

氏家真澄，1989，北上山地，折壁複合深成岩体の累帯構造．岩

鉱，**84**，226-242.

Ujiie, M. and Kanisawa, S., 1995, Mineralogy of the Orikabe plutonic complex, Kitakami Mountains, Northeast Japan. *Jour. Mineral. Petrol. Econ. Geol.*, **90**, 27-40.

Ujike, O., 1987, Mantle metasomatic enrichment in LILE of basalt magma sources beneath the Northeast Japan arc, as indicated by the LILE/Y‐Zr/Y plots. *Jour. Japan Assoc. Mineral. Petrol. Econ. Geol.*, **82**, 245-256.

Ujike, O. and Tsuchiya, N., 1993, Geochemistry of Miocene basaltic rocks temporally straddling the rifting of lithosphere at the Akita-Yamagata area, northeast Japan. *Chem. Geol.*, **104**, 61-74.

Ulmer, P. and Trommsdorff, V., 1995, Serpentine stability to mantle depths and subduction-related magmatism. *Science*, **268**, 858-861.

梅田浩司・林信太郎・伴 雅雄，1999，東北日本，笊森，高松，船形および三吉・葉山火山のK-Ar年代．火山，**44**，217-222.

梅田浩司・林信太郎・伴 雅雄・佐々木実・大場 司・赤石和幸，1999，東北日本，火山フロント付近の2.0Ma以降の火山活動とテクトニクスの推移．火山，**44**，233-249.

梅田真樹，1996，南部北上帯のデボン系大野層・中里層からの放散虫化石．地球科学，**50**，331-336.

梅田真樹，1998，南部北上帯，釜石地域の千丈ヶ滝層から産出したデボン紀放散虫化石．地質学雑誌，**104**，276-279.

梅村隼夫，1970，阿武隈高原中央部御斎所・竹貫変成岩類の構造．高知大学学術研究報告，**19**，119-147.

梅村隼夫，1974，阿武隈高原，御斉所・竹貫変成岩類中に発達するブーディン構造の起源について．高知大学学術研究報告，自然科学，**22**，209-227.

梅村隼夫，1979，御斎所・竹貫地域の造構運動―特に御斎所・竹貫変成岩の構造の縫合について―．加納博教授記念論文集「日本列島の基盤」，491-551.

梅村隼夫・原 郁夫，1985，阿武隈変成帯の造構作用．地質学論集，no.25，127-136.

梅津慶太・栗田裕司，2007，岩手県北東部，上部白亜系久慈層群の花粉化石層序と年代．石油技術協会誌，**72**，215-223.

Umetsu, K. and Sato, Y., 2007, Early Cretaceous terrestrial palynomorph assemblages from the Miyako and Tetori Groups, Japan, and their implication to paleophytogeographic provinces. *Rev. Palaeobot. Palynol.*, **144**, 13-27.

海野徳仁・長谷川昭，1975，東北日本にみられる深発地震面の二層構造について．地震第2輯，**28**，125-139.

海野徳仁・長谷川昭，1984，東北日本弧の三次元Qs値構造．地震第2輯，**37**，217-228.

海野徳仁・長谷川昭・高木章雄・鈴木貞臣・本谷義信・亀谷悟・田中和夫・澤田義博，1984，北海道および東北地方における稍深発地震の発震機構―広域の験震データの併合処理―．地震第2輯，**37**，523-538.

Umino, N., Kono, T., Okada, T., Nakajima, J., Matsuzawa, T., Uchida, N., Hasegawa, A., Tamura, Y. and Aoki, G., 2006, Revisiting the three M〜7 Miyagi-Oki earthquakes in the 1930s: possible seismogenic slip on asperities that were reruptured during the 1978 M＝7.4 Miyagi-Oki earthquake. *Earth Planets Space*, **58**, 1587-1592.

海野徳仁・松澤 暢・堀修一郎・中村綾子・山本 明・長谷川昭・吉田武義，1998，1996年8月11日宮城県鬼首付近に発生した地震について．地震第2輯，**51**，253-264.

Umino, N., Ujikawa, H., Hori, S. and Hasegawa, A., 2002, Distinct

S-wave reflectors（bright spots）detected beneath the Nagamachi-Rifu fault, NE Japan. *Earth Planets Space*, **54**, 1021-1026.

Uruno, K., 1977, Staurolite and kyanite from river sand in the Abukuma Plateau, Japan. *Jour. Geol. Soc. Japan*, **83**, 385-393.

Uruno, K. and Kanisawa, S., 1965, Staurolite bearing rocks in the Abukuma metamorphic belt, Japan. *Earth Sci.*, **81**, 1-12.

Uruno, K., Kano, H. and Maruyama, T., 1974, An additional find of relic kyanite from the Gosaisho-Takanuki metamorphic rocks of the Abukuma plateau. *Jour. Japan Assoc. Mineral. Petrol. Econ. Geol.*, **69**, 81-88.

臼田雅郎・北村 信・岡本金一・大槻憲四郎，1986，島弧横断ルートNo.18（本荘-横手-川尻-北上）．北村 信編，新生代東北本州弧地質資料集，宝文堂，14p.

臼田雅郎・村山 進・岡本金一・白石建雄・高安泰助・乗富一雄・狐崎長琅・山脇康平，1981，5万分の1秋田県総合地質図幅「稲庭」および同説明書．秋田県，109p.

臼田雅郎・村山 進・白石建雄・伊里道彦・井上 武・乗富一雄，1977，5万分の1秋田県総合地質図幅「横手」および同説明書，秋田県，97p.

臼田雅郎・村山 進・白石建雄・高安泰助・乗富一雄，1978，5万分の1秋田県総合地質図幅「大曲」および同説明書，秋田県，100p.

臼田雅郎・村山 進・白石建雄・高安泰助・乗富一雄，1979，5万分の1秋田県総合地質図幅「刈和野」および同説明書，秋田県，77p.

臼田雅郎・村山 進・白石建雄・高安泰助・乗富一雄，1980，5万分の1秋田県総合地質図幅「角館」および同説明書，秋田県，86p.

臼田雅郎・岡本金一，1986，秋田県南部における新第三紀火山岩類のK-Ar年代と新第三系の対比，北村信教授記念地質学論文集，595-608.

臼田雅郎・岡本金一・高安泰助・藤本幸雄，1984，5万分の1秋田県総合地質図幅「大葛」および同説明書．秋田県，61p.

臼田雅郎・岡本金一・高安泰助・藤本幸雄・栗山知士・成田典彦，1983，5万分の1秋田県総合地質図幅「田山」および同説明書．秋田県，59p.

臼田雅郎・岡本金一・高安泰助・乗富一雄・狐崎長琅・山脇康平・白石建雄，1982，5万分の1秋田県総合地質図幅「秋ノ宮・栗駒山」および同説明書．秋田県，59p.

臼田雅郎・白石建雄・岩山勝男・秋元義人・井上 武・乗富一雄，1976，5万分の1秋田県総合地質図幅「六郷」および同説明書．秋田県，70p.

臼田雅郎・田口一雄・岡本金一・北村 信，1986，島弧横断ルートNo.19（飛島-鳥海山-湯沢-水沢）．北村 信編，新生代東北本州弧地質資料集，宝文堂，15p.

歌田 実，1978，鉱床母岩の変質作用．立見辰雄編，現代鉱床学の基礎，東京大学出版会，145-159.

歌津町教育委員会，1996，歌津町の地層と魚竜化石．30p.

宇都浩三・柴田 賢・内海 茂，1984，宮城県仙台地域周辺の第三紀火山岩類のK-Ar年代．日本地質学会第91年学術大会講演要旨，126.

宇都浩三・柴田 賢・内海 茂，1989，東北日本新第三紀火山岩のK-Ar年代―その1．宮城県仙台地域三滝層および高館層．地質学雑誌，**95**，865-872.

上田誠也・Forsyth, D.，1975，プレートテクトニクスの原動力．科学，**45**，66-74.

Uyeda, S. and Kanamori, H., 1979, Back-arc opening and the mode of subduction. *Jour. Geophys. Res.*, **84**, 1049-1061.

上田誠也・杉村　新，1970，弧状列島．岩波書店，156p.

Vail, P. R., Mitchum, R. M. Jr. and Thompson, S., 1977, Seismic stratigraphy and global changes of sea level. In Payton, C. E., ed., Stratigraphic interpretation of seismic data, *Mem. Amer. Assoc. Petrol. Geol.*, **26**, 49-212.

van der Hilst, R. D. and Seno, T., 1993, Effects of relative plate motion on the deep-structure and penetration depth of slabs below the Izu-Bonin and Mariana island arcs. *Earth Planet. Sci. Lett.*, **120**, 395-407.

van Keken, P. E., 2003, The structure and dynamics of the mantle wedge. *Earth Planet. Sci. Lett.*, **215**, 323-338, doi:10.1016/ S0012-821X(03)00460-6.

van Keken, P. E., Kiefer, B. and Peacock, S., 2002, High-resolution models of subduction zones: Implications for mineral dehydration reactions and the transport of water into the deep mantle. *Geochem. Geophys. Geosys.*, **3**, 1056, doi:10.1029/2001GC000256.

van Keken, P. E., Kita, S., Nakajima, J., 2012, Thermal structure and intermediate-depth seismicity in the Tohoku-Hokkaido subduction zones. *Solid Earth*, **3**, 355-364.

Veevers, J. J., Saeed, A., Belousova, E. A. and Griffin, W. L., 2005, U-Pb ages and source composition by Hf-isotope and trace-element analysis of detrital zircons in Permian sandstone and modern sand from southwestern Australia and a review of the paleogeographical and denudational history of the Yilgarn Craton. *Earth-Sci. Rev.*, **68**, 245-279.

Vervoort, J. D., Patchett, P. J., Blichert-Toft, J. and Albarede, F., 1999, Relationships between Lu-Hf and Sm-Nd isotopic systems in the global sedimentary system. *Earth Planet. Sci. Lett.*, **168**, 79-99.

von Huene, R. and Culotta, R., 1989, Tectonic erosion at the front of the Japan Trench convergent margin. *Tectonophysics*, **160**, 75-90.

von Huene, R., Klaeschen, D., Cropp, B. and Miller, J., 1994, Tectonic structure across the accretionary and erosional parts of the Japan Trench margin. *Jour. Geophys. Res.*, **99**, 22349-22361.

von Huene, R. and Lallemand, S., 1990, Tectonic erosion along the Japan and Peru convergent margins. *Bull. Geol. Soc. Amer.*, **102**, 704-720.

von Huene, R., Langseth, M., Nasu, N. and Okada, H., 1982, A summary of Cenozoic tectonic history along the IPOD Japan Trench transect, *Geol. Soc. Am. Bull.*, **93**, 829-846.

von Huene, R., Ranero, C. R. and Scholl, D. W., 2009, Convergent margin structure in high-quality geophysical images and current kinematic and dynamic models. In Brun, J. P., Oncken, O., Weissert, H. and Dullo, C., eds., *Subduction Zone Geodynamics*, Springer Berlin Heidelberg, 137-157.

von Huene, R., Ranero, C. R. and Vannucchi, P., 2004, Generic model of subduction erosion. *Geology*, **32**, 913-916.

von Huene, R. and Scholl, D. W., 1991, Observations at convergent margins concerning sediment subduction, subduction erosion, and the growth of continental cfust. *Rev. Geophys.*, **29**, 279-316.

和知　剛・千葉達朗・岡田智幸・土井宣夫・越谷　信・林信太郎・熊井修一，2002，八幡平火山起源の完新世テフラ．地球惑星科学関連学会 2002 年合同大会，V032-P005.

和知　剛・土井宣夫・越谷　信，1997，秋田駒ヶ岳のテフラ層序と噴火活動．火山，**42**，17-34.

Wada, I. and Wang, K., 2009, Common depth of slab-mantle

decoupling: reconciling diversity and uniformity of subduction zones. *Geochem. Geophys. Geosyst.* **10**, Q10009, doi:10: 1029/ 2009GC002570.

Wada, I., Wang, K., He, J. and Hyndman, R. D., 2008, Weakening of the subduction interface and its effects on surface heat flow, slab dehydration, and mantle wedge serpentinization. *Jour. Geophys. Res.*, **113**, doi:10.1029/2007JB005190.

Walker, J. A., Roggensack, K., Patino, L. C., Cameron, B. I. and Matias, O., 2003, The water and trace element contents of melt inclusions across an active subduction zone. *Contrib. Mineral. Petrol.*, **146**, 62-77.

Wang, H., 1986, 20. Geotectonic Development. In Yang, Zunyi, Cheng, Yuqi and Wang, Hongxhen, eds., *The Geology Of China*, Oxford Press, 256-275.

Wang, J. and Zhao, D., 2008, P-wave anisotropic tomography beneath Northeast Japan. *Phys. Earth Planet. Inter.*, **170**, 115-133, doi:10.1016/j. pepi. 2008. 07. 042.

Wang, K. and He, J., 1999, Mechanics of low-stress forearcs: Nankai and Cascadia. *Jour. Geophys. Res.*, **104**, 15191-15205.

Wang, K. and He, J., 2006, Accretionary prisms in subduction earthquake cycles: The theory of dynamic Coulomb wedge. *Jour. Geophys. Res.*, **111**, B06410, doi:10.1029/2005JB004094.

Wang, K., Hu, Y., von Huene, R. and Kukowski, N., 2010, Interplate earthquakes as a driver of shallow subduction erosion. *Geology*, **38**, 431-434.

Wang, X. D., Sugiyama, T., Kido, E. and Wang, X. J., 2006, Permian rugose coral faunas of Inner Mngolia-Northeast China and Japan: Paleobiogeographical implications. *Jour. Asian Earth Sci.*, **26**, 369-379.

Wang, Z. and Zhao, D., 2005, Seismic imaging of the entire arc of Tohoku and Hokkaido in Japan using P-wave, S-wave and sP depth-phase data. *Phys. Earth Planet. Inter.*, **152**, 144-162.

渡邊久芳，1989，尾瀬燧ヶ岳火山の地質．岩鉱，**84**，55-69.

渡辺岩井，1952，北部阿武隈高原における細粒塩基性岩の花崗岩化作用．地質学雑誌，**58**，165-175.

渡辺岩井，1954，阿武隈高原における花崗岩ペグマタイトと花崗岩との関係について．資源科学研究所彙報，**33**，68-78.

渡辺岩井・午来正夫・黒田吉益・大野勝次・砥川隆次，1955，阿武隈高原の火成活動—阿武隈高原の地質学的岩石学的研究（その 3）—．地球科学，**24**，1-11.

渡辺岩井・外崎与之・牛来正夫，1953，北部阿武隈高原東北地域の地質．東京教育大学地質学鉱物学教室研究報告，**2**，69-78.

渡辺　順・高畑裕之・内山幸二・十屋　篁，1983，阿武隈変成帯東縁の"井出川構造帯"（新称），I．"構造帯"設定の根拠とその意義．地質学雑誌，**89**，331-346.

渡辺久吉，1928，常磐炭田第二区磐城国石城郡赤井村付近地質説明書．地質調査所，6-82.

渡辺一也・坪井正由・根本正一，1995，東北の巨大地すべり—滝坂地すべり—．地すべり，**32**，55-70.

Watanabe, M., 1921, Cortlandtite and its associated rocks from Nishidohira, Prov. Hitachi. *Sci. Rep. Tohoku Univ., 3rd Ser.*, **1**, 33-50.

渡邊萬次郎，1950a，北上山地の火成活動．地団研専報，no.4，1-23.

渡邊萬次郎，1950b，宮城縣の地下資源．宮城県，69p.

渡邊萬次郎，1968，地下の科学シリーズ—鉱山史話—東北編

一，ラティス，241p.

渡邊萬次郎・苣木浅彦，1954，福島県地区の石灰石鉱床．東北地方石灰石調査委員会編，東北の石灰石資源，207-238.

渡辺満久，1991，北上低地帯における河成段丘面の編年および後期更新世における岩屑供給．第四紀研究，**30**，19-42.

渡辺満久，2005，北上低地帯の扇状地面群―その発達と変位．小池一之・田村俊和・鎮西清高・宮城豊彦編，日本の地形3 東北，東京大学出版会，105-113.

渡部直喜・板谷徹丸，1990，津軽半島竜飛崎周辺の中新世火山活動とK-Ar年代．日本地質学会第97年学術大会講演要旨，172.

Watanabe, N., Takami, T., Shuto, K. and Itaya, T., 1993, K-Ar ages of the Miocene volcanic rocks from the Tomari area in the Shimokita Peninsula, Northeast Japan arc. *Jour. Mineral. Petrol. Econ. Geol.*, **88**, 352-358.

Watanabe, T., Fanning, M., Uruno, K. and Kano, H., 1995, Pre-Middle Silurian granitic magmatism and associated metamorphism in northern Japan: SHRIMP U-Pb zircon chronology. *Geol. Jour.*, **30**, 273-280.

Wells, R. E., Blakely, R. J., Sugiyama, Y., Scholl, D. W. and Dinterman, P. A., 2003, Basin-centered asperities in great subduction zone earthquakes: A link between slip, subsidence, and subduction erosion? *Jour. Geophys. Res.*, **108**, doi:10. 1029/2002 JB002072.

Wesnousky, S. G., Scholtz, C. H., Shimazaki, K. and Matsuda, T., 1982, Deformation of an island arc: rates of moment release and crustal shortening in intraplate Japan determined from seismicity and Quaternary fault data. *Jour. Geophys. Res.*, **87**, 6829-6852.

Wessel, P. and Kroenke, L. W., 2000, Ontong Java Plateau and late Neogene changes in Pacific Plate motion. *Jour. Geophys. Res.*, **105**, 28255-28277.

Wessel, P. and Kroenke, L. W., 2007, Reconciling late Neogene Pacific absolute and relative plate motion changes. *Geochem. Geophys. Geosys.*, **8**, Q08001, doi:10. 1029/2007GC001636.

Winther, K. T., and Newton, R. C., 1991, Experimental melting of hydrous low-K tholeiite: evidence on the origin of Archean cratons. *Bull. Geol. Soc. Denmark*, **39**, 213-228.

Wood, D. A., Joron, J. L., Treuil, M., Norry, M. and Tarney, J., 1979, Elemental and Sr isotope variations in basic lavas from Iceland and the surrounding ocean floor. *Contrib. Mineral. Petrol.*, **70**, 319-339.

Woodcock, N. H. and Fisher, M., 1986, Strike-slip duplex. *Jour. Struct. Geol.*, **8**, 725-735.

Woodhead, J. D., Hergt, J. M., Davidson, J. P. and Eggins, S. M., 2001, Hafnium isotope evidence for 'conservative' element mobility during subduction zone processes. *Earth Planet. Sci. Lett.*, **192**, 331-346.

Woodruff, F., Savin, S. M. and Douglas, R. G., 1981, Miocene stable isotope records: A detailed deep Pacific Ocean study and its paleoclimatic implications. *Science*, **212**, 665-668.

Workman, R. K. and Hart, S. R., 2005, Major and trace element composition of the depleted MORB mantle (DMM). *Earth Planet. Sci. Lett.*, **231**, 53-72, doi:10. 1016/j. epsl. 2004. 12. 005.

Wyllie, P. J., 1971, *The Dynamic Earth:Textbook in Geoscience*. Wiley, 416p.

Wyss, M., Hasegawa, A. and Nakajima, J., 2001, Source and path of magma for volcanoes in the subduction zone of northeastern Japan.

Geophys. Res. Lett., **28**, 1819-1822.

Xia, S., Zhao, D., Qiu, X., Nakajima, J., Matsuzawa, T. and Hasegawa, A., 2007, Mapping the crustal structure under active volcanoes in central Tohoku, Japan using P and PmP data. *Geophys. Res. Lett.*, **34**, L10309, doi:10. 1029/2007GL030026.

Yabe, A., 2008, Early Miocene terrestrial climate inferred from plant megafossil assemblages of the Joban and Soma areas, Northeast Honshu, Japan. *Bull. Geol. Survey Japan*, **59**, 397-413.

矢部 淳・小笠原憲四郎・植村和彦，1995，いわき市遠野町付近の古第三系と新第三系の層序関係．国立科学博物館専報，**28**，31-46.

Yabe. H., l9l4, Mesozoische Pflanzen von Omoto. *Sci. Rep. Tohoku Imp. Univ., 2nd Ser.*, **1**, 57-64.

矢部長克，1918，日本三畳系の地質時代．地質学雑誌，**25**，385-389.

Yabe, H., 1927, Cretaceous stratigraphy of the Japanese Islands. *Sci. Rep. Tohoku Univ., 2nd Ser.*, **11**, 27-100.

Yabe, H., 1949, A new Triassic ammonite from Yanaizu, north of Inai, near Isinomaki, Miyagi Prefecture. *Proc. Japan Acad.*, **24**, 168-174.

Yabe, H. and Noda, M., 1933, On the discovery of *Spirifer verneuili* Murchison in Japan. *Proc. Imp. Acad. Tokyo*, **9**, 521-522.

Yabe, H and Shimizu, S., 1925, A new Cretaceous ammonite, *Crioceras ishiwarai*, from Oshima, province of Rikuzen. *Japan. Jour. Geol. Geogr.*, **4**, 85-87.

Yabe, H. and Shimizu, S., 1933, Triassic deposits of Japan. *Japan. Jour. Geol. Geogr.*, **10**, 87-98.

Yabe, H. and Sugiyama, T., 1937, Preliminary report on the fossiliferous Gotlandian and Devonian deposits newly discovered in the Kitakami Mountain land. *Proc. Imp. Acad.*, **13**, 417-420.

Yabe, H. and Yehara, S., 1913, The Cretaceous deposits of Miyako. *Sci. Rep. Tohoku Imp. Univ., Ser. 2*, **1**, 9-23.

矢吹守穂・根本直樹・竹谷陽二郎・丸山俊明，1995，青森県西津軽郡岩崎村黒崎付近の層位学的研究．日本地質学会第102年学術大会講演要旨，99.

八木健三，1971，秋田駒ヶ岳の成り立ち1．秋田駒ヶ岳の地質．火山，**16**，80-89.

八木正彦・馬場 敬・周藤賢治・佐藤 誠・水田敏夫・佐藤比奈子，2007，東北日本の背弧リフト火成作用とテクトニクス（その1）：玄武岩マグマソースに関する考察．日本地球惑星科学連合大会予稿集（CD-ROM），G199-P006.

八木正彦・長谷中利昭・大口健志・馬場 敬・佐藤比奈子・石山大三・水田敏夫・吉田武義，2001，リフト活動の変遷に伴うマグマ組成の変化―東北本州，前～中期中新世の秋田-山形堆積盆地における例―．岩石鉱物科学，**30**，265-287.

八木勇治，2012，2011年東北地方太平洋沖地震の震源過程．地震第2輯，**64**，143-153.

Yagi, Y. and Fukahata, Y., 2011, Rupture process of the 2011 Tohoku-oki earthquake and absolute elastic strain release. *Geophy. Res. Lett.*, **38**, L19307, doi:10. 1029/2011GL048701.

Yagishita, K., 1996, Paleocurrent and fabric analyses of fluvial conglomerates of the Paleogene Noda Group, northeast Japan. *Sed. Geol.*, **109**, 53-71.

八木下晃司・杉山了三，1996，上部白亜系久慈層群（種市層）と漸新統野田層群の堆積環境．日本地質学会第103年学術大会見学旅行案内書，1-12.

柳生六郎，1954，高玉鉱山の地質および鉱床―特に鉱床母岩の

変質作用に就いて（その1）—. 鉱山地質, **4**, 67-78.

Yamada, E., 1988, Geologic development of the Onikobe caldera, northeast Japan, with special reference to its hydrothermal system. *Rep. Geol. Survey Japan*, **268**, 61-190.

山田直利, 2005, 濃飛流紋岩の形成史. 地団研専報, no.53, 173-183.

山田亮一・吉田武義, 2002, 北鹿とその周辺地域における新第三紀火山活動の変遷と黒鉱鉱床鉱化期との関連—火山活動年代の検討—. 資源地質, **52**, 97-110.

山田亮一・吉田武義, 2003, 北鹿地域新第三紀火山活動と黒鉱鉱床鉱化期との関連—火山岩類の主要化学組成の変遷—. 資源地質, **53**, 69-80.

Yamada, R. and Yoshida, T., 2004, Volcanic sequences related to Kuroko mineralization in the Hokuroku district, Northeast Japan. *Resource Geol.*, **54**, 399-412.

山田亮一・吉田武義, 2005, 黒鉱鉱床形成場の島弧発達過程における位置づけ. 月刊地球, 号外52, 39-46.

Yamada, R. and Yoshida, T., 2011, Relationships between Kuroko volcanogenic massive sulfide（VMS）deposits, felsic volcanism, and island arc development in the northeast Honshu arc, Japan. *Mineral. Deposita*, **46**, 431-448, doi:10. 1007/s00126-011-0362-7

Yamada, R., Yoshida, T. and Kimura, J. -I., 2012, Chemical and isotopic characteristics of the Kuroko-forming volcanism. *Resource Geol.*, **62**, 369-383, doi:10. 1111/j. 1751-3928. 2012. 00202. x.

山田弥太郎, 1958, 日頃市地方にみられる後長岩世・先坂本沢世の不整合について. 地質学雑誌, **65**, 713-724.

山形地学会, 1972, 5万分の1地質図幅「赤湯」および同説明書, 山形県, 18p.

山形地学会, 1979a, 5万分の1地質図幅「左沢」および同説明書, 山形県, 18p.

山形地学会, 1979b, 5万分の1地質図幅「荒砥」および同説明書, 山形県, 25p.

山形県, 1955, 山形縣鑛山誌. 254p.

山形県, 1984, 地盤沈下. 環境白書, 昭和59年版, 99-103.

山形県, 1985, 5万分の1土地分類基本調査「米沢・関」, 山形県, 66p.

山形県, 1988, 山形県の地すべり, 山形県土木部砂防課, 363p.

山形県総合学術調査会, 1966, 吾妻連邦. 福島県植物誌, 270p.

Yamagiwa, S., Miyazaki, S., Hirahara, K. and Fukahata, Y., 2015, Afterslip and viscoelastic relaxation following the 2011 Tohoku-oki earthquake（Mw9.0）inferred from inland GPS and seafloor GPS/Acoustic data. *Geophys. Res. Lett.*, **42**, 66-73.

Yamaguchi, S., Kobayashi, Y., Oshiman, N., Tanimoto, K., Murakami, H., Shiozaki, I., Uyeshima, M., Utada, H. and Sumitomo, N., 1999, Preliminary report on regional resistivity variation inferred from the Network MT investigation in the Shikoku district, southwestern Japan. *Earth Planets Space*, **51**, 193-203.

山口 靖, 1981, 北部北上山地東部の地質構造—とくに地質構造帯区分に関する諸問題について—. 東北大学理学部地質学古生物学教室研究邦文報告, **83**, 1-19.

山口 靖, 1986, 福島県南会津郡田島町周辺の火砕流堆積物のK-Ar年代. 北村信教授記念地質学論文集, 629-636.

山口 靖, 1991, 南会津地域の地熱系モデルと地熱資源量評価. 地質調査所報告, **275**, 199-227.

山口 靖・津島春秋・北村 信, 1979, 北上山地"田老帯"および"岩泉帯"南部の地質構造発達史. 東北大学理学部地質学古生物学教室研究邦文報告, **80**, 99-117.

山口義伸, 2011, 岩木山の生い立ち. 新編弘前市史 岩木地区通史編, 弘前市岩木総合支所総務課, 16-50.

山路 敦, 1989, 温海附近の地質と羽越地域における前期中新世のリフティング. 地質学論集, no.32, 305-320.

Yamaji, A., 1990, Rapid intra-arc rifting in Miocene northeast Japan. *Tectonics*, **9**, 365-378.

Yamaji, A., 1994 Thermal history of the NE Japan frontal arc since the Late Miocene inferred from vitrinite reflectance, *Geofísica Intern.*, **33**, 45-51.

Yamaji, A., Momose, H. and Torii, M., 1999, Paleomagnetic evidence for Miocene transtensional deformations at the eastern margin of the Japan Sea. *Earth Planets Space*, **51**, 81-92.

山路 敦, 2000, 理論テクトニクス入門—構造地質学からのアプローチ—. 朝倉書店, 287p.

Yamaji, A., 2003, Slab rollback suggested by latest Miocene to Pliocene forearc stress and migration of volcanic front in southern Kyusyu, northern Ryukyu arc. *Tectonophysics*, **364**, 9-24.

Yamaji, A.・天野一男・大槻憲四郎・石井武政, 1986, 島弧横断ルートNo.23（粟島-温海-左沢-天童-作並-仙台）. 北村 信編, 新生代東北本州弧地質資料集, 宝文堂, 36p.

Yamaji, A., Momose, H. and Torii, M., 1999, Paleomagnetic evidence for Miocene transtensional deformations at the eastern margin of the Japan Sea. *Earth Planets Space*, **51**, 81-92.

山路 敦・佐藤比呂志, 1989, 中新世における東北本州弧の沈降運動とそのメカニズム. 地質学論集, no.32, 339-349.

山北 聡・永広昌之, 2009, 北部北上帯葛巻—釜石亜帯中の中・上部三畳系緑色岩—チャートシークェンスの岩相層序およびコノドント生層序. 日本古生物学会2009年年会講演要旨集, 52.

山北 聡・永広昌之・鈴木紀毅・鹿納晴尚, 2004, 北部北上帯南西部のチャート—砕屑岩シークェンスについてのコノドント化石による海洋プレート層序の検討. 日本地質学会第111年学術大会講演要旨, 172.

山北 聡・永広昌之・高橋 聡・鈴木紀毅, 2008, 北部北上帯大鳥層のチャートから産出した後期石炭紀・前期ペルム紀コノドント化石. 日本古生物学会2008年年会講演予稿集, 34.

山北 聡・大藤 茂, 1999, 日本海形成前の日本とロシア沿海州との地質学的連続性. 富山大学環日本海地域研究センター研究紀要, **24**, 1-16.

山北 聡・大藤 茂, 2000, 白亜紀横すべり断層系としての中央構造線—黒瀬川断層系による日本列島先白亜紀地質体の再配列過程の復元. 地質学論集, no.56, 23-38.

Yamamoto, A., Shichi, R. and Kudo, T., 2011, Gravity Database of Japan（CD-ROM）. *Earth Watch Safety Net Research Center, Special Publications 1*, Chubu University.

山本和広・周藤賢治・渡部直樹, 1991, 奥尻島の第三紀火山岩のK-Ar年代と東北日本弧周辺の漸新世および前期中新世火山岩の岩石学的特徴. 岩鉱, **86**, 507-521.

Yamamoto, M., 1984, Origin of calc-alkaline andesite from Oshima-Oshima volcano, North Japan. *Jour. Fac. Sci., Hokkaido Univ., Ser. IV*, **21**, 77-131.

Yamamoto, M., Kagami, H., Narita, A., Maruyama, T., Kondo, A.,

Abe, S. and Takeda, R., 2013, Sr and Nd isotopic compositions of mafic xenoliths and volcanic rocks from the Oga Peninsula, Northeast Japan Arc: Genetic relationship between lower crust and arc magma. *Lithos*, **162-163**, 88-106.

山本伸次, 2010, 構造浸食作用―太平洋型造山運動論と大陸成長モデルへの新視点―. 地学雑誌, **119**, 963-998.

山本信治・入野智久・多田隆治・飯島 東, 1994, 秋田県藤里地域中新世海山の"女川層"珪質頁岩の堆積深度. 地質学雑誌, **100**, 557-573.

山元孝広, 1991, 日本列島の後期新生代岩脈群と造構応力場. 地質調査所月報, **42**, 131-148.

山元孝広, 1992, 会津地域の後期中新世―更新世カルデラ火山群. 地質学雑誌, **98**, 21-38.

山元孝広, 1994, 猪苗代地域の後期中新世―更新世カルデラ火山群. 地質調査所月報, **45**, 135-155.

山元孝広, 1995, 沼沢火山における火砕流噴火の多様性：沼沢湖および水沼火砕堆積物の層序. 火山, **40**, 67-81.

山元孝広, 1996, 東北日本, 霊山地域の中新世火山岩の層序と噴火様式. 地質学雑誌, **102**, 730-750.

山元孝広, 1998, 安達太良火山西山麓の完新世酢川ラハール堆積物. 火山, **2**, 61-68.

山元孝広, 1999a, 田島地域の地質. 地域地質研究報告（5万分の1地質図幅）, 地質調査所, 85p.

山元孝広, 1999b, 福島・栃木地域に分布する30-10万年前のプリニー式降下火砕堆積物：沼沢・燧ヶ岳・鬼怒沼・砂子原火山を給源とするテフラ群の層序. 地調月報, **50**, 743-767.

Yamamoto, T., 2003, Lithofacies and eruption ages of Late Cretaceous caldera volcanoes in the Himeji-Yamasaki district, southwest Japan: Implication for ancient large-scale felsic arc volcanism. *Island Arc*, **12**, 294-309.

山元孝広, 2003, 東北日本, 沼沢火山の形成史：噴出物層序, 噴出年代及びマグマ噴出量の再検討. 地質調査研究報告, **54**, 323-340.

山元孝広, 2005, 福島県, 吾妻火山の最近7千年間の噴火史：吾妻・浄土平火山噴出物の層序とマグマ供給系. 地質学雑誌, **111**(2), 94-110.

山元孝広, 2006, 1/20万「白河」図幅地域の第四紀火山：層序及び放射年代値に関する新知見. 地質調査研究報告, **57**, 17-28.

Yamamoto, T., 2007, A rhyolite to dacite sequence of volcanism directly from the heated lower crust: Late Pleistocene to Holocene Numazawa volcano, NE Japan. *Jour. Volcanol. Geotherm. Res.*, **167**, 119-133.

Yamamoto, T. and Hoang, N., 2009, Synchronous Japan Sea opening Miocene fore-arc volcanism in the Abukuma Mountains, NE Japan: an advancing hot asthenosphere flow versus Pacific slab melting. *Lithos*, **112**, 575-590.

山元孝広・駒澤正夫, 2004, 宮下地域の地質. 地域地質研究報告（5万分の1地質図幅）, 地質調査総合センター, 71p.

山元孝広・久保和也・滝沢文教, 1989, 阿武隈山地東縁部の白亜紀前期火山岩類―福島県原町地域, 高倉層の岩相の噴出年代―. 地質学雑誌, **95**, 701-710.

Yamamoto, T., Nakamura, Y. and Glicken, H., 1999, Pyroclastic density current from the 1888 phreatic eruption of Bandai volcano, NE Japan. *Jour. Volcanol. Geotherm. Res.*, **90**, 191-207.

山元孝広・阪口圭一, 2000, テフラ層序からみた安達太良火山最近25万年間の噴火活動. 地質学雑誌, **106**, 865-882.

山元孝広・須藤 茂, 1996, テフラ層序から見た磐梯火山の噴火活動史. 地質調査所月報, **47**, 335-359.

山元孝広・滝沢文教・高橋 浩・久保和也・駒澤正夫・広島俊男・須藤定久, 2000, 20万分の1地質図幅「日光」. 地質調査所.

山元孝広・柳沢幸夫, 1989, 棚倉破砕帯の北方延長に関する新知見―山形県米沢市南西部の先新第三紀マイロナイト―. 地質調査所月報, **40**, 323-329.

山元孝広・吉岡敏和, 1992, 若松地域の地質. 地域地質研究報告（5万分の1地質図幅）, 地質調査所, 73p.

山元孝広・吉岡敏和, 1999, 田島地域の地質. 地域地質研究報告（5万分の1地質図幅）, 地質調査所, 85p.

Yamamoto, Yojiro, Hino, R., Nishino, M., Yamada, T., Kanazawa, T., Hashimoto, T. and Aoki, G., 2006, Three-dimensional seismic velocity structure around the focal area of the 1978 Miyagi-Oki earthquake. *Geophys. Res. Lett.*, **33**, doi:10. 1029/2005GL025619.

Yamamoto, Yojiro, Obana, K., Kodaira, S., Hino, R. and Shinohara, M., 2014, Structural heterogeneities around the megathrust zone of the 2011 Tohoku earthquake from tomographic inversion of onshore and offshore seismic observations. *Jour. Geophys. Res.: Solid Earth*, **119**, 1165-1180.

山中晶子・吉田孝紀, 2007, 宮城県雄勝地域における下部三畳系大沢層泥岩の化学組成と生痕化石相. 堆積学研究, **64**, 95-99.

Yamanaka, Y. and Kikuchi, M., 2003, Source process of the recurrent Tokachi-oki earthquake on September 26, 2003, inferred from teleseismic body waves. *Earth Planets Space*, **55**, e21-e24.

Yamanaka, Y. and Kikuchi, M., 2004, Asperity map along the subduction zone in northeastern Japan inferred from regional seismic data. *Jour. Geophys. Res.*, **109**, B07307, doi:10. 1029/2003 JB002683.

山野井徹, 1983, 山形県新庄層群の花粉層序. 国立科学博物館専報, **16**, 37-52.

山野井徹, 1986, 山形盆地の形成とその自然環境の変遷. 東北地方における盆地の自然環境論的研究 山形大学特定研究経費成果報告書（昭和58・59・60年度）, 47-86.

山野井徹, 1987, 出羽丘陵の崩壊災害. 山形応用地質, **7**, 35-40.

山野井徹, 1993, 土地分類基本調査5万分の1「月山」表層地質説明書. 山形県, 30-45.

山野井徹, 2003, 山形ニュータウン建設で現れた蔵王火山帯の大崩壊堆積物. 日本地すべり学会誌, **40**, 78-83.

山野井徹, 2005a, 山形盆地と外縁山地の形成. 第四紀研究, **44**, 247-261.

山野井徹, 2005b, 地すべり地の堆積物の諸相とシーケンス―山形県朝日町八沼地すべりを例として―. 日本地すべり学会誌, **42**, 17-25.

山野井徹・齊藤喜和子・柳沢幸夫, 2008, 山形県小国町の中新統からマングローブ（メヒルギ属）花粉の産出. 地質学雑誌, **114**, 262-266.

山野井徹・齊藤喜和子・松原尚志・小守一雄, 2010, 岩手県二戸地域の門ノ沢層（中部中新統）からマングローブ（メヒルギ属）花粉化石の発見. 地質学雑誌, **116**, 114-117.

山岡一雄, 1983, 鉱石面からみた田老本坑・新下部両鉱床-黒鉱鉱床との比較. 岩鉱, **78**, 21-37.

山岡一雄・根建心具, 1978, 千歳・高玉両浅熱水性鉱床産金銀鉱物. 日本の金銀鉱石―第2集―, 日本鉱業会, 75-100.

山岡一雄・植田良夫, 1974, 本邦における2, 3の金属鉱床のK-Ar年代. 鉱山地質, **24**, 291-296.

Yamasaki, T. and Seno, T., 2003, Double seismic zone and dehydration embrittlement of the subducting slab: *J. Geophys. Res.*, **108**, 2212, doi:10. 1029/2002JB001918.

山下　昇, 1957, 中生代（上）,（下）. 地団研地学双書11, 94p, 116p.

Yamashita S. and Fujii, T., 1992, Experimental petrology of basement basaltic rocks from sites 794 and 797, Japan Sea. In *Proceedings of the Ocean Drilling Program, Scientific Results, 127/128*, Texas A&M University, College Station, TX, 891-898.

Yamashita, S. and Tatsumi, Y., 1994, Thermal and geochemical evolution of the mantle wedge in the northeast Japan arc. 2. Contribution from geochemistry. *Jour. Geophys. Res.*, **99**, 22285-22293.

山内　仁・箕浦幸治, 1986, 久慈地域の久慈層および野田層：上部白亜系・古第三系堆積盆にみる堆積過程. 弘前大学理科報告, **33**, 96-120.

山崎　円・大上和良・永広昌之・大石雅之, 1984, 南部北上山地北縁部, 折壁峠のシルル系. 地球科学, **38**, 268-272.

Yamazaki, T. and Okamura, Y., 1989, Subducting seamounts and deformation of overriding forearc wedges around Japan. *Tectonophysics*, **160**, 207-229.

山田剛二・渡　正亮・小橋澄治, 1971, 地すべり斜面崩壊の実態と対策. 山海堂, 580p.

Yanagisawa, I., 1967, Geology and paleontology of the Takakurayama-Yaguki Area, Yotsukura-cho, Fukushima Prefecture. *Sci. Rep. Tohoku Univ., 2nd Ser.*, **39**, 63-112.

柳沢一郎・根本　守, 1961, 阿武隈山地・高倉山付近の古生層について. 地質学雑誌, **67**, 274-283.

柳沢幸夫, 1990, 仙台層群の地質年代―珪藻化石層序による再検討―. 地質調査所月報, **41**, 1-25.

柳沢幸夫, 1996, 茨城北茨城市大津地区に分布する新第三系多賀層群の珪藻化石層序. 国立科学博物館専報, **29**, 41-59.

柳沢幸夫, 1998, 岩手県北上市西部に分布する新第三系竜の口層の珪藻化石層序. 岩手県立博物館調査研究報告書, 北上低地帯の鮮新・更新統の地質と年代, **14**, 29-36.

柳沢幸夫, 1999, 仙台市西部に分布する中部中新統旗立層の珪藻化石層序. 地質調査所月報, **50**, 269-277.

Yanagisawa, Y. and Akiba, F., 1998, Refined Neogene diatom biostratigraphy for the northwest Pacific around Japan, with introduction of code numbers for selected diatom horizons. *Jour. Geol. Soc. Japan*, **104**, 395-414.

柳沢幸夫・秋葉文雄, 1999, 松島地域の中新世珪藻化石層序の再検討. 地質調査所月報, **50**, 431-448.

柳沢幸夫・栗原行人, 2002, 宮城県南部・福島県北部に分布する中新統の珪藻化石層序と貝類化石. 地質調査研究報告, **53**, 635-643.

柳沢幸夫・中村光一・鈴木祐一郎・沢村孝之助・吉田史郎・田中裕一郎・本田　裕・棚橋　学, 1989, 常磐炭田北部双葉地域に分布する第三系の生層序と地下地質. 地質調査所月報, **40**, 405-467.

柳沢幸夫・鈴木祐一郎, 1987, 常磐炭田漸新統白坂層の珪藻及び珪質鞭毛藻化石. 地質調査所月報, **38**, 81-88.

柳沢幸夫・高橋友啓・長橋良隆・吉田武義・黒川勝己, 2003, 福島県太平洋岸に分布する鮮新統大年寺層のテフラ層―その1. 年代層序―. 地質調査研究報告, **54**, 351-364.

柳沢幸夫・山口龍彦・林　広樹・高橋雅紀, 2003, 福島県東棚倉地域に分布する上部中新統久保田層の海生珪藻化石層序と古環境. 地質調査研究報告, **54**, 29-47.

柳沢幸夫・山元孝広・坂野靖行・田沢純一・吉岡敏和・久保和也・滝沢文教, 1996, 相馬中村地域の地質. 地域地質研究報告（5万分の1地質図幅）, 地質調査所, 144p.

柳沢幸夫・山元孝広, 1998, 玉庭地域の地質. 地域地質研究報告（5万分の1地質図幅）, 地質調査所, 94p.

矢内桂三, 1972, 足尾山地北部の後期中生代後期酸性火成岩類，その1. 地質. 岩鉱, **67**, 193-202.

矢内桂三・井上　武・大口健志, 1973, 朝日山地の白亜紀後期田川酸性岩類―新第三系グリーン・タフ層基盤岩の再検討―. 地質学雑誌, **79**, 11-22.

矢内桂三・蟹沢總史, 1973, 北上外縁帯とどヶ崎地域の原地山層. 日本地質学会第80年学術大会講演要旨, 73.

矢内桂三・大口健志・長谷川治・馬場　敬, 1979, 5万分の1地質図幅「湯殿山」および同説明書, 山形県, 46p.

Yang, J., Gao, S., Chen, C., Tang, Y., Yuan, H., Gong, H., Xie, S. and Wang, J., 2009, Episodic crustal growth of North China as revealed by U-Pb age and Hf isotopes of detrital zircons from modern rivers. *Geochim. Cosmochim. Acta*, **73**, 2660-2673.

Yang, J. H., Wu, F. Y., Chung, S. L., Lo, C. H., Wilde, S. A., Davis, G. A., 2007, Rapid exhumation and cooling of the Liaonan metamorphic core complex: inferences from $^{40}Ar/^{39}Ar$ thermochronology and implications for Late Mesozoic extension in the eastern North China Craton. *Geol. Soc. Amer. Bull.*, **119**, 1405-1414.

Yang, W. P. and Tazawa, J., 2000, Early Carboniferous microspores from the southern Kitakami Mountains, northeast Japan. *Paleont. Res.*, **4**, 57-67.

Yang, Z., Sun, Z., Yang, T. and Pei, J., 2004, A long connection（750-380Ma）between South China and Australia: paleomagnetic constraints. *Earth Planet. Sci. Lett.*, **220**, 423-434.

矢野雄策・田中明子・高橋正明・大久保泰邦・笹田政克・梅田浩司・中司　昇, 1999, 日本列島地温勾配図. 地質調査所.

八島隆一, 1990, 東北日本弧における鮮新世火山岩のK-Ar年代：阿闍羅山安山岩, 青ノ木森安山岩, 七ツ森デイサイト, 笹森山安山岩. 地球科学, **44**, 150-153.

八島隆一・中通り団体研究会, 1981, 中通り・川桁地域の変成岩類（I）―中通り地域の結晶片岩類と超塩基性岩類―. 福島大学教育学部理科報告, **31**, 109-126.

八島隆一・大竹二男・長橋良隆, 2001, 東北地方における後期中新世-鮮新世火山岩のK-Ar年代. 地球科学, **55**, 253-257.

八島隆一・佐藤二郎・木村純一, 1995, 岩手県水沢市北西地域における鮮新-更新世火山岩類のK-Ar年代. 地球科学, **49**, 61-64.

安井光大・山元正継, 2000, 東北日本弧, 稲庭岳地域の火山層序とK-Ar年代―著しくK_2Oに乏しいマグマの活動時期―. 岩石鉱物科学, **29**, 74-84.

安井光大・山元正継, 2006, 東北本州弧, 稲庭岳に産するソレアイト系列岩の岩石学的研究―鮮新世に噴出した高温タイプのソレアイトマグマ―. 岩石鉱物科学, **35**, 78-96.

Yohro, T., Hashimoto, T., Ibusuki, A., Murayama, T., Okano, T., Sasalawa. S., and Tanaka, H., 2006, Shimokita Area Site Survey: Northern Japan Trench Seismin Survey, Offshore Northren Honshu Japan. *CDEX Technical Report*, **2**.

横瀬久芳, 1989, 尾瀬燧ヶ岳火山の岩石記載及び全岩化学組

成. 岩鉱, **84**, 301-320.

Yokoyama, R., shirasawa, M. and Kikuchi, Y., 1999, Representation of topographical features by opennesses. *Jour. Japan Soc. Photogram. Rem. Sens.*, **38**, 26-34.

横山祐典, 2009, 海水準変動とグローバルな氷床量. 日本第四紀学会 50 周年電子出版編集委員会編, デジタルブック最新第四紀学, 2-29～2-48.

米地文夫, 2006, 磐梯山爆発, 古今書院, 201p.

米地文夫・菊池強一, 1966, 尾花沢軽石層について. 東北地理, **18**, 23-27.

米地文夫・西谷克彦, 1975, 月山, 葉山, 肘折の ¹⁴C 年代測定値：出羽三山・葉山, 山形県総合学術調査会, 344-348.

吉田明夫・石川有三・岸尾政弘, 1988, 東北日本のサイスモテクトニクスと男鹿-牡鹿構造帯. 地震第 2 輯, **28**, 563-571.

Yoshida, Keisuke., Hasegawa, A., Okada, T., Iinuma, T., Ito, Y., Asano, Y., 2012, Stress before and after the 2011 Great Tohoku-oki earthquake, and induced earthquakes in inland areas of eastern Japan. *Geophys. Res. Lett.*, **39**, L03302, doi:10. 1029/2011GL 049729.

Yoshida, Keisuke., Hasegawa, A. and Yoshida, T., 2016, Temporal variation of frictional strength in an earthquake swarm in NE Japan caused by fluid migration. *J. Geophys. Res., Solid Earth*, doi:10. 1002/2016JB013022.

吉田孝紀, 2000, 薄衣型礫岩の堆積とその造構環境—中部ペルム系粗粒砕屑岩における砂岩組成と堆積相の解析—. 地質学論集, no.56, 89-102.

吉田孝紀・川上源太郎・川村信人, 1995a, 南部北上帯最上部ペルム系と下部三畳系に認められる重鉱物濃集砂岩. 地質学雑誌, **101**, 279-294.

吉田孝紀・川村信人・町山栄章, 1994, 南部北上帯ペルム系砕屑岩組成の変化. 地質学雑誌, **100**, 744-761.

吉田孝紀・川村信人・北上古生層研究グループ, 1995b, 南部北上帯大迫地域のシルル系に含まれる砕屑性クロムスピネル. 地質学雑誌, **101**, 817-820.

吉田孝紀・町山栄章, 1998, 南部北上帯西縁部における中部ペルム系粗粒砕屑岩相. 地質学雑誌, **104**, 71-89.

Yoshida, Kouki. and Machiyama H., 2004, Provenance of Permian sandstones, South Kitakami Terrane, Northeast Japan: implications for Permian arc evolution. *Sed. Geol.*, **166**, 185-207.

吉田孝紀・町山栄章・加藤　誠・川村信人, 1992, 南部北上達曽部地域のペルム系層序の再検討. 地球科学, **46**, 97-104.

Yoshida, Kunikazu., Miyakoshi, K. and Irikura, K., 2011, Source process of the 2011 off the Pacific coast of Tohoku Earthquake inferred from waveform inversion with long-period strong-motion records. *Earth Planets Space*, **63**, 577-582.

吉田三郎, 1980, 山形県の新第三紀花崗岩類および凝灰岩類のフィッション・トラック年代. 原研施設共同利用研究経過報告書, 27-28.

吉田三郎・小山孝治・中里浩也・伊藤伸彦, 1985a, 山形市周辺の新第三系火砕岩のフィッション・トラック年代. 日本地質学会東北支部会報, **15**, 11.

吉田三郎・小山孝治・中里浩也・伊藤伸彦, 1985b, 山形盆地に分布する新第三紀火砕岩のフィッション・トラック年代と対比. 山形大学紀要（自然科学）, **11**, 193-205.

吉田鎮男, 1980, 北部北上帯と南部北上帯の地質学的関係. 日本列島北部における地向斜および構造帯区分の再検討（総研 A 報告書）, 9-26.

吉田鎮男, 1981, チャートラミナイト：岩石学的記載と本邦地向斜における産状. 地質学雑誌, **87**, 131-141.

吉田　尚, 1961, 5 万分の 1 地質図幅「釜石」および同説明書. 地質調査所, 26p.

吉田　尚, 1968, 北部北上山地古中生層の地質構造区分. 地質学雑誌, **74**, 139.

吉田　尚・青木ちえ, 1972, 北海道松前半島の古生層と渡島半島南部のコノドントの産出について. 地質調査所月報, **23**, 635-646.

吉田　尚・原子内貢・青木ちえ, 1981, 大船渡市行人沢からのシルル紀コノドント（演旨）, 日本地質学会第 88 年学術大会講演要旨, 262.

吉田　尚・笠井勝美・青木ちえ, 1976, 八溝山系の地質と足尾帯の構造. 地質学論集, no.13, 15-24.

吉田　尚・片田正人, 1964, 5 万分の 1 地質図幅「大槌・霞露岳」および同説明書. 地質調査所, 30p.

吉田　尚・片田正人, 1984, 宮古地域の地質. 地域地質研究報告（5 万分の 1 地質図幅）, 地質調査所, 64p.

Yoshida, Takashi and Kato, M., 1957, "Onimaru type" corals newly found in the Northern Kitakami Mountain region, Japan. *Trans. Proc. Palaeont. Soc. Japan, N. S.*, 28, 115-117.

吉田　尚・野沢　保・片田正人, 1981, 氷上花崗岩と古生層との関係. 総合研究「日本列島及び周辺地域における下部古生界～上部原生界についての地質学的岩石学的諸問題」研究報告, 73-78.

吉田　尚・大沢　穣・片田正人, 1984, 20 万分の 1 地質図「盛岡」. 地質調査所.

吉田　尚・吉井守正・片田正人・田中哲策・坂本　亨・佐藤博之, 1987, 陸中大野地域の地質. 地域地質研究報告（5 万分の 1 地質図幅）, 地質調査所, 70p.

吉田武義, 1975, マグマ溜り. 海洋科学, **73**, 750-756.

吉田武義, 1981, 四国中央部別子地域, 国領川ルートにおける三波川結晶片岩の地質構造. 地質学雑誌, **87**, 61-76.

吉田武義, 1989, 東北本州弧第四紀火山岩類の研究. 地質学論集, no.32, 353-384.

Yoshida, Takeyoshi, 2001, The evolution of arc magmatism in the NE Honshu arc, Japan. *Tohoku Geophys. Jour.*, **36**, 131-149.

吉田武義, 2009, 東北本州弧における後期新生代の火成活動史. 地球科学, **63**, 269-288.

吉田武義・阿部智彦・谷口政碩・青木謙一郎, 1987, 東北日本弧, 船形火山噴出物の地球化学的研究. 東北大学核理研研究報告, **20**, 131-152.

吉田武義・相澤幸治・長橋良隆・佐藤比呂志・大口健志・木村純一・大平寛人, 1999a, 東北本州弧, 島弧火山活動期の地史と後期新生代カルデラ群の形成. 月刊地球, 号外 27, 123-129.

Yoshida, Takeyoshi and Aoki, K., 1984, Geochemistry of major and trace elements in the Quaternary volcanic rocks. *Sci. Rep. Tohoku Univ., 3rd Ser.*, **16**, 1-34.

吉田武義・青木謙一郎, 1988, 東北本州弧第四紀火山岩類へのプロセス判定図の適用. 東北大学核理研研究報告, **21**, 301-318.

吉田武義・本多　了, 2005, 新生代, 東北本州弧の火成活動史. 月刊地球, 号外 52, 23-28.

吉田武義・木村純一・大口健志・佐藤比呂志, 1997, 島弧マグマ供給系の構造と進化. 火山, **42**, S180-S207.

Yoshida, Takeyoshi, Kimura, J.-I., Yamada, R., Acocella, V., Sato,

H., Zhao, D., Nakajima, J., Hasegawa, A., Okada, T., Honda, S., Ishikawa, M., Prima, O. D. A., Kudo, T., Shibazaki, B., Tanaka, A. and Imaizumi, T., 2014, Evolution of late Cenozoic magmatism and the crust-mantle structure in the NE Japan Arc. In Gomez-Tuena, A., Straub, S. M. and Zellmer, G. F., eds., Orogenic Andesites and Crustal Grwoth, *Geol. Soc., London, Spec. Publ.*, **385**, 335-387, doi:10. 1144/SP385. 15.

Yoshida, Takeyoshi, Masumoto, K. and Aoki, K., 1986, Photon-activation analysis of standard rocks using an automatic γ-ray counting system with a micro-robot. *Jour. Japan Assoc. Mineral. Petrol. Econ. Geol.*, **81**, 406-422.

吉田武義・村田　守・山路　敦, 1993, 石鎚コールドロンの形成と中新世テクトニクス. 地質学論集, no.42, 297-349.

吉田武義・中島淳一・長谷川昭・佐藤比呂志・長橋良隆・木村純一・田中明子・Prima, O. D. A.・大口健志, 2005, 後期新生代, 東北本州弧における火成活動史と地殻・マントル構造. 第四紀研究, **44**, 195-216.

吉田武義・大口健志・千葉とき子・青木謙一郎, 1986, 東北地方西部の後期白亜紀～前期中新世火山岩類の地球化学的研究. 東北大学核理研研究報告, **19**, 163-177.

吉田武義・大口健志・阿部智彦, 1995, 新生代東北本州弧の地殻・マントル構造とマグマ起源物質の変遷. 地質学論集, no.44, 263-308.

吉田武義・大貫　仁・田切美智雄, 1977, 愛媛県東赤石山地域の超苦鉄質岩類とその随伴岩類. 秀　敬編, 三波川帯, 広島大学出版研究会, 69-76.

吉田武義・酒寄淳史・青木謙一郎, 1988, 東北本州弧第四紀火山岩組成の広域的変化. 東北大学核理研研究報告, **21**, 281-300.

吉田武義・津村紀子・長谷川昭・岡村　聡・趙　大鵬・木村純一, 1999b, 東北本州弧におけるマントルの構成と進化. 月刊地球, **21**, 179-193.

吉田武義・渡部　均・青木謙一郎, 1983, 那須北帯, 八幡平火山の地球化学的研究. 東北大学核理研研究報告, **16**, 309-324.

Yoshida, Yasuhiro., Ueno, H., Muto, D. and Aoki, S., 2011, Source process of the 2011 off the Pacific coast of Tohoku Earthquake with the combination of teleseismic and strong motion data. *Earth Planets Space*, **63**, 565-569.

吉原　賢・鈴木紀毅・永広昌之, 2002, 北部北上山地, 葛巻―釜石帯のマンガンノジュールから中期ジュラ紀放散虫化石の発見とその意義. 地質学雑誌, **107**, 536-539.

吉井守定・片田正人, 1968, 岩手県久慈市東方のプロトクラスチック組織をもつ二子花崗岩. 岩鉱, **60**, 228-239.

吉井守定・片田正人, 1974, 北上山地の白亜紀花崗岩類 II. 北部北上山地の花崗岩類. 地質調査所報告, **251**, 8-22.

吉井敏尅, 1975, "Aseismic Front" の提唱. 地震第 2 輯, **28**, 365-367.

Yoshii, T., 1979, Detailed cross-section of the deep seismic zone beneath northeastern Honshu, Japan. *Tectonophysics*, **55**, 349-360.

Yoshikawa, M. and Ozawa, K., 2007, Rb-Sr and Sm-Nd isotopic systematics of the Hayachine-Miyamori ophiolitic complex: Melt generation process in the mantle wedge beneath an Ordovician island arc. *Gondowana Research*, **11**, 234-246.

吉川敏之・高橋雅紀・岡田利典, 2001, 足尾山地東縁部に分布する中新世火山岩の K-Ar 年代. 地質学雑誌, **107**, 41-45.

吉本和生・内田直希・佐藤春夫・大竹政和・平田　直・小原一成, 2000, 長町-利府断層（宮城県中部）近傍の微小地震活動. 地震第 2 輯, **52**, 407-416.

吉村尚久, 2001, 粘土鉱物と変質作用, 地学団体研究会, 300p.

Yoshinaga, T. and Nakagawa, M., 1999, Finding of primary basalt from Sannome-gata volcano, northeastern Japan, and its compositional variation. *Jour. Mineral. Petrol. Econ. Geol.*, **94**, 241-253.

吉山　昭・柳田　誠, 1995, 河成地形面の比高分布からみた地殻変動. 地学雑誌, **104**, 809-826.

Yu, J. H., O'Reillyb, S. Y., Wang, L., Griffin, W. L., Zhang, M., Wang, R., Jiang, S. and Shu, L., 2008, Where was South China in the Rodinia supercontinent? Evidence from U-Pb geochronology and Hf isotopes of detrital zircons. *Precambrian Res.*, **164**, 1-15.

Yun, H. and Yi, S., 2002, Biostratigraphy and paleoceanography for the Gorae and Dolgorae wells, offshore Korea, and their implications to Neogene tectonic history. In Tateishi, M. and Kurita, H., eds., *Development of Tertiary sedimentary basins around Japan Sea（East Sea）*, Niigata University, 65-78.

Zashu, S., Kaneoka, I. and Aoki, K., 1980, Sr isotope study of mafic and ultramafic inclusions from Itinome-gata, Japan. *Geochem. Jour.*, **14**, 123-128.

Zen, E-an, 1986, Aluminum enrichment in silicate melts by fractional crystallization: Some mineralogic and petrographic constraints. *Jour. Petrol.*, **27**, 1095-1117.

Zhang, H., Wang, Y., Shen, G., He, Z. and Wang, J., 1999, Palaeophytogeography and palaeoclimatic implications of Permian Gigantopterids on the North China Plate. In Yin, H. and Tong, J., eds., *Proc Int Conf Pangea Paleoz-Mesoz transition（March 9-11, 1999, China Univ. Geosci., Wuhan）*, 167-168.

Zhang, J. H., Gao, S., Ge, W. C., Wu, F. Y., Yang, J. H., Wilde, S. A., Li, M., 2010, Geochronology of the Mesozoic volcanic rocks in the Great Xing'an Range, northeastern China: implications for subduction-induced delamination. *Chem. Geol.*, **276**, 144-165.

Zhang, J. J., Zheng, Y. F., Zhao, Z. F., 2009, Geochemical evidence for interaction between oceanic crust and lithospheric mantle in the origin of Cenozoic continental basalts in east-central China. *Lithos*, **110**, 305-326.

Zhang, M., Suddaby, P., Thompson, R. N., Thirlwall, M. F. and Menzies, M. A., 1995, Potassic volcanic-rocks in NE China - geochemical constraints on mantle source and magma genesis. *J. Petrol.*, **36**, 1275-1303.

Zhang, S. and Zhen, Y., 1991, Chapter 5 China. In Moullade, M. and Nairn, A. E. M., eds., *The Phanerozoic Geology of the World I The Palaeozoic, A*, Wlsevier, Amsterdam, 219-274.

Zhang, Z. and Schwartz, S. Y., 1992, Depth distribution of moment release in underthrusting earthquakes at subduction zones. *Jour. Geophys. Res.*, **97**, 537-554.

Zhao, D., 2004, Global tomographic images of mantle plumes and subducting slabs: insight into deep Earth dynamics. *Physics of the Earth and Planetary Interiors*, **146**, 3-34.

Zhao, D., Hasegawa, A. and Horiuchi, S., 1992a, Tomographic imaging of P and S wave velocity structure beneath northeastern Japan. *Jour. Geophy. Res.*, **97**, 19909-19928.

Zhao, D., Hasegawa, A. and Kanamori, H., 1994, Deep structure of Japan subduction zone as derived from local regional and teleseismic events. *Jour. Geophys. Res.*, **99**, 22313-22329.

Zhao, D., Horiuchi, S. and Hasegawa, A., 1990, 3-D seismic wave velocity structure of the crust in the northeastern Japan arc. *Tectonophysics*, **181**, 135-149.

Zhao, D., Horiuchi, S. and Hasegawa, A., 1992b, Seismic velocity structure of the crust beneath the Japan Islands. *Tectonophysics*, **212**, 289-301.

Zhao, D., Huang, Z., Umino, N., Hasegawa, A. and Kanamori, H., 2011, Structural heterogeneity in the megathrust zone and mechanism of the 2011 Tohoku-oki earthquake (Mw 9.0). *Geophys. Res. Lett.*, **38**, L17308, doi:10. 1029/2011GL048408.

Zhao, D., Huang, Z., Umino, N., Hasegawa, A. and Yoshida, T., 2011, Seismic imaging of the Amur-Okhotsk plate boundary zone in the Japan Sea. *Physics of the Earth and Planetary Interiors*, **188**, 82-95, doi:10. 1016/j. pepi. 2011. 06. 013.

Zhao, D., Lei, J., and Tang, R., 2004, Origin of the Changbai volcano in northeast China: evidence from seismic tomography. *Chinese Sci. Bull.*, **49**, 1401-1408.

Zhao, D., Maruyama, S. and Omori, S., 2007, Mantle dynamics of Western Pacific and East Asia: insight from seismic tomography and mineral physics. *Gondwana Res.*, **11**, 120-131.

Zhao, D., Matsuzawa, T. and Hasegawa, A., 1997, Morphology of the subducting slab boundary and its relationship to the interplate seismic coupling. *Phys. Earth Planet. Inter.*, **102**, 89-104.

Zhao, D. and Ohtani, E., 2009, Deep slab subduction and dehydration and their geodynamic consequences: Evidence from seismology and mineral physics. *Gondwana Res.*, **16**, 401-413.

Zhao, D., Wang, Z., Umino, N. and Hasegawa, A., 2009, Mapping the mantle wedge and interplate thrust zone of the northeast Japan arc. *Tectonophysics*, **467**, 89-106.

Zhao, D., Xu, Y., Wiens, D., Dorman, L., Hildebrand, J. and Webb. S., 1997, Depth extent of the Lau back-arc spreading center and its relation to subduction processes. *Science*, **278**, 254-257.

Zhao, D., Yanada, T., Hasegawa, A., Umino, N. and Wei, W., 2012, Imaging the subducting slabs and mantle upwelling under the Japan Islands. *Geophys. Jour. Intern.*, **190**, 816-828, doi:10. 1111/ j. 1365-246X. 2012. 05550. x.

Zhao, W. L., Davis, D. M., Dahlen, F. A. and Suppe, J., 1986, Origin of convex accretionary wedges: Evidence from Barbados. *Jour. Geophys. Res.*, **91**, 10246-10258.

Zhu, G., Gerya, T. V., Yuen, D. A., Honda, S., Yoshida, T. and Connolly, J. A. D., 2009, Three-dimensional dynamics of hydrous thermal-chemical plumes in oceanic subduction zones. *Geochem. Geophys. Geosys.*, **10**, Q11006, doi:10. 1029/2009GC002625.

Zhuravlev, D. Z., Tsvetkov, A. A., Zhuravlev, A. Z., Gladkov, N. G. and Chernyshev, I. V., 1987, ^{143}Nd/^{144}Nd and ^{87}Sr/^{86}Sr ratios in recent magmatic rocks of the Kurile island arc. *Chem. Geol.*, **66**, 227-243.

Zindler, A. and Hart, S., 1986, Chemical Geodyanamics. *Annual Rev. Earth Planet. Sci.*, **14**, 493-571.

Zindler, A., Staudigel, H. and Batiza, R., 1984, Isotope and trace element geochemistry of young Pacific seamounts: implications for the scale of upper mantle heterogeneity. *Earth Planet. Sci. Lett.*, **70**, 175-195.

Zoback, M. D., Moss, D., Mastin, R. L. and Anderson, R. M., 1985, Well bore breakouts and in situ stress. *Jour. Geophys. Res.*, **90**, 5523-5530.

Zoback, M. D. and Townend, J., 2001, Implications of hydrostatic pore pressures and high crustal strength for the deformation of intraplate lithosphere. *Tectonophysics*, **336**, 19-30.

Zonenshain, L. P., Kuzmin, M. I. and Natapov, L. M., 1990, *Geology of the USSR: A plate-tectonic synthesis: AGU Geodynamics Series*, **21**, AGU, 242p.

索　引

■あ

合の沢層　106, 185, 188
アウターライズ地震　33, 518
青沢断層　358, 425
青沢リフト　1, 71, 134, 339
青麻-恐火山列　5, 23
青麻火山　402
青麻山円頂丘溶岩類　402
青森湾西岸断層帯　22
赤石断層　336
赤金鉱山　537
赤沢層　108
赤島層　473
赤松沢溶岩　402
秋保層群　372
秋田-庄内油田系列玄武岩　553
秋田-新潟堆積盆地　9
秋田-山形堆積盆地　430
秋田駒ケ岳　409
秋田焼山　406
秋田油田　127
秋吉帯　196
明戸砂岩　275
明戸層　275
あけら山円頂丘溶岩　402
アサイスミックフロント　51, 500
浅貝砂岩層　281
浅貝層　281
浅貝動物化石群　282
朝日帯　3, 117, 184, 270, 317
朝日流紋岩類　322
浅見川部層　279
足尾帯　1, 3, 117, 184, 268
足澤砂岩層　279
足沢層　279
芦野火砕流　11
〃ノスフェリティ　38, 39, 496, 501, 509
　2列の――　40
　――の実体　39
アセノスフェア　328
アダカイト　292, 324
アダカイト質花崗岩　296
アダカイト質岩　284
アダカイト質累帯深成岩体　293
アダカイトフロント　326
安達太良山　417
安家-田野畑亜帯　3, 115, 184, 256, 479
安家層　258
安家帯　244
安家ユニット　258

圧縮応力場　33
圧縮性インブリケイトファン　464
圧縮性臨界状態　505, 517
圧縮性臨界状態域　516
合足層　287
吾妻山　415
阿仁合型植物群　120
阿仁鉱山　538
阿武隈花崗岩類　308
阿武隈山地　10, 306
　――東縁の火成岩類　313
　――の西堂平岩体　295
阿武隈帯　1, 3, 105, 118, 181, 480
　――の火成岩類　283
あぶくま洞　268
阿武隈迸入帯　117
阿武隈変成岩類　260
阿武隈リッジ（阿武隈隆起帯）　450,
　454, 484, 490, 495
余目油田　552
鮎川層　232
鮎川累層　290
鮎田ユニット　270
荒川断層　356
荒砥崎層　226
荒砥層　226
有住層　199, 200
アルカリ性変質帯　532
粟津層　234
安山岩期　329
安山岩質岩脈　293
安山岩質マグマ　24, 83
安田層　127

飯豊山地　5, 17
井内石　223
雷峠層　279
壱岐構造線　427, 471
幾春別層　277
伊里前層　183, 222
いざなぎプレート　11
胆沢川トーナル岩　106, 187
石狩-北上磁気異常帯　326, 487
石狩～北上ベルト　453, 468
石巻-鳥海構造線　471
石森岩体　311
異常間隙水圧　52
異常減衰域　520
石割峠層　113, 228
伊豆半島　3
出山石灰岩　206

磯草層　228
イザナギプレート　326
一関-石越撓曲構造　357
一戸深成岩体　302
糸魚川-静岡構造線　31, 427, 471
稲井石　223
稲井層群　112, 183, 219
入石倉層　218
入川層　473
入四間岩体　308
入旅人型トーナル岩　309
入遠野岩体　310, 313
入間沢部層　281
入水鍾乳洞　268
岩井崎階　211
岩井崎石灰岩　212
岩泉構造線　115, 184, 244
岩泉帯　244
磐城沖ガス田　562
石城砂岩層　281
岩木山　418
石城層　281
磐城地域の崩壊　590
岩倉山複合岩類　193
岩手・宮城内陸地震　79, 587
岩手火山　408
岩室層　270
院内鉱山　534
インブリケイトファン　447, 493

羽越山塊　358
ウェッジの幾何学的形態（尖形角）　50
植ノ畑層　218
上原テフラ　412
有家部層　276
薄衣式礫岩　111, 204, 214, 238
唄貝層　201
内ウェッジ　486
内川目層　207
内の原層　183, 224
移ケ岳斑れい岩体　313
鵜の木変成岩　185
姥石層　286
姥ヶ岳山体　426
馬追-胆振断層帯　452
浦幌層群　473
上野層　217

エクロジャイト化　44
　玄武岩質岩の――　45
エクロジャイト化深度　59

蝦夷前弧堆積盆　482, 489, 493
蝦夷堆積盆地　450
エネルギー資源　527
襟裳岬沖開口部　469
塩基性〜超塩基性岩類　312
塩水化　592
塩水化現象　595
円錐形成層火山　420
円田層　402
エンリッチ　97
エンリッチマントル　75

奥入瀬渓谷　405
奥羽脊梁山脈　5, 14, 26, 88, 399
鷲宿岩沢断層　356
W型の応力集中帯　175
大芦層　218
大網層　360, 402
大荒沢層　356
大井川断層　425
大井沢構造帯　3
大石層　356
大泉鉱山　547
大浦花崗岩　295
大籠層　214, 215
大萱沢岩体　306
大萱生鉱山　534
大川目層　201
大久保シルト岩層　279
大久保層　279
大桑-万願寺動物群　127
大桑層　127
大坂本層　254
大沢川・七つ滝岩体　315
大沢川部層　195
大沢層　221
大地獄谷ステージ　408
大島層群　229
大島造山運動　1, 117, 454, 481
大平層　199, 200
太田名部花崗岩　295
大峠カルデラ　522
大戸層　270
大鳥層　246, 254
大鳥ユニット　246, 254
大野層　107, 190
大鉢森角閃岩類　185
大久川部層　279
大船渡層群　113, 233, 287, 301
大船渡帯　112, 183, 233
大洞層　206
大森層　125, 191
大八景島層　213
大谷鉱山　534
大和田頁岩　226
大和田層　226
男鹿-粟島断層帯　5, 9, 20, 23
男鹿-牡鹿構造帯　471
牡鹿深成岩体　306
男鹿-佐渡-山陰帯　154
沖縄トラフ　478

荻の浜層　231
奥平サブユニット　249
奥利根層　270
奥新冠岩体　327
小国デイサイト　119
奥火の土層　190
御倉山溶岩ドーム　406
小古内部層　276
長部礫岩　206
尾去沢鉱山　538
牡鹿層群　230
小島層　226
渡島帯　115
小島礫岩　220, 238
尾瀬沼　422
恐山　402
小田越層　107, 192, 195, 202
落合層　209
尾太-盛岡構造線　427, 450
尾太鉱山　542
音川層　435
音別層群　473
オナシ沢溶岩　402
御苗代ステージ　408
鬼ヶ城ステージ　408
鬼久保砂岩礫岩互層部層　279
鬼首カルデラ　86, 520
鬼首地震　388
鬼又ステージ　408
鬼丸層　83, 197
オホーツクプレート　29
御神坂ステージ　408
小本川断層　321
小本層　113, 259, 273
親潮古陸　489
折壁深成岩体　304
折壁峠層　107, 192, 193
オルビトリナ砂岩　274
おわんだ湾礫岩　231
音響基盤　429
女川層　125, 349, 435, 553

■か

海岸段丘　390
海岸平野　387
海溝斜面　484
海溝斜面堆積物　491
海溝充填堆積物　42
海溝底　10
海溝内縁無地震域　485, 502, 507
海溝付加体　256
開口割れ目　509
海成段丘　12, 344
海浜砂鉄鉱床　532
海洋性火山岩　163
海洋地殻　97
海洋プレート　57
角閃岩　100
角閃石黒雲母アダメロ岩　354
神楽複合岩類　107, 192
崖崩れ　573

笠松層　280
笠間ユニット　270
火山岩類　284
火山クラスター　27, 399
火山帯　27
火山の分布　22
火山灰層　357
火山フロント（火山前線）　82, 133, 572
火山リアエッジ　27
過剰マグマ起源揮発性成分　92
柏崎-銚子構造線　20
柏崎-銚子線　31, 49, 427, 471
柏平層　218
上総掘り　590
化石ファブリック　497
河川の許容負荷量図　608
カタイシア植物区　112
北上河谷帯　22
潟西層　127
活火山　387, 399
活構造　387
月山火山　425
月山山体　426
甲子層　206
活褶曲　388
合戦場　244, 253
合戦場ユニット　253
活断層　22, 387
活断層群　14
カップリング　44
葛尾岩体　312
下底侵食作用　42, 43
門神岩デイサイト　119
門ノ沢層　124, 275, 276
門の沢動物化石群　345
鼎浦層　287
鼎ヶ浦層　229
金山層　206
金浦ガス田　552
叶倉層　206
叶倉統　111, 183, 203
下部地殻物質　97
兜山火山　357
下部白亜系上部　4
加無山安山岩　356
カップリング領域　44
釜石鉱山　545
釜石層　301
上有住層　192, 195
上城層　204
上八瀬層　209, 211
神居古潭亜帯　490
鴨沢礫岩部層　279
唐梅館層　109, 202
唐桑-牡鹿亜帯　227
唐桑-牡鹿帯　112, 183
唐桑層群　183, 227
カリ長石帯　531
軽石流　402
カルクアルカリ安山岩　83
カルクアルカリ安山岩質マグマ　329

索　　引

カルクアルカリ花崗岩　296
カルクアルカリ系列　23
カルデラ　367, 520
カルデラ火山　329
カルデラ湖　405
カルデラ構造　21
カレドニア変動　108
加労沢層　201
鹿狼山層　236
加呂森ユニット　247, 250
川内層　107, 189
皮装礫岩　220, 238
間隙水圧　38
間隙水圧比　516
間隙流体圧　503, 505
間隙流体圧比　506
環状割れ目　92
含水ソリダス深度　91
岩屑なだれ堆積物　424
角閃岩ゼノリス　74
環太平洋火山地帯　399
貫入岩体　300
観音開き拡大モデル　427, 493
間氷期　397
陥没カルデラ　86, 520
陥没構造　367
含油第三系　355
かんらん岩　100
カンラン石安山岩　321
カンラン石普通輝石玄武岩質ハイアロク
　　ラスタイト　289
カンラン石モンゾニ岩　303

起源マントル　63
気候段丘　391
象潟ガス田　552
木沢畑層　257
キースラーガー　256, 541
木曽御嶽火山噴出物　83
北上・阿武隈山地　5
北上-常磐地磁気帯　487
北上亜堆積盆　494
北上外縁帯　244
北上山地　10, 318
　　──の火成岩類　283
北上準平原　11
北上低地帯　13
北上低地帯-阿武隈低地帯　5
北上底盤　488, 498
北上東縁-礼文火山帯　117
北上迸入帯　117
北川目ユニット　247, 251
北沢層　234
北由利衝上帯　19
北由利衝上断層　555
北由利衝上断層群　359
狐崎砂岩頁岩部層　231
木戸口層　201
鬼怒川低地帯　22
基盤花崗岩類　69
逆断層　388

逆断層型の震源破壊　513
逆断層地震　396
逆累帯構造　301
球状斑れい岩　300
丘陵地　383
凝灰角礫岩　289
境界条件　37
境界隆起帯　449
強震動発生源　515
経檀原断層　367
清崎砂岩部層　232, 238
許容負荷率　608
許容負荷量　608
許容負荷量図　606
寄与率判定図　606
桐内断層　247
輝緑凝灰岩帯　240
金華山花崗岩体　299
金銀鉱山　534

久喜花崗岩　295
久喜層　277
草薙層　435, 580
久慈-八戸沖　561
久慈層群　275
　　──沢山層　318
久慈鉄山　546
葛形背斜　257
葛沢層　582
葛巻-釜石亜帯　3, 115, 184, 245, 479
葛巻構造線　244
葛巻層　252
苦鉄質捕獲岩　72
国丹層　275, 276
国見山ユニット　270
椚平層　121
雲ノ上山層　207
クラック　62
グラーベン　2, 31
栗駒山　411
栗林層　207
グリーンタフ　367
グリーンタフ変質　530
黒川油田　552
黒鉱鉱床　167, 542
黒鉱ベルト地帯　533
黒鉱リフト　1, 134, 339
黒沢層　211
黒瀬谷層　122
黒松内-釜石沖構造線　427, 450
黒松内低地断層帯　22
黒松内断層帯　427
クーロンウェッジ臨界尖形理論　50

傾斜変換点　485
珪長質マグマ　329
珪長質マグマ溜り　86
気仙川・入谷花崗岩体　302
気仙川花崗岩体　292, 302
気仙沼沖　562
犬頭山複合岩類　193

玄武岩期　329
玄武岩質マグマ　92, 400
玄武岩質メルト　62

小池石灰岩部層　235
高アルミナ玄武岩　96
広域的な変質作用　529
高位段丘群　383
降雨　586
高温沈み込み帯　97
高角正断層　509
高角前縁衝上断層　53
後期古生代付加体　114
高清水花崗岩体　298
鉱床　525
更新世付加プリズム　491
高 Sr 安山岩　292
構造岩石学的研究　266
構造性オンラップ面　492, 435
高地磁気異常帯　468
高 Ti 安山岩　293
後氷期　397
鉱物資源　527
高 Mg 安山岩　291, 324
　　──岩脈　291
鉱脈鉱床　256
枯渇マントル成分　97
小川層　201
小川層群　278
古期花崗閃緑岩類　310
小黒層　192, 240
小々汐層　228
九面層　120
御斎所　260
御斎所・竹貫変成岩類　3, 114
御斎所変成岩類　261
小坂鉱山　548
小鯖層　228
五色岩溶岩流　406
腰廻層　259
五十人山岩体　312
古第三系　4
古第三系白水層群　279
小谷地サブユニット　250
固着の剥がれ　510
小繋沢層　14
小積頁岩部層　231
古テチス海　110
小久川部層　281
小比内火山　357
小長渡砂岩頁岩部層　232, 233
小細浦層　233, 287
小松倉サブユニット　251
小松層　278
小室型トーナル岩　309
小山田層　236
固有地震　40
固有地震モデル　38
五葉山花崗岩体　301
小原木層　206
混在岩　245

コンドライト隕石組成 96
ゴンドワナ 108
ゴンドワナ大陸北縁 1

■さ

サイスミックフロント 51
最大前震 511
最大余震のすべり域 513
堺の神深成岩体 302
寒河江川断層 425
酒田衝上断層群 425
坂本沢統 110, 183, 203
坂本沢層 204, 205
作並断層 367
ザクロ石レルゾライト 96
鮭川層 580
笹岡層 127, 553
砂質タービダイト 19
佐渡海盆 436
佐渡海嶺 5, 9
サブダクション帯 527
サブダクションチャネル 43
侍浜頁岩部層 231
鮫川・石川岩体 309
皿貝坂層 223
皿貝層群 112, 183, 219, 223
申川油田 558
沢北岩屑なだれ堆積物 402
沢廻層 278, 318
沢山川層 258
沢山層 275, 276
山間内陸盆地 5, 17
三畳紀のアンモノイドフォーナ 113
山地 392
山頂カルデラ 403
三戸層群 345
サンポトジサブユニット 251
三陸沖基盤リッジ 484, 490, 499
三陸沖堆積盆地 452
三陸津波地震発生域 508
残留スラブ 97, 99

椎谷層 436
潮瀬ノ岬砂礫岩 354
ジオダイナミックモデル 65
塩原帯 22
鹿折層群 287
鹿山岩体 311
始源マントル 96
鹿折層群 227
地震 393, 587
地震活動 33
地震すべり 510
地震性すべり 38
地震性地殻変動 396
地震波異方性 66
地震波高速度域 496, 500
地震波低速度帯 25
地震波速度 495
地震波速度構造 501
地震波トモグラフィ 76

地震モーメント 44
志津川-橋浦向斜 113
地すべり 573
地すべり災害 573
地すべり多発区域 578
地すべり地形 574
地すべり防止区域 573
沈み込み侵食作用 10, 41, 491
沈み込み帯 29
沈み込み帯火山岩 102
沈み込み型造山帯 30
沈み込み堆積物 506
沈み込み帯マグマ 102
自然斜面 586
自然由来重金属バックグラウンドマップ
　600
シソ輝石質岩系岩 83
シソ輝石普通輝石モンゾニ岩 303
紫竹層 120
志津川-橋浦亜帯 224
志津川層群 224
志津川帯 112, 183
尻高沢層 199
シッピョウサブユニット 247
磁鉄鉱系列 298
芝層 202
地盤災害 571
地盤沈下 573, 590
鮪川層 127
清水川層 278
下岩泉層 277
下北層群 260
下北断層 337
霜地サブユニット 251
下戸鎖背斜 257
斜長石レールゾライト 96
蛇紋岩化部 500
蛇紋石 45
重金属変動曲線 604
十三浜層群 227
重晶石 545
重力異常急変帯 22
重力異常分布 20
数珠玉状岩体 301
ジュラ紀オフィオライト 490
ジュラ紀付加体 105, 115, 244, 480
準平原 588
上越帯 3, 270
貞観地震 513, 519
貞観地震タイプ 34
貞観津波 519
小起伏地形 11
小繰返し地震 34
上下変動 394
稍深発地震 33
浄土ヶ浜流紋岩 119
浄土ヶ浜流紋岩体 319
浄土ヶ浜流紋岩類 318, 324
常磐亜堆積盆 489
常磐沖坑井 124
常磐沖堆積盆地 452, 461

常磐堆積盆 495
上部白亜系 4
上部白亜系双葉層群 279
正法寺閃緑岩 105, 187
上面地震帯 56
縄文海進 397
昭和三陸津波 518
初期海洋性島弧期 170
初期中新世の不整合 133
初期沈降 140
ショショナイト 291, 292, 322
初生マグマ組成 93
白糸滝サブユニット 250
白神山地 314
白神岳岩体 314
白神岳複合岩体 314
白河層 374
白坂頁岩層 282
白坂層 282
白土層群中山層 120
白鳥川層群 345
白水層群 281
尻吹峠火砕物 421
尻屋層 260
尻屋層群 260
シルル紀サンゴ化石群集 108
信越褶曲帯 19
深海平坦面 490
新期灰色黒雲母花崗岩類 312
新期花崗閃緑岩類 312
新期黒雲母白雲母花崗岩類 312
新規逆断層切断型インバージョン 444
新期淡紅色黒雲母花崗岩類 312
震源断層群 396
人工斜面 586
真山流紋岩 349, 354
新庄層群 580
新庄盆地 17, 18
侵食
　上盤陸側プレート先端部での── 41
　上盤陸側プレートの前弧域下底での
　　── 42
侵食前線 576
深成岩類 284, 284
深層地すべり 587
新第三系の地質 329
新館層 183, 223
伸張性臨界状態 516
伸張場 33
新田層 214, 215
深発地震 3, 33
深部低周波地震 48
シンプルシェアモデル 449
シンリフト期 430

水圧破砕モデル 43
水質汚濁 603
水質汚濁防止法 600
水石山岩体 313
水平圧縮応力 524
水平短縮速度 395

水平歪み 525
水平歪み速度 396
水平変動 394
水溶性天然ガス 592
末沢川溶結凝灰岩 322
末の崎層 212
周防帯 243
スカルン鉱床 533
助常変成岩 186
スコア濃度分布図 598
須郷田層 122, 125
スコリア流 402
砂子畑部層 195
砂子渕層 122
スピネルかんらん岩 96
スピネルレールゾライト 96,102
すべり応答関数 37
すべり遅れ 33
すべり欠損レート 36
すべり速度強化条件 486
すべり速度弱化条件 486
すべり分布 502
すべり面 42
澄川層 322
スメクタイト 506
スメクタイト-イライト転移 506
スメクタイト帯 531
スライド型地すべり 577
スラブ 496
　──の沈み込み深度 63, 102
　──のロールバック 328
スラブ-下部地殻接触域 485
スラブ-上部地殻接触域 485
スラブ-地殻接触域 484
スラブ-マントル接触域 484, 496
スラブウィンドウ 293, 327
スラブ内地震 33, 56, 58
スラブメルティング 284, 292, 324
スラブメルト 327
スレーキング現象 587
スローアースクエイク 500

正磁気異常帯 482
脆性-延性転移深度 74
清太郎沢層 219
正断層型の地震 33
正断層型余震 485, 516
西南日本弧 27, 477
西南日本地質区 105
正の極性 505
正累帯構造 301
石英モンゾニ岩 303
関層 253
石油貯留岩 556
関ユニット 253
脊梁火山列 5, 26, 400
セグメント境界 41, 524
セグメントブロック 524
石灰質ナンノ化石 124
セリサイト帯 529
漸移帯 486

前縁付加体 42, 491, 495
前期白亜紀深成岩類 293
　──の斑れい岩類 295
全球測位衛星システム 394
前弧ウェッジ 486, 491, 516
先行谷 17
前弧スリバー 3
前弧地殻低速度帯 498
前弧地殻内低速度異常域 499
千丈ヶ滝層 181, 195
扇状地 384
扇状地礫層 13
先シルル紀基盤岩類 185
前震活動 511
鮮新世カルデラ 90
先新第三系基盤岩類 2
浅層崩壊 587
全対流期 153
剪断応力 33
浅熱水性鉱脈 527
仙婆巌層 201
仙磐山層 290
千枚岩帯 240
千松層 214, 216
千厩花崗岩体 301

素因 583
造構性侵食作用 491, 492, 505
層状含銅硫化鉄鉱鉱床 256
層状マンガン鉱床 256
相馬-鶴岡線 471
相馬中村層群 234
速度-状態依存摩擦構成則 502
速度偏差構造 73
塑性変形 51
袖ノ浜層 227
外ウェッジ 486
外川目層 207
空知-蝦夷帯 468, 490
ソリダス温度 73
ソリダス温度 498
ソレアイト質玄武岩 96

■た

ダイアピル 400
第一期圧縮変動 578
大雄院花崗岩類 108
大規模トランスファー断層 31, 37, 488, 493, 509
ダイク 62
大地震のスーパーサイクル 525
台島型植物群 120
台島層群 354
大すべり 513
ダイナミックオーバーシュート 42
第二期圧縮変動 572
太平山岩体 315
太平山深成変成岩類 315, 355
太平山地 315
太平山複合プルトン 315
太平洋プレート 9, 29, 31, 46, 483

　──の沈み込み 388
台山石英閃緑岩類 356
第四紀 383, 397
　──の火山岩 92
　──の気候変化 10
　──の島弧火山岩 95
第四紀火山 81
　──のマグマ供給系 93
第四紀カルクアルカリ安山岩 93
第四紀成層火山体 329
第四紀島弧型低アルカリソレアイト 101
太良鉱山 540
ダイラタンシー 38, 507, 509
大陸縁沈み込み帯 44
大陸下リソスフェリックマントル 97
大陸起源堆積物 102
大陸斜面 10
大陸性地殻 72
大陸棚 10
タウハ帯 115
高稲荷層 189, 190
高倉層 313
高倉山層 218
高清水山層 200
鷹巣の山層 193
高瀬花崗岩体 313
高滝森ユニット 247, 247
高玉鉱山 535
高取ユニット 270
竹貫変成岩類 260, 261
高屋敷層 258
高屋敷層砂岩 244
高屋敷ユニット 116, 184, 258
田川酸性岩類 271, 322
滝坂地すべり 585
滝根層群 3, 115, 181, 260, 267
滝ノ沢太平山断層群 355
滝ノ沢断層 576
滝ノ沢ユニット 242
多金属鉱脈 529
タグリサブユニット 247
竹沢層 202
竹ノ沢層 271
凧倉溶岩 402
田子内鉱山 547
蛸浦層 234, 287, 287
只子沢-小川沢破砕帯 373
立谷沢断層 358
脱水作用 97
脱水脆性化 45
達曽部口鉱 247
達曽部層 207
竜の口海進 372
辰の口撓曲帯 345
立丸峠流紋岩 320
立石層 202
建石片岩類 243
建石礫岩 242
立神層 227
館の沢砂岩部層 235

棚倉構造線　3, 27, 65, 105, 181, 260, 270, 427, 450, 497
棚倉断層　117, 118
棚倉破砕帯　377
種市層　276
種差ユニット　247, 251
田の浦層　213
田野沢層　122
田野畑花崗岩体　297
田野畑砂質頁岩　274
田野畑層　274
束稲深成岩体　305
田人岩体　309
玉川層　275, 276
玉簾層　108
玉山砂岩層　281
玉山層　281
田茂山層　205
田老花崗岩　295
田老鉱山　541
田老構造線　244
田老帯　244
田老断層線　296
段丘　384
段丘構成層　348
タングステン・モリブデン鉱　548
単斜輝石カンラン石斑れい岩　295
ダンスガード・オシュガー・サイクル　397
弾性層厚　79
弾性歪みエネルギー　37
断層構成則　37
断層すべり　515
断層の強度　37
断層破壊　40, 53
断層バルブモデル　38, 41, 507
断層面の摩擦係数　37

地塊構造運動　584
地殻-マントル系の発達史　63
地殻伸張　29
地殻内浅部マグマ供給システムの構造　85
地殻変動　393, 594
地下資源　527
地球化学的マスバランス計算パッケージ　95
地圏環境インフォマティクス　597
地溝　2
地質的特性　572
千島外弧　31
千島弧前弧スリバー　482
千島前弧スリバー　30
チタン鉄鉱系列　298
チャート-砕屑岩シーケンス　245
中央海嶺　527
中央構造線　119
中央シホテアリン断層　119
中期中新世火山岩類　163
中期中新世広域不整合　133
中期中新世不整合　477

中国帯　270
中小微小地震活動　49
中性熱水変質帯　529
沖積平野　383, 387
中熱水性鉱脈　533
鳥海火山　423
鳥海火山列　5, 23
超巨大地震　29, 395, 479, 515
超苦鉄質岩体　500
鳥古森サブユニット　250
超大すべり域　518
長ノ森層　183, 223
チリ型沈み込み帯　29
チリ地震　518
地塁　2

対の変成帯　261
津軽石ユニット　247
津軽断層　336
月の浦砂岩部層　231
月の浦層　230
月浜層　227
対馬-五島構造線　427, 471
土淵-盛断層　118
綱木坂向斜-牡鹿向斜　113
綱木坂層　228
綱取ユニット　242
津波　507, 518
津波地震　35, 518
津波地震タイプ　34
津波堆積物　519
壺の沢変成岩　106, 188
釣懸層　122

低アルカリソレアイト　23
低角逆断層　53
低角逆断層型地震発生域の西縁　515
低カリウム系列安山岩　23
デイサイト　287
低速度異常マントル　61
テクトニックインバージョン　427
デコルマ　42, 52, 504
デコルマ帯　53
デタッチメント断層　449
鉄鉱山　545
手取層群　274
手取フローラ　113
デボン紀サンゴ化石群集　108
デュプレックス構造　32
デラミネーション　98
出羽丘陵　5, 17, 125
天神ノ木層　217
天徳寺層　127, 355, 555
天然資源　527

島弧　388
島弧-海溝系　82
銅鉱山　537
島弧火山活動　72
島弧火山活動期　329
島弧下リソスフェア　63, 102

島弧性アセノスフェア　63, 102, 103
島弧性マントルリソスフェア　103
動的過剰すべり　42, 508
遠野花崗岩体　299
東北沖底盤　488, 498
東北地方太平洋沖地震　34
東北日本弧　2, 7, 27, 329
　──前弧スリバー　30, 483, 524
　──の2次元東西レオロジー断面　78
　──の下部地殻　77
　──の基盤岩類　68
　──の強度断面　79
　──の前弧スリバー　396
　──の第四紀火山　24
　──の短縮強度プロファイル　78
　──の地殻　70
　──の地殻構造断面　71
　──の地殻の温度構造　74
　──のマントルウェッジ　25
　──のマントルウェッジの構造　64
東北日本地質区　105
ドウメキ砂岩部層　233
遠森山円頂丘溶岩類　402
斗川層　345
戸倉沢層　270
土壌汚染　597
土壌汚染対策法　597
栃窪層　235
戸中層　208
トーナライト質岩　77
トーナル岩　309
利根川構造線　31, 49
鳶ヶ森層　106, 185, 187
飛島海盆　71
飛島-船川隆起帯　20, 71
苫小牧リッジ　452, 497
　──東縁断層　31
　──東縁断層帯　427
富岡層　126
富沢層　235
鳥谷ヶ森溶岩　412
戸屋沢部層　209
富山トラフ　20, 436
登米層　212, 213, 217
登米統　111, 183, 203
豊牧地すべり　580
トランスファー（transfer）断層　427
鳥曽根岩体　308
鳥田目断層　578
鳥田目断層群　355
十和田火山　405

■な

長岩層　110, 183, 197
長岩森サブユニット　251
長尾層　226
長坂-相馬地域　185
長崎層　229
中里層　107, 191
中沢夾炭部層　279
長沢六組サブユニット　251

中平層　209
中岳蛇紋岩　192
中湖　405
中ノ沢層　235
中原層　226
長町-利府線断層帯　22
長屋岩体　311, 325
流れ盤構造　586
中和田層　207
中渡層　580
夏山礫岩　187
七入軽石　422
鍋越山層　212
鉛亜鉛鉱山　539
名目入沢層　109, 192, 193
名目入層　277, 279
ナメリ石石灰岩　190
鳴子火山　412
南海トラフ　52, 504, 509
南海付加体　50
南部北上古陸　105
南部北上帯　1, 3, 105, 181, 479
南部秩父帯　115

新潟堆積盆地　430, 436
新月層　289
荷坂火砕流堆積物　412
西黒沢海進　124, 430, 431, 461
西黒沢層　122, 354, 553
錦織層　214, 216
西郡層　214, 216
西鳥海馬蹄形カルデラ　423
西堂平岩体　308
西堂平変成岩　264
西股山層　246
西山層　127
二重地震面　33
二重深発地震　59
二重深発地震面　61
二重デタッチメント断層モデル　449
二升石流紋岩　321
二の倉スコリア　406
日本海沿岸部　5
日本海溝　10, 509
　——日本海溝斜面上部基盤リッジ
　　482, 484
　——の陸側斜面　484
日本海中部地震　592
日本海東縁部　5
日本海盆　1
日本国-三面構造線　270, 427, 450
日本国-三面マイロナイト帯　119
韮の浜層　183, 225

沼御前火砕堆積物　422
沼沢　421
沼沢湖カルデラ　421

ネオエロージョン　575
ネガティブフラワー　442
猫川層　290

猫底複合岩類　193
鼠ヶ関層　360
根田茂コンプレックス　114, 184, 240,
　241
根田茂帯　1, 4, 105, 114, 184, 240, 479
熱圧化　509
熱水変質帯　529
粘性緩和　78, 79

野口層　580
野沢-尾岐構造帯　373
能代衝上断層群　359
野田層群　277
　——酸性岩礫　322
野田玉川鉱山　547
野土層　214
野村川層　349, 354
乗鞍火山列　178

■は

ハイアロクラスタイト　287
背弧海盆　5
背弧海盆火山活動期　329
排水型付加体　51
灰爪層　127
ハインリッヒ・イベント　397
パーガス閃石　93
袴腰岳ドーム　336
萩形層　338
白亜紀花崗岩類　481
白亜紀火成岩類　283
白亜紀付加プリズム　491, 499
箱根山層　233, 287
箱の口層群　268
破砕帯地すべり　574
橋浦層群　183, 226
階上花崗岩体　296
橋本油田　558
畑川構造線　1, 181
畑川断層　118, 260, 312
旗立層　372
畑の沢層　217
八戸沖断層　427, 452
八幡平　585
八幡平火山群　406
八森油田　552
バックストップインターフェイス　42
バックストップスラスト　491
バックスリップ　36
八甲田-国本テフラ　404
八甲田黄瀬火砕流　404
八甲田火山　403
八甲田カルデラ　404
パッチ　496
花岡鉱山　550
花山層　357
塙岩体　309
バハアイト　292
馬場平断層　264
馬場目リフト　340
ハーフグラーベン　31, 427

浜間口断層　349
早池峰-五葉山構造帯　244
早池峰岩体　500
早池峰構造帯　114, 240, 244, 489
早池峰山　11
早池峰衝上断層　241
早池峰東縁断層　4, 181, 301, 494
早池峰複合岩類　107, 192, 240
原地山層　260, 273, 286
バリア　39
バリアモデル　40
パンサラッサ海　115
汎世界的温暖期　128
磐梯山　418, 585
反転流　61
盤ぶくれ　587
斑れい岩質海洋地殻　500
斑れい岩類　100

非アスペリティ　39
非アダカイト　324
被圧地下水　590
平井賀砂岩　274
燧ヶ岳　422
東鳥海火山　424
東鳥海馬蹄形カルデラ　423
東深萱層　214, 214
東別所層　122
氷上花崗岩類　106, 188, 236
非金属資源　527
ピークモーメント速度図　515
日頃市-世田米地域　185
日頃市層　109, 197
久出内川変成岩　193, 241
肘折　420
　——カルデラ　420
　肘折火山噴出物　580
非地震性すべり　36, 38, 39, 45, 501, 510,
　512
非地震性デコルマ　486
菱喰山岩体　315
飛定地層　233, 287
ピジョン輝石質岩系岩　83
ひすい輝石ローソン石青色片岩　57
歪み集中帯　88
非対称性円錐割れ目　92
日高沖堆積盆地　427, 452, 461, 493
日立古生層　108
左雁行正断層群　447
左横ずれ運動　525
ビッグマントルウェッジ　55
日詰-気仙沼断層　118, 427, 450
日出島層　275
人首花崗岩体　300
微動　48
日ノ神深成岩体　304
非排水型付加体　51
備北層群　122
非マグマ性変質帯　529
姫神深成岩体　304
ピュアシェアモデル　450

氷期・間氷期サイクル　397
平井賀層　274
平磯層　183, 220
平笠岩屑なだれ　408
平笠不動ステージ　408
平庭深成岩体　302
平庭岳向斜　253
平松層　223
広島-苫小牧線　427, 452
広野層　126

ファラロン-イザナギプレート境界　327
ファラロンプレート　326
フィリピン海プレート　46, 50, 483
風化残留鉱床　529
フォッサマグナ　15, 427, 493
深浦鉱山　547
深田向斜　257
付加プリズム　491
深谷岩屑なだれ堆積物　402
付加流体　400
深渡層　205
福貴浦頁岩砂岩部層　231
伏在深成岩体　488
福士サブユニット　249
福島盆地西縁断層群　375
福米沢油田　559
ブーゲ異常　20
富鉱体　531
二ツ森層　209
双葉層　279
双葉層群　279
双葉断層　118, 260, 372, 381
長渡頁岩部層　232
普通輝石シソ輝石安山岩　289
普通輝石モンゾニ岩　303
風越層　183, 222
物質資源　527
不同沈下　590
船川層　349, 553
船河原層　224, 233, 287
船久保層　194, 201
山毛欅峠火山岩類　305
山毛欅峠層　290
負の極性　505
部分溶融作用　97
浮遊性有孔虫化石帯　120
フリップフロップ　152
プルアパート堆積盆地　445, 493
古口層　436, 580
古殿オフィオライト　267
古道岩体　312
古宿森サブユニット　249
ブレークアウト法　32
プレート
　——の温度構造　44
　——の沈み込み　327
　——のセグメント区分　44
　——の斜め沈み込み　32
プレートカップリング率　80
プレート間固着域　52

プレート境界地震　33, 46, 479, 501
　——の下限　515
プレート境界断層　504, 509
　——の摩擦強度　37
プレート境界のすべり遅れ　504
プレートテクトニクス　256
フロアースラスト　486
フロゴパイト　93
ブロックアンドアッシュフロー堆積物　404
プロピライト変質帯　531
フロンタルプリズム　491, 495

閉伊崎噴出岩　119
閉伊崎噴出岩類　318, 324, 325
ペグマタイト　312
ペグマタイト鉱床　256
ペルム紀アンモノイドフォーナ　111
ペルム紀サンゴ群集　112
ペルム系長部礫岩層　292
ペルム系中の腕足類フォーナ　112
片状構造　299
変成相系列　261
変動地形　389

ポアソン比　58
方位異方性　67
崩壊災害　583
崩壊性地すべり　585
法住寺珪藻質泥岩部層　122
北部阿武隈山地　310
北部北上帯　1, 4, 105, 115, 119, 184, 244, 479
北部本州リフト系　20, 71
北米プレート　29
ポジティブフラワー　442
ホストマグマ　74
ポストリフト期　434
細浦層　112, 183, 225
細尾層　209
細倉鉱山　541
細倉層　357
ホットフィンガー説　27, 151, 399
ポップアップ構造　30, 53
ホルスト　2, 31
ホルスト-グラーベン構造　39, 42, 491, 505
ホルンブレンド　320
ホルンブレンド安山岩　289
ホルンブレンドモンゾニ岩　303
甫嶺珪長質岩類　107
褶地断層　247
本荘-仙台構造線　427, 450
本震　511
　——の震源破壊　514
盆地　392
盆地堆積物　392
本道寺層　580

■ま

マイクロプレート　29

舞鶴帯　270
米谷植物化石群　216
米谷層　214
前山溶岩　422
曲竹軽石流堆積物　402
槙木沢層　259
槙木沢ユニット　259
間木平層　257
間木平ユニット　257
馬木ノ内層　290
牧の浜砂岩部層　231
マグマ溜り　85
マグマ熱水系　529
マグマ発生条件　400
枕状溶岩　286
摩擦すべり　504
増毛-当別線　427, 452
舛沢層　357
マスター断層　31, 493
マスバランス計算　602
松ヶ平　105
松ヶ平変成岩　185
松ヶ平・母体変成岩類　185
松ヶ平・母体変成作用　106, 186
松川火砕流堆積物　402
松川層　402
松島-本荘線　471
松葉石　211
松橋高Mg安山岩類　320
松橋層　320
松前沢岩体　298
松前深成複合岩体　295
馬ノ神山ドーム　336
真野層　202, 237
マリアナ型沈み込み帯　29
マンガン鉱　545
マントルウェッジ　81
　——残留物　100
　——の蛇紋岩化　48
マントルかんらん岩　46
マントルダイアピル　62, 95
マントルの不均質性　65
マントルポテンシャル温度　97
マントルリソスフェア　102

右横ずれ運動　493, 525
未区分上部ペルム系　205
未区分デボン系　194
ミグマタイト　309
水沢層　582
水沼火砕物　422
三ッ目内川層　246
ミドルプリズム　491
港層　277
南川目サブユニット　251
美濃-丹波帯　243
三春火砕流　11
三春岩体　312
宮ガ沢層　217
宮城県沖地震　34, 592
宮古花崗岩体　298

宮古層群　273, 119, 495
宮本岩体　309
宮守-早池峰山-釜石地域　185
宮守岩体　500
宮守蛇紋岩　107, 193
明沢橋層　124
明神石型トーナル岩　309
明神前層　112, 183, 224
みよし金　550
ミランコビッチサイクル　397
木冷沢溶岩　422
無斑晶質安山岩　321
明治三陸地震　35
明治三陸津波　518
メガスラスト　504, 509
目潟火山　100
メガロドン石灰岩　116
メッシニアン塩分危機　133
メルト　62

茂市ユニット　247, 251
舞根層　228
モーカケ火砕流堆積物　422
最上トラフ　9
茂師砂岩　274
母体変成岩類　105, 185
元村層　218
盛岡-白河構造線　10, 20
盛岡花崗岩体　302
森吉火山　419
森吉火山列　5, 23
モンスターゴールド　536
門前層　354, 473
モンゾニ岩類　303
モンモリロナイト帯　532

■や

八茎鉱山　538
八茎石灰岩　203
薬師川層　109, 192, 194, 240
薬師川層下部　107
薬師岳ステージ　408
焼走り溶岩　408
弥惣森サブユニット　251
谷地すべり　577
八山火砕流堆積物　402
柳沢火砕流堆積物　412
八橋油田　557
薮田層　128
山上層　234
山上変成岩　186
山崎礫岩　217
大和海盆　1, 9, 20, 430, 440
大和海盆-大和海嶺域　437
大和海盆リフト系　71
大和海嶺　440
大和沢川層　246
山鳥層　233, 290
山屋層　17
山谷層　205
八溝帯　22, 118

誘因　585
有効法線応力　37
有効摩擦係数　516
融雪　584
誘発地震　484, 520
有用金属資源　527
ユーラシアプレート　29
湯沢-鬼首マイロナイト帯　4, 181
ゆっくりすべり地震　34
湯殿山山体　425
湯ノ沢川層　356
弓折沢層　218
由利原油ガス田　558

溶岩ドーム　416
溶結凝灰岩　287
余効すべり　39, 79
余効すべり域　513
余効変動　79, 80, 395, 590
余効変動解析　78
横ずれ断層　30, 389
横ずれ断層運動　493
横ずれ断層群　509
横沼層　229, 289
横道層　278, 318
吉浜層　227
好間川岩体　313
余震活動　511
四ツ滝山ドーム　336
米里層　202

■ら

羅賀層　274
羅賀礫岩　274
ラテライト質岩　263
ランプスラスト　491

リアス海岸　9, 387
リキダス温度　498
陸源堆積物　97
陸水成層　373
リスク評価基本図　602, 606
リストリック断層　31, 427
利府層　223
リフト火山活動　31
リフト化した大陸地殻域　77
リフトグラーベン構造　338
リフト堆積盆地西縁断層　442
リフト東縁帯　88
隆起運動　141
琉球弧　477
流体排出率　524
流紋岩　92
流紋岩/花崗岩期　329
流紋岩質マグマ　134
流紋岩礫　324
領家-阿武隈変成帯　261
領家帯　3
梁山断層　427, 471
領石型植物群　259
領石フローラ　113

綾里層　287
臨界すべり速度　504
臨界すべり量　504
臨界尖形理論　51, 486

累帯構造　301
累帯深成岩体　297, 298, 299
ルーフスラスト　486

冷却沈降　140
冷湧水の起源　53
レオロジー特性　80
礼文-樺戸帯　117
　──西縁　427, 452
蓮華帯　243

楼台層　214, 216
ローソナイト　45
ローソン石エクロジャイト　59
ローソン石角閃石エクロジャイト　57
ロック・スライド型地すべり　575
六角牛層　290

■わ

脇本層　127
早田層　360
和田向斜　355
蕨ノ沢断層　247
割山花崗岩　110
割山花崗岩体　313
割山変成岩　186

■英数

1896年陸羽地震　79
2011年東北地方太平洋沖地震　596
　──の震源域　37
2D対流期　153
3D対流期　153

altered oceanic crust　97
AOC　97
Atlantic DMM　100

backstop interface　42
basaltic igneous oceanic crust　97
Big Mantle Wedge　55

CC　97
Chondritic uniform earth reservoir　96
CHUR　96
Climate Crash　125
continental crust　97

D-IAT　101
deplete　97
diaphthorite　261
DIKE（dike）　97
DMM　97
down-dip compression　60
down-dip extension　60

索　　引　　　　　　　　　　　　　693

early depleted reservoir　97
EDR　97
EMI　97
EMI 質玄武岩　102
EMII　97
EMII 質 SCLM　102
enrich　97
Eocene Plate Reorganization　133

F-S 法　392
FOZO　97

GENIUS　597
GIS　595
GNSS　394

HIMU　97

Indian DMM　100
IOC　97

LBAS　97
LCC　97
Leptophloeum　188
LGAB　97
lower basalt　97
lower continental crust　97

lower gabbro　97

mantle wedge-base peridotite　97
medium-K　322
Mid Miocene Climatic Optimum　562
Mid-Pliocene Golden Age　125
Mid-Pliocene Warmth　125
MORB 規格化パターン　94
MORB 起源マントル　102
MwP　97

Pacific DMM　100
PM　96
primitive mantle　96
P/T 境界層　116, 256

Quaternary Style Climate　125
Q 値　498
　　──の空間分布　497

ReLish　99
residual wedge mantle peridotite　97
RMP　97

SCLM　97
SED　97
Solenopora 石灰岩　190

Sr-Nd 同位体変化　101
subcontinental lithospheric mantle　97
S 波最大低速度異常部　25
S 波速度異常パターン　26
S 波反射体　91

T-T 法　392
tectonic inversion　427
thermal pressurization　495
tonalite-trondhjemite-granodiorite　97
Tp　97
TTG　97

U-IAT　101
UBAS　97
UGAB　97
ultra-depleted residual lithosphere
　　harzburgite　99
upper basalt　97
upper gabbro　97

Y_{t1} ユニット　437
Y_{t2} ユニット　436
Y_{t3} ユニット　435
Y_{t4} ユニット　431

日本地方地質誌 2
東 北 地 方 　　　　　　　　　　定価は外函に表示

2017 年 10 月 10 日　初版第 1 刷

編　者　日 本 地 質 学 会

発行者　朝 倉 誠 造

発行所　株式 朝 倉 書 店
　　　　会社

東京都新宿区新小川町 6-29
郵 便 番 号　162-8707
電　話　03(3260)0141
F A X　03(3260)0180
http://www.asakura.co.jp

〈検印省略〉

Ⓒ 2017 〈無断複写・転載を禁ず〉　　　　　　　　中央印刷・牧製本

ISBN 978-4-254-16782-5　C 3344　　　　Printed in Japan

|JCOPY| ＜(社)出版者著作権管理機構 委託出版物＞

本書の無断複写は著作権法上での例外を除き禁じられています．複写される場合は，
そのつど事前に，(社) 出版者著作権管理機構（電話 03-3513-6969，FAX 03-3513-
6979，e-mail: info@jcopy.or.jp）の許諾を得てください．

日本地方地質誌

＜全8巻＞

日本地質学会　編集

各巻Ｂ５判　函入上製本

日本列島は世界的にも活発な地殻変動が累積し，その地史もきわめて複雑である．歴史書を紐解くように，各地層や岩体を個別かつ詳細に調査研究・記載解析し体系化することはそれを理解する上で不可欠である．プレートテクトニクス後の視点で日本の地史を適切に記載しなおす．

刊行委員会

刊 行 委 員 長	加藤碵一			
副刊行委員長	高橋正樹			
刊 行 委 員	新井田清信	［北海道］	吉田武義	［東北］
	佐藤　正	［関東］	新妻信明	［中部］
	吉川周作	［近畿］	西村祐二郎	［中国］
	小松正幸	［四国］	佐野弘好	［九州・沖縄］

1．北海道地方
664 頁

2．東北地方
712 頁

3．関東地方
592 頁

4．中部地方 （CD-ROM 付）
588 頁

5．近畿地方
472 頁

6．中国地方
560 頁

7．四国地方
708 頁

8．九州・沖縄地方
648 頁